Die Bonus-Seite

Ihr Vorteil als Käufer dieses Buches

Auf der Bonus-Webseite zu diesem Buch finden Sie zusätzliche Informationen und Services. Dazu gehört auch ein kostenloser **Testzugang** zur Online-Fassung Ihres Buches. Und der besondere Vorteil: Wenn Sie Ihr **Online-Buch** auch weiterhin nutzen wollen, erhalten Sie den vollen Zugang zum **Vorzugspreis**.

So nutzen Sie Ihren Vorteil

Halten Sie den unten abgedruckten Zugangscode bereit und gehen Sie auf **www.sap-press.de**. Dort finden Sie den Kasten **Die Bonus-Seite für Buchkäufer**. Klicken Sie auf **Zur Bonus-Seite/ Buch registrieren**, und geben Sie Ihren **Zugangscode** ein. Schon stehen Ihnen die Bonus-Angebote zur Verfügung.

Ihr persönlicher **Zugangscode**

2vfj-wcr5-ugm8-bhxn

Berechtigungen in SAP NetWeaver® BW

PRESS

SAP PRESS ist eine gemeinschaftliche Initiative von SAP und Galileo Press.
Ziel ist es, Anwendern qualifiziertes SAP-Wissen zur Verfügung zu stellen.
SAP PRESS vereint das fachliche Know-how der SAP und die verlegerische
Kompetenz von Galileo Press. Die Bücher bieten Expertenwissen zu tech-
nischen wie auch zu betriebswirtschaftlichen SAP-Themen.

Lehner, Stelzner, John, Otto
SAP-Berechtigungswesen
2., akt. und erw. Auflage 2012, 830 S., geb.
ISBN 978-3-8362-1825-2

Martin Esch, Anja Junold, Joost Klüßendorf
Berechtigungen in SAP ERP HCM
2., akt. und erw. Auflage 2012, 400 S., geb.
ISBN 978-3-8362-1826-9

Frank Föse, Sigrid Hagemann, Liane Will
SAP NetWeaver AS ABAP – Systemadministration
Basiswissen für das SAP-Systemmanagement
4., akt. und erw. Auflage 2011, 756 S., geb.
ISBN 978-3-8362-1646-3

Abdel Hadi, Drexler, Hügens, Kessler
Reporting mit SAP NetWeaver BW und SAP BusinessObjects
2012, 900 S., geb.
ISBN 978-3-8362-1763-7

Aktuelle Angaben zum gesamten SAP PRESS-Programm finden Sie unter
www.sap-press.de.

Peter John, Peter Kiener

Berechtigungen in SAP NetWeaver® BW

Galileo Press

Bonn • Boston

Liebe Leserin, lieber Leser,

vielen Dank, dass Sie sich für ein Buch von SAP PRESS entschieden haben.

Überall, wo Unternehmensdaten technisch verwaltet und aufbereitet werden, ist der Schutz dieser Daten ein dringliches Thema. Welche Auswirkungen es haben kann, wenn sensible Informationen in die falsches Hände geraten, gerade in einem Data Warehouse wie SAP NetWeaver BW, kann sich jeder leicht vorstellen. Die Notwendigkeit eines guten Berechtigungskonzeptes liegt deswegen auf der Hand.

Die Umsetzung eines solchen Berechtigungskonzeptes ist komplex. Umso mehr freue ich mich, Ihnen zur Unterstützung bei dieser Aufgabe dieses umfassende Buch nun schon in der zweiten Auflage ans Herz legen zu können. Unsere Autoren Peter John und Peter Kiener zeigen Ihnen ausführlich und leicht verständlich, wie Sie mit Standard- und Analyseberechtigungen arbeiten, Berechtigungen konfigurieren und Analysen durchführen. Dabei werden auch die Themen Performance und Migration behandelt, sowie – neu in dieser Auflage – Besonderheiten, die Sie bei der Integration von SAP NetWeaver BW mit SAP BusinessObjects-Tools beachten müssen. Dieses Buch macht Sie zum Profi in Sachen BW-Berechtigungen!

Wir freuen uns stets über Lob, aber auch über kritische Anmerkungen, die uns helfen, unsere Bücher besser zu machen. Am Ende dieses Buches finden Sie daher eine Postkarte, mit der Sie uns Ihre Meinung mitteilen können. Als Dankeschön verlosen wir unter den Einsendern regelmäßig Gutscheine für SAP PRESS-Bücher.

Ihre Janina Schweitzer
Lektorat SAP PRESS

Galileo Press
Rheinwerkallee 4
53227 Bonn

janina.schweitzer@galileo-press.de
www.sap-press.de

Auf einen Blick

Der Name Galileo Press geht auf den italienischen Mathematiker und Philosophen Galileo Galilei (1564–1642) zurück. Er gilt als Gründungsfigur der neuzeitlichen Wissenschaft und wurde berühmt als Verfechter des modernen, heliozentrischen Weltbilds. Legendär ist sein Ausspruch *Eppur si muove* (Und sie bewegt sich doch). Das Emblem von Galileo Press ist der Jupiter, umkreist von den vier Galileischen Monden. Galilei entdeckte die nach ihm benannten Monde 1610.

Lektorat Janina Schweitzer, Eva Tripp
Korrektorat Alexandra Müller, Olfen
Einbandgestaltung Janina Conrady
Titelbild veer_1061640_L_® stillfx
Typografie und Layout Vera Brauner
Herstellung Steffi Ehrentraut
Satz Typographie & Computer
Druck und Bindung Beltz Druckpartner, Hemsbach

Gerne stehen wir Ihnen mit Rat und Tat zur Seite:
janina.schweitzer@galileo-press.de bei Fragen und Anmerkungen zum Inhalt des Buches
service@galileo-press.de für versandkostenfreie Bestellungen und Reklamationen
thomas.losch@galileo-press.de für Rezensionsexemplare

Bibliografische Information der Deutschen Nationalbibliothek
Die Deutsche Nationalbibliothek verzeichnet diese Publikation in der Deutschen Nationalbibliografie; detaillierte bibliografische Daten sind im Internet über http://dnb.d-nb.de abrufbar.

ISBN   978-3-8362-1870-2

© Galileo Press, Bonn 2012
2., aktualisierte und erweiterte Auflage 2012

Inhalt

4 Analyse von Berechtigungsprüfungen und -konfiguration 249

5 Anforderungsprofile und Lösungsansätze typischer Berechtigungsmodelle in BW 303

6   Berechtigungsmodelle für Reporting und Planung 357

9   Analyseberechtigungen für Experten 523

Vorwort

Die Daten eines Unternehmens stellen heutzutage einen fundamentalen Wert dar. Sie reflektieren den Zustand eines Unternehmens, seine Probleme, seine Chancen, die Güte des Geschäftsmodells, die Stärken und die Schwächen. Diesem Wert und dieser Sensibilität auf der einen Seite stehen Trends gegenüber, immer mehr Daten zu sammeln und diese immer mehr Benutzern zugänglich zu machen. Disziplinen und die dazugehörigen Märkte wie Business Intelligence, Data Warehousing, Data Mining u. Ä. gewinnen daher immer mehr an Bedeutung.

Im Umfeld der SAP-Anwendungen trägt SAP NetWeaver Business Warehouse (BW) dieser Entwicklung Rechnung. Es ist ein wesentliches Infrastrukturelement innerhalb der SAP NetWeaver-Plattform – und von daher in jeder SAP-Anwendung verfügbar, die auf SAP NetWeaver aufbaut –, stellt jedoch ein in sich geschlossenes und eigenständiges Produkt dar, um ein Data Warehouse aufzubauen. Von daher ist es bei allen SAP-Kunden in irgendeiner Form präsent. In seiner Verantwortung steht der Zugang zu den Daten – in Form einer geeigneten Modellierung, aber auch der entsprechenden Verarbeitung.

Analyseberechtigungen stellen dabei einen wesentlichen Baustein dar. Sie sichern die Daten vor unbefugtem Zugriff. Dies ist einerseits im Interesse des Unternehmens, implementiert andererseits aber auch gesetzliche Verpflichtungen. Man stelle sich nur vor, welchen Einfluss es hätte, wenn Unberechtigte vorzeitig, d. h. vor der vorgeschriebenen Veröffentlichung der Quartalszahlen eines Unternehmens, an diese Informationen kämen.

Neben dem Schutz der Daten können Analyseberechtigungen jedoch auch eine weitere, seltener wahrgenommene Funktion haben: Sie beschreiben die für einen Benutzer relevanten Ausschnitte aus den Daten. Daher sind sie als Filter nutzbar, werden als solche technisch eingesetzt und können dadurch vermeiden, dass sich ein Benutzer erst durch Unmengen an für ihn unwichtigen Daten arbeiten muss, um auf den Bereich zu stoßen, der für sein Aufgabengebiet von Bedeutung ist. Dies ist eine technische und häufig genutzte Zusatzfunktion.

Der Entwurf und die Definition der Analyseberechtigungen stellen also einen wichtigen Bestandteil der Datenmodellierung in SAP NetWeaver BW dar. Ein gut definiertes Berechtigungskonzept hilft sowohl dem Unternehmen als auch – wie oben beschrieben – den Endnutzern. Aus diesem Grund bin ich sehr froh, dass dieses Buch nun verfügbar ist. Die Autoren selbst haben die hier beschriebenen Konzepte im Produkt entworfen, begutachtet und implementiert. Von daher kann es keine kompetentere Referenz geben. Ich wünsche Ihnen, den Lesern dieses Buches, viele aufschlussreiche Momente und wertvolle Einblicke bei der Lektüre.

Thomas Zurek
Vice President SAP Business Warehouse

Einleitung

Security ist ein Thema von ständig wachsender Bedeutung. Die Datensicherheit in Business-Intelligence-Software ist da keine Ausnahme. Im Gegenteil, besteht hier doch seit geraumer Zeit schon Bedarf an angemessenen Sicherheitsmechanismen zum Schutz der Daten, die oftmals aus dem gesamten Unternehmen zusammengeführt werden. Diese Daten sind aus unterschiedlichen Gründen sehr sensibel und müssen abzusichern sein, ohne das ganze System abzuschließen.

Business-Intelligence-Software wie SAP NetWeaver Business Warehouse (BW) bietet dynamische Sichten auf die multidimensionale Datenhaltung. Oftmals sind die Anforderungen an die Sicherheit dergestalt, dass die Daten in einer Sicht verfügbar sein sollen, in anderen Sichten jedoch nicht. Die Sichten auf die Daten werden interaktiv durch den Anwender verändert. Das unterscheidet die Sicherheitsanforderungen von denen für transaktionale Systeme, für die die Zugriffsberechtigungen anders gebaut sein müssen und typischerweise einmalige Zugriffsberechtigungen sind.

Wir werden in diesem Buch beide Welten diskutieren, da es natürlich auch beide Welten in BW gibt. Die transaktionale Welt der Berechtigungen wird abgebildet durch Berechtigungsobjekte. Die multidimensionale Welt wird in SAP NetWeaver BW durch die Analyseberechtigungen abgebildet, die die früheren Reportingberechtigungen ablösen.

Motivation für das Buch

Die Gründe für die Entstehung dieses Buches sind vielfältig. Es ist das Ergebnis einer ganzen Reihe von Erfahrungen und Erlebnissen der Autoren mit den Berechtigungen im SAP-Umfeld und insbesondere mit den besonders leistungsfähigen und deshalb auch umfangreichen Berechtigungen in SAP NetWeaver BW. Aus verschiedenen Quellen sind Erfahrungen und Rückmeldungen von Anwendern in das Buch eingegangen.

Ganz konkret gehen viele Inhalte des Buches auf eine Vielzahl von Kundenmeldungen zurück, auf Gespräche mit Supportmitarbeitern, Kollegen von der RIG, der Beratung, der SAP-internen Verwendung sowie auf den Austausch mit Kunden auf Konferenzen. Ebenso ist die Erfahrung, die bei der Implementierung von Berechtigungsmodellen oder bei der Optimierung von bestehenden Modellen erworben wurde, in dieses Buch mit eingeflossen.

Die Historie zeigt, dass viele Mitarbeiter ganz unverhofft in die Verantwortung für die Berechtigung stolpern, ohne dass sie große Vorkenntnisse besitzen. Da man bei OLAP-Berechtigungen häufig nicht an die Unterschiede zu transaktionalen Berechtigungen denkt, kann es vorkommen, dass Mitarbeiter der SAP-Basis die Verantwortung für BW-Berechtigungen erben, da sie bereits transaktionale Berechtigungen betreuen. Natürlich gibt es aber auch den Experten für SAP-Berechtigungen und vielleicht auch für die Reportingberechtigungen, der nun die Analyseberechtigungen kennenlernen will.

Wir möchten in diesem Buch beide Enden des Spektrums ansprechen, den Anfänger wie den Experten. Deshalb haben wir die vorliegende Form gewählt.

In vielen Fragen der Beratung wünscht man sich endlich einmal genügend Zeit und Raum für ausführlichere Erklärungen und Beispiele, die die eigentliche Dokumentation sprengen würden. In Reaktionen auf Kundenmeldungen spricht man immer nur einen kleinen Ausschnitt des Themenkomplexes an, noch dazu spezifisch auf das ganz konkrete Problem zugeschnitten. Deswegen sind Antworten aus der Beratung nicht wiederverwendbar, um anderen Kunden zu helfen, die ähnliche Probleme haben. Anders verhält es sich mit diesem Buch: Es können zwar nicht alle Spezialfälle und Probleme abgedeckt werden, doch sollte es mit Hilfe des Buches möglich sein, bestehende Modelle bei Problemen entsprechend zu optimieren bzw. einen richtigen Ansatz bei Neuimplementierungen zu wählen.

Ein weiterer wichtiger Punkt ist, dass reine Beratung nicht Bestandteil des Standardsupports ist. Die meisten Probleme in puncto Berechtigungen stellen allerdings Verständnisschwierigkeiten oder ungeeignete Implementierungen dar und nicht Software-Fehler von SAP NetWeaver BW. Deshalb kam schon vor Jahren der Gedanke auf, ein Buch mit ausführlichen Erklärungen und Beispielen zu allen relevanten Themen zu schreiben. Nach anfänglichen Versuchen im Alleingang durch Peter John ist es uns nun im Zweierteam mit Peter Kiener erfolgreich gelungen, das Projekt umzusetzen.

Wir hoffen, mit diesem Buch viele Nutzer anzusprechen und möglichst vielen SAP NetWeaver BW-Berechtigungsprojekten zum Erfolg zu verhelfen.

Inhalt

Im Anschluss an diese Einleitung finden Sie in Kapitel 1, »*Analyseberechtigungen für Einsteiger: eine praktische Einführung*«, ein spezielles Kapitel für Anfänger im Bereich Berechtigungen, die einen guten Überblick über die Möglichkeiten der Analyseberechtigungen bekommen möchten. Aber auch der Kenner wird in diesem Kapitel mit Sicherheit noch Neues entdecken.

Kapitel 2, »*Berechtigungskonfiguration*«, beschäftigt sich mit den Transaktionen und Benutzeroberflächen im Umfeld der Analyseberechtigungen. Hier finden sich Details, die über Kapitel 2 hinausgehen.

Kapitel 3, »*Standardberechtigungen in SAP NetWeaver BW*«, beschreibt die Standardberechtigungsobjekte und ihre Anwendung in SAP NetWeaver BW. Für einen verantwortlichen Projektleiter oder Berater gehören sie zu den Grundlagen.

Kapitel 4, »*Analyse von Berechtigungsprüfungen und -konfiguration*«, erläutert die Analysemöglichkeiten der Berechtigungen. Das Berechtigungsprotokoll der Analyseberechtigungen nimmt den größten Raum ein, da es sehr viele Details enthalten kann.

Kapitel 5, »*Anforderungsprofile und Lösungsansätze typischer Berechtigungsmodelle in BW*«, hilft, den Teil der Berechtigungen innerhalb eines SAP NetWeaver BW-Projekts umzusetzen. Es werden die unterschiedlichen Modelle der Standard- und Analyseberechtigungen besprochen und deren Realisierung im System gezeigt.

Kapitel 6, »*Berechtigungsmodelle für Reporting und Planung*«, beschäftigt sich mit der Praxis. Auf Basis der bereits erworbenen Kenntnisse werden nun unterschiedliche Berechtigungsszenarien implementiert, und dabei wird nochmals die Theorie wiederholt. Die Modelle reichen von reinen Standardberechtigungen bis hin zum Einsatz komplexerer Analyseberechtigungsmodelle. Sie haben hier die Möglichkeit, parallel zum Buch die Beispiele selbst im System zu implementieren. Es steht entsprechender Demo-Content zum Download unter *www.sap-press.de* bereit. Wie Sie auf diesen Content zugreifen und ihn nutzen können, erfahren Sie in Anhang C.

Kapitel 7, »*Performance*«, beschäftigt sich mit dem Thema Performance und Berechtigungen. Es werden die typischen Performance-Fallen im Zusammenhang mit Analyseberechtigungen dargestellt, und Sie erfahren, wie Sie diese vermeiden können.

Kapitel 8, »*Migration*«, beschäftigt sich mit dem Thema Migration, ausgehend vom alten Ansatz der Reportingberechtigungen. Hier werden die möglichen Szenarien für eine Migration – wie ein kompletter oder teilweiser Neuaufbau der Analyseberechtigungen im Vergleich zu der vom System unterstützten Migration – vorgestellt und verglichen.

Kapitel 9, »*Analyseberechtigungen für Experten*«, ist ein Kapitel für Experten und solche, die es werden wollen. Es beschäftigt sich mit den spezielleren Features der Berechtigungen im Zusammenspiel mit anderen hochkomplexen Bereichen wie Hierarchien, Zeitabhängigkeit, Klammerung und der Optimierung der Berechtigungen, die aber geradezu zwangsläufig in der Praxis auftauchen und für Verwirrung sorgen können.

Kapitel 10, »*Berechtigungen im SAP BusinessObjects Explorer*«, zeigt, wie Berechtigungen mit dem SAP BusinessObjects Explorer funktionieren und in welchem Zusammenhang sie mit SAP NetWeaver BW stehen.

Kapitel 11, »*SAP NetWeaver BW-Berechtigungen und die SAP BusinessObjects Business Intelligence Platform*«, beschäftigt sich mit den Berechtigungen für die BusinessObjects BI-Plattform und der Anbindung von SAP NetWeaver BW-Systemen.

Im *Anhang* des Buches werden einige der häufigsten Fragen beantwortet, die sich jeder schon einmal gestellt hat, der im Umfeld von Berechtigungen arbeitet (Anhang A). Der Anhang enthält außerdem die in Kapitel 2, »Berechtigungskonfiguration«, beschriebenen Generierungsobjekte und die Regeln für die Kombination (Anhang B) sowie die für Kapitel 6, »Berechtigungsmodelle für Reporting und Planung«, benötigten Informationen, um die Datenmodelle mit Hilfe des Demo-Contents selbst im System umsetzen und parallel zum Buch arbeiten zu können (Anhang C).

Motivation und Entstehung der Analyseberechtigungen

SAP NetWeaver BW ist nach der Anfangszeit recht schnell gewachsen und sehr erfolgreich auch in den größten Firmen der Welt eingesetzt worden. Dabei ist das Konzept der Reportingberechtigungen mitgewachsen und hat sein Korsett eigentlich schon lange gesprengt. Die Anforderungen an ein Datensicherheitskonzept lassen sich nur sehr unzulänglich mit den normalerweise üblichen Berechtigungsobjekten des SAP-Konzepts abbilden. Deshalb wurde zu Beginn der Entwicklung von SAP NetWeaver 7.0 entschieden, einen neuen Ansatz zu versuchen, der einer multidimensionalen OLAP-Welt angemessener ist als die Berechtigungsobjekte. Zahlreiche Beschränkungen der Berechtigungsobjekte konnten bei der Neukonzeption beseitigt und durch viel allgemeinere Konzepte ersetzt werden, die genau auf BW zugeschnitten sind.

Das war ein großer Sprung im Gegensatz zur vorangegangenen evolutionären Entwicklung. Das neue Rahmenwerk der Analyseberechtigungen hat sich als extrem erfolgreich für Nutzbarkeit, Wartung, Flexibilität und Erweiterbarkeit herausgestellt. Und bis heute hat kein Kunde bereut, den Sprung zum neuen Konzept gemacht zu haben, auch wenn dieser einen gewissen Initialaufwand bedeutete.

Eine Reihe von speziellen Workshops mit der DSAG (Deutschsprachige SAP-Anwendergruppe) zum Thema BW-Berechtigungen in der frühen Entwicklungsphase ermöglichte einen fruchtbaren Austausch zwischen Anwendern und der Entwicklung bei SAP. Diese Erfahrungen haben unmittelbaren Eingang in die Fortentwicklung der Analyseberechtigungen gefunden.

Danksagung

Wir möchten hier den Kollegen danken, die in den vergangenen Jahren mitgeholfen haben, die neuen Analyseberechtigungen zu einem Erfolg zu machen, allen voran Clemens Rother, dem ehemaligen unermüdlichen Berechtigungsexperten in der IMS. Besonderer Dank gilt auch den Wiener Kollegen im Global Support Center Österreich, besonders Peter Stockinger, der beiden Autoren ein wichtiger, immer geduldiger Ansprechpartner war und ist.

Christoph Lenschow und Maxim Kulakov möchten wir für Hinweise und Unterstützung bei der Überarbeitung der ersten Auflage danken.

Ebenso möchten wir uns besonders bei der Red Rooster IT GmbH in Wien für ihre Zeit und Ressourcen bedanken. Wir hoffen, dass ihr kompetenter Input zu täglichen Herausforderungen der Beratungspraxis diesem Buch zusätzliche Relevanz und Praxisnähe verleiht.

Peter John und **Peter Kiener**

Für Anwender ohne viele Vorkenntnisse in den Bereichen Berechti-
gungen und SAP NetWeaver BW ist es reizvoll, zu ersten Ergebnissen
zu kommen, ohne die gesamte Komplexität der Analyseberechtigun-
gen erfassen zu müssen. Dieses Kapitel führt Sie zügig und Schritt
für Schritt zu typischen Anwendungsbeispielen am System.

1 Analyseberechtigungen für Einsteiger: eine praktische Einführung

Bei allen Versionen bis zum Release SAP Business Information Warehouse
(SAP BW) 3.5 beruhte die gesamte Infrastruktur der BW-Berechtigungen auf
der Infrastruktur, die durch die SAP R/3-Basis definiert wurde. Das bedeutet,
alle Berechtigungsinhalte wurden in Rollen und Profilen abgelegt, deren
Struktur auf Berechtigungsobjekten beruht.

Ab dem Release SAP NetWeaver Business Warehouse 7.0 (zuvor SAP Net-
Weaver BI 7.0) wurde eine vollständig neue Infrastruktur geschaffen: die
Berechtigungen für Analyse und Reporting, kurz *Analyseberechtigungen*.

In diesem Kapitel werden wir die Möglichkeiten des Berechtigungswesens im
Reporting von BW vorführen. Dazu gehören verschiedene Reportingfeatures
wie Intervalle, Hierarchien, Aggregationsberechtigung, Klammerung, mehrdimensionale Berechtigungen, Berechtigungsvariablen und Maskierung.

Vorkenntnisse

Wir setzen wenige Kenntnisse des klassischen Berechtigungswesens voraus. Eine
tiefere Beschäftigung mit dem klassischen Berechtigungswesen ist also für das Verständnis dieses Kapitels nicht notwendig, aber für den täglichen Umgang mit BW
hilfreich und darum empfehlenswert.

1.1 OLAP und Datenberechtigungen

Die Anforderungen an Berechtigungen in Softwaresystemen mit transaktio-
naler OLTP-Logik (OLTP = *Online Transaction Processing*), wie sie etwa in der
Warenwirtschaft verwendet werden, unterscheiden sich von Softwaresyste-

men mit OLAP-Logik in prinzipieller Weise. Unter Systemen mit OLAP-Logik (OLAP = *Online Analytical Processing*) versteht man Systeme mit benutzerabhängigen und interaktiv veränderlichen Sichten auf Daten.

SAP NetWeaver BW umfasst beide Welten und verbindet Lösungen für beide Anforderungen miteinander. Kurz gesagt, ist die Lösung für die OLTP-Berechtigungen technisch identisch mit den bekannten R/3- und NetWeaver-Basis-Berechtigungen. Die Lösung für das OLAP-Umfeld sind die Analyse-berechtigungen. Wir werden uns im Folgenden zwar mit beiden Varianten beschäftigen, der Schwerpunkt wird jedoch bei den vielfältigeren Analyse-berechtigungen liegen.

1.1.1 Vergleich des Berechtigungswesens in OLAP-Systemen und in OLTP-Systemen

Im transaktionalen Umfeld (OLTP = *Online Transactional Processing*) wie in SAP ERP beziehungsweise SAP NetWeaver sind die Anforderungen an ein Berechtigungswesen in der Regel von der Art, dass vor der Ausführung eines Transaktionsschrittes entschieden wird, ob ein Benutzer die erforderlichen Berechtigungen für diese Aktion besitzt oder nicht. Die Prüfung kann die reine Ausführung der Transaktion selbst enthalten, wird jedoch gewöhnlich auf einer feiner granulierten Ebene einzelner Aktivitäten stattfinden.

Die Struktur und die Objekte der Prüfung sind normalerweise vormodelliert und festgelegt. Beispielsweise kann ein Benutzer die Berechtigung für das Anlegen einer Bestellung haben oder nicht und die zugehörige Aktion entsprechend ausführen oder nicht. Berechtigungsobjekte werden in der Regel ausgeliefert. So ist es auch in SAP NetWeaver BW, hier wird eine Reihe BW-spezifischer Berechtigungsobjekte ausgeliefert.

Ausnahme bei Auslieferung von Berechtigungsobjekten

Eine Ausnahme stellt das alte Berechtigungskonzept der Reportingberechtigungen in BW dar, bei dem Kunden selbst Berechtigungsobjekte angelegt haben.

In einem OLAP-System hingegen geht es in der Regel um wenige Transaktionen wie etwa den BEx Query Designer oder die Ausführung einer Query im Web oder im BEx Analyzer. Dahinter verbergen sich jedoch umfangreiche Datenzugriffe auf verschiedene Datenmengen oder auch verschiedene Sichten auf dieselben Daten, die in einer Query definiert sind. Eine transaktionale Berechtigungsprüfung stellt hier nur die prinzipielle Ausführungsbe-rechtigung sicher, während eine nachfolgende OLAP-Berechtigungsprüfung den spezifischen Datenzugriff analysiert und gegebenenfalls den konkreten Zugriff ablehnt.

> **Datenberechtigungsprüfung**
>
> Beispielsweise könnte ein Benutzer berechtigt sein, den Umsatz anzuschauen, der mit Kunde »Meier AG« zur Produktgruppe »Waschmittel« gemacht wurde, jedoch könnte der Zugriff für den Umsatz mit dem Kunden »Meier AG« zur Produktgruppe »Kosmetika« abgelehnt werden. Das alles geschieht in der Regel innerhalb einer einzigen Transaktion.

1.1.2 Berechtigungswesen in SAP NetWeaver BW

Wie bereits erwähnt, enthält BW beide Typen von Berechtigungsprüfungen:

1. Die transaktionale Berechtigungswelt, die über klassische Berechtigungsobjekte modelliert wird; diese Berechtigungsobjekte sind vormodellierter Teil der Auslieferung.

2. Und es gibt in BW die Welt der Zugriffsberechtigungen auf Bewegungsdaten in verschiedensten Kennzahlen, also die OLAP-Welt, die sich aus der Modellierung von BW Querys und der Navigation erschließt.

> **Orientierungshinweis und Vorgehensweise**
>
> Wir werden in Kapitel 3, »Standardberechtigungen in SAP NetWeaver BW«, noch genauer auf die wichtigeren Objekte eingehen. Im vorliegenden Kapitel werden wir für unsere Beispiele nur die nötigsten Objekte wie etwa S_RS_COMP für die Query-Ausführung behandeln.

Die Berechtigungsprüfungen mit Berechtigungsobjekten erfordern zwangsläufig die Verwendung von Rollen beziehungsweise Profilen, die man Benutzern zuordnet. Für die Analyseberechtigungen haben Sie die Wahl, ob Sie Rollen und Profile verwenden oder ganz in der Welt von BW bleiben möchten. Im Normalfall wird man die Analyseberechtigungen immer auch in ein Rollenkonzept einbinden. Wir werden aber beide Möglichkeiten vorstellen.

1.1.3 Vorlagebenutzer, Rolle und Profil

Da man aber insgesamt in BW nicht ohne die Benutzer- und Rollenpflege auskommt – denn es gibt ja immer auch noch klassische Berechtigungsprüfungen –, legen wir als Beispiel einen Benutzer an, der eine Rolle mit einigen zentralen Eigenschaften zugeordnet bekommt. Er soll insbesondere alle Querys ausführen dürfen.

Anmerkung zum Beispielbenutzer

Der R/3-Berechtigungsexperte wird das Vorgehen bereits kennen. Der Beispielbenutzer dient als Vorlagebenutzer für die weitergehenden Beispiele zu den Analyseberechtigungen und sollte deshalb so oder so ähnlich, wie wir es jetzt zeigen, angelegt werden.

Möchte ein Administrator einem seiner Anwender die Berechtigungen für eine bestimmte Aktion geben, so geschieht dies im Normalfall über die Definition einer Rolle.

Berechtigungen für Transaktionen und BW Querys vergeben

Sie möchten einem Benutzer Berechtigungen für die Transaktionen RSRT und SU53 geben. Das sind zwei nützliche Transaktionen für das Testen von Berechtigungen. Dazu verwenden Sie eine vordefinierte Struktur in Form des Berechtigungsobjektes S_TCODE, das für die Überprüfung der Ausführungsberechtigung von Transaktionen zuständig ist.

Außerdem wollen Sie einen Benutzer kreieren, der BW Querys ausführen kann. Sie werden hier erlauben, dass er *alle* BW Querys ausführen darf, aber das ist nicht zwingend. Die Ausführungsberechtigung von Querys wird mit den Berechtigungsobjekten S_RS_COMP und S_RS_COMP1 geregelt.

Profil/Rolle anlegen
Sie starten nun die Transaktion zur Rollenpflege (PFCG) und legen mit dem Button EINZELROLLE eine Rolle mit dem technischen Namen Z_AUTH_BASIS an (siehe Abbildung 1.1).

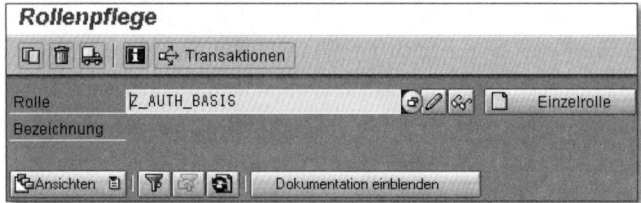

Abbildung 1.1 Rolle anlegen in der Rollenpflege PFCG

Dann geben Sie eine Beschreibung ein und speichern das Ergebnis. Das *Gerüst der Rolle* ist nun fertig.

Wählen Sie anschließend die Registerkarte Berechtigungen aus, die noch mit einer roten Ampel markiert ist. Diese zeigt an, dass noch keine Berechtigungen gepflegt wurden (siehe Abbildung 1.2).

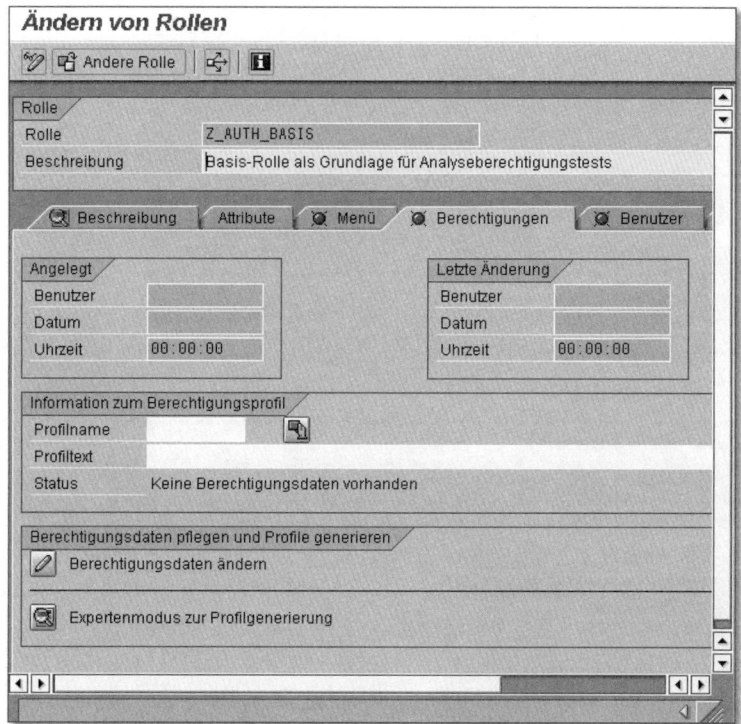

Abbildung 1.2 Änderungsmodus der Rollenpflege

In der Ansicht Ändern von Rollen könnten Profilnamen gewählt werden. Sie ignorieren jedoch die eingabebereiten Felder und klicken auf das Icon ∅ für Berechtigungsdaten ändern. Die Frage, ob Sie sichern möchten, bestätigen Sie. Sie erreichen dann eine Auswahl von Rollen, die als Vorlagen dienen können. Diese Vorlagen ignorieren Sie hier jedoch (siehe Button Keine Vorlage auswählen in Abbildung 1.3).

Stattdessen wählen Sie die manuelle Eingabe (siehe Button Manuell in Abbildung 1.4), und geben in das Feld Berechtigungsobjekt Ihre Berechtigungsobjekte ein, für die Sie Berechtigungen erteilen wollen. In unserem Fall handelt es sich um folgende Berechtigungsobjekte: S_TCODE für Transaktionsberechtigungen, S_RS_COMP und S_RS_COMP1 für die Query-Ausführung (siehe Abbildung 1.4). Die Wertehilfe bietet alle verfügbaren Berechtigungsobjekte.

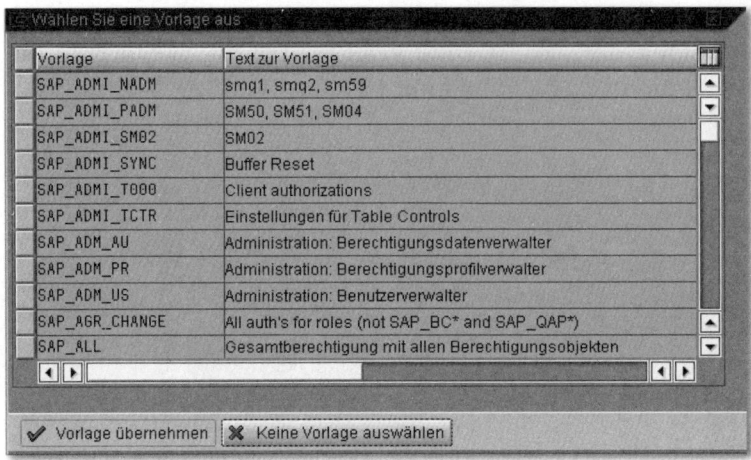

Abbildung 1.3 Vorlageauswahl ablehnen

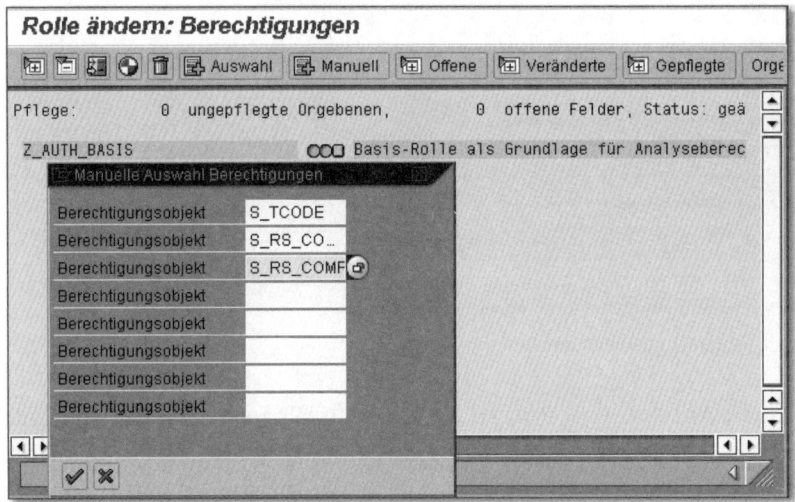

Abbildung 1.4 Manuelle Auswahl eines Berechtigungsobjektes

Sie bestätigen mit ✔ und erhalten eine Listenansicht. Wenn Sie die Hierarchiedarstellung aufklappen (markieren Sie dazu die erste Zeile, und klicken Sie auf den Button 🔽) und im Menüpunkt HILFSMITTEL den Eintrag TECHNISCHE NAMEN EIN anklicken, erhalten Sie eine Darstellung wie in Abbildung 1.5 und Abbildung 1.7 (mit technischen Namen).

Sie können nun die konkreten Werte eintragen, die Sie berechtigen wollen. Diese Werte bestehen in unserem geplanten Beispiel aus den Namen der Transaktionen, nämlich RSRT und SU53, sowie den Einträgen für S_RS_

COMP und S_RS_COMP1. Wenn Sie das Bleistift-Icon anklicken, können Sie mit der Eingabe beginnen. Für die Aktivität (siehe Abbildung 1.6) benötigt unser Testuser nur 16, also AUSFÜHREN. Für alle anderen Felder tragen Sie einfach GESAMTBERECHTIGUNG ein, es sei denn, Sie möchten den Benutzer stärker einschränken, beispielsweise auf einen oder mehrere InfoCubes oder bestimmte InfoAreas. Die gelben Stern-Icons ändern sich bei korrekter Eingabe in grüne Stern-Icons. Das Ergebnis sollte aussehen wie in Abbildung 1.7.

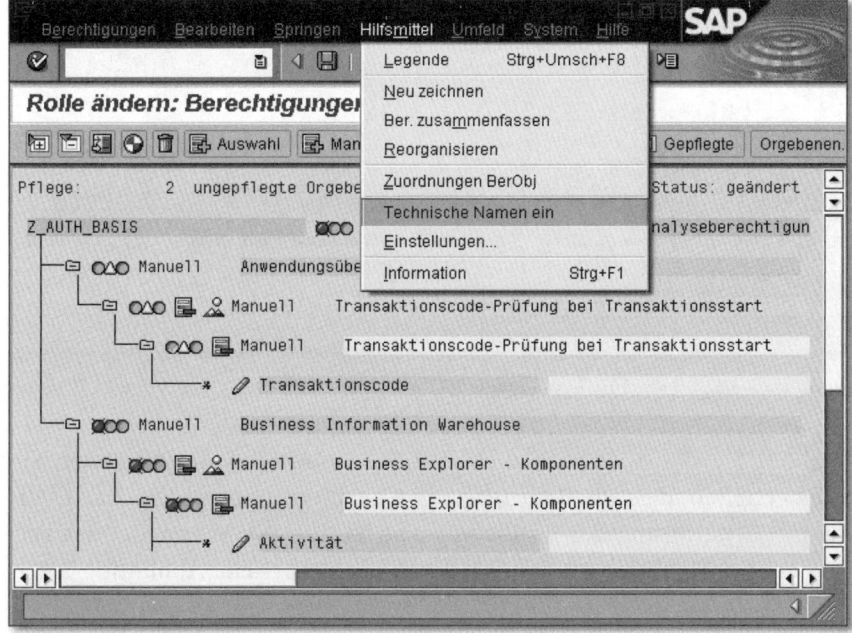

Abbildung 1.5 Berechtigungen pflegen

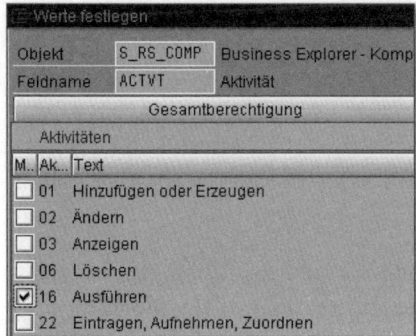

Abbildung 1.6 Eingabe der berechtigten Werte für die Aktivität

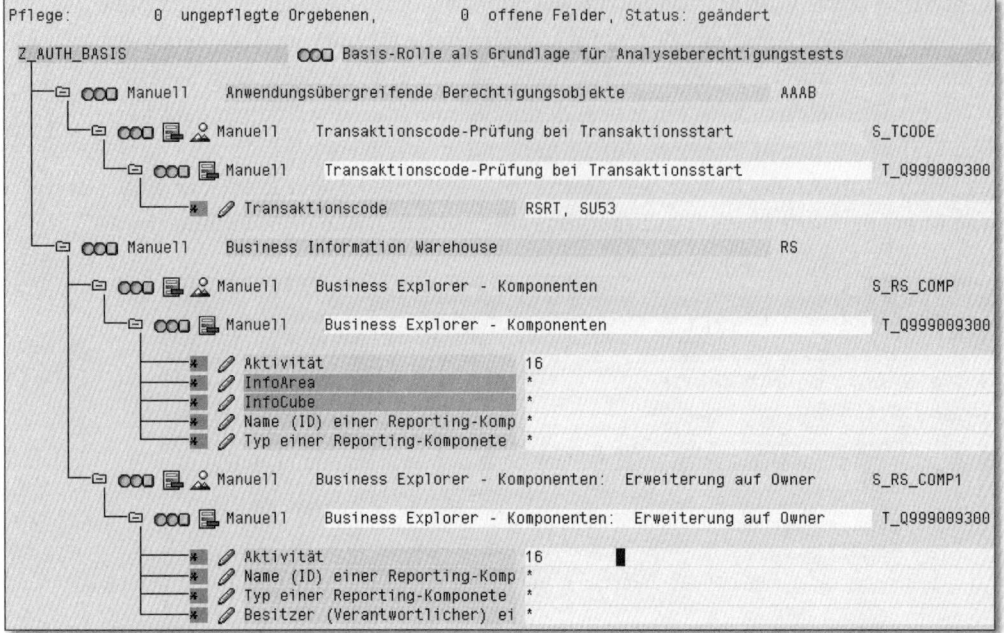

Abbildung 1.7 Fertige Berechtigungsvergabe

Nun sollten Sie das Speichern nicht vergessen. Anschließend müssen Sie noch sicherstellen, dass die Berechtigungen auch erzeugt werden. Dazu starten Sie die Generierung des Profils mit dem Button . Wenn Sie dies vergessen, werden Sie durch ein Pop-up daran erinnert (siehe Abbildung 1.8).

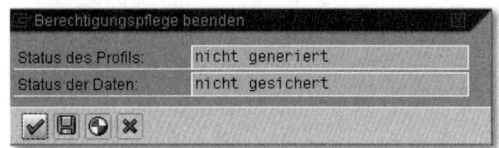

Abbildung 1.8 Profil speichern und generieren

Dann haben Sie noch einmal die Möglichkeit, den Namen des Profils zu ändern, falls erwünscht, um etwa eine passendere Beschreibung zu wählen (siehe Abbildung 1.9).

Bestätigen Sie den automatischen Vorschlag für den Profilnamen, der meist mit »T_« beginnt. Damit enthält die Rolle ein Profil mit der Berechtigung RSRT und SU53 für den Transaktionscode S_TCODE sowie die Ausführungsberechtigung für Querys.

Abbildung 1.9 Profilname und -beschreibung

Rolle einem Benutzer zuweisen

Diese Rolle möchten Sie nun einem Benutzer zuweisen, der uns als Vorlagebenutzer dienen soll. Dazu starten Sie die Benutzerpflege mit der Transaktion SU01 und geben einen Benutzernamen ein (siehe Abbildung 1.10).

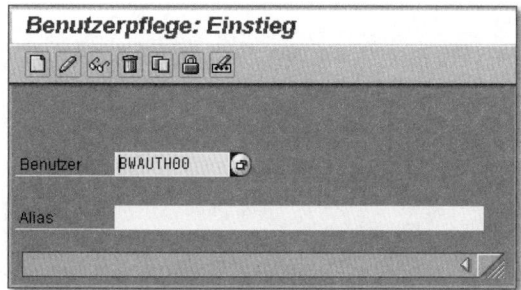

Abbildung 1.10 Einstieg in die Benutzerpflege SU01

Mit ANLEGEN gelangen Sie in die Detailpflege, in der die Pflichteingabefelder der Registerkarten ADRESSE und LOGONDATEN ausgefüllt werden müssen. Das ist weitgehend selbsterklärend. Wichtiger ist die Registerkarte ROLLEN. Dort werden die Rollen eingetragen, die dem Benutzer zugeordnet werden sollen, in unserem Falle also Z_AUTH_BASIS. Nach Betätigen der ⏎-Taste wird die Rolleninformation übernommen (siehe Abbildung 1.11).

Wenn Sie nun noch auf die Registerkarte PROFILE gehen, finden Sie dort das Profil zu der Rolle, das die eigentlichen Berechtigungen enthält (siehe Abbildung 1.12).

Das Symbol 🌐 deutet an, dass das Profil generiert worden ist. Zum Abschluss das Speichern nicht vergessen!

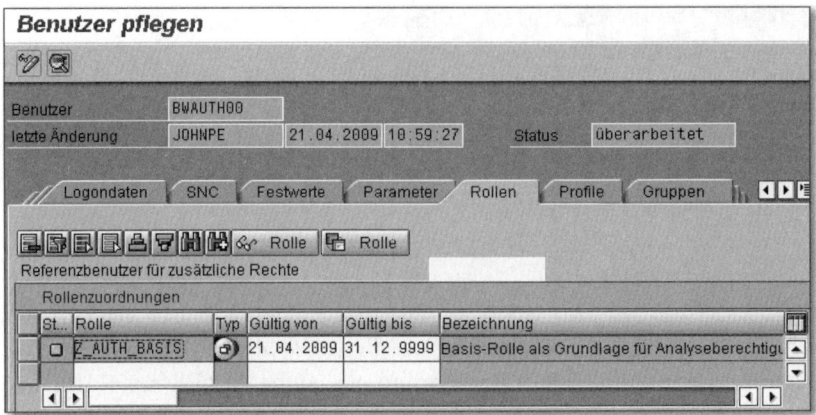

Abbildung 1.11 Rollenvergabe in der Benutzerpflege

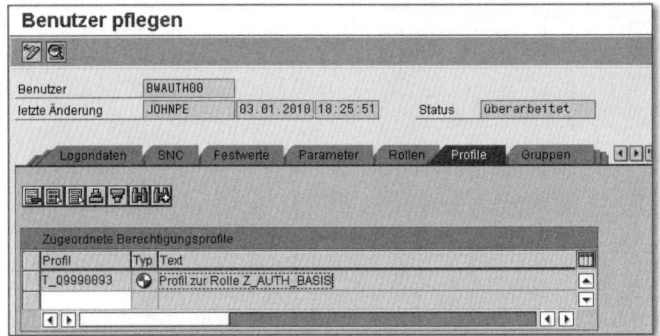

Abbildung 1.12 Profil zur Rolle Z_AUTH_BASIS

Zusammenfassung

Allgemein kann man, etwas vereinfacht, Folgendes festhalten:

Für klassische R/3-Berechtigungen gilt, dass – um die Berechtigung für einen bestimmten Vorgang zu erhalten – einem Benutzer eine Rolle mit einem Profil zugeordnet werden muss. Das Profil enthält konkrete Ausprägungen der Felder als Berechtigungen zu einem Berechtigungsobjekt.

Die Berechtigungsobjekte unseres Beispiels für die Vorlage sind S_TCODE, S_RS_COMP und S_RS_COMP1. Der Profilname wurde generiert (der technische Name beginnt in der Regel mit »T_«). Die Berechtigung enthält die konkrete Ausprägung SU53 für das Feld TCD (Transaktionscode).

Das Berechtigungsobjekt S_TCODE ist natürlich unabhängig von SAP NetWeaver BW und eines der wichtigsten Objekte überhaupt. Außerdem ist es sehr einfach gestrickt, da es nur ein Feld für den Transaktionscode enthält.

Alle Berechtigungsobjekte der SAP-Landschaft funktionieren analog, können aber mehrere Felder enthalten (theoretisch bis zu zehn).

Bedeutung des Profils

Allgemein ist zu beachten, dass die Information über die Berechtigungen eines Benutzers in den Profilen steht, nicht in der Rolle. Dass die Rolle das entscheidende Objekt sei ist ein häufiges Missverständnis. Es kann beispielsweise sein, dass zwar eine Rolle eingetragen ist, das zugehörige Profil aber fehlerhaft ist, etwa weil es nicht generiert wurde.

Die Situation kann zusätzlich noch dadurch unübersichtlicher werden, dass es eine zentrale Benutzerverwaltung gibt. Darauf werden wir hier jedoch nicht weiter eingehen.

Der Experte weiß natürlich auch, dass man speziell Berechtigungen für Transaktionen, also zum Berechtigungsobjekt S_TCODE, über einen eigenen Menüpunkt in der Rollenpflege vergeben kann. Allgemein kann man häufig bestimmte wichtige Berechtigungskombinationen einfacher vergeben, als hier dargestellt. Wir sind jedoch den »langen Weg« gegangen, weil dieser für die kundeneigenen Modelle der BW-Berechtigungen wesentlich ist. Das galt in noch größerem Maße für die alten *Reportingberechtigungen*, gilt aber auch für die Rollenanbindung der *Analyseberechtigungen*.

Transaktionen ausführen

Unser Beispielbenutzer BWAUTH00 hat noch nicht sehr viele Berechtigungen, aber er darf sich nun am System anmelden und nachsehen, welche Berechtigungsprüfung bei ihm selbst zuletzt fehlgeschlagen ist.

Lassen wir ihn also testweise die Transaktion PFCG ausführen, zu der er nicht berechtigt ist. Er erhält eine Fehlermeldung. Anschließend lassen wir ihn die Transaktion SU53 ausführen, zu der er nun berechtigt ist. Der Meldungstext informiert uns, dass dem Benutzer die Berechtigungen für die Transaktion PFCG fehlt. Wenn wir also möchten, dass er diese Transaktion ausführen darf, können wir ihm auch diese Berechtigung zuordnen.

Eine fehlgeschlagene klassische Berechtigungsprüfung kann mit Ausführen der Transaktion SU53 analysiert werden, die anzeigt, welche Berechtigungskombination getestet wurde. Ein häufiges Missverständnis ist die Annahme, dass die Transaktion SU53 auch für BW-Datenberechtigungen, also für die Analyseberechtigungen funktioniere. Diese Annahme ist falsch:

Fehlgeschlagene Berechtigungsprüfungen mit der Transaktion SU53 analysieren

Die Transaktion SU53 hat für die Analyseberechtigungen *keine* Bedeutung, alle vermeintlichen Einträge gehen auf einen technischen Seiteneffekt zurück.

Die Prüfungen der Analyseberechtigungen laufen nämlich *nicht* über den ABAP-Befehl `authority-check`. Sie sind viel komplexer und ganz anders strukturiert. Die Transaktion SU53 wäre dafür ungeeignet. Wir kommen später noch mehrmals darauf zurück. Es gibt aber ein ausführliches Berechtigungsprotokoll, mit dem wir uns auch beschäftigen werden (siehe Abschnitt 4.2, »Das Berechtigungsprotokoll«).

1.2 Erste Schritte mit Analyseberechtigungen

SAP NetWeaver BW ist nicht nur ein Datenspeicher im Sinne eines Data Warehouses oder eines Warehouse Management Tools, sondern auch ein OLAP-Analysewerkzeug. Die gesamte Struktur von BW ist auf die performante Analyse von Massendaten ausgelegt. Die Analyse geschieht interaktiv in Form von Reports oder *BW Querys.* Die Sichten oder *Aufrisszustände* der Querys auf die Daten sind interaktiv durch *Slice-*, *Dice-* und *Filter*-Aktionen des Anwenders veränderlich.

Nehmen wir als Beispiel eine der möglichen Sichten auf einen BW-InfoProvider, die der Vorstellung des Anwenders sehr nahekommt: eine Tabelle. Nehmen wir also an, die Daten sind als Umsatz- und Stückzahldaten in Form einer Tabelle abgelegt (siehe Tabelle 1.1).

Jahr	Land	Typ	Vertriebs-kanal	Produkt-gruppe	Produkt	Anzahl (Stück)	Umsatz (Euro)
1998	DE	Software	Internet	Office	Write1.0	730	6.763
1998	DE	Software	Vertreter	Office	Write1.0	780	3.866
1998	DE	Software	Internet	Office	Write1.0	420	2.500
1998	IT	Software	Internet	OS	Linux	250	3.000
1998	IT	Software	Einzelhandel	OS	Linux	450	5.230
1998	IT	Hardware	Vertreter	PC	PC2000	100	12.345

Tabelle 1.1 Beispieldatensatz in vollständiger Tabellenform

Jahr	Land	Typ	Vertriebs- kanal	Produkt- gruppe	Produkt	Anzahl (Stück)	Umsatz (Euro)
1998	IT	Hardware	Einzelhandel	PC	PC2000	50	4.860
1998	IT	Hardware	Internet	PC	PC2000	70	7.800
1998	DE	Software	Einzelhandel	OS	Linux	970	9.200

Tabelle 1.1 Beispieldatensatz in vollständiger Tabellenform (Forts.)

Nun interessieren uns beispielsweise nur der Umsatz und die Stückzahlen, die mit Produkten in Deutschland im Jahre 1998 gemacht wurden, also der dunkel hervorgehobene Bereich in Tabelle 1.1. Als Ergebnis erwarten wir einen Report, wie ihn Tabelle 1.2 darstellt.

Jahr	Land	Anzahl/Stück	Umsatz/Euro
1998	DE	2.900	22.329

Tabelle 1.2 Berichtsergebnis mit Selektion 1998 und DE

Unsere *Selektion* lautet also »alle Umsätze und Stückzahlen des Jahres 1998 für das Land Deutschland«. Alle anderen Details sind in dieser Sicht unwichtig. Über die *Kennzahlen* aller anderen Merkmalsausprägungen von Typ, Vertriebskanal, Produktgruppe und Produkt wird einfach summiert (oder allgemein *verdichtet* oder *aggregiert*).

Das heißt zum Beispiel, dass wir über alle Vertriebskanäle aggregiert haben, die in unserer Tabelle beziehungsweise eigentlich in dem InfoProvider vorkommen. Dies wird bei der Berechtigungsvergabe noch von Bedeutung sein, nämlich bei der Vergabe der *Aggregationsberechtigung*.

Die Selektion über die beiden Merkmale Jahr und Land kann als eine zweidimensionale Selektion aufgefasst werden. Der Begriff der *Mehrdimensionalität* bei Selektionen wird noch ausführlicher in Abschnitt 1.4.4, »Mehrdimensionale Berechtigungen«, behandelt und sollte keinesfalls mit dem Begriff der *Dimension* in einem BW-InfoProvider verwechselt werden. Der InfoProvider fasst ja bestimmte inhaltlich ähnliche Merkmale als Dimension zusammen, um Datenablage und Zugriff zu optimieren.

Wir wollen uns nun mit der Beschränkung des Zugriffs auf transaktionale Daten beschäftigen, die durch die Möglichkeiten der Reportingberechtigungen verfügbar sind.

> **Begriff »Dimension«**
>
> Andere Hersteller sprechen in diesem Zusammenhang jedoch durchaus von Dimension, wenn sie ein Merkmal im Sinne von SAP NetWeaver BW meinen. Auch wir meinen hier beim Begriff *Dimension* immer ein Merkmal und nicht die Dimension eines InfoProviders.

Zunächst einmal ist Folgendes zu klären: Die Beschränkung der Daten und damit die Berechtigungsvergabe mit Analyseberechtigungen bezieht sich auf die Beschränkung der transaktionalen oder Bewegungsdaten und *nicht* auf die Stammdaten.

Ein häufiges Missverständnis ist die Annahme, BW-Berechtigungen würden den Zugriff auf die Stammdaten regeln. Das ist falsch. Für den Zweck der Stammdatenbeschränkung gibt es das Berechtigungsobjekt S_TABU_LIN, das unabhängig vom BW-Reportingberechtigungswesen benutzt werden kann. Beschränkungen beziehungsweise Berechtigungen über das Berechtigungsobjekt S_TABU_LIN werden jedoch auch im Kontext der Analyseberechtigungen berücksichtigt, etwa bei Wertehilfen. Sie werden jedoch nur sehr selten benötigt. Im Allgemeinen ist die Wirkung der Beschränkungen durch die Analyseberechtigungen ähnlich wie eine Stammdatenbeschränkung: Es werden nur die Merkmalswerte angezeigt, für die auch Bewegungsdaten berechtigt sind. In einigen exotischen Fällen jedoch kann der Unterschied wichtig werden. Bei mehrdimensionalen Aufrissen in Querys wird der Unterschied z. B. deutlich.

1.2.1 Überblick – Benutzer, Query und Berechtigung anlegen

Nun wollen wir einmal ein vollständiges Szenario mit einem Benutzer, seinen Berechtigungen und einer Query, die er ausführen soll, aufbauen.

Allgemein muss ein Benutzer, der eine bestimmte Query auf einem bestimmten InfoProvider ausführen möchte, drei grundsätzliche Typen von Berechtigungen zugeteilt bekommen:

1. Berechtigungen für die Ausführung einer Query; dies wird über die Berechtigungsobjekte S_RS_COMP und S_RS_COMP1 geregelt.
2. Berechtigungen für den Zugriff auf die Kombination aus InfoProvider, Aktivität und Gültigkeit der Berechtigung zum Ausführungszeitpunkt
3. Berechtigung für die Bewegungsdaten, die durch eine Kombination der Stammdaten selektiert wird

Schlägt eine dieser drei Stufen bei der Prüfung fehl, werden die nachfolgenden Prüfungen nicht mehr ausgeführt.

Vorlagebenutzer kopieren

Als Benutzer dient uns der eigens angelegte Benutzer AUTHBW00, den wir zunächst einmal auf den Benutzer AUTHBW01 kopieren. Da wir den Vorlagebenutzer ja schon entsprechend angelegt haben, ist damit die erste Hürde bereits genommen: die Vergabe der Berechtigungen zum ersten Punkt. Der Benutzer darf bereits alle Querys ausführen. Und er darf dies auch im SAP GUI in der Testtransaktion RSRT.

Die Kopie wird in der Benutzerpflege-Transaktion SU01 angelegt (oder über die Transaktion RSECADMIN • BENUTZER • BENUTZERPFLEGE). Dort geben Sie den Benutzernamen ein und drücken den Button [⬚] zum Kopieren (siehe Abbildung 1.13).

Auf diese Weise werden wir im Folgenden immer vorgehen, so dass wir uns auf die Analyseberechtigungen konzentrieren können.

Abbildung 1.13 Kopieren des Vorlagebenutzers nach AUTHBW01

1.2.2 Merkmale berechtigungsrelevant machen

Bevor nun eine Berechtigung angelegt werden kann, muss noch entschieden werden, was denn überhaupt schützenswert ist. SAP NetWeaver BW ist eine Sammlung von Werkzeugen für die Modellierung durch seine Kunden. Es kann also nicht im Vorfeld festgelegt werden, welche Merkmale schützenswert sind, es sei denn, alle Merkmale wären automatisch schützenswert und damit berechtigungsrelevant. Das ist jedoch auch nicht sinnvoll.

Stattdessen kann der Kunde selbst entscheiden, welche Merkmale er als berechtigungsrelevant ansieht, und dies in der Transaktion für die Info-Object-Pflege RSD1 einstellen (siehe Abbildung 1.14).

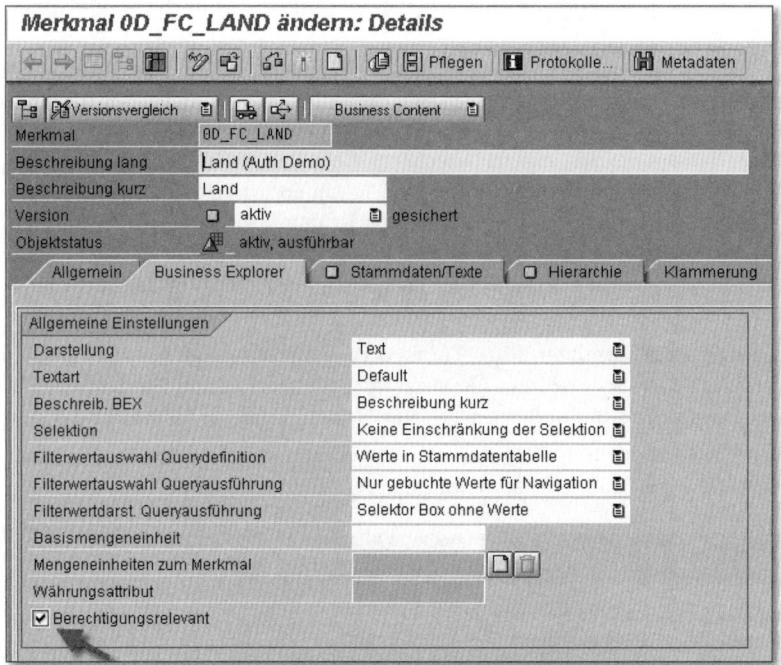

Abbildung 1.14 Berechtigungsrelevanz in der Merkmalspflege (Transaktion RSD1) setzen

Beachten Sie, dass Navigationsattribute eigene Merkmale sind und auch unabhängig vom Merkmal berechtigungsrelevant gemacht werden können. Dazu gibt es eine eigene Spalte Berechtigungsrelevanz auf der Registerkarte Attribute der Merkmalspflege (siehe Abbildung 1.15). Sie setzen hier aber die Navigationsattribute *nicht* berechtigungsrelevant.

Diese Merkmale werden dann in der Berechtigungsprüfung gegen die Berechtigungen verprobt. Das hat gewisse Tücken, wie wir im nächsten Abschnitt demonstrieren werden. Hat man diese Schwierigkeiten aber erst einmal erkannt und das Prinzip verstanden, stellen sie keine große Hürde mehr dar.

Für unser Beispiel möchten wir zunächst einmal Jahr (0CALYEAR) und Land (0D_FC_LAND) berechtigungsrelevant machen, da wir hier nicht jedem Benutzer die Ansicht aller Kennzahlwerte ermöglichen wollen.

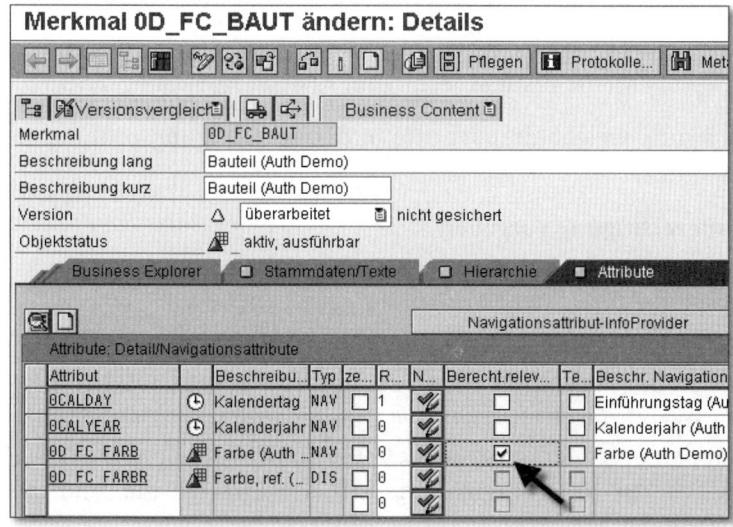

Abbildung 1.15 Setzen der Berechtigungsrelevanz für Navigationsattribute

1.2.3 Berechtigung anlegen

Widmen wir uns nun dem Aufbau einer Berechtigung, die ein Benutzer benötigt, der unsere Beispiel-Query ausführt. Wir wollen unserem Beispiel-benutzer nur die Berechtigung für das Jahr 1998 und das Land Deutschland (DE) geben.

Starten Sie dazu die Berechtigungspflege aus der Transaktion RSECADMIN, Registerkarte BERECHTIGUNG, Button PFLEGEN.

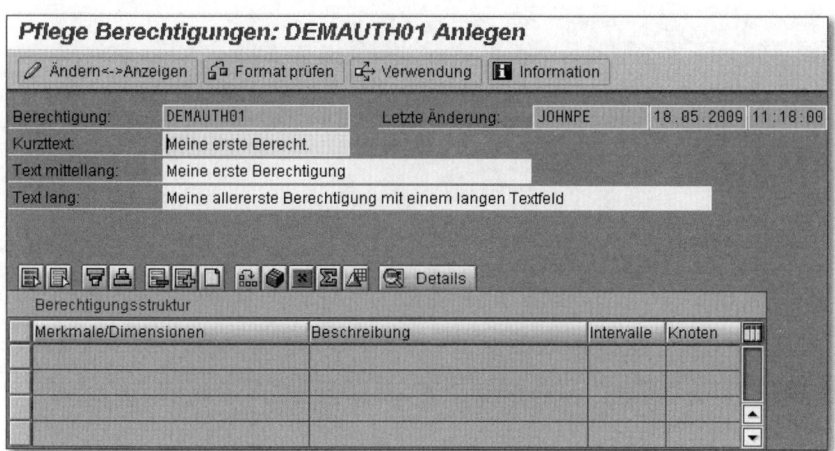

Abbildung 1.16 Berechtigung anlegen

Sie wollen Ihre Berechtigung »DEMAUTH01« nennen. Mit dem Button ANLEGEN 🗋 gelangen Sie in die Übersicht. Als Erstes geben Sie einen Kurztext an, zum Beispiel »Meine erste Berechtigung« (siehe Abbildung 1.16).

Erinnern Sie sich nun, welche drei Schritte in der Berechtigungsprüfung zu berücksichtigen sind.

1. **Ausführungsberechtigung vergeben**

   Als Erstes mussten Sie die Ausführungsberechtigung der Query vergeben, was beim Beispielbenutzer per Konstruktion geschehen ist.

2. **InfoProvider, Aktivität und Gültigkeit klären**

   Als Zweites muss der Zugriff mit einer bestimmten Aktivität auf den Info-Provider zum Ausführungszeitpunkt der Query gültig sein. Diese Bedingung wird mit den drei Spezialmerkmalen 0TCAIPROV für den InfoProvider, 0TCAACTVT für die Aktivität und 0TCAVALID für die zeitliche Gültigkeit abgebildet.

   Üblicherweise wird für die Aktivität »Lesen« eingestellt (Wert »03«), die Gültigkeit soll meist »immer gültig« sein und der InfoProvider-Zugriff auf den spezifischen InfoProvider oder »alle InfoProvider« (Wert »*«) eingestellt werden. Dazu gibt es in der Berechtigungspflege den Button SPEZIAL-MERKMALE EINFÜGEN 🔧. Mit seiner Hilfe werden die drei Spezialmerkmale eingefügt und mit Standardwerten berechtigt.

   Das Ergebnis sehen Sie in Abbildung 1.17 anhand der Meldung »Spezialmerkmale wurden ergänzt«.

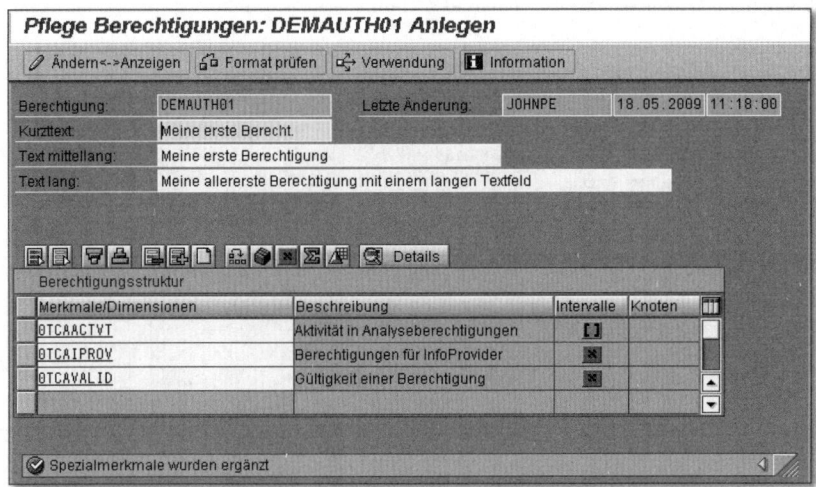

Abbildung 1.17 Spezialmerkmale für InfoProvider (0TCAIPROV), Aktivität (0TCAACTVT) und Gültigkeit (0TCAVALID)

Sie sehen verschiedene Symbole in der Übersicht:

▸ Das Symbol ▨ deutet die Gesamtberechtigung (*) an. Diese Art von Symbolen kennen Sie sicher aus anderen Transaktionen in BW.

▸ Dann sehen Sie vielleicht auch das Symbol 【】 für Intervalle oder einen Einzelwert. Und in der Tat werden Sie beim Klicken auf dieses Symbol in der Detailpflege den Einzelwert sehen, der sich dahinter verbirgt.

Bei der Aktivität ist dies der Wert »I EQ 03« für Anzeigen. Entsprechend findet sich beim Merkmal für den InfoProvider 0TCAIPROV der Ausdruck »I CP *« für die Gesamtberechtigung. Hier können Sie den Zugriff nun auf den spezifischen InfoProvider 0D_FC_C04 anpassen. Nach der Rückkehr in die Übersicht der Merkmale erscheint auch hier das Intervallsymbol.

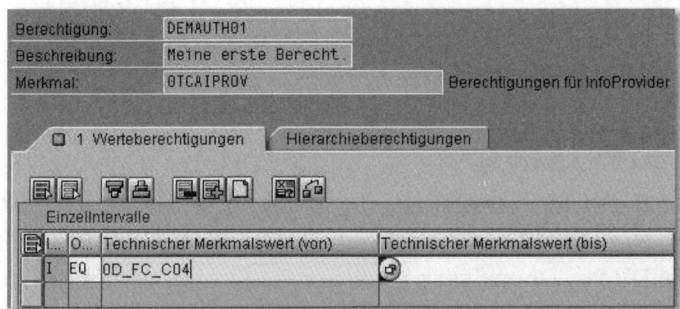

Abbildung 1.18 Einschränkung des InfoProvider-Zugriffs auf 0D_FC_C04

3. Datenberechtigungen vergeben

Als Drittes werden nun die eigentlichen Datenberechtigungen vergeben. Da Sie bisher nur die beiden Merkmale für Land und Jahr berechtigungsrelevant gemacht haben, wissen Sie, dass auch nur sie eine Rolle spielen. Später können vielleicht weitere Merkmale hinzukommen. Damit Sie diese nicht alle auswendig wissen müssen, gibt es eine nützliche Eingabehilfe, die automatisch alle berechtigungsrelevanten Merkmale eines vorgegebenen InfoProviders anbietet. Der Button mit dem InfoProvider-Icon ▣ öffnet einen Dialog, der Ihnen alle berechtigungsrelevanten Merkmale anbietet, die Sie in die Berechtigung übernehmen können (siehe Abbildung 1.19).

Möchten Sie einmal nicht alle Merkmale übernehmen, ändern Sie einfach die Auswahl. Es stehen die Optionen zur Wahl, gleich die Gesamtberechtigung zu vergeben (Icon ▨) oder aber die Aggregationsberechtigung, die wir noch besprechen (Icon ∑).

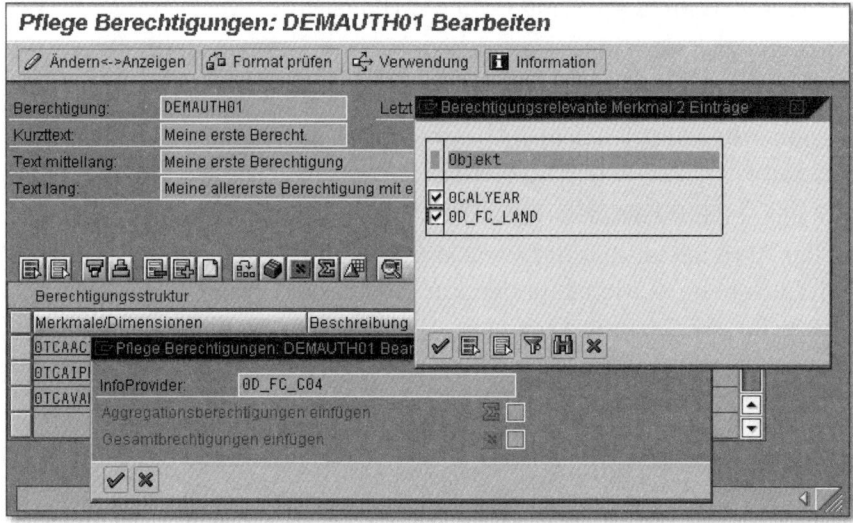

Abbildung 1.19 Dialog zur Übernahme der berechtigungsrelevanten Merkmale des InfoProviders

Sie wählen keine der beiden Optionen, fügen aber alle Merkmale in die Berechtigung ein. Nun fehlen noch die Symbole für Jahr (0CALYEAR) und Land (0D_FC_LAND). Per Doppelklick gelangen Sie in die Detailpflege und geben »1998« beziehungsweise »DE« ein. Ein kurzer Klick auf PRÜFEN (Icon) ergänzt die Option EQ für Einzelwert.

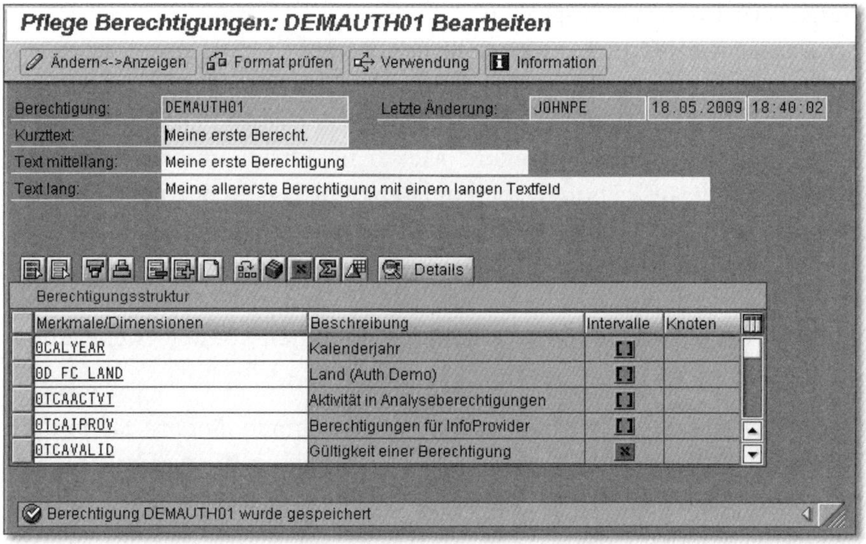

Abbildung 1.20 Übersicht über die vollständige Berechtigung

Wenn Sie die Berechtigung nun speichern (siehe Abbildung 1.20), ist Ihre erste Analyseberechtigung fertig.

1.2.4 Query anlegen

Nun definieren wir eine passende Query, die entsprechend zu der Selektion des Tabellenbeispiels passt, nämlich mit dem Land DE (Deutschland) und dem Jahr 1998. Diese werden wir zunächst für einen Power-User mit vielen Berechtigungen ausführen und dann das Design der Query an die Anforderungen seitens der Berechtigungen anpassen.

Sie verwenden also den InfoProvider mit dem Namen 0D_FC_C04 aus dem mitgelieferten Szenario. Mit dem Query Designer legen Sie eine Query an, die Land und Kalenderjahr im Aufriss hat. Nennen Sie sie BWAUTH_Q01 (siehe Abbildung 1.21).

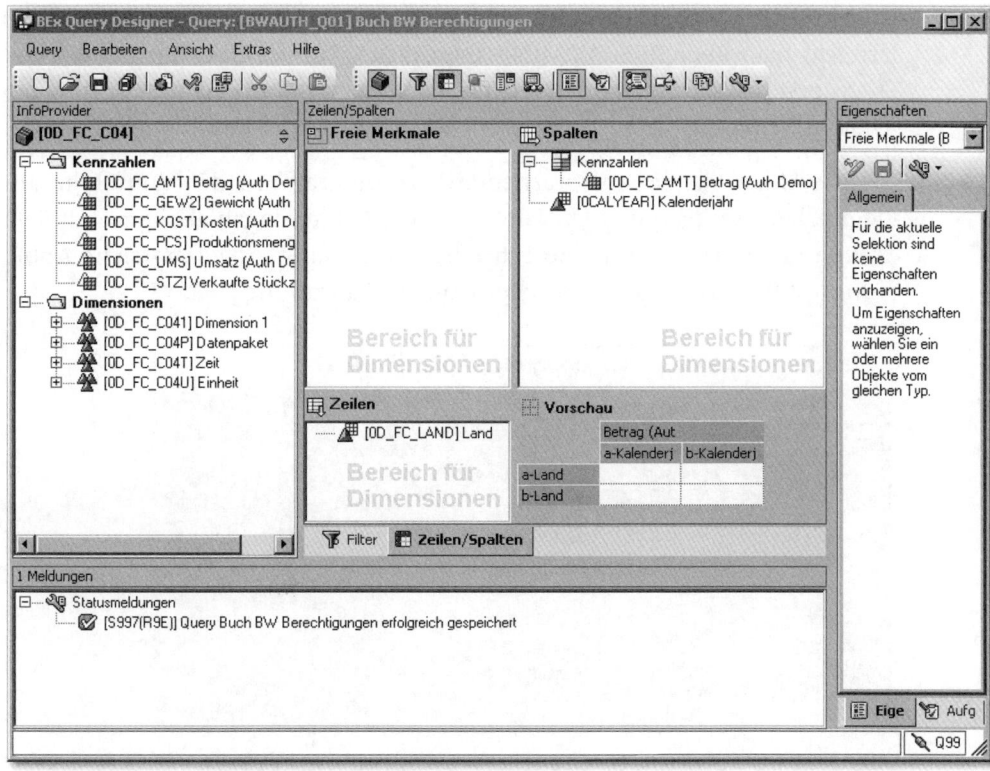

Abbildung 1.21 Beispiel-Query mit Land und Jahr im Aufriss

> **Hinweis zur Datengrundlage**
>
> Mit diesem Buch wird ein vollständiges InfoProvider-Szenario mit Daten zur Verfügung gestellt, das Sie in ein beliebiges Testsystem einspielen können.
>
> Auf dieses Zusatzmaterial können Sie unter *www.sap-press.de* zugreifen – unter Angabe des Registrierungscodes, den Sie auf der blauen Umschlagseite zu Beginn des Buches finden.

Diese Query können Sie nun als Power-User ausführen und das Ergebnis anschauen. Im folgenden Abschnitt werden wir verschiedene Werkzeuge für die Ausführung als eingeschränkt berechtigter Benutzer und die Analyse von Berechtigungsszenarien vorstellen.

1.2.5 Zuordnung zu Benutzern

Jetzt müssen Sie die neue Berechtigung noch einem Benutzer zuordnen. Die zugehörige Transaktion ZUORDNUNG BENUTZER BERECHTIGUNGEN (RSU01) erreicht man über RSECADMIN • BENUTZER • ZUORDNUNG. Im Bereich der Registerkarte MANUELL ODER GENERIERT können Sie die neue Berechtigung DEMAUTH01 ergänzen.

Dazu wählen Sie die entsprechende Berechtigung mit der Wertehilfe aus oder geben den technischen Namen direkt in dem Eingabefeld ein. Mit dem Button EINFÜGEN wird die Berechtigung in die Liste eingefügt (siehe Abbildung 1.22). Anschließend speichern Sie die Zuordnung.

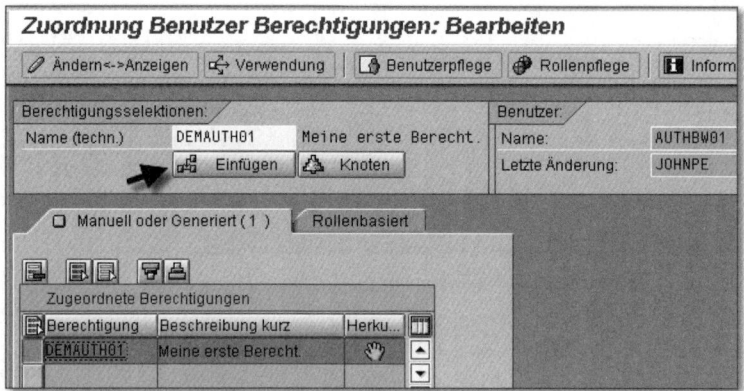

Abbildung 1.22 Zuordnung einer Berechtigung zu Benutzer AUTHBW01

Auch wenn im Allgemeinen mit Rollen gearbeitet wird, werden wir in den einführenden Beispielen des Kapitels die einfachere Zuordnung von BW wählen. Dies bietet sich gerade für einfache Tests an und ist ein unumgängliches Werkzeug, sobald Berechtigungen generiert werden.

In der BW-Übersicht hat man, anders als in der Basis-Benutzerpflege, immer den vollständigen Überblick über alle Analyseberechtigungen, die einem Benutzer zugeordnet wurden. Die direkt zugeordneten Berechtigungen werden ebenso aufgeführt wie die rollenbasierten Berechtigungen. Dazu dient die zweite Registerkarte ROLLENBASIERT, die alle über Rollen und Profile zugeordneten Berechtigungen auflistet. Diese Zuordnung kann man naturgemäß nicht ändern, da dies in der Benutzerpflege SU01 geschieht. Wie man überhaupt Berechtigungen mit Hilfe von Rollen zuordnet, werden wir in Kapitel 2, »Berechtigungskonfiguration«, besprechen. An dieser Stelle benötigen wir diesen Mechanismus nicht.

1.3 Ausführung und Fehleranalyse

Der Normalfall beim Aufbau von Reporting- und Analyseszenarien mit Berechtigungsrelevanz ist die Arbeitsteilung zwischen dem Administrator in der IT-Abteilung und einem Endanwender einer Geschäftsabteilung mit eingeschränkten Datenberechtigungen.

Nun ist es notwendig, dass der Administrator die Funktion der von ihm entworfenen Querys, Planungsmappen und anderen berechtigungsrelevanten Szenarien auf ihre Funktion testen kann, bevor er sie für den Endanwender freischaltet. Aber natürlich wird er nur in den seltensten Fällen das Passwort des eingeschränkt berechtigten Benutzers erhalten, um sich damit am System anzumelden und die gewünschte Query zu testen. Das ist normalerweise unerwünscht und ein großes Sicherheitsrisiko. Deswegen gibt es die Möglichkeit, einige Transaktionen zwar als ein Administrator auszuführen, jedoch mit den Berechtigungen des eingeschränkten Benutzers.

1.3.1 Ausführung für eingeschränkte Benutzer

Diese Funktion findet sich in der Transaktion RSECADMIN in der Feldgruppe ANALYSE unter AUSFÜHREN ALS... oder direkt in der Transaktion RSUDO. Im Startbildschirm (siehe Abbildung 1.23) selbst können Sie dann den »fremden« Benutzer, im Beispiel AUTHBW01, in das Feld AUSFÜHREN ALS ANWENDER eingeben.

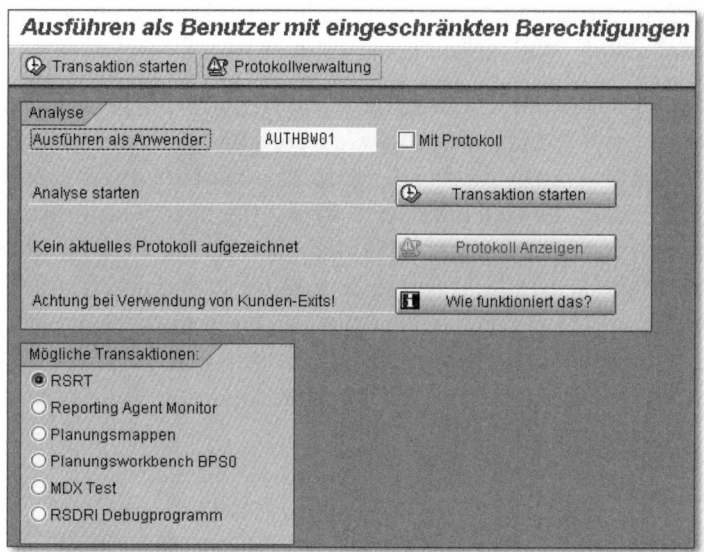

Abbildung 1.23 Ausführen als anderer Benutzer AUTHBW01

Hat der Administrator ausreichende Rechte, kann er für andere Benutzer, also zum Beispiel für einen Endanwender der entworfenen Query, testen, ob die Query das gewünschte Ergebnis liefert. Er muss sich dafür nicht als dieser Benutzer einloggen und muss damit auch nicht über das komplette Benutzerkonto verfügen.

Führen Sie nun also unsere Beispiel-Query für den Benutzer AUTHBW01 aus, indem Sie den Benutzer eintragen und die Testtransaktion RSRT markieren. Die Transaktion RSRT ist keine Endanwenderumgebung, die eher im Portal oder in Excel liegen wird. Für Ihre Zwecke als Administrator, der sich überwiegend im Backend mit SAP GUI bewegen wird, ist diese Testtransaktion jedoch ideal. Innerhalb der Transaktion RSRT geben Sie den Namen der Query ein und wählen die HTML-Darstellung (siehe Abbildung 1.24).

Die Ausführung der Query BWAUTH_Q01 für den Benutzer AUTHBW01 führt zu folgendem, wahrscheinlich unerwartetem Ergebnis: Es erscheint die Meldung »Sie besitzen keine ausreichende Berechtigung« (siehe Abbildung 1.25).

Wie kommt es zu dieser Meldung? Der aufmerksame Leser und Kenner von BW wird es vielleicht bemerkt haben: Die Beispiel-Query selektiert alle Jahre und alle Länder, berechtigt ist jedoch nur das Jahr 1998 und das Land DE. Deshalb bekommt der Benutzer nur die Meldung »Sie besitzen keine ausreichende Berechtigung« zu sehen (Meldung EYE 007).

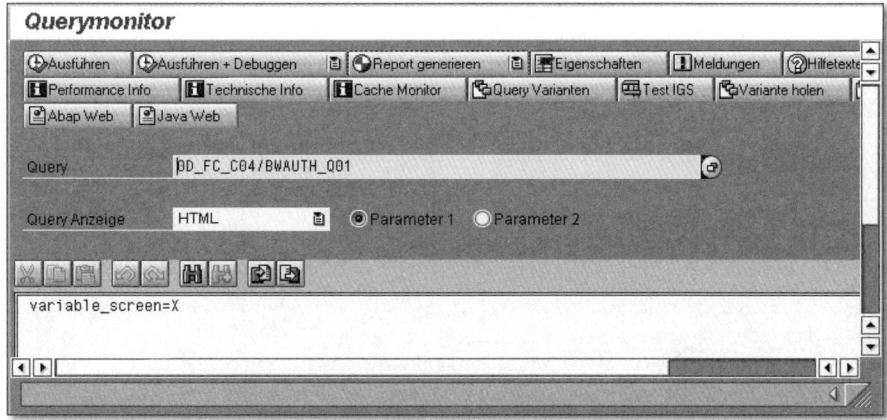

Abbildung 1.24 Transaktion RSRT mit Query-Name und HTML-Ausgabe

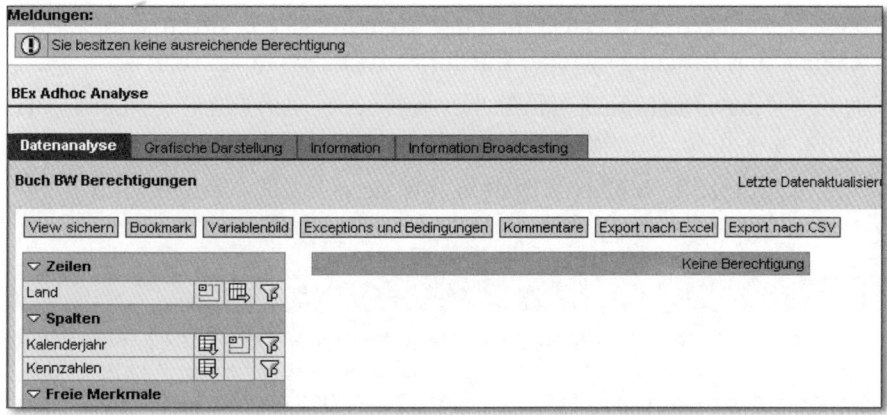

Abbildung 1.25 Ergebnis der ersten Ausführung – keine Berechtigung

Der nicht so aufmerksame Beobachter hat jedoch ein mächtiges Werkzeug für die Analyse von Berechtigungsprüfungen zur Verfügung: das Berechtigungsprotokoll.

1.3.2 Erste Fehleranalyse mit dem Protokoll und Korrektur

Gehen Sie dazu noch einmal zurück bis zum Start der Funktion AUSFÜHREN ALS... (siehe Abbildung 1.23). Dort gibt es den Button PROTOKOLL ANZEIGEN, die ausgegraut ist, falls Sie nicht schon beim ersten Mal die Markierung für die Aufzeichnung eines Berechtigungsprotokolls gesetzt hatten. Haken Sie nun auf jeden Fall die Checkbox MIT PROTOKOLL an.

Gehen Sie nun folgendermaßen vor:

1. Führen Sie die Query nun erneut mit Berechtigungsprotokoll aus (siehe Abbildung 1.26).

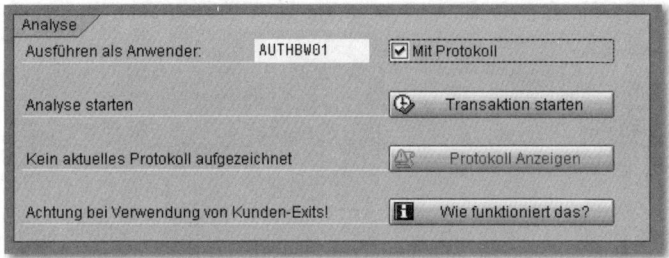

Abbildung 1.26 »Ausführen als...« (Transaktion RSUDO) mit Aufzeichnung eines Berechtigungsprotokolls

2. Kehren Sie nach dem Erscheinen der Meldung »Sie besitzen keine ausreichende Berechtigung« wieder dorthin zurück (zweimal ZURÜCK).

3. Nun ist die erwähnte Schaltfläche PROTOKOLL ANZEIGEN verfügbar, das heißt, mit dieser Schaltfläche kann das Protokoll angezeigt werden.

4. Ältere Protokolle bleiben erhalten, bis sie gelöscht werden, und finden sich in der Transaktion RSECADMIN unter ANALYSE • PROTOKOLLE wieder.

Zugriff auf ältere Protokolle

Sollte also der Button PROTOKOLL ANZEIGEN in der Transaktion RSUDO (AUSFÜHREN ALS...) nicht verfügbar sein oder Sie die Transaktion bereits verlassen haben, können Sie in der Transaktion RSECPROT jederzeit nachschauen, was an Protokollen aufgezeichnet wurde – natürlich nur, wenn Sie die entsprechenden Berechtigungen für die Anzeige von Protokollen haben.

Schauen Sie sich das Protokoll nun einmal an, und versuchen zu verstehen, was zu der Fehlermeldung in Abbildung 1.25 geführt hat.

Protokollkopf

Im Kopf des Protokolls sehen Sie Datum, Uhrzeit, Transaktion (RSRT) und Query-Name und darüber hinaus den Namen des ausführenden Benutzers sowie des eingeschränkt berechtigten Benutzers.

Anschließend folgen ein paar wichtige Informationen über den Systemzustand. Der Grund für die Meldung, dass keine ausreichende Berechtigung vorliegt, kann durch das Protokoll ermittelt werden (siehe Abbildung 1.27).

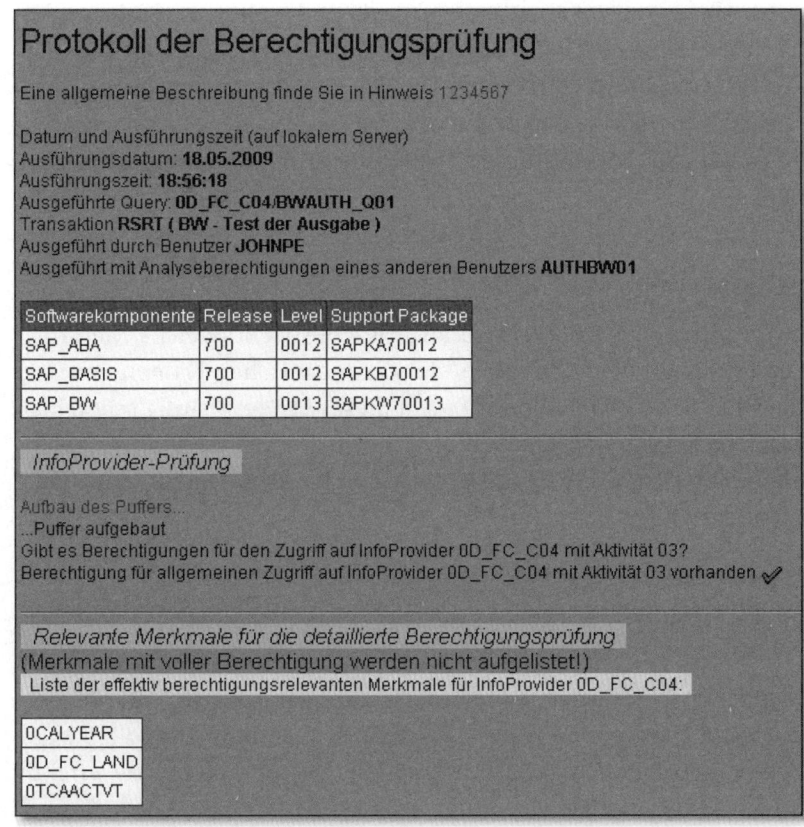

Abbildung 1.27 Berechtigungsprotokoll, Kopf und relevante Merkmale

---

Eingeschränkte Benutzer

Natürlich muss der »eingeschränkt« genannte Benutzer nicht unbedingt weniger Berechtigungen als der ausführende Benutzer haben, auch wenn das der Normalfall sein wird. Man sollte das jedoch bedenken, wenn man die Berechtigungen für die Transaktion RSUDO vergibt. Diese und weitere Fragen bezüglich der Sicherheit werden in Kapitel 4, »Analyse von Berechtigungsprüfungen und -konfiguration«, behandelt.

Vielleicht haben Sie auch bemerkt, dass gleich zu Beginn ein Hyperlink mit der sehr leicht zu merkenden Hinweisnummer 1234567 erscheint. In diesem SAP-Hinweis finden Sie schnell Details zum Protokoll, auch wenn Sie gerade am System arbeiten und gerade nicht dieses Buch zur Hand haben. An verschiedenen Stellen im Protokoll sehen Sie weitere Beratungshinweise als Links eingebettet, die typische Fragen im Zusammenhang mit dem jeweiligen Protokollabschnitt behandeln. Das Berechtigungsprotokoll selbst sowie die Hinweise, die in das Protokoll eingebettet sind, sollen vermeiden, dass Sie bei unerwartetem Verhalten – meist Berechtigungsfehlern statt Datenanzeige – eine OSS-Meldung eröffnen müssen. In der überwiegenden Mehrheit der Fälle liegen nur Missverständnisse vor, die sich aus dem Protokoll erklären lassen, so dass Sie kostenpflichtige Beratung durch den Support vermeiden können.

Berechtigungsrelevante Merkmale

Im nächsten Abschnitt des Berechtigungsprotokolls steht, welche Merkmale berechtigungsrelevant sind; Sie sehen hier die technischen Namen von Jahr (0CALYEAR) und Land (0D_FC_LAND). Mit dieser Liste ist häufig schon klar, wo das Problem liegt, wenn nämlich ein Merkmal zwar berechtigungsrelevant ist, aber keinerlei Berechtigungen vergeben wurden. Das ist in unserem Beispiel nicht der Fall.

Grundsätzlich müssen Sie für jedes berechtigungsrelevante Merkmal, das in einem bestimmten Zusammenhang auftritt, ohne Ausnahme Berechtigungen vergeben.

Merkmale tauchen hier übrigens nicht mehr auf, wenn für sie volle Berechtigung, also »I CP *« vergeben wurde. So steht es auch im Protokoll. Sie gelten als effektiv nicht berechtigungsrelevant. Hier erscheinen nur die effektiv noch zu prüfenden Merkmale. Sie sehen, dass »Aktivität« (0TCAACTVT) auch in der Liste auftaucht. Es ist nämlich so, dass die drei besprochenen Spezialmerkmale immer als berechtigungsrelevant aufgefasst werden. Da in unserem Beispiel die volle Berechtigung sowohl für »Gültigkeit« als auch für »InfoProvider« vergeben wurde, tauchen diese beiden nicht mehr als effektiv berechtigungsrelevant auf. Da Sie aber nur die Aktivität »Lesen« (03) vergeben haben, muss hier noch auf diesen Wert geprüft werden, und das Merkmal 0TCAACTVT erscheint noch in der Liste.

Spezialmerkmale

Die drei Spezialmerkmale für Aktivität (0TCAACTVT), Gültigkeit einer Berechtigung (0TCAVALID) und InfoProvider (0TCAIPROV) müssen natürlich immer *aktiv* sein. Sie werden immer als *berechtigungsrelevant* behandelt, auch wenn sie in der Info-Object-Pflege (Transaktion RSD1) nicht als berechtigungsrelevant markiert sind.

Sie werden nicht als berechtigungsrelevant ausgeliefert.

Es wird dringend geraten, diese Markierung trotzdem explizit zu setzen, um sicherzustellen, dass diese Merkmale auch überall als berechtigungsrelevant sichtbar sind (z. B. in Wertehilfen, Berechtigungspflege u. Ä.).

Es wird immer empfohlen, die drei Spezialmerkmale als berechtigungsrelevant zu markieren, um in jeder Situation transparent zu haben, dass sie auch als berechtigungsrelevant behandelt werden.

Detaillierte Berechtigungsprüfung

Schauen wir uns nun die detaillierte Berechtigungsprüfung an (siehe Abbildung 1.28), die ja, wie Sie nun schon wissen, noch Detailprüfungen zu den Merkmalen 0TCAACTVT, 0D_FC_LAND und 0CALYEAR enthalten muss. Die Merkmale 0TCAIPROV und 0TCAVALID erscheinen nicht mehr, da sie ja mit voller Berechtigung (I CP *) versehen wurden.

Sie sehen in dem Abschnitt HAUPTPRÜFUNG, der auch komplexer sein kann, ganz allgemein immer, welche berechtigungsrelevante Datenselektion gegen welche vorhandenen Berechtigungen geprüft wurde und ob sie ganz, teilweise oder gar nicht berechtigt war.

In jeder Prüfung wird gegenübergestellt, was geprüft wird. In der ersten Zeile steht hier, dass sowohl für Land als auch für Jahr und für die Aktivität »Lesen« (03) jeweils »alles«, also ein Gesamtaufriss, selektiert wird. So haben Sie die Query gebaut. Der *Gesamtaufriss* bedeutet, dass alle möglichen Werte des Merkmals selektiert werden und auch berechtigt sein müssen. Da die Selektion im SQL-Format ausgedrückt wird, finden Sie im SQL-Ausdruck zum Beispiel 0CALYEAR LIKE *. In der Berechtigung würden wir den Ausdruck I CP * verwenden. LIKE ist der SQL-Ausdruck, während CP der von SAP geprägte Ausdruck für sogenannte *Wildcards* oder *Muster* ist.

Generell ist jede solche Menge, die später im Allgemeinen auch noch Hierarchieausdrücke enthalten kann, so aufgebaut, dass in allen »Mengen« (Selektion, Berechtigung, Schnitt- und Restmenge) links eine Auflistung der Merkmale steht, die in dem SQL-Ausdruck vorkommen müssen, und rechts die zugehörigen Ausdrücke im SQL-Format. Wenn es grundsätzlich immer möglich ist, wie bei den Berechtigungsmengen, werden die Mengen noch vereinfacht so dargestellt, dass Zeile für Zeile aufgelistet wird, welches Merkmal welchen Ausdruck enthält. Das vereinfacht das Lesen der Berechtigungsmenge, die auf diese Weise zeilenweise aufgebaut ist.

In der Spalte VERGLEICH MIT FOLGENDER BERECHTIGTEN MENGE steht die Berechtigung, die in unserem Beispiel die Aktivität »03« enthält, für 0D_FC_LAND jedoch nur »DE« und für 0CALYEAR nur »1998«. Es bleibt also ein recht großer Rest, der noch nicht berechtigt ist. Gäbe es noch weitere Berechtigungen, die den Rest abdeckten, könnte das Endergebnis die Freigabe der Berechtigung sein. Da Sie jedoch nur eine einzige Berechtigung haben, ist das Ergebnis hier also nicht berechtigt. Der Vollständigkeit halber wird der Rest noch mit der berechtigten Menge verglichen, aber diese ist natürlich nicht berechtigt, und das Endergebnis steht fest.

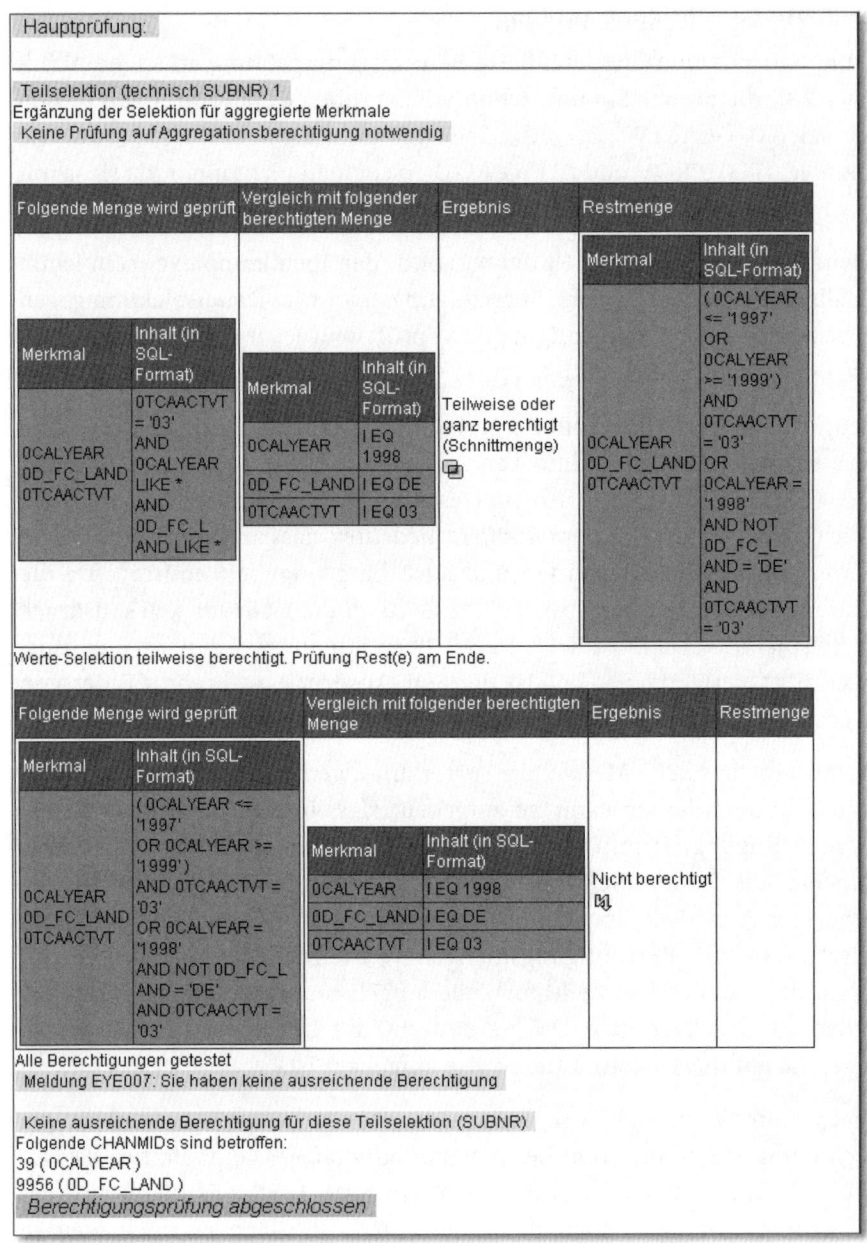

Abbildung 1.28 Detaillierte Berechtigungsprüfung

> ### SQL-Format in Selektionen
>
> Hier zeigt sich auch der Grund für die Darstellung der Selektion im SQL-Format. Es ist nicht möglich, die Restmenge als Auflistung von Merkmalen darzustellen, da hier Vereinigungen von solchen Mengen auftreten, die mit dem SQL-Ausdruck OR dargestellt werden.
>
> Die auftretenden Mengen und SQL werden in Kapitel 4, »Analyse von Berechtigungsprüfungen und -konfiguration«, detailliert besprochen.

Selbst ohne im Detail auf den SQL-Ausdruck der Restmenge zu schauen, ist unmittelbar aus der ersten Vergleichszeile bereits klar, dass mehr selektiert wird, als berechtigt ist. In den Analyseberechtigungen gilt das fundamentale Prinzip, dass die Analyseberechtigungen nicht automatisch auf die berechtigten Daten filtern, sondern umgekehrt alle selektierten Daten berechtigt sein müssen.

Das Query-Ergebnis »keine ausreichende Berechtigung« ist also erklärt.

1.3.3 Leitsätze der Analyseberechtigungen

Es ist ein fundamentales Prinzip der Analyseberechtigungen in BW, dass die Daten nicht gefiltert werden, also hier auf das berechtigte Jahr 1998 beziehungsweise das Land DE. Stattdessen wird das Query-Ergebnis vollständig abgelehnt. Wir haben es hier also eher mit einer *Barriere* statt mit einem *Filter*-Konzept zu tun.

Dies ist der konsequenten Forderung nach Datenkonsistenz geschuldet: Jede Zahl eines InfoProviders, die durch eine Kombination von Merkmalswerten, Filtern und Aufrissen gegeben ist, ist eindeutig. Sie hat immer denselben Wert, und sie darf insbesondere nicht benutzerabhängig sein, wenn dies nicht transparent ist. Es ist aus Datenkonsistenzsicht in BW inakzeptabel, wenn der Umsatz eines Controllers für eine Region eine andere Zahl ist als der Umsatz eines anderen Controllers. Dieser zweite Controller betrachtet die gleiche Query mit den gleichen Filtern, besitzt aber andere Berechtigungen, die er natürlich in der Regel nicht im Detail kennt.

> ### Erster Leitsatz
>
> Die Analyseberechtigungen funktionieren als Barriere und nicht als Filter. Entweder man sieht alle selektierten Daten oder keine.

Es gibt zwei scheinbare Ausnahmen, die mit dem Konsistenzprinzip vereinbar sind: Hierarchieberechtigungen und ausgeblendete Kennzahlen. Das werden wir im Verlauf dieses Kapitels noch genauer besprechen. Diese Ausnahmen bieten einen gewissen Komfort, ohne das Konsistenzprinzip zu verletzen.

Aus dem ersten Leitsatz leitet sich unmittelbar auch eine Folge ab, deren Berücksichtigung einen Großteil der Probleme löst: Alles, was selektiert wird, muss durch eine oder mehrere Berechtigungen stückweise abgedeckt werden. Ist auch nur eine einzige Kombination nicht berechtigt, wird die gesamte Selektion als nicht berechtigt betrachtet.

> **Zweiter Leitsatz**
>
> Die Selektion muss vollständig berechtigt sein.

Es gibt natürlich auch in SAP NetWeaver BW eine Möglichkeit, in einem gewissen Rahmen Filterung zu verwenden. So können Sie Variablen einsetzen, die automatisch aus den Werten befüllt werden, die berechtigt sind. Im folgenden Abschnitt werden wir das in Beispielen behandeln. Das hat jedoch seine Grenzen, wie Sie ebenfalls noch sehen werden (siehe dazu auch Kapitel 9, »Analyseberechtigungen für Experten«). Bevor wir uns weiteren Beispielen zuwenden, korrigieren wir noch unser erstes Beispiel – entsprechend der eben aufgestellten Leitsätze. Dort hatten wir keine Einschränkung für Jahr und Land vorgenommen und »keine ausreichende Berechtigung« als Ergebnis erhalten.

Sie wissen nun, dass wir nur so viel selektieren dürfen, wie berechtigt ist, oder mindestens so viel berechtigen müssen, wie selektiert wird. Sie wollen aber nur »DE« für das Merkmal 0D_FC_LAND vergeben und nur das Jahr »1998« für das Merkmal 0CALYEAR. Also müssen Sie die Selektion einschränken.

Das tun Sie in der Query BWAUTH_Q01 und verwenden den Query Designer, bei dem Sie im Filterbereich einfach die beiden Merkmale einschränken (siehe Abbildung 1.29). Sie tun dies im Bereich für Filterwerte. Würden Sie die Einschränkungen im rechten Bereich für Vorschlagswerte anlegen, könnten diese Filterwerte während der Query-Ausführung, also während der Navigation, geändert werden. Das würde natürlich immer wieder zu einer Meldung »keine ausreichende Berechtigung« führen. Deswegen legt man die Einschränkungen im linken Filterbereich des BEx Query Designers an, also im Bereich für statische Filter, die vom Benutzer nicht mehr geändert werden können.

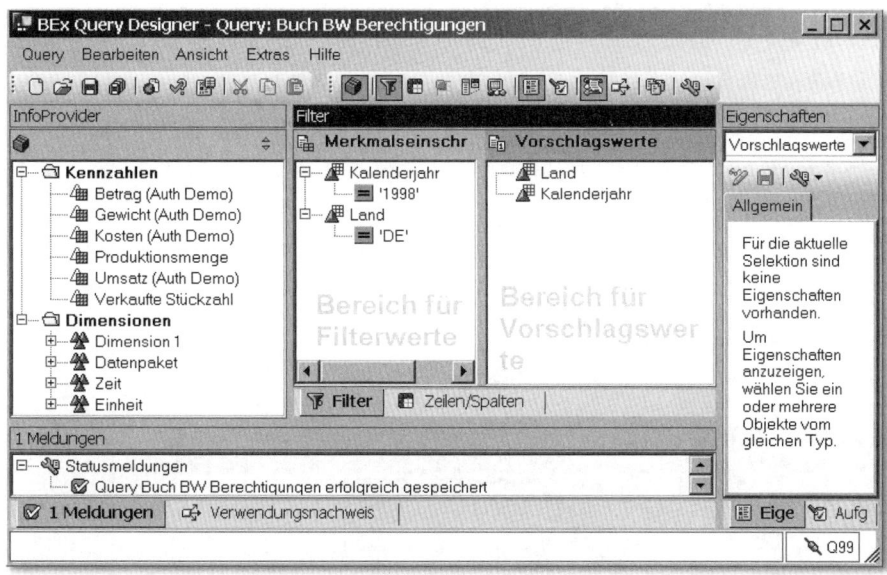

Abbildung 1.29 Eingeschränkte Query-Selektion für Land und Jahr

Nun führen Sie die Query noch einmal mit der Funktion AUSFÜHREN ALS...
(Transaktion RSUDO) als eingeschränkter Benutzer BWAUTH01 in der Testtransaktion RSRT im HTML-Modus aus und zeichnen auch gleich ein Berechtigungsprotokoll mit auf. Sie erhalten ein Ergebnis wie in Abbildung 1.30
und sehen im Protokoll im Abschnitt HAUPTPRÜFUNG den Ablauf. Nun deckt
die Berechtigung die Selektion vollständig ab, denn Selektion und Berechtigung sind ja sogar identisch (siehe Abbildung 1.31).

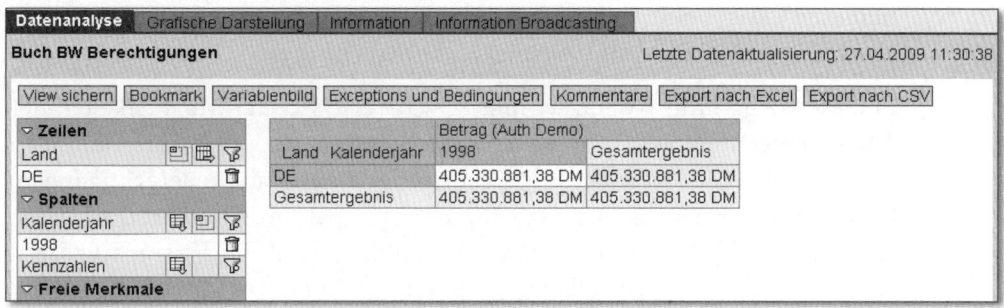

Abbildung 1.30 Query-Ergebnis nach Korrektur

Berechtigungsprüfung
Detail-Prüfung für InfoProvider 0D_FC_C04

Vorverarbeitung:
Selektion wird auf Konsistenz überprüft, vorverarbeitet und eventuell ergänzt
Teilselektion (technisch SUBNR) 1
Überprüfe Knotendefinitionen und Werteberechtigungen...
Knoten- und Werteberechtigungen sind in Ordnung
Ende der Vorverarbeitung

Füllen des Puffers...
...Puffer gefüllt
Hauptprüfung:

Teilselektion (technisch SUBNR) 1
Ergänzung der Selektion für aggregierte Merkmale
Keine Prüfung auf Aggregationsberechtigung notwendig

Folgende Menge wird geprüft		Vergleich mit folgender berechtigten Menge		Ergebnis	Restmenge
Merkmal	Inhalt (in SQL-Format)	Merkmal	Inhalt (in SQL-Format)		
0CALYEAR 0D_FC_LAND 0TCAACTVT	0CALYEAR = '1998' AND 0D_FC_LAND = 'DE' AND 0TCAACTVT = '03'	0CALYEAR 0D_FC_LAND 0TCAACTVT	I EQ 1998 I EQ DE I EQ 03	Berechtigt ✓	

Teilselektion (SUBNR) ist berechtigt

Berechtigungsprüfung abgeschlossen

Abbildung 1.31 Protokoll mit erfolgreicher Berechtigungsprüfung

1.4 Möglichkeiten der Analyseberechtigungen

Sie haben nun gesehen, wie die Analyseberechtigungen grundsätzlich funktionieren. Das heißt, in einfachen Fällen können Sie bereits erkennen, warum eine Selektion zum Beispiel nicht berechtigt ist.

In diesem Abschnitt wollen wir uns schrittweise weitere Möglichkeiten der Analyseberechtigungen anschauen, die weitere Reportinganforderungen erfassen – wie die Aggregationsberechtigung, die Hierarchieberechtigungen, Klammerung, mehrdimensionale Berechtigungen, Attributberechtigungen und Maskierung – oder auch den Umgang mit den Analyseberechtigungen vereinfachen wie der gezielte Umgang mit Variablen.

1.4.1 Variablen gefüllt aus Berechtigungen

Im vorangegangenen Beispiel haben Sie die Query BWAUTH_Q01 im Query Designer so eingeschränkt, dass sie den vorgesehenen Berechtigungen des Benutzers entspricht. Diese Filterung der Selektion haben Sie in Übereinstimmung mit dem zweiten Leitsatz vorgenommen. Das ist eine völlig korrekte Vorgehensweise und oftmals auch die favorisierte Lösung. Sie wird jedoch unpraktisch, wenn eine Query für viele Benutzer mit unterschiedlichen Berechtigungen vorgesehen ist. Man möchte ja möglichst nicht für jeden Benutzer eine eigene Query anlegen.

Zur Vereinfachung gibt es deshalb eine Möglichkeit, statt fixer Filter im Query Designer Variablen zu verwenden, die den Verarbeitungstyp BERECHTIGUNG haben (siehe Dropdown-Menü VERARBEITUNG DURCH in Abbildung 1.32 links). Meist werden diese Variablen nur kurz *Berechtigungsvariablen* genannt. Sie wirken als Filter auf berechtigungsrelevante Merkmale und schränken die Query-Selektion auf die berechtigten Werte des Benutzers ein. Damit kann jeder Benutzer, der überhaupt Berechtigungen zu den Merkmalen hat (und der zudem die Spezialmerkmale berechtigt hat), dieselbe Query ausführen, ohne dass Sie für jeden Benutzer manuell die entsprechenden Filter setzen müssten.

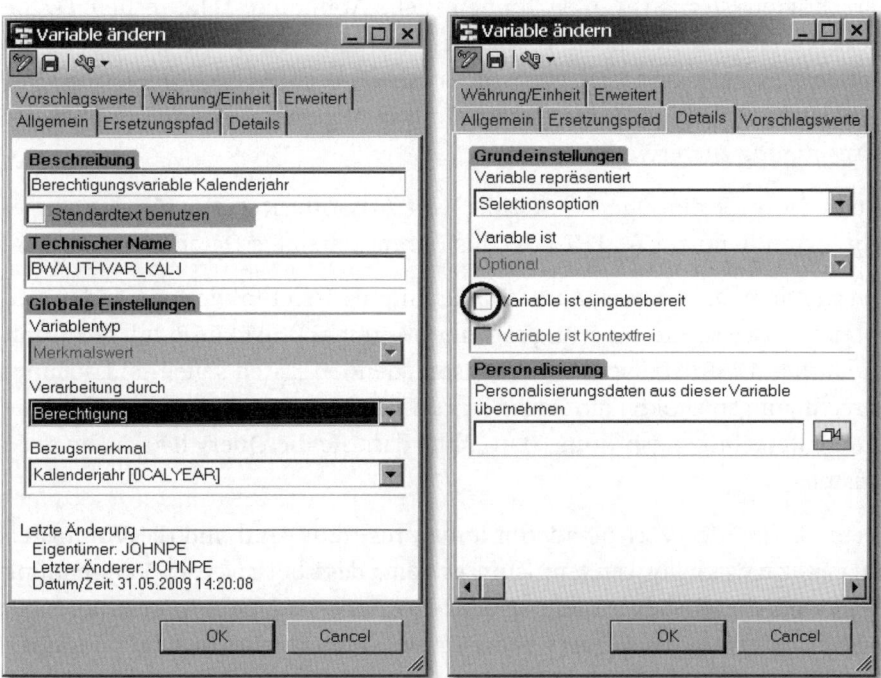

Abbildung 1.32 Berechtigungsvariablen – Verarbeitung durch Berechtigungen

Um das auszuprobieren, müssen Sie nicht einmal die Berechtigungen oder den Benutzer ändern, sondern nur die Query. Passen Sie also die Query BWAUTH_Q01 an, und ersetzen für die Merkmale 0D_FC_LAND und

0CALYEAR die festen Filtereinschränkungen (»DE« beziehungsweise »1998«) durch Berechtigungsvariablen (siehe Abbildung 1.33).

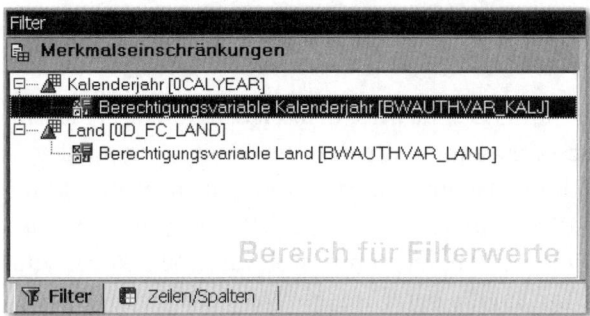

Abbildung 1.33 Berechtigungsvariablen in der Query-Definition

Deaktivieren Sie die Checkbox VARIABLE IST EINGABEBEREIT, damit Sie nicht immer noch ein Variablen-Pop-up bekommen, in dem Sie nur den einzelnen berechtigten Wert auswählen können (siehe Abbildung 1.32, rechts). Da Sie diese Variable später noch verwenden werden, setzen Sie außerdem die Option VARIABLE REPRÄSENTIERT von EINZELWERT auf SELEKTIONSOPTION. Das ermöglicht, beliebige Werte, Intervalle und allgemein sogar Muster in der Berechtigung zu verwenden.

Wenn Sie nun die Query mit Hilfe von AUSFÜHREN ALS… für den eingeschränkten Benutzer AUTHBW01 ausführen, sehen Sie Daten.

Um zu sehen, dass dieser Mechanismus automatisch funktioniert, ändern Sie einmal testweise die Berechtigung zum Merkmal 0CALYEAR auf 1999 statt wie bisher 1998. Sie werden die entsprechenden Daten sehen und auch im Berechtigungsprotokoll die Selektion von 1999 statt 1998. Es findet also eine andere Berechtigungsprüfung statt, ohne dass Sie die Query hätten anpassen müssen.

Wenn Sie bei der Variablendefinition zu restriktiv sind und die Voreinstellung EINZELWERT verwenden, kann es sein, dass bei späterer Verwendung von komplexeren Ausdrücken als Einzelwerten – also zum Beispiel Intervallen oder Mustern – die Query keine Daten, sondern eine Berechtigungsmeldung anzeigt, weil die Variable diese Ausdrücke aus den Berechtigungen nicht verarbeiten kann. Deswegen empfiehlt es sich, gleich in der Definition so viel zuzulassen, dass später nicht die Änderung einer Berechtigung doch zu Rückwirkungen auf das Query-Ergebnis führt.

Wenn man nämlich beispielsweise nur Einzelwerte für die Variable zulässt, aber die Berechtigung ein Muster enthält, kann das Muster nicht in die Variable eingehen. Dann wird die Variable leer gelassen, also alles selektiert. Da aber nicht alles berechtigt ist, sondern eben nur der Bereich, der durch das Muster abgedeckt ist, führt dies zu der Meldung »keine ausreichende Berechtigung«.

1.4.2 Aggregationsberechtigung

Nehmen wir nun einmal an, der Benutzer AUTHBW01 soll eine Query auf der Basis des InfoProviders 0D_FC_C04 ausführen, die nur das Jahr im Aufriss hat. In einer solchen Query sind alle Zahlen über das Land (Merkmal 0D_FC_LAND) summiert (genauer: aggregiert). Der Benutzer hatte aber nur die Berechtigung für Deutschland (Wert »DE«), also lediglich für ein Land. Deshalb soll er nicht berechtigt sein, die Summe über die weltweiten Zahlen aller Länder zu sehen.

> **Aggregation**
>
> Die Aggregation kann die Summe sein, muss aber nicht. Sie kann auch durch den minimalen oder maximalen Wert, den Durchschnitt oder andere Werte repräsentiert werden.

Dieses Dilemma wird in SAP NetWeaver BW mit Hilfe der sogenannten Aggregationsberechtigung gelöst, die explizit vergeben werden kann beziehungsweise muss. Geht in eine angezeigte Kennzahl ein Merkmal aggregiert über alle Merkmalswerte ein, so wird, sofern das Merkmal berechtigungsrelevant ist, die Aggregationsberechtigung geprüft.

Legen Sie einmal eine solche Query mit Namen BWAUTH_Q02 an (siehe Abbildung 1.34). Vergessen Sie nicht, das Jahr auf 1998 einzuschränken, was am einfachsten mit der Berechtigungsvariablen funktioniert! Da Sie »Land« aber nicht in der Query haben, können Sie dafür nicht einfach eine Berechtigungsvariable wie in der bisherigen Query BWAUTH_Q01 verwenden, sondern werden tatsächlich über alle Länder summierte Zahlen sehen.

Führen Sie diese Query nun in der Ihnen schon bekannten Transaktion AUSFÜHREN ALS... (Transaktion RSUDO) für den Benutzer AUTHBW01 aus, und zeichnen Sie gleich ein Berechtigungsprotokoll mit auf. Erwartungsgemäß erhalten Sie eine Meldung »keine ausreichende Berechtigung« und sehen keine Daten. Sehen Sie einmal in das Berechtigungsprotokoll (siehe Abbildung 1.35).

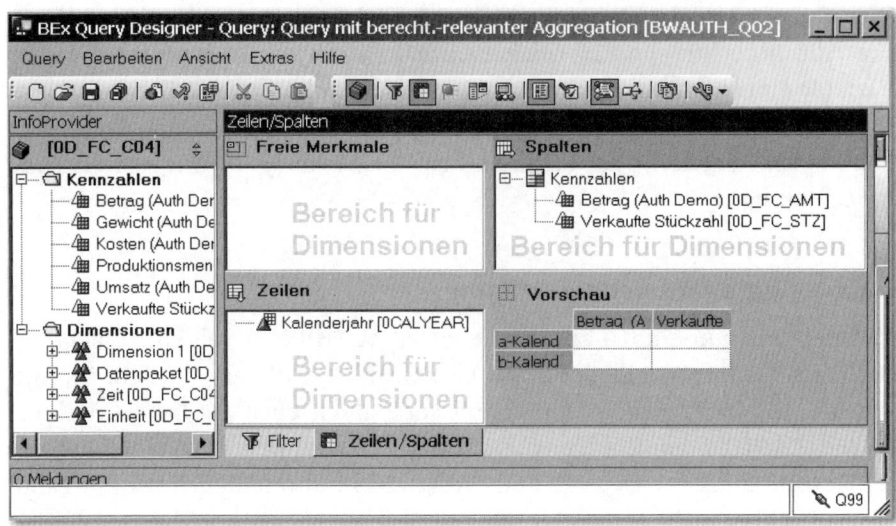

Abbildung 1.34 Query BWAUTH_Q02 mit Zeitmerkmal im Aufriss

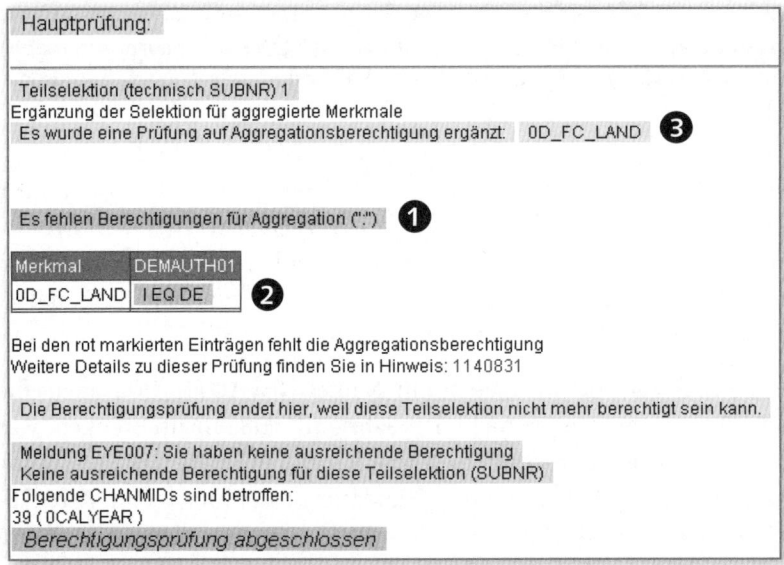

Abbildung 1.35 Berechtigungsprotokoll mit Prüfung auf Aggregationsberechtigung

Sie sehen dort im Abschnitt HAUPTPRÜFUNG unter ❶ die Meldung, dass für das Merkmal 0D_FC_LAND die Aggregationsberechtigung fehlt. Auf dem Bildschirm wird diese Meldung rot unterlegt. In Klammern dahinter steht ein Doppelpunkt. Dieser Doppelpunkt ist die interne Darstellung für die

Aggregationsberechtigung. In der Berechtigung DEMAUTH01, die Sie Ihrem Benutzer gegeben hatten, steht jedoch kein passender Eintrag, und deshalb wird der Lesezugriff abgelehnt und die Berechtigungsmeldung ausgegeben. Die berechtigten, aber nicht passenden Werte – hier nur DE – werden, ebenfalls rot unterlegt, angezeigt ❷. Der Hinweis 1140831, der auch wieder per Hyperlink im Anzeigebereich des Protokolls angezeigt werden kann, erläutert die Aggregationsberechtigung.

Am Beginn des Abschnitts sehen Sie grau unterlegt die Aussage »Es wurde eine Prüfung auf Aggregationsberechtigung ergänzt« ❸. Dies bezieht sich darauf, dass diese Aggregation ja nicht explizit selektiert wird, sondern nur im Zusammenhang mit Berechtigungen überhaupt relevant ist. Es wird also zur Laufzeit geprüft, ob eine Prüfung erforderlich ist, und diese gegebenenfalls in die zu prüfende Selektion mit aufgenommen.

Wie ist es nun möglich, die angeforderten Daten sehen zu können, ohne die volle Berechtigung zu erteilen? Ganz einfach, indem man den Doppelpunkt als Einzelwert – also »I EQ :« – in die Berechtigung für 0D_FC_LAND einträgt. Dazu gehen Sie in die Berechtigungspflege, also die Transaktion RSECADMIN, Registerkarte BERECHTIGUNGEN, Button PFLEGE oder direkt über den Aufruf der Transaktion RSECAUTH.

Sie möchten nun die Berechtigung DEMAUTH01 modifizieren und gehen deshalb in den Änderungsmodus. In der Detailpflege zum Merkmal 0D_FC_LAND löschen Sie den Wert »DE«, da Sie nicht nur die deutschen Zahlen sehen möchten, sondern über alle Länder summiert, jedoch ohne Details zu den Ländern. Sie können statt des Einzelwertes »DE« nun einfach den bereits erwähnten Doppelpunkt einfügen oder zurück in die Merkmalsübersicht gehen, die in dem Falle für Land kein Symbol mehr anzeigt, und dort die Zeile markieren. Mit dem Icon Σ fügen Sie die Aggregationsberechtigung ein. Anschließend sieht die Merkmalsübersicht aus wie in Abbildung 1.36.

Führen Sie nun die Query BWAUTH_Q02 wieder als Benutzer BWAUTH01 aus, und zeichnen Sie dabei ein Protokoll auf. Ihnen werden Daten angezeigt. Auch das Protokoll zeigt nun grün unterlegt an, dass die Aggregationsberechtigung vorliegt und dass am Ende die gesamte Berechtigungsprüfung erfolgreich war (siehe Abbildung 1.37).

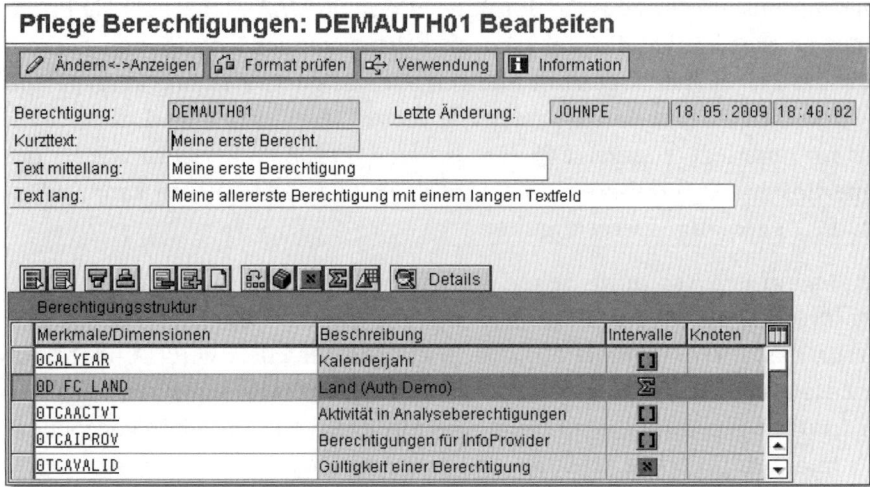

Abbildung 1.36 Aggregationsberechtigung in der Merkmalsübersicht

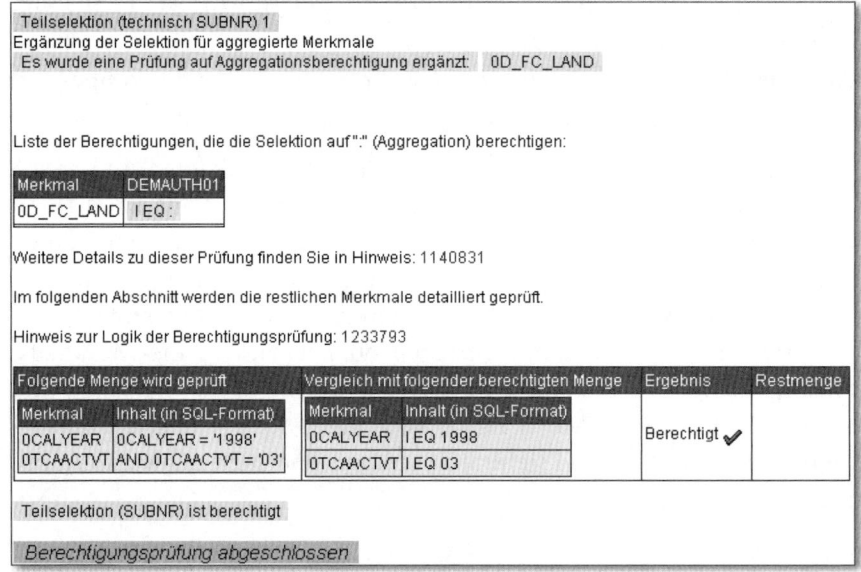

Abbildung 1.37 Erfolgreiche Prüfung auf Aggregationsberechtigung

1.4.3 Hierarchieberechtigungen

Bisher haben wir nur Werteberechtigungen, manchmal auch *flache* Berechtigungen genannt, verwendet. Aber natürlich besteht auch die Möglichkeit, Hierarchien von BW zu selektieren und zu berechtigen.

Zunächst einmal erzeugen Sie eine Query, die eine Hierarchie für Länder mit dem Merkmal 0D_FC_LAND verwendet. Nehmen Sie die Hierarchie mit technischem Namen WELT, die Sie in der Hierarchiepflege (Transaktion RSH1) ansehen, anlegen und ändern können (siehe Abbildung 1.38).

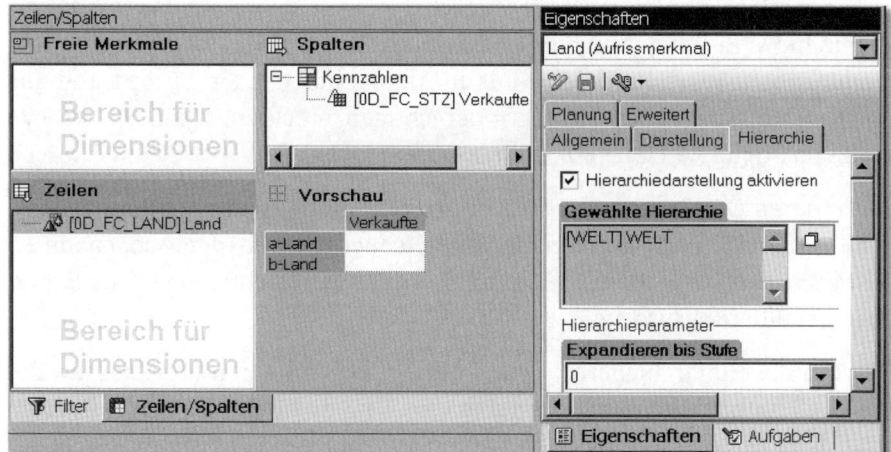

Hierarchie 'Länderhierarchie' anzeigen: 'Aktive Ver...

Länderhierarchie	InfoObject	Knoten...	L...
▽ 🗀 Welt	0HIER_NODE	WORLD	☐
▽ 🗀 Europa	0HIER_NODE	EUROPA	☐
🏳 GB	0D_FC_LAND	GB	☐
🏳 FR	0D_FC_LAND	FR	☐
🏳 ES	0D_FC_LAND	ES	☐
🏳 DE	0D_FC_LAND	DE	☐
▽ 🗀 Amerika	0HIER_NODE	AMERIKA	☐
🏳 US	0D_FC_LAND	US	☐
🏳 BR	0D_FC_LAND	BR	☐
▽ 🗀 Asien	0HIER_NODE	ASIA	☐
🏳 RU	0D_FC_LAND	RU	☐
🏳 JP	0D_FC_LAND	JP	☐

Abbildung 1.38 Hierarchie WELT auf Merkmal 0D_FC_LAND

Diese Hierarchie stellen Sie als Anzeigehierarchie in Ihrer Query BWAUTH_Q03 ein (siehe Abbildung 1.39). Sie möchten die Hierarchie nur teilweise berechtigen, nämlich auf den Knoten Europa mit seinen »Kindern« GB, FR, ES und DE. Als Kennzahl nehmen Sie die Stückzahl (0D_FC_AMT).

Abbildung 1.39 Query mit Anzeigehierarchie WELT (BWAUTH_Q03)

Sie legen nun wieder einen neuen Benutzer AUTHBW02 an, den Sie wie gehabt vom Vorlagebenutzer AUTHBW00 kopieren. Er benötigt nun auch wieder eine Analyseberechtigung, die Sie analog zum ersten Beispiel anlegen.

Die ersten Schritte sind identisch:

1. Sie starten in der Transaktion Analyseberechtigungen verwalten (RSEC-ADMIN) und gehen über die Registerkarte Berechtigungen und den Button Pflege in die Berechtigungspflege, wo Sie eine Berechtigung DEMAUTH03 anlegen.

2. Sie fügen die Spezialmerkmale mit dem Button ⬚ ein.

3. Nun verwenden Sie wieder den Dialog für die berechtigungsrelevanten Merkmale des InfoProviders (Icon ⬚), um die relevanten Merkmale ohne Inhalt einzufügen.

4. In der Detailpflege des Merkmals 0CALYEAR für »Jahr« fügen Sie noch die Aggregationsberechtigung ein, denn Sie haben ja im vorangegangenen Abschnitt gelernt, dass ein berechtigungsrelevantes Merkmal, das nicht im Aufriss ist, über das also aggregiert wird, die Aggregationsberechtigung erfordert.

Anschließend navigieren Sie in die Detailpflege des Merkmals 0D_FC_LAND, um eine Hierarchieberechtigung zu vergeben. Dazu verwenden Sie die Registerkarte Hierarchieberechtigungen.

Mit Anlegen erhalten Sie einen Dialog zur Definition von Hierarchieberechtigungen (siehe Abbildung 1.40). Zunächst wählen Sie mit der Wertehilfe die Hierarchie WELT aus. Anschließend wählen Sie mit Hilfe der grafischen Hierarchieknoten-Wertehilfe den Knoten EUROPA aus. Da Sie Europa und alle seine darunterliegenden »Kinder« berechtigen möchten, legen Sie als Typ der Berechtigung 1 (Teilbaum unterhalb Knoten) fest.

Die anderen Optionen sehen Sie mit der Wertehilfe (siehe Abbildung 1.41). Die Varianten und Kombinationsmöglichkeiten mit dem sogenannten *Gültigkeitsbereich* werden in Kapitel 9, »Analyseberechtigungen für Experten«, detailliert besprochen.

Der Typ der Hierarchieberechtigung bezieht sich immer auf den ausgewählten Knoten und beschreibt, was außer dem Knoten noch alles berechtigt sein soll. Man kann damit immer den Knoten selbst plus eine bestimmte Tiefe der Hierarchiestruktur mit Hilfe der Hierarchieebenen angeben, die berechtigt sein sollen. In unserem Beispiel wollen Sie den kompletten Teilbaum unterhalb des Knotens EUROPA sehen, aber es wäre auch denkbar, dass Sie nur den Knoten selbst berechtigen möchten, beispielsweise, weil ein Benutzer zwar den Umsatz von ganz Europa sehen darf, nicht aber den eines jeden einzelnen Landes.

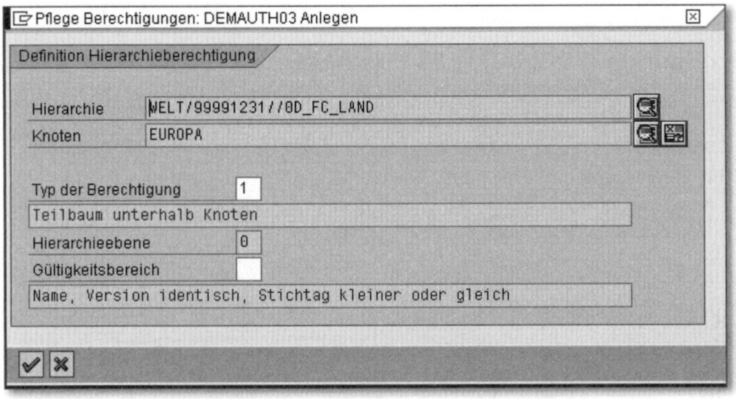

Abbildung 1.40 Hierarchieberechtigung für »Land« (0D_FC_LAND)

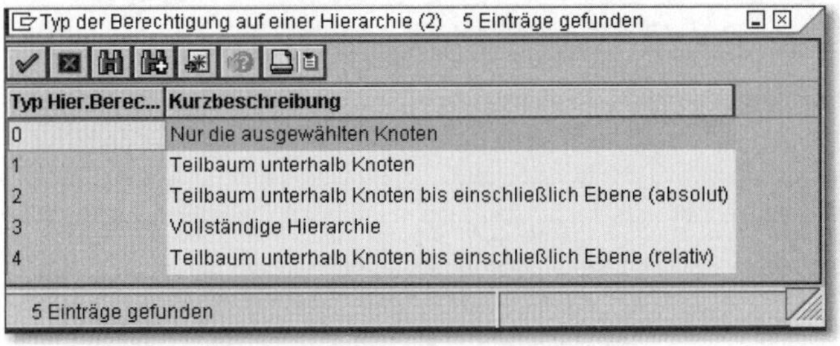

Abbildung 1.41 Typen der Hierarchieberechtigungen

In der Merkmalsübersicht sehen Sie nun für »Land« das neue Icon 🔔, das bedeutet, dass hier eine Hierarchieberechtigung definiert wurde (siehe Abbildung 1.42).

Sie speichern die Berechtigung und ordnen sie dem Benutzer AUTHBW02 zu. Danach führen Sie die Query mit Berechtigungsprotokoll als dieser Benutzer aus. Das Ergebnis, das Sie erhalten, zeigt Abbildung 1.43.

Zunächst stellen Sie fest, dass die Hierarchiedarstellung nicht mehr die vollständige Hierarchie anzeigt, sondern nur noch den Knoten EUROPA und dessen Kinder, so wie Sie es in der Berechtigung festgelegt hatten. Der aufmerksame Leser wird sich nun fragen, ob dieses nützliche Feature nicht dem Leitsatz der Analyseberechtigungen widerspricht, der doch besagt, dass die Selektion durch Filter und Variablen so eingeschränkt werden muss, dass die dadurch beschriebene Selektion durch die Berechtigungen abgedeckt ist. Das haben Sie hier jedoch nicht gemacht, sondern lediglich die Hierarchiedarstellung in der Query-Definition eingeschaltet, ohne Einschränkung auf den Knoten EUROPA.

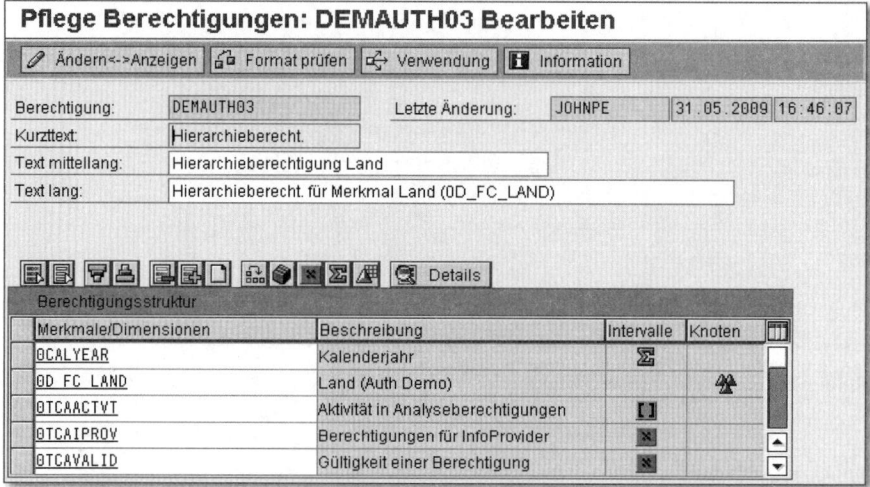

Abbildung 1.42 Berechtigung mit Hierarchieberechtigung

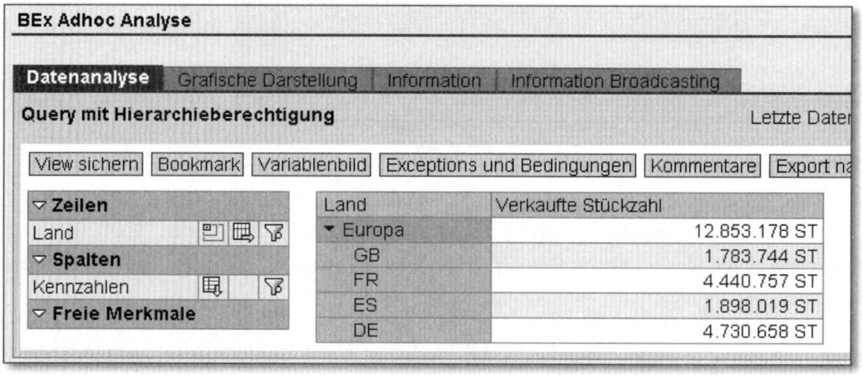

Abbildung 1.43 Eingeschränkte Hierarchiedarstellung im Test

Der scheinbare Widerspruch löst sich auf, wenn man sich an die Begründung für den Leitsatz erinnert, nach dem die Forderung nach Konsistenz hinter diesem Prinzip steht: Zahlen sollen nicht benutzerabhängig sein, ohne dass transparent wäre, welche Zahlen eingehen.

Bei der Hierarchie ist es jedoch so, dass ein Knoten immer die Summe seiner Kinder ist. Wenn überhaupt *Kindknoten* einer Ebene berechtigt sind, dann sind es alle Kindknoten dieser Ebene. Das wiederum bedeutet, dass *immer* die gleichen Zahlen in Knotensummen eingehen. Man kann nun durch die Vergabe entsprechender Berechtigungen Knoten sichtbar schalten oder sie nicht berechtigen, so dass sie unsichtbar sind.

Daher sind Knoten sichtbar oder nicht, aber immer sind diejenige Zahlen, die überhaupt angezeigt werden, für alle Benutzer gleich. Aus diesem Grund wird auch in BW in Übereinstimmung mit der Forderung nach Konsistenz auf Hierarchieknoten gefiltert.

Knoten – Bewegungsdaten

Wir sprechen von *Knoten*, meinen aber implizit eigentlich die zugehörigen Bewegungsdaten. Sie müssen sich immer wieder in Erinnerung rufen, dass die Analyseberechtigungen primär die Kennzahlwerte, also die Bewegungsdaten, schützen.

Bei Hierarchieberechtigungen kommt jedoch noch ein weiterer Aspekt hinzu, der die *Hierarchiestruktur* betrifft und der eine echte Unterscheidung zwischen Bewegungsdaten und (Hierarchie-)Stammdaten erfordert. Was bedeutet das?

Angenommen, ein Benutzer hat verschiedene Teile einer Hierarchie berechtigt, die nicht zusammenhängen. Aus bestimmten Berechtigungsanforderungen heraus soll der Benutzer Teile der Hierarchie nicht sehen können. Es stellt sich dann die Frage, wie ein solches Query-Ergebnis dargestellt wird. Wenn er die Hierarchieknoten-Abfolge nicht durchgehend berechtigt hat, soll er vielleicht auch nicht sehen, ob ein Teilbaum direkt unter einem anderen hängt, sofern er nicht auch den direkten »Vorfahren« des Letzteren berechtigt hat. Das Berechtigungskonzept der BW-Analyseberechtigungen sieht genau so ein Verhalten vor: Nicht zusammenhängende berechtigte Hierarchieteile werden auch nicht zusammenhängend dargestellt und sogar aus der Hierarchiestruktur losgelöst dargestellt.

Die Sicherheitsanforderung dahinter ist die Forderung nach dem Schutz der Hierarchiestruktur, weil angenommen wird, dass diese ein zu schützender Wert an sich ist. Wir halten fest:

Hierarchieberechtigungen

Bei den Analyseberechtigungen wird die *Hierarchiestruktur* als schützenswert betrachtet und muss berechtigt werden. Nicht berechtigte Strukturen werden verborgen.

Wir konstruieren ein Beispiel anhand der Bauteilhierarchie BAUTEILE1 für das Merkmal 0D_FC_BAUT mit sechs Ebenen (siehe Abbildung 1.44).

Ein kleine Bauteilhierarchie	ID	InfoObject	Knotenname
▽ ⊟ Alle Bauteile	00000034	0HIER_NODE	ALL
▽ ⊟ Ungerade	00000024	0HIER_NODE	ODD
▽ ⊟ Zweistelliges	00000027	0HIER_NODE	TWO_DIGIT
▽ ⊟ 11 bis 19	00000022	0HIER_NODE	11_BI_19
⚒ T19	00000001	0D_FC_BAUT	T19
⚒ T17	00000003	0D_FC_BAUT	T17
⚒ T15	00000005	0D_FC_BAUT	T15
⚒ T13	00000007	0D_FC_BAUT	T13
⚒ T11	00000009	0D_FC_BAUT	T11
▽ ⊟ Einstelliges	00000026	0HIER_NODE	ONE_DIGIT
▽ ⊟ Einzelteil	00000025	0HIER_NODE	SPECIAL
▽ ⊟ Nur 1	00000023	0HIER_NODE	EINS
⚒ T01	00000019	0D_FC_BAUT	T01
▽ ⊟ 3 bis 9	00000021	0HIER_NODE	3_BIS_9
⚒ T09	00000011	0D_FC_BAUT	T09
⚒ T07	00000013	0D_FC_BAUT	T07
⚒ T05	00000015	0D_FC_BAUT	T05
⚒ T03	00000017	0D_FC_BAUT	T03
▽ ⊟ Gerades	00000033	0HIER_NODE	EVEN
▽ ⊟ Einstellig Gerades	00000031	0HIER_NODE	ONE_DIGIT_EVEN
▽ ⊟ 0 bis 2	00000030	0HIER_NODE	0_BIS_2
⚒ T02	00000018	0D_FC_BAUT	T02
⚒ T00	00000020	0D_FC_BAUT	T00
▽ ⊟ 4 bis 8	00000028	0HIER_NODE	4_BIS_8
⚒ T04	00000016	0D_FC_BAUT	T04
⚒ T06	00000014	0D_FC_BAUT	T06
⚒ T08	00000012	0D_FC_BAUT	T08
▽ ⊟ Zweistellig Gerades	00000032	0HIER_NODE	TWO_DIGIT_EVEN
▽ ⊟ 10 bis 18	00000029	0HIER_NODE	10_BIS_18
⚒ T18	00000002	0D_FC_BAUT	T18
⚒ T16	00000004	0D_FC_BAUT	T16
⚒ T14	00000006	0D_FC_BAUT	T14
⚒ T12	00000008	0D_FC_BAUT	T12
⚒ T10	00000010	0D_FC_BAUT	T10

Abbildung 1.44 Beispielhierarchie BAUTEILE mit sechs Ebenen

Wollen Sie Merkmal 0D_FC_BAUT nur eingeschränkt freigeben, muss nun als Erstes die Berechtigungsrelevanz eingeschaltet werden. Dabei ist zu beachten, dass ab dann die vorhergehenden Beispiel-Querys erst einmal nicht mehr berechtigt sind.

Sie wissen aber schon, wie Sie diese Beispiele wieder lauffähig machen können. Denn da Sie bisher das Bauteil nicht mit in die Querys aufgenommen haben, wurden alle Bewegungsdaten aggregiert über die Bauteile angezeigt. Wenn das Bauteil nun berechtigungsrelevant wird, muss lediglich zusätzlich eine Aggregationsberechtigung für 0D_FC_BAUT vergeben werden.

Sie gehen analog zu den vorherigen Abschnitten vor und legen eine weitere Berechtigung DEMAUTH04 an. Bei der Verwendung des Buttons für die berechtigungsrelevanten Merkmale des InfoProviders erhalten Sie aber nun erwartungsgemäß ein Merkmal mehr zur Auswahl, nämlich 0D_FC_BAUT. Für Kalenderjahr und Land vergeben Sie eine Aggregationsberechtigung.

Anschließend definieren Sie mehrere Hierarchieteile (siehe Abbildung 1.45), einen hohen Knoten (ALLE BAUTEILE) und einen tiefer liegenden (NUR 1).

Hierarchieknoten auswählen				
gesamte Hierarchie	Knoten		ausgewählte Hierarch...	Knoten
▽ △ Alle Bauteile	ALL		△ Alle Bauteile	ALL
▽ △ Ungerade	ODD		△ Nur 1	EINS
▽ △ Zweistelliges	TWO_DIGIT			
▷ △ 11 bis 19	11_BI_19			
▽ △ Einstelliges	ONE_DIGIT			
▽ △ Einzelteil	SPECIAL			
▽ △ Nur 1	EINS			
⚏ T01	T01			
▷ △ 3 bis 9	3_BIS_9			
▷ △ Gerades	EVEN			
▷ △ Nicht zug. Bauteil (	REST_H			

Abbildung 1.45 Zwei berechtigte Knoten

Als Berechtigungstyp wählen Sie diesmal Typ 4, also den »Teilbaum unterhalb Knoten bis einschließlich Ebene (relativ)«. Deshalb wird das Feld für die Ebenen eingabebereit, in das Sie »2« eintragen und damit den Knoten selbst und jeweils eine Ebene zusätzlich berechtigen. Nach dem Bestätigen des Hierarchieberechtigungsdialogs erhalten Sie damit die zwei Zeilen für die Hierarchieberechtigungen (siehe Abbildung 1.46).

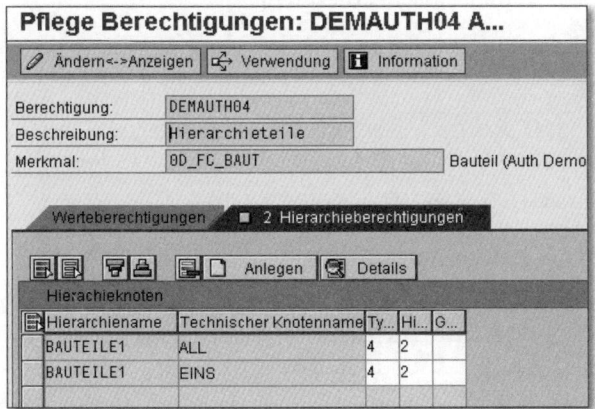

Abbildung 1.46 Zwei Knoten der Bauteilhierarchie mit Teilbäumen

Diese beiden Teilbäume sind nun nicht direkt zusammenhängend. Ein Benutzer mit dieser Berechtigung darf also nicht sehen, dass der Knoten EINS unterhalb des Teilbaumes von ALL mit einer weiteren Ebene liegt.

Sie ordnen diese Berechtigung DEMAUTH04 einem neuen Benutzer AUTHBW03 zu, den Sie wieder von AUTHBW00 kopieren, und legen eine einfache Query an, die die Bauteilhierarchie im Aufriss zeigt (siehe Abbildung 1.47). Sie können aber auch wieder die Query BWAUTH_Q03 verwenden.

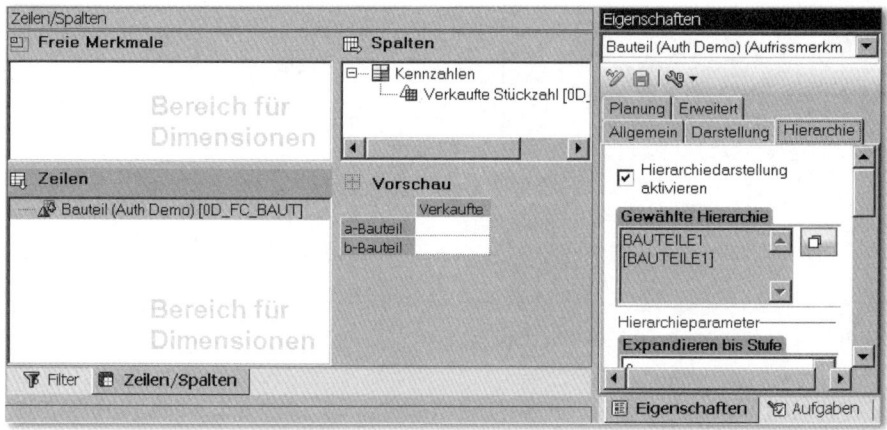

Abbildung 1.47 Bauteilhierarchie BAUTEILE1 im Aufriss

Das Query-Ergebnis sieht aus wie in Abbildung 1.48. Tatsächlich sieht man hier die beiden Hierarchieknoten nicht untereinander, sondern gleichberechtigt. Es ist nicht ersichtlich, dass der Knoten NUR 1 unterhalb des Knotens ALLE BAUTEILE oder eines seiner Unterknoten liegt.

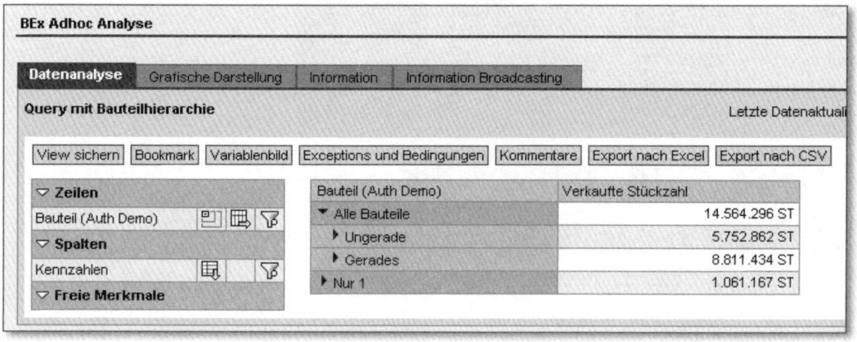

Abbildung 1.48 Zwei nicht zusammenhängende Hierarchieteile
(Query BWAUTH_Q04 ausgeführt mit Benutzer AUTHBW03)

In Abbildung 1.49 sehen Sie den zugehörigen Abschnitt des Berechtigungs-protokolls. Die Aggregationsprüfung für »Land« und »Jahr« ist hier nicht dargestellt. Es bleibt die Prüfung für »Aktivität«, die offensichtlich erfolgreich läuft, und der entscheidende Anteil: die Hierarchieknoten-Prüfung.

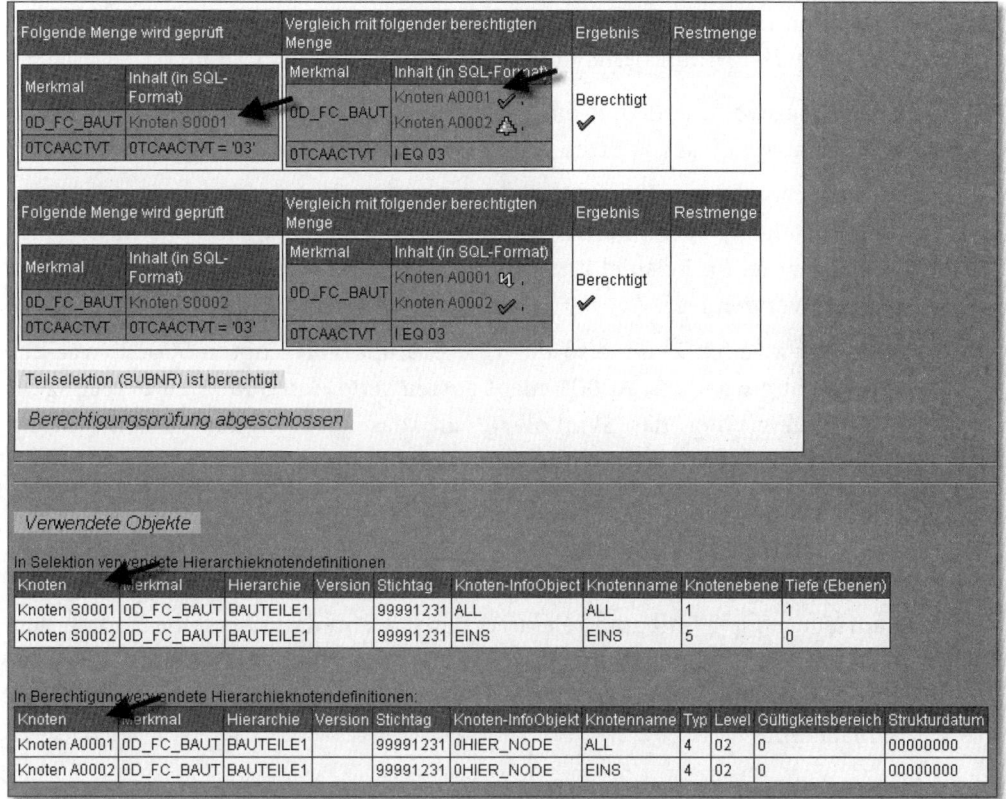

Abbildung 1.49 Berechtigungsprotokoll Hierarchieknoten-Prüfung

Sie sehen, dass es zwei Abschnitte gibt – entsprechend den beiden Knoten, die der Benutzer sehen darf. Sie haben ja bereits gelernt, dass automatisch auf die berechtigten Knoten gefiltert wird. Es findet aber trotzdem eine Berechtigungsprüfung statt, da ja immer möglicherweise mehrdimensionale Effekte auftreten können. Solche Effekte werden wir im nächsten Abschnitt noch genauer behandeln.

Die Knoten sind mit künstlichen Namen und einem Präfix S oder einem A sowie einer Nummer versehen, je nachdem, ob es sich um den *selektierten* (S wie *Selektion*) oder den *berechtigten* Knoten handelt (A wie *Authorization*). Der erste selektierte Knoten heißt also S0001. Hinter dieser Bezeichnung liegt ein Hyperlink zur detaillierten technischen Beschreibung des Knotens. Sie sehen im Abschnitt VERWENDETE OBJEKTE, dass der Knoten S0001 der Selektion des Knotens ALL auf Ebene 1 der Hierarchie BAUTEILE1 zum Merkmal 0D_FC_BAUT entspricht. So werden Stück für Stück die selektierten Knoten und die zugehörigen Teilbäume mit den berechtigten Knoten und ihren Teilbäumen verglichen und das Ergebnis im Protokoll mit Symbolen vermerkt. Hinter den Symbolen liegen immer auch Tooltips:

- ▶ Beispielsweise bedeutet ein grüner Pfeil ✔, dass der zugehörige Knoten TEILBAUM den selektierten Knoten mit Teilbaum berechtigt.

- ▶ Das graue Hierarchiesymbol ⛁ deutet an, dass der Knoten zwar in der Berechtigung vorhanden ist, aber in der entsprechenden Zeile nicht benötigt wurde. Im Beispiel in Abbildung 1.49 etwa wurde der Knoten A0002 nicht verwendet.

- ▶ In der zweiten Zeile, also der Überprüfung von Knoten S0002, war der berechtigte Knoten A0001 nicht ausreichend, um S0001 zu berechtigen. Dies zeigt hier das Symbol ⛁ an, das auch in der Gesamtprüfung erscheint, wenn die gesamte Prüfung fehlschlägt.

Auch wenn wir manchmal nur von Knoten sprechen, darf man nie vergessen, auch die Tiefe des Teilbaumes unterhalb des berechtigten Knotens zu berücksichtigen. So kann es ja sein, dass ein Knoten mit dem gesamten darunterliegenden Teilbaum selektiert wird. Wenn dann derselbe Knoten derselben Hierarchie zwar berechtigt ist, aber nur eine Ebene unterhalb mit in der Berechtigung vergeben wurde, reicht dies nicht aus, und die Prüfung schlägt fehl.

> **Teilbäume der Knoten beachten**
>
> Es ist manchmal nützlich, sich diese Teilbäumchen als Dreiecke vorzustellen: Die Spitze ist der gewählte Knoten (gegebenenfalls mit Startebene), und die Tiefe ist die Zahl der Ebenen, die darunter berechtigt sind. Der Knoten selbst ist bereits die erste Ebene, die Kindebene die zweite Ebene und so weiter.

Man kann noch sehr viel mehr zu Hierarchien und Hierarchieberechtigungen sagen. In Kapitel 9, »Analyseberechtigungen für Experten«, werden wir uns dann auch noch eingehender mit dem weiten Feld der Hierarchieberechtigungen beschäftigen. Wir kommen in diesem Kapitel noch einmal im Zusammenhang mit der Maskierung von Zahlen auf Hierarchieberechtigungen zurück.

Für die ersten Schritte belassen wir es im Moment hierbei und wenden uns einem weiteren Thema zu, den *mehrdimensionalen* Berechtigungen.

1.4.4 Mehrdimensionale Berechtigungen

Eigentlich kennen Sie mehrdimensionale Berechtigungen nun schon, wenn Sie die vorhergehenden Abschnitte gelesen haben. Genau genommen sind die allermeisten Berechtigungen mehrdimensional, da immer eine Prüfung auf »InfoProvider«, »Aktivität« und »Gültigkeit« stattfindet, also auf drei Merkmale oder Dimensionen. So gesehen sind mehrdimensionale Berechtigungen und Berechtigungsprüfungen nichts Besonderes mehr.

Dennoch gibt es im Zusammenhang mit mehrdimensionalen Berechtigungen immer wieder Fallstricke logischer Art, insbesondere im Zusammenhang mit Berechtigungsvariablen.

Variablen und Mehrdimensionalität

Erinnern Sie sich noch einmal an die Query BWAUTH_Q01 mit Variablen, die »aus Berechtigungen gefüllt« wurden, also mit Berechtigungsvariablen. Sie hatten für die beiden Merkmale »Land« (0D_FC_LAND) und »Kalenderjahr« (0CALYEAR) jeweils eine Berechtigungsvariable verwendet.

Beispiel
Kopieren Sie nun wieder einen Benutzer vom Vorlagebenutzer, und nennen Sie ihn AUTHBW04. Dann legen Sie eine Berechtigung DEMAUTH05 an, die die Spezialmerkmale enthält und für »Bauteil« die volle Berechtigung vergibt, also den Wert »*«. Dann bleiben noch die Merkmale 0CALYEAR und 0D_FC_LAND übrig, für die Sie wie am Anfang die Werte »1998« beziehungsweise »DE« vergeben.

Führen Sie nun die Query BWAUTH_Q01 als Benutzer AUTHBW04 aus, erhalten Sie das Ergebnis von Abbildung 1.30. Hier hat nun genau genommen eine dreidimensionale Berechtigungsprüfung stattgefunden: Die »Dimensionen« 0TCAACTVT für »Aktivität«, 0CALYEAR für »Jahr« und 0D_FC_LAND für »Land« sind bereits drei Dimensionen. Vernachlässigen wir einmal »Aktivität«, das ja in der Regel nur eine 1:1-Prüfung des Wertes für »Lesen« (03) ist. Dann bleiben immer noch zwei Dimensionen übrig.

Angenommen, der Benutzer kann nun sein Query-Ergebnis anschauen, das nur 1998 und DE anzeigt. Jetzt wollen Sie ihm noch eine neue Berechtigung zuordnen, die das Jahr 1999 und das Land FR enthält. Ein Grund hierfür könnte sein, dass der Benutzer neue Verantwortlichkeiten bekommen hat.

Sie legen also eine weitere Berechtigung DEMAUTH06 an, fügen wieder die Spezialmerkmale ein, vergeben volle Berechtigung für »Bauteil« und anschließend 1999 für 0CALYEAR und FR für 0D_FC_LAND. Das sollte für Sie nun kein Problem mehr sein. Das Ergebnis sollte aussehen wie in Abbildung 1.50.

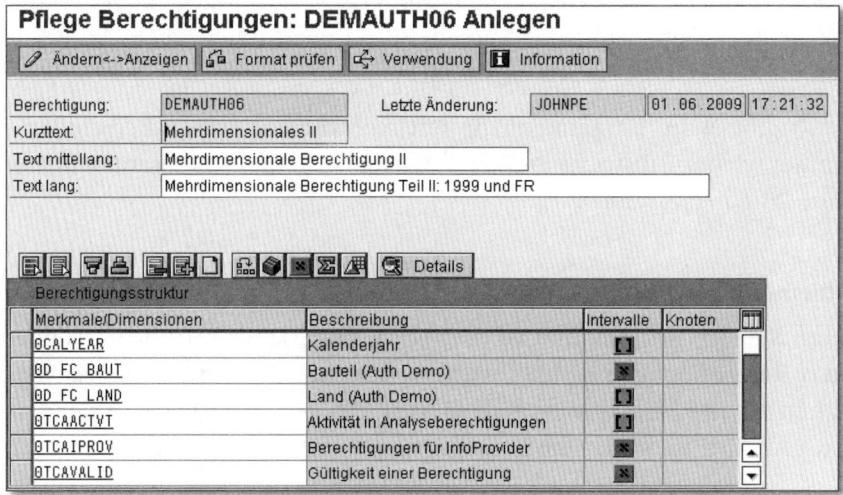

Abbildung 1.50 Zweidimensionale Berechtigung

Diese neue Berechtigung ordnen Sie dem neuen Benutzer AUTHBW04 zu (siehe Abbildung 1.51). Auch hier gilt: Speichern nicht vergessen!

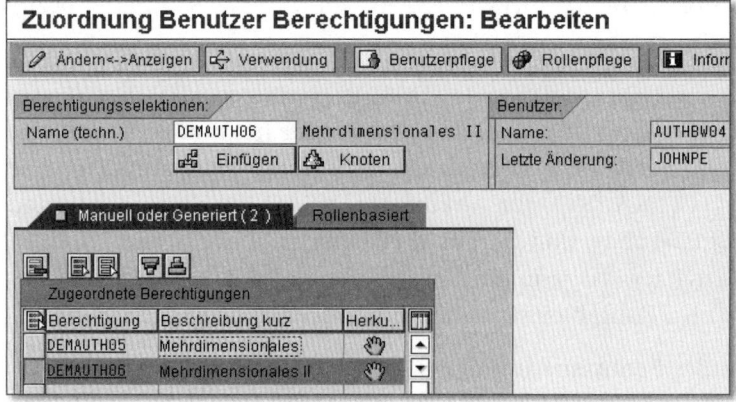

Abbildung 1.51 Zwei zweidimensionale Berechtigungen für einen Benutzer

Bevor Sie die Query BWAUTH_Q01 erneut als Benutzer BWAUTH04 ausführen, denken Sie einmal kurz nach, was passieren könnte. Was erwarten Sie? Werden Sie Daten sehen oder wieder nur die Meldung »keine ausreichende Berechtigung«?

Bei der Ausführung der Query zeichnen Sie gleich ein Protokoll mit auf, denn Sie erhalten die Meldung »keine ausreichende Berechtigung«.

Wie kommt das? Was ist passiert? Sie haben doch extra die Berechtigungsvariablen verwendet.

Analyse

Nun, schauen wir uns einmal die Berechtigungen in einer Tabelle an (Tabelle 1.3). Sie haben folgende Kombinationen berechtigt: DE mit 1998 (in Berechtigung DEMAUTH05) und FR mit 1998 (in Berechtigung 1999). Insbesondere sind die beiden Kombinationen 1998 mit FR und 1999 mit DE *nicht* berechtigt.

	DE	FR
1998	berechtigt	nicht berechtigt
1999	nicht berechtigt	berechtigt

Tabelle 1.3 Berechtigte und nicht berechtigte Kombinationen

Die Berechtigungsvariablen funktionieren nun so, dass sie mit den berechtigten Werten des zugehörigen Merkmals, für das sie definiert sind, gefüllt werden. So sind sie ja gebaut. Das bedeutet für unser Beispiel, dass die Variable für »Land« die Werte »DE« und »FR« bekommt und die Variable für »Jahr« die Werte »1998« und »1999«. Das definiert die Selektion der Query. Und es bedeutet, dass die Query nun auch die Kombinationen DE und 1999 sowie FR und 1998 selektiert. Diese sind aber nicht berechtigt.

Das ist eine typische Falle. Wenn die Selektion so definiert wäre, dass sie nur die beiden berechtigten Kombinationen selektierte, wären die Berechtigungen ausreichend, und die Query würde Daten anzeigen.

Variablen sind eindimensional

Variablen sind niemals mehrdimensional, sondern »sammeln« immer die berechtigten Werte zu einem Merkmal. Dadurch werden immer alle *möglichen* Kombinationen selektiert, nicht nur die *erlaubten*. Man spricht von *kartesischen (Ober-) Mengen*, wenn man die Menge aller Kombinationen meint. Wir werden das noch im Detail in Kapitel 9, »Analyseberechtigungen für Experten«, untersuchen.

Berechtigungsprotokoll

Das beschriebene Verhalten lässt sich auch gut im Protokoll nachvollziehen (siehe Abbildung 1.52).

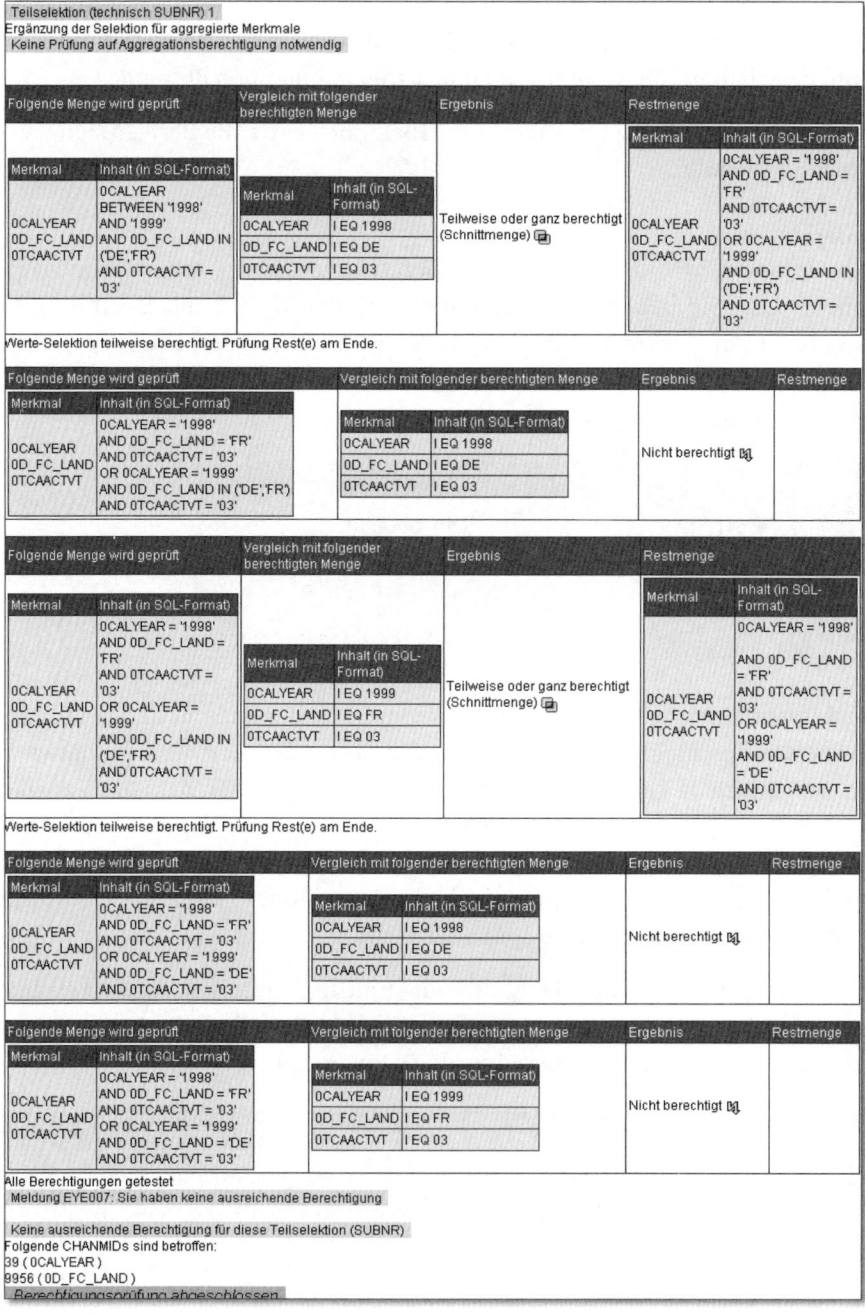

Abbildung 1.52 Protokoll einer mehrdimensionalen Selektion, Teil 1 (Ausschnitt)

Die erste Zeile zeigt, was geprüft wird. Sie sehen, dass für das Merkmal 0CALYEAR die Jahre 1998 bis 1999 geprüft werden. Eigentlich werden nur die Werte »1998« *und* »1999« geprüft. Das kann man aber zusammenfassen, weil der Wertebereich kein weiteres Jahr zwischen 1998 und 1999 zulässt. Im Allgemeinen ist dies aber nicht dasselbe (siehe auch Kapitel 4, »Analyse von Berechtigungsprüfungen und -konfiguration«, sowie Kapitel 9, »Analyseberechtigungen für Experten«).

Man muss nun eigentlich nicht das ganze Protokoll verfolgen, denn bereits mit dieser Selektion ist klar, dass das Ergebnis »keine ausreichende Berechtigung« lauten muss, denn Sie haben ja absichtlich nur zwei der vier möglichen Kombinationen berechtigt.

Wenn man sich ein wenig in das SQL-Format der Mengenbeschreibung eingelesen hat, kann man genau sehen, wie die einzelnen Mengen miteinander verglichen werden und wie die gesamte Selektion stückweise, aber nicht vollständig durch die Berechtigungen abgedeckt wird.

Die ersten beiden Zeilen zeigen, dass die Kombination 1998 mit DE als Berechtigung nicht ausreicht und einen Rest hinterlässt.

Dann wird der Rest mit der zweiten Berechtigungskombination verglichen, und ein weiterer Rest entsteht. Dieser zweite Rest sind, genau wie erwartet, die beiden hervorgehobenen Kombinationen in Tabelle 1.3.

Die letzten beiden Zeilen sind noch einmal der explizite Vergleich des Gesamtrestes mit den beiden Berechtigungen. Sie zeigen, dass sie diesen Rest gar nicht abdecken, was auch nicht mehr überrascht, da der Rest ja genau dadurch entstanden ist, dass die beiden berechtigten Kombinationen gewissermaßen herausgeschnitten wurden.

Das Gesamtergebnis des Prüfungsabschnitts lautet dann auch folgerichtig »keine ausreichende Berechtigung« und erklärt die Meldung, die Sie in der Query erhalten.

Diese Situation ist ein relativ häufiges Problem in SAP NetWeaver BW. Die Möglichkeit, in eine solche Situation zu geraten, steigt mit der Komplexität und der Zahl der Berechtigungen und mit der Komplexität der Querys.

Die Ursache liegt nicht darin begründet, dass die Berechtigungen nicht mehrdimensional sein dürften. Sie haben gesehen, dass dies keine Schwierigkeit darstellt. Die Ursache liegt vielmehr darin, dass Variablen immer nur eindimensional sind. Hätte man mehrdimensionale Variablen zur Verfügung, die echte mehrdimensionale Kombinationen erfassen könnten, wäre es möglich, bei Szenarien wie oben beschrieben Daten zu sehen.

Solche Variablen wären jedoch sehr komplex und unübersichtlich in der Verwendung, insbesondere wenn man Variablen mit verschiedenen Dimensionszahlen kombiniert. Außerdem widerspräche dies dem ersten Leitsatz der Berechtigungen, der ja seine Begründung in der Forderung nach transparenten und konsistenten Zahlen hat.

Lösung mit Aggregationsberechtigung

Sehen wir uns noch ein weiteres häufiges Beispiel an, das zu einem ähnlichen Verhalten führt. Kennt man das Verhalten, ist es bei diesem Beispiel jedoch durchaus möglich, Zahlen zu sehen, ohne exakt die berechtigten Werte im Voraus zu kennen.

Beispiel
Die Situation ist wie folgt: Ein Benutzer hat Berechtigungen für »Land« (0D_FC_Land) und »Jahr« (0CALYEAR). Aus organisatorischen Gründen darf er für das Jahr 2000 die Umsätze aller Länder sehen, während er für seinen eigenen Bereich Deutschland (DE) den Umsatz aller Jahre sehen darf (siehe Tabelle 1.4).

	Land	Jahr
Berechtigung 1	*	2000
Berechtigung 2	DE	*

Tabelle 1.4 Zweidimensionale Berechtigung für »Land« und »Jahr«

Die Berechtigungen sind also zweidimensional, abgesehen von den übergeordneten Merkmalen wie Aktivität und den Merkmalen, für die er ohnehin volle Berechtigung hat. Stellt man diesen Bereich der berechtigten Werte grafisch dar, sieht man, dass der Benutzer eine Art »Kreuzbereich« berechtigt hat (hervorgehobener Bereich in Tabelle 1.5).

Bereits zu Beginn dieses Kapitels haben wir die einfache Query BWAUTH_Q01 verwendet, die beide Merkmale im Kreuzaufriss darstellen würde, wenn der Benutzer volle Berechtigungen für alle Merkmale besäße. Das Ergebnis sieht man in Abbildung 1.53. Allerdings haben wir der Übersichtlichkeit halber weniger Jahre hinzugenommen. Damit Sie auch bei eingeschränkten Benutzern nur die berechtigten Werte erhalten, benötigen Sie wieder die Variablen, die aus Berechtigungen gefüllt werden, wie Sie sie für diese Query in Abbildung 1.32 und Abbildung 1.53 sehen.

Land		1990	1991	...	2000	2001	...
BR	Brasilien						
DE	Deutschland						
ES	Spanien						
FR	Frankreich						
GB	England						
JP	Japan						
RU	Russland						
US	USA						

Tabelle 1.5 Berechtigter Bereich – grafische Darstellung

Land	Kalenderjahr	Umsatz (Auth Demo)					
		1998	1999	2000	2001	2002	Gesamtergebnis
BR		140,12 BRL	177,95 BRL	179,54 BRL	146,09 BRL	117,19 BRL	760,89 BRL
DE		405,33 DM	504,85 DM	486,88 DM	533,81 DM	467,52 DM	2.398,38 DM
ES		21.835,25 ESP	15.872,44 ESP	19.533,94 ESP	18.045,92 ESP	16.948,49 ESP	92.236,04 ESP
FR		392,88 FRF	490,19 FRF	398,00 FRF	481,85 FRF	434,31 FRF	2.197,21 FRF
GB		£ 209,99	£ 185,06	£ 199,21	£ 172,48	£ 173,41	£ 940,15
JP		22.320,84 JPY	22.387,54 JPY	22.503,33 JPY	18.584,89 JPY	21.942,71 JPY	107.739,30 JPY
RU		162,25 RUB	166,81 RUB	173,92 RUB	201,02 RUB	192,41 RUB	896,41 RUB
US		$ 290,97	$ 219,29	$ 286,97	$ 270,79	$ 242,49	$ 1.310,51
Gesamtergebnis		*	*	*	*	*	*

Abbildung 1.53 Query BWAUTH_Q01 mit Land und Jahr im Aufriss (reduziert)

Nun benötigen Sie noch einen neuen Testbenutzer und zwei Berechtigungen.

▶ eine Berechtigung mit Land = DE und voller Berechtigung (*) für Jahr (DEMAUTH07)

▶ eine zweite mit voller Berechtigung (*) für Land und Jahr 2000 (DEMAUTH08)

Die Berechtigung DEMAUTH07 ist in Abbildung 1.54 gezeigt, die zweite wird analog aufgebaut.

Den Benutzer kopieren Sie wieder vom Vorlagebenutzer AUTHBW00 auf den neuen Benutzer AUTHBW05. Danach ordnen Sie ihm die beiden Berechtigungen DEMAUTH07 und DEMAUTH08 zu (siehe Abbildung 1.55).

Abbildung 1.54 Eine der beiden mehrdimensionalen Berechtigungen aus dem Beispiel

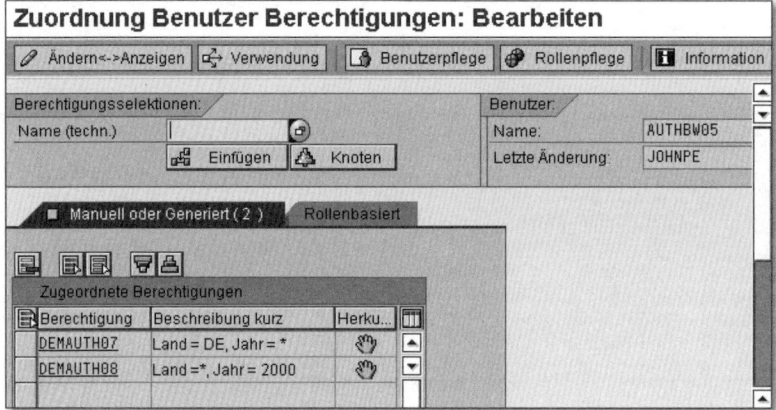

Abbildung 1.55 Benutzer AUTHBW05 mit beiden mehrdimensionalen Berechtigungen

Analyse

Jetzt können Sie die Query BWAUTH_Q01 als Testbenutzer AUTHBW05 ausführen. Was erwarten Sie? Richtig, die Meldung »keine ausreichende Berechtigung« – denn so war das Beispiel ja gebaut.

Modifikation und Lösung

Man kann sich auch das Protokoll anschauen, das zeigt, dass sowohl »Alles« für Land selektiert wird als auch »Alles« für Jahr.

Zu Beginn des Beispiels wurde bereits darauf hingewiesen, dass es zu dieser Art Beispiel eine Lösungsmöglichkeit gibt.

Dazu modifizieren Sie die Query ein klein wenig, so dass die Ansicht zum Start gar keinen Aufriss enthält und über »Land« und »Jahr« aggregiert wird. Daher werden keine Einzelwerte selektiert. Sie erhalten dennoch die Meldung »keine Berechtigung«. Jetzt sollten wir eigentlich schon aufmerken und uns an Abschnitt 1.4.2, »Aggregationsberechtigung«, erinnern.

Schauen wir einmal in das Protokoll (siehe Abbildung 1.56). Sie stellen fest, dass sowohl für »Jahr« (0CALYEAR) als auch für »Land« (0D_FC_LAND) die Aggregationsberechtigung erforderlich ist. Und zwar natürlich die Kombination, die für beide Merkmale gleichzeitig die Aggregationsberechtigung enthält. Diese Kombination ist jedoch gerade *nicht* berechtigt. Die Gesamtberechtigung (*) enthält zwar die Aggregationsberechtigung, aber wie Sie im Protokoll sehen, fehlt der Eintrag jeweils für ein Merkmal, was dann in roter Farbe angezeigt wird.

Abbildung 1.56 Berechtigungsprüfung mit zwei berechtigungsrelevanten freien Merkmalen

Vergeben Sie also noch in beiden Berechtigungen die Aggregationsberechtigung zusätzlich jeweils für das Merkmal, bei dem sie noch nicht eingetragen ist.

Danach führen Sie die Query noch einmal aus und sehen, dass nun die Anzeige berechtigt ist. Im Protokoll werden die Berechtigungen, die die Aggregationsberechtigung abdecken, grün angezeigt (siehe Abbildung 1.57).

Danach findet nur noch die simple Prüfung auf Aktivität statt, die erfolgreich ist.

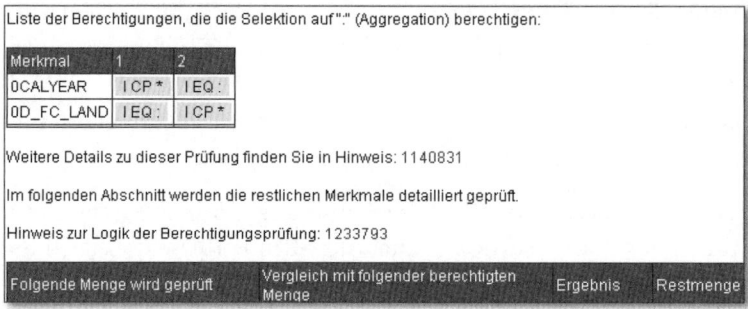

Abbildung 1.57 Erfolgreiche Berechtigungsprüfung auf die Aggregationsberechtigung für »Land« und »Jahr«

Und nun kommt der Clou: Ausgehend von dieser vollständig aggregierten Sicht auf die Daten kann man nun selektiv die beiden Merkmale einfach aufreißen – und sieht die Daten!

Fazit

Mit dieser einfachen zusätzlichen Berechtigung, die möglicherweise ohnehin berechtigt worden wäre, und der kleinen Modifikation, dass die Merkmale als freie Merkmale definiert werden, kann man nun alle Daten anzeigen lassen. Abbildung 1.58 zeigt die Daten für »Land«; analog könnten Sie sich natürlich auch die Daten für »Jahr« anzeigen lassen.

Land	Betrag (Auth Demo)
BR	3.064.076.424,62 BRL
DE	9.022.678.871,45 DM
ES	361.316.505.089,00 ESP
FR	8.458.058.761,91 FRF
GB	£ 3.407.313.046,71
JP	412.137.280.988,00 JPY
RU	3.318.053.792,51 RUB
US	$ 5.182.184.663,20
Gesamtergebnis	*

Abbildung 1.58 Einfacher Aufriss nach Land

Natürlich kann man nicht beide Merkmale gleichzeitig in den Aufriss nehmen. Das ist auch inhaltlich fraglich, da derart gebaute Berechtigungen in der Regel aus unterschiedlichen funktionalen Anforderungen kommen, die sich (im Beispiel) *entweder* mit »Jahr« *oder* mit »Land« beschäftigen. Dennoch bekommt man beide Anforderungen (»Land aufreißen« und »Jahr aufreißen«) in dieselbe Query.

1.4.5 Klammerung

Klammerung ist aus Berechtigungssicht eine besondere Form der Mehrdimensionalität. Bei der Klammerung sind immer zwei oder mehrere Merkmale aneinander gebunden und nie ganz unabhängig voneinander zu betrachten. So gehört typischerweise zu jeder Kostenstelle ein Kostenrechnungskreis. Deshalb werden entsprechende Merkmale auch geklammert ausgeliefert.

Nehmen wir einmal zu der Query-Ansicht aus Abbildung 1.58 noch die Region hinzu, die an »Land« geklammert ist, um ein besseres Verständnis für die Klammerung zu bekommen. Dazu kopieren Sie die Query BWAUTH_Q01 nach BWAUTH_Q05 und nehmen zusätzlich die Region in die freien Merkmale. Führen Sie diese Query aus und nehmen »Region« in den Aufriss, erhalten Sie das Ergebnis von Abbildung 1.59. Sie haben dabei die Darstellung »Schlüssel und Text« gewählt.

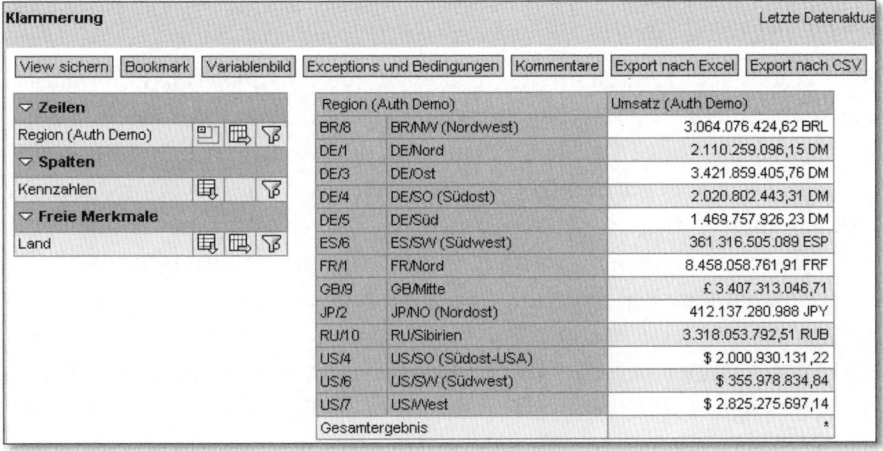

Abbildung 1.59 Query BWAUTH_Q05 mit geklammertem Merkmal »Region« im Aufriss

Man sieht, dass die Region (eine Nummer) immer an das Land *geklammert* ist. Sie sehen immer Kombinationen zwischen dem Land und einer Region. Man sieht auch, dass zum Beispiel die Region 1 (Nord) sowohl in Deutschland als auch in Frankreich vorkommt, die Region 3 (Ost) aber nur in Deutschland. Nicht alle Kombinationen, die technisch denkbar wären, sind auch vorhanden. Das ist auch der Sinn der Klammerung: Sie verhindert, dass nicht erlaubte Kombinationen entstehen.

Betrachtet man also nur »Land«, so ist nicht festgelegt, welche Regionen gemeint sind. Aber wenn Sie sich auf eine Region beziehen, müssen Sie immer das zugehörige Land festlegen, um die Information eindeutig zu machen.

Allgemein muss man sich bei Klammerung immer auf einen »Klammervater« festlegen, wenn man eindeutige Informationen angeben will. Wenn man nämlich (im Beispiel) Region 1 nennt, dann ist noch nicht klar, ob die deutsche oder die französische Region gemeint ist. Die Klammerung der Merkmalswerte für »Region« an »Land« legt dies fest (siehe Abbildung 1.59).

Geklammerte Werte können im InfoProvider eigentlich, logisch gesehen, niemals allein existieren, immer nur als Paar oder Tripel usw., je nach *Klammerungstiefe*. Am deutlichsten wird dies am Beispiel US/4, das bereits im Text die Kombination verschlüsselt hat: Südost-USA. Auch andere Beispiele für Klammerung machen deutlich, dass geklammerte Werte allein nicht vollständig sind: So ist eine Kostenstelle nur dann vollständig bezeichnet, wenn der Kostenrechnungskreis angegeben wird, auch wenn die Nummer der Kostenstelle in vielen Kostenrechnungskreisen vorkommen kann.

Leider gibt es aber zahlreiche Möglichkeiten, diese *Klammerungsinformation* – die ja über mehrere Merkmale hinweg greift und dementsprechend mehrdimensional ist – zu verlieren. Das kann bei der Modellierung im MultiProvider passieren, aber auch in Querys bei Variablen, die ja erst einmal nur ein Merkmal allein »tragen« können. Auch bei Berechtigungen, die ebenfalls merkmalsweise vergeben werden, kann die Klammerungsinformation abhandenkommen. Bei Berechtigungen kommt noch erschwerend hinzu, dass das geklammerte Merkmal und der »Klammervater« beide und unabhängig voneinander berechtigungsrelevant sein können oder nicht. Wegen der zahlreichen Komplikationen und Fallen in diesem Bereich haben wir dem Thema ein eigenes Unterkapitel »Klammerung« in Kapitel 9, »Analyseberechtigungen für Experten«, gewidmet.

Legen Sie einmal eine Berechtigung an, die auch »Region« enthält. Dazu setzen Sie zunächst wieder das Kennzeichen für die Berechtigungsrelevanz in der InfoObject-Pflege für Merkmal 0D_FC_REGL.

Dann legen Sie eine Berechtigung an, die alle Merkmale des InfoCubes 0D_FC_C04 enthält, wie Sie das schon mehrfach gemacht haben. Gehen Sie anschließend in die Detailpflege zu 0D_FC_REGL (»Region«). Wenn Sie nun einen Wert mit der Wertehilfe auswählen, werden dort die Wertepaare angeboten: Wählen Sie etwa DE/4 aus, wird aber nur der Wert für »Region«, also »4«, übertragen. Das Wertepaar wird abgeschnitten, da ein Merkmal immer nur Werte verarbeiten kann, die direkt auf das Merkmal selbst bezogen werden, hier also »Region«. Deshalb hat man damit also nicht nur die Region 4 berechtigt, sondern alle möglichen Kombinationen des Klammervaters »Land« mit 4 für »Region«!

Klammerung und Berechtigung

Die Berechtigung eines geklammerten Merkmals über Werte berechtigt *implizit* immer auch alle möglichen Kombinationen mit dem Klammervater. Zusätzliche restriktivere Berechtigungen auf den Klammervater haben darauf keinen einschränkenden Einfluss.

Das bedeutet, dass man implizit auf diese Weise auch die Region 4 aus Frankreich FR/4 berechtigt hat, selbst wenn man zunächst DE/4 ausgewählt hatte. Die Wertehilfe dient hier also nur zur Orientierung, nicht zur Festlegung des Wertepaares. Der Klammervater wird in den Berechtigungen immer unabhängig behandelt, wenn er in Form von Werteberechtigungen erscheint.

Möchte man tatsächlich nur DE/4 berechtigen, muss man den Klammervater »Land« auf andere Weise auf DE festlegen. Dies kann in der Query fest eingestellt werden, oder der Klammervater wird im InfoProvider oder sogar systemweit fixiert.

Diese Lösung funktioniert aber nur so lange, wie man nicht mehrere Kombinationen sehen möchte wie DE/4 und US/6. Denn in diesem Falle müsste man für »Land« die Werte »DE« und »US« eintragen und für »Region« die Werte »4« und »6«. Dann hat man aber die möglichen Kreuzkombinationen DE/6 (nicht vorhanden) und US/4 (vorhanden) ebenfalls berechtigt.

Bauen Sie dieses letzte Beispiel einmal nach. In der Berechtigung mit der Bezeichnung DEMAUTH09 sollen alle Merkmale außer 0D_FC_LAND und 0D_FC_REGL mit der vollen Berechtigung versehen werden. Diese beiden Merkmale sollen also DE und US beziehungsweise 4 und 6 enthalten (siehe Abbildung 1.60). Da Sie auch die aggregierte Sicht auf alle Werte erlauben wollen, um Merkmale aus dem Aufriss und in den Aufriss nehmen zu können, vergeben Sie auch die Aggregationsberechtigung.

Abbildung 1.60 Wertehilfe für geklammertes Merkmal 0D_FC_REGL

Zusätzlich sind wieder die Spezialmerkmale hinzuzunehmen (siehe Abbildung 1.61).

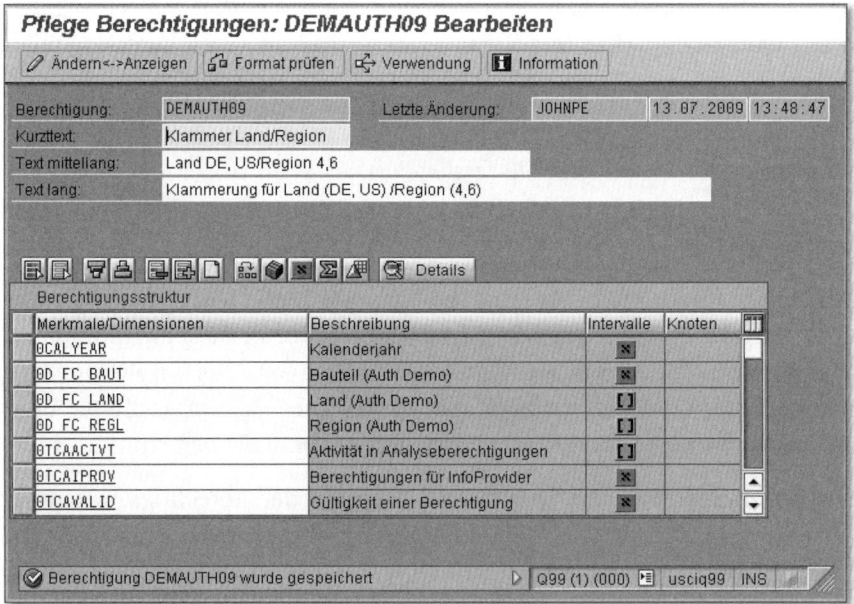

Abbildung 1.61 Berechtigung DEMAUTH09 mit Klammerung für Land (DE und US) und Region (4 und 6)

Sie kopieren wieder den Vorlagebenutzer auf den neuen Benutzer AUTHBW06 und ordnen ihm die Berechtigung zu.

Danach müssen Sie noch die Query BWAUTH_Q05 anpassen, so dass nur die berechtigten Werte selektiert werden. Sie legen also wieder für »Region« (0D_FC_REGL) eine Variable BWAUTHVAR_REGL1 an, die über Berechtigungen gefüllt wird.

Die abschließende Ausführung ergibt folgendes Ergebnis (siehe Abbildung 1.62).

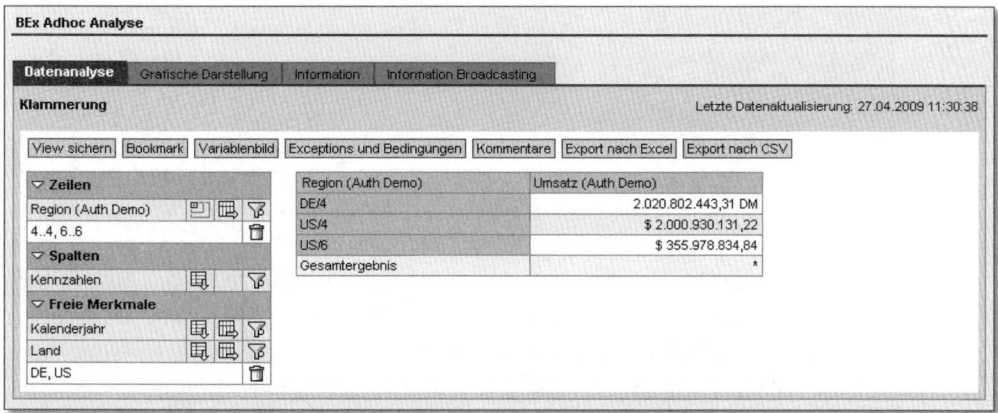

Abbildung 1.62 Query-Ergebnis BWAUTH_Q05 für Benutzer AUTHBW05

Nun liegt auf dem Merkmal für das Land ein Filter mit DE und US, der aus den definierten Berechtigungen entstanden ist, die in die Variable gefüllt wurden und damit als Filter wirken. Das hat zur Folge, dass genau die erwarteten drei Kombinationen erscheinen. Sie wissen ja schon, dass aus der Region 4, die ja ursprünglich aus DE/4 stammte, alle möglichen Kombinationen mit dem Klammervater entstanden sind, weil die Berechtigungen – die nur eindimensional definierbar sind – ja »Land« und »Region« aufgespalten haben. Was passiert nun, wenn man den Filter auf »Land« löscht? Betrachten Sie dazu noch einmal das unbeschränkte Ergebnis in Abbildung 1.59 und den grauen Hinweiskasten »Klammerung und Berechtigung« wenige Seiten zuvor.

Das Ergebnis nach dem Löschen des Filters sehen wir in Abbildung 1.63.

Sie sehen auch hier, dass die Berechtigungen auf »Land« keine einschränkende Wirkung mehr entfalten können, weil implizit durch die Wahl der Regionen 4 (Südost) und 6 (Südwest) alle möglichen Kombinationen berechtigt wurden. Bei dem Problem, dass damit alle zugehörigen möglichen Kombinationen berechtigt werden, hilft auch der Filter (Variable »gefüllt aus Berechtigungen«) auf dem Klammervater nur bedingt, nämlich nur, solange er nicht geändert oder entfernt werden kann. Deshalb müsste man ihn zumindest als Filter im Bereich Merkmalseinschränkungen definieren. Sie hatten ihn aber in die Vorschlagswerte gelegt.

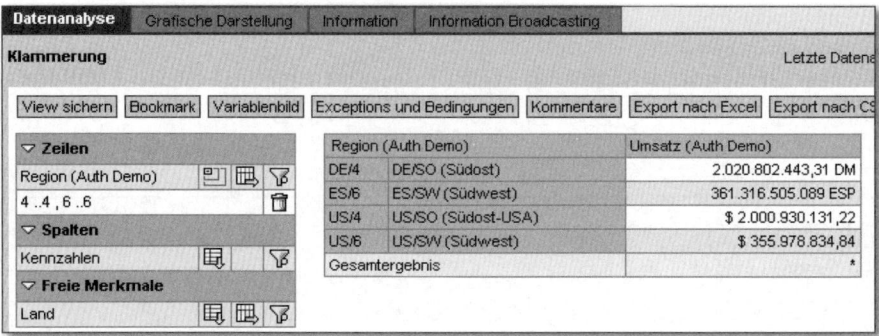

Abbildung 1.63 Query-Ergebnis wie in Abbildung 1.62 nach Löschen des Filters auf »Land«

Das ließe sich einfach erreichen. Wie kommt man jedoch zu der ausschließlichen Berechtigung der Kombinationen DE/4 und US/6, ohne auch noch US/4 zu »erwischen«? Die Feststellung lautet hier: gar nicht, solange man mit Werteberechtigungen arbeitet. Mit Hierarchieberechtigungen ist dies jedoch möglich.

Betrachten wir zunächst einmal folgende vollständig berechtigte Sicht mit einer Hierarchie auf der Region (siehe Abbildung 1.64).

Region (Auth Demo)		Umsatz (Auth Demo)
▼ WORLD	Welt	*
▼ EUROPA	Europa	*
GB/9	GB/Mitte	£ 3.407.313.046,71
FR/1	FR/Nord	8.458.058.761,91 FRF
ES/6	ES/SW (Südwest)	361.316.505.089 ESP
DE/5	DE/Süd	1.469.757.926,23 DM
DE/4	DE/SO (Südost)	2.020.802.443,31 DM
DE/3	DE/Ost	3.421.859.405,76 DM
DE/1	DE/Nord	2.110.259.096,15 DM
▼ ASIA	Asien	*
RU/10	RU/Sibirien	3.318.053.792,51 RUB
JP/2	JP/NO (Nordost)	412.137.280.988 JPY
▼ AMERIKA	Amerika	*
US/7	US/West	$ 2.825.275.697,14
US/6	US/SW (Südwest)	$ 355.978.834,84
US/4	US/SO (Südost-USA)	$ 2.000.930.131,22
BR/8	BR/NW (Nordwest)	3.064.076.424,62 BRL

Abbildung 1.64 Query BWAUTH_Q06 mit dem geklammerten Merkmal »Region« im Aufriss mit Hierarchie

Die Query BWAUTH_Q06 sollten Sie nun fast allein bauen können.

1. Sie nehmen als Grundlage die Query BWAUTH_Q05, entfernen die Wertevariable, die aus Berechtigungen prozessiert wird, da Sie eine Hierarchie verwenden wollen.

2. Außerdem legen Sie eine Hierarchie auf das Merkmal »Region« (0D_FC_REGL).

3. Nun definieren Sie eine neue Berechtigung DEMAUTH10, die wieder alle Merkmale außer »Land« und »Region« vollständig berechtigt (Spezialmerkmale nicht vergessen!).

   ▶ Für »Land« berechtigen Sie wieder DE und US.

   ▶ Für »Region« vergeben Sie nun die Aggregationsberechtigung sowie Hierarchieberechtigungen.

   ▶ Als berechtigte Knoten wählen Sie nun wie zuvor in der Werteberechtigung DE/4 und US/6 (siehe Abbildung 1.65).

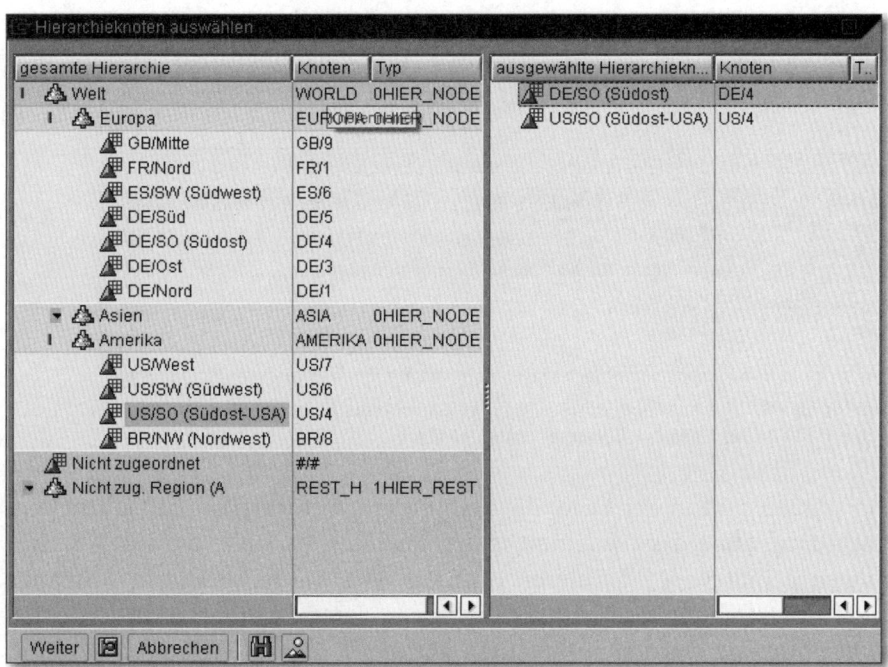

Abbildung 1.65 »Blätter« (Endknoten) einer Hierarchie des geklammerten Merkmals »Region«

4. Die Berechtigung DEMAUTH10 (siehe Abbildung 1.66) ordnen Sie dem Benutzer BWAUTH07 zu und führen sie als dieser Benutzer aus.

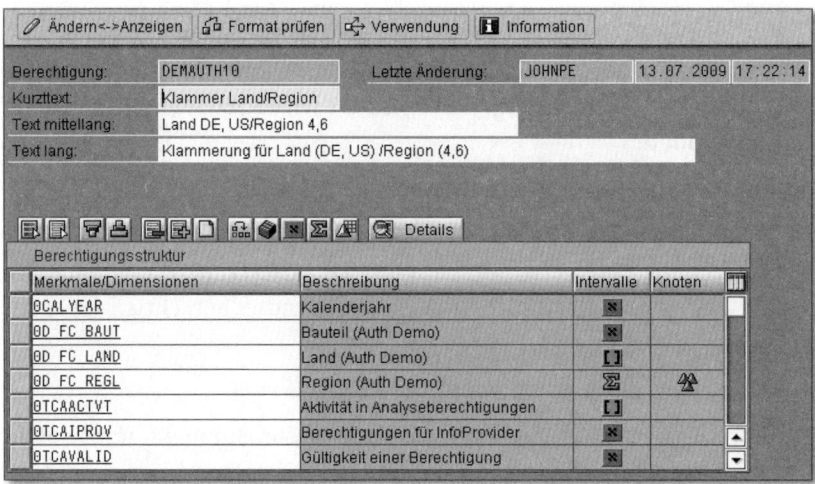

Abbildung 1.66 Berechtigung DEMAUTH10 mit Hierarchieberechtigung auf geklammertem Merkmal »Region« (0D_FC_REGL)

Das Ergebnis sehen Sie in Abbildung 1.67. Nun sieht es aus wie gewünscht! Sie sehen nur die beiden gewollten Kombinationen aus »Land« und »Region«, die Sie auch ausgewählt hatten.

Abbildung 1.67 Hierarchieberechtigung für geklammertes Merkmal »Region« (0D_FC_REGL) – Query BWAUTH_Q06 mit Benutzer BWAUTH07

Hierarchien sind in der Lage, die Klammerungsinformation zu verarbeiten. Noch dazu, ohne dass Sie eine Hierarchieknoten-Variable, die aus Berechtigungen gefüllt wird, definieren mussten. Wie Sie ja bereits in Abschnitt 1.4.3, »Hierarchieberechtigungen«, gesehen haben, ist dies bei Hierarchien nicht nötig. Sie werden automatisch auf die berechtigten Knoten gefiltert. Diese beiden Eigenschaften sind also ideal, um bei geklammerten Merkmalen mit Berechtigungen verwendet zu werden. Darüber hinaus ist der Klammervater eigentlich nicht von Bedeutung, und Sie können den Filter auf »Land« sogar löschen, ohne dass neue Klammerpaare angezeigt würden, wie Sie das bei den Werteberechtigungen gesehen haben. Er muss nicht einmal berechtigungsrelevant sein. Deswegen lohnt es sich fast immer, Hierarchien zu verwenden, wenn man mit Klammerung arbeitet. Anderenfalls muss man mit den betrachteten Nebeneffekten rechnen und mit ihnen umgehen.

Übrigens bringt die Verwendung eines einzigen Einzelwertes zusätzlich zum Doppelpunkt (Aggregationsberechtigung) wieder Komplikationen ins Spiel.

Klammerung und Hierarchieberechtigungen

Hierarchien können die Klammerungsinformation bewahren. Bei Klammerung ist es deshalb empfehlenswert, die (ausschließliche) Verwendung von Hierarchieberechtigungen anzustreben. Die Hierarchieberechtigungen erfordern auch keine Hierarchieknoten-Variablen, sondern filtern automatisch aus.

1.4.6 Teilweise Maskierung

Nun machen Sie einen großen Schritt und setzen das Merkmal für die Behandlung von Kennzahlberechtigungen, 0TCAKYFNM, berechtigungsrelevant. Damit sind Sie in der Lage, Kennzahlen entweder zu berechtigen oder durch Nicht-Berechtigung zu »verbieten«. Beachten Sie, dass mit dem Einschalten der Berechtigungsrelevanz systemweit auf dieses Merkmal geprüft wird. Sie sollten also sicherstellen, dass alle produktiven Benutzer zusätzlich die volle Berechtigung zu 0TCAKYFNM bekommen. Am einfachsten erreichen Sie dies durch Ausklammern einer solchen Berechtigung in eine eigene Rolle, die Sie allen normalen Benutzern geben.

Was passiert nun, wenn eine Kennzahl in einer Query-Definition vorkommt, aber nicht berechtigt wurde?

Definieren wir dazu eine einfache Query mit »Bauteil« im Aufriss mit drei Kennzahlen (siehe Abbildung 1.68).

Dazu legen Sie wieder einen neuen Benutzer BWAUTH08 an, der eine Berechtigung DEMAUTH11 zugeordnet bekommt. Diese Berechtigung soll alle Merkmale des InfoProviders 0D_FC_C04 mit Gesamtberechtigung (oder Aggregationsberechtigung) enthalten. Eine Ausnahme sind hier wieder »Bauteil«, das in den Aufriss der Query aufgenommen werden soll – siehe Abbildung 1.68 –, sowie »Kennzahl« (0TCAKYFNM). Von den drei Kennzahlen der Query berechtigen wir nur zwei, nämlich »Betrag« (0D_FC_AMT) und »Gewicht« (0D_FC_GEW2), die mittlere Kennzahl »Kosten« (0D_FC_KOST) jedoch nicht – siehe Abbildung 1.69.

Abbildung 1.68 Query BWAUTH_Q07 mit drei Kennzahlen

Abbildung 1.69 Berechtigung für Kennzahlen

Das Ergebnis sieht aus, wie in Abbildung 1.70 gezeigt.

SAP NetWeaver BW ist also in der Lage, Kennzahlen einzeln zu betrachten und gegebenenfalls auszublenden, wenn sie nicht vollständig berechtigt sind. Das Symbol <--> deutet an, dass die zugehörigen Zahlen nicht berechtigt sind. Hier haben wir ein sehr deutliches Beispiel, dass primär die Bewegungsdaten und nicht die Stammdaten geschützt werden. Denn die Stammdaten werden angezeigt, sie sind ja über die anderen Kennzahlen berechtigt.

Man beachte auch die Meldung »keine ausreichende Berechtigung«, die als Warnung und nicht als Fehler angezeigt wird. Sie sagt aus, dass eben nicht alle Daten der Query berechtigt sind. Es ist also durchaus möglich, dass diese Meldung erscheint und trotzdem etwas angezeigt wird. Das ist mit dem Merkmal 0TCAKYFNM möglich, aber auch ohne, wie wir noch sehen werden.

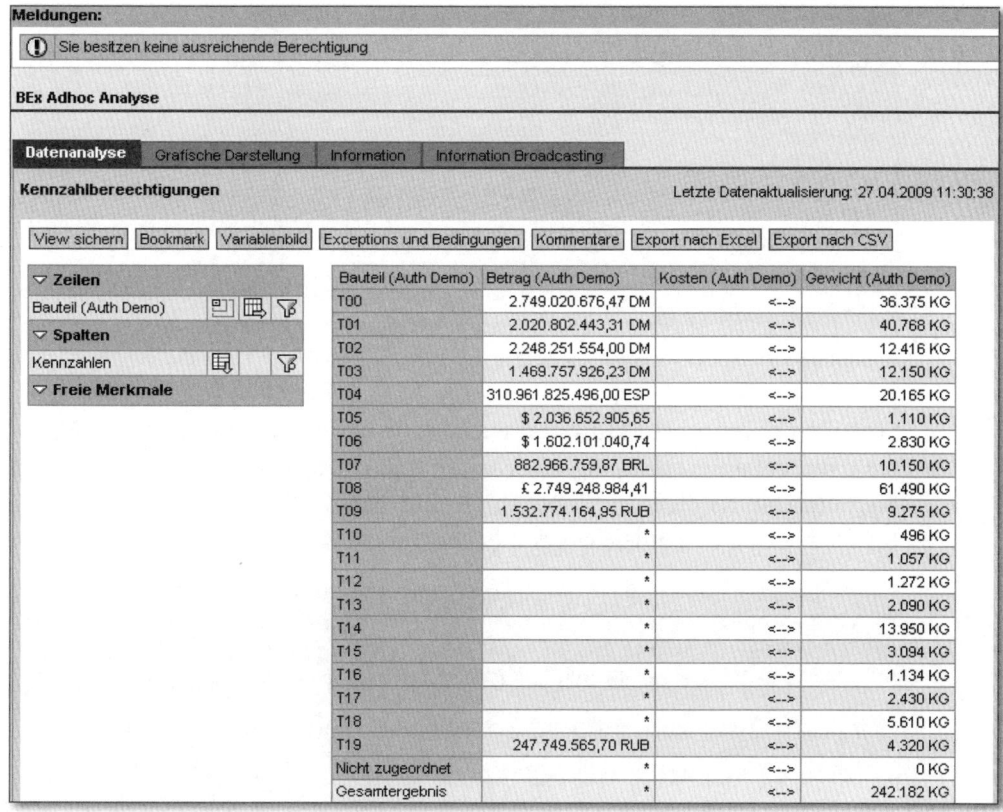

Abbildung 1.70 Ergebnis von Query BWAUTH_Q07 für Benutzer AUTHBW08 – nicht berechtigte Kennzahlen werden maskiert und eine Warnmeldung ausgegeben

Filtern Sie allerdings eine nicht berechtigte Kennzahl heraus (Kontextmenü: FILTERWERT FESTHALTEN), so dass nur sie selektiert wird, erhalten Sie wie sonst auch die Meldung »keine ausreichende Berechtigung«. In diesem Fall wird dann auch gar kein Ergebnis angezeigt, da dann kein einziges Bewegungsdatum berechtigt ist.

Schalten Sie nun im Kontextmenü oder in der Query-Definition noch die Hierarchie hinzu, die Sie bereits in Abschnitt 1.4.3, »Hierarchieberechtigungen«, verwendet haben (siehe Abbildung 1.37). Das Ergebnis sieht hier analog aus (siehe Abbildung 1.71). Sie haben lediglich eine Währungsumrechnung vorgenommen, um überall Zahlen angezeigt zu bekommen.

Nun legen Sie die beiden Berechtigungen DEMAUTH12 und DEMAUTH13 mit Hierarchieknoten-Berechtigungen für »Bauteil« an.

Bauteil (Auth Demo)	Betrag (Auth Demo)	Kosten (Auth Demo)	Gewicht (Auth Demo)
Gesamtergebnis	30.404.128.102,79 EUR	<-->	242.182 KG
▼ Alle Bauteile	25.944.418.580,92 EUR	<-->	242.182 KG
▼ Ungerade	9.537.974.376,38 EUR	<-->	86.444 KG
▶ Zweistelliges	1.963.305.811,15 EUR	<-->	12.991 KG
▼ Einstelliges	7.574.668.565,23 EUR	<-->	73.453 KG
▶ Einzelteil	1.010.401.221,66 EUR	<-->	40.768 KG
▼ 3 bis 9	6.564.267.343,57 EUR	<-->	32.685 KG
T09	56.811.496,11 EUR	<-->	9.275 KG
T07	477.279.329,66 EUR	<-->	10.150 KG
T05	5.295.297.554,69 EUR	<-->	1.110 KG
T03	734.878.963,12 EUR	<-->	12.150 KG
▶ Gerades	16.406.444.204,54 EUR	<-->	155.738 KG
▶ Nicht zug. Bauteil (Auth Demo)(n/e)	4.459.709.521,87 EUR	<-->	0 KG

Abbildung 1.71 Maskierung mit Hierarchie

Sie sollen so aufgebaut sein, dass wieder alle berechtigungsrelevanten Merkmale die volle Berechtigung (*) erhalten und die Spezialmerkmale eingefügt werden. Dann sollen die Kennzahlen und das Merkmal »Bauteil« (0D_FC_BAUT) speziell behandelt werden (siehe Tabelle 1.6).

Berechtigung	0TCAKYFNM	0D_FC_BAUT
DEMAUTH12	Betrag (0D_FC_AMT), Gewicht (0D_FC_GEW2)	Knoten UNGERADE (ODD) und Teilbaum unterhalb
DEMAUTH13	Kosten (0D_FC_KOST)	Knoten ALLE BAUTEILE (ALL) und zwei Ebenen darunter

Tabelle 1.6 Berechtigungen für Benutzer AUTHBW09 zur teilweisen Maskierung

Diese beiden Berechtigungen ordnen Sie dem Benutzer AUTHBW09 zu. Die Query BWAUTH_Q07 wird so angepasst, dass die Hierarchie BAUTEILE1 (siehe Abbildung 1.44) fest eingestellt wird und die Kennzahlen »Kosten« (0D_FC_KOST) und »Betrag« (0D_FC_AMT) eine feste Währungsumrechnung auf Euro (EUR) mit der Testumrechnung 0TESTCURR erhalten. Ohne Währungsumrechnung erhält man ansonsten immer das Sternsymbol für nicht einheitliche Werte. Starten Sie die Query, erhalten Sie das Ergebnis von Abbildung 1.72. Das ist korrekt, denn die Berechtigung DEMAUTH13 beschreibt genau dies: Für die Kennzahl »Kosten« sollen die oberen beiden Ebenen berechtigt sein. Die beiden anderen Kennzahlen sind hier nicht berechtigt und deshalb maskiert.

Wenn Sie nun den Knoten UNGERADE aufklappen, sollten die Zahlen für die beiden anderen Kennzahlen bis zur untersten Ebene erreichbar sein, für »Kosten« jedoch nicht. Sie erwarten also die Kosten als maskiert dargestellt,

»Betrag« und »Gewicht« jedoch eingeblendet. Das Ergebnis sehen Sie in Abbildung 1.73.

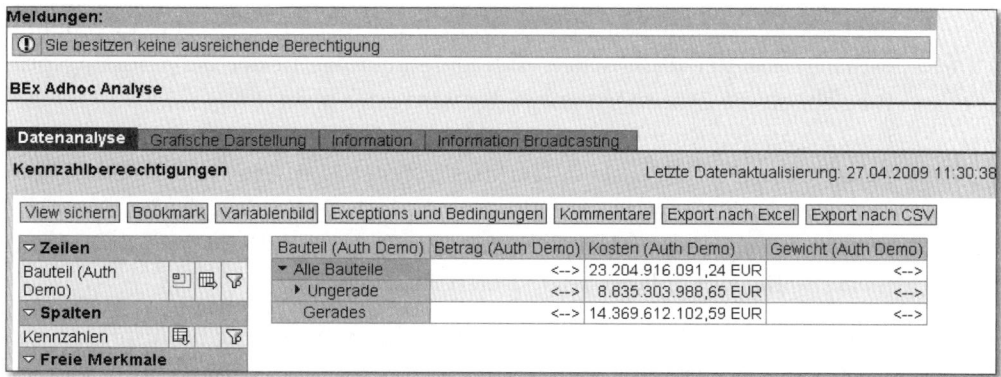

Abbildung 1.72 Maskierung über Teilbäume von Hierarchien mit Query BWAUTH_Q07 für Benutzer AUTHBW09

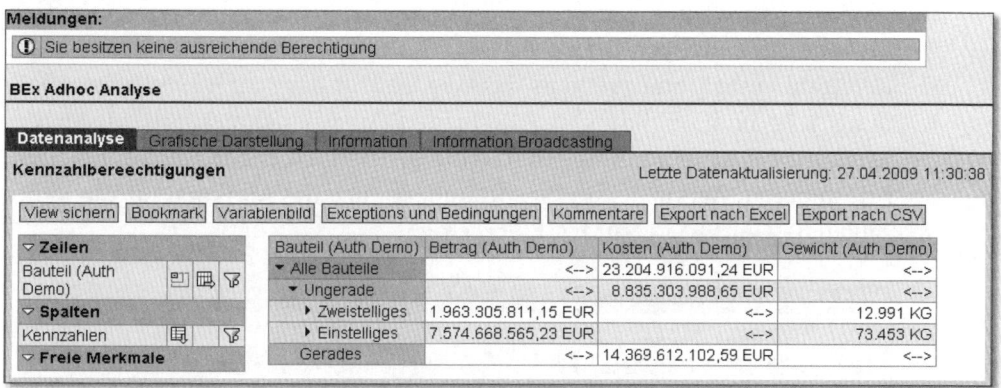

Abbildung 1.73 Aufklappen des Knotens »Ungerade« in Query BWAUTH_Q07

Diese Art der Query ist bereits eine sehr raffinierte und fortgeschrittene Verwendung der Mehrdimensionalität von Berechtigungen. Man sollte sie nur mit Bedacht verwenden und bedenken, dass dies bereits eine sehr extreme Art der Berechtigungen ist, die noch mit dem Barriereprinzip und der Forderung nach konsistenten Zahlen vereinbar ist: Man sieht eine Zahl, oder man sieht sie nicht, aber sie ist immer gleich!

Man kann hier auch bald feststellen, dass manches Verhalten etwas unerwartet, aber korrekt ist, etwa wenn man den Knoten Ungerade im letzten Beispiel festhält (Kontextmenü: Filterwert festhalten): Der Betrag und die Kosten werden sichtbar. Das ist zunächst überraschend, wird aber klar, wenn man sich überlegt, dass der obere Teil der Hierarchie der beiden Kennzahlen »Betrag« und »Gewicht« zwar nicht berechtigt ist, der untere Teil der Hierarchie – ab dem Knoten UNGERADE – jedoch sehr wohl. Dieser Knoten liegt also gewissermaßen auf der Grenzlinie der beiden Berechtigungen, und es hängt von der technischen Abfragereihenfolge in der Berechtigungsprüfung ab, ob die Zahl zuerst angezeigt wird oder nicht. Fragt man durch Filterung genau den Knoten an, so ist er in allen drei Fällen über eine der beiden Berechtigungen freigegeben. Um dies in jeder Situation fehlerfrei und konsistent abzubilden, wäre eine große Komplexität erforderlich, die als Grenzfall angesehen wird und nicht mehr vollständig abgebildet ist. Es ist jedoch niemals möglich, unberechtigte Daten zu sehen.

Zum allgemeinen Reporting werden wir nun noch ein Beispiel ausführen, das zeigt, wie komplex eine vollständige Verwendung der Maskierung werden kann. Wie bereits angedeutet, kann man eine Maskierung auch erreichen, ohne die Kennzahlberechtigung explizit zu verwenden, also auf indirektem Wege. Allerdings benötigt man auch hier mindestens zwei Berechtigungen.

Beginnen Sie mit der Query BWAUTH_Q08, die erstens das Gewicht als Kennzahl enthält und zweitens das Gewicht für das Jahr 1999 (siehe Abbildung 1.74 und Abbildung 1.75). In den Aufriss nehmen Sie wieder das Merkmal für Bauteil mit der Hierarchie BAUTEILE1 (siehe Abbildung 1.75). Alle anderen Merkmale, und insbesondere auch das Merkmal für die Kennzahlen, 0TCAKYFNM, sind voll berechtigt!

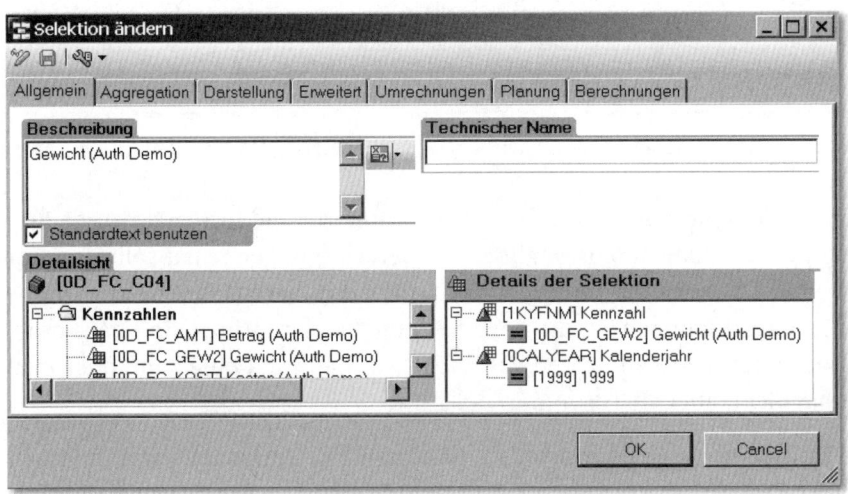

Abbildung 1.74 Eingeschränkte Kennzahl »Gewicht«(0D_FC_GEW2) für 1999

Abbildung 1.75 Query BWAUTH_Q08 – eingeschränkte Kennzahl auf 1999 (0CALYEAR) und Bauteilhierarchie im Aufriss

Nun legen Sie zwei Berechtigungen an, die speziell auf das Jahr 1999 »zugeschnitten« sind (siehe Tabelle 1.7 und Abbildung 1.76).

▶ Die erste, DEMAUTH14, sollte für das Kalenderjahr alle Jahre außer 1999 berechtigt haben. Da aber das Kalenderjahr nicht im Aufriss ist, benötigen Sie auch keine explizite Berechtigung einzelner Jahre. Allerdings benötigen Sie die Berechtigung für die Aggregation über alle Jahre, also den Doppelpunkt. Für »Bauteil« berechtigen Sie die gesamte Hierarchie. Wenn also explizit nach Informationen zum Jahr 1999 selektiert wird, wie dies in der auf 1999 eingeschränkten Kennzahl der Fall ist, sollten Sie keine Berechtigung bekommen.

▶ Die zweite Berechtigung, DEMAUTH15, ist komplementär zur ersten. Hier vergeben Sie nur 1999 und den Doppelpunkt. Außerdem möchten Sie dies nur für einen Teilbaum der Bauteilhierarchie erlauben. Dazu vergeben Sie in der Hierarchieberechtigung zu »Bauteil« den Knoten UNGERADE und alles, was darunterhängt (Berechtigungstyp 1).

Berechtigung	Jahr (0CALYEAR)	Bauteil (0D_FC_BAUT)
DEMAUTH14	: (nicht 1999)	ganze Hierarchie BAUTEILE1
DEMAUTH15	1999, :	Knoten UNGERADE (ODD) und alles darunter, Typ 1

Tabelle 1.7 Berechtigungen für die indirekte Maskierung von 1999 entlang einer Hierarchie

Diese Berechtigungen ordnen Sie dem neuen Benutzer AUTHBW10 zu, den Sie wieder vom Vorlagebenutzer AUTHBW00 kopieren.

Abbildung 1.76 Berechtigungen für die Maskierung in Query BWAUTH_Q08

Führen Sie nun die Query aus, erhalten Sie als Einstiegsergebnis eine Ansicht wie in Abbildung 1.77.

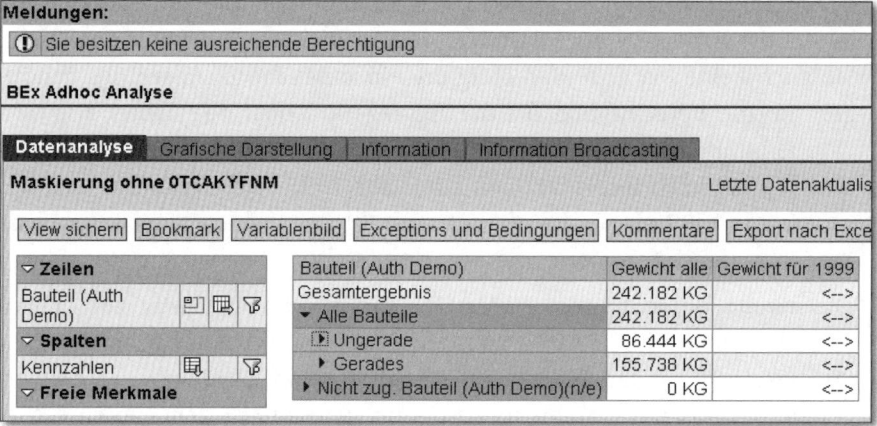

Abbildung 1.77 Einstiegsergebnis für Query BWAUTH_Q08 – Maskierung der auf 1999 eingeschränkten Kennzahl »Gewicht«

Sie sehen, dass wie erwartet die Kennzahl mit der expliziten Selektion auf 1999, die ja durch die Einschränkung auf dieses Jahr entsteht, ausgeblendet, das heißt nicht berechtigt ist. Hingegen ist die uneingeschränkte Kennzahl, die das Gewicht über alle Jahre summiert anzeigt, berechtigt. Dazu wird die Aggregationsberechtigung benötigt. Wieder erhalten Sie korrekterweise eine Warnung, dass nicht alles berechtigt ist.

Nun klappen Sie den Knoten UNGERADE auf. Was erwarten Sie zu sehen? Für »Gewicht« (ohne Einschränkung) sehen Sie die detaillierten Werte der Unterknoten, denn Sie haben ja für die gesamte Hierarchie den Doppelpunkt vergeben, dürfen also die aggregierten Zahlen sehen.

Für die eingeschränkte Kennzahl erreichen Sie nun aber auch einen Bereich, für den die Hierarchie berechtigt ist. Denn der Knoten UNGERADE und alles, was darunterhängt, hatten Sie ja in der Berechtigung DEMAUTH15 freigegeben. Der Knoten selbst ist wieder auf der Grenze, und da der obere Teil ab dem Knoten ALLES hier unberechtigt ist, bleibt er auch ausgeblendet, wenn man in die Details geht. Aber darunter sehen Sie Zahlen – wie tief Sie auch in den Knoten »hineindrillen« (siehe Abbildung 1.78).

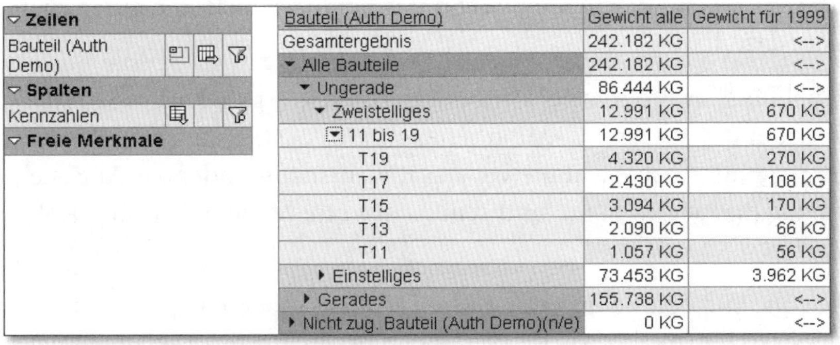

Zeilen		Bauteil (Auth Demo)	Gewicht alle	Gewicht für 1999
Bauteil (Auth Demo)		Gesamtergebnis	242.182 KG	<-->
		▼ Alle Bauteile	242.182 KG	<-->
Spalten		▼ Ungerade	86.444 KG	<-->
Kennzahlen		▼ Zweistelliges	12.991 KG	670 KG
Freie Merkmale		☑ 11 bis 19	12.991 KG	670 KG
		T19	4.320 KG	270 KG
		T17	2.430 KG	108 KG
		T15	3.094 KG	170 KG
		T13	2.090 KG	66 KG
		T11	1.057 KG	56 KG
		▶ Einstelliges	73.453 KG	3.962 KG
		▶ Gerades	155.738 KG	<-->
		▶ Nicht zug. Bauteil (Auth Demo)(n/e)	0 KG	<-->

Abbildung 1.78 Öffnen des Knotens »Ungerade« – sichtbare Bewegungsdaten

Die Markierung für NICHT BERECHTIGT kann man auch ändern. Dazu stellen Sie in der Transaktion SPRO unter NETWEAVER • BUSINESS INTELLIGENCE • EINSTELLUNGEN ZU REPORTING UND ANALYSE • ALLGEMEINE EINSTELLUNGEN • DARSTELLUNG DER ZAHLENWERTE IM BUSINESS EXPLORER den gewünschten String ein. In Abbildung 1.79 haben wir das Beispiel aus Abbildung 1.77 mit Smileys konstruiert, was als unterhaltsamer Abschluss dieses Abschnitts dienen soll, bevor wir uns mit dem sensiblen Thema Anzeigeattribute beschäftigen.

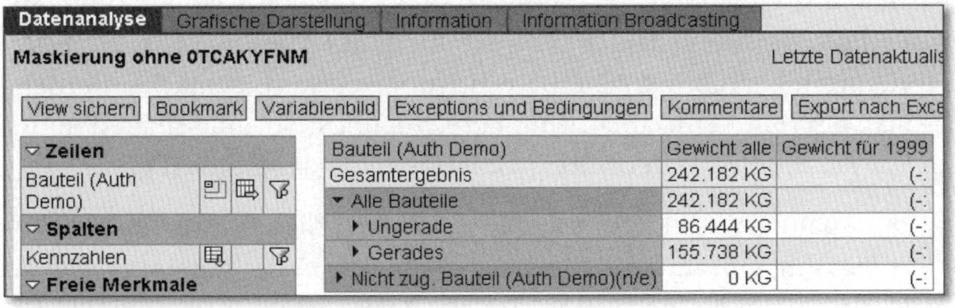

Datenanalyse	Grafische Darstellung	Information	Information Broadcasting		
Maskierung ohne 0TCAKYFNM					Letzte Datenaktualis
View sichern	Bookmark	Variablenbild	Exceptions und Bedingungen	Kommentare	Export nach Exce
Zeilen		Bauteil (Auth Demo)		Gewicht alle	Gewicht für 1999
Bauteil (Auth Demo)		Gesamtergebnis		242.182 KG	(-:
		▶ Alle Bauteile		242.182 KG	(-:
Spalten		▶ Ungerade		86.444 KG	(-:
Kennzahlen		▶ Gerades		155.738 KG	(-:
Freie Merkmale		▶ Nicht zug. Bauteil (Auth Demo)(n/e)		0 KG	(-:

Abbildung 1.79 Spezielle Maskierung

1.4.7 Anzeigeattribute und Navigationsattribute

Oftmals haben Merkmale Anzeigeattribute, die datenschutzrechtlich relevant sind oder auch die nicht öffentliche Preispolitik betreffen. Insbesondere im HR-System finden sich viele solcher Attribute, die sehr sensible Daten enthalten können oder deren Existenz bereits nicht öffentlich sein soll, also schützenswert ist.

Die Analyseberechtigungen bieten hierfür einen wirksamen Schutz. Das System ist in der Lage, die Attribute an allen Stellen, an denen ein Reportingbenutzer sie zu sehen bekäme, zu verbergen. Das bedeutet, dass solche Attribute natürlich in Querys, Templates und so weiter verborgen werden. Aber auch im Query Designer werden solche Attribute – wenn sie richtig geschützt sind – nicht erscheinen, wenn der Benutzer nicht die ausreichenden Rechte dazu hat.

Ein Beispiel für sensible Anzeigeattribute ist das Jahresgehalt (0ANSALARY), das als Attribut des Merkmals »Mitarbeiter« (0EMPLOYEE) aus dem Business Content erscheint. Auch Attribute wie das Eintrittsdatum oder das Angestelltenverhältnis und vieles mehr sind schützenswerte Merkmale (siehe Abbildung 1.80).

Voraussetzung für den Schutz mit Hilfe der Analyseberechtigungen ist die Berechtigungsrelevanz des Attributs. Dabei muss man zwischen zwei Typen von Attributen unterscheiden: Entweder ist das Attribut selbst wieder ein Merkmal, zum Beispiel das »Anstellungsverhältnis« 0EMPLCNTRCT, oder das Attribut ist eine Kennzahl wie das Jahresgehalt (0ANSALARY).

Ist das Attribut ein eigenes Merkmal, wird seine Berechtigungsrelevanz direkt am Merkmal eingeschaltet. Die Schalter für die Berechtigungsrelevanz auf der Attribute-Registerkarte des Hauptmerkmals sind für reine Anzeigeattribute deshalb nicht eingabebereit. Man erkennt die reinen Anzeigeattribute an der Kennung DIS in der Spalte TYP.

Was ist nun mit Attributen wie JAHRESGEHALT, die Kennzahlen sind? Sie wissen ja schon, dass Kennzahlen indirekt durch das Merkmal 0TCAKYFNM für die Kennzahlberechtigungen berechtigungsrelevant gemacht werden. Möchte man also ein Kennzahlattribut berechtigungsrelevant schalten, muss man im System die Kennzahlprüfung aktivieren, die dann global gilt.

Steht in der Spalte TYP die Kennung NAV, ist der Schalter zwar eingabebereit, allerdings für ein anderes Merkmal. Navigationsattribute sind eigene Merkmale, deren technische Namen sich aus dem (technischen) Hauptmerkmalsnamen, zwei Unterstrichen und dem Attributsnamen ergeben. Beispielsweise heißt das Navigationsattribut 0EMPLSTATUS zu 0EMPLOYEE dann folgerichtig 0EMPLSTATUS__0EMPLOYEE.

Navigationsattribute sind aus Berechtigungssicht ganz individuelle Merkmale, die allerdings nicht selbst in der InfoObject-Pflege gepflegt werden können, da sie nicht unabhängig vom Hauptmerkmal existieren können.

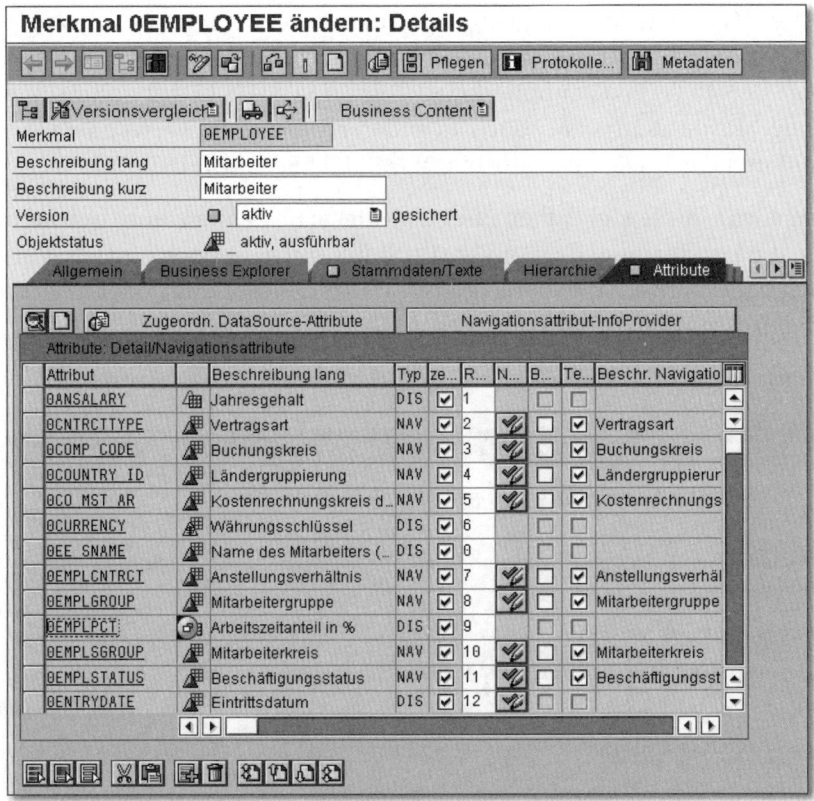

Abbildung 1.80 Attribute des Merkmals »Mitarbeiter« (0EMPLOYEE)

Anders ist dies bei den Anzeigeattributen, die ja auch eigenständige Merkmale sind, wenn sie nicht ohnehin Kennzahlen sind. Deshalb wird in dem Fall die Berechtigungsrelevanz eines Anzeigeattributes global am Merkmal selbst eingeschaltet. Damit sind sie natürlich auch in jedem anderen Kontext berechtigungsrelevant.

Jedes Merkmal mit der NAV-Markierung ist immer sowohl Navigationsattribut mit dem kombinierten Namen aus Merkmal und Attribut als auch Anzeigeattribut. Damit hat jedes Navigationsattribut einen »Vetter«, der als Anzeigeattribut fungiert.

Beispiel zu Navigationsattributen

Beispielsweise fungiert das Merkmal 0EMPLSTATUS zum Merkmal 0EMPLOYEE auch als Anzeigeattribut. Die Markierung NAV zeigt aber an, dass es auch den »Vetter« 0EMPLOYEE__0EMPLSTATUS gibt, der unabhängig zu behandeln ist.

Es gibt also im Falle, dass ein Merkmal als Navigationsattribut markiert wird, immer drei Merkmale, die unabhängige Funktionen haben und unabhängig voneinander berechtigungsrelevant sein können. Im Beispiel gibt es die drei Merkmale 0EMPLOYEE (Hauptmerkmal), 0EMPLSTATUS (Attribut im Sinne des Anzeigeattributes, das aber auch an anderer Stelle allein verwendet werden kann) und das Navigationsattribut 0EMPLOYEE__0EMPLSTATUS.

Abgesehen von diesen globalen Effekten, die man kennen und beachten muss, ist die Handhabung des Anzeigeattribut-Schutzes jedoch einfach: Entweder hat der Benutzer volle Berechtigung (*) für das Merkmal, oder er sieht es nicht. Für Kennzahlattribute muss es in 0TCAKYFNM berechtigt werden.

Das Hauptmerkmal selbst muss übrigens nicht berechtigungsrelevant sein.

Anzeigeattribute

Lassen Sie uns hier die wichtigsten Informationen zum Anzeigeattribut zusammenfassen:

▶ Entweder ist ein Anzeigeattribut voll berechtigt, oder es wird vor dem Benutzer verborgen.

▶ Kennzahlattribute werden über das Merkmal 0TCAKYFNM berechtigt.

▶ Das Hauptmerkmal selbst muss nicht berechtigungsrelevant sein.

Abbildung 1.81 Attribute zu Merkmal »Produkt« (0D_FC_PROD)

Navigationsattribute sind aus Berechtigungssicht unabhängige Merkmale. Schauen wir uns das in unserem Beispielszenario einmal genauer an: Das Merkmal »Produkt« (0D_FC_PROD) hat fünf Attribute – siehe Abbildung 1.81. Sie möchten das Kennzahlattribut PREIS (0D_FC_PRIC) und das Merkmalsattribut FARBE (0D_FC_COLOR) berechtigungsrelevant machen.

Dazu gehen Sie folgendermaßen vor:

1. Schalten Sie das Merkmal 0D_FC_COLOR in der InfoObject-Pflege auf der Registerkarte BUSINESSEXPLORER berechtigungsrelevant.

2. Anschließend legen Sie eine Berechtigung DEMAUTH16 an, die wieder die Spezialmerkmale und alle berechtigungsrelevanten Merkmale enthält.

3. Für die Vergabe der Attributberechtigungen verwenden Sie den Button ATTRIBUTE ZUM MERKMAL , der die berechtigungsrelevanten Attribute zu einem Merkmal und auch gleich die Kennzahlattribute anbietet (siehe Abbildung 1.82). Sie markieren auch die Option, die die Kennzahlattribute über das Merkmal 0TCAKYFNM berechtigt und sogar das Merkmal zunächst einfügt, wenn es noch nicht in der Berechtigung vorkommt.

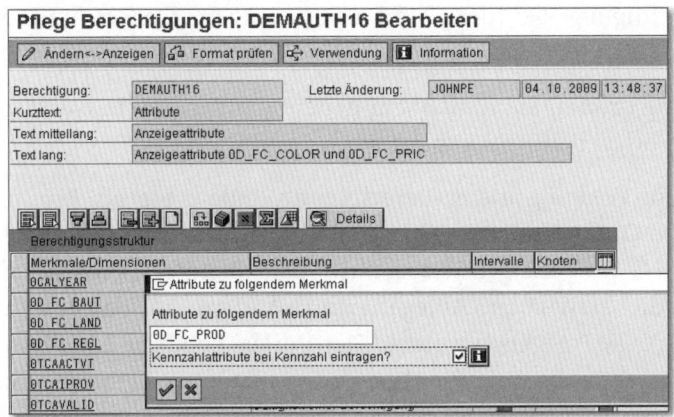

Abbildung 1.82 Berechtigung DEMAUTH16 – Attributberechtigungen zu Merkmal »Produkt« (0D_FC_PROD)

4. Sie erhalten anschließend die Liste der berechtigungsrelevanten Attribute angeboten und müssen sich hier nicht mehr darum kümmern, welches Attribut eine Kennzahl ist und welches nicht (siehe Abbildung 1.83).

Sie stellen jedoch fest, dass neben dem gewünschten Merkmal für die Farbe (0D_FC_COLOR) nicht nur der Preis (0D_FC_PRIC) angeboten wird, sondern auch noch das Gewicht 0D_FC_WEIG. Das liegt daran, dass mit der Berechtigungsrelevanz von Kennzahlen über das Spezialmerkmal 0TCAKYFNM alle

Kennzahlen des Systems berechtigungsrelevant werden, somit auch alle Kennzahlattribute.

Sie möchten nun in unserem Beispiel erreichen, dass der Preis nicht sichtbar, d. h. nicht berechtigt ist, das Gewicht und die Farbe jedoch sichtbar sind, und markieren deshalb die entsprechenden Einträge (siehe Abbildung 1.83).

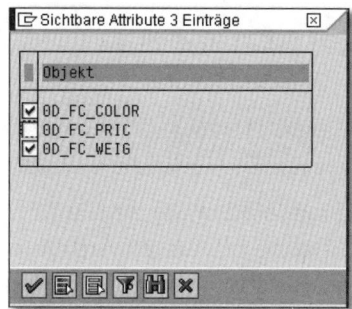

Abbildung 1.83 Berechtigungsrelevante Anzeigeattribute

Sie werden feststellen, dass anschließend das Merkmal 0D_FC_COLOR mit der vollen Berechtigung bei den Merkmalen eingetragen ist und bei 0TCAKYFNM ein Einzelwert für »Gewicht« (0D_FC_WEIG).

Diese Berechtigung ordnen Sie nun einem neuen Benutzer AUTHBW11 zu, der wieder vom Vorlagebenutzer kopiert wird.

Sie überprüfen die Wirkung dieser Berechtigung, indem Sie als Benutzer AUTHBW11 in den Query Designer gehen und dort eine neue Query auf dem InfoProvider 0D_FC_C04 anlegen. Dazu muss dem Benutzer zunächst die Berechtigung für die Aktivitäten »Anlegen« und »Ändern« für das Berechtigungsobjekt S_RS_COMP gegeben werden. Der Vorlagebenutzer hatte bisher nur die Ausführungsberechtigung für Querys. Nur dann erscheint der Info-Provider in der Liste der möglichen Provider für das Ausführen von Querys.

Versuchen Sie nun, Anzeigeattribute im Ordner *Attribute* der Merkmalshierarchie für »Produkt« (0D_FC_PROD) auszuwählen, erhalten Sie die Auswahl aus Abbildung 1.84. Sie sehen, dass FARBE (0D_FC_COLOR) und GEWICHT (0D_FC_WEIG) sichtbar sind, weil Sie sie berechtigt haben. Allerdings sehen wir *nicht* das Attribut PREIS. Also genauso, wie Sie das beabsichtigt hatten. Die anderen Attribute, PRODUKTGRUPPE und MATERIAL, sind nicht berechtigungsrelevant und damit erwartungsgemäß ebenfalls sichtbar. Ebenso würden Sie in keiner Query das verborgene Attribut PREIS zu Gesicht bekommen, egal ob es vom Designer der Query vorgesehen war oder nicht und ob ein anderer Benutzer es sieht oder nicht. Für den eingeschränkt berechtigten Benutzer ist dieses Attribut nicht zu sehen, es existiert nicht.

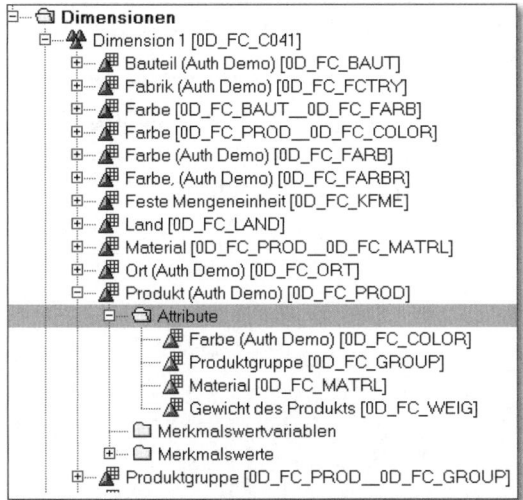

Abbildung 1.84 Die berechtigten Attribute zu »Produkt«

Allerdings sollten Sie nicht erwarten, dass dieses Attribut nun auch in der InfoObject-Pflege oder der InfoCube-Pflege und ähnlichen Transaktionen verborgen wird. Diese Transaktionen wenden sich an andere Benutzerkreise, und der Attributschutz über die Analyseberechtigungen ist dort nicht gültig.

1.5 Zusammenfassung und Fazit

Damit beschließen wir dieses Einführungskapitel zu den Analyseberechtigungen. Sie haben nun einen weiten Bereich der Anwendungsmöglichkeiten kennengelernt. Sie sind damit bereits in der Lage, viele Szenarien abzubilden, und haben einen Einstieg in die Möglichkeiten der Analyseberechtigungen bekommen. Wir haben viele Gebiete nur gestreift und die komplexeren Effekte und Probleme gemieden, um Sie nicht zu sehr mit Details abzulenken, die beim Einstieg nicht unbedingt relevant sind.

Im Projekt werden Sie jedoch immer wieder auf Anforderungen und Komplikationen treffen, die hier noch nicht besprochen wurden. Um die unerwarteten Effekte besser verstehen zu können, werden diese Themen in den nachfolgenden Kapiteln genauer behandelt. Dabei spielt auch das Berechtigungsprotokoll eine große Rolle, das eine wichtige Analysehilfe darstellt.

Auch um die Flexibilität und alle Möglichkeiten der Infrastruktur nutzen zu können, werden die Transaktionen der Analyseberechtigungen, die hinter der allgemeinen Einstiegstransaktion RSECADMIN liegen, genauer vorgestellt. Für viele Arbeitsschritte gibt es Hilfen, Abkürzungen und Tricks, die wir bisher nur kurz besprochen haben.

Schließlich werden wir Sie aber auch weiter durch die praktischen Anforderungen aus Sicht der Anwendungen leiten, die in der Praxis auf Sie zukommen werden, wenn Sie Berechtigungskonzepte verwenden.

Die Infrastruktur der Analyseberechtigungen bietet eine Fülle hilfreicher Transaktionen, Oberflächen und Funktionen zur effektiven Konfiguration und Verwaltung. Dieses Kapitel zeigt Ihnen die vielfältigen Möglichkeiten.

2 Berechtigungskonfiguration

Im Projekt wie auch im Alltag der Berechtigungsverwaltung und -pflege wird man immer wieder die Haupttransaktionen, angefangen bei der Starttransaktion RSECADMIN, benötigen. Steht am Anfang neben dem Erstellen der Berechtigungen auch die Analyse der Funktionalität im Vordergrund, werden im produktiven Ablauf eher die Überwachung sowie die gelegentliche oder auch regelmäßige Anpassung der Berechtigungen die Hauptaufgaben sein.

Die verschiedenen Anforderungen werden durch die unterschiedlichen Transaktionen abgebildet, die hinter der Sammeltransaktion RSECADMIN stehen. Nach einem Überblick über die Transaktionen werden wir in diesem Kapitel die vielen verschiedenen Konfigurationsmöglichkeiten der Analyseberechtigungen detailliert besprechen.

Dabei legen wir Wert darauf, das effektive und zielgerichtete Arbeiten mit den Benutzeroberflächen einerseits und ihre vielfältigen Möglichkeiten andererseits darzustellen.

2.1 Transaktionsüberblick

Der Einstieg in die Verwaltung der Analyseberechtigungen kann über die Transaktion ANALYSEBERECHTIGUNGEN VERWALTEN (Transaktionscode RSEC-ADMIN) erfolgen. Diese Starttransaktion ist eine Zusammenführung der wichtigsten Funktionen in drei Registerkarten mit verschiedenen Schaltflächen, aber ohne allzu detaillierte Konfigurationsoptionen. Die wichtigsten Funktionen sind durch eigene Transaktionscodes auch direkt ansprechbar, so dass der Experte auch gezielt die benötigte Funktion aufrufen kann. Einen Überblick über die Transaktionen der Berechtigungsverwaltung finden Sie in

Tabelle 2.1. Darüber hinaus sind einige seltener benötigte oder speziellere Funktionen in Menüs zu finden.

Transaktionscode	Funktion
RSECADMIN	Verwaltung Analyseberechtigungen
RSECAUTH	Pflege Analyseberechtigungen
RSU01	Benutzerzuordnung (BW)
RSUDO	Ausführen als anderer Benutzer
RSECPROT	Verwaltung und Aktivierung von Berechtigungsprotokollen
PFCG	Rollenpflege (SAP NetWeaver)
SU01	Benutzerpflege (SAP NetWeaver)
RSD1	InfoObject-Pflege für Berechtigungsrelevanz
SLG1	Ablage von Generierungsprotokollen

Tabelle 2.1 Transaktionen der Berechtigungen in SAP NetWeaver BW

Einige Funktionen kann man auch direkt als Programme ansprechen und etwa in andere Prozesse einplanen (siehe Tabelle 2.2).

Programm	Funktion
RSEC_GENERATE_AUTHORIZATIONS	automatisierte Generierung von Berechtigungen
RSEC_MIGRATION	Migration aus altem Berechtigungskonzept aus SAP BW der Versionen 3.x

Tabelle 2.2 Programme für die Analyseberechtigungen

2.2 Die Berechtigungsadministration (Transaktion RSECADMIN)

Die Transaktion RSECADMIN unterteilt die Analyseberechtigungen in drei funktional begründete Hauptbereiche:

1. Anlegen, Pflege und Transport von Berechtigungen
2. Benutzerverwaltung und Zuordnung von Berechtigungen, Rollen und Profilen

3. Analyse von Berechtigungsprüfungen und Kontrolle von automatischer Berechtigungsgenerierung

Wir betrachten in diesem Abschnitt zunächst diese drei Hauptfunktionen und gehen dann auf Berechtigungsprüfungen für die möglichen Aktivitäten in der Transaktion RSECADMIN, das Menü ZUSÄTZE und schließlich auf die Konfiguration der Berechtigungsrelevanz von Merkmalen ein.

2.2.1 Die drei Hauptfunktionen

Die drei Hauptfunktionen finden sich auf den Registerkarten BERECHTIGUNGEN, BENUTZER und ANALYSE.

Registerkarte »Berechtigungen« – Einzelpflege, Generierung und Transport

Auf der Registerkarte BERECHTIGUNGEN finden sich verschiedene Absprünge zur Detailpflege von Analyseberechtigungen (siehe Abbildung 2.1). Dazu gehören auch das Anlegen, Anzeigen, Löschen und Kopieren von Berechtigungen sowie Verwendungsnachweise über die Einzelpflege (Transaktionscode RSECAUTH). Die zentrale Transaktion RSECAUTH werden wir in Abschnitt 2.3, »Berechtigungspflege«, noch genauer vorstellen.

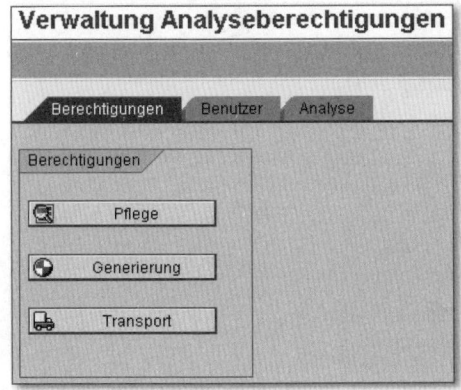

Abbildung 2.1 Transaktion RSECADMIN – Registerkarte »Berechtigungen«

Die Generierung von Berechtigungen ist eine mächtige Funktion, um Berechtigungen in großen Mengen zu erzeugen oder aus anderen Quellen zu replizieren und diesen Vorgang zu automatisieren. Hinter dem Button GENERIERUNG steckt das Programm RSEC_GENERATE_AUTHORIZATIONS, das auch einzeln ausgeführt werden kann. Genaueres dazu lesen Sie in Abschnitt 2.6, »Massengenerierung von Analyseberechtigungen«.

Alle vorhandenen Berechtigungen können von hier aus auch einfach per Auswahl transportiert werden (siehe Abbildung 2.2).

```
Transport Berechtigungen: Ausw 15 Einträge

   Berechtig.    Beschreibung kurz     Beschreibung mittel                      Beschre
 ☑ DEMAUTH01     Meine erste Berecht.  Meine erste Berechtigung                 Meine a
 ☑ DEMAUTH03     Hierarchieberecht.    Hierarchieberechtigung Land              Hierarch
 ☑ DEMAUTH04     Hierarchieteile       Hierarchieteile Bauteil                  Verschie
 ☑ DEMAUTH05     Mehrdimensionales     Mehrdimensionale Berechtigung            Mehrdime
 ☐ DEMAUTH06     Mehrdimensionales II  Mehrdimensionale Berechtigung II         Mehrdime
 ☐ DEMAUTH07     Land = DE, Jahr = *   Mehrdimensional Land DE und Jahr = *     Mehrdime
 ☐ DEMAUTH08     Land =*, Jahr = 2000  Mehrdimensional Land * und Jahr = 2000   Mehrdime
 ☐ DEMAUTH09     Klammer Land/Region   Land DE, US/Region 4,6                   Klammer
 ☐ DEMAUTH10     Klammer Land/Region   Land DE, US/Region 4,6                   Klammer
 ☐ DEMAUTH11     Kennzahlberechtigung  Kennzahlberechtigung (Maskierung)        Kennzah
 ☐ DEMAUTH12     Hierarchiemask I      Hierarchiemaskierung 1                   Hierarch
 ☐ DEMAUTH13     Hierarchiemask II     Hierarchiemaskierung 2                   Hierarch
 ☐ DEMAUTH14     Maskierung nicht '99  Maskierung nicht '99 Bauteile ganze H.   Maskieru
 ☐ DEMAUTH15     Maskierung 1999       1999, : und ODD, Typ 1                   1999, A
 ☐ DEMAUTH16     Attribute             Anzeigeattribute                         Anzeige
```

Abbildung 2.2 Auswahl der Analyseberechtigungen zum Transport

Registerkarte »Benutzer« – Benutzerverwaltung, Berechtigungs-zuordnung, Basis

Über die Registerkarte BENUTZER sind alle Funktionen für die Verwaltung von Benutzern erreichbar (siehe Abbildung 2.3).

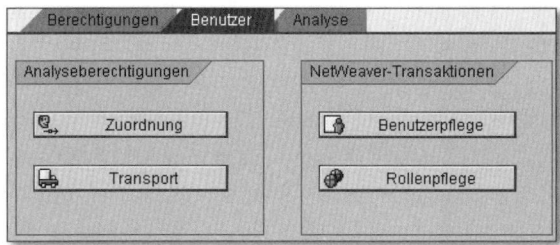

Abbildung 2.3 Transaktion RSECADMIN – Registerkarte »Benutzer«

Im linken Teil finden sich die Funktionen, die die ANALYSEBERECHTIGUNGEN als BW-spezifische Konfiguration betreffen: Analyseberechtigungen können durch eine BW-eigene Konfiguration zugeordnet werden oder über Rollen in klassische Konzepte integriert werden. Wenn BW-eigene Zuordnungen vorgenommen werden, sind diese auch aus der Transaktion RSECADMIN heraus transportierbar (siehe Abbildung 2.4). Es wird immer per Auswahl der *Benutzer* transportiert. Das heißt, alle Zuordnungen von Berechtigungen zu den Benutzern werden transportiert. Die Benutzer selbst müssen im Zielsystem des Transportes bereits vorhanden sein. Ansonsten werden die Zuordnungen zwar transportiert, es entstehen allerdings Leereinträge in den entsprechenden Tabellen. Wird dann ein ehemals fehlender Benutzer angelegt, sind ihm aufgrund dieser Leereinträge bereits Berechtigungen zugeordnet.

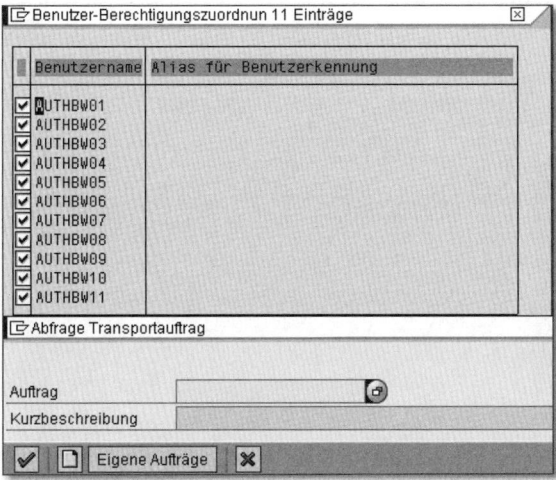

Abbildung 2.4 Transport von Benutzern, die Analyseberechtigungen direkt zugeordnet haben

In Abbildung 2.3 finden sich auf der rechten Seite im Bereich NETWEAVER-TRANSAKTIONEN die Absprünge in die klassischen Pflegetransaktionen der SAP NetWeaver-Benutzer- und -Rollenpflege. Rollen werden nur in diesen »Basistransaktionen« verändert. Durch die Integration in die Verwaltung der Analyseberechtigungen sind sie einfach zu erreichen, ohne dass der Arbeitsfluss unterbrochen werden muss. Beispielsweise kann nach dem Anlegen einer Berechtigung ein Benutzer kopiert werden, dem diese Berechtigung dann zugeordnet werden soll, gegebenenfalls auch nach dem Anlegen einer neuen Rolle.

Die Absprünge zu den Basistransaktionen sind auch in die eigentliche BW-Benutzerzuordnung als Absprünge integriert (siehe Abbildung 2.56 und Abbildung 2.57 in Abschnitt 2.5.1, »BW-eigene Zuordnung über die Transaktion RSU01«).

Registerkarte »Analyse«: Analyse des laufenden Betriebs

Auf der Registerkarte ANALYSE (siehe Abbildung 2.5) befinden sich Absprünge in die Funktionen, die die Analyse von Berechtigungsprüfungen und die Sicherstellung der korrekten Funktion unterstützen. Hier ist die Funktion AUSFÜHREN ALS... erreichbar (Transaktionscode RSUDO), mit der einige Transaktionen so ausführbar sind, dass die Analyseberechtigungsprüfungen mit einem anderem Benutzer stattfinden (siehe Kapitel 4, »Analyse von Berechtigungsprüfungen und -konfiguration«). Dabei ist es auch möglich, ein Prüfungsprotokoll aufzuzeichnen, das diese Prüfungen detailliert protokolliert. Diese Protokolle können mit dem Absprung BERECHTIGUNGS-PROTOKOLL (Transaktionscode RSECPROT) erreicht werden, der auch in der Transaktion AUSFÜHREN ALS... integriert ist.

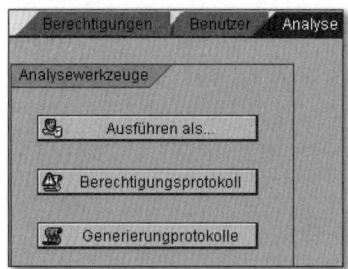

Abbildung 2.5 Transaktion RSECADMIN – Analysefunktionen

Immer wenn Berechtigungen generiert werden, wird ein Anwendungsprotokoll hinterlegt, das mit dem Button GENERIERUNGSPROTOKOLLE analysiert werden kann und im Fehlerfalle entscheidende Informationen liefert. Dahinter liegt die Transaktion ANWENDUNGSLOG AUSWERTEN (Transaktionscode SLG1). Als Selektion dient hier das Objekt RSEC_BW_AUTH und als Unterobjekt das Objekt GENERATE. Mehr dazu erfahren Sie in Abschnitt 2.6, »Massengenerierung von Analyseberechtigungen«, sowie in den Praxisbeispielen in Kapitel 6, »Berechtigungsmodelle für Reporting und Planung«.

2.2.2 Berechtigungsprüfungen für Aktivitäten innerhalb der Transaktion RSECADMIN

Die Aktivitäten zur Verwaltung von Analyseberechtigungen und den zugehörigen Funktionen und Mechanismen werden natürlich auch per Berechtigungsprüfungen gesteuert. Dazu dient das Berechtigungsobjekt S_RSEC (siehe Abbildung 2.6).

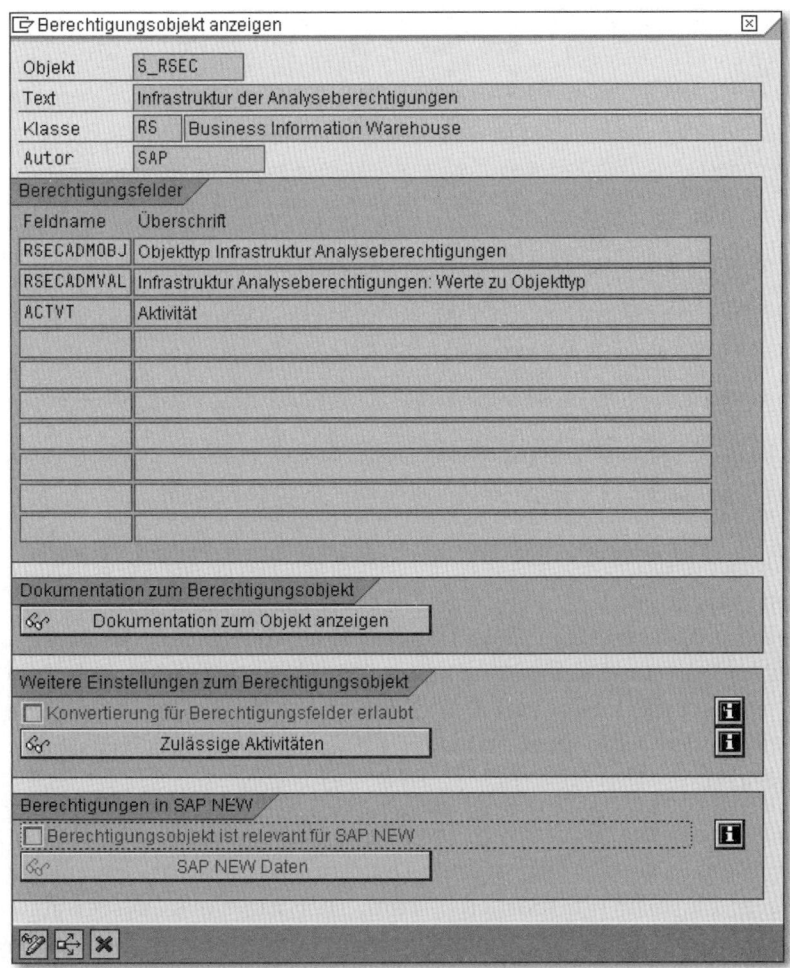

Abbildung 2.6 Berechtigungsobjekt S_RSEC für die Prüfungen in der Verwaltung der Analyseberechtigungen

Das Berechtigungsobjekt S_RSEC hat drei Felder:

▸ Feld OBJEKTTYP (RSEADMOBJ)

▸ Feld OBJEKTWERT (RSECADMVAL)

▸ Feld AKTIVITÄT (ACTVT)

Welche Kombinationen dieser Felder möglich sind und für welche Vorgänge sie relevant sind, finden Sie auch in der zugehörigen Dokumentation. Dort sind alle geprüften Kombinationen aufgeführt (siehe Abbildung 2.7).

Feldwert(RSECADMOBJ)/Aktivität	Anlegen	Ändern	Anzeigen	Löschen	Transport	Generieren	Ausführen
	(01)	(02)	(03)	(06)	(21)	(64)	(16)
AUTH (Berechtigung)	✔	✔	✔	✔	✔	✔	-
USER (Benutzer)	-	✔	✔	-	✔	✔	-
PROT (Protokolle)	-	-	✔	✔	-	-	-
LOGS (Änderungsprotokolle)	-	-	✔	✔	-	-	-
MODI (Systemverhalten)	-	✔	-	-	-	-	-
RSUDO (RSUDO o. Kennwort)	-	-	-	-	-	-	✔
IOBJ (InfoObjekt)	-	✔	-	-	-	-	-

Zusatzbemerkungen:

Für den Pufferungsmodus wird zu Feld MODI ein Wert BUFF mit Aktivität *Ändern* geprüft.

USER "Smith" steht für Zuordnung von Benutzer-Berechtigung-Relationen zu Benutzer "Smith"

Das Anlegen, Löschen, etc. eines Benutzers wird mit den üblichen Standard-Berechtigungsobjekten bewerkstelligt.

Protokolle werden nach Namen der Benutzer geprüft, die sie erzeugt haben.

Abbildung 2.7 Dokumentation zum Berechtigungsobjekt S_RSEC (Ausschnitt)

Es ist naheliegend, dass natürlich die Aktivitäten zur Pflege der Berechtigungen geprüft werden: Anlegen, Anzeigen, Ändern, Löschen, Transportieren und Generieren. Dazu wird der Objekttyp AUTH mit den Namen der Berechtigungen vergeben, für die man bestimmte Aktivitäten wie Lesen erlauben möchte. Dies geschieht analog mit dem Objekttyp USER, der die Zuordnung von Berechtigungen zu Benutzern in der BW-eigenen Pflege (Transaktion RSU01) regelt.

Da man Benutzer in der NetWeaver-Transaktion SU01 anlegt und löscht, fallen diese Prüfungen bei Benutzern weg. Der Transport bezieht sich auf die Zuordnungen, die man transportieren kann. Hier kann man ausgewählte Benutzer eintragen, deren Zuordnungen man transportieren darf (siehe Abschnitt 2.2.1, »Die drei Hauptfunktionen«).

Für die Berechtigungsprotokolle, die wir in Kapitel 4, »Analyse von Berechtigungsprüfungen und -konfiguration«, genauer besprechen, gibt es den Objekttyp LOGS. Für den Objektwert muss der Name des eingeschränkten Benutzers angegeben werden, dessen Protokolle man anzeigen (oder löschen) darf.

Es gibt noch drei spezielle Werte – MODI, RSUDO und IOBJ –, die folgende Aufgaben haben:

- Systemeinstellung zur Pufferung von Kunden-Exit-Variablen (Objekttyp MODI und Objektwert BUFF)
- Erlaubnis, bestimmte Transaktionen als ein anderer Benutzer in Vertretung auszuführen (Objekttyp RSUDO und als Objektwert der Name des Benutzers, der vertreten wird)

▶ Eigenschaft der Berechtigungsrelevanz von InfoObjects zu ändern (Objekttyp IOBJ, der Objektwert ist in diesem Fall der Name der erlaubten InfoObjects)

2.2.3 Menü »Zusätze«

Im Menü ZUSÄTZE finden sich zwei Einträge: der Eintrag BERECHTIGUNG 0BI_ALL AKTUALISIEREN und der Eintrag PUFFERUNG VARIABLEN (siehe Abbildung 2.8).

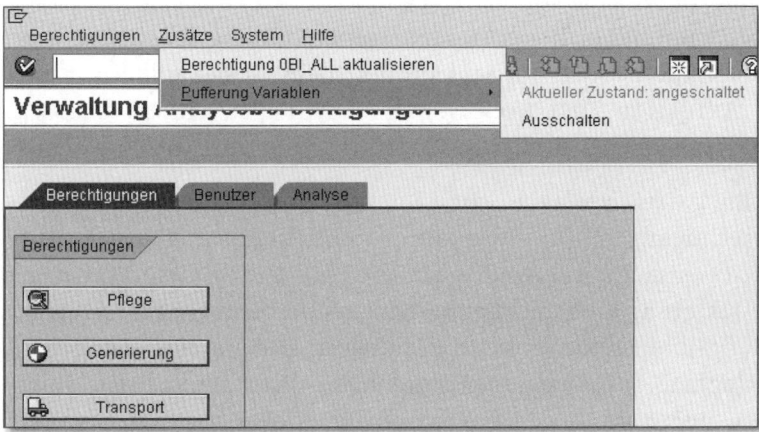

Abbildung 2.8 Menü »Zusätze«

Im Folgenden betrachten wir beide Einträge genauer.

Menüeintrag »Berechtigung 0BI_ALL aktualisieren«

Der erste Eintrag ermöglicht die Aktualisierung der Standardberechtigung 0BI_ALL, die immer alle Berechtigungen zu allen Merkmalen enthält, die berechtigungsrelevant sind (siehe auch Abbildung 2.39 in Abschnitt 2.3.3, »Universalberechtigung 0BI_ALL«). Jedes Mal, wenn ein InfoObject aktiviert wird, wird auch die Standardberechtigung auf den aktuellen Stand gebracht. Dies entspricht der Aktualisierung des Standardprofils SAP_ALL, das alle Berechtigungen des Systems enthält.

Normalerweise ist dieser Aufruf nicht notwendig. Hin und wieder entsteht aber durch unvollständige Transporte oder Änderungen, zum Beispiel durch Abbrüche, ein Zustand, bei dem noch ein Merkmal in 0BI_ALL fehlt, weil der entsprechende automatische Aufruf nicht stattgefunden hat. Dann kann man unproblematisch und ohne die Gefahr der Systemdestabilisierung in diesem Menü manuell für eine Aktualisierung sorgen. Dabei wird nichts Systemkritisches geändert, sondern nur der Normzustand hergestellt.

Menüeintrag »Pufferung Variablen«

Der zweite Menüeintrag ist kritischer: Hier kann eingestellt werden, ob die Verwendung von Kunden-Exit-Variablen in Berechtigungen dazu führt, dass die Inhalte der Variablen nach der ersten Abfrage gepuffert werden oder nicht.

Die Bestimmung der Inhalte von Variablen in Kunden-Exits muss sehr häufig geschehen. Sie kann in Form von kundeneigenem Coding sehr zeitaufwendig sein, insbesondere wenn das sehr oft geschieht. Daher sollte man den Schalter auf AKTUELLER ZUSTAND: ANGESCHALTET stellen und so belassen. Ansonsten ist mit durchaus fühlbaren Performanceeinbrüchen zu rechnen.

Diese Einstellung existierte auch schon im alten Berechtigungskonzept der Reportingberechtigungen. Dort war die Voreinstellung ungünstigerweise AUSSCHALTEN (was sich mittlerweile geändert hat). Durch diese Voreinstellung war die Pufferung im Berechtigungskonzept der Reportingberechtigungen sehr häufig und unnötigerweise deaktiviert. Die Voreinstellung wird auch beim Upgrade auf Analyseberechtigungen nicht automatisch umgestellt, da man unerwartete und unerwünschte Effekte vermeiden wollte. Diese Effekte wären in den Fällen aufgetreten, in denen die Pufferung bewusst deaktiviert worden wäre, wofür es aber kaum einen Grund gibt.

> **Pufferung von Variablen**
>
> Die Empfehlung und die Voreinstellung für den Button PUFFERUNG VARIABLEN steht auf ANGESCHALTET. Wenn Sie unsicher sind, ob sich Kunden-Exit-Variablen innerhalb von Berechtigungen während der Ausführungszeit von Querys und ähnlichen Prozessen ändern, sollten Sie diesen Button auf AUSSCHALTEN stellen oder dort belassen. Dies kommt jedoch nur äußerst selten vor und wird nicht empfohlen.
>
> Nach einem Upgrade von BW 3.x steht der Schalter häufig auf AUSSCHALTEN.

Wenn Sie sich nicht sicher sind und keine guten Gründe dafür haben, die Pufferung absichtlich abzuschalten, sollten Sie sie in jedem Fall einschalten. Bei einer Erstinstallation ist die Voreinstellung jetzt auch AKTUELLER ZUSTAND: ANGESCHALTET.

Wie bereits erwähnt, kann das Umstellen dieses Eintrags auch per Berechtigungsprüfung gesichert werden. Dazu dient das Berechtigungsobjekt S_RSEC, das einen Feldwert BUFF zum Berechtigungsfeld MODI und die

Aktivität »Ändern« (01) prüft, wenn diese systemweite Einstellung verändert wird (siehe Abbildung 2.7).

2.2.4 Berechtigungsrelevanz von Merkmalen konfigurieren

Die Eigenschaft, ob ein Merkmal bei Prüfungen der Analyseberechtigungen in Betracht gezogen werden muss, also die *Berechtigungsrelevanz*, wird für normale Merkmale in der InfoObject-Pflege (Transaktionscode RSD1) auf der Registerkarte BUSINESS EXPLORER eingestellt (siehe Abbildung 2.9). Danach muss für jeden Benutzer, der in irgendeiner Weise auf Bewegungsdaten dieses Merkmals zugreifen möchte, eine entsprechende Berechtigung dazu vorhanden sein. Da unbedachtes Setzen dieser Eigenschaft zu systemweiten Problemen bis hin zum Produktivstillstand führen kann, ist das Setzen dieser Eigenschaft per Berechtigung zum Objekt S_RSEC geschützt. Auch das Löschen oder Anlegen berechtigungsrelevanter Merkmale ist damit erfasst (siehe Abschnitt 2.2.2, »Berechtigungsprüfungen für Aktivitäten innerhalb der Transaktion RSECADNIN«, und Abbildung 2.9).

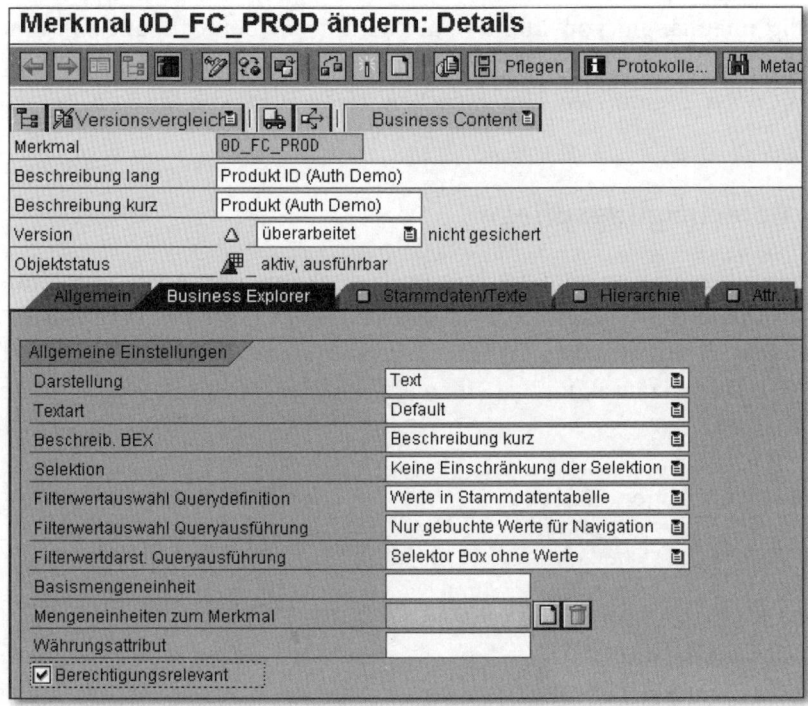

Abbildung 2.9 Kennzeichen »Berechtigungsrelevant« setzen

Neben den normalen Merkmalen gibt es in SAP NetWeaver BW Navigations-attribute, die immer nur im Zusammenhang mit einem Hauptmerkmal exis-tieren können. Deren Berechtigungsrelevanz wird auch in der InfoObject-Pflege auf der Registerkarte Attribute eingestellt (siehe Abbildung 2.10).

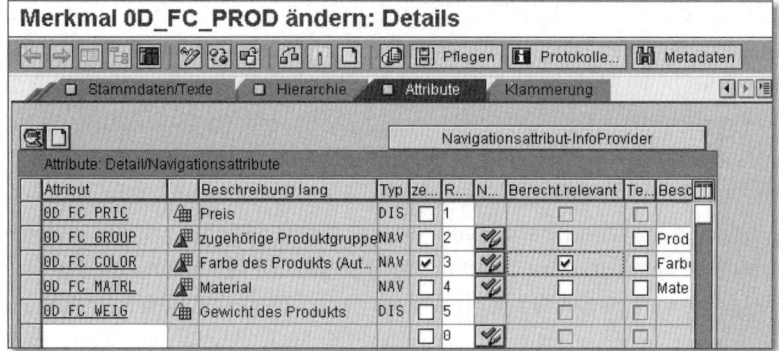

Abbildung 2.10 Berechtigungsrelevanz von Navigationsattributen

Navigationsattribute sind im Sinne der Berechtigungen eigene Merkmale und völlig unabhängig von ihren Hauptmerkmalen berechtigungsrelevant oder nicht. Ein Beispiel für Namen von Navigationsattributen ist z.B. 0VCA_NC1__0VCA_NC2 – mit zwei Unterstrichen (siehe auch Abbildung 2.13).

2.3　Berechtigungspflege

Die sicherlich zentralste und wichtigste Transaktion der Analyseberechti-gungen ist die Berechtigungspflege, in der die Details einzelner Berechtigun-gen definiert werden. Ihr Transaktionscode zum direkten Aufruf ist RSECAUTH. Diese Transaktion hat einen einfachen Einstiegsbildschirm (siehe Abbildung 2.11).

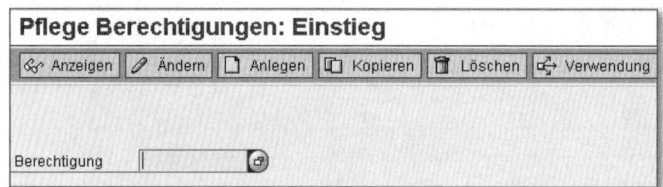

Abbildung 2.11 Einstieg in die Berechtigungspflege

In diesem Einstiegsbildschirm können Sie nun entscheiden, ob Sie eine neue Berechtigung anlegen oder eine bestehende Berechtigung kopieren, löschen, ändern oder nur anzeigen möchten. Der Verwendungsnachweis für eine vorhandene Berechtigung ermittelt die Benutzer, denen eine Berechtigung zugeordnet ist. Etwas verwirrend mag es sein, dass auch eine gerade erst angelegte Berechtigung anscheinend bereits zahlreichen Benutzern zugeordnet ist. Dieser Umstand wird jedoch in Abschnitt 2.4, »Berechtigungspflege mit SAP NetWeaver BW 7.3«, verständlicher, wo wir die Benutzerzuordnung genauer besprechen.

Die elementaren Funktionen der Berechtigungspflege sind auch über Tastaturbefehle erreichbar, was das Arbeiten beschleunigen kann, wenn man sie kennt (siehe Tabelle 2.3).

Funktion	Code/Taste
Anzeigen	F7
Ändern	F8
Anlegen	F5
Kopieren	F6
Löschen	⇧ + F2
Verwendung	⇧ + F1

Tabelle 2.3 Funktionscodes der Berechtigungspflege (RSECAUTH)

Wir legen nun eine Berechtigung an, die wir DEMAUTH17 nennen.

2.3.1 Übersicht über die Merkmalsberechtigungen

Nach Eingabe der Bezeichnung »DEMAUTH17« erreichen Sie mit dem Button ANLEGEN den Startbildschirm der eigentlichen Berechtigungspflege (siehe Abbildung 2.12). Wenn Sie Kapitel 1, »Analyseberechtigungen für Einsteiger: eine praktische Einführung«, gelesen haben, wird Ihnen im Folgenden einiges bekannt vorkommen, Sie werden jedoch auch neue Dinge kennenlernen.

Als Erstes werden Sie mit einer Meldung in der Fußzeile informiert, dass die Spezialmerkmale fehlen. Der Langtext der Meldung erklärt, was es damit auf sich hat. Es wird nämlich empfohlen, immer die Spezialmerkmale 0TCAIPROV, 0TCAACTVT und 0TCAVALID in die Berechtigungen mit aufzunehmen. Das ist zwar keine Pflicht, wird aber so lange empfohlen, wie Sie keine guten Gründe haben, sie nicht aufzunehmen.

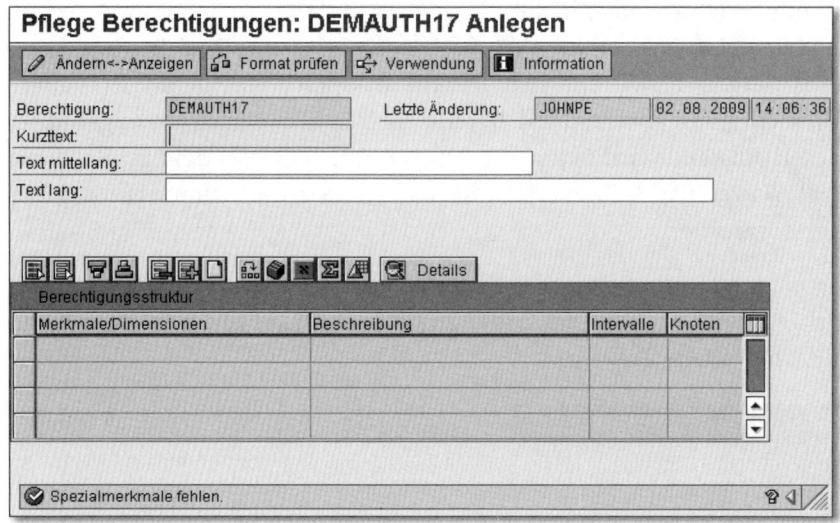

Abbildung 2.12 Hauptseite Berechtigungspflege

Zunächst einmal müssen Sie jedoch mindestens einen KURZTEXT angeben, bevor Sie weiterarbeiten können. Anschließend beschäftigen Sie sich eingehender mit den einzelnen Funktionen.

Sie befinden sich in der Merkmalsübersicht der Analyseberechtigungen. Jede Analyseberechtigung besteht nun aus mindestens einem Merkmal, für das detaillierte Berechtigungen auf der Ebene der Merkmalswerte vergeben werden können. Enthält die Analyseberechtigung kein Merkmal oder eines ohne die Angabe, auf welche Weise Werte oder Hierarchieknoten berechtigt sind, kann sie nicht gespeichert werden.

Berechtigungsrelevante Merkmale ergänzen

In Analyseberechtigungen können nur Merkmale aufgenommen werden, die berechtigungsrelevant sind. Wie diese Berechtigungsrelevanz zu setzen ist, haben wir in Abschnitt 2.2.4, »Berechtigungsrelevanz von Merkmalen konfigurieren«, erklärt.

Die Merkmale werden in der zentralen Überblickstabelle aufgeführt, die Sie – bisher noch leer – vorfinden.

Klicken Sie nun einmal den Button ANLEGEN ⬚ oder alternativ den Button ⬚ an. Beide Buttons erzeugen eine Zeile beziehungsweise fügen eine zusätzliche Zeile ein, wenn schon Zeilen vorhanden sind. Mit der Wertehilfe bekommen Sie alle berechtigungsrelevanten Merkmale des Systems angeboten (siehe

Abbildung 2.13). Sie werden feststellen, dass darunter auch Navigationsattribute sind, die Sie anhand der Namensgebung (Hauptmerkmal und Attributsname verbunden mit zwei Unterstrichen) identifizieren können.

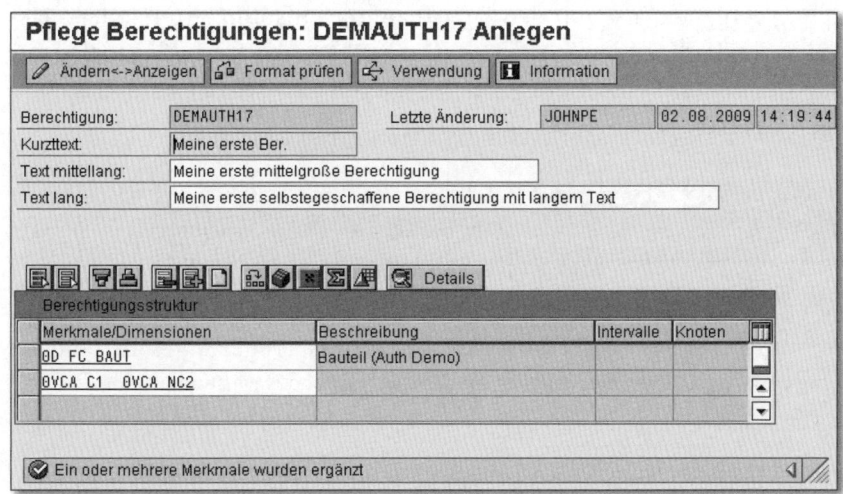

```
☞Auswahl von InfoObjects 20 Einträge

InfoObject              Version Status aA Beschreibung lang

⊞0D_FC_BAUT                □      ⚒       Bauteil (Auth Demo)
 0D_FC_CNTRY               □      ⚒       Länderschlüssel
 0D_FC_COLOR               □      ⚒       Farbe des Produkts (Auth Demo)
 0D_FC_LAND                □      ⚒       Land (Auth Demo)
 0D_FC_REGL                □      ⚒       Region (Auth Demo)
 0VCA_ATTR1                □      ⚒       Attribut 1
 0VCA_ATTR2                □      ⚒       Attribut 2
 0VCA_C1                   □      ⚒       Merkmal 1, geklammert
 0VCA_C1R                  □      ⚒       Referenz auf Merkmal C1
 0VCA_C1__0VCA_NC2         □      ⚒       CA_C1__0VCA_NC2
 0VCA_C2                   □      ⚒       Merkmal 2, geklammert
 0VCA_C2R                  □      ⚒       Referenz auf Merkmal C2
 0VCA_COMP1                □      ⚒       Merkmal zur Klammerung an Merkmal 1
 0VCA_COMP2                □      ⚒       Merkmal zur Klammerung an Merkmal 2
 0VCA_NC1                  □      ⚒       Merkmal 1, nicht geklammert
 0VCA_NC1R                 □      ⚒       Referenz auf Merkmal NC1
 0VCA_NC1__0VCA_NC2        □      ⚒       0VCA_NC1__0VCA_NC2
 0VCA_NC1__0VCA_NC2R       □      ⚒       0VCA_NC1__0VCA_NC2R
 0VCA_NC2                  □      ⚒       Merkmal 2, nicht geklammert
 0VCA_NC2R                 □      ⚒       Referenz auf Merkmal NC2
```

Abbildung 2.13 Wertehilfe – berechtigungsrelevante Merkmale mit Navigationsattributen

Wählen Sie einmal das Merkmal BAUTEIL (0D_FC_BAUT) und ein Navigationsattribut, zum Beispiel 0VCA_NC1__0VCA_NC2, per Doppelklick aus (siehe Abbildung 2.14). Die Meldung in der Statuszeile bestätigt die Übernahme.

```
Pflege Berechtigungen: DEMAUTH17 Anlegen

[ ✏ Ändern<->Anzeigen ] [ 🔍 Format prüfen ] [ ⇲ Verwendung ] [ ℹ Information ]

Berechtigung:    DEMAUTH17                    Letzte Änderung:  JOHNPE   02.08.2009 14:19:44
Kurztext:        Meine erste Ber.
Text mittellang: Meine erste mittelgroße Berechtigung
Text lang:       Meine erste selbstgeschaffene Berechtigung mit langem Text


[ 🖫🖫 📇🖨 🖫🖫🗋 🔒◈▨Σ▦ ] 🔍 Details
 Berechtigungsstruktur
 Merkmale/Dimensionen      Beschreibung         Intervalle Knoten ▦
 0D_FC_BAUT                Bauteil (Auth Demo)                     □
 0VCA_C1__0VCA_NC2                                                 ▲
                                                                  ▼

 ✅ Ein oder mehrere Merkmale wurden ergänzt                      ◁
```

Abbildung 2.14 Auswahl eines berechtigungsrelevanten Merkmals

Werden eine oder mehrere Zeilen mit Merkmalen überschrieben, wird dies in der Statuszeile ebenfalls mitgeteilt. Diese Statusmeldungen sind bei komplexeren Modellierungen und bei Änderungen sehr hilfreich. Wenn Sie nicht verstehen, was mit der Statusmeldung gemeint ist, erhalten Sie häufig nach Klicken auf die Meldung einen erläuternden Langtext.

Volle Berechtigung

Nun müssen Sie festlegen, für welche Merkmalswerte Sie Berechtigung erteilen möchten. Wie Sie vermutlich bereits aus der allgemeinen Berechtigungspflege in der Rollenpflege kennen, möchte man häufig die volle Berechtigung oder Gesamtberechtigung, also den Wert »*« vergeben. Dafür gibt es das Icon ▨ . Sie markieren die Zeile mit dem Merkmal, das Sie vollständig berechtigen wollen, und klicken anschließend auf dieses Icon (siehe Abbildung 2.15).

Abbildung 2.15 Volle Berechtigung für »Bauteil« (0D_FC_BAUT)

Aggregationsberechtigung

Ebenso häufig wie die volle Berechtigung möchte man die Aggregationsberechtigung vergeben, also nur den Zugriff auf die aufsummierten (oder allgemeiner: aggregierten) Werte erlauben. Dazu gibt es das Icon Σ – analog zur Vergabe der vollen Berechtigung. Sie markieren also wieder eine Zeile und betätigen das Icon (siehe Abbildung 2.16).

Abbildung 2.16 Aggregationsberechtigung für das Merkmal und Navigationsattribut 0VCA_C1__0VCA_NC2

Diese Zuordnungen kann man auch »in Serie produzieren«, indem man mehrere Merkmale markiert und mit den Berechtigungen versorgt. Das kommt in der Praxis häufig vor, wenn man nicht ohnehin die Sammelzuordnung über den InfoProvider verwendet, wie Sie weiter unten in diesem Abschnitt unter der Überschrift »Berechtigungen für InfoProvider« noch sehen werden.

Aggregations- und Gesamtberechtigung zuordnen

Verwendet man zur Vergabe der Gesamtberechtigung oder der Aggregationsberechtigung die Buttons in der Merkmalsübersicht, werden bereits vorhandene Definitionen nicht überschrieben, sondern die Gesamtberechtigung oder die Aggregationsberechtigung hinzugefügt. Das hilft beim Zurücknehmen.

Zur Laufzeit wird ohnehin weitgehend zusammengefasst, so dass dies keine Nachteile verursacht.

Detailpflege

Nun möchten Sie vielleicht nicht immer die volle Berechtigung vergeben, sondern gezielt Einzelwerte, Intervalle oder Muster (siehe auch Kapitel 9, »Analyseberechtigungen für Experten«). Dazu müssen Sie in die Detailpflege gehen, die man per Doppelklick auf das Merkmal oder per Einfachklick auf das Icon erreicht. Klickt man beispielsweise auf das Stern-Icon für die volle Berechtigung, gelangt man in die Detailpflege der Werteberechtigungen und sieht den zugehörigen Eintrag für die volle Berechtigung: I CP * (siehe Abbildung 2.17).

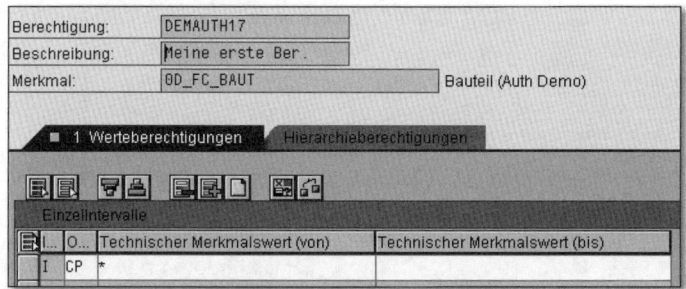

Abbildung 2.17 Detailpflege der Werteberechtigungen

Wenn Sie sich analog die Details der Aggregationsberechtigung ansehen, entdecken Sie die interne technische Darstellung I EQ : (siehe Abbildung 2.18). Man kann diese beiden Typen der Berechtigung natürlich auch mit Hilfe der direkten Eingabe in der Detailpflege vergeben.

In Abschnitt 2.3.2, »Detailpflege – Werteberechtigungen«, werden wir uns noch eingehender mit den Möglichkeiten der Detailpflege für Werteberechtigungen und Hierarchieberechtigungen befassen.

Abbildung 2.18 Aggregationsberechtigung in der Detailpflege

Spezialmerkmale

Sie sind bereits beim Einstieg in die Berechtigungspflege darauf hingewiesen worden, dass die Spezialmerkmale fehlen. In der Merkmalsübersicht gibt es für diese Fälle das Icon ⊞ (SPEZIALMERKMALE EINFÜGEN). Klicken Sie dieses Icon an, werden die drei Spezialmerkmale 0TCAIPROV, 0TCAVALID und 0TCAACVT eingefügt (siehe Abbildung 2.19).

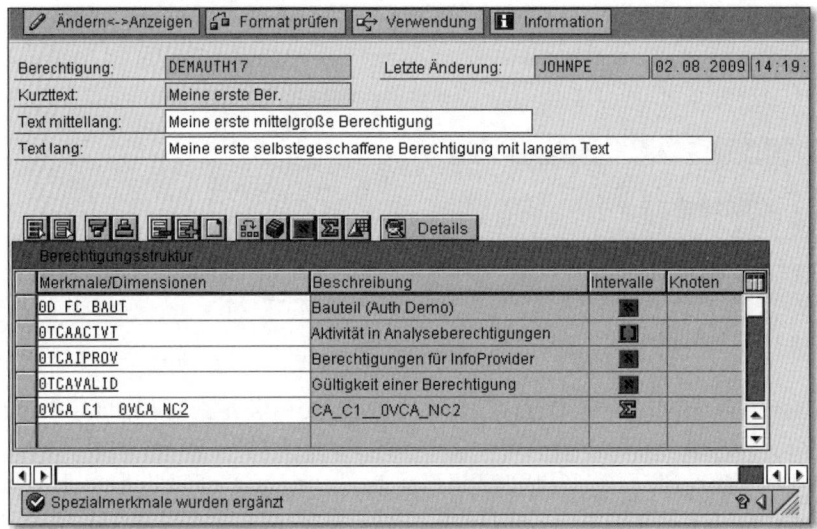

Abbildung 2.19 Spezialmerkmale einfügen

Diese Merkmale muss jeder Benutzer zugeordnet haben. Sie sehen mit einem Blick in der Übersicht, dass den Merkmalen für BERECHTIGUNGEN FÜR INFO-

PROVIDER (0TCAIPROV) und GÜLTIGKEIT EINER BERECHTIGUNG (0TCAVALID) die volle Berechtigung (*) zugeordnet wurde. Hingegen hat AKTIVITÄT IN ANALYSEBERECHTIGUNGEN ein anderes Icon erhalten: das Intervall-Icon **[]**. Schauen Sie sich die Details an, sehen Sie, dass nur der Wert 03 vergeben wurde, was für »Anzeigen« oder »Lesen« steht (siehe Abbildung 2.20).

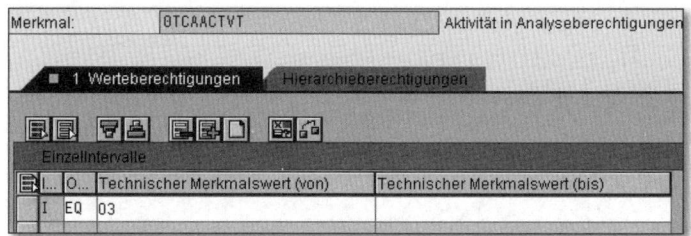

Abbildung 2.20 Standardwert 03 (»Anzeigen«, »Lesen«) für die Aktivität in den Analyseberechtigungen

Diese Berechtigung ist nun mit wenigen Klicks bereits recht mächtig geworden und hat durchaus eine praxisnahe Form. Schauen wir uns nun weitere leistungsstarke Eingabehilfen an, die in der Praxis gute Dienste leisten.

Berechtigungen für InfoProvider

Sehr häufig werden Berechtigungen nach InfoProvidern vergeben. Das muss zwar nicht so sein, ist aber naheliegend, da sich viele Konzepte und Modelle in SAP NetWeaver BW am InfoProvider orientieren. Auch muss bei jedem Zugriff auf einen InfoProvider, zum Beispiel durch eine Query, jedes einzelne berechtigungsrelevante Merkmal des Providers berechtigt sein. Deshalb gibt es das Icon 📦 (INFOCUBE-BERECHTIGUNGEN), das nach dem InfoProvider fragt, für den man Berechtigungen vergeben möchte. Auch hier hat man die Möglichkeit, mit einem Klick zu entscheiden, ob man für die Merkmale des InfoProviders die Aggregationsberechtigung oder die volle Berechtigung vergeben möchte (siehe Abbildung 2.21).

Wenn Sie nichts auswählen, werden keine Details festgelegt, und Sie müssen die Berechtigungen später im Detail anpassen, etwa weil Sie Intervalle oder Hierarchieknoten berechtigen möchten.

Nach der Bestätigung erscheint die Liste der berechtigungsrelevanten Merkmale des InfoProviders (siehe Abbildung 2.22). Hier kann man die Option ALLE MARKIEREN (Funktionscode [F7]) auswählen und mit der [↵]-Taste bestätigen. Auf diese Weise können Sie sehr leicht und mit wenigen Klicks – es sind genau fünf – alle notwendigen Berechtigungen zu einem InfoProvider vergeben. Dies ist insbesondere dann nützlich, wenn der InfoProvider einige berechtigungsrelevante Merkmale enthält, von denen man nur wenige oder gar keins anders als mit allgemeinen Berechtigungen versehen will. So verhindert man auch, dass man einzelne Merkmale bei der Berechtigungsvergabe vergisst, weil man nicht alle berechtigungsrelevanten Merkmale des InfoProviders »im Kopf« hat.

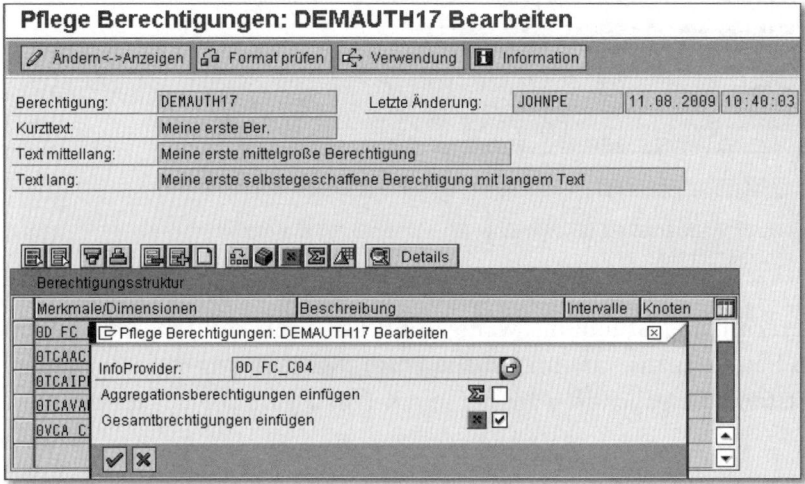

Abbildung 2.21 Vergabe von Berechtigungen zu einem InfoProvider

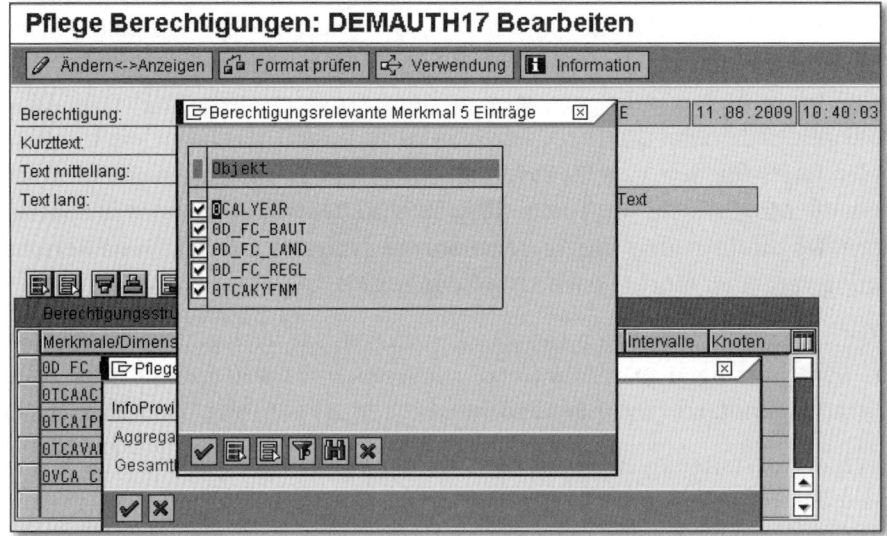

Abbildung 2.22 Berechtigungsrelevante Merkmale des InfoProviders plus Kennzahlberechtigung 0TCAKYFNM

Es ist übrigens nicht möglich, auf diese Weise bereits bearbeitete Merkmale versehentlich zu überschreiben, da diese Merkmale unangetastet bleiben. Im Gegenteil: Man kann diese Funktion dazu nutzen, Berechtigungen mit dem Bedeutung tragenden Anteil so zu ergänzen, dass alle noch fehlenden Merkmale des InfoProviders erfasst werden, und so gewissermaßen eine »Abrundung« vornehmen.

Falls das Spezialmerkmal 0TCAKYFNM berechtigungsrelevant ist, wird es ebenfalls als Merkmal angeboten.

Nach der gezeigten Konfiguration sieht Ihre Berechtigung in der Merkmalsübersicht folgendermaßen aus (siehe Abbildung 2.23):

Merkmale/Dimensionen	Beschreibung	Intervalle	Knoten	
0CALYEAR	Kalenderjahr	⊠		
0D_FC_BAUT	Bauteil (Auth Demo)	⊠		
0D_FC_LAND	Land (Auth Demo)	⊠		
0D_FC_REGL	Region (Auth Demo)	⊠		
0TCAACTVT	Aktivität in Analyseberechtigungen	[]		
0TCAIPROV	Berechtigungen für InfoProvider	[]		
0TCAKYFNM	Kennzahl in Analyseberechtigungen	⊠		
0TCAVALID	Gültigkeit einer Berechtigung	[]		
0VCA_C1__0VCA_NC2	CA_C1__0VCA_NC2	Σ		

Abbildung 2.23 Merkmalsübersicht in der Berechtigungspflege

Anzeigeattribute

Mit dem Konzept der Analyseberechtigungen ist es möglich, auch Attribute auszublenden. Sobald ein Merkmal berechtigungsrelevant ist und als Anzeigeattribut definiert ist, muss zur Anzeige des Attributs die volle Berechtigung vorliegen (siehe Kapitel 1, »Analyseberechtigungen für Einsteiger: eine praktische Einführung«). Zur einfachen Vergabe der entsprechenden Berechtigungen gibt es das Icon ▨ (ATTRIBUTE ZU MERKMAL).

Zunächst wählen Sie das Hauptmerkmal aus, zu dem Attributberechtigungen vergeben werden sollen. Im nachfolgenden Pop-up erscheint dann eine Auswahlliste der berechtigungsrelevanten Attribute des Hauptmerkmals (siehe Abbildung 2.24). Aus dieser Liste wählen Sie die Attribute aus, die später sichtbar sein sollen, also die volle Berechtigung erhalten sollen.

Abbildung 2.24 Merkmalsattribute

Sofern nun das Merkmal für Kennzahlen, 0CTAKYFNM, auch berechtigungsrelevant ist, sind gewissermaßen auch alle Kennzahlen berechtigungsrelevant. Deshalb wird in diesem Falle auch die Option angeboten, die entsprechenden Kennzahlattribute bei 0TCAKYFNM einzutragen. Anderenfalls ist
die Option ausgegraut und nicht verfügbar. In unserem Beispiel sind die
Kennzahlen berechtigungsrelevant, und deshalb sind neben dem einen
Merkmal 0D_FC_COLOR auch noch die beiden Kennzahlen 0D_FC_PRIC
und 0D_FC_WEIG auswählbar (siehe Abbildung 2.25).

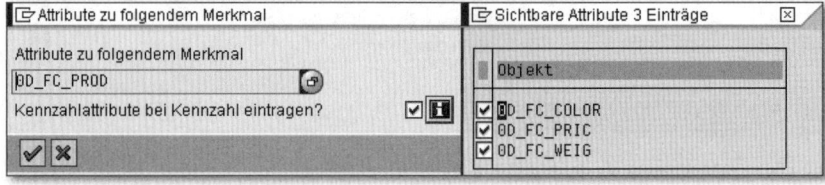

Abbildung 2.25 Alle Attribute (Merkmale und Kennzahlen)

Die ausgewählten Attribute werden dann in die Berechtigung aufgenommen, entweder als Merkmalsberechtigung mit voller Berechtigung oder für
die Kennzahlattribute zusätzlich zu den bereits vorgenommenen Kennzahl-
eintragungen im Merkmal 0TCAKYFNM. Ist dort noch kein Eintrag vorhanden, wird er neu erzeugt. Falls schon Berechtigungen für 0TCAKYFNM vergeben wurden, werden die Kennzahlattribute einfach hinzugenommen –
auch für den Fall, dass eine volle Berechtigung vergeben wurde. Das macht
keinen Unterschied im Prüfungsverhalten, ermöglicht aber die einfache
Nachbearbeitung, etwa indem man die Zeile mit der vollen Berechtigung für
0TCAKYFNM (I CP *) entfernt und damit die »echten« Berechtigungen für die
Attribute übrig bleiben. Das Info-Icon erläutert dies auch noch einmal
am System.

Die Gesamtberechtigung enthält nun drei weitere Eintragungen, wie Sie in Abbildung 2.26 sehen.

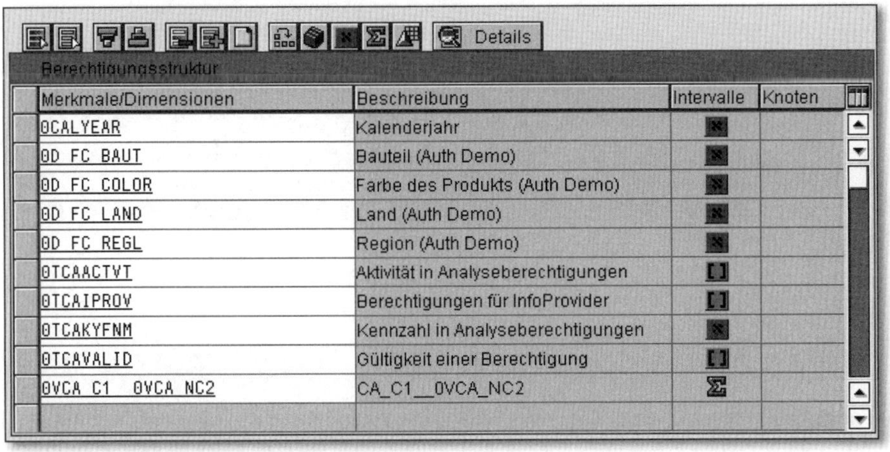

Merkmale/Dimensionen	Beschreibung	Intervalle	Knoten	
0CALYEAR	Kalenderjahr	▓		
0D_FC_BAUT	Bauteil (Auth Demo)	▓		
0D_FC_COLOR	Farbe des Produkts (Auth Demo)	▓		
0D_FC_LAND	Land (Auth Demo)	▓		
0D_FC_REGL	Region (Auth Demo)	▓		
0TCAACTVT	Aktivität in Analyseberechtigungen	[]		
0TCAIPROV	Berechtigungen für InfoProvider	[]		
0TCAKYFNM	Kennzahl in Analyseberechtigungen	▓		
0TCAVALID	Gültigkeit einer Berechtigung	[]		
0VCA_C1__0VCA_NC2	CA_C1__0VCA_NC2	Σ		

Abbildung 2.26 Vollständige Berechtigung mit Spezialmerkmalen, spezifischen InfoProvider-Berechtigungen und Attributen

Bisher haben Sie nur die generischen Berechtigungen wie VOLLE BERECHTIGUNG, AGGREGATIONSBERECHTIGUNG und Attribute sowie die Spezialmerkmale mit ihren Standardeinträgen mit wenigen Klicks eingefügt.

Im Allgemeinen werden aber spezifischere Einträge notwendig sein, wenn auch in der Regel nur für wenige Merkmale. Wir werden uns nun im Folgenden mit dieser Detailpflege beschäftigen. Fangen wir mit den Spezialmerkmalen an, für die jeweils Besonderheiten gelten.

2.3.2 Detailpflege – Werteberechtigungen

Die Detailpflege für Merkmale erlaubt die Definition von Werten, Intervallen und Mustern. Wie Sie schon gesehen haben, gelangt man immer in die Detailpflege eines Merkmals, indem man entweder doppelt auf den Merkmalsnamen oder einmal auf die Spalten INTERVALLE oder KNOTEN klickt, je nachdem, welche Art von Details man definieren möchte.

Allgemeine Merkmale

Im Allgemeinen kann man zu allen Merkmalen Werteberechtigungen anlegen. In Abbildung 2.27 sehen Sie dies am Beispiel des Merkmals »Bauteil« (0D_FC_BAUT).

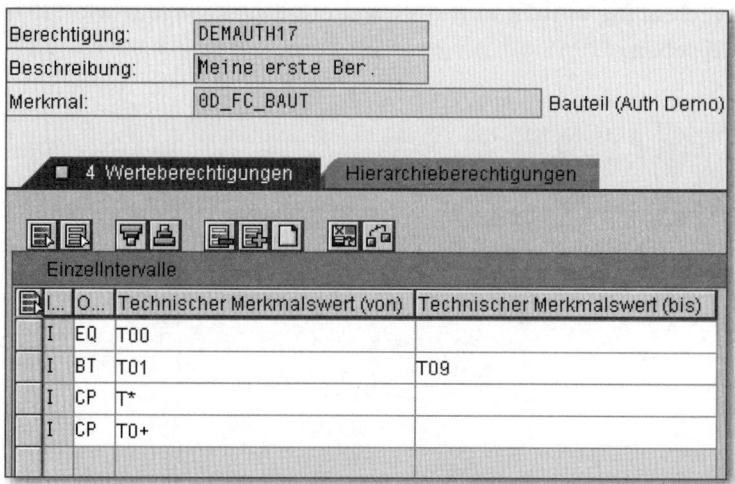

Abbildung 2.27 Werteberechtigungen – Einzelwert, Intervall und Muster

In jeder Zeile ist ein sogenannter *Operator* anzugeben, der definiert, was anschließend folgt. Danach ist ein Einzelwert in seiner technischen Bezeichnung anzugeben oder ein Intervall, indem man die Untergrenze in der Spalte Technischer Merkmalswert (von) und die Obergrenze in der Spalte Technischer Merkmalswert (bis) angibt. Als Operator werden folgende Kürzel genutzt:

- für Einzelwerte der Operator EQ (für *Equal*)
- für Intervalle der Operator BT (für *Between*)
- für Muster der Operator CP (für *Contains Pattern*)

Bei Mustern hat man nun zwei Möglichkeiten, die berechtigte Menge zu definieren, das Muster mit »*« und das Muster mit »+«. Der Stern bedeutet »beliebig viele Zeichen« (auch keines) und das Pluszeichen »genau ein Zeichen«.

Im Beispiel in Abbildung 2.27 ist also neben dem Einzelwert T00 noch das Intervall T01 bis T09 berechtigt. Außerdem sind alle Merkmalswerte berechtigt, die mit T anfangen (auch alle zukünftigen!), und alle Merkmalswerte, die mit T0 anfangen und noch genau ein weiteres Zeichen im technischen Merkmalswert aufweisen.

Zur Überprüfung, ob alles korrekt definiert ist, gibt es das Icon 🔲 (Intervalle prüfen). Wir empfehlen dessen häufige Nutzung, da es die Arbeit erleichtert: Es ergänzt nämlich die korrekten Operatoren und korrigiert, wenn möglich, einen falschen Operator. Ändern Sie beispielsweise einmal das EQ in CP, oder löschen Sie den Operator ganz. Wenn Sie dann das Icon für INTERVALLE PRÜFEN anklicken, werden die Operatoren wieder korrekt eingefügt. Man kann sich also oft die Arbeit ersparen, manuell auf die Suche nach Fehlern zu gehen.

Es werden auch ersichtliche Fehler korrigiert, etwa wenn die Obergrenze eines Intervalls niedriger ist als die angegebene Untergrenze.

Allerdings sind nicht alle denkbaren Kombinationen erlaubt. In Abbildung 2.28 sind ein paar fehlerhafte Intervalle »eingestreut«, die von der Prüfung erkannt und markiert werden. Im Langtext zur Statusmeldung ❶ (und zu ähnlichen Meldungen) finden sich immer Erläuterungen zu den erlaubten Möglichkeiten, die auch im SAP-Hinweis 1053989 zusammengefasst sind.

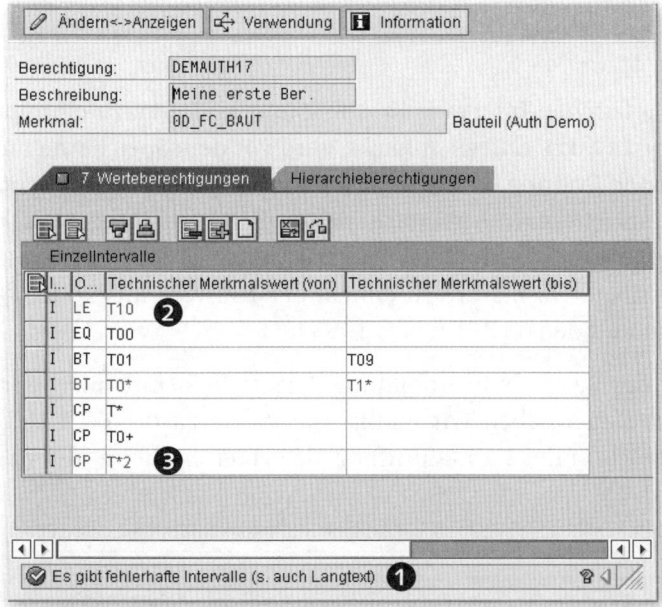

Abbildung 2.28 Fehlerhafte Werteberechtigungen

Im Beispiel in Abbildung 2.28 wird in der ersten Zeile ein offenes Intervall definiert (LE T10 ❷), hier also »alle Merkmalswerte kleiner oder gleich T10«. Das ist ebenso wenig erlaubt wie ein Intervall, das Muster enthält. Auch die letzte Zeile enthält einen Fehler, da nur *Endmuster* erlaubt sind, also nur Muster, die mit einem Musterzeichen (* oder +) *enden*. Musterzeichen, die innerhalb der Merkmalswerte auftauchen ❸, sind verboten.

In allen drei Beispielen konnte nicht automatisch abgeleitet werden, was gemeint sein soll, und deshalb auch keine Korrektur vorgenommen werden. Stattdessen wurden die Zeilen als fehlerhaft (rot) markiert.

Ein häufiges Missverständnis betrifft die nicht erreichbaren Felder mit dem Eintrag »I«: Dieser Eintrag zeigt an, das zu diesem Merkmal nur *einschließende* Werte möglich sind (»I« wie *Including*) und keine *ausschließenden* Werte (»E« wie *Excluding*).

Die einzige Ausnahme, bei der auch ausschließende Werte erlaubt sind, ist das Merkmal 0TCAVALID, das wir im nächsten Abschnitt besprechen werden. Es bietet auch noch einige weitere ganz spezifische Möglichkeiten. Die Tatsache, dass dort ausschließende Werte möglich sind, ist der *einzige* Grund dafür, dass das »I« überhaupt angezeigt wird.

Format prüfen

Selbst wenn man die falschen Intervalle in Abbildung 2.28 einfach eintippt und *nicht* das Icon INTERVALLE PRÜFEN anklickt, wird vor dem Speichern eine merkmalsübergreifende Prüfung durchgeführt. Es sollte nicht möglich sein, falsche Intervalle zu speichern. In Anbetracht der großen Vielfalt theoretisch eingebbarer Berechtigungen ist jedoch nicht auszuschließen, dass bestimmte Fehler unerkannt bleiben. Deshalb noch einmal der Hinweis auf die Langtexte der Meldungen und den SAP-Hinweis 1053989.

Die Formatprüfung des Beispiels in Abbildung 2.28 stellt sich dann wie in Abbildung 2.29 dar. Dabei haben wir einmal die Werte zu 0D_FC_LAND gelöscht, was dann auch in der Formatprüfung als Fehler erscheint, der das Speichern verhindert.

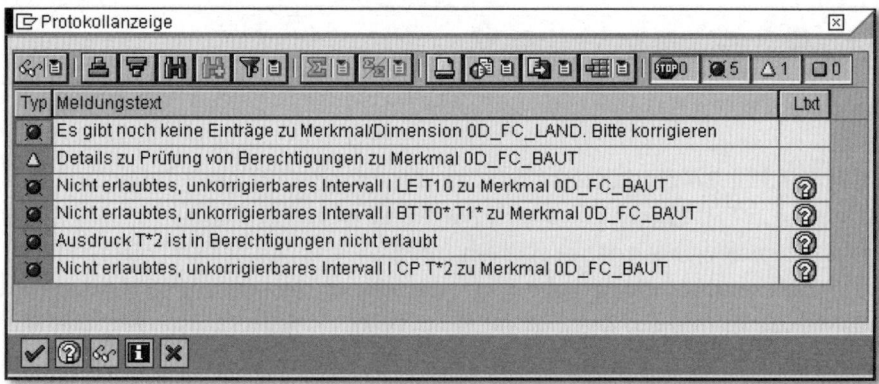

Abbildung 2.29 Merkmalsübergreifendes Prüfen der Formate

Spezialmerkmal 0TCAIPROV für den InfoProvider

Wie Sie bereits in Kapitel 1, »Analyseberechtigungen für Einsteiger: Eine praktische Einführung«, gesehen haben, ist das Merkmal 0TCAIPROV geeignet, Berechtigungen auf einen oder mehrere InfoProvider zu beschränken oder, genauer gesagt, für bestimmte InfoProvider zu *erlauben*. Die Einträge hier sind immer in *Kombination* mit den anderen Merkmalsdimensionen einer Berechtigung zu sehen, niemals allein. Man kann also etwa für einen InfoProvider A das Bauteil »Schraube« berechtigen und für einen anderen InfoProvider B das Bauteil »Gehäuse«. So gesehen ist das Merkmal wie ein gewöhnliches Merkmal zu behandeln. Die möglichen Werte für das Merkmal leiten sich aber natürlich aus den im System vorhandenen InfoProvidern ab (siehe Abbildung 2.30).

Abbildung 2.30 InfoProvider in der Wertehilfe für das Merkmal 0TCAIPROV

Man kann nun aus der Wertehilfe einen InfoProvider als Einzelwert auswählen. Es ist aber auch möglich, Intervalle zu definieren, etwa nach der Form »alle InfoProvider zwischen 0D_FC_C01 und 0D_FC_C04«. Und schließlich liegt es auch nahe, Muster zu verwenden, um Namensraumkonventionen abzubilden, also beispielsweise alle InfoProvider zu berechtigen, die mit »0D« anfangen. Beispiele dazu sehen wir in Abbildung 2.31.

Es ist sogar möglich, mit Hilfe des Merkmals 0TCAIFAREA und Hierarchieberechtigungen die Struktur der InfoAreas zu verwenden, in denen die InfoProvider angeordnet sind. Das werden Sie noch bei der Besprechung der Hierarchieberechtigungen in Abschnitt 2.3.4, »Detailpflege – Hierarchieknoten-Berechtigungen«, sehen.

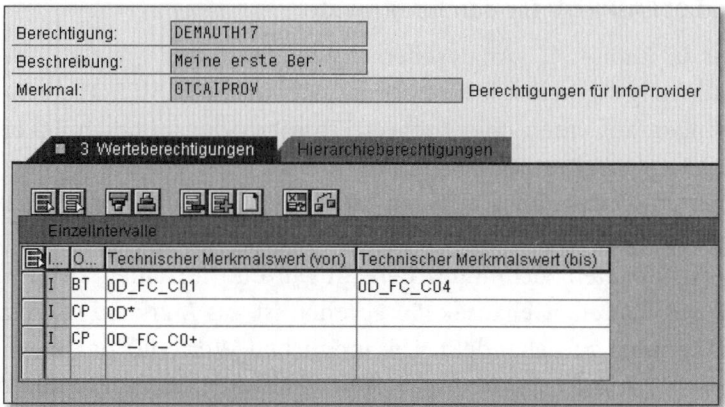

Abbildung 2.31 Werteberechtigungen mit dem Merkmal 0TCAIPROV

Spezialmerkmal 0TCAVALID für die Gültigkeit

Das Merkmal 0TCAVALID ist in vielerlei Hinsicht eine Besonderheit. Es dient dazu, die Gültigkeit einer Berechtigung als Ganzes zu beschreiben. Ist eine Berechtigung nicht gültig, wird sie zur Laufzeit aus der Verarbeitung herausgenommen, also unsichtbar. Vergleichsdatum ist immer das aktuelle Datum. Es ist also nicht möglich, analog zum Stichtag für Query-Daten, rückwirkend oder im Voraus Berechtigungen zu erhalten.

Wie funktioniert das? Man schreibt ganz einfach den Zeitpunkt oder die Zeiträume in die Details zum Merkmal 0TCAVALID, zu dem beziehungsweise in denen die Berechtigung für den Benutzer gültig ist.

Dazu gibt es eine ganze Reihe von Möglichkeiten, die über die Optionen der normalen Werteberechtigungen hinausgehen. Neben den schon beschriebenen Möglichkeiten der normalen Merkmale kann man hier auch offen Intervalle mit »kleiner als«, »kleiner oder gleich«, »größer oder gleich« und »größer als« anlegen. Beispiele dafür sehen wir in Abbildung 2.32.

Zudem gibt es hier die einzige Möglichkeit, ausschließende Berechtigungen zu definieren. Das sieht man schon daran, dass das Feld INCLUDING/EXCLUDING eingabebereit ist.

> **Including und Excluding**
>
> Wenn Including-Ausdrücke mit Excluding-Ausdrücken gemeinsam auftreten, gilt die Regel, dass immer erst alle einschließenden Selektionen aufgesammelt werden (innerhalb einer Berechtigung) und dann alle ausschließenden »abgezogen« werden.

Die Bereiche, die dann übrig bleiben, definieren den Zeitraum, in dem die gesamte Berechtigung gültig ist. Beispiele sehen wir in Abbildung 2.32, wo beispielsweise die letzten Tage des Jahres 2009 ❶ ausgenommen werden, ebenso wie Weihnachten 2008 (24.12.2008 ❷) und der Zeitraum bis zum 31.12.1999 ❸.

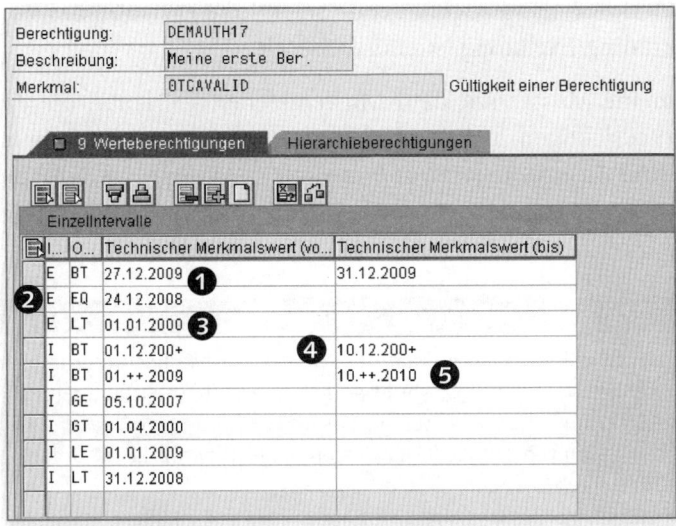

Abbildung 2.32 Berechtigungen für die Gültigkeit

Eine weitere sehr nützliche Möglichkeit ist die Verwendung von Mustern. Unter Berücksichtigung des Datumsformats kann man wiederkehrende Zeiträume definieren. In Abbildung 2.32 sehen wir zwei Beispiele für Musterintervalle.

▸ Das erste Beispiel definiert den Zeitraum der ersten zehn Tage des Monats Dezember für die Jahre 2000 bis 2009 ❹.

▸ Das zweite Beispiel, I BT 01.++.2009 10.++.2010 ❺, definiert die ersten zehn Tage eines beliebigen Monats in den Jahren von 2009 bis 2010.

▸ Die übrigen vier Zeilen sind Beispiele für gewöhnliche offene Intervalle ohne Muster.

Sie erinnern sich, dass das +-Zeichen das Muster für genau ein Zeichen darstellt. 2010 passt dann nicht mehr in das Muster des zweiten Beispiels. Auch hier kann man natürlich ausschließende Muster definieren. Wenn Sie nicht sicher sind, welcher Operator bei solchen Datumsmustern verwendet wird, lassen Sie die Spalte leer, und klicken Sie anschließend auf das Icon INTER-VALLE PRÜFEN.

Die *Gültigkeit* einer Berechtigung (Merkmal 0TCAVALID) erlaubt die Verwendung von halb offenen Intervallen mit den Vergleichsoperatoren »kleiner« (LT), »kleiner oder gleich« (LE), »größer« (GT) und »größer oder gleich« (GE).

Es ist das einzige Merkmal, das ausschließende Selektionen erlaubt; das Vorzeichen »E« für Including/Excluding ist eingabebereit.

Zudem sind allgemeine Muster mit dem Musterzeichen + erlaubt, die das Datumsformat berücksichtigen, um wiederkehrende Zeiträume zu definieren. Nicht erlaubt sind Ausdrücke mit *Not Equal* (NE), *Not Between* (NB) und *Not Contains Pattern* (NP). Diese müssten bei Bedarf mit Excluding ausgedrückt werden.

Besonderheiten des Merkmals »Gültigkeit« (0TCAVALID)

Weil es so wichtig ist, folgt hier noch einmal der Hinweis: Diese Besonderheiten und speziell das Ausschließen (Excluding) sind bei den Analyseberechtigungen nur im Merkmal 0TCAVALID möglich. Ansonsten gibt es im gesamten NetWeaver-System ebenso wie in der gesamten auf ABAP basierten SAP-Software keine derartigen Möglichkeiten bei Berechtigungen.

Spezialmerkmal 0TCAACTVT für die Aktivität

Die Aktivität wird ebenfalls wie ein normales Merkmal behandelt und ist immer in Kombination mit anderen Merkmalen zu betrachten. Für jeden Zugriff auf Merkmalskombinationen (genauer auf ihre Kennzahlwerte) ist immer die Aktivität anzugeben, die man für den Zugriff anfordert. In der überwiegenden Mehrzahl der Fälle ist dies die Aktivität »Lesen«. Das muss aber nicht so sein, denn es gibt auch andere Zugriffsaktivitäten. Eine wichtige Zugriffsart ist das Ändern für die *integrierte Planung*.

Die Aktivitäten werden durch Kombinationen aus zwei Zeichen ausgedrückt, wie sie auch in den Basisberechtigungen zu Berechtigungsobjekten verwendet werden. »Lesen« z. B. ist 03, »Ändern/Planen« 02.

Eine weitere Aktivität, die geprüft wird, ist ERWEITERTE PFLEGE für Dokumente (36).

Die Wertehilfe (siehe Abbildung 2.33) bietet alle möglichen Werte an. Nicht alle werden in den Analyseberechtigungen beziehungsweise in SAP NetWeaver BW geprüft. Allerdings ist es nicht ausgeschlossen, dass zukünftig wei-

tere Aktivitäten relevant werden. Deswegen wird die Auswahl nicht eingeschränkt.

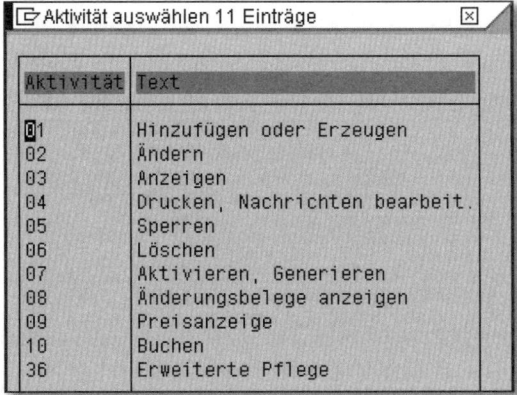

Abbildung 2.33 Wertehilfe Aktivitäten (Ausschnitt)

Die Prüfung checkt nur die formale Korrektheit und kürzt die Einträge gegebenenfalls auf die erlaubte Länge von zwei Zeichen. Davon abgesehen kann
aber jede Kombination eingetragen werden.

Ein häufiges Missverständnis ist an dieser Stelle die Ausführungsberechtigung für Querys, die nicht in den Analyseberechtigungen geprüft werden.

Ausführungsberechtigung für Querys

Die Ausführungsberechtigung für Querys wird nicht in den Analyseberechtigungen
geprüft, sondern in den Berechtigungsobjekten S_RS_COMP und S_RS_COMP1.

Sie ist immer unabhängig von den anschließend mit den Analyseberechtigungen
geprüften Datenberechtigungen.

Spezialmerkmal 0TCAKYFNM

Das Spezialmerkmal 0TCAKYFNM haben Sie bereits ausführlicher in Kapitel
1, »Analyseberechtigungen für Einsteiger: eine praktische Einführung«,
kennengelernt. Seine Werte sind Kennzahlnamen. Das Merkmal muss nicht
unbedingt berechtigungsrelevant sein. Die Wertehilfe zeigt nur die Kennzahlen des Systems an (siehe Abbildung 2.34).

Die Filtermöglichkeiten der Wertehilfe erlauben auch die Filterung auf
Kennzahlen, die ausschließlich Attribute sind (siehe Abbildung 2.35). Das
kann für größere Szenarien ebenso nützlich sein wie die Suche nach Texten
oder Einschränkungen beim Namen, zum Beispiel 0D*. Erinnern Sie sich:

Sind Attribute berechtigungsrelevant, sind sie überhaupt nur sichtbar, wenn sie voll berechtigt sind. Für Kennzahlattribute heißt das, dass sie explizit berechtigt werden müssen, wenn 0TCAKYFNM berechtigungsrelevant ist.

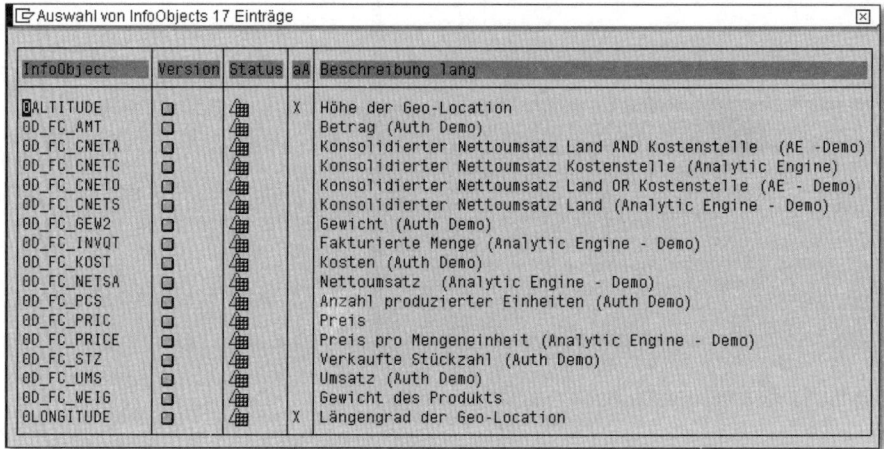

Abbildung 2.34 Kennzahlen im System

InfoObject	Version	Status	aA	Beschreibung lang
0ALTITUDE	☐		X	Höhe der Geo-Location
0LONGITUDE	☐		X	Längengrad der Geo-Location

Abbildung 2.35 Suchhilfe in der Wertehilfe zum Spezialmerkmal 0TCAKYFNM (Kennzahlberechtigungen) – ausschließliche Attribute

Variablen in Berechtigungen – Customer-Exits

Das Icon für Variablen ▦ bietet eine Auswahl der vorhandenen Variablen vom Typ *Customer-Exit*. Statt konkreter Werte oder Intervallen kann man auch diese Variablen als dynamisch zur Laufzeit anzugebende Werteberechtigungen angeben.

In diesem Fall ist sicherzustellen, dass die Inhalte der Variablen als normale Customer-Exit-Variablen zur Laufzeit bestimmt werden. Dazu wird die Erweiterung RSR00001 in der Transaktion CMOD aktiviert und kann dann verwendet werden; im Funktionsbaustein EXIT_SAPLRRS0_001 wird Customer-Exit-Coding hinterlegt.

Bei der Verwendung solcher Exits ist es wichtig, die Pufferung der Ergebnisse einzuschalten (siehe auch Abschnitt 2.2.3, »Menü ›Zusätze‹«). Das bewirkt, dass die Rückgabewerte oder -intervalle nicht immer wieder bestimmt werden müssen. Wählen Sie dazu in der Transaktion RSECADMIN den Menüpfad ZUSÄTZE • PUFFERUNG VARIABLEN • ANSCHALTEN.

Variablen in Berechtigungen und Variablen »aus Berechtigungen«

Verwechseln Sie nicht Variablen innerhalb von Analyseberechtigungen mit Variablen in der Query, die vom Verarbeitungstyp »Berechtigung« sind, also aus den Berechtigungen gefüllt werden und damit die Selektion beschreiben.

Nach der Auswahl der Variablen aus der Wertehilfe wird ein Eintrag in die Berechtigung übernommen, der den Variablennamen mit einem vorangestellten $-Zeichen darstellt (siehe Abbildung 2.36). Sie können solch einen Namen auch manuell eintippen, ohne ihn aus der Wertehilfe zu übernehmen. Zur Laufzeit einer Berechtigungsprüfung wird jedoch überprüft, ob die Variable auch wirklich existiert.

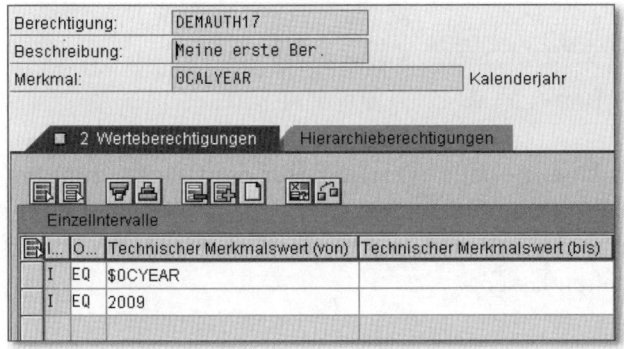

Abbildung 2.36 Variablen in Berechtigungen

Wenn Sie noch keine Variablen für das Merkmal vom passenden Typ angelegt haben, müssen Sie das im Query Designer mit einem InfoProvider tun, der das Merkmal enthält.

Zeitmerkmale und andere Sondermerkmale

Einige Merkmale haben keine »normalen« Stammdaten, sondern Sonderformate wie die Zeit. Hier sind dann verschiedene angepasste Wertehilfen verfügbar. Beispiele haben Sie bereits bei den Spezialmerkmalen kennengelernt, dort gibt es Spezial-Wertehilfen für die Aktivität (siehe Abbildung 2.33), die InfoProvider (siehe Abbildung 2.30), die Kennzahlen (siehe Abbildung 2.34) und die zeitliche *Gültigkeit einer Berechtigung* (Merkmal 0TCAVALID). In

Abbildung 2.37 sehen Sie ein Beispiel für den Kalendertag mit einem Kalender-Pop-up, das auch bei der Gültigkeit zum Tragen kommt.

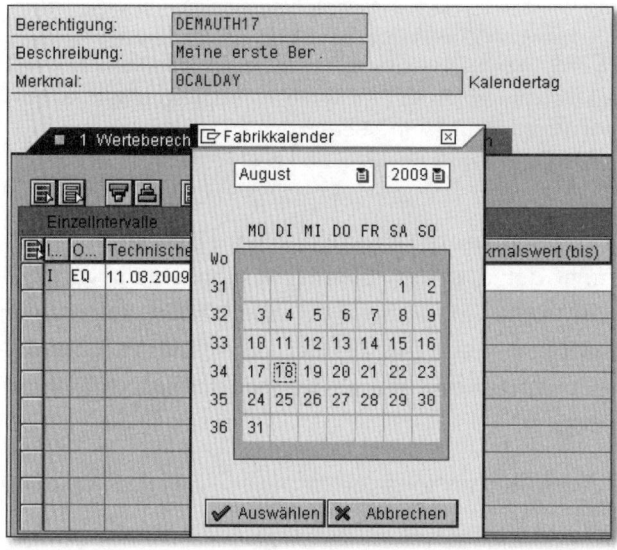

Abbildung 2.37 Spezielle Wertehilfe für Kalendertag (z. B. 0CALDAY)

Als Letztes gibt es noch eine spezielle Wertehilfe für die Uhrzeit, zum Beispiel wenn das Merkmal 0TIME berechtigungsrelevant ist (siehe Abbildung 2.38). Das kann bei Daten der Fall sein, die aus der Uhrzeit personenbezogene Informationen ableiten lassen.

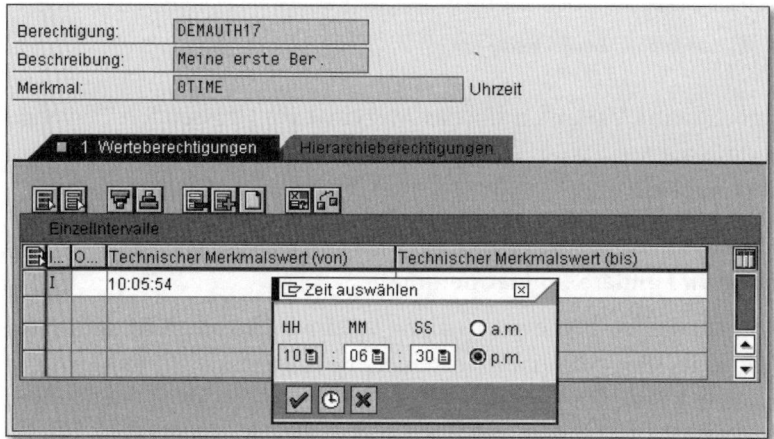

Abbildung 2.38 Wertehilfe für Berechtigungen zur Uhrzeit (z. B. 0TIME)

2.3.3 Universalberechtigung 0BI_ALL

Es gibt eine spezielle von SAP ausgelieferte Analyseberechtigung. Sie hat den Namen 0BI_ALL und enthält stets alle berechtigungsrelevanten Merkmale mit voller Berechtigung (siehe Abbildung 2.39).

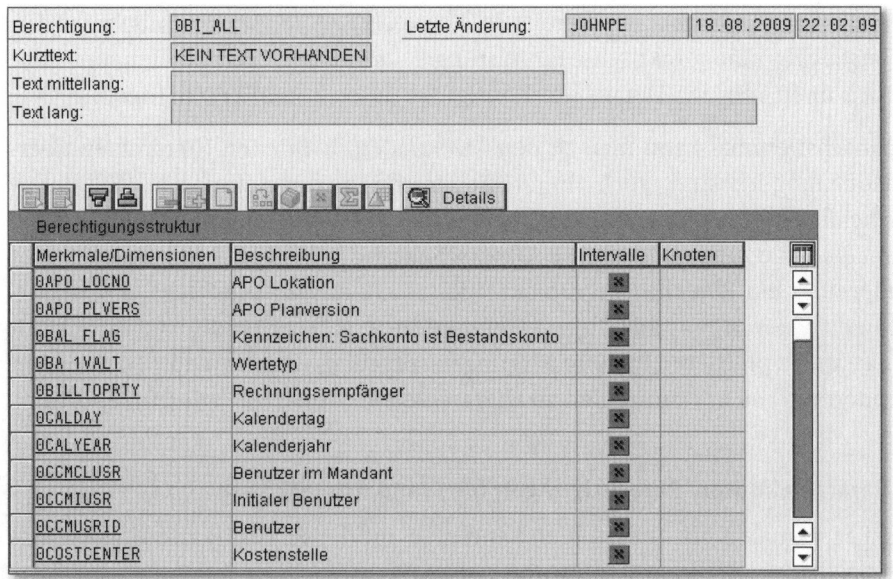

Abbildung 2.39 Universalberechtigung 0BI_ALL

Diese Berechtigung können Sie nur anzeigen und nicht ändern. Der Grund dafür ist, dass sie eigentlich nicht ausgeliefert wird, sondern dynamisch aktualisiert wird, wenn ein Merkmal aktiviert oder gelöscht wird. Dadurch wird sichergestellt, dass ein Benutzer, dem diese Berechtigung zugeordnet wurde, immer alle Datenberechtigungen hat. Sie können sie natürlich kopieren und dann die Kopie Ihren Bedürfnissen anpassen. Allerdings verlieren Sie damit natürlich die dynamische Aktualisierung.

Wenn Sie einmal als User systemweite Universalberechtigungen über das Profil SAP_ALL oder ähnliche Profile haben und dennoch beispielsweise in BW Querys Meldungen erhalten, dass Sie keine Berechtigung haben, sollten Sie als Erstes in der Transaktion RSECADMIN im Menü ZUSÄTZE • 0BI_ALL AKTUALISIEREN aufrufen.

2.3.4 Detailpflege – Hierarchieknoten-Berechtigungen

Bisher haben wir uns ausschließlich mit den Werteberechtigungen beschäftigt. Aber jeder, der gelegentlich mit SAP NetWeaver BW zu tun hat, weiß um die Mächtigkeit und Anwendungsbreite der Hierarchien in diesem System. Natürlich kann man dazu auch Berechtigungen definieren. Einige interessante Fälle haben wir bereits in Kapitel 1, »Analyseberechtigungen für Einsteiger: eine praktische Einführung«, betrachtet. Wir wollen uns hier noch mehr mit den Details der Konfigurationsoptionen beschäftigen.

Zunächst einmal kann man zu den Merkmalen, bei denen Hierarchien überhaupt möglich sind, auch Hierarchieberechtigungen definieren. Wir unterscheiden hier nicht zwischen *Hierarchieknoten*-Berechtigungen und *Hierarchie*-Berechtigungen, da diese Unterscheidung künstlich erscheint. Es gibt allerdings ein Berechtigungsobjekt S_RS_HIER, das für die Pflege von Hierarchien in der Hierarchiepflege (Transaktion RSH1) zuständig ist. Dort kann man auch von Hierarchieberechtigungen sprechen, weil man dort Hierarchien ändert und nicht Kennzahlen zu Hierarchieteilen anschaut wie im Reporting.

Hierarchieknoten-Berechtigungen für Standardmerkmale

Bei Merkmalen mit Hierarchien kann man auf der Registerkarte HIERARCHIE-BERECHTIGUNGEN über den Button ANLEGEN im nachfolgenden Pop-up Hierarchieberechtigungen definieren (siehe Abbildung 2.40).

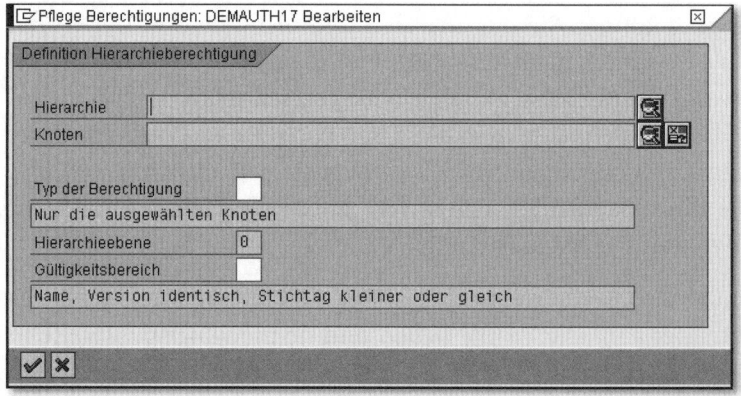

Abbildung 2.40 Anlegen einer Hierarchieberechtigung

Das Pop-up enthält eine ganze Reihe von Konfigurationsoptionen und Auswahlmöglichkeiten, die gemeinsam eine Hierarchieberechtigung definieren. Das sind die Hierarchie, der Knoten, der Berechtigungstyp, die Hierarchieebenen und der Gültigkeitsbereich.

1. Zunächst muss natürlich zu dem entsprechenden Merkmal eine Hierarchie vorhanden sein, die man mit der Wertehilfe (Icon 🔍) auswählt.

Im Beispiel haben Sie nur die eine Hierarchie BAUTEILE1 (siehe Abbildung 2.41), die Sie für Kapitel 1, »Analyseberechtigungen für Einsteiger: Eine praktische Einführung«, angelegt hatten.

Name einer Hierarchie	bis	Beschreibung lang	Hietype	InfoObject
BAUTEILE_AUF_ZEIT	31.12.9999		1	0D_FC_BAUT
BAUTEILE1	31.12.9999	Ein kleine Bauteilhierarchie	1	0D_FC_BAUT

Trefferliste 2 Einträge
Hierarchieversion

Abbildung 2.41 Hierarchieauswahl – Merkmal »Bauteil«

2. Nach der Auswahl der Hierarchie selbst können Sie Knoten auswählen, die Sie berechtigen möchten. Dabei können auch mehrere Knoten in der Wertehilfe nacheinander ausgewählt werden. Es empfiehlt sich immer, die technischen Namen der Knoten einzublenden. Dazu verwenden Sie das Icon 🔲. In Abbildung 2.42 sehen Sie einige Knoten »aufgeklappt« und zu den jeweiligen Knoten auch den technischen Knotentyp.

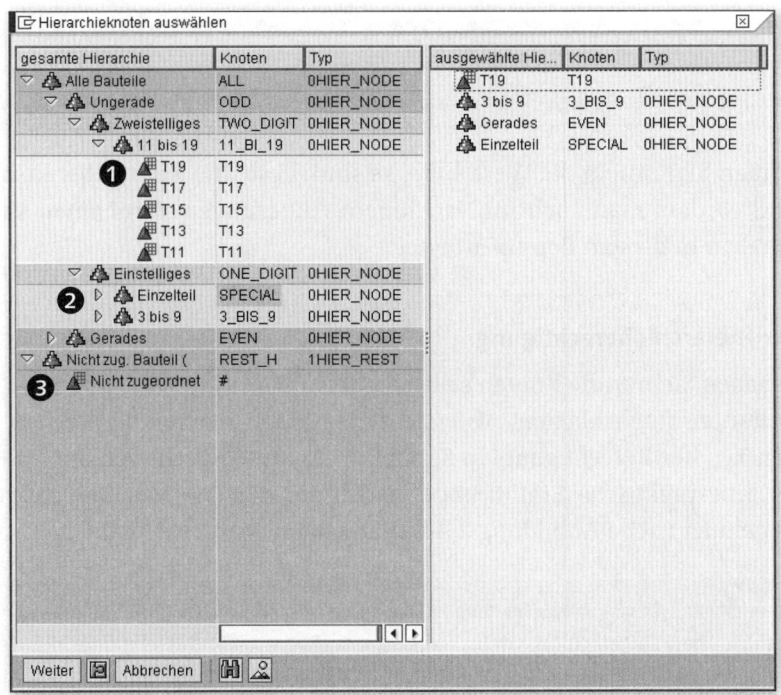

Abbildung 2.42 Wertehilfe zur Knotenauswahl für Hierarchieberechtigungen

Im Beispiel haben Sie einen Endknoten (ein »Blatt«, T19 ❶) und die Text-knoten GERADES (EVEN), 3 BIS 9 (3_BIS_9) und EINZELTEIL (SPECIAL) aus-gewählt ❷. Man beachte, dass der Wert NICHT ZUGEORDNET (#) unter dem Resteknoten NICHT ZUG. BAUTEIL angeordnet ist ❸, wo auch alle Blätter lie-gen, die nicht in die Hierarchie einsortiert sind. In unserem Beispiel sind jedoch alle Blätter außer diesem Wert in den Hierarchiebaum integriert.

3. Nach der Übernahme der Auswahl sehen Sie im Detailpflege-Pop-up für die Hierarchieberechtigungen, dass vier Knoten ausgewählt wurden (siehe Abbildung 2.43).

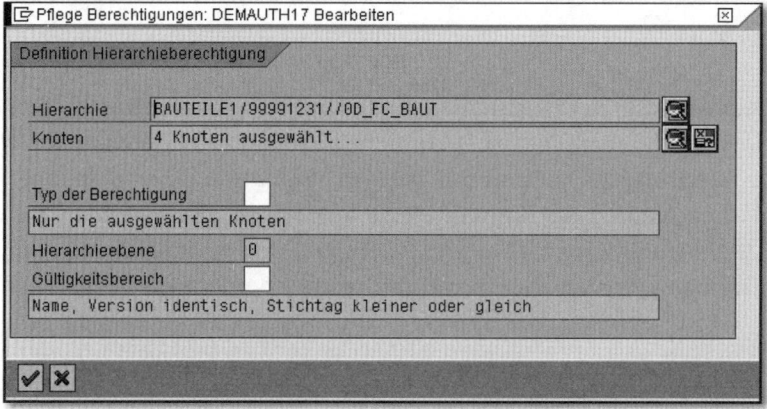

Abbildung 2.43 Detailpflege-Pop-up – vier Knoten ausgewählt

Öffnet man hier erneut die Wertehilfe, so sind diese drei Knoten bereits vor-gewählt, so dass man auch im Nachhinein Änderungen vornehmen kann, solange man in diesem Pop-up arbeitet.

Typ der Hierarchieberechtigung

Bisher haben Sie nur die Knoten selbst ausgewählt. Es gibt aber noch weitere Konfigurationsmöglichkeiten. Als erste dieser Möglichkeiten besprechen wir nun den Typ der Berechtigung. In Kapitel 1, »Analyseberechtigungen für Ein-steiger: eine praktische Einführung«, haben Sie den Typ der Berechtigung bereits genutzt (siehe Abbildung 2.40). Betrachten wir den Typ 0.

Typ 0 und Gültigkeitsbereich 0
Es macht keinen Unterschied, ob im Feld für den Typ eine Null steht oder das Feld leer gelassen wird, da das initiale Feld identisch mit der Null ist.

Sie haben in diesem Fall mit Typ 0 also nur vier Knoten ausgewählt, und zwar ausschließlich diese Knoten und keine Kinder.

Wenn Sie diese Eingabe nun einfach bestätigen, werden diese drei Knoten in einer Kurzform in den Bereich HIERARCHIEKNOTEN übernommen (siehe Abbildung 2.44). Sie sehen, dass der Berechtigungstyp und der Gültigkeitsbereich eingabebereit sind und hier also noch einfach geändert werden können, ohne dass man zurück in das Detailpflege-Pop-up muss. Das erleichtert die Nachbearbeitung und Korrektur unter Umständen erheblich.

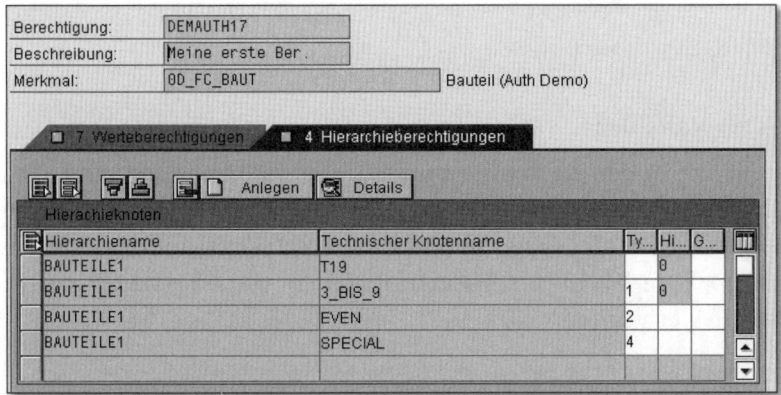

Abbildung 2.44 Drei berechtigte Knoten auf der Registerkarte »Hierarchieberechtigungen«

Sowohl in der Kurzform auf der Registerkarte HIERARCHIEBERECHTIGUNGEN als auch im Detailpflege-Pop-up kann man nun also den Typ eingeben. Wählen Sie einmal 1, 2 und 4 als Berechtigungstyp, so sehen Sie, dass sich teilweise auch die Felder für die Eingabe der Hierarchieebene eingabebereit schalten. Das hängt natürlich davon ab, welchen Typ man gewählt hat, und beschreibt die Tiefe der Hierarchie-Unterstruktur, die berechtigt werden soll. Die Typen 0 (nur der Knoten selbst) und 1 (Knoten plus Teilbaum unterhalb) benötigen keine Ebenendefinition, Typ 2 und Typ 4 allerdings schon (siehe Tabelle 2.4). Der Berechtigungstyp 3 berechtigt die gesamte Hierarchie ohne Rücksicht auf den eigentlich ausgewählten Knoten, der dann auch mit dem technischen Namen ROOT_H überschrieben wird.

Berechtigungstyp	Beschreibung
0	nur der ausgewählte Knoten selbst
1	der Knoten selbst und der gesamte Teilbaum beliebig tief darunter

Tabelle 2.4 Berechtigungstypen

Berechtigungstyp	Beschreibung
2	die Knoten und der Teilbaum unterhalb des Knotens bis zu einer angegebenen Ebenentiefe in *absoluter* Zählung ab der obersten Ebene
3	die gesamte Hierarchie, unabhängig vom ausgewählten Knoten
4	die Knoten und der Teilbaum unterhalb des Knotens bis zu einer angegebenen Ebenentiefe in *relativer* Zählung ab dem Knoten selbst, der als Ebene 1 zu zählen ist

Tabelle 2.4 Berechtigungstypen (Forts.)

Customer-Exit-Variablen

Statt eines explizit in der Wertehilfe ausgewählten Knotens kann man auch hier wie in den Werteberechtigungen (siehe Überschrift »Variablen in Berechtigungen – Customer-Exits« in Abschnitt 2.3.2, »Detailpflege – Werteberechtigungen«) Variablen für Hierarchieknoten vom Verarbeitungstyp »Customer-Exit« verwenden.

> **Hierarchieknoten-Variablen**
>
> Hierarchieknoten-Variablen in Berechtigungen müssen vom Verarbeitungstyp »Customer-Exit« sein und werden an derselben Stelle bearbeitet wie die Variablen für die Werteberechtigungen.
>
> Das Interface erwartet immer das Paar »Technischer Knotenname« im Feld LOW und »Technischer Knotentyp« im Feld HIGH. Ist das Feld HIGH nicht gefüllt, interpretiert das System den Knoten immer als Blatt.

Wenn beispielsweise ein bebuchbarer Knoten berechtigt werden soll, muss im Customer-Exit der Name des Knotens im Feld Low und der Merkmalsname im Feld HIGH übergeben werden. Wird der Merkmalsname nicht übergeben, wird der berechtigte Knoten als das zugehörige Blatt zum bebuchbaren Knoten interpretiert. Ebenso wird ein Textknoten, der nicht von 0HIER_NODE »begleitet« wird, als Blatt interpretiert und gegebenenfalls verworfen, da es ein passendes Blatt nicht gibt oder – noch schlimmer – eines zufällig genauso heißt, aber ganz woanders in der Hierarchie liegt. Solche Verweise auf nicht vorhandene Knoten durch falsche Rückgabe im Interface haben häufig unerwartete Effekte.

Tabelle 2.5 zeigt die möglichen Knotentypen mit den technischen Namen und dem technischen Knotentyp. Möchte man also etwa einen gewöhnlichen Textknoten berechtigen, wählt man den Knotennamen und den Knotentyp 0HIER_NODE.

Knotentyp	Technischer Name	Technischer Knotentyp
Textknoten	–	0HIER_NODE
Bebuchbarer Knoten	–	technischer Merkmalsname des Hierarchiemerkmals, zum Beispiel 0COSTCENTER
Blatt	–	leer (kein Merkmalsname)
Fremdknoten	–	technischer Merkmalsname des Fremdmerkmals, zum Beispiel 0PLANT
Resteknoten »Nicht zug.«	REST_H	1HIER_REST
Gesamte Hierarchie	ROOT_H	0HIER_NODE

Tabelle 2.5 Knotentypen und ihre Merkmalsnamen

Der Gültigkeitsbereich

Eine weitere Konfigurationsmöglichkeit ist der Gültigkeitsbereich einer Hierarchieberechtigung (siehe Abbildung 2.45). Es gibt hier vier verschiedene Abstufungen. Sie beschreiben, wie genau eine *Berechtigung* einer Hierarchie zu einer korrespondierenden *Selektion* passen muss. Je niedriger die Zahl, desto strenger wird geprüft, ob die Berechtigungshierarchie zur Selektion passt. Nicht umgekehrt!

Gültigkeitsbereich

Der Gültigkeitsbereich gibt an, wie genau die Hierarchie der Hierarchieberechtigung zum selektierten Knoten passen muss, um zur Prüfung auf Berechtigung überhaupt herangezogen zu werden.

Wählen Sie ihn so streng wie möglich, um Missverständnisse und Datensicherheitslücken zu vermeiden.

Betrachten wir die Berechtigungstypen hinsichtlich der Strenge des Vergleichs.

Der voreingestellte Typ 0 ist der strengste: Name und Version der in der Hierarchieberechtigung zugrunde gelegten Hierarchie müssen mit der selektierten Darstellungshierarchie übereinstimmen. Ihr Stichtag (die obere Gültigkeitsgrenze) muss größer oder gleich dem Stichtag (der oberen Gültigkeitsgrenze) der selektierten Darstellungshierarchie sein.

Typ 3 ist der »großzügigste« Typ: Hier kann prinzipiell jede Hierarchie zu diesem Merkmal als Berechtigung dienen. Das bedeutet aber nicht im Umkehrschluss, dass bei Typ 3 plötzlich jede Hierarchie berechtigt wäre, sondern dass die definierten Hierarchieberechtigungen unabhängig von Name, Version und Stichtag der Hierarchie als mögliche *Kandidaten* für die Berechtigung der selektierten Knoten herangezogen werden können.

Bleiben Sie generell bei einer strengen Strategie, und stellen Sie den Gültigkeitsbereich nicht zu hoch ein in der Absicht, die Berechtigungsprüfung zu »vereinfachen«. Die Erfahrung zeigt, dass diese Strategie Missverständnisse und erhöhte Komplexität erzeugt.

Gültigkeit	Kurzbeschreibung
0	Name, Version identisch, Stichtag kleiner oder gleich
1	Name und Version identisch
2	Name identisch
3	Alle Hierarchien

BW Berechtigungen Reporting: Gültigkeitsbereich Hierarchie 4 Einträge

Abbildung 2.45 Gültigkeitsbereich einer Hierarchieberechtigung

---

Berechtigungstypen, Hierarchieebenen und Gültigkeitsbereich

Sollten Sie in der täglichen Arbeit noch einmal nachschauen wollen, wie die Berechtigungstypen, die Hierarchieebenen und der Gültigkeitsbereich zu verstehen sind, können Sie die ausführliche F1-Hilfe auf den Feldern konsultieren.

Zeitabhängigkeit

Bei zeitabhängigen Hierarchien hängt die Struktur, also der Teilbaum der Hierarchie, die man berechtigt, von der Zeit ab. Sie finden ein einfaches Beispiel dafür in Abbildung 2.46. Der Knoten GERADES ist nur bis zum 31.12.2008 gültig, während der Knoten UNGERADES ab dem 1.1.2009 gültig ist. Vergibt man nun beispielsweise Berechtigungen für den Knoten VIELES und den Teilbaum darunter (Typ 1), so ist es wichtig festzulegen, welche Struktur man zur Berechtigung verwendet – die von vor dem 1.1.2009 oder die Struktur, die ab dem 1.1.2009 gültig ist. Zum Beispiel ist der Knoten T09 vor dem 1.1.2009 nicht berechtigt, danach jedoch schon. Analog dazu ist zum Beispiel der Knoten T00 vor dem 1.1.2009 nicht berechtigt, danach aber schon.

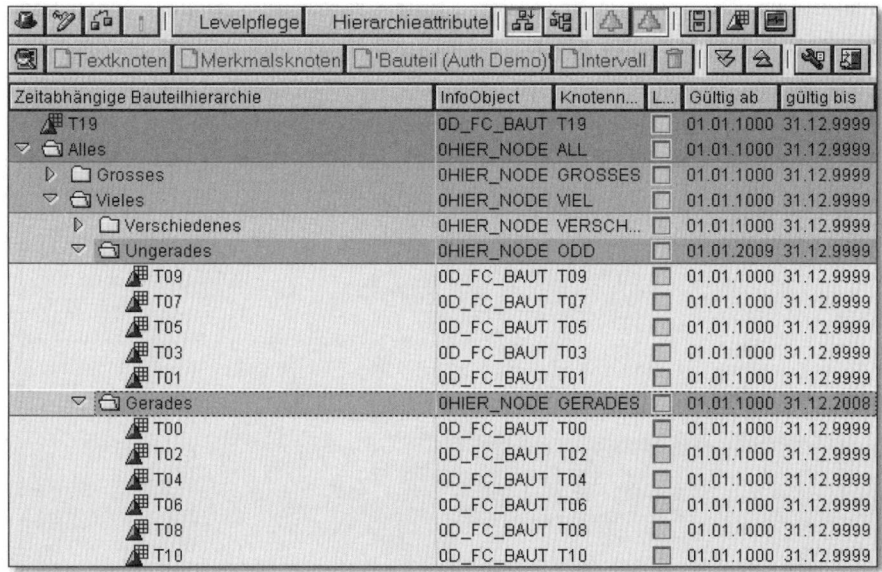

Abbildung 2.46 Zeitabhängige Hierarchie

Zur Auswahl der Hierarchiestruktur erscheint im Falle zeitabhängiger Hierarchiestrukturen in der Detailpflege ein Eingabefeld für das Datum, zu dem eine Struktur der Hierarchie als Berechtigung bestimmt wird (siehe Abbildung 2.47).

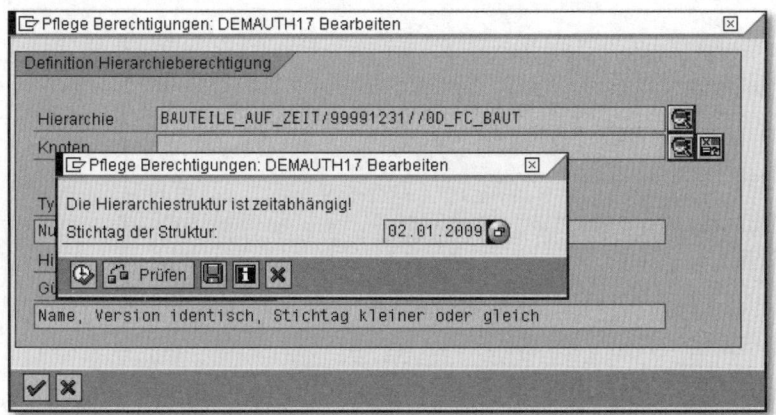

Abbildung 2.47 Datumsabfrage für zeitabhängige Hierarchieknoten

Wählen Sie dort den späteren Zeitraum über das Datum 2.1.2009 aus, sehen Sie, dass erwartungsgemäß der Knoten GERADES nicht Teil der Hierarchie-

struktur ist. Die darunterliegenden Knoten sind nun keinem Knoten zugeordnet und werden dem Resteknoten zugeschlagen (siehe Abbildung 2.48).

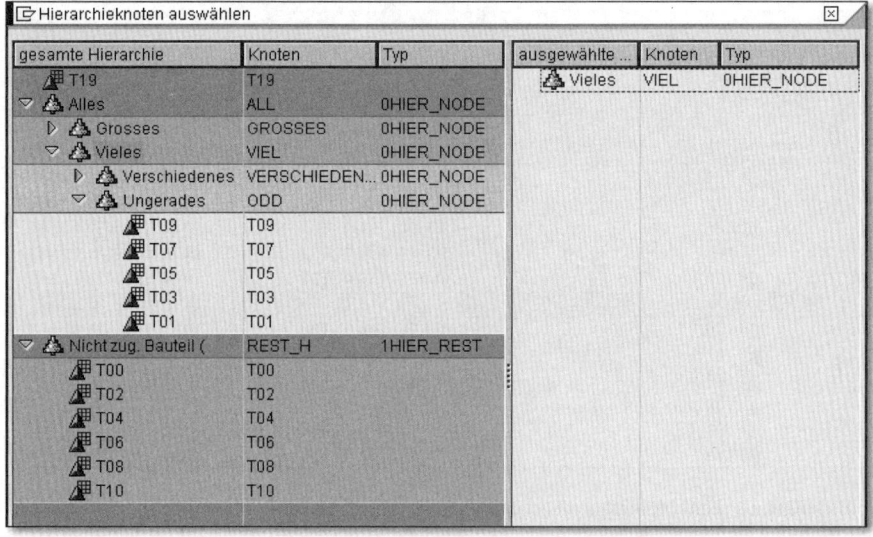

Abbildung 2.48 Knotenstruktur für den Zeitraum ab dem 1.1.2009 in der Wertehilfe

Wenn Sie nun den Knoten VIELES auswählen (siehe Abbildung 2.48), sehen
Sie auch, dass das Datum der Hierarchiestruktur, die Sie gewählt hatten, vermerkt und angezeigt wird (siehe Abbildung 2.49).

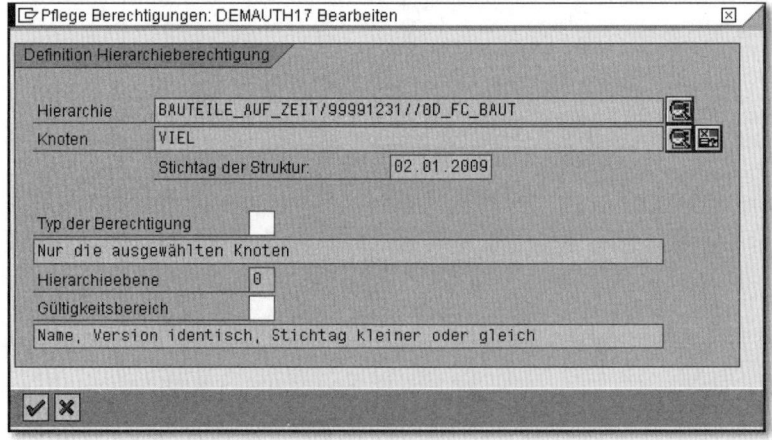

Abbildung 2.49 Stichtag zur Struktur in der Hierarchieberechtigungspflege

Spezialmerkmale und Hierarchieknoten-Berechtigungen

Für die Merkmale 0TCAACTVT (»Aktivität«), 0TCAVALID (»Gültigkeit einer Berechtigung«) und 0TCAKYFNM (»Kennzahl in Berechtigung«) sind keine Hierarchieberechtigungen möglich. Betrachten wir nun die Spezialmerkmale.

Spezialmerkmale 0TCAIPROV und 0TCAIFAREA

Für das Spezialmerkmal 0TCAIPROV sind Hierarchieberechtigungen möglich und vorgesehen. Das ist eine sehr nützliche Einrichtung: Versucht man, ohne weitere Vorbereitung eine Hierarchieberechtigung für 0TCAIPROV anzulegen, wird man feststellen, dass bereits eine Hierarchie vorhanden ist (siehe Abbildung 2.50). Sie bildet die Struktur der InfoAreas in der Workbench ab. Die InfoProvider sind hier Blätter der Hierarchie. Wählt man einen Knoten aus, kann man damit die gesamte InfoArea und damit alle InfoProvider in dieser InfoArea berechtigen – auch diejenigen, die später einmal hinzukommen werden.

Die Knoten sind Merkmalsknoten des Fremdmerkmals 0TCAIFAREA, dessen Merkmalswerte die InfoAreas sind. Das sehen Sie am Typ der Knoten in Abbildung 2.50.

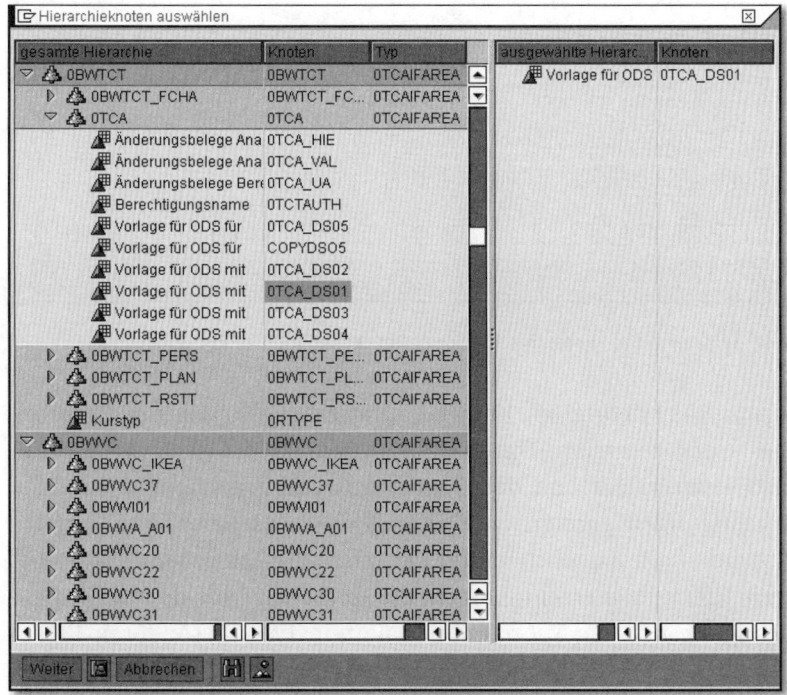

Abbildung 2.50 InfoArea-Hierarchie

Es ist auch möglich, eigene Hierarchien anzulegen, etwa um andere Verantwortungsbereiche zu definieren. Dann ist es allerdings nur möglich, Textknoten anzulegen, da die Merkmalsknoten zur InfoArea eine festgelegte Funktion haben und deshalb hier nicht wieder eingesetzt werden können. Es hätte aber auch wenig Sinn, eine InfoArea mehrfach mit verschiedenen Info-Providern zu verwenden.

Denkbar sind Beispiele wie das in Abbildung 2.51, in dem man eigene Verantwortungsbereiche in einer Hierarchie definiert, die nicht mit der vorgegebenen InfoArea-Struktur übereinstimmen.

Diese Art von Hierarchien müssen auf dem Basismerkmal zu 0TCAIPROV, also 0INFOPROV, angelegt werden, auf das sie referenzieren.

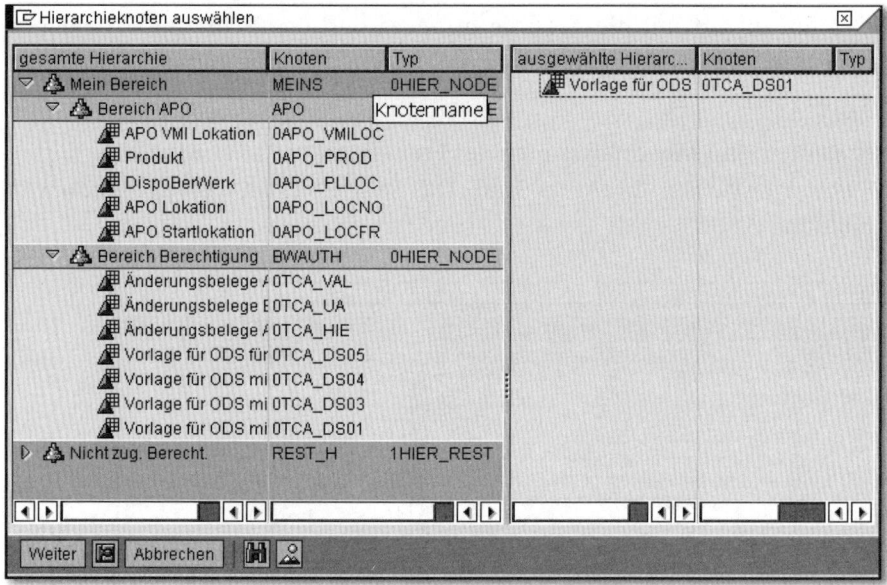

Abbildung 2.51 Selbsterstellte Hierarchie für Spezialmerkmal 0TCAIPROV

Wir haben nun die wichtigsten Konfigurationsmöglichkeiten der Berechtigungspflege – der zentralen Transaktion innerhalb des Analyseberechtigungswesens – vorgestellt und dabei viele Anwendungsmöglichkeiten der Analyseberechtigungen gezeigt. In Kapitel 9, »Analyseberechtigungen für Experten«, werden wir das noch weiter vertiefen. Sie kennen nun Werteberechtigungen, Hierarchieberechtigungen, die speziellen Objekte wie die Universalberechtigung und die Spezialmerkmale mit ihren besonderen Eigenschaften.

Im nächsten Abschnitt wollen wir kurz auf die Weiterentwicklung in SAP NetWeaver BW 7.3 eingehen und interessante Neuerungen vorstellen.

2.4 Berechtigungspflege mit SAP NetWeaver BW 7.3

In SAP NetWeaver 7.0 sind Berechtigungen immer Konfigurationsobjekte, die man anlegt und speichert. Sobald man eine Berechtigung speichert und einem Benutzer zuordnet, ist sie gültig. Jede Änderung wird dadurch sofort wirksam.

In den Nachfolge-Releases werden die Berechtigungen in das TLOGO-Framework mit eingebunden. Das bedeutet, dass man modifizierte Objekte von den aktiven unterscheiden kann. Es bedeutet aber auch eine noch bessere Integration in das Transportwesen von SAP NetWeaver BW in der Workbench.

2.4.1 Analytics Security Objects und Versionen

Diese neuen Eigenschaften in SAP NetWeaver BW 7.3 schlagen sich auch in einem neuen Namen nieder. Die Analyseberechtigungen heißen hier *Analytics Security Objects* (ASO). Wir werden im Folgenden aber weiterhin von (Analyse-)Berechtigungen sprechen. Einer der Gründe für diese Namensänderung ist die sprachliche Verwirrung, wenn man ein Objekt benennen möchte, das eine Berechtigung darstellt. Die Versuchung, dann von *Berechtigungsobjekt* zu sprechen, ist groß, aber wenig hilfreich, da dieser Begriff etwas anderes meint und in die Irre führt.

Die Integration in das TLOGO-Konzept, sprich in die Transport- und Versionsverwaltung, bedeutet insbesondere, dass es drei Versionen geben wird: Eine modifizierte M-Version, die aktive A-Version und potenziell die D-Version einer Berechtigung. Das hat den Vorteil, dass man Berechtigungen ändern kann, ohne dass die Änderungen bereits aktiv sind. Zudem besteht die Möglichkeit, Content-Objekte auszuliefern.

In der Praxis hat diese Änderung zur Folge, dass man eine Berechtigung nach dem Speichern aktivieren kann, sobald man sie »produktiv« schalten möchte, oder sie einfach nur als modifiziert gespeichert lässt, bis man sicher ist, dass sie aktiviert werden soll.

2.4.2 Berechtigungspflege

Der Einstiegsbildschirm in die angepasste Berechtigungspflege (Transaktionscode RSECAUTH) hat einige neue Optionen gegenüber der BW 7.0-Version (siehe Abbildung 2.52 im Vergleich zu Abbildung 2.11).

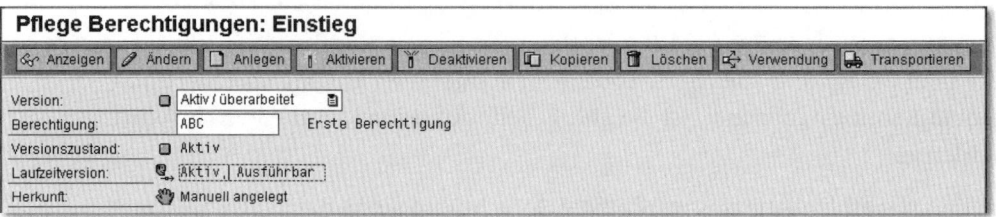

Abbildung 2.52 Einstiegsbildschirm in der Berechtigungspflege (SAP NetWeaver BW 7.3)

Neben den bekannten Optionen ANZEIGEN, ÄNDERN, ANLEGEN, KOPIEREN, LÖSCHEN und VERWENDUNG sehen Sie nun auch noch AKTIVIEREN und DEAKTIVIEREN sowie TRANSPORTIEREN als neue Buttons. Außerdem sind einige Informationen hinzugekommen. Ist eine Berechtigung vorhanden und aktiv, so erscheint sie typischerweise wie in Abbildung 2.52: Der Versionszustand ist AKTIV mit grünem Icon, die LAUFZEITVERSION ist aktiv, und die BERECHTIGUNG wurde manuell angelegt.

Nun ändern Sie diese Berechtigung ein wenig im Kurztext, speichern sie und kehren in den Einstiegsbildschirm zurück (siehe Abbildung 2.53).

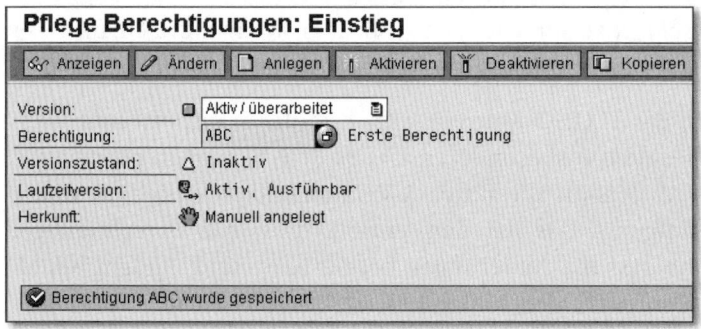

Abbildung 2.53 Inaktive Version nach Änderung des Kurztextes

Sie sehen, dass die Berechtigung nun inaktiv ist. Die Änderung wurde zwar gespeichert, aber die aktive Version noch nicht überschrieben. Das bedeutet auch, dass ein Benutzer, dem die Berechtigung zugeordnet ist, noch immer die alte Berechtigung verwendet. Erst durch die Aktivierung wird die alte Laufzeitversion überschrieben und aktiv.

Es kann auch umgekehrt gewollt sein, dass eine aktive Berechtigung keine Wirkung entfalten, also die Laufzeitversion inaktiv sein soll. Eine Methode ist, diese Berechtigung dem Benutzer wieder zu entziehen oder die Berechtigung komplett zu löschen. Wenn man jedoch nur kurzfristig die Wirkung der Laufzeitversion der Berechtigung ausschalten möchte, kann man die Berechtigung deaktivieren. Dann wird die Laufzeitversion auf inaktiv gestellt. Der Inhalt ist dann zwar nicht modifiziert, weil ja inhaltlich nichts verändert wurde und deshalb beim Versionszustand weiterhin Aktiv steht (siehe Abbildung 2.54), bei Berechtigungsprüfungen wird diese Berechtigung jedoch nicht hinzugezogen. Man muss also zwischen Laufzeitversion »deaktiviert« und dem Versionszustand »inaktiv« unterscheiden.

Pflege Berechtigungen: Einstieg

| Anzeigen | Ändern | Anlegen | Aktivieren | Deaktivieren | Kopieren |

Version:	Aktiv / überarbeitet
Berechtigung:	ABC	Erste Berechtigung
Versionszustand:	Aktiv
Laufzeitversion:	Inaktiv, nicht ausführbar
Herkunft:	Manuell angelegt

Abbildung 2.54 Deaktivierte Berechtigung (inaktive Laufzeitversion)

Bei der nächsten Aktivierung werden neue Änderungen übernommen, die eventuell noch zusätzlich vorgenommen wurden, und die (neue) Laufzeitversion auch wieder in Kraft gesetzt.

Werden Berechtigungen generiert, erscheint unter Herkunft das Icon ⬤. Manuell angelegte Berechtigungen haben das Handsymbol (siehe Abbildung 2.54). So sieht man bereits am Einstieg, wie die Berechtigung entstanden ist.

2.4.3 Transport

Durch die Anbindung an das TLOGO-Framework werden die Verwaltung und der Transport gemeinsam mit anderen TLOGO-Objekten von SAP Net-Weaver BW möglich. Das Transportwesen ist nun auch in der Data Warehousing Workbench integriert (siehe Abbildung 2.55). Im Bereich Transport-anschluss, in dem alle Objekttypen zu finden sind, liegen nun auch die Analyseberechtigungen oder Analytics Security Objects, TLOGO-Typ ASOB, die man für den Transport sammeln und gemeinsam mit anderen Objekten transportieren kann. Auch die abhängigen Objekte wie die InfoObjects und wiederum abhängige Objekte werden mit aufgelöst und für den Transport gesammelt. In Abbildung 2.55 sehen Sie ein Beispiel dafür.

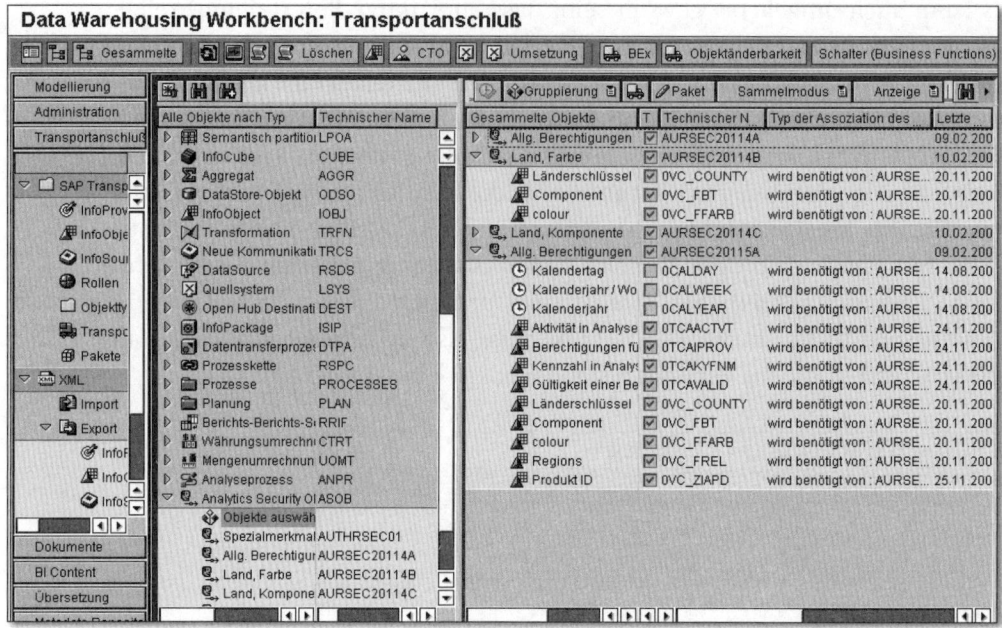

Abbildung 2.55 Transportanschluss in der Data Warehousing Workbench

Für einzelne Transporte von Analyseberechtigungen, bei denen nur die Inhalte geändert wurden und nicht die abhängigen Objekte, kann man immer auch den Button TRANSPORT in der Berechtigungspflege für den Einzeltransport oder in der Berechtigungsadministration mit einer Mehrfachauswahl verwenden. Das hat sich gegenüber SAP NetWeaver BW 7.0 nicht geändert.

Im Folgenden werden wir uns mit der Benutzerzuordnung beziehungsweise der Zuordnung von Berechtigungen zu Benutzern beschäftigen, die sich bei den beiden Releases 7.0 und 7.3 nicht unterscheiden.

2.5 Benutzerzuordnung

Wir wollen nun die Zuordnungsmöglichkeiten von Analyseberechtigungen zu Benutzern besprechen. Diese können grundsätzlich auf zwei verschiedene Arten erfolgen. Die erste ist eine Zuordnung als Konfiguration in SAP NetWeaver BW allein, die zweite schließt an die Rollenpflege in der Basis an.

2.5.1 BW-eigene Zuordnung über die Transaktion RSU01

In Abbildung 2.56 sehen Sie den Einstieg in die Benutzerzuordnung über die allgemeine Berechtigungsverwaltung RSECADMIN, Registerkarte BENUTZER. Der direkte Aufruf der Transaktion kann über den Transaktionscode RSU01 erfolgen.

BI-Reporting: Einstieg Zuordnung Benutzer Berechtigungen

| 👓 Anzeigen | 🖉 Ändern | | 🖫 Benutzerpflege | 🐡 Rollenpflege |

Benutzer AUTHBW01 🕣

Alias

Abbildung 2.56 Einstieg in die SAP NetWeaver BW-Benutzerpflege

Sie sehen dort auch wieder Absprünge in die allgemeine Benutzerpflege (Transaktionscode SU01) sowie die Rollenpflege (Transaktionscode PFCG). Der Einstieg in die BW-eigene Benutzerpflege kann genau wie der Einstieg in die allgemeine Benutzerpflege eingesetzt werden. Insbesondere sind Alias und Benutzername an dieselbe Suchinfrastruktur angeschlossen.

Wählen Sie einmal einen Benutzer, den Sie in den Beispielen zu Kapitel 1, »Analyseberechtigungen für Einsteiger: eine praktische Einführung«, verwendet haben, zum Beispiel AUTHBW01 (siehe Abbildung 2.56), und gehen über ÄNDERN in den Bearbeitungsmodus (siehe Abbildung 2.57).

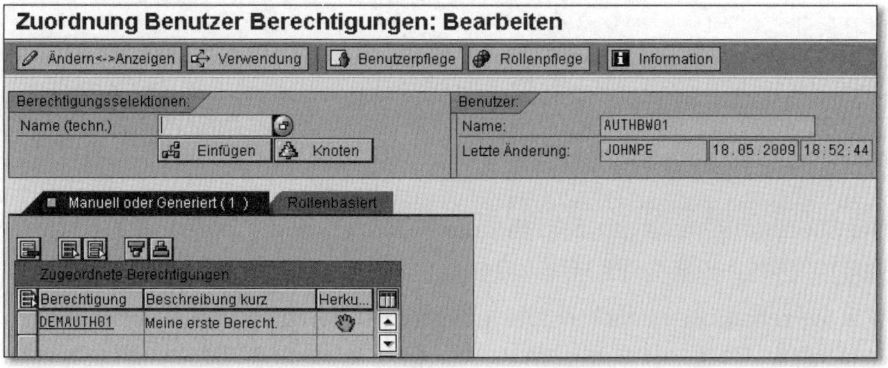

Zuordnung Benutzer Berechtigungen: Bearbeiten

| 🖉 Ändern<->Anzeigen | ⇨ Verwendung | | 🖫 Benutzerpflege | 🐡 Rollenpflege | | 🛈 Information |

Berechtigungsselektion:
Name (techn.)

🖧 Einfügen   🛆 Knoten

Benutzer:
Name: AUTHBW01
Letzte Änderung: JOHNPE 18.05.2009 18:52:44

■ Manuell oder Generiert (1)   Rollenbasiert

Zugeordnete Berechtigungen

| 🖻 Berechtigung | Beschreibung kurz | Herku... | 🎞 |
| DEMAUTH01 | Meine erste Berecht. | 🖑 | |

Abbildung 2.57 Zuordnung einer Berechtigung zu einem Benutzer

Sie sehen hier die dem Benutzer zugeordneten Analyseberechtigungen, verteilt auf die beiden Registerkarten MANUELL ODER GENERIERT und ROLLENBASIERT. Durch das grüne Icon und die Anzahl der zugeordneten Berechtigungen im Titel der Registerkarte sehen Sie sofort, dass eine Berechtigung ohne Basis von Rollen zugeordnet wurde und bisher keine mit Hilfe von Rollen.

Was bedeutet das? Generell ist es möglich, in SAP NetWeaver Analyseberechtigungen ausschließlich als BW-eigene Zuordnung vorzunehmen, das heißt als reine BW-Konfiguration. Diese Zuordnung kann man in der allgemeinen Benutzerpflege der Transaktion SU01 nicht sehen. Eine solche Zuordnung sehen Sie aber in Abbildung 2.57.

In der Spalte HERKUNFT sehen Sie zudem, dass die Berechtigung manuell angelegt wurde. Eine solche direkte Zuordnung kann über das Eingabefeld NAME (TECHN.) erfolgen, für das eine Mehrfachauswahl möglich ist (siehe Abbildung 2.58). Über den Button EINFÜGEN wird die Auswahl in die Zuordnungsliste übernommen. Nach der Auswahl ist unserem Beispielbenutzer eine weitere Berechtigung (DEMAUTH03) zugeordnet, die er bis dahin noch nicht zugeordnet bekommen hatte (siehe Abbildung 2.59).

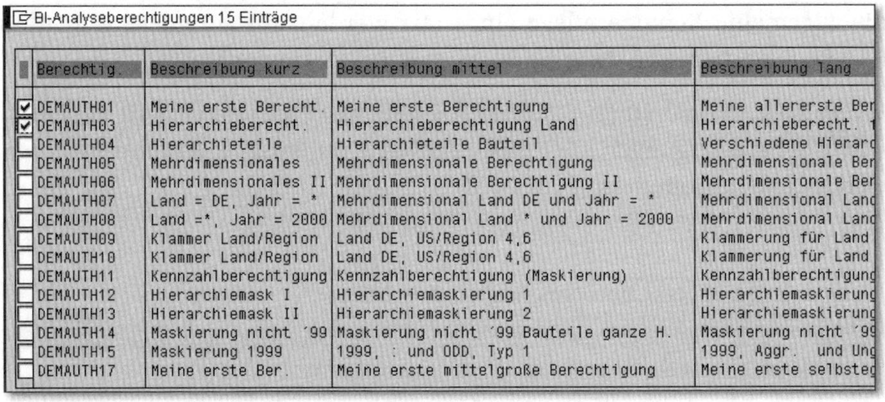

Berechtig.	Beschreibung kurz	Beschreibung mittel	Beschreibung lang
☑ DEMAUTH01	Meine erste Berecht.	Meine erste Berechtigung	Meine allererste Ber
☑ DEMAUTH03	Hierarchieberecht.	Hierarchieberechtigung Land	Hierarchieberecht.
☐ DEMAUTH04	Hierarchieteile	Hierarchieteile Bauteil	Verschiedene Hierarc
☐ DEMAUTH05	Mehrdimensionales	Mehrdimensionale Berechtigung	Mehrdimensionale Ber
☐ DEMAUTH06	Mehrdimensionales II	Mehrdimensionale Berechtigung II	Mehrdimensionale Ber
☐ DEMAUTH07	Land = DE, Jahr = *	Mehrdimensional Land DE und Jahr = *	Mehrdimensional Land
☐ DEMAUTH08	Land =*, Jahr = 2000	Mehrdimensional Land * und Jahr = 2000	Mehrdimensional Land
☐ DEMAUTH09	Klammer Land/Region	Land DE, US/Region 4,6	Klammerung für Land
☐ DEMAUTH10	Klammer Land/Region	Land DE, US/Region 4,6	Klammerung für Land
☐ DEMAUTH11	Kennzahlberechtigung	Kennzahlberechtigung (Maskierung)	Kennzahlberechtigung
☐ DEMAUTH12	Hierarchiemask I	Hierarchiemaskierung 1	Hierarchiemaskierung
☐ DEMAUTH13	Hierarchiemask II	Hierarchiemaskierung 2	Hierarchiemaskierung
☐ DEMAUTH14	Maskierung nicht '99	Maskierung nicht '99 Bauteile ganze H.	Maskierung nicht '99
☐ DEMAUTH15	Maskierung 1999	1999, : und ODD, Typ 1	1999, Aggr. und Ung
☐ DEMAUTH17	Meine erste Ber.	Meine erste mittelgroße Berechtigung	Meine erste selbstde

Abbildung 2.58 Auswahl der Berechtigungen zur Zuordnung

Die Zuordnung muss mit dem Button SPEICHERN in die Datenbank geschrieben werden, sonst ist sie verloren.

Wie Sie sehen, ist es auch möglich, eigene Hierarchien von Berechtigungen anzulegen. Dazu dient ein weiteres Spezialmerkmal: *Berechtigungsnamen* (0TCTAUTH). Mit diesem Merkmal kann man Berechtigungen gruppieren und in einer Hierarchie anordnen, etwa um funktionale Bereiche zusammenzufassen. Eine solche Hierarchie legt man so wie jede Hierarchie in der Hierarchiepflege an (Transaktionscode RSH1).

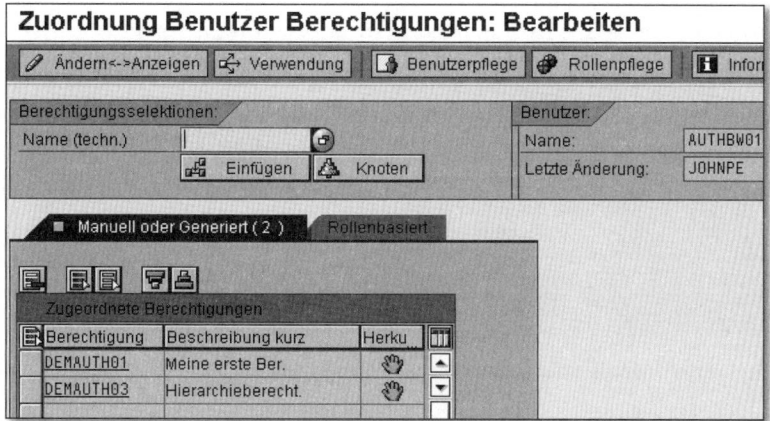

Abbildung 2.59 Zuordnung von Berechtigungen

In Abbildung 2.60 sehen Sie ein Beispiel für eine solche Hierarchie, in der verschiedene Berechtigungen in unterschiedlichen Verantwortungsbereichen angeordnet sind. Je höher der Knoten in der Verantwortungshierarchie angeordnet ist, umso mehr Berechtigungen umfasst er.

Hierarchie 'Berechtigungsgruppen' anzeigen: 'Aktive Version'			
Berechtigungsgruppen NW Demo	InfoObject	Knotenna	Li
▽ 🗀 Big Chief: Productions	0HIER_NODE	BIG CHIEF	☐
▽ 🗀 Chief One: Tool Production	0HIER_NODE	CHIEF ONE	☐
▽ 🗀 First Dept 01: Pencil Production	0HIER_NODE	DEPT 01	☐
PJBI70TEST6	0TCTAUTH	TEST6	☐
NEUER TEXT	0TCTAUTH	DELME3	☐
▷ 🗀 First Dept 02: Knife Production	0HIER_NODE	DEPT 02	☐
▽ 🗀 Chief Two: Computer Tool Production	0HIER_NODE	CHIEF TWO	☐
▷ 🗀 First Dept 03: Mouse Production	0HIER_NODE	DEPT 03	☐
▷ 🗀 First Dept 04: Screen Production	0HIER_NODE	DEPT 04	☐

Abbildung 2.60 Berechtigungshierarchie mit Merkmal 0TCTAUTH

In der Zuordnung der Berechtigung kann man nun, ähnlich wie in der Detailpflege für Hierarchieberechtigungen zu anderen Merkmalen, eine Hierarchie auswählen und anschließend den Knoten auswählen, dessen Berechtigungen man zuordnen will.

Nehmen wir also einmal an, unser Benutzer soll die Berechtigungen des Verantwortungsbereiches von CHIEF TWO erhalten (siehe Abbildung 2.61).

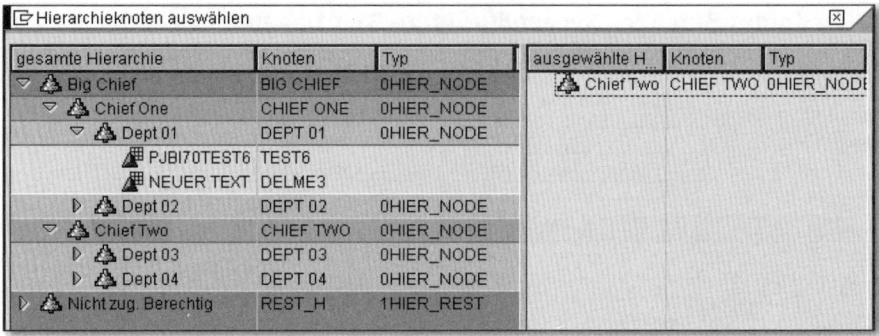

Abbildung 2.61 Knotenauswahl über Hierarchie aus Berechtigungen

Nach der Übernahme der Auswahl erscheinen die Berechtigungen in der Zuordnung des Benutzers. Zunächst sind alle neuen Berechtigungen markiert. Das vereinfacht eine Rücknahme der Zuordnungen auch im Falle von vielen Berechtigungen.

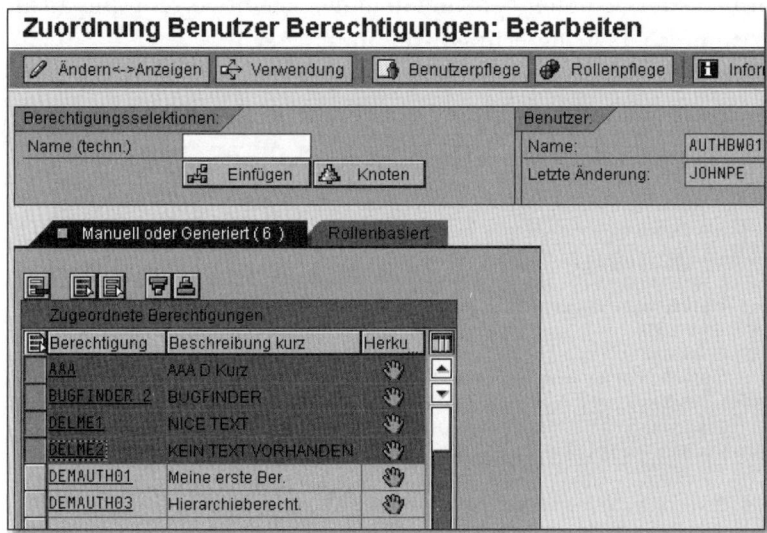

Abbildung 2.62 Zuordnung nach Auswahl eines Knotens

Diese Art von Hierarchien auf dem Berechtigungsmerkmal erlaubt eine einfache Form der Verantwortungshierarchie. In der Rollenpflege der SAP NetWeaver-Basis gibt es einen ähnlichen Ansatz über die Definition von Sammelrollen, die Rollen aus verschiedenen Verantwortungsbereichen zusammenfassen können. Jedoch ist diese Schachtelung mit der Sammelrolle abgeschlossen.

Sie können sich aber die Knoten der Hierarchien von Analyseberechtigungen als Weiterführung dieses Gedankens vorstellen, da hier Verantwortungsrollen beliebig geschachtelt werden können.

Allerdings sollte man vermeiden, dass dem Benutzer zu viele Berechtigungen zugeordnet werden, wenn diese Berechtigungen Überschneidungen aufweisen, also nicht etwa verschiedene InfoProvider betreffen, sondern nur einige wenige. Denn dann besteht die Gefahr von Performancenachteilen aufgrund der überbordenden Komplexität bei der Kombination der vielen Berechtigungen (siehe Kapitel 7, »Performance«).

2.5.2 Integration in das SAP-Rollenkonzept

Die Integration der Analyseberechtigungen in das SAP-Rollenkonzept erfolgt über einen Trick. Speziell für diesen Zweck wurde das Berechtigungsobjekt S_RS_AUTH geschaffen, das die Verbindung der beiden Konzepte herstellt.

Dieses Berechtigungsobjekt hat nur ein einziges Feld, BIAUTH, dessen Werte die technischen Bezeichnungen der Berechtigungen sind. Legen Sie eine Rolle an, die Analyseberechtigungen umfassen soll, müssen Sie also Berechtigungen zum Berechtigungsobjekt S_RS_AUTH anlegen. Die Feldwerte zum Feld BIAUTH (siehe Abbildung 2.63) erlauben die Eingabe von Berechtigungsnamen und auch die Verwendung der Wertehilfe, die alle im System vorhandenen Analyseberechtigungen anbietet.

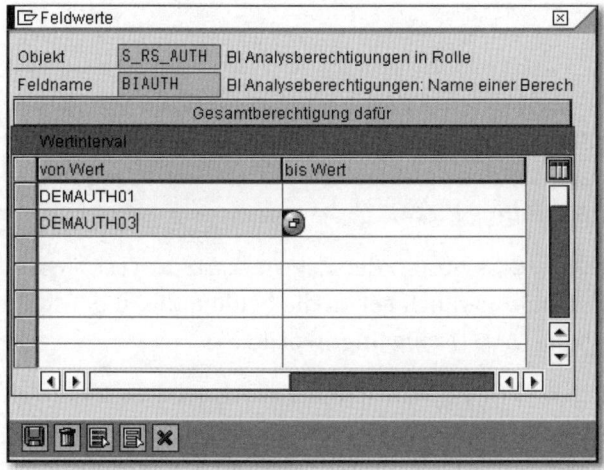

Abbildung 2.63 Auswahl und Eingabe der Berechtigungen für die rollenbasierte Zuordnung

Wählen Sie nun wieder die bereits für die direkte Zuordnung verwendeten Berechtigungen DEMAUTH01 und DEMAUTH03. Dies muss nicht so sein, natürlich kann man auch jede gewünschte andere Berechtigung wählen.

Nach der Übernahme mit dem Icon SPEICHERN erscheinen die beiden Berechtigungsnamen in der Rolle für die Analyseberechtigungen (siehe Abbildung 2.64).

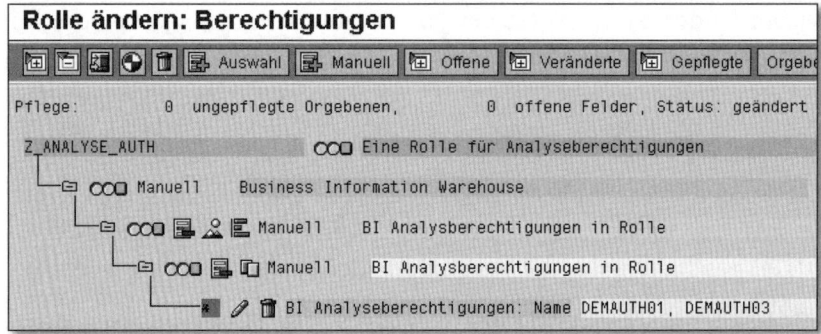

Abbildung 2.64 Berechtigung zum Berechtigungsobjekt S_RS_AUTH mit Analyseberechtigungen als Feldwerten

Rollenbasierte Zuordnung von Analyseberechtigungen

Bei der rollenbasierten Zuordnung ist es auch möglich, Intervalle und Muster zu verwenden. Dadurch sind ebenfalls Namensraumkonzepte erfassbar, also auch zukünftig anzulegende Berechtigungen im Namensraum bereits automatisch eingeschlossen.

Nach dem Speichern und Generieren des Profils kann diese Rolle dem Benutzer zugeordnet werden. Ordnen Sie also diese Rolle dem Beispielbenutzer AUTHBW01 zu, und schauen Sie uns das Ergebnis in der Zuordnung in SAP NetWeaver BW an (siehe Abbildung 2.65).

Sie sehen auf den ersten Blick, dass nun in der Registerkarte ROLLENBASIERT zwei Berechtigungen erfasst sind, nämlich genau die beiden, die in der Rolle zum Berechtigungsobjekt S_RS_AUTH eingefügt wurden.

Auf diese Weise kann das Berechtigungskonzept der Analyseberechtigungen von SAP NetWeaver BW in das allgemeine Berechtigungskonzept von SAP NetWeaver eingebunden werden und beispielsweise auch mit Hilfe einer zentralen Benutzerverwaltung kontrolliert werden.

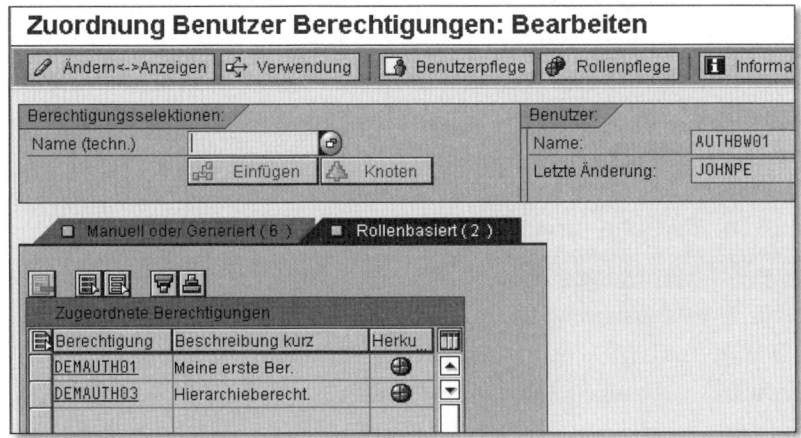

Abbildung 2.65 Rollenbasierte Zuordnung

2.5.3 0BI_ALL und SAP_ALL

Sie haben in Abbildung 2.63 und Abbildung 2.64 gesehen, wie man Analyseberechtigungen zuordnen kann, und Sie haben Beispiele mit konkreten Berechtigungen für bestimmte Merkmale vergeben. In Abschnitt 2.3.3, »Universalberechtigung 0BI_ALL«, haben Sie aber auch bereits die Spezialberechtigung für alle Datenzugriffe, 0BI_ALL, kennengelernt.

Natürlich kann man in einer Berechtigung zum Berechtigungsobjekt S_RS_AUTH auch diese Berechtigung vergeben, indem man einfach diesen Namen in die Berechtigung einträgt. Dann hat jeder Benutzer, dem diese Rolle zugeordnet ist, alle Daten-Zugriffsberechtigungen. Diese Berechtigung mag sich zwar ändern, wenn neue Merkmale berechtigungsrelevant geschaltet werden, durch die Vergabe des Namens 0BI_ALL ist jedoch immer der volle Datenzugriff sichergestellt.

Dieser Mechanismus wird auch implizit aktiv, wenn einem Benutzer das allgemeine Berechtigungsprofil SAP_ALL zugeordnet wird. Denn mit SAP_ALL hat der Benutzer auch volle Berechtigungen für das Berechtigungsobjekt S_RS_AUTH und damit für alle Analyseberechtigungen, die im System existieren, also auch 0BI_ALL.

SAP_ALL und 0BI_ALL
Da das Profil SAP_ALL immer aktuell ist und immer Berechtigungen zu S_RS_AUTH mit der Gesamtberechtigung dafür enthält, hat damit auch jeder Benutzer, der das Profil SAP_ALL zugeordnet bekommt, volle Daten-Zugriffsberechtigungen über 0BI_ALL.

Wenn Sie in unserem Beispiel die Rolle so ändern, dass die Gesamtberechtigung für S_RS_AUTH vergeben wird (siehe Abbildung 2.66), dann können Sie anschließend sehen, dass der Benutzer AUTHBW01, dem diese Rolle zugeordnet wurde, alle 688 Berechtigungen des Systems hat, darunter eben auch 0BI_ALL (siehe Abbildung 2.67).

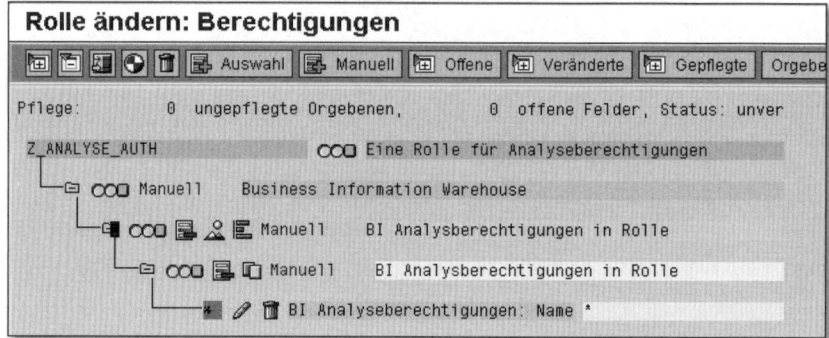

Abbildung 2.66 Gesamtberechtigung für S_RS_AUTH

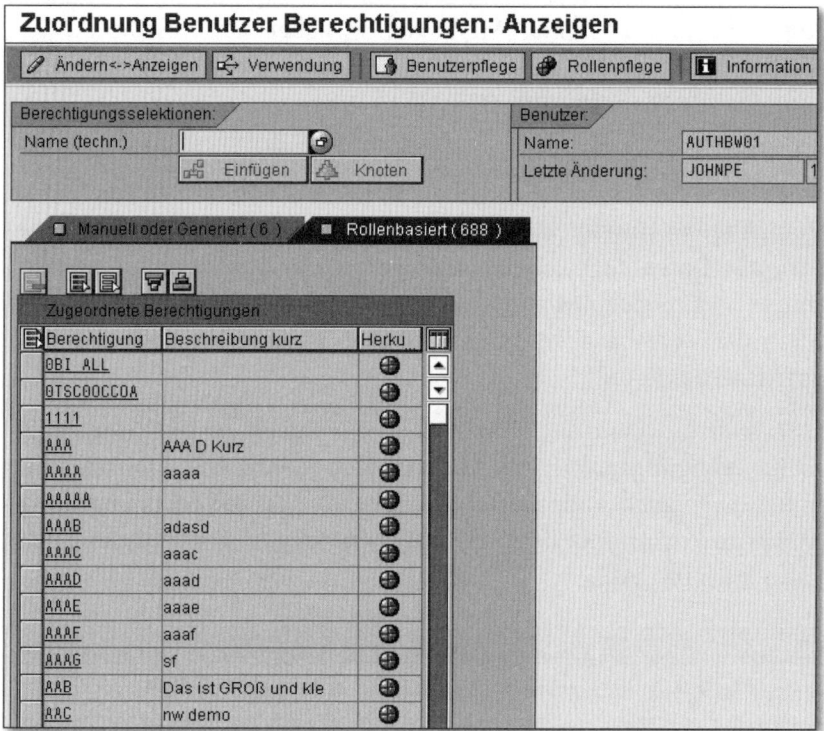

Abbildung 2.67 Alle Berechtigungen des Systems inklusive 0BI_ALL

Natürlich wird während der Laufzeit bei Berechtigungsprüfungen als Erstes überprüft, ob der Benutzer 0BI_ALL zugeordnet hat, bevor alle Berechtigungen des Systems von der Datenbank gelesen werden. Das geschieht mit dem ABAP-Befehl `authority-check` für das Berechtigungsobjekt S_RS_AUTH. Hat der Benutzer eingeschränkte Berechtigungen, also nicht 0BI_ALL zugeordnet, was ja den Normalfall darstellt, wird dabei eine »Spur« (ein Eintrag) in der Transaktion SU53 hinterlassen. Diesen Eintrag müssen Sie einfach ignorieren; es handelt sich um ein rein technisches Artefakt.

Berechtigung 0BI_ALL und Transaktion SU53

Für jeden Benutzer, der nicht volle Datenberechtigungen mit 0BI_ALL hat, wird bei einer Berechtigungsprüfung ein Eintrag in der SU53 erzeugt. Dieser Eintrag hat keinerlei Bedeutung und ist nur die Bestätigung dafür, dass der Benutzer keine volle Berechtigung hat. Er bedeutet keinesfalls, dass der Benutzer volle Datenberechtigung benötigt!

Rollenänderungen und BW

Die Zuordnungen von Analyseberechtigungen über Rollen sind nur über die Rollenpflege änderbar, nicht in der Berechtigungszuordnung (Transaktion RSU01) in SAP NetWeaver BW selbst.

2.6　Massengenerierung von Analyseberechtigungen

Oftmals gibt es Situationen, in denen es beinahe unmöglich ist, alle notwendigen Berechtigungen manuell anzulegen und anschließend den Benutzern zuzuordnen. Das mag beispielsweise daran liegen, dass recht häufig oder sehr viele Berechtigungen erzeugt werden – etwa bei Datenmodellen, die aus HR-Systemen importiert werden.

Für solche Szenarien wurde die Möglichkeit der Generierung von Berechtigungen geschaffen. Damit ist es möglich, relativ häufig und massenhaft Berechtigungsdaten in einem BW-System zu erzeugen, ohne immer wieder manuell eingreifen zu müssen. Als Basis dienen dabei ein oder mehrere spezielle DataStore-Objekte (DSO). Diese flachen oder tabellenartigen InfoProvider können mit den notwendigen Informationen zur Generierung gefüllt werden, die daran anschließend manuell oder als eingeplanter Job zur automatischen Erzeugung herangezogen werden.

Gestartet wird die Generierung aus der Transaktion RSECADMIN aus der Registerkarte BERECHTIGUNGEN (siehe Abbildung 2.1) heraus, da hiermit vorrangig Berechtigungen angelegt werden. Sie sehen den Startbildschirm in Abbildung 2.68. Dieser Einstieg ist der Einstiegsbildschirm des Programms RSEC_GENERATE_AUTHORIZATIONS, das auch im Batch eingeplant werden kann.

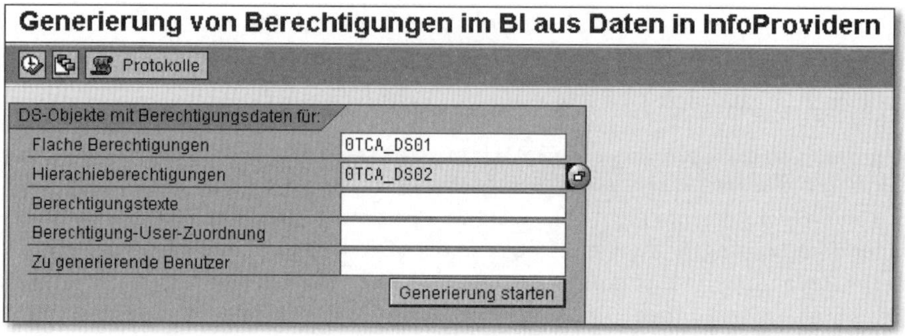

Generierung von Berechtigungen im BI aus Daten in InfoProvidern

DS-Objekte mit Berechtigungsdaten für:

Flache Berechtigungen	0TCA_DS01
Hierachieberechtigungen	0TCA_DS02
Berechtigungstexte	
Berechtigung-User-Zuordnung	
Zu generierende Benutzer	

Generierung starten

Abbildung 2.68 Startbildschirm der Berechtigungsgenerierung

Im Startbildschirm wird die Eingabe der DSOs erwartet, die zur Generierung von Berechtigungen herangezogen werden sollen. Die genaue Struktur findet sich im Anhang. Mindestens eines der beiden ersten DSOs für die Werteberechtigungen oder Hierarchieberechtigungen muss ausgewählt werden, da sonst nichts zu generieren ist.

Während des Generierungsprozesses wird ein Anwendungsprotokoll erzeugt, das den Fortschritt und eventuelle Fehler und Probleme anzeigt (Transaktionscode SLG1). Alte Protokolle zu vergangenen Generierungsprozessen können auch unabhängig davon im Anwendungsprotokoll eingesehen werden. Dazu startet man die Transaktion SLG1 mit dem Objekt RSEC_BW_AUTH und dem Unterobjekt GENERATE. Die gleiche Funktion ist in der Drucktaste PROTOKOLLE hinterlegt, die auch in der Registerkarte ANALYSE der allgemeinen Verwaltung zu finden ist.

In den folgenden Abschnitten wollen wir die prinzipielle Bedeutung der Data-Store-Objekte besprechen und dann die grundsätzlichen Regeln bei der Generierung beschreiben. Mit einer ausführlichen Behandlung eines Beispiels sowie einigen Tipps und Tricks bei der Benutzung schließen wir das Kapitel ab.

2.6.1 Content-Vorlagen für die Generierung

SAP liefert fünf DataStore-Objekte als Vorlagen aus, die man kopieren kann. Für die Generierung sollte man die Kopien verwenden. Die fünf DSOs als Vorlagen sehen Sie in Tabelle 2.6:

DSOs	Funktion
OTCA_DS01	Werteberechtigungen
OTCA_DS01	Hierarchieberechtigungen
OTCA_DS03	Texte
OCTA_DS04	Benutzerzuordnungen
OTCA_DS05	Erzeugung von Benutzern

Tabelle 2.6 Vorlage-DSOs für die Berechtigungsgenerierung

Unterschiede zur Generierung in BW 3.x

Wenn Sie bereits in BW 3.x die Generierung verwendet haben, können Sie die Struktur der DSOs mit einer Ausnahme weiterhin benutzen: Die Generierung von Texten erzwingt eine kleine Änderung in der Struktur des Texte-DSO mit der Vorlage OTCA_DS03. Das InfoObject für die Sprache ist ein anderes als in SAP BW 3.x.

Aktivieren Sie die Vorlage-Objekte aus Tabelle 2.6 aus dem Content, und kopieren Sie diese Vorlagen für die konkrete Anwendung. Dabei muss die Namenskonvention eingehalten werden, die beliebige Namen, die jedoch in einer Endziffer enden, erfordert.

Zunächst stellen wir die Struktur der DSOs vor, die gefüllt werden können oder müssen, und besprechen anschließend die Möglichkeiten und Varianten der Verwendung.

Mit dem ersten DSO kann man bereits sehr viele Anforderungen abbilden und Berechtigungen erzeugen. Gemeinsam mit dem Benutzerzuordnungs-DSO OTCA_DS04 hat man ein vollständiges Szenario mit (Werte-)Berechtigungen und Benutzerzuordnungen. Möchte man noch Hierarchieberechtigungen definieren, verwendet man das Hierarchie-DSO OTCA_DS02.

Zur Orientierung

Genauere Informationen zu diesen DSOs – in Form von ausführlichen Tabellen – finden Sie in Anhang B.

In den DSOs für die Hierarchieberechtigungen und die Werteberechtigungen korrespondieren die Schlüsselfelder für Berechtigungsname (0TCAUTH) und Benutzername (0TCTUSERNM) miteinander.

Das Gleiche gilt für die Texte, deren Zuordnung über das Schlüsselfeld des Berechtigungsnamens erfolgt. Möchte man auch neue Benutzer anlegen, kann man dies mit dem DSO 0TCA_DS05 erreichen.

2.6.2 Verwendung der Generierung

Wie werden die DataStore-Objekte verwendet? Beginnen wir mit dem zentralen Objekt, das oftmals das einzige ist, das verwendet wird: Das Objekt zur Erzeugung von Werteberechtigungen. Hierzu gibt es einige einfache Regeln, die in Kombination eine große Vielfalt an Möglichkeiten offerieren:

1. Mindestens eines der ersten beiden Objekte 0TCA_DS01 und 0TCA_DS02 ist notwendigerweise mit Daten zu befüllen. Es können natürlich auch beide befüllt werden.

2. Bei der Berechtigungsdefinition können Namen festgelegt werden. Diese Namen werden in die Spalte für das Merkmal 0TCTAUTH gefüllt.

3. Bleibt diese Namensspalte leer, so werden automatisch Namen erzeugt, die die Form *RSR_nnnnnnnn* haben, wobei *nnnnnnnn* eine 8-stellige Zahl darstellt.

4. Wird ein Name explizit angegeben, so wird dieser Name übernommen und eine Berechtigung dieses Namens erzeugt.

5. Alternativ zum automatischen Erzeugen der Namen bei leeren Berechtigungsspalten können auch bis zu 12-stellige Zahlen eingegeben werden, die auch in mehreren Zeilen vorkommen können. Damit ist es möglich, mehrdimensionale Berechtigungen zu definieren.

Die Regeln 3 und 4 sind besonders erwähnenswert und sollten von Ihnen als Möglichkeit betrachtet werden.

Namensvergabe für Berechtigungen

Die Praxis zeigt immer wieder, dass die Möglichkeit der Namensvergabe für Berechtigungen nicht bekannt ist. Oftmals wird davon ausgegangen, dass diese Spalte nicht gefüllt werden kann oder soll. Das Nichtbefüllen bedeutet jedoch nur, dass für jede eingetragene Zeile eine neue Berechtigung (oder ein neues Profil) erzeugt wird. Ohne die Befüllung dieser Spalte ist es nicht möglich, kombinatorische Berechtigungen zu erzeugen.

---

1. Die Spalte zum Merkmal 0TCTUSERNM kann mit Benutzernamen gefüllt werden. Dies ist jedoch nicht unbedingt notwendig. Bleibt der Benutzername leer, werden die Berechtigungen als Pool-Berechtigung einem künstlichen Benutzer zugeordnet.

2. Vor der Generierung für eine Reihe von Benutzern werden deren Berechtigungen erst einmal gelöscht. Anschließend werden die neuen Berechtigungen generiert. Das gilt auch für nicht zugeordnete Berechtigungen. Für den Fall, dass einige Benutzer nur einmal Berechtigungen erhalten haben und dann nie wieder, bleiben deren Berechtigungen unberührt. Wird ein Benutzer in der Benutzerpflege gelöscht, bleiben seine Analyseberechtigungen jedoch bestehen.

3. Um das Ansammeln von nicht mehr verwendeten Berechtigungen zu vermeiden, gibt es eine Möglichkeit, alle Berechtigungen auf einmal zu löschen: Der künstliche Benutzer D_E_L_E_T_E ermöglicht das Löschen aller generierten Berechtigungen eines Satzes von DSOs, also maximal fünf DSOs mit gleichem Präfix.

Wir werden nun diese Regeln an einigen Beispielen vorführen.

2.6.3 Beispiel-Anwendungen für die Generierung

Beginnen wir mit der Erzeugung einiger Berechtigungen, d. h., Sie verwenden nur das erste DSO. Sie werden hier Vorlagen und Kopien einsetzen, die Sie »ZTCAUT01« bis »ZTCAUT05« nennen.

Empfehlung

Wir empfehlen dringend, im Produktivbetrieb ebenfalls Kopien anzufertigen und diese zu verwenden, da sich die Löschung und Neugenerierung am Namensraum der DSO orientiert. Wenn sich dann verschiedene Projekte, Abteilungen oder auch nur Benutzer desselben DSO bedienen, sind Störungen sehr wahrscheinlich.

Beispiel 1 – Erste Generierung von Werteberechtigungen

Sie möchten die Inhalte der Tabelle 2.7 verwenden. Nach den Regeln der Generierung sollen zwei Berechtigungen entstehen, die jeweils drei Werteberechtigungen für das Merkmal 0D_FC_BAUT erzeugen.

Tabellen zu den Beispielen

Der Übersichtlichkeit halber lassen wir die unwichtigen Felder weg. Die Gültigkeit setzen Sie vom 1.1.1000 (0TCTADFROM) bis zum 31.12.9999 (0TCTADTO), die Version (0TCTVERS) immer auf AKTIV (A). Die System-ID (0TCTSYSID) kann beliebig gesetzt werden. In Tabelle 2.7 und den nachfolgenden Tabellen steht »S« für Sign (0TCTSIGN) und »OPT« für 0TCTOPTION, also den Operator der Wertemenge.

0TCTUSERNM	0TCTAUTH	0TCTIOBJNM	S	OPT	0TCTLOW	0TCTHIGH
AUTHBW12	DEMAUTH001	0D_FC_BAUT	I	EQ	T00	
AUTHBW12	DEMAUTH001	0D_FC_BAUT	I	BT	T04	T01
AUTHBW12	DEMAUTH001	0D_FC_BAUT	I	CP	T1*	
AUTHBW12	2	0D_FC_BAUT	I	EQ	T09	
AUTHBW12	2	0D_FC_BAUT	I	BT	T10	T12
AUTHBW12	2	0D_FC_BAUT	I	CP	T*5	
AUTHBW13		0D_FC_BAUT	I	EQ	T01	
AUTHBW13		0D_FC_BAUT	I	EQ	T02	

Tabelle 2.7 Beispiel 1 – Generierung nur mit Werte-DSO

Zunächst also starten Sie die Generierung mit ZTCAUT01 und schauen das Ergebnis im Anwendungsprotokoll an (siehe Abbildung 2.69).

Die Hauptebenen des Protokolls unterteilen den Vorgang in zwei Schritte:

1. das Lesen und Prüfen der Daten

2. die Generierung zur InfoProvider-Gruppe

Sie stellen zunächst fest, dass es beim Prüfen der Daten eine Warnung gab, dass ein unerlaubtes Intervall gelöscht wurde: Sie hatten in den Daten ein unerlaubtes Muster T*5 verwendet. Während des Auslesens der Daten aus dem DSO werden fehlerhafte Intervalle bereits entweder korrigiert, wenn möglich, oder gelöscht und dies als Warnung angemerkt. Das verdrehte Intervall der zweiten Zeile I BT T04 T01 wurde in I BT T01 T04 korrigiert.

Anschließend werden die Berechtigungen generiert, was verschiedene protokollierte Schritte enthält. Zunächst werden die zu dieser InfoProvider-Gruppe gehörigen vormals generierten Berechtigungen gelöscht. Die Bezeichnung *InfoProvider-Gruppe* meint die zu einem Namensraum gehörigen maximal fünf DSOs. Die Beispiel-Gruppe heißt also ZTCAUT0.

Zu Beginn der Generierung wird überprüft, ob die Benutzer vorhanden sind, für die Berechtigungen generiert werden sollen, und überprüft, ob alle benötigten InfoObjects im System vorhanden und aktiv sind.

Die eigentliche Generierung zeigt dann wieder die zwei wesentlichen Schritte:

1. die Erzeugung der Analyseberechtigungen

2. die Zuordnung zu Benutzern

In Abbildung 2.69 sehen Sie auch, dass bei Benutzer AUTHBW12 eine Berechtigung RSR_00006091 ❶ und eine Berechtigung DEMAUTH001 ❷ erzeugt wird. Das entspricht genau dem, was wir in dem DSO definiert hatten. Für die Zeilen, in denen nur Ziffern standen, wurde automatisch der Name RSR_00006091 erzeugt.

Ein analoges Ergebnis erhalten Sie für den zweiten Benutzer AUTHBW13, für den eine Berechtigung RSR_00006092 erzeugt wurde ❸. Im DSO (siehe Tabelle 2.7) hatten Sie hierfür überhaupt keinen Namen angegeben, und der Generierungsalgorithmus hat daraus eine Berechtigung abgeleitet, die einen automatisch erzeugten Namen bekommt und dem Benutzer AUTHBW13 zugeordnet wird.

Diese drei Berechtigungen werden im letzten Arbeitsgang den beiden Benutzern zugeordnet.

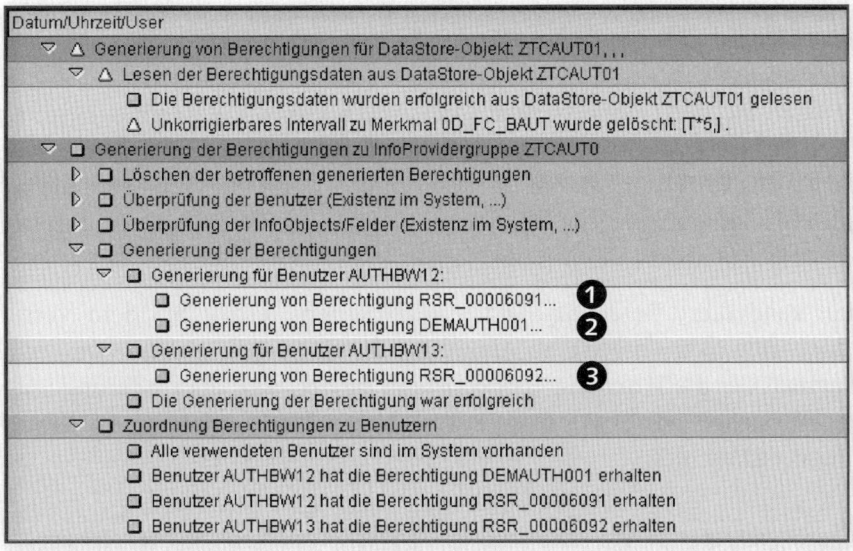

Abbildung 2.69 Anwendungsprotokoll für Beispiel 1

Wie bereits gesehen, werden bei der Generierung die Arbeitsgänge der Erzeugung der eigentlichen Berechtigungen und der Zuordnung zu Benutzern getrennt. Das ist deshalb sinnvoll, da ja im Prinzip die Information zur Zuordnung zu Benutzern aus drei verschiedenen DSOs stammen kann: aus dem Werte-DSO, dem Hierarchie-DSO und dem DSO für die Benutzerzuordnung.

Schauen wir uns nun das Ergebnis in der Benutzerzuordnung RSU01 eines der beiden Benutzer an, nämlich AUTHBW12 (siehe Abbildung 2.70). Als Erstes fallen die Icons 🌐 auf, die anzeigen, dass eine Berechtigung generiert wurde.

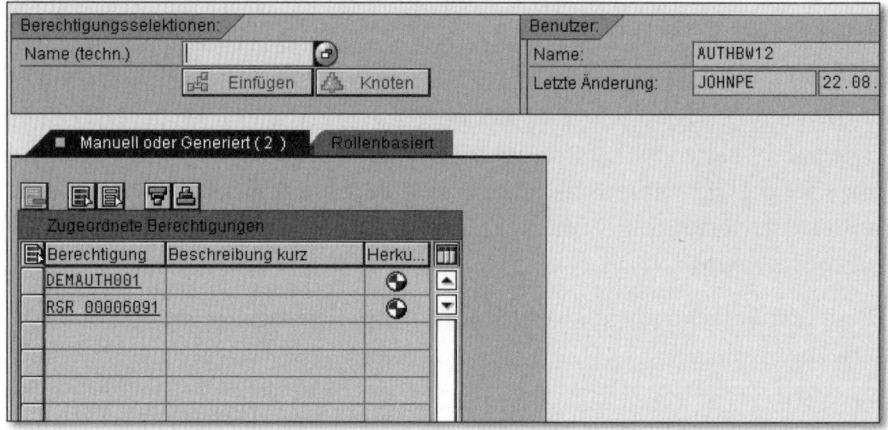

Abbildung 2.70 Generierte Berechtigungen in der Benutzerzuordnung

Springen Sie per Doppelklick aus der Anzeige in die Berechtigungspflege, sehen Sie, dass zwar kein Text vorhanden ist, aber eine Zeile mit dem Merkmal 0D_FC_BAUT und einem Intervallsymbol. Darin enthalten sind die zwei Werteberechtigungen, die nach dem Löschen des unerlaubten Intervalls noch übrig bleiben sollten (siehe Tabelle 2.7).

Man kann diese Berechtigung natürlich ändern, erhält bei dem Versuch jedoch eine Warnung (siehe Abbildung 2.71). Es gibt einen erläuternden Langtext, der die Warnung erklärt. Dieser besagt, dass die Änderung nur so lange bestehen wird, wie diese Berechtigung durch eine erneute Generierung verschwindet.

Sie haben ja gesehen, dass die Berechtigungen der betroffenen Benutzer erst einmal gelöscht werden und dann erst neu aus den aktuellen Daten des DSO erzeugt werden. Damit verschwindet jede Änderung, die man manuell hinzufügt. Dennoch ist eine Änderung natürlich möglich, indem man die ⏎-Taste drückt, sobald die Warnung erscheint.

Auch diejenigen Berechtigungen, die von vornherein einen echten Namen erhalten haben, wie etwa unser Beispiel DEMAUTH001, werden bei der nächsten Änderung gelöscht. Zwar hat der Beispielbenutzer nach der erneuten Generierung wieder eine Berechtigung mit dem Namen DEMAUTH001 zugeordnet, doch hat diese dann wieder nur genau die Werte eingetragen, die im DSO stehen. Probieren Sie es einfach aus, indem Sie eine Änderung vornehmen und die Generierung anschließend erneut starten!

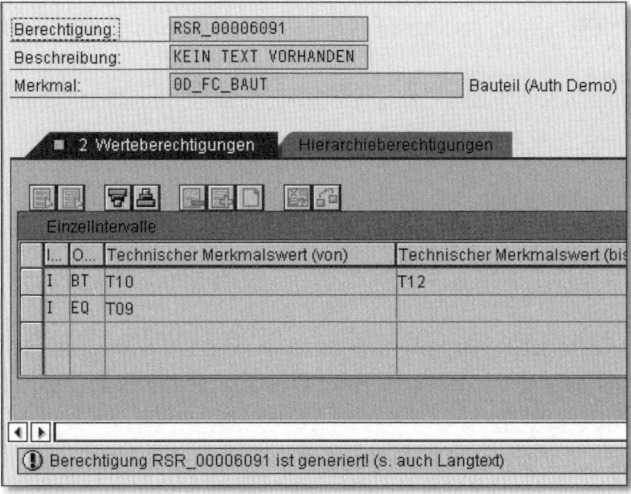

Abbildung 2.71 Warnung bei Änderung

Änderung generierter Berechtigungen

Generierte Berechtigungen können geändert werden. Es erscheint eine Warnung, die mit der ⏎-Taste übergangen werden kann.

Alle Änderungen gehen jedoch bei der nächsten Generierung verloren!

Das entsprechende Ergebnis im Anwendungsprotokoll unseres Beispiels finden Sie in Abbildung 2.72: Die eben erzeugten Berechtigungen DEMAUTH001, RSR_00006091 und RSR_00006092 werden gelöscht.

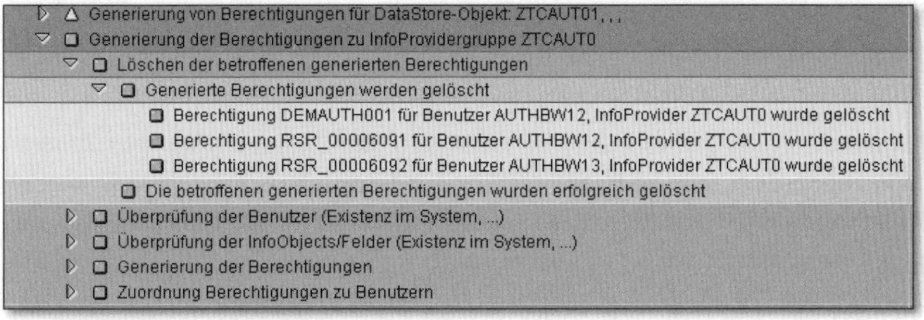

▷ △ Generierung von Berechtigungen für DataStore-Objekt: ZTCAUT01,,,
▽ ❏ Generierung der Berechtigungen zu InfoProvidergruppe ZTCAUT0
  ▽ ❏ Löschen der betroffenen generierten Berechtigungen
    ▽ ❏ Generierte Berechtigungen werden gelöscht
      ❏ Berechtigung DEMAUTH001 für Benutzer AUTHBW12, InfoProvider ZTCAUT0 wurde gelöscht
      ❏ Berechtigung RSR_00006091 für Benutzer AUTHBW12, InfoProvider ZTCAUT0 wurde gelöscht
      ❏ Berechtigung RSR_00006092 für Benutzer AUTHBW13, InfoProvider ZTCAUT0 wurde gelöscht
    ❏ Die betroffenen generierten Berechtigungen wurden erfolgreich gelöscht
  ▷ ❏ Überprüfung der Benutzer (Existenz im System, ...)
  ▷ ❏ Überprüfung der InfoObjects/Felder (Existenz im System, ...)
  ▷ ❏ Generierung der Berechtigungen
  ▷ ❏ Zuordnung Berechtigungen zu Benutzern

Abbildung 2.72 Wiederholte Generierung – Löschung der Berechtigungen

Sie sehen auch, dass sich die Zahlen in den automatisch generierten Namen erhöhen. Sie werden aus einem *Nummernkreis* gezogen, der systemweit aufsteigende Zahlen liefert. Wie Sie jedoch auch an den Beispielen sehen werden, kann es passieren, dass Sprünge in den Zahlenfolgen entstehen, wenn andere (Generierungs-)Prozesse auch Nummern belegen, die dann nicht mehr zur Verfügung stehen.

Wiederholung der Generierung

Eine Wiederholung der Generierung erzeugt immer wieder gleiche Inhalte und Zuordnungen.

Allerdings ändern sich die Namen der erzeugten Berechtigungen jedes Mal, wenn sie nicht festgelegt werden, sondern automatisch erzeugt werden, da die Namenspräfixe permanent um eins hochgezählt werden.

Sie wiederholen den Generierungsvorgang einige Male, bis Sie bei der Nummer RSR_00006098 angelangt sind, die dem Benutzer AUTHBW13 zugeordnet wurde (siehe Abbildung 2.73).

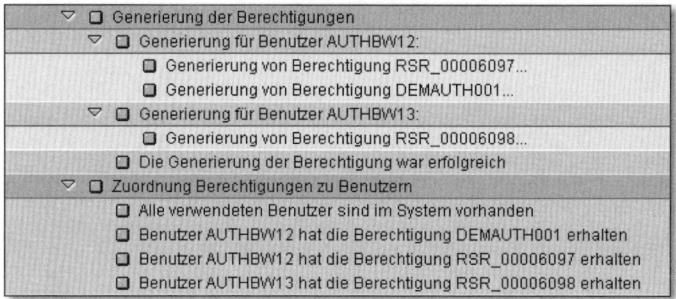

Abbildung 2.73 Wiederholte Generierung – Namensänderungen

Beispiel 2 – Mehrdimensionale Berechtigungen

Sie verändern und erweitern unser Beispiel aus Tabelle 2.7 und möchten nun nicht nur Berechtigungen für ein einziges Merkmal, sondern für mehrere Merkmale erzeugen (siehe Tabelle 2.8).

Erinnern Sie sich insbesondere daran, dass jedem Benutzer die Spezialmerkmale zugeordnet sein müssen, die Sie der Einfachheit und Klarheit halber direkt mit in die Berechtigungen generieren, so wie Sie sie manuell einfügen, wenn Sie manuell Berechtigungen anlegen. Sie orientieren sich dabei am InfoProvider 0D_FC_C04 aus unserem Beispielszenario.

Sie ordnen nur eine Berechtigung direkt einem Benutzer zu und lassen einmal das Feld für den Benutzernamen für die anderen Berechtigungen frei.

0TCTUSERNM	0TCTAUTH	0TCTIOBJNM	S	OPT	0TCTLOW	0TCTHIGH
AUTHBW12	DEMAUTH001	0D_FC_BAUT	I	EQ	T00	
AUTHBW12	DEMAUTH001	0D_FC_BAUT	I	BT	T01	T04
AUTHBW12	DEMAUTH001	0D_FC_BAUT	I	CP	T1*	
AUTHBW12	DEMAUTH001	0CALYEAR	I	EQ	2009	
AUTHBW12	DEMAUTH001	0D_FC_LAND	I	EQ	DE	
AUTHBW12	DEMAUTH001	0D_FC_REGL	I	BT	1	4
AUTHBW12	DEMAUTH001	0TCAKYFNM	I	CP	*	
AUTHBW12	DEMAUTH001	0TCAIPROV	I	CP	0D_FC_C04	
AUTHBW12	DEMAUTH001	0TCAACTVT	I	EQ	03	
AUTHBW12	DEMAUTH001	0TCAVALID	I	CP		
	2	0D_FC_BAUT	I	EQ	T09	
	2	0D_FC_BAUT	I	BT	T10	T12
	2	0TCAKYFNM	I	CP	*	
	2	0TCAIPROV	I	CP	0D_FC_C04	
	2	0TCAACTVT	I	EQ	03	
	2	0TCAVALID	I	CP	*	
		0D_FC_BAUT	I	EQ	T01	
		0D_FC_BAUT	I	EQ	T02	
		0TCAKYFNM	I	CP	*	
		0TCAIPROV	I	CP	0D_FC_C04	
		0TCAACTVT	I	EQ	03	
		0TCAVALID	I	CP	*	

Tabelle 2.8 Beispiel 2 – Mehrdimensionale Berechtigungen (Spalten weggelassen)

Die Generierung für Beispiel 2 erzeugt wieder ein Anwendungsprotokoll, diesmal ohne Warnung oder Fehler (siehe Abbildung 2.74). Da Sie dieses Mal für zwei Berechtigungen keinen Benutzer angegeben hatten, wurden diese Berechtigungen als Pool-Berechtigungen angelegt. Aus diesem Pool kann man diese gewissermaßen als Vorrat angelegten Berechtigungen manuell bestimmten Benutzern zuordnen. Die Pool-Berechtigungen werden formal dem Benutzer DUMMY zugeordnet – allerdings nicht tatsächlich, selbst wenn er als aktiver Benutzer existiert. Dies werden Sie feststellen, sobald Sie in die Benutzerzuordnung schauen. Dennoch sollte man diesen Benutzer nicht als echten Benutzer in der Generierung verwenden.

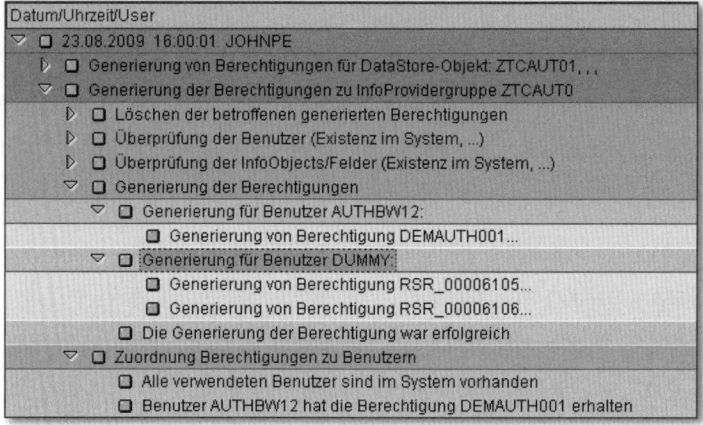

Abbildung 2.74 Generierung in Beispiel 2 – Pool-Berechtigung (Benutzer DUMMY)

Pool-Berechtigungen

Es ist möglich, Berechtigungen ohne Benutzerzuordnung zu erzeugen, die gewissermaßen als Vorrats- oder Pool-Berechtigung dienen.

Diese Pool-Berechtigungen können anschließend Benutzern manuell zugeordnet werden, sie werden bei der nächsten Generierung von Pool-Berechtigungen jedoch gelöscht.

Beispiel 3 – Delta-Generierung und Löschen

Nun haben Sie drei Berechtigungen erzeugt, die immer bei Neugenerierung temporär gelöscht werden, bevor neue angelegt werden.

Reduzieren Sie nun die Inhalte des DSO derart, dass nur noch die Zeilen zur Generierung verwendet werden, in denen der Benutzer AUTHBW12 eingetragen ist. Eine erneute Generierung erzeugt einen Ablauf, wie er in Abbildung 2.75 zu sehen ist.

Gelöscht werden nur die Berechtigungen, die dem Benutzer AUTHBW12 zugeordnet waren, weil nur für ihn neue Inhalte im DSO stehen. Die nicht zugeordneten Pool-Berechtigungen RSR_00006105 und RSR_00006106 von Beispiel 2 (siehe Abbildung 2.74) bleiben bestehen.

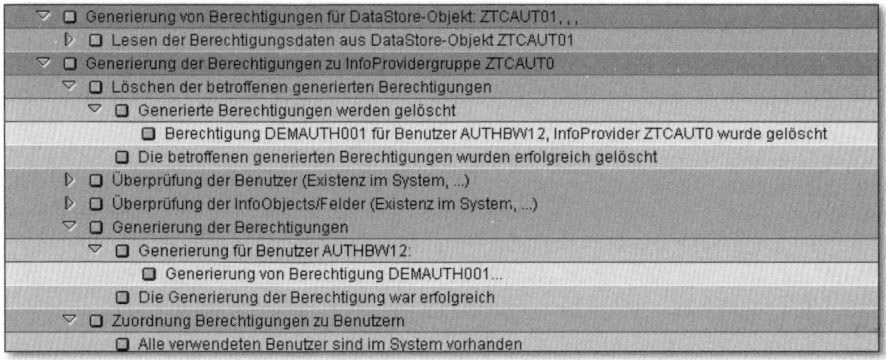

Abbildung 2.75 Beispiel 3 – Generierung wie in Beispiel 2, aber ohne Pool-Berechtigungen

Erinnern Sie sich außerdem, dass Sie dem Benutzer AUTHBW12 auch zuletzt eine Berechtigung mit automatisch generiertem Namen RSR_00006098 zugeordnet hatten, die auch weiterhin existiert (siehe Abbildung 2.73).

Das ist natürlich Absicht, denn die Generierung hat zum Ziel, die Inhalte des DSO in Berechtigungen umzusetzen und, wenn möglich, ohne dabei vorhandene Benutzer zu stören. Der DSO-Inhalt ist also der Maßstab des Generierungsergebnisses. Es ist zum Beispiel denkbar, dass immer nur die Berechtigungen und Benutzer im DSO abgelegt werden, die periodisch neu hinzukommen, etwa durch Anträge auf neue Berechtigungen im Call-Center.

> **Grundannahme der Generierungsanwendung**
>
> Die Inhalte der Generierung sollen in Berechtigungen für die entsprechenden Benutzer des DSO umgesetzt werden; das DSO enthält den Soll-Zustand. Die eingetragenen Benutzer sollen anschließend den Inhalt des DSO berechtigt haben.
>
> Alte generierte Berechtigungen der Benutzer werden erst entfernt, um anschließend durch die neuen Inhalte ersetzt zu werden.

Wenn jeder Benutzer seine individuellen Berechtigungen erhält, kann man dadurch auch erreichen, dass bereits vorhandene Benutzer, die keine Änderungen der Berechtigungsinhalte erfahren sollen, nicht im DSO erfasst werden müssen. Bei großen Szenarien hat das den Vorteil, dass man nur mit den Unterschieden zu arbeiten braucht, anstatt immer alle Benutzer zu erfassen. Hier sprechen wir von einer *Massengenerierung*, wenn nur die neuesten Änderungen generiert werden, von *Delta-Generierung*.

Eine Delta-Generierung empfiehlt sich immer bei vielen individuellen Berechtigungen. Solange man nur ein einziges DSO verwendet, ist dies ohne weitere Vorkehrungen möglich. Wenn man mehrere DSO und vielleicht auch die Benutzerzuordnung über das zugehörige DSO vornimmt (Vorlage 0TCA_DS03), wird eine Delta-Generierung problematisch bis unmöglich. Die Verwendung des Zuordnungs-DSO ist für andere Szenarien als die Massengenerierung gedacht.

Generierungsszenario 1

Werden viele sehr individuelle Berechtigungen erzeugt, im Extremfall eine pro Benutzer, sprechen wir von Massengenerierung. Dabei werden typischerweise nur die DSOs für Werte, Hierarchien und eventuell für Texte verwendet.

Bei individueller Berechtigungsvergabe ist eine Delta-Generierung möglich, die nur die aktuell geänderten Benutzer und Berechtigungen erfasst und neu generiert.

Bei häufiger Generierung mit unterschiedlichen DSO-Inhalten kann es aber trotzdem passieren, dass sich unerwünschte Berechtigungen ansammeln, die zwar zunächst nicht schaden, aber aus Sicherheitsgründen und Datenkonsistenzgründen vielleicht unerwünscht sind.

Das sind Berechtigungen, die früher mal einem Benutzer zugeordnet worden waren, der vielleicht gar nicht mehr relevant ist oder nicht einmal mehr existiert. Seine Analyseberechtigungen existieren jedoch noch, ebenso wie vielleicht früher einmal generierte Pool-Berechtigungen.

Um diese und alle anderen Berechtigungen und Zuordnungen zu löschen, gibt es eine Möglichkeit. Wir erweitern das Beispiel 3 um dieses Löschverfahren.

Beispiel 4 – Löschen vor der Generierung

Sie legen dazu eine Zeile im DSO mit einem Eintrag D_E_L_E_T_E in der Benutzerspalte an und starten die Generierung. Dann werden *alle* vorhandenen Berechtigungen gelöscht, bevor neu generiert wird, und zwar nicht nur die erneut zu erzeugenden Berechtigungen oder die von Benutzern, die im DSO stehen, sondern alle generierten Berechtigungen zu einem Satz Generierungs-DSO (siehe Tabelle 2.9).

Das Ergebnis sehen Sie im Anwendungsprotokoll in Abbildung 2.76. Die alten Berechtigungen RSR_00006098 (siehe Abbildung 2.73), die noch Benutzer AUTHBW13 zugeordnet waren, sowie die beiden Pool-Berechtigungen RSR_00006105 und RSR_00006106 (siehe Abbildung 2.74) werden gelöscht, ebenso wie die Berechtigung DEMAUTH001, die anschließend neu generiert wird.

0TCTUSERNM	0TCTAUTH	0TCTIOBJNM	S	OPT	0TCTLOW	0TCTHIGH
D_E_L_E_T_E						
AUTHBW12	DEMAUTH001	0D_FC_BAUT	I	EQ	T00	
AUTHBW12	DEMAUTH001	0D_FC_BAUT	I	BT	T01	T04
AUTHBW12	DEMAUTH001	0D_FC_BAUT	I	CP	T1*	
AUTHBW12	DEMAUTH001	0CALYEAR	I	EQ	2009	
AUTHBW12	DEMAUTH001	0D_FC_LAND	I	EQ	DE	
AUTHBW12	DEMAUTH001	0D_FC_REGL	I	BT	1	4
AUTHBW12	DEMAUTH001	0TCAKYFNM	I	CP	*	
AUTHBW12	DEMAUTH001	0TCAIPROV	I	CP	0D_FC_C04	
AUTHBW12	DEMAUTH001	0TCAACTVT	I	EQ	03	
AUTHBW12	DEMAUTH001	0TCAVALID	I	CP	*	

Tabelle 2.9 Löschung mit Pseudo-Benutzer D_E_L_E_T_E

Natürlich funktioniert auch eine reine Löschung mit einer einzigen Zeile mit dem Löscheintrag D_E_L_E_T_E.

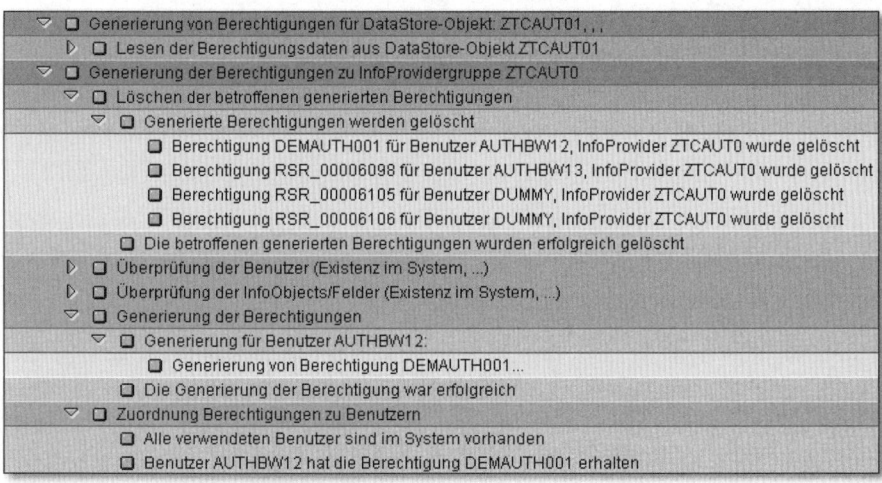

Abbildung 2.76 Beispiel 4 – Vollständige Löschung und Neugenerierung

> **Generierung und Löschen**
>
> Vor jeder Neugenerierung werden alle generierten Berechtigungen des betreffenden Benutzers gelöscht.
>
> Mit dem Pseudobenutzer in der Benutzerspalte des Werte-DSO oder des Hierarchie-DSO können alle generierten Berechtigungen gelöscht werden.

Beispiel 5 – Hierarchieberechtigungen

Nun wollen Sie das zweite DSO hinzunehmen und eine Hierarchieberechtigung für das Merkmal »Bauteil« (0D_FC_BAUT) generieren. Sie müssen dazu die Spalten im zweiten DSO füllen (siehe Anhang B). Wichtig für die Bezeichnung der Hierarchie sind der Name, die Version und der Stichtag. Sie wählen die Hierarchie BAUTEILE1, die keine Version hat, und den Stichtag 31.12.9999. Außerdem müssen Sie den Knotennamen und den Knotentyp festlegen, den Sie in drei verschiedenen Zeilen eintragen.

Sie wählen die Knoten EVEN, ODD und ONE_DIGIT sowie verschiedene Berechtigungstypen wie in Tabelle 2.10. Der Knotentyp (0TCTNIOBJNM) hat bei allen drei Knoten den Wert 0HIER_NODE, da es sich um Textknoten handelt.

0TCTUSERNAM	0TCTAUTH	0TCTNODE	0TCTATYPE	0TCTTLEVEL
	DEMAUTH001	EVEN	1	0
AUTHBW12	DEMAUTH001	ODD	2	1
AUTHBW12		ONE_DIGIT	0	0

Tabelle 2.10 Beispiel 5 (vereinfacht) für Hierarchieberechtigungen

Sie haben absichtlich in den ersten beiden Spalten für Benutzer und Berechtigung alle drei möglichen Kombinationen beschrieben, die denkbar sind.

Was passiert nun, wenn Sie das Werte-DSO gemeinsam mit dem Hierarchie-DSO für die Generierung verwenden? Sie kennen bereits alle Regeln, mit denen das Verhalten vorhersehbar ist.

Führen Sie die Generierung durch, und schauen Sie in das Protokoll (siehe Abbildung 2.77). Sie sehen, dass zwei Berechtigungen erzeugt werden. Das ist klar, weil Sie die ersten beiden Zeilen der Berechtigung DEMAUTH001 zugeordnet hatten und die dritte ohne Berechtigungsnamen gelassen haben. Deshalb wird eine Berechtigung mit automatischem Namen RSR_00006111 erzeugt.

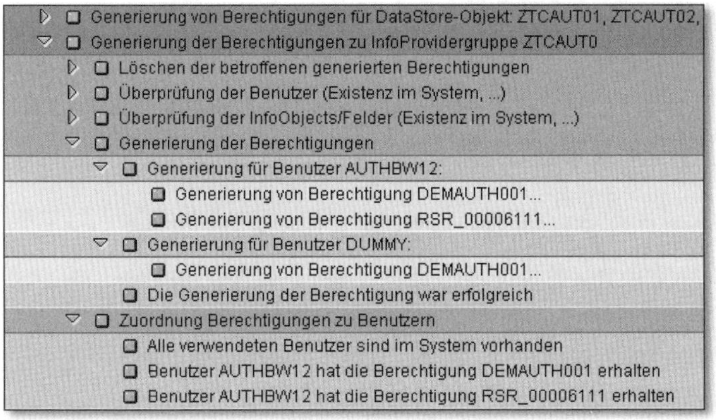

▷ ❑ Generierung von Berechtigungen für DataStore-Objekt: ZTCAUT01, ZTCAUT02,
▽ ❑ Generierung der Berechtigungen zu InfoProvidergruppe ZTCAUT0
  ▷ ❑ Löschen der betroffenen generierten Berechtigungen
  ▷ ❑ Überprüfung der Benutzer (Existenz im System, ...)
  ▷ ❑ Überprüfung der InfoObjects/Felder (Existenz im System, ...)
  ▽ ❑ Generierung der Berechtigungen
    ▽ ❑ Generierung für Benutzer AUTHBW12:
      ❑ Generierung von Berechtigung DEMAUTH001...
      ❑ Generierung von Berechtigung RSR_00006111...
    ▽ ❑ Generierung für Benutzer DUMMY:
      ❑ Generierung von Berechtigung DEMAUTH001...
    ❑ Die Generierung der Berechtigung war erfolgreich
▽ ❑ Zuordnung Berechtigungen zu Benutzern
  ❑ Alle verwendeten Benutzer sind im System vorhanden
  ❑ Benutzer AUTHBW12 hat die Berechtigung DEMAUTH001 erhalten
  ❑ Benutzer AUTHBW12 hat die Berechtigung RSR_00006111 erhalten

Abbildung 2.77 Beispiel 5 – Generierung mit zwei DSOs

Auch fällt auf, dass die Berechtigung DEMAUTH001 für beide Benutzer, den echten Benutzer AUTHBW12 und den Benutzer DUMMY, erwähnt wird. Das liegt natürlich daran, dass in der ersten Zeile kein Benutzer angegeben ist und die Berechtigung deshalb eine mögliche Vorratsberechtigung ist. Da sie aber bereits vorher schon angelegt wurde, passiert hier nichts Neues.

Anschießend werden die Berechtigungen den Benutzern zugeordnet. DEMAUTH001 ist schon im ersten DSO (siehe Tabelle 2.9) erzeugt worden, und die Hierarchieberechtigungen werden nur hinzugefügt. Nun wird auch noch die Berechtigung für den Knoten ONE_DIGIT, die den generierten Namen erhalten hat, dem Benutzer zugeordnet.

Es lohnt sich, dies noch einmal in der Benutzerzuordnung und der Berechtigungspflege nachzuvollziehen. Sie sehen die beiden generierten Berechtigungen in der Zuordnung (siehe Abbildung 2.78) und die kombinierten Berechtigungen in der Berechtigungspflege für DEMAUTH001 (siehe Abbildung 2.79).

Abbildung 2.78 Beispiel 5 – Benutzerzuordnung nach Generierung

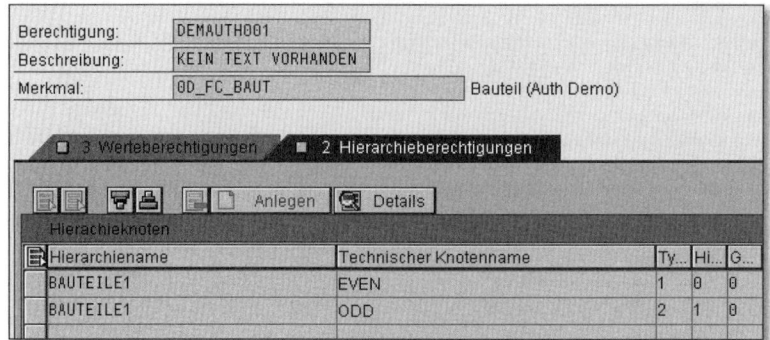

Abbildung 2.79 Beispiel 5 – Kombinierte Werte- und Hierarchieberechtigungen

Sie haben nun schon einen wichtigen Teil der Generierung kennengelernt. Die Freiheit bei der Namensvergabe für Benutzer und Berechtigung und die Kombination über die DSO hinweg erzeugt potenziell eine gewisse Komplexität. Wir haben deshalb noch einmal alle Möglichkeiten und ihre Wirkung in Anhang B zusammengefasst.

Wenn wir uns nun mit den übrigen DSO befassen, wird es wieder einfacher. Das Texte-DSO ist in der Tat so einfach, dass wir nicht weiter darauf eingehen.

Beispiel 6 – Benutzerzuordnung

Sie benutzen weiterhin die beiden bereits verwendeten DSO für die Werte und Hierarchien, entfernen aber wieder den Löschbenutzer.

Das DSO für die Zuordnung der Berechtigungen zu Benutzern (siehe Anhang B) versehen Sie für unser Beispiel mit dem Inhalt aus Tabelle 2.11. Sie ordnen nun die Berechtigung, die Sie erzeugen, sowohl dem Benutzer AUTHBW12 als auch dem Benutzer AUTHBW13 zu. Wir verwenden weiterhin echte Namen, erinnern aber noch einmal daran, dass man auch Zahlen einsetzen kann, etwa um Namenskonflikte mit anderen Abteilungen oder manuell angelegten Berechtigungen zu vermeiden.

0TCTUSERNM	0TCTAUTH	0TCTADTO	0TCTADFROM
AUTHBW12	DEMAUTH001	99991231	10000101
AUTHBW13	DEMAUTH001	99991231	10000101

Tabelle 2.11 Beispiel 6 – DSO ZTCAUT04 zur Benutzerzuordnung

Sie sehen im Anwendungsprotokoll der Generierung, dass die drei DSOs verwendet und die Berechtigungen wieder wie zuvor angelegt wurden, wobei die Namensvergabe inzwischen beim Suffix 6112 angelangt ist.

Der Abschnitt zur Benutzerzuordnung ist ein wenig länger geworden und zeigt nun auch den Benutzer AUTHBW13, der die Berechtigung DEMAUTH001 erhält, so wie Sie das vorgesehen hatten (siehe Abbildung 2.80).

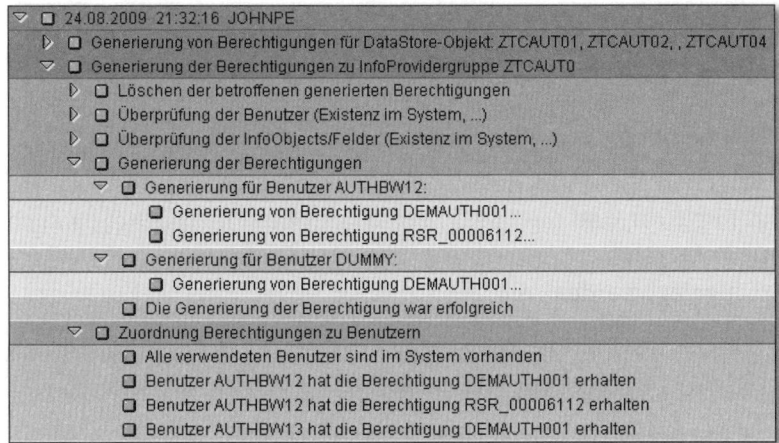

Abbildung 2.80 Beispiel 6 – Generierung mit DSO für die Zuordnung

Beispiel 6 ist ein einfaches Beispiel für die andere typische Verwendung der Generierung, die wir hier *Generierungsszenario 2* nennen.

Generierungsszenario 2

Generiert man relativ wenige Berechtigungen und ordnet diese aber relativ vielen Benutzern zu, wird dazu typischerweise das DSO für die Berechtigungszuordnung verwendet.

Möchte man eher eine Massengenerierung mit vielen unterschiedlichen, sehr individuellen Berechtigungen erzeugen, sollte die Verwendung des Zuordnungs-DSO überdacht werden, denn eine einzelne Änderung in einer der Berechtigungen kann sich auf mehrere Benutzer auswirken. Die Gefahr der unkontrollierten Löschung oder Änderung von Benutzerrechten ist dann recht groß.

Die Zuordnung bietet sich eher für die automatische Verteilung an, wenn man wenige und relativ allgemeine Berechtigungen an viele verschiedene Benutzer vergibt, es sich also eher um eine Art Rolle handelt.

> **Benutzergenerierung**
>
> Das DSO für die Generierung von Benutzern eignet sich besonders bei der Verwendung von Generierungsszenario 2.

Zum Abschluss des Generierungsthemas wollen wir einmal ein Beispiel mit allen fünf DSOs vorführen.

Beispiel 7 – Verwendung von allen DSOs

Als Erstes vergeben Sie endlich Texte für DEMAUTH001, und zwar auf Deutsch und Englisch. Und Sie lassen das System diese Berechtigung auch dem Benutzer AUTHBW14 zuordnen, der als Kopie von der Vorlage AUTHBW00 angelegt werden soll.

Sie müssen also das DSO für die Zuordnung um eine Zeile erweitern, die den Benutzer AUTHBW14 erfasst (siehe Tabelle 2.11).

Wenn Sie das wie gerade beschrieben ausführten, würden Sie eine Meldung erhalten, dass der Benutzer AUTHBW14 nicht existiert. Die Benutzergenerierung ist nur im Zusammenhang mit den vergebenden Berechtigungen in den beiden zentralen DSO für die Werteberechtigungen und Hierarchieberechtigungen erlaubt. Das heißt, nur wenn in den DSO für Werte und Hierarchien Einträge für diesen Benutzer vorhanden sind und er im Benutzer-DSO eingetragen ist, wird er auch angelegt.

Erweitern Sie also das Werte-DSO um einen Eintrag für den Benutzer AUTHBW14, zum Beispiel so wie in Tabelle 2.12.

0TCTUSERNM	0TCTAUTH	0TCTIOBJNM	S	OPT	0TCTLOW
AUTHBW14	DEMAUTH002	0D_FC_BAUT	I	CP	*

Tabelle 2.12 Beispiel 7 – Zusätzlicher Eintrag für Benutzer AUTHBW14

Die vollständige Generierung liefert nun ein Ergebnis (siehe Abbildung 2.81).

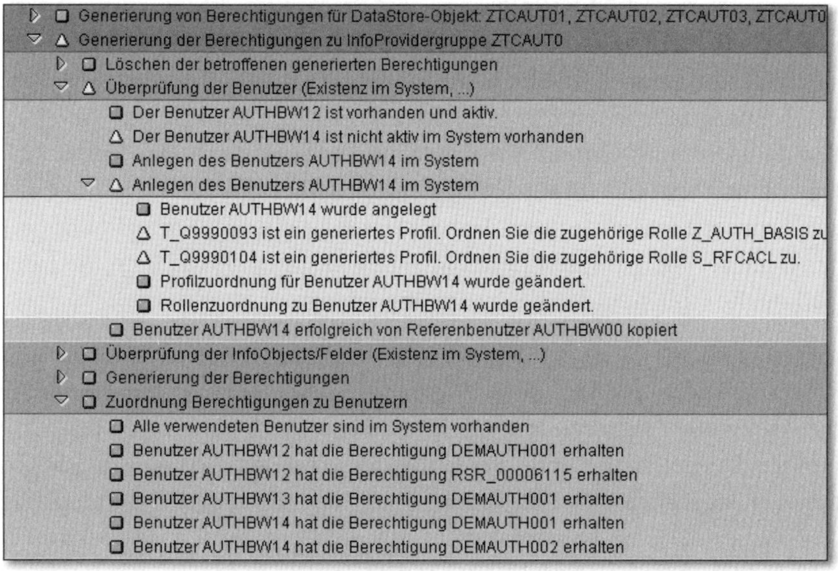

```
▷  ☐ Generierung von Berechtigungen für DataStore-Objekt: ZTCAUT01, ZTCAUT02, ZTCAUT03, ZTCAUT0
▽  △ Generierung der Berechtigungen zu InfoProvidergruppe ZTCAUT0
   ▷  ☐ Löschen der betroffenen generierten Berechtigungen
   ▽  △ Überprüfung der Benutzer (Existenz im System, ...)
         ☐ Der Benutzer AUTHBW12 ist vorhanden und aktiv.
         △ Der Benutzer AUTHBW14 ist nicht aktiv im System vorhanden
         ☐ Anlegen des Benutzers AUTHBW14 im System
      ▽  △ Anlegen des Benutzers AUTHBW14 im System
            ☐ Benutzer AUTHBW14 wurde angelegt
            △ T_Q9990093 ist ein generiertes Profil. Ordnen Sie die zugehörige Rolle Z_AUTH_BASIS zu
            △ T_Q9990104 ist ein generiertes Profil. Ordnen Sie die zugehörige Rolle S_RFCACL zu.
            ☐ Profilzuordnung für Benutzer AUTHBW14 wurde geändert.
            ☐ Rollenzuordnung zu Benutzer AUTHBW14 wurde geändert.
         ☐ Benutzer AUTHBW14 erfolgreich von Referenbenutzer AUTHBW00 kopiert
   ▷  ☐ Überprüfung der InfoObjects/Felder (Existenz im System, ...)
   ▷  ☐ Generierung der Berechtigungen
   ▽  ☐ Zuordnung Berechtigungen zu Benutzern
         ☐ Alle verwendeten Benutzer sind im System vorhanden
         ☐ Benutzer AUTHBW12 hat die Berechtigung DEMAUTH001 erhalten
         ☐ Benutzer AUTHBW12 hat die Berechtigung RSR_00006115 erhalten
         ☐ Benutzer AUTHBW13 hat die Berechtigung DEMAUTH001 erhalten
         ☐ Benutzer AUTHBW14 hat die Berechtigung DEMAUTH001 erhalten
         ☐ Benutzer AUTHBW14 hat die Berechtigung DEMAUTH002 erhalten
```

Abbildung 2.81 Protokoll einer Generierung mit fünf DSOs und neuem Benutzer

2.6.4 Hinweise zur Benutzung

Die Generierung ist oft ein sehr umfangreicher Vorgang, der daher auch meist im Batch abläuft. Im Vergleich etwa zur Generierung in BW 3.x ist die Generierung von Analyseberechtigungen zwar deutlich schneller geworden, aber auch jetzt kann es in großen Kundensystemen zu extrem vielen Einträgen in den DSOs und damit zu langen Laufzeiten kommen. Als grobe Faustregel kann man annehmen, dass mehrere tausend Zeilen (z. B. Benutzer) pro Stunde verarbeitet werden können. Die Laufzeit hängt aber natürlich sehr stark von den generierten Berechtigungen und der Zuordnung ab und kann stark nach oben oder unten schwanken.

Wenn die Laufzeit zu groß wird, sollten Sie dringend überdenken, ob Sie wirklich nur die betroffenen Berechtigungen und Benutzer generieren. Wenn Sie zum Beispiel täglich alle 20.000 Benutzer neu mit Berechtigungen versorgen, sich aber in der Regel nur einige wenige ändern, bietet sich hier eine Delta-Generierung an, um die Laufzeit zu reduzieren (siehe Beispiel 3 in Abschnitt 2.6.3, »Beispiel-Anwendungen für die Generierung«).

Häufig kann man Benutzer in thematische oder funktionale kleinere Einheiten gruppieren, so dass man eventuell auch mehrere Sätze von DataStore-Objekten für die Generierung verwenden kann, die dann unabhängig und vielleicht sogar parallel arbeiten.

Ein weiteres Mittel der Vereinfachung ist die Trennung von systematisch veränderlichen Merkmalsberechtigungen und stabilen Einheiten. Haben Sie zum Beispiel funktional ähnliche Benutzergruppen ausfindig gemacht, könnten Sie in Erwägung ziehen, die Spezialmerkmale, die ähnlich sind, in einer eigenen Berechtigung einmal anzulegen und zuzuordnen. Das bietet sich beim gemeinsamen Zugriff auf wenige InfoProvider an, die viele oder alle Benutzer zugeordnet bekommen. Dann kann man die drei Spezialmerkmale aus der Generierung komplett herauslassen, was unter Umständen die Laufzeit und die Komplexität der DSOs enorm verringert.

Sie sollten auch die Verwendung allzu vieler Einzelwerte vermeiden und stattdessen erwägen, gröbere Berechtigungseinheiten einzusetzen. Wenn Sie beispielsweise alle existierenden Werte zu einem Merkmal einzeln berechtigen, sollten Sie lieber die volle Berechtigung vergeben. Solche Situationen entstehen gelegentlich bei Extraktionen aus operationalen Systemen wie dem HR-System. Das beschleunigt nicht nur die Generierung, sondern auch die Laufzeit der späteren Berechtigungsprüfungen.

> **Hinweise zur Performance der Generierung**
>
> Versuchen Sie, möglichst immer nur die tatsächlichen Änderungen neu zu generieren.
>
> Bilden Sie möglichst kleine Einheiten funktional verbundener Benutzer oder Berechtigungen, die Sie neu generieren, und gegebenenfalls dazu verschiedene Gruppen aus DSOs, die Sie getrennt bearbeiten und zur Generierung verwenden können.

Am Ende des Kapitels wollen wir uns noch einem weiteren Werkzeug der Analyseberechtigungen zuwenden, das die gesamte Infrastruktur abrundet: Mit SAP NetWeaver BW 7.3 steht eine Massenpflege zur Verfügung.

2.7 SAP NetWeaver BW 7.3 – Massenpflege und Informationssystem

Seit Einführung der Analyseberechtigungen ist eine der häufigsten Anforderungen an Weiterentwicklungen, ein Informationssystem und eine Massenpflege für Berechtigungen analog zu den Basisfunktionen SUIM und SU10 zu ermöglichen. Mit SAP NetWeaver BW 7.3 wird beides in Form einer integrierten Transaktion angeboten, die auch in die Haupttransaktion RSECADMIN eingebunden ist (siehe Abbildung 2.82): die Massensuche und die Massenpflege (Transaktionscode RSECAUTH02).

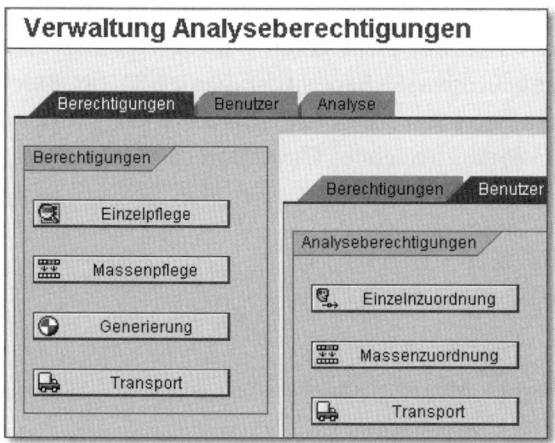

Abbildung 2.82 Die erweiterte Berechtigungsverwaltung

Sowohl Berechtigungen als auch die Zuordnung von Berechtigungen können in dem neuen Massen-Informationssystem gesucht und bearbeitet werden. Selbstverständlich werden aber die Rollenzuordnungen und die Rollen und Profile selbst weiterhin in der Rollenpflege bearbeitet.

Der Einstieg in die Massenpflege ist recht einfach und bietet die Optionen, von Berechtigungen oder von Benutzern auszugehen und eine *komplexe Suche* durchzuführen. Eine wesentliche Stärke dieser Transaktion liegt in den verschiedensten Suchkriterien. Mit Hilfe der Suche kann man sich einen Arbeitsvorrat anlegen, der dann im Falle der Berechtigungen in eine Massenpflege münden kann, in der man den Arbeitsvorrat bearbeiten kann. Außerdem sind generelle Operationen wie Transport, Aktivierung, Deaktivierung und Löschung von vielen Berechtigungen auf einmal möglich. Wir werden uns nun die beiden Hauptszenarien Berechtigungspflege und Benutzerpflege genauer anschauen und sowohl mit typischen Projektszenarien arbeiten als auch einige Details vorstellen.

2.7.1 Massenpflege Berechtigungen

Die allgemeine Suche und Massenpflege von Berechtigungen wird aus der Transaktion RSECAUTH02 mit der Option Berechtigungen gestartet (siehe Abbildung 2.83). Alternativ steht der Transaktionscode RSECSY zur Verfügung.

Sie möchten nun alle Berechtigungen bearbeiten, deren technischer Name mit B beginnt. Dazu können Sie die komplexe Suche oder die Wertehilfe auf dem Eingabefeld (Funktionscode F4) verwenden oder einfach direkt die gewünschten Berechtigungen eingeben. Sie wählen zunächst einmal den direkten Weg und geben manuell die vier Berechtigungen BER1 bis BER4 ein, die Sie bearbeiten möchten. Dies ist unser Berechtigungsvorrat, auf den sich alle nachfolgenden Operationen beziehen. Diese Berechtigungen wurden zuvor in der Einzelpflege angelegt.

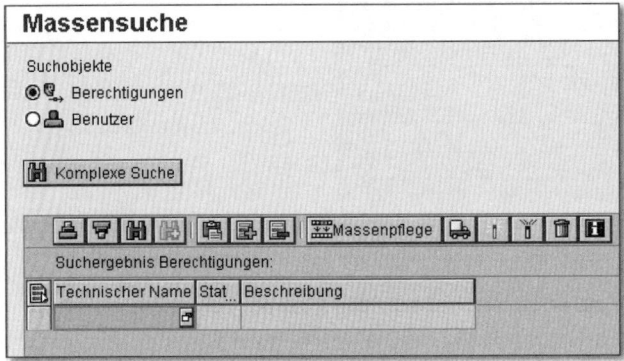

Abbildung 2.83 Suche und Massenpflege (RSECAUTH02)

Sie können nun auf einen Blick sehen, welche der ausgewählten Berechtigungen aktiv sind und welche nicht, Sie können zudem die drei Texte sehen sowie sortieren. Es gibt aber auch die Möglichkeit – die entsprechenden Berechtigungen vorausgesetzt –, in den Bearbeitungsmodus zu gelangen, indem Sie den Button MASSENPFLEGE anklicken und anschließend in den Änderungsmodus wechseln. Das Ergebnis sehen Sie in Abbildung 2.84.

Der Bearbeitungsmodus bietet nun eine ganze Fülle von Optionen, die zum Teil aus der Einzelpflege bekannt sind und hier wieder auftauchen. Grundsätzlich entsprechen jedoch die Optionen immer einer der folgenden drei Kategorien:

► neue Einträge einfügen

► Einträge löschen

► Einträge ändern

Da Sie aber nun im Begriff sind, immer mehrere Berechtigungen gleichzeitig zu ändern, müssen Sie uns genau klar machen, was jede dieser Änderungen bedeutet. Die Wirkung der genannten Operationen hängt ja zunächst einmal davon ab, ob eine Zeile in allen Berechtigungen des Vorrats vorkommt oder nicht. Im Folgenden ist es wichtig zu beachten, dass eine Operation nur durch Speichern wirksam wird.

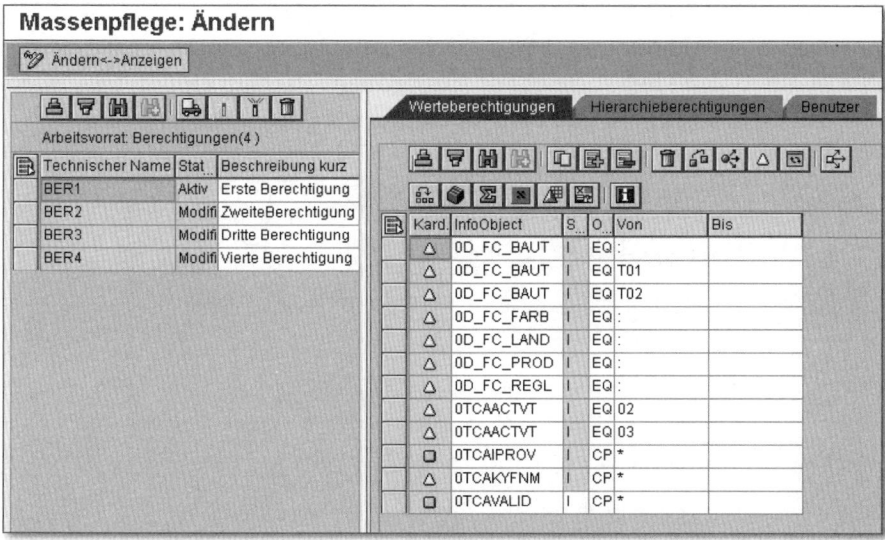

Abbildung 2.84 Massenpflege

Wirksamkeit der Operationen und rückgängig machen

Alle Operationen auf der Liste der Merkmalsberechtigungen sind nur eine Ausführungsbeschreibung. Sie werden erst mit dem Speichern wirksam.

Alle vorbereiteten Operationen können also verworfen werden, solange sie nicht ausgeführt, d. h. gespeichert worden sind.

Herkunft und Verwendungsnachweis

Als Erstes fällt auf, dass es grüne und gelbe Icons gibt. Ein grünes Icon gibt an, dass die betreffende Zeile genauso in allen Berechtigungen des Vorrats vorkommt, während das gelbe Icon anzeigt, dass die Zeile nur in einigen der Berechtigungen des Vorrats vorhanden ist. Es gibt auch einen Verwendungsnachweis, der bei Bedarf anzeigt, in welchen Berechtigungen ein Eintrag tatsächlich vorkommt. Dazu markiert man die Zeile, deren Herkunft man nachvollziehen möchte, und klickt dann auf den Button VERWENDUNGSNACHWEIS oder einfacher: Klicken Sie zweimal auf das gelbe oder grüne Icon.

Zuordnen

Eine Zeile für eine Berechtigung, die nicht in allen Berechtigungen des Vorrats vorkommt und deshalb mit einem gelben Icon markiert ist, kann man allen Berechtigungen zuordnen. Dafür gibt es das Icon ZU ALLEN BERECHTI-

GUNGEN ZUORDNEN ⟦icon⟧, das alle markierten Zeilen allen Berechtigungen zuordnet (siehe Abbildung 2.85). Genau genommen ist das aber nur die *Absicht*, diese Zeile beim Speichern zuzuordnen. Deshalb gibt es den Unterschied zwischen grünem und blauem Icon.

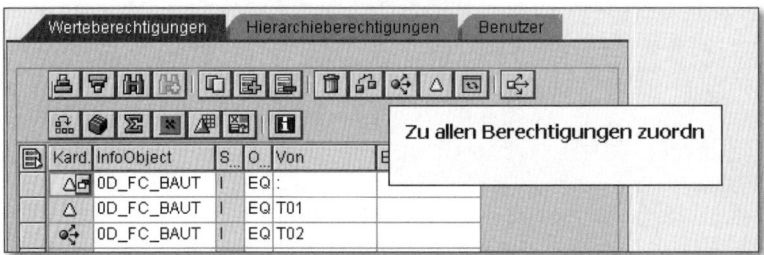

Abbildung 2.85 Zuordnung zu allen Berechtigungen des Vorrats

Einfügen

Eine neue leere Zeile wird einfach durch das Icon ZEILE EINFÜGEN ⟦icon⟧ erzeugt; anschließend können Sie die neue Zeile pflegen. Eine neue Zeile wird auch allen Berechtigungen zugeordnet.

Löschen

Hier muss man unterscheiden zwischen der Löschung eines Eintrags (Icon LÖSCHEN ⟦icon⟧) in allen Berechtigungen und dem Entfernen einer Zeile aus der Bearbeitungsliste mit dem Icon ZEILE ENTFERNEN ⟦icon⟧. Letzteres entfernt die Zeile nur aus dem sichtbaren Bearbeitungsvorrat, nicht jedoch aus den Berechtigungen. Die echte Löschung über das Mülleimer-Icon entfernt die Zeilen aus alle Quellenberechtigungen.

Ändern

Eine Zeile zu ändern bedeutet, dass der alte Inhalt überschrieben werden soll. Das wiederum bedeutet, dass der alte Wert erst gelöscht und der neue dann eingefügt wird. Wenn eine Zeile nicht in allen Berechtigungen des Vorrats vorkommt, wird der Vorrat aus allen Quellen gelöscht und anschließend eingefügt. Um Unklarheiten zu vermeiden, wird der Wert in *alle* Berechtigungen des Vorrats eingefügt. Um das transparent zu machen und nicht nur die neue geänderte Zeile zu sehen, werden die beiden Operationen Löschen *und* Einfügen beide in die Liste eingefügt (siehe Abbildung 2.86).

Abbildung 2.86 Ändern einer Zeile entspricht »Löschen« plus »Allen zuordnen«.

Natürlich kann man eine Änderung selbst auch so ausführen: erst löschen und dann eine neue Zeile einfügen.

Kopieren

Es ist auch möglich, eine Zeile zu kopieren, um sie dann zu verändern. Das ist wie eine neue Zeile »mit Vorlage« einzufügen. Verändert man die Kopie nicht, hat die neue Zeile die Wirkung wie das Icon Zu ALLEN BERECHTIGUN-GEN ZUORDNEN. Wenn allerdings eine bereits vorhandene Zeile kopiert und nicht verändert wird, wird in die Berechtigungen nicht jeweils ein weiterer identischer Eintrag eingefügt.

Zuordnung entfernen

Wenn Sie einen einzelnen geplanten Vorgang unwirksam machen möchten, etwa eine geplante Löschung, können Sie den Button ZUORDNUNG ENTFER-NEN nutzen. Wenn Sie alle geplanten Vorgänge rückgängig machen möchten, können Sie den Vorrat neu ableiten.

Vorrat neu ableiten

Falls Sie alle geplanten Veränderungen verwerfen möchten, können Sie den Bearbeitungsvorrat aus dem Berechtigungsvorrat neu ableiten. Dazu dient der entsprechende Button mit dem Icon ⬚. Alle bis dahin vorgenomme-nen vorläufigen Änderungen in der Arbeitsliste werden verworfen, und man kann von Neuem beginnen.

Speichern

Alle Änderungen werden erst wirksam, wenn gespeichert wird. Damit werden alle Operationen angewendet, und die betroffenen Berechtigungen werden entsprechend modifiziert. Die Arbeitsliste wird aktualisiert, und die neue Zuordnung dient als neue Grundlage für weitere Änderungen.

Danach können Sie die Änderungen gezielt oder in allen Berechtigungen aktivieren.

Weitere Operationen

Die übrigen Operationen kennen Sie aus der Einzelpflege. Die Buttons für das Einfügen der Spezialmerkmale (Button SPEZIALMERKMALE HINZUFÜGEN), die Pflege von Merkmalsberechtigungen für einen InfoProvider (Button INFOPROVIDER-BERECHTIGUNGEN), den Attribute-Button für ein Merkmal sowie die einfache Möglichkeit, die volle Berechtigung und die Aggregationsberechtigung zu vergeben, verhalten sich analog zur Einzelpflege.

Integration und Navigation

Die Objekte sind in die Vorwärtsnavigation eingebunden, wo es sinnvoll erscheint. Beispielsweise kann man vom Merkmal per Doppelklick in die InfoObject-Pflege abspringen. Das ist etwas anders als in der Einzelpflege, wo der Doppelklick auf ein Merkmal in die Detailpflege führt.

Komplexe Suche

Wir wollen uns nun noch mit den komplexen Suchmöglichkeiten auseinandersetzen. Dazu werden wir die folgenden fünf Beispiele durchspielen:

1. alle Berechtigungen bearbeiten, die einer Namenskonvention genügen und die nach dem 31.12.2009 geändert wurden

2. allen Berechtigungen, die für den InfoProvider 0D_FC_C04 relevant sind, einen neuen Eintrag mit voller Berechtigung (*) für 0D_FC_BAUT zuweisen

3. alle Berechtigungen finden, die ein bestimmtes Merkmal enthalten

4. alle Berechtigungen, die Merkmale enthalten, die nicht mehr berechtigungsrelevant sind, suchen und die Einträge zu diesen Merkmalen entfernen

5. alle Berechtigungen mit Einträgen für den Knoten EUROPA in der Hierarchie WELT zu dem Merkmal »Land« (0D_FC_LAND) suchen

Mögliche Lösungen werden im Folgenden vorgestellt, können aber sicher hier und da auch auf anderem Wege erzielt werden.

Lösung zu Beispiel 1

Eine mögliche Lösung zu diesem Beispiel sieht folgendermaßen aus:

1. Sie wählen mit der Option BERECHTIGUNGEN den Button KOMPLEXE SUCHE (siehe Abbildung 2.83).

2. Damit erhalten Sie eine Suchmaske und wählen nun die Registerkarte NACH BERECHTIGUNGSEIGENSCHAFTEN, denn Sie wollen ja nach den Eigenschaften NAME und LETZTE ÄNDERUNG suchen.

3. Bei ANALYSEBERECHTIGUNGSNAME tragen Sie die Namenskonvention ein, z. B. »B*« für alle Berechtigungen, die mit B beginnen.

4. Bei LETZTE ÄNDERUNG wählen Sie ein Intervall vom 1.1.2009 bis 31.12.9999 (siehe Abbildung 2.87).

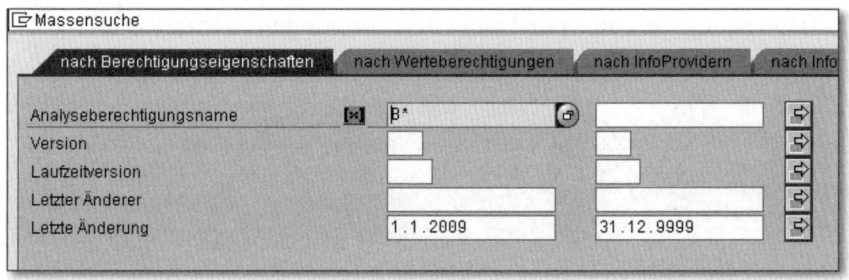

Abbildung 2.87 Komplexe Suchkriterien für Berechtigungen

5. Das Ergebnis nach der Übernahme sehen Sie in Abbildung 2.88.

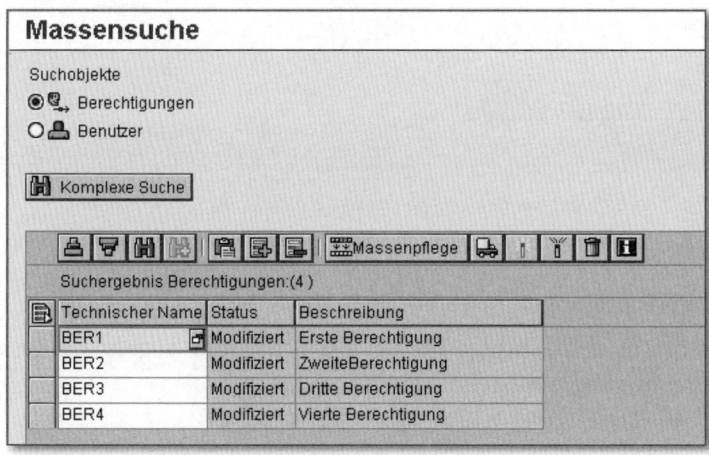

Abbildung 2.88 Ergebnis der Suche von Beispiel 1

Lösung zu Beispiel 2

Eine mögliche Lösung zu diesem Beispiel sieht folgendermaßen aus:

1. Zunächst suchen Sie alle Berechtigungen, die für den InfoProvider 0D_FC_C04 relevant sind. Dies geschieht mit Hilfe der komplexen Suche auf der Registerkarte INFOPROVIDER.

2. Es können sehr viele Berechtigungen für den InfoProvider relevant sein, da häufig nur der Standardeintrag * für 0TCAIPROV eingetragen ist, so dass diese Berechtigungen immer potenziell auch für diesen InfoProvider gültig sind.

3. Deshalb suchen Sie konkreter nach den Berechtigungen, die im Merkmal 0TCAIPROV den InfoProvider eingetragen haben. Das geschieht in der komplexen Suche auf der Registerkarte WERTEBERECHTIGUNGEN.

4. Das Ergebnis sind nur noch zwei Berechtigungen (siehe Abbildung 2.89).

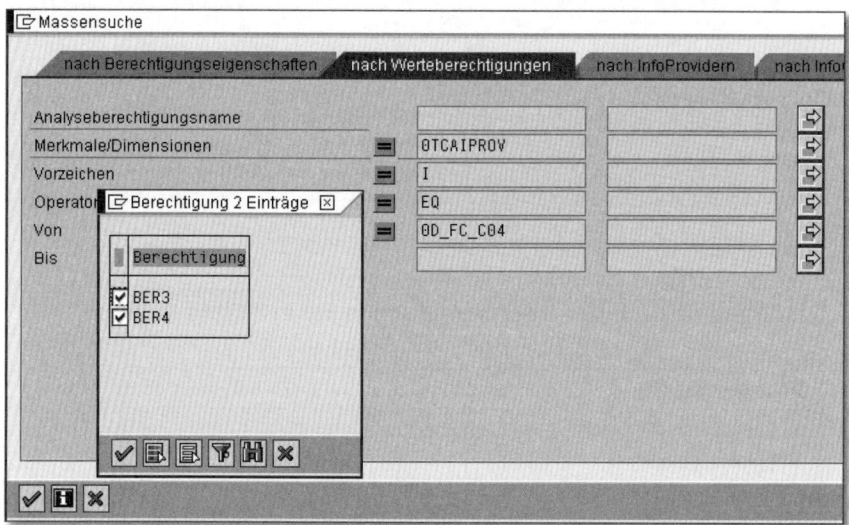

Abbildung 2.89 Ergebnis der Suche nach konkreten Einträgen für InfoProvider 0D_FC_C04

5. Die beiden Berechtigungen nehmen Sie in die Massenpflege.

6. Sie löschen die beiden Einträge für 0D_FC_BAUT und fügen stattdessen die volle Berechtigung ein (siehe Abbildung 2.90).

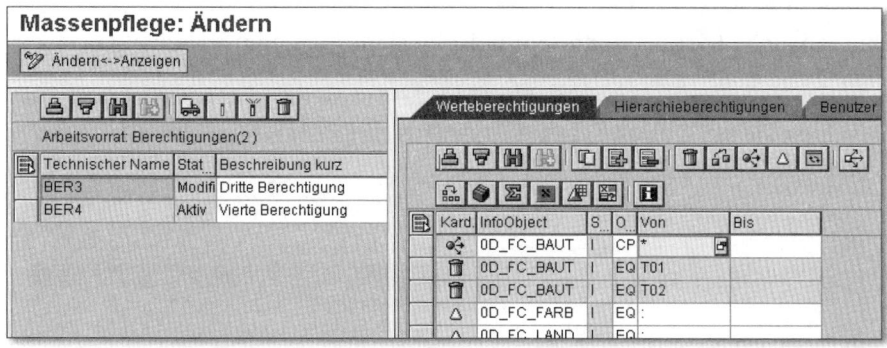

Abbildung 2.90 Lösung zu Beispiel 2 – Einfügen der vollen Berechtigung für 0D_FC_BAUT

Lösung zu Beispiel 3

Eine mögliche Lösung zu diesem Beispiel sieht folgendermaßen aus (siehe Abbildung 2.91):

1. In der komplexen Suchmaske suchen Sie Berechtigungen nach InfoObject, zum Beispiel 0D_FC_BAUT. Sie erhalten dann alle Berechtigungen, die dieses Merkmal explizit enthalten, hier fünf Stück.

2. Das Ergebnis kann man wiederum mit der Filteroption weiter einschränken, beispielsweise weil einige Testberechtigungen unerwünscht sind oder weil man 0BI_ALL ausnehmen möchte. Es kann ohnehin nicht geändert werden.

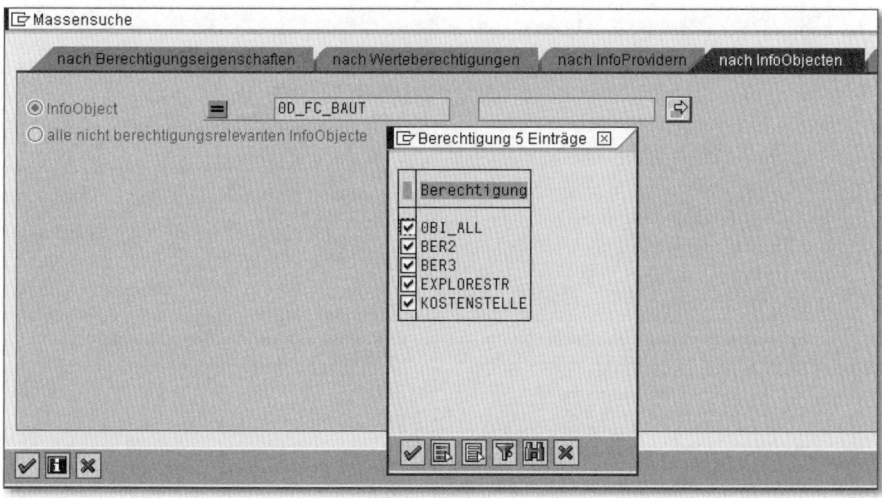

Abbildung 2.91 Lösung zu Beispiel 3 – Berechtigungen mit bestimmtem Merkmal

Lösung zu Beispiel 4

Eine mögliche Lösung zu diesem Beispiel sieht folgendermaßen aus:

1. In der komplexen Suche wählen Sie die Suche NACH INFOOBJECTEN. Dort wählen Sie die Option ALLE NICHT BERECHTIGUNGSRELEVANTEN INFOOBJECTE siehe Abbildung 2.92).

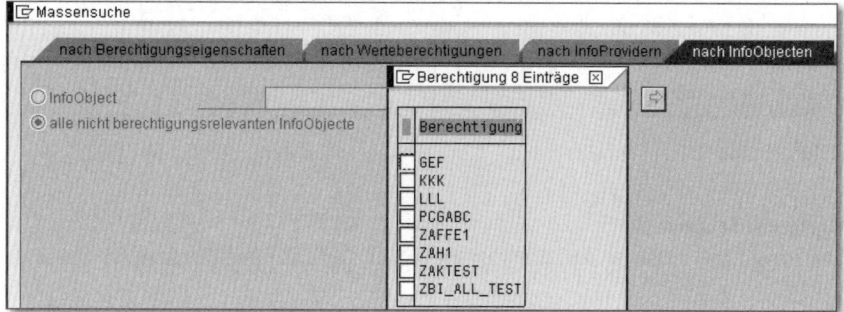

Abbildung 2.92 Alle Berechtigungen nicht berechtigungsrelevanten InfoObjekte

2. Das Ergebnis übernehmen Sie in die Massenpflege und klicken im Änderungsmodus auf PRÜFEN. Das Ergebnis ist eine Liste der nicht mehr berechtigungsrelevanten Merkmale (siehe Abbildung 2.93).

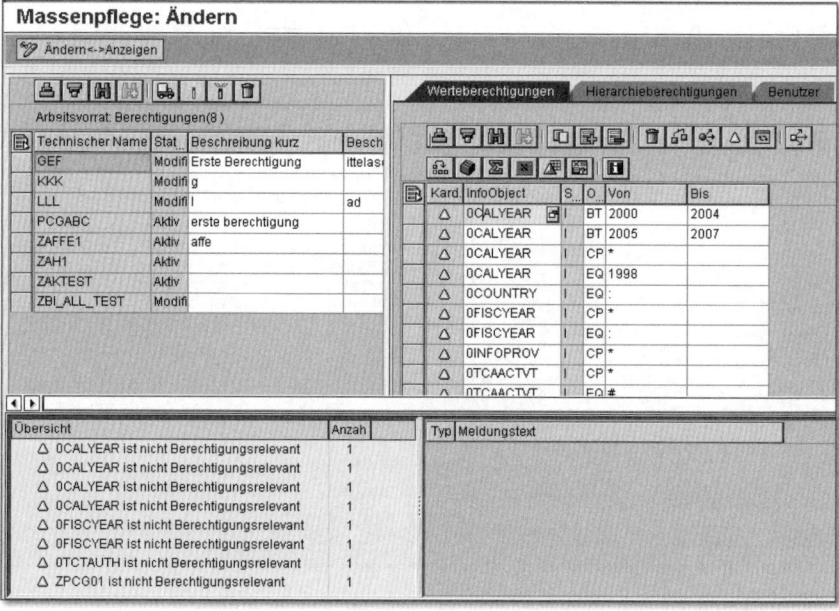

Abbildung 2.93 Lösung zu Beispiel 4 – Die Einträge zu nicht berechtigungsrelevanten Merkmalen können nun gelöscht werden.

Lösung zu Beispiel 5

Eine mögliche Lösung zu diesem Beispiel sieht folgendermaßen aus:

1. Gehen Sie in die komplexe Suchmaske auf der Registerkarte NACH HIERAR-
   CHIEBERECHTIGUNGEN.

2. Suchen Sie dort nach dem Merkmal 0D_FC_LAND, der Hierarchie WELT
   und dem Knoten EUROPA. Das Ergebnis ist hier eine Berechtigung (siehe
   Abbildung 2.94).

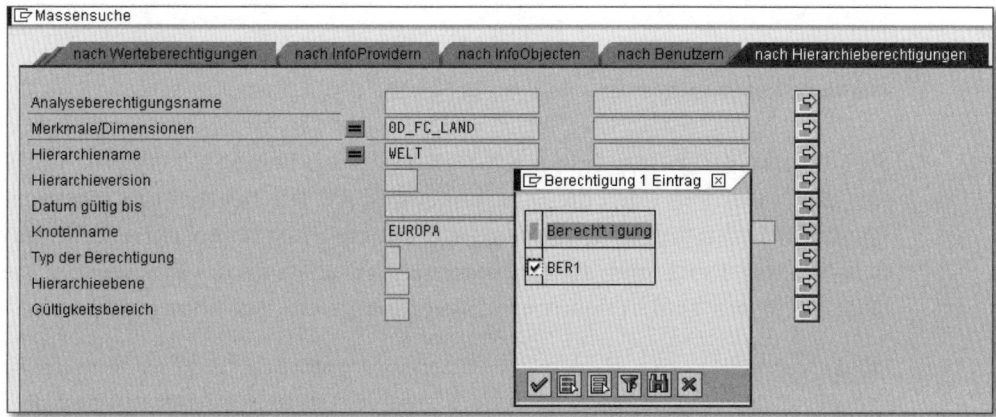

Abbildung 2.94 Lösung zu Beispiel 5 – Berechtigungen mit bestimmter
Hierarchieberechtigung

Suchen und Filtern

Beachten Sie, dass Sie fast immer die Ergebnisse noch weiter nachfiltern können,
indem Sie die Filteroption anklicken. Dort kann man durch Werte oder Intervalle
einschränken oder auch Ergebniswerte ausschließen.

Mit diesem Satz an Beispielen wird es Ihnen nicht schwerfallen, weitere
Varianten und Anwendungen zu ersinnen und auszuprobieren. Und, wie
bereits erwähnt, sind die Lösungen nicht immer eindeutig.

2.7.2 Massenpflege mit Benutzern

Die Massenpflege mit Benutzern erlaubt einen Überblick darüber, welche
Berechtigungen ein oder mehrere Benutzer zugeordnet haben. Im Änderungsmodus erhalten Sie auch die Möglichkeit der Zuordnung von Berechtigungen an einen Benutzerpool. In Abbildung 2.95 sehen Sie beispielsweise
die Zuordnungen der Berechtigungen der beiden Benutzer URSEC01 und
URSEC02. An der gelben Markierung sehen Sie bereits, dass sie beide jeweils

nur einem der beiden Benutzer zugeordnet sein können. Welcher das ist, könnten Sie wieder über den Verwendungsnachweis ermitteln.

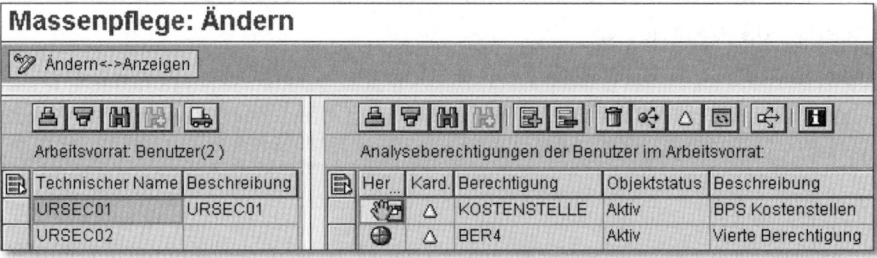

Abbildung 2.95 Berechtigungszuordnung für Benutzer URSEC01 und URSEC02

Sie möchten die Berechtigung KOSTENSTELLE nun beiden Benutzern zuordnen und außerdem noch die Berechtigung BER1. Die Bearbeitung läuft analog zur Berechtigungsmassenpflege ab: Durch Hinzufügen einer Zeile mit Berechtigung BER1 und durch Zuordnung zu allen (Icon [⬦]) werden sie beim Speichern beiden Benutzern zugeordnet (siehe Abbildung 2.96).

Abbildung 2.96 Zuordnung zweier Berechtigungen zu zwei Benutzern (im Änderungsmodus)

> **Massenpflege und Rollen**
>
> Die Massenzuordnung von Berechtigungen zu Benutzern funktioniert nur mit direkter Zuordnung in BW, nicht über Rollenzuordnung. Letztere wird weiterhin in der Rollenpflege (PFCG) bzw. der Benutzerpflege (SU01) vorgenommen, wenn sie nicht ohnehin von zentralen Tools wie dem Identity Management vorgenommen wird.

Als Suche und Informationssystem (Anzeigemodus) fungiert die Massenpflege aber für Rollenzuordnungen, da sie auch diese mit anzeigen kann.

2.7.3 Fazit zur Massenpflege

Die Massenpflege dient sowohl als Informationssystem als auch als Massenänderungssystem. Durch die komplexen Selektionskriterien sollten die allermeisten Anforderungen praxisbezogener Informationen und gezielter Änderungen in einem Berechtigungskonzept im Projekt durchführbar sein. Natürlich hängt die erfolgreiche Suche auch davon ab, ob es durchgehende Suchkriterien gibt. Wenn es keine oder schlechte Namenskonventionen bei Berechtigungen und Benutzern gibt, ist die Suche schwierig.

In den meisten Fällen jedoch kann mit der Massenpflege eine effektive Bearbeitung vieler Benutzer und Berechtigungen erreicht werden.

Damit ist ein wichtiger Schritt hin zu einer integrierten Berechtigungsverwaltung der Analyseberechtigungen im Rahmen von SAP NetWeaver BW erfolgt.

In SAP NetWeaver BW gibt es unterschiedliche Arten von Berechtigungen. Sie haben gemeinsam, dass sie – sinnvoll implementiert – eine dauerhaft stabile Anwendung für Benutzer und Support bieten. Den Teil der BW-spezifischen Berechtigungen abseits der Analyseberechtigungen beschreiben wir in diesem Kapitel.

3 Standardberechtigungen in SAP NetWeaver BW

Das zentrale Thema dieses Buches sind die Analyseberechtigungen. Diese Art von Berechtigung ist aber nicht die einzige, die man in einem SAP NetWeaver BW-System zu beachten hat. Darauf wurde bereits in Kapitel 1, »Analyseberechtigungen für Einsteiger: eine praktische Einführung«, hingewiesen. Im Laufe dieses Kapitels werden wir die Gruppe der transaktionalen Berechtigungen (oder Standardberechtigungen) im Detail betrachten. Jeder Benutzer, der mit BW arbeitet, benötigt diese Berechtigungen. Eine Prüfung der Standardberechtigungen erfolgt beispielsweise beim Aufruf einer Transaktion, bei der Erstellung eines InfoProviders und auch bei der Ausführung einer BW Query oder einer BW-Arbeitsmappe.

Wir werden uns zuerst die Grundlagen dieser Gruppe von Berechtigungen im Detail ansehen. Danach beschreiben wir die wichtigsten Berechtigungsobjekte im BW-Umfeld. Der Aufbau ist hier dem Datenfluss eines Datenmodells in BW nachempfunden. Wir beginnen im Quellsystem und gehen dann Schritt für Schritt über die Extraktion und den Datenfluss in BW bis zum Reporting.

3.1 Grundlagen

Unabhängig davon, welches Berechtigungskonzept Sie vor dem Release BW 7.3 für das SAP NetWeaver BW-Reporting im Customizing des Systems (Transaktion RSCUSTV23) eingestellt haben, werden Standardberechtigungen immer geprüft.

Berechtigungskonzepte in SAP NetWeaver BW

Bis zum Release SAP Business Information Warehouse 3.5 hatte man nur die Möglichkeit, das Konzept der Reportingberechtigungen zu verwenden. Ab Release SAP NetWeaver Business Warehouse 7.0 stehen die Analyseberechtigungen zur Verfügung. Seit dem Release 7.3 müssen zwingend Analyseberechtigungen verwendet werden.

Für die unterschiedlichen »Rollen«, die Benutzer in einem Unternehmen erfüllen, benötigen sie unterschiedliche Standardberechtigungen. Es gibt den *Reportingbenutzer*, der Querys oder Arbeitsmappen ausführen darf. Zumeist erfüllt ein kleiner Kreis von Benutzern die Rolle der sogenannten *Power-User*, die Anwendungen wie Querys (zumeist in eigenen Namensräumen) oder Arbeitsmappen selbst erstellen und anderen Benutzern über das Menü einer Rolle zuordnen.

Am Beginn eines SAP NetWeaver BW-Projekts stehen jedoch meistens die *Projektmitarbeiter und Entwickler* im Vordergrund. Diese Gruppe soll das erarbeitete Datenmodell am System umsetzen. Auch sie benötigen dafür Standardberechtigungen, die nicht notwendigerweise etwas mit dem Reporting zu tun haben. Denn der erste Schritt in einem BW-Projekt ist, einen Datenfluss innerhalb des Data Warehouses zu erstellen, erst dann ist es möglich, ein Reporting darauf aufzusetzen.

Die letzte Gruppe von Benutzern, die wir ansprechen, sind die Mitarbeiter im Unternehmen, die für die Wartung zuständig sind. Sie betreuen bereits am System implementierte Datenmodelle und das dazugehörige Reporting am System. Nachdem Projekte abgeschlossen wurden, liegt es bei den Mitarbeitern der Wartung des Systems, den Endanwender beim Einsatz oder der Adaptierung des Reportings und bei der Analyse von Problemen zu unterstützen. Dafür sind umfangreiche Standardberechtigungen notwendig. Reine Reportingberechtigungen werden meist nicht ausreichen, damit der gesamte Datenfluss inklusive aller Veränderungen der Daten von der Quelle bis zum finalen InfoProvider kontrolliert werden kann.

Abbildung 3.1 stellt die Rollen- und Systemverteilung in einem SAP NetWeaver BW-Projekt auf einfache Weise dar. Wir werden an dieser Stelle nicht auf die verteilte Systemlandschaft im Entwicklungs-, Qualitätssicherungs- und Produktivsystem eingehen. Wir verwenden in diesem Beispiel nur eine Systemschicht.

Die Gruppen Reporting- und Power-User greifen jeweils auf Berichtsdaten in BW zu, wobei der Power-User auch neue Berichte erstellen darf. Viele Benutzer des Reportings besitzen selbstverständlich auch Berechtigungen im SAP ERP-System, um dort innerhalb ihrer Applikationen entsprechende Buchungen vorzunehmen. Erst diese Buchungen bilden die Datenbasis für das Reporting in SAP NetWeaver BW.

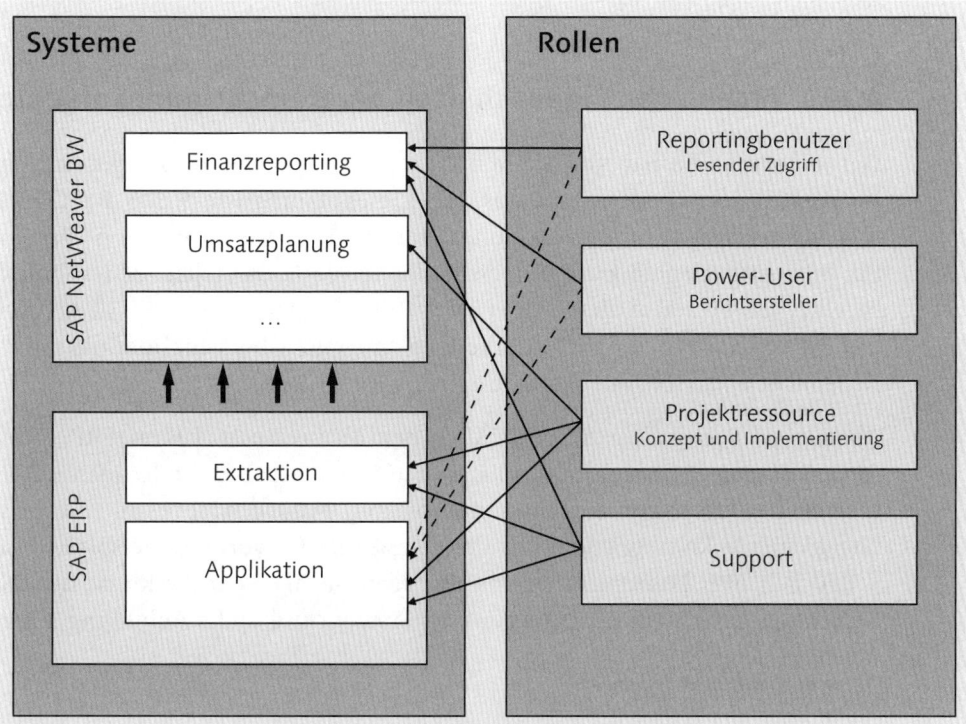

Abbildung 3.1 Systeme und Rollen im SAP NetWeaver BW-Umfeld

In Abbildung 3.1 wird innerhalb eines Projekts eine Umsatzplanung implementiert. Der Projektmitarbeiter benötigt dazu ausreichende Berechtigung in BW und im Quellsystem. Andere Rollen greifen derzeit nicht auf die Umsatzplanung zu, da das Projekt erst in der Phase der Umsetzung ist und noch nicht an die Endanwender und die Wartung übergeben wurde. Die Wartung betreut bereits die Anwendung der Profit-Center-Rechnung in BW. Um die Beladung sicherzustellen und den Benutzer im Reporting unterstützen zu können, sind entsprechende Berechtigungen in BW und auch im Quellsystem erforderlich.

Wichtig für die Projektdauer

Damit SAP NetWeaver BW-Implementierungen bzw. die Umsetzung von Projekten erfolgreich und vor allem zeitgerecht abgewickelt werden können, ist es wichtig, rechtzeitig das Berechtigungskonzept zu bedenken. Da der Umgang mit Berechtigungen in Unternehmen immer ein kritisches Thema ist, kann es rasch zu einem Verzug im Zeitplan kommen, wenn das Konzept nicht ausgereift ist und nicht ausreichend getestet wurde.

3.2 Technische Eigenschaften der Berechtigungsobjekte

Der technische Aufbau von Standardberechtigungsobjekten ist sehr einfach. Im Wesentlichen bestehen sie aus dem Objektnamen wie z. B. S_RS_COMP und aus maximal zehn Berechtigungsfeldern, die Werte aufnehmen können. Ein Berechtigungsfeld kann unterschiedliche Werte darstellen. Jedes Objekt ist einer Objektklasse zugeordnet. Mit Hilfe der Transaktion SU21 (PFLEGE DER BERECHTIGUNGSOBJEKTE) erhalten Sie eine gute Übersicht über die unterschiedlichen Klassen, wie Abbildung 3.2 verdeutlicht.

Abhängig davon, welche Art von SAP-System Sie im Einsatz haben (ERP, CRM, APO, BW etc.) bzw. welche Applikationen installiert sind, findet man unterschiedliche Klassen von Berechtigungsobjekten. Natürlich gibt es auch systemübergreifende Komponenten wie die der SAP-Basis, worunter beispielsweise S_RFC fällt. Wir konzentrieren uns aber hauptsächlich auf die Klasse der RS-Berechtigungen (BUSINESS INFORMATION WAREHOUSE, siehe Abbildung 3.2).

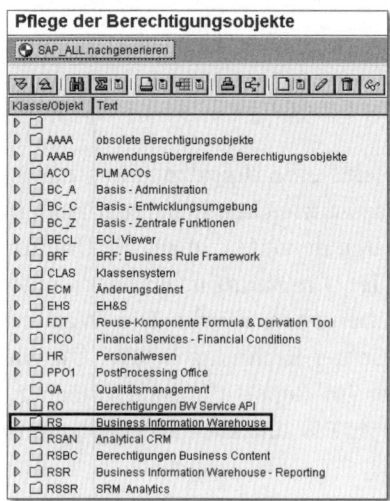

Abbildung 3.2 Transaktion SU21 – Übersicht über die Berechtigungsobjektklassen

Die meisten Berechtigungsobjekte werden von SAP ausgeliefert und können nicht mehr verändert werden, sie sind im SAP-Code als zu prüfende Objekte hinterlegt. Das ist nicht so bei der Objektklasse der RSR-Berechtigungen (*Business Information Warehouse – Reporting 2*). Diese enthält die selbst definierten Berechtigungsobjekte, die bis zu SAP BW 3.x ausschließlich im Einsatz waren.

Die Berechtigungsfelder eines Objekts können unterschiedlicher Natur sein. Es kann z. B. der technische Name eines InfoCubes oder eine Transaktion eingetragen werden. Der Aufbau der Objekte wird grafisch einfach und verständlich in der Transaktion SU21 dargestellt. Exemplarisch ist in Abbildung 3.3 das für Reportingzwecke wichtige BW-Objekt S_RS_COMP zu sehen.

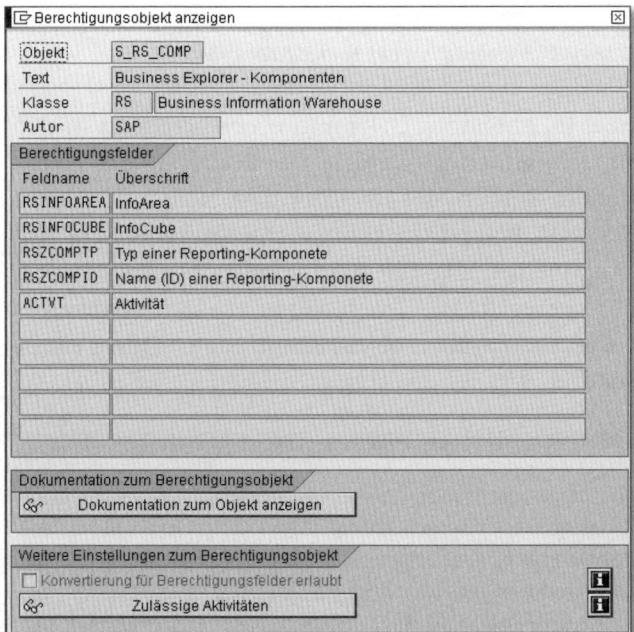

Abbildung 3.3 Aufbau des Berechtigungsobjekts S_RS_COMP

In der Transaktion SU21 finden Sie für jedes Berechtigungsobjekt eine genaue Beschreibung der Funktion, die über den Button DOKUMENTATION ZUM OBJEKT ANZEIGEN eingeblendet werden kann. Diese ist sehr hilfreich, denn es werden jedes Feld einzeln erklärt und dessen mögliche Ausprägungen genannt. Daher ist es einfacher, vordefinierte Werte für Berechtigungsfelder zu interpretieren.

Unser Beispielobjekt S_RS_COMP besteht aus fünf Feldern. Das Feld RSZ-COMPTP bestimmt den Typ einer Reportingkomponente, der berechtigt wird. Dabei handelt es sich um ein Feld mit vordefinierten Werten. Was damit gemeint ist und welche Werte man am System vergeben kann, zeigt die Dokumentation des Berechtigungsobjekts (siehe Abbildung 3.4).

Typ einer Reporting-Komponente: legt fest, welche Komponententypen vom Benutzer bearbeitet werden dürfen:

- Berechnete Kennzahl (Typ = **CKF**)
- Eingeschränkte Kennzahl (Typ = **RKF**)
- Struktur (Template) (Typ = **STR**)
- Query (Typ = **REP**)
- Variable (Typ = **VAR**)

Abbildung 3.4 Transaktion SU21 – Dokumentation des Feldes RSZCOMPTY

Die fett markierten Kürzel in Abbildung 3.4 müssen entsprechend in den Berechtigungen des Benutzers hinterlegt werden. Die Erklärung des Feldes darf nicht falsch interpretiert werden, der Benutzer darf nicht automatisch mit der Vergabe von S_RS_COMP-Reportingkomponenten arbeiten. Die Art, wie ein Benutzer auf Komponenten zugreift, wird immer über die *Aktivität* (Berechtigungsfeld ACTVT) geregelt. Die Kombination aus den Feldwerten und der Aktivität entscheidet also darüber, ob ein Benutzer eine Query erstellen oder nur ausführen darf.

Wie vergibt man die Gesamtberechtigung?

Unter einer *Gesamtberechtigung* versteht man die Berechtigung auf alle Ausprägungen eines Berechtigungsfeldes in einem Berechtigungsobjekt. Eine Gesamtberechtigung wird immer mit * (Stern) vergeben. Dies gilt auch für das Berechtigungsobjekt S_RS_AUTH. Wenn man hier jedoch die Berechtigung 0BI_ALL vergibt, dann hat dies die gleiche Wirkung, als würde man * (Stern) vergeben, und der Benutzer erhält eine Gesamtberechtigung für das Reporting.

In der Transaktion SU21 werden über den Button ZULÄSSIGE AKTIVITÄTEN alle zur Vergabe möglichen Aktivitäten angezeigt (für S_RS_COMP siehe Abbildung 3.5). Soll z. B. ein beliebiges Objekt (InfoCube, Query etc.) geändert werden, wird die Aktivität 02 geprüft. Möchte man sich nur die Definition eines Objekts ansehen, ohne dieses ändern zu wollen, wird auf Aktivität 03 geprüft.

Wenn Sie das auf die verschiedenen Benutzerrollen im Unternehmen umlegen, dann benötigen diese unterschiedliche Aktivitäten. Der Power-User darf angelegte Berichte ändern und wird somit für die Aktivität 02, ÄNDERN, berechtigt sein. Hingegen darf der Reportingbenutzer diese nur ausführen, daher ist er zur Aktivität 03, ANZEIGEN, berechtigt.

Das Berechtigungsfeld »Aktivität« (ACTVT)

Dieses Berechtigungsfeld hat im SAP-System eine besondere Bedeutung. Es wird in beinahe allen SAP-Standardberechtigungsobjekten verwendet und dient dazu, die Art der Tätigkeit, für die ein Benutzer berechtigt ist, zu steuern. Wie gerade erwähnt, wird bei der Änderung einer Query die Aktivität 02 und bei der einfachen Anzeige die Aktivität 03 geprüft.

Diese Zahlwerte und deren Bedeutungen gelten für alle Berechtigungsobjekte des Systems. Ein Benutzer benötigt für eine Änderung immer 02 und bei der Anzeige 03.

Die Werte, die für das Berechtigungsfeld ACTVT vergeben werden können, können in der Transaktion SU20 nachgelesen werden. Dort wählen Sie das Feld ACTVT aus und erhalten über den Button WERTEHILFE alle im System gepflegten Aktivitäten aufgelistet.

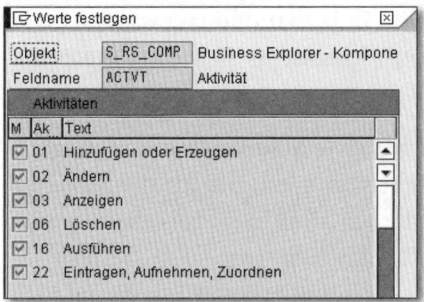

Abbildung 3.5 Aktivitäten für S_RS_COMP

Technisch sind die Standardberechtigungen komplett von den Analyseberechtigungen getrennt. Über das ausgelieferte Standardberechtigungsobjekt S_RS_AUTH stehen die beiden Arten jedoch in Zusammenhang (Details dazu finden Sie in Abschnitt 2.5.2, »Integration in das SAP-Rollenkonzept«).

Die Standardberechtigungen werden direkt über den eingebauten ABAP-Befehl `AUTHORITY-CHECK` abgefragt, wie in Abbildung 3.6 anhand der Berechtigungsprüfung für das BW-Standardberechtigungsobjekt S_RS_COMP zu sehen ist.

Die Vergabe von Standardberechtigungen erfolgt über das Rahmenwerk der SAP-Basis. Die zentrale Rolle spielt die Transaktion PFCG, die Rollenpflege. Dort werden Berechtigungsprofile für Rollen angelegt. Die Berechtigungen werden direkt innerhalb des Pflegedialogs erzeugt, im Gegensatz zu den Analyseberechtigungen, die vorab mit unterschiedlichen Konstellationen bzw. Ausprägungen innerhalb der Transaktion RSECADMIN erstellt werden.

```
authority-check object 'S_RS_COMP' for user i_uname
        id 'RSINFOAREA' field i_infoarea
        id 'RSINFOCUBE' field i_infocube
        id 'RSZCOMPTP'  field l_comptype
        id 'RSZCOMPID'  field i_compid
        id 'ACTVT'      field i_actvt.
```

Abbildung 3.6 Berechtigungsprüfung für S_RS_COMP

Bei den Analyse- und Standardberechtigungen ist auch der Berechtigungstrace unterschiedlich. Die klassischen Berechtigungsobjekte können mit Hilfe der Transaktion ST01 (SYSTEMTRACE) aufgezeichnet werden. Hingegen werden Analyseberechtigungen mit einem eigenen Protokoll aufgezeichnet, das in der Transaktion RSECPROT abgerufen werden kann. Details zu den unterschiedlichen Protokollen finden Sie in Kapitel 4, »Analyse von Berechtigungsprüfungen und -konfiguration«; spezielle Informationen zum Trace der Transaktion ST01 sind in Abschnitt 4.4, »Klassische Berechtigungsprotokolle«, zusammengestellt.

In den folgenden Abschnitten gehen wir auf viele Standardberechtigungsobjekte genauer ein. Es handelt sich um Berechtigungen, die für die Modellierung von Datenflüssen am System erforderlich sind bzw. vergeben werden können – genauso wie Berechtigungen für das Reporting und weitere Services, die in BW zur Verfügung stehen. Die weiteren Erläuterungen sind nicht als vollständige Liste aller geprüften Berechtigungsobjekte zu verstehen, sondern als Auszug aus den zentralen Objekten, die bei der Arbeit mit Berechtigungen in SAP NetWeaver BW bekannt sein sollten.

3.3   Datenmodellierung und allgemeine Berechtigungen

Wir gehen einmal von der Annahme aus, dass ein SAP ERP-System der Lieferant der Daten für das BW-Reporting ist. Deshalb müssen für die Implementierung eines Projekts Berechtigungen im BW-System und im ERP-System vergeben werden.

Einige Aktivitäten in SAP-Systemen wie der Aufruf von Transaktionen, Programmierung, Tabellenpflege oder auch die Arbeit mit dem Transportwesen werden immer benötigt, unabhängig davon, ob ein BW- oder ein ERP-System verwendet wird. In Tabelle 3.1 sind hierzu die wichtigsten Berechtigungsobjekte für die Arbeit im Quellsystem und innerhalb von SAP NetWeaver BW aufgelistet.

Berechtigungsobjekt	Beschreibung
S_TCODE	Vergabe der Transaktionscodes
S_GUI	GUI-Download/Upload
S_DEVELOP	ABAP Workbench
S_TABU_DIS	Tabellenanzeige und -pflege
S_TABU_LIN	Organisatorische Einheit
S_CTS_ADMI	Funktionen des Transportwesens

Tabelle 3.1 Wichtige Berechtigungsobjekte für SAP ERP und SAP NetWeaver BW

An dieser Stelle erwähnen wir auch die Extraktionsberechtigungsobjekte S_RO_BCTRA (Remote-DataSource-Aktivierung) und S_RO_OSOA (Data-Source ab PI-Basis 2006.1). Generell sind diese Objekte eher für ERP-Systeme relevant, sie können aber auch in BW-Systemen benötigt werden. Eine Liste der wichtigsten BW-spezifischen Berechtigungsobjekte finden Sie in Tabelle 3.2.

Berechtigungsobjekt	Beschreibung
S_RS_ADMWB	Data Warehousing Workbench
S_RS_DS	DataSource (ab BW 7.0)
S_RS_TR	Transformation
S_RS_DTP	Daten-Transfer-Prozess
S_RS_DMOD	Datenfluss
S_RS_ISNEW	InfoSource (ab BW 7.0)
S_RS_ISRCM	InfoSource (direkte Fortschreibung)
S_RS_ISOUR	InfoSource (flexible Fortschreibung)
S_RS_ODSO	DataStore-Objekt

Tabelle 3.2 BW-relevante Berechtigungsobjekte

Berechtigungsobjekt	Beschreibung
S_RS_ICUBE	InfoCube
S_RS_LPOA	Semantisch partitioniertes Objekt
S_RS_MPRO	MultiProvider
S_RS_HYBR	HybridProvider
S_RS_IOBC	InfoObjectCatalog
S_RS_AINX	Analytischer Index
S_RS_CPRO	CompositeProvider
S_RS_IOBJ	InfoObject
S_RSEC	Admin-Analyseberechtigungen
S_RS_IOMAD	Pflege von Stammdaten
S_RS_HIER	Hierarchien
S_RS_PC	Prozessketten
RSANPR	Berechtigung für Analyseprozesse

Tabelle 3.2 BW-relevante Berechtigungsobjekte (Forts.)

Mit Hilfe dieser Listen von Berechtigungsobjekten sollte es möglich sein, Konzepte für Berechtigungen bei Projekten im Zusammenhang mit BW einfacher und schneller zu erstellen bzw. umzusetzen. In den folgenden Abschnitten werden wir auf jedes einzelne Berechtigungsobjekt dieser Tabellen eingehen und detailliert dessen Eigenschaften beschreiben. Beginnen wir mit dem SAP ERP-System.

3.3.1 SAP ERP-Quellsystem

Wir starten mit den Berechtigungsobjekten, die Sie für das ERP-System benötigen. Zusätzlich zu Berechtigungen im Quellsystem ist natürlich auch die installierte Service-API wichtig. Davon hängt ab, welche Funktionen zur Verfügung stehen und welche Berechtigungen geprüft werden.

BW-Funktionalität im SAP ERP-Quellsystem

BW-relevante Funktionen werden im Quellsystem mit der Service-API (Plug-in) ausgeliefert. Eine Kommunikation zwischen BW und einem SAP-System sowie die Nutzung spezieller Funktionen für Extraktoren sind nur dann möglich, wenn in der Quelle das entsprechende Plug-in vorhanden ist.

Berechtigungsobjekt S_TCODE

Das wohl zentralste Berechtigungsobjekt ist S_TCODE, es berechtigt für Transaktionen. Dem Benutzer wird somit erlaubt, sich im System zu bewegen. Ohne die Berechtigung für Transaktionen ist die Arbeit am System nicht möglich.

Um die Kommunikation zwischen BW und der Quelle einzurichten, gibt es in SAP-Systemen bestimmte Transaktionen. Dort werden DataSources für die Extraktion bekannt gegeben, aktiviert und modifiziert, oder es werden eventuell generische DataSources angelegt.

Für BW-Aktivitäten ist die Transaktion SBIW (EINFÜHRUNGSLEITFADEN ANZEIGEN), das Customizing der BW-Einstellungen in einem OLTP-System, sehr wichtig. Hier werden Steuerparameter für die Datenübertragung zu BW (wie Paketgröße, Häufigkeit von *Info-IDocs* oder die Anzahl der parallelen Extraktionsprozesse) eingestellt.

Im Customizing können Sie auch Einstellungen zur Prüfung des weiter unten beschriebenen Objekts S_RO_OSOA vornehmen. Die Transaktion SBIW birgt weitere BW-spezifische Transaktionen in sich, z. B.:

- RSA3 – Extraktorchecker
- RSA5 – Übernahme von Content DataSources
- RSA6 – DataSources nachbearbeiten
- RSA7 – Delta Queue für das BW
- RSO2 – Pflege generischer DataSources
- LBWE – Logistik Customizing Cockpit

Transaktion RSA3 – »Extraktorchecker«

Für Implementierungen oder Wartungsarbeiten wird häufig die Transaktion RSA3 benötigt. Dabei handelt es sich um den Extraktorchecker; mit diesem wird die Extraktion der für das BW bestimmten Daten geprüft. Speziell Anreicherungen oder Modifikationen der Daten durch Kunden-Exits oder BAdI-Implementierungen werden mit Hilfe der Transaktion RSA3 analysiert.

Abgesehen von der gerade genannten BW-nahen Transaktion werden auch Berechtigungen für Standardtransaktionen wie SE11/SE16 (Tabellenstrukturen, -ansicht), SE19 (BAdI-Implementierung) oder SE37 (Function Builder) etc. benötigt.

Berechtigungen für die Analyse in SAP ERP

Zu bedenken ist ebenfalls, dass für Analysen bei Problemen mit Kennzahlen in BW die Quellbelege im OLTP-System einsichtig sein sollten. Daher ist es vorteilhaft, wenn Benutzer der BW-Implementierung bzw. -Wartung auf Finanz-, Controlling- oder Logistikbelege lesenden Zugriff haben.

Berechtigungsobjekt S_GUI

Das Berechtigungsobjekt S_GUI wird geprüft, wenn ein Benutzer Listen, wie etwa Tabelleninhalte, vom System exportiert oder importiert. Bei Analysen kann es hilfreich sein, diese Auszüge abseits des Systems zur Verfügung zu haben. Sichert der Benutzer eine angezeigte Liste über den Menüpfad System • Liste • Sichern • Lokale Datei, dann wird für den Download S_GUI die Aktivität 61 abgefragt.

Verwendung von S_GUI im Reporting

Führt ein Benutzer Arbeitsmappen in BW aus, dann wird auch an dieser Stelle das Berechtigungsobjekt S_GUI geprüft. Somit müssen auch Benutzer im Reporting beim Ausführen von Berichten auf S_GUI berechtigt sein.

Berechtigungsobjekt S_DEVELOP

Benötigt wird dieses Objekt häufig für Entwicklungen im Bereich der Extraktoren. Die Anreicherung von Feldern einer DataSource mit Daten, die im Rahmen der Content-Version nicht ausgeliefert werden, ist üblich. Mit Hilfe von S_DEVELOP lässt sich der Namensraum für Entwicklungen gut einschränken. Dieses Objekt ist aber auch besonders für das Debugging bei der Kontrolle von Implementierungen oder aber auch bei der Analyse von Problemfällen wichtig. Auf nicht produktiven Systemen sollte auch die Berechtigung zum Ersetzen beim Debuggen vergeben werden, um die Entwicklung und Wartung zu vereinfachen.

Berechtigungsobjekt S_TABU_DIS

Die Inhaltsanzeige einer Tabelle einzuschränken ist mit dem Objekt S_TABU_DIS möglich. Obwohl eine Berechtigung über die Transaktion SE16 für die Anzeige von Tabelleninhalten vorhanden ist, wird S_TABU_DIS nochmals gesondert bei der Anzeige geprüft. Die Einschränkung erfolgt über zuvor definierte Berechtigungsgruppen. Innerhalb der Pflege der Tabelleneigenschaften kann man eine Tabelle einer bestimmten Berechtigungsgruppe zuordnen. Ist der Benutzer nicht auf diese Gruppe berechtigt, werden keine

Daten angezeigt. Somit können bestimmte Dateninhalte geschützt werden. Interessant ist dies bei Daten in den Bereichen Personalwesen, Einkauf, Finanzen oder Controlling.

Berechtigungsobjekt S_TABU_LIN

Eine zusätzliche Möglichkeit, um die Anzeige von Daten einer Tabelle zu schützen, bietet S_TABU_LIN. Hier können die Daten einer Tabelle zeilenweise nach betriebswirtschaftlichen Kriterien gefiltert werden. Das Berechtigungsobjekt ergänzt S_TABU_DIS. Mit diesen beiden Objekten in Kombination kann man den Zugriff auf Tabellenebene und im Weiteren auf bestimmte Zeilen innerhalb der berechtigten Tabellen einschränken.

In BW kann man damit die Einsicht in Stammdatentabellen, etwa für Daten aus dem Personalumfeld, gut abschirmen.

> **Verwendung von S_TABU_LIN**
>
> Die Verwendung des Berechtigungsobjekts sollten Sie sich gut überlegen. Dessen Ursprung liegt eigentlich in den transaktionalen Systemen, um Tabelleninhalte zu schützen. In einem OLAP-System wie BW haben Benutzer keinen Zugriff auf Tabellen über die Transaktion SE16, die Daten werden immer über Querys abgefragt und in einem Frontend aufbereitet.
>
> Ist es trotzdem in einem BW-System notwendig, Tabelleninhalte, wie etwa Personalkennzahlen, zu schützen, dann ist das Berechtigungsobjekt S_TABU_DIS normalerweise vollkommen ausreichend.

Berechtigungsobjekt S_CTS_ADMI

Auf Details im Bereich des *Change- und Transportsystems* (Transportwesen) werden wir nicht näher eingehen. Dazu gibt es meist umfangreiche interne Konzepte. Es sei jedoch erwähnt, dass es hilfreich ist, wenn Entwickler in Projekten eine entsprechende Berechtigung für das Transportwesen haben. Da eine größere Anzahl an Objekten angelegt wird, die meist einer bestimmten Reihenfolge beim Transport unterliegen, sollten die Benutzer Aufträge selbst erstellen und Objekte zuweisen können.

Berechtigungsobjekt S_RO_BCTRA

Ein Benutzer hat die Möglichkeit, eine DataSource für ein Quellsystem direkt aus dem Business Content des BW-Systems heraus zu aktivieren. Die Prüfung auf das Berechtigungsobjekt S_RO_BCTRA findet ausschließlich im OLTP-System statt, dort müssen dem Benutzer entsprechende Berechtigungen zugeordnet sein. Sollte die Berechtigung nicht vorhanden sein, wird im BW-System eine Warnung ausgegeben.

Berechtigungsobjekt S_RO_OSOA

Mit Hilfe dieses Berechtigungsobjekts wird eine Prüfung bei Arbeiten mit DataSources im OLTP-System durchgeführt. Eine Überprüfung der Berechtigungen erfolgt bei der Bearbeitung von DataSources und auch bei der Extraktion von Daten.

Vor der Einführung dieses Berechtigungsobjekts wurden, wenn im Customizing der Extraktoren (Transaktion SBIW) nichts anderes eingestellt war, keine Berechtigungen geprüft.

Anmerkung zur Service-API des Quellsystems

Für das Berechtigungsobjekt S_RO_BCTRA wurde die Funktion der Prüfung von Berechtigungen im Quellsystem mit der SAP-Softwarekomponente PI_BASIS 2005.1 implementiert. Für den Einsatz der Prüfung auf S_RO_OSOA ist die Version PI_BASIS 2006.1 notwendig. Die Rollenvorlage S_RO_OSOA_TMPL bietet Benutzern auch weiterhin die Möglichkeit, uneingeschränkt zu arbeiten.

3.3.2 SAP NetWeaver BW – Datenmodellierung

Nach den relevanten Berechtigungsobjekten im Quellsystem kommen wir nun zu SAP NetWeaver BW. Wir beginnen mit dem Bereich der Datenmodellierung. Diese reicht von der DataSource bis hin zu einem MultiProvider, auf den Querys für das Reporting aufsetzen.

Im Gegensatz zu den Berechtigungsobjekten im Quellsystem werden die Objekte von BW größtenteils nicht einzeln, sondern innerhalb logisch zusammenhängender Gruppen beschrieben.

Beginnen wollen wir jedoch wieder mit den Transaktionscodes, die in BW relevant sind und über S_TCODE berechtigt werden.

Berechtigungsobjekt S_TCODE

Wie in anderen SAP-Modulen gibt es auch in BW eine Vielzahl applikationsspezifischer Transaktionen. Für Endbenutzer, die Berichte am System ausführen, sind Transaktionscodes in BW von geringer Bedeutung. Die Gruppe stellt den größten Teil dar. Abbildung 3.7 zeigt Details zu S_TCODE für die SAP-Berechtigungsvorlage S_RS_ROPOP. Die Ausprägungen sind bereits vordefiniert und können direkt in ein Profil übernommen werden.

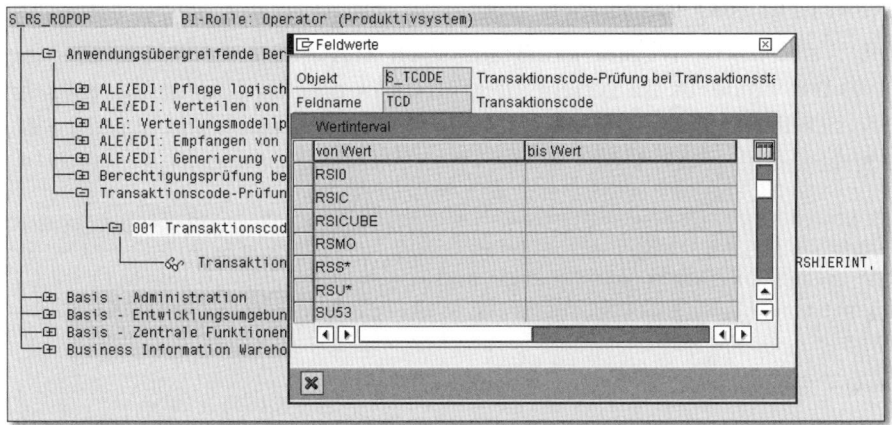

Abbildung 3.7 Vordefinierte S_TCODE-Werte bei einer SAP-Berechtigungsvorlage

Endbenutzer können sich am BW-System wie gewohnt über das SAP GUI anmelden. Dort finden Sie im Benutzermenü (Button [⬚]) die Favoriten bzw. zugeordneten Rollen und die darin enthaltenen Berichte. Damit ein Benutzer diese direkt aus dem SAP GUI ausführen kann, um den Bericht im Business Explorer Analyzer (kurz BEx Analyzer) zu sehen, muss eine Berechtigung für die Transaktion RRMX zugewiesen sein.

Für Benutzer, die Datenmodelle implementieren oder deren Wartung betreuen, sind die Transaktionscodes natürlich von zentraler Bedeutung, allen voran die Warehousing Workbench von BW – zu erreichen über die Transaktion RSA1 –, die wir exemplarisch erwähnen wollen. Sie bietet den idealen Einstiegspunkt, um Datenmodelle am System umzusetzen oder diese an veränderte Reportingbedürfnisse anzupassen bzw. einem Redesign zu unterziehen. Allein der Umstand, dass ein Benutzer die Berechtigung für RSA1 hat, bedeutet jedoch nicht, dass Objekte wie ein DataStore-Objekt oder ein InfoCube angelegt werden dürfen. Diese Aktivitäten werden separat geprüft, worauf wir im Folgenden noch detailliert eingehen.

Aufgrund der Vielzahl an zur Verfügung stehenden Transaktionen werden wir nun nicht weiter im Detail auf einzelne eingehen. Wichtig ist zu wissen, dass in BW Transaktionen für die Applikation sowie übergreifende SAP-Basis- und Datenbanktransaktionen relevant sind. Zielführend ist es, gerade für S_TCODE, mit Berechtigungsvorlagen zu arbeiten (siehe Abschnitt 3.4, »Die wichtigsten Berechtigungsobjekte im Reporting«). Auf dem Entwicklungssystem werden oft volle Berechtigungen vergeben, die jedoch im produktiven Betrieb wieder eingeschränkt werden.

Die Warehousing Workbench

Die Warehousing Workbench (Transaktion RSA1) ist bei der Modellierung eines Datenmodells am System die zentrale Transaktion. Damit können sehr übersichtlich und grafisch unterstützt von einem zentralen Punkt aus BW-Objekte angelegt werden.

Das Berechtigungsobjekt S_RS_ADMWB

Um die Navigation und Aktivitäten gut und einfach zu schützen, wurde das Berechtigungsobjekt S_RS_ADMWB eingebaut. Es ist aus zwei Berechtigungsfeldern aufgebaut:

- ACTVT – Aktivität

- RSADMWBOBJ – Data-Warehousing-Workbench-Objekt

Für das Data-Warehousing-Workbench-Objekt sind viele Werte für das Feld RSADMWBOBJ vordefiniert. Wir wollen uns nun einen Auszug aus häufig relevanten Feldwerten und deren geprüfte Aktivitäten im Detail ansehen.

- **INFOAREA**
  Wird bei der Anlage, Löschung oder Änderung von InfoAreas geprüft. Die abgefragte Aktivität ist, unabhängig von der Art der Tätigkeit des Benutzers, immer 23 (PFLEGEN).

- **APPLCOMP**
  Bei Arbeiten mit Applikationskomponenten im Bereich der InfoSources prüft das System auf diesen Wert. Wie auch bei der InfoArea wird unabhängig von der Tätigkeit immer auf die Aktivität 23 geprüft.

- **INFOOBJECT**
  Innerhalb der Warehousing Workbench können Merkmale sowie Merkmalskataloge über den Navigationspfad MODELLIERUNG • INFOOBJECTS angelegt werden. Für beide wird der Wert INFOOBJECT geprüft. Die benötigten Aktivitäten sind bei der Anlage und bei einer Änderung 23, für das Löschen wird auf 06 geprüft. Für das Arbeiten mit Merkmalen und deren Katalogen ist nicht nur S_RS_ADMWB relevant, auch die Berechtigungsobjekte S_RS_IOBJ und S_RS_IOBC können eine Rolle spielen, darauf gehen wir unter der Überschrift »Merkmale« (auf S. 225) noch genauer ein.

- **SOURCESYS**
  Wenn Quellsysteme bearbeitet oder angelegt werden, wird auf diese Ausprägung geprüft. Die Anlage und die Löschung verlangen die Aktivität 23, bei Änderungen, dem Aktivieren oder dem Wiederherstellen wird auf 03 geprüft. Auch wenn ein Benutzer DataSources erstellt oder Metadaten für

Quellsysteme repliziert, findet eine Prüfung auf SOURCESYS statt, um sicherzustellen, dass der Benutzer für Arbeiten mit Quellsystemen berechtigt ist.

▸ **SETTINGS**

Übernimmt ein Benutzer die *Wechselkurse* eines Quellsystems, wird auf SETTINGS mit der Aktivität 23 geprüft. Auch für die Übernahme globaler Einstellungen aus einem anderen System (Wechselkurse, Maßeinheiten oder Geschäftsjahresvarianten) gilt die Prüfung auf SETTINGS mit 23.

▸ **METADATA**

Um die Metadaten für eine DataSource aus dem Quellsystem in das BW zu replizieren, muss eine Berechtigung auf METADATA mit der Aktivität 66 (AKTUALISIEREN) vorhanden sein.

▸ **INFOPACKAG**

Für das InfoPackage gilt bei allen Aktivitäten die Prüfung auf INFOPACKAG und die Aktivität 23.

▸ **BR_SETTING**

Der Eintrag BR_SETTING wird bei Arbeiten mit dem Broadcaster abgefragt. Die hier zu vergebenden Aktivitäten sind ANZEIGEN und AUSFÜHREN. Einplanungen benötigen Aktivität 16, Änderungen und das Löschen werden mit der Aktivität 23 berechtigt. Für das Einplanen von Broadcast-Einstellungen werden ebenso die Objekte S_BTCH_JOB und S_BTCH_ADM benötigt.

▸ **MONITOR**

Ruft man innerhalb der Warehousing Workbench über die Administration den Monitor auf, wird dieser Eintrag mit der Aktivität 23 abgefragt. Diese Berechtigung ist somit für den Support bei der Prüfung von Beladungen unumgänglich.

Die Einträge für das Feld RSADMWBOBJ des Berechtigungsobjekts S_RS_ADMWB sind wichtig für Arbeiten auf einem SAP NetWeaver BW-System. Sie müssen beachtet werden, wenn das Berechtigungskonzept für das System erstellt wird.

Extraktion

Um die Bearbeitung von DataSources zu schützen, wurde das Berechtigungsobjekt S_RS_DS angelegt. Es besteht aus den Feldern DATASOURCE, QUELLSYSTEM, AKTIVITÄT und TEILOBJEKT ZUR NEUEN DATASOURCE. Dieses Teilobjekt kann die Werte DEFINITION, DATA oder INFOPACK annehmen. Die

Beschreibung des Feldes deutet darauf hin, dass es einen Unterschied in der Behandlung von alten 3.x- und neuen 7.0-DataSources gibt.

Optisch können alte DataSources von neuen in der Warehousing Workbench durch ein kleines Quadrat vor der Beschreibung unterschieden werden. Die beiden oberen DataSources in Abbildung 3.8 sind noch mit den älteren BW-Releases erzeugt worden. Die beiden unteren hingegen sind 7.0-DataSources. Für diese gelten mit Hilfe von S_RS_DS auch andere Prüfkriterien. Wir werden mit der Erklärung für 7.0-DataSources beginnen.

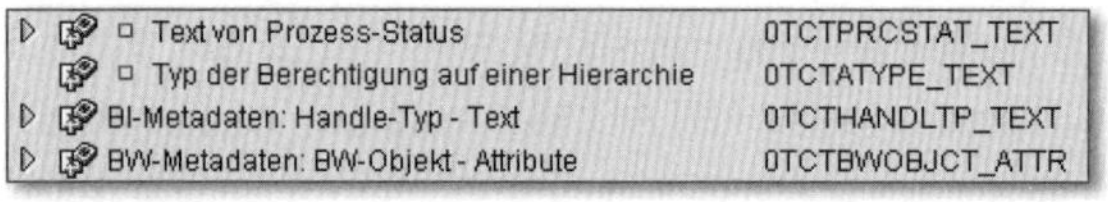

▷	☒	☐ Text von Prozess-Status	0TCTPRCSTAT_TEXT
	☒	☐ Typ der Berechtigung auf einer Hierarchie	0TCTATYPE_TEXT
▷	☒	BI-Metadaten: Handle-Typ - Text	0TCTHANDLTP_TEXT
▷	☒	BW-Metadaten: BW-Objekt - Attribute	0TCTBWOBJCT_ATTR

Abbildung 3.8 Unterscheidung DataSources – 3.x zu 7.0

Ruft man ein InfoPackage einer BW 7.0-DataSource auf, wird zuerst das Berechtigungsobjekt S_RS_ADMWB mit dem Feldwert INFOPACKAG und der Aktivität 23 sowie dem Feldwert SOURCESYS mit der Aktivität 03 geprüft. Zusätzlich wird auch das Berechtigungsobjekt S_RS_DS für Data-Source, Quellsystem, Aktivität (ebenfalls 23) und das Teilobjekt INFO-PACKAG geprüft. Für das Ausführen – um Daten anzufordern – wird wiederum S_RS_DS mit dem Teilobjekt DATA und der Aktivität 49 abgefragt.

Wird mit Hilfe der Transaktion RSDS eine 7.0-DataSource angelegt, muss der Benutzer auf die DataSource, das Quellsystem und das Teilobjekt DEFINI-TION mit der Aktivität 23 berechtigt sein. Gleiches gilt auch für das Bearbeiten, Kopieren und Löschen. Möchte man die Definition nur anzeigen, ist wiederum die Aktivität 03 notwendig. Damit die *Persistent Staging Area* (PSA) einer DataSource administriert werden kann, benötigt man das Teilobjekt DATA mit der Aktivität 03; wenn Daten gelöscht werden sollen, muss 06 berechtigt sein.

Datenfluss innerhalb des BW Stagings

Die Prüfung verläuft für das InfoPackage einer 3.x-DataSource vollkommen anders. Es wird hier über die InfoSource geprüft – entweder mit S_RS_ISRCM bei direkter Fortschreibung für Stammdaten oder mit S_RS_ISOUR bei flexibler Fortschreibung für Bewegungsdaten. Die beiden Berechtigungsobjekte enthalten jeweils vier Berechtigungsfelder, exemplarisch für beide zeigt Abbildung 3.9 das Objekt S_RS_ISRCM für die Fortschreibung von Stammdaten, Texten und Hierarchien.

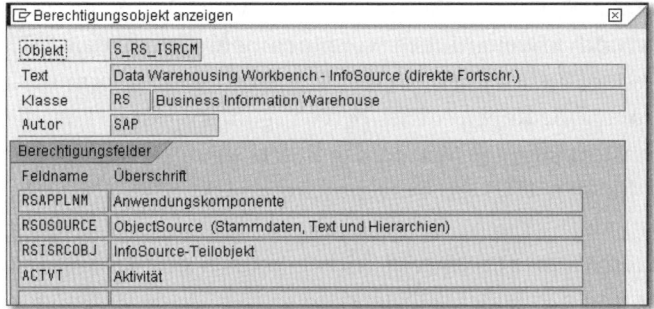

Abbildung 3.9 Berechtigungsfelder des Objekts S_RS_ISRCM

Das Berechtigungsfeld RSISRCOBJ steuert die Ansicht eines InfoPackages einer BW 3.x-DataSource. Es besitzt den vordefinierten Wert INFOPACKAG. Dieser Wert wird zusätzlich zur Aktivität 49 geprüft. Gleichzeitig muss auch das Berechtigungsobjekt S_RS_ADMWB auf dem Feldwert SOURCESYS und der Aktivität 03 berechtigt sein.

Zum Ausführen eines InfoPackages einer BW 3.x-DataSource genügt die Berechtigung für das Objekt S_RS_ADMWB auf dem Feldwert SOURCESYS mit der Aktivität 03.

Die Administration und Löschung von PSA-Daten verlangt wiederum die InfoSource-Berechtigungsobjekte. Je nachdem, ob es Stamm- oder Bewegungsdaten sind, wird S_RS_ISRCM oder S_RS_ISOUR geprüft. Dabei muss der Benutzer auf das Teilobjekt DATA für das Berechtigungsfeld RSISRCOBJ mit der Aktivität 03 bzw. 06 berechtigt sein.

Für eine 3.x-DataSource findet eine Prüfung auf das Berechtigungsobjekt S_RS_DS nur statt, wenn man in der Warehousing Workbench die Option ANZEIGEN wählt. Dann wird das Berechtigungsobjekt S_RS_DS für Data-Source und Quellsystem auf das Teilobjekt DEFINITION mit der Aktivität 03 abgefragt.

Auf weitere Details bezüglich BW 3.x wollen wir nicht eingehen, da unser Fokus eindeutig auf den mit BW 7.x ausgelieferten Techniken und Funktionen liegt. Daher gehen wir nun vom Layer der Extraktion zur weiteren Verarbeitung der Daten innerhalb des Datenflusses.

Transformation und Datentransfer

Mit SAP NetWeaver BW 7.0 wurden die *Transformation* und der *Daten-Transfer-Prozess* (DTP) eingeführt. Die Transformation dient dazu, InfoObject-

Zuordnungen zwischen z. B. einem DSO und einem InfoCube zu mappen bzw. Anreicherungen und Erweiterungen vorzunehmen. Durch den DTP werden die Daten von der Quelle zum Ziel einer Transformation übermittelt. Diese beiden Funktionen bedingen neue Berechtigungsobjekte. Für die Berechtigung von Transformationen wurde das Berechtigungsobjekt S_RS_ TR bereitgestellt und für den DTP das Berechtigungsobjekt S_RS_DTP. Die beiden Objekte haben jeweils sieben Berechtigungsfelder (siehe Abbildung 3.10). Das mag im ersten Moment recht viel wirken, jedoch sind die Objekte sehr logisch aufgebaut und die Felder selbsterklärend.

Abbildung 3.10 Berechtigungsfelder des Objekts S_RS_TR

An Aktivitäten gibt es für Transformation und DTP jeweils nur drei zu vergebende Werte:

▶ 03 – Anzeigen

▶ 16 – Ausführen

▶ 23 – Pflege (Anlage, Änderung und Löschung)

Der Typ der Quelle und des Ziels sind vordefinierte Ausprägungen. Es kann sich z. B. um einen InfoCube (CUBE) oder ein InfoObject (IOBJ) handeln. Die Felder QUELLE und ZIEL nehmen den entsprechenden technischen Namen auf.

Das Berechtigungsfeld »Subtyp« für S_RS_TR

Die SUBTYP-Felder sind nur bei InfoObjects relevant. Je nachdem, ob Quelle, Ziel oder beide vom Typ IOBJ sind, kann die Prüfung nochmals granularer auf Attribut, Text oder Hierarchie eingeschränkt werden. Falls Quelle und/oder Ziel kein InfoObject sind, wird auch kein Subtyp geprüft (siehe Abbildung 3.11).

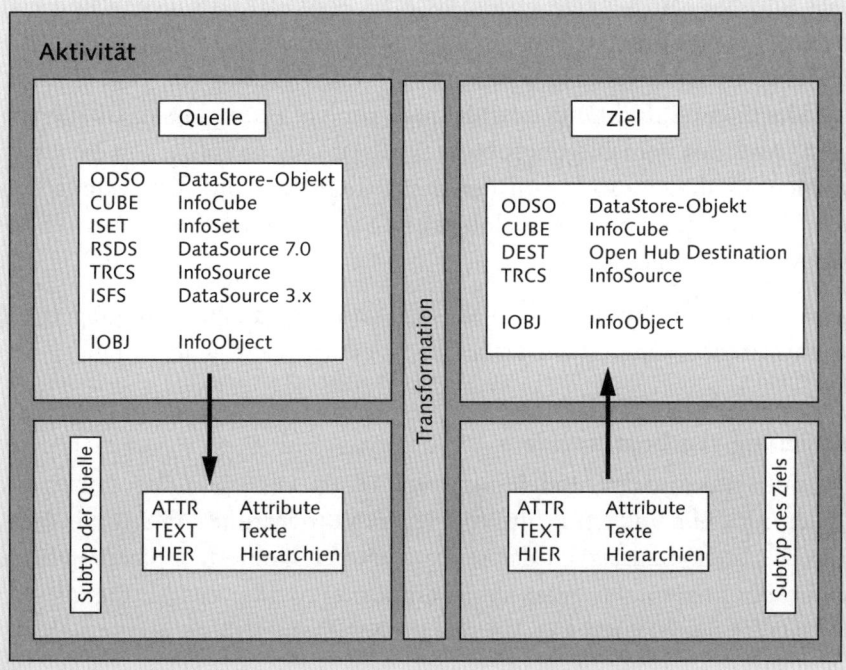

Abbildung 3.11 Berechtigungsvergabe für Transformation/DTP

Wie gerade für die Transformation beschrieben wurde, gilt die Berechtigungsvergabe auch für den DTP. Der einzige Unterschied beim DTP ist ein zusätzlicher Quelltyp: Es ist die Ausprägung DTPA, die dem Fehler-DTP entspricht. Falls bei der Verbuchung von Datensätzen Fehler auftreten und ein Fehler-DTP vorhanden ist, werden die fehlerhaften Sätze für ein späteres Verbuchen markiert. Nachdem die Ursachen der fehlerhaften Verbuchung beseitigt wurden, kann nachverbucht werden. Dabei wird auf den Wert »DTPA« und den technischen Namen des DTP für die Quelle geprüft. Die Aktivitäten verhalten sich analog zu Transformation und DTP.

Für Prozessketten muss das Berechtigungsobjekt S_RS_PC verwendet werden. Wird über die Prozesskettenpflege (Transaktion RSPC) eine Kette angezeigt, benötigt man für das Feld TEILOBJEKT wiederum DEFINITION mit 03; soll die Möglichkeit zum Ändern oder Löschen geschaffen werden, muss auch die Aktivität 23 berechtigt sein. Das Ausführen einer Kette verlangt das Teilobjekt RUNTIME mit der Aktivität 16.

Ab dem BW-Release 7.3 können Sie mit Datenflüssen als eigenständigen Objekten arbeiten. Ein Datenfluss kann alle BW-Objekte z. B. von einer DataSource bis zu einem MultiProvider oder nur Teilbereiche umfassen. Damit besteht nun die Möglichkeit, Datenflüsse als Templates abzulegen und erst später mit Leben zu füllen bzw. einen grafisch besseren Überblick über die einzelnen Datenstränge zu bekommen. Die Entwicklung von Datenflüssen wird dadurch vereinfacht und beschleunigt. Um mit Datenflüssen arbeiten zu können, wird das Berechtigungsobjekt S_RS_DMOD benötigt. Der Benutzer muss hier auf die InfoArea, auf der der Datenfluss liegt, den technischen Namen des Datenflusses, das Teilobjekt DEFINITION und die entsprechenden Aktivitäten berechtigt sein.

Die Arbeit mit dem Datenfluss-Objekt setzt natürlich die Berechtigungen auf darin enthaltene Elemente wie DataSources oder DataProvider voraus.

Modellierung von DataProvidern

Wir wenden uns nun der Modellierung von Datenzielen zu. Dabei stehen das DSO, der InfoCube und der MultiProvider im Vordergrund. Ab SAP NetWeaver BW 7.3 stehen zusätzlich das semantisch partitionierte Objekt, HybridProvider, der analytische Index und CompositeProvider zur Verfügung. All diese DataProvider-Typen werden mit jeweils eigenen Berechtigungsobjekten geprüft:

▶ DSO – S_RS_ODSO

▶ InfoCube – S_RS_ICUBE

▶ MultiProvider – S_RS_MPRO

▶ Semantisch partitioniertes Objekt – S_RS_LPOA

▶ HybridProvider – S_RS_HYBR

▶ Analytischer Index – S_RS_AINX

▶ CompositeProvider – S_RS_CPRO

Die Berechtigungsobjekte für DSO, InfoCube und MultiProvider sind nahezu identisch aufgebaut. Alle besitzen vier Berechtigungsfelder:

▶ InfoArea

▶ DSO/InfoCube/MultiProvider

▶ Aktivität

▶ das bereits bekannte Teilobjekt

Die Logiken der Prüfungen für das DSO und den InfoCube sind sehr ähnlich, es werden nur unterschiedliche Berechtigungsobjekte geprüft. Wir haben die benötigten Berechtigungswerte in Tabelle 3.3 zusammengefasst.

Tätigkeit	Teilobjekt	Aktivität
Anlegen, Ändern, Löschen	DEFINITION	23
Administrieren	DATA	23
Daten anzeigen (aus dem Kontextmenü)	DATA	03
Daten löschen (aus dem Kontextmenü)	DATA	06
Requests aus der Administration löschen	DATA	23
Daten aktivieren (nur DSO)	DATA	23
Datenarchivierungsprozess anlegen	DAP	23

Tabelle 3.3 Berechtigungsprüfung für DSO und InfoCube

Berechtigungen eines Datenarchivierungsprozesses

Für die Modellierung eines Datenarchivierungsprozesses (DAP) werden keine gesonderten Berechtigungen überprüft. Es gelten die gleichen Berechtigungen wie für den InfoProvider, auf dem der DAP aufsetzt.

Für das DSO ist hinzuzufügen, dass bei seiner Aktivierung über das Berechtigungsobjekt S_RS_ODSO auch das Teilobjekt EXPORTISRC (Export Data-Source) mit der Aktivität 23 überprüft wird. Zusätzlich kann man für ein DSO aus der Administration über SPRINGEN • CUSTOMIZING DATASTORE die Transaktion RSODSO_SETTINGS aufrufen. Hier können für alle oder ein bestimmtes DSO Paketgrößen oder Wartezeiten eingestellt werden. An dieser Stelle wird das Teilobjekt CONFIG mit der Aktivität 23 geprüft. Sollte man für das DSO übergreifend die Einstellungen ändern wollen, muss für die InfoArea und das DataStore-Objekt die Gesamtberechtigung vergeben werden. Möchten Sie Daten aus dem Changelog eines DSO löschen, muss eine Berechtigung auf die entsprechende InfoSource über das Berechtigungsobjekt S_RS_ISOUR für das Teilobjekt DATA mit der Aktivität 06 vorliegen.

Dateninhalt eines InfoProviders anzeigen

Möchte ein Benutzer über das Kontextmenü in der Warehousing Workbench oder über die Administration eines InfoProviders gebuchte Daten anzeigen, dann werden auch an dieser Stelle *Analyseberechtigungen* überprüft. Der Benutzer muss somit über Standard- und Analyseberechtigungen für die Daten berechtigt sein.

Bei Arbeiten an einem *InfoCube* gibt es ebenfalls spezielle Prüfungen. Sollen Daten eines InfoCubes in die Aggregate hochgerollt werden, benötigt man für das Berechtigungsobjekt S_RS_ICUBE das Teilobjekt AGGREGATE mit der

Aktivität 23. Diese Prüfung gilt auch für die Einsicht in die Definition von Aggregaten. Eine Komprimierung von Requests fordert das Teilobjekt DEFI-NITION mit der Aktivität 23.

Für einen *MultiProvider* wird das Objekt S_RS_MPRO mit denselben Werten wie bei DSO und InfoCube für Anlage, Änderung und Löschung geprüft. Bei der Definition eines MultiProviders prüft das System aber auch, ob eine Anzeigeberechtigung für die Definition der beteiligten *PartProvider* vorhanden ist. Bei einem InfoCube z. B. findet eine Prüfung über das Berechtigungsobjekt S_RS_ICUBE auf das Teilobjekt DEFINITION mit der Aktivität 03 statt.

Als neues Datenziel ab SAP NetWeaver BW 7.3 kann das *semantisch partitionierte Objekt,* kurz SPO, verwendet werden. Damit ist es nun mit SAP-Standardmitteln möglich, Datenscheiben, wie z. B. das Kalenderjahr, innerhalb eines Objekts auf mehrere kleinere Teilobjekte zu splitten. Es können entweder DSOs oder InfoCubes Basis für ein SPO sein. Berechtigt wird über das Objekt S_RS_LPOA. Die Berechtigung benötigt eine InfoArea, einen SPO-Namen über das Feld RSLPONAME, ein Teilobjekt wie DEFINITION oder DATA und eine entsprechende Aktivität. Aufgrund der technischen Beschaffenheit des SPOs ist aber zu beachten, dass im Hintergrund weitere Berechtigungsobjekte z. B. für den InfoCube oder das DSO, InfoSource, Transformation, Datentransferprozess und Prozessketten geprüft werden.

Für *Real-Time-Reporting* ist der *HybridProvider* gedacht. Dieser vereint einen persistenten InfoCube- und einen Real-Time-Anteil. Für den Real-Time-Part kann entweder ein DSO oder ein virtueller InfoCube verwendet werden. Das Berechtigungsobjekt S_RS_HYBR wird hier benötigt. Es ist wie das InfoCube-Objekt aufgebaut, doch ohne die InfoArea. Diese ergibt sich aus dem Info-Cube-Anteil des HybridProviders, der unabhängig davon, ob ein DSO oder ein virtueller InfoCube verwendet wird und wo dieser liegt, erstellt wird. Aktivitäten und Teilobjekte werden analog zum InfoCube vergeben.

Ein weiteres neues Objekt ist der *analytische Index*. Dieser kann im Analyseprozess-Designer (APD) für die Ad-hoc-Analyse angelegt werden. Die Verwendung des BW Accelerators oder von SAP HANA wird dabei derzeit vorausgesetzt. Um mit dem analytischen Index arbeiten zu können, wird das Berechtigungsobjekt S_RS_AINX benötigt. Das Objekt hat nur zwei Felder:

▶ RS_AINX für den Namen des Index

▶ ACTVT für die Aktivität

Für die Pflege eines analytischen Index wird Aktivität 23 benötigt, für das Beladen wird auf Aktivität 34 (SCHREIBEN) geprüft. Um die Definition des

Index ansehen zu können, muss die Aktivität 03 gepflegt werden. Das bedeutet aber nicht, dass der Pflegebenutzer sich die gespeicherten Bewegungsdaten ansehen darf.

Der analytische Index bildet die Basis für einen *CompositeProvider*. Hier können mehrere Indizes zusammengeführt und mittels *Join* oder *Union* abgefragt werden. Der CompositeProvider dient als Basis für Querys, die mittels des BEx Query Designers erstellt werden. Es wird das Berechtigungsobjekt S_RS_CPRO für den CompositeProvider benötigt. Das Objekt hat die beiden Felder RSCPRO für den Namen des Providers und ACTVT für die Aktivität.

Sowohl das Berechtigungsobjekt S_RS_AINX als auch S_RS_CPRO werden nur für die Pflege der Indizes im System benötigt. Das Erstellen und die Ausführung von Querys werden über die Berechtigungsobjekte im Reporting geprüft, die wir in Abschnitt 3.4, »Die wichtigsten Berechtigungsobjekte im Reporting«, behandeln.

An dieser Stelle wollen wir noch kurz den *VirtualProvider* und das *InfoSet* erwähnen. Das InfoSet wird über das Berechtigungsobjekt S_RS_ISET berechtigt, dabei gelten dieselben Teilobjekte und Aktivitäten wie für DSO und InfoCube. Im Zusammenhang mit einem VirtualProvider, der eigenständig oder in einem HybridProvider verwendet werden kann, wird ebenfalls das Berechtigungsobjekt S_RS_ICUBE geprüft. Die möglichen Teilobjekte und Aktivitäten verhalten sich dabei so wie bei einem InfoCube. Wird ein Direktzugriff per DTP festgelegt, müssen auch entsprechende Berechtigungen für Transformation und DTP vergeben werden. Bei einem Zugriff auf Daten über eine 3.x-InfoSource muss mit Hilfe von S_RS_ISOUR berechtigt werden.

Merkmale

Zum Abschluss der Berechtigungen für die Datenmodellierung kommen wir zu einer vielfältigen Gruppe von Berechtigungsobjekten. Es handelt sich um Objekte für Merkmale und deren Kataloge, Hierarchien, Stammdatenpflege, Prozessketten, Analyseberechtigungen und für das Data Mining.

Über die Anlage bzw. das Arbeiten mit Merkmalen haben wir bereits beim Objekt für die Warehousing Workbench, S_RS_ADMWB, gesprochen. Sie wissen, dass dafür die Ausprägung IOBJ mit der Aktivität 23 geprüft wird. Es gibt jedoch keine Möglichkeit, die Anlage von Merkmalen über den technischen Namen einzuschränken. Daher hat man die Berechtigungsobjekte S_RS_IOBJ für InfoObjects und S_RS_IOBC für InfoObject-Kataloge eingeführt. Diese besitzen ein Feld, das den technischen Namen aufnehmen kann. Das System prüft zuerst immer noch das Berechtigungsobjekt S_RS_ADMWB; wenn keine Berechtigung vorliegt, wird weiter im Detail geprüft.

Die Pflege der Stammdaten eines InfoObjects wird durch das Objekt S_RS_IOMAD überprüft. Es ist ebenfalls aus vier Feldern für Anwendungskomponente, InfoArea, InfoObject und die Aktivität aufgebaut. Sollen Benutzer Stammdaten pflegen können, müssen sie mit der Aktivität 23 berechtigt sein. Für die Anzeige benötigen sie die Aktivität 03 und für das Löschen die Aktivität 06. Das Berechtigungsobjekt S_RS_IOMAD kann in Kombination mit dem bereits zuvor erwähnten Berechtigungsobjekt S_TABU_LIN verwendet werden. Damit kann bis auf einzelne Merkmalswerte berechtigt werden. Hierfür ist es notwendig, in der Pflege des InfoObjects (RSD1) auf der Registerkarte STAMMDATEN/TEXTE das Kennzeichen STAMMDATENPFLEGE MIT BERECHTIGUNGSPRÜFUNG zu setzen, wie es Abbildung 3.12 zeigt.

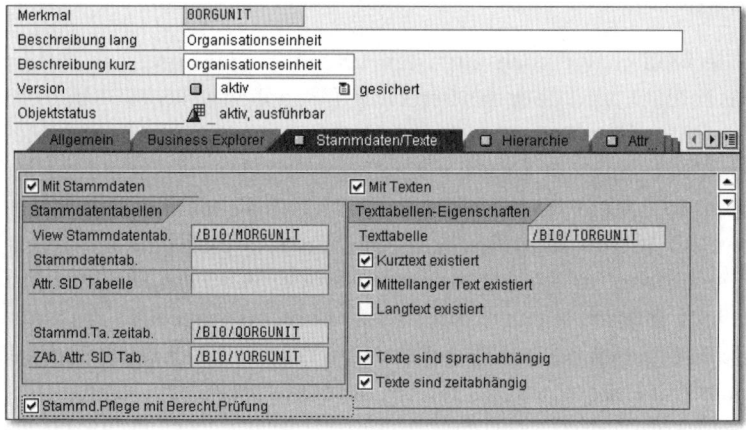

Abbildung 3.12 Aktivierte Prüfung auf S_TABU_LIN

Hierarchien

Merkmale sind unweigerlich mit Hierarchien verbunden. Eine *Hierarchie* stellt eine logische Gruppierung von Stammdaten eines Merkmals dar. Hierarchien werden über das Objekt S_RS_HIER geschützt. Es besteht aus Feldern für das InfoObject, für den Namen und die Version der Hierarchie sowie für die Aktivität. Es werden mittlerweile nur noch zwei Aktivitäten für Hierarchien geprüft: für die Anzeige die Aktivität 03, alle anderen Tätigkeiten verlangen 23.

Im Gegensatz zu früheren BW-Releases wird das Berechtigungsobjekt S_RS_HIER nicht mehr im Rahmen der Berechtigungsprüfung bei der Query-Ausführung überprüft. Sollten Sie jedoch noch das Konzept der Reportingberechtigungen im Einsatz haben, muss der Benutzer bei der Ausführung von Querys mit Hierarchien auf die Aktivität 71 (AUSWERTEN) berechtigt sein.

Möchte ein Benutzer administrative Tätigkeiten im Zusammenhang mit Analyseberechtigungen durchführen, muss er für das Objekt S_RSEC berechtigt sein. Es besteht aus drei Feldern, dem Objekttyp, einem Wert (z. B. dem technischen Namen der Analyseberechtigung) und einer Aktivität. Details zum Berechtigungsobjekt S_RSEC finden Sie in Abschnitt 2.2.2, »Berechtigungsprüfungen für Aktivitäten innerhalb der Transaktion RSECADMIN«.

Als letzten Bereich innerhalb der Datenmodellierung wollen wir uns den Analyseprozess-Designer ansehen. Der Analyseprozess-Designer (APD, Transaktion RSANWB) wird mit dem Berechtigungsobjekt RSANPR geschützt. Er besteht aus einem Feld für die Analyseprozess-Anwendung (dies entspricht einem Ordner im APD), dem Analyseprozess selbst und der Aktivität. Für die Ansicht gilt wieder die Aktivität 03, um ein Modell zu bearbeiten, die Aktivität 02 und für das Ausführen die Aktivität 16. Eine umfangreiche Dokumentation zu Berechtigungen im APD-Umfeld finden Sie im SAP-Hinweis 919614 – *APD: FAQ Berechtigungen*.

Damit schließen wir nun die Reihe der Berechtigungsobjekte, die Sie für die Modellierung von Datenmodellen im SAP NetWeaver BW-System kennen sollten, ab.

3.4 Die wichtigsten Berechtigungsobjekte im Reporting

Der nächste große Block der Berechtigungsobjekte, dem wir uns widmen, sind die für das Reporting relevanten Objekte für Standardberechtigungen. Jeder Benutzer, der Querys, Arbeitsmappen oder Web Templates in SAP NetWeaver BW ausführen möchte bzw. über weitere Frontend-Anwendungen auf diese zugreift, muss für die dahinterliegenden Objekte berechtigt sein. Dabei sprechen wir nicht von inhaltlichen oder Datenberechtigungen (Analyseberechtigungen), sondern von den Standardberechtigungen für Querys und deren Elemente. Wir beginnen mit der Gruppe von Objekten, die für Arbeiten im Zusammenhang mit BW Querys benötigt werden.

3.4.1 Arbeiten mit BW Querys

Da den Hauptanteil der Benutzer in BW die Gruppe der Reporting-User darstellt, ist die Vergabe von Berechtigungen im diesem Umfeld sehr wichtig.

Daher sollten Sie sich im Vorfeld ein gutes Konzept überlegen, um ein möglichst beständiges Szenario abzubilden.

Für Arbeiten mit BW Querys sind die in Tabelle 3.4 enthaltenen Berechtigungsobjekte unabdingbar. Dies ist wiederum keine vollständige Auflistung aller geprüften Objekte, es handelt sich um eine Auswahl.

Berechtigungsobjekt	Beschreibung
S_RS_COMP	Berechtigung auf Query-Komponenten
S_RS_COMP1	Berechtigung auf Query-Owner
S_RS_FOLD	Business Explorer – Ordnersicht ein/aus
S_RS_AUTH	Analyseberechtigungen in Rolle
S_RS_RSTT	Berechtigungsobjekt für das RS Trace Tool
S_USER_AGR	Prüfung für Aktivitäten in Rollen
S_RFC	Administration für RFC-Destination

Tabelle 3.4 Relevante Berechtigungsobjekte für Querys im Business Explorer (BEx)

Der Zugriff auf Querys und deren Elemente

Die beiden zentralen Objekte für das Arbeiten mit BW Querys und deren Elemente sind S_RS_COMP und S_RS_COMP1. Dabei übernimmt S_RS_COMP die Prüfung auf Querys und deren Komponenten, und S_RS_COMP1 prüft, ob die Berechtigung auf den Besitzer (OWNER) der Elemente vorhanden ist. Diese beiden Objekte werden wir aufgrund ihrer zentralen Bedeutung für das Reporting etwas ausführlicher beschreiben.

Berechtigungsobjekt S_RS_COMP

Wir beginnen damit, uns die Definition der beiden Berechtigungsobjekte anzusehen. S_RS_COMP besteht aus den folgenden fünf Feldern:

- ▶ RSINFOAREA – InfoArea
- ▶ RSINFOCUBE – InfoCube
- ▶ RSZCOMPTP – Typ einer Reportingkomponente
- ▶ RSZCOMPID – Name (ID) einer Reportingkomponente
- ▶ ACTVT – Aktivität

Die Felder INFOAREA und INFOCUBE sind eindeutig. Allerdings ist zum Feld RSINFOCUBE anzumerken, dass hier jede Art von InfoProvider eingetragen wird – nicht nur InfoCubes, sondern beispielsweise auch DataStore-Objekte, MultiProvider oder Aggregationsebenen (für die integrierte Planung), eben jener InfoProvider, auf dem das zu prüfende Element liegt.

Bei dem Feld RSZCOMPTP, das den Typ der Komponente angibt, kommen wieder die Vorlagen von SAP zum Einsatz. Folgende unterschiedliche Typen können berechtigt werden:

▶ CKF – Gerechnete Kennzahl

▶ QVW – Query View

▶ REP – Query

▶ RKF – Eingeschränkte Kennzahl

▶ SOB – Selektionsobjekt

▶ STR – Vorlagestruktur

▶ VAR – Variable

Mit Hilfe der Kürzel REP und QVW wird zwischen einer Query und einem erstellten View einer Query unterschieden. Bei den weiteren Ausprägungen wie berechnete und eingeschränkte Kennzahlen, Strukturen oder Variablen fragt man sich zunächst, ob diese Unterscheidung nicht etwas übertrieben ist. Bei einem entsprechend komplexen Namensraumkonzept ist es jedoch durchaus sinnvoll, diese Ausprägungen explizit zu berechtigen. Weitere Informationen dazu erhalten Sie in Abschnitt 3.5.2, »Berechtigungsadministration«.

Eine neue Ausprägung mit dem BW-Release 7.0 ist das Selektionsobjekt SOB. Dahinter verbergen sich globale Filter, die man mittlerweile innerhalb einer Query anlegen kann. Besonders relevant ist das für Anwendungen der integrierten Planung in BW, wo über die Kombination »Aggregationsebene und Filter« Operationen auf Plandaten durchgeführt werden. Den Abschluss an Berechtigungsfeldern für S_RS_COMP bilden die ID eines Reportingelements und – wie meistens – die Aktivität. Unter der ID versteht man den technischen Namen, den man beim Speichern eines Elements angeben muss und mit dem es am System eindeutig abgelegt wird. Die Aktivitäten, die ein Benutzer durchführen darf bzw. die vom System geprüft werden, sind folgende:

▶ 01 – Hinzufügen oder Erzeugen

▶ 02 – Ändern

▶ 03 – Anzeigen

▶ 06 – Löschen

▶ 16 – Ausführen

▶ 22 – Eintragen, Aufnehmen, Zuordnen

Die Aktivitäten sind hier recht eindeutig. Für Power-User, die selbst Berichte erstellen oder eventuell löschen sollen, muss man 01 und 06 vergeben. Wenn diese Berichte anderen Benutzern zur Verfügung gestellt werden, muss zusätzlich die Aktivität 22 vorliegen. Mehr dazu lesen Sie beim Berechtigungsobjekt S_USER_AGR, das anschließend folgt. Für Änderungen an bestehenden Berichten wird die Aktivität 02 benötigt. Soll ein Benutzer eine Query ausführen dürfen und die Kennzahlen sehen, müssen die Aktivitäten 03 und 16 vergeben werden.

Aktivitätsberechtigungen für reine Reportingbenutzer

Ein BW-Benutzer, der ausschließlich Arbeitsmappen oder Querys ausführen soll, ohne selbst Berichte zu definieren, benötigt in den Berechtigungen für S_RS_COMP immer die Aktivitäten 03 und 16 auf die entsprechenden Query-Elemente. Ansonsten erhält man immer die Meldung, dass keine ausreichende Berechtigung vorhanden ist.

Damit hätten wir nun den Aufbau und die möglichen Ausprägungen von S_RS_COMP besprochen und wenden uns nun dem Objekt S_RS_COMP1 zu.

Berechtigungsobjekt S_RS_COMP1

Aufgebaut ist dieses Objekt aus folgenden Feldern:

- RSZCOMPID – Name (ID) einer Reportingkomponente
- RSZCOMPTP – Typ einer Reportingkomponente
- RSZOWNER – Besitzer einer Reportingkomponente
- ACTVT – Aktivität

Wir beginnen dieses Mal mit der Aktivität. Im Falle von S_RS_COMP1 entsprechen die Aktivitäten genau jenen von S_RS_COMP, außer der Aktivität 01. Bei der Anlage bzw. dem Erzeugen von Querys und deren Elementen ist eine Prüfung auf den Benutzernamen nicht erforderlich.

S_RS_COMP1 kommt im Gegensatz zu S_RS_COMP ohne InfoArea und Info-Provider aus. Dafür gibt es das zusätzliche Feld RSZOWNER, in das Sie den Besitzer eines Query-Elements eintragen können. Es stellt sich die Frage, warum man hier zwei verschiedene Berechtigungsobjekte benötigt und nicht alles in einem untergebracht hat. Aufschluss darüber gibt der SAP-Hinweis 540720.

Ursprünglich war die Prüfung auf den Besitzer nicht im System eingebaut. Es gab nur das Objekt S_RS_COMP. Auf vielfachen Wunsch hat man im Anschluss eine Erweiterung der Prüfung auf den Benutzer eingebaut. Da man im laufenden Betrieb S_RS_COMP jedoch nicht erweitern konnte, wurde das neue Berechtigungsobjekt S_RS_COMP1 eingeführt. Das ermöglicht nun, zusätzlich Querys und deren Elemente bis auf die Ebene des Benutzernamens zu berechtigen.

Warum werden die beiden Felder INFOAREA und INFOPROVIDER für S_RS_COMP1 nicht benötigt? Die Prüfung der beiden Berechtigungsobjekte ist aufeinanderfolgend. Zuerst wird S_RS_COMP und danach S_RS_COMP1 geprüft – das aber nur, wenn bereits die Prüfung für S_RS_COMP erfolgreich war. Somit werden InfoArea und InfoCube bereits bei S_RS_COMP überprüft.

S_RS_COMP und S_RS_COMP1 müssen berechtigt sein!

Es muss stets für beide Berechtigungsobjekte, S_RS_COMP und S_RS_COMP1, eine ausreichende Berechtigung des Benutzers vorhanden sein. Beide Berechtigungsobjekte müssen positiv geprüft werden. Es ist also nicht ausreichend, nur eine Berechtigung für S_RS_COMP zu vergeben, es muss immer auch S_RS_COMP1 berechtigt sein.

Damit Sie den Ablauf der Berechtigungsprüfung bei der Datenanfrage eines Benutzers in BW besser nachvollziehen können, haben wir diesen in Abbildung 3.13 grafisch aufbereitet.

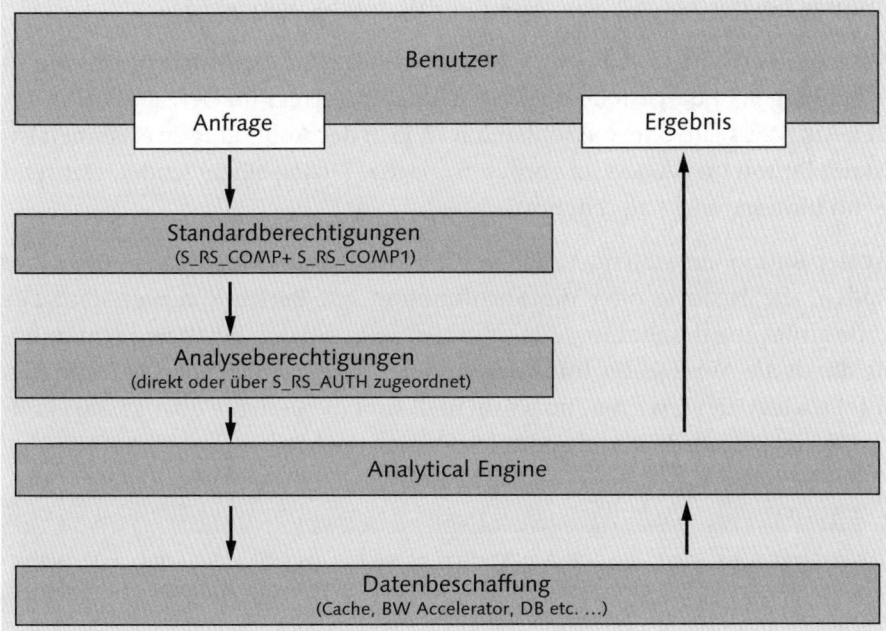

Abbildung 3.13 Grobe Darstellung der BW-Reporting-Berechtigungsprüfung

In Abbildung 3.13 sehen Sie die folgenden Schritte:

1. Ein Benutzer setzt eine Datenanfrage an BW ab. Unabhängig davon, woher die Anfrage kommt (SAP BusinessObjects, Business-Explorer-Arbeitsmappe, Web Template etc.), findet zuerst – wenn eine Query abgerufen wird – eine Prüfung auf die Elemente und den Besitzer statt. Es werden die Berechtigungsobjekte S_RS_COMP und S_RS_COMP1 geprüft.

2. Ist die Prüfung positiv abgeschlossen, werden anschließend Analyseberechtigungen geprüft. Sollten keine berechtigungsrelevanten Merkmale in dem Datenmodell vorhanden sein, wird die genaue Prüfung der Analyseberechtigungen nicht vorgenommen.

3. Sind nun alle benötigten Berechtigungen erfolgreich geprüft worden, werden die Daten geholt. Wie in der Abbildung vermerkt, können die Daten aus unterschiedlichen Quellen, wie z. B. dem BW Accelerator, dem Cache oder der Datenbank, kommen.

4. Danach bereitet die Analytical Engine (OLAP) die Daten für den Benutzer entsprechend der abgefragten Query-Definition auf.

5. Im letzten Schritt wird das fertige Ergebnis zur Darstellung an den Benutzer gesendet.

Dies sind grob umrissen die einzelnen Schritte, die inklusive Berechtigungsprüfung bei der Abfrage von Daten in BW durchlaufen werden.

Mit dem Berechtigungsobjekt S_RS_FOLD hat man die Möglichkeit, wie in Abbildung 3.14 dargestellt, den Bereich der InfoAreas im ÖFFNEN-Dialog des BEx Analyzers ein- oder auszublenden. Wie in der Abbildung zu erkennen ist, ist der Button INFOAREAS im vorderen ÖFFNEN-Dialog eingeblendet, während er im hinteren nicht zu sehen ist.

Ist der Button ausgeblendet, haben die Benutzer die Möglichkeit, über ihre Rollen, die Historie oder die Suchfunktion auf Berichte zuzugreifen. Die Unterdrückung des Buttons kann hilfreich sein, um den Benutzer nicht unnötig durch die Anzeige der InfoAreas und der darunterliegenden berechtigten InfoProvider zu verwirren. Im Normalfall sind die Berichte über aussagekräftige Rollen zugeordnet und somit leicht zu erreichen.

> **Berechtigungsvergabe für S_RS_FOLD**
>
> Anzumerken ist, dass die InfoAreas anfangs nicht ausgeblendet sind. Erst wenn einem Benutzer über eine Rolle S_RS_FOLD mit der Ausprägung »X« zugeordnet wird, ist der Button im ÖFFNEN-Dialog nicht mehr sichtbar.

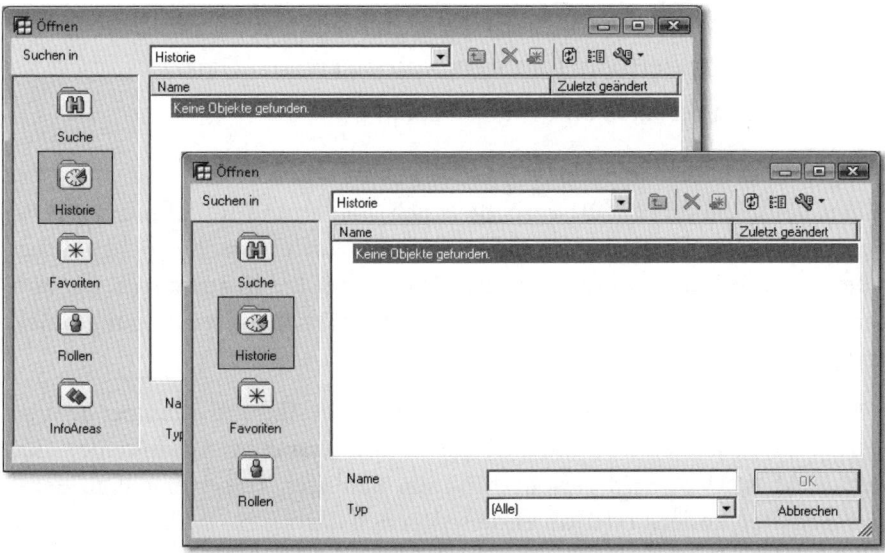

Abbildung 3.14 Verwendung von S_RS_FOLD

Damit haben wir die zentralen Objekte für das Arbeiten mit Querys abgeschlossen und kommen nun zu dem Block, der eine Mischung aus BW-(Klasse RS) und Basis-Berechtigungsobjekten (Klassen AAAB und BC_A) darstellt.

Analyseberechtigungsvergabe und das RS Trace Tool

Bis jetzt wurden die beiden Berechtigungsobjekte S_RS_AUTH und S_RS_RSTT im Zusammenhang mit dem Reporting noch nicht besprochen.

Das Objekt S_RS_AUTH kennen Sie bereits. Es wird benötigt, um Benutzern Analyseberechtigungen über Rollen zuzuordnen. Der Aufbau ist sehr einfach, es besteht lediglich aus dem Feld BIAUTH – BI ANALYSEBERECHTIGUNGEN: NAME EINER BERECHTIGUNG. Dieses Feld nimmt den technischen Namen einer oder mehrerer Analyseberechtigungen auf, die dem Benutzer zugeordnet werden.

Das Berechtigungsobjekt S_RS_RSTT wurde mit BW 7.0 eingeführt. Es ist das zentrale Berechtigungsobjekt für das RS Trace Tool (Transaktion RSTT) in SAP NetWeaver BW. Das RS Trace Tool ist nicht mit SAP-SYSTEMTRACE (Transaktion ST01) zu verwechseln. Mit dem RS Trace Tool können Probleme, die in BW auftreten, aufgezeichnet werden; sie stehen somit zu einem späteren Zeitpunkt für eine genaue Analyse, z. B. durch den SAP-Support, zur Verfügung.

Aufgebaut ist das Objekt aus den folgenden drei Berechtigungsfeldern:

▶ RSTTBOBJ – Trace-Tool: BERECHTIGUNGSOBJEKTFELD · OBJEKT

▶ USER – Benutzername im Benutzerstamm

▶ ACTVT – Aktivität

Hinter dem Feld RSTTBOBJ verbergen sich wiederum fest definierte Werte. Sie erhalten die Möglichkeit, auf eine Reihe von unterschiedlichen Trace-typen zu berechtigen. Diese werden wir nicht im Detail ausführen. Sie können in der Dokumentation (Transaktion SU21) zum Berechtigungsobjekt nachgelesen werden.

Mit dem Feld USER haben Sie die Möglichkeit, bestimmte Benutzer anzugeben, für die Traces erstellt und analysiert werden können. Mit Hilfe der Aktivität (Feld ACTVT) wird gesteuert, ob ein Benutzer Traces erstellen, deren Eigenschaften ändern oder ob er diese löschen darf.

Vorteil der Aufzeichnung von RS Traces

Hat ein Benutzer ein Problem innerhalb einer BW-Anwendung – wie beispielsweise einen Programmabbruch, die Anzeige falscher Zahlen oder ein Problem mit der Berechtigungsvergabe –, dann sollte das Systemverhalten mit einem Trace aufgezeichnet werden. Dieser Trace ist jederzeit verfügbar und enthält alle notwendigen Schritte, die bis zum Erreichen der Problemstelle vorgenommen werden müssen. Der Support hat somit immer die Möglichkeit, rasch dieselbe Situation, die der Benutzer hatte, nachzustellen und somit schneller eine Lösung zu liefern.

Nun kommen wir zu den Berechtigungsobjekten der SAP-Basis, die auch im BW-Reporting unumgänglich sind. Diese sind S_USER_AGR und S_RFC.

Berechtigungsobjekt S_RFC

Wir beginnen mit dem Objekt S_RFC. Wie bereits der technische Name vermuten lässt, wird es für RFC-Aufrufe (RFC = *Remote Function Call*) eingesetzt. Anwendungen kommunizieren mit SAP-Systemen mit Hilfe von RFC. Wird ein RFC auf ein System abgesetzt, erfolgt eine Prüfung, ob der Benutzer für diese Anfrage berechtigt ist. Deshalb besteht das Objekt S_RFC aus folgenden Feldern:

▶ RFC_TYPE – Typ des zu schützenden RFC-Objekts

▶ RFC_NAME – Name des zu schützenden RFC-Objekts

▶ ACTVT – Aktivität

Das Feld TYP kann derzeit ausschließlich den Wert »FUGR«, Funktions-gruppe, annehmen. Ebenso kann nur die Aktivität 16, AUSFÜHREN, vergeben werden. Beim Namen des RFC-Objekts ist das nicht mehr so einfach. Es werden viele verschiedene RFC-fähige Bausteine in BW aufgerufen, die unterschiedlichen Funktionsgruppen zugeordnet sind.

Notwendig ist eine RFC-Prüfung bei einer Kommunikation zwischen BW und dem BEx Analyzer, dem SAP NetWeaver Portal oder beispielsweise dem BEx Query Designer. Es werden hier immer unterschiedliche Funktionsgruppen angesprochen, sowohl aus BW als auch aus dem SAP-Basis-Bereich. Eine vollständige Liste können wir Ihnen im Rahmen dieses Kapitels nicht zur Verfügung stellen. Da immer neue Funktionen und Anwendungen entwickelt und eingebunden werden, ändern sich somit auch die RFC-Funktionsgruppen. Einen Überblick über die von SAP in Profilen ausgelieferten RFC-Berechtigungen erhält man in den Profilvorlagen. Details sind in Abschnitt 3.5.1, »Berechtigungsvorlagen und SAP-Standardrollen«, zu finden.

> **Ermittlung fehlender Funktionsgruppen für RFC**
>
> Mit Hilfe des Berechtigungstraces (Transaktion ST01) können fehlende RFC-Gruppen rasch ausfindig gemacht werden. Bei mehreren Applikationsservern müssen Sie darauf achten, dass der Trace auf dem vom RFC angesprochenen Server aktiviert wird.

Berechtigung auf Rollen

Wir kommen nun zum Berechtigungsobjekt S_USER_AGR. Dieses Objekt ist gerade im BEx-Bereich sehr wichtig. In Abbildung 3.14 haben Sie bereits gesehen, dass es innerhalb des Dialogs zum Öffnen des Business Explorers einen Button ROLLEN gibt. Innerhalb des Rollenbereichs werden alle aktiven Menüs von Rollen angezeigt, die dem Benutzer über die Rollenpflege (Transaktion PFCG) zugeordnet sind und für die er berechtigt ist.

Über das Menü einer Rolle hat man die Möglichkeit, Berichte, wie Arbeitsmappen oder Querys, grafisch aufbereitet und strukturiert für Reportingbenutzer anzubieten. Durch den Einsatz selbst erstellter Ordner können unkompliziert logische Gruppierungen vorgenommen werden, um damit den Benutzern die Verwendung der Berichte zu vereinfachen.

Abbildung 3.15 zeigt anhand der SAP-Standardrolle SAP_BW_0ROLE_0008 (Vertriebsbeauftragter), wie so eine Gruppierung aussehen kann.

Im Hintergrund von Abbildung 3.15 ist das Rollenmenü in der Transaktion PFCG zu sehen, im Vordergrund der ÖFFNEN-Dialog des BEx Analyzers. Den

Menüeintrag KONDITIONSANALYSE finden Sie dort nicht, da sich darunter keine Arbeitsmappen befinden.

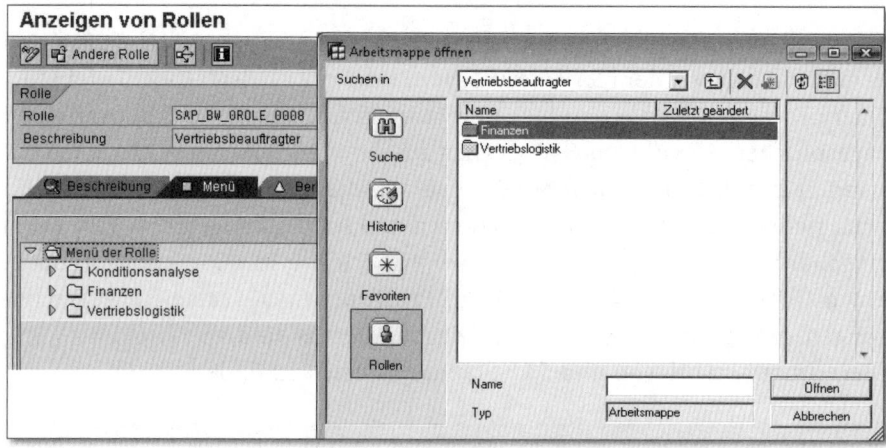

Abbildung 3.15 Rollenmenü in PFCG und BEx Analyzer

Es ist nicht ausreichend, einem Benutzer eine Rolle mit Menü nur zuzuordnen, dieser muss auch explizit über das Berechtigungsobjekt S_USER_AGR dafür berechtigt werden. Das Objekt ist sehr einfach aufgebaut und besteht lediglich aus zwei Feldern – den technischen Namen der Rolle und der Aktivität. In das Feld ACT_GROUP wird der technische Name einer oder mehrerer Rollen eingetragen. Doch welche Aktivität soll ein Benutzer für eine Rolle bekommen?

Wie Sie bereits zu Beginn des Kapitels gesehen haben, gibt es unterschiedliche Arten von berichtsausführenden Benutzern. Wir haben sie in Power-User und Reportingbenutzer unterteilt. Eine Gruppe darf Berichte erstellen und ausführen, die zweite nur ausführen. Die selbst definierten Berichte müssen allen berechtigten Benutzern über ein Rollenmenü zur Verfügung gestellt werden. In Abbildung 3.16 sind die unterschiedlichen Benutzergruppen, Rollen und S_USER_AGR-Berechtigungen grafisch dargestellt. Bei solch einem Szenario bietet es sich an, drei Rollen einzurichten:

▶ **eine Administratoren-Berechtigungsrolle**
Diese Rolle wird benötigt, um Berichte für den Power-User zu erstellen. Damit müssen auch für die Berechtigungsobjekte S_RS_COMP entsprechende Berechtigungen vergeben werden.

▶ **eine Rolle für Reportingbenutzer**
Diese Rolle enthält lesende Berechtigungen.

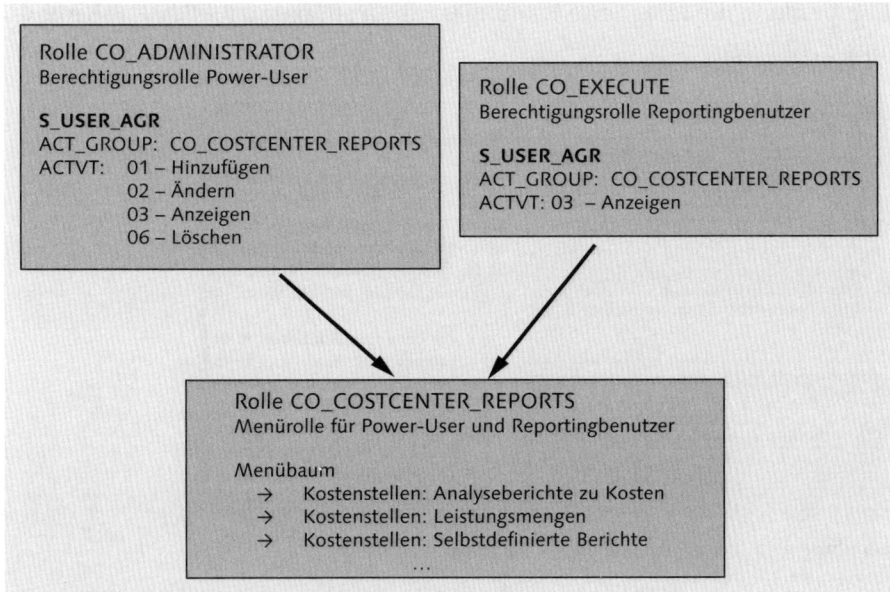

Rolle CO_ADMINISTRATOR
Berechtigungsrolle Power-User

S_USER_AGR
ACT_GROUP: CO_COSTCENTER_REPORTS
ACTVT: 01 – Hinzufügen
      02 – Ändern
      03 – Anzeigen
      06 – Löschen

Rolle CO_EXECUTE
Berechtigungsrolle Reportingbenutzer

S_USER_AGR
ACT_GROUP: CO_COSTCENTER_REPORTS
ACTVT: 03 – Anzeigen

Rolle CO_COSTCENTER_REPORTS
Menürolle für Power-User und Reportingbenutzer

Menübaum
    →   Kostenstellen: Analyseberichte zu Kosten
    →   Kostenstellen: Leistungsmengen
    →   Kostenstellen: Selbstdefinierte Berichte
       ...

Abbildung 3.16 Verwendung von S_USER_AGR

▶ **eine Menürolle**
Diese Rolle enthält selbst keine Berechtigungen, sondern nur das Menü, in dem die Berichte eingetragen sind. Die Menürolle kann auch Standardberichte enthalten, die nicht geändert werden dürfen. Hier können Sie ebenfalls mit Hilfe von S_RS_COMP abgrenzen.

Damit sind die Berechtigungen der Benutzer gut voneinander getrennt und entsprechen den unterschiedlichen Rollen, die sie im Unternehmen darstellen.

Zusätzliche Berechtigung für Power-User

Damit Power-User Einträge in Rollen vornehmen dürfen, benötigen sie ebenfalls das Berechtigungsobjekt S_USER_TCD mit dem Wert »RRMX«.

3.4.2 Integrierte Planung

Mit dem BW-Release 7.0 wurde die integrierte Planung (kurz IP) eingeführt. Damit wurde die Möglichkeit geschaffen, direkt in SAP NetWeaver BW Planungsmodelle zu implementieren. Daraus ergibt sich der Vorteil, Plan- und Ist-Daten, die zumeist aus operativen SAP ERP-Vorsystemen übernommen werden, innerhalb eines Systems zur Verfügung zu haben. Zentraler Einstiegspunkt in die integrierte Planung ist die Transaktion RSPLAN, die Abbildung 3.17 zeigt.

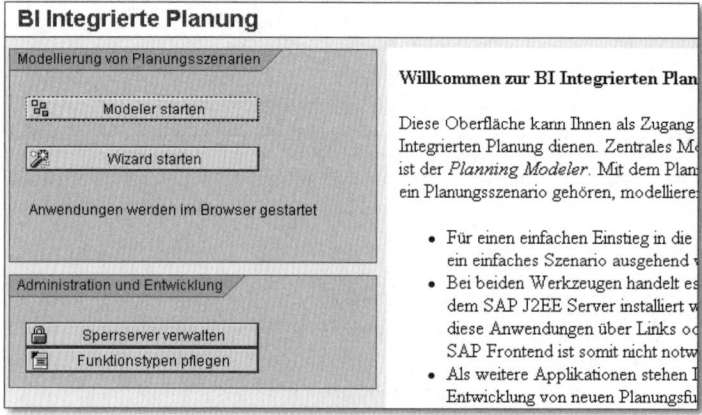

Abbildung 3.17 Integrierte Planung – Transaktion RSPLAN

Bevor die integrierte Planung eingeführt wurde, konnte mit dem SAP-Produkt SEM-BPS (*Strategic Enterprise Management – Business Planning and Simulation*) bereits geplant werden. Die dafür benötigten Berechtigungen werden hier nicht behandelt, wir konzentrieren uns auf die integrierte Planung. Für diese wurden neue Berechtigungsobjekte eingeführt. Tabelle 3.5 zeigt alle Objekte, die für die IP relevant sind.

Berechtigungsobjekt	Beschreibung
S_RS_ALVL	Aggregationsebene
S_RS_PLSE	Planungsfunktion
S_RS_PLSQ	Planungssequenz
S_RS_PLENQ	Sperreinstellungen
S_RS_PLST	Planungsservicetyp

Tabelle 3.5 Berechtigungsobjekte der integrierten Planung

Um einen sogenannten *Real-Time-InfoCube* beplanen zu können, benötigt man eine Aggregationsebene. Für diese wurde das Berechtigungsobjekt S_RS_ALVL angelegt. Es besteht aus vier Feldern. Dies sind die InfoArea, in der die Aggregationsebene angelegt wird, der technische Name der Aggregationsebene, das Teilobjekt und die Aktivität. Das Teilobjekt kann die vordefinierten Werte DEFINITION oder DATA annehmen. Relevant ist derzeit nur der Wert DEFINITION. Die möglichen Aktivitäten sind ANZEIGEN und PFLEGEN.

Dieses Berechtigungsobjekt ist nur für Administratoren relevant: Projekt- oder Supportmitarbeiter müssen entsprechende Berechtigungen auf Aggregationsebene haben, die Anwender benötigen diese nicht. Bei der Planung selbst wird das Berechtigungsobjekt S_RS_ALVL nicht geprüft. Die Anwender werden bei der Planung auf das Berechtigungsobjekt S_RS_COMP geprüft. Die Berechtigung muss auf Aggregationsebene als Query-InfoProvider für das Berechtigungsobjekt S_RS_COMP vorliegen. Der Zugriff auf Daten erfolgt entweder mit Hilfe einer Query oder, wie es bei Planungssequenzen der Fall ist, über einen definierten Filter, das sogenannte Selektionsobjekt SOB, das wir bereits vom Berechtigungsobjekt S_RS_COMP kennen. Dafür muss der planende Anwender berechtigt sein.

Ähnlich aufgebaut wie das Berechtigungsobjekt S_RS_ALVL ist das Berechtigungsobjekt S_RS_PLSE, das für Planungsfunktionen benötigt wird. Es besteht ebenfalls aus vier Feldern, wiederum aus der InfoArea, der Aggregationsebene, der Aktivität und dem technischen Namen der Planungsfunktion. Zulässige Aktivitäten sind ANZEIGEN, AUSFÜHREN und PFLEGEN. Dieses Objekt ist sowohl für Administratoren relevant, um Planungsfunktionen zu definieren und anzupassen, als auch für Anwender, die es benötigen, um für die Ausführung berechtigt zu sein.

Mit Hilfe einer Planungssequenz können mehrere Planungsfunktionen nacheinander abgearbeitet werden. Das dazugehörige Berechtigungsobjekt S_RS_PLSQ ist aus zwei Feldern aufgebaut – der ID der Planungssequenz und der Aktivität. Wiederum werden Planungssequenzen von Administratoren definiert (Aktivität ANZEIGEN und PFLEGEN), während Anwender die Berechtigung besitzen müssen, um diese auszuführen.

Die beiden verbleibenden Berechtigungsobjekte S_RS_PLENQ und S_RS_PLST sind meist Administratoren vorbehalten. In der Transaktion RSPLSE können notwendige Tätigkeiten oder Analysen für Probleme mit Sperreinstellungen vorgenommen werden. Hier erfolgt ein Schutz durch S_RS_PLENQ. Es enthält nur die Aktivität als Feld und kann auf Anzeige oder Pflege berechtigt werden.

Planungsfunktionstypen werden von SAP ausgeliefert (z. B. Kopieren oder Umwerten). Ist es notwendig, dass für ein Projekt in der Transaktion PSPLF1 eigene Typen entwickelt werden, müssen Berechtigungen für das Objekt S_RS_PLST vorliegen. Es besteht aus zwei Feldern, dem technischen Namen des Planungsfunktionstyps und der Aktivität (ANZEIGEN und PFLEGEN).

3.4.3 Weitere BW-Services (Broadcaster, BEx Web Application Designer, SAP BusinessObjects Dashboards)

Der letzte Block an Standardberechtigungen, mit dem wir uns beschäftigen, wird benötigt, um die BW-Dienste (Broadcaster) oder Anwendungen innerhalb des BEx Web Application Designers zu nutzen. In Tabelle 3.6 sind die dafür benötigten Berechtigungsobjekte aufgelistet.

Berechtigungsobjekt	Beschreibung
S_RS_BCS	Berechtigung, um Broadcasting einzuplanen
S_RS_BTMP	Web Templates (ab BW 7.0)
S_RS_BITM	wiederverwendbare Web Items (ab BW 7.0)
S_RS_BEXTX	BEx-Texte (Pflege)
S_RS_XCLS	Dashboards-Visualisierung

Tabelle 3.6 Berechtigungsobjekte für BEx Web Application Designer und Broadcasting

Das Information Broadcasting wird verwendet, um Informationen aus BW im Unternehmen auf unterschiedliche Art und Weise zu verteilen. Als Datenquelle dienen z. B. Querys, Web Templates oder Arbeitsmappen. Die vorberechneten Daten können per Mail an Benutzer, an Drucker oder in den Arbeitsvorrat des Portals gesandt werden. Es ist aber auch möglich, nach der Beladung eines InfoCubes den OLAP- oder MDX-Cache (MDX = *Multidimensional Expressions*) füllen zu lassen, damit den Benutzern im Reporting die optimale Performance zur Verfügung steht. Sollen Daten versendet werden, stehen unterschiedliche Formate zur Auswahl. Im Standard können HTML-Seiten generiert werden, oder ein direkter Link auf die vorberechneten Daten wird verschickt. Ist der Adobe Document Service (ADS) eingerichtet, können PDF-Dokumente generiert und versandt werden.

Um diese Einplanungen im Information Broadcasting durchführen zu können, müssen Benutzer entsprechend auf das Berechtigungsobjekt S_RS_BCS berechtigt sein. Dieses besteht aus fünf Berechtigungsfeldern:

▶ **Objekttyp**
Das erste ist der Objekttyp (RS_OBJTYPE). Hier wird angegeben, ob ein Benutzer für Querys (QU), Web Templates (HAT) oder Arbeitsmappen (WB) Einstellungen vornehmen darf.

▶ **Objekt-ID**
Das Feld OBJEKT-ID (RS_OBJID) benötigt den technischen Namen des Reportingobjekts (z. B. Query oder die Arbeitsmappen-ID).

▸ **Eventtyp**

Der Eventtyp (RS_EVTYPE) bezieht sich darauf, ob eine Einplanung zu einem fixen Zeitpunkt (TP) gestartet werden soll oder wenn neue Daten in einen InfoCube (DC) geladen wurden.

▸ **Event-ID**

In der Event-ID (RS_EVID) wird bei fixen Zeitpunkten die Berechtigung für den im Hintergrund einzuplanenden Jobnamen benötigt (dieser besteht aus dem Präfix »TP_BROADCASTING_« und dem technischen Namen der Broadcasting-Einstellung). Wird die Broadcasting-Einstellung bei Datenänderungen im InfoProvider durchgeführt, dann muss als Event-ID der technische Name des InfoProviders eingetragen werden.

▸ **Aktivität**

Zuletzt kommt das Feld für die Aktivität (ACTVT) mit den Werten 01 (Anlegen) und 06 (Löschen).

Wie Ihnen auffällt, gibt es keine eindeutige Berechtigung für das Ausführen. Der Grund ist, dass beim Ausführen einer Einstellung nur die zugrunde liegenden Berichte durch S_RS_COMP geprüft werden. Jeder Benutzer, der auf die Query-Elemente einer Broadcast-Einstellung Berechtigung besitzt, darf diese auch ausführen. Bei der Ausführung einer Einplanung zu einem fixen Zeitpunkt muss der Benutzer über die Berechtigung verfügen, in der Hintergrundverarbeitung einen Batch-Job anlegen zu dürfen.

Zum Abschluss betrachten wir jene Objekte, die für den BEx Web Application Designer und Web Templates relevant sind. Mit Hilfe des Objekts S_RS_BTMP können Benutzer bei Arbeiten mit Web Templates einfach eingeschränkt werden. Es besteht aus drei Feldern – dem technischen Namen des Web Templates (RSBTMPID), dem Besitzer (RSZOWNER), den wir bereits von S_RS_COMP1 kennen, und der Aktivität (ACTVT). Im Feld BESITZER können alle Benutzernamen eingetragen werden, deren Web Templates man ändern darf. Berechtigte Aktivitäten sind die bereits bekannten: ANLEGEN, ÄNDERN, ANZEIGEN bzw. LÖSCHEN.

Wiederverwendbare Web Items erleichtern das Arbeiten mit Web Templates, wenn häufig ähnliche Funktionen benötigt werden. Da diese nicht nur einem Web Template zugeordnet, sondern systemweit verfügbar sind, werden sie nochmals detaillierter durch das Berechtigungsobjekt S_RS_BITM geschützt. Der Aufbau und die Verwendung sind identisch mit dem Berechtigungsobjekt S_RS_BTMP, lediglich das Berechtigungsfeld für den technischen Web-Item-Namen hat einen anderen Typ (RSBITMID).

Für Texte im Webbereich von BW gibt es die Textpool-Tabelle RSBEXTEXTS. Möchte ein Benutzer darin Texte aufnehmen oder diese löschen, benötigt er Berechtigung auf das Objekt S_RS_BEXTX. Es besteht nur aus dem Feld AKTIVITÄT, das die Werte 02, Ändern, oder 06, Löschen, annehmen kann.

Generell ist zu sagen, dass diese Berechtigungsobjekte nur für den Administratoren-Bereich relevant sind. Ein Web Template stellt meist einen Container dar, um darin Querys und weitere Bestandteile wie Filter- oder Navigations-Items aufzunehmen. Daher werden Endanwender wiederum über das Objekt S_RS_COMP auf die Query-Elemente und entsprechend auf Berechtigung zur Ausführung geprüft. Es müssen keine Web-Template-eigenen Objekte berechtigt werden.

Wird SAP BusinessObjects Dashboards (vormals SAP Xcelsius) als Reporting-Frontend-Tool verwendet und werden die Dashboards dabei auf dem BW-Server abgespeichert, wird für die Berechtigungsprüfung das Objekt S_RS_XCLS verwendet. Dabei müssen die Felder RSXCLSID (der Name der Dashboards) und RSZOWNER (der Besitzer des Dashboards) mit der entsprechenden Aktivität gepflegt werden. Bei Ausführung werden die dahinterliegenden Querys mit Hilfe der Reporting-Berechtigungsobjekte abgefragt, die Sie bereits kennen. Damit haben wir nun den Bereich für Standardberechtigungsobjekte im Reporting abgeschlossen.

3.5 Einfluss auf das BW-Berechtigungsmodell

Standardberechtigungen sind aus BW und aus einem BW-Projekt definitiv nicht wegzudenken. In der Phase der Konzeption und Definition eines BW-Projekts ist es wichtig, ein Konzept für Analyse- und für Standardberechtigungen auszuarbeiten. SAP bietet für Standardberechtigungen eine Hilfestellung in Form von bereits vorgefertigten Vorlagen für Profile und Rollen, die im Rahmen des BI-Contents mit dem System ausgeliefert werden. Einige Profilvorlagen davon kann man 1:1 übernehmen, ohne sie weiterbearbeiten zu müssen. Diese wollen wir uns nun im Detail ansehen.

3.5.1 Berechtigungsvorlagen und SAP-Standardrollen

Um sich die Vorlagen für Berechtigungen in BW anzusehen, gibt es mehrere Möglichkeiten. Einerseits kann man sie über die Rollenpflege (Transaktion PFCG) oder die Pflege der Zuordnung von Berechtigungsobjekten erreichen, wie es in Abbildung 3.18 dargestellt ist. Im Vordergrund ist die Transaktion SU24 zu sehen, im Hintergrund die Transaktion PFCG.

Es lohnt sich, die Vorlagen einmal genauer zu betrachten. Es kann jede Menge Zeit sparen, diese Templates zu verwenden – nicht immer muss das Rad neu erfunden werden.

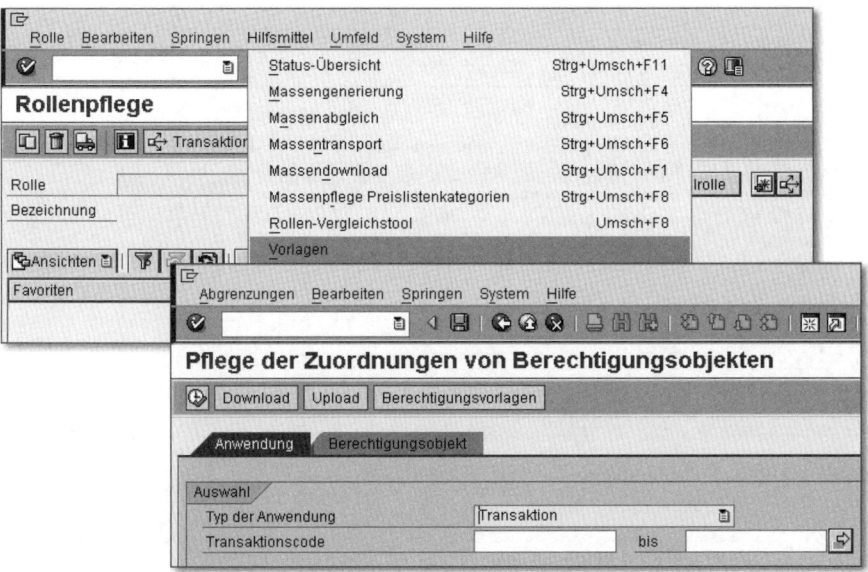

Abbildung 3.18 Aufrufen der Berechtigungsvorlagen

Was ist eine Berechtigungsvorlage, und wie kann ich sie nutzen?

Wenn Sie die Vorlagen aufrufen, erhalten Sie ein Pop-up, in dem Sie Vorlagen betrachten, bearbeiten, anlegen, kopieren oder löschen können. Diese Aufzählung impliziert bereits, dass man selbst Vorlagen erstellen oder bestehende Vorlagen abändern kann. Was das für Sie bedeutet, erklären wir Ihnen in Kürze. Nun wollen wir uns aber eine dieser Vorlagen ansehen, um zu erläutern, woraus sich eine Berechtigungsvorlage zusammensetzt.

Für unser Beispiel wählen wir die Vorlage S_RS_RDEMO – BI-ROLLE: MODELER (ENTWICKLUNGSSYSTEM), wie in Abbildung 3.19 dargestellt ist.

Wenn Sie diese Berechtigungsvorlage geöffnet haben und sich genauer ansehen, stellen Sie fest, dass Berechtigungsobjekte aus unterschiedlichen Berechtigungsobjekt-Klassen in die Vorlage eingearbeitet wurden. Auf Anhieb sehen Sie die Klassen der Basis BC_* und – speziell für BW relevant – die Klasse der RS-Berechtigungsobjekte. All diese Klassen kennen Sie bereits aus der Transaktion SU21. Abbildung 3.20 zeigt Ihnen ein detailliertes Bild der Vorlage.

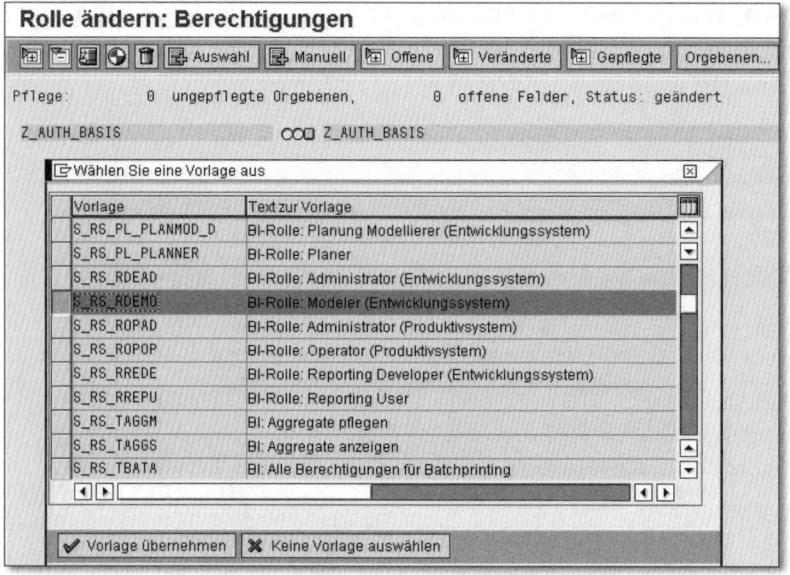

Abbildung 3.19 Selektion der Profilvorlage S_RS_RDEMO

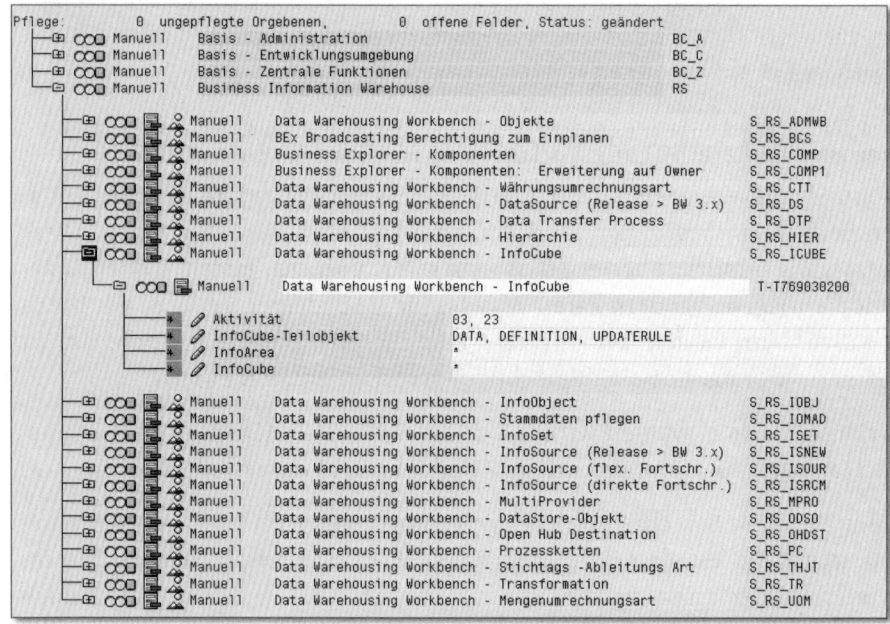

Abbildung 3.20 S_RS_ICUBE am Beispiel der Vorlage S_RS_RDEMO

Eine *Vorlage* ist somit eine Ansammlung von Berechtigungsobjekten. Die Zusammenstellung der Vorlage ist natürlich nicht willkürlich. In jeder dieser

Berechtigungsvorlagen steckt eine Menge applikatorischer Logik. Daher liegen bereits notwendige Berechtigungsobjekte für den Basis- und den BW-Bereich darin. Je nachdem, welche Rolle am System zu erfüllen ist, stehen Ihnen unterschiedliche Vorlagen zur Verfügung.

Angenommen, Sie haben die Rolle des Modellierers gewählt. Dieser muss vielleicht DataSources, InfoObjects oder MultiProvider anlegen, daher enthält seine Berechtigungsvorlage auch alle dafür notwendigen Berechtigungsobjekte. Sehen Sie sich im Vergleich dazu die Vorlage S_RS_RREPU (BI-ROLLE: REPORTING-USER) für einen reinen Reporting-User an, finden Sie dort keine Berechtigungen, um über das Objekt S_RS_DS DataSources anzulegen oder mit Hilfe des Objekts S_RS_IOBJ InfoObjects zu ändern. Die Vorlagen sind somit immer an einen bestimmten Typ von Benutzer und dessen Rolle im System angepasst.

Wie kann ich die Berechtigungsvorlagen nun im meine Rollen einbinden? Wie bereits kurz in Kapitel 1, »Analyseberechtigungen für Einsteiger: eine praktische Einführung«, bei der Anlage einer Rolle und dem entsprechenden Berechtigungsprofil bemerkt, erscheint direkt bei der Anlage des Profils zu einer Rolle (siehe Abbildung 3.1 in Abschnitt 1.1.3, »Vorlagebenutzer, Rolle und Profil«) ein Pop-up. Dieses ermöglicht einem Benutzer, die im System verfügbaren Vorlagen in das neu angelegte Profil zu übernehmen.

Gehen Sie nun zunächst wie in Kapitel 1 vor, und lehnen Sie die Vorlagen ab. Möchten Sie nun nachträglich doch eine der Vorlagen einfügen, erreichen Sie innerhalb der Profilpflege – über den Pfad BEARBEITEN • EINFÜGEN BERECHT. • AUS VORLAGE… – wieder die Vorlagenauswahl. Sie können nun eine Vorlage selektieren.

In Kapitel 5, »Anforderungsprofile und Lösungsansätze typischer Berechtigungsmodelle in BW«, werden wir nochmals detaillierter auf die Verwendung von Vorlagen in einem Modell für Berechtigungen eingehen. Für Sie wird dann speziell auch der Nutzen von Vorlagen bei einer oder mehreren Implementierungen relevant sein.

BW-relevante SAP-Profile und Vorlagen

Woher wissen Sie als Benutzer, nach welchen Vorlagen Sie suchen müssen? Die im Content von SAP angelegten Berechtigungsvorlagen sind mit bestimmten Präfixen ausgestattet. Vorlagen, die für BI-Benutzerrollen gedacht sind, beginnen mit S_RS_R, wie jene für den Support (Administration) oder für die Modellierer bzw. die Reportingbenutzer. Für die integrierte Planung lautet das Präfix S_RS_PL.

In der Gruppe der S_RS_R-Vorlagen finden Sie für jeden der Benutzertypen eine Vorlage. An dieser Stelle müssen wir Sie unbedingt auch auf das Profil der Remote-Benutzers hinweisen. Es gibt in BW und im SAP-OLTP-Quellsystem je einen Benutzer, der für die Hintergrundverarbeitung zuständig ist – den Remote-Benutzer. Darüber hinaus wird über diese Benutzer die Kommunikation für die Datenextraktion abgewickelt. Diese beiden Benutzer benötigen spezielle Profile, die sowohl in BW als auch im OLTP-System vorhanden sind:

- S_BI-WHM_RFC
  (Business Information Warehouse: RFC-Benutzer im Business Warehouse)
- S_BI-WX_RFC
  (Business Information Warehouse: RFC-Benutzer Extraktion)

Der Benutzer benötigt im BW-System beide Profile, während im Quellsystem S_BI-WX_RFC genügt. Ausreichende Berechtigung der Benutzer für die Hintergrundverarbeitung ist von enormer Wichtigkeit, da sonst der tägliche Jobablauf im System und die Versorgung mit neuen Daten gefährdet sind.

Berechtigungsprobleme mit Hintergrundbenutzern

Bei Problemen mit der Jobverarbeitung durch die Hintergrundbenutzer können Berechtigungsprobleme ausgeschlossen werden, wenn die Kriterien des Hinweises 150315 – *BW-Berechtigungen für Remote-Benutzer in BW und OLTP* – erfüllt sind.

3.5.2 Berechtigungsadministration

In Folgenden werden wir uns nur kurz mit der Administration von Berechtigungen beschäftigen. Diese werden wir noch genauer in Kapitel 5, »Anforderungsprofile und Lösungsansätze typischer Berechtigungsmodelle in BW«, besprechen. Trotzdem werden wir hier die zentralen Themen der Administration skizzieren, um Ihnen einen Überblick zu geben.

Der Namensraum

Wer hat es auf einem BW-System noch nicht vorgefunden, das Chaos der technischen Namen und Beschreibungen? Anfänglich – bei kleineren Installationen – hat es noch keine größeren Auswirkungen, wenn kein Konzept für die Namensvergabe vorliegt. Doch im Laufe der Zeit werden neue Applikationen angebunden, und das System wächst und wächst. Irgendwann kommt der Zeitpunkt, an dem man nicht mehr genau sagen kann, welche Merkmalsvariable im Reporting an welchen Stellen benutzt wird. Unter Umständen ist man sich auch nicht mehr sicher, in welchen Arbeitsmappen eine Query verwendet wird, um diese bei einer Änderung der Query wieder anzupassen. Im Zweifelsfall werden hier oftmals neue Elemente angelegt, und das System wächst und wächst unaufhörlich.

Was kann man nun dagegen tun? Es bietet sich an, hier Konzepte des Namensraums einzuführen. Die Administration des Systems muss an dieser Stelle eng mit Support und Implementierung zusammenarbeiten. Es sollte nicht so sein – wie es in Abbildung 3.20 für das Berechtigungsobjekt S_RS_ICUBE der Fall ist –, dass bei einer Implementierung willkürliche Namen vergeben werden.

Abgrenzung von Datenmodellen

Wenn Sie ein Datenmodell implementieren, werden Sie zumeist auch neue Rollen dafür anlegen. Dies hat in der Regel Gründe in den Berechtigungen. Nehmen wir an, man könnte bestehende Rollen erweitern, um das neue Datenmodell zu integrieren. Aber nicht alle Benutzer, denen die alten Rollen zugeordnet sind, sollen die neuen Daten sehen, da es sich um eine andere Abteilung im Unternehmen handelt. Was folgt daraus? Wir werden neue Rollen anlegen müssen. Das kann aber durchaus auch seinen Vorteil haben, da die Rollen eindeutig einer Applikation zugeordnet werden können.

Jedenfalls muss auch im Bereich der Rollen ein Wildwuchs vermieden werden. Es gilt hier, eine klare Vorgabe bzw. ein Konzept für Namensräume und Inhalte zu schaffen. Natürlich gibt es bei all unseren Überlegungen Faktoren, die nicht zu vernachlässigen sind, wie z. B. die Größe des Systems, die Anzahl der dauerhaft im System Berichte erstellenden Benutzer oder die Frage, wie viele unterschiedliche Datenmodelle/Applikationen abgebildet sind – nicht zu vergessen externe Einflüsse wie rechtliche Vorgaben, die einzuhalten sind. Trotzdem muss versucht werden, auch Rollen in geordneten Bahnen zu entwickeln. Dadurch schafft man, wie erwähnt, die Möglichkeit, die Rollen Datenmodellen zuzuordnen. Soll nun ein neuer Benutzer diese Daten sehen, ist einfach zu ermitteln, welche Rollen ihm zugeordnet werden müssen.

Das Aufräumen

Ein leidiges Thema – wer räumt schon gerne auf? Doch auch in einem BW-System ist das absolut notwendig. Es ist uns ein Anliegen, diesen Punkt anzusprechen. Nach Jahren der täglichen Nutzung kann es vorkommen, dass ein BW-Datenmodell nicht mehr benötigt wird. Die Gründe dafür können vielfältig sein: Die Geschäftsprozesse ändern sich und werden nun in einem neuen Datenmodell zur Verfügung gestellt, oder eine Teilgesellschaft des Unternehmens wurde verkauft, und das Reporting wird nicht mehr benutzt.

All diese verwaisten Datenmodelle und brachliegenden Datenfelder verursachen einem Unternehmen zumeist Kosten.

Kostentreiber: nicht genutzte Datenmodelle und Berechtigungen

In beinahe jeder großen BW-Installation gibt es nicht mehr benötigte Datenmodelle oder Berechtigungen. Zumeist werden diese in zyklischen Abständen durch einen etwaigen Support immer wieder auf ihre Verwendung oder Daseinsberechtigung geprüft, z. B. aufgrund von Benutzeranfragen oder bei der Problemlösung im System. Das verursacht in regelmäßigen Abständen Aufwand und damit Kosten.

Daher ist es durchaus sinnvoll und zumeist für die Wartung und Projekttätigkeiten hilfreich, wenn nicht mehr benötigte Berechtigungen und Datenmodelle aus dem System gelöscht werden.

3.6 Fazit

In diesem Kapitel wurden die Standardberechtigungen und deren Prüfung im System ausgiebig besprochen. Wichtig ist, dass kein BW-Projekt oder besser keine Tätigkeit im System ohne die Vergabe von Standardberechtigungsobjekten möglich ist.

Wie Sie selbst bemerkt haben, gibt es eine große Anzahl an Standardberechtigungsobjekten, die in BW benötigt werden. Um die Übersicht zu wahren und den Aufbau der Standardberechtigungen verständlicher zu machen, haben wir den Ansatz gewählt, die Objekte anhand des klassischen Datenflusses zwischen einem OLTP- und einem SAP NetWeaver BW-System darzustellen. Damit sind nun die Objekte der einzelnen Bereiche wie Extraktion, Datenfluss oder Reporting mit ihren Eigenschaften bekannt und können problemlos implementiert oder gewartet werden.

In diesem Kapitel lernen Sie die verschiedenen Tools für ein sicheres und kontrolliertes System während der Modellierung, des Testens und des produktiven Ablaufs kennen. Als wichtigstes Analysetool wird Ihnen dabei das Berechtigungsprotokoll im Detail vorgestellt.

4 Analyse von Berechtigungsprüfungen und -konfiguration

Sobald Sie beginnen, ein Berechtigungskonzept zu entwickeln, wird nicht immer alles wie erwartet funktionieren. Dann stellt sich schnell die Frage nach Analysemethoden für Berechtigungen. Aber auch wenn scheinbar alles wie gewünscht läuft, möchte man Möglichkeiten der Kontrolle über die Berechtigungsprüfungen haben. Wie analysiert man also unerwartete Ergebnisse bei Berechtigungsprüfungen? Warum war zum Beispiel eine Query unerwartet berechtigt oder nicht berechtigt?

Vielleicht wissen Sie bereits um die Existenz des Berechtigungsprotokolls. Aber wissen Sie auch, wie man das Berechtigungsprotokoll verwendet, was die Bestandteile des Protokolls sind, und was sie aussagen? Diesen Fragen möchten wir in diesem Kapitel auf den Grund gehen.

Darüber hinaus werden Fragen zur Betriebssicherheit aufkommen und beantwortet werden, etwa ob es möglich ist, die sicherheitsrelevanten Aktivitäten aufzuzeichnen oder ein Logging von Änderungen zu erhalten.

Die Erläuterung des Berechtigungsprotokolls wird den meisten Raum einnehmen, da es eine Fülle von Möglichkeiten bietet. Wir beginnen mit den Möglichkeiten der Analysefunktionen mit Hilfe der Transaktion AUSFÜHREN ALS und gehen danach auf das Berechtigungsprotokoll und seine Unterabschnitte ein.

Zum Schluss werden wir noch die Audit-Möglichkeiten mit Hilfe der Änderungsverfolgung (Changelogs) vorstellen.

4.1 Ausführen »als eingeschränkter Benutzer«

Bei der Entwicklung und Implementierung eines Berechtigungskonzeptes wird irgendwann sicherlich der Punkt kommen, an dem ein unerwartetes Ergebnis einer Berechtigungsprüfung auftritt, sei es bei einer klassischen Berechtigungsprüfung auf ein Berechtigungsobjekt oder bei einer Prüfung mit Hilfe von Analyseberechtigungen. Der typischste Fall wird sein, dass bei einer Funktion mit Berechtigungsprüfung eine Meldung anstelle eines Ergebnisses erscheint. Zum Beispiel wird bei einer Query anstelle eines Ergebnisses in Form von Daten die Meldung »Sie besitzen keine ausreichende Berechtigung« ausgegeben (siehe Abbildung 4.1).

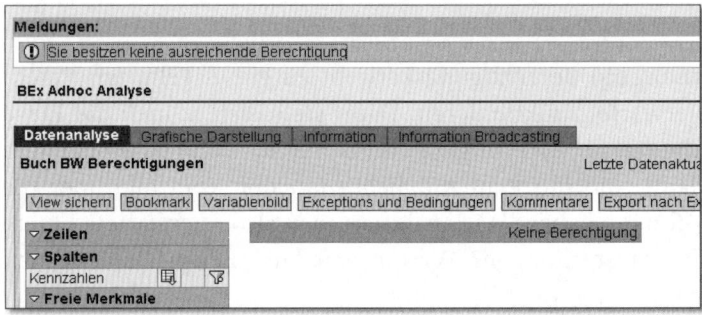

Abbildung 4.1 Berechtigungsmeldung (EYE 007) in Query

Ein typischer Anwender hat in der Regel weder die Kenntnisse, sein Problem zu verstehen oder gar zu lösen, noch die Rechte, Korrekturen vorzunehmen oder auch nur die Analysetools zu verwenden. Aus diesem Grund wird sich an dieser Stelle vermutlich ein hinzugezogener Experte für Berechtigungen des Problems annehmen. Wie geht dieser Experte nun vor?

Als Erstes würde er vielleicht auf die Idee kommen, die Transaktion SU53 auszuführen, die in der klassischen Berechtigungsverwaltung von SAP Net-Weaver die letzte fehlgeschlagene Berechtigungsprüfung anzeigt.

Bezüglich der Transaktion SU53 ist entscheidend, klassische – auf Berechtigungsobjekten basierende Prüfungen – von den Prüfungen zur Analyseberechtigung zu trennen. Dies ist jedoch leicht möglich, wenn die Fehlermeldungsklasse betrachtet wird. Meldungen aus den Analyseberechtigungen sind aus der Klasse EYE, zum Beispiel also EYE 007 (siehe Abbildung 4.1), während Meldungen zu klassischen Berechtigungsobjekten der Meldungsklasse BRAIN entstammen.

Die Berechtigungsprüfungen der Analyseberechtigungen sind in der SU53 nicht sichtbar. Wenn man jedoch nicht zwischen den beiden Meldungstypen und damit Typen der Berechtigungsprüfungen unterscheidet und bei einer Analyseberechtigungsmeldung auch die SU53 ausführt, erhält man ein Ergebnis wie in Abbildung 4.2.

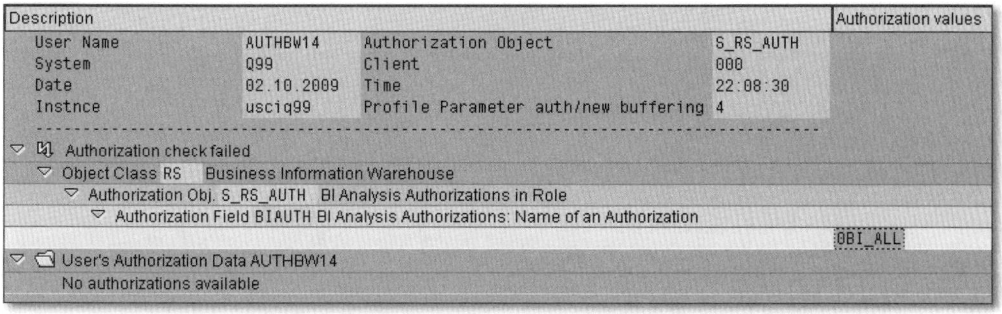

```
Description                                                                                    Authorization values
   User Name           AUTHBW14     Authorization Object          S_RS_AUTH
   System              Q99          Client                        000
   Date                02.10.2009   Time                          22:08:30
   Instnce             usciq99      Profile Parameter auth/new buffering 4
--------------------------------------------------------------------------------
  ▽  🗒 Authorization check failed
     ▽ Object Class RS    Business Information Warehouse
        ▽ Authorization Obj. S_RS_AUTH   BI Analysis Authorizations in Role
           ▽ Authorization Field BIAUTH BI Analysis Authorizations: Name of an Authorization
                                                                              0BI_ALL
  ▽ 🗐 User's Authorization Data AUTHBW14
        No authorizations available
```

Abbildung 4.2 Bei Analyseberechtigungen irrelevante Transaktion SU53

Das Ergebnis der Prüfung besagt jedoch nur, dass der Benutzer mit der Berechtigungsmeldung nicht die volle Datenberechtigung über 0BI_ALL besitzt, sondern nur eingeschränkte Datenberechtigungen. Das ist jedoch keine Überraschung und völlig korrekt, denn sonst hätten wir diese Meldung ja nicht bekommen. Oftmals wird die Meldung so interpretiert, dass das System alle Datenberechtigungen, also die Analyseberechtigung 0BI_ALL, *fordere*. Das ist jedoch falsch. (Hierauf sind wir bereits genauer in Kapitel 1, »Analyseberechtigungen für Einsteiger: eine praktische Einführung«, eingegangen.)

> **Analyseberechtigungen und Transaktion SU53**
>
> Es ist hier also entscheidend, Analyseberechtigungsprüfungen von klassischen Prüfungen zu unterscheiden. Die Transaktion SU53 macht keine relevante Aussage über den Grund einer unerwarteten Berechtigungsmeldung.

Wie Sie im Weiteren sehen werden, gibt es für Prüfungen mit Analyseberechtigungen das Berechtigungsprotokoll, das statt der Transaktion SU53 verwendet wird (siehe Abschnitt 4.2, »Das Berechtigungsprotokoll«).

Da ein Administrator in der Regel nicht das Passwort eines Endanwenders kennt und dieser nicht immer neben dem Analyseexperten sitzen wird, um das Passwort einzutippen, besteht die Möglichkeit, einige Funktionen mit Berechtigungsprüfungen zu Analyseberechtigungen als ein anderer Benutzer auszuführen zu lassen, sofern man dazu die notwendige Berechtigung für die Ausführung anderer Querys besitzt.

Dieses geschieht über die Transaktion AUSFÜHREN ALS... (RSUDO), die auch über die Verwaltungstransaktion RSECADMIN erreichbar ist und die wir bereits in Kapitel 1 besprochen haben (siehe Abbildung 4.3).

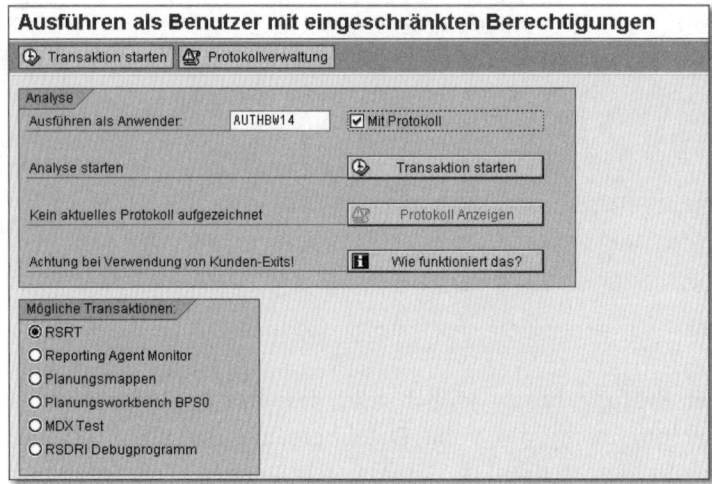

Abbildung 4.3 Ausführen als ein anderer Benutzer – für die Analyse oder als Vertretung

Bei der Verwendung sind einige übergeordnete Aspekte zur Sicherheit und Funktionalität zu beachten, denen wir die beiden folgenden Abschnitte widmen.

4.1.1 Transaktion RSUDO und Sicherheitsaspekte

Die Transaktion AUSFÜHREN ALS... (RSUDO) ermöglicht den Zugriff auf Daten mit den Analyseberechtigungen eines anderen Benutzers, zum Beispiel über die Ausführung von Querys.

Ermöglicht man die Verwendung der Transaktion RSUDO allein über den Transaktionscode, wird neben der Berechtigungsprüfung für die Ausführung der angesprochenen Zieltransaktion außerdem noch geprüft, ob man die Rechte hat, die Funktionen des anderen Benutzers mit dessen Analyseberechtigungen auszuführen. Wenn nicht, muss man sich als dieser Benutzer authentifizieren, was faktisch dem Einloggen entspricht.

Es ist aber auch möglich, die Funktionen eines anderen Benutzers ohne Authentifizierung auszuführen, wenn man die entsprechende Berechtigung zum Berechtigungsobjekt S_RSEC hat (siehe Tabelle 4.1). Dies ist etwa bei Vertretungen möglich.

Feld	Wert
RSECADMOBJ	RSUDO
RSECADMVAL	<Benutzername>
ACTVT	16 (Ausführen)

Tabelle 4.1 Berechtigung im Berechtigungsobjekt S_RSEC – Ausführung als ein anderer Benutzer ohne Authentifizierung

Der Normalfall wird zwar sein, dass ein Power-User wie ein Administrator mit allen Berechtigungen zur Transaktion RSUDO analysiert, wie sich eine Berechtigungsprüfung für einen eingeschränkten Benutzer verhält. Aus diesem Grund sind einige Texte in den Benutzeroberflächen entsprechend formuliert. Allerdings muss es natürlich nicht der Fall sein, dass der andere Benutzer eingeschränkte Berechtigungen hat: Die Ausführung einer Funktion »als anderer Benutzer« kann auch von einem Benutzer mit eingeschränkten Analyseberechtigungen ausgeführt werden, der die Funktion für einen Benutzer mit vielen oder sogar allen Analyseberechtigungen aufruft.

In diesem Fall ist die Funktion AUSFÜHREN ALS… ein Risiko für unerlaubte Datenzugriffe und mit besonderer Vorsicht zu vergeben.

Aus diesem Grund wird auch jeder Zugriff auf diese Funktionalität in der Logging-Tabelle RSUDOLOG vermerkt. Dabei werden neben dem angemeldeten Hauptbenutzer und dem anderen, normalerweise eingeschränkten Benutzer auch die Uhrzeit und die angewählte Transaktion registriert. Außerdem wird vermerkt, ob der Benutzer das Passwort eingeben musste und ob dies erfolgreich war. Wird für den eingeschränkten Benutzer ein Protokoll aufgezeichnet, kann dies ebenfalls über eine Session-ID identifiziert werden und weitere Details zu den erfolgten Prüfungen liefern.

Damit können zum Beispiel systematische, unerlaubte Zugriffsversuche erkannt werden.

Bei der Ausführung der Prüfungen mit Berechtigungsprüfungen, die Kunden-Coding in Kunden-Exits enthalten, ist dies zu berücksichtigen. Dazu gibt es Erläuterungen direkt im Transaktionsbild über den Button WIE FUNKTIONIERT DAS? (siehe Abbildung 4.3). Mehr dazu im nächsten Abschnitt.

4.1.2 Probleme mit Benutzername »sy-uname« im User-Exit

Verwenden Sie in Berechtigungen Variablen, werden diese in eigenem Coding verarbeitet. Typischerweise wird in solchen Kunden-Exits oder User-Exits nicht nur auf den Variablennamen reagiert, sondern speziell bei Berechtigungen auch auf den Benutzer. Häufig wird dabei der Benutzername des aktuellen Benutzers aus dem Systemparameter sy-uname ausgelesen und damit zum Beispiel in eigenen Tabellen benutzerspezifisch selektiert (siehe Listing 4.1):

```
1   DATA: l_t_custtab_on_db TYPE TABLE OF CUSTTAB_ON_DB.
2    CASE i_vnam
3     WHEN 'myauthvar'.
4      SELECT * FROM CUSTTAB_ON_DB
5       INTO l_t_custtab
6       WHERE user = sy-uname." Falsch
7      IF sy-subrc = 0.
8   *      hier wird Logik implementiert...
9   *      ...und die Rückgabetabelle gefüllt.
10        ...
11       ENDIF.
12      WHEN OTHERS.
13    ENDCASE.
```

Listing 4.1 Codebeispiel zu Kunden-Exit (falsch – bitte nicht verwenden!)

Diese typische Variante kann nicht mit der Transaktion RSUDO verwendet werden.

Bei der Prozessierung einer Berechtigungsprüfung für einen anderen Benutzer wird jedoch aus Sicherheitsgründen nicht der Systemparameter sy-uname verändert, sondern eine andere Technik verwendet, die auch nur bei Analyseberechtigungen Verwendung findet und als einzige weitere Ausnahme bei der Prüfung der Ausführungsberechtigung einer Query.

Deshalb sollten Selektionen mit Benutzernamen nicht wie in Zeile 6 von Listing 4.1 erfolgen, sondern eine Hilfsfunktion verwenden, die zu diesem Zweck angeboten wird.

Der Funktionsbaustein RSEC_GET_USERNAME liefert den aktuellen Benutzernamen, sofern er vom angemeldeten Benutzer abweicht. Ansonsten liefert er den angemeldeten Benutzer zurück. Damit kann das Codebeispiel folgendermaßen aussehen, damit es auch für eingeschränkte Benutzer verwendet werden kann (siehe Listing 4.2):

```
1   DATA: l_t_custtab_on_db TYPE TABLE OF CUSTTAB_ON_DB,
2       l_username     TYPE xubname.
3   * Hole Benutzername für für "Ausführen als ..."-Funktion:
4     CALL FUNCTION 'RSEC_GET_USERNAME'
5       IMPORTING E_USERNAME = l_uname.
6   * l_uname enthält nun den eingeschränkten (anderen) User
7     CASE i_vnam
8       WHEN 'myauthvar'.
9         SELECT * FROM CUSTTAB_ON_DB
10          INTO l_t_custtab
11          WHERE user = l_uname." Richtig!
12        IF sy-subrc = 0.
13  *       hier wird Logik implementiert...
14  *       ...und die Rückgabetabelle gefüllt.
15          ...
16        ENDIF.
17      WHEN OTHERS.
18    ENDCASE.
```

Listing 4.2 Codebeispiel – mit der Transaktion RSUDO verwendbar

Darüber hinaus ist zu beachten, dass diese Technik nur im Backend funktioniert, nicht jedoch bei den verschiedenen Frontend-Tools wie BEx Analyzer oder im Portal. Bei Querys bietet sich dann die (auswählbare) Transaktion RSRT für Testzwecke an.

Der SAP-Support fragt an dieser Stelle deshalb oft nach Traces mit Hilfe der Transaktion RSTT, die man ebenfalls als anderer Benutzer im Backend abspielen kann, wenn es sich um ein Backend-Problem handelt.

Wissenswertes zur Transaktion RSUDO

▶ Die Berechtigungsprüfungen werden nur bei Analyseberechtigungsprüfungen für den anderen Benutzer durchgeführt.

▶ Alle anderen Berechtigungsprüfungen, die nicht mit den Analyseberechtigungen verwaltet werden, werden weiterhin für den ausführenden Benutzer durchgeführt.

▶ Die Berechtigungsobjekte S_RS_COMP und S_RS_COMP1 (für die Query-Ausführung in der Transaktion RSRT) werden als einzige Ausnahme auch für den eingeschränkten Benutzer ausgeführt.

▶ Um die gewünschte Transaktion auszuführen, benötigt der eingeschränkte Benutzer die zugehörige Berechtigung für den Transaktionscode (S_TCODE).

▶ Der ausführende Benutzer benötigt ausreichende Berechtigung zum Berechtigungsobjekt S_RSEC, um die Transaktion als anderer Benutzer auszuführen. Fehlt sie, wird vor der Ausführung das Passwort des eingeschränkten Benutzers verlangt.

> **Wissenswertes zur Transaktion RSUDO (Forts.)**
>
> ▸ Alle Ausführungen von Transaktionen als anderer Benutzer werden protokolliert (mit Fehlversuchen und der Feststellung, ob das Passwort verlangt wurde oder nicht).
>
> ▸ Es ist *nicht* möglich, die Funktion AUSFÜHREN ALS... im Web oder in anderen externen Tools auszuführen.
>
> ▸ In Kunden-Exits ist der Benutzername nicht aus dem Parameter sy-uname ableitbar, sondern sollte mit der Hilfsfunktion RSEC_GET_USERNAME ausgelesen werden.

Die Funktion AUSFÜHREN ALS... ist in Kombination mit dem Berechtigungsprotokoll eine enorme Hilfe bei der Analyse von Berechtigungsproblemen. Mit dem Berechtigungsprotokoll werden Sie sich im nächsten Abschnitt genauer beschäftigen.

4.2 Das Berechtigungsprotokoll

Bezüglich der Transaktion AUSFÜHREN ALS... (RSUDO) haben Sie bereits gesehen, dass die Ausführung einer Funktion als eingeschränkter Benutzer eine Möglichkeit bietet, ein Protokoll der Berechtigungsprüfung aufzuzeichnen (siehe erneut Abbildung 4.3). Kehrt man nach erfolgter Ausführung mit Aufzeichnung zurück in diese Oberfläche und wurde ein Protokoll aufgezeichnet, ist der Button PROTOKOLL ANZEIGEN eingabebereit und zeigt ein Protokoll an.

Da ja AUSFÜHREN ALS... nur im Backend (SAP GUI) möglich ist, können Sie im Falle von Frontend-Anwendungen auch eine Aufzeichnung in der Protokollverwaltung konfigurieren (Transaktion RSECPROT, siehe Abschnitt 4.2.1, »Protokollverwaltung«) und den Benutzer selbst die gewünschte Funktion ausführen lassen. Dann wird unter seinem Namen ein Protokoll erzeugt.

In diesem Abschnitt werden wir uns nun genauer mit Aufbau und Details des Protokolls beschäftigen. Zunächst betrachten wir kurz die Protokollverwaltung, in der die Aufzeichnung und Ablage organisiert werden kann.

4.2.1 Protokollverwaltung

Jedes Berechtigungsprotokoll wird permanent gespeichert, bis es gelöscht oder archiviert wird (siehe Abschnitt 4.2.7, »Archivierung«). In der Transaktion RSUDO gibt es auch einen Button PROTOKOLLVERWALTUNG (siehe Abbildung 4.3), der die allgemeine Protokollverwaltung startet, in der die alten

Aufzeichnungen für alle Benutzer aufbewahrt werden (siehe Abbildung 4.4). Diese Funktion kann auch direkt über den Transaktionscode RSECPROT erreicht werden.

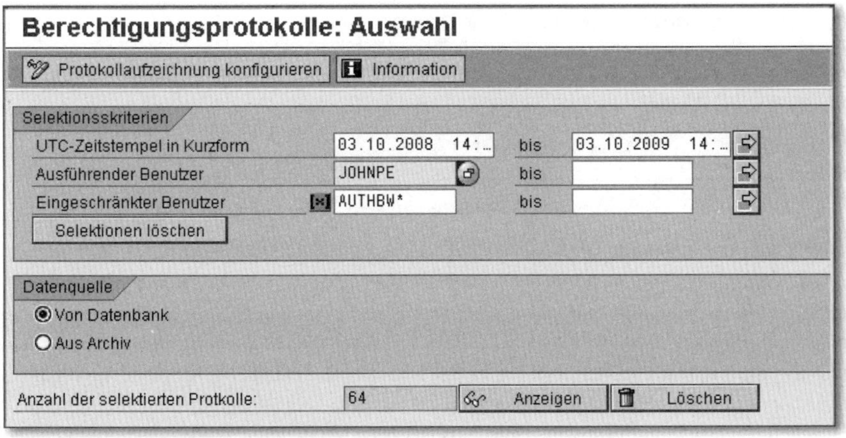

Abbildung 4.4 Protokollverwaltung für Berechtigungsprotokolle

In der Protokollverwaltung kann man über komplexe Selektionskriterien sowohl über Zeiträume als auch über eingeschränkte und ausführende Benutzer selektieren, wobei auch Muster, Ausschlüsse und Ähnliches möglich sind. In Abbildung 4.4 haben wir zum Beispiel die Selektion auf alle eingeschränkten Benutzer mit Benutzernamen eingeschränkt, die mit AUTHBW beginnen (siehe Feld EINGESCHRÄNKTER BENUTZER).

Für den Zeitraum sind die vergangenen zehn Minuten voreingestellt, weil das erfahrungsgemäß meist der Zeitraum ist, in dem man das gesuchte Protokoll erzeugt hat (Felder UTC-ZEITSTEMPEL IN KURZFORM, BIS).

Die Ergebnismenge, also die Anzahl der gefundenen Protokolle der jeweiligen Selektion wird angezeigt. Bei ANZEIGEN oder LÖSCHEN wird diese Ergebnismenge als Auswahl angeboten. Die zuletzt in den Transaktionen SU01 und RSU01 bearbeiteten Benutzer werden vorselektiert, aber erst bei Betätigen der ⏎-Taste berücksichtigt.

Hat man Protokolle archiviert, kann man über die entsprechende Option von dort selektieren.

In der Konfiguration der Protokollierung verwalten Sie die Liste der Benutzer, für die automatisch ein Protokoll erzeugt wird. Die betreffenden Benutzer stehen in der Tabelle mit ihrer Alias-Bezeichnung (siehe Abbildung 4.5).

Über die Buttons Benutzer hinzufügen und Benutzer entfernen können Sie die Liste bearbeiten. Sie können auch die Wertehilfe für Benutzernamen verwenden.

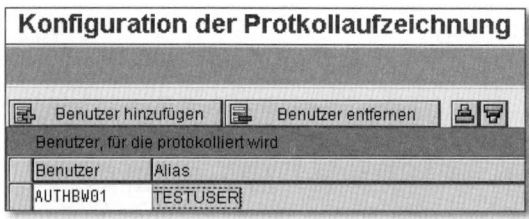

Abbildung 4.5 Konfiguration der Protokollaufzeichnung für Benutzer

---

Dauerhafte Protokollaufzeichnung

Wenn Sie die Protokollaufzeichnung in der Protokollverwaltung einstellen, werden alle Berechtigungsprüfungen des Benutzers mit Analyseberechtigungen protokolliert. Die Konfiguration bleibt unbegrenzt gültig.

Das kann gewollt sein, erzeugt aber fortwährend neue Protokolldaten und kostet zur Laufzeit etwas Performance.

Sie sollten immer abwägen, ob es nicht ausreicht, einmalig ein Protokoll über die Transaktion Ausführen als... zu erzeugen und außerdem gelegentlich die Liste der dauerhaft protokollierten Benutzer zu überarbeiten.

Nachdem Sie nun gesehen haben, welche Möglichkeiten der Analyse Sie mit der Funktion Ausführen als... haben und wie Sie dabei Berechtigungsprotokolle aufzeichnen können, beschäftigen Sie sich nun mit den Details des Berechtigungsprotokolls an sich.

4.2.2 Protokollaufbau

Die Protokollanzeige bietet einige Darstellungsoptionen, mit denen man bestimmte Teile des Protokolls ein- und ausschalten kann. Als Voreinstellung sind diejenigen Teile markiert, die am häufigsten relevant sind (siehe Abbildung 4.6). Diese Optionen betreffen Abschnitte des Protokolls, die Bereiche wiedergeben, in denen die Analyseberechtigungen relevant sind. Zum Beispiel finden sich hier natürlich die Bestandteile einer Berechtigungsprüfung im Bereich Prüfungsbestandteile wieder – darunter die eigentliche Berechtigungsprüfung –, zu der wir bereits in Kapitel 1, »Analyseberechtigungen für Einsteiger: eine praktische Einführung«, ein Beispiel besprochen hatten.

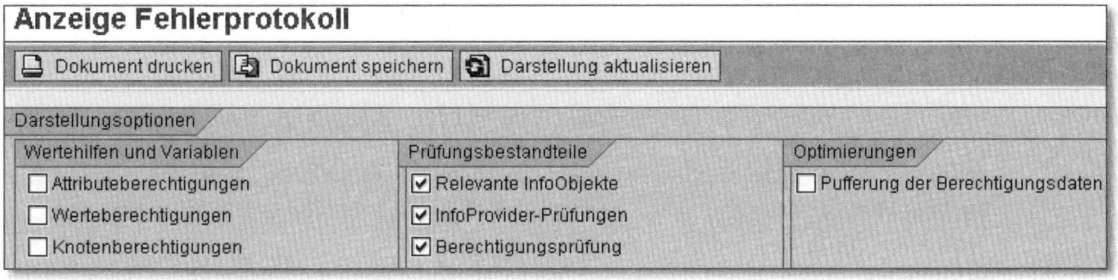

Abbildung 4.6 Darstellungsoptionen der Protokollanzeige

Ändert man die Auswahl der Bereiche, werden diese Abschnitte in die Protokollanzeige mit aufgenommen, sobald man auf den Button DARSTELLUNG AKTUALISIEREN klickt. Diese Auswahlmöglichkeiten sind nützlich, wenn das Protokoll sehr lang ist; man kann dann Teile ausblenden und erhält eine übersichtlichere Anzeige.

Die angezeigten Teile des Protokolls kann man auch drucken oder im HTML-Format, das auch das Format der Anzeige ist, abspeichern.

Protokoll-Ausgabeformate

Beachten Sie, dass das HTML-Dokument auch gedruckt oder als Webseite gespeichert werden kann, etwa um es Kollegen zu schicken oder beim Support mit an eine Meldung zu hängen.

Dabei wird immer nur der gerade angezeigte Teil erfasst, nicht angezeigte Teile werden nicht etwa »dunkel« mitverschickt.

Die einzelnen inhaltlichen Bereiche werden Thema der folgenden Abschnitte sein, in denen ihr Inhalt und ihre Bedeutung vorgestellt werden (siehe Abschnitte 4.2.3, »Protokollkopf«, 4.2.4, »Wertehilfen und Variablen«, und 4.2.6, »Optimierungen«).

Es gibt drei logische Bereiche, in denen die Analyseberechtigungen relevant sind und die sich in den Darstellungsoptionen widerspiegeln: die WERTEHILFEN UND VARIABLEN, die schon erwähnten PRÜFUNGSBESTANDTEILE sowie der Bereich der OPTIMIERUNGEN. Darüber hinaus gibt es den Protokollkopf, der immer angezeigt wird. Im Folgenden besprechen wir diese Gruppen und ihre Bereiche im Protokoll.

Da die Abschnitte im Protokoll nicht in der zeitlichen Abfolge der Ausführung erscheinen, kann dies ein Protokoll unübersichtlich werden lassen. Das ist häufig bei Planungsmappen und Webapplikationen der Fall, in denen längere Bearbeitungssequenzen stattfinden, während ein Berechtigungsprotokoll aufgezeichnet wird.

> **Berechtigungsprotokoll und Navigationsschritte**
>
> Jeder der Abschnitte, der in einem Protokoll vorkommen kann, kann mehrfach auftreten, wenn die zugehörigen Operationen während der Navigationsschritte mehrfach ausgeführt werden müssen.
>
> Beispielsweise kann der Abschnitt HIERARCHIEKNOTEN-BERECHTIGUNGEN zu einem einzigen Merkmal mehrfach auftreten, wenn in einem Navigationsschritt die Hierarchie geändert wird.

Bei Analysen sollte diese Abarbeitung dann auf die wesentlichen Schritte reduziert und der Vorgang vorher neu gestartet sowie anschließend beendet werden, damit das Protokoll klein bleibt.

4.2.3 Protokollkopf

Jedes Berechtigungsprotokoll besitzt einen Kopf mit Informationen zur Entstehung des Protokolls (siehe Abbildung 4.7). Darin finden sich Angaben zur ausgeführten Funktion, zum Beispiel Transaktion RSRT mit Query 0D_FC_C04/BWAUTH_Q08 aus den Beispielen in Kapitel 1, »Analyseberechtigungen für Einsteiger: eine praktische Einführung«.

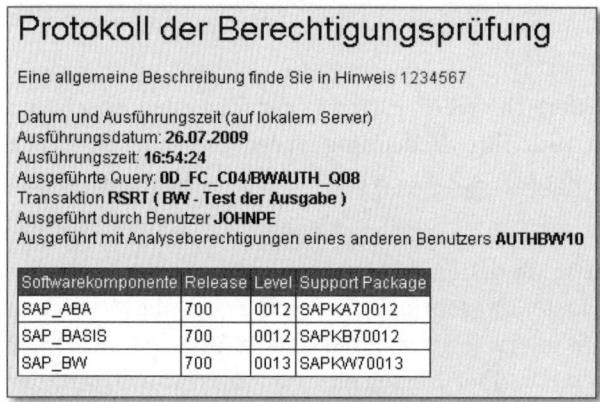

Abbildung 4.7 Protokollkopf

Schließlich sind noch die aktuellen Installationsstände angefügt, was im Falle einer Kundenmeldung dem Support hilft.

Zu einigen Abschnitten gibt es auch eingebaute Weblinks zu SAP-Hinweisen, die den Abschnitt erklären. Im Protokollkopf finden Sie den Link zu einem Hinweis, der das gesamte Berechtigungsprotokoll beschreibt. Er kann bei vorhandener Netzverbindung als Pop-up angezeigt werden und beim Verständnis des Protokolls helfen.

4.2.4 Wertehilfen und Variablen

Die Analyseberechtigungen werden an verschiedenen Stellen auch bei Wertehilfen prozessiert, etwa um festzustellen, welche Werte, Knoten oder Attribute ein Benutzer berechtigt hat. Das geschieht natürlich bei expliziter Verwendung der Wertehilfe bei Variablen oder Filterung, aber auch bei der Prozessierung von Variablen, die aus Berechtigungen gefüllt werden. Dies gilt sowohl für Wertevariablen als auch für Variablen vom Typ HIERARCHIEKNOTEN. Selbst wenn keine Variablen im Spiel sind – etwa bei den automatisch gefilterten Hierarchien –, werden die berechtigten Knoten bestimmt und im Protokoll ein entsprechender Abschnitt erzeugt.

Attribute

Wann immer ein Merkmal *Attribute* hat, werden diese über die Analyseberechtigungen bestimmt und nur die berechtigten Attribute angezeigt. Dieses Prinzip haben wir bereits in Abschnitt 1.4.7, »Anzeigeattribute und Navigationsattribute«, besprochen; auch dieses Ergebnis schlägt sich in einem eigenen Protokollabschnitt nieder.

Nehmen wir einmal das Beispiel der Attribute, die zum Merkmal 0D_FC_PROD im Query Designer angezeigt werden, wenn der Benutzer AUTHBW11 eine Query zum InfoProvider 0D_FC_C04 anlegen möchte (siehe Abbildung 1.82 in Abschnitt 1.4.7, »Anzeigeattribute und Navigationsattribute«).

Das Berechtigungsprotokoll erzeugt dafür einen Abschnitt ATTRIBUTE-BERECHTIGUNGEN (siehe Abbildung 4.8) für jedes Merkmal, das Attribute hat. Es können also zahlreiche derartige Abschnitte im Protokoll erscheinen.

Zunächst wird im Protokoll in einer Tabelle die Liste der existierenden Attribute zum Basismerkmal 0D_FC_PROD angegeben. Außerdem wird noch ergänzt, ob es sich nur um Anzeigeattribute handelt oder sogar um Navigationsattribute. Die Eigenschaft, ein Navigationsattribut zu sein, ist eine zusätzliche Eigenschaft. Das führt manchmal zu Missverständnissen.

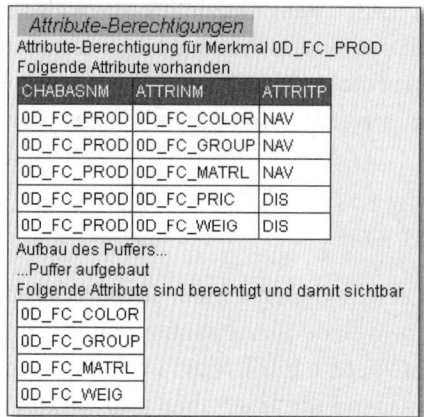

Abbildung 4.8 Anzeigeattribute zu Merkmal 0D_FC_PROD

Anzeige- und Navigationsattribute im Berechtigungsprotokoll

Die Anzeige der Eigenschaft eines Navigationsattributs ist eine reine Zusatzinformation und bedeutet, dass dieses Merkmal an anderer Stelle als Navigationsattribut verwendet werden kann.

Es gilt auch bei diesen Attributen: Ist das Attribut berechtigungsrelevant, muss für die Sichtbarkeit volle Berechtigung (*) vorliegen.

Das zugehörige Navigationsattribut kann allerdings an anderer Stelle, etwa in einem anderen InfoProvider mit weniger Berechtigungen als der vollen Berechtigung sichtbar sein. Es ist dann aber aus Berechtigungssicht auch ein anderes Merkmal. Im Beispiel wäre das dann 0D_FC_PROD__0D_FC_COLOR für das Attribut 0D_FC_COLOR.

Das Ergebnis wird zur Verarbeitung vorbereitet, optimiert und gepuffert, weswegen im Protokoll eine entsprechende Anmerkung erscheint (die zugehörigen Protokolleinträge sehen Sie in Abschnitt 4.2.6, »Optimierungen«).

Wertevariablen

Gibt es Variablen, die aus Berechtigungen gefüllt werden, schlägt sich das in einem Abschnitt WERTEBERECHTIGUNG nieder, in dem angezeigt wird, welche Intervalle berechtigt sind. In der Query BW_AUTH_Q01 aus Kapitel 1, »Analyseberechtigungen für Einsteiger: eine praktische Einführung«, hatten wir zwei Berechtigungsvariablen für Kalenderjahr (Merkmal 0CALYEAR) und für Land (Merkmal 0D_FC_LAND) angelegt. Der Benutzer AUTHBW01 hatte das Jahr 1998 berechtigt, aber keine Berechtigungen für Land.

Während der Query-Ausführung werden diese beiden Variablen also, wenn möglich, automatisch aus den Berechtigungen gefüllt. Dabei entsteht für jede derartige Anfrage ein Abschnitt WERTEBERECHTIGUNG. Für die Anfrage »Jahr« sehen Sie das Ergebnis in Abbildung 4.9. Die berechtigten Werte werden in Form eines Intervalls als »I EQ 1998« zurückgegeben. Hier können Sie also ablesen, dass der Benutzer den berechtigten Wert »1998« für das Jahr hatte und dies in die Query-Verarbeitung zur Berechtigungsprüfung eingegangen ist. Sie würden dann in der Berechtigungsprüfung sehen, dass die Selektion selbst auf diesen Wert »1998« eingeschränkt wurde. Denn das ist ja der Sinn solcher Variablen, die aus Berechtigungen gefüllt werden.

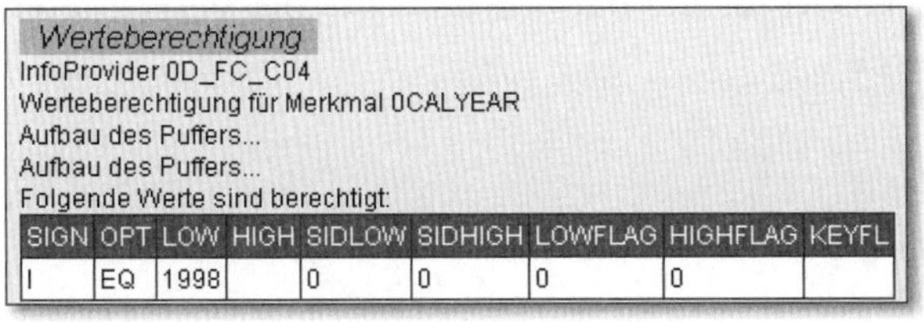
Werteberechtigung
InfoProvider 0D_FC_C04
Werteberechtigung für Merkmal 0CALYEAR
Aufbau des Puffers...
Aufbau des Puffers...
Folgende Werte sind berechtigt:

SIGN	OPT	LOW	HIGH	SIDLOW	SIDHIGH	LOWFLAG	HIGHFLAG	KEYFL
I	EQ	1998		0	0	0	0	

Abbildung 4.9 Werteberechtigung für Einzelwert »1998« zu »Jahr« im Protokoll

Nun gab es in dem Beispiel noch die Variable für Land. Der entsprechende Protokollabschnitt ist in Abbildung 4.10 dargestellt. Hier wird einfach rot unterlegt angezeigt, dass keine Berechtigung vorliegt. Allerdings ist zu beachten, dass der Benutzer durchaus berechtigt war, das Query-Ergebnis anzuzeigen. Denn das Merkmal »Land« war nicht im Aufriss, und deshalb wurde die Aggregationsberechtigung geprüft, die der Benutzer aber tatsächlich hatte.

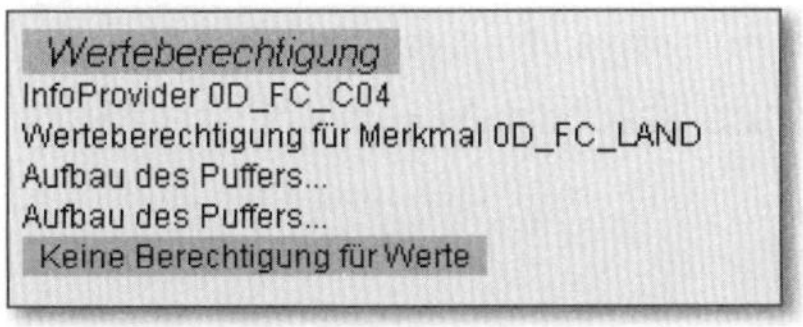
Werteberechtigung
InfoProvider 0D_FC_C04
Werteberechtigung für Merkmal 0D_FC_LAND
Aufbau des Puffers...
Aufbau des Puffers...
Keine Berechtigung für Werte

Abbildung 4.10 Keine Werteberechtigung für Variable auf »Land« (Merkmal 0D_FC_LAND)

Werteberechtigung und Aggregationsberechtigung

Die Aggregationsberechtigung wird in Variablen oder bei der Filterwertauswahl ignoriert.

Man sieht die Aggregationsberechtigung ja auch nicht als Filterwert oder in den Wertehilfen. Sie wird in diesem Sinne nicht als Werteberechtigung und nur in der eigentlichen Berechtigungsprüfung behandelt. Wenn also das

Merkmal nicht im Aufriss ist, heißt ein solcher Protokolleintrag also noch nicht, dass keine Berechtigung vorliegen kann. Das lässt sich dann sehr schnell im Protokollabschnitt BERECHTIGUNGSPRÜFUNG feststellen.

Der umgekehrte Fall der vollständigen Berechtigungen ist in Abbildung 4.11 am Beispiel der Kennzahlberechtigung (Merkmal 0TCAKYFNM) gezeigt. Hier sieht man übrigens auch, dass »Kennzahl« hier wie ein gewöhnliches Merkmal behandelt wird. Allerdings erscheinen diese Blöcke bei dem berechtigungsrelevanten Merkmal 0TCAKYFNM viel häufiger als andere Abschnitte zu Werteberechtigungen. Denn immer dann, wenn Attribute zu einem normalen Merkmal erfragt werden und darunter Kennzahlattribute sind, muss die Berechtigung zu 0TCAKYFNM für die Bildung der Liste der berechtigten Attribute herangezogen werden.

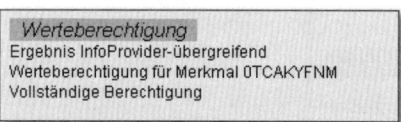

Abbildung 4.11 Vollständige Berechtigung (hier für 0TCAKYFNM)

Hierarchieknoten-Berechtigungen

Da Hierarchien in der Query-Ausführung automatisch auf die berechtigten Knoten reduziert oder »ausgedünnt« werden, gibt es immer einen Zeitpunkt während der Hierarchieverarbeitung für berechtigungsrelevante Merkmale, zu dem die Liste der berechtigten Hierarchieteile der selektierten Hierarchie (Knoten plus Detailtiefe) erfragt wird. Dies ergibt einen Abschnitt im Protokoll wie in Abbildung 4.12. Da man immer nur eine Hierarchie pro Merkmal anzeigen kann, gibt es auch immer nur einen solchen Abschnitt pro Merkmal und Navigationsschritt.

Hierarchieberechtigungen (Knotenberechtigungen)
Benutzer AUTHBW02
Merkmal 0D_FC_LAND
Hierarchiename WELT
Hierarchieversion
Hierarchiedatum 99991231
Ergebnis InfoProvider-übergreifend
Folgende Knoten sind für diese Anfragekombination berechtigt:

TLEVEL	SID	FROM_TLEVEL	TO_TLEVEL
2	4-	2	99

Folgende Hierarchieberechtigungen gibt es für dieses Merkmal

IOBJNM	HIENM	VERSION	DATETO	NIOBJNM	NODE	AUTHTYPE	COMPMODE	TLEVEL	HDATE
0D_FC_LAND	WELT		99991231	0HIER_NODE	EUROPA	1	0	00	00000000

Abbildung 4.12 Hierarchieknoten-Berechtigungen im Protokoll

Hat ein Benutzer keine Knoten zur selektierten Berechtigung berechtigt, bekommt er in der Query-Ausführung die Meldung EYE 018 zu sehen (siehe Abbildung 4.13).

Meldungen:

① Keine Berechtigung für Knoten des Merkmals 0D_FC_LAND, Hierarchie WELT (00000000,)

Abbildung 4.13 Meldung EYE 018 – keine Hierarchieknoten berechtigt

Das zugehörige Protokoll sehen Sie in Abbildung 4.14. Auch hier wird rot unterlegt angezeigt, dass keine Knoten zu der Hierarchie berechtigt sind.

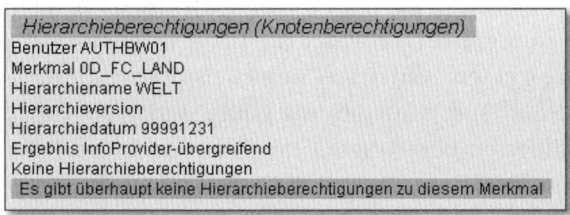

Hierarchieberechtigungen (Knotenberechtigungen)
Benutzer AUTHBW01
Merkmal 0D_FC_LAND
Hierarchiename WELT
Hierarchieversion
Hierarchiedatum 99991231
Ergebnis InfoProvider-übergreifend
Keine Hierarchieberechtigungen
Es gibt überhaupt keine Hierarchieberechtigungen zu diesem Merkmal

Abbildung 4.14 Keine Hierarchieknoten-Berechtigung zu Merkmal »Land« (0D_FC_LAND)

Es gibt auch den Fall, dass Knoten verschiedener anderer Hierarchien den selektierten Knoten berechtigen, wenn der Gültigkeitsbereich entsprechend konfiguriert ist. In Abbildung 4.15 sehen Sie ein solches Beispiel. Der dritte Knoten ist der bekannte aus Abbildung 4.12. Die ersten beiden Knoten stammen aus anderen Hierarchien. Aber die Spalte COMPMODE, die den Gültigkeitsbereich angibt, ist viel »liberaler« eingestellt und erlaubt auch Knoten aus der Hierarchie ALTERNATIVWELT, Selektionen der Hierarchie WELT zu berechtigen.

Hierarchieberechtigungen (Knotenberechtigungen)
Benutzer AUTHBW02
Merkmal 0D_FC_LAND
Hierarchiename WELT
Hierarchieversion
Hierarchiedatum 99991231
Ergebnis InfoProvider-übergreifend
Folgende Knoten sind für diese Anfragekombination berechtigt:

TLEVEL	SID	FROM_TLEVEL	TO_TLEVEL
2	5-	2	3
2	4-	2	99

Es gibt endliche Dreiecke (Untere Ebene kleiner 99)
Folgende Hierarchieberechtigungen gibt es für dieses Merkmal

IOBJNM	HIENM	VERSION	DATETO	NIOBJNM	NODE	AUTHTYPE	COMPMODE	TLEVEL	HDATE
0D_FC_LAND	ALTERNATIVWELT		99991231	0HIER_NODE	AMERIKA	2	3	03	00000000
0D_FC_LAND	ALTERNATIVWELT		99991231	0HIER_NODE	EUROPA	1	3	00	00000000
0D_FC_LAND	WELT		99991231	0HIER_NODE	EUROPA	1	0	00	00000000

Abbildung 4.15 Verschiedene Hierarchien liefern berechtigte Knoten

4.2.5 Prüfungsbestandteile

Die typische Analyseberechtigungsprüfung läuft, zum Beispiel bei Querys, folgendermaßen ab:

Nach der Überprüfung der Ausführungsberechtigung (nur für Querys) wird die eigentliche Datenselektion geprüft. Dabei muss die Selektion vollständig berechtigt sein (siehe auch Abschnitt 1.3.3, »Leitsätze der Analyseberechtigungen«, zweiter Leitsatz).

Diese Prüfung selbst wird in drei Stufen vorgenommen.

1. **InfoProvider-Prüfung**
   Wenn eine InfoProvider-abhängige Prüfung erfolgt, wird zunächst überprüft, ob der Benutzer zu diesem InfoProvider überhaupt irgendwelche Berechtigungen mit der korrekten Aktivität – zum Beispiel »Ändern« – besitzt, die zum Zeitpunkt der Query-Ausführung gültig sind. Dabei wird noch nicht nach den detaillierten berechtigten Kombinationen geschaut, da diese Prüfung viel komplexer sein kann. Falls keine solche Berechtigung vorliegt, erscheint stattdessen die Meldung »Sie besitzen keine ausreichende Berechtigung für den InfoProvider« (EYE 001).

2. **Relevante InfoObjects**
   Danach erfolgt die *Reduktion der Merkmale* auf die eigentlich berechtigungsrelevanten Merkmale. Das sind die, die erstens berechtigungsrelevant konfiguriert wurden und für die zweitens der Benutzer keine volle Berechtigung, also *-Berechtigung zu diesem Merkmal, besitzt.

3. **Detaillierte Datenprüfung**
   Erst jetzt wird gegebenenfalls die *detaillierte Prüfung* der Datenberechtigungen mit übrig gebliebenen, effektiv berechtigungsrelevanten Merkmalen durchgeführt. Ist diese Prüfung nicht erfolgreich, gibt es als Ergebnis die Meldung »Sie besitzen keine ausreichende Berechtigung« (EYE 007).

   Diese dritte Stufe kann in zwei separate Prüfungen unterteilt werden, mit denen wir uns später noch genauer beschäftigen werden:

   ▶ Aggregationsberechtigung

   ▶ reine Datenprüfung

Nach dem ersten oder nach dem dritten Schritt kann eindeutig entschieden werden, ob die Selektion berechtigt sein kann oder nicht, und gegebenenfalls vorzeitig abgebrochen werden.

Schauen Sie sich also einmal die drei Prüfungsteile im Protokoll genauer an, und beginnen Sie mit der InfoProvider-Prüfung.

InfoProvider-Prüfung

Wie bereits erwähnt, wird zunächst einmal geprüft, ob der Benutzer überhaupt die Chance auf eine erfolgreiche Berechtigungsprüfung der Datenberechtigungen hat. Dazu wird überprüft, ob er irgendeine Berechtigung besitzt, die an diesem Tage gültig ist und die mit der gewünschten Aktivität den Zugriff auf den InfoProvider zulässt. In Abbildung 4.16 sehen Sie etwa die Prüfung, ob ein Lesezugriff (AKTIVITÄT 03) auf den InfoProvider 0D_FC_C04 erlaubt ist. Die Prüfung ist erfolgreich.

Abbildung 4.16 Erfolgreicher Test auf die InfoProvider-Zugriffsrechte

Eine nicht erfolgreiche Prüfung führt wie erwähnt zur Meldung EYE 001, die auch im Protokoll wiedergegeben wird (siehe Abbildung 4.17).

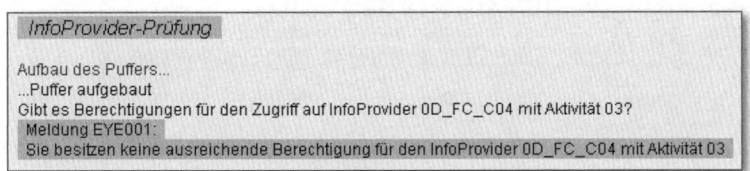

Abbildung 4.17 Fehlgeschlagene InfoProvider-Prüfung

Schlägt diese Prüfung fehl, ist also entweder die Aktivität nicht berechtigt. Diese Prüfung wird nicht nur für die Aktivität »Lesen« (03) durchgeführt, sondern zum Beispiel auch für »Schreiben« (02), etwa bei der BW-Integrierten Planung. Oder aber, es gibt überhaupt keine derzeit gültige Berechtigung zu diesem InfoProvider.

Natürlich werden an dieser Stelle die drei Spezialmerkmale für »InfoProvider« (0TCAIPROV), »Aktivität« (0TCAACTVT) und »Gültigkeit« (0TCAVALID) geprüft, die in einer berechtigten Kombination die entsprechende Berechtigung enthalten müssen.

Bei einem solchen Ergebnis im Protokoll ist also zu prüfen und sicherzustellen, dass der Benutzer die drei Merkmale in einer Kombination mit dem richtigen InfoProvider und der richtigen Aktivität hat und dies an diesem Tag gültig ist. Dazu schaut man in die Berechtigungen des Benutzers oder im Protokoll in die vorhandenen, von der Datenbank gelesenen Berechtigungen, die im Abschnitt PUFFERUNG erscheinen (siehe Abschnitt 4.2.6, »Optimierungen«).

> **Ungültige oder keine Berechtigung**
>
> Beachten Sie, dass eine Berechtigung, die nicht gültig ist, gar nicht erst verarbeitet und einfach ignoriert wird. Das Gleiche gilt, wenn es keine Berechtigung gibt, die den InfoProvider erfasst.
>
> Eine Berechtigung mit der falschen Aktivität wird nicht ignoriert, führt aber zum gleichen Ergebnis wie in Abbildung 4.17.

Relevante InfoObjects

In diesem Abschnitt wird die Bestimmung der effektiv berechtigungsrelevanten Merkmale protokolliert.

Legen Sie einmal als Beispiel eine Berechtigung an, die sowohl die Spezialmerkmale enthält als auch Berechtigungen zu allen fünf weiteren berechtigungsrelevanten Merkmalen (siehe Abbildung 4.18).

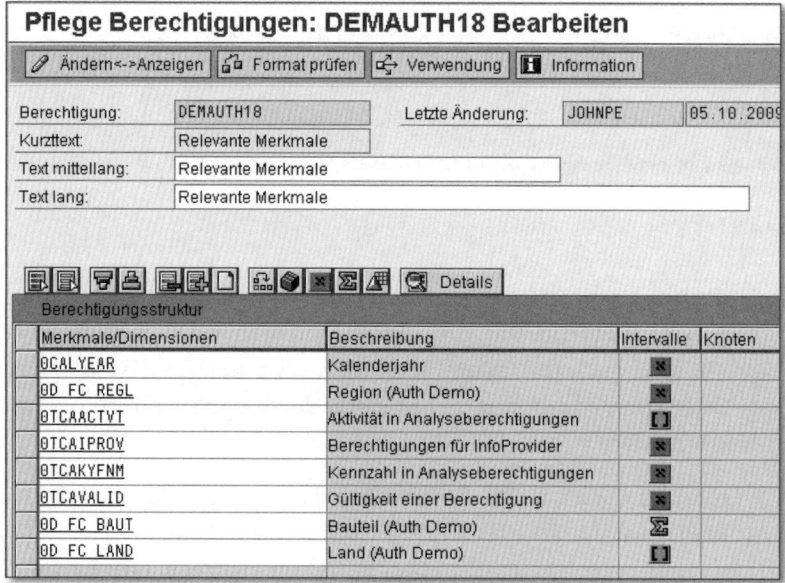

Abbildung 4.18 Berechtigungsrelevante Merkmale inklusive Spezialmerkmalen des InfoProviders 0D_FC_C04

Nur die drei Merkmale »Aktivität« (0TCAACTVT), »Bauteil« (0D_FC_BAUT) und »Land« (0D_FC_LAND) haben keine vollständige Berechtigung; die übrigen Merkmale haben die volle Berechtigung. Deswegen müssen sie nicht weiter geprüft werden, wenn der Benutzer nur diese eine Analyseberechtigung zugeordnet hat. Hat er allerdings mehrerer Berechtigungen zugeordnet, müssen nur diejenigen Merkmale nicht mehr geprüft werden, die überall volle Berechtigung haben, das heißt, in allen Berechtigungen den Stern eingetragen haben.

Ordnen Sie die Berechtigung aus Abbildung 4.18 einem Benutzer AUTHBW15 zu, der wie in Kapitel 1, »Analyseberechtigungen für Einsteiger: eine praktische Einführung«, aufgebaut ist und Ausführungsberechtigungen für Querys hat. Führen Sie nun eine der Querys aus, die es zu dem InfoProvider gibt, sagen wir BWAUTH_Q01. Sie zeichnen dabei ein Protokoll auf.

Das Ergebnis der Query spielt keine Rolle. Schaut man sich aber nun das Protokoll an und dort den Bereich RELEVANTE MERKMALE erhält man das Ergebnis von Abbildung 4.19.

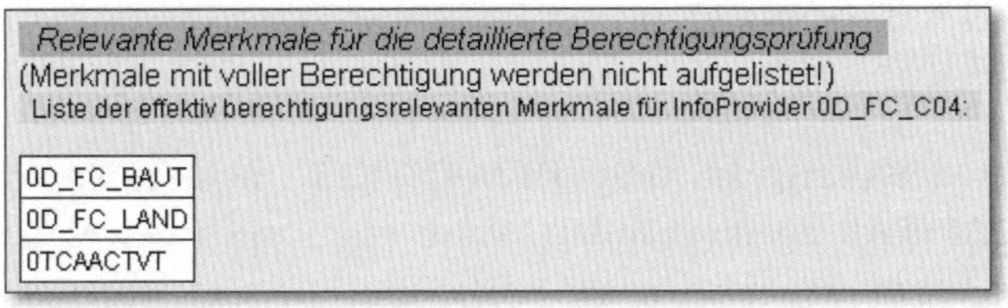

Relevante Merkmale für die detaillierte Berechtigungsprüfung
(Merkmale mit voller Berechtigung werden nicht aufgelistet!)
Liste der effektiv berechtigungsrelevanten Merkmale für InfoProvider 0D_FC_C04:

| 0D_FC_BAUT |
| 0D_FC_LAND |
| 0TCAACTVT |

Abbildung 4.19 Effektiv berechtigungsrelevante Merkmale – Benutzer AUTHBW15 mit Analyseberechtigung DEMAUTH18

Sie sehen nun deutlich, dass von den acht ursprünglich berechtigungsrelevanten Merkmalen der Berechtigung nur noch drei effektiv berechtigungsrelevant sind, für die noch genauere Prüfungen erforderlich sind. Bei den anderen ist klar, dass jede Kombination mit ihren Merkmalswerten immer berechtigt ist.

Dieser Optimierungsschritt vereinfacht in der Praxis die allermeisten Einzelprüfungen enorm. Statt einer achtdimensionalen Prüfung muss nun nur noch dreidimensional geprüft werden.

Legen Sie eine zweite Berechtigung DEMAUTH19 als Kopie von DEMAUTH18 an, und ändern Sie zum Beispiel die Berechtigung zum Merkmal »Jahr« (0CALYEAR): von der vollen Berechtigung auf den Einzelwert »1998«, das Bauteil auf den Einzelwert »T00«. Die Änderung von zwei Merkmalsberechtigungen verhindert, dass die Berechtigungen zu einer zusammengefasst werden können.

Diese Berechtigung ordnen Sie als zweite Berechtigung auch dem Benutzer AUTHBW15 zu und führen wieder die Query BWAUTHQ_01 mit Protokollaufzeichnung aus. Das Ergebnis der effektiv berechtigungsrelevanten Merkmale sieht nun erwartungsgemäß folgendermaßen aus (siehe Abbildung 4.20).

Da nun das Jahr nicht mehr in allen Analyseberechtigungen, also nicht mehr in allen Kombinationen mit der vollen Berechtigung ausgestattet ist, kann erst die Detailprüfung entscheiden, ob eine Selektion berechtigt ist. Nun ist nicht mehr jede Kombination mit 0CALYEAR berechtigt.

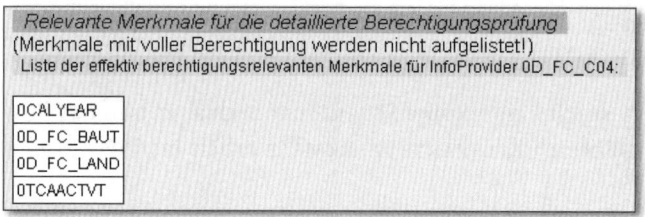

Abbildung 4.20 Effektiv berechtigungsrelevante Merkmale nach Hinzufügen einer zweiten Berechtigung DEMAUTH19

Hätten Sie allerdings im Vergleich mit DEMAUTH18 in der Kopie DEMAUTH19 nur 0CALYEAR allein geändert, wäre es möglich gewesen, beide Berechtigungen zusammenzufassen zu einer, und die alte Situation wäre wieder hergestellt gewesen.

Probieren Sie es aus!

Detaillierte Berechtigungsprüfung

Der Protokollbereich für die Details der Berechtigungsprüfung ist in der Praxis der am häufigsten relevante Bereich und deshalb defaultmäßig eingeblendet. Nachdem man anfangs vielleicht eher an elementareren Dingen scheitert und deshalb die häufigste Fehlerquelle zum Beispiel bei der Info-Provider-Prüfung findet, sind die Probleme mit wachsender Erfahrung häufiger in der eigentlichen Berechtigungsprüfung lokalisiert. In Abbildung 4.21 sehen Sie ein typisches Beispiel eines Protokolls zu einer erfolgreichen Prüfung. Auch hier gibt es verschiedene Abschnitte wie die VORVERARBEITUNG der Selektion und die HAUPTPRÜFUNG, die aus zwei wesentlichen Teilen besteht: der Aggregationsberechtigungsprüfung und der restlichen Datenberechtigungsprüfung.

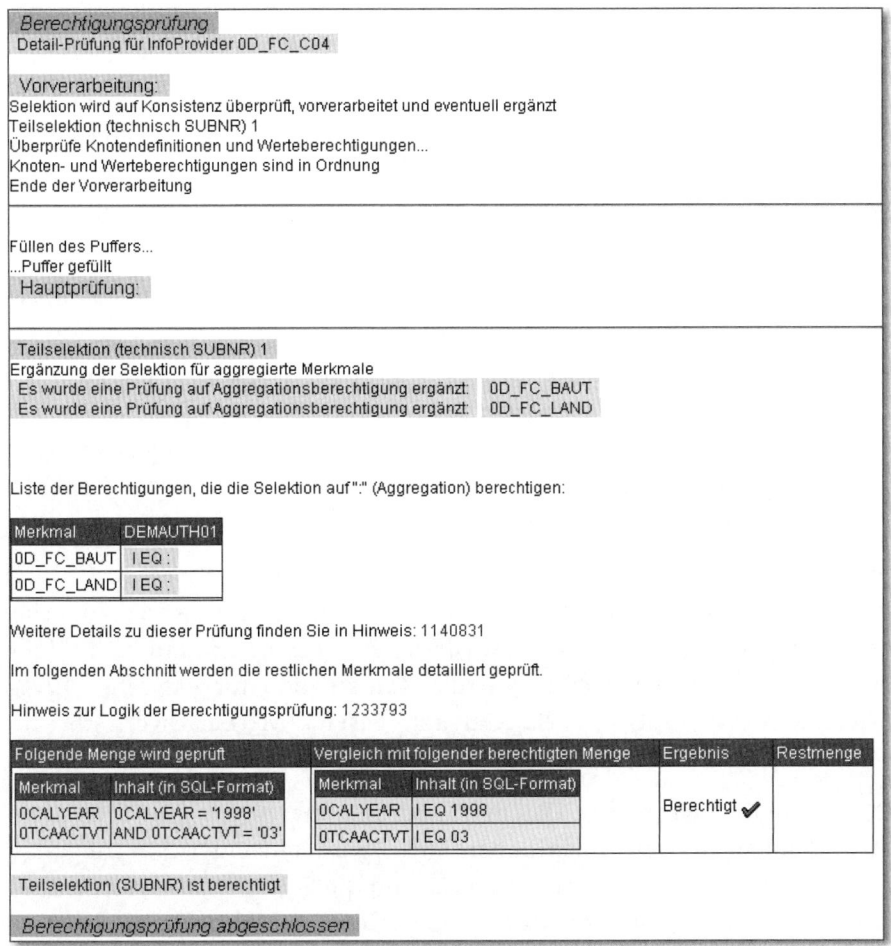

Abbildung 4.21 Typisches Protokoll einer erfolgreichen Prüfung

Die Vorverarbeitung enthält einige Checks und Korrekturen der Selektion, die nur dann relevant werden, wenn etwas schiefgeht. Sie dient eher dem Support.

Nach der Vorbereitung kommt die Hauptprüfung, gewissermaßen das Herz der Maschinerie der Analyseberechtigungen. Hier werden die Aggregationsberechtigungen und die Kombinationsprüfungen der (mehrdimensionalen) Berechtigungen hintereinander vorgenommen.

Aggregationsberechtigung
Zunächst erscheint ein Bereich, der mit der Anzeige »Ergänzung der Selektion für aggregierte Merkmale« eingeleitet wird. Dies erscheint zunächst

überraschend. Wieso ergänzt das System Prüfungen, macht sie also künstlich kompliziert?

Sie haben schon einmal gesehen, dass die Aggregationsberechtigung nicht als echte Werteberechtigung aufzufassen ist, selbst wenn sie als Einzelwertberechtigungen angelegt werden können. In Filtern, Variablen und ihren Wertehilfen tauchen sie jedoch nicht auf.

Deshalb entsprechen sie auch keiner echten Selektion: Man kann ja keinen Filter »aggregiert« definieren oder eine Variable mit »aggregiert« füllen. Wenn ein Merkmal in einer Query verdichtet (aggregiert) ist, also entweder in den freien Merkmalen zur Auswahl steht oder sogar nicht direkt in der Query vorkommt, muss aber nach Spezifikation die Aggregationsberechtigung abgefragt werden. Deshalb ist es ein Teil der Berechtigungsprüfung selbst, der prüft, ob es verdichtete Merkmale gibt, für die dann auch die Aggregationsberechtigung vorhanden sein muss.

In Abbildung 4.21 sehen Sie zwei solcher Merkmale, 0D_FC_BAUT und 0D_FC_LAND, die beide verdichtet sind und für die eine Aggregationsberechtigung vergeben werden muss. Dies ist hier geschehen und die Prüfung ist erfolgreich. Anschließend wird die Kombination für das Jahr »1998« (Merkmal 0CALYEAR) und die Aktivität »Lesen« (Merkmalswert »03« für Merkmal 0TCAACTVT) geprüft, die in einer Berechtigung vorliegt.

Der Ablauf der eigentlichen Datenprüfung ist immer gleich: Eine Selektionsmenge, möglicherweise mehrdimensional, wird mit einer Berechtigungsmenge verglichen. Dabei wird überprüft, ob die Selektion komplett enthalten ist. Wenn ja, ist die Prüfung abgeschlossen. Wenn nein, kann es eventuell eine Restmenge geben, die wiederum von einer anderen Berechtigung abgedeckt wird. Wir kommen im Abschnitt »Werte- und Knotenprüfungen« weiter unten noch darauf zurück, wollen aber erst noch kurz bei der Aggregationsprüfung bleiben.

Im Beispiel in Abbildung 4.21 sehen Sie, dass für beide Merkmale 0D_FC_BAUT und 0D_FC_LAND Berechtigungen vorliegen. Wichtig ist jedoch, dass diese Aggregationsberechtigungen in einer Kombination aller Merkmale vorliegen müssen. Also nicht etwa derart, dass eine Analyseberechtigung für das Merkmal 0D_FC_BAUT die Aggregation berechtigt, und die andere Analyseberechtigung für das Merkmal 0D_FC_LAND, sondern dass eine Analyseberechtigung beide Merkmale abdeckt!

Die Aggregationsberechtigung ist immer nur ein einzelner Wert pro Merkmal. Da aber immer alle Merkmale, für die die Aggregationsberechtigung gefordert ist, auch die Aggregationsberechtigung umfassen müssen, kann man die Prüfung der Aggregationsberechtigung separieren. Damit kann bereits bei der Prüfung der Aggregationsberechtigungen entschieden werden, welche Berechtigungen für die Detailprüfung übrig bleiben. Bleibt keine Berechtigung übrig, ist die Prüfung abgeschlossen, und es ist keine weitere Detailprüfung auf andere Merkmalskombinationen wie in Abbildung 4.21 mehr notwendig.

Aggregationsberechtigungen

Es ist entscheidend, dass die benötigten Kombinationen der Aggregationsberechtigungen für mehrere Merkmale zusammen in jeweils einer Berechtigung kombiniert vorkommen und nicht verteilt auf mehrere Berechtigungen.

Ausschließlich diejenigen Berechtigungen, die für alle geforderten Merkmale die Aggregationsberechtigungen enthalten, können eventuell die gesamte Selektion berechtigen und werden deshalb für die nachfolgende Detailprüfung herangezogen.

Was passiert, wenn zwar für jedes Merkmal Aggregationsberechtigungen vergeben wurden, aber nicht als *Kombination*, also in einer Berechtigung, sehen Sie in Abbildung 4.22. Wieder werden die Aggregationsberechtigungen für »Bauteil« (0D_FC_BAUT) und »Land« (0D_FC_LAND) gefordert und in die Prüfung eingebaut. Für beide Merkmale liegt auch einmal die Aggregationsberechtigung vor, jedoch in unterschiedlichen Berechtigungen. Das ist natürlich nicht ausreichend, da sie ja kombiniert vergeben werden müssen.

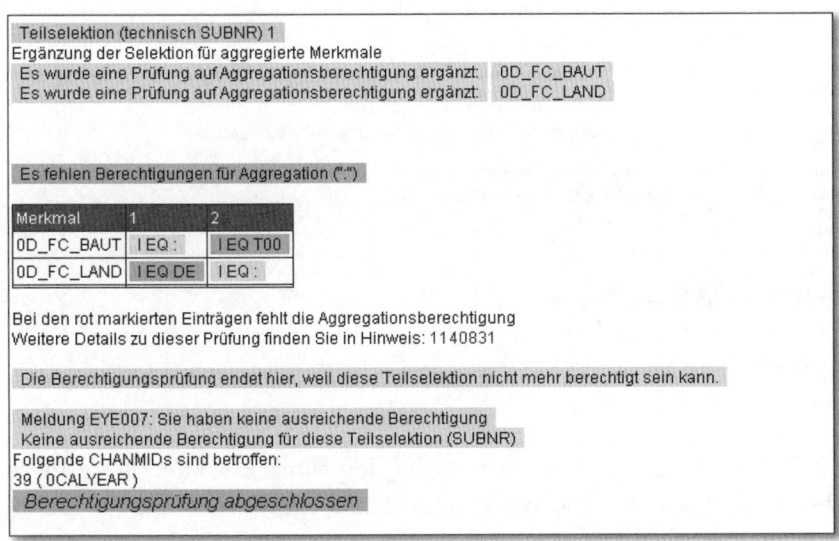

Abbildung 4.22 Aggregationsberechtigungen – verteilt auf verschiedene Berechtigungen

Die weitere Prüfung kann gar nicht mehr erfolgreich verlaufen, egal ob die Merkmale mit expliziten Datenkombinationen berechtigt wären oder nicht. Bereits die Aggregationsberechtigungen reichen nicht aus. Das wird im Protokoll mitgeteilt. In der Query wurde deshalb auch eine Fehlermeldung »keine ausreichende Berechtigung« ausgegeben und diese im Protokoll vermerkt.

Abbildung 4.23 zeigt ein typisches Ergebnis, wenn man ohne Bedacht im laufenden Betrieb ein Merkmal berechtigungsrelevant schaltet: Hier ist nun noch das Merkmal »Region« (0D_FC_REGL) berechtigungsrelevant gemacht worden, aber nicht in die Berechtigung mit aufgenommen worden. Viele Querys, die das Merkmal vermeintlich nicht enthalten, geben eine Berechtigungsfehlermeldung aus, weil ja darüber aggregiert wird. Im Protokoll sieht man das Ergebnis. Nun erfordern alle Querys, die auf InfoProvidern mit diesem neu berechtigungsrelevant gemachten Merkmal selektieren und es nicht im Aufriss haben, die Aggregationsberechtigung.

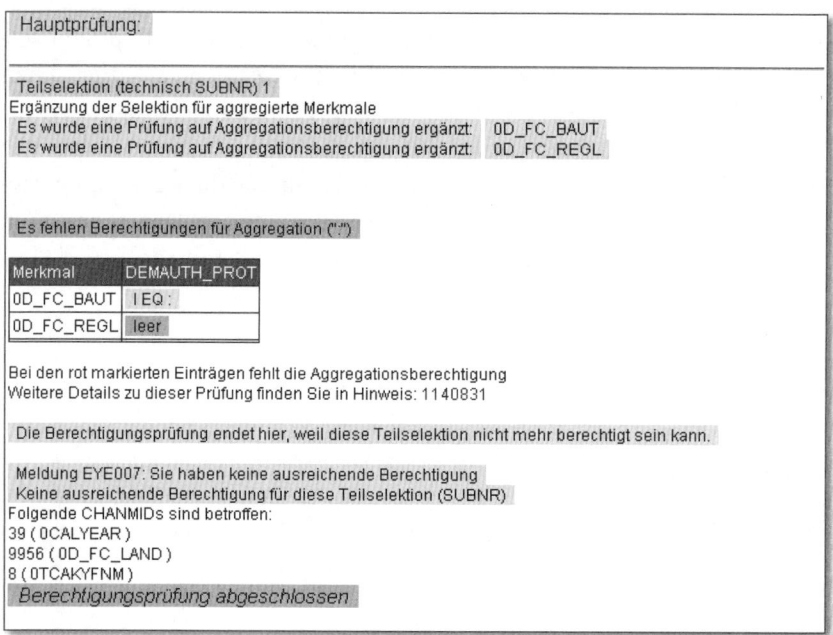

Abbildung 4.23 Durch ein neues berechtigungsrelevantes Merkmal erzeugte Berechtigungsmeldung

Natürlich passiert das nicht nur bei der Aggregationsberechtigung, sondern auch bei explizit selektierten. Wann immer man ein Merkmal neu berechtigungsrelevant setzt und die Berechtigungen nicht anpasst, gibt es Berechtigungsmeldungen.

Das ist ein häufiger Fall im Support und einer fehlenden Kontrolle über die Eigenschaft der Berechtigungsrelevanz in der Merkmalspflege geschuldet.

Eigenschaft der Berechtigungsrelevanz in der Merkmalspflege

Die Rechte zur Änderung der Berechtigungsrelevanz eines Merkmals können mit Berechtigungen zum Berechtigungsobjekt S_RSEC vergeben werden. Damit kann nicht jeder, der InfoObject-Eigenschaften verändern darf, auch diese Eigenschaft verändern und den produktiven Betrieb durch gehäufte Fehlermeldungen wegen Berechtigungen stören.

Umgekehrt darf niemand, der diese Berechtigung nicht hat, die Eigenschaft »berechtigungsrelevant« setzen, auch nicht bei neu angelegten Merkmalen.

Werte- und Knotenprüfungen

Wenden wir uns nun noch einmal der eigentlichen Berechtigungsprüfung zu. In Abbildung 4.21 haben Sie bereits ein einfaches Beispiel gesehen.

Hier wurde eine einfache Kombination aus je einem Einzelwert geprüft und berechtigt. Dieses Beispiel zeigt das gleiche Verhalten wie eine klassische Berechtigungsprüfung mit Berechtigungsobjekten.

Allerdings ist diese Art von Prüfungen natürlich in den Analyseberechtigungen eher die Ausnahme. In aller Regel sind die geprüften Selektionen komplexe Ausdrücke mit mehreren oder vielen Einzelwerten, mit Intervallen und Mustern und mit Hierarchieknoten kombiniert. Ein Beispiel mit erfolgreicher Prüfung sehen Sie in Abbildung 4.24.

Teilselektion (technisch SUBNR) 1
Ergänzung der Selektion für aggregierte Merkmale
Keine Prüfung auf Aggregationsberechtigung notwendig

Folgende Menge wird geprüft	Vergleich mit folgender berechtigten Menge	Ergebnis	Restmenge
Merkmal: 0D_FC_BAUT 0D_FC_LAND 0TCAACTVT **Inhalt (in SQL-Format):** 0D_FC_BAUT BETWEEN 'T02' AND 'T10' AND 0D_FC_LAND BETWEEN 'DE' AND 'FR' AND 0TCAACTVT = '03'	**Merkmal / Inhalt (in SQL-Format):** 0D_FC_BAUT: I BT T00 T15 0D_FC_LAND: I BT BR RU 0TCAACTVT: I CP *	Berechtigt ✔	

Teilselektion (SUBNR) ist berechtigt

Berechtigungsprüfung abgeschlossen

Abbildung 4.24 Erfolgreiche mehrdimensionale Prüfung mit Intervall

Wie Sie sehen, gibt es immer eine Spalte RESTMENGE. Bisher ist sie leer. Was bedeutet diese Spalte? Dazu betrachten Sie einmal ein anderes Beispiel grafisch (siehe Abbildung 4.25). Die Flächen repräsentieren die Selektionsmenge und die Berechtigungsmengen. Es gibt zwei Berechtigungsmengen, die man auch nicht zu einer einzigen zusammenfassen kann.

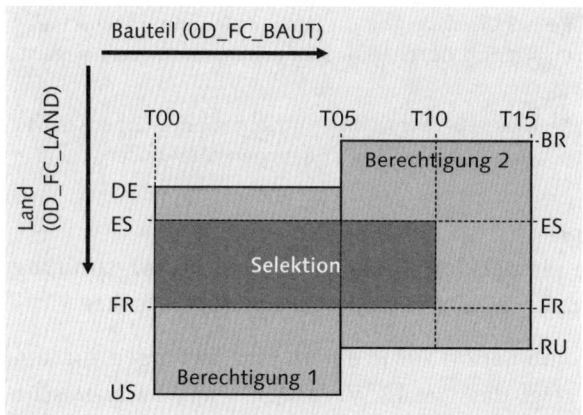

Abbildung 4.25 Selektion – nur durch beide Berechtigungen abzudecken

Sie haben eine Selektion, die für »Land« das Intervall zwischen ES und FR abfragt und für »Bauteil« das Intervall zwischen T00 und T10 (dunkler Bereich) selektiert. Außerdem gibt es zwei Berechtigungsmengen: Berechtigung 1 berechtigt den linken Bereich von T00 bis T05 und von DE bis US. Berechtigung 2 berechtigt den rechten Bereich von T05 bis T15 und von BR bis RU.

Natürlich berechtigt keine der beiden Berechtigungen die Selektion allein. Nur beide zusammen decken die Selektion vollständig, was ja, wie Sie wissen, für die Datenfreigabe entscheidend ist.

Schauen Sie uns das Berechtigungsprotokoll zu diesem Fall an, den Sie im System nachbauen können, indem man einem Benutzer beide beschriebenen Berechtigungen zuordnet und entsprechend in einer Query selektiert. Was geschieht in der Prüfung? In Abbildung 4.26 sehen Sie den ersten Schritt der Prüfung: Die beschriebene Selektion wird mit der ersten Berechtigung verglichen, wobei hier noch die Aktivität erscheint, die wir der Einfachheit einmal ignorieren, da sie ja offensichtlich berechtigt ist.

Der Vergleich ist genau genommen die Schnittmengenbildung zwischen Selektion und Berechtigung, um festzustellen, welcher Anteil in der Berechtigung liegt, also auch berechtigt ist. Das ist der linke Teil der Selektion in

Abbildung 4.25. Es bleibt diesmal ein Rest, nämlich der rechte Teil der Selektion in Abbildung 4.25. Der Rest steht in der Spalte RESTMENGE genauso beschrieben (in der Sprache SQL): Die Restmenge besteht aus dem Intervall für Bauteile zwischen T05 und T10, wobei T05 selbst ja schon berechtigt war, und dem Intervall für Länder zwischen ES und FR.

Folgende Menge wird geprüft		Vergleich mit folgender berechtigten Menge		Ergebnis	Restmenge	
Merkmal	Inhalt (in SQL-Format)				Merkmal	Inhalt (in SQL-Format)
	0D_FC_BAUT BETWEEN 'T00' AND 'T10' AND 0D_FC_LAND BETWEEN 'ES' AND 'FR' AND 0TCAACTVT = '03'	Merkmal	Inhalt (in SQL-Format)	Teilweise oder ganz berechtigt (Schnittmenge)		0D_FC_BAUT > 'T05' AND 0D_FC_BAUT <= 'T10' AND 0D_FC_LAND BETWEEN 'ES' AND 'FR' AND 0TCAACTVT = '03'
0D_FC_BAUT 0D_FC_LAND 0TCAACTVT		0D_FC_BAUT	I BT T00 T05		0D_FC_BAUT 0D_FC_LAND 0TCAACTVT	
		0D_FC_LAND	I BT DE US			
		0TCAACTVT	I CP *			

Werte-Selektion teilweise berechtigt. Prüfung Rest(e) am Ende

Abbildung 4.26 Mehrdimensionale Prüfung in zwei Schritten – Teil 1

Der Rest wird nun noch mit der zweiten Berechtigungsmenge geschnitten, und es wird überprüft, ob der Rest durch die zweite Berechtigung abgedeckt ist. Das sehen Sie in Abbildung 4.27. Und in der Tat: Genauso, wie es nach Abbildung 4.25 zu erwarten war, wird der Rest durch die zweite Berechtigung abgedeckt, denn es gibt keinen Rest mehr.

Folgende Menge wird geprüft		Vergleich mit folgender berechtigten Menge		Ergebnis	Restmenge
Merkmal	Inhalt (in SQL-Format)	Merkmal	Inhalt (in SQL-Format)		
	0D_FC_BAUT > 'T05' AND 0D_FC_BAUT <= 'T10' AND 0D_FC_LAND BETWEEN 'ES' AND 'FR' AND 0TCAACTVT = '03'	0D_FC_BAUT	I BT T05 T15	Berechtigt ✔	
0D_FC_BAUT 0D_FC_LAND 0TCAACTVT		0D_FC_LAND	I BT BR RU		
		0TCAACTVT	I CP *		

Teilselektion (SUBNR) ist berechtigt

Berechtigungsprüfung abgeschlossen

Abbildung 4.27 Mehrdimensionale Prüfung in zwei Schritten – Teil 2

Damit ist die gesamte Selektion berechtigt, was als grüne Erfolgsmeldung vermerkt wird. Dass hier noch von TEILSELEKTION die Rede ist, bezieht sich darauf, dass eine Query mehrere solche Selektionen enthalten kann, etwa durch berechnete und eingeschränkte Elemente.

Schließlich stellt sich die Frage, warum die Selektion, also die Menge der zu prüfenden Merkmalswert-Kombinationen als SQL ausgegeben wird. Hier könnte man die Selektion doch auch wie die Berechtigungsmenge, mit der verglichen wird, als Liste in der üblichen Intervallschreibweise hinterlegen.

Das liegt aber daran, dass dieses Beispiel immer noch nicht sehr allgemein ist. Betrachten wir einen allgemeineren Fall, der aber nicht wesentlich komplizierter zu bauen ist (siehe Abbildung 4.28). Hier haben Sie eine Selektion, die wieder die Bauteile zwischen T00 und T15 sowie die Länder zwischen ES und US anfordert. Die Berechtigung ist identisch zu der aus dem vorigen Beispiel. Sie sehen, dass der Rest, der nach dem Vergleich von Selektion mit der Berechtigung entsteht, also durch die Schnittmengenbildung, nicht mehr rechteckig ist. Nur der schraffierte Bereich in Abbildung 4.28 ist berechtigt, der übrige dunkle Bereich (links unten) jedoch nicht. Es bleibt also ein Rest. Solche Bereiche, die nicht mehr rechteckig sind, nennt man auch *nicht kartesisch*.

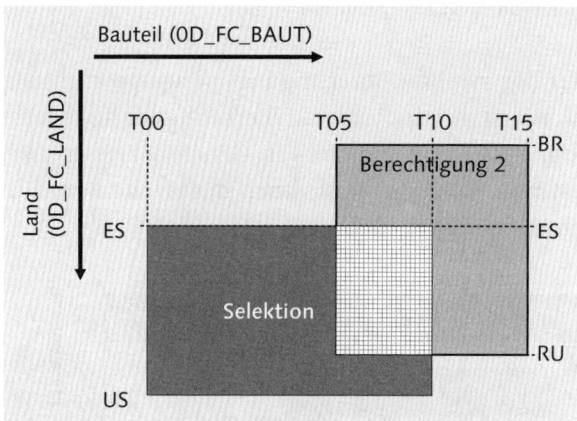

Abbildung 4.28 Unvollständig berechtigte Selektion mit nicht rechteckigem (nicht kartesischem) Rest

Und solche *nicht kartesischen Mengen* kann man nicht mehr als Liste von Intervallen schreiben. Man müsste vielmehr die einzelnen Teilrechtecke nacheinander beschreiben, also etwa so:

Der große Bereich links zwischen T00 und T05 sowie zwischen ES und US plus der kleine rechte Bereich zwischen T05 und T10 sowie zwischen RU und US.

Nichts anderes macht die Abfragesprache SQL: Sie beschreibt in einer formalen Sprache die einzelnen Teile solcher Mengen. Das sprachlich verwendete

»plus« wird durch ein »Oder« (OR) wiedergegeben. Sie sehen dies im nach-gebauten Beispiel in Abbildung 4.29.

Folgende Menge wird geprüft		Vergleich mit folgender berechtigten Menge		Ergebnis	Restmenge	
					Merkmal	Inhalt (in SQL-Format)
Merkmal	**Inhalt (in SQL-Format)**				0D_FC_BAUT >= 'T00' AND 0D_FC_BAUT < 'T05' AND 0D_FC_LAND BETWEEN 'ES' AND 'US'	
	0D_FC_BAUT BETWEEN 'T00'	**Merkmal**	**Inhalt (in SQL-Format)**	Teilweise oder ganz berechtigt (Schnittmenge) 🖫		
0D_FC_BAUT 0D_FC_LAND 0TCAACTVT	AND 'T10' AND 0D_FC_LAND BETWEEN 'ES' AND 'US' AND 0TCAACTVT = '03'	0D_FC_BAUT 0D_FC_LAND 0TCAACTVT	I BT T05 T15 I BT BR RU I CP *		0D_FC_BAUT 0D_FC_LAND 0TCAACTVT	AND 0TCAACTVT = '03' OR 0D_FC_BAUT BETWEEN 'T05' AND 'T10' AND 0D_FC_LAND > 'RU' AND 0D_FC_LAND <= 'US' AND 0TCAACTVT = '03'

Abbildung 4.29 Protokoll einer unvollständig berechtigten Selektion mit nicht kartesischer Restmenge (Ausschnitt)

Die Sprache SQL ist in der Lage, alle derartigen Mengen darzustellen.

Nun betrachten wir noch ein Beispiel, das in der Praxis häufig vorkommt und auf Missverständnissen beruht. Wir beschränken uns auf das Land und berechtigen alle Länderwerte, die Sie in der Wertehilfe finden. Dies sind DE, ES, FR, GB, JP und RU. Anschließend selektieren Sie das Intervall zwischen DE und RU. Das Ergebnis der Berechtigungsprüfung, die nicht erfolgreich ist, sehen Sie in Abbildung 4.30.

Folgende Menge wird geprüft		Vergleich mit folgender berechtigten Menge		Ergebnis	Restmenge	
Merkmal	**Inhalt (in SQL-Format)**	**Merkmal**	**Inhalt (in SQL-Format)**		**Merkmal**	**Inhalt (in SQL-Format)**
0D_FC_LAND 0TCAACTVT	0D_FC_LAND BETWEEN 'BR' AND 'RU' AND 0TCAACTVT = '03'	0D_FC_LAND	I EQ BR I EQ DE I EQ ES I EQ FR I EQ GB I EQ JP I EQ RU	Teilweise oder ganz berechtigt (Schnittmenge) 🖫	0D_FC_LAND 0TCAACTVT	0D_FC_LAND > 'BR' AND 0D_FC_LAND < 'RU' AND NOT 0D_FC_LAND IN ('DE','ES','FR','GB','JP') AND 0TCAACTVT = '03'
		0TCAACTVT	I CP *			
Werte-Selektion teilweise berechtigt. Prüfung Rest(e) am Ende.						

Abbildung 4.30 Unterschied zwischen Intervall und Einzelwerten bei allgemeinen alphanumerischen Merkmalen

Hier wurde fälschlicherweise angenommen, dass das Intervall zwischen DE und RU nur aus den vorhandenen Stammdaten, die die Wertehilfe anzeigt, bestehen *kann*. Das ist jedoch falsch. Es ist nicht so, dass erst alle vorhandenen Werte eines Intervalls gelesen werden und dann mit den explizit berechtigten verglichen werden. Das wäre aus Performancegründen schon sehr nachteilig, ist aber auch aus Sicherheitsgründen nicht zulässig, da die Berechtigungsprüfung nicht sicherstellen kann, dass nicht zur Laufzeit noch andere, bisher nicht vorhandene und nicht berechtigte Einzelwerte auftauchen, die dann nach erfolgreicher Prüfung unberechtigterweise angezeigt würden.

Ein Intervall umfasst also alle potenziell *möglichen* Kombinationen, die das Merkmal technisch zulässt, also bei Land auch Werte wie DF, DG und so weiter. Und die müssen auch berechtigt sein, wenn ein Intervall selektiert wird, das diese Werte alphabetisch enthält.

Das Protokoll bildet die Restmenge aufgrund dieser Logik (siehe Abbildung 4.31). Die Einzelwerte sind bereits berechtigt, aber der Rest des Intervalls ist alles das, was nicht in die Liste der Einzelwerte passt, ausgedrückt durch den SQL-Ausdruck `AND NOT 0D_FC_LAND IN ('DE','ES','FR','GB','JP')`. Die Ränder des Intervalls werden dabei noch mit Ausdrücken wie »größer als BR und kleiner als RU« beschrieben (`0D_FC_LAND > 'BR' AND 0D_FC_LAND < 'RU'`).

Das Auftauchen einer Liste von Einzelwerten mit dem Ausdruck `NOT IN` ist in den allermeisten Fällen ein Hinweis auf ein derartiges Missverständnis bezüglich der Unterschiede von Einzelwerten und Intervallen.

Sehr häufig wird jedoch nicht einmal ein konkretes Intervall selektiert, sondern überhaupt keine Einschränkung vorgenommen. Das führt auf dieselbe Weise zu solchen Restmengen und Ausdrücken mit `NOT IN` (siehe Abbildung 4.31). Hier wird für »Land« (0D_FC_LAND) alles selektiert. Das zeigt der Ausdruck `LIKE *` in SQL. Hingegen ist nur eine Liste von Ländern berechtigt. Das ist dann in der Regel durch die Verwendung von Berechtigungsvariablen zu korrigieren, die die Selektion dann automatisch auf diejenigen Einzelwerte beschränken, die berechtigt sind.

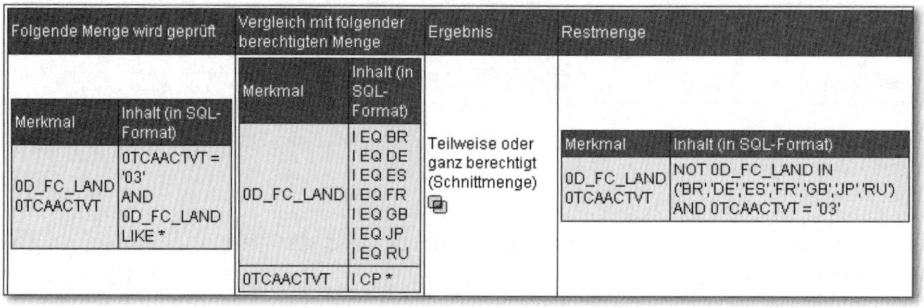

Folgende Menge wird geprüft		Vergleich mit folgender berechtigten Menge		Ergebnis	Restmenge	
Merkmal	Inhalt (in SQL-Format)	Merkmal	Inhalt (in SQL-Format)		Merkmal	Inhalt (in SQL-Format)
0D_FC_LAND 0TCAACTVT	0TCAACTVT = '03' AND 0D_FC_LAND LIKE *	0D_FC_LAND	I EQ BR I EQ DE I EQ ES I EQ FR I EQ GB I EQ JP I EQ RU	Teilweise oder ganz berechtigt (Schnittmenge)	0D_FC_LAND 0TCAACTVT	NOT 0D_FC_LAND IN ('BR','DE','ES','FR','GB','JP','RU') AND 0TCAACTVT = '03'
		0TCAACTVT	I CP *			

Abbildung 4.31 Typisches Protokoll bei fehlender Variable, gefüllt »aus Berechtigungen«

Intervalle und Einzelwerte

Es ist im Allgemeinen nicht möglich, eine Intervallselektion durch eine Liste von Einzelwerten zu berechtigen. Ein Intervall [A,C] ist also ungleich der Liste A, B, C, selbst wenn nur diese Werte gebucht sind.
Zu den wenigen Ausnahmen gehören Zeitmerkmale.

SQL-Ausdrücke mit »NOT IN«

Die Erfahrung zeigt: Das Erscheinen von SQL-Ausdrücken mit NOT IN im Protokoll liegt meistens im Fehlen von Berechtigungsvariablen zu dem betreffenden Merkmal begründet.

Eine Ausnahme zu diesem Prinzip gibt es: Wenn das Intervall logisch nicht mehr Werte enthalten kann, als die Liste der Einzelwerte beschreibt. Als wichtigstes Beispiel ist hier die Zeit zu nennen. Dann, und *nur dann*, wird eine analoge Selektion eines Intervalls auch durch eine Liste der darin vorkommenden Einzelwerte berechtigt. Am Beispiel »Jahr« (Merkmal 0CALYEAR) sehen Sie das in Abbildung 4.32. Es gibt eben kein Jahr zwischen 1999 und 2000, und es kann auch in Zukunft keines geben.

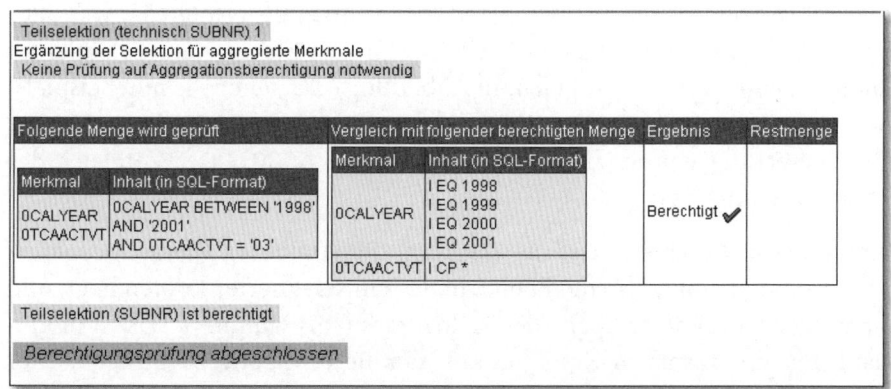

Abbildung 4.32 Ausnahme – bei Zeitmerkmalen kann eine Einzelwertliste ein Intervall berechtigen

Allerdings sollten Sie niemals darauf bauen, sondern lieber formal korrekt Intervalle nur mit Intervallen bzw. gleichartige Ausdrücke nur mit gleichartigen Ausdrücken berechtigen.

Bisher haben wir uns nur mit Werteberechtigungen beschäftigt. Wie werden nun Hierarchieknoten-Selektionen und -Berechtigungen behandelt? In Abbildung 4.33 sehen Sie eine vollständige Hauptprüfung mit Hierarchieknoten in der Selektion, die alle wesentlichen Bestandteile bei Knotenprüfungen enthält.

Die Prüfung beginnt mit der Aggregationsprüfung für »Jahr« (0CALYEAR) und geht dann über in die Detailprüfung. Die Selektion enthält drei Knoten für »Land« (0D_FC_LAND), die aus der Berechtigung stammen, so dass Selektion und Berechtigung genau zusammenpassen werden. Knoten (oder genauer *Hierarchieteilbäume*) sind entweder berechtigt oder nicht. Das bedeutet, es gibt keine Restmenge für einen teilweise berechtigten Teilbaum.

Die Knoten werden nun der Reihe nach getestet und mit den vorhandenen drei berechtigten Knoten verglichen. Da Knoten beziehungsweise die Hierarchieteilbäume sehr viele Informationen tragen, werden zunächst nur Links auf die eigentlichen Definitionen vermerkt, die als Hyperlink im Protokoll funktionieren. Die selektierten Knoten erhalten ein »S« als Präfix und eine Nummer, während die berechtigten Knoten ein »A« (für englisch Authorization) als Präfix bekommen. Die Bedeutung dieser Knoten findet sich dann ausgelagert als Liste am Ende des Protokolls mit allen Teilinformationen wie Knotenname usw.

Im Protokoll selbst wird dann vermerkt, mit welchen Knoten der jeweilige Selektionsknoten verglichen wird und ob das Ergebnis erfolgreich war oder nicht, ob ein Knoten (Teilbaum) – und wenn ja, welcher – den selektierten Knoten (Teilbaum) berechtigt hat. In Abbildung 4.33 sehen Sie nun beispielsweise, dass der erste Knoten S0001 durch die Knoten A0001 und A0002 nicht berechtigt wurde, aber durch den Knoten A0003. Der Vergleich der Knoten bestätigt das.

Hierbei ist zu beachten, dass die Selektion die konkreten Hierarchieebenen der Selektion angibt, also die Ebene, in der ein selektierter Knoten liegt, und die unterste selektierte Ebene des Teilbaumes (»bis wohin?«). Das ist in Einklang mit der formalen Konfiguration der Berechtigung zu bringen. Hier wurde beispielsweise Europa und alles darunter berechtigt und Europa auf Ebene 2 plus eine Ebene selektiert, was natürlich dann berechtigt ist (siehe Bereich Verwendete Objekte).

Kommt ein Knoten in der Berechtigung vor, wurde aber nicht zur Prüfung herangezogen, wird er mit dem grauen Hierarchieknoten-Symbol 🔺 belegt, ansonsten entweder mit dem grünen Pfeil ✔ oder dem gelben Blitz ⚡, je nach Ergebnis. So erklären sich auch die beiden anderen Prüfungsteile, die jeweils unterschiedlich zum Ergebnis Berechtigt führen.

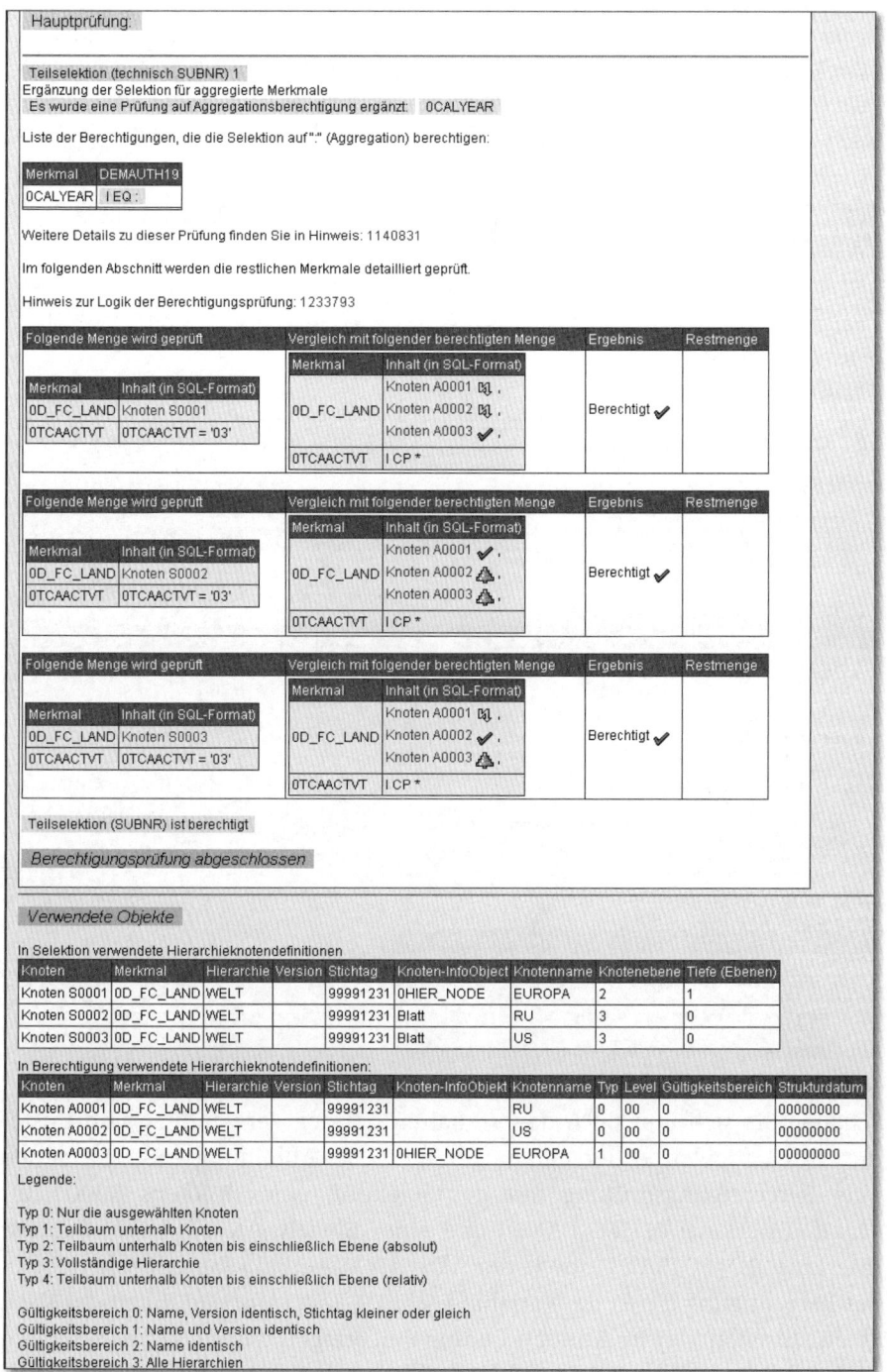

Hauptprüfung:

Teilselektion (technisch SUBNR) 1
Ergänzung der Selektion für aggregierte Merkmale
Es wurde eine Prüfung auf Aggregationsberechtigung ergänzt: 0CALYEAR

Liste der Berechtigungen, die die Selektion auf "." (Aggregation) berechtigen:

Merkmal	DEMAUTH19
0CALYEAR	I EQ :

Weitere Details zu dieser Prüfung finden Sie in Hinweis: 1140831

Im folgenden Abschnitt werden die restlichen Merkmale detailliert geprüft.

Hinweis zur Logik der Berechtigungsprüfung: 1233793

Folgende Menge wird geprüft		Vergleich mit folgender berechtigten Menge		Ergebnis	Restmenge
Merkmal	Inhalt (in SQL-Format)	Merkmal	Inhalt (in SQL-Format)		
0D_FC_LAND	Knoten S0001	0D_FC_LAND	Knoten A0001 🗹 , Knoten A0002 🗹 , Knoten A0003 ✔ ,	Berechtigt ✔	
0TCAACTVT	0TCAACTVT = '03'	0TCAACTVT	I CP *		

Folgende Menge wird geprüft		Vergleich mit folgender berechtigten Menge		Ergebnis	Restmenge
Merkmal	Inhalt (in SQL-Format)	Merkmal	Inhalt (in SQL-Format)		
0D_FC_LAND	Knoten S0002	0D_FC_LAND	Knoten A0001 ✔ , Knoten A0002 🌲 , Knoten A0003 🌲 ,	Berechtigt ✔	
0TCAACTVT	0TCAACTVT = '03'	0TCAACTVT	I CP *		

Folgende Menge wird geprüft		Vergleich mit folgender berechtigten Menge		Ergebnis	Restmenge
Merkmal	Inhalt (in SQL-Format)	Merkmal	Inhalt (in SQL-Format)		
0D_FC_LAND	Knoten S0003	0D_FC_LAND	Knoten A0001 🗹 , Knoten A0002 ✔ , Knoten A0003 🌲 ,	Berechtigt ✔	
0TCAACTVT	0TCAACTVT = '03'	0TCAACTVT	I CP *		

Teilselektion (SUBNR) ist berechtigt

Berechtigungsprüfung abgeschlossen

Verwendete Objekte

In Selektion verwendete Hierarchieknotendefinitionen

Knoten	Merkmal	Hierarchie	Version	Stichtag	Knoten-InfoObject	Knotenname	Knotenebene	Tiefe (Ebenen)
Knoten S0001	0D_FC_LAND	WELT		99991231	0HIER_NODE	EUROPA	2	1
Knoten S0002	0D_FC_LAND	WELT		99991231	Blatt	RU	3	0
Knoten S0003	0D_FC_LAND	WELT		99991231	Blatt	US	3	0

In Berechtigung verwendete Hierarchieknotendefinitionen:

Knoten	Merkmal	Hierarchie	Version	Stichtag	Knoten-InfoObjekt	Knotenname	Typ	Level	Gültigkeitsbereich	Strukturdatum
Knoten A0001	0D_FC_LAND	WELT		99991231		RU	0	00	0	00000000
Knoten A0002	0D_FC_LAND	WELT		99991231		US	0	00	0	00000000
Knoten A0003	0D_FC_LAND	WELT		99991231	0HIER_NODE	EUROPA	1	00	0	00000000

Legende:

Typ 0: Nur die ausgewählten Knoten
Typ 1: Teilbaum unterhalb Knoten
Typ 2: Teilbaum unterhalb Knoten bis einschließlich Ebene (absolut)
Typ 3: Vollständige Hierarchie
Typ 4: Teilbaum unterhalb Knoten bis einschließlich Ebene (relativ)

Gültigkeitsbereich 0: Name, Version identisch, Stichtag kleiner oder gleich
Gültigkeitsbereich 1: Name und Version identisch
Gültigkeitsbereich 2: Name identisch
Gültigkeitsbereich 3: Alle Hierarchien

Abbildung 4.33 Typische Berechtigungsprüfung mit Hierarchieknoten

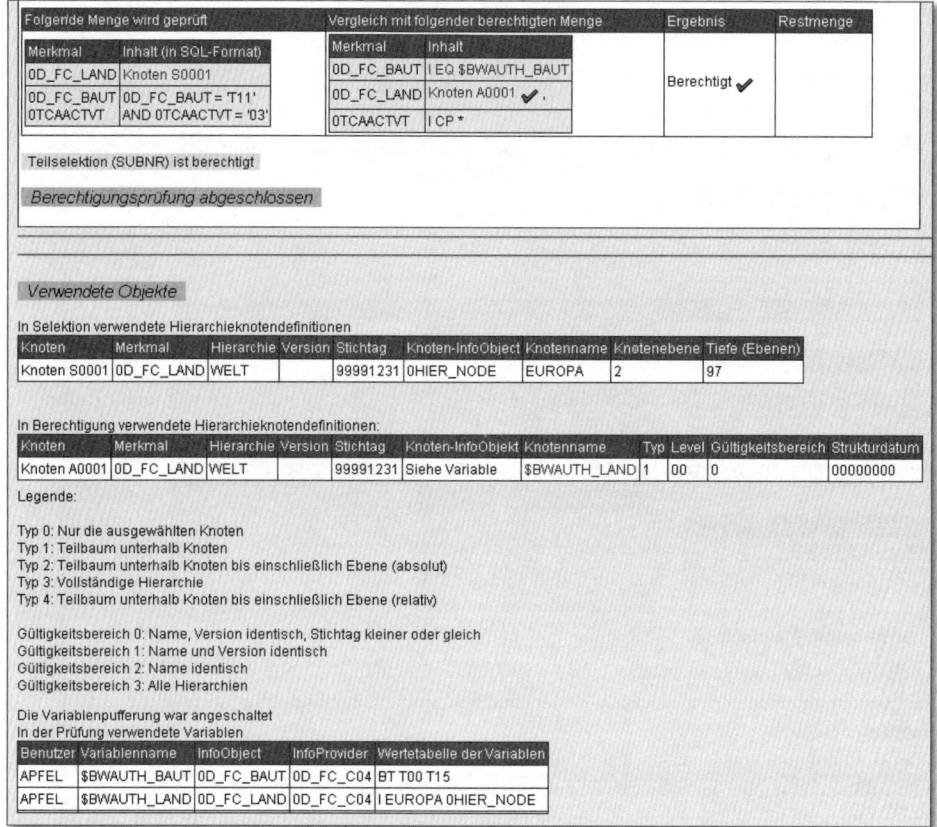

Knoten-InfoObject

Der Typ eines Knotens ist in der Berechtigungsprüfung entscheidend. Ein Textknoten hat immer das InfoObject 0HIER_NODE, ein bebuchbarer Knoten das Hierarchiemerkmal selbst. Blätter haben kein Knoten-InfoObject, sie sind leer.

Abbildung 4.34 Verwendung von Exit-Variablen

Schauen Sie sich nun noch das Verhalten bei der Verwendung von Customer-Exit-Variablen in Berechtigungen an (siehe Abbildung 4.34). Sie sehen eine Berechtigungsprüfung mit der Selektion eines Knotens S0001 für »Land« (Merkmal 0D_FC_LAND) und eines Einzelwertes T11 für »Bauteil« (Merkmal 0D_FC_BAUT) sowie der Aktivität »03«. Bei »Bauteil« sehen Sie in der Berechtigung direkt die Variable $BWAUTH_BAUT. Um den Inhalt der Variablen zu sehen, der im Kunden-Coding eingetragen wurde, können Sie den Link anklicken; Sie werden auf die Referenztabelle am Fuß des Protokolls verwiesen. Diese zeigt die in der Prüfung verwendeten Variablen und ihre

Inhalte an. Für $BWAUTH_BAUT sehen Sie das Intervall BT T00 T15, das natürlich ausreichend für den selektierten Wert »T11« ist.

Die Knotenselektion und die Knotenberechtigung sind wieder mit den Knotenverweisen S0001 und A0001 eingetragen, wie bereits gesehen. Nun ist aber der berechtigte Knoten auch wieder nicht ganz vollständig spezifiziert, da eine Knotenvariable $BWAUTH_LAND im Knotennamen verwendet wird, die im Kunden-Exit gefüllt wird und den eigentlichen Knotennamen und den Knotentyp ermittelt. Die konkreten Werte sind dann auch hier weiterverlinkt zur Tabelle mit den Variablenwerten. Und hier sieht man auch wieder den Knoten EUROPA, der ein Textknoten ist und deshalb mit dem Knotentyp 0HIER_NODE versehen wird.

Werden für Variablen im Kunden-Coding jeweils mehrere Werte eingetragen, erscheinen sie hier aufgelistet. Ungültige Werte werden gelöscht und erscheinen nicht mehr.

Sie haben nun schon die meisten wichtigen Bestandteile des Berechtigungsprotokolls kennengelernt. Es gibt natürlich noch unzählige Varianten und Kombinationen der beschriebenen Elemente. Die meisten davon sind jedoch nicht wesentlich anders.

Die Protokollteile, die Sie bisher gesehen haben, sind in den allermeisten Fällen für die Analyse von unerwartetem Verhalten bei Analyseberechtigungsprüfungen ausreichend. Meistens kommt man mit einer gewissen Übung und Kenntnis der Bedeutung schon mit sehr wenigen Informationen aus: Zum Beispiel reicht manchmal eine Liste der berechtigungsrelevanten Merkmale, die einem auf einen Blick deutlich macht, dass man vielleicht ein berechtigungsrelevantes Merkmal übersehen hat und nicht in die Berechtigungen aufgenommen hat.

In seltenen Fällen jedoch, in denen man noch weiter ins Detail schauen muss, kann es sein, dass man auch in die Aufbereitung der Daten schauen muss, die im Protokollabschnitt OPTIMIERUNGEN dargestellt werden. Damit beschäftigen wir uns nun im folgenden Abschnitt.

4.2.6 Optimierungen

Bevor die Berechtigungen in einer Berechtigungsprüfung verwendet werden, durchlaufen sie noch eine ganze Reihe von Vorverarbeitungen. Darunter fallen Dinge wie das primäre Lesen von der Datenbank, die Kombination von ähnlichen Berechtigungen und Ähnliches. Die Details zur Kombination von komplexen Berechtigungsszenarien, in denen eventuell Berechtigungen vorkommen, die nicht alle Merkmale explizit ausgeprägt haben, betrachten wir in Kapitel 9, »Analyseberechtigungen für Experten«. Jetzt betrachten wir jedoch einige einfachere Beispiele, um die Verwendung des Protokollabschnitts bei der Analyse von Berechtigungsprüfungen zu erläutern.

Pufferung der Berechtigungsdaten

Pufferung für InfoProvider 0D_FC_C04 und Benutzer AUTHBW15

InfoObject-Eigenschaften bestimmt.
Einlesen der direkt zugeordneten Berechtigungen
Direkte Zuordnung beinhaltet keine Universalberechtigung 0BI_ALL
Lesen der indirekten Zuordnungnen über Berechtigungsobjekt S_RS_AUTH
Hat der Benutzer 0BI_ALL?
Nein, Benutzer hat keine Univsersalberechtigung 0BI_ALL
Negativer Eintrag in SU53 ist Folge der fehlgeschlagenen Prüfung auf 0BI_ALL

Berechtigungen von der Datenbank:

Es wurden folgende Werteberechtigungen gefunden

TCTAUTH	TCTIOBJNM	TCTSIGN	TCTOPTION	TCTLOW	TCTHIGH
DEMAUTH18	0D_FC_BAUT	I	BT	T00	T05
DEMAUTH18	0D_FC_BAUT	I	EQ	:	
DEMAUTH18	0D_FC_LAND	I	EQ	:	
DEMAUTH18	0D_FC_LAND	I	EQ	DE	
DEMAUTH18	0TCAACTVT	I	CP	*	
DEMAUTH18	0TCAACTVT	I	EQ	03	
DEMAUTH18	0TCAIPROV	I	CP	*	
DEMAUTH18	0TCAIPROV	I	EQ	0D_FC_C0	
DEMAUTH18	0TCAKYFNM	I	CP	*	
DEMAUTH18	0TCAVALID	I	CP	*	
DEMAUTH19	0D_FC_BAUT	I	BT	T05	T15
DEMAUTH19	0D_FC_LAND	I	BT	BR	RU
DEMAUTH19	0TCAACTVT	I	CP	*	
DEMAUTH19	0TCAACTVT	I	EQ	03	
DEMAUTH19	0TCAIPROV	I	CP	*	
DEMAUTH19	0TCAKYFNM	I	CP	*	
DEMAUTH19	0TCAVALID	I	CP	*	

Es wurden keine Hierarchieberechtigungen gefunden
Datenbankselektion erfolgreich abgeschlossen
Reduktion der Berechtigungsdimensionen auf Merkmale im InfoProvider
Reduktion erfolgreich
Transformation der DB-Daten in Berechtigungen zum InfoCube
Überprüfung der Berechtigungen auf Gültigkeit (Merkmal 0TCAVALID)
Alpha-Exit und Intervallprüfungen
...Intervalldefintionen in Ordnung

Abbildung 4.35 Pufferung – Vorbereitung

Zunächst einmal gibt es normalerweise mehrere Abschnitte PUFFERUNG DER BERECHTIGUNGSDATEN: einen Abschnitt, in dem die Berechtigungen im Kontext des InfoProviders aufbereitet werden (siehe Abbildung 4.35 und Abbildung 4.36), und eventuell mehrere Abschnitte, die sich auf den Kontext eines Merkmals beziehen und vom InfoProvider unabhängig sind (siehe Abbildung 4.37).

Die Abschnitte mit InfoProvider-Kontext entstehen bei einer detaillierten Berechtigungsprüfung, wie wir sie in Abschnitt 4.2.5, »Prüfungsbestandteile«, besprochen haben, während die InfoProvider-unabhängigen Abschnitte bei den merkmalsspezifischen Prozessen wie der Attributbestimmung entstehen.

Der Kontext der Berechtigungsverarbeitung ist sehr wichtig. Beispielsweise wird der InfoProvider zur Optimierung benutzt, indem nur diejenigen Berechtigungen überhaupt weiterverarbeitet werden, die den aktuellen InfoProvider umfassen, also im Merkmal »InfoProvider« (0TCAIPROV) einen passenden Eintrag haben (oder ihn von anderen Berechtigungen erben; siehe dazu Abschnitt 9.5, »Zusammenfassung und Optimierung von Berechtigungen«).

Doch beginnen wir von vorn: In Abbildung 4.35 und Abbildung 4.36 sehen Sie den Ablauf der Pufferung inklusive diverser Optimierungen, der in der Regel erst bei unerwünschtem Ergebnis relevant wird. Dann jedoch kann das Protokoll wertvolle Hinweise über die Abläufe geben, ohne dass man in Transaktionen oder gar Systemtabellen nachschauen muss. Die Abfolge ist wie folgt:

1. **Berechtigungen werden eingelesen**
   Als Erstes müssen die Berechtigungen eingelesen werden. Dazu wird zunächst bestimmt, welche Berechtigungen einem Benutzer zugeordnet sind, und zwar entweder direkt als reine BW-Konfiguration oder über ein Rollenkonzept mit S_RS_AUTH. Danach wird bestimmt, ob in der Liste der zugeordneten Berechtigungen die Universalberechtigung 0BI_ALL enthalten ist. Wenn nein, werden anschließend alle zugeordneten Berechtigungen von der Datenbank selektiert.

   Damit werden nicht unnötigerweise hunderte oder mehr Berechtigungen eingelesen, wenn der Benutzer beispielsweise ein Power-User ist und über S_RS_AUTH volle Berechtigung mittels Stern zugeordnet hat. Das würde formal ja bedeuten, dass er alle existierenden Analyseberechtigungen zugeordnet hat. Darunter ist aber immer auch die Universalberechtigung 0BI_ALL. Deshalb ist die Information, dass der Benutzer 0BI_ALL hat, bereits eine Optimierung. Die Feststellung, ob er über S_RS_AUTH 0BI_ALL zugeordnet hat, wird mit Hilfe des ABAP-Befehls authority-check getestet. Das hinterlässt dann in der Transaktion SU53 einen (irrelevanten) Eintrag. Dieses Verhalten und die Frage, ob 0BI_ALL berechtigt ist, werden auch im Protokoll vermerkt.

2. **Rohdaten werden aufgelistet**
Anschließend werden im Protokoll alle selektierten Rohdaten, die von der Datenbank gelesen werden, aufgelistet. In dem Protokoll in Abbildung 4.35 wurden 15 Zeilen für die Werteberechtigungen gelesen, aber keine Hierarchieberechtigungen gefunden. Aus diesen Rohdaten kann häufig abgelesen werden, wenn etwas nicht wie erwartet abläuft, etwa wenn die InfoProvider-Berechtigung nicht korrekt definiert war und Ähnliches.

3. **Überprüfung der Gültigkeit**
Danach werden die zugeordneten Berechtigungen gefiltert. Zunächst wird die Gültigkeit geprüft (Merkmal 0TCAVALID) und nur diejenigen Berechtigungen verwendet, die auch am Tag der Ausführung gültig sind. Es gilt lokale Serverzeit.

4. **Überprüfung hinsichtlich des Kontexts**
Danach wird auf den Kontext gefiltert, also etwa auf diejenigen, die Informationen zum InfoProvider oder dem Merkmal enthalten. Alle anderen Berechtigungen werden von nun an ignoriert.

5. **Berechtigungen zusammenfassen**
Danach wird versucht, die Berechtigungen zusammenzufassen, um damit die eigentlichen Prüfungen, die die konkreten Inhalte der Berechtigungen benötigen, zu vereinfachen und damit zu beschleunigen. Das ist insbesondere dann sinnvoll, wenn sie mehrfach aufgerufen werden, wie das bei mehrfacher Ausführung von Wertehilfen oder verschiedenen Navigationsschritten einer Query geschieht.

6. **Pufferung**
Das Ergebnis – das heißt die verbleibenden optimierten Berechtigungen – werden gepuffert, um beim nächsten identischen Zugriff wieder zur Verfügung zu stehen.

Damit ist die Pufferung abgeschlossen, und auch der zugehörige Protokollabschnitt endet. Sie sehen dazu Beispiele in Abbildung 4.36 und Abbildung 4.37.

Wie die Kombination und Zusammenfassung von Berechtigungen funktioniert, kann auch in dem verlinkten SAP-Hinweis 1000004 nachgelesen werden. Abbildung 4.36 zeigt ein Beispiel, das zwei Berechtigungen enthält, die nicht weiter zusammengefasst werden können. Da auch beide relevanten Merkmalsdimensionen explizit ausgeprägt sind, erscheinen hier keine neuen

Informationen. Am Ende wird konstatiert, dass beide Merkmale auch nach der Optimierung nicht die volle Berechtigung haben. Das ist die Stelle, an der die Liste der effektiv berechtigungsrelevanten Merkmale bestimmt wird, die im entsprechenden Protokollabschnitt erscheint (siehe Abbildung 4.19 und Abbildung 4.20).

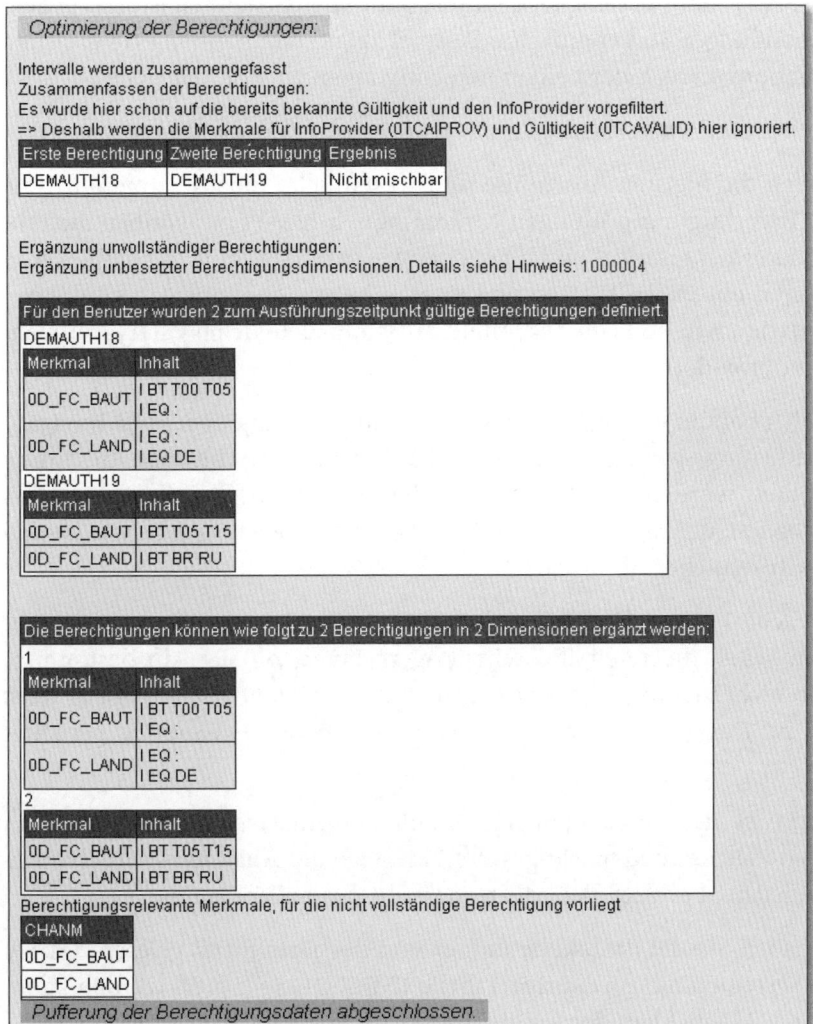

Abbildung 4.36 Pufferung – Optimierung der InfoProvider-Berechtigungen (Fortsetzung von Abbildung 4.35)

Sind InfoProvider-unabhängige Prüfungen im Spiel, wie die Attributbestimmung mit berechtigungsrelevanten Anzeigeattributen, gibt es immer einen oder mehrere Abschnitte PUFFERUNG, die jeweils auf das Hauptmerkmal bezogen sind, weil dann auch pro Merkmal optimiert und gepuffert wird. Aus dem jeweiligen Puffer kann dann schnell bestimmt werden, ob ein berechtigungsrelevantes Attribut sichtbar sein darf oder nicht.

In Abbildung 4.37 sehen Sie den entsprechenden Abschnitt für das Merkmal 0D_FC_BAUT, der bei seiner Attributbestimmung entstanden ist. Das gegenüber Abbildung 4.36 vereinfachte Beispiel zeigt zudem einen erfolgreichen Kombinationsversuch der beiden Berechtigungen zu einer einzigen.

Wir beenden nun den Ausflug in die Protokolldarstellungen.

Wir haben die meisten Abschnitte und wesentliche Inhalte vorgeführt, die bei den Berechtigungsprüfungen vorkommen. In der Praxis können die Protokolle natürlich sehr viel umfangreicher werden. Das kann an komplexeren Selektionen mit vielen Werten und Knoten liegen, aber auch an komplexeren Szenarien wie im Planungsumfeld mit potenziell vielen Querys zu mehreren InfoProvidern.

Schließlich kommt es auch vor, dass die Protokollierung über viele Navigationsschritte hinweg eingeschaltet ist und damit viele verschiedene Abschnitte protokolliert werden. Die Reihenfolge der Navigationsschritte bleibt dabei nicht erhalten, da das Protokoll nach inhaltlichen Fragen strukturiert ist und nicht nach zeitlicher Abfolge.

Die einfache Protokollierung solcher komplexen Szenarien sollten Sie gut abwägen gegen die zweifellos schwierigere Frage, ob sich ein bestimmtes Szenario nicht viel präziser eingrenzen lässt, wenn man auf der Suche nach Fehlern ist. Das gilt ganz besonders, wenn Fragen an den Support gerichtet werden.

Insgesamt ist das Berechtigungsprotokoll der Analyseberechtigungen ein überaus nützliches und mächtiges Werkzeug bei der Analyse von unerwartetem, vielleicht aber auch bei erwartungskonformem Verhalten.

Bisher haben Sie die Protokolle immer von der Datenbank gelesen. Da bei großen Systemen die zugehörige Tabelle RSECLOG sehr groß werden kann, besteht die Möglichkeit der Archivierung von Protokollen.

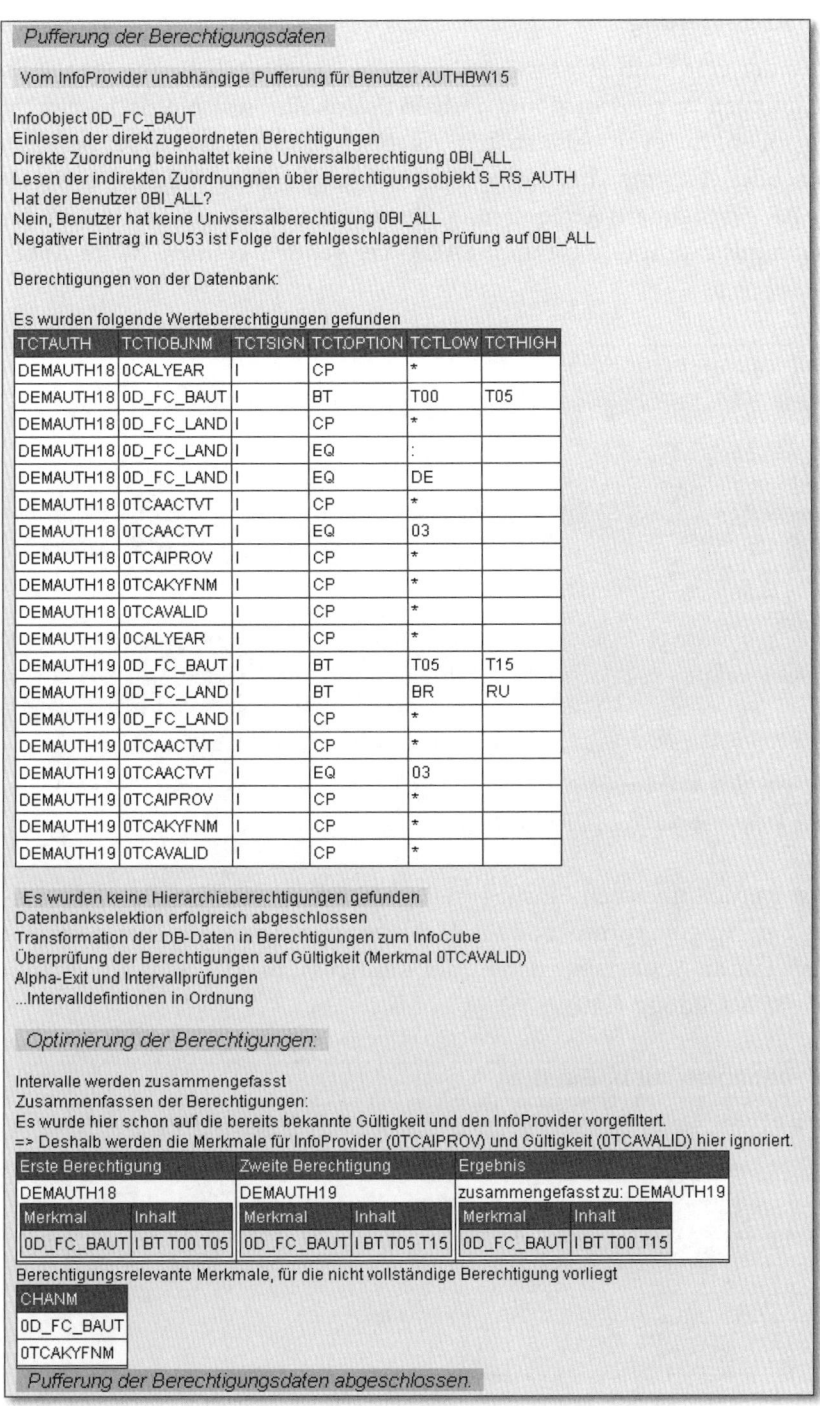

Pufferung der Berechtigungsdaten

Vom InfoProvider unabhängige Pufferung für Benutzer AUTHBW15

InfoObject 0D_FC_BAUT
Einlesen der direkt zugeordneten Berechtigungen
Direkte Zuordnung beinhaltet keine Universalberechtigung 0BI_ALL
Lesen der indirekten Zuordnungen über Berechtigungsobjekt S_RS_AUTH
Hat der Benutzer 0BI_ALL?
Nein, Benutzer hat keine Univsersalberechtigung 0BI_ALL
Negativer Eintrag in SU53 ist Folge der fehlgeschlagenen Prüfung auf 0BI_ALL

Berechtigungen von der Datenbank:

Es wurden folgende Werteberechtigungen gefunden

TCTAUTH	TCTIOBJNM	TCTSIGN	TCTOPTION	TCTLOW	TCTHIGH
DEMAUTH18	0CALYEAR	I	CP	*	
DEMAUTH18	0D_FC_BAUT	I	BT	T00	T05
DEMAUTH18	0D_FC_LAND	I	CP	*	
DEMAUTH18	0D_FC_LAND	I	EQ	:	
DEMAUTH18	0D_FC_LAND	I	EQ	DE	
DEMAUTH18	0TCAACTVT	I	CP	*	
DEMAUTH18	0TCAACTVT	I	EQ	03	
DEMAUTH18	0TCAIPROV	I	CP	*	
DEMAUTH18	0TCAKYFNM	I	CP	*	
DEMAUTH18	0TCAVALID	I	CP	*	
DEMAUTH19	0CALYEAR	I	CP	*	
DEMAUTH19	0D_FC_BAUT	I	BT	T05	T15
DEMAUTH19	0D_FC_LAND	I	BT	BR	RU
DEMAUTH19	0D_FC_LAND	I	CP	*	
DEMAUTH19	0TCAACTVT	I	CP	*	
DEMAUTH19	0TCAACTVT	I	EQ	03	
DEMAUTH19	0TCAIPROV	I	CP	*	
DEMAUTH19	0TCAKYFNM	I	CP	*	
DEMAUTH19	0TCAVALID	I	CP	*	

Es wurden keine Hierarchieberechtigungen gefunden
Datenbankselektion erfolgreich abgeschlossen
Transformation der DB-Daten in Berechtigungen zum InfoCube
Überprüfung der Berechtigungen auf Gültigkeit (Merkmal 0TCAVALID)
Alpha-Exit und Intervallprüfungen
...Intervalldefintionen in Ordnung

Optimierung der Berechtigungen:

Intervalle werden zusammengefasst
Zusammenfassen der Berechtigungen:
Es wurde hier schon auf die bereits bekannte Gültigkeit und den InfoProvider vorgefiltert.
=> Deshalb werden die Merkmale für InfoProvider (0TCAIPROV) und Gültigkeit (0TCAVALID) hier ignoriert.

Erste Berechtigung		Zweite Berechtigung		Ergebnis	
DEMAUTH18		DEMAUTH19		zusammengefasst zu: DEMAUTH19	
Merkmal	Inhalt	Merkmal	Inhalt	Merkmal	Inhalt
0D_FC_BAUT	I BT T00 T05	0D_FC_BAUT	I BT T05 T15	0D_FC_BAUT	I BT T00 T15

Berechtigungsrelevante Merkmale, für die nicht vollständige Berechtigung vorliegt

CHANM
0D_FC_BAUT
0TCAKYFNM

Pufferung der Berechtigungsdaten abgeschlossen.

Abbildung 4.37 Vom InfoProvider unabhängige Pufferung für Merkmal 0D_FC_BAUT

4.2.7 Archivierung

Im Laufe der Zeit kann es passieren, dass die Speichertabelle für Protokollaufzeichnungen zu groß wird und deshalb Protokolle zwar physisch gelöscht werden sollen, für eventuelle spätere Analysen, beispielsweise bei *Incident-Analysen* oder *Auditing* aber noch zur Verfügung stehen sollen. Deswegen liefert SAP ein Standard-Archivierungsobjekt RSECPROT aus, das Sie in der Archivadministration (Transaktion SARA) verwenden können (siehe Abbildung 4.38).

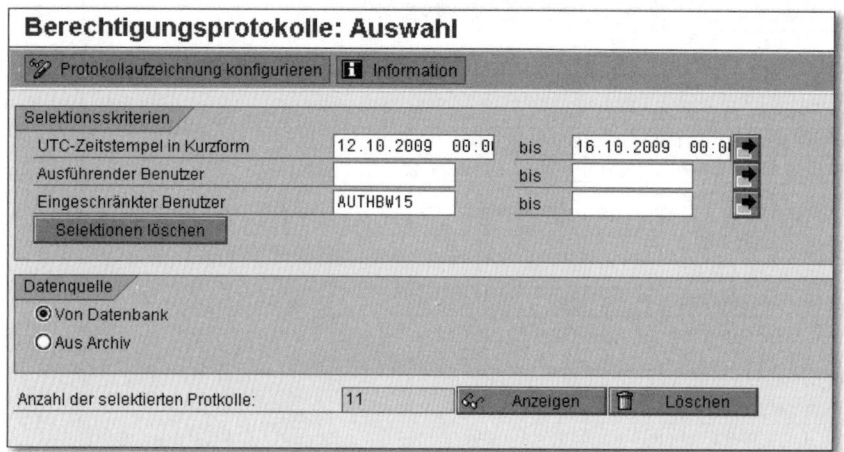

Abbildung 4.38 Protokolle aus dem Archiv lesen

Zunächst werden über den Einstieg (siehe Abbildung 4.39) in die Archivverwaltung Berechtigungsprotokolle zur Archivierung ausgewählt. Dies geschieht über den Button SCHREIBEN, der in die Konfiguration des Schreibvorgangs führt (siehe Abbildung 4.40).

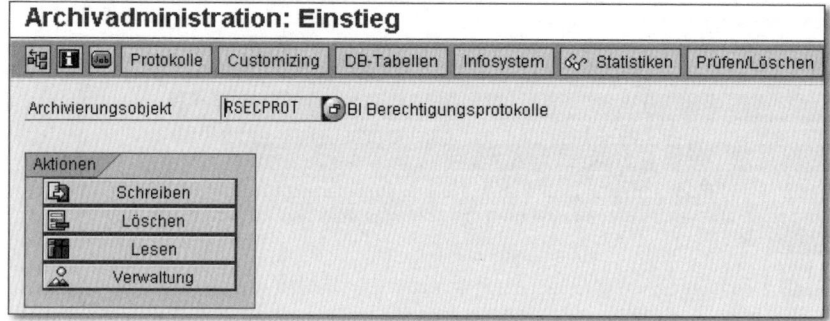

Abbildung 4.39 »Archivadministration: Einstieg« über das Objekt RSECPROT

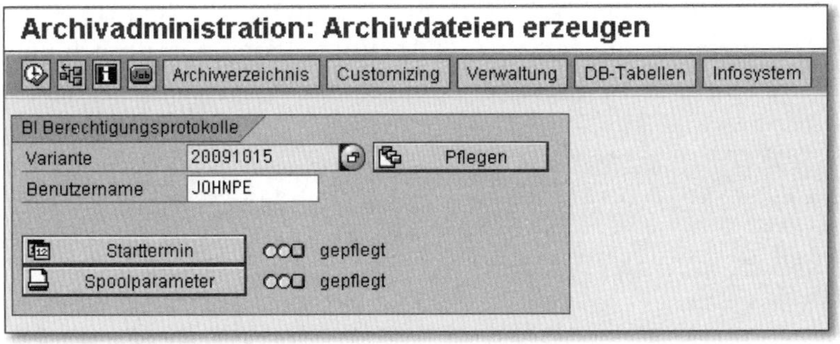

Archivadministration: Archivdateien erzeugen

| ⊕ ⊞ ⊞ ⊞ | Archivverzeichnis | Customizing | Verwaltung | DB-Tabellen | Infosystem |

BI Berechtigungsprotokolle

| Variante | 20091015 | ⊕ | ⊞ | Pflegen |
| Benutzername | JOHNPE | | | |

| 🗓 | Starttermin | ∞ | gepflegt |
| 🖳 | Spoolparameter | ∞ | gepflegt |

Abbildung 4.40 Variante für das Archiv-Schreibprogramm

Der Schreibvorgang ist im Wesentlichen ein Schreibprogramm, für das Sie eine Variante für die Ausführung konfigurieren müssen. Darin enthalten ist auch die eigentliche Selektion, die über die üblichen Selektionskriterien erfolgt, die Sie aus der Protokollauswahl kennen (siehe Abbildung 4.41).

Haben Sie die gewünschten Protokolle ausgewählt, können Sie noch angeben, ob Sie nur einen Testlauf starten, der den Archivschreibvorgang lediglich simuliert, oder ob Sie die Archivierung direkt ausführen möchten. Wir wählen als Beispiel die Selektion der elf Protokolle, die der Selektion von Abbildung 4.38 entsprechen.

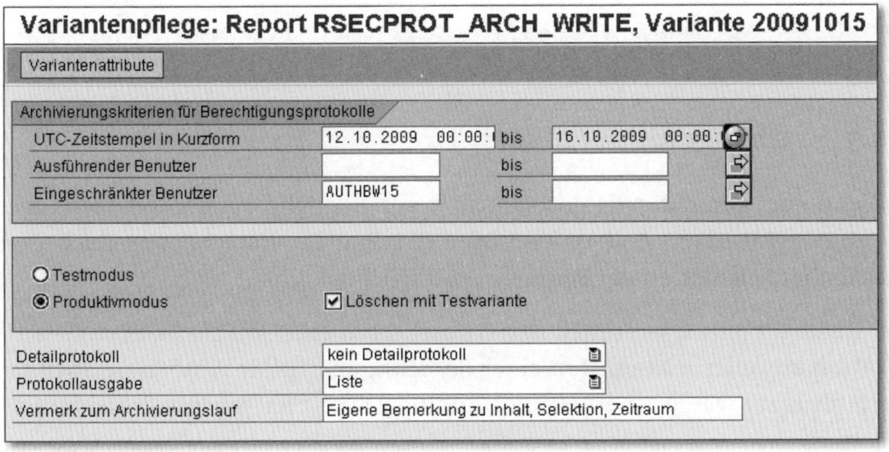

Variantenpflege: Report RSECPROT_ARCH_WRITE, Variante 20091015

| Variantenattribute |

Archivierungskriterien für Berechtigungsprotokolle

UTC-Zeitstempel in Kurzform	12.10.2009 00:00:	bis	16.10.2009 00:00:	⊕
Ausführender Benutzer		bis		⊡
Eingeschränkter Benutzer	AUTHBW15	bis		⊡

○ Testmodus
● Produktivmodus   ☑ Löschen mit Testvariante

Detailprotokoll	kein Detailprotokoll	🗐
Protokollausgabe	Liste	🗐
Vermerk zum Archivierungslauf	Eigene Bemerkung zu Inhalt, Selektion, Zeitraum

Abbildung 4.41 Auswahl zu archivierender Protokolle

Nach dem Festlegen des Starttermins und der Ausgabeschnittstelle für die Protokolle der Archivierungsläufe kann der Archivierungslauf gestartet oder eingeplant werden. Werden anschließend die Originale gelöscht, finden sich die Protokolle nur noch im Archiv (siehe Abbildung 4.42).

Sie können von nun an die archivierten Protokolle mit der gleichen Logik wie bisher anzeigen, wenn Sie die Option AUS ARCHIV markieren. Natürlich können Sie diese nun nicht mehr direkt aus dem Protokollverzeichnis löschen.

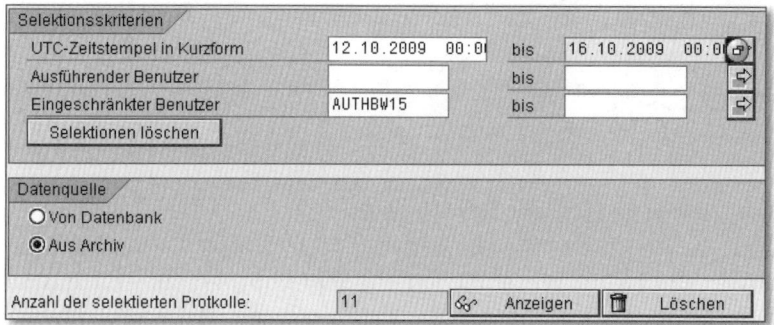

Abbildung 4.42 Protokolle aus dem Archiv

Mit der Archivierung ist sichergestellt, dass Berechtigungsprotokolle für spätere Untersuchungen gesichert werden können, ohne dass die Datenbanktabellen zu groß werden. Gleichzeitig bleibt der Auswahl- und Anzeigekomfort erhalten.

Der Erhalt und die Nachverfolgbarkeit alter Zustände ist auch Thema des nächsten Abschnitts: Dort befassen wir uns mit den Änderungen an den Berechtigungen und Zuordnungen.

4.3   Changelog

Wenn eine Berechtigung geändert und anschließend einem Benutzer zugeordnet wird, dann ändert jede Modifikation der Berechtigung auch den Datenbereich, der einem Benutzer zugänglich ist.

Deshalb kommt sehr schnell der Wunsch nach einer Möglichkeit der Nachverfolgung aller Änderungen einer Berechtigung auf, insbesondere auch im Hinblick auf Datensicherheit und Auditierbarkeit nach gesetzlichen Anforderungen.

Die Analyseberechtigungen bieten hier eine Änderungsverfolgung (*Changelog*), die automatisch aktiv ist und jede Änderung von Berechtigungen und ihren BW-eigenen Zuordnungen ermöglicht. Dazu kann man direkt auf Tabellen gehen oder die Möglichkeiten von BW selbst nutzen. Diese zwei Möglichkeiten wollen wir in den beiden nächsten Abschnitten besprechen.

4.3.1 Tabellen und Inhalte

Die Inhalte der Änderungen, also Löschungen oder Ergänzungen von Einträgen zu Berechtigungen, finden sich in den Systemtabellen, die in Tabelle 4.2 aufgelistet sind, und können ausgelesen werden – beispielsweise über die Transaktion SE16 oder durch eigene Programme.

Tabelle	Inhalte
RSECVAL_CL	Änderungen der Werteberechtigungen
RSECHIE_CL	Änderungen der Hierarchieberechtigungen
RSECTXT_CL	Änderungen der Berechtigungstexte
RSECUSERAUTH_CL	Änderungen der BW-Zuordnungen von Analyseberechtigungen
RSECSESSION_CL	Kopftabelle mit Änderungsdatum, Benutzername und Identifikations-ID

Tabelle 4.2 Changelog-Tabellen

In Abbildung 4.43 sehen Sie ein typisches Beispiel einer Änderung der Werteberechtigung in der Transaktion SE16.

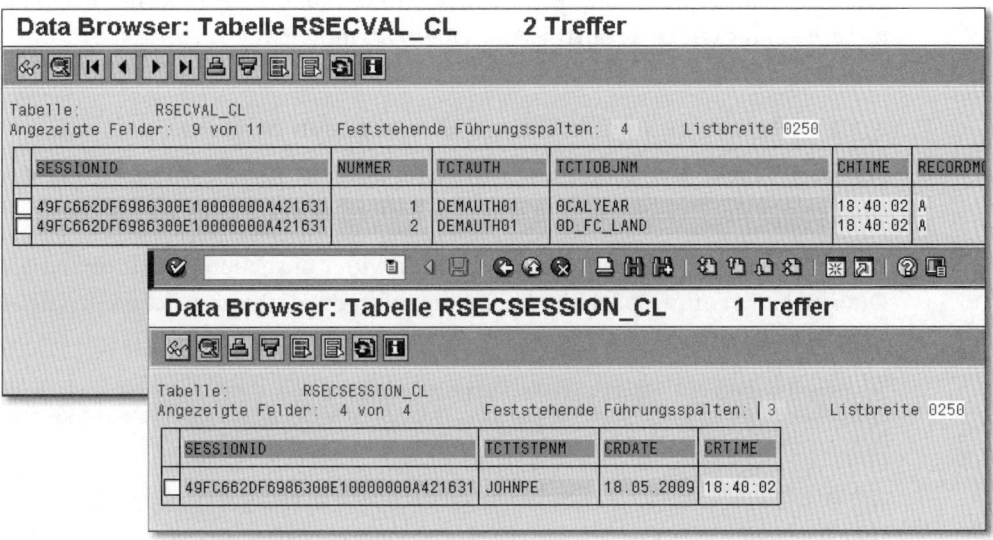

Abbildung 4.43 Werteänderung und Kopftabellenzeile

Sie sehen, dass die zwei Änderungseinträge für die Änderung der Berechtigung DEMAUTH1 mit einer ID dem Benutzer JOHNPE zugeordnet werden können, der die Änderungen am 18.5.2009 vorgenommen hat. Außerdem sehen Sie, dass er dabei das Merkmal 0CALYEAR und das Merkmal 0D_FC_LAND um 18:40 Uhr hinzugefügt hat und dass der RECORDMODE ein A für englisch »Added«, also deutsch »hinzugefügt« vermerkt. Die Spalte NUMMER hilft zu identifizieren, welche Modifikationen in welcher Reihenfolge in derselben Sitzung vorgenommen wurden. Diese Nummerierung ist übergreifend über die Änderungstabellen.

Im rechten Teil der Tabellenausgabe sehen Sie die konkret geänderten Werte (siehe Abbildung 4.44). Daran können Sie ablesen, dass in der Sitzung für 0CALYEAR der Wert »1998« und für 0D_FC_LAND der Werte »DE« eingetragen wurde.

Feststehende Führungsspalten: 4 Listbreite 0250

NUMMER	TCTAUTH	TCTIOBJNM	CHTIME	RECORDMODE	TCTSIGN	TCTOPTION	TCTLOW
1	DEMAUTH01	0CALYEAR	18:40:02	A	I	EQ	1998
2	DEMAUTH01	0D_FC_LAND	18:40:02	A	I	EQ	DE

Abbildung 4.44 Konkrete Änderungen der Werte

Die Tabelleninhalte sind natürlich die entscheidenden Inhalte, aus denen sich jede Änderung nachverfolgen lässt. Aber natürlich wird diese Arbeit bei größeren Audits sehr mühsam. Deshalb gibt es auch ausgelieferten Content, der ein echtes OLAP-Reporting mit Querys ermöglicht.

4.3.2 Reporting und Audit mit BW-eigenen Mitteln

SAP NetWeaver BW bietet auch die Möglichkeit, für die Auswertung der Changelogs die BW-eigenen mächtigen Reportingwerkzeuge zu nutzen.

Zu diesem Zweck werden mehrere InfoProvider ausgeliefert, mit denen Sie Querys bauen und spezielle Reportinganfragen definieren können (siehe Tabelle 4.3).

InfoProvider	Bedeutung
0TCA_VAL	Änderungen der Werteberechtigungen
0TCA_HIE	Änderungen der Hierarchieberechtigungen
0TCA_UA	Änderungen der BW-Zuordnungen

Tabelle 4.3 Ausgelieferte InfoProvider für Changelogs

Diese InfoProvider sind virtuelle InfoProvider, die die obengenannten Tabellen auslesen. Sie sind in jeder Auslieferung von SAP NetWeaver eingeschlossen, müssen aber zu Beginn aus dem Content aktiviert werden. Wo Sie diese InfoProvider finden und aktivieren, sehen Sie als Überblick in Abbildung 4.45.

Abbildung 4.45 Aktivierung der Changelog-InfoProvider in Transaktion RSA1

Diese Provider können Sie zur Analyse aller Änderungen verwenden. Bei der Analyse sollten Sie sich aber bewusst machen, dass häufig die Analyseberechtigung 0BI_ALL den überwiegenden Teil der Änderungen ausmacht und man sie möglicherweise bei allen Selektionen ausschließen kann. Sie taucht deswegen so häufig als geändert auf, da sie bei jeder Aktivierung eines Info-Objects aktualisiert wird. Der betreffende Benutzer steht dann als Änderer der Berechtigung im Changelog, möglicherweise ohne je mit dieser Berechtigung aktiv in Berührung gekommen zu sein.

Performance

Machen Sie sich auch klar, dass diese InfoProvider auf eventuelle riesige Tabellen direkt zugreifen und deshalb mit Performancebeeinträchtigungen gerechnet werden muss.

Mit geeigneten Querys oder auch Analysen auf dem gesamten InfoProvider lassen sich auch die am häufigsten geänderten Berechtigungen ausfindig machen und Ähnliches.

Vielleicht möchten Sie einmal die von Ihnen im Zusammenhang mit diesem Buch vorgenommenen Änderungen analysieren?

Nehmen wir als Beispiel Abbildung 4.46. Dort sehen Sie, dass am 12.10.2009 und am 13.10.2009 Änderungen an Hierarchieknoten der Berechtigung DEMAUTH18 vorgenommen wurden, nämlich an den Knoten EUROPA, FR, GB und der Knotenvariablen $BWAUTH_LAND. Nun interessiert vielleicht noch genauer, wer was genau getan hat. Dazu nehmen Sie noch weitere Informationen in den Aufriss, bis Sie die gewünschte Information sehen (siehe Abbildung 4.47).

Änderungsbelege Analysberechtigungen			Letzte Datenaktualisi

| View sichern | Bookmark | Variablenbild | Exceptions und Bedingungen | Kommentare | Export nach Excel |

▽ **Zeilen**					Anzahl Berechtigungssätze
Datum			Berechtigungsname	DEMAUTH18	
Knoten		Datum	Knoten Hierarchiename	WELT	
▽ **Spalten**		12.10.2009	EUROPA		4
Berechtigungsname			FR		2
Hierarchiename			GB		2
Kennzahlen			Ergebnis		8
▽ **Freie Merkmale**		13.10.2009	$BWAUTH_LAND		1
BW System		Gesamtergebnis			9

Abbildung 4.46 Änderungen an Hierarchieknoten in Berechtigung DEMAUTH18

In Abbildung 4.47 können Sie im Detail nachvollziehen, was am 12.10.2009 mit dem Knoten EUROPA der Hierarchie WELT für Merkmal 0D_FC_LAND in der Berechtigung DEMAUTH18 geändert wurde. In der Darstellung ist sogar die Abfolge sichtbar: Um 14:44 Uhr wurde der Knoten in die Berechtigung eingefügt (ÄNDERUNGSART A), und zwar vom Benutzer JOHNPE. Um 15:10 Uhr dann wieder entfernt (ÄNDERUNGSART D). Später um 16:33 Uhr wurde er erneut eingefügt und um 21:12 Uhr wieder entfernt.

		Anzahl Berechtigungssätze				
	Berechtigungsname	DEMAUTH18				
	Hierarchiename	WELT				
	Letzter Änderer	BR9/JOHNPE				
	InfoObject	BR9/A/0D_FC_LAND				
	Knoten	EUROPA				
Datum	Änderungsart Berecht	Uhrzeit	14:44:14	15:10:57	16:33:35	21:12:43	Ergebnis
12.10.2009	A		1		1		2
	D			1		1	2
	Ergebnis		1	1	1	1	4

Abbildung 4.47 Änderungshistorie zu Knoten

Eine weitere Anwendung solcher Changelogs ist in Abbildung 4.48 zu sehen und natürlich nicht nur auf Analyseberechtigungen beschränkt. Dort ist die Zahl aller Änderungen der Werteberechtigungen gegen die Tageszeit aufgetragen, aggregiert über den ganzen Erfassungszeitraum. Man sieht nun die typischen Arbeitszeiten, sogar mit typischen Pausenminima, und einige außerordentlich hohe Änderungszahlen in der Nacht, die auf automatische Prozesse zurückgehen. Genauere Analysen der Daten könnten das bestätigen oder auch widerlegen, da jede Änderung bis ins Detail genau verfolgt werden kann. Damit sind beispielsweise auch sicherheitsrelevante oder unerwünschte Änderungen auffindbar, die beispielsweise an unüblichen Zeiten stattfinden. Sie sollten sich bei derartigen Analysen allerdings immer darüber im Klaren sein, ob diese gesetzliche Regelungen des Datenschutzes berühren oder genehmigungspflichtig sein könnten, insbesondere, wenn Sie personenbezogen analysieren.

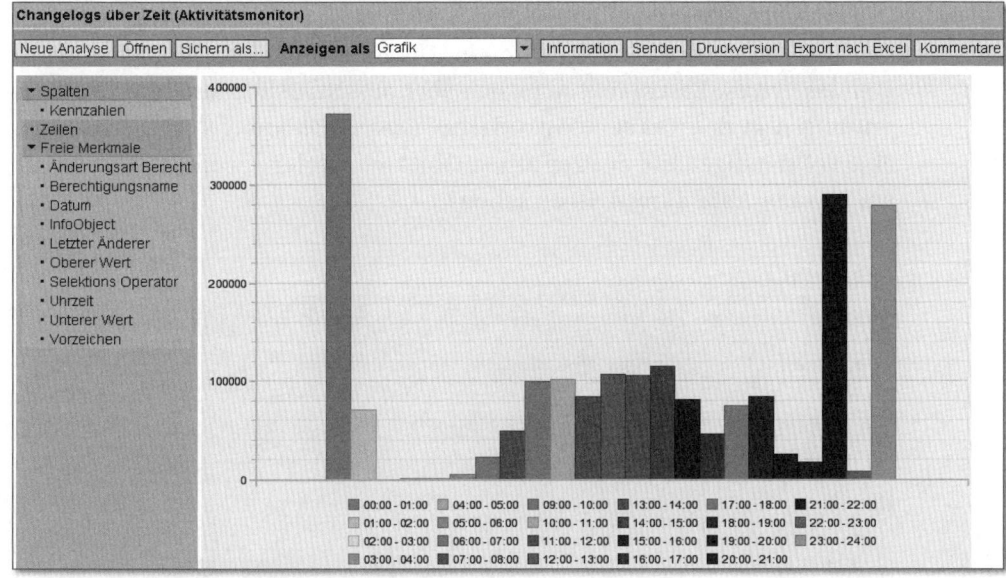

Abbildung 4.48 Aktivitätsmuster über den Tag aus Changelogs

Nun kennen Sie die Analysetools der Analyseberechtigungen, die den wichtigsten Teil der NetWeaver BW-Analysetools darstellen. Zum Schluss werden wir noch kurz die klassischen Protokolle besprechen, zu denen der ST01-Trace gehört.

4.4 Klassische Berechtigungsprotokolle

Die klassischen Prüfungen auf Berechtigungsobjekte sind relativ simpel gebaut: Sie prüfen immer bestimmte Wertekombinationen auf Existenz in den zugeordneten Berechtigungen in den Rollen und Profilen eines Benutzers. Das Ergebnis ist eine positive oder negative Antwort. Es gibt, anders als bei den Analyseberechtigungen, nie so etwas wie Reste. Das macht auch die automatischen Auswertungen recht einfach.

Zwei wesentliche Tools sind für die Analyse klassischer Berechtigungsprüfungen entscheidend: Der Systemtrace (Transaktion ST01) und die Anzeige der letzten fehlgeschlagenen Prüfung (Transaktion SU53). In Kapitel 3, »Standardberechtigungen in SAP NetWeaver BW«, haben wir die meisten wichtigen Berechtigungsobjekte für den Betrieb eines SAP NetWeaver BW-Systems vorgestellt. Mit diesen beiden Analysetools sollten Sie für die Analyse klassischer Berechtigungsprüfungen ausreichend gerüstet sein.

Der *Systemtrace* protokolliert natürlich noch viele andere Vorgänge während der Ausführung einzelner Funktionen. Die Berechtigungsprüfung ist nur ein Teil des Traces. Beschränkt man sich aber ausschließlich auf Berechtigungsprüfungen in den TRACE KOMPONENTEN (siehe Abbildung 4.49), erhält man eine vollständige Liste der geprüften Objekte und der jeweiligen Ergebnisse, wie etwa in Abbildung 4.50 zu sehen.

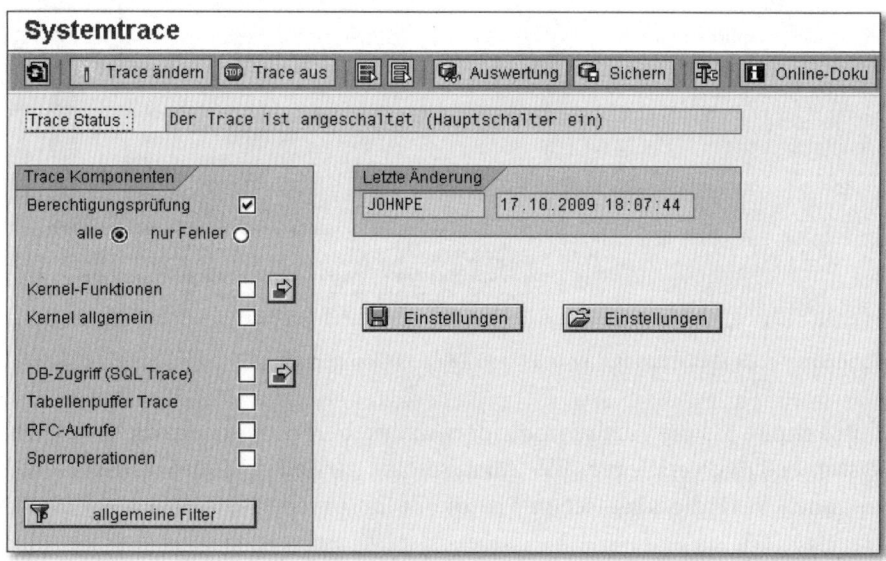

Abbildung 4.49 Systemtrace (Transaktion ST01)

Untersuchen wir einmal beispielhaft, was beim Ausführen der InfoObject-Pflege von Merkmal 0D_FC_REGL passiert, wenn Sie die Berechtigungsrelevanz des Merkmals ändern. Sie starten die Transaktion ST01 und markieren die Option BERECHTIGUNGSPRÜFUNG (siehe Abbildung 4.49). Anschließend starten Sie den Trace durch Einschalten (TRACE AN). Danach führen Sie die Transaktion RSD1 (INFOOBJECT-PFLEGE) im selben Modus aus und ändern die Berechtigungsrelevanz für das Merkmal 0D_FC_REGL.

Nach diesem Vorgang rufen Sie wieder den Systemtrace auf, beenden ihn und betrachten die Auswertung (siehe Abbildung 4.50).

```
hh:mm:ss:ms   Typ    Dauer(us)   Objekt             Text

19:43:51:499  AUTH    - - -     S_RS_ADMWB  RC=0   RSADMWBOBJ=INFOOBJECT;ACTVT=03;
19:43:51:508  AUTH    - - -     S_RS_ADMWB  RC=0   RSADMWBOBJ=INFOOBJECT;ACTVT=23;
19:43:51:525  AUTH    - - -     S_CTS_ADMI  RC=0   CTS_ADMFCT=TABL;
19:43:51:560  AUTH    - - -     S_CTS_ADMI  RC=0   CTS_ADMFCT=TABL;

Mandant:      000 Benutzer:      JOHNPE        Transaktion RSD1              4AD801572A4D51A4E1
Workprozess              1 PID               Datum: 17.10.2009           Anfang:19:44:06:447
Erster Block vom Dialogschritt              letzter Block im Dialogschritt
Blockgröße:            405 Anzahl Sätze:               1 Dateiversion:  1

hh:mm:ss:ms   Typ    Dauer(us)   Objekt             Text

19:44:06:448  AUTH    - - -     S_RSEC      RC=0   RSECADMOBJ=IOBJ;RSECADMVAL=0D_FC_REGL;ACTVT=02;
```

Abbildung 4.50 ST01-Trace (Ausschnitt)

Sie sehen, dass zunächst die grundsätzlichen Zugriffsberechtigungen für Anzeigen und Ändern eines InfoObjects vorhanden sind (Objekt S_RS_ADMWB). Außerdem wird auch die Berechtigung für das Transportwesen geprüft.

Da wir die Berechtigungsrelevanz des InfoObjects geändert haben, findet sich auch eine Berechtigungsprüfung auf das Berechtigungsobjekt S_RSEC mit InfoObject-Name und »Aktivität« 02. Diese Prüfung kontrolliert die Änderung der systemweiten Einstellung der Berechtigungsrelevanz.

Wenn ein Berechtigungsobjekt geprüft wird, das Sie nicht kennen, bietet sich immer die Möglichkeit an, die Dokumentation zum Berechtigungsobjekt zu lesen, die in der Regel die Bedeutung der Prüfung erklärt. Manch eine derartige Prüfung ist aber auch nur ein unwichtiger Nebeneffekt eines Frameworks. Dann bietet sich immer noch die Möglichkeit, die unbekannte Berechtigung einfach einmal wegzulassen und den Effekt zu testen.

Auch hier noch einmal der Hinweis, dass eine Prüfung auf S_RS_AUTH mit Wert 0BI_ALL nicht bedeutet, dass diese Analyseberechtigung notwendig wäre, sondern nur, dass der Benutzer, für den diese Prüfung stattfand, keine volle Daten-Zugriffsberechtigung hat.

4.5   Fazit

Wir haben Ihnen nun die Analysetools der Analyseberechtigungen vorgestellt und detailliert beschrieben. Diese Werkzeuge sollten alle Fragen, die bei der Modellierung und dem Betrieb eines BW-Systems auftreten, beantworten können. Insbesondere das Berechtigungsprotokoll ist eine exakt auf die Analyseberechtigungsprüfung abgestimmte Umgebung. Die Kenntnis dieses Tools und seiner wesentlichen Bestandteile hilft bei der Untersuchung von Problemen von Kunden und Endanwendern und vermeidet die Notwendigkeit, OSS-Meldungen zu eröffnen. Damit ist das Berechtigungsprotokoll zusammen mit der Möglichkeit, bestimmte Funktionen in Vertretung anderer Benutzer zentral auszuführen, das wichtigste Analysetool der BW-Berechtigungen.

Für die Analyse der klassischen Berechtigungsobjekt-Prüfungen steht ergänzend die Transaktion SU53 zur Verfügung.

Auch im Bereich der Systemkontrolle, der Sicherheit und der Änderungsverfolgung (Changelog) stehen verschiedene Werkzeuge zur Verfügung und können wieder mit BW-Mitteln ausgewertet werden. Dazu wird auch bereits Content mit ausgeliefert. Sie haben in diesem Kapitel einige Anregungen für verschiedene Nutzungsmöglichkeiten erhalten. Ihnen fallen aber sicher noch weitere ein.

Vier Augen sehen mehr als zwei – das sollten Sie bei der Definition eines Berechtigungsmodells beherzigen und möglichst einfache, beständige und wartbare Modelle entwickeln. Wie Sie das machen, erfahren Sie in diesem Kapitel.

5 Anforderungsprofile und Lösungsansätze typischer Berechtigungsmodelle in BW

Mit jeder Implementierung eines BW-Projekts muss man sich auch Gedanken über die zu vergebenden Berechtigungen machen. Der Grund hierfür ist nicht zwangsläufig, dass die Daten des Modells so sensibel sind. Es ist einfach eine Vorgabe des Systems, Berechtigungen zu vergeben, um den Benutzern das Reporting zu ermöglichen. In diesem Kapitel werden wir uns nun im Detail mit dem Ablauf der Konzeptionierung und Realisierung eines Berechtigungsmodells beschäftigen. Zuerst wollen wir die Begriffe *Berechtigungsmodell* und *Berechtigungskonzept* erläutern.

> **Berechtigungsmodell und Berechtigungskonzept**
>
> Ein Berechtigungsmodell enthält den Aufbau der berechtigungsrelevanten Merkmale eines Datenmodells, der Merkmalswert-Selektion (wenn Analyseberechtigungen eingesetzt werden) und der Berechtigungsdefinition sowie der Berechtigungsvergabe. Auf einem BW-System kann es mehrere voneinander unabhängige Berechtigungsmodelle geben.
>
> Ein Berechtigungskonzept kann ein oder mehrere Berechtigungsmodelle enthalten. Es kann aber auch für das gesamte System gelten.

Wir werden nun im Folgenden den Ablauf eines Projekts und den dazugehörigen Aufbau eines Berechtigungsmodells im Detail entwerfen. Womit beginnt man bei der Konzeptionierung? Welche Merkmale schaltet man berechtigungsrelevant? Welchen Modellansatz sollte man wählen? Diese Fragestellungen versuchen wir innerhalb dieses Abschnitts zu beantworten. Mit Hilfe von Checklisten können Sie sich einen Überblick verschaffen, um die Komplexität zu bewerten und gegebenenfalls auf ein Mindestmaß zu reduzieren.

Danach beschäftigen wir uns mit Standardberechtigungen, die ein Teil jedes BW-Projekts sind. Wir gehen auf die Bedeutung von Namensraumkonzepten und die Verwendung von Vorlagen für Standardberechtigungen ein.

Im Anschluss stellen wir unterschiedliche Ansätze für Analyseberechtigungsmodelle vor: Wir besprechen zunächst die Arten der Modelle und beschäftigen uns mit dazu passenden Fragestellungen. Wann und wie können InfoProvider- oder InfoObject-basierte Modelle zum Einsatz kommen? Wie geht man mit einer bestehenden Berechtigungsinfrastruktur um, die für neue Anforderungen erweitert werden muss? Anschließend werden wir uns auch die Techniken und Möglichkeiten für die Implementierung des Analyseberechtigungsmodells im System ansehen. Beginnen wir nun damit, uns den Ablauf eines BW-Projekts und ein dazugehöriges Berechtigungskonzept anzusehen.

5.1 Das Berechtigungsmodell im BW-Projekt

Das Ziel einer Berechtigungslösung sollte immer sein, die Daten ausreichend zu schützen und den Benutzern die zugestandenen Sichten zu ermöglichen. Ebenso wichtig ist es aber auch, das Modell für etwaige Erweiterungen flexibel zu halten und möglichst wartungsfreundlich aufzubauen. Es ist nahezu unmöglich, vor allen zukünftigen Anforderungen und damit verbundenen Änderungen gefeit zu sein. Bei neuen Anforderungen an das Reporting, organisatorischen oder rechtlichen Anpassungen werden teilweise auch die Konzepte überarbeitet und adaptiert werden müssen. Und das sollte möglichst problemlos erfolgen.

Keep it secure and as simple as possible!

Diesen Leitspruch sollte man bei der Entwicklung von Berechtigungsmodellen immer im Hinterkopf haben. Ziel eines Berechtigungsmodells muss es sein, die Daten nach den Vorgaben zu schützen, jedoch den Benutzern entsprechend berechtigte Sichten zu gewähren. Für die Realisierung im System ist es wichtig, nicht zu komplexe und wartungsunfreundliche Modelle aufzubauen. Die Anforderungen an ein Berechtigungsmodell machen es möglich, eine passende Lösung auszuarbeiten und umzusetzen.

Bei BW-Projekten kann es durchaus der Fall sein, dass kurz vor dem geplanten Go-live der Applikation festgestellt wird, dass die Benutzer zu viele Berechtigungen haben und nicht nur die für sie bestimmten Zahlen zu sehen bekommen. Das bedeutet nicht notwendigerweise, dass im Projekt bei der

Implementierung schlecht gearbeitet wurde. Vielmehr haben die unterschiedlichen Parteien, die bei einem Projekt mitwirken, abweichende Erwartungen:

Einem Mitarbeiter einer Fachabteilung mag es eigenartig erscheinen, dass man Berechtigungen nicht einfach schnell anpassen und zuordnen kann. Da er diese Anpassung als unproblematisch empfindet, wird er seine Änderungswünsche möglicherweise erst kurz vor dem Go-live vorbringen. Eventuell bringt er auch noch Änderungswünsche bezüglich eines Merkmals an, das bis dato noch gar nicht im Blickfeld für Berechtigungen war.

Um nicht solchen Missverständnissen zu erliegen und das Projekt zeitgerecht abschließen zu können, muss die Problematik der Berechtigungen rechtzeitig bei der Planung bedacht, berücksichtigt und mit den Fachabteilungen besprochen werden. Denn gerade Berechtigungen sind ein sensibler Bereich und führen rasch zu einer zeitlichen Verschiebung, wenn sie nicht zu 100 % wasserdicht, getestet und abgenommen sind. Wir wollen uns nun im Weiteren damit beschäftigen, wie der Ablauf eines BW-Projekts unter der Beteiligung der Berechtigungen aussehen sollte.

5.1.1 Vorüberlegungen

Zu Beginn eines jeden Projekts steht der Wunsch nach bestimmten Sichten auf Kennzahlen, die relevant sind, um ein Unternehmen aktuell oder zukünftig steuern zu können – unabhängig davon, ob es der tägliche Produktionsausstoß, eine quartalsweise Ergebnisrechnung oder die Budgetplanung für die kommenden fünf Jahre ist. Relevante Kennzahlen sollen einer Gruppe von Benutzern zur Verfügung gestellt werden.

Nachdem geklärt ist, welche Benutzergruppen wie auf welche Kennzahlen zugreifen können sollen, wird man beginnen, ein entsprechendes Projekt mit einem dazugehörigen Projektplan aufzusetzen.

Umgang mit bestehenden Berechtigungsmodellen

Wenn bereits ein BW-Berechtigungsmodell mit einem dazugehörigen Berechtigungsmodell besteht, kann nicht von null an neu geplant werden. Existieren bereits bestehende Berechtigungen, *müssen* diese berücksichtigt werden und in das neue Konzept einfließen. In den späteren Abschnitten dieses Kapitels gehen wir noch auf den Umgang mit bestehenden Berechtigungsmodellen ein.

Abbildung 5.1 zeigt auf der linken Hälfte, wie so ein einfacher Plan für ein BW-Projekt aussehen kann:

1. Zu Beginn müssen Umfang, Inhalt und zeitlicher Rahmen bestimmt werden. Auf dieser Basis wird ein Konzept erstellt, das noch nicht bis ins kleinste Detail der Realisierung ausgefeilt ist. Jedoch sollte daraus schon hervorgehen, welche Benutzergruppen auf welche Datenbasis zugreifen werden ❶.

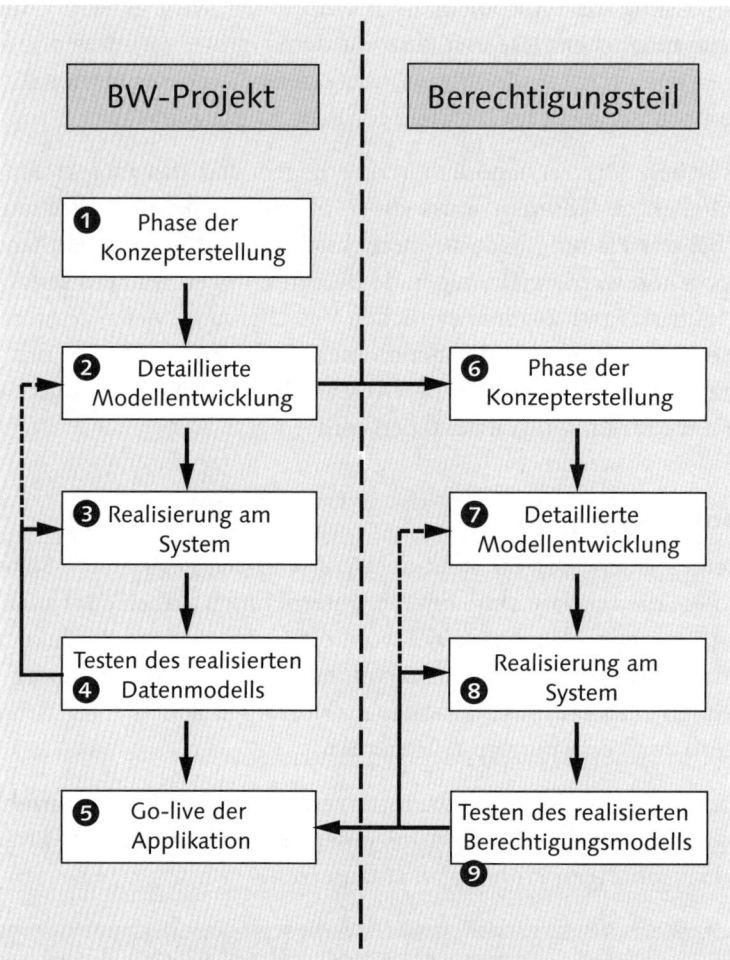

Abbildung 5.1 Ablauf eines BW- und Berechtigungsprojekts

2. Damit kann nun die Phase der Feinplanung beginnen ❷. Wir nennen sie *detaillierte Modellentwicklung:* In dieser Phase muss zunächst genau spezifiziert werden, wie der Datenfluss in BW auszusehen hat, welche InfoProvider und Merkmale verwendet werden und wie man die Daten den Benutzern tatsächlich zugänglich macht – über Querys, Arbeitsmappen oder weitere Frontend-Produkte.

3. Danach folgt die Implementierung im System selbst ❸.

4. Ist die Implementierung abgeschlossen, kann man die Daten und in weiterer Folge die Berichte testen ❹. Bekanntlich gibt es in dieser Phase immer wieder Anpassungen, die man am Modell vornehmen muss, weil zusätzliche Anforderungen gewünscht werden oder das geplante Ergebnis nicht erzielt werden konnte.

   ▶ Es sollte dann eigentlich nur an der Implementierung Veränderungen geben.

   ▶ Ist es aber nicht möglich, diese so weit anzupassen, dass die Änderungen durchgeführt werden können, kann es vorkommen, dass man nochmals einen Schritt zurückgehen und Teilbereiche der Realisierung neu überdenken muss.

5. Letztendlich kommt der befreiende Go-live, und die Benutzer können die Berichte produktiv verwenden ❺.

Wie sieht es nun mit den Berechtigungen während des Projektablaufs aus?

Wie Sie auf der rechten Seite der Abbildung 5.1 sehen, sollte man rechtzeitig in der Phase der Konzepterstellung auch schon die Berechtigungen bedenken. Während der Phase der Feinkonzeptionierung bietet es sich an, die Berechtigungen mit ins Boot zu nehmen und ein Konzept für diese zu erstellen ❻. Man muss sich vor Augen halten, was das Berechtigungskonzept alles abdecken muss:

▶ Rollenkonzept für Standardberechtigungen

▶ Menürollen für Berichtsbereitstellung

▶ Berechtigungskonzept für selbständige Berichtsentwicklung

▶ Analyseberechtigungen für den Zugriff auf Bewegungsdaten

Je komplexer das Datenmodell wird – wie etwa durch eine große Anzahl von InfoProvidern, auf denen aktiv Reporting stattfindet –, desto umfangreicher wird auch das Berechtigungsmodell ❼. Aus diesem Grunde ist es durchaus notwendig, in dieser Phase bereits an alle Aspekte, also auch an die Berechtigungen, der Projektimplementierung zu denken.

Sind einmal die weitere Vorgehensweise und die Realisierung beschlossen, können Berechtigungen sehr gut parallel zum restlichen Projekt implementiert werden ❽. Anschließend folgt auch hier der Test ❾. Alle Phasen, vom Aufbau im System bis hin zum Testen, können parallel abgearbeitet werden, wenn genügend Ressourcen für die Realisierung zur Verfügung stehen.

Als Nächstes wollen wir uns ansehen, wie man ein Berechtigungsmodell erstellt. Wo beginnt man, und was muss alles bedacht werden?

5.1.2 Berechtigungsmodell – Beginn

Haben Sie einen Überblick über das gesamte Datenmodell und den Benutzerkreis, können Sie daran gehen, sich ein Berechtigungsmodell zu überlegen. Die Vorgaben für Berechtigungen kommen meist aus der Fachabteilung selbst. Sie gibt an, wer zum Benutzerkreis gehört und wie die Benutzer voneinander abgegrenzt werden sollen. Die Angaben können nicht immer 1:1 im System umgesetzt werden. Auf jeden Fall bieten sie aber den Einstiegspunkt, um innerhalb des Projekts gemeinsam eine Lösung zu erarbeiten, wie die Berechtigungen aufgebaut sein müssen.

Welches sind die Fragen, die man sich und den Mitgliedern des Projektteams in dieser Phase stellen muss? Wir haben diese Fragen in der folgenden Aufzählung lediglich grob in zwei unterschiedlichen Themenblöcken zusammengefasst:

▶ **Benutzergruppen/Standardrollenkonzept**
Bezüglich des Rollenkonzeptes sollten Sie sich folgende Fragen stellen:

- ▶ Wie viele Benutzer werden das Reporting verwenden?
- ▶ Gibt es nur standardisierte Berichte oder auch von Benutzern selbsterstellte?
- ▶ Dürfen Berichte von Benutzern in der produktiven Umgebung selbst erstellt werden?
- ▶ Welche Benutzer dürfen selbst Berichte erstellen?
- ▶ Dürfen Standardberichte auch von Reportingbenutzern geändert werden? Davon ist jedoch abzuraten.

Änderungen von Standardberichten durch Benutzer

Standardberichte werden vordefiniert und mit dem Go-live eines Projekts an die Benutzer ausgerollt. Somit erwarten die Benutzer, dass die Berichte immer identisch aussehen und »korrekte« Zahlen liefern. Werden diese Standardberichte nun von einem Benutzer mit Änderungsberechtigungen abgeändert, sollte diese Aktion mit allen Benutzern, die diese Berichte verwenden, abgesprochen werden, um niemanden zu verwirren.

Von solch einer funktionierenden Kommunikation ist aber nicht auszugehen, deshalb sollten die Benutzer keine Standardberichte ändern, sondern diese nur kopieren und unter neuem Namen speichern dürfen.

▶ Auf welchen InfoProvidern dürfen welche Benutzer Berichte erstellen, wenn mehrere Reporting-InfoProvider im Datenmodell vorkommen?

▶ Kann man den Benutzern, wenn sie unterschiedliche Berichte sehen dürfen, diese nur über ein Rollenmenü zugänglich machen?

▶ **Datenberechtigungen**
Bezüglich der Datenberechtigungen sollten Sie sich folgende Fragen stellen:

▶ Dürfen alle Benutzer alle Daten sehen?

▶ Welchen Bereich der Daten sollen die einzelnen Benutzer sehen dürfen?

▶ Wie kann man die Sichten einschränken?

▶ Ist es notwendig, die Benutzer auf Merkmalsebene zu berechtigen?

▶ Wird es in absehbarer Zukunft Änderungen am Datenmodell geben, bzw. sind zukünftig Erweiterungen geplant, die auch eine Auswirkung auf Berechtigungen haben?

▶ Wechseln die Benutzer und/oder deren Berechtigungen häufig?

Sind diese Fragen beantwortet, kann man sich ein besseres Bild davon machen, welche Anforderungen an das Berechtigungsmodell gestellt werden. Die Informationen können nun grafisch aufbereitet werden; beispielsweise kann man dazu einen Entscheidungsbaum zeichnen – Abbildung 5.2 zeigt ein einfaches Beispiel. Alle Punkte, die abgeklärt worden sind, werden in der korrekten Reihenfolge als Entscheidungen eingetragen. Aus der Grafik ergibt sich ein kritischer Pfad, über den man letztendlich zu einem Standardberechtigungs- bzw. Rollenkonzept finden kann. Detaillierte Informationen bezüglich Abbildung 5.2 folgen bei den Modellen für Standardberechtigungen.

In dieser Darstellung haben wir noch keine Analyseberechtigungen mit einbezogen, diese werden wir in Abschnitt 5.1.5, »Berechtigungsrelevante Merkmale«, noch genauer unter die Lupe nehmen.

Einfacher als ein Entscheidungsbaum ist das Zusammenfassen der gesammelten Informationen in Form einer Tabelle (siehe Tabelle 5.1). Die Tabelle stellt einen Auszug aus den gesammelten Informationen dar. Die Anforderungen an das Modell werden eingetragen und jeweils mit einem »Ja« oder »Nein« versehen. Diese übersichtliche Darstellung hilft während der Konzeptionierung, den Überblick zu behalten und eine entsprechende Entscheidung bezüglich des Modells zu treffen.

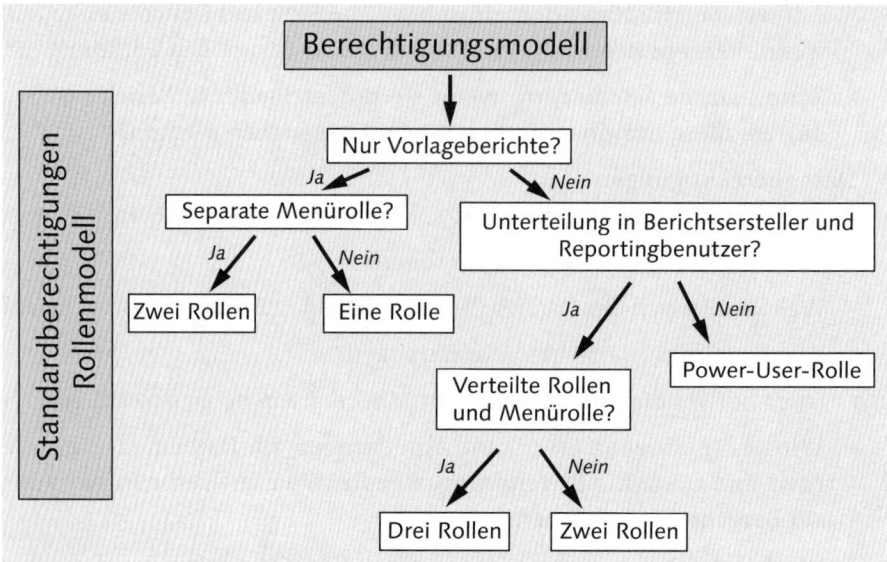

Abbildung 5.2 Entscheidungsbaum für Standardberechtigungen

Anforderungen	Ja	Nein
Gibt es Berichtsvorlagen?	✔	
Erstellen Benutzer selbst Berichte?	✔	
Sollen Berichtsersteller auf unterschiedliche InfoProvider berechtigt sein?		✔
Genügt ein Rollenmenü für alle Reportingbenutzer?	✔	
Dürfen alle Benutzer alle Daten sehen?		✔
…		

Tabelle 5.1 Anforderungen an ein Standardberechtigungskonzept

Mit der Tabelle haben Sie nun eine gute Zusammenfassung der Anforderungen und können mit der Definition eines Berechtigungsmodells beginnen. Wenn Sie auf Basis des Ansatzes »Keep it secure and as simple as possible« arbeiten, ist die nächste logische Konsequenz, dass Sie sich die Frage stellen, ob Sie überhaupt Berechtigungen für das Datenmodell benötigen. Oder noch genauer formuliert: Benötigen Sie Analyseberechtigungen, oder reicht ein Standardberechtigungskonzept?

5.1.3 Ausschließlich Standardberechtigungen oder Analyseberechtigungen?

In Kapitel 3, »Standardberechtigungen in SAP NetWeaver BW«, wurden die Standardberechtigungen besprochen. Auf diese kann man bei keinem BW-Projekt verzichten – egal ob es um die Implementierung oder das Reporting geht, alle Benutzertypen brauchen sie. Mit den Analyseberechtigungen verhält es sich etwas anders. Datenmodelle in BW enthalten unterschiedlich sensible Daten. Ein Bestandsreporting auf Lagerbestände ist weniger sensibel als beispielsweise Zahlen der HR-Abteilung. Daraus ergibt sich die Notwendigkeit zu prüfen, ob man die Benutzer auf die Inhalte entsprechend berechtigen muss oder ob es ausreichend ist, mit Standardberechtigungen zu arbeiten.

Unterschiedliche Einflussfaktoren sind zu beachten: Es kann sein, dass die Fachabteilung bestimmte Sichten für Benutzer fordert. Möglich sind auch organisatorische oder rechtliche Vorgaben. Diese müssen eingehalten werden. Am Projektteam liegt es dann zu prüfen, ob die Anforderungen mit Standard- oder Analyseberechtigungen umgesetzt werden können.

Der Vorteil eines Standardberechtigungskonzeptes ist die geringere Komplexität. Die Einschränkung erfolgt auf Berichtsebene auf den technischen Namen der Query. Das ist leichter verständlich und erfordert weniger Kenntnisse in BW. Dadurch werden vermutlich die Aufwände für Wartung und etwaige Änderungen niedriger gehalten als bei einem Analyseberechtigungskonzept.

Nachteilig wirkt sich die erhöhte Anzahl an Rollen und auch Berichten aus: Angenommen, ein Unternehmen ist in zwei Ländern tätig, dann müssen die Querys für jedes Land fix eingeschränkt werden. Somit ergeben sich zwei Querys mit unterschiedlichen technischen Namen, je eine, die fix auf ein Land eingeschränkt ist. Um die Querys den Benutzern im Reporting bereitzustellen, wird man eine Menürolle verwenden. Man kann dafür entweder eine oder zwei Menürollen erstellen. Bei den Menürollen können zusätzlich Ordner verwendet werden, die Benutzer zu ihren Querys leiten, wie es Abbildung 5.3 zeigt.

Fassen wir nochmals die Vor- und Nachteile eines reinen Standardberechtigungskonzeptes im Vergleich zu den Analyseberechtigungen in Tabelle 5.2 zusammen.

Wie man sieht, ist es absolut sinnvoll, sich Gedanken zu machen, »welches« Konzept man implementieren soll. Es hat direkt Auswirkung auf die Aufwände der Konzeptionierung, Implementierung und Wartung des Berechtigungsmodells. Nun wollen wir aber mit einem ganz wichtigen Erfolgsfaktor für jedes BW-System weitermachen, den Namensräumen.

Abbildung 5.3 Landesspezifisches Rollenmenü in der PFCG

Standardberechtigungskonzept	Vorteil	Nachteil
geringes Maß an Komplexität des Konzeptes	✔	
niedrigere Aufwände in der Wartung	✔	
Stammdatenänderungen (z.B. bei Hierarchien) ohne Auswirkung auf Berechtigungen	✔	
höhere Anzahl an Querys		✔
eventuell erhöhte Anzahl an Rollen		✔
Analyseberechtigungen im Nachhinein einfacher einzuführen	✔	

Tabelle 5.2 Vor- und Nachteile eines Konzeptes ohne Analyseberechtigungen

5.1.4 Namensräume

Einer der zentralsten Punkte für ein gut funktionierendes BW-System ist ein Konzept für Namensräume. Je größer das System wird und je mehr Datenmodelle darauf abgebildet sind, desto wichtiger werden eindeutige Namensräume. SAP selbst macht dies mit dem Konzept der »führenden Null« bei Objekten, die aus dem Business Content kommen, vor. Jeder Benutzer, der auf einen SAP NetWeaver BW-System arbeitet, weiß sofort, dass es sich hierbei um Elemente des Contents handelt. Genau das muss auch das Ziel eines Namensraumkonzeptes sein. Es geht darum, schnell Zusammenhänge herzustellen und Objekte des Systems zuzuordnen.

Bedeutung haben Namenskonventionen gerade für die Wartung, die ein System betreut. Sie profitieren von einer klaren Einteilung und der damit verbundenen Ordnung im System. Die Wartung bzw. die Administration des Systems sollte daher in der Phase der Namensfindung nach Möglichkeit beteiligt sein. Idealerweise kann man auf ein bereits bestehendes und im System gelebtes Namensraumkonzept aufsetzen. Das erleichtert die Arbeit innerhalb des Projekts auf jeden Fall ungemein.

Wir werden uns im Folgenden nur auf den für die Berechtigungen relevanten Teil des Themas »Namensräume« konzentrieren.

Notwendigkeit eines Namensraumkonzeptes

Wie man es nun immer nennen mag, ob Namensraumkonzept, Namenskonvention oder Entwicklungsleitfaden, das Ziel ist immer dasselbe: Es soll Struktur in ein System gebracht werden. Im Laufe der Zeit können Systeme ziemlich »entarten« – kreuz und quer werden Merkmale und InfoCubes mehrfach verwendet. Es kann genauso das Gegenteil der Fall sein, dass Objekte im System vervielfacht und in Abhängigkeit voneinander beladen werden. In beiden Fällen gilt: Ohne eine gute Struktur verliert man zwangsläufig den Überblick.

Abbildung 5.4 soll das verdeutlichen. Wir haben den Ausdruck *heterogenes Datenmodell* für nicht strukturierte und mit Abhängigkeiten versehene Systemlandschaften oder Teile davon verwendet. Wie man sieht, folgen die Namen der einzelnen Elemente einfach nur einem Zähler. Jedes neue Element, jeder Cube bekommt einfach eine neue Nummer und reiht sich in die bestehende Landschaft ein. Zwischen den Merkmalen M1 und M2 findet eine Fortschreibung der Daten statt – was bedeutet, dass die Stammdaten zuerst in M1 und dann von dort aus weiter in M2 geladen werden. Bei M3 verhält es sich so, dass es sowohl im Cube C1 als auch in C2 vorkommt.

Es ist zu bedenken, dass Abbildung 5.4 eine sehr einfache Darstellung ist und diese Abhängigkeiten in vielen Systemen vorkommen. Das ist im kleinen Rahmen auch in Ordnung und im Einzelfall auch bei Namenskonventionen sinnvoll. Jedoch müssen Sie sich den Fall vorstellen, dass es so viele Abhängigkeiten gibt, die niemand mehr überblickt und das System in einem Zustand des »geordneten Chaos« verweilt. Abhilfe können hier sogenannte *homogene Datenmodelle*, wie sie im unteren Bereich der Abbildung 5.4 zu sehen sind, schaffen.

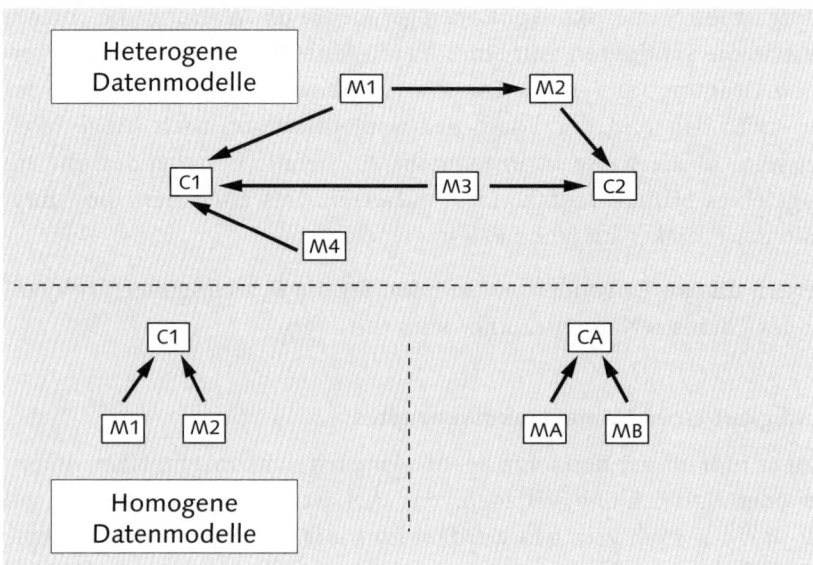

Abbildung 5.4 Notwendigkeit von Namensraumkonzepten

Im bestmöglichen Fall sind die unterschiedlichen Anwendungen, die im System aufgebaut sind, abgekapselt und beeinflussen einander nicht. Das ist nicht als eine komplette physische und inhaltliche Trennung zu verstehen, sondern meint eher eine Trennung bezüglich unterschiedlicher Namensräume – so wie die InfoCubes C1 und CA in Abbildung 5.4. Wenn man das Merkmal MA als Beispiel nimmt, ist jetzt offensichtlich, dass es nicht zu dem InfoCube C1, sondern zu CA gehören wird. Das haben wir eben damit gemeint, dass es möglich sein muss, rasch Zusammenhänge und Zuordnungen herzustellen.

Das Ziel muss sein, dass jedes Objekt eines Systems sofort einer Abteilung, einer Anwendung, einer weiteren organisatorischen Einheit, einem Unternehmen oder einfach einem Partitionierungskriterium, nach dem das System unterteilt ist, zuzuordnen ist. Das schließt nicht nur Merkmale und Info-Cubes ein, sondern zieht sich von der DataSource bis hin zum Web Template, von Rollen und deren Vorlagen bis zu Analyseberechtigungen und von Funktionsbausteinen bis hin zu Programmen.

Das Namenskonzept und BW-Berechtigungen

Konzepte für Namensräume können auf unterschiedlichste Weise implementiert sein. Meist sind sie an das Unternehmen und dessen Struktur angepasst. Für das Berechtigungsmodell sind die Namen speziell im Bereich der

Standardberechtigungen relevant. Über die Standardberechtigungsobjekte werden Zugriffe auf die Elemente in BW geregelt.

Bei der Implementierung handelt es sich dabei um Elemente des Warehouse Managements wie DataSources, Datenziele etc. und natürlich um Query-Elemente. Diese sollten einem bestimmten Muster folgen, um eine Wiedererkennung einfach zu gestalten. In Kapitel 6, »Berechtigungsmodelle für Reporting und Planung«, werden wir für unsere Beispiele exemplarisch in einem bestimmten Namensraum arbeiten.

Auch für Analyseberechtigungen, die durch einen Benutzer neu erstellt werden, ist es sinnvoll, sich ein Muster für die Bezeichnungen zu überlegen. So ist z.B. für den Top-Knoten der Kostenstellenhierarchie die Berechtigung CC_H09_TOP auf jeden Fall sprechender als COSTC0001. Wobei man hier nicht immer auf sprechende Namen zurückgreifen kann. Werden beispielsweise tausende Analyseberechtigungen über Nacht generiert, wird vermutlich mit einer ansteigenden Nummerierung gearbeitet werden, um die Masse zu bewältigen, wie das beispielsweise bei der Generierung von Berechtigungen der Fall ist.

5.1.5 Berechtigungsrelevante Merkmale

Wie bereits kurz angerissen wurde, ist es nicht unbedingt notwendig, dass ein Berechtigungskonzept auf der Verwendung von berechtigungsrelevanten Merkmalen basiert. Es besteht die Möglichkeit, ein Modell rein auf der Basis von Standardberechtigungen aufzubauen, womit wir uns in Abschnitt 5.2, »Grundmodelle der Standardberechtigungen«, detailliert beschäftigen. Hier wollen wir nun über Berechtigungen auf Merkmalsebene sprechen.

Zu Beginn stellt sich die Frage, welche Merkmale ausschlaggebend für eine eingeschränkte Sicht auf die Bewegungsdaten sind. Man wird bestimmte Vorgaben bekommen, wie diese Sichten auszusehen haben. Wie und mit welchen Merkmalen man diese abbildet, gilt es jedoch herauszufinden.

Fragenkatalog für Analyseberechtigungen

Sind bereits Kandidaten für die Berechtigungsvergabe identifiziert, müssen diese auf jeden Fall auf ihre Tauglichkeit für Analyseberechtigungen geprüft werden. Natürlich kann man sagen, dass mit jedem Merkmal Berechtigungen vergeben werden können. Doch unter dem Aspekt, dass Berechtigungen nur mit einem gerechtfertigten Maß an Komplexität und Aufwand zu implementieren sind, sollten einige Eigenschaften der Merkmale überprüft werden. Wir haben dazu einen Fragenkatalog für berechtigungsrelevante Merkmale erstellt:

▶ Wie viele Benutzer werden die Applikation nutzen?

▶ Sind deren Berechtigungen sehr unterschiedlich?

▶ Wie granular müssen die Berechtigungen tatsächlich sein? Enthält das Merkmal viele Stammdaten?

▶ Wie stark ändern sich diese?

▶ Wie viele Hierarchien hat das Merkmal?

▶ Unterliegen auch diese Änderungen?

▶ Soll man sich für ein InfoProvider- oder InfoObject-Modell entscheiden (darauf gehen wir in Abschnitt 5.3, »Generische Modellansätze«, noch im Detail ein)?

▶ Kann das Merkmal durch ein vereinfachtes Navigationsattribut berechtigt werden (siehe Abbildung 5.6)?

▶ Wird das Merkmal bereits in anderen Datenmodellen verwendet?

▶ Kann man mit referenzierenden Merkmalen arbeiten?

Diese Checkliste soll verdeutlichen, worauf man bei den Merkmalen achten muss. Problematisch sind Berechtigungen, speziell Datenberechtigungen, wenn sie nicht statisch sind, sondern starken Veränderungen unterliegen. Das erschwert sowohl die Implementierung als auch den laufenden Betrieb dieser Merkmale im Zusammenhang mit Analyseberechtigungen. Außerdem wird es dadurch natürlich schwieriger, die zukünftige Wartbarkeit abzuschätzen.

Zukünftige Entwicklung eines Merkmals bedenken!

Es ist natürlich leichter gesagt als getan, aber wie sich ein Merkmal zukünftig verhalten wird, ist gerade bei Analyseberechtigungen ein entscheidender Erfolgsfaktor. Wird in absehbarer Zeit die Anzahl der Ausprägungen stark steigen? Oder werden sich diese im Allgemeinen kontinuierlich verändern und somit auch die Benutzerberechtigungen? Wie verhält es sich mit Hierarchien oder Zeitabhängigkeiten?

Selbst wenn das Modell gegenwärtig einfach zu implementieren ist, muss mit diesen Fragen an die zukünftige Wartbarkeit gedacht werden.

Mit dieser Überprüfung kann man die Merkmale im Überblick recht gut auf ihre Tauglichkeit bewerten. Eine Gruppe von Merkmalen, die sich generell eher schlecht für die Vergabe von Berechtigungen eignet, möchten wir an dieser Stelle auf jeden Fall anführen. Es sind die Zeitmerkmale, bei denen eine Berechtigungsrelevanz aufgrund ihrer zentralen Stellung in BW zumeist unvorteilhaft ist.

> **Berechtigungsrelevante Zeitmerkmale**
>
> Jedes Datenmodell wird auf Zeitmerkmale zurückgreifen. Daher kommen sie in sehr vielen InfoProvidern im System vor. Wird nun ein solches für die Vergabe von Berechtigungen genutzt, hat das zwangsläufig auch Auswirkungen auf weitere Datenmodelle. Man könnte referenzierende Zeitmerkmale verwenden. Vermutlich ist es aber besser, Zeitmerkmale nicht in Datenmodellen und somit in Analyseberechtigungen zu verwenden.

Stellt man aufgrund der Checkliste fest, dass sich ein Merkmal nicht häufig ändert und seine Stammdaten kein hohes Maß an Komplexität aufweisen, hat man einen geeigneten Kandidaten für die Vergabe von Berechtigungen gefunden. Ein Beispiel hierfür wäre das Profit-Center. Das ist ein Merkmal mit einer zumeist überschaubaren Anzahl an Ausprägungen. Auch hierarchische Stammdatendarstellungen ändern sich in diesem Bereich nicht zu häufig. Das Merkmal eignet sich daher meist sehr gut, um die Sicht auf Bewegungsdaten für die Benutzer abzugrenzen.

Identifiziert man aber ein Merkmal, dessen Stammdaten großen Schwankungen unterliegen, und hat es aufgrund einer große Anzahl von Hierarchien einen komplexen Aufbau, eventuell in Verbindung mit Zeitabhängigkeit, so sollte man nach Alternativen Ausschau halten. Das ist auch der Fall, wenn passende Merkmale bereits in bestehenden Szenarien verwendet werden, dort aber nicht berechtigungsrelevant sind. Wie können diese Alternativen aussehen?

Alternative für berechtigungsrelevante Merkmale

Immer eine gute Möglichkeit, um in Bestehendes nicht einzugreifen, aber bestehende Stammdaten zu verwenden, ist die Referenzierung, d.h., Merkmale mit einer Referenz auf bereits bestehende Merkmale anzulegen. Der Vorteil ist, dass diese beiden Merkmale – das originale und das darauf referenzierende – auf dieselben Stammdaten und auch Hierarchien zugreifen, sie aber unterschiedliche Eigenschaften haben können. Die Stammdaten schließen auch Attribute mit ein. Man profitiert auch davon, dass eine bestehende Beladung der Stammdaten vorhanden ist. Auf unser Thema umgemünzt bedeutet das, dass das ursprüngliche und bereits verwendete Merkmal nicht berechtigungsrelevant ist, aber ein darauf referenzierendes schon.

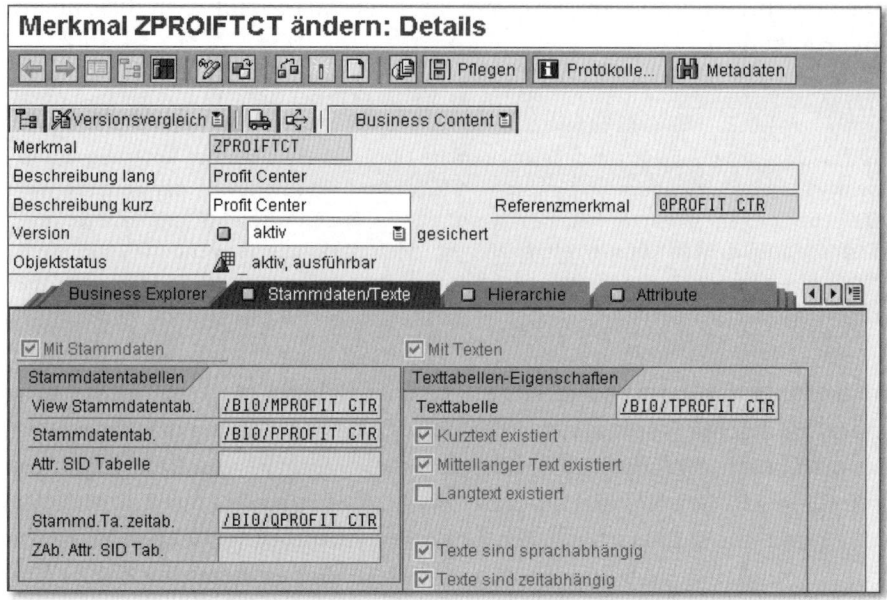

Abbildung 5.5 InfoObject mit Referenzmerkmal

In Abbildung 5.5 sehen Sie das Merkmal ZPROIFTCT, ein neues Profit-Center-Merkmal, in der InfoObject-Pflege. Es wurde mit Referenz auf das SAP-Content-Objekt 0PROFIT_CTR angelegt. Bei einem Blick auf die Stammdatentabellen sieht man, dass nicht auf ZPROIFTCT, sondern auf 0PROFIT_CTR verwiesen wird. Es handelt sich also um zwei Merkmale, die auf dieselben Stammdatentabellen zugreifen. Für ZPROIFTCT wurde zusätzlich auf der Registerkarte Business Explorer der Haken bei Berechtigungsrelevant gesetzt. Es können nun auf Datenmodelle, in denen ZPROIFTCT vorkommt, Analyseberechtigungen vergeben werden, jedoch bleiben die alten Modelle, in denen 0PROFIT_CTR verwendet wird, davon unberührt.

Das Arbeiten mit Referenzmerkmalen eignet sich also, wenn Berechtigungen eine neue Anforderung sind und das bereits bestehende Reporting nicht beeinflussen sollen. Wie kommt man nun aber zu einer Alternative, wenn der Fall vorliegt, dass ein Merkmal sehr komplexe und umfangreiche Stammdaten hat?

Wählen wir hier als Beispiel die Kostenstelle. Sie hat um einiges mehr Ausprägungen als das Merkmal »Profit-Center« und unterliegt stärkeren Veränderungen. Nun wäre eine Möglichkeit, die Komplexität der Berechtigungen zu reduzieren, mit einem Navigationsattribut zu arbeiten. In Abbildung 5.6 ist das SAP-Content-Merkmal 0COSTCENTER zu sehen.

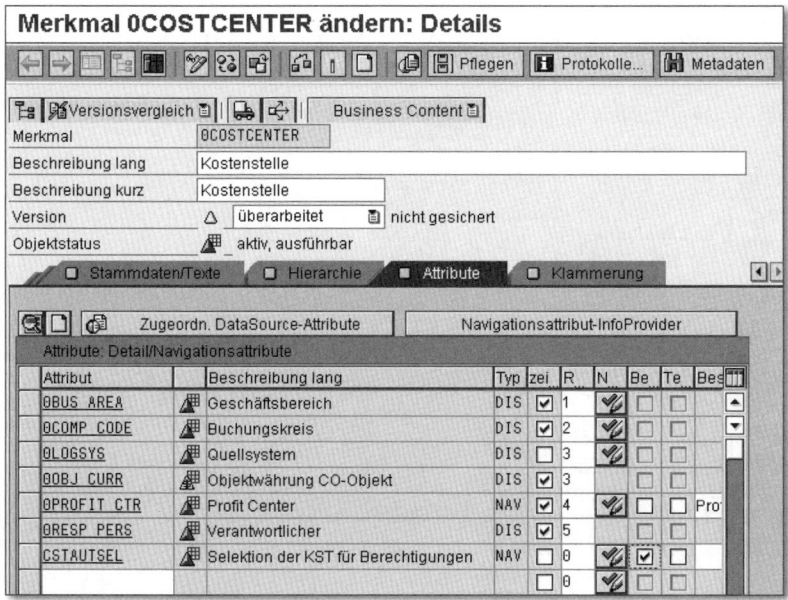

Abbildung 5.6 Merkmalspflege des Navigationsattributs

Dem Merkmal »Kostenstelle« wurde das künstliche Navigationsattribut CSTAUTSEL – SELEKTION DER KST FÜR BERECHTIGUNGEN hinzugefügt. Es ist als berechtigungsrelevant gekennzeichnet. Die Grundidee ist hierbei, die Ausprägungen der Kostenstellen nicht hierarchisch, sondern über unser künstliches Merkmal zu gruppieren.

Innerhalb der Kostenstellen bestehen gewisse Abhängigkeiten und Gemeinsamkeiten. Es gilt, diese zu finden und die Stammdaten damit anzureichern. In Abbildung 5.7 ist genau zu sehen, was wir damit bezwecken. Mehrere Kostenstellen sind beispielsweise einem Kostenstellenverantwortlichen oder einer bestimmten Unternehmenseinheit zugeordnet. Das sind die Ausprägungen des Merkmals CSTAUTSEL. Wie gesagt, gruppieren wir die Kostenstellen nach einem unternehmensspezifischen Kriterium. Sie fragen sich jetzt vielleicht, warum wir nicht gleich mit Hierarchien auf Kostenstellen arbeiten? Das ist natürlich auch eine Möglichkeit, unsere Annahme war jedoch, dass die Stammdaten der Kostenstellen inklusive Hierarchien nicht stabil sind. Daher kann sich auch hier viel Pflegeaufwand für Berechtigungen ergeben, wenn Hierarchieknoten in den Berechtigungen geändert werden müssen oder Hierarchien eventuell manuell angepasst werden müssen.

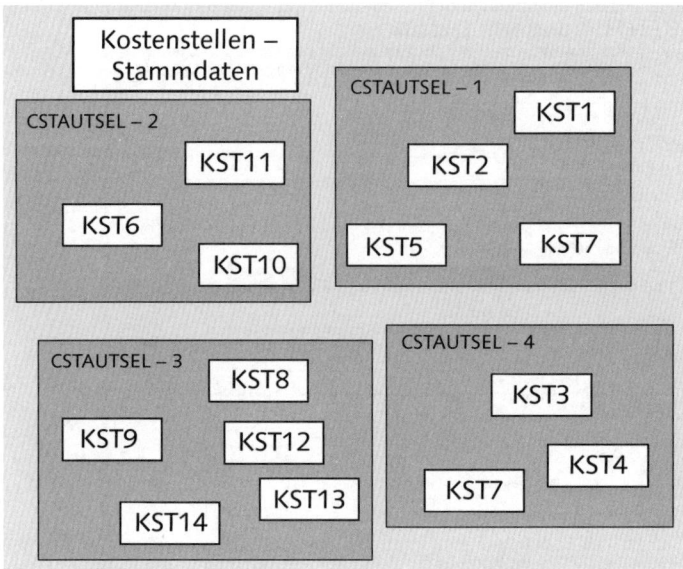

Abbildung 5.7 Alternative – Navigationsattribut

Solch ein Attribut minimiert den Pflegeaufwand. Es wird innerhalb der Fortschreibung der Kostenstelle mit einer entsprechenden Logik automatisch angereichert. An dieser Stelle kann man auch rechtzeitig Ausreißer erkennen, die eventuell nicht in das Logikschema passen und diese in einer Transformation abfangen.

Die Vergabe der Analyseberechtigungen erfolgt dann über CSTAUTSEL, die Kostenstelle selbst ist nicht berechtigungsrelevant. Dies kann in der Query zur Selektion genommen werden und schränkt dadurch indirekt die Sicht auf die Kostenstelle ein.

5.1.6 Analyseberechtigungen zuordnen

Kommen wir nun von der Auswahl der Merkmale zu der Frage, wie die fertigen Analyseberechtigungen den Benutzern zugeordnet werden sollen. Mit BW 7.0 und dem neuen Berechtigungs-Framework hat sich auch die Möglichkeit der Vergabe der Berechtigung geändert. Wie bereits erklärt wurde, können Analyseberechtigungen über die Transaktion RSECADMIN oder über eine Generierung direkt den Benutzern zugeordnet werden. Mit dem Standardberechtigungsobjekt S_RS_AUTH hat man aber auch die Möglichkeit, die Berechtigungen wie bisher über das SAP-Basis-Rollenwerk den Benutzern zuzuweisen.

Innerhalb eines Projekts muss die Entscheidung fallen, wie die Berechtigungen den Benutzern zugewiesen werden sollen. Konzentrieren wir uns zuerst auf den Fall, dass Analyseberechtigungen in ein bestehendes Rollenkonzept eingebettet werden.

Bestehende Rollenkonzepte in Verbindung mit S_RS_AUTH

Da vor dem Release SAP NetWeaver BW 7.0 eine Berechtigungsvergabe fast nur mit Rollen möglich war, basiert auf dieser Methode der Großteil an Berechtigungsimplementierungen. Diese Methode kann über das Standardberechtigungsobjekt S_RS_AUTH auch nach einer Migration oder in neuen Projekten weiterverwendet werden. Sehen Sie sich nun eine Gegenüberstellung der Vor- und Nachteile für die Berechtigungsvergabe mit Hilfe des Berechtigungsobjekts S_RS_AUTH an (siehe Tabelle 5.3).

Berechtigungsvergabe über S_RS_AUTH	Vorteil	Nachteil
Bereits bestehende Rollenkonzepte mit Daten- und Standardberechtigungen können weiterverwendet werden.	✔	
Alle Berechtigungen (Daten und Standard) werden an einer Stelle zentral gepflegt.	✔	
BW-Reportingberechtigungen werden an einer Stelle gepflegt.	✔	
Identische Berechtigungen (Profile) können einfach mit Hilfe der PFCG an viele Benutzer verteilt werden.	✔	
Es ist keine Zuordnung der Analyseberechtigungen über S_RS_AUTH automatisch mit Hilfe von Generierung möglich.		✔
Unterschiedliche Rollen müssen für verschiedene Datenberechtigungen angelegt werden.		✔
Bei Anlage von Analyseberechtigungen müssen diese auch in allen entsprechenden Profilen nachgezogen werden.		✔
Die Prüfung der Datenberechtigungen eines Benutzers muss in der PFCG und RSECADMIN erfolgen.		✔

Tabelle 5.3 Vor- und Nachteile der Berechtigungsvergabe über S_RS_AUTH

Für eine BW-Implementierung mit einem Reporting im Business Explorer oder Web-Reportingbereich kann auf Standardberechtigungen nicht verzichtet werden. Daher ist es durchaus vorteilhaft, wenn man Daten- und

Standardberechtigungen in einer Berechtigungsrolle vereinen kann. Man hat somit nur eine Quelle, aus der die Berechtigungen der Benutzer stammen und gepflegt werden müssen. Das ist gerade bei berechtigungstechnisch unspektakulären Modellen angenehm. Dort kommen wenige unterschiedliche Analyseberechtigungen vor, und somit ist der Aufwand für die Implementierung und Pflege recht gering.

Das ist auch klar der Vorteil der Berechtigungsvergabe mit Hilfe des Berechtigungsobjekts S_RS_AUTH (siehe Abbildung 5.8). Man benötigt lediglich zwei Rollen im System, die eine enthält die Berechtigungen für den Zugriff auf Querys und Daten, die zweite das Menü mit den entsprechenden Querys bzw. Arbeitsmappen.

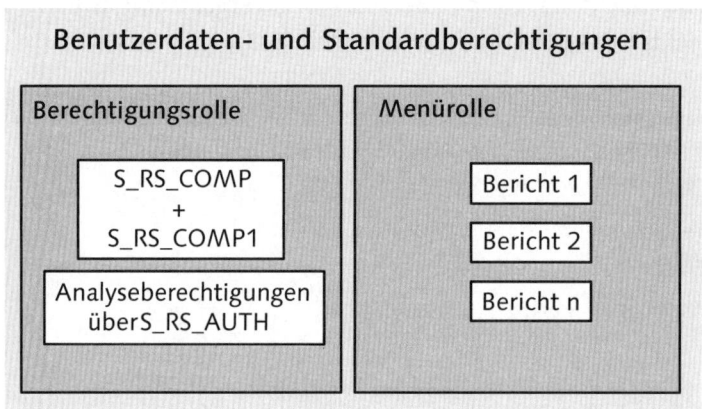

Abbildung 5.8 Einfache Berechtigungsvergabe über das Berechtigungsobjekt S_RS_AUTH

Dieser Fall wird bei einem Berechtigungsszenario mit Analyseberechtigungen allerdings eher selten vorkommen.

Nehmen Sie einmal Folgendes an: Sie haben zehn unterschiedliche Analyseberechtigungen, die auf unterschiedliche Rollen (und somit Profile) aufgeteilt werden. Kommen durch die Aufteilung neue Ausprägungskombinationen der berechtigungsrelevanten Merkmale dazu, müssen entsprechend neue Rollen angelegt werden. Das führt dazu, dass die Übersicht bei sehr vielen Rollen nicht mehr oder nur mehr bedingt gegeben ist. Der Aufwand für die Wartung wird sich hier zwangsläufig erhöhen.

Ist bereits solch ein S_RS_AUTH-Modell implementiert oder entscheidet man sich dafür, sollten die Berechtigungen auf jeden Fall aufgeteilt werden. Was wir damit meinen, ist, dass jeder Benutzer drei Rollen erhalten sollte:

1. Menürolle

2. Berechtigungsrolle für Standardberechtigungen (Berechtigungsobjekte S_RS_COMP und S_RS_COMP1)

3. Berechtigungsrolle mit Analyseberechtigungen (Berechtigungsobjekt S_RS_AUTH)

In diesem Fall sind zumindest die Standardberechtigungen nicht mit Analyseberechtigungen verknüpft, und es gibt nur eine oder wenige Berechtigungsrollen für das Berechtigungsobjekt S_RS_COMP (Power-User und Reportingbenutzer). Bei Änderungen am Datenmodell bzw. den Berichten müssen somit nur die Rollen mit dem Berechtigungsobjekt S_RS_COMP angepasst werden. Die Verwendung des Berechtigungsobjekts S_RS_AUTH hat somit nicht nur Vorteile aufgrund des Umstands der zentralen Pflege, sondern kann zu einer beträchtlichen Anzahl an Rollen führen.

Direkte Zuordnung

Als Alternative zum Berechtigungsobjekt S_RS_AUTH gibt es die Möglichkeit, Berechtigungen direkt über das BW-Analyseberechtigungs-Framework an die Benutzer zu vergeben. Diese Art der Vergabe gilt natürlich nur für Analyseberechtigungen. Wie Sie bereits wissen, besteht bei der Generierung keine andere Möglichkeit, als dass die generierten Berechtigungen den Benutzer direkt zugeordnet werden. Abseits der Generierung hat man die Wahlmöglichkeit, ob Analyseberechtigungen direkt oder durch ein Profil zugeordnet werden. Tabelle 5.4 gibt einen Überblick über die Vor- und Nachteile der direkten Zuordnung.

Die Vergabe mit Hilfe von Rollen und direkter Zuordnung bietet unterschiedliche Sichten auf die Berechtigungen.

▶ **Transaktion PFCG**
 Über Rollen der Transaktion PFCG erhält man einen Detailblick auf das jeweilige Profil und einen guten Überblick, welchen Benutzern diese Rolle zugeordnet ist.

▶ **Transaktion RSU01**
 In der Ansicht für Analyseberechtigungen (Transaktion RSU01) hingegen hat man eine stark benutzerbezogene Sicht auf die Berechtigungen. Es wird je Benutzer dargestellt, welche Analyseberechtigungen direkt zugeordnet sind und welche über Rollen (S_RS_AUTH). Das ist sicherlich auch der große Vorteil. Man erhält rasch einen guten Überblick über alle Datenberechtigungen des Benutzers.

▶ **Transaktion RSECADMIN**

Ebenso ist es in der Transaktion RSECADMIN möglich, einem Benutzer einen Hierarchieknoten einer 0TCTAUTH-Berechtigungshierarchie zuzuordnen. Dadurch kann erheblicher Pflegeaufwand eingespart werden.

Ausgangssituation	Vorteil	Nachteil
Die Vergabe der Berechtigungen erfolgt am Ort der Erstellung.	✔	
Alle Analyseberechtigungen werden unabhängig vom Datenmodell-(Rollen-)Kontext zentral angezeigt.	✔	
Die Standardberechtigungen sind von der direkten Vergabe separiert zu prüfen.		✔
Die Massenpflege ist nicht in BW 7.0 integriert.		✔
Hierarchieknoten auf Berechtigungen werden durch 0TCTAUTH vergeben.	✔	
Aufwand und die Anzahl an Rollen werden vermindert, da Analyseberechtigungen nicht in Rollen eingebettet werden.	✔	

Tabelle 5.4 Vor- und Nachteile der direkten Benutzerzuordnung von Analyseberechtigungen

Abbildung 5.9 soll das Prinzip der direkten Zuordnung nochmals grafisch verdeutlichen.

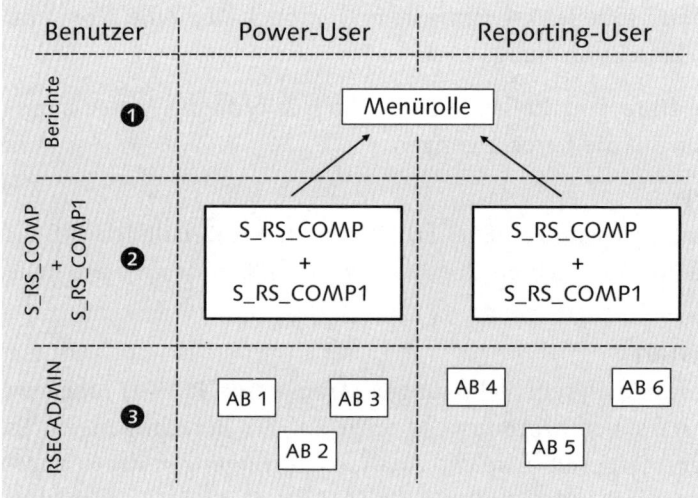

Abbildung 5.9 Direkte Zuordnung von Analyseberechtigungen

Sie sehen in Abbildung 5.9 die drei Ebenen der Berechtigungen. Die unterste stellt die Analyseberechtigungen dar ❶. Deren unterschiedliche Werte sind den Benutzern direkt zugeordnet. Die Benutzer sind in unterschiedliche Gruppen eingeteilt. In diesem Fall sind es Power-User und Reportingbenutzer. Beide Gruppen können und werden in einem realen Datenmodell vermehrt vorkommen.

Auf der mittleren Ebene ❷ finden Sie die Standardberechtigungen. Es gibt zumindest zwei, denn Power-User dürfen nicht nur Berichte anzeigen, sie können Berichte auch selbst erstellen. Reportingbenutzer dürfen vorgefertigte und selbsterstellte Berichte ausführen. Beide greifen hier auf eine Menürolle zu – die eine Gruppe lesend und schreibend, die andere nur lesend – und führen darüber die unterschiedlichen Berichte aus (oberste Ebene Berichte ❸).

Der Vorteil ist eindeutig: Es werden nur drei Rollen benötigt, um die Berechtigungen der Benutzer zu verteilen. Das ist selbst der Fall, wenn Reportingbenutzer unterschiedliche Datenberechtigungen erhalten.

Beide Arten der Zuordnung – die direkte Zuordnung und die über das Berechtigungsobjekt S_RS_AUTH – haben ihre Vor- und Nachteile. Zusammenfassend kann man sagen: Je höher die Anzahl an Analyseberechtigungen ist und je unterschiedlicher die Datenberechtigungen der einzelnen Benutzer sind, desto besser eignet sich eine direkte Zuordnung der Analyseberechtigungen zu den Benutzern.

Beginnen wir damit, die unterschiedlichen Modelle für Berechtigungen in BW im Detail zu betrachten.

5.2 Grundmodelle der Standardberechtigungen

Zu Beginn jeglicher Arbeit am BW-System, egal ob Implementierung, Wartung oder auch Reporting, stehen immer die Standardberechtigungen. In jedem Projekt muss man sich zuerst darüber Gedanken machen. Sie sind es auch, die auf die unterschiedlichen Benutzertypen zugeschnitten werden müssen.

5.2.1 Einteilung der Benutzertypen

Bereits in Kapitel 3, »Standardberechtigungen in SAP NetWeaver BW«, haben wir von verschiedenen Benutzertypen innerhalb von BW gesprochen. Es sind die folgenden Gruppen:

1. Projektmitarbeiter (Implementierung)

2. Wartung (Systemadministration)

3. Power-User

4. Reportingbenutzer

Das Projektteam definiert die Berechtigungen, eventuell gemeinsam mit der Administration, um sich bezüglich Namensräumen und vor allem bezüglich bestehender Berechtigungskonzepte abzustimmen. Die hier erstellten Berechtigungen können nach erfolgreichem Abschluss des Projekts gleich genutzt werden, um für die Wartung adaptiert zu werden. Es ist nicht notwendig, dafür extra neue Berechtigungen zu erstellen.

Die Berechtigungen der Benutzer der Reportingebene werden im Projekt definiert und erstellt. Unbedingt sind rechtzeitige und intensive Tests der Berechtigungen dieser Gruppen einzuplanen.

5.2.2 Verwendung von Vorlagen

Eine Hilfestellung, um effizient Berechtigungen für alle Typen von Benutzern zu erstellen, ist die Arbeit mit Vorlagen für Profile. Sie wurden ebenfalls bereits in Kapitel 3 erwähnt. Berechtigungen müssen nicht bei jedem Projekt von Grund auf neu entwickelt werden, da die Vorlagen eine Ansammlung von Standardberechtigungen in Form eines Templates darstellen. Die Standardberechtigungen auf diesem Template können einfach angelegt und erweitert werden. Sie können sie rasch in das Profil einer Rolle übernehmen und sparen so Zeit bei der Implementierung von BW-Projekten. Von SAP ausgelieferte Vorlagen können als Basis genommen werden, wenn Sie noch nicht mit selbstdefinierten Vorlagen im System arbeiten.

Beispielhafte Erstellung einer Vorlage

In Kapitel 6, »Berechtigungsmodelle für Reporting und Planung«, werden im Rahmen der Beispiele selbst Vorlagen für Benutzer im System angelegt. Ungeachtet der Tatsache, dass sich die dort vorgestellten Vorlagen speziell auf das zu implementierende Beispiel beziehen, können Sie sich den zugrunde liegenden Gedanken sowie die Vorgehensweise zunutze machen: Man kann Vorlagen erstellen, die man bei zukünftigen Projekten heranziehen kann. Auf deren Basis lassen sich schnell Berechtigungen für die Implementierung oder das Reporting erstellen sowie inhaltliche Änderungen im Datenmodell, wie z. B. neue InfoProvider, vornehmen.

Für jeden Typ von Benutzer können spezifische Vorlagen angelegt werden. Das Projektteam benötigt sicherlich Berechtigungen auf InfoCubes, Data-

Sources und sonstige Elemente des Data Warehouses. Diese können bereits als Template in einer Vorlage zur Verfügung stehen und werden im Projekt nur mehr nach Bedarf angepasst. Bei Vorlagen lassen sich auch die Schichten des BW wie Reporting und Warehouse Management sehr gut trennen.

Reportingbenutzer brauchen keine Data-Warehouse-Berechtigungen und kommen somit vollkommen mit reportingrelevanten Berechtigungsobjekten aus.

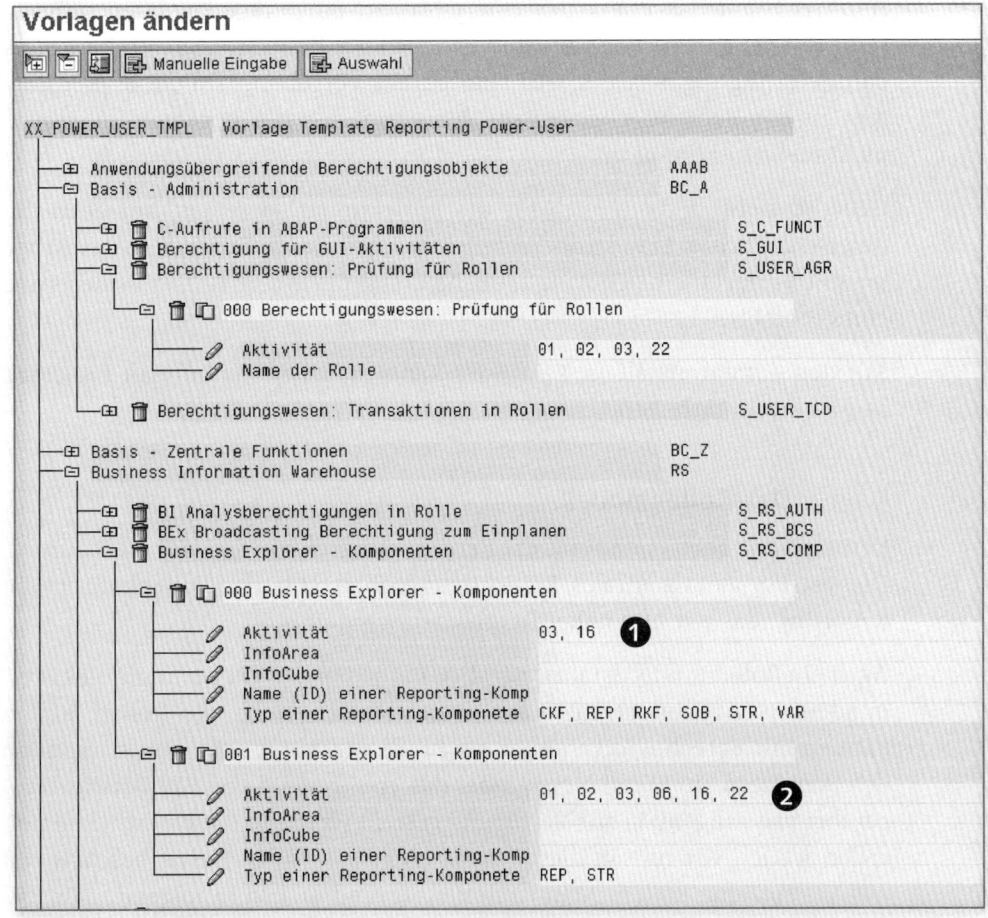

Abbildung 5.10 Power-User-Vorlage für das Reporting

Abbildung 5.10 zeigt eine typische Vorlage für einen Power-User im Reporting. Man sieht, dem Benutzer wurde bereits das Berechtigungsobjekt S_USER_AGR (Änderung von Rollen zum Abspeichern von Arbeitsmappen) mit den entsprechend benötigten Aktivitäten zugewiesen. Ähnlich verhält es sich für das Berechtigungsobjekt S_RS_COMP. Gibt es Vorlageberichte, die vom Projektteam implementiert werden, ist es den Benutzern nicht gestattet, diese zu ändern – das stellt der obere Eintrag von S_RS_COMP dar mit der Aktivität 03 und 16, »Anzeigen« und »Ausführen« ❶. Der untere Eintrag von S_RS_COMP gibt dem Benutzer zukünftig die Berechtigung, Berichte selbst zu erstellen ❷.

Für beide Einträge gilt, dass nur mehr die entsprechenden InfoProvider, InfoAreas und das Präfix der Query-Namen eingetragen werden müssen. Damit ist der ganze Pflegeaufwand im Profil der Rolle erledigt. Weitere Standardberechtigungen wie S_GUI sind bereits vergeben. Um diese »Konstanten« in der Berechtigungsvergabe brauchen sich die Benutzer im Projekt nicht mehr zu kümmern.

Genauso sieht es dann auch für die Projektmitarbeiter aus, nur eben mit unterschiedlichen Standardberechtigungsobjekten. In Summe ist das Arbeiten mit Vorlagen eine enorme zeitliche Ersparnis innerhalb der Realisierung eines Projekts.

Mit den einmal erstellten Templates kann man bei zukünftigen Projekten bequem weiterarbeiten.

5.2.3 Das Rollenmodell

Kommen wir noch einmal auf das Berechtigungsobjekt S_USER_AGR zurück. Dies ist ein ganz zentrales Berechtigungsobjekt für das Rollenkonzept im Reporting, das wir nun näher besprechen werden.

Auch ein Rollenmodell ist unweigerlich mit jedem BW-Reportingprojekt verbunden. Es gibt unterschiedliche Arten von Benutzern und Rollen. Rollen können mit Berechtigungen über ein Profil verknüpft sein, und sie können den Benutzern ein Menü bieten, über das im Frontend von BW Berichte ausgeführt bzw. allgemein zur Verfügung gestellt werden können. Mit Sammelrollen wollen wir uns an dieser Stelle nicht beschäftigen, wir beschränken uns auf einzelne Rollen. Man kann diese grundsätzlich in folgende, für BW relevante Klassen unterteilen:

1. reine Berechtigungsrollen

2. reine Menürollen

3. Mischform aus Berechtigungs- und Menürolle

Betrachtung der Rollenmodelle ohne Analyseberechtigungen

Die hier angesprochenen Rollenmodelle zielen auf die unterschiedlichen Benutzertypen und den Umgang mit Menü- und Berechtigungsrollen ab. Ob nun Analyseberechtigungen in einer Berechtigungsrolle vorkommen oder nicht, ist wieder eine andere Entscheidung. Hier soll primär die Notwendigkeit einer Unterteilung in Berechtigungs- und Menürolle angesprochen werden.

Wie legt man nun die Form/en der benötigten Rolle/n für sein Projekt fest? Generell hört man zumeist, dass Berechtigungs- und Menürollen getrennt werden sollen. Warum ist das so? Das hat unterschiedliche Gründe. Zum einen ist es sehr wahrscheinlich, dass es bei einem Datenmodell Power-User und Reportingbenutzer gibt. Diese haben bereits unterschiedliche Standardberechtigungen und somit zwei unterschiedliche Rollen. Wo trägt man das Menü ein?

In Abschnitt 3.4.1, »Arbeiten mit BW Querys«, haben wir bereits ausführlich über das Berechtigungsobjekt S_USER_AGR gesprochen, mit dem Berechtigungen auf Rollen vergeben werden. In Abbildung 3.13 ist das bei unterschiedlichen Benutzertypen entstehende Problem mit Berechtigungen und Menüs dargestellt. Gibt es Power-User und Reportingbenutzer, dann sollte es eine dezidierte Menürolle geben, um Berechtigungskonflikte zu vermeiden. Man könnte natürlich auch sagen, dass ein Menü in der Rolle des Reportingbenutzers angelegt werden kann. Der Power-User erhält dann Schreibberechtigung auf diese Rolle, zumeist wird es aber über eine eigene Menürolle realisiert, um das Menü von den Berechtigungen zu entkoppeln.

Jedoch ändern sich Menüs im Laufe der Zeit. Benutzer legen neue Berichte an und bauen ihre eigene Berichtsstruktur im Rollenmenü auf. Somit unterscheiden sich Rollenmenüs im Produktivsystem und im Entwicklungssystem. Die Berechtigungen sollten aber jedenfalls zwischen Entwicklung und Produktion übereinstimmen. Daher werden Berechtigungsrollen über die Transportschiene in die Produktion laufen. Wenn nun die Berechtigungen an die Menürolle gekoppelt wären, würde mit jedem Transport dieser Rolle in das Produktivsystem das Rollenmenü überschrieben werden. Auch das ist ein Grund, weshalb eine Trennung der Rollen in reine Berechtigungs- und Menürollen auf jeden Fall sinnvoll ist.

Ein Modell, bei dem diese beiden Rollentypen zu einer Rolle zusammengefasst werden, ist auch möglich. Jedoch muss man Folgendes bedenken: Hat man nur eine Rolle, sind die Berechtigungen aller Benutzer dafür gleich. Eine Trennung in Power-User und Reportingbenutzer ist dann nicht mehr möglich. Grundsätzlich wird man eine zweite Rolle benötigen, um Administratoren explizit die Erstellung von Berichten zu ermöglichen. Soll das nicht der Fall sein, da es keine Administratoren gibt, kann ein Modell mit insgesamt nur einer Rolle für Berechtigungen und Menü verwendet werden. Sowohl die Berechtigungen als auch die Menüstruktur, Querys und Arbeitsmappen werden dann im Entwicklungssystem erstellt und bis in das Produktivsystem transportiert.

> **Achtung! Vorsicht beim Transport eines Rollenmenüs**
>
> Ist ein Menü an eine Rolle mit Berechtigungen gekoppelt bzw. will man auch eine eigenständige Menürolle in die produktive Umgebung transportieren, ist unbedingt darauf zu achten, ob das Menü von Benutzern geändert werden darf und geändert wird. Mit einem Import des Menüs bzw. einer Rolle in das Produktivsystem wird das bestehende Rollenmenü überschrieben!

In diesem Buch gehen wir ausschließlich auf Rollenkonzepte im Backend (ABAP-Stack) von BW ein. Konzepte, die auf Portalrollen basieren, stehen hier nicht im Fokus; hier verweisen wir Sie auf die entsprechende Literatur zu SAP NetWeaver Portal. Jedoch sind die Berechtigungsmodelle auch für Portalanwendungen relevant, sobald eine benutzerbasierte Kommunikation zwischen BW und dem Portal herrscht.

Zusammenfassend kann man sagen, dass bei Reportingprojekten eine Unterteilung in Berechtigungs- und Menürollen aufgrund der Benutzertypen notwendig ist. Ob die Analyseberechtigungen auch in das Rollenmodell zu integrieren sind, ist jeweils für den Einzelfall zu überprüfen.

Das Ziel sollte aber sein, die Anzahl an Rollen möglichst gering zu halten, da dadurch die Komplexität, aber auch die Kosten für die Wartung des Modells in Grenzen gehalten werden.

5.2.4 Zentralberechtigungsrolle für alle Benutzer

Durchaus sinnvoll ist es, für alle Benutzer im System eine Berechtigungsrolle für nicht datenmodellspezifische Berechtigungen anzulegen. Es geht an dieser Stelle um Berechtigungen, die ohnehin alle Benutzer benötigen. Hier sprechen wir von RFC-Berechtigungen über das Berechtigungsobjekt S_RFC oder den Transaktionscode RRMX zum Aufrufen des BEx Analyzers. Es gibt einige Berechtigungsobjekte, die bereits hier in einer zentralen Rolle erfasst werden können und auch zukünftig nur an einer Stelle gepflegt werden müssen. Dadurch erspart man sich, diese Berechtigungsobjekte in jedem Datenmodell erneut berücksichtigen zu müssen.

5.2.5 Umgang mit bestehenden Standardberechtigungen

Angenommen, ein bereits bestehendes und produktives Datenmodell wird um neue InfoProvider erweitert. Es existiert ein bestehendes Standardberechtigungsmodell. Wie ist in diesem Fall vorzugehen? Hier kann man sich wiederum mit einigen Fragen die Entscheidung erleichtern. Folgende Fragestellungen sind zu beantworten:

1. Sind die neuen Daten für alle bestehenden Benutzer zukünftig verfügbar?

2. Gibt es Power-User, die auf den neuen InfoProvidern Querys erstellen werden?

3. Sollen diese auch auf »alten« InfoProvidern Berechtigung zum Erstellen von Berichten haben?

4. Kann man die neuen Berichte über ein bereits bestehendes Rollenmenü zur Verfügung stellen?

Aus diesen Fragen ergibt sich, ob die bereits bestehenden Standardberechtigungen erweitert werden können oder ob man neue Rollen für die neuen InfoProvider anlegen muss. Besteht die Möglichkeit, Bestehendes ganz oder teilweise zu erweitern, dann sollte das auf jeden Fall genutzt werden. Es bringt nichts, wenn eine Parallelwelt aufgebaut wird.

5.2.6 Aufwände für ein reines Standardberechtigungsmodell

Behandeln wir nun den Vorgang, wenn im Projekt die Entscheidung getroffen wird, ein Berechtigungsmodell rein auf Standardberechtigungen aufzubauen. Ohne Analyseberechtigungen zu arbeiten, reduziert die Komplexität des Modells auf jeden Fall. Genauso ist es mit der Wartung. Man benötigt definitiv weniger BW-spezifisches Wissen für so ein Modell – wobei es ja auch in diesem Fall nicht ganz ohne Analyseberechtigungen geht.

Auch für ein Konzept, das ausschließlich auf Standardberechtigungen basiert, benötigt man Analyseberechtigungen. Es ist immer darauf zu achten, dass beim Konzept der Analyseberechtigungen auf jeden Fall der Zugriff auf den Reporting-InfoProvider mit der Aktivität geprüft wird. Es muss für reine Reportingbenutzer der Zugriff auf den InfoProvider mit der lesenden Aktivität 03 vorhanden sein, wenn sie eine Query oder Arbeitsmappe ausführen.

Gerade im Fall eines reinen Standardberechtigungsmodells eignet sich die Verwendung des Berechtigungsobjekts S_RS_AUTH sehr gut. In allen zu dem Datenmodell gehörenden Berechtigungsrollen muss die Analyseberechtigung, die den Benutzern das Lesen von Daten aus den InfoProvidern erlaubt, eingetragen werden. Das ist auch schon der gesamte Aufwand.

Für reine Standardberechtigungsmodelle liegt der Aufwand wie gesehen meist nicht im Erstellen des Konzepts, sondern im Aufbau im System. Alle Berechtigungen werden vermutlich über Namensräume in den Rollen und festgelegte Selektionen innerhalb der Querys abgebildet. Daher müssen vermutlich mehr Querys und Rollen erstellt werden. Das ist nicht der Fall, wenn jeder Benutzer ohnehin alle Daten sehen darf. Dann ist auch der Aufwand für Querys und Rollen gering.

Zusammenfassend kann man sagen, dass ein reines Standardberechtigungsmodell ideal ist für den zuletzt beschriebenen Fall: Die Daten sind nicht besonders schützenswert, und alle Benutzer haben vollen Zugriff. Damit sind Komplexität, Rollen- und Query-Aufkommen sowie die Kosten der Wartung sehr gering. Wenn doch gewisse Einschränkungen für die Benutzer gelten sollen – beispielsweise wenn nicht jeder Benutzer die Zahlen aller Länder sehen darf –, ist im Einzelfall zu prüfen, wie hoch die Anzahl an Querys und unterschiedlichen Rollen ist. Das muss man dem Aufwand gegenüberstellen, wenn man eine Lösung basierend auf Analyseberechtigungen implementieren möchte. Vorteilhaft ist jedenfalls bei einem Standardberechtigungsmodell, dass auch später noch auf Modelle aus Analyseberechtigungen umgestellt werden kann. Mit diesen Modellen wollen wir uns nun genauer beschäftigen.

5.3 Generische Modellansätze

In diesem Abschnitt wollen wir Ihnen zwei Ansätze für Modelle vorstellen, die mit berechtigungsrelevanten Merkmalen und darauf erstellten Analyseberechtigungen arbeiten. Es handelt sich hierbei um das InfoProvider- und das InfoObject-basierte Modell.

Der Grundgedanke hinter diesen beiden Modellen ist, dass Merkmale in unterschiedlichen InfoProvidern vorkommen, jedoch nicht immer die gleiche Relevanz für Berechtigungen haben sollen. Hat man im System, wie zuvor besprochen, genau abgegrenzte Datenmodelle und arbeitet mit Namensräumen oder Alternativen für berechtigungsrelevante Merkmale, trifft dieser Fall nicht zu. Denn es wird kaum Überschneidungen bei den Merkmalen in den unterschiedlichen InfoProvidern geben. Oft wird man aber Systeme finden, bei denen bestehende Datenmodelle nicht abgegrenzt sind. Es kann jedoch auch der Fall sein, dass die Anforderung an das Datenmodell so ist, dass sich Merkmale zwischen InfoProvidern unterschiedlich verhalten sollen. Abbildung 5.11 wurde auf Basis der in Abbildung 5.4 verwendeten InfoProvider und Merkmale erstellt. Jedoch handelt es sich hier um reine Mischformen und sich überschneidende Datenmodelle. Zu sehen sind drei unterschiedliche InfoProvider, CA, CB und C1, und die jeweils darin vorkommenden berechtigungsrelevanten Merkmale.

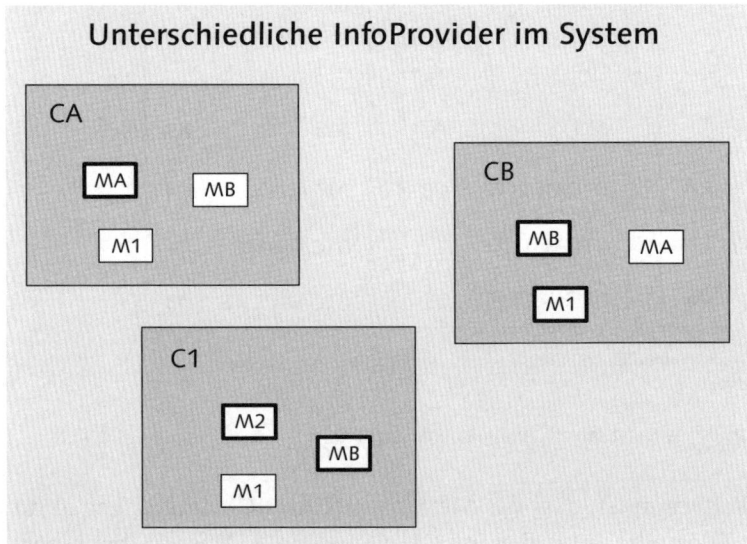

Abbildung 5.11 Ursprung der generischen Modellansätze

Alle vier Merkmale, MA, MB, M1 und M2, sind berechtigungsrelevant. Jedoch sollen nicht alle Merkmale immer auf jeden InfoProvider geprüft werden. Nur die jeweils stark umrandeten Merkmale sollen die Benutzer auf dem betreffenden InfoProvider einschränken. Bei C1 sollen somit MB und M2 für die Benutzer geprüft werden, aber M1 soll die Sicht auf die Daten nicht weiter einschränken.

Das ist eine durchaus übliche Anforderung an Berechtigungsmodelle, die auch historische Gründe haben kann. Mit Analyseberechtigungen werden jeweils alle berechtigungsrelevanten Merkmale auf den InfoProvidern geprüft. Wir wollen uns nun die beiden zuvor genannten Modelle genauer ansehen und versuchen, das gewünschte Szenario mit diesen Modellen abzubilden.

5.3.1 InfoProvider-basiertes Modell

Den Beginn macht das InfoProvider-basierte Modell. Wie der Name schon sagt, steht der InfoProvider im Zentrum der Analyseberechtigungen. Es werden immer genau zu dem InfoProvider passende Berechtigungen angelegt. Abbildung 5.12 verdeutlicht diesen Ansatz.

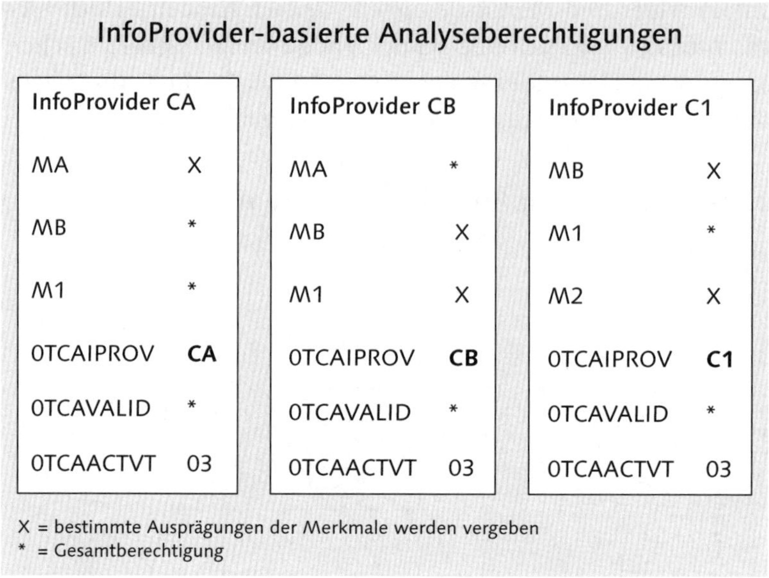

InfoProvider-basierte Analyseberechtigungen

InfoProvider CA		InfoProvider CB		InfoProvider C1	
MA	X	MA	*	MB	X
MB	*	MB	X	M1	*
M1	*	M1	X	M2	X
0TCAIPROV	**CA**	0TCAIPROV	**CB**	0TCAIPROV	**C1**
0TCAVALID	*	0TCAVALID	*	0TCAVALID	*
0TCAACTVT	03	0TCAACTVT	03	0TCAACTVT	03

X = bestimmte Ausprägungen der Merkmale werden vergeben
* = Gesamtberechtigung

Abbildung 5.12 InfoProvider-basierte Analyseberechtigungen

Das zentrale Kriterium ist, dass das Merkmal 0TCAIPROV immer genau für einen InfoProvider gilt. Entweder für CA, CB oder C1. Das »X« bei einem Merkmal bedeutet, dass es sich hierbei jeweils um die für einen Benutzer berechtigten Werte handelt. Die restlichen Merkmale, außer der Aktivität, sind mit voller Berechtigung versehen.

In Tabelle 5.5 haben wir die Analyseberechtigungen für den InfoProvider CA nochmals explizit aufgeführt.

Merkmal	Ausprägung
MA	für den Benutzer berechtigte Werte
MB	volle Berechtigung – *
M1	volle Berechtigung – *
0TCAIPROV	CA
0TCAVALID	volle Berechtigung – *
0TCAACTVT	Anzeigen – 03

Tabelle 5.5 InfoProvider-basierte Analyseberechtigungen für Cube CA

Das Merkmal MA ist hier entscheidend für die Anzahl der Analyseberechtigungen. Somit ist die maximale Anzahl an Analyseberechtigungen die

Anzahl der Merkmalswert-Ausprägungen für MA. Hinzu kommen noch etwaige Hierarchieberechtigungen, die mit Einzelwerten nicht abgedeckt sind. Das gilt jedoch nur für einen InfoProvider. Sollte MA noch in weiteren InfoProvidern vorkommen und geprüft werden, dann erhöht sich die Anzahl entsprechend je weiterem InfoProvider.

Sollten mehrere Merkmale auf einem InfoProvider geprüft werden, wie das bei CB der Fall ist, dann ergibt sich die maximale Anzahl an Analyseberechtigungen aus dem Produkt der Merkmalswert-Ausprägungen der jeweiligen berechtigungsrelevanten Merkmale. Somit wird auch recht schnell klar, dass sich durchaus eine große Anzahl an Analyseberechtigungen für einen Info-Provider ergeben kann, wenn mehrere Merkmale geprüft werden sollen. Die gesamte Anzahl an möglichen Analyseberechtigungen steigt dann rasant an, wenn diese Merkmale auch auf weitere InfoProvider geprüft werden.

5.3.2 InfoObject-basiertes Modell

Ein weiterer möglicher Ansatz ist das InfoObject-basierte Modell. Hier steht im Gegensatz zum InfoProvider das InfoObject im Fokus (siehe Abbildung 5.13).

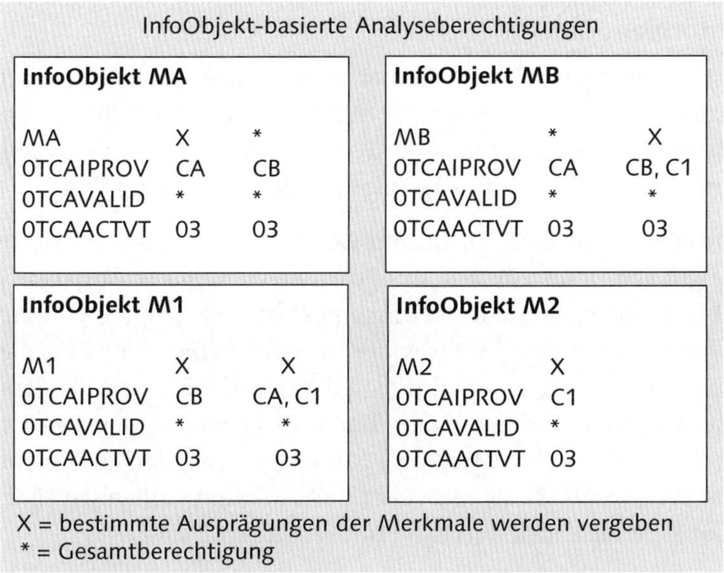

InfoObjekt-basierte Analyseberechtigungen

InfoObjekt MA		
MA	X	*
0TCAIPROV	CA	CB
0TCAVALID	*	*
0TCAACTVT	03	03

InfoObjekt MB		
MB	*	X
0TCAIPROV	CA	CB, C1
0TCAVALID	*	*
0TCAACTVT	03	03

InfoObjekt M1		
M1	X	X
0TCAIPROV	CB	CA, C1
0TCAVALID	*	*
0TCAACTVT	03	03

InfoObjekt M2		
M2	X	
0TCAIPROV	C1	
0TCAVALID	*	
0TCAACTVT	03	

X = bestimmte Ausprägungen der Merkmale werden vergeben
* = Gesamtberechtigung

Abbildung 5.13 InfoObject-basierte Analyseberechtigungen

Je Analyseberechtigung wird jetzt nur ein berechtigungsrelevantes Merkmal betrachtet. Dazu kommen noch die Spezialmerkmale, aber kein weiteres

Merkmal des Datenmodells. Wiederum steht das »X« bei einem Merkmal dafür, dass seine Werte gegen die Berechtigungen geprüft werden. Wie in der Abbildung zu sehen ist, erhält das Merkmal MB für den InfoProvider CA volle Berechtigung. Seine Ausprägungen sollen aber sehr wohl auf den Info-Providern CB und C1 mit Hilfe der Berechtigungsprüfung abgefragt werden.

Die Anzahl an möglichen Analyseberechtigungen für ein Merkmal errechnet sich folgendermaßen: Es ist die Gesamtberechtigung (*) für die InfoProvider, bei denen das Merkmal nicht geprüft werden soll, zu berücksichtigen; dazu werden die Anzahl an unterschiedlichen Ausprägungen des Merkmals und die möglichen Werte für Berechtigungen auf Hierarchien addiert. Anders als beim InfoProvider-basierten Modell gelten diese Analyseberechtigungen dann aber nicht nur für einen InfoProvider, sondern systemweit.

Für die Vergabe an den Benutzer ist nun der Unterschied im Vergleich zum InfoProvider-basierten Modell, dass er für jedes im InfoProvider vorkommende Merkmal eine Analyseberechtigung erhält und nicht mehr nur eine je InfoProvider. Diese einzelnen Analyseberechtigungen werden dann bei der Berechtigungsprüfung zusammengefasst und gegen die gesamte aus Query und InfoProvider resultierende Selektion geprüft.

5.3.3 Mischformen

Diese beiden Modelle müssen nicht immer streng voneinander separiert betrachtet werden. Denkbar ist auch, eine Mischform der Modelle zu verwenden. In Abbildung 5.14 sieht man die Berechtigungen eines Benutzers auf das Datenmodell, bestehend aus den InfoProvidern CA, CB und C1.

Logisch und physisch sind diese in InfoProvider- und InfoObject-basierte Analyseberechtigungen unterteilt. Für InfoProvider werden die Merkmale, auf die volle Berechtigung besteht, zusammengefasst. So zeigt Abbildung 5.14, dass der Benutzer auf dem InfoProvider CA volle Berechtigung für die Merkmale MB und M1 besitzt. Vergleicht man das mit Abbildung 5.11, sieht man, dass diese Analyseberechtigung dem Benutzer genau das gewünschte Systemverhalten ermöglicht. Die Merkmale MB und M1 werden auch nicht mehr weiter auf CA geprüft, da sie mit voller Berechtigung vorhanden sind. Dieses Verhalten zieht sich auch durch die InfoProvider CB und C1.

Nun folgt der InfoObject-basierte Teil. In dieser Analyseberechtigung werden dem Benutzer alle berechtigungsrelevanten Merkmale des Datenmodells mit ihren entsprechenden Ausprägungen zugeordnet. In Abbildung 5.14 ist wieder anhand des »X« zu sehen, dass der Benutzer so für MA, MB, M1 und M2 die explizit für ihn bestimmten Werte der Merkmale zugewiesen bekommt.

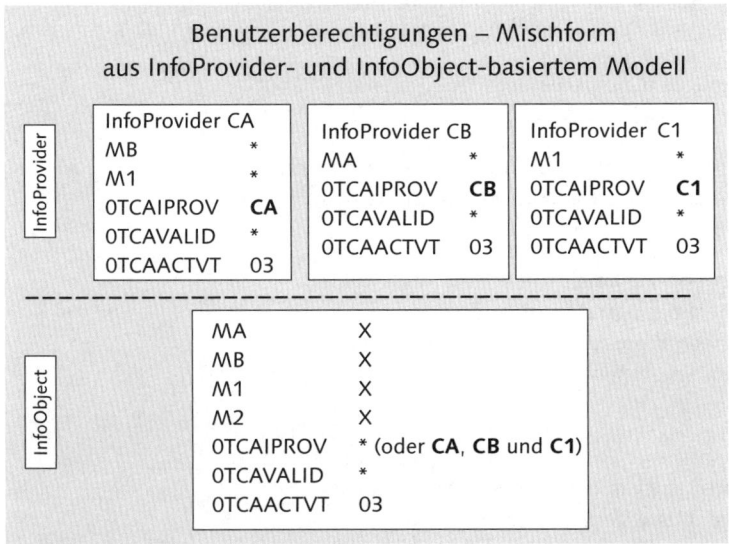

Abbildung 5.14 Mischform aus InfoProvider- und InfoObject-basiertem Modell

Gesetzt den Fall, die Merkmale kommen in keinem weiteren Datenmodell vor, kann für das Merkmal 0TCAIPROV an dieser Stelle eine Gesamtberechtigung (*) eingetragen werden. Wenn dies nicht der Fall ist oder wenn wahrscheinlich ist, dass neue InfoProvider mit neuen Berechtigungseigenschaften in das Datenmodell mit einbezogen werden, empfiehlt es sich, nur die derzeit gültigen InfoProvider in die Analyseberechtigung mit aufzunehmen.

> **Inhaltliche Abhängigkeit muss für eine Mischform gegeben sein!**
>
> In dem genannten Beispiel für die InfoProvider CA, CB und C1 macht eine solche Mischform nur Sinn, wenn die InfoProvider auch dann inhaltlich zusammengehören, wenn es sich um ein gemeinsames Datenmodell handelt. Das ist durch die Überschneidungen und die mehrmalige Verwendung derselben Merkmale in unterschiedlichen InfoProvidern der Fall. Voneinander völlig unabhängige Datenmodelle werden nicht durch diese Technik miteinander verknüpft werden.

5.3.4 Zusammenfassung der generischen Modelle

Zusammenfassend wollen wir nun die Vor- und Nachteile der unterschiedlichen Ansätze herausstellen. Tabelle 5.6 zeigt diese für die unterschiedlichen Modelle.

Modellart	Modellverhalten aufgrund der Modellart	Vorteil	Nachteil
Info-Provider-basiert	Das Ziel ist, auf einem InfoProvider eine eindeutige Analyseberechtigung für einen Benutzer zu schaffen.	✔	
	Dadurch bleiben die Berechtigungen der Benutzer übersichtlicher.	✔	
	Für jeden InfoProvider müssen entsprechende Berechtigungen angelegt werden, da nicht übergreifend definiert wird.		✔
	Je mehr Merkmale auf einem InfoProvider berechtigungsrelevant sind und je mehr Ausprägungen diese Merkmale besitzen, desto mehr Kombinationen für Analyseberechtigungen sind möglich.		✔
Info-Object-basiert	Es entstehen kleine, kompakte und auf den ersten Blick leicht zu erfassende Analyseberechtigungen.	✔	
	Solch eine Analyseberechtigung gilt aufgrund des »*« in der InfoProvider-Dimension für das gesamte System und nicht nur für einen InfoProvider.	✔	
	Ein Benutzer erhält Analyseberechtigungen je Merkmal für seine berechtigten Werte und hat damit insgesamt gesehen eine höhere Anzahl an Berechtigungen zugeordnet.		✔
	Für jedes berechtigungsrelevante Merkmal eines InfoProviders müssen dessen Analyseberechtigungen dem Benutzer zugeordnet werden.		✔
Misch-form	Da beide Modelle zusammen verwendet werden, erhöht sich auf jeden Fall die Komplexität des Berechtigungsmodells.		✔
	Es können die Vorteile beider Modelle kombiniert werden.	✔	

Tabelle 5.6 Vor- und Nachteile der generischen Analyseberechtigungsmodelle

Wie hier gut zu sehen ist, haben beide Szenarien ihre Vor- und Nachteile. Bei einem InfoProvider-basierten Modell werden die Benutzer »schlank« gehalten und bekommen im besten Fall je eine Analyseberechtigung je InfoProvider. Das führt aber auch dazu, dass für jeden InfoProvider eigene Analyseberechtigungen angelegt werden müssen und sich somit die Gesamtanzahl erhöht. Die Analyseberechtigungen werden für die Benutzer somit redundante Dimensionen haben, die bei einigen InfoProvidern gleich sind, sich aber auf jeden Fall durch das Merkmal 0TCAIPROV unterscheiden.

Bei einem InfoObject-basierten Modell hat man innerhalb einer Analyseberechtigung keine Kombination von Merkmalen. Jeweils nur ein Merkmal und der InfoProvider, für den diese Einschränkung gelten soll, werden innerhalb der Analyseberechtigung eingeschränkt. Daraus resultiert eine hohe Anzahl an unterschiedlichen Analyseberechtigungen, wenn ein Merkmal viele Ausprägungen bzw. Hierarchien hat, die auch alle berechtigt werden sollen.

Angenommen, man entscheidet sich, Analyseberechtigungen InfoObjectbasiert zu implementieren, dann können auch hier Dimensionen in eine Berechtigungsdefinition zusammengefasst werden.

> **Beispiel – Zusammenfassen von Dimensionen bei einem InfoObject-Modell**
>
> Wäre in der Abbildung 5.11 für den InfoProvider C1 auch das Merkmal M1 und nicht M2 zu prüfen, dann könnte man MB und M1 vermutlich zusammenfassen, da beide Merkmale auf CB und C1 geprüft werden würden.

Bei einer Mischform aus beiden Modellen kann man die Vorteile beider Modelle nutzen. Einerseits kann man eindeutige Berechtigungen für Benutzer erstellen, mit denen die Anforderungen aller Berechtigungsdimensionen abgedeckt sind. Im Idealfall ist das nur eine Analyseberechtigung für den Benutzer. Andererseits werden die Merkmale, die nicht geprüft werden sollen, auf den entsprechenden InfoProvidern mit voller Berechtigung eingetragen. Abschließend ist die Frage zu beantworten, welches Modell man für welche Implementierung wählt.

Oftmals erfolgt bei berechtigungsrelevanten Merkmalen, die extrem viele Ausprägungen besitzen, die Vergabe der Berechtigungen nicht auf Einzelwerte. Hier wird man versuchen, die Merkmalswerte über Hierarchien zu gruppieren und auf Knotenebene zu berechtigen. Das entschärft die Komplexität der Szenarien enorm, da sich so die Anzahl an Analyseberechtigungen in Grenzen hält und nicht unüberschaubar wird.

InfoProvider-basierter Ansatz

Der InfoProvider-basierte Ansatz eignet sich gut für Datenmodelle mit mehreren berechtigungsrelevanten Merkmalen, die nicht zu viele Ausprägungen haben. Benutzer erhalten beispielsweise eine Analyseberechtigung, mit der alle Berechtigungen eines InfoProviders abgedeckt sind. Das ist für einen Benutzer sehr übersichtlich. Allerdings ist das am InfoProvider selbst nicht mehr so, wenn die Benutzerberechtigungen selbst unterschiedlich sind. Dann können bereits angelegte Analyseberechtigungen nicht für weitere Benutzer wiederverwendet werden, und man muss neue anlegen. Der InfoProvider-basierte Ansatz eignet sich in den folgenden Fällen:

▶ bei Datenmodellen mit mehreren berechtigungsrelevanten InfoObjects

▶ wenn nicht zu viele Einzelwert- bzw. Hierarchieberechtigungen benötigt werden, um die Anzahl an Analyseberechtigungen gering zu halten

▶ bei wenigen, dafür gleichgearteten Analyseberechtigungen für Benutzer

Wie Sie bereits in Abschnitt 1.4.4, »Mehrdimensionale Berechtigungen«, gelesen haben, gibt es diverse Fallstricke bei der Vergabe und Selektion von mehrdimensionalen Berechtigungen. Hatte man bei den Reportingberechtigungen unter BW 3.x die in Tabelle 5.7 eingetragene Berechtigungskombination, war die Selektion in der Query immer ein Problem.

	Merkmal 2 – Wert 1	Merkmal 2 – Wert 2
Merkmal 1 – Wert 1	berechtigt	nicht berechtigt
Merkmal 1 – Wert 2	nicht berechtigt	berechtigt

Tabelle 5.7 Mehrdimensionale Berechtigungskombinationen

Die Merkmalswerte für Merkmal 1 und 2 wurden für die Selektion herangezogen, und der Benutzer sah keine oder zu viele Daten. Solch eine Sicht auf einen InfoProvider abzubilden, ist nach wie vor schwierig, da Analyseberechtigungen auf der InfoProvider- und nicht auf der Query-Ebene vergeben werden. Eine mögliche Lösung dieses Problems auf einem InfoProvider mit Hilfe einer Customer-Exit-Lösung besprechen wir in Kapitel 6, »Berechtigungsmodelle für Reporting und Planung«.

Doch mit Analyseberechtigungen ist es möglich, das Szenario aus Tabelle 5.7 abzubilden, wenn die Berechtigungen auf unterschiedliche InfoProvider geprüft werden sollen. Da mit den Analyseberechtigungen die Spezialmerkmale, wie 0TCAIPROV für den InfoProvider, eingeführt wurden, kann man Analyseberechtigungen für einen bestimmten InfoProvider vergeben.

Diese Möglichkeit zählt sicherlich zu den Vorteilen einer InfoProvider-basierten Lösung, wenn gewünscht wird, dass verschiedene Berechtigungs-kombinationen auf unterschiedlichen InfoProvidern berechtigt sein sollen.

InfoObject-basierter Ansatz

Beim InfoObject-basierten Ansatz kann man systemweit recht einfach den Fall abdecken, dass ein Merkmal nicht in allen InfoProvidern geprüft werden soll. Im Gegensatz zum InfoProvider-basierten Modell ist es für die Anzahl an Analyseberechtigungen egal, ob ein, zwei oder zwanzig InfoProvider das Merkmal prüfen sollen. Es wird für alle nur eine Analyseberechtigung erstellt. Mit dieser Analyseberechtigung wird die Prüfung auf Merkmals-werte geregelt, und eine zweite Analyseberechtigung mit der Gesamtberech-tigung (*) erlaubt dem Benutzer, auf weiteren InfoCubes, die das Merkmal enthalten, alle Daten zu sehen.

Wie Abbildung 5.15 zeigt, kann dafür eine Hierarchie verwendet werden. Angenommen, ein Merkmal, z.B. das Profit-Center, soll nur auf gewissen InfoProvidern geprüft werden. Man weiß, welche InfoProvider das sind, und erstellt dafür eine Hierarchie auf dem Merkmal 0TCAIPROV. In der Abbildung ist das die Hierarchie AUTHORITY_SELECTION. In der Spalte INFOOBJECT steht das Merkmal 0INFOPROV, da das Merkmal 0TCAIPROV darauf referenziert.

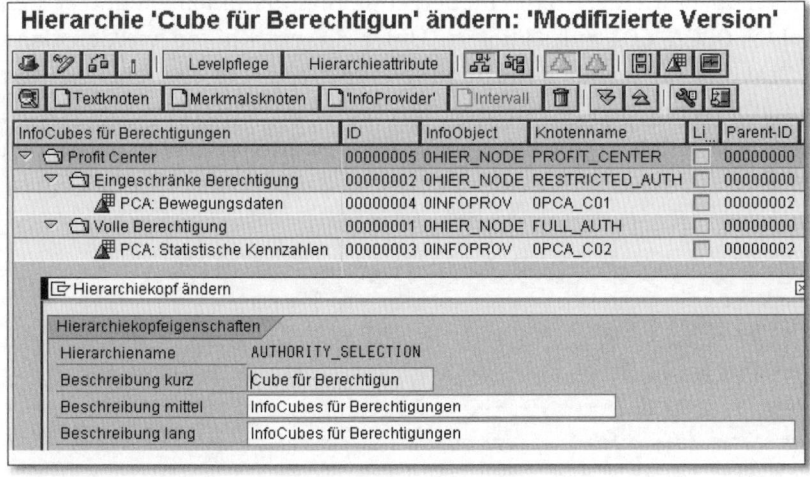

Abbildung 5.15 Hierarchie zur Steuerung von 0TCAIPROV

Für jedes berechtigungsrelevante Merkmal kann ein Textknoten angelegt werden, wie z.B. hier für PROFIT CENTER. Darunter befinden sich die für Profit-Center relevanten InfoProvider. Alle InfoProvider, auf denen Profit-Center nicht geprüft werden sollen, kommen unter den Knoten VOLLE BERECHTI-GUNG – FULL_AUTH, die restlichen unter EINGESCHRÄNKTE BERECHTIGUNG – RESTRICTED_AUTH. Danach legt man in der Transaktion RSECADMIN eine Analyseberechtigung an, die eine Hierarchieberechtigung für das Merkmal 0TCAIPROV enthält (siehe Abbildung 5.16).

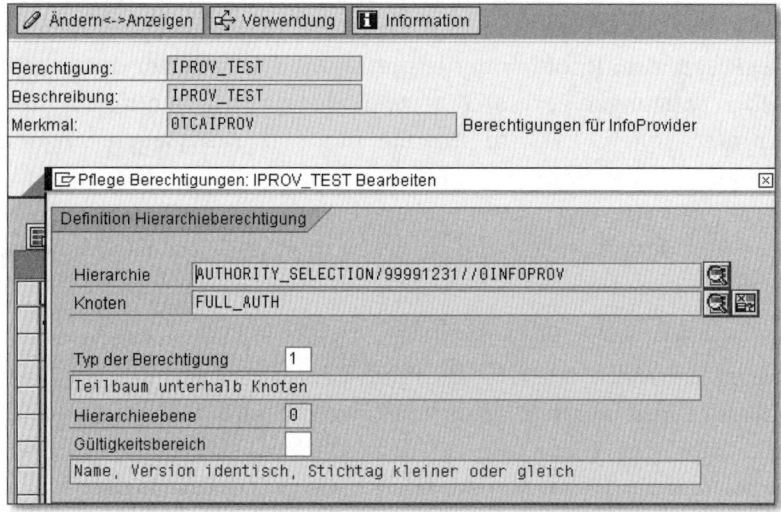

Abbildung 5.16 Hierarchieberechtigung auf 0TCAIPROV

Damit hat man nun eine Hierarchieberechtigung, die einem Benutzer den InfoProvider 0PCA_C02 zurückliefert. Unter diesem Knoten werden dann alle InfoProvider mit voller Berechtigung eingetragen. In Kombination mit der Gesamtberechtigung (*) für den InfoProvider 0PROFIT_CTR, wie es Abbildung 5.17 zeigt, ergibt das genau den gewünschten Effekt. Für den Benutzer wird auf dem InfoProvider 0PCA_C02 das Merkmal »Profit-Center« nicht mehr geprüft.

Merkmale/Dimen...	Beschreibung	Intervalle	Knoten
0PROFIT_CTR	Profit Center	⊠	
0TCAACTVT	Aktivität in Analyseberechtigungen	[]	
0TCAIPROV	Berechtigungen für InfoProvider	[]	⚶
0TCAVALID	Gültigkeit einer Berechtigung	⊠	

Abbildung 5.17 Ansicht der gesamten Analyseberechtigung

Für die tatsächlichen Berechtigungen würde diese Logik genauso funktionieren, wenn der Benutzer bzw. alle Benutzer auf allen InfoProvidern mit Profit-Centern identische Berechtigungen hätten. Man müsste dann eine zweite Hierarchieberechtigung auf dem Merkmal 0TCAIPROV mit dem Knoten RESTRICTED_AUTH anlegen.

Anders als bei einem InfoProvider-basierten Ansatz eignet sich die InfoObject-Methode in folgenden Fällen:

- bei Datenmodellen mit eher wenigen berechtigungsrelevanten InfoObjects
- bei vielen unterschiedlichen Einzelwert- bzw. Hierarchieberechtigungen, da diese nur einmal im System für alle InfoProvider angelegt werden müssen
- bei vielen unterschiedlichen Analyseberechtigungen für Benutzer

Mischform

Wie bereits Abbildung 5.14 gezeigt hat, kann mit Hilfe einer Mischform aus den beiden Modellen jedes umfangreiche Analyseberechtigungsszenario gut abgedeckt werden. Man kann sich bei Datenmodellen mit vielen berechtigungsrelevanten Merkmalen die InfoProvider-spezifische Implementierung zunutze machen. Diese kann ebenfalls, wie zuvor erläutert, mit einer Hierarchieberechtigung auf das Merkmal 0TCAIPROV für mehrere InfoProvider implementiert werden.

Haben Benutzer auf mehreren InfoProvidern Berechtigung auf identische Ausprägungen eines Merkmals, dann können diese zusätzlich mit einem InfoObject-basierten Ansatz implementiert werden. Wie häufig entscheidet auch hier der konkrete Fall darüber, welches Modell implementiert wird.

Mit dieser Übersicht über die Modelle sollte es gut möglich sein, ein passendes Szenario für die jeweilige Anforderung auszuwählen.

5.3.5 Spezialfall integrierte Planung

Bei Berechtigungsmodellen mit integrierter Planung gibt es zwei Dinge, die bei der Konzepterstellung auf jeden Fall zu beachten sind:

- Das Schreiben von Daten in einen Real-Time InfoProvider erfordert eine Berechtigung auf die Aktivität 02 mit Hilfe des Merkmals 0TCAACTVT.
- Auf einer Aggregationsebene werden keine Analyseberechtigungen geprüft.

Die Dimension der Aktivität ist normalerweise konstant auf 03 für das Anzeigen der Daten gesetzt. Wenn gebucht werden soll, dann ist auch die Aktivität 02 erforderlich. Diese Änderung bewirkt, dass man die Analyseberechtigungen überdenken muss. Welche Benutzergruppen greifen wie auf die Daten zu? Gibt es ausschließlich Benutzer, die sowohl lesen als auch schreiben dürfen, oder benötigt man auch reine Leseberechtigungen? Es kommt bei der Berechtigungsprüfung in der integrierten Planung auch sehr stark darauf an, wie die Aggregationsebene implementiert ist. Abbildung 5.18 zeigt die unterschiedlichen Szenarien.

Wie man sofort sieht, ist für die Standardberechtigungen (S_RS_COMP) immer der InfoProvider, auf dem die Query definiert ist, relevant, unabhängig davon, ob es eine Aggregationsebene oder ein MultiProvider ist. Bei Analyseberechtigungen sieht man, dass nie auf einer Aggregationsebene, obwohl sie eine Art InfoProvider darstellt, geprüft wird. Analyseberechtigungen werden immer auf einem darüber- oder darunterliegenden InfoProvider geprüft.

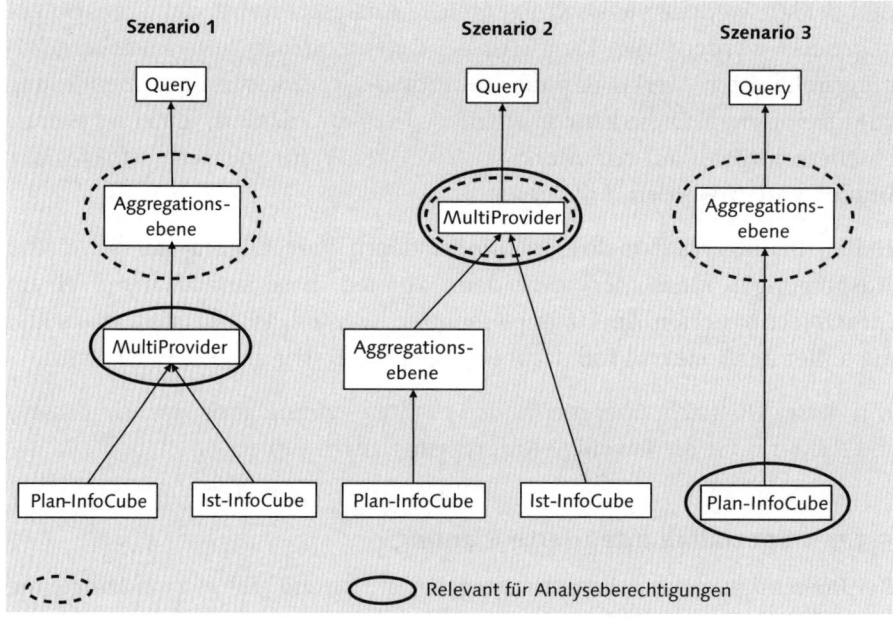

Abbildung 5.18 Planungsszenarien und Berechtigungen

Für Analyseberechtigungen bedeutet die Abbildung, dass ein Benutzer der Szenarien 1 und 2 auf dem MultiCube die Berechtigung der Aktivität 02 besitzen muss. Sonst dürfen keine Daten geplant werden. Beim Szenario 3, das in Kapitel 6, »Berechtigungsmodelle für Reporting und Planung«, anhand der Beispiele dargestellt wird, werden die Analyseberechtigungen direkt am Real-Time InfoProvider geprüft.

Bei größeren Projekten der integrierten Planung werden hauptsächlich die Szenarien 1 und 2 eingesetzt. Die Planer selbst benötigen die Aktivitäten 02 und 03, da die Daten gelesen und geschrieben werden müssen. Wenn nun weitere Benutzergruppen nur lesend auf die Daten zugreifen sollen, sind zusätzlich zu den Planungsberechtigungen weitere rein lesende Berechtigungen erforderlich. Das ist nicht der Fall, wenn man diese Problematik über weitere Querys direkt auf dem MultiProvider und nicht auf der Aggregationsebene abfängt. Eine Query auf einem MultiProvider wird niemals eingabebereit werden.

Grundlegend ist bei der Konzeptionierung darauf zu achten, dass alle Benutzergruppen, die auf diese Planzahlen zugreifen, ausreichend Berechtigung haben. Jedoch ist sicherzustellen, dass rein lesende Benutzer nicht die Möglichkeit erhalten, Daten einzugeben und zu schreiben.

5.3.6 Bestehende Modelle anpassen bzw. erweitern

Sind bereits Berechtigungsmodelle im System implementiert, ist es meist nicht schwierig, diese anzupassen. Kommen neue berechtigungsrelevante Ausprägungen hinzu, sind dafür auf Basis der gewählten Form des Modells neue Analyseberechtigungen für die Benutzer zu erstellen, oder es können bereits existierende erweitert werden.

Die Erweiterung des Datenmodells selbst ist davon abhängig, wie die neuen berechtigungsrelevanten Merkmale aufgebaut sind. Entweder können sie problemlos in ein bestehendes Szenario eingefügt werden, oder das Konzept muss dafür geändert werden.

Nehmen wir beispielsweise an, der Buchungskreis ist derzeit in einem Datenmodell berechtigungsrelevant. Hier handelt es sich zumeist um wenige Ausprägungen. Wenn überhaupt, gibt es recht unkomplizierte hierarchische Strukturen. Das Merkmal wird nicht auf allen InfoProvidern geprüft, und man hat sich für einen InfoProvider-spezifischen Ansatz entschieden.

Nun wird zusätzlich die Kostenstelle als berechtigungsrelevant gekennzeichnet. Dieses Merkmal hat zumeist sehr viele Ausprägungen und große, häufig wechselnde Hierarchien (z.B. jahresbasierte Varianten). Würde nun weiter der bestehende Ansatz genommen werden, müssten alle bestehenden

Berechtigungen auf den Buchungskreis vervielfacht werden, um die Kosten-
stelleninformation mit einzubringen. Es bietet sich an, den bestehenden
Ansatz mit einem InfoObject-basierten Berechtigungsmodell auf die Kostenstelle zu erweitern und so eine Mischform zu erzeugen. Die Kostenstelle
wird InfoProvider-übergreifend implementiert, und das bestehende Modell
bleibt nahezu unangetastet.

5.4   Operative Modelle bzw. Customizing-Modelle

Von den Modellen der Analyseberechtigungen kommen wir nun zu der tatsächlichen Realisierung im System mit operativen Modellen bzw. Customi-
zing-Modellen. Wir unterschieden dabei das variablenbasierte und das generierungsbasierte Modell.

Bei Variablen geht es um die tatsächliche Zuweisung oder Selektion der
Berechtigungen innerhalb der Ausführung einer Query. Hingegen werden
durch die Generierung Analyseberechtigungen erzeugt und den Benutzern
bereits automatisiert zugewiesen.

5.4.1   Variablenbasierte Modelle

Variablen sind aus dem Reporting nicht wegzudenken. Sie geben den Benutzern die Möglichkeit, Bewegungsdaten nach individuellen Kriterien zu filtern. Es gibt unterschiedliche Typen und Arten von Variablen, die für die
»dynamische« Berechtigungsvergabe genutzt werden können. Diese werden
nun im Detail betrachtet.

Eigenschaften und Typen von Variablen

Variablen haben die folgenden drei unterschiedlichen Eigenschaften, die
gemeinsam betrachtet werden müssen:

▸ den Typ einer Berichtsvariablen

▸ die Verarbeitungsart einer Berichtsvariablen

▸ die Parameterselektion

In den Tabellen 5.8 bis 5.10 sind die zur Verfügung stehenden Ausprägungen dieser Eigenschaften dargestellt. Es sind nicht alle Kombinationen möglich. So kann eine Hierarchieknoten-Variable nicht durch einen Ersetzungs-
pfad als Selektionsoption genutzt werden.

Technischer Typ	Bezeichnung
1	Merkmalswert
2	Hierarchieknoten
3	Text
4	Formel
5	Hierarchie

Tabelle 5.8 Variablentypen

Technischer Typ	Bezeichnung
5	manuelle Eingabe / Vorschlagswert
1	Ersetzungspfad
3	Customer-Exit
4	SAP-Exit
6	Berechtigung

Tabelle 5.9 Verarbeitungsarten von Variablen

Technischer Typ	Bezeichnung
P	Einzelwert (Parameter)
S	Selektionsoption
I	Intervall
M	mehrere Einzelwerte

Tabelle 5.10 Mögliche Parameterwerte

Im Folgenden besprechen wir nur die im Zusammenhang mit der Berechtigungsvergabe interessanten Kombinationen.

Der Fokus liegt bei den Berechtigungen auf den Typen Merkmalswert, Hierarchieknoten und eventuell noch Hierarchie. Wobei Hierarchievariablen eher durch Customer-Exit als durch Berechtigungen gefüllt werden. Natürlich ist die Verarbeitungsart der Berechtigung die wichtigste in diesem Zusammenhang. Aber genauso können die manuelle Eingabe oder der Customer-Exit bei Berechtigungen eine Rolle spielen.

Die Eigenschaften für Variablen müssen bei der Analyse korrekt eingestellt werden, da sie nachträglich im Query Designer nicht mehr änderbar sind. Hier gilt die Regel: besser zu viele Parameter als zu wenige. Selbst wenn in den Berechtigungen derzeit nur ein Hierarchieknoten vorliegt, ist es sinnvoll, den Parameter M statt P zu wählen, damit die Anwendung auch zukunftssicher ist. Sollten einmal mehrere Hierarchieknoten in den Berechtigungen der Benutzer abgelegt werden, entsteht somit kein weiterer Pflegeaufwand.

Parameter-Einzelwert P

Bei Variablen, die auf den Parameter-Einzelwert P eingestellt sind, wird immer nur der erste Wert genommen, selbst wenn durch die Berechtigungen oder den Customer-Exit mehrere Werte übergeben werden.

Mit der Selektionsoption, die nur für Merkmalswerte verwendet werden kann, besteht die Möglichkeit, Einzelwerte, mehrere Einzelwerte und Intervalle gleichzeitig in eine Variable zu füllen.

Unterschiedliche Verarbeitungsarten von Variablen

In Abbildung 5.19 ist der prozedurale Ablauf von der Selektion bis hin zur Berechtigungsprüfung für manuell eingegebene Customer-Exits und Berechtigungsvariablen dargestellt. Wichtig ist zu wissen, dass die unterschiedlichen Arten der Verarbeitung von Variablen für das Zusammenstellen der Selektion ausschlaggebend sind. Der weitere Ablauf ist bei allen Typen immer derselbe. Nachdem die Variablen gefüllt sind, wird daraus vom OLAP-Prozessor (Analytical Engine) die Selektion zusammengestellt. Diese Selektion wird vor dem Lesen der Daten gegen die Berechtigungen des Benutzers geprüft. Trifft die Selektion zu, dann werden die Daten gelesen, und der Benutzer erhält sein Ergebnis, sonst erscheint die Meldung »Keine Berechtigung«.

Bei einfachen manuellen Variablen auf berechtigungsrelevante Merkmale kann der Benutzer im Variablenbild selbst den Wert eingeben. Das ist sinnvoll, wenn der Benutzer mehrere berechtigte Werte zu dem Merkmal hat und er bereits im Variablenbild filtern möchte. Bei der [F4]-Hilfe im Variablenbild werden die berechtigten Werte angezeigt, die schon aufgrund der Benutzerberechtigungen ausgedünnt wurden. Der Benutzer kann dann einen oder mehrere Werte selektieren, und die Prozedur wird wie beschrieben durchlaufen.

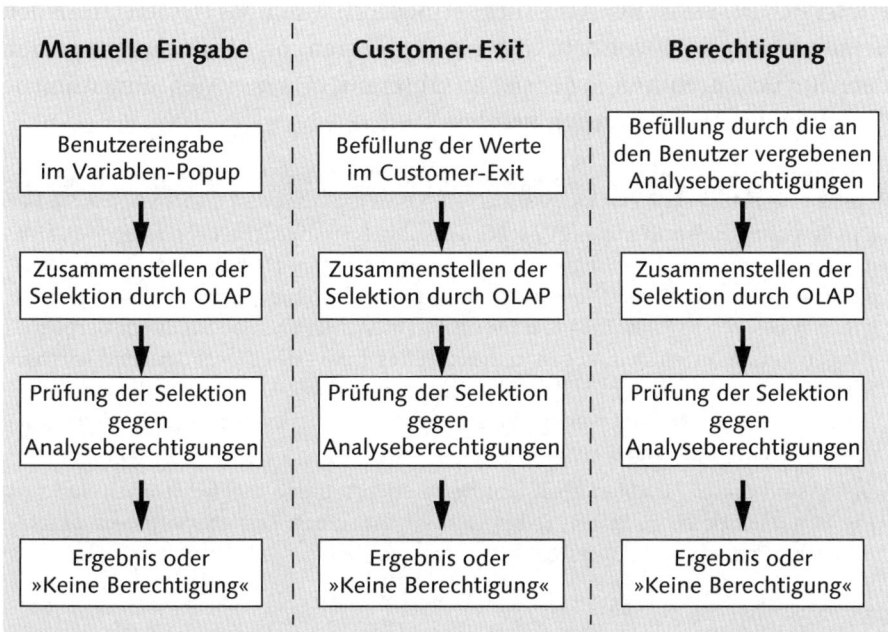

Abbildung 5.19 Ablauf von der Variablenabarbeitung bis zur Berechtigungsprüfung

Wird eine manuelle Variable bei Berechtigungen verwendet, dann sollte diese auf VARIABLE IST VERPFLICHTEND gesetzt werden. Das bewirkt, dass der Benutzer einen Wert im Variablenbild eingeben muss.

Ist die Variable nicht verpflichtend und der Benutzer startet die Query ohne Eingabe, dann wird entweder die Aggregations- oder die volle Berechtigung geprüft – je nachdem, ob sich das InfoObject in den freien Merkmalen oder im Aufriss befindet. Darauf muss der Benutzer berechtigt sein, sonst erscheint die Meldung »Keine Berechtigung«.

Bei einer Customer-Exit-Variable erfolgt die Befüllung im Include ZXRSRU01 durch eigenes Coding. Die dort eingefügten Werte bilden wieder die Basis für die Selektion, und in weiterer Folge werden sie gegen die Analyseberechtigungen des Benutzers geprüft. Der Customer-Exit darf auf keinen Fall eine größere Wertemenge liefern, als die Berechtigungen abdecken, da sonst keine Berechtigung vorliegt.

Variablen, die aus Berechtigungen gefüllt werden, liefern die von den Analyseberechtigungen kommenden Werte für die Selektion. Ist diese fertiggestellt, erfolgt die eigentliche Berechtigungsprüfung. Somit ist bei diesem Typ von Variablen eigentlich sichergestellt, dass die Berechtigungsprüfung erfolgreich ist. Sie ist nur dann nicht erfolgreich, wenn Wertemengen an den Benutzer vergeben wurden, die zu Problemen mit mehrdimensionalen Berechtigungen führen, wie sie in Abschnitt 1.4.4, »Mehrdimensionale Berechtigungen«, besprochen wurden.

Durch Berechtigung gefüllte Variablen

Die Berechtigungsprüfung in BW wirkt wie eine Schranke. Die berechtigten Werte des Benutzers werden nicht automatisch vom System im Hintergrund gezogen und als Selektion genommen. Die Einschränkungen in der Query oder die Benutzereingaben müssen hier immer explizit berechtigen. Werden Variablen durch Berechtigungen gefüllt, erreicht man genau diesen Effekt, dass die Berechtigungen wie ein Filter wirken. Das System selbst übernimmt die Vorselektion und die anschließende Prüfung, der Benutzer bekommt davon gar nichts mit, sondern sieht nur seine berechtigten Werte.

Daher sind diese Variablen ideal, um den Berichtsaufbau möglichst offen und für alle Benutzer gleich zu lassen; dabei werden zur selben Zeit aber nur berechtigte Werte im Endergebnis dargestellt.

Geeignete Variable für das Berechtigungsmodell

Die Wahl der Variablen ergibt sich generell aufgrund der Anforderungen, die an das Reporting gestellt werden:

▸ Sollen die Ausprägungen eines Merkmals nur flach als Liste dargestellt werden, dann wird man eine Merkmalswert-Variable verwenden.

▸ Möchte man dem Benutzer die Möglichkeit geben, bereits beim Starten der Query aus mehreren berechtigten Werten auszuwählen, kann eine verpflichtend einzugebende Merkmalswert-Variable verwendet werden.

▸ Soll die Query mit allen berechtigten Werten gestartet werden, dann kann die Variable durch Berechtigungen im Hintergrund gefüllt werden.

▸ Ist eine hierarchische Ansicht der Merkmale gewünscht, werden Hierarchieknoten-Variablen zum Einsatz kommen. Auch hier kann man dem Benutzer die Möglichkeit geben, manuell aus mehreren Knoten auszuwählen oder die Knoten direkt aus den Berechtigungen im Hintergrund zu füllen.

▸ Liegt eine nicht angezeigte Hierarchie auf einem Merkmal, kann die Selektion ebenfalls im Hintergrund durch eine Hierarchieknoten-Variable aus den Berechtigungen erfolgen.

Viele Varianten sind möglich und können zum Einsatz kommen. Die Spezifika des Projekts und des gewünschten Ergebnisses sind im Einzelfall dafür ausschlaggebend, wie die Selektion der Werte erfolgen soll.

5.4.2 Generierungsbasierte Modelle

Die Generierung von Berechtigungen ist ein mächtiges Mittel, um Analyse-berechtigungen automatisiert im System anzulegen und an die entsprechen-den Benutzer zu verteilen. Die Generierung dient auch dazu sicherzustellen, dass Benutzern, die nicht mehr im System aktiv sind oder die für ein Gene-rierungsszenario keine Berechtigung mehr haben sollten, die zuvor erstellten Berechtigungen wieder entzogen werden. Doch wann sollte ein auf der Generierung basiertes Szenario zum Einsatz kommen?

Einsatz der Generierung

Um das Setup für die Generierung herzustellen, ist ein recht hoher Aufwand nötig. Die DSO müssen angelegt werden, und die Beladung muss sicherge-stellt sein. Für Merkmale mit wenigen Ausprägungen und Analyseberechti-gungen wird es sich nicht auszahlen, ein Generierungsmodell aufzubauen.

Etwas anderes ist es, wenn Massendaten vorliegen. Bevor mehrere hundert oder tausend Berechtigungen manuell erstellt werden, ist es sinnvoll, ein Generierungsmodell zu erstellen. Der manuelle Pflegeaufwand wäre in die-sem Fall ungerechtfertigt hoch bzw. ohne ein Generierungsmodell gar nicht zu bewerkstelligen.

Auch im Fall von sich rasch ändernden Berechtigungszuordnungen bei Benutzern kann es sinnvoll sein, die Generierung zu verwenden. Die aktuel-len Zuordnungsverhältnisse werden in den DSO abgelegt, und die neuen Berechtigungszuordnungen werden entsprechend durchgeführt.

Ungemein praktisch ist es, wenn es *Datenquellen* gibt, die Berechtigungsin-formationen für das BW liefern. Im Bereich der Generierung gibt es den SAP Content für den HR-Bereich (strukturelle Berechtigungen) und Kostenstellen. Extraktoren ziehen die Berechtigungskombinationen aus dem Quellsystem ab, und die Daten werden in die DSO geschrieben.

Besteht die Möglichkeit, externe Datenbanken zu nutzen, sollte das auf jeden Fall gemacht werden. Wenn die berechtigten Werte der Benutzer von der Systemadministration bei der Benutzeranlage in eine Datenbank geschrieben werden, können diese Daten sicherlich abgezogen werden und mit entspre-chender Aufbereitung als Basis für die Generierung dienen.

Unterschiedliche Generierungsmodelle auf einem System

Abbildung 5.20 zeigt ein System, bei dem mehrere Szenarien für die Generierung implementiert worden sind; diese Szenarien existieren parallel. Die DSO für die Generierung kann man auch als einen Cluster bezeichnen. Jeder der in der Abbildung dargestellten Cluster benötigt ein unterschiedliches Namenspräfix.

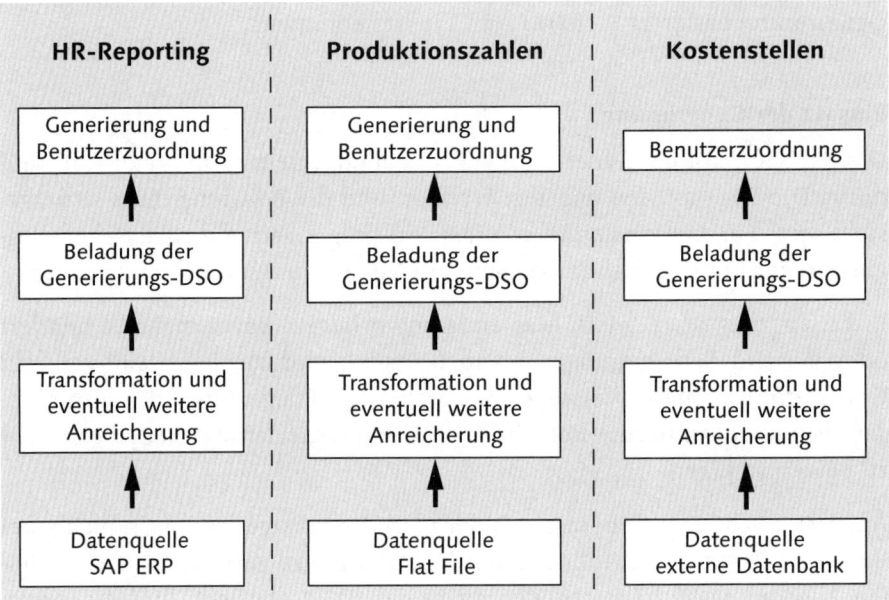

Abbildung 5.20 Mehrere Generierungsszenarien auf einem System

Die HR-Applikationen können beispielsweise mit HR_AUT beginnen. Danach kommt die laufende Nummer des jeweiligen DSO. Die drei dargestellten Anwendungen für HR, die Produktion und ein Kostenstellenreporting sind völlig unabhängig und werden aus unterschiedlichen Quellen versorgt.

> **Benutzer, die von mehreren Generierungen bedient werden**
>
> Für einen Benutzer stellt es kein Problem dar, wenn er Analyseberechtigungen von mehreren Generierungen zugeordnet bekommt. Die Kombination Benutzer und Cluster wird vom System gespeichert. Wird nun die Generierung eines zweiten Clusters durchgeführt, werden die ursprünglichen Berechtigungen aus dem ersten Cluster nicht angetastet.

Auf diese Art und Weise können die unterschiedlichsten Generierungsszenarien im System implementiert werden.

Frequenz der Generierung

Mit welcher Frequenz die Daten generiert werden sollen, hängt einerseits davon ab, wie kritisch die Daten sind, und andererseits davon, wann überhaupt wieder geänderte Berechtigungswerte zur Verfügung stehen. Einfach jeden Tag pauschal zu generieren, ist meist nicht sinnvoll: Wenn sich die Berechtigungen nicht verändert haben, wird das System nur unnötig belastet.

Gerade bei der direkten Anbindung von anderen Systemen kann die Steuerung des gesamten Generierungsdatenflusses wunderbar in *Prozessketten* verpackt werden: Es wird beispielsweise einmal in der Woche am Wochenende geladen und generiert, und zu Wochenbeginn haben die Benutzer wieder aktuelle Berechtigungen. Für kritische Applikationen wie das HR-Reporting kann eine Generierung, wenn erforderlich, auch täglich eingeplant werden.

Bei Bedarf generieren

Um nicht unnötige Systemlast zu erzeugen, sollte man sich wirklich gut überlegen, wann generiert werden soll. Für die Generierung steht der Report RSEC_GENERATE_AUTHORIZATIONS bereit. Dieser kann jederzeit mit dem entsprechenden Cluster als Variante im Hintergrund eingeplant werden.

Massen- oder Delta-Generierung

Prinzipiell bietet das BW-System die Möglichkeit, nur das Delta der Berechtigungsdaten zu generieren, um nur tatsächliche Änderungen der Berechtigungen bei der Generierung zu berücksichtigen. Dazu darf aber auch nur die Delta-Information in den DSOs enthalten sein. Als Unterschied zur Delta-Generierung werden bei einer vollständigen *Massengenerierung* immer alle Daten in den DSO gehalten und generiert. Das führt dazu, dass Benutzer X beispielsweise bereits generierte Berechtigungen zugeordnet sind. Nun wird nochmals komplett generiert. Das System erkennt, dass es alte Berechtigungen für den Benutzer gibt und löscht diese. Im nächsten Schritt werden aber wieder genau diese Berechtigungen neu angelegt. Das ist natürlich relativ sinnlos und spricht für eine Delta-Generierung.

Sollen wirklich nur die *Delta-Daten* generiert werden, dann müssen diese als Erstes identifiziert werden. Idealerweise kann die Datenquelle ein *Full* (alle

Daten) und ein *Delta* (relevante Daten) liefern, dann hat man recht wenig Aufwand. Ist das nicht der Fall, dann müssen in der Transformation auf Satzebene die alten mit den neuen Generierungswerten verglichen werden, und nur die neuen dürfen in die DSO verbucht werden. Aber die DSO enthalten nicht die gesamte Information, sondern eben nur das Delta. Daher kann nicht direkt mit den DSOs verglichen werden. Wie geht man nun vor?

Entweder werden die Werte in einer extra dafür erstellten Tabelle gespeichert oder aber in einem Backup-Cluster, der die gesamte aktuelle oder historische Information enthält. Bei einem Delta ist auch an den speziellen Benutzer D_E_L_E_T_E zu denken.

Ist die Ermittlung des Deltas zu komplex, wird wohl eine Massengenerierung angewandt werden.

Der Spezialbenutzer D_E_L_E_T_E

Mit diesem speziellen Benutzer hat man die Möglichkeit, die generierten Berechtigungen eines Clusters komplett aufzuräumen. Sobald dieser Benutzer in einem DSO eingetragen ist, werden alle bisher generierten Analyseberechtigungen für einen Cluster ausnahmslos gelöscht.

Daher ist es durchaus sinnvoll, diesen Benutzer periodisch unter die Generierung zu mischen, um etwaige Altlasten zu bereinigen.

Wenn mit dem Benutzer D_E_L_E_T_E generiert wird, ist im Anschluss eine Massengenerierung der Applikation erforderlich. Ein Delta reicht nicht aus, da alle jemals generierten Berechtigungen des Clusters gelöscht wurden. Wird immer ein Full generiert, stellt sich das Problem nicht.

Bei einer Delta-Applikation muss aber sichergestellt sein, dass nach der Löschung alle Berechtigungen wieder neu generiert wird. Daher benötigt man eventuell ein Backup der aktuellen historischen Berechtigungsdaten, oder die Quelle stellt ein »initiales« Full für die Generierung bereit.

Die Wichtigkeit der Angabe von 0TCTAUTH

Wie bereits in diesem Kapitel beschrieben, gewann mit BW 7.0 das Merkmal 0TCTAUTH an Bedeutung. Der technische Name ist von zentraler Bedeutung bei den Analyseberechtigungen. Mit Hilfe des Merkmals können Gruppierungen der Berechtigungen vorgenommen werden und ganze Applikationen über einen Hierarchieknoten 0TCTAUTH berechtigt werden.

Gerade auch bei der Generierung muss an das Merkmal 0TCTAUTH gedacht werden. Es teilt dem System erst mit, welche Werte der Generierungs-DSO zusammen in eine Analyseberechtigung gepackt werden sollen. In Tabelle 5.11 und Tabelle 5.12 werden ausgewählte Felder der DSOs gezeigt. Wie im ersten Fall leicht zu erkennen ist, fehlt die technische Bezeichnung der Analyseberechtigung mit Hilfe von 0TCTAUTH. Das System generiert daraufhin für jede Zeile eine eigene Analyseberechtigung und vergibt dafür einen RSR-Namen mit laufender Nummer.

IOBJNM	TCTAUTH	VALID TO	LOW	HIGH
0COSTCENTER		31.12.9999	1.000	
0COSTCENTER		31.12.9999	2.000	5.000
0COSTCENTER		31.12.9999	9.000	

Tabelle 5.11 Mangelnde Pflege der DSOs der Generierung

IOBJNM	TCTAUTH	VALID TO	LOW	HIGH
0COSTCENTER	CST_EMEA	31.12.9999	1.000	
0COSTCENTER	CST_EMEA	31.12.9999	2.000	5.000
0COSTCENTER	CST_US	31.12.9999	9.000	

Tabelle 5.12 Korrekte Pflege der DSOs der Generierung

Die Pflege der DSO muss wie in Tabelle 5.12 dargestellt aussehen. Dem System wird mitgeteilt, dass es zwei unterschiedliche Analyseberechtigungen mit den angegebenen technischen Namen erstellen soll.

Vorgenerierung von Analyseberechtigungen

Die Generierung kann auch verwendet werden, um Analyseberechtigungen auf Basis der DSOs zu erstellen, ohne dass diese einem Benutzer zugeordnet werden. Man kann dies als Vorgenerierung betrachten. Die neue Analyseberechtigung kann dann den Benutzern entweder direkt oder über S_RS_AUTH und ein bestehendes Rollenkonzept zugewiesen werden.

5.5   Fazit

Dieses Kapitel sollte Ihnen die Integration der Berechtigungen und die verschiedenen Modelle verdeutlichen. Berechtigungen sollten nie erst gegen Ende eines Projekts mit ins Boot genommen werden, sondern immer möglichst zu Beginn besprochen und definiert werden.

Nicht immer ist es notwendig, mit Analyseberechtigungen zu arbeiten. Standardberechtigungen sind bei jeder Implementierung verpflichtend, genauso wie in fast allen Fällen ein ausgereiftes Rollenkonzept. Wenn Sie mit Analyseberechtigungen arbeiten, müssen Sie sich die Wahl des Modells und die Art der Implementierung genau überlegen. Wir haben in diesem Kapitel aufgezeigt, dass es unterschiedliche Modellansätze gibt, die abhängig vom jeweiligen Szenario beide ihre Vor- und Nachteile haben.

Abschließend möchten wir aber nochmals anmerken, dass Modelle für Berechtigungen immer einfach aufgebaut werden sollten, um sie dauerhaft und möglichst wartungsfrei einsetzen zu können.

Nach der Theorie geht es nun wieder in die Praxis. Wie implementieren Sie sauber und effektiv zuvor entwickelte Berechtigungsmodelle? Darüber wird Ihnen dieses Kapitel Aufschluss geben.

6 Berechtigungsmodelle für Reporting und Planung

In diesem Kapitel beschäftigen wir uns mit der Umsetzung von Berechtigungsmodellen zu unterschiedlichen Anwendungsfällen im System. Leider ist es nicht möglich, alle Sonderfälle und Eigenheiten der Berechtigungen innerhalb eines Buches abzudecken. Wir haben daher den Inhalt der Beispiele so gewählt, dass die wichtigsten Punkte und zentralen Themen, die man kennen sollte, auf jeden Fall behandelt werden.

Es versteht sich, dass die Modelle und Techniken nur als Hilfestellung bei der Implementierung von Projekten gedacht sind. Gerade im Bereich der Berechtigungen sollten die jeweiligen Umstände darüber entscheiden, welches Konzept zur Anwendung kommt. Oft gibt es mehrere Varianten und Lösungsvorschläge; zudem muss mit einbezogen werden, wie sich die Stammdaten der beteiligten Merkmale oder die Anzahl der Benutzer etc. in der Zukunft entwickeln werden. Sie sehen, es gibt eine Menge Faktoren, die die Entscheidung für oder gegen ein Modell beeinflussen. In jedem Fall ist es wichtig, die Ausgangssituation ausführlich zu analysieren, ehe man sich für ein Modell und dessen Umsetzung entscheidet.

Bevor wir mit den Beispielen beginnen, möchten wir Sie daher auf das Begleitmaterial zu diesem Buch und auf den Anhang C hinweisen.

Beispieldaten zu diesem Buch

Im Anhang finden Sie die Werte für die in den folgenden Beispielen benötigten Stammdaten sowie eine Implementierungsanleitung, um die Beispiele aus diesem Kapitel in Ihrem System einzurichten und sie so gemeinsam mit dem Buch durchspielen zu können. Die Beispieldaten selbst stehen unter *http://www.sappress.de/3040* zum Download bereit. Alles, was wir an Stamm- und Bewegungsdaten für unsere Berechtigungsmodelle benötigen, ist dort zum Download bereitgestellt. Den Code, den Sie brauchen, um zum Zusatzangebot dieses Buches zu gelangen, finden Sie auf der ersten Seite im Buch (blaue Umschlagseite).

In diesem Kapitel geben wir Ihnen zunächst einen Überblick, in dem die Modelle und die darin vorkommenden Techniken zur Vergabe von Berechtigungen vorgestellt werden. Anhand dieser Beschreibung können Sie sich auch leicht einzelne Spezialthemen aus den gesamten Beispielen heraussuchen, die Sie besonders interessieren.

Anschließend werden verschiedene Anwendungsmodelle erläutert. Wir beginnen mit einem reinen Modell der Standardberechtigungen ohne Analyseberechtigungen. Hier werden wir Vorlagen definieren und feststellen, wie wichtig und besonders zeitsparend ein ausgereiftes Rollenkonzept für Implementierer und auch für Endanwender ist – auch im Hinblick auf zukünftige Projekte.

In den drei darauffolgenden Beispielen gehen wir im Detail auf Analyseberechtigungen ein. Wir versuchen hier, alle möglich Techniken der Berechtigungen in der Implementierung zu verwenden.

6.1 Überblick über die Anwendungsmodelle

Für unsere Beispiele verwenden wir einen BasisCube, der Vertriebszahlen als Quelle und Datenlieferant enthält. Darüber setzen wir einen MultiProvider, auf dem wir unser Reporting und auch die Berechtigungsmodelle aufbauen.

Dieses Modell werden wir im Laufe der Implementierung der unterschiedlichen Szenarien ein wenig umgestalten bzw. mit zusätzlichen Datenzielen wie InfoCubes, DSOs (für die Generierung) und einer Aggregationsebene (für die Planung) verknüpfen, um mehr Spielraum bei der Gestaltung unserer Beispiele zu erhalten. Abbildung 6.1 zeigt die beiden Datenstränge der Vertriebs- und Profit-Center-Daten, die im System für die Beispiele angelegt werden.

Der Ausgangspunkt der Beispiele sind die Daten in unserem Vertriebs-Info-Cube. Es handelt sich dabei um Kennzahlen und Merkmale aus dem Bereich der Produktion und des Absatzes. Auf diesem einfachen Vertriebsszenario werden wir beginnen, unsere Berechtigungsmodelle aufzubauen. Im Anschluss daran werden wir ein einfaches Profit-Center-Szenario, ebenfalls mit Basis- und MultiProvider, einführen.

Das Beispielunternehmen

Wir implementieren unsere Berechtigungsmodelle für ein Unternehmen, das Tische und Stühle an unterschiedlichen Standorten produziert und auf unterschiedlichen Märkten vertreibt.

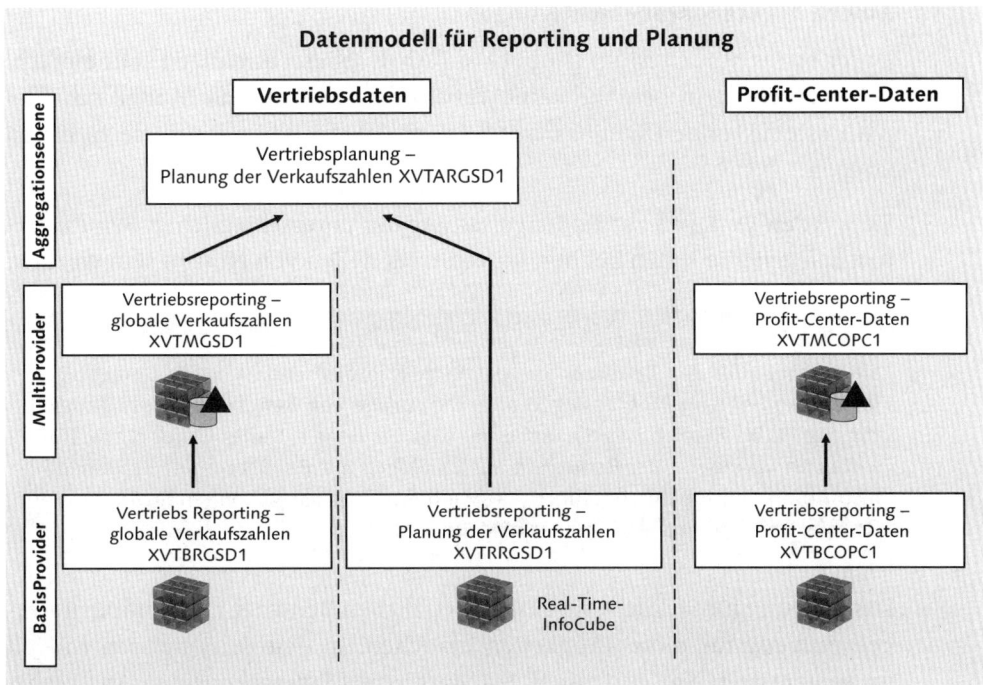

Abbildung 6.1 Datenmodell für die Beispiele des Reportings und der Planung

Namensraum der Berechtigungsmodelle

Untypischerweise und entgegen allen Vorschlägen aus dem vorhergehenden Kapitel 5, »Anforderungsprofile und Lösungsansätze typischer Berechtigungsmodelle in BW«, haben wir den Namensraum für unsere Modelle folgendermaßen gewählt: Alle Elemente, die wir anlegen werden, beginnen mit einem X – unsere InfoArea lautet z.B. X_BW_AUTH_TEST_AREA (InfoArea für BW-Berechtigungsmodelle). Der Rest der Elemente InfoObjects, Info-Cubes, Querys usw. wird mit dem Präfix XVT starten (mit Ausnahme der InfoObject-Kataloge, die mit XAUTHC* oder XAUTHK für Characteristics oder Keyfigures beginnen). VT steht hier für die Abteilung, für die wir das Modell entwickeln: den Vertrieb.

Weshalb haben wir uns für diese Namenskonvention entschieden? Bei den meisten Systemen oder Projekten wird der Buchstabe X nicht an der ersten Stelle verwendet. Da es unser Wunsch ist, die Beispiele gemeinsam mit Ihnen Schritt für Schritt im System zu entwickeln, ist es hilfreich, wenn Sie das auch im selben Namensraum machen können. Ist das nicht möglich – weil der Namensraum X bei Ihnen schon vergeben ist –, dann können Sie selbst einen passenden Namensraum wählen.

Modell 1 – Standardberechtigungen

Unser erstes Modell ist im Hinblick auf Analyseberechtigungen sehr einfach: Wir werden darin beinahe keine verwenden. Mit diesem Modell schaffen wir uns eine solide Datenbasis, auf der wir die weiteren Beispiele aufbauen können.

Sie werden Vorlagen zur Rollengestaltung der unterschiedlichen Benutzertypen anlegen, die Ihnen bei den weiteren Modellen von Nutzen sein werden.

Einschränkungen des Projektbenutzers

Sie vergeben für den Benutzer, der das Projekt implementiert, keine Berechtigung für das Ändern von Profilvorlagen oder die Anlage von Benutzern. Diese Tätigkeiten sollten im Bereich des Systemadministrators liegen. Daher werden alle Tätigkeiten an Vorlagen oder Benutzern ausschließlich mit Benutzern der Systemadministratoren-Gruppe durchgeführt. Alle weiteren Tätigkeiten können Sie in unserem Beispiel mit dem Projektbenutzer machen.

Das bedeutet für Sie, dass Sie einen zusätzlichen Benutzer mit Administratorberechtigung für diese Tätigkeiten brauchen. In dem kommenden Modell implementieren Sie ein reines Standardberechtigungskonzept. Analyseberechtigungen werden mit einer zum Szenario passenden OBI_ALL-ähnlichen Berechtigung abgedeckt. Weitere Details des Datenmodells zeigt die folgende Aufzählung:

▸ Anlage von wiederverwendbaren Profilvorlagen

▸ Anlage von Berechtigungs- und Menürollen

▸ MultiProvider-Datenmodell basierend auf Standardberechtigungen

▸ Arbeiten mit Namensräumen und Arbeitsmappen

▸ Unterscheidung in Query-, Reporting- und Administratorrechte

Modell 2 – variablenbasierte Analyseberechtigungen

Das zweite Modell arbeitet mit Analyseberechtigungen. Folgende Inhalte werden mit diesem Modell abgedeckt:

▸ Ändern eines Berechtigungsmodells von Standard- in Analyseberechtigungen

▸ Verwendung von flachen Berechtigungsvariablen

▸ Einbindung von Navigationsattributen und geklammerten Merkmalen

▸ Unterschiedlich berechtigte Benutzer

- ▸ Umgang mit mehrdimensionalen Berechtigungen
- ▸ Erklärung des Customer-Exits für globale Variablen
- ▸ Berechtigungsvergabe mit Hilfe von Customer-Exit-Variablen
- ▸ Einbinden von Hierarchien und Knotenvariablen
- ▸ Umgang mit Zeitabhängigkeit bei Hierarchien

Modell 3 – generierungsbasierte Analyseberechtigungen

Dieses Modell erklärt den Aufbau und die Funktion von generierungsbasierten Analyseberechtigungen. Dabei arbeiten Sie mit den folgenden BW-Techniken:

- ▸ Anlage von DSOs für die Generierung von Berechtigungen
- ▸ Generierung von flachen Werteberechtigungen
- ▸ Generierung von Hierarchieberechtigungen
- ▸ Steuerung der Berechtigungszuordnung an die Benutzer über die Generierung

Modell 4 – Analyseberechtigungen und BW-Integrierte Planung

Das letzte Modell zeigt die Funktion der Analyseberechtigungen bei der BW-Integrierten Planung. Dabei werden die folgenden Themen erklärt und im System implementiert:

- ▸ Anlage eines Real-Time InfoCubes und einer Aggregationsebene für die Planung
- ▸ Definition einer eingabebereiten Query
- ▸ Adaption der Standard- und Analyseberechtigungen für die Planungsanwendung
- ▸ Funktion der Analyseberechtigungen innerhalb der Planung

6.2　Modell 1 – Standardberechtigungen

Für dieses Berechtigungsmodell betreiben Sie einigen Aufwand, ohne sich direkt mit den Analyseberechtigungen zu beschäftigen. In den weiteren Modellen profitieren Sie aber von diesem Modell, da Sie sich nicht mehr um Standardberechtigungen der Benutzer kümmern müssen und die Analyseberechtigung im Vordergrund stehen werden.

Für unser Datenmodell der Standardberechtigungen werden Sie nun vier Benutzer im System anlegen.

▶ **Projekt-User USERPROJECT**
Der Projekt-User ist der Benutzer mit den umfangreichsten Berechtigungen. Er wird das Datenmodell aufbauen und die Vorlage-Querys für die Reportingbenutzer erstellen.

▶ **Power-User USERCHIEF**
Der Power-User in unseren Modellen wird berechtigt sein, selbst Querys zu erstellen und anderen Benutzern zur Verfügung zu stellen.

▶ **Reporting-User USER_DE**
Der Reportingbenutzer wird Querys und Arbeitsmappen abfragen, um die täglichen Aufgaben zu bewältigen. Dieser Benutzer ist der Vertriebsbeauftragte für Deutschland und bekommt daher nur Berichte seines Landes zu sehen.

▶ **Reporting-User USER_ES**
Dieser Reportingbenutzer ist der Vertriebsbeauftragte aus Spanien und soll nur Berichte aus Spanien zur Verfügung gestellt bekommen.

Die Benutzer legen Sie zunächst ohne Rollen bzw. Berechtigungen an. Diese werden Sie erst in den kommenden Schritten vorbereiten und den Benutzern im Anschluss zuweisen.

6.2.1 Vorlagen und Datenmodell erstellen

Für den Projektbenutzer (USERPROJECT), der unser Datenmodell implementieren wird, müssen Sie vorab die Vorlage für die Berechtigungen erstellen. Hier schränken Sie bereits auf den zuvor festgelegten Namensraum ein.

Vorlagen anpassen

In der Transaktion SU24 gelangen Sie über den Button BERICHTSVORLAGEN zum Auswahlfenster (siehe Abbildung 6.2).

Vorlage kopieren
Sie kopieren nun die SAP-Profilvorlage S_RS_RDEMO nach XVT_DESIGN_ ADMIN (VERTRIEBSDATENMODELL IMPLEMENTIERUNG (ADMIN)), in den Namensraum des Datenmodells. Mit dieser Vorlage wird nun weitergearbeitet. Damit ist der erste Schritt getan, um das Namensraumkonzept umzusetzen. In der neu erstellten Vorlage finden Sie alle Berechtigungsobjekte, die Sie bzw. der Projektbenutzer für die Implementierung im System benötigt.

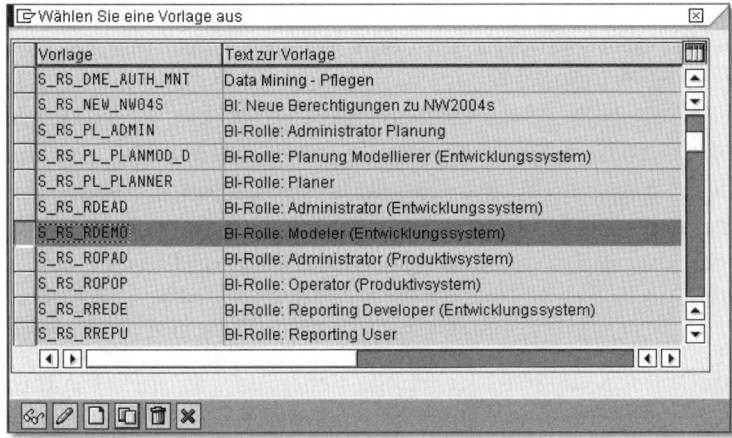

Abbildung 6.2 SAP-Vorlage S_RS_RDEMO kopieren

Standardberechtigungsobjekte anpassen

Damit Sie Ihr Namensraumkonzept auch tatsächlich einhalten können, passen Sie gewisse Standardberechtigungsobjekte diesen Richtlinien an.

▶ **Datenziele und InfoAreas**

Einer der wichtigsten Punkte dabei sind die Datenziele und InfoAreas. Wie in Abbildung 6.3 gezeigt, geben Sie dem Projektbenutzer vor, dass über den InfoCube S_RS_ICUBE ❶ nur Datenziele nur in der InfoArea X_BW_AUTH_TEST_AREA ❷ bearbeitet werden können. Das Namenspräfix dieser Datenzeile muss unbedingt XVT* sein ❸.

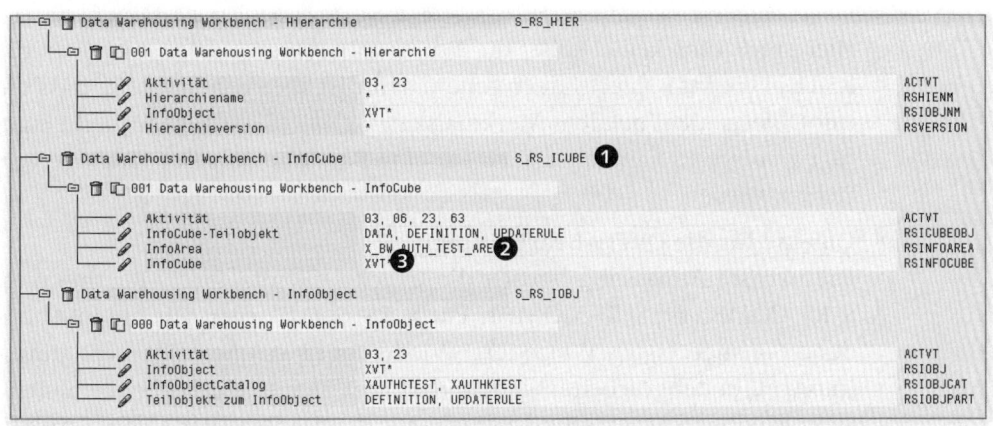

Abbildung 6.3 RS-Berechtigungsobjekte in der Vorlage anpassen

Somit haben Sie sichergestellt, in welcher InfoArea gearbeitet wird und dass die InfoProvider eindeutig unserem Vertrieb zugeordnet werden können. Mit Hilfe des in Kapitel 3, »Standardberechtigungen in SAP Net-Weaver BW«, vorgestellten Standardberechtigungsobjekt S_RS_HIER darf der Benutzer Hierarchien für die Merkmale mit dem Präfix XVT erstellen bzw. abändern, dies betrifft also nur Ihr Vertriebsmodell. Wenn man möchte, kann man auch den technischen Namen der Hierarchie vorgeben. Sie wollen das aber nicht, denn die Merkmale XVT* sind für Sie ausreichend restriktiv.

▶ **InfoObjects**
Über das InfoObject S_RS_IOBJ stellen Sie sicher, dass auch für die Info-Objects die Namenskonvention eingehalten wird. Die eindeutig zu unserem Projekt gehörenden InfoObjects dürfen nur in den dazu passenden InfoObject-Katalogen für Merkmale und Kennzahlen angelegt werden. Das sind XAUTHCTEST (»Merkmale für BW-Berechtigungsmodelle«) und XAUTHKTEST (»Kennzahlen für BW-Berechtigungsmodelle«).

> **Beschränkung ausschließlich auf den InfoObject-Katalog**
>
> Wie in Kapitel 3 besprochen, können Benutzer über die Standardberechtigungsobjekte S_RS_ADMWB oder S_RS_IOBC für Merkmale berechtigt werden. Wird ein Benutzer ausschließlich über S_RS_IOBC auf bestimmte Kataloge eingeschränkt, kann er sich die Merkmale nicht mehr über die Transaktion RSD1 anzeigen lassen. Grund dafür ist, dass in der Transaktion RSD1 unabhängig vom Katalog auf Gesamtberechtigung (*) für denselben geprüft wird. Sie können die InfoObjects nur über die Transaktion RSA1 ansehen.

Hier spielt dies keine Rolle, die Projektmitarbeiter dürfen nur über die RSA1 in die InfoObject-Pflege gehen, dafür ist aber sichergestellt, dass die InfoObjects nicht bei dem Merkmalskatalog »#« (nicht zugeordnet) eingefügt werden. Es kann aber auch auf eine Beschränkung der Kataloge verzichtet werden.

▶ **Objekte für die Query-Bearbeitung**
Die nächste Anpassung betrifft die Objekte für die Query-Bearbeitung, S_RS_COMP und S_RS_COMP1. Für S_RS_COMP legen wir die in Abbildung 6.4 angezeigten Werte fest. Wiederum ist es unsere Berechtigungs-InfoArea, in der gearbeitet werden darf. Der Benutzer darf alle Elemente – Querys, eingeschränkte und berechnete Kennzahlen, Variablen, Strukturen und Filter – auf dem Cube XVTMGSD1 (dem MultiProvider) anlegen, die das Präfix XT_V_ haben. Dabei handelt es sich also um die Vorlage-Ele-

mente, die den Reportingbenutzern zugeordnet werden, die sie aber nicht ändern dürfen.

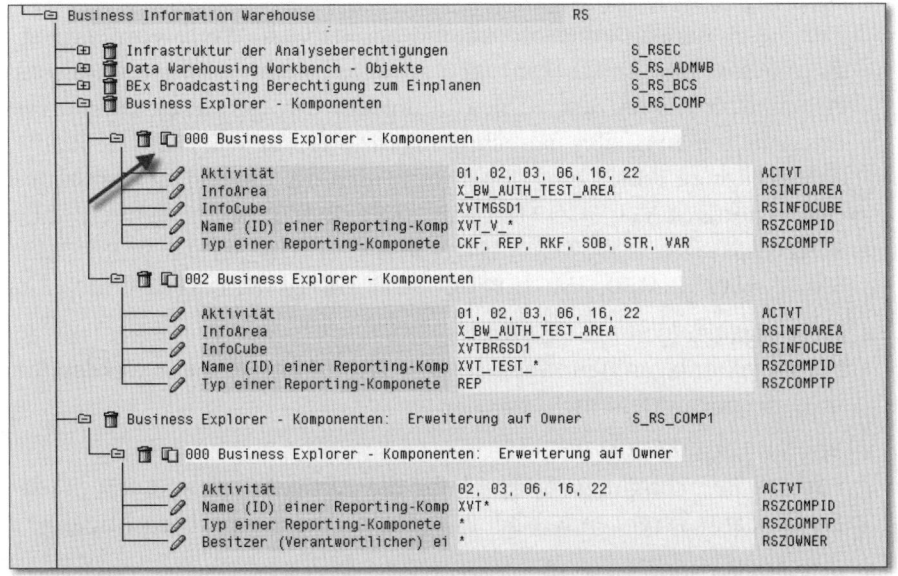

Abbildung 6.4 S_RS_COMP und S_RS_COMP1 anpassen

Sind Sie nun der Meinung, dass das Präfix nur bei Querys sinnvoll ist und Sie bei anderen Elementen gar nicht einschränken bzw. nur auf VT einschränken möchten, dann ist auch das möglich.

In Abbildung 6.4 ist das Kopiersymbol ⬚ markiert. Wenn Sie auf dieses Icon klicken, werden in das jeweilige Berechtigungsobjekt nochmals dieselben Werte eingefügt. Somit kann man das Objekt S_RS_COMP mehrmals einfügen und mit den gewünschten Werten versehen.

Im unteren Bereich von Abbildung 6.4 ist dies gut zu erkennen. Sie möchten nicht, dass die Querys für das Reporting auf dem BasisCube, sondern auf dem MultiProvider entwickelt werden. Um rasch Querys für die Kontrolle der Daten erstellen zu können, haben Sie dem Projektbenutzer für den BasisCube XVTBRGSD1 Berechtigung gegeben. Dort darf er nur Querys anlegen, und diese müssen das Präfix XVT_TEST_ haben.

Das sind aber nicht die einzigen Änderungen. Welche Berechtigungsobjekte müssen Sie noch anpassen oder neu aufnehmen? In der Transaktion SU24 (Berechtigungsvorlagen – Vorlagen ändern) finden Sie den Button Manuelle Eingabe. Mit diesem Button können Sie jederzeit Berechtigungsobjekte in die Vorlage einfügen.

▶ **Berechtigungsobjekte der Basis**

In Bereich der Basis benötigen wir folgende Änderungen an der Vorlage:

▶ *Berechtigungsobjekt S_TCODE*
Für dieses Berechtigungsobjekt sind bereits viele Werte vordefiniert. Es müssen nur einige hinzugefügt werden, um ein reibungsloses Arbeiten des Benutzers zu gewährleisten. Um dem Projektbenutzer das Arbeiten an Analyseberechtigungen zu ermöglichen, fügen Sie die Transaktionen RSEC* ein. Genauso werden die folgenden Transaktionen benötigt: LAST_SHORTDUMP, RSRT, RSRT2, RSTT, TPDA_CALL_EDITOR, TPDA_SE37_TEST, TPDA_START, TPDA_START_VERI, ST22, SM21, SM37, SM50, SM51, PFCG, SE13, SE16, SE11, SE37 und SE38.

▶ *Berechtigungsobjekt S_CTS_ADMI*
Für Objektanlagen benötigen Sie den TABL-Eintrag, mehr werden Sie im Transportumfeld nicht machen.

▶ *Berechtigungsobjekt S_RFC*
Für das Berechtigungsobjekt bleibt die Aktivität 16 und RFC_TYPE FUGR, dafür vergeben wir bei RFC_NAME die Gesamtberechtigung *.

▶ *Berechtigungsobjekt S_GUI*
Dieses Berechtigungsobjekt benötigen Sie mit den Aktivitäten 60 und 61.

▶ *Berechtigungsobjekt S_ADMI_FCD*
Für die Transaktion SM21 benötigen Sie das Objekt S_ADMI_FCD zusätzlich mit dem Wert SM21 und für die Transaktion ST01 mit den Werten ST0M, ST0R.

▶ *Berechtigungsobjekt S_TABU_DIS*
Für alle Berechtigungsgruppen benötigen Sie dieses Berechtigungsobjekt mit den Aktivitäten 02, 03 und BD.

▶ *Berechtigungsobjekt S_TABU_CLI*
Für die Pflege mandantenunabhängiger Tabellen benötigen Sie dieses Berechtigungsobjekt mit Gesamtberechtigung.

▶ *Berechtigungsobjekt S_DEVELOP*
Hier vergeben Sie Berechtigungen zur Entwicklung und zum Debuggen. Bei der Aktivität vergeben Sie 01, 02, 03, 06, 07, 16, 40 und 41, für die restlichen Felder vergeben wir die Gesamtberechtigung *.

▶ *Berechtigungsobjekt S_DATASET*
Dieses Berechtigungsobjekt werden Sie für Entwicklungen benötigen. Die Aktivitäten sind 33 und 34, für die Felder FILENAME und PROGRAM vergeben wir volle Berechtigung.

► *Berechtigungsobjekt S_USER_PRO*
Unser Projektbenutzer wird die Rollen der Reportingbenutzer erstellen und benötigt die Gesamtberechtigung * für das Profil, da Sie nur mit generierten Profilen und den Aktivitäten 01, 02, 03, 07 und 22 arbeiten.

Änderungsberechtigung im Debugger

Mit der zuvor genannten Kombination von Werten für das Berechtigungsobjekt S_DEVELOP erhält der Benutzer auch die Berechtigung, im Debugger Feldinhalte zu ändern. Das ist durch die Feldwerte »OBJTYPE = DEBUG« und »ACTVT = 02« gegeben. Auf dem Entwicklungssystem ist das von Vorteil, wenn man Entwicklungen testet. Auf dem Produktivsystem sollte bzw. darf ein Benutzer diese Ersetzungsberechtigung jedoch nicht haben. In diesen Fällen bietet es sich an, die Entwicklungsvorlage zu kopieren und für das Produktivsystem zu entschärfen, indem man die Ersetzungsberechtigung entfernt.

► *Berechtigungsobjekt S_USER_VAL*
Damit man den Benutzern die Werte im Profil auch zuordnen darf, vergeben Sie hier die Gesamtberechtigung auf das Objekt.

► *Berechtigungsobjekt S_USER_TCD*
Dieses Berechtigungsobjekt nehmen Sie ebenfalls mit auf und vergeben die Transaktion RRMX.

► *Berechtigungsobjekt S_USER_GRP*
Dieses Berechtigungsobjekt benötigt der Benutzer, um erstellte Rollen an andere Benutzer zu verteilen. Sie vergeben für das Feld CLASS wiederum »XVT« und die Aktivitäten 01, 02, 03, 06, 22 und 78.

► *Berechtigungsobjekt S_USER_AGR*
Sie möchten, dass Rollen mit dem Präfix XVT erstellt werden, daher ist der Benutzer für das Präfix XVT* und die Aktivitäten 01, 02, 03, 06, 22, 64, 68 und 78 berechtigt.

► **BW-Berechtigungsobjekte**
Für BW-Berechtigungsobjekte müssen Sie Folgendes an der Vorlage anpassen:

► *BW-Berechtigungsobjekt S_RSEC*
Damit Sie mit Berechtigungen arbeiten können, benötigen Sie das Objekt S_RSEC. Sie berechtigen den Entwickler mit einer Gesamtberechtigung auf dieses Berechtigungsobjekt.

▶ *BW-Berechtigungsobjekt S_RS_ADMWB*
Um Anwendungskomponenten für DataSources anlegen zu können, erweitern Sie dieses Berechtigungsobjekt mit der Aktivität 23 und dem Wert APPLCOMP für das Feld RSADMWBOBJ.

Zentrale Berechtigungsadministration

Gibt es im Unternehmen eine Gruppe, die zentral für die Erstellung und Vergabe von Berechtigungen verantwortlich ist, kann auf die Berechtigung für die Anlage von Analyseberechtigungen verzichtet werden. Aber auf jeden Fall sollten dem Benutzer Berechtigungen für die Erstellung und Analyse eines Berechtigungsprotokolls gegeben werden.

▶ *BW-Berechtigungsobjekt S_RS_DS*
Für DataSources erweitern Sie die Vorlage, indem Sie für das Teilobjekt DATA die Aktivitäten 03, 06 und 23 vergeben. Dafür schränken Sie den DataSource-Namen auf XVT* ein.

▶ *BW-Berechtigungsobjekt S_RS_RSTT*
Um dem Projektmitarbeiter die Möglichkeit zu geben, Traces über die Transaktion RSTT aufzuzeichnen, berechtigen Sie das Objekt S_RS_RSTT mit der Gesamtberechtigung * für alle Berechtigungsfelder.

▶ *BW-Berechtigungsobjekt S_RS_IOBC*
Der Benutzer wurde zusätzlich berechtigt, in der InfoArea X_BW_AUTH_TEST_AREA die InfoObject-Kataloge XAUTHCTEST und XAUTHKTEST zu erstellen.

▶ *BW-Berechtigungsobjekt S_RS_IOBJ*
Das Berechtigungsobjekt S_RS_IOBJ haben Sie bereits bei der Erstellung der Vorlage bearbeitet und auf die Vertriebsmerkmale und -kataloge eingeschränkt. Nun fügen Sie das Berechtigungsobjekt nochmals manuell ein. Es wird für die Erstellung der DSOs benötigt. Sie vergeben die Aktivität 03 auf das Merkmal 0RECORDMODE, die restlichen Felder werden auf Gesamtberechtigung * gesetzt.

▶ *BW-Berechtigungsobjekt S_RS_ODSO*
Hier ergänzen Sie für das Feld RSODSPART die Teilobjekte EXPORTISRC und CONFIG.

▶ *Analyseberechtigungen*
In der Transaktion RSECADMIN ordnen Sie dem Projektbenutzer die Analyseberechtigung 0BI_ALL zu, damit während der Entwicklung nicht unnötig Komplikationen mit den Analyseberechtigungen herrschen. Die Restriktion für andere Cubes erfolgt sowieso über S_RS_COMP.

Für unser Projekt und um den Vorgang der Anpassung exemplarisch zu zeigen, ist die Vorlage somit ausreichend geändert. Weitere Werte werden Sie nicht mehr verändern.

Eventuell weitere Änderungen in realen Projekten

In der Praxis wird es eventuell noch Änderungen in allen Bereichen geben. Für BW-Objekte werden vor allem noch Transformationen, DataSources etc. ebenfalls einer Namenskonvention unterliegen. Darauf gehen wir jedoch nicht näher ein.

Wir wollen Sie an dieser Stelle nur darauf hinweisen, damit Sie es im Hinterkopf behalten und bei der nächsten Implementierung berücksichtigen.

Was sind die nächsten Schritte für unseren USERPROJECT? Sie müssen eine Rolle anlegen, die Sie zuweisen können.

Rolle anlegen und zuweisen

Die notwendigen Schritte, um eine Rolle anzulegen, kennen Sie bereits aus Kapitel 1, »Analyseberechtigungen für Einsteiger: eine praktische Einführung«. In der Transaktion PFCG legen Sie die Rolle XVT_IMPLEMENTATION_ ADMIN (VERTRIEBSDATENMODELL IMPLEMENTIERUNG (ADMIN)) an. Sie erstellen ein neues Berechtigungsprofil für die Rolle und übernehmen darin unsere Vorlage. Automatisch werden dann alle Berechtigungsobjekte der Vorlage mit den entsprechenden Werten in das Profil eingefügt. Das zeigt Ihnen Abbildung 6.5. Sie müssen das Profil nur noch generieren und haben sonst keinen weiteren Pflegeaufwand.

Ändern von Rollen

Rolle	XVT_IMPLEMENTATION_ADMIN
Beschreibung	Vertriebs Datenmodell Implementierung (Admin)

Abbildung 6.5 Profilvorlage in der Rollenpflege eingefügt

Die Rolle weisen Sie unserem Benutzer nun zu und versehen sie mit einer kurzen Beschreibung (siehe Abbildung 6.6). Die Möglichkeit, hier Erklärungen in Form von Text anzugeben, sollte man unbedingt nutzen. Das werden Sie aber noch bei der Erstellung der Reportingbenutzer-Rollen sehen.

Für unsere Reportingbenutzer benötigen Sie ebenfalls noch Profilvorlagen. Doch diese werden Sie erst ein wenig später anlegen.

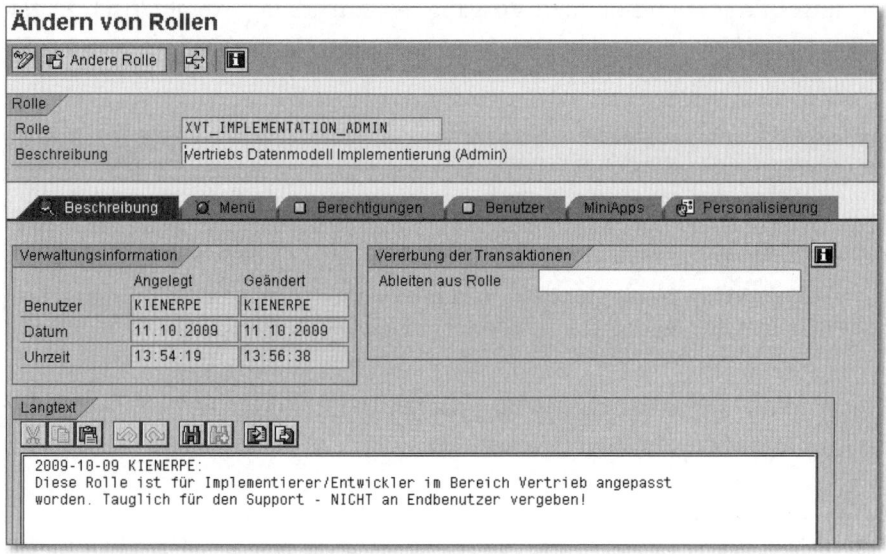

Abbildung 6.6 Beschreibung der Entwicklerrolle

Datenmodell anlegen

Nun können Sie sich mit dem Benutzer USERPROJECT am System anmelden und beginnen, das Datenmodell umzusetzen. An erster Stelle stehen die InfoObjects.

InfoObjects

Sie gehen dazu in die Transaktion RSA1 (MODELLIERUNG – INFOOBJECTS). Dem Projektentwickler haben Sie die InfoArea bereits vorgegeben, dies ist INFOAREA FÜR BW-BERECHTIGUNGSMODELLE (X_BW_AUTH_TEST_AREA). Sie beginnen nun damit, in der InfoArea die InfoObject-Kataloge für Kennzahlen und Merkmale anzulegen.

Kennzahlen und Merkmale

Als nächsten Schritt legen Sie die Kennzahlen und Merkmale gemäß der Definition in Anhang C an. Abbildung 6.7 zeigt, wie Ihre Kataloge fertig aussehen.

BasisCube

Damit können Sie nun den BasisCube XVTBRGSD1 anlegen. In der Transaktion RSA1 (MODELLIERUNG – INFOPROVIDER) legen Sie den Cube in Ihrer InfoArea mit der Bezeichnung und den Eigenschaften aus Abbildung 6.8 an.

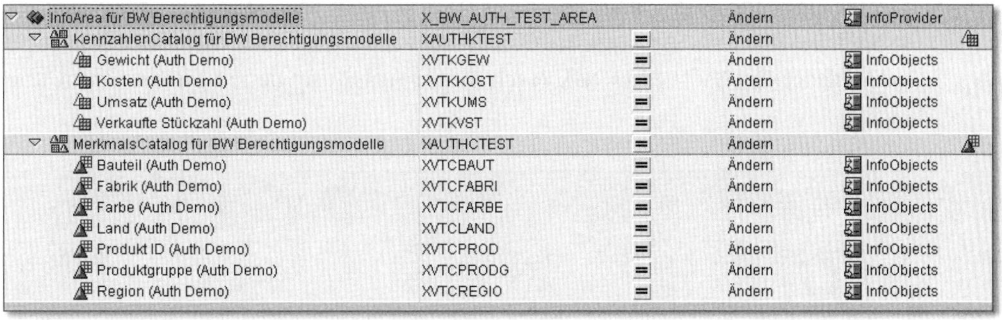

▽ ◈ InfoArea für BW Berechtigungsmodelle	X_BW_AUTH_TEST_AREA		Ändern	▦ InfoProvider
▽ ▦ KennzahlenCatalog für BW Berechtigungsmodelle	XAUTHKTEST	=	Ändern	▦
▦ Gewicht (Auth Demo)	XVTKGEW	=	Ändern	▦ InfoObjects
▦ Kosten (Auth Demo)	XVTKKOST	=	Ändern	▦ InfoObjects
▦ Umsatz (Auth Demo)	XVTKUMS	=	Ändern	▦ InfoObjects
▦ Verkaufte Stückzahl (Auth Demo)	XVTKVST	=	Ändern	▦ InfoObjects
▽ ▦ MerkmalsCatalog für BW Berechtigungsmodelle	XAUTHCTEST	=	Ändern	▦
▦ Bauteil (Auth Demo)	XVTCBAUT	=	Ändern	▦ InfoObjects
▦ Fabrik (Auth Demo)	XVTCFABRI	=	Ändern	▦ InfoObjects
▦ Farbe (Auth Demo)	XVTCFARBE	=	Ändern	▦ InfoObjects
▦ Land (Auth Demo)	XVTCLAND	=	Ändern	▦ InfoObjects
▦ Produkt ID (Auth Demo)	XVTCPROD	=	Ändern	▦ InfoObjects
▦ Produktgruppe (Auth Demo)	XVTCPRODG	=	Ändern	▦ InfoObjects
▦ Region (Auth Demo)	XVTCREGIO	=	Ändern	▦ InfoObjects

Abbildung 6.7 Kennzahlen und Merkmale für Berechtigungsmodelle

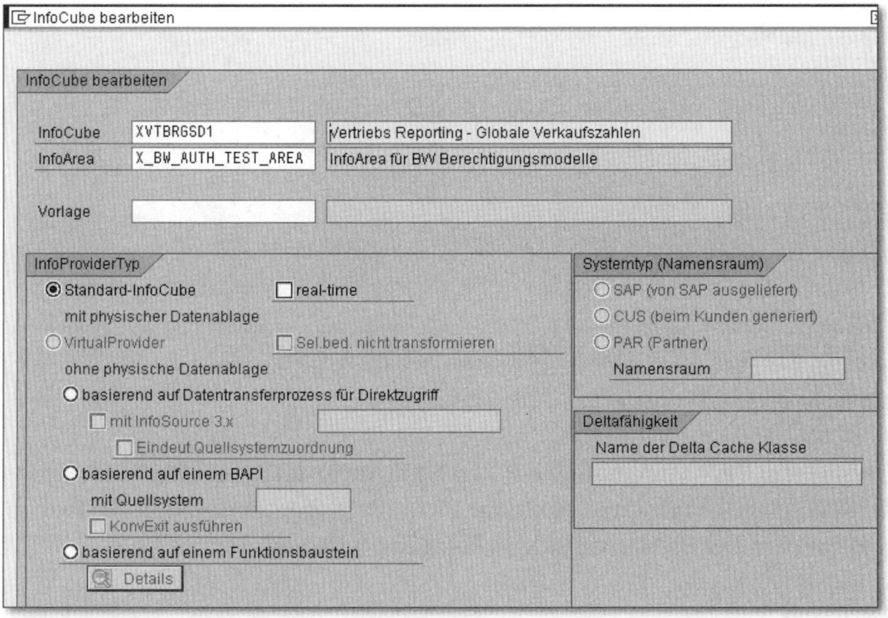

Abbildung 6.8 BasisCube XVTBRGSD1 anlegen

Ihr BasisCube ist somit ein simpler Standard-InfoCube ohne besondere Eigenschaften. Nun müssen Sie die benötigten Merkmale aufnehmen und unsere Dimensionen bilden. Wie die Abbildung 6.9 zeigt, haben Sie – abgesehen von der obligaten Paket-, Zeit- und Einheitendimension – zusätzlich noch die Dimensionen PRODUKT und LAND.

Im Anhang finden Sie eine Erklärung, wie Sie diesen und die weiteren Basis-Cubes mittels der unter *www.sap-press.de* hinterlegten XML-Dateien in Ihr System einspielen können. In Ihrem Cube haben Sie zwei Navigationsattri-

bute, die beide angeschaltet sind. Es sind dies die BAUTEILFARBE (XVTCBAUT_
_XVTCFARBE) als Attribut zum Merkmal »Bauteil« und die Produktgruppe
(XVTCPROD_XVTCPRODG). Nach dieser Anleitung bauen Sie den InfoCube
auf.

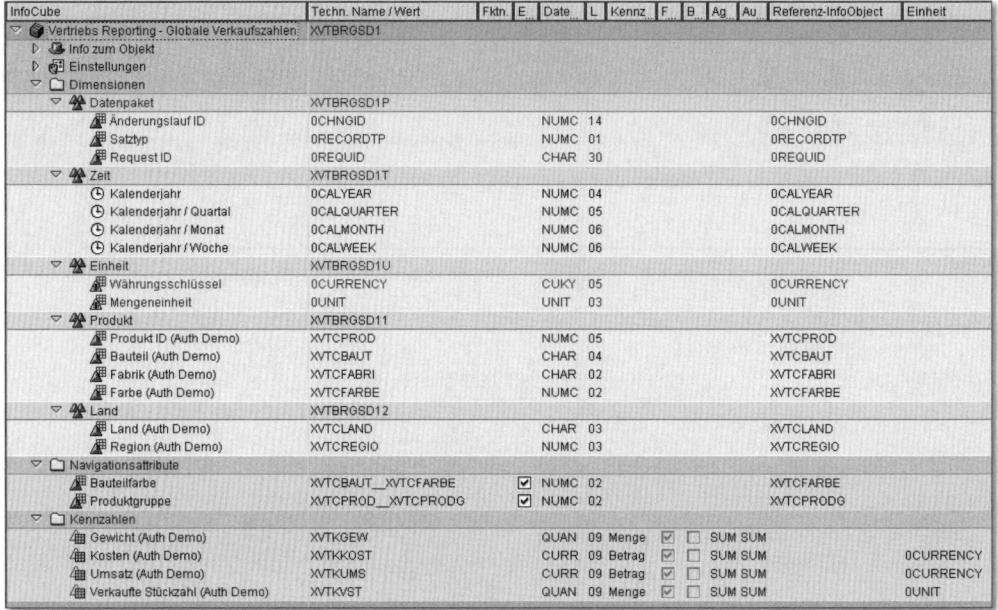

InfoCube	Techn. Name / Wert	Fktn.	E	Date	L	Kennz	F	B	Ag	Au	Referenz-InfoObject	Einheit
▽ 🌐 Vertriebs Reporting - Globale Verkaufszahlen	XVTBRGSD1											
▷ 📖 Info zum Objekt												
▷ 📑 Einstellungen												
▽ 🗀 Dimensionen												
▽ 🔩 Datenpaket	XVTBRGSD1P											
📋 Änderungslauf ID	0CHNGID			NUMC	14						0CHNGID	
📋 Satztyp	0RECORDTP			NUMC	01						0RECORDTP	
📋 Request ID	0REQUID			CHAR	30						0REQUID	
▽ 🔩 Zeit	XVTBRGSD1T											
🕐 Kalenderjahr	0CALYEAR			NUMC	04						0CALYEAR	
🕐 Kalenderjahr / Quartal	0CALQUARTER			NUMC	05						0CALQUARTER	
🕐 Kalenderjahr / Monat	0CALMONTH			NUMC	06						0CALMONTH	
🕐 Kalenderjahr / Woche	0CALWEEK			NUMC	06						0CALWEEK	
▽ 🔩 Einheit	XVTBRGSD1U											
📋 Währungsschlüssel	0CURRENCY			CUKY	05						0CURRENCY	
📋 Mengeneinheit	0UNIT			UNIT	03						0UNIT	
▽ 🔩 Produkt	XVTBRGSD11											
📋 Produkt ID (Auth Demo)	XVTCPROD			NUMC	05						XVTCPROD	
📋 Bauteil (Auth Demo)	XVTCBAUT			CHAR	04						XVTCBAUT	
📋 Fabrik (Auth Demo)	XVTCFABRI			CHAR	02						XVTCFABRI	
📋 Farbe (Auth Demo)	XVTCFARBE			NUMC	02						XVTCFARBE	
▽ 🔩 Land	XVTBRGSD12											
📋 Land (Auth Demo)	XVTCLAND			CHAR	03						XVTCLAND	
📋 Region (Auth Demo)	XVTCREGIO			NUMC	03						XVTCREGIO	
▽ 🗀 Navigationsattribute												
📋 Bauteilfarbe	XVTCBAUT_XVTCFARBE	☑		NUMC	02						XVTCFARBE	
📋 Produktgruppe	XVTCPROD_XVTCPRODG	☑		NUMC	02						XVTCPRODG	
▽ 🗀 Kennzahlen												
🔢 Gewicht (Auth Demo)	XVTKGEW			QUAN	09	Menge	☑	☐	SUM	SUM		0UNIT
🔢 Kosten (Auth Demo)	XVTKKOST			CURR	09	Betrag	☑	☐	SUM	SUM		0CURRENCY
🔢 Umsatz (Auth Demo)	XVTKUMS			CURR	09	Betrag	☑	☐	SUM	SUM		0CURRENCY
🔢 Verkaufte Stückzahl (Auth Demo)	XVTKVST			QUAN	09	Menge	☑	☐	SUM	SUM		0UNIT

Abbildung 6.9 Detailsicht des BasisCubes XVTBRGSD1

Da in jedem BW-Datenmodell das Reporting nicht auf einem BasisCube, sondern auf einem MultiCube liegt, um für Änderungen am Modell flexibel zu
sein, werden Sie als Nächstes den MultiCube aufbauen.

MultiCube

Dazu legen Sie in Ihrer InfoArea den MultiCube XVTMGSD1 (VERTRIEBSRE-
PORTING – GLOBALE VERKAUFSZAHLEN) an. Bei der Anlage geben Sie im Pop-up
MULTIPROVIDER: BETEILIGTE INFOPROVIDER auf der Registerkarte INFOCUBES
Ihren BasisCube XVTBRGSD1 an und sonst keine weiteren Datenziele.

Der MultiCube ist ein 1:1-Abbild des BasisCubes (siehe Abbildung 6.10). Auf
der linken Seite sehen Sie den BasisCube als Quelle und auf der rechten Seite
unseres neu angelegten MultiProvider. Sie übernehmen alle Merkmale und
Kennzahlen des BasisCubes und aktivieren wiederum die beiden Navigationsattribute. Somit ist Ihr MultiProvider angelegt, und Sie müssen nur noch
die Merkmale identifizieren. Dies ist ein leichtes Unterfangen, da Sie nur

einen BasisCube als Quelle haben. Somit werden Ihnen keine Mapping-Probleme entstehen.

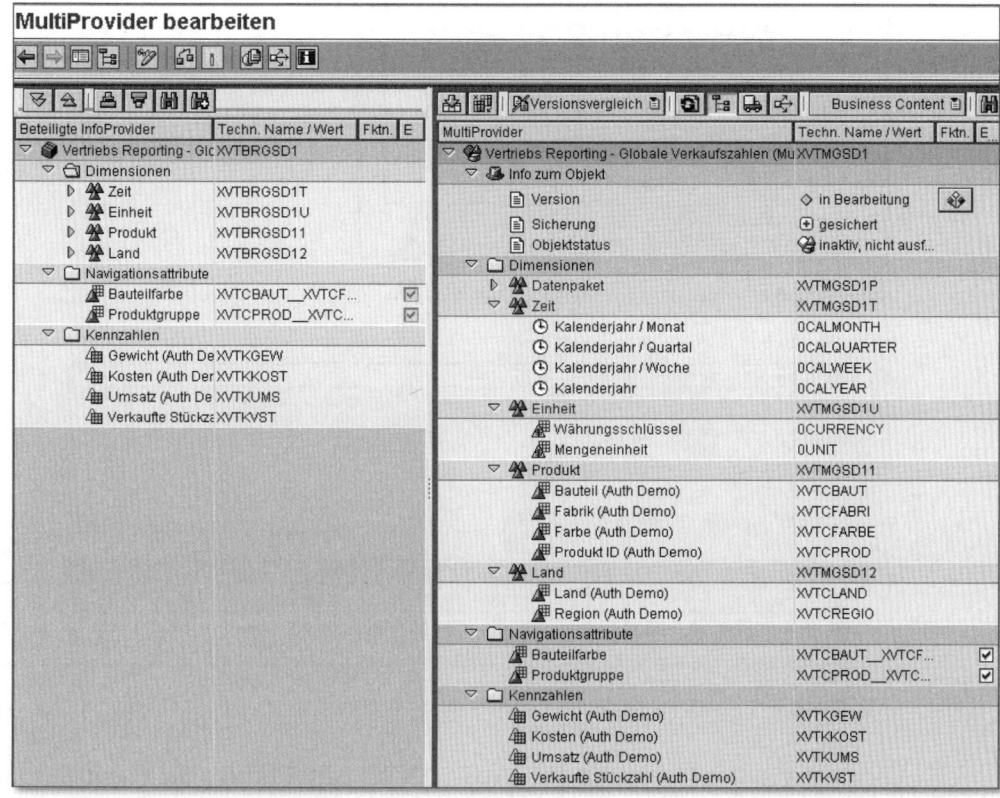

Abbildung 6.10 Details zum MultiProvider XVTMGSD1

Wie nehmen Sie das Mapping vor? Sie gehen dazu auf das erste Merkmal der Zeitdimension, in diesem Fall ist das 0CALMONTH, und gelangen mit der rechten Maustaste zum Kontextmenü, in dem Sie IDENTIFIZIEREN (ZUORDNEN) auswählen – siehe Abbildung 6.11.

Wie gesagt, ordnen Sie alle Merkmale 1:1 der möglichen Quelle zu. Einzig das Merkmal XVTCFARBE (FARBE (AUTH DEMO)) bietet die Möglichkeit, es direkt aus dem InfoObject XVTCFARBE oder dem Navigationsattribut XVTCBAUT__XVTCFARBE der BAUTEILFARBE zu füllen. Aus den im BasisCube gebuchten Bewegungsdaten kommt die Farbe der PRODUKT-ID (AUTH DEMO) und nicht jene der Bauteile, daher machen Sie auch hier ein 1:1-Mapping, wie Abbildung 6.12 zeigt.

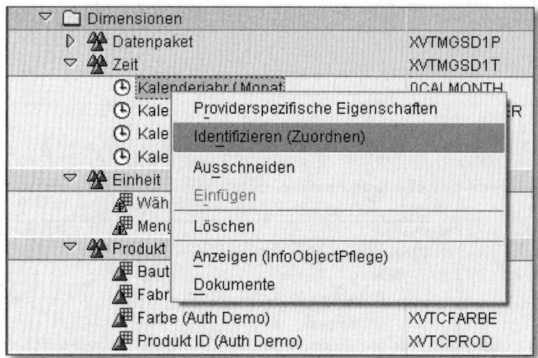

Abbildung 6.11 Merkmale am MultiProvider mappen

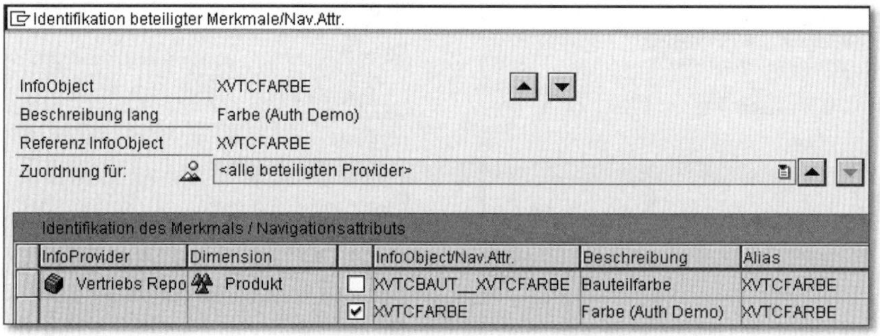

Abbildung 6.12 Mapping des Merkmals »Produkt« am MultiCube

Beim Navigationsattribut XVTCBAUT__XVTCFARBE führen Sie ebenfalls ein 1:1-Mapping durch, es kommt somit aus dem Navigationsattribut.

Im Anschluss an die Merkmale müssen nun auch die Kennzahlen im Multi-Provider gemappt werden. Über das Kontextmenü wird für eine Kennzahl SELEKTIEREN (ZUORDNEN) ausgewählt. Es werden alle Kennzahlen in den MultiProvider übernommen. Langsam füllt sich Ihre InfoArea für die Berechtigungsmodelle, wie die folgende Abbildung 6.13 zeigt.

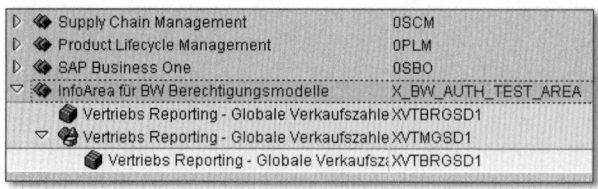

Abbildung 6.13 InfoCubes in der InfoArea für Berechtigungsmodelle

Damit hätten Sie nun das richtige Setup, um sich nun dem eigentlich interessanten Thema, den Berechtigungen, zu widmen.

Notwendige Analyseberechtigungen

Wie sieht es nun mit der Verteilung der berechtigungsrelevanten Merkmale in unserem Datenmodell aus? Einen Überblick darüber, welche berechtigungsrelevanten Merkmale wir für unser Datenmodell verwenden, gibt uns Tabelle 6.1:

Technischer Name	Bezeichnung	Anmerkung
XVTCFABRI	Fabrik	Merkmal im MultiCube
XVTCLAND	Land	Merkmal im MultiCube und geklammert an XVTCREGIO
XVTCPROD	Produkt-ID	Merkmal im MultiCube
XVTCREGIO	Region	Merkmal im MultiCube und mit XVTC-LAND geklammert
XVTCPRODG	Produktgruppe	Das Merkmal ist nicht berechtigungsrelevant, aber als Navigationsattribut zu XVTCPROD am MultiCube zur Berechtigungsprüfung angeschaltet.

Tabelle 6.1 Berechtigungsrelevante Merkmale

Im unserem ersten Modell wollen Sie ohne Analyseberechtigungen auskommen. Ganz ist das natürlich nicht möglich, denn wenn in einem BW-7.0-System ein Merkmal berechtigungsrelevant geschaltet ist, wird es auch geprüft. Zuerst stellt sich vermutlich die Frage, warum die Merkmale überhaupt berechtigungsrelevant geschaltet sind, wenn sowieso keine Analyseberechtigungen angelegt werden? Diese Frage hat natürlich absolute Berechtigung.

Nehmen wir einmal an, die Merkmale sind nicht erst für dieses Projekt angelegt worden, sondern werden bereits für bestehende Applikationen genutzt. Ist dies der Fall, dann kann man bei einem neuen Datenmodell mit diesen Merkmalen die Berechtigungsrelevanz nicht wieder wegnehmen. Es ist aber auch nicht zwingend notwendig, für das neue Modell die Benutzer über Analyseberechtigungen einzuschränken. Man kann dies z.B. umgehen, indem man sich für sein neues Datenmodell seine eigene 0BI_ALL-Analyseberechtigung schafft. Wie das gemeint ist, werden Sie sofort sehen.

Sie gehen mit dem Projektbenutzer in die Transaktion RSECADMIN und legen über BERECHTIGUNGEN • PFLEGE eine neue Analyseberechtigung mit dem technischen Namen »XVT_BI_ALL« und der Beschreibung »Vertrieb Gesamtberechtigung« an. Tabelle 6.2 zeigt Ihnen, wie die Analyseberechtigung in der Transaktion RSCEADMIN aufgebaut ist.

Merkmal	Wert
0TCAACTVT	03
0TCAIPROV	XVTMGSD1
0TCAVALID	*
XVTCFABRI	*
XVTCLAND	*
XVTCPROD	*
XVTCPROD__XVTCPRODG	*
XVTCREGIO	*

Tabelle 6.2 Analyseberechtigung XVT_BI_ALL

Wie leicht zu erkennen ist, haben Sie genau für Ihren InfoProvider, den MultiCube XVTMGSD1, eine Analyseberechtigung, die 0BI_ALL gleicht, erstellt. Sie gilt nur für das Reporting (lesend auf die Daten zugreifen) über Ihren MultiProvider, ansonsten für keinen anderen InfoCube. Die Gültigkeit und alle anderen berechtigungsrelevanten Merkmale haben Sie mit Hilfe des Sterns (*) voll berechtigt (Gesamtberechtigung). Durch die Einschränkung des Merkmals 0TCAIPROV wenden Sie somit an dieser Stelle ein InfoProvider-basiertes Konzept an. Mit dieser Analyseberechtigung hat kein Anwender ein Problem, auf den MultiCube zu reporten, solange er über ausreichende Standardberechtigungen verfügt. Dazu erhalten Sie wenig später mehr Informationen.

Die Analyseberechtigung XVT_BI_ALL ist für Ihre Reportingbenutzer gedacht. Diesen ordnen Sie die Berechtigung etwas später über die noch zu erstellenden Rollen zu.

Querys, Arbeitsmappen und Reportingbenutzer-Berechtigungen erstellen

Nun haben Sie mit dem Datenmodell im System die Voraussetzung geschaffen, um mit den Reportingberechtigungen beginnen zu können. Überlegen Sie sich, wie die Benutzer auf die Daten zugreifen sollen.

Reportingbenutzer

Sie haben drei unterschiedliche Reportingbenutzer: USERCHIEF, den Power-User, USER_DE, den Vertriebsbeauftragten für Deutschland, und USER_ES, den Vertriebsbeauftragten für Spanien.

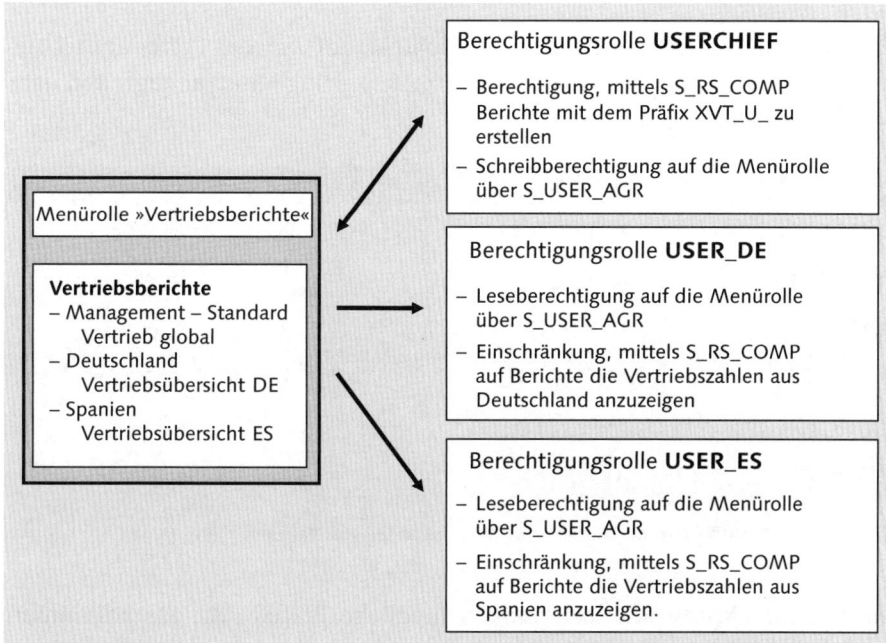

Berechtigungsrolle USERCHIEF

– Berechtigung, mittels S_RS_COMP Berichte mit dem Präfix XVT_U_ zu erstellen
– Schreibberechtigung auf die Menürolle über S_USER_AGR

Menürolle »Vertriebsberichte«

Vertriebsberichte
– Management – Standard
  Vertrieb global
– Deutschland
  Vertriebsübersicht DE
– Spanien
  Vertriebsübersicht ES

Berechtigungsrolle USER_DE

– Leseberechtigung auf die Menürolle über S_USER_AGR
– Einschränkung, mittels S_RS_COMP auf Berichte die Vertriebszahlen aus Deutschland anzuzeigen

Berechtigungsrolle USER_ES

– Leseberechtigung auf die Menürolle über S_USER_AGR
– Einschränkung, mittels S_RS_COMP auf Berichte die Vertriebszahlen aus Spanien anzuzeigen.

Abbildung 6.14 Modell für Standardberechtigungen – MultiProvider XVTMGSD1

Abbildung 6.14 gibt Ihnen einen Überblick dazu, wie letztendlich das Reporting aufgebaut sein soll. Für unser Modell benötigen Sie eine *Menürolle*, die durch die Projektmitarbeiter erstellt wird. In dieser Menürolle werden unterschiedliche Berichte hinterlegt. Es handelt sich hierbei um Standardberichte, die nicht von den Benutzern erstellt, sondern im Rahmen des Projekts aufgebaut wurden. Wie normalerweise bei jeder Implementierung werden schon vor oder während des Projekts Standardberichte definiert, die dann automatisch mit dem Go-live ausgerollt werden. Zusätzlich zu den Standardberichten haben Sie auch benutzerspezifische Berichte, die nur bestimmte Sichten auf die Daten wiedergeben. In diesem Fall sind die betroffenen Benutzer die beiden Vertriebsbeauftragten aus unterschiedlichen Ländern.

Unser Power-User darf auf die Menürolle zugreifen und diese auch ändern – was der Doppelpfeil in Abbildung 6.14 verdeutlichen soll. Es ist dem Benutzer gestattet, Standardberichte auszuführen und benutzerspezifische Berichte zu erstellen. Diese darf er wiederum den Benutzern über das Rollenmenü zur Verfügung stellen. Damit Struktur in Ihre Menürolle kommt und die Benutzer sofort wissen, wo sie ihre berechtigten Berichte finden, werden Sie mit Ordnern arbeiten. Wir beginnen im Folgenden nun mit der Anlage der Menürolle und der Berichte.

Rufen Sie sich nochmals kurz ins Gedächtnis, auf welches Präfix des technischen Namens einer Query welcher Ihrer Reportingbenutzer zugreifen darf. Sehen Sie sich dazu Tabelle 6.3 an.

Benutzer	Präfix	Anzeige	Änderung
USERCHEF	XVT_V_*	X	–
USERCHEF	XVT_U_*	X	X
USER_DE	XVT_V_DE*	X	–
USER_DE	XVT_U_DE_*	X	–
USER_ES	XVT_V_ES*	X	–
USER_ES	XVT_U_ES_*	X	–

Tabelle 6.3 Benutzerberechtigungen auf technische Query-Namen

Sie kommen somit auf sechs unterschiedliche Präfixe, die Sie kombiniert berechtigen müssen:

- XVT_V_* – Vorlage- oder Standardberichte, die bei der Implementierung des Projekts erstellt wurden und die von keinem Reportingbenutzer geändert werden sollen
- XVT_V_DE_* – Standardberichte, bereits auf Deutschland eingeschränkt
- XVT_V_ES_* – Standardberichte, bereits auf Spanien eingeschränkt
- XVT_U_* – benutzerspezifische Berichte, die der Power-User für die Erstellung der länderspezifischen Berichte benötigt
- XVT_U_DE_* – benutzerspezifische Berichte, bereits auf Deutschland eingeschränkt
- XVT_U_ES_* – benutzerspezifische Berichte, bereits auf Spanien eingeschränkt

In der Transaktion PFCG legt Ihr Benutzer USERPROJECT eine Rolle mit dem technischen Namen XVT_REPORTING_MENUE und der Beschreibung »Globales Salesdaten-Reporting des Vertriebs« an und speichert diese. Im

Anschluss fügen Sie eine Beschreibung der Rolle hinzu. Mit dieser Beschreibung können Sie kurz die Idee des Reporting- und Datenmodells festhalten. Damit wird es in Zukunft für die Wartung einfacher, den Sinn und Inhalt der Rollen rasch wiederzufinden. Abbildung 6.15 zeigt diese Beschreibung.

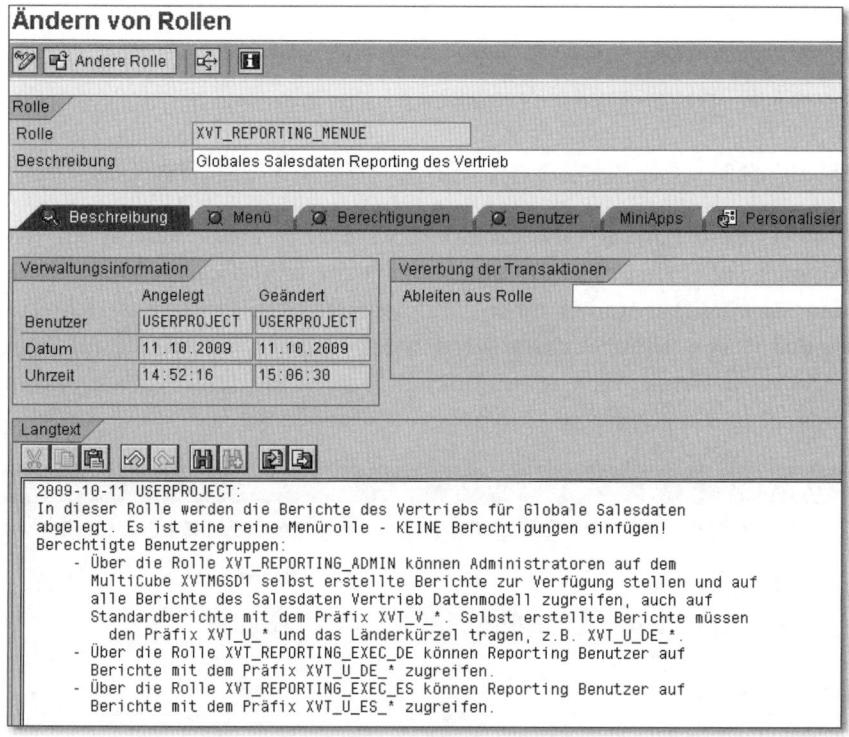

Abbildung 6.15 Beschreibung der Menürolle des Vertriebs

Im nächsten Schritt fügen Sie das Rollenmenü, wie in Abbildung 6.14 beschrieben, ein. Dazu gehen Sie im Bearbeitungsmodus der Rollenpflege auf die Registerkarte MENÜ. Dort klicken Sie auf den Button 🗀, um einen Ordner anzulegen. Nun legen Sie alle Ordner an, die Sie für die Struktur in unserem Menü benötigen, und sollten am Ende ein Bild wie in Abbildung 6.16 erhalten.

Sie speichern die Rolle ab und ordnen sie unserem Benutzer USERPROJECT zu. Damit wäre die erste Hürde genommen, und Sie können beginnen, die Berichte anzulegen und in Ihr Rollenmenü einzufügen.

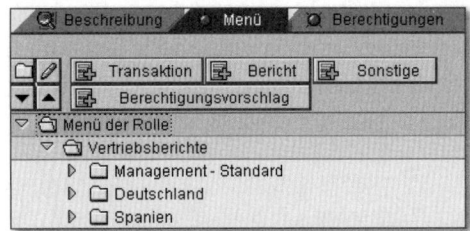

Abbildung 6.16 Ordnerstruktur der Menürolle

Querys anlegen

Welche Berichte möchten Sie Ihren Benutzern nun zur Verfügung stellen und in welchem Format? Standardisiert wird es je einen Bericht für das Management über Deutschland und Spanien geben, für die einzelnen Länder werden Sie ebenfalls immer einen landesspezifischen Vertriebsbericht zur Verfügung stellen. Diese Berichte werden Arbeitsmappen sein, die auf Standard-Querys basieren. Welche technischen Namen Sie dafür wählen und in welchen Ordner die Berichte kommen, zeigt Tabelle 6.4.

Query-ID	Bezeichnung	Ordner
XVT_V_OVERVIEW_01	Überblick DE/ES	Management – Standard
XVT_V_DE_OVERVIEW	Überblick Deutschland	Deutschland
XVT_V_ES_OVERVIEW	Überblick Spanien	Spanien

Tabelle 6.4 Anzulegende Standardberichte

Sie öffnen den BEx Analyzer und melden sich am System an. Über die BEx Analyzer-Menüleiste wählen Sie EXTRAS • NEUE QUERY ANLEGEN und gelangen in den Query Designer. Dort klicken Sie auf den Button □, um eine neue Query anzulegen. Sie suchen unseren MultiProvider XVTMGSD1 und wählen ÖFFNEN.

Der erste Bericht, den Sie anlegen, ist der Management-Bericht. Der Aufbau dieses Berichts wird sehr einfach sein, da wir an keiner komplexen Query-Definition interessiert sind, sondern uns auf die Namensräume, Rollen und deren Zusammenspiel mit den Berechtigungen konzentrieren wollen. Den Aufbau der Querys und deren Einschränkungen zeigen wir anhand von Tabellen, da eine Darstellung über Screenshots recht umständlich ist. Tabelle 6.5 stellt die schematische Darstellung Ihrer ersten Query XVT_V_OVERVIEW_01 für das Management dar.

Filterbereich	Selektion
0CALYEAR – Kalenderjahr	2008, 2009
XVTCLAND – Land (Auth Demo)	DE, ES
Freie Merkmale	
0CALYEAR – Kalenderjahr	
Zeilen	
XVTCLAND – Land (Auth Demo)	
XVTCPROD__XVTCPRODG – Produktgruppe	
XVTCPROD – Produkt ID (Auth Demo)	
Spalten	
XVTKUMS – Umsatz (Auth Demo)	
XVTKVST – Verkaufte Stückzahl	
XVTKKOST – Kosten (Auth Demo)	

Tabelle 6.5 Aufbau der Query XVT_V_OVERVIEW_01

Wenn die Query fertig definiert ist, speichern Sie sie im Query Designer unter QUERY • SPEICHERN ALS... mit dem technischen Namen XVT_V_OVERVIEW_01 und der Beschreibung »Überblick DE/ES« ab. Ihre erste Query ist nun bereit, ausgeführt und in einer Arbeitsmappe gespeichert zu werden.

Arbeitsmappen anlegen

Wenn Sie die Query ausführen, erhalten Sie ein Bild wie in Abbildung 6.17. Der Manager sieht sofort die gewünschten Kennzahlen und Merkmale für die Länder DE und ES – ein Aufriss, der für die Vertriebsbeauftragten der Länder nicht geeignet ist. Doch bevor Sie darüber nachdenken, wie deren Berichte aussehen, speichern Sie die Query als Arbeitsmappe in das Rollenmenü, das Sie zuvor angelegt haben. Vorher stellen Sie die Arbeitsmappen auf AUTOMATISCHES AUFFRISCHEN beim Öffnen. Damit prüft das System bei jedem Öffnen der Arbeitsmappe, ob neue Daten für den Bericht im System verfügbar sind.

Dazu klicken Sie auf den Button ⊞ (ARBEITSMAPPENEINSTELLUNGEN) in der BEx Design Toolbox. Dieses Verhalten sollten Sie bei jeder Arbeitsmappe, die Sie anlegen, einstellen.

Überblick DE/ES					

Autor USERPROJECT · **Aktualität der Daten** 11.10.2009 20:35:59

Chart	Filter	Information

Table

Land (Auth Demo)	Produktgruppe	Produkt ID (Auth Dem	Umsatz (Auth Demo)	Verkaufte Stückzahl	Kosten (Auth Demo)
Deutschland	Stühle	Esstischstuhl Holz	40.259.131,81 EUR	37.233 ST	64.502.440,11 EUR
		Esstischstuhl Metall	18.933.083,97 EUR	18.330 ST	32.314.175,01 EUR
		Klappstuhl	16.394.802,52 EUR	15.084 ST	36.014.257,62 EUR
		Ergebnis	75.587.018,30 EUR	70.647 ST	132.830.872,74 EUR
	Tische	Esstisch Massivholz	92.977.593,63 EUR	89.111 ST	17.111.861,10 EUR
		Esstisch Glas	55.141.116,22 EUR	67.877 ST	45.816.735,13 EUR
		Couchtisch	29.411.621,19 EUR	26.334 ST	45.805.112,65 EUR
		Ergebnis	177.530.331,04 EUR	183.322 ST	108.733.708,88 EUR
	Ergebnis		253.117.349,34 EUR	253.969 ST	241.564.581,62 EUR
Spanien	Stühle	Esstischstuhl Holz	257.837,78 EUR	19.366 ST	347.114,32 EUR
		Esstischstuhl Metall	286.539,21 EUR	24.742 ST	381.813,40 EUR
		Ergebnis	544.376,99 EUR	44.108 ST	728.927,72 EUR
	Tische	Esstisch Massivholz	348.205,56 EUR	29.021 ST	53.814,55 EUR
		Esstisch Glas	368.232,27 EUR	27.106 ST	253.961,19 EUR
		Couchtisch	177.230,04 EUR	15.918 ST	246.100,07 EUR
		Ergebnis	893.667,87 EUR	72.045 ST	553.875,81 EUR
	Ergebnis		1.438.044,86 EUR	116.153 ST	1.282.803,53 EUR
Gesamtergebnis			254.555.394,20 EUR	370.122 ST	242.847.385,15 EUR

Abbildung 6.17 Initialer Aufriss der Management-Query

Um die Querys als Arbeitsmappen abzuspeichern, wählen Sie in der Symbolleiste BEX ANALYZER • ARBEITSMAPPE SPEICHERN UNTER... Im Pop-up ARBEITSMAPPE SPEICHERN, das nun erscheint, klicken Sie auf den Button ROLLEN, falls dieser noch nicht markiert ist. Dort finden Sie Ihre selbstdefinierte Rolle GLOBALES SALESDATEN-REPORTING DES VERTRIEBS. Sie folgen dem Ordner VERTRIEBSBERICHTE, dann sehen Sie – wie in Abbildung 6.18 dargestellt – Ihre selbstdefinierten Ordner. Leider ist die Reihenfolge nicht wie in der Transaktion PFCG definiert, sondern alphabetisch.

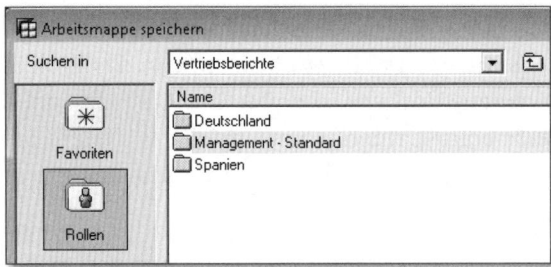

Abbildung 6.18 Arbeitsmappe in das Rollenmenü speichern

Sie öffnen nun den Ordner MANAGEMENT – STANDARD und speichern dort die Arbeitsmappe mit derselben Beschreibung wie auch die Query ÜBER-BLICK DE/ES. Somit ist Ihr erster Bericht für die Benutzer fertig.

Nun wollen Sie die beiden restlichen Querys für Deutschland und Spanien anlegen. Im Gegensatz zu der Management-Query werden Sie bei den beiden benutzerspezifischen Querys jeweils das Land auf DE oder ES im Filterbereich einschränken. Auch nehmen Sie das Land aus dem Aufriss, da sowieso nur auf eines gefiltert ist. Die technischen Namen und Bezeichnungen werden Sie wie in Tabelle 6.4 vergeben.

Sie erhalten somit ein kompaktes Query-Ergebnis für die Reportingbenutzer – siehe Abbildung 6.19. Dort sehen Sie auch, wie unsere Ordnerstruktur final in der Rollenpflege aussieht. Die drei Arbeitsmappen befinden sich in den dafür vorgesehenen Ordnern. Damit haben Sie alle Standardreports, die vorgesehen waren, angelegt.

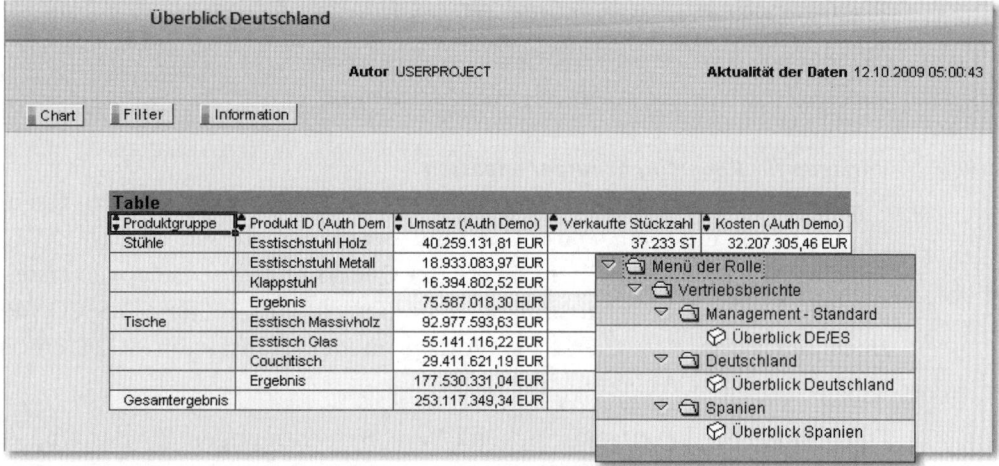

Abbildung 6.19 Reportingbenutzer-Query und Rollenmenü

Was jetzt noch fehlt, sind die Berechtigungsrollen der Reportingbenutzer. Diese werden wir jetzt in Anschluss anlegen. Danach stehen noch die Tests dazu an, ob die Berechtigungen der Benutzer den Anforderungen entsprechen. Wenn auch dieser Punkt erledigt ist, haben Sie das Projekt erfolgreich abgeschlossen.

Berechtigungen für Reportingbenutzer

Die Berechtigungen der Reportingbenutzer werden Sie basierend auf der SAP-Vorlage S_RS_RREPU (BI-ROLLE: REPORTING USER) aufbauen. Diese kopieren Sie sich einmal auf folgende neue Vorlage: XVT_REPORTING_ADMIN (VERTRIEB REPORTING (ADMIN)).

Die neue Vorlage werden Sie für den Query-Administrator anpassen. Dach werden Sie sie nochmals kopieren und daraus die Vorlage für die Reportingbenutzer bauen. Wie Ihnen Abbildung 6.20 zeigt, werden Sie am Ende drei Vorlagen für Ihre Benutzer erstellt haben.

Vorlage	Text zur Vorlage
S_RS_TTXTD	BI: Text Delta Transfer aktivieren
S_RS_TWBEX	BI: Data Warehousing Workbench ausführen
S_RS_WDS	BI: Anlegen von Web Service DataSources
XVT_DESIGN_ADMIN	Vertriebs Datenmodell Implementierung (Admin)
XVT_REPORTING_ADMIN	Vertrieb Reporting (Admin)
XVT_REPORTING_EXEC	Vertrieb Reporting (Execute)

(Wählen Sie eine Vorlage aus)

Abbildung 6.20 Vorlagen der verschiedenen Benutzertypen

Vorlagen für Reportingbenutzer anpassen

Nun gehen Sie daran, die Vorlagen für die Reportingbenutzer anzupassen. Sie beginnen mit dem *Power-User* und bearbeiten dessen Vorlage XVT_REPORTING_ADMIN. Da der Power-User Querys und Arbeitsmappen erstellen soll, benötigt er recht umfangreiche Berechtigungen für S_RS_COMP. Doch sehen Sie sich zuerst die Vorlage in der Transaktion SU24 etwas genauer an (siehe Abbildung 6.21).

Dort finden Sie bereits ausreichend Basis-Berechtigungen für das Objekt S_RFC. Darin sind die BW-RFC-Gruppen aufgeführt, die über den BEx Analyzer oder das SAP NetWeaver Portal aufgerufen werden. Für das Objekt S_TCODE ist die Transaktion RRMX (Aufruf des BEx Analyzers) bereits voreingestellt. Für das Arbeiten mit Query-Elementen finden Sie auch das Objekt S_RS_COMP. Was Sie aber vermissen, ist das Objekt S_RS_COMP1, das Sie unbedingt brauchen werden. Doch beginnen wir mit dem Objekt S_RS_COMP. Dafür kennen Sie bereits Ihre technischen Query-Namen und wissen, worauf Sie einschränken müssen.

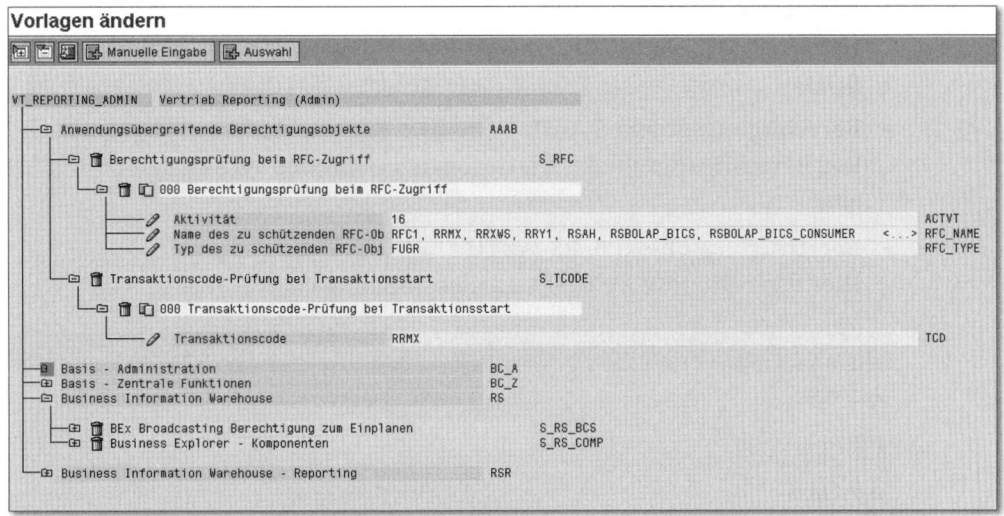

Abbildung 6.21 Berechtigungsvorlage des Power-Users

An der Vorlage des Power-Users nehmen Sie folgende Einschränkung vor:

▶ **Berechtigungsobjekt S_RS_COMP**
Für den Power-User müssen Sie das Objekt S_RS_COMP zweimal berechtigen: Einerseits soll er berechtigt sein, die Standardreports auszuführen, und zusätzlich muss er berechtigt sein, Berichte im Namensraum der Reportingbenutzer anzulegen. Die sich daraus ergebenden Kombinationen haben wir in Tabelle 6.6 aufgeführt.

▶ **Berechtigungsobjekt S_RS_COMP1**
Dieses Objekt wird unbedingt zur Ausführung der Querys benötigt, wie Sie bereits aus Kapitel 3, »Standardberechtigungen in SAP NetWeaver BW«, wissen. Aufgrund der unterschiedlichen Aktivitäten, die der Benutzer benötigt, vergeben Sie auch das Objekt S_RS_COMP1 zweimal. Dem Benutzer werden die Werte zugewiesen, die in Tabelle 6.7 eingetragen sind.

▶ **Berechtigungsobjekt S_USER_AGR**
Der Power-User erhält die Berechtigung, in die Rolle XVT_REPORTING_ MENUE Berichte aufzunehmen. Als Aktivitäten vergeben Sie 01, 02, 03 und 22. Das »Löschen« (06) vergeben Sie bewusst nicht.

▶ **Berechtigungsobjekt S_USER_TCD**
Damit das Eintragen der Berichte in die Rolle funktioniert, vergeben Sie hier die Transaktion RRMX.

▶ **Berechtigungsobjekt S_RFC**

Hier ergänzen Sie für RFC_NAME die beiden Werte RECH und S_PERS_BOD.

▶ **Berechtigungsobjekt S_GUI**

Das Berechtigungsobjekt S_GUI fügen Sie mit den Aktivitäten 60 und 61 ein.

▶ **Berechtigungsobjekt S_RS_AUTH**

Hier fügen Sie Ihre XVT_BI_ALL-Berechtigung ein.

S_RS_COMP	für Standardreports
Aktivität	03, 16
InfoArea	X_BW_AUTH_TEST_AREA
InfoCube	XVTMGSD1
Name (ID) einer Reportingkomponente	XVT_V_*
Typ einer Reportingkomponente	CKF, REP, RKF, SOB, STR, VAR
S_RS_COMP	**für Reporterstellung**
Aktivität	01, 02, 03, 06, 16, 22
InfoArea	X_BW_AUTH_TEST_AREA
InfoCube	XVTMGSD1
Name (ID) einer Reportingkomponente	XVT_U_*
Typ einer Reportingkomponente	REP, STR

Tabelle 6.6 Power-User-Berechtigung für das Berechtigungsobjekt S_RS_COMP

S_RS_COMP1	für Standardreports
Aktivität	03, 16
Name (ID) einer Reportingkomponente	XVT_V_*
Typ einer Reportingkomponente	CKF, REP, RKF, SOB, STR, VAR
Besitzer (Verantwortlicher)	*
S_RS_COMP1	**für Standardreports**
Aktivität	02, 03, 06, 16, 22
Name (ID) einer Reportingkomponente	XVT_U_*

Tabelle 6.7 Power-User-Berechtigung für das Berechtigungsobjekt S_RS_COMP1

S_RS_COMP1	für Standardreports
Typ einer Reportingkomponente	REP, STR
Besitzer (Verantwortlicher)	*

Tabelle 6.7 Power-User-Berechtigung für das Berechtigungsobjekt S_RS_COMP1 (Forts.)

Der Benutzer ist somit über das Objekt S_RS_COMP berechtigt, im Query-Namensraum XVT_V die Definition aller Elemente einzusehen und die Querys auszuführen; er ist aber nicht berechtigt, diese zu ändern. Für XVT_U_ hat er hingegen die Berechtigung, Querys und Strukturen anzulegen. Bei dem Objekt S_RS_COMP1 hat er für die Anzeige (Aktivität 03) der Elemente Berechtigung. Er darf sich die Elemente unabhängig vom Benutzer, der diese erstellt hat, ansehen, da Sie eine Gesamtberechtigung (*) bei S_RS_COMP1 für das Berechtigungsfeld Besitzer vergeben haben. Genauso ist es bei der Anlageberechtigung für XVT_U_. Hier darf er auch unabhängig vom Benutzer ändern. Das kann durchaus hilfreich sein, wenn andere Power-User für Änderungen an den Berichten nicht greifbar sind.

> **Wie weit sollten Power-User-Berechtigungen reichen?**
>
> Das ist eine Frage, die im Unternehmen selbst beantwortet werden muss. In unserem Beispiel darf der Benutzer die Definition der Standardelemente wie z.B. eingeschränkte Kennzahlen oder den Filter ansehen, diese aber nicht verändern. Bei der Berechtigung zur Anlage von Elementen darf er auch lediglich Querys und Strukturen anlegen.
>
> Query-Elemente wie beispielsweise Variablen gehen doch stark in Richtung Administration des Systems. Daher ist es fraglich, ob man – auch im Hinblick auf die Transportproblematik – den Benutzern erlauben sollte, diese selbst anzulegen.
>
> Aber wie eingangs erwähnt, hängt dies immer vom Konzept des Unternehmens ab, wir können an dieser Stelle nur Vorschläge machen.

Berechtigungsrolle anlegen

Damit hätten Sie die Profilvorlage für Ihren Power-User fertig und gehen nun in die Transaktion PFCG, um eine Berechtigungsrolle anzulegen. Als technischen Namen wählen Sie »XVT_REPORTING_ADMIN« mit der Bezeichnung Vertriebsdatenmodell Reporting (Admin). Wie in Abbildung 6.22 gezeigt, fügen Sie sofort eine Beschreibung in die Rolle ein. Danach legen Sie ein Profil an und übernehmen die Werte aus der gerade zuvor angepassten Vorlage XVT_REPORTING_ADMIN.

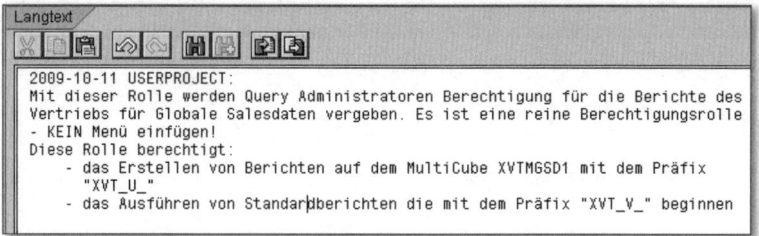

Abbildung 6.22 Beschreibung der Reporting-Administratorrolle

Das Profil generieren Sie noch und ordnen dann die Rolle dem Benutzer USERCHIEF zu. Schon haben Sie einen neuen Query-Administrator. In Kürze werden Sie testen, ob der Benutzer auch die geforderten Berechtigungen hat. Davor fertigen Sie aber noch die Vorlagen und Rollen für die Reportingbenutzer an. Sie kopieren dazu die des Administrators auf XVT_REPORTING_ EXEC (VERTRIEB REPORTING (EXECUTE)) und kommen so, wie in Abbildung 6.20 gezeigt, auf insgesamt drei Profilvorlagen.

Die Frage, die sich nun für die Reporting-User stellt, ist, weshalb Sie nur eine Vorlage angelegt haben, obwohl Sie die Benutzer unterschiedlich berechtigen müssen? Die Vorlage werden Sie, so weit es geht, für beide Benutzer identisch gestalten. Sie werden sie heranziehen, um dann daraus die individuellen Rollen für Deutschland und Spanien zu erstellen.

In der Transaktion SU24 bearbeiten Sie nun die Profilvorlage XVT_ REPORTING_EXEC. Was müssen Sie gegenüber dem Administrator verändern?

- **Berechtigungsobjekt S_USER_TCD**
  Dieses löschen Sie komplett, da Sie keine Berichte in Rollen eintragen werden.

- **Berechtigungsobjekt S_USER_AGR**
  Hier löschen Sie alle Aktivitäten außer 03 für die Rolle XVT_REPORTING_ MENUE.

  Die Werte für die Objekte S_RS_COMP und S_RS_COMP1 ändern Sie entsprechend Tabelle 6.8.

  Dann können Sie in die Transaktion PFCG gehen und folgende Rollen für die beiden Vertriebsbeauftragten anlegen.

  - XVT_REPORTING_EXECUTE_DE – VERTRIEBSDATENMODELL REPORTING DEUTSCHLAND (EXECUTE)

  - XVT_REPORTING_EXECUTE_ES – VERTRIEBSDATENMODELL REPORTING SPANIEN (EXECUTE)

S_RS_COMP	für Standardreports
Aktivität	03, 16
InfoArea	X_BW_AUTH_TEST_AREA
InfoCube	XVTMGSD1
Name (ID) einer Reportingkomponente	XVT_V_*
Typ einer Reportingkomponente	CKF, REP, RKF, SOB, STR, VAR
S_RS_COMP	**für Reporterstellung**
Aktivität	01, 02, 03, 06, 16
InfoArea	X_BW_AUTH_TEST_AREA
InfoCube	XVTMGSD1
Name (ID) einer Reportingkomponente	XVT_U_*
Typ einer Reportingkomponente	REP, STR
S_RS_COMP1	**für Standardreports**
Aktivität	03, 16
Name (ID) einer Reportingkomponente	XVT_V_*
Typ einer Reportingkomponente	CKF, REP, RKF, SOB, STR, VAR
Besitzer (Verantwortlicher)	*
S_RS_COMP1	**für Reporterstellung**
Aktivität	02, 03, 06, 16
Name (ID) einer Reportingkomponente	XVT_U_*
Typ einer Reportingkomponente	REP, STR
Besitzer (Verantwortlicher)	*

Tabelle 6.8 S_RS_COM, S_RS_COMP1 für Reportingbenutzer-Vorlage

Für beide Rollen fügen Sie entsprechende Funktionserklärungen der Rolle im Bereich BESCHREIBUNG ein, anschließend können Sie für die DE-Rolle die Berechtigungen anpassen. Sie fügen in der Profilpflege die Vorlage für Execute-Benutzer ein und müssen nur für die Objekte S_RS_COMP und S_RS_COMP1 das Feld RSZCOMPID (NAME (ID) EINER REPORTINGKOMPONENTE) in allen vier Fällen um das Kürzel DE erweitern, z.B. wird aus XVT_V_* der Wert XVT_V_DE*.

Damit ist die Rolle für den Vertriebsbeauftragten aus Deutschland fertig. Genauso verfahren Sie bei der Rolle für den spanischen Kollegen und fügen dort für RSZCOMPID das Kürzel ES ein. Damit haben Sie auch diese Rolle rasch und unkompliziert erstellt und angepasst. Der letzte Punkt ist das Zuordnen der Menürolle an unsere Reportingbenutzer und an den Administrator. Nun können Sie damit beginnen, die Berechtigungen zu testen.

> **Zentrale Berechtigungsrolle für eindeutige Standardberechtigungen**
>
> Gewisse Berechtigungen wie die für den Aufruf von RFC-Gruppen oder GUI-Berechtigungen für den Business Explorer (BEx) benötigen alle Benutzer im System. Natürlich ist das auch davon abhängig, ob der Benutzer nur im BEx Analyzer oder auch in SAP NetWeaver Portal arbeitet, aber prinzipiell treffen diese Berechtigungen jeden Benutzer. Daher ist es sinnvoll, sich darüber Gedanken zu machen, all diese Berechtigungen in einer Rolle zusammenzufassen und diese an jeden Benutzer zu vergeben. Kommt z.B. eine neue RFC-Gruppe hinzu, muss nur an dieser Stelle angepasst werden. Es ergibt sich somit ein verringerter Wartungsaufwand, und man beugt potentiellen Berechtigungsfehlern bestimmter Benutzergruppen vor.

Testen des Berechtigungsmodells

Nach dem langen Weg sind Sie nun am Ziel angekommen und werden testen, ob Ihr entwickeltes Berechtigungsmodell tatsächlich funktioniert. Der Test wird einfach ausfallen: Sie melden uns mit den Benutzern an und versuchen, die drei Arbeitsmappen aus dem Rollenmenü zu öffnen und zu aktualisieren. Tabelle 6.9 zeigt das Ergebnis.

Ausführen	USERCHIEF	USER_DE	USER_ES
Überblick DE/ES	✔	✘	✘
Überblick Deutschland	✔	✔	✘
Überblick Spanien	✔	✘	✔

Tabelle 6.9 Berechtigungstest für das Ausführen der Arbeitsmappen

Dieser Test hat sehr gut geklappt, das System hat sich wie erwartet verhalten. Sie werden nun versuchen, ob Sie die einzelnen Querys, die hinter den Arbeitsmappen stecken, bearbeiten dürfen.

Sie erwarten, dass der USERCHIEF alle Querys anzeigen, aber nicht ändern darf, da es sich dabei um Vorlage-Querys handelt (S_RS_COMP). Die beiden anderen Benutzer dürfen auch nichts ändern und lediglich die Definition ihrer Landes-Querys einsehen. Das Ergebnis (siehe Tabelle 6.10) ist Folgendes:

Query bearbeiten	USERCHIEF	USER_DE	USER_ES
Überblick DE/ES	✗ (nur Anzeige)	✗	✗
Überblick Deutschland	✗ (nur Anzeige)	✗ (nur Anzeige)	✗
Überblick Spanien	✗ (nur Anzeige)	✗	✗ (nur Anzeige)

Tabelle 6.10 Berechtigungstest für das Bearbeiten der Querys

Wie sieht es nun mit dem Erstellen von Querys und dem Abspeichern von Arbeitsmappen aus? Versuchen Sie, im BEx Analyzer mit den beiden Reportingbenutzern über EXTRAS • NEUE QUERY ANLEGEN auf dem MultiProvider eine Query zu erstellen, erhalten Sie immer die folgende Fehlermeldung »Fehler: Sie besitzen keine Berechtigung zum Hinzufügen oder Erzeugen«.

Somit haben diese beiden Benutzer den Test bestanden. Wie sieht es jedoch mit dem Query-Administrator aus? Darf er Querys in den Namensräumen erstellen und diese als Arbeitsmappen im Rollenmenü speichern? Um das zu testen, öffnen Sie die beiden landesspezifischen Querys und speichern sie in den Favoriten unter folgenden neuen Namen ab:

▶ »XVT_U_DE_BAUT – Bauteil Überblick Deutschland«

▶ »XVT_U_ES_BAUT – Bauteil Überblick Spanien«

In den beiden Querys entfernen Sie die Merkmale in den Zeilen und fügen dort anschließend »Bauteil« (XVTCBAUT) ein. Danach führen Sie die Querys aus und speichern sie in den jeweiligen Landesordnern des Rollenmenüs als Arbeitsmappen mit derselben Beschriftung wie die Querys ab. Letztendlich erhalten Sie ein Rollenmenü, wie in Abbildung 6.23 (aus der Transaktion PFCG) dargestellt.

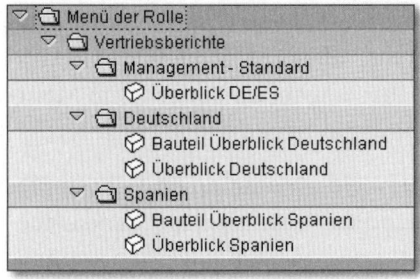

Abbildung 6.23 Endgültiges Rollenmenü für das Berechtigungsmodell

Um auf Nummer sicher zu gehen, dass Ihnen auch kein Fehler unterlaufen ist, werden Ihre Vertriebsbeauftragten nun testen, ob sie die jeweiligen neuen Arbeitsmappen ausführen dürfen. Es funktioniert, sie dürfen ihre Landesberichte sehen; wenn sie versuchen, die anderen aufzufrischen, erscheint die Meldung »Keine Berechtigung«.

Damit haben Sie das Berechtigungsmodell mit Standardberechtigungen vollständig implementiert und getestet. Es kann in den Live-Betrieb gegeben werden.

6.2.2 Vor- und Nachteile des Modells – Fazit

Ehe wir uns nun dem nächsten Modell widmen, möchten wir noch die Vor- und Nachteile dieses Modells diskutieren. Vorteilhaft ist jedenfalls, dass es sich hier um ein leicht verständliches Modell handelt. Sie haben keine komplexen Abhängigkeiten, sondern ein logisches Konzept, das es einzuhalten gilt. Der Schulungsaufwand ist gering. Power-User müssen lediglich mit den Namensräumen vertraut sein, um benutzerspezifische Querys anlegen zu können. Reportingbenutzer müssen nur ihre abgelegten Berichte kennen. Für die Wartung ist es einfach, da nur die entsprechenden Rollen den Benutzern zugewiesen werden müssen.

Besteht der Bedarf, nachträglich standardisierte Vorlagereports zu erstellen, sind die notwendigen Berechtigungen durch die Projektrolle bereits vorhanden. Zusätzliche Benutzerrollen für z.B. neue Länder können rasch auf Basis der Vorlage hinzugefügt werden.

Nachteilig wirkt sich eventuell die höhere Anzahl an Rollen aus, die man bei diesem Modell in Kauf nehmen muss. Jeder Namensraum benötigt seine eigene Berechtigungsrolle, da eine andere Trennung nicht möglich ist. Des Weiteren benötigen Sie eine Menü- und eine Power-User-Rolle. Möchte man die Power-User-Berechtigungen bzw. die Menüs granularer gestalten und dafür neue Rollen einführen, dann ist zu bedenken, dass damit auch die Abhängigkeiten komplexer werden. Wenn beispielsweise zwei Reportingbenutzer dieselben Berechtigungen haben, einer aber zusätzlich auf eine weitere Menürolle zugreifen können soll, ist abzuwägen, ob der erhöhte Mehraufwand an Pflege und Rollen die Einführung des neuen Menüs rechtfertigt.

Wir haben uns für dieses Modell recht viel Zeit genommen und die Implementierung detailliert besprochen. Ein Grund dafür ist, dass die Standardberechtigungen in BW auch als *Basisberechtigungen* bezeichnet werden können. Abseits von Analyseberechtigungen müssen sie bei jeder Implementierung bedacht werden. Wie Sie nun wissen, bieten sie durchaus die Möglichkeit, ein eigenständiges Berechtigungskonzept aufzubauen.

Nun wenden wir uns aber einem neuen Modell zu, das auf Standard- und Analyseberechtigungen basiert.

6.3 Modell 2 – variablenbasierte Analyseberechtigungen

Im ersten Schritt dieses Modells werden wir unser zuvor angelegtes Modell von Standard- auf Analyseberechtigungen umstellen. Dabei stellen Sie fest, worauf man bei einfachen Analyseberechtigungen achten muss und welche Vorteile sich ergeben können.

Die Analyseberechtigungen sollen weiterhin nur für Ihre Reportingbenutzer gelten. Der Power-User soll noch immer volle Berechtigung auf das Datenmodell haben. Sie werden weiterhin unsere zuvor angelegte Menürolle verwenden und nur einen neuen Ordner SALES REPORTS FÜR ANALYSEBERECHTIGUNGEN einführen. Bei den Berechtigungsrollen müssen Sie eine neue Rolle für unsere beiden Vertriebsbeauftragten anlegen. Diese wird wiederum auf unserer Profilvorlage basieren.

6.3.1 Standard- in Analyseberechtigungen umgestalten

In Ihrem Datenmodell haben Sie einige berechtigungsrelevante Merkmale. Vorerst sollen Sie jedoch nur für das »Land« (XVTCLAND) Analyseberechtigungen erstellen. Dazu arbeiten Sie wieder mit dem Benutzer USERPROJECT.

Die Reportingbenutzer sollen nun auf dieselben Querys zugreifen. Das bedeutet für Sie geringere Entwicklung und weniger Komplexität bei den Berichten. Die zur Ausführung notwendigen Berechtigungen sollen dynamisch vom System ermittelt werden und so die Query einschränken. Dazu werden Sie mit einfachen Variablen, die durch Berechtigungen gefüllt werden, arbeiten. Als Erstes gehen Sie in die Transaktion RSECADMIN und legen die beiden benötigten Analyseberechtigungen für Deutschland und Spanien an. Die technischen Namen, Bezeichnungen und Werte wählen Sie, wie in Tabelle 6.11 beschrieben.

Die alten Berechtigungsrollen der Reportingbenutzer benötigen Sie nicht mehr, da die Benutzer nicht auf unterschiedliche, sondern auf dieselben Querys zugreifen sollen. Sie werden auf Basis Ihrer Vorlage neue Berechtigungen vergeben. Um Analyseberechtigungen zu vergeben, haben Sie, wie aus den vorherigen Kapiteln bekannt ist, zwei Möglichkeiten – entweder über das Berechtigungsobjekt S_RS_AUTH in der Rolle, oder Sie ordnen sie den Benutzern direkt in der Transaktion RSU01 (auch über die Transaktion RSECADMIN erreichbar) zu. Wofür entscheiden Sie sich?

Merkmale	Vertrieb Land DE	Vertrieb Land ES
	XVT_LAND_DE	XVT_LAND_ES
0TCAACTVT	03	03
0TCAIPROV	XVTMGSD1	XVTMGSD1
0TCAVALID	*	*
XVTCFABRI	*	*
XVTCLAND	DE	ES
XVTCPROD	*	*
XVTCPROD__XVTCPRODG	*	*
XVTCREGIO	*	*

Tabelle 6.11 Analyseberechtigungen für das Merkmal XVTCLAND

Wenn Sie mit dem Berechtigungsobjekt S_RS_AUTH arbeiten, müssen Sie wieder zwei Berechtigungsrollen anlegen, um die beiden Analyseberechtigungen an die Benutzer zu verteilen. Sie haben jetzt die Möglichkeit, nicht nur die Anzahl der Berichte zu verringern, sondern auch die Anzahl der Rollen. Daher entscheiden Sie sich für eine direkte Zuordnung der Analyseberechtigungen zu den Benutzern. Dann sollten Sie die Berechtigungsrolle erstellen und die Analyseberechtigung zuordnen.

1. **Rolle anlegen**

   In der Transaktion PFCG legen Sie die Rolle XVT_REPORTING_EXECUTE (VERTRIEBSDATENMODELL REPORTING (EXECUTE)) an. Sie wird wiederum mit einer entsprechenden Beschreibung versehen. In der Berechtigungspflege der Rolle übernehmen Sie die Vorlage XVT_REPORTING_EXEC. Viel ist nicht zu tun, Sie müssen nur das Objekt S_RS_AUTH entfernen. S_COMP1 und der Rest sind bereits korrekt gepflegt. Die Rollen ordnen Sie nun den beiden Benutzern zu und nehmen ihnen dafür die landesspezifischen Berechtigungsrollen weg.

2. Analyseberechtigungen Benutzern zuordnen

Im nächsten Schritt ordnen Sie den Benutzern die Analyseberechtigungen in der Transaktion RSU01 zu. Wie in Abbildung 6.24 zu sehen ist, erhält der Benutzer USER_DE seine passende Analyseberechtigung. Im Hintergrund der Abbildung 6.24 sehen Sie die bereits eingefügte Berechtigung und erhalten die Information, dass diese manuell zugeordnet oder generiert wurde. Wenn das für beide Benutzer getan ist, melden Sie sich mit dem Projektbenutzer im BEx Analyzer an und legen eine neue Query an.

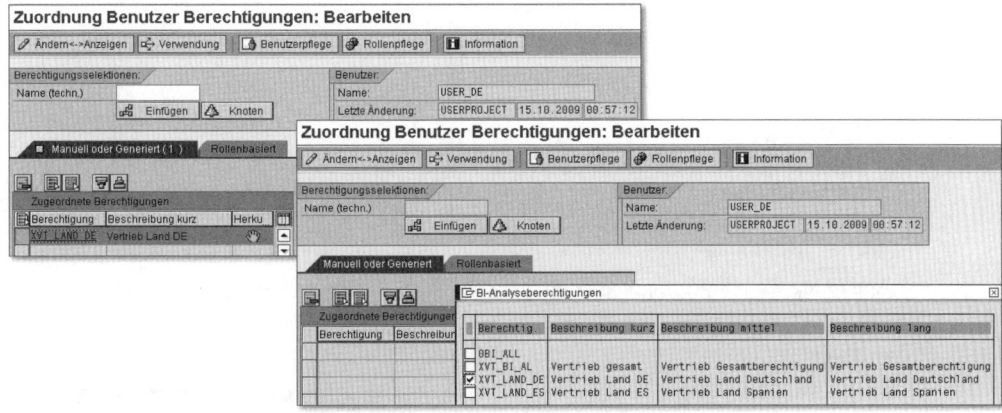

Abbildung 6.24 Analyseberechtigung über die Transaktion RSU01 zuordnen

3. Einschränkungen im Filterbereich

Im Filterbereich schränken Sie das Kalenderjahr auf »2008, 2009« ein und legen dort für »Land« (XVTCLAND) eine Berechtigungsvariable mit folgender Definition an (siehe Abbildung 6.25).

Das Merkmal »Land« nehmen Sie im Query Designer zusätzlich noch mit in den Zeilenbereich der Query. Darunter platzieren Sie die Produkt-ID. Als Kennzahl kommt in die Spalten der Umsatz, und fertig ist die Query. Abgespeichert wird sie unter XVT_V_OVERVIEW_ALL (LANDESSPEZIFISCHER ÜBERBLICK).

4. Query ausführen

Sie führen die Query nun aus. Im Design-Modus setzen Sie das Flag für automatisches Auffrischen und speichern die Arbeitsmappe – gleichnamig wie die Query – in einem neuen Ordner VERTRIEBSBERICHTE ANALYSEBERECHTIGUNGEN EINFACH. Den Ordner legen Sie auf der Ebene der Länder an. Nun sollten Sie testen, ob die Berechtigungen für die Benutzer korrekt implementiert sind und geprüft werden.

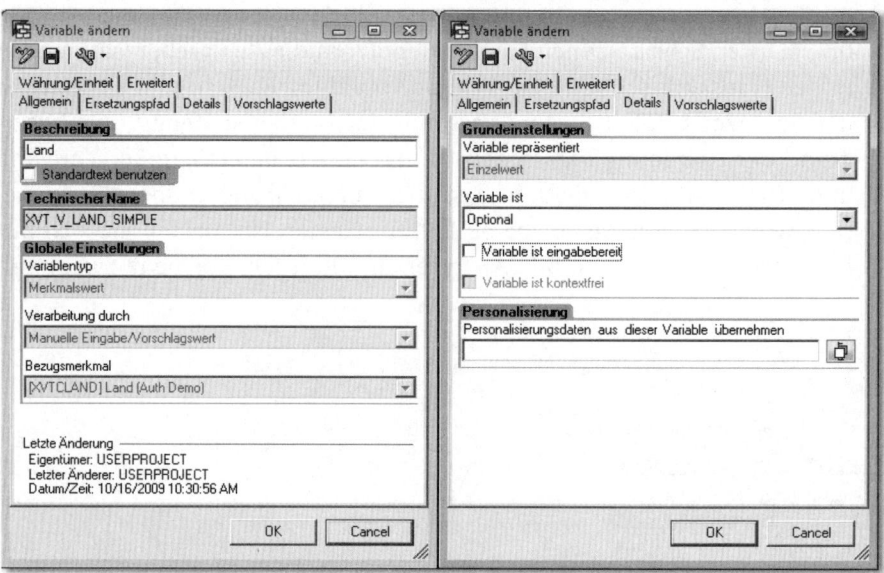

Abbildung 6.25 Berechtigungsvariable für Merkmal »Land« definieren

5. **Test**

Sie melden sich als Benutzer USER_DE an und führen die neue Arbeitsmappe aus. Als Ergebnis erhalten Sie die Produktumsätze aus Deutschland für 2008 und 2009. Die Variable arbeitet einwandfrei. Für den spanischen Benutzer funktioniert es ebenfalls.

6. **Protokoll**

Lassen Sie ein Berechtigungsprotokoll für den deutschen Vertriebsmitarbeiter aufzeichnen (siehe Abbildung 6.26), dann sehen Sie, dass »DE« bereits als Selektion herangezogen wird, weil es über unsere Berechtigungsvariable als Filter beigemischt wird.

Rasch und einfach haben Sie nun Ihr Standardberechtigungskonzept auf Analyseberechtigungen umgestellt. Solche einfachen Berechtigungsmodelle bieten sich an, um Komplexität aus eventuell historisch gewachsenem Standardkonzepten zu nehmen und diese durch Analyseberechtigungen zu ersetzen. Die Rollen und Berichte aus dem ersten Modell haben Sie damit abgelöst.

Die Funktion der alten Berichte ist jedoch auch mit den Analyseberechtigungen einwandfrei. In der Query ist das Land fest eingeschränkt und passt somit zu den neu vergebenen Analyseberechtigungen. Die Selektion ist für die Benutzer berechtigt. Über den Namensraum brauchen Sie sich auch keine Gedanken zu machen, da für den deutschen Benutzer z.B. der alte Query-Name XVT_V_DE_OVERVIEW durch den neuen Wert XVT_V_* ebenfalls berechtigt ist. Bei den selbsterstellten Berichten funktioniert dies genauso.

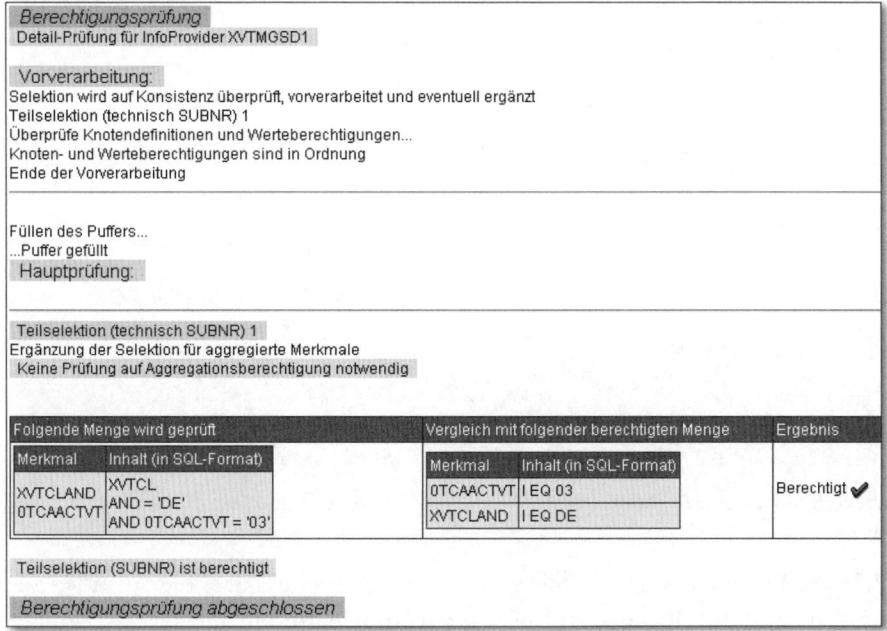

Berechtigungsprüfung
Detail-Prüfung für InfoProvider XVTMGSD1

Vorverarbeitung:
Selektion wird auf Konsistenz überprüft, vorverarbeitet und eventuell ergänzt
Teilselektion (technisch SUBNR) 1
Überprüfe Knotendefinitionen und Werteberechtigungen...
Knoten- und Werteberechtigungen sind in Ordnung
Ende der Vorverarbeitung

Füllen des Puffers...
...Puffer gefüllt
Hauptprüfung:

Teilselektion (technisch SUBNR) 1
Ergänzung der Selektion für aggregierte Merkmale
Keine Prüfung auf Aggregationsberechtigung notwendig

Folgende Menge wird geprüft		Vergleich mit folgender berechtigten Menge		Ergebnis
Merkmal	Inhalt (in SQL-Format)	Merkmal	Inhalt (in SQL-Format)	
XVTCLAND 0TCAACTVT	XVTCL AND = 'DE' AND 0TCAACTVT = '03'	0TCAACTVT XVTCLAND	I EQ 03 I EQ DE	Berechtigt ✔

Teilselektion (SUBNR) ist berechtigt

Berechtigungsprüfung abgeschlossen

Abbildung 6.26 Prüfung der Berechtigung für Vertriebsmitarbeiter DE

Das war nun eine sehr einfache Darstellung der Analyseberechtigungen. Im nächsten Schritt werden wir uns ansehen, wie sich Aggregationsberechtigungen, Navigationsattribute und geklammerte Merkmale und Hierarchien im Zusammenspiel in Analyseberechtigungen verhalten.

6.3.2 Navigationsattribute und Klammerung einbinden

Zusätzlich zu unserem Vertriebsbeauftragten interessieren sich auch die Manager von Produktgruppen für die Vertriebszahlen. Diese sind jedoch nicht global oder für die Produktgruppen eines Landes zuständig, sondern es gibt in diesem Bereich regionale Verantwortlichkeiten. Sie sollen nun Berechtigungen für die neuen Reportingbenutzer USER_DE_PG1 und USER_DE_PG2 erstellen.

Gewünschte Berechtigungskombinationen

Sehen Sie sich dazu in Tabelle 6.12 die Verteilung der Produktgruppen und Regionen in Deutschland an. Die Spalte »Benutzer« gibt an, für welche Merkmalswert-Kombinationen der Benutzer berechtigt sein soll.

Land	Region	Produkt-gruppe	Verkaufte Stückzahl	Benutzer
DE	1 – Süd	1 – Stühle	7.270 ST	USER_DE_PG1
DE	1 – Süd	2 – Tische	44.338 ST	USER_DE_PG1
DE	3 – West	1 – Stühle	34.181 ST	USER_DE_PG2
DE	3 – West	2 – Tische	77.158 ST	USER_DE_PG2
DE	4 – Nord	1 – Stühle	18.936 ST	USER_DE_PG2
DE	4 – Nord	2 – Tische	26.679 ST	USER_DE_PG2
DE	5 – Ost	1 – Stühle	10.260 ST	USER_DE_PG1
DE	5 – Ost	2 – Tische	35.147 ST	USER_DE_PG1

Tabelle 6.12 Regionale Produktgruppen-Verteilung für Deutschland

Welche Merkmale sind für Sie von Interesse? Zweifelsfrei das »Land«, die »Region« und die »Produktgruppe«. Mehr Informationen als diese Merkmale sollen Ihre Benutzer auch nicht sehen dürfen. Was machen Sie dann mit den restlichen berechtigungsrelevanten Merkmalen?

Analyseberechtigungen definieren und Benutzer anlegen

Da die Merkmale im InfoCube enthalten sind, aber nicht angezeigt werden dürfen, werden Sie sie mit der Aggregationsberechtigung »:« einfügen. Ist das aber auch überall sinnvoll? Wenn Sie sich Tabelle 6.13 ansehen, finden Sie alle zu berechtigenden Merkmale. Sie schränken die Benutzer bereits über »Land« und »Produktgruppe« als Navigationsattribut zum Produkt ein. Sinnvoll wäre es, wenn man den Benutzern auch die Möglichkeit gäbe, die Produkte zu sehen und nicht nur die Gruppen. Aufgrund der Einschränkung über die Gruppe und die damit verbundene stammdatenmäßige Verbindung zum Produkt wird der Benutzer niemals ein nicht berechtigtes Produkt angezeigt bekommen. Daher können Sie hier die volle Berechtigung (*) vergeben.

Wie man in Tabelle 6.13 sieht, wählen Sie wiederum eine InfoProvider-basierte Implementierung. Die Berechtigungen gelten nur für Ihr Datenmodell der Cubes XVTMGSD1. Der einzige Unterschied, den Sie in den Berechtigungen feststellen können, liegt in der Region, die restlichen Ausprägungen sind identisch. In unserem Datenmodell ist die Region an das Land geklammert. Trotzdem sind die Merkmale eigenständig. Beim Testen des fertigen Modells wollen Sie sich anhand des Protokolls ansehen, wie sich die Klammerung bei Merkmalen verhält.

Merkmale	Vertrieb PGR 01	Vertrieb PGR 02
	XVTDEPGR01	XVTDEPGR02
0TCAACTVT	03	03
0TCAIPROV	XVTMGSD1	XVTMGSD1
0TCAVALID	*	*
XVTCFABRI	:	:
XVTCLAND	DE	DE
XVTCPROD	*	*
XVTCPROD__XVTCPRODG	1, 2	1,2
XVTCREGIO	1, 5	3, 4

Tabelle 6.13 Analyseberechtigungen für regionale Produktgruppen

Kommen wir zur Definition der Analyseberechtigungen. Hier muten technische Namen wie XVTDEPGR01 etwas sonderbar an. Sie versuchen auch hier, das Namensraumkonzept zu übernehmen und die Berechtigungen so aussagekräftig wie möglich zu gestalten. Aufgrund der Feldlänge wird man aber bei statischen Berechtigungen, die viele unterschiedliche Ausprägungen haben, eine laufende Nummerierung einführen müssen. In Abbildung 6.27 sehen Sie, wie Sie für ein Merkmal, in diesem Fall ist es das Merkmal »Region«, mehrere Einzelwerte in die Definition der Analyseberechtigung einfügen.

Wenn die Berechtigungen angelegt sind, kommen die Benutzer an die Reihe. Diese werden in der Transaktion SU01 erstellt und erhalten die Menürolle und die Berechtigungsrolle XVT_REPORTING_EXECUTE – Sie werden auch hier die Analyseberechtigungen wieder direkt zuordnen, um Rollen einzusparen.

Pflege Berechtigungen: XVTDEPGR01 Bearbeiten

| ⟋ Ändern<->Anzeigen | ⅾ Verwendung | ⓘ Information |

Berechtigung:	XVTDEPGR01	
Beschreibung:	Vertrieb PGR 01	
Merkmal:	XVTCREGIO	Region (Auth Demo)

■ 2 Werteberechtigungen   Hierarchieberechtigungen

Einzelintervalle

I	O	Technischer Merkmalswert (von)	Technischer Merkmalswert (bis)
I	EQ	1	
I	EQ	5	

Abbildung 6.27 Berechtigungsdefinition mehrerer Einzelwerte

Querys definieren und weitere benötigte Query-Elemente

Nun können wir beginnen, eine passende Query für unsere beiden Benutzer anzulegen. Um einen aussagekräftigen Bericht zu erhalten und rasch unsere Berechtigungsimplementierung zu prüfen, wählen Sie den Aufbau der Query, wie er in Tabelle 6.14 beschrieben ist.

Filterbereich	Selektion
XVTCPROD_XVTCPRODG -Produktgruppe	Berechtigungsvariable
XVTCLAND – Land (Auth Demo)	Berechtigungsvariable
XVTCREGIO – Region (Auth Demo)	Berechtigungsvariable
0CALYEAR – Kalenderjahr	2008, 2009
Freie Merkmale	
0CALYEAR – Kalenderjahr	–
XVTCFABRI – Fabrik (Auth Demo)	–
XVTCPROD – Produkt ID (Auth Demo)	–
Zeilen	
XVTCLAND – Land (Auth Demo)	–
XVTCREGIO – Region (Auth Demo)	–
XVTCPROD_XVTCPRODG -Produktgruppe	–

Tabelle 6.14 Aufbau der Query XVT_V_PRODGR_OVERVIEW

Spalten	
XVTKUMS – Umsatz (Auth Demo)	–
XVTKVST – Verkaufte Stückzahl	–
XVTKKOST – Kosten (Auth Demo)	–

Tabelle 6.14 Aufbau der Query XVT_V_PRODGR_OVERVIEW (Forts.)

Welche Elemente müssen Sie dazu im Query Designer neu anlegen? Die Variablen für »Region« und das Navigationsattribut »Produktgruppe« werden beide aus den Berechtigungen gefüllt und sind wie die Variable in Abbildung 6.25 mit folgenden Bezeichnungen zu definieren:

▸ XVT_V_REGIO_AUTH_VAR_01 – Berechtigungsvariable Region

▸ XVT_V_PRODGR_AUTH_VAR_01 – Berechtigungsvariable Produktgruppe

Bei der Definition der Produktgruppen-Variablen ist das Bezugsmerkmal das Navigationsattribut. Nun speichern Sie die Query unter XVT_V_PRODGR_OVERVIEW (Produktgruppenübersicht je Land und Region) und führen sie wieder mit unserem Projektbenutzer aus. Die Query speichern Sie wiederum als Arbeitsmappe – gleichnamig wie die Query – mit der Einstellung des automatischen Auffrischens in den Ordner Vertriebsberichte Analyseberechtigungen einfach.

Benutzerberechtigungen testen

Nun können Sie gleich mit Ihren beiden neuen Reportingbenutzern testen, ob die Berechtigungen von Ihnen richtig definiert wurden und die korrekten Daten angezeigt werden. Sie führen die Arbeitsmappe jeweils für die beiden Benutzer aus und erhalten hoffentlich ein Ergebnis, wie es Abbildung 6.28 zeigt. Unter ❶ finden Sie das Ergebnis für USER_DE_PG1, unter ❷ das Ergebnis für USER_DE_PG2.

Gleichen Sie die Daten mit der Ausgangssituation aus Tabelle 6.12 ab. Der Benutzer 1 darf die deutschen Daten für die Regionen 1 und 5 (Süd und Ost) und die Produktgruppen 1 und 2 (Stühle und Tische) sehen. Das Ergebnis stimmt damit exakt überein. Ebenso für den zweiten Benutzer, der die Regionen 3 und 4 (West und Nord) für Deutschland sehen darf. Um besser verfolgen zu können, was das System im Hintergrund macht, erstellen Sie ein Berechtigungsprotokoll für den Benutzer USER_DE_PG1. In Abbildung 6.29 sehen Sie das Ergebnis.

Table

Land (Auth Demo)	Region (Auth Demo)	Produktgruppe	Umsatz (Auth Demo)	Verkaufte Stückzahl	Kosten (Auth Demo)
Deutschland	Süd	Stühle	9.111.579,26 EUR	7.270 ST	7.289.263,42 EUR
		Tische	40.049.421,40 EUR	44.338 ST	32.039.537,12 EUR
		Ergebnis	49.161.000,66 EUR	51.608 ST	39.328.800,54 EUR
❶	Ost	Stühle	11.327.847,30 EUR	10.260 ST	9.062.277,84 EUR
		Tische	35.041.478,46 EUR	35.147 ST	28.033.182,78 EUR
		Ergebnis	46.369.325,76 EUR	45.407 ST	37.095.460,62 EUR
	Ergebnis		95.530.326,42 EUR	97.015 ST	76.424.261,16 EUR
Gesamtergebnis			95.530.326,42 EUR	97.015 ST	76.424.261,16 EUR

Table

Land (Auth Demo)	Region (Auth Demo)	Produktgruppe	Umsatz (Auth Demo)	Verkaufte Stückzahl	Kosten (Auth Demo)
Deutschland	West	Stühle	38.415.474,85 EUR	34.181 ST	30.732.379,89 EUR
		Tische	76.574.941,80 EUR	77.158 ST	61.259.953,45 EUR
		Ergebnis	114.990.416,65 EUR	111.339 ST	91.992.333,34 EUR
❷	Nord	Stühle	16.732.116,89 EUR	18.936 ST	13.385.693,51 EUR
		Tische	25.864.489,38 EUR	26.679 ST	20.691.591,50 EUR
		Ergebnis	42.596.606,27 EUR	45.615 ST	34.077.285,01 EUR
	Ergebnis		157.587.022,92 EUR	156.954 ST	126.069.618,35 EUR
Gesamtergebnis			157.587.022,92 EUR	156.954 ST	126.069.618,35 EUR

Abbildung 6.28 Ergebnis der Querys nach regionalen Produktgruppen

In der Hauptprüfung wird zu Beginn für das Merkmal »Fabrik« (XVTCFABRI) die Aggregationsberechtigung geprüft. Sie erinnern sich: Die »Fabrik« kommt in Ihrer Query nicht vor, aber im InfoCube. Somit erfolgt eine Aggregation der Daten über »Fabrik«, und der Benutzer benötigt die Aggregationsberechtigung »:«. Diese ist in der Analyseberechtigung vorhanden und wird bei Ihnen erfolgreich geprüft.

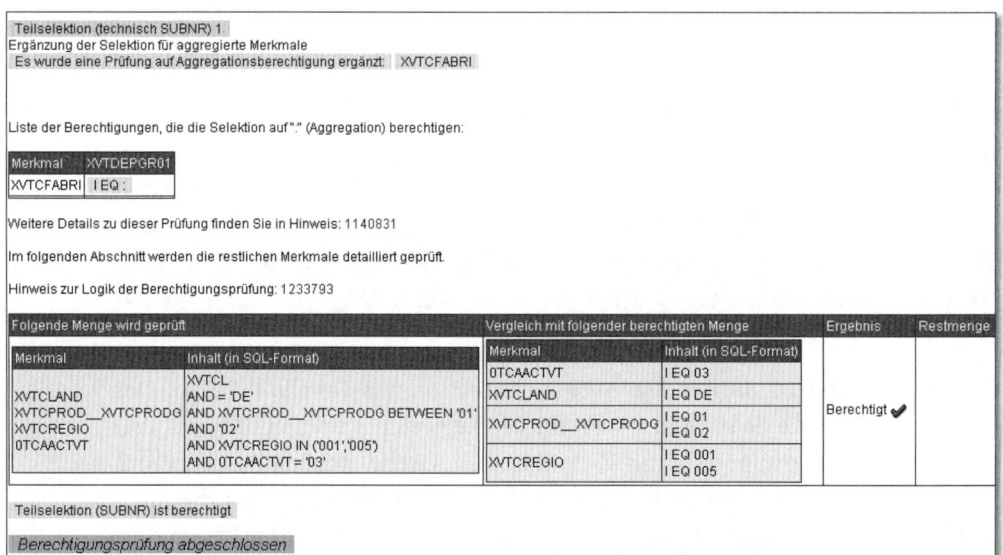

Abbildung 6.29 Berechtigungsprotokoll der regionalen Produktgruppen

Wenn Sie auf die Liste der zu prüfenden Merkmale sehen, fällt auf, dass die Werte aus den Analyseberechtigungen stammen. Die in der Query verwendeten Variablen lieferten hier die Werte, die in der Selektion vereinigt wurden. Sie haben das Land mit DE, die Produktgruppe mit 1 und 2 und die Region mit den Werten 1 und 5 – genauso, wie von Ihnen gewollt (das Berechtigungsprotokoll in der Abbildung zeigt das Merkmal »Produktgruppe« mit führenden Nullen, die wir im Fließtext weglassen). Für die geklammerten Merkmale ist, wie bereits zuvor erwähnt, zu sagen, dass es sich prinzipiell um eigenständige Merkmale handelt. Das wird auch durch die separate Prüfung unterstrichen. Die Selektion wird letztendlich gegen die berechtigten Werte geprüft und hat keine andere Chance, als die Prüfung zu bestehen, da alle Werte der Selektion selbst aus den Berechtigungen kommen.

Dann wollen Sie noch schnell mit dem Benutzer USER_DE_PG1 prüfen, wie sich die anderen Arbeitsmappen verhalten. Der Benutzer darf keinen der Berichte zum Bauteil oder landesmäßigen Überblick ausführen. Es mangelt immer an Aggregationsberechtigungen für »Produktgruppe« oder »Region«, über die bei den Berichten aggregiert wird. Er darf nur seine Produktgruppen-Auswertungen ausführen und darin navigieren.

Die Art der Implementierung und die Vergabe der Berechtigungen waren in diesem Fall sehr einfach. Es ist immer leicht, die Benutzer auf diese Wertemengen zu berechtigen. Problematisch wird es dagegen bei einer Verteilung der berechtigten Werte, wie sie Abbildung 6.29 zeigt.

6.3.3 Problemfälle bei mehrdimensionalen Berechtigungen

Sie haben in diesem Fall zwei neue Anwender, beide sind global für Produktgruppen in bestimmten Regionen verantwortlich. Die dazugehörigen Daten sind nur in einem InfoProvider vorhanden. Wir führen mit diesem Beispiel die neuen Benutzer USER_GL_PG1 und USER_GL_PG2 ein (siehe Tabelle 6.15). Diese Aufgabenstellung ist nun nicht mehr trivial. Versuchen Sie, dafür eine Lösung zu finden.

Land	Region	Produktgruppe	Verkaufte Stückzahl	Benutzer
DE	1 – Süd	1 – Stühle	7.270 ST	USER_GL_PG1
DE	1 – Süd	2 – Tische	44.338 ST	USER_GL_PG1

Tabelle 6.15 Problematik der mehrdimensionalen Berechtigung

Land	Region	Produktgruppe	Verkaufte Stückzahl	Benutzer
DE	3 – West	1 – Stühle	34.181 ST	USER_GL_PG2
DE	3 – West	2 – Tische	77.158 ST	USER_GL_PG2
DE	4 – Nord	1 – Stühle	18.936 ST	USER_GL_PG2
DE	4 – Nord	2 – Tische	26.679 ST	USER_GL_PG2
DE	5 – Ost	1 – Stühle	10.260 ST	USER_GL_PG1
DE	5 – Ost	2 – Tische	35.147 ST	USER_GL_PG1
US	4 – Nord	1 – Stühle	38.582 ST	USER_GL_PG2
US	4 – Nord	2 – Tische	26.387 ST	USER_GL_PG2
US	6 – Alaska	2 – Tische	7.324 ST	USER_GL_PG1
US	7 – Mitte	1 – Stühle	34.658 ST	USER_GL_PG2
US	7 – Mitte	2 – Tische	69.485 ST	USER_GL_PG2

Tabelle 6.15 Problematik der mehrdimensionalen Berechtigung (Forts.)

Wenn Sie sich die Tabelle genauer ansehen, werden Sie feststellen, dass die Dimension der »Produktgruppe« nicht problematisch ist, die Benutzer sind für beide Produktgruppen berechtigt. Bei »Land« und »Region« sieht das schon wieder anders aus (siehe Tabelle 6.16). Betrachten Sie die beiden Benutzer separiert. Benutzer 1 ist auf die Länder DE und US sowie die Regionen 1, 5 und 6 zu berechtigen. Daraus ergeben sich folgende mögliche Kombinationen:

Land	Region	Berechtigt?
DE	1	Benutzer ist berechtigt.
DE	5	Benutzer ist berechtigt.
DE	6	Benutzer ist nicht berechtigt!
US	1	Benutzer ist nicht berechtigt!
US	5	Benutzer ist nicht berechtigt!
US	6	Benutzer ist berechtigt.

Tabelle 6.16 Mögliche Ausprägungen der Merkmalswert-Kombinationen

Sie haben sechs Möglichkeiten, wie die Ausprägungen der Merkmale verteilt sein könnten. Davon sind nun zwei sicher nicht berechtigt und eine weitere ebenfalls nicht berechtigt, diese ist aber auch (noch) nicht gebucht. Wie könnten Sie Berechtigungen für diese Kombination vergeben? Eine Möglichkeit wäre, alle berechtigten Werte in eine Analyseberechtigung zu packen. Wie würde das Ergebnis aussehen? Das System sammelt, wie Sie in Abbildung 6.30 sehen, alle berechtigten Werte ein und prüft diese dann positiv, Sie erhalten somit alle Kombinationen aus Tabelle 6.16 als berechtigt. Das ist natürlich nicht das Ergebnis, das Sie sich vorstellen.

Abbildung 6.30 Zu viel Berechtigung bei Mehrdimensionalität

Welche Möglichkeit haben Sie noch? Sie könnten die Berechtigung für die Länder DE und US separat vergeben, und zwar mit Hilfe von zwei Analyseberechtigungen, die wie in Abbildung 6.31 dargestellt aufgebaut sind. Das ist gleichzeitig auch in der Praxis der Versuch, bei den meisten Implementierungen die Vergabe von mehrdimensionalen Berechtigungen zu lösen.

Eindeutig ist zu erkennen, dass die eine Berechtigung das Land DE mit den Regionen 1 und 5 abdeckt. Diese Anforderung könnte man zusammenfassen. Die zweite Berechtigung gilt für US und die Region 6. Wenn Sie nun wieder mit Variablen arbeiten, die durch Berechtigungen gefüllt werden, haben Sie letztendlich eine zu große Selektionsmenge, die nicht berechtigt werden kann.

Das System zieht die berechtigten Werte für »Land«, DE und US, sowie für »Region«, 1, 5 und 6, zusammen und verlangt eine Berechtigung für diese »gemeinsame« Selektion. Dafür liegt aber keine vor. Da sich Ihre beiden Berechtigungen in zwei Dimensionen, nämlich »Land« und »Region«, unterscheiden, können sie auch nicht zusammengeführt werden. Letztendlich bricht die Query mit der Meldung »Keine Berechtigung« für den Benutzer ab.

Wie kann man solch ein Szenario ermöglichen? Es bieten sich zwei Wege an:

- Eingabevariablen nutzen
- BW-User-Exits für Variablen nutzen

Die erste Möglichkeit ist einfach zu realisieren. Sie bieten in diesem Fall den Benutzern einfache Eingabevariablen an. Eine für das Land und eine für die Region. Der Benutzer muss natürlich wissen, welche Merkmalskombinationen er sehen darf. Davon ist aber auszugehen, denn der Wunsch nach solch einer Berechtigungskombination kann nur von einer Fachabteilung kommen. In unserem Beispiel würde der Benutzer am Variablenschirm die Kombination US für »Land« und 03 für »Region« eingeben. Die Selektion besteht die Berechtigungsprüfung, da Sie Ihre beiden Analyseberechtigungen aus Abbildung 6.31 beim Benutzer hinterlegt haben. Somit hat man eine einfache Möglichkeit, dieses Problem zu umgehen.

Folgende Menge wird geprüft		Vergleich mit folgender berechtigten Menge		Ergebnis
Merkmal	Inhalt (in SQL-Format)	Merkmal	Inhalt (in SQL-Format)	
	XVTCL	0TCAACTVT	I EQ 03	
	AND IN ('DE','US')	XVTCLAND	I EQ DE	
XVTCLAND	AND XVTCPROD__XVTCPRODG BETWEEN '01'		I EQ US	
XVTCPROD__XVTCPRODG	AND '02'	XVTCPROD__XVTCPRODG	I EQ 01	Berechtigt ✔
XVTCREGIO	AND (XVTCREGIO = '001'		I EQ 02	
0TCAACTVT	OR XVTCREGIO BETWEEN '005'		I EQ 001	
	AND '006')	XVTCREGIO	I EQ 005	
	AND 0TCAACTVT = '03'		I EQ 006	
Teilselektion (SUBNR) ist berechtigt				

Abbildung 6.31 Aufteilung der Berechtigungen bei Mehrdimensionalität

Betrachten Sie die zweite Möglichkeit. Wenn man zumindest einen Teil der Selektion automatisch füllen möchte, kann man sich des User-Exits für Variablen in BW bedienen. Das werden Sie nun versuchen. Zum Thema »Customer-Exit für Variablen« haben wir einen Exkurs vorbreitet, der am Ende des Kapitels zu finden ist. Darin werden die Anlage, die Parameter und der Umgang mit dem Customer-Exit für Variablen besprochen.

6.3.4 Exit-Lösungsvorschlag bei mehrdimensionalen Berechtigungen

Versuchen Sie nun, das Problem der verteilten Berechtigungen von Land und Region mit Hilfe von Customer-Exit-Variablen zu lösen. Ihr Ziel ist, dass der Benutzer ein Land eingibt und die dazu berechtigten Regionen automatisch im Hintergrund gezogen werden. Sie werden diese Lösung für einen Benutzer implementieren. Als Erstes legen Sie dazu den neuen globalen Produktgruppen-Manager USER_GL_PG1 in der Transaktion SU01 an und ordnen ihm die Menü- und die Berechtigungsrolle zu.

Mit Ihrem Projektbenutzer legen Sie anschließend die beiden Analyseberechtigungen, wie in Abbildung 6.31 dargestellt, mit den technischen Namen XVTGLPGR03 und XVTGLPGR04 und den Beschreibungen »Vertrieb PGR 03« und »Vertrieb PGR 04« an. Die beiden Berechtigungen ordnen Sie dem Benutzer zu. Wie realisieren Sie nun die Query-Definition?

Query definieren

In der Query werden Sie eine einfache Merkmalswert-Variable auf dem Merkmal »Land« und eine Variable vom Typ Customer-Exit auf der Region anlegen. Die Query und die Variablen werden Sie als Nächstes definieren. Der Aufbau der Query ist wie in Tabelle 6.14 beschrieben. Die einzigen Änderungen machen Sie im Filterbereich (siehe Tabelle 6.17). Sie kopieren daher die Quell-Query auf den neuen technischen Namen XVT_V_REGION_MULTIDIMENSIONAL mit der Beschreibung »Produktgruppen-Übersicht je Land und Region – multidimensional«.

Filterbereich	Selektion
XVTCLAND – Land (Auth Demo)	Benutzer-Eingabevariable
XVTCREGIO – Region (Auth Demo)	Customer-Exit-Variable

Tabelle 6.17 Query-Filterbereich bei mehrdimensionalen Problemfällen

Die Variable auf dem Merkmal XVTCLAND erhält die Beschreibung »Land« und den technischen Namen XVT_LAND_SIMPLE. Sie soll manuell eingegeben werden, optional sein und einen Einzelwert darstellen. Sie möchten ja erreichen, dass Ihr Benutzer nur ein Land eingeben kann. Die Variable auf der Region lautet XVT_V_REGION_EXIT_MULTIDIM_AUT (Customer-Exit-Region). Verarbeitet wird sie durch den Customer-Exit, und sie trägt die Eigenschaften »Selektionsoption« und »nicht eingabebereit«. Nachdem die Variablen getauscht wurden, können Sie die Query speichern und sie ausführen.

Es wird die Variable für »Land« angezeigt, Sie wählen es aus und erhalten die Werte für dieses – das Ganze noch ohne Customer-Exit. Den wollen Sie nun für unsere Zwecke anpassen. Davor speichern Sie die Query aber als Arbeitsmappe in dem neuen Ordner VERTRIEBSBERICHTE ANALYSEBERECHTIGUNGEN MULTIDIMENSIONAL. Die Arbeitsmappe erhält die Beschreibung »Produktgruppe je Land und Region (Exit-Lösung)«.

Datenquelle für den Exit erstellen

Damit Sie dem Benutzer die korrekten Regionen je Land zuweisen können und auf diese Weise nur berechtigte Selektionen zur Prüfung kommen, benötigen Sie noch eine Datenquelle. Die Datenquelle wird von Ihnen im Exit ausgelesen und muss die berechtigten Kombinationen widerspiegeln. Was werden Sie dafür wählen?

Für Sie stehen zwei Möglichkeiten zur Auswahl:

▶ eine Z-Tabelle anlegen, um die Werte darin zu speichern

▶ ein DSO für direktes Schreiben verwenden

Beide Optionen sind möglich und gut umzusetzen. Angenehm bei einem DSO ist, dass es direkt in der InfoArea des betroffenen Datenmodells abgelegt werden kann. Dort ist es auch sichtbar, man kann es nicht so einfach »vergessen«, wie das der Fall bei einer Z-Tabelle ist. Bei einem DSO muss man sich andererseits um die Beladung kümmern.

DSO für direktes Schreiben – Dokumentation und BAPIs von SAP

Bezüglich der DSO für direktes Schreiben gibt es eine gute Dokumentation auf den SAP-Seiten unter *http://help.sap.com/*. Es werden auch BAPIs zur Verfügung gestellt, um solch ein DSO zu beschreiben.

Sie entscheiden sich hier – der raschen Implementierung wegen – jedoch für eine Z-Tabelle. Wie muss diese aufgebaut sein? Sie wollen für einen Benutzer aufgrund der Eingabe des Landes die berechtigten Regionen filtern. Die Tabelle wird daher aus diesen drei Schlüsselfeldern bestehen. Für »Land« und »Region« können Sie die Datenelemente der InfoObjects heranziehen. Für den Benutzer verwenden Sie das Datenelement XUBNAME.

Dann erstellen Sie die Tabelle in der Transaktion SE11:

1. Als Namen wählen Sie »ZVT_REG_AUTH (Vertriebsreporting – Regionsberechtigungen)«.

2. Über ANLEGEN gelangen Sie in den Pflegedialog der Tabelle.

   ▶ Die Registerkarte FELDER gestalten Sie so, wie sie in der Abbildung 6.32 zu sehen ist: Die drei Datenelemente der Felder werden in der Spalte DATENELEMENT eingetragen. Nach Betätigen der ⏎-Taste werden automatisch die Feldnamen und die Kurzbeschreibung gezogen. Zuletzt wird für die drei Felder der Haken bei KEY gesetzt.

Abbildung 6.32 Definition der Customizing-Tabelle ZVT_REG_AUTH

   ▶ Auf der Registerkarte AUSLIEFERUNG UND PFLEGE stellen Sie die Auslieferungsklasse auf C und die Data Browser/Tabellensicht-Pflege auf ANZEIGE/PFLEGE ERLAUBT. Über den Button TECHNISCHE EINSTELLUNGEN können Sie die Eigenschaften der Tabelle pflegen. Dort stellen Sie im Bereich LOGISCHE SPEICHER-PARAMETER die Datenart auf »APPL2« und die Größenkategorie auf »0«. Damit haben Sie alle benötigten Parameter der Tabelle gepflegt und können sie aktivieren.

3. Als Nächstes können Sie gleich die relevanten Einträge für Ihren Benutzer USER_GL_PG1 erfassen. Die Tabelle haben Sie mit den Eigenschaften einer Customizing-Tabelle angelegt, daher können Sie nun über das Menü HILFSMITTEL • TABELLENINHALT • EINTRÄGE ERFASSEN die gültigen Kombinationen eintragen.

Nachdem Sie diesen Schritt beendet haben und wieder in die Tabellenpflege zurückgehen, sehen Sie sich über Inhalt die eingefügten Sätze an. Es erscheint anschließend ein Bild, wie es Abbildung 6.33 zeigt.

Nachdem Ihr Setup nun so weit ist, können Sie mit der Implementierung des Codes beginnen. Dazu wechseln Sie in die Transaktion SE37 und lassen sich den Exit EXIT_SAPLRRS0_001 anzeigen.

Abbildung 6.33 Berechtigte Land/Region-Werte für USER_GL_PG1

Code zum Auslesen der Regionen

Die Logik selbst ist sehr einfach. Nachdem der Benutzer das Land eingegeben hat, wollen Sie die dazu passenden Regionen finden und in die Customer-Exit-Variable umfüllen. Die Implementierung im Customer-Exit wird für die Variable auf der Region gemacht. Das müssen Sie beim CASE-Statement auf den Parameter I_VNAM innerhalb des Variablen-Exits bedenken.

Gehen wir auch kurz den Ablauf durch und überlegen, welche Schritte dafür notwendig sind:

1. Der Benutzer startet die Query und gibt einen Wert für »Land« ein.
2. Nach dem Pop-up stellen Sie fest, welches Land eingegeben wurde, und füllen die Variable für »Region« mit den passenden Werten.
3. Die Berechtigungsprüfung erhält eine berechtigte Teilmenge der Gesamtberechtigung des Benutzers für »Land« und »Region«.
4. Die Query stellt das gewünschte Ergebnis dar.

Sie müssen im Exit für den Parameter I_STEP 2 eingreifen, da Sie das Land erst nach dem Pop-up auslesen können. Wie kommen Sie zu dem Wert für »Land«? In der Schnittstelle des Customer-Exits für Variablen wird auch eine interne Tabelle I_T_VAR_RANGE – gefüllt mit den Variablen – der Query übergeben. Aus dieser Tabelle greifen Sie den LOW-Wert für die Variable XVT_LAND_SIMPLE auf »Land« ab.

Haben Sie den Wert für »Land« ermittelt, setzen Sie ein select-Statement auf Ihrer Z-Tabelle ab und holen sich alle Kombinationen für den Benutzer und das Land in eine interne Tabelle, die vom Typ der Z-Tabelle entspricht.

Über diese interne Tabelle iterieren Sie mit einem `Loop` und schreiben die Regionen weg, die Sie dann im letzten Schritt in die Variable `XVT_V_REGION_EXIT_MULTIDIM_AUT` umfüllen.

An erster Stelle im Include fügen Sie einen Aufruf des Funktionsbausteins `RSEC_GET_USERNAME` ein. Dieses Vorgehen wurde bereits in Abschnitt 4.1.2, »Probleme mit Benutzername ›sy-uname‹ im User-Exit«, erklärt. Dort ist auch ein entsprechender Beispielcode zu finden. Mit Hilfe dieses Bausteins wird die Wartung bzw. die Protokollierung für Tabellenzugriffe ermöglicht. Würden Sie einen `select` auf Ihre Z-Tabelle mit der Systemvariablen `sy-uname` vornehmen, hätten Sie bei der Option AUSFÜHREN ALS... in der Transaktion RSECPROT das Problem, dass `sy-uname` nicht Ihr eingeschränkter Benutzer USER_GL_PG1 ist, sondern USERPROJECT. Daher wird der `select`-Befehl mit dem falschen Benutzernamen ausgeführt und liefert nicht die richtigen Berechtigungsdaten zurück.

Für den `select` verwenden Sie dann im Anschluss die Variable `l_uname`.

Nun folgt das weitere Coding für das Auslesen des Landes und anschließend die Ermittlung und Umfüllung der passenden Regionen (siehe Listing 6.1).

```
CASE i_vnam.
  WHEN 'XVT_V_REGION_EXIT_MULTIDIM_AUT'.
  IF I_STEP = '2'.
* data declaration
  FIELD-SYMBOLS: <l_s_custtab_on_db>  TYPE ZVT_REG_AUTH.
  DATA: l_t_custtab_on_db TYPE TABLE OF ZVT_REG_AUTH,
        l_s_range_land TYPE RRRANGEEXIT,
        l_s_range_region LIKE RRRANGESID.

    READ TABLE I_T_VAR_RANGE INTO l_s_range_land
      WITH KEY VNAM = 'XVT_V_LAND_SIMPLE'
               IOBJNM = 'XVTCLAND'.

    IF sy-subrc NE '0'.
* do nothing
      EXIT.
    ELSE.
* get the appropriate regions
    SELECT * FROM ZVT_REG_AUTH INTO TABLE l_t_custtab_on_db
        WHERE bname = l_uname AND
              land = l_s_range_land-LOW.
* fill the regions into E_T_RANGE
    LOOP AT l_t_custtab_on_db ASSIGNING <l_s_custtab_on_db>.
        l_s_range_region-SIGN = 'I'.
```

```
      l_s_range_region-OPT = 'EQ'.
      l_s_range_region-LOW = <l_s_custtab_on_db>-REGION.
      APPEND l_s_range_region TO E_T_RANGE.
    ENDLOOP.
  ENDIF.
 ENDIF.
* other variable implementations
  WHEN OTHERS.
ENDCASE.
```

Listing 6.1 Auslesen der berechtigten Regionen in Abhängigkeit
vom durch den Benutzer eingegebenen Land

Schauen wir uns das Coding im Detail an. Zu Beginn kommt das CASE–Statement, um sicherzustellen, dass Sie bei der richtigen Variablen sind. Das IF-Statement auf I_STEP = 2 garantiert, dass der Variablenschirm bereits prozessiert wurde. Mit Hilfe des READ TABLE auf die interne Tabelle I_T_VAR_RANGE bekommen Sie für die Query-Variable XVT_V_LAND_SIMPLE auf dem Merkmal »Land« den vom Benutzer eingegeben Wert. Sollte kein Wert für »Land« gefunden werden, brechen Sie die Verarbeitung der Exit-Variablen ab, und es wird nichts für die Region übergeben. Der Benutzer erhält dann in der Ausgabe keine Berechtigung, weil »Region« nicht eingeschränkt wurde, sich aber in den Zeilen befindet und so mit der Gesamtberechtigung (*) geprüft wird.

Hier wäre auch denkbar, eine Meldung auszugeben, falls ein Benutzer kein oder ein nicht in der Z-Tabelle gepflegtes Land eingegeben hat. Man kann an dieser Stelle auch den Variablenschirm nochmals aufrufen lassen. Das macht aber nur Sinn, wenn alle Benutzer, die die Query ausführen, in der Z-Tabelle sein sollten. Ein Benutzer, der für dieses Datenmodell volle Berechtigung hat, eventuell per OBI_ALL, würde an dieser Stelle Probleme bekommen.

In unserem Beispiel selektieren Sie weiter mit dem Land und l_uname auf die Z-Tabelle und holen sich so die für den Benutzer hinterlegten Regionen. Danach erfolgt ein Loop über diese Werte, und Sie tragen sie in die Ausgabetabelle E_T_RANGE des Funktionsbausteins ein.

Lösung testen

Anschließend sollten Sie das Szenario mit USER_GL_PG1 testen. Sie führen die zuvor angelegte Arbeitsmappe Beschreibung: Produktgruppe je Land und Region (Exit Lösung) je einmal für DE und US aus. Wenn kein Fehler bei der Implementierung unterlaufen ist, erhalten Sie zwei Ergebnisse, wie sie in Abbildung 6.34 zu sehen sind. Die beiden Selektionen bestehen die Berechtigungsprüfung und liefern Ihnen das gewünschte Ergebnis.

Table

Land (Auth Demo)	Region (Auth D	Produktgruppe	Umsatz (Auth Demo)	Verkaufte Stückzahl	Kosten (Auth Demo)
Deutschland	Süd	Stühle	9.111.579,26 EUR	7.270 ST	7.289.263,42 EUR
		Tische	40.049.421,40 EUR	44.338 ST	32.039.537,12 EUR
		Ergebnis	49.161.000,66 EUR	51.608 ST	39.328.800,54 EUR
	Ost	Stühle	11.327.847,30 EUR	10.260 ST	9.062.277,84 EUR
		Tische	35.041.478,46 EUR	35.147 ST	28.033.182,78 EUR
		Ergebnis	46.369.325,76 EUR	45.407 ST	37.095.460,62 EUR
	Ergebnis		95.530.326,42 EUR	97.015 ST	76.424.261,16 EUR
Gesamtergebnis			95.530.326,42 EUR	97.015 ST	76.424.261,16 EUR

Table

Land (Auth Demo)	Region (Auth D	Produktgruppe	Umsatz (Auth Demo)	Verkaufte Stückzahl	Kosten (Auth Demo)
Vereinigte Staaten	Alaska	Tische	$ 12.867.980,08	7.324 ST	$ 10.294.384,06
		Ergebnis	$ 12.867.980,08	7.324 ST	$ 10.294.384,06
	Ergebnis		$ 12.867.980,08	7.324 ST	$ 10.294.384,06
Gesamtergebnis			$ 12.867.980,08	7.324 ST	$ 10.294.384,06

Abbildung 6.34 Ergebnisse der Querys mit der Customer-Exit-Variablen

Sie sollten noch ein Protokoll der beiden Aufrufe für Ihren Reportingbenutzer aufzeichnen, um nachvollziehen zu können, wie die Prüfung der Berechtigungen im Detail abläuft. In Abbildung 6.35 erhalten Sie das Ergebnis für die Selektion des Landes US. Sehr schön kann man erkennen, dass vom System gegen die beiden Analyseberechtigungen geprüft wird. Diese beiden Berechtigungen können nicht gemischt werden, da sie sich beim Land und bei den Regionen unterscheiden.

Folgende Menge wird geprüft		Vergleich mit folgender berechtigten Menge		Ergebnis
Merkmal	Inhalt (in SQL-Format)	Merkmal	Inhalt (in SQL-Format)	
XVTCLAND XVTCPROD__XVTCPRODG XVTCREGIO 0TCAACTVT	XVTCL AND = 'US' AND XVTCPROD__XVTCPRODG BETWEEN '01' AND '02' AND XVTCREGIO = '006' AND 0TCAACTVT = '03'	0TCAACTVT	I EQ 03	Nicht berechtigt 🔊
		XVTCLAND	I EQ DE	
		XVTCPROD__XVTCPRODG	I EQ 01 I EQ 02	
		XVTCREGIO	I EQ 001 I EQ 005	

Folgende Menge wird geprüft		Vergleich mit folgender berechtigten Menge		Ergebnis
Merkmal	Inhalt (in SQL-Format)	Merkmal	Inhalt (in SQL-Format)	
XVTCLAND XVTCPROD__XVTCPRODG XVTCREGIO 0TCAACTVT	XVTCL AND = 'US' AND XVTCPROD__XVTCPRODG BETWEEN '01' AND '02' AND XVTCREGIO = '006' AND 0TCAACTVT = '03'	0TCAACTVT	I EQ 03	Berechtigt ✔
		XVTCLAND	I EQ US	
		XVTCPROD__XVTCPRODG	I EQ 01 I EQ 02	
		XVTCREGIO	I EQ 006	
Teilselektion (SUBNR) ist berechtigt				
Berechtigungsprüfung abgeschlossen				

Abbildung 6.35 Protokoll bei Verwendung der Exit-Variablen

Sie sehen in Abbildung 6.35 die Selektion mit dem Land US und der Region 06. Die Selektion ist der linke Block. Unser Code im Exit hat richtig gearbeitet und die passende Region zum Land geliefert.

Vergleichen Sie dies nun mit der Analyseberechtigung XVTGLPGR03, die Sie für Deutschland vergeben haben. Die passt nicht zur Selektion, und somit erhalten Sie keine Berechtigung. An zweiter Stelle im unteren Bereich der Abbildung 6.35 finden Sie die Berechtigung XVTGLPGR04 auf die Vereinigten Staaten. Diese Berechtigung deckt nun genau unsere Selektion ab und ist somit für den Benutzer berechtigt. In weiterer Folge werden dem Benutzer die US-Daten für die Region 06 angezeigt.

> **Zusammenspiel von Exit-Variablen und Berechtigungen**
>
> Die beiden Variablentypen der Berechtigungen und des Customer-Exits sind voneinander getrennt anzulegen und werden auch unabhängig voneinander verwendet.
>
> Customer-Exit-Variablen kann man in Analyseberechtigungen hinterlegen. Sie werden dynamisch zur Laufzeit der Query ausgewertet. Die ermittelten Werte des Customer-Exits werden dann in weiterer Folge an die Berechtigungsprüfung übergeben.
>
> Eine Eigenheit bei der Verwendung von Customer-Exit-Variablen in Analyseberechtigungen ist der Aufrufzeitpunkt. Für Variablen in den Berechtigungen gilt, dass sie beim I_STEP 0 gefüllt werden müssen.

Unser Beispiel ist eine Möglichkeit, Problemfälle bei mehrdimensionalen Berechtigungen mit Hilfe von Customer-Exit-Variablen zu lösen. Weitere Customer-Exit-Implementierungen zum Füllen von Berechtigungen sehen wir uns noch in den kommenden Beispielen an. Nun wollen wir damit beginnen, Hierarchien und Zeitabhängigkeit anhand von Beispielen genauer anzusehen.

6.3.5 Hierarchien, Zeitabhängigkeit und Exit-Variablen

Nun haben Sie bereits einige Möglichkeiten kennengelernt, wie man die Vergabe von Berechtigungen in BW durch die Verwendung von Variablen einrichten kann. Ein Bereich, der gerade bei Berechtigungen immer wieder Probleme verursachen kann, sind Hierarchien, diese wollen wir uns nun genauer ansehen.

Warum bereiten *Hierarchien* teilweise Probleme? Die Komplexität bei der Vergabe von Analyseberechtigungen auf Hierarchien ist eine andere als bei einfachen, »flachen« Merkmalswerten. Wir wollen uns dies an folgendem Beispiel ansehen:

Ziehen Sie dafür das Merkmal »Produkt« heran. Nehmen wir an, dass der Manager der Produktgruppe Couchtische, auf den Merkmalswert 5 für das Produkt berechtigt ist. Somit würde er in den Berichten, in denen das Produkt flach (nicht hierarchisch) angezeigt wird, bei entsprechender Query-Definition immer die relevanten Zahlen der Couchtische sehen. Anzumerken ist, dass die Stammdaten eines Merkmals im Verhältnis zu den Hierarchien meist länger gültig sind.

Wie verhält es sich in unserem Fall der Couchtische nun mit hierarchischen Strukturen?

Allgemeines zu Hierarchien und Analyseberechtigungen

Werfen Sie dazu einen Blick auf Abbildung 6.36. Dort sehen Sie auf der linken Seite unser Produkt COUCHTISCH unter dem Knoten TISCHE GESAMT. Damit nun der Benutzer seine Zahlen des Produktes zu sehen bekommt, muss er eine Hierarchieberechtigung auf den Merkmalswert innerhalb der Hierarchie haben. Die einfache Merkmalswert-Berechtigung auf den Wert »Couchtisch« für »Produkt« reicht hier nicht mehr aus.

Vertrieb alte Produktstruktur 02	Knotenname
▽ 🗁 Tische gesamt	TISCHE_GESAMT
🗗 Esstisch Massivholz	00001
🗗 Esstisch Glas	00002
🗗 Couchtisch	00005
▽ 🗁 Stühle gesamt	STUEHLE_GESAMT
🗗 Esstischstuhl Holz	00003
🗗 Esstischstuhl Metall	00004
🗗 Klappstuhl	00006

Vertrieb alte Produktstruktur 03	Knotenname
▽ 🗁 Tische gesamt	TISCHE_GESAMT
▽ 🗁 Esstische gesamt	ESSTISCHE_GESAMT
🗗 Esstisch Massivholz	00001
🗗 Esstisch Glas	00002
▽ 🗁 Beistelltische gesamt	BEISTELLT_GESAMT
🗗 Couchtisch	00005
▽ 🗁 Stühle gesamt	STUEHLE_GESAMT
🗗 Esstischstuhl Holz	00003
🗗 Esstischstuhl Metall	00004
🗗 Klappstuhl	00006

Abbildung 6.36 Unterschiedliche hierarchische Produktstrukturen

Nachdem Hierarchien dazu verwendet werden, Stammdaten zu logischen Gruppen für das Reporting zusammenzufassen, existieren meist mehrere Sichten (Hierarchien) für ein Merkmal. In Abbildung 6.36 finden Sie im rechten Bildbereich eine weitere mögliche Darstellung der Produkte. Dort gibt es eine weitere Aufgliederung der Tische in ESSTISCHE GESAMT und BEISTELLTISCHE GESAMT. Was bedeutet das nun für unsere Hierarchieberechtigungen? Wenn Sie Ihren Benutzer für die beiden Hierarchien nun explizit auf COUCHTISCH und auf BEISTELLTISCHE GESAMT berechtigen möchten, benötigen Sie dafür zwei unterschiedliche Hierarchieberechtigungen. Ob diese Aussagen auch tatsächlich zutreffen, werden wir uns nun anhand von Beispielen ansehen.

Funktionsweise von Hierarchien in Analyseberechtigungen

Sie wollen hier eine Implementierung für das Land Deutschland vornehmen, daher legen Sie als Erstes den neuen Benutzer USER_DE_HIE1 für unsere Hierarchiebeispiele an. Der Benutzer bekommt wiederum die Menü- und die Berechtigungsrolle XVT_REPORTING_EXECUTE.

Mit dem Projektbenutzer legen wir die Analyseberechtigung »Vertrieb PROD 01« an, wie sie in Tabelle 6.18 zu sehen ist. Die Implementierung gilt nur für den Vertriebs-MultiProvider, daher ist dieser in der Berechtigung eingeschränkt, das Land ist DE und der Manager soll das Produkt 5 sehen. Informationen über Fabriken und Produktgruppen werden die Berichte nicht enthalten, daher der Doppelpunkt; aber der Manager soll die Zahlen aller Regionen sehen dürfen.

Merkmale	Vertrieb PROD 01
	XVTDEPROD01
0TCAACTVT	03
0TCAIPROV	XVTMGSD1
0TCAVALID	*
XVTCFABRI	:
XVTCLAND	DE
XVTCPROD	5 (Couchtische)
XVTCPROD_XVTCPRODG	:
XVTCREGIO	*

Tabelle 6.18 Analyseberechtigung für den deutschen Produktmanager

Haben Sie die Berechtigung erstellt, wird sie dem Benutzer zugewiesen.

Hierarchie anlegen
Nun wollen Sie die Hierarchien auf das Produkt anlegen.

1. Dazu gehen Sie in die Transaktion RDS1 für das Merkmal XVTCPROD und gelangen über die Registerkarte HIERARCHIE und den Punkt HIERARCHIE PFLEGEN zu EINSTIEG HIERARCHIEBEARBEITUNG.

2. Sie klicken auf den Button ANLEGEN 🗋, um die beiden in Abbildung 6.36 zu sehenden Hierarchien anzulegen. Die technischen Namen und Beschreibungen sind Abbildung 6.37 zu entnehmen.

3. Bevor Sie die Hierarchien im Reporting verwenden können, müssen Sie sie mit Hilfe des Buttons 🔲 aktivieren.

Im nächsten Schritt werden Sie eine Query definieren, die es Ihnen erlaubt, das Verhalten der Hierarchien zu testen.

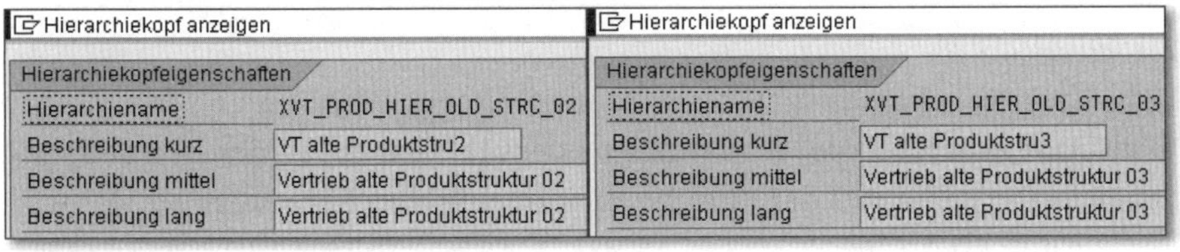

Abbildung 6.37 Kopfdaten der Produkthierarchien

Query definieren und speichern

Diese Query hat eine einfache Definition, die in Tabelle 6.19 zu sehen ist. Die Einschränkung auf das Produkt nehmen Sie im Filterbereich des Query Designers vor. Auf dem Merkmal »Produkt« wählen Sie EINSCHRÄNKEN... • EINBLENDEN EINZELWERTE • HIERARCHIE XVT_PROD_HIER_OLD_STRC_02 (VERTRIEB ALTE PRODUKTSTRUKTUR 02). Sie klappen den Knoten TISCHE GESAMT auf und selektieren das Blatt 5 (COUCHTISCH).

Ist die Definition der Query fertig, speichern Sie sie unter »XVT_V_PRODUCT_HIERARCHIE_01 (Produkt je Land – Hierarchieberechtigungen)« ab.

Filterbereich	Selektion
XVTCLAND – Land (Auth Demo)	Berechtigungsvariable
XVTCPROD – Produkt ID (Auth Demo)	Hierarchieblatt 5 (Couchtische) aus der Hierarchie XVT_PROD_HIER_OLD_STRC_02
0CALYEAR – Kalenderjahr	2008, 2009
Freie Merkmale	
0CALYEAR – Kalenderjahr	
Zeilen	
XVTCLAND – Land (Auth Demo)	
XVTCPROD – Produkt ID (Auth Demo)	
Spalten	
XVTKVST – Verkaufte Stückzahl	

Tabelle 6.19 Query für Hierarchieselektion mit flachen Berechtigungen

Die gespeicherte Query führen Sie aus und speichern sie dann als Arbeitsmappe – mit gleicher Bezeichnung wie die Query – in den neu angelegten Ordner VERTRIEBSBERICHTE ANALYSEBERECHTIGUNGEN HIERARCHIE der Menürolle. Was passiert nun, wenn Sie die Arbeitsmappe für Ihren neuen Benutzer ausführen?

Arbeitsmappe für neuen Benutzer ausführen

Laut Theorie bekommt der neue Benutzer keine Berechtigung, da Sie das Blatt COUCHTISCHE in der Hierarchie ausgewählt haben, in der Berechtigung des Benutzers aber nur der Einzelwert »Couchtische« berechtigt ist. Das wollen wir nun überprüfen:

Sie melden sich mit dem Benutzer USER_DE_HIE1 an und starten die Arbeitsmappe. Das Ergebnis ist nicht die Meldung »Keine Berechtigung«, sondern die Auflistung der verkauften Couchtische in Deutschland. Warum hat hier die flache Berechtigung das Hierarchieblatt berechtigt? Sehen Sie sich dazu das Protokoll (siehe Abbildung 6.38) an, um das Verhalten des Systems besser zu verstehen.

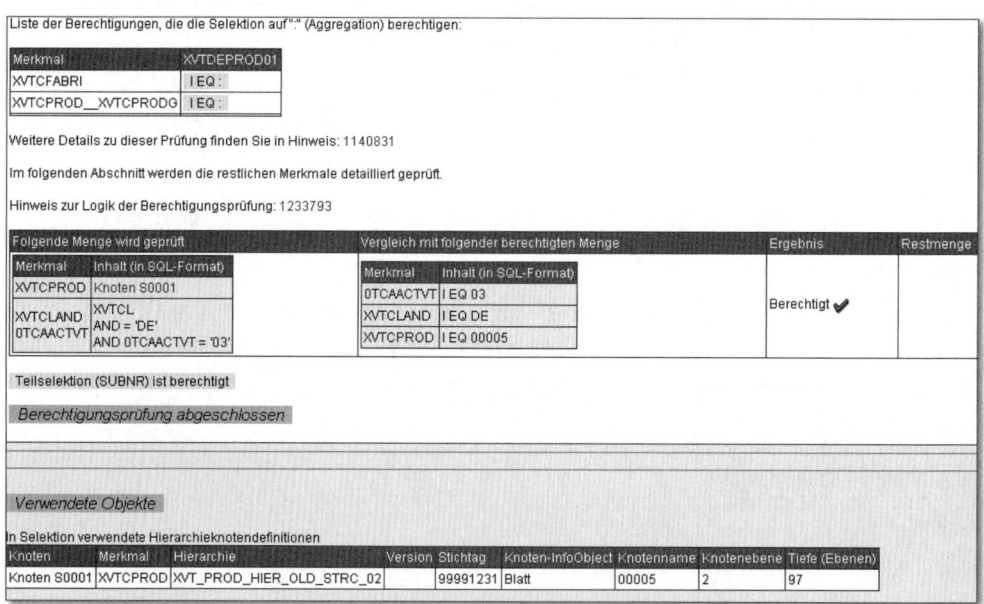

Abbildung 6.38 Protokoll – Hierarchie versus flache Berechtigung

Wir sehen, die Fabrik und die Produktgruppe sind mit der Aggregationsberechtigung »:« einwandfrei berechtigt. Das Land DE wird mit Hilfe der Variablen aus den Berechtigungen für die Selektion der Query herangezogen und trifft somit natürlich genau den berechtigten Wert bei der Prüfung. Beim Produkt sehen Sie, dass in der Selektion der Knoten S0001 zu sehen ist. Darunter finden Sie bei VERWENDETE OBJEKTE die Auflösung des Knotens S0001 in Werte. Es ist das Blatt 005 (COUCHTISCH für die Hierarchie XVT_PROD_ HIER_OLD_STRC_02). Verglichen wird also mit dem Einzelwert 005 des Merkmals XVTCPROD, und damit ist diese Selektion berechtigt!

Sonderfall: Hierarchieselektion versus Merkmalswert-Berechtigung

Prinzipiell reichen flache Berechtigungen auf Werte eines Merkmals nicht aus, um eine Hierarchie und speziell deren Struktur zu berechtigen. Dies ist nur möglich, wenn genau die berechtigten Einzelwerte als Blätter in der Query selektiert werden. In diesem Fall wird nichts über den Aufbau der Hierarchie preisgegeben, da die Merkmalswerte im Ergebnisbereich wie flache Selektionen dargestellt werden.

Die Darstellung des Hierarchieblattes (siehe Abbildung 6.39) sieht tatsächlich flach aus und gibt keine Informationen über die Hierarchiestruktur aus Abbildung 6.36 preis.

Table		
◆ Land (Auth Demo)	◆ Produkt ID (Auth Dem	◆ Verkaufte Stückzahl
Deutschland	Couchtisch	26.334 ST
	Ergebnis	26.334 ST
Gesamtergebnis		26.334 ST

Abbildung 6.39 Query-Ergebnis – Hierarchie versus flache Berechtigung

Was wäre nun, wenn Sie zusätzlich noch die Werte ESSTISCH MASSIVHOLZ und ESSTISCH GLAS der linken Hierarchie aus Abbildung 6.36 berechtigen würden. Solange Sie wieder nur die Blätter in der Query einschränken, funktioniert das, nehmen Sie jedoch den Knoten TISCHE GESAMT, erhält der Benutzer keine Berechtigung.

In der Praxis kommt dieser Fall, dass genau die Blätter einer Hierarchie selektiert werden, die zu flachen Berechtigungen passen, eher selten vor. Trotzdem sollte man wissen, dass man auch Blätter in Hierarchien durch flache Werte berechtigen kann. Normalerweise werden hier Hierarchieknoten-Variablen verwendet, die aus den Berechtigungen gefüllt werden.

Hierarchieknoten-Variablen verwenden
Testen Sie nun, wie es sich bei unserem Benutzer verhalten würde, wenn Sie solch eine Variable in der Query verwenden würden.

Kopieren Sie dazu die zuvor erstellte Query, und speichern Sie sie unter dem Namen XVT_V_PRODUCT_HIERARCHIE_02 (PRODUKT JE LAND – HIERARCHIEBERECHTIGUNGEN VARIABLE) ab. Die Definition bleibt wie gehabt, außer einer neuen Hierarchieknoten-Variablen, die Sie wie in Abbildung 6.40 auf dem Merkmal »Produkt« anlegen. Haben Sie die Selektion für das Produkt auf die Variable umgestellt, dann stellen Sie im Query Designer in den Eigenschaften des Merkmals »Produkt« auf der Registerkarte HIERARCHIE die Hierarchie XVT_PROD_HIER_OLD_STRC_02 zur Darstellung in den Zeilen an. Danach führen Sie die Query aus und speichern sie wieder als gleichnamige Arbeitsmappe in dem zuvor erstellten Ordner.

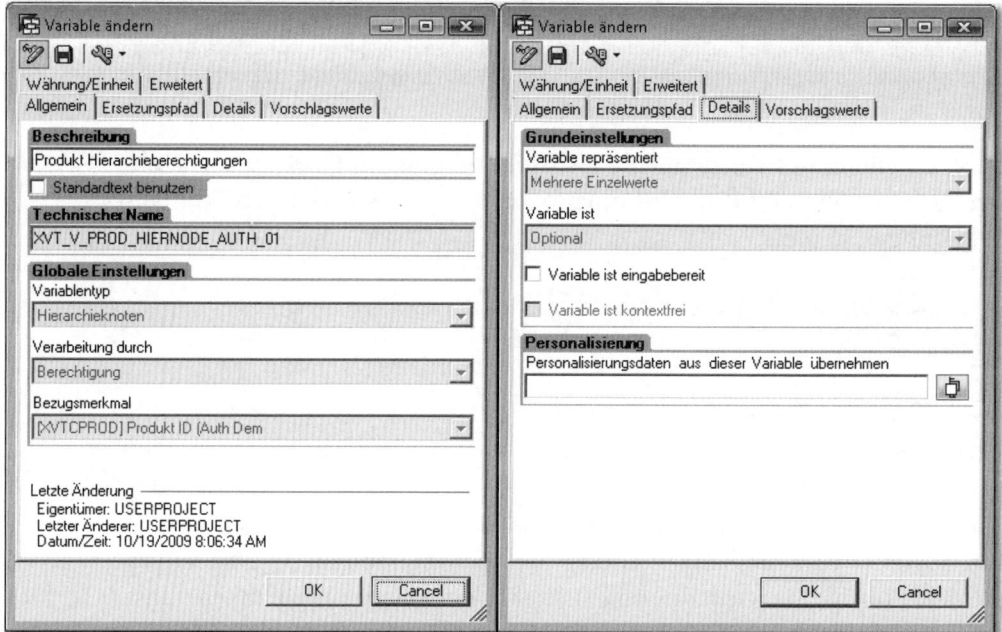

Abbildung 6.40 Berechtigungshierarchieknoten-Variable auf Produkt

Wenn nun der Benutzer die neue Arbeitsmappe ausführt, dann erhält er die Meldung »Keine Berechtigung«. Sie lassen wiederum ein Protokoll aufzeichnen und sehen es sich zur Analyse an.

Wie Sie in Abbildung 6.41 erkennen, fehlt dem System überhaupt eine Hierarchieberechtigung auf das Merkmal »Produkt«. Diese Berechtigung fehlt in der Tat, denn bis jetzt haben Sie noch keine Hierarchieberechtigung angelegt. Doch das wollen wir nun ändern.

> *Hierarchieberechtigungen (Knotenberechtigungen)*
> Benutzer USER_DE_HIE1
> Merkmal XVTCPROD
> Hierarchiename XVT_PROD_HIER_OLD_STRC_02
> Hierarchieversion
> Hierarchiedatum 20091018
> Ergebnis InfoProvider-übergreifend
> Keine Hierarchieberechtigungen
> Es gibt überhaupt keine Hierarchieberechtigungen zu diesem Merkmal

Abbildung 6.41 Protokoll der Hierarchieprüfung ohne Berechtigung

Hierarchieberechtigung anlegen

Der Benutzer USER_DE_HIE1 ist nicht nur für die Couchtische verantwortlich, er darf alle Arten von Tischen sehen. Er erhält Berechtigung auf den Knoten TISCHE GESAMT. Sie legen dazu eine Hierarchieberechtigung an und erweitern die Analyseberechtigung XVTDEPROD01. Wie gehen Sie dazu vor?

1. In der Transaktion RSECADMIN bearbeiten Sie die Analyseberechtigung, und mit einem Doppelklick auf das Merkmal XVTCPROD kommen Sie in die Detailpflege des Produkts.

   ▶ Auf der Registerkarte WERTEBERECHTIGUNGEN löschen Sie die Zeile mit dem Produkt 5.

   ▶ Sie wechseln anschließend zur Registerkarte HIERARCHIEBERECHTIGUN-GEN und klicken auf das Symbol HIERARCHIEBERECHTIGUNG ANLEGEN.

2. Im danach erscheinenden Pop-up selektieren Sie die Werte, wie in Abbildung 6.42 gezeigt. Den TYP DER BERECHTIGUNG setzen Sie auf den Wert 1, da Sie den Benutzer für den Knoten selbst und alle Werte darunter berechtigen. Den GÜLTIGKEITSBEREICH setzen Sie auf den Wert 0.

> Pflege Berechtigungen: XVTDEPROD01 Bearbeiten ⊠
>
> Definition Hierarchieberechtigung
>
> Hierarchie | XVT_PROD_HIER_OLD_STRC_02/99991231//XVTCPROD
> Knoten | TISCHE_GESAMT
>
> Typ der Berechtigung | 1
> Teilbaum unterhalb Knoten
> Hierarchieebene | 0
> Gültigkeitsbereich |
> Name, Version identisch, Stichtag kleiner oder gleich

Abbildung 6.42 Hierarchieberechtigung auf Produkt definieren

3. Dann speichern Sie die Analyseberechtigung ab und überschreiben damit die alte Version. Weiter geht es mit einem Test des Benutzers und einem kurzen Blick in das Protokoll.

Nun erhält der Benutzer Berechtigung auf den Knoten innerhalb der Hierarchie und bekommt in der Darstellung den berechtigten Knoten mit den Blattwerten darunter zu sehen (siehe Abbildung 6.43). Unter dem Ergebnisbereich finden Sie einen Ausschnitt aus der Berechtigungsprüfung.

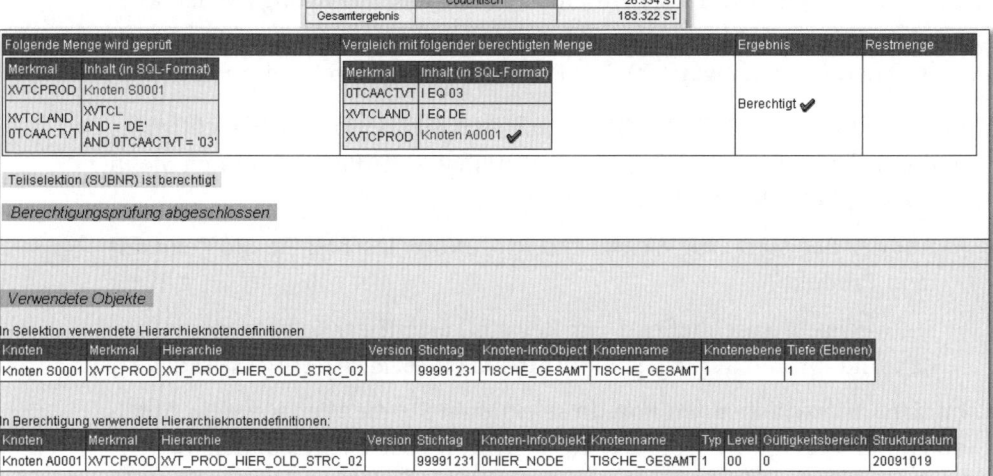

Abbildung 6.43 Query-Ergebnis und Protokoll bei Variablenverwendung

Dort ist klar zu erkennen, dass der Knoten S0001 aus der Selektion mit dem Knoten A0001 aus den Berechtigungen geprüft wird.

Sehen Sie sich in dem Bereich VERWENDETE OBJEKTE die beiden Hierarchieknoten an, stellen Sie fest, dass diese identisch sind. Es ist der Knoten aus der Berechtigung, der mit Hilfe der Variablen aus den Berechtigungen kommend in die Selektion übernommen wurde. Im Anschluss wird diese auf jeden Fall passende Selektion positiv auf Berechtigungen geprüft. Somit besitzt der Benutzer Berechtigung für die Hierarchie XVT_PROD_HIER_OLD_STRC_02. Doch wie sieht es nun mit der zweiten Hierarchie aus Abbildung 6.36 aus?

Dort gibt es auch den Knoten TISCHE GESAMT, der denselben technischen Namen TISCHE_GESAMT trägt wie in der ersten Hierarchie. Sie stellen nun in der Definition der Query mit der Hierarchievariablen auf die zweite Hierarchie XVT_PROD_HIER_OLD_STRC_03 um, die Sie zuvor angelegt haben (siehe Abbildung 6.44).

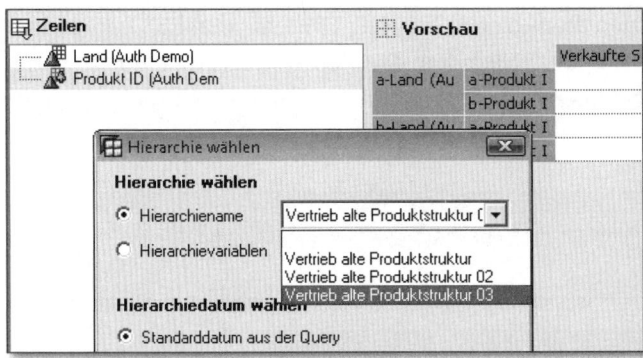

Abbildung 6.44 Hierarchie in den Zeilen der Query-Definition ändern

Jetzt müssen Sie ein wenig aufpassen, denn in den Zeilen haben Sie die Hierarchie 03 eingestellt, aber die Hierarchieknoten-Variable hat sich noch die Hierarchie 02 von zuvor gemerkt. Das erkennen Sie Abbildung 6.45. Dort sehen Sie auch, dass beim Prüfen der Query eine Meldung erscheint, die Ihnen mitteilt, dass Sie für das Merkmal »Produkt« unterschiedliche Hierarchien verwenden.

Das ist eine berechtigte Meldung, die aber oftmals Verwirrung stiftet. Einerseits versucht die Knotenvariable, die Berechtigungen aus der zuvor relevanten Hierarchie zu ziehen, andererseits ist in den Zeilen mittlerweile eine andere Einstellung gewünscht. Bevor Sie diese Meldung beseitigen, sollten Sie sich noch ansehen, welches Query-Ergebnis Sie mit dieser Definition erhalten.

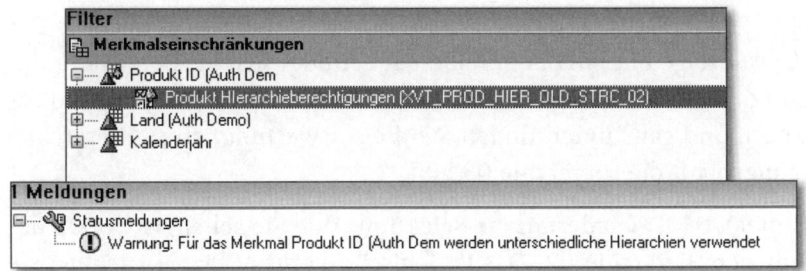

Abbildung 6.45 Unterschiedliche Hierarchien für das Merkmal »Produkt«

Für dieses Szenario wählen Sie nicht den BEx Analyzer als Medium, sondern Sie verwenden die Transaktion RSUDO. Sie melden sich dort mit dem Benutzer USERPROJECT an und führen die Query XVT_V_PRODUCT_HIERARCHIE_02 für den Benutzer USER_DE_HIE1 in der RSRT mit einer parallelen Protokollierung aus. Nachdem Sie den Button AUSFÜHREN in der Transaktion RSRT angeklickt haben, erhalten Sie folgendes Ergebnis (siehe Abbildung 6.46).

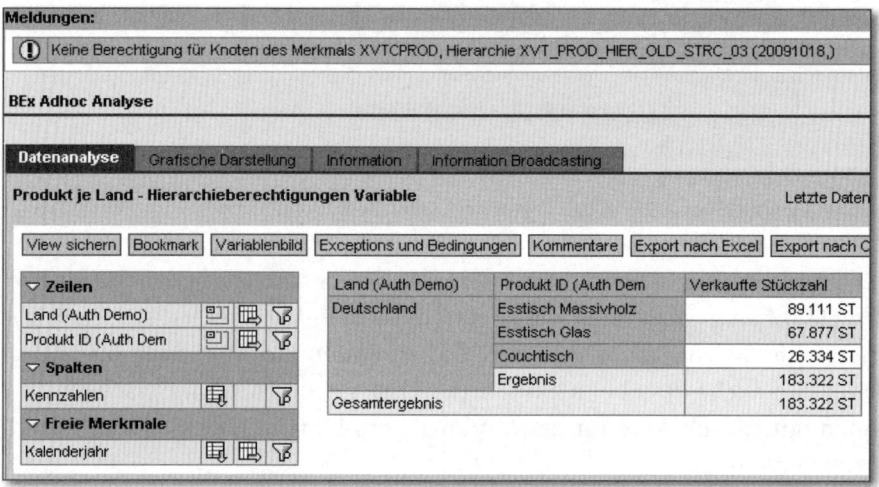

Abbildung 6.46 Query-Ergebnis für unterschiedliche Hierarchien

Es werden die gebuchten Werte der Blätter unter unserem berechtigten Knoten TISCHE_GESAMT angezeigt. Darüber hinaus sehen Sie im oberen Bereich die Meldung EYE 019, die Ihnen mitteilt, dass der Benutzer keine Berechtigung für die Hierarchie 03 hat. Das ist vollkommen richtig, aber weshalb sehen Sie die Blätter der Hierarchie 02? Im Protokoll (siehe Abbildung 6.47) sehen Sie Teile davon, was das System aufgezeichnet hat. Die Abbildung ist dreigeteilt. Im oberen Bereich befindet sich die Berechtigungsprüfung, in der Mitte die Angaben der Knoten aus der Berechtigung und für die Selektion, und ganz unten finden Sie die Auswertung, ob es Hierarchieberechtigungen auf die Hierarchie 03 gibt.

Der Knoten S0001 ist wiederum die Selektion. Wie Sie sehen, ist S0001 der Knoten aus der Hierarchie 02. Das ist logisch, da die Variable »denkt«, sie »soll« die Berechtigungen für die Hierarchie 02 ermitteln, und diese geht dann auch in die Selektion ein. Geprüft wird gegen Knoten A0001. Dieser kommt aber nicht aus der Selektion, sondern aus den Berechtigungen. Deshalb trifft die Selektion auch die Berechtigungen.

Der untere Abschnitt teilt Ihnen dann mit, dass für die in den Zeilen geforderte Hierarchie 03 keine Berechtigung vorhanden ist. Dies ist wiederum korrekt, und daraufhin wird die Meldung EYE 019 erzeugt. Diese teilt Ihnen mit, dass der Benutzer keine Berechtigung für die Hierarchie 03 hat; wenn aber die Selektion darunterliegende Blätter einschließt, dann werden diese angezeigt. Die Struktur der Hierarchie 03 bleibt allerdings verborgen.

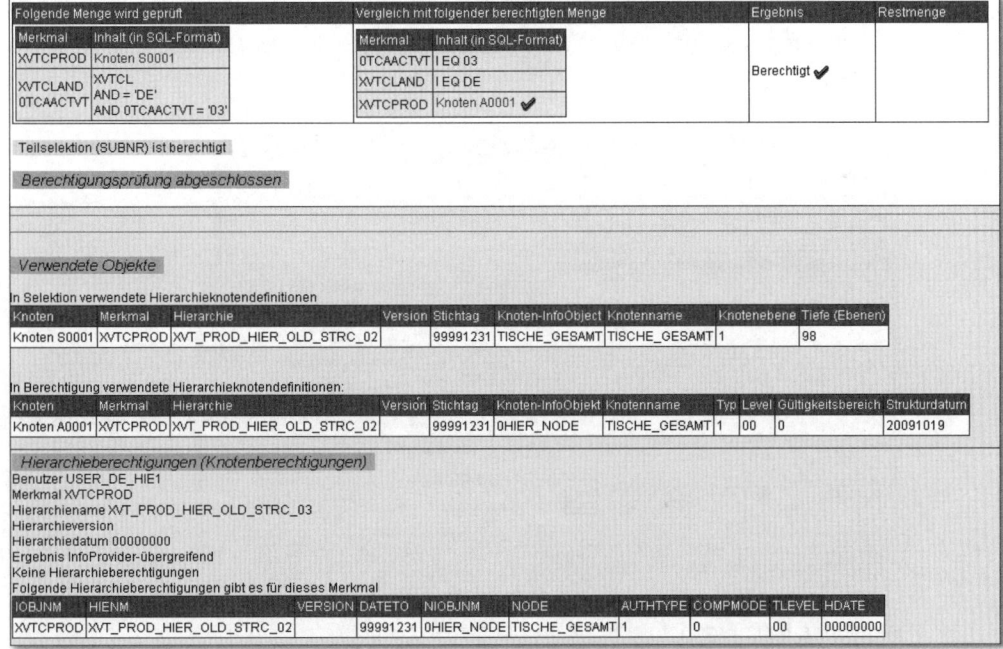

Abbildung 6.47 Protokoll bei Verwendung unterschiedlicher Hierarchien

Filterfunktion der Berechtigungen bei Hierarchien

Sie wissen bereits, dass BW nach dem Prinzip der Schranke arbeitet. Nicht berechtigte Selektionen werden geblockt und nicht gefiltert. Hier haben wir jedoch eine Ausnahme: Bei Hierarchien wird wie bei der gerade gezeigten Konstellation gefiltert!

Sie wollen allerdings, dass die Hierarchie 03 für die Prüfung herangezogen wird. Stellen Sie nun in der Query-Definition die Hierarchievariable auf 03 um. Dazu gehen Sie folgendermaßen vor:

1. Sie gehen im Query Designer in den Filterbereich der Query und wählen auf dem Produkt EINSCHRÄNKEN..., um die Variable verändern zu können.

2. Im Bereich GEWÄHLTE SELEKTIONEN markieren Sie die Variable und entfernen sie mit Hilfe des Buttons AUS SELEKTION ENTFERNEN.

3. Über EINBLENDEN wählen Sie die Option VARIABLEN und sehen so nur unsere Hierarchieknoten-Variable.

4. Wie in Abbildung 6.48 dargestellt, gehen Sie über den Button neben VARIABLENHIERARCHIE in das Menü HIERARCHIE AUSWÄHLEN und selektieren die Hierarchie 03.

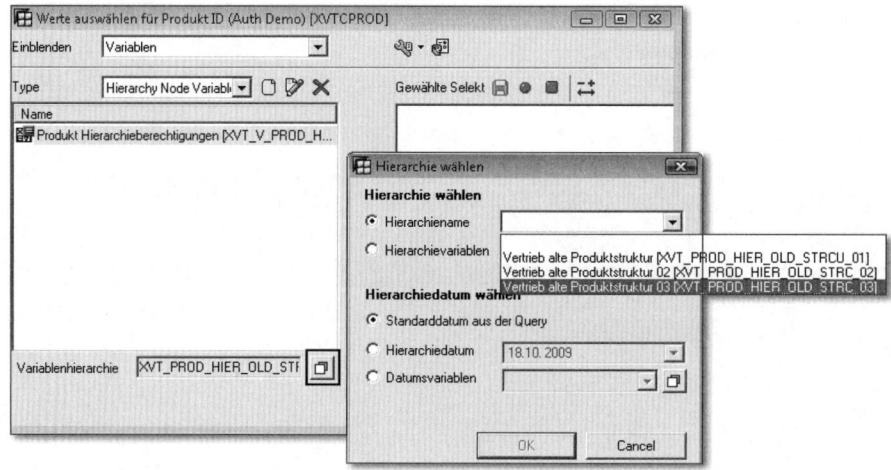

Abbildung 6.48 Produkthierarchie im Filterbereich ändern

5. Über den Button IN SELEKTION VERSCHIEBEN bekommen Sie die Variable wieder in den Bereich GEWÄHLTE SELEKTION, und mit OK schließen Sie den Dialog WERTE AUSWÄHLEN.

Als Ergebnis der Einschränkung auf das Merkmal »Produkt ID« wird dem Benutzer nun nicht mehr die Hierarchie 02 – wie noch in Abbildung 6.46 –, sondern die Hierarchie 03 angezeigt.

Jetzt wollen wir nochmals einen Test per Transaktion RSUDO für die Query XVT_V_PRODUCT_HIERARCHIE_02 und den Benutzer USER_DE_HIE1 durchführen.

Korrekterweise erhalten Sie nun keine Berechtigung (siehe Abbildung 6.49). Die Meldungen zeigen, dass der Benutzer keine Daten der Hierarchie 03 zur Anzeige bekommen darf.

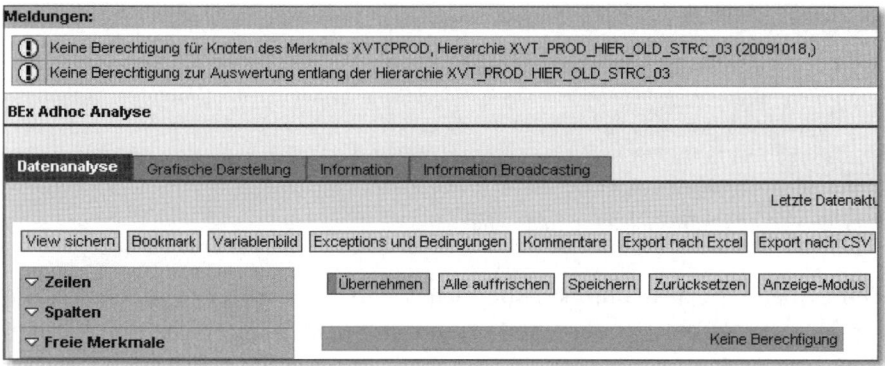

Abbildung 6.49 Keine Berechtigung bei Produkthierarchie 03

Sie müssten nun für den Benutzer eine neue Hierarchieberechtigung auf die Hierarchie 03 anlegen. Es gibt aber auch noch eine andere Möglichkeit. Und zwar ist es möglich, einen Benutzer für immer denselben Knoten innerhalb aller auf dem Merkmal befindlichen Hierarchien anzulegen. Der Knoten TISCHE_GESAMT kommt sowohl in der Hierarchie 02 als auch in der Hierarchie 03 vor. Sie werden den Benutzer nun mit der vorhandenen Hierarchieberechtigung auch auf die Hierarchie 03 berechtigen. Gehen Sie dazu folgendermaßen vor:

1. In der Transaktion RSECADMIN müssen Sie die Analyseberechtigung XVTDEPROD01 abändern.

   ▶ Wählen Sie die Dimension PRODUKT, und selektieren Sie die HIERARCHIEBERECHTIGUNGEN.

   ▶ Anschließend bearbeiten Sie die bestehende Berechtigung für den Knoten TISCHE_GESAMT und ändern den Gültigkeitsbereich der Hierarchieberechtigung auf den Wert 3 – ALLE HIERARCHIEN ab und speichern.

2. Anschließend führen Sie die Query erneut per Transaktion RSUDO aus und bekommen dieses Mal die Hierarchiestruktur der Hierarchie 03 für »Produkt« zu sehen (siehe Abbildung 6.50).

Durch diese Eigenschaft einer Hierarchieberechtigung hat man die Möglichkeit, auch wenn viele Hierarchien für ein Merkmal vorliegen, die Gesamtanzahl an Hierarchieberechtigungen begrenzt zu halten. Wie gesagt, diese Option ist nur möglich, wenn die technischen Namen der Knoten innerhalb der Hierarchien übereinstimmen.

Land (Auth Demo)	Produkt ID (Auth Dem	Verkaufte Stückzahl
Deutschland	▼ Tische gesamt	183.322 ST
	▼ Esstische gesamt	156.988 ST
	Esstisch Massivholz	89.111 ST
	Esstisch Glas	67.877 ST
	▼ Beistelltische ges.	26.334 ST
	Couchtisch	26.334 ST
Gesamtergebnis		183.322 ST

Abbildung 6.50 Aufriss nach Produkthierarchie 03

Beim Abändern des Gültigkeitsbereiches haben Sie gesehen, dass sich Hierarchien im Namen, in der Version und im Stichtag unterscheiden können. Den letzten Punkt, die Zeitabhängigkeit, werden wir uns im folgenden Abschnitt genauer ansehen.

Hierarchien mit zeitabhängigen Strukturen verwenden

Hierarchien können auf zwei Arten zeitabhängig sein. Entweder ist die gesamte Hierarchie zeitabhängig, oder die Struktur innerhalb der Hierarchie ist je nach Stichtag unterschiedlich. Was bedeutet der Stichtag hier? Gemeint ist der Stichtag der Stammdaten. Wir beziehen uns nicht auf die gebuchten Werte in einem InfoCube, auch bei Hierarchien bezieht sich der Stichtag immer rein auf die Stammdaten.

Betrachten wir auch hierzu wieder ein Beispiel. Sie legen nun eine neue Produkthierarchie an mit den Kopfdaten, wie sie im Eigenschaften-Dialog bei der Hierarchieanlage (siehe Abbildung 6.51) gezeigt werden.

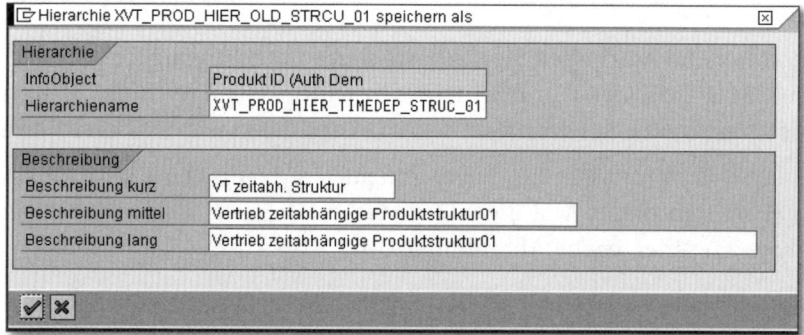

Abbildung 6.51 Produkthierarchie mit zeitabhängiger Struktur

Die Struktur legen Sie entsprechend Abbildung 6.52 an. Wie Sie sehen können, hat sich im Bereich der Tische eine Änderung der Gruppierung ergeben. Bis zum 31.12.2008 befanden sich alle Tische auf einer Ebene unter dem Knoten TISCHE GESAMT, danach gab es ab dem 01.01.2009 eine Aufspaltung in die

Untergruppen ESSTISCHE GESAMT und BEISTELLTISCHE GESAMT. Damit Sie diese Hierarchiestruktur überhaupt erreichen, müssen Sie die Merkmalswerte 1, 2 und 5 für XVTCPROD ein zweites Mal in die Hierarchie mit aufnehmen.

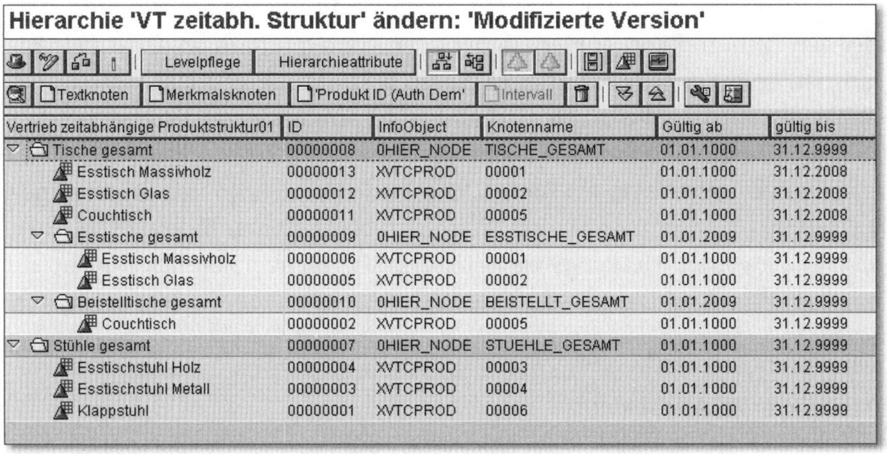

Hierarchie 'VT zeitabh. Struktur' ändern: 'Modifizierte Version'

Vertrieb zeitabhängige Produktstruktur01	ID	InfoObject	Knotenname	Gültig ab	gültig bis
▽ 🗇 Tische gesamt	00000008	0HIER_NODE	TISCHE_GESAMT	01.01.1000	31.12.9999
📕 Esstisch Massivholz	00000013	XVTCPROD	00001	01.01.1000	31.12.2008
📕 Esstisch Glas	00000012	XVTCPROD	00002	01.01.1000	31.12.2008
📕 Couchtisch	00000011	XVTCPROD	00005	01.01.1000	31.12.2008
▽ 🗇 Esstische gesamt	00000009	0HIER_NODE	ESSTISCHE_GESAMT	01.01.2009	31.12.9999
📕 Esstisch Massivholz	00000006	XVTCPROD	00001	01.01.1000	31.12.9999
📕 Esstisch Glas	00000005	XVTCPROD	00002	01.01.1000	31.12.9999
▽ 🗇 Beistelltische gesamt	00000010	0HIER_NODE	BEISTELLT_GESAMT	01.01.2009	31.12.9999
📕 Couchtisch	00000002	XVTCPROD	00005	01.01.1000	31.12.9999
▽ 🗇 Stühle gesamt	00000007	0HIER_NODE	STUEHLE_GESAMT	01.01.1000	31.12.9999
📕 Esstischstuhl Holz	00000004	XVTCPROD	00003	01.01.1000	31.12.9999
📕 Esstischstuhl Metall	00000003	XVTCPROD	00004	01.01.1000	31.12.9999
📕 Klappstuhl	00000001	XVTCPROD	00006	01.01.1000	31.12.9999

Abbildung 6.52 Detaillierte Struktur der zeitabhängigen Hierarchie

Blätter in die Hierarchie übernehmen

Was müssen Sie nun bei der Übernahme der Blätter des Produkts in die Hierarchie beachten? Die Blätter für die Tische kommen bereits in der Hierarchie vor. Wenn Sie sie nochmals übernehmen, fragt das System, wie sie übernommen werden sollen. Abbildung 6.53 zeigt die Optionen, die Sie bei einer erneuten Übernahme eines Blattes von der Produktdimension in die Hierarchie haben: den doppelten Knoten übernehmen, nicht übernehmen oder als Link-Knoten übernehmen.

Warnung: Doppelte Knoten

Dieser Knoten ist in der Hierarchie schon vorhanden:

Merkmal	XVTCPROD
Merkmalswert	00005

Geben Sie die Aktion an die durchgeführt werden soll:

○ Den doppelten Knoten nicht übernehmen
◉ Den doppelten Knoten übernehmen
○ Den doppelten Knoten als Link-Knoten übernehmen

☑ Die Aktion für alle doppelten Knoten ausführen

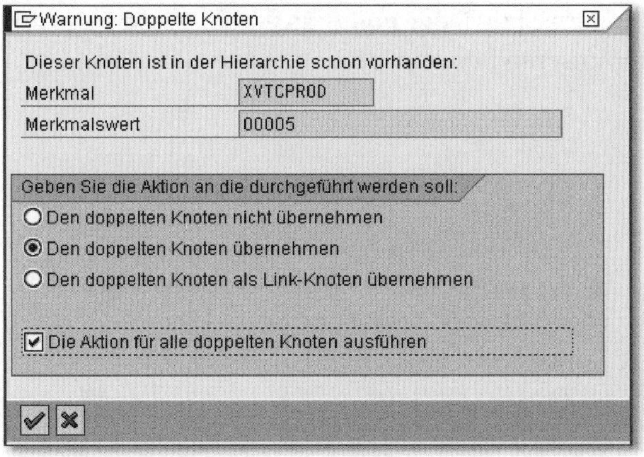

Abbildung 6.53 Doppelte Knoten in die Hierarchie übernehmen

Sie wollen den doppelten Knoten übernehmen, jedoch nicht als Link-Knoten. Ihr doppelter Knoten soll tatsächlich real ein zweites Mal in der Hierarchie vorkommen.

Die Abgrenzung zwischen den identischen Merkmalswerten werden Sie über den Zeitraum vornehmen, in dem der Knoten innerhalb der Hierarchie gültig ist. Somit ist jeder Knoten zu einem bestimmten Zeitpunkt immer nur einmal gültig in der Hierarchie vorhanden. In Abbildung 6.52 sehen Sie, dass die drei Produkte auf gleicher Ebene bis zum 31.12.2008 gültig sind. Somit setzen Sie das als GÜLTIG BIS-Datum. Die beiden neuen Knoten erhalten den 01.01.2009 als GÜLTIG AB-Datum. Somit haben Sie einen lückenlosen Übergang. Die zweiten Merkmalswerte müssen Sie nicht nochmals explizit auf das neue GÜLTIG AB-Datum setzen, da die Knoten davor sowieso nicht existieren.

Analyseberechtigung ändern

Ihr Benutzer ist wiederum der Produktmanager für Couchtische. Zuerst werden Sie für ihn die Analyseberechtigung, die Sie zuvor für die Hierarchie 02 erstellt haben, abändern (siehe Abbildung 6.54). Sie soll nun für die neu angelegte Hierarchie gelten. Wenn Sie die Hierarchie in der Berechtigungspflege ausgewählt haben und dann den Knoten einschränken wollen, erscheint ein Pop-up, das nach dem Stichtag fragt. Wie Sie bereits wissen, hat dieser Stichtag Einfluss darauf, wie die gezeigte Hierarchiestruktur aussehen wird. Sie wollen für den Benutzer den Knoten BEISTELLT_GESAMT vergeben. Das bedeutet, Sie wählen als Stichtag den aktuellen Tag oder jedenfalls einen nach dem 31.12.2008, da bis zu diesem Stichtag alle Tische direkt unter dem Knoten TISCHE_GESAMT aufgeführt sind, wie es in Abbildung 6.55 dargestellt ist. Der TYP DER BERECHTIGUNG bleibt auf dem Wert 1, aber den GÜLTIGKEITSBEREICH ändern Sie wieder von 3 auf 0 ab. Diese Berechtigung speichern Sie nun für unseren Benutzer ab.

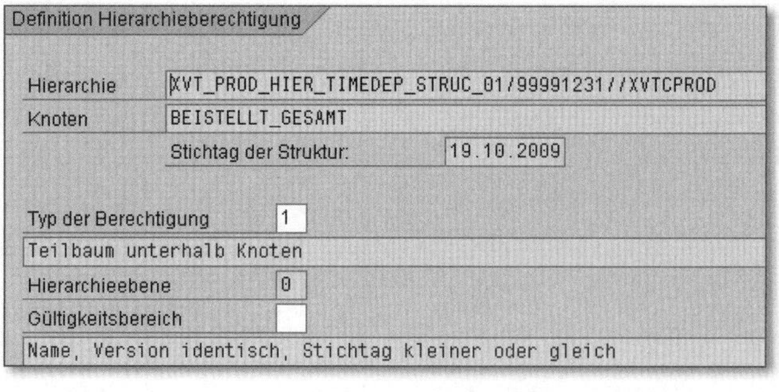

Abbildung 6.54 Hierarchieberechtigung bei zeitabhängiger Struktur

Nun wollen wir anhand einer neuen Query sehen, wie sich die zeitabhängige Struktur auf das Reporting und die Berechtigungen auswirkt.

1. **Neue Query definieren**

   Sie melden sich mit dem USERPROJECT am Query Designer an und kopieren die Query XVT_V_PRODUCT_HIERARCHIE_02 auf den neuen Namen XVT_V_PRODUCT_HIERARCHIE_03 (Produkt je Land – Hierarchieberechtigungen zeitabhängig).

   ▶ Die Definition belassen Sie, jedoch ändern Sie, wie auch zuvor, die Variable auf die neu angelegte Hierarchie 01 und vergeben zusätzlich noch eine Stichtagsvariable, um die Auswirkungen veränderter Stichtage testen zu können. Abbildung 6.55 zeigt, wie Sie im Query Designer die Stichtagsvariable unter Variablenhierarchie einstellen.

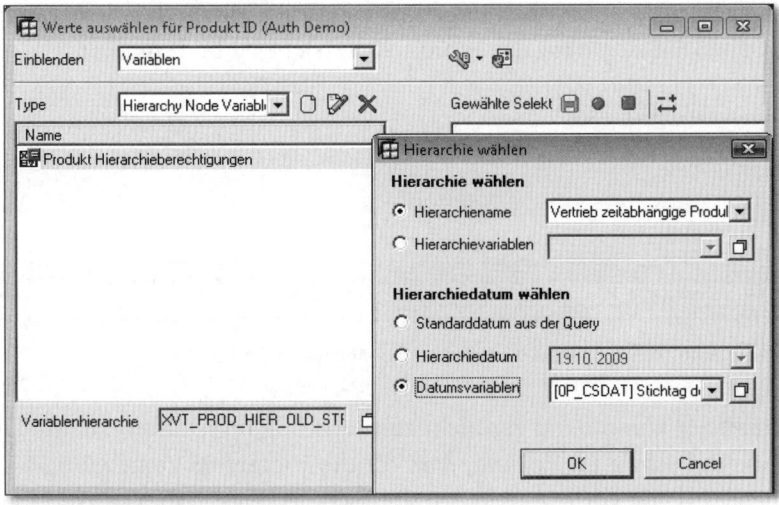

Abbildung 6.55 Stichtagsvariable in die Query-Definition einfügen

   ▶ Für den Stichtag verwenden Sie die SAP-Content-Variable `0P_CSDAT`. Es ist eine Variable, die speziell für den Stichtag in einer Query verwendet wird. Sie ist verpflichtend einzugeben und stellt einen Einzelwert dar. Zuletzt ändern Sie die Anzeigehierarchie für das Produkt auf die Hierarchie 01 und machen einen kurzen Check innerhalb des Query Designers mit Hilfe des Buttons 🔍, ob die Definition korrekt ist. Es sollte nun zu keiner Meldung kommen, dass unterschiedliche Hierarchien für das Merkmal »Produkt« verwendet werden.

2. **Query speichern und ausführen**

   Entspricht das Query Design Ihren Wünschen, speichern Sie die Query ab und führen sie aus.

3. Query als Arbeitsmappe speichern

Wieder speichern Sie die ausgeführte Query als Arbeitsmappe unter gleichem Namen im Ordner VERTRIEBSBERICHTE ANALYSEBERECHTIGUNGEN HIERARCHIE des Rollenmenüs ab.

Geänderte Hierarchieberechtigung testen

Nun steht einem Test nichts mehr im Wege. Melden Sie sich dazu mit dem Reportingbenutzer am System an, und führen Sie die Arbeitsmappe mit dem aktuellen Datum (nach dem 31.12.2008) aus. Als Ergebnis erhalten wir den Knoten BEISTELLTISCHE GESAMT und darunter die Kennzahl für Couchtisch. Das Ergebnis ist wie erwartet.

Nun wollen Sie über den Button ▨ den Variablenwert für den Stichtag nochmals eingeben, dieses Mal soll er aber vor dem 01.01.2009 liegen. Das Ergebnis ist prompt die Meldung, dass Sie für die Hierarchie nicht berechtigt sind. Sehen Sie sich dazu das Protokoll an (siehe Abbildung 6.56).

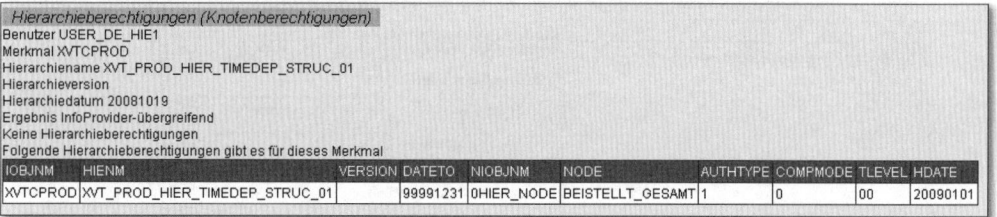

Abbildung 6.56 Keine Berechtigung bei zeitabhängiger Hierarchiestruktur

Der Benutzer kommt erst gar nicht zur Berechtigungsprüfung, denn das System erkennt schon im Vorfeld, dass für die Hierarchie keine gültige Hierarchieberechtigung vorliegt, wie Abbildung 6.56 zeigt. Daher bricht es ab und gibt die Meldung aus, dass keine Berechtigung vorliegt.

Für Sie wäre jetzt natürlich eine Filter- oder Ausdünnungsfunktion, wie in den letzten Beispielen erklärt, von Vorteil. Aber das ist bei zeitabhängigen Hierarchiestrukturen nicht möglich, wenn Sie nicht einen Knoten berechtigt haben, der zum Stichtag nicht in der Hierarchiestruktur vorkommt. Wie Sie dem Protokoll entnehmen können, wurde der 19.10.2008 in der Query ausgewählt. Es ist zudem ersichtlich, dass die Berechtigung erst für die Struktur ab dem 01.01.2009 gilt.

Wir wollen nun testen, was passiert, wenn Sie nicht den Knoten, sondern das Blatt 5 direkt berechtigen. Wie Abbildung 6.57 zeigt, schränken Sie direkt auf den Wert »5« für »Produkt« ein, lassen das Datum aber gleich.

Definition Hierarchieberechtigung

Hierarchie	XVT_PROD_HIER_TIMEDEP_STRUC_01/99991231//XVTCPROD
Knoten	5
	Stichtag der Struktur: 19.10.2009

Abbildung 6.57 Re-Definition der Hierarchieberechtigung für Zeitabhängigkeit

Wählen Sie nun in der Arbeitsmappe nochmals den 19.10.2008 aus, dann erhalten Sie das vom Benutzer gewünschte Ergebnis; als Einzelwert werden Couchtische angezeigt. Auch wenn Sie nochmals auffrischen und den 19.10.2009 eingeben, erhalten Sie das Blatt angezeigt.

Nun testen Sie mit einem Datum, das vor dem 19.10.2007 liegt, und wählen den 16.10.2006. Der Benutzer erhält auch für dieses Stammdatum den Wert angezeigt. Egal, welchen Stichtag Sie wählen, das System berechtigt den Benutzer auf das Blatt 5, wie Sie auch in Abbildung 6.58 für den Stichtag 19.10.2009 erkennen können. Es findet hier keine richtige Ausdünnung statt, aber eine positive Prüfung, wenn der Knoten (in unserem Fall das Blatt) tatsächlich in der Struktur existiert.

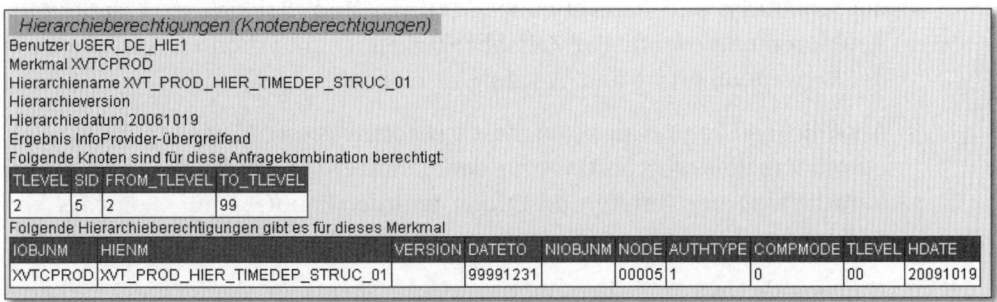

Hierarchieberechtigungen (Knotenberechtigungen)
Benutzer USER_DE_HIE1
Merkmal XVTCPROD
Hierarchiename XVT_PROD_HIER_TIMEDEP_STRUC_01
Hierarchieversion
Hierarchiedatum 20061019
Ergebnis InfoProvider-übergreifend
Folgende Knoten sind für diese Anfragekombination berechtigt:

TLEVEL	SID	FROM_TLEVEL	TO_TLEVEL
2	5	2	99

Folgende Hierarchieberechtigungen gibt es für dieses Merkmal

IOBJNM	HIENM	VERSION	DATETO	NIOBJNM	NODE	AUTHTYPE	COMPMODE	TLEVEL	HDATE
XVTCPROD	XVT_PROD_HIER_TIMEDEP_STRUC_01		99991231		00005	1	0	00	20091019

Abbildung 6.58 Gültige Berechtigungsprüfung bei zeitabhängiger Struktur

Customer-Exit-Variablen für Hierarchieknoten

Auch Hierarchieknoten können im Customer-Exit gefüllt werden. Dafür muss eine Hierarchieknoten-Variable, die durch Customer-Exit gefüllt wird, angelegt werden. Details dazu, wie die Knoten im Exit in die Variablen übergeben werden müssen, findet man im SAP-Hinweis 912473.

Was Sie auf jeden Fall von diesem Beispiel mitnehmen sollten, ist die Erkenntnis, dass Hierarchieberechtigungen gepaart mit Zeitabhängigkeit nochmals komplexer werden. Bei sehr großen Hierarchiestrukturen, vielen granularen Berechtigungen und sehr unterschiedlichen Benutzerberechtigungen kann es hier durchaus zu Verständnisproblemen kommen.

6.3.6 Vor- und Nachteile des Modells – Fazit

Wie Sie im Zuge der Erläuterung dieses Modells erfahren haben, kann man bei der Umstellung von Standard- auf Analyseberechtigungen das Aufkommen von Berechtigungsrollen minimieren, wenn man Berechtigungen direkt an die Benutzer vergibt, ohne das Berechtigungsobjekt S_RS_AUTH in einer Rolle zu verwenden. Das kann bei vielen Analyseberechtigungen für ein Datenmodell von Vorteil sein. Andererseits verliert man den Komfort, mit einer Berechtigungsrolle die Benutzeranforderungen abzudecken, da man an zwei Stellen pflegen muss. Hier ist im Detail abzuwägen, wie sich die Berechtigungen, die Granularitäten und die Merkmalswerte zukünftig verhalten, und auf dieser Basis eine Entscheidung zu treffen.

Sie haben auch gesehen, dass Customer-Exit-Variablen ein praktikables Mittel sind, um komplexe Anforderungen abzubilden. Nachteilig wirkt sich eventuell der Einsatz von Coding aus, das auch gewartet werden muss. Die Verwendung von Hierarchien in Berechtigungen ist relativ einfach, solange die Strukturen und Berechtigungen statisch sind. Bei sich stark ändernden Strukturen und eventueller Zeitabhängigkeit ist mit erhöhten Aufwänden in der Konzeptionierung und Wartung zu rechnen.

Abschließend kann man sagen, dass variablenbasierte Modelle für die Selektion innerhalb des Reportings für den Benutzer sehr angenehm sind, da die Verarbeitung im Hintergrund erfolgt und der Benutzer nur mehr das korrekte Query-Ergebnis zu sehen bekommt.

Nun wenden wir uns aber einem anderen Thema zu, nämlich der Generierung von Berechtigungen.

6.4 Modell 3 – generierungsbasierte Analyseberechtigungen

Für das auf der Generierung basierende Modell werden Sie Ihr bestehendes Datenmodell erweitern. Zusätzlich zum Reporting, das auf Vertriebskennzahlen basiert, werden Sie nun einen InfoCube für Profit-Center-Kennzahlen einbinden. Wie Sie in Abbildung 6.59 sehen, besteht die Erweiterung aus einem Basis- und einem darauf aufbauenden MultiCube. Wir wählen für das Modell bewusst zwei separate MultiCubes.

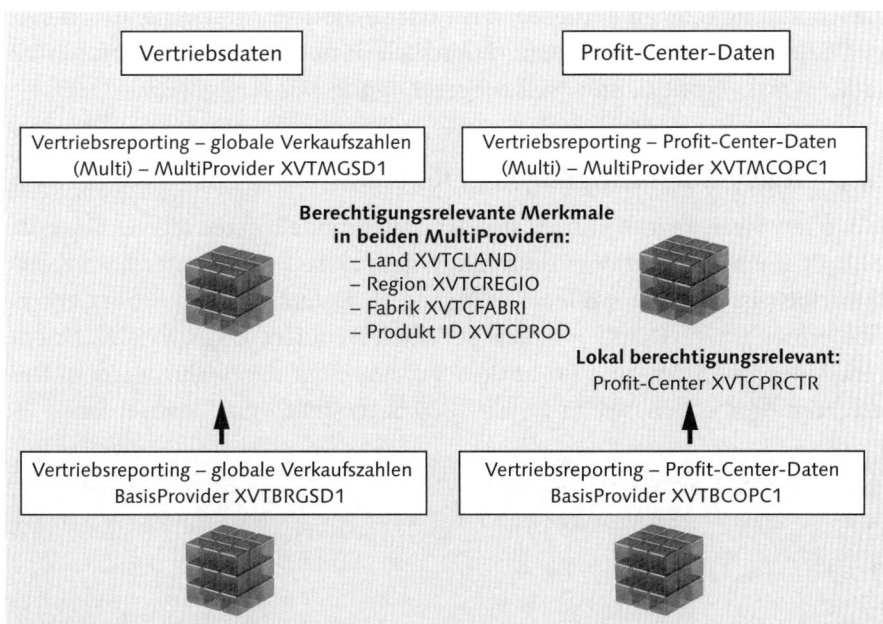

Abbildung 6.59 Datenmodell für die Generierung von Berechtigungen

Die Definition des MultiProviders XVTMCOPC1 ist sehr einfach und in Abbildung 6.60 zu sehen. Die Daten für das Profit-Center und das entsprechende Sachkonto liegen auf Monatsebene vor. Es handelt sich dabei um ein kontenbasiertes Datenmodell, daher gibt es nur die Kennzahl »Betrag«. Das Mapping zwischen dem Basis- und dem MultiCube ist 1:1. Es gibt somit zwei parallel existierende MultiProvider, die sich berechtigungsrelevante InfoObjects teilen.

Dimensionen	
▷ Datenpaket	XVTMCOPC1P
▽ Zeit	XVTMCOPC1T
Kalenderjahr / Monat	0CALMONTH
Kalenderjahr	0CALYEAR
▷ Einheit	XVTMCOPC1U
▽ Finanzdaten	XVTMCOPC11
Sachkonto (Auth Demo)	XVTCGLACC
ProfitCenter (Auth Demo)	XVTCPRCTR
▽ Fabrik	XVTMCOPC12
Fabrik (Auth Demo)	XVTCFABRI
▽ Produkt	XVTMCOPC13
Produkt ID (Auth Demo)	XVTCPROD
▽ Land	XVTMCOPC14
Land (Auth Demo)	XVTCLAND
Region (Auth Demo)	XVTCREGIO
Navigationsattribute	
Kennzahlen	
Betrag (Auth Demo)	XVTKAMOUN

Abbildung 6.60 Profit-Center-MultiProvider definieren

Wie Abbildung 6.59 zu entnehmen ist, haben Sie vier Merkmale, die in beiden MultiProvidern vorkommen. Zusätzlich dazu ist im Profit-Center-Cube das Merkmal »Profit-Center« selbst berechtigungsrelevant gesetzt.

6.4.1 Analyseberechtigungen definieren

Sie wollen zwei neue Benutzer für das Datenmodell berechtigen. Einer ist USER_PCT, ein Benutzer des Controllings, der für das Profit-Center TISCHE verantwortlich ist. Diesem wollen Sie Zugang zu Daten aus dem Profit-Center-Cube ermöglichen. Darüber hinaus soll dem Benutzer USER_WERK, einem Werksleiter, auf Sales- und Profit-Center-Daten Zugriff gewährt werden. Die Berechtigungen sollen, wie in Tabelle 6.20 dargestellt, vergeben werden.

Merkmal	USER_PCT	USER_WERK
Land	DE	DE
Region	*	*
Fabrik	*	F2 – München
Profit-Center	20.000 – Tische	*
Produkt-ID	Knoten TISCHE_GESAMT	*
Produktgruppe	*	*

Tabelle 6.20 Berechtigte Werte für Sales- und Profit-Center-Daten

Aus der Liste ergeben sich identische Berechtigungen für Land und Region, die anderen Merkmale unterscheiden sich in ihren Ausprägungen:

▸ Der Controller ist nur für sein Profit-Center und den Knoten TISCHE_GESAMT in der Hierarchie mit der zeitabhängigen Struktur XVT_PROD_HIER_TIMEDEP_STRUC_01 auf dem Merkmal »Produkt« berechtigt.

▸ Der Werksverantwortliche wiederum darf nur das Werk »F2 – München« sehen, dafür alle Produkte und Profit-Center.

▸ Auf die Produktgruppe, das Navigationsattribut, das nur bei den Sales-Daten aktiviert ist, haben beide volle Berechtigung.

Sie sollten die Merkmale und Berechtigungen nun zusammenfassen und sehen, ob Sie sinnvolle Gruppen bilden können.

Für die Merkmale »Land«, »Region« und »Produktgruppe« bietet es sich an, sie in eine Berechtigung zu packen. Das Merkmal »Land« könnte man von dieser Gruppe wieder ausschließen, wenn Sie mehrere Länder haben, bei denen »Region« und »Produktgruppe« auf Gesamtberechtigung (*) gesetzt werden. Bei dieser Kombination könnte man auch eine InfoProvider-unabhängige Implementierung wählen. Somit steht uns die Kombination »systemweit« zur Verfügung, auch für den Fall, dass nachträglich weitere Info-Provider für den Vertrieb angelegt werden. Tabelle 6.21 zeigt die Analyseberechtigung für die Kombination »Land«, »Region« und »Produktgruppe«.

Merkmale	Vertrieb DE-PRG
	XVTALL_DE
0TCAACTVT	03
0TCAIPROV	*
0TCAVALID	*
XVTCLAND	DE
XVTCPROD_XVTCPRODG	*
XVTCREGIO	*

Tabelle 6.21 Systemweite Vertriebsberechtigung für DE

Nun bleiben für die beiden Benutzer noch die Merkmale »Fabrik«, »Profit-Center« und »Produkt-ID« übrig. Sinnvollerweise werden Sie den Benutzern ihre Kombination innerhalb einer Analyseberechtigung durch die Generierung zuweisen. Es ergeben sich daraus die beiden in Tabelle 6.22 und Tabelle 6.23 dargestellten Analyseberechtigungen.

Merkmale	Vertrieb PCT
	XVT_PCT
0TCAACTVT	03
0TCAIPROV	XVTMCOPC1, XVTMCOPC1
0TCAVALID	*
XVRCPRCTR	20000

Tabelle 6.22 Analyseberechtigung für USER_PCT

Merkmale	Vertrieb PCT
XVTCFABRI	*
XVTCPROD	*

Tabelle 6.22 Analyseberechtigung für USER_PCT (Forts.)

Merkmale	Vertrieb DE Fabrik2
	XVT_FABR_F2
0TCAACTVT	03
0TCAIPROV	XVTMCOPC1, XVTMCOPC1
0TCAVALID	*
XVRCPRCTR	*
XVTCFABRI	F2
XVTCPROD	TISCHE_GESAMT

Tabelle 6.23 Analyseberechtigung für USER_WERK

Somit haben Sie drei unterschiedliche Analyseberechtigungen identifiziert. Davon wird XVTALL_DE beiden Benutzern zugewiesen, und die beiden restlichen sind benutzerspezifisch anzulegen. Das müssen Sie unbedingt beim Füllen der Generierung von DSOs beachten. Da stellt sich sofort die nächste Frage: Wie kommen die Berechtigungsdaten in das System?

6.4.2 DSOs für die Generierung bereitstellen und füllen

Im SAP Content finden Sie die DSOs 0TCA_DS01 – 05. Details dazu sind in Kapitel 2, »Berechtigungskonfiguration«, nachzulesen. Diese DSOs wurden rein zum Zweck der Generierung von Berechtigungen angelegt. Sie arbeiten mit Kopien, die Sie von diesen Quellobjekten erstellt haben (siehe Abbildung 6.61). Verwenden werden Sie davon die DSOs 1–4, um flache Werte, die Hierarchieberechtigung, die Texte und die Zuordnungen zu generieren. Die Benutzer legen Sie manuell im System an und lassen sie nicht mit dem DSO 5 generieren.

Wie in Abbildung 6.61 zu sehen ist, füllt sich die InfoArea nun mit Datenzielen. An die DSOs vergeben Sie in der Bezeichnung das Präfix XVTDAUT*. In der Abbildung sehen Sie bereits die Anbindung der DSO an entsprechende DataSources und Transformationen. Details dazu sind in Anhang C zu finden.

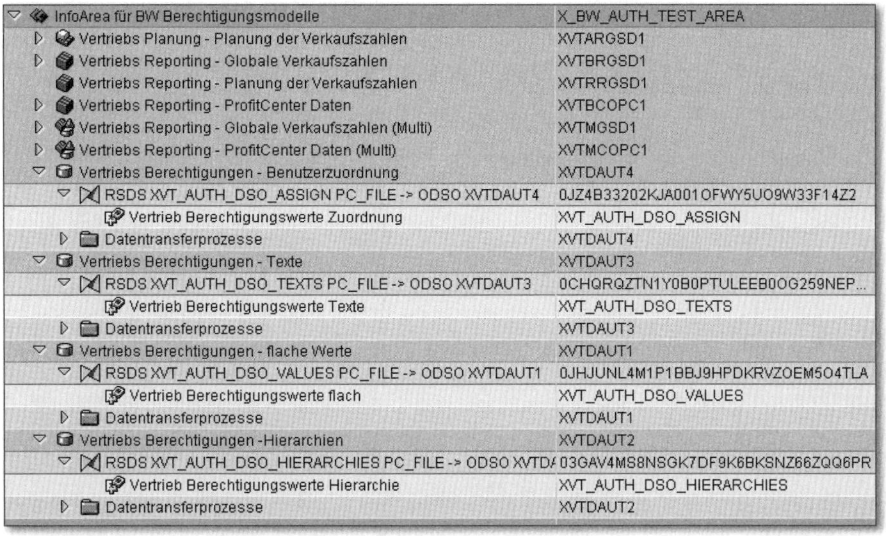

▽ InfoArea für BW Berechtigungsmodelle	X_BW_AUTH_TEST_AREA
▷ Vertriebs Planung - Planung der Verkaufszahlen	XVTARGSD1
▷ Vertriebs Reporting - Globale Verkaufszahlen	XVTBRGSD1
Vertriebs Reporting - Planung der Verkaufszahlen	XVTRRGSD1
▷ Vertriebs Reporting - ProfitCenter Daten	XVTBCOPC1
▷ Vertriebs Reporting - Globale Verkaufszahlen (Multi)	XVTMGSD1
▷ Vertriebs Reporting - ProfitCenter Daten (Multi)	XVTMCOPC1
▽ Vertriebs Berechtigungen - Benutzerzuordnung	XVTDAUT4
▽ RSDS XVT_AUTH_DSO_ASSIGN PC_FILE -> ODSO XVTDAUT4	0JZ4B33202KJA001OFWY5UO9W33F14Z2
Vertrieb Berechtigungswerte Zuordnung	XVT_AUTH_DSO_ASSIGN
▷ Datentransferprozesse	XVTDAUT4
▽ Vertriebs Berechtigungen - Texte	XVTDAUT3
▽ RSDS XVT_AUTH_DSO_TEXTS PC_FILE -> ODSO XVTDAUT3	0CHQRQZTN1Y0B0PTULEEB0OG259NEP...
Vertrieb Berechtigungswerte Texte	XVT_AUTH_DSO_TEXTS
▷ Datentransferprozesse	XVTDAUT3
▽ Vertriebs Berechtigungen - flache Werte	XVTDAUT1
▽ RSDS XVT_AUTH_DSO_VALUES PC_FILE -> ODSO XVTDAUT1	0JHJUNL4M1P1BBJ9HPDKRVZOEM5O4TLA
Vertrieb Berechtigungswerte flach	XVT_AUTH_DSO_VALUES
▷ Datentransferprozesse	XVTDAUT1
▽ Vertriebs Berechtigungen -Hierarchien	XVTDAUT2
▽ RSDS XVT_AUTH_DSO_HIERARCHIES PC_FILE -> ODSO XVTD/	03GAV4MS8NSGK7DF9K6BKSNZ66ZQQ6PR
Vertrieb Berechtigungswerte Hierarchie	XVT_AUTH_DSO_HIERARCHIES
▷ Datentransferprozesse	XVTDAUT2

Abbildung 6.61 InfoArea der Berechtigungsmodelle mit den DSOs

Dann wollen wir damit beginnen, die beiden Benutzer im System anzulegen. Sie erhalten die Berechtigungs- und die Menürolle – wie auch schon die anderen.

Im nächsten Schritt müssen Sie sich Gedanken dazu machen, wie – oder besser wo – Sie die Berechtigungen definieren. Es gibt unterschiedlichste Quellen, die Sie mit den Berechtigungsdaten versorgen können. Denkbar wäre ein File Upload im CSV-Format, eine Schnittstelle zu einer externen Verwaltungsdatenbank oder die Nutzung von SAP-Content-Extraktoren (wie beispielsweise für Personal- oder Kostenstellen-Applikationen).

Sie werden die Daten einfach in MS Excel pflegen und dann per CSV-File in die entsprechenden DSOs laden. Sie sollten nun versuchen, für das DSO der flachen Werte, XVTDAUT1, die Datensätze für die jeweiligen Benutzerberechtigungen zusammenzustellen. In Abbildung 6.62 sehen Sie die Basis für diese Generierung, eine simple Excel-Datei.

Sie nutzen in dieser Datei vier Blätter, die Ihre Werte, Hierarchien, Texte und Zuordnungen darstellen. Auf dem sichtbaren Blatt sind die Werteberechtigungen dargestellt. Sie lassen allerdings nur die relevanten und gefüllten Spalten anzeigen und haben den Rest ausgeblendet, z.B. das Feld für den Benutzer 0TCTUSERNM. Dort tragen Sie den Benutzer ein, der die Berechtigung erhält. Sie steuern die Zuordnung jetzt aber über das DSO 4.

B	C	D	E	F	G	K
0TCTAUTH	0TCTADTO	0TCTIOBJNM	0TCTSIGN	0TCTOPTION	0TCTLOW	0TCTADFROM
XVTALL_DE	99991231	0TCAACTVT	I	EQ	03	10000101
XVTALL_DE	99991231	0TCAIPROV	I	EQ	*	10000101
XVTALL_DE	99991231	0TCAVALID	I	EQ	*	10000101
XVTALL_DE	99991231	XVTCLAND	I	EQ	DE	10000101
XVTALL_DE	99991231	XVTCPROD__XVTCPRODG	I	EQ	*	10000101
XVTALL_DE	99991231	XVTCREGIO	I	EQ	*	10000101
XVT_PCT	99991231	0TCAACTVT	I	EQ	03	10000101
XVT_PCT	99991231	0TCAIPROV	I	EQ	XVTMCOPC1	10000101
XVT_PCT	99991231	0TCAIPROV	I	EQ	XVTMGSD1	10000101
XVT_PCT	99991231	0TCAVALID	I	EQ	*	10000101
XVT_PCT	99991231	XVTCPRCTR	I	EQ	0000020000	10000101
XVT_PCT	99991231	XVTCFABRI	I	EQ	*	10000101
XVT_FABR_F2	99991231	0TCAACTVT	I	EQ	03	10000101
XVT_FABR_F2	99991231	0TCAIPROV	I	EQ	XVTMCOPC1	10000101
XVT_FABR_F2	99991231	0TCAIPROV	I	EQ	XVTMGSD1	10000101
XVT_FABR_F2	99991231	0TCAVALID	I	EQ	*	10000101
XVT_FABR_F2	99991231	XVTCPRCTR	I	EQ	*	10000101
XVT_FABR_F2	99991231	XVTCFABRI	I	EQ	F2	10000101

► ►I **Werte** ⟍ Hierarchie ⟍ Texte ⟍ Zuordnung ⟍ ⁺⟍

Abbildung 6.62 Excel-Datei für die Berechtigungsgenerierung

Sehr gut ist zu erkennen, dass Sie die Spezialmerkmale nicht über das Berechtigungsobjekt S_RS_AUTH vergeben, sondern auch gleich über die Generierung mitnehmen und den Benutzern zuordnen lassen. Generell ist die Struktur sehr einfach; außer für den InfoProvider 0TCAIPROV haben Sie für jedes Merkmal nur eine Zeile. Wenn Sie nun Abbildung 6.62 mit Tabelle 6.21 bis Tabelle 6.23 vergleichen, müssen alle flachen Einzelwertberechtigungen in dem Blatt vorkommen. Anschließend müssen diese und die Zuordnungen der Berechtigungen zu den Benutzern gepflegt werden. Das ist in Abbildung 6.63 zu sehen.

A	B	C	D	E
0TCTAUTH	0TCALANG	0TCTADTO	0TCATXTLG	0TCATXTMD
XVTALL_DE	DE	99991231	Vertriebsberechtigung DE ohne Provider	Vertriebsberechtigung DE ohne Prov
XVT_PCT	DE	99991231	Vertriebsberechtigung DE ProfitCenter Tische	Vertriebsberechtigung DE PC Tische
XVT_FABR_F2	DE	99991231	Vertriebsberechtigung DE Fabrik2	Vertriebsberechtigung DE Fabrik2

A	B	C	D	E
0TCTUSERNM	0TCTAUTH	0TCTADTO	0TCTSYSID	0TCTADFROM
USER_WERK	XVTALL_DE	99991231		10000101
USER_PCT	XVT_PCT	99991231		10000101
USER_WERK	XVT_FABR_F2	99991231		10000101
USER_PCT	XVTALL_DE	99991231		10000101

Abbildung 6.63 Berechtigungstexte und Benutzerzuordnungen

Als Letztes muss die Hierarchieberechtigung angelegt werden, dann sind die Werte komplett.

> **Definition einer Hierarchieberechtigung für die Generierung**
>
> Falls unklar ist, was bei der Anlage einer Hierarchieberechtigung in den Feldern enthalten sein muss, hilft ein Blick auf die Definition des DSO 2 in der Warehousing Workbench. Die Beschreibungen der InfoObjects sind hier gut zu verstehen. Außerdem können Sie die Beschreibungen gut mit den Texten einer Hierarchieberechtigung in der Transaktion RSECADMIN abgleichen, wodurch alle Fragen bezüglich der Felder beantwortet sein sollten.

Nachdem Sie die einzelnen Blätter der Datei als CSV-Dateien gespeichert haben, können Sie die Dateien mit Hilfe der InfoPackages in die PSA laden und über Transformation und DTP in die betreffenden DSOs schieben. Zuletzt folgt die Aktivierung der Daten im DSO, und dann steht einer Generierung nichts mehr im Wege. Wenn die Daten einmal für die Generierung aufbereitet sind, geht es sehr schnell. Sie werden rasch über BW Data-Staging-Mittel in die Datenziele geschrieben, und danach muss nur mehr die Generierung gestartet werden. Der Weg, bis man die Daten laden kann, ist da schon wesentlich länger.

Wie zuvor bereits angemerkt, kann das Festlegen der Werte für eine Hierarchieberechtigung eine kleine Herausforderung sein. Abbildung 6.64 stellt nun den aktivierten Eintrag der Hierarchieberechtigung dar. Die benötigten Inhalte der Felder wie Hierarchienamen, Version oder Hierarchiedatum sind relativ leicht auszumachen.

Ihre verwendete Hierarchie hat eine zeitabhängige Struktur (siehe Abbildung 6.52). Deshalb müssen Sie in das Feld 0TCTHIEDATE den gewünschten Stichtag der Struktur (wie in der Hierarchieberechtigung in Abbildung 6.54) eingeben. Dies ist unbedingt erforderlich, da die Hierarchieberechtigung sonst nicht gültig ist.

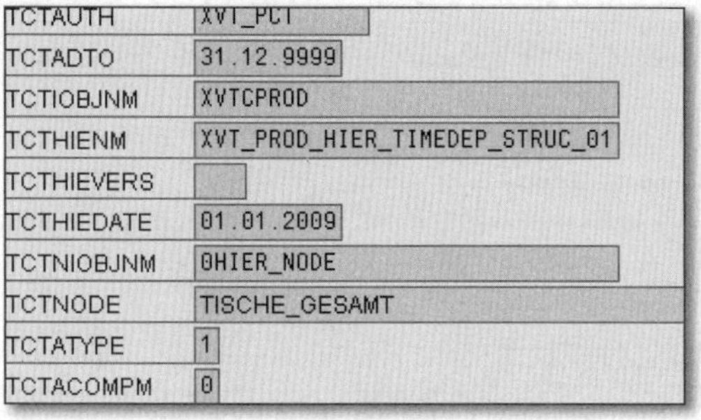

TCTAUTH	XVT_PCT
TCTADTO	31.12.9999
TCTIOBJNM	XVTCPROD
TCTHIENM	XVT_PROD_HIER_TIMEDEP_STRUC_01
TCTHIEVERS	
TCTHIEDATE	01.01.2009
TCTNIOBJNM	0HIER_NODE
TCTNODE	TISCHE_GESAMT
TCTATYPE	1
TCTACOMPM	0

Abbildung 6.64 Eintrag im Hierarchie-DSO

Ebenfalls ist die richtige Befüllung der Knoten und deren InfoObjects interessant. Sie wollen auf den Hierarchieknoten TISCHE_GESAMT berechtigen. Wo dieser innerhalb der Query-Struktur liegt, zeigt Abbildung 6.52. Dort sehen Sie, dass es sich um einen Textknoten handelt und das Merkmal des Knotens 0HIER_NODE ist, so wie Sie es auch in Ihrem DSO finden. Die restlichen Felder spezifizieren die weiteren Eigenschaften, wie z.B. den Typ der Berechtigung (ob nur der Knoten, auch der Knoten darunter oder alles darunter etc. berechtigt ist). Der Implementierer muss sich darum kümmern, dass die korrekten Werte bereits beim Erstellen der Quelldaten definiert und zugewiesen wurden.

Sind bei den Quelldaten falsche Einträge gemacht worden oder haben sich die Anforderungen an eine generierte Berechtigung mittlerweile geändert, kann man die Berechtigung nach dem Übergehen einer Warnung auch im System selbst anpassen. Jedoch ist darauf zu achten, dass die noch nicht angepassten Quelldaten nicht nochmals geladen und generiert werden, da sonst die Änderungen überschrieben werden.

6.4.3 Generierung ausführen und kontrollieren

Nun haben Sie ein Setup, mit dem Sie die Generierung austesten können. Sie gehen mit dem Projektbenutzer in die Transaktion RSECADMIN und wählen auf der Registerkarte BERECHTIGUNGEN den Button GENERIERUNG und tragen dann Ihr jeweils passendes DSO mit technischem Namen in die Eingabemaske ein (siehe Abbildung 6.65). Ist das getan, können Sie auf den Button GENERIERUNG STARTEN klicken; anschließend können Sie sich das hoffentlich durchweg mit grünen Icons gekennzeichnete Protokoll der Generierung ansehen.

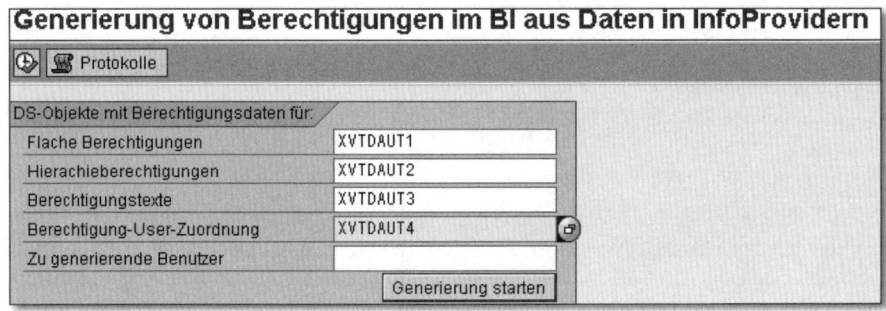

Abbildung 6.65 DSOs für die Generierung auswählen

Bei der kleinen Anzahl an Werten und zu generierenden Berechtigungen ist der Generierungslauf schnell beendet, Abbildung 6.66 zeigt die Log-Einträge. Sie erhalten nur grüne Ampeln und haben alles richtig gemacht.

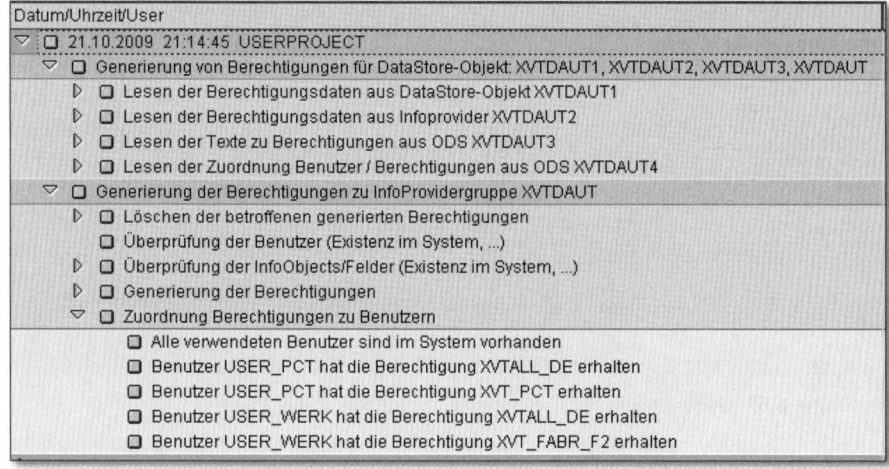

Abbildung 6.66 Generierungs-LOG für DSO XVTAUT1 – XVTAUT4

Anhand des Protokolls können Sie Schritt für Schritt verfolgen, was das System bei der Generierung getan hat:

1. Am Beginn steht das Auslesen der Werte aus den DSOs.

2. Für den Fall, dass alte generierte Berechtigungen vorliegen, werden diese gelöscht. Danach werden Benutzer und Merkmale geprüft.

3. Nun werden die Berechtigungen generiert.

4. Die neuen Berechtigungen werden unseren Benutzern erfolgreich zugeordnet.

Zur Kontrolle werden Sie nur noch in der Transaktion RSECADMIN die Zuordnung prüfen, ohne weiter auf die Berechtigungen in Querys einzugehen.

Dazu sehen Sie sich den Benutzer USER_PCT an. Wie man im Hintergrund von Abbildung 6.67 erkennt, wurden dem Benutzer die beiden neu generierten Berechtigungen korrekt zugeordnet. Im Vordergrund sehen Sie die Hierarchieberechtigung, die ebenfalls für den richtigen Knoten und auch mit dem entsprechenden Stichtag angelegt wurde. Die Generierung ist somit erfolgreich ausgeführt.

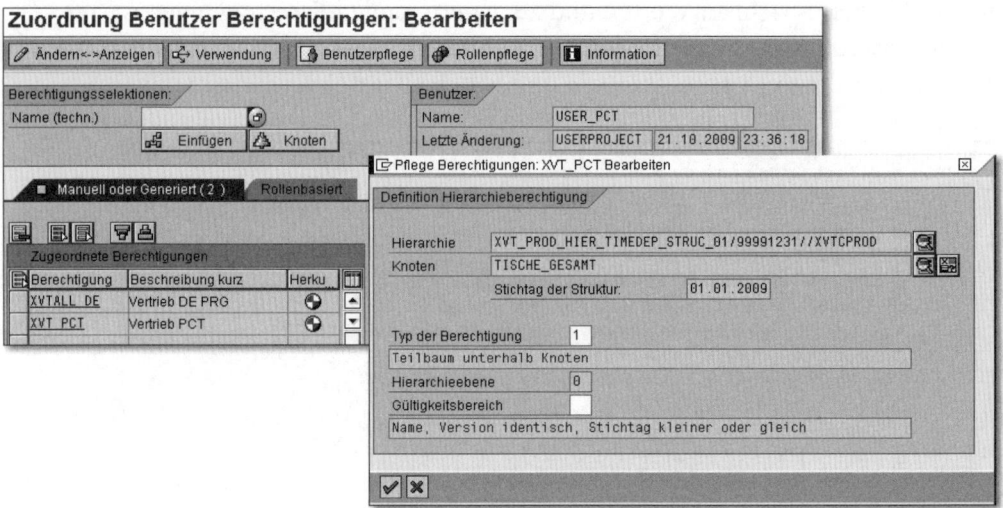

Abbildung 6.67 Generierte Berechtigungen des Benutzers USER_PCT

6.4.4 Vor- und Nachteile des Modells – Fazit

Mit Hilfe der Generierung können die Pflegeaktivitäten der Analyseberechtigungen im System auf ein Minimum reduziert werden. Für Datenmodelle, die eine hohe Anzahl an Berechtigungen erfordern, ist dies eine gute Möglichkeit, Aufwände zu reduzieren. Bei Szenarien, die häufig Änderungen unterliegen, müssen hier nur die Datenquellen adaptiert, die DSOs neu beladen und die Generierung gestartet werden.

Für kleinere Modelle mit einer geringen Anzahl an Berechtigungen muss man den Aufwand der Implementierung dem Aufwand der Systempflege gegenüberstellen und abwägen, ob es sinnvoll ist, ein Generierungsmodell aufzubauen. Nicht zu vergessen ist, dass generierte Berechtigungen nicht automatisch in das Berechtigungsobjekt S_RS_AUTH integriert werden können. Somit entsteht bei Modellen, die auf abgegrenzten Berechtigungsrollen Standard- und Analyseberechtigungen enthalten, ein zusätzlicher Pflegeaufwand.

Grundlegend kann man sagen: Wenn die Generierung einmal aufgebaut ist, spart sie eine Menge Zeit und kann auch automatisiert Berechtigungen von Benutzern abziehen, die keine mehr zugeordnet bekommen.

Nun aber wollen wir uns dem letzten Beispiel zuwenden, dem Zusammenspiel der Berechtigungen mit der in BW integrierten Planung.

6.5 Modell 4 – Analyseberechtigungen und BW-Integrierte Planung

Sie werden nun im letzten Beispiel ein kleines Planungsmodell für den Vertrieb aufbauen, um damit das Verhalten der Berechtigungen zu testen. Es soll eine Umsatzplanung der Produkte auf Jahres- und Landesebene für das Jahr 2010 erfolgen. In diesem Beispiel liegt der Fokus ganz klar auf den Berechtigungen und nicht auf der Planung, daher verwenden wir auch kein aufwendiges Szenario und keine Planungsfunktionen oder -sequenzen. Diese sind berechtigungstechnisch eher unspektakulär und wurden bereits in Kapitel 3, »Standardberechtigungen in SAP NetWeaver BW«, beschrieben. Wir achten hier vielmehr auf die Auswahl der Merkmale und auf deren Einfluss auf Berechtigung und Planung. Beginnen wir mit dem Datenmodell.

6.5.1 Das Planungsmodell

Das Ziel unseres Modells ist, dass die Benutzer USER_DE und USER_ES eine Umsatzplanung für Deutschland und Spanien durchführen können. Daher richten Sie auf Basis Ihres Vertriebs einen InfoCube ein. Dieser ist Lieferant der Ist-Daten. Weiter legen Sie einen kompakten PlanCube an, einen sogenannten *Real-Time InfoCube*. Was gilt es nun aus Sicht der Berechtigungen bei der Definition dieses Cubes zu beachten? Nun ja, die Definition wird sich aus der gewünschten Granularität der Plan-Zahlen ergeben. Sie wählen die Definition des InfoCubes (siehe Abbildung 6.68). Der Plan-InfoCube trägt die Bezeichnung XVTRRGSD1 (VERTRIEBSREPORTING – PLANUNG DER VERKAUFSZAHLEN).

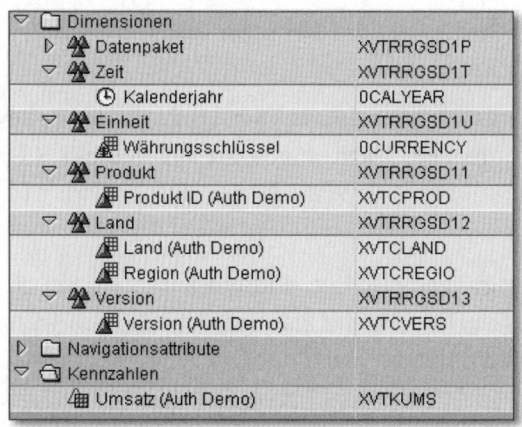

Abbildung 6.68 PlanCube XVTRRGSD1 definieren

Die Basis für Ihre Planung ist das Jahr 2008, da hier durchgängig Bewegungsdaten gebucht sind. Sie unterscheiden die Plan- und die Ist-Daten in Ihrem InfoCube durch das Merkmal XVTCVERS – ein Versionsmerkmal. Die Version »AC – Ist« stellt dabei die Ist-Zahlen 2008 und die Version »BG – Plan« die Plan-Zahlen für 2010 dar.

Basierend auf diesem InfoCube legen Sie eine Aggregationsebene in SAP NetWeaver Portal an. Diese Schritte werden im Anhang näher beschrieben. Die Definition der Aggregationsebene liefern wir bei den Beispieldaten mit.

Auf der Aggregationsebene erstellen Sie Ihre Plan-Query, die dem Benutzer die Eingabe der Daten ermöglichen wird. Bevor die Benutzer auf die Aggregationsebene und deren Querys zugreifen können, bedarf es allerdings noch einiger Änderungen der Berechtigungen. Wir wollen dazu mit den Standardberechtigungen beginnen.

6.5.2 Standardberechtigungen für die Planung erweitern

Damit der Projektbenutzer berechtigt ist, mit der Aggregationsebene zu arbeiten und darauf Querys zu erstellen, müssen Sie das Berechtigungsobjekt S_RS_COMP um den InfoProvider XVTARGSD1 erweitern. Dies werden Sie nur in der Rolle und nicht in der Vorlage durchführen. Sie gehen dazu in die Transaktion PFCG in den Änderungsmodus der Rolle XVT_IMPLEMENTATION_ADMIN und führen folgende Schritte aus:

1. In der Pflege des Profils suchen Sie das Berechtigungsobjekt S_RS_COMP und erweitern den Eintrag für den MultiProvider XVTMGSD1 um die Aggregationsebene XVTARGSD1.

2. Sie sichern und generieren das Profil, und der Benutzer kann nun mit der Aggregationsebene arbeiten.

3. Für Ihre Reporting- und Planungsbenutzer müssen Sie das Profil der Rolle XVT_REPORTING_EXECUTE anpassen. Darin fügen Sie für beide S_RS_COMP-Einträge die Aggregationsebene als zusätzlichen InfoProvider in das Feld RSINFOCUBE ein.

Damit wären die Standardberechtigungen erledigt, und wir kommen nun zu der Definition der Query, mit deren Hilfe Sie die Planung durchführen werden. Die Analyseberechtigungen erstellen Sie nach der Query.

6.5.3 Query für die Planung definieren

Um den Benutzern eine Planung der Vertriebszahlen zu ermöglichen, erstellen Sie eine Plan-Query auf der Aggregationsebene und daraus eine Arbeitsmappe, in der Ihre Benutzer ihre Planung durchführen werden. Die Definition der Plan-Query ist in Tabelle 6.24 und Tabelle 6.25 dargestellt. Bei der Definition achten Sie darauf, dass Sie alle Merkmale, die in der Aggregationsebene gebucht werden müssen, auch tatsächlich in der Query verfügbar haben. Teilweise werden sie im Filter bzw. in Selektionen eingeschränkt, oder aber die Merkmale sind im Aufriss und garantieren so eine Eingabebereitschaft.

Filterbereich	Selektion
0CURRENCY – Währung	EUR
XVTCLAND – Land (Auth Demo)	Berechtigungsvariable
Zeilen	
XVTCLAND – Land (Auth Demo)	keine Einschränkung
XVTCREGIO – Region (Auth Demo)	keine Einschränkung
XVTCPROD – Produkt ID (Auth Demo)	keine Einschränkung
Spalten	
Ist-Umsatz 2008	siehe Definition in Tabelle 6.25
Plan-Umsatz 2010	

Tabelle 6.24 Query für die Planung definieren

Selektion	Ist-Umsatz 2008	Plan-Umsatz 2010
0CALYEAR – Kalenderjahr	2008	2010
XVTCVERS – Version (Auth Demo)	AC – Ist	BG – Plan
XVTKUMS – Umsatz (Auth Demo)	keine Einschränkung	keine Einschränkung

Tabelle 6.25 Kennzahlselektionen in der Planung definieren

In den Eigenschaften der Query im Designer gehen Sie auf die Registerkarte Planung und setzen dort den Haken für Query im Änderungsmodus starten. Damit ist sie sofort eingabebereit, und Sie können mit der Planung beginnen. Haben Sie die Definition beendet, speichern Sie die Query unter XVT_V_PROD_PLAN (Produktplanung je Jahr und Land) ab.

Die ausgeführte Query speichern Sie als gleichnamige Arbeitsmappe in dem neuen Ordner VERTRIEBSPLANUNG ANALYSEBERECHTIGUNGEN ab. Die Zellen sollten nun eingabebereit sein. Ist dies nicht der Fall, dann prüft man, ob die Eingabe von Plan-Zahlen zugelassen wird. Dazu setzen Sie sich in den Ergebnisbereich der Query und rufen das Kontextmenü auf. Über QUERY-EIGENSCHAFTEN... • ANZEIGEOPTIONEN • EINGABE VON PLANWERTEN ZULASSEN werden die Zellen eingabebereit.

Was uns nun noch fehlt, ist die Möglichkeit, die eingegebenen Werte zu speichern. Dafür legen Sie einen Button in der Arbeitsmappe an. Gehen Sie hierzu folgendermaßen vor:

1. Im Designmodus, der über den Button ⬛ erreichbar ist, gehen Sie auf eine freie Zelle in der Arbeitsmappe, die möglichst über dem Ergebnisbereich liegt.

2. Fügen Sie dann über den Button EINFÜGEN in der Menüleiste einen Button in die Arbeitsmappe ein.

Mit einem Klick der rechten Maustaste auf den neu eingefügten Button gelangen Sie in das Bild der EIGENSCHAFTEN. Führen Sie hier die folgenden Schritte durch:

1. Als Erstes müssen Sie einen Befehlstyp wählen, wie Abbildung 6.69 zeigt. Über die Option PLANUNGSSPEZIFISCHER BEFEHL kommen Sie in eine Auswahl, in der vordefinierte Planungsbefehle zur Verfügung stehen.

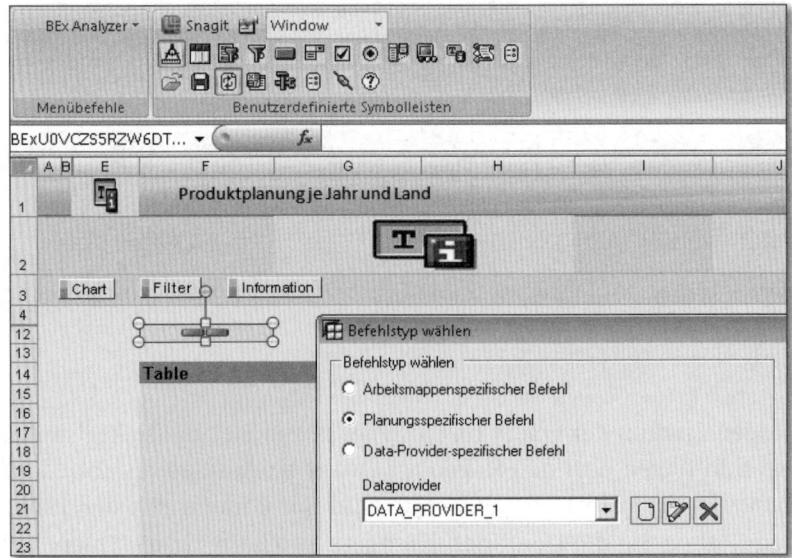

Abbildung 6.69 Speicherbutton in die Planungsarbeitsmappe einfügen

2. Wählen Sie Sᴄʜᴇʀɴ und danach Fᴇʀᴛɪɢ sᴛᴇʟʟᴇɴ.

3. Als Drucktastentext wählen Sie Sᴄʜᴇʀɴ und schließen mit OK ab.

Sie sichern die Arbeitsmappe nochmals und haben somit die Definition des Layouts für die Planung abgeschlossen.

Nun wollen Sie testen, wie sich die Anwendung für Ihre Reportingbenutzer verhält. Dafür melden Sie sich mit dem Benutzer USER_DE an und öffnen die Arbeitsmappe. Sie erhalten die Meldung »Keine Berechtigung«.

Um der Ursache auf den Grund zu gehen, zeichnen Sie ein Protokoll auf. Wie Abbildung 6.70 zeigt, findet nun auch eine Prüfung auf den Real-Time Provider statt, wenn direkt darüber eine Aggregationsebene gesetzt wird. Sie führen die Query auf der Aggregationsebene aus. Das Berechtigungsobjekt S_RS_COMP wird auch auf die Aggregationsebene geprüft, aber für die Analyse benötigen die Benutzer nun auch Berechtigung auf den darunterliegenden InfoCube.

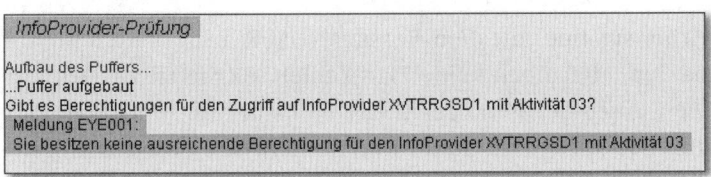

Abbildung 6.70 Fehlgeschlagene Berechtigungsprüfung in der Planung

Sie müssen somit für die Benutzer in den Analyseberechtigungen zusätzlich die Berechtigung für den InfoCube XVTRRGSD1 vergeben, derzeit ist dort nur der Vertriebs-MultiProvider XVTMGSD1 eingetragen. Dann sollten Sie gleich überlegen, was Sie zusätzlich noch in den Analyseberechtigungen der Benutzer anpassen müssen.

Es sind sechs Merkmale, auf die Sie innerhalb der Planung buchen werden. Welche sind berechtigungsrelevant? Das sind »Land«, »Region« und »Produkt«. Ihre Benutzer haben bereits Analyseberechtigungen zugewiesen bekommen. Es handelt sich um die Berechtigungen XVT_LAND_DE und XVT_LAND_ES, die in Tabelle 6.11 dargestellt sind. Das bedeutet, das »Land« ist auf DE eingeschränkt, »Region« und »Produkt« sind allerdings immer voll berechtigt. Somit passt das von den Berechtigungen der Vertriebsmerkmale sehr gut, allerdings dürfen die Benutzer derzeit noch nicht planen.

Wie Sie ja bereits wissen, haben Sie in der Planung unterschiedliche Aktivitäten für das Arbeiten mit den Kennzahlen. Einerseits wollen Sie die Daten lesen, andererseits sollen eingegebene oder geänderte Werte aber auch in den Real-Time InfoCube zurückgeschrieben werden. Somit müssen Sie die Aktivitäten der Benutzer anpassen, um ihnen die Möglichkeit zu geben, tatsächlich zu planen. Derzeit finden Sie die Aktivität 03 für die Anzeige, zusätzlich benötigen Sie auch noch die Aktivität 02, um Daten auch schreiben zu dürfen. Diese fügen Sie nun in die Analyseberechtigungen der beiden Benutzer ein. Dabei ergänzen Sie auch gleichzeitig den Real-Time InfoCube XVTRRGSD1 für das Merkmal 0TCAIPROV.

Damit sind Ihre Analyseberechtigungen fertig angepasst, und Sie können einen weiteren Test mit den Benutzern wagen.

6.5.4 Test der Berechtigungen in der Planung

Führen Sie die Arbeitsmappe nochmals mit dem Benutzer USER_DE aus, erhalten Sie nun, wie in Abbildung 6.71 zu sehen ist, eingabebereite Zellen. Der Benutzer kann nun seine Plan-Zahlen erfassen und mit Hilfe des Buttons SICHERN nach BW zurückschreiben.

Öffnen Sie die Arbeitsmappe mit dem Benutzer USER_ES, erhalten Sie die Ist-Zahlen für Spanien, aber noch keine Plan-Zahlen, da Sie zuvor Deutschland gebucht haben. Auch der Benutzer USER_ES kann nun seine Plan-Zahlen erfassen und in BW speichern. Somit funktioniert Ihre Berechtigungslösung einwandfrei.

Land (Auth Demo)	Region (Auth Demo)	Produkt ID (Auth Dem	Ist Umsatz 2008	Plan Umsatz 2010
Deutschland	Süd	Esstisch Massivholz	16.338.805,67 EUR	
		Esstisch Glas	13.371.447,84 EUR	
		Esstischstuhl Holz	730.426,62 EUR	
		Couchtisch	7.825.845,37 EUR	
		Klappstuhl	2.018.454,22 EUR	
		Ergebnis	40.284.979,72 EUR	
	West	Esstisch Massivholz	33.138.579,87 EUR	
		Esstisch Glas	7.463.359,92 EUR	

Abbildung 6.71 Eingabebereite Query für Benutzer USER_DE

Der Benutzer USERCHIEF, der Query-Administrator, nimmt an der Planung selbst nicht teil, er hat auch nicht die Berechtigung zu planen, da er die Aktivität 02 nicht besitzt. Er könnte nun z.B. Ist-Plan-Vergleiche erstellen und den anderen Benutzern über das Rollenmenü zur Verfügung stellen, wenn Sie seine Berechtigungen zur Anlage von Querys auf die neuen InfoCubes erweitern würden. Wir wollen nun anhand des Protokolls die Prüfung der Berechtigungen für die Planung im Detail ansehen.

Teilselektion (technisch SUBNR) 1					
Ergänzung der Selektion für aggregierte Merkmale					
Keine Prüfung auf Aggregationsberechtigung notwendig					

Folgende Menge wird geprüft		Vergleich mit folgender berechtigten Menge		Ergebnis
Merkmal	**Inhalt (in SQL-Format)**	**Merkmal**	**Inhalt (in SQL-Format)**	
XVTCLAND 0TCAACTVT	XVTCL AND = 'ES' AND 0TCAACTVT = '02'	0TCAACTVT	I EQ 02 I EQ 03	Berechtigt ✔
		XVTCLAND	I EQ ES	

Teilselektion (technisch SUBNR) 1					
Ergänzung der Selektion für aggregierte Merkmale					
Keine Prüfung auf Aggregationsberechtigung notwendig					

Folgende Menge wird geprüft		Vergleich mit folgender berechtigten Menge		Ergebnis
Merkmal	**Inhalt (in SQL-Format)**	**Merkmal**	**Inhalt (in SQL-Format)**	
XVTCLAND 0TCAACTVT	XVTCL AND = 'ES' AND 0TCAACTVT = '03'	0TCAACTVT	I EQ 02 I EQ 03	Berechtigt ✔
		XVTCLAND	I EQ ES	

Abbildung 6.72 Prüfung für das Schreiben und Lesen von Daten

Im oberen Abschnitt von Abbildung 6.72 sehen Sie die Prüfung beim Schreiben der Daten in den InfoCube XVTRRGSD1 mit der Aktivität 02. Darüber hinaus sehen Sie, dass nur das Land ES – Spanien – gefordert wird.

Was ist mit den beiden anderen berechtigungsrelevanten Merkmalen »Region« und »Produkt«? Für diese hat Ihr Benutzer die volle Berechtigung über die Gesamtberechtigung (*) erhalten. Daher werden diese beiden nicht mehr innerhalb der Prüfung angezeigt, da hier bereits die Selektion optimiert wurde. Im unteren Bereich der Abbildung 6.72 ist die Prüfung beim Lesen der Daten aus dem PlanCube abgebildet. Geprüft wird die Aktivität 03. Anhand dieses Beispiels sieht man sehr gut die Aufteilung der Berechtigungsprüfung bei der Planung in eine schreibende und eine lesende Aktivität. Die Selektion der berechtigungsrelevanten Merkmale ist immer dieselbe, nur durch die Aktivität wird hier unterschieden.

6.5.5 Exkurs – Customer-Exit für Variablen

SAP bietet die Möglichkeit, Variablen im Reporting durch kundeneigenes Coding zu füllen. Dazu muss im Query Designer eine Variable mit der Ersetzungsart CUSTOMER EXIT angelegt werden. Dieser Exit wird dann zu unterschiedlichen Zeitpunkten bei der Query-Ausführung durchlaufen, und man kann seine Variablen befüllen. Es ist auch möglich, Variablen in Abhängigkeit von Eingaben der Benutzer im Pop-up zu ersetzen. Was ist nun der Exit, und wie ist er aufgebaut?

Eigentlich ist der Exit ein Funktionsbaustein, nämlich `EXIT_SAPLRRS0_001` (Customer-Exit-globale Variablen im Reporting). Dieser enthält lediglich den

Aufruf des Includes ZXRSRU01. In diesem Include wird dann der kundeneigene Code hinterlegt. Bei neu installierten Systemen oder bei Systemen, bei denen der Exit noch nicht verwendet wurde, ist dieses Include noch nicht vorhanden. Wenn Sie in der Transaktion SE37 im Funktionsbaustein auf das Include klicken, erscheint die Meldung »Programmnamen ZX... sind für Includes v. Exit-Funktionsgruppen reserviert«. Wollen Sie das Include in der Transaktion SE38 ansehen, erscheint die Meldung »Das Programm ZXRSRU01 ist nicht vorhanden«. Was ist dann zu tun?

Exit-Includes anlegen

Wenn das Exit-Include noch nicht existiert, müssen Sie es anlegen. Gehen Sie dazu folgendermaßen vor:

1. **Projekt anlegen**
   Gehen Sie in die Transaktion CMOD, und legen Sie dort ein neues Projekt an (siehe Abbildung 6.73). Der Projektname lautet ZBW_VAR mit der Beschreibung EXITS IM BW.

2. **Erweiterung pflegen**
   Danach klicken Sie den Radiobutton ZUORDNUNG ERWEITERUNGEN an und pflegen die Erweiterung RSR00001; automatisch wird die Beschreibung »BI: Erweiterungen für globale Variablen im Reporting« gezogen. Sie sichern und klicken dann auf den Radiobutton KOMPONENTEN.

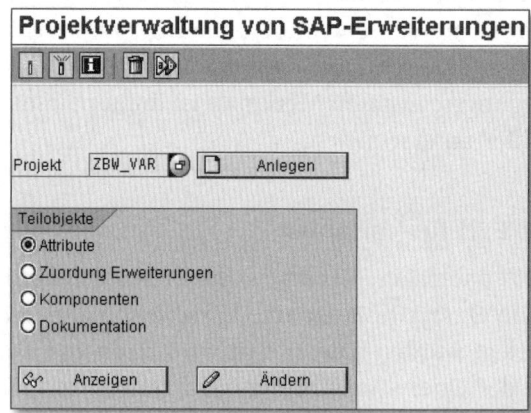

Abbildung 6.73 Projekt in der Transaktion CMOD anlegen

3. Erweiterung aktivieren

Im Änderungsmodus erhalten Sie daraufhin ein Bild wie in Abbildung 6.74. Sie klicken auf den Button AKTIVIEREN, und die Ampelsymbole springen auf Grün. Es erscheint die Statusmeldung »Die Erweiterung ZBW_VAR wurde aktiviert«.

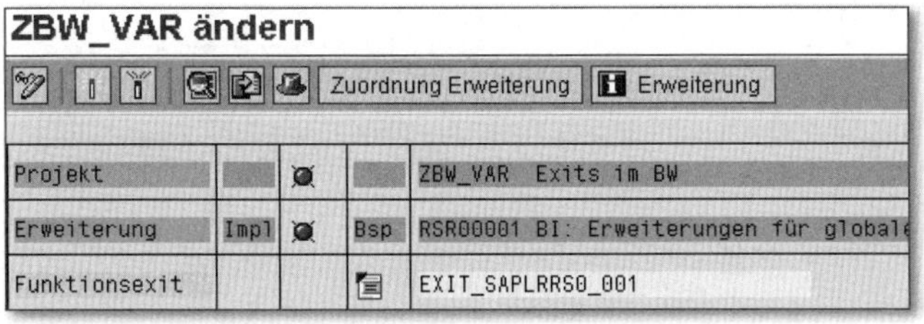

ZBW_VAR ändern

Projekt		●		ZBW_VAR Exits im BW
Erweiterung	Impl	●	Bsp	RSR00001 BI: Erweiterungen für global
Funktionsexit				EXIT_SAPLRRS0_001

Abbildung 6.74 Erweiterung im Projekt vor der Aktivierung

4. Include anlegen

Sie gehen in die Transaktion SE37 und lassen sich den Funktionsbaustein EXIT_SAPLRRS0_001 anzeigen. Hier ist Folgendes zu tun:

▶ Zuerst führen Sie einen Doppelklick auf dem Include ZXRSRU01 aus. Es erscheint eine Fehlermeldung, wie sie in Abbildung 6.75 gezeigt wird.

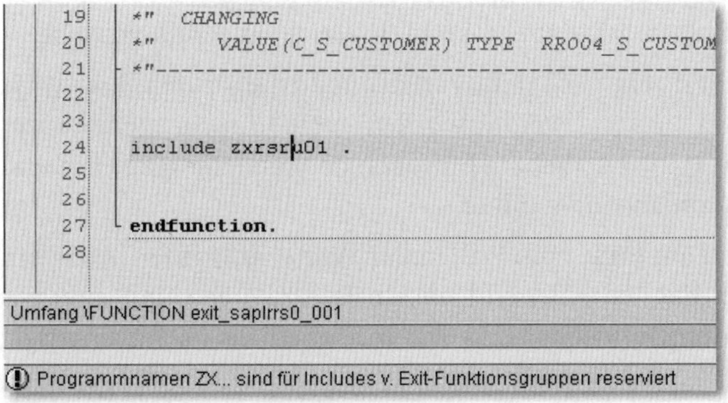

```
19   *"   CHANGING
20   *"       VALUE(C_S_CUSTOMER) TYPE  RRO04_S_CUSTOM
21   *"----------------------------------------------
22
23
24   include zxrsru01 .
25
26
27  ─ endfunction.
28
```

Umfang \FUNCTION exit_saplrrs0_001

ⓘ Programmnamen ZX... sind für Includes v. Exit-Funktionsgruppen reserviert

Abbildung 6.75 Exit-Funktionsbaustein beim Aufruf des Includes

▶ Dann drücken Sie sofort die ⏎-Taste auf der Tastatur, und es erscheint das Pop-up, das im Vordergrund von Abbildung 6.76 zu sehen ist.

▶ Sie bestätigen und lassen das Include anlegen.

Das Ergebnis ist im Hintergrund von Abbildung 6.76 zu sehen. Sie erhalten ein eingabebereites Include, und schon können Sie im Customer-Exit Ihren Code für das Füllen von Variablen hinterlegen.

Abbildung 6.76 Include aktivieren

Customer-Exit aufrufen

Wie bereits erwähnt, wird der Customer-Exit zu verschiedenen Zeitpunkten innerhalb der Query-Abarbeitung aufgerufen. Dem Exit wird über den Importing-Parameter I_STEP mitgeteilt, welcher Aufruf gerade erfolgt. Weitere Details dazu finden Sie im SAP-Hinweis 492504. Zusätzlich bietet auch der SAP-Hinweis 976680 Informationen über die Verwendung von Variablen im Reporting. Welche I_STEP-Optionen gibt es nun?

▶ I_STEP 1 wird direkt vor dem Variablenbild aufgerufen. Noch bevor der Benutzer Eingaben getätigt hat, können Variablen gefüllt werden.

▶ I_STEP 2 wird direkt nach dem Variablenbild aufgerufen. Exit-Variablen, die bereits bei I_STEP 1 gefüllt wurden, werden nicht mehr prozessiert. Man kann im I_STEP 2 aber auf Eingaben der Benutzer reagieren und Exit-Variablen davon abhängig füllen.

▶ I_STEP 3 wird am Ende zum Prüfen der Werte aufgerufen. Man kann bei Fehleingaben das Variablenbild nochmals erzwingen und eine aussagekräftige Meldung mitgeben. I_STEP 2 wird ebenfalls nochmals ausgeführt.

▶ I_STEP 0 ist z.B. für Berechtigungen interessant. Variablen, die in Berechtigungen eingetragen sind, werden in diesem I_STEP abgearbeitet.

Verwendung von SAP-Exit-Variablen

Ein Hinweis in allgemeiner Sache ist der, dass SAP selbst Exit-Variablen ausliefert. Dabei werden hauptsächlich die SAP-Implementierungen für Datumsmerkmale interessant sein wie z.B. »erster Tag des Monats«. Man sollte diese Variablen nutzen, bevor sie nochmals (eventuell auch mehrmals) im Customer-Exit nachgebaut werden.

Übersichtlichkeit im Customer-Exit

Je mehr Projekte auf einem System implementiert werden, desto unübersichtlicher kann es im Exit sein, wenn nicht auf eine gewisse Form geachtet wird. Möglich wäre es, für jedes Projekt ein eigenes Include anzulegen und dieses in das Exit-Include einzufügen. Oder es werden Funktionsbausteine zum Abarbeiten der Exit-Logik verwendet, die im Exit aufgerufen werden, um diesen »sauber« zu halten. Je größer das System wird, desto erleichterter ist man, gut abgegrenzte Exit-Implementierungen gewählt zu haben.

Damit möchten wir den Exkurs über den Customer-Exit für Variablen beenden und uns wieder unserem Beispiel zuwenden und die angelegte Variable hier verwenden.

6.5.6 Vor- und Nachteile des Modells – Fazit

Was können wir nun abschließend über die Verwendung von berechtigungsrelevanten Merkmalen in der integrierten Planung sagen? Da in einem InfoCube der Planung möglichst immer alle Merkmale einen Wert erhalten sollten und sonst der Wert # (nicht zugeordnet) gebucht wird, muss man gerade auf die Auswahl der Merkmale für die Steuerung der Berechtigungen in der Planung achten. Es empfiehlt sich, ein nicht zu komplexes Modell in der Planung zu verwenden. Gerade da auch oftmals auf höherer, nicht zu granularer Ebene geplant wird, sollte dies gut möglich sein. Dies ist auch der Fall in unserem Beispiel, in dem Sie die Berechtigungen über das Land als einzig wirklich für das Datenmodell relevantes Merkmal steuerten, obwohl noch einige andere berechtigungsrelevante Merkmale im InfoProvider verwendet werden.

Die Berechtigungsprüfung sollte generell nicht zeitintensiv sein. Wie Sie Probleme bei der Modellierung vermeiden und bestehende Probleme beheben, erfahren Sie in diesem Kapitel zur Performance bei der Berechtigungsprüfung.

7 Performance

In diesem Kapitel werden Analyseberechtigungen vom Standpunkt der Performance aus betrachtet. Die Berechtigungsprüfung sollte keinen Engpass für die Performance darstellen. Im Vergleich zur Gesamtlaufzeit einer Query-Abfrage ist die zeitliche Dauer der Berechtigungsprüfung normalerweise verschwindend gering. Bei Implementierungen mit vielen berechtigungsrelevanten Merkmalen, die gemeinsam in einem Datenmodell genutzt werden, kann es jedoch Konstellationen geben, die im Sinne der Berechtigungsprüfung ungünstig sind und vermieden werden sollten. Diese Fälle werden nun im Detail besprochen.

Zu Beginn wird der Ablauf einer Benutzersession aus Sicht der Berechtigungsprüfung dargestellt. Das ist wichtig, um ein besseres Verständnis für die Implementierung zu erhalten.

Anschließend besprechen wir, welche Aspekte der Modellierung von Analyseberechtigungen negative Auswirkungen auf die Laufzeit der Berechtigungsprüfung haben. Die Selektion von Merkmalen, die berechtigungsrelevant sind, ist ein weiterer Punkt, der im Kontext der Performance beachtet werden muss.

Zuletzt werden wir den Customer-Exit betrachten. Bei Implementierungen, die auf diesem beruhen, kommt es immer wieder zu Problemen aufgrund mangelnder Pufferung oder einer ungünstigen Übergabe von Merkmalswerten für die Berechtigungsprüfung.

7.1 Ablauf der Berechtigungsprüfung

Die Prüfung der BW-Analyseberechtigungen verläuft anders als die Berechtigungsprüfung, die normalerweise in einem SAP-System stattfindet. Damit ist nicht der Umstand gemeint, dass keine Berechtigungsobjekte verwendet werden, sondern die Dynamik der Selektion. Innerhalb einer BW-Benutzersession, in der mit BW Querys gearbeitet wird, treten dynamisch und durch den Benutzer beeinflusst immer wieder unterschiedliche Selektionen auf. In Abbildung 7.1 wird der Ablauf solch einer Session genauer dargestellt.

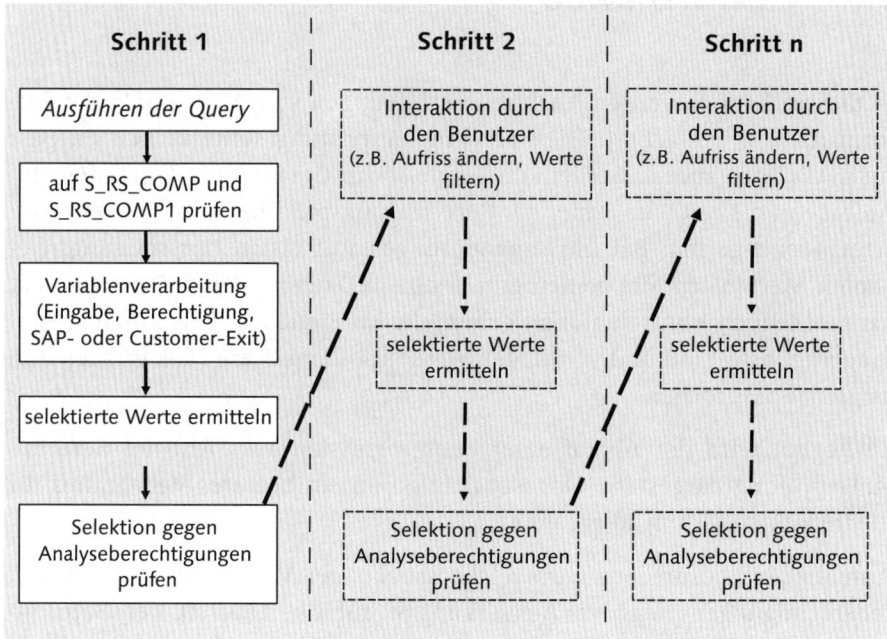

Abbildung 7.1 Ablauf innerhalb von BW bei einer Query-Ausführung

Zu Beginn steht die Ausführung einer Query. Im ersten Schritt wird geprüft, ob der ausführende Benutzer eine Berechtigung auf die Query über die RS-Berechtigungsobjekte besitzt. Ist diese gegeben, werden die Variablen prozessiert. Die fixe Selektion der Query und die dynamische Selektion aufgrund der Variablen ergeben in Summe die Gesamtselektion. Diese wird im Anschluss gegen die dem Benutzer zugeordneten Analyseberechtigungen geprüft.

Das geschieht im ersten Durchlauf. Entscheidend ist zu wissen, dass bei jedem weiteren Navigationsschritt des Benutzers die Analyseberechtigungen überprüft werden (Schritt 2 bis Schritt n). Der Grund dafür liegt in der Dynamik der Selektion. Wird der Aufriss einer Query durch Hinzufügen von Merkmalen in der Zeile geändert, muss eine Prüfung erfolgen, da sich der Zustand der Query geändert hat.

Der Benutzer könnte ein berechtigungsrelevantes Merkmal aus den »freien Merkmalen« in den Aufriss übernommen haben, besitzt aber nur die Aggregationsberechtigung dafür und darf somit keine Merkmalswerte im Aufriss sehen. Die Berechtigungsprüfung liefert dem Benutzer für diesen Navigationsschritt die Meldung »Keine Berechtigung«.

Genauso verhält es sich bei einer Filterung oder bei einer Änderung des Variablenwerts, wenn das Variablenbild nochmals aufgerufen wird. Bei jeder Navigation innerhalb der Query muss eine Prüfung der Berechtigungen zum aktuellen Stand der Query erfolgen.

Daraus wird ersichtlich, dass Performance-Probleme mit der Berechtigungsprüfung besonders schmerzhaft sind, da sie einen Benutzer nicht nur einmal innerhalb einer Session treffen können, sondern unter Umständen bei jedem Navigationsschritt.

7.2   Ungeeignete Modellierung

Gerade bei der Modellierung der Berechtigungen können gravierende Fehler gemacht werden, die zu Performance-Problemen führen. Das liegt dann an der Definition der Analyseberechtigungen selbst. Im Grunde kämpft man hier mit dem Problem, dass ein Zusammenführen der Berechtigungen unverhältnismäßig viel Zeit in Anspruch nimmt.

7.2.1   Viele kleine Berechtigungen mit wenig Inhalt

Wie in Kapitel 5, »Anforderungsprofile und Lösungsansätze typischer Berechtigungsmodelle in BW«, besprochen wurde, gibt es den InfoObject-basierten Ansatz für Analyseberechtigungen. Zwangsläufig führt dieser Ansatz zu einem erhöhten Aufkommen an einzelnen Analyseberechtigungen. Wir wollen uns nun ansehen, wie es hier hinsichtlich der Performance zu kritischen Situationen kommen kann. Nehmen wir an, einem Benutzer sind Berechtigungen für die folgenden drei berechtigungsrelevanten Merkmale zugeordnet:

▶ 0COSTCENTER – »Kostenstelle«

▶ 0PROFIT_CTR – »Profit-Center«

▶ 0EMPLOYEE – »Mitarbeiter«

> **Anzahl der Beispielberechtigungen**
>
> Für die Beispiele wählen wir lediglich eine geringe Anzahl an Ausprägungen der drei Merkmale. In der Praxis wird es damit keine Probleme bei der Performance geben, es soll nur das Schema verdeutlichen und die möglichen Schwachstellen eines Modells aufzeigen.
>
> Probleme werden erst bei einer weitaus größeren Anzahl an Ausprägungen und bei einer größeren Menge an Berechtigungsdimensionen auftreten.

> **Füllen des Berechtigungspuffers**
>
> Die weiteren Ausführungen innerhalb dieses Abschnitts beziehen sich auf das Füllen des Berechtigungspuffers. Dieser Teilschritt ist an dieser Stelle für eventuelle Probleme im Bereich der Performance verantwortlich.

Das Füllen des Berechtigungspuffers ist selbst nicht Teil der Berechtigungsprüfung, sondern wird im Vorfeld als Vorbereitung für diese durchgeführt. Abbildung 7.2 zeigt exemplarisch für den Benutzer die in der Transaktion RSECADMIN zugeordneten Berechtigungen für die Kostenstelle. Insgesamt sind es zehn Stück an reinen Einzelwert-Analyseberechtigungen für Kostenstellen. Jede der Berechtigungen enthält nur eine Kostenstelle und keines der weiteren berechtigungsrelevanten Merkmale. Für die beiden anderen Merkmale sind dem Benutzer ebenfalls ein paar Analyseberechtigungen mit jeweils nur einer Ausprägung eines Merkmals zugeordnet.

Keine der Analyseberechtigungen besitzt mehr als eine Dimension an berechtigungsrelevanten Merkmalen.

Für die Analyseberechtigungen steht an erster Stelle der Berechtigungsprüfung das Bilden des Berechtigungspuffers. Ziel des Systems ist es, die einzelnen Analyseberechtigungen des Benutzers in einem großen »Topf« zu vereinen. Dafür werden im System die folgenden Schritte unternommen:

1. Auffüllen von leeren Berechtigungsdimensionen

2. Zusammenführen von einzelnen Analyseberechtigungen

Wie Sie Abbildung 7.3 entnehmen können, führt das System die einzelnen berechtigten Werte des Benutzers für die Kostenstelle zusammen. Es wird die Berechtigung COSTC_01 genommen und mit COSTC_02 vermischt. Wenn es möglich ist, die beiden Berechtigungen zu vereinen, wird das vom System gemacht.

Abbildung 7.2 Benutzer mit vielen kleinen Berechtigungen auf Kostenstelle

Im nächsten Schritt wird nun die »neue« Berechtigung COSTC_02, die nun auch die Berechtigung COSTC_01 enthält, mit der nächsten Berechtigung COSTC_03 verprobt.

Optimierung der Berechtigungen:

Intervalle werden zusammengefasst
Zusammenfassen der Berechtigungen:
Es wurde hier schon auf die bereits bekannte Gültigkeit und den InfoProvider vorgefiltert.
=> Deshalb werden die Merkmale für InfoProvider (0TCAIPROV) und Gültigkeit (0TCAVALID) hier ignoriert.

Erste Berechtigung		Zweite Berechtigung		Ergebnis
COSTC_01		COSTC_02		
Merkmal	Inhalt (in SQL-Format)	Merkmal	Inhalt (in SQL-Format)	zusammengefasst zu: COSTC_02
0COSTCENTER	I EQ 0000000001	0COSTCENTER	I EQ 0000000002	Merkmal Inhalt (in SQL-Format)
0TCAACTVT	I EQ 03	0TCAACTVT	I EQ 03	
COSTC_02		COSTC_03		
Merkmal	Inhalt (in SQL-Format)	Merkmal	Inhalt (in SQL-Format)	zusammengefasst zu: COSTC_03
0COSTCENTER	I EQ 0000000001 I EQ 0000000002	0COSTCENTER	I EQ 0000000003	Merkmal Inhalt (in SQL-Format)
0TCAACTVT	I EQ 03	0TCAACTVT	I EQ 03	
COSTC_03		COSTC_04		
Merkmal	Inhalt (in SQL-Format)	Merkmal	Inhalt (in SQL-Format)	zusammengefasst zu: COSTC_04
0COSTCENTER	I EQ 0000000001 I EQ 0000000002 I EQ 0000000003	0COSTCENTER	I EQ 0000000004	Merkmal Inhalt (in SQL-Format)
0TCAACTVT	I EQ 03	0TCAACTVT	I EQ 03	

Abbildung 7.3 Mischen der einzelnen Analyseberechtigungen

Dieser Vorgang wiederholt sich nun so lange, bis alle verfügbaren Analyseberechtigungen des Benutzers gegeneinander geprüft und optimiert wurden.

Das Endergebnis für den Testbenutzer ist in Abbildung 7.4 zu sehen. Aus den vielen einzelnen dem Benutzer zugeordneten Analyseberechtigungen hat das System eine einzelne erstellt. Diese umfasst nun alle vier Merkmale oder Dimensionen und besteht aus allen berechtigten Einzelwerten. Das ist eine Möglichkeit, indem man jeweils nur mit einem berechtigungsrelevanten Merkmal in den Aggregationsberechtigungen arbeitet. Wenn man sich dafür entschieden hat und die Anzahl an Ausprägungen nicht groß ist, werden dabei auch keine Probleme entstehen.

Bei sehr umfangreichen Implementierungen kann es durchaus vorkommen, dass Benutzern viele Einzelwerte zugeordnet sind und im Allgemeinen eine höhere Anzahl an berechtigungsrelevanten Merkmalen vorliegt. Wenn man sich nun den zuvor erklärten Ablauf vor Augen hält, kann man leicht erkennen, dass hier ein großes Potential liegt, um die Laufzeit innerhalb der Berechtigungsprüfung zu verbessern.

Im Einzelfall ist – wenn schon ein Laufzeitproblem vorliegt – zu prüfen, ob man durch eine Umstellung der Berechtigungsvergabe das Problem beheben kann. Gerade bei vielen Einzelwerten würde es sich anbieten, mit Intervallen oder eventuell mit Hierarchieknoten zu arbeiten.

Abbildung 7.4 Vollständig aufgefüllte Analyseberechtigungen

7.2.2 Zeitintensiv zu mischende Berechtigungen

Gehen wir nun davon aus, dass die Analyseberechtigungen nicht durchgängig homogen mit nur jeweils einer Berechtigungsdimension versehen sind. Zuvor hatten wir Analyseberechtigungen, wie sie Tabelle 7.1 zeigt. Wir nehmen dabei nur die berechtigungsrelevanten Merkmale heraus, ohne auf die Sondermerkmale für InfoProvider, Aktivität und Gültigkeit zu achten.

Merkmal	Wert	Analyseberechtigung
0COSTCENTER	01	COSTC_01
0PROFIT_CTR	1000	PROFITC_01

Tabelle 7.1 Analyseberechtigungen für zwei Merkmale

Es liegen zwei unterschiedliche Analyseberechtigungen für die Merkmale »Kostenstelle« und »Profit-Center« vor. Wie man gesehen hat, konnten sie zuvor problemlos zusammengeführt werden. Doch werden sie nun, wie in Tabelle 7.2 gezeigt, in der Analyseberechtigung COSTC_01 zusammengefasst, ändert sich das gesamte Verhalten des Systems gewaltig. Die Einzelberechtigung auf das Profit-Center 1.000 wurde dem Benutzer genommen.

Merkmal	Wert	Analyseberechtigung
0COSTCENTER	01	COSTC_01
0PROFIT_CTR	1000	

Tabelle 7.2 Zusammenfassung der Merkmalswerte

Wie Abbildung 7.5 zeigt, versucht das System nun, die Analyseberechtigungen zusammenzuführen. Die Analyseberechtigung ALL_AGGR enthält die drei berechtigungsrelevanten Merkmale (mit »:« gekennzeichnet) und kann daher im ersten Schritt nicht mit der neuen Analyseberechtigung COSTC_01 gemischt werden.

Das System versucht nun weiter, die Analyseberechtigung COSTC_01 mit allen anderen Analyseberechtigungen, die Kostenstellen enthalten, zu mischen. Das ist aber an dieser Stelle nicht möglich. Daher wird dies nun mit der Analyseberechtigung COSTC_02 versucht. Diese kann, wie es Abbildung 7.5 zeigt, problemlos mit der Analyseberechtigung COSTC_03 gemischt werden, da beide nur einen Einzelwert auf die Dimension KOSTEN-STELLE enthalten.

Optimierung der Berechtigungen:

Intervalle werden zusammengefasst
Zusammenfassen der Berechtigungen:
Es wurde hier schon auf die bereits bekannte Gültigkeit und den InfoProvider vorgefiltert.
=> Deshalb werden die Merkmale für InfoProvider (0TCAIPROV) und Gültigkeit (0TCAVALID) hier ignoriert.

Erste Berechtigung	Zweite Berechtigung	Ergebnis
ALL_AGGR	COSTC_01	Nicht mischbar
COSTC_01	COSTC_02	Nicht mischbar
COSTC_01	COSTC_03	Nicht mischbar
COSTC_01	COSTC_04	Nicht mischbar
COSTC_01	COSTC_05	Nicht mischbar
COSTC_01	COSTC_06	Nicht mischbar
COSTC_01	COSTC_07	Nicht mischbar
COSTC_01	COSTC_08	Nicht mischbar
COSTC_01	COSTC_09	Nicht mischbar
COSTC_01	COSTC_10	Nicht mischbar
COSTC_01	PROFITC_02	Nicht mischbar
COSTC_01	PROFITC_N001	Nicht mischbar

COSTC_02		COSTC_03		zusammengefasst zu: COSTC_03
Merkmal	Inhalt (in SQL-Format)	Merkmal	Inhalt (in SQL-Format)	Merkmal Inhalt (in SQL-Format)
0COSTCENTER	I EQ 0000000002	0COSTCENTER	I EQ 0000000003	
0TCAACTVT	I EQ 03	0TCAACTVT	I EQ 03	

Abbildung 7.5 Versuch – Analyseberechtigungen mischen

Aufgrund der Logik der Berechtigungsprüfung ergeben sich auf diese Weise sehr viele mögliche Kombinationen, die alle gegeneinander geprüft werden müssen. Die Analyseberechtigungen werden so Schritt für Schritt zusammengeführt. Das sind notwendige Iterationen (Wiederholungen), die mitunter sehr zeitaufwendig sein können.

COSTC_03		COSTC_07		zusammengefasst zu: COSTC_07
Merkmal	Inhalt (in SQL-Format)	Merkmal	Inhalt (in SQL-Format)	Merkmal Inhalt (in SQL-Format)
0COSTCENTER	I EQ 0000000002 I EQ 0000000003 I EQ 0000000004 I EQ 0000000005	0COSTCENTER	I EQ 0000000006 I EQ 0000000007 I EQ 0000000008 I EQ 0000000009	
0TCAACTVT	I EQ 03	0TCAACTVT	I EQ 03	
COSTC_07		COSTC_01		Nicht mischbar
COSTC_07				
Merkmal	Inhalt (in SQL-Format)			
0COSTCENTER	I EQ 0000000002 I EQ 0000000003 I EQ 0000000004 I EQ 0000000005 I EQ 0000000006 I EQ 0000000007 I EQ 0000000008 I EQ 0000000009	COSTC_10		zusammengefasst zu: COSTC_10
		Merkmal	Inhalt (in SQL-Format)	Merkmal Inhalt (in SQL-Format)
		0COSTCENTER	I EQ 0000000010	
		0TCAACTVT	I EQ 03	
0TCAACTVT	I EQ 03			

Abbildung 7.6 Iterationen beim Abmischen der Berechtigungen

Abbildung 7.6 zeigt nun, dass bei allen Prüfungen die beiden Blöcke COSTC_03 und COSTC_07 gebildet wurden. Diese beiden sind wiederum miteinander kombinierbar und werden in der Berechtigung COSTC_07 zusammengeführt. Diese ist jedoch noch immer nicht mit der Analyseberechtigung COSTC_01 mischbar.

Letztendlich ergeben sich, wie in Abbildung 7.7 dargestellt, mehrere Berechtigungen für den Benutzer, die nach den Merkmalen sortiert sind. Die Berechtigung COSTC_01 sticht heraus, da sie »Kostenstelle« und »Profit-Center« enthält und nicht aufgesplittet werden konnte. Somit reiht sie sich am Ende der berechtigten Werte ein. Genauso konnte die Analyseberechtigung ALL_AGGR, die alle Aggregationsberechtigungen enthält, nicht mit den anderen Berechtigungen zusammengeführt werden.

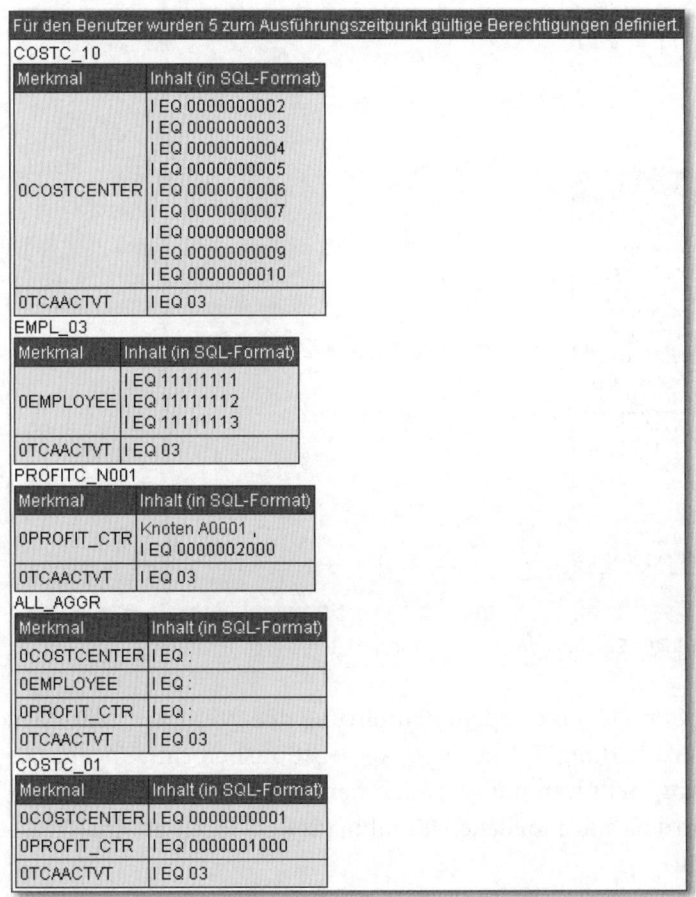

Abbildung 7.7 Auflistung der einzelnen nach Merkmalen sortierten Berechtigungen

Aus der Liste der zusammengeführten Einzelberechtigungen können nun zwei komplett aufgefüllte Analyseberechtigungen erstellt werden. Diese sind in Abbildung 7.8 zu sehen.

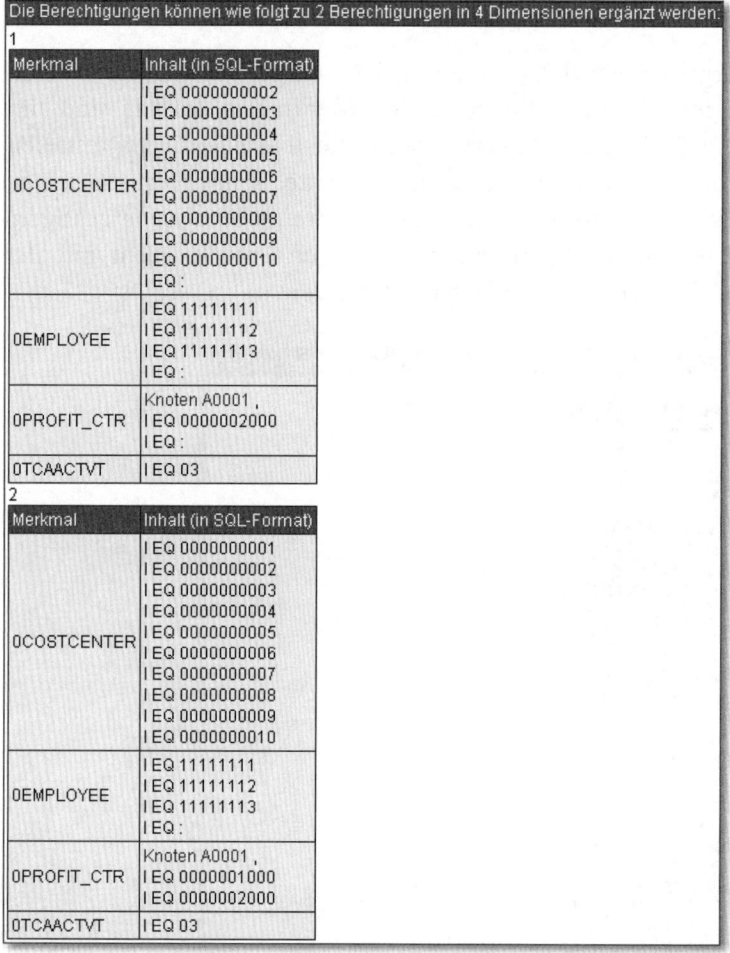

Abbildung 7.8 Endgültiges Ergebnis des Aufbaus für den Berechtigungspuffer

Die erste Berechtigung ist eine Zusammenführung der Werte der einzelnen Dimensionen aus Abbildung 7.7 mit den Aggregationsberechtigungen. Die zweite Berechtigung stellt nun die gesamten berechtigten Werte des Benutzers dar. Hier wurden alle möglichen Kombinationen in einer Analyseberechtigung vereint.

Wenn das Zusammenführen der berechtigten Werte zum Ziel hatte, den Benutzer für genau diese Merkmalskombination zu berechtigen, ist dieser

Versuch fehlgeschlagen. Das ist exakt die Problematik bei der Vergabe von mehrdimensionalen Berechtigungen, die bereits in Abschnitt 6.3.3, »Problemfälle bei mehrdimensionalen Berechtigungen«, besprochen wurde.

Verwendet man in einer Query Variablen, die durch Berechtigungen gefüllt werden, und vergleicht deren Selektion nun mit den soeben ermittelten Werten, erhält man schon in diesem recht simplen Fall ein umfangreiches Protokoll für die Berechtigungsprüfung.

Deshalb ist generell wieder anzumerken, dass man ein Modell der Analyseberechtigungen sinnvollerweise so einfach wie möglich hält und versuchen sollte, die dem Benutzer zugeordneten Analyseberechtigungen möglichst eindeutig bzw. explizit zu definieren. Wäre dem Benutzer in diesem Beispiel nur eine Analyseberechtigung zugeordnet, die alle seine berechtigten Werte umfasst, wäre sowohl die Dauer für die Prüfung selbst, aber auch die Dauer für die Interpretation des Berechtigungsprotokolls erheblich verringert worden.

7.3 Ungeeignete Selektionen

Abseits der Modellierung kann auch die Selektion der Query negative Einflüsse auf die Laufzeit der Berechtigungsprüfung haben. Prinzipiell verhält es sich hier wie bei der Vergabe der Analyseberechtigungen: Je expliziter die Selektion ist, desto performanter wird die Query prozessiert. Gerade in Kombination mit Variablen, die aus Berechtigungen gefüllt werden, hat eine ungünstige Definition der Analyseberechtigungen aber auch Einfluss auf die Selektion.

7.3.1 Selektion der Query

Wie Abbildung 7.1 zu Beginn des Kapitels gezeigt hat, wird bei der Ausführung einer Query die Selektion aus dem fixen Anteil der Query-Definition und dem dynamischen Anteil – den Variablen – gebildet.

Kommt aus der Verarbeitung der Variablen durch Benutzerselektion oder automatisch gefüllte Variablen nun eine große Wertemenge zurück, vergrößert sich auch die gesamte Selektion dementsprechend. Anschließend muss diese Selektion zuerst gegen die Berechtigungen geprüft werden und danach, bei erfolgreicher Prüfung, vom System gelesen werden.

Die negativen Effekte bei großen Selektionsmengen wirken sich auf diese Weise auf den Aufwand für die Prüfung der Berechtigungen und die Datenbeschaffung aus. Daher hat die Definition der Analyseberechtigungen wiederum indirekt Einfluss auf die gesamte Dauer der Query-Ausführung.

Auch für die Selektion gilt somit, dass, je expliziter und kompakter die Selektion ist, entsprechend weniger Zeit für die Ausführung der Query benötigt wird. Daher empfiehlt es sich – je nach Möglichkeit –, immer mit kleinen Wertemengen, Intervallen oder Hierarchieknoten zu arbeiten.

7.3.2 Auflösung von Hierarchien

Eine Operation, die immer zeitintensiv ist, stellt das Auflösen von Hierarchieknoten dar. Dieser Vorgang ist im System notwendig, wenn in den Berechtigungen Hierarchieknoten eingetragen sind, aber in der Query Einzelwerte z.B. über flache Merkmalswert-Variablen selektiert werden. Die Berechtigungen auf Hierarchieknoten müssen dann für den Aufbau der Selektion in Einzelwerte aufgelöst werden und mit dieser Einzelwert-Selektion verglichen werden (weitere Informationen finden Sie in den Abschnitten 9.2, »Werteberechtigungen«, und 9.3, »Hierarchieberechtigungen«).

Wir treffen nun die Annahme, dass eine Query vorliegt, die nur das Merkmal »Kostenstelle« enthält. Im Filter befindet sich das Merkmal mit einer flachen Variablen, die Einzelwerte aus den Berechtigungen liest. In den Zeilen gibt es ebenfalls nur das Merkmal »Kostenstelle«.

Der Benutzer hat in seinen Analyseberechtigungen den in Abbildung 7.9 gezeigten Hierarchieknoten NODE1 über eine entsprechende Hierarchieknoten-Berechtigung berechtigt. Diese schließt den Knoten und alle Elemente darunter ein.

Somit liegt hier der Fall vor, dass eine Berechtigungsvariable für Einzelwerte durch den berechtigten Hierarchieknoten des Benutzers gefüllt werden muss. Das System ist gezwungen, den Hierarchieknoten aufzulösen und die innerhalb des Knotens befindlichen Merkmalswerte an die Selektion zu übergeben.

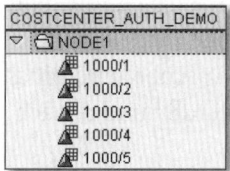

Abbildung 7.9 Einfache Merkmalswert-Hierarchie auf »Kostenstelle«

Wie Abbildung 7.10 zeigt, werden die Werte 1–5 der Kostenstelle geprüft. Diese kommen bereits aus dem aufgelösten Hierarchieknoten und müssen nun nochmals damit verglichen werden. In Abbildung 7.10 ist der Knoten A0001 unter den berechtigten Werten zu sehen. Dieser muss nun auch innerhalb der Berechtigungsprüfung in seine Blätter aufgelöst werden. Danach kann das System die Selektion der Blätter gegen die Blattwerte der Hierarchieknoten-Berechtigung prüfen.

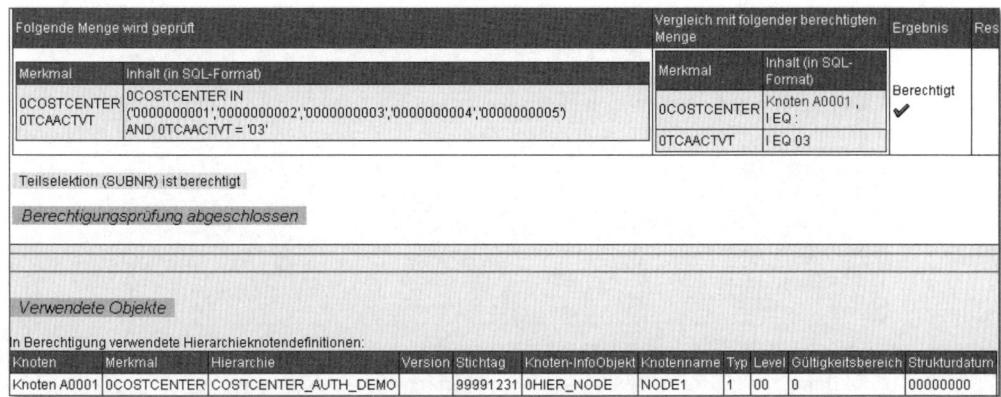

Abbildung 7.10 Einzelwerte durch Hierarchieknoten berechtigen

Augenscheinlich hat man in diesen Bereichen das Problem, dass zeitaufwendige Tätigkeiten wie das Auflösen der Hierarchieknoten öfters durchgeführt werden müssen. Das ist richtig und kann sich bei sehr großen Hierarchien und somit auch Selektionen sehr stark in der Laufzeit niederschlagen. Treten hierbei tatsächlich Probleme im Bereich der Performance auf, dann sollte auf eine hierarchische Anzeige oder die Vergabe von Einzelwerten umgestellt werden.

7.4 Customer-Exit

Der Customer-Exit kann genutzt werden, um darin entsprechend definierte Variablen mit Werten zu füllen. Wir beziehen uns dabei ausschließlich auf die Customer-Exit-Variablen, die innerhalb einer Analyseberechtigung vergeben werden, so wie es Abbildung 7.11 und Abbildung 7.12 für flache Werte und Hierarchieberechtigungen zeigen. Zur Laufzeit der Query werden diese ausgewertet und gefüllt. Wir besprechen nun Punkt für Punkt die performancekritischen Themen des Customer-Exits.

Abbildung 7.11 Customer-Exit-Variable in Werteberechtigungen

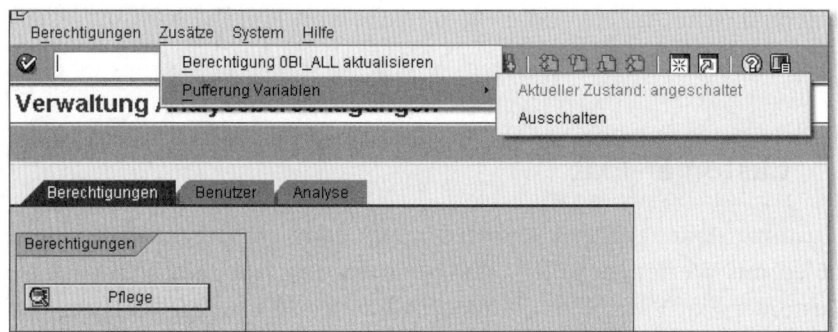

Abbildung 7.12 Customer-Exit-Variable in Hierarchieberechtigungen

7.4.1 Verwendung der Pufferung

Customer-Exit-Variablen sollten in SAP NetWeaver BW gepuffert werden. Diese Einstellung wird in der Transaktion RSECADMIN unter ZUSÄTZE • PUFFERUNG VARIABLEN vorgenommen (siehe Abbildung 7.13 und Abschnitt 9.7, »Integrierte Planung«).

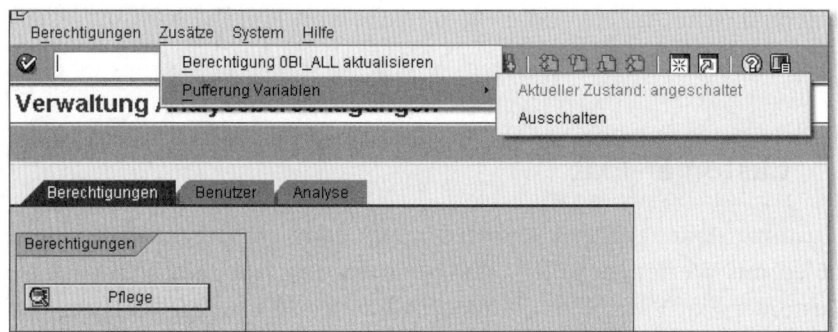

Abbildung 7.13 Pufferung der Customer-Exit-Variablen für die Berechtigungsprüfung

In Abbildung 7.13 ist der Schriftzug AKTUELLER ZUSTAND: ANGESCHALTET in grauer Schrift dargestellt. Das bedeutet: Die Pufferung ist aktiv. Somit werden für alle Benutzer des Systems Customer-Exit-Variablen in den Analyse-berechtigungen gepuffert.

Beim erstmaligen Füllen des Berechtigungspuffers für einen Benutzer wird der Code, der im Customer-Exit hinterlegt ist, durchlaufen, und die Variablen werden entsprechend gefüllt. Der Puffer wird für den Benutzer für die Dauer der Session gehalten. Da sich die Daten, die vom Customer-Exit innerhalb einer Benutzersession geliefert werden, meist nicht ändern, ist die Pufferung sinnvoll. Meldet sich der Benutzer z.B. am nächsten Tag wieder in BW an und führt eine Query aus, wird der Puffer erneut über den Customer-Exit aufgebaut.

Wäre die Pufferung ausgeschaltet, würde der Berechtigungspuffer eines Benutzers lediglich die Information über die Variablen enthalten. Es steht dann z.B. der Wert COSTC_HIER_AUTH_CUST_EXIT, also der technische Name der Variablen aus Abbildung 7.12, im Berechtigungspuffer des Benutzers. Die Variablen wären aber nicht aufgelöst, und der Exit müsste jedes Mal aufs Neue durchlaufen werden. Mit Hilfe der Pufferung kann das Verhalten umgangen werden.

Die Pufferung optimiert somit Customer-Exit-Werte dahingehend, dass nur einmal je Benutzersession der Exit-Code durchlaufen werden muss. Bei jedem weiteren Mal können die Daten aus dem im System aufgebauten Puffer gelesen werden.

7.4.2 Performance innerhalb des Customer-Exits

Bei der Programmierung innerhalb des Customer-Exits muss darauf geachtet werden, die benötigte Information performant bereitzustellen. Zumeist werden die benötigten Informationen mit Hilfe eines `select`-Befehls aus Tabellen oder über Views gelesen. Ein `select`-Befehl ist hierbei vermutlich die zeitintensivste Operation. Die Daten sollten daher auf einen Schwung abgefragt werden. Schleifen mit `select ... endselect`-Befehlen müssen vermieden werden. Listing 7.1 zeigt ein Konstrukt, bei dem mehrere Datenbankzugriffe notwendig sind.

```
Select field_1 - field_n from dbtab into l_s_structure1
Where dbtab-uname = l_uname.
Append l_s_structure1 to l_s_itab.
Endselect.
```

Listing 7.1 Selektion von der Datenbank

Die Tabelle, aus der selektiert wird, sollte bereits die für die Berechtigungen relevanten Felder in der weiter benötigten Form bereitstellen. Der Benutzername wird Teil des Tabellenschlüssels sein. In diesem Fall können alle benötigten Daten auf einmal gelesen und an die interne Tabelle ITAB übergeben werden. Im nächsten Schritt werden mit Hilfe des Befehls MOVE-CORRESPONDING die gelesenen Daten in die Tabelle ITAB2 eingefügt, die den Benutzernamen nicht mehr enthält, sondern nur mehr die benötigten Felder. Alternativ kann man auch darüber nachdenken, mit dem READ-Befehl zu arbeiten (siehe Listing 7.2).

```
Select * FROM dbtab into table l_t_itab
Where dbtab-field1 = l_uname.
move-corresponding fields of l_t_itab into l_t_itab2.
```

Listing 7.2 Weitere Verarbeitung der Datenbankinformation

Gute Performance im Exit ist die Grundvoraussetzung dafür, dass keine unnötige Zeit für den Aufbau des Berechtigungspuffers oder die Durchführung der Berechtigungsprüfung verbraucht wird.

Zugriff auf große Datenbanktabellen

Zu bedenken ist, dass bei großen Datenbanktabellen Indizes für die Performance immer eine Rolle spielen. Werden Berechtigungsdaten für eine große Anzahl an Benutzern mit jeweils vielen Ausprägungen in diesen Tabellen bereitgehalten, muss darauf geachtet werden, dass ein Index vorliegt, der den Zugriff beschleunigt. Hier ist zu prüfen, ob die Anlage von sekundären Indizes zusätzlichen Performance-Gewinn bringt.

Wenn Sie auf performante Programmierung achten, haben Sie bereits eine Quelle möglicher Performance-Probleme ausgeschaltet. Eine weitere Quelle ist der Inhalt, den man im Customer-Exit übergibt.

7.4.3 Ungünstige Wertübergabe

Bei der Übergabe von Werten müssen Sie zwischen Einzelwerten und Hierarchieknoten unterscheiden. Einzelwerte können zu Problemen führen, wenn jeweils eine große Anzahl für einen Benutzer im Customer-Exit übergeben wird. Wo immer es möglich ist, sollte hier mit Intervallen gearbeitet werden. Das Thema wurde bereits in Abschnitt 7.3.1, »Selektion der Query«, besprochen. Die Verprobung eines Intervalls ist immer schneller als der Fall, dass Einzelwerte miteinander verglichen werden müssen. Ist es auch für große Wertemengen nicht möglich, mit Intervallen zu arbeiten, sollten die Werte mit Hilfe von Hierarchieknoten an den Benutzer übergeben werden.

Denkbar wäre hier auch, eine künstliche Hierarchie zu schaffen und darüber die Benutzer zu berechtigen. Abbildung 7.14 zeigt solch eine Hierarchie für das Merkmal »Kostenstelle«. Jeder Benutzer erhält darin seinen eigenen Knoten, und darunter befinden sich die entsprechenden berechtigten Ausprägungen des Merkmals. Ein Merkmal für die Person kann z.B. als externes Merkmal in der Hierarchie für Knoten genutzt werden, um mit der eindeutigen Personalnummer der Benutzer zu arbeiten. Damit wird im Customer-Exit nur mehr ein Hierarchieknoten übergeben, und die Selektion wird in Grenzen gehalten. Angenehm ist, dass die Hierarchie in der Fortschreibung einfach und automatisiert über eine entsprechende Logik gefüllt werden kann und man Anpassungen nicht manuell vornehmen muss. Wie es Abbildung 7.14 für die Kostenstelle »1000/3« zeigt, kann man auch innerhalb der Hierarchie problemlos mit doppelt vorkommenden Merkmalswerten arbeiten (siehe Abschnitt 9.3.7, »Nicht eindeutige Hierarchien«).

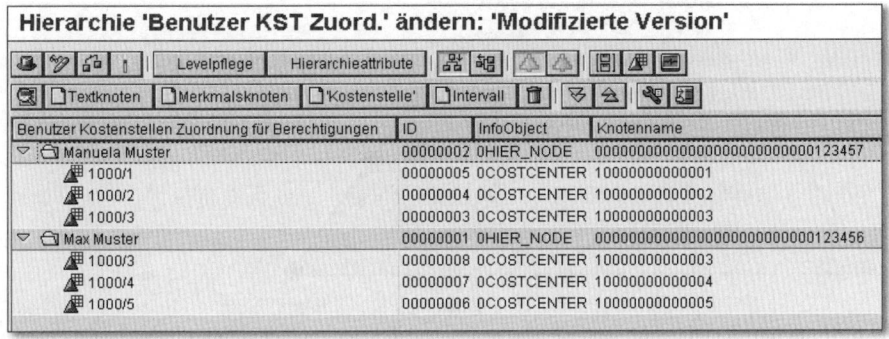

Abbildung 7.14 Hierarchie zum Vergeben von Kostenstellen an Benutzer mit Hilfe von Hierarchieknoten

Fraglich ist in so einem Fall, ob es nicht lohnender wäre, auf ein generierungsbasiertes Modell umzusteigen.

Mit Hilfe des Customer-Exits können auch mehrere Hierarchieknoten an den Benutzer und in weiterer Folge an die Berechtigungsprüfung übergeben werden. Wie bereits erwähnt, ist das durchgängige Arbeiten mit Hierarchieknoten meist performanter als das Arbeiten mit Einzelwerten. Normalerweise ist ein Benutzer für einen Knoten und alles, was sich unterhalb dessen befindet, berechtigt. Im Sinne der Berechtigungsprüfung bedeutet das Folgendes: Ein Knoten kommt aus dem Exit zurück, und dieser kann 1:1 verglichen und berechtigt werden. Es werden somit auf einen Schlag alle Merkmalswerte unterhalb des Knotens berechtigt, daher ist ein Knoten auch schneller innerhalb der Prüfung.

Sie sollten jedoch darauf achten, dass die Knotenwerte richtig übergeben werden. Dabei sind die BW-eigenen Kennzeichen der Hierarchieberechtigungen zu beachten. Nehmen wir einmal an, ein Benutzer wird für einen Teilbaum einer Hierarchie über den Customer-Exit berechtigt. Abbildung 7.15 zeigt eine Hierarchie als Dreieck dargestellt. Der Benutzer ist auf den Knoten am rechten unteren Rand und die beiden darunter befindlichen Blätter berechtigt.

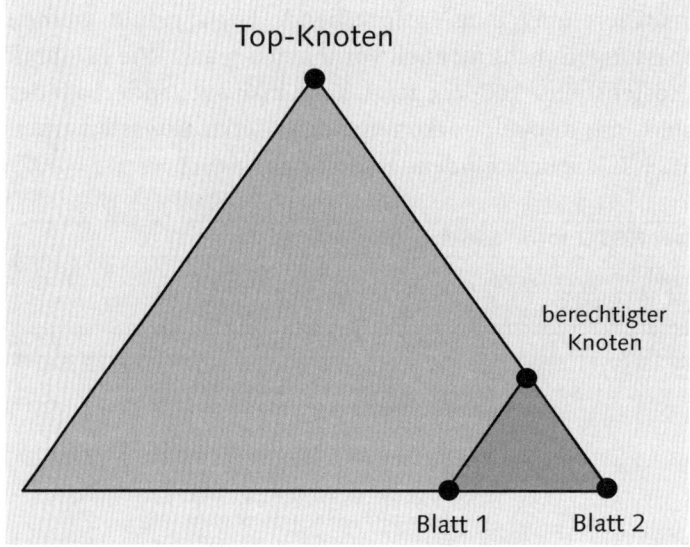

Abbildung 7.15 Benutzerberechtigung auf eine Hierarchie

Der berechtigte Knoten soll dem Benutzer nun mit Hilfe des Customer-Exits durch eine Hierarchieknoten-Variable zugeordnet werden. Richtig wäre es, eine Hierarchieberechtigung mit dem Typ der Berechtigung »1« anzulegen, was bedeutet, der Knoten und alles darunter, also auch Blatt 1 und Blatt 2. Der Wert für den berechtigten Knoten muss nur mehr im Customer-Exit an den Benutzer übergeben werden.

Eine andere Möglichkeit wäre, eine Hierarchieberechtigung mit dem Typ der Berechtigung »0« zu erfassen. Das würde bedeuten, nur der übergebene Knoten selbst ist berechtigt. Alle Elemente, wie Knoten und Merkmalswerte, werden einzeln an die Berechtigungsprüfung übergeben. Die geschieht anstelle der Übergabe nur eines, für die Berechtigung relevanten Top-Knotens mit Typ 1 (siehe Abbildung 7.12). In unserem Beispiel wären das nun drei Werte, die im Customer-Exit übergeben werden müssten – der Knoten, Blatt 1 und Blatt 2.

In so einem Fall muss das System unnötigerweise die Hierarchien nochmals künstlich aus den Knoten- und Einzelwerten nachbilden. Das dauert natürlich um einiges länger als die Übergabe nur eines Knotens. Daher ist es auch gerade bei der Verwendung von Customer-Exit-Variablen unbedingt notwendig, diese Variablen richtig einzusetzen. Das vorige Beispiel verdeutlicht, wie man die Option des Hierarchieberechtigungs-Typs falsch bzw. richtig verwenden kann.

7.5 Fazit

In den meisten Fällen wirkt sich die Berechtigungsprüfung nicht negativ auf die Gesamtlaufzeit einer Query aus. Aus diesem Kapitel sollten Sie jedoch mitnehmen, wie die Prüfung der Berechtigungen aufgebaut ist und dass jeder Navigationsschritt eines Benutzers eine Prüfung der Berechtigungen erfordert.

Vermeiden Sie die in diesem Kapitel vorgestellten Performance-Bremsen, sollten Sie niemals mit einem unnötigen Zeitverlust durch die Berechtigungsprüfung zu kämpfen haben.

Analyseberechtigungen sind nach einem Upgrade auf SAP NetWeaver BW 7.0 oder höher verfügbar. Damit sie genutzt werden können, müssen bestehende Berechtigungskonzepte überarbeitet und entsprechend migriert werden.

8   Migration

Wird ein BW-System durch ein Upgrade oder bei einer Neuinstallation auf eine Version höher oder gleich 7.0 gebracht, stehen die Analyseberechtigungen zur Verfügung. Dieses Kapitel ist hauptsächlich für BW 3.x-Systeme relevant, die durch ein Upgrade auf BW 7.0 oder höhere Versionen gehoben werden. Wenn mit BW 3.x bereits Reportingberechtigungen (der Vorgänger der Analyseberechtigungen) eingesetzt wurden, können diese Berechtigungen migriert werden. Bei der Neuinstallation von BW 7.0 werden von Anfang an Analyseberechtigungen eingesetzt.

In diesem Kapitel beginnen wir in Abschnitt 8.1, »Grundlagen«, mit einem Überblick über den Prozess der Migration. In Abschnitt 8.2, »Vergleich von altem und neuem Berechtigungskonzept«, werden die beiden BW-Daten-Berechtigungskonzepte für die Versionen 3.x und 7.0 kurz verglichen, anschließend werden wir genauer auf den Prozess der Migration eingehen. Für die Migration gibt es unterschiedliche Ansätze, die wir in Abschnitt 8.4, »Aufbau des Migrationskonzeptes«, vorstellen. Vor jedem Migrationsprozess sollte eine Analyse der bestehenden Berechtigungen erfolgen, um bereits bekannte Problemfälle – soweit dies möglich ist – zu beheben oder zu optimieren bzw. um den Status der Berechtigungen zu ermitteln und damit die Migration in Angriff zu nehmen. Auf den Prozess der Analyse, die damit verbundenen Tätigkeiten und daraus resultierende Ergebnisse gehen wir in Abschnitt 8.3, »Vorbereitung und Analyse«, ein. Gegen Ende des Kapitels beschäftigen wir uns in Abschnitt 8.5, »Halbautomatische Migration von SAP BW 3.x auf SAP NetWeaver BW 7.x«, detailliert mit dem zur Verfügung gestellten Migrationstool auf Analyseberechtigungen und den Effekten der Migration von BW 3.x-Systemen auf BW 7.0. Danach werden wir kurz erläutern, was man bei Berechtigungsmigrationen auf SAP NetWeaver-Versionen höher als 7.0 zu beachten hat.

8.1 Grundlagen

Für die Migration der Berechtigungen gibt es kein vollautomatisiertes Werkzeug. Es werden immer manuelle Arbeiten benötigt, um auf Analyseberechtigungen umzustellen. Die Erstellung des Migrationskonzeptes ist natürlich sehr stark von den Implementierungen im System abhängig. Da es die unterschiedlichsten Varianten gibt, ist es weder sinnvoll noch möglich, einen exakten Leitfaden für alle Möglichkeiten anzubieten. Wir versuchen, grundlegend zu verdeutlichen, worauf man achten muss und welche Möglichkeiten es für den Umstieg gibt.

Das bereitgestellte Migrationstool bietet die Möglichkeit, die Migration für Benutzer und Berechtigungsobjekte durchzuführen. Hier besteht eine gegenseitige Abhängigkeit: Für die Migration gilt der Grundsatz der Vollständigkeit. Das bedeutet: Wenn ein Berechtigungsobjekt selektiert wird, müssen die Berechtigungen aller Benutzer, denen dieses Objekt zugeordnet ist, migriert werden. Das System prüft diese Abhängigkeit vor der Migration und gibt im Fall von fehlenden Benutzern eine entsprechende Meldung aus. Darauf ist bei der Erstellung des Konzeptes zu achten, um nicht bei der Migration selbst überrascht zu werden. Auch die Standardobjekte für InfoProvider, wie z.B. S_RS_MPRO, werden nach dem Prinzip der Vollständigkeit behandelt. Daher ist es schwierig, auf ein bestimmtes Reportingberechtigungsobjekt einzuschränken, wenn man InfoProvider-Berechtigungen mit RSR-Reportingberechtigungsobjekten migriert. Automatisch müssen auch alle Benutzer, denen das InfoProvider-Berechtigungsobjekt zugeordnet ist, migriert werden.

Betrachten wir nun die beiden unterschiedlichen Berechtigungskonzepte für SAP BW 3.x und SAP NetWeaver BW 7.0.

8.2 Vergleich von altem und neuem Berechtigungskonzept

Die SAP NetWeaver BW-Releases vor 7.0 setzten das Konzept der sogenannten *Reportingberechtigungen* ein. Dieses Konzept basiert ebenfalls auf berechtigungsrelevanten Merkmalen, hatte aber im Vergleich zu den Analyseberechtigungen einige Restriktionen: Bei den Reportingberechtigungen mussten eigene Berechtigungsobjekte angelegt werden, wie Abbildung 8.1 zeigt. Diese Berechtigungsobjekte wurden der Objektklasse RSR zugeordnet. Die Klassen von Berechtigungsobjekten sind bereits aus Abschnitt 3.2, »Technische Eigenschaften der Berechtigungsobjekte«, bekannt. Betrachtet man die Berechtigungsobjekte, stößt man schon auf die erste Restriktion der Reportingberechtigungen. Da sie denselben Aufbau wie Standard-Berechtigungsobjekte haben, ist die Anzahl der möglichen Felder auf zehn beschränkt.

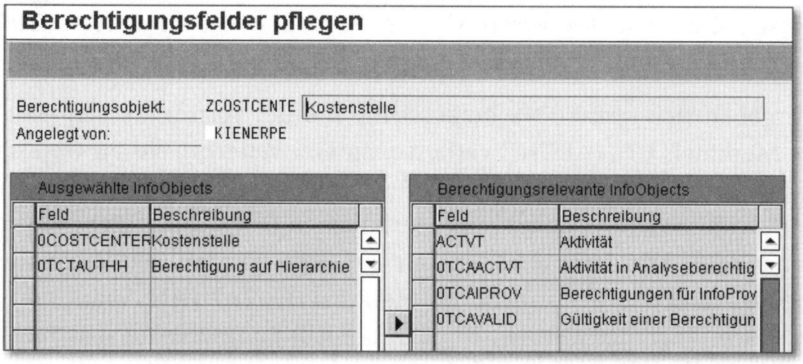

Berechtigungsfelder pflegen

Berechtigungsobjekt: ZCOSTCENTE Kostenstelle
Angelegt von: KIENERPE

Ausgewählte InfoObjects			Berechtigungsrelevante InfoObjects	
Feld	Beschreibung		Feld	Beschreibung
0COSTCENTER	Kostenstelle		ACTVT	Aktivität
0TCTAUTHH	Berechtigung auf Hierarchie		0TCAACTVT	Aktivität in Analyseberechtig
			0TCAIPROV	Berechtigungen für InfoProv
			0TCAVALID	Gültigkeit einer Berechtigun

Abbildung 8.1 Anlage eines Berechtigungsobjekts in der Transaktion RSSM

Es ist darüber hinaus möglich, die selbsterstellten *Berechtigungsobjekte* in das Profil einer Rolle einzufügen und darin dem Benutzer die Ausprägungen der einzelnen Merkmale zuzuordnen. Die Pflege der Berechtigungen liegt größtenteils innerhalb der Umgebung der SAP-Basis, der Rollenpflege. Es gibt in BW 3.x keine so komplette Infrastruktur, wie sie mit der Transaktion RSEC-ADMIN bereitgestellt wird, um zentral die Berechtigungen anzulegen und den Benutzern zuzuordnen. Die Pflege für Reportingberechtigungen findet mit Hilfe der Transaktion RSSM (Berechtigungen Business Information Warehouse) statt. Dort werden die Berechtigungsobjekte auf Basis der berechtigungsrelevanten Merkmale angelegt. Merkmale können mehrmals in unterschiedlichen Objekten verwendet werden. Ebenso können aus der Transaktion RSSM heraus Berechtigungen generiert werden, und Benutzern zugeordnet werden. Dafür wird je ein eigenes Profil mit den vergebenen Werten generiert, das dem Benutzer direkt ohne eine Rolle zugeordnet wird. Dabei kommt es jedoch immer wieder zu Problemen mit einer zentralen Benutzerverwaltung (ZBV) oder dem Identity Management. Von dieser Art der Berechtigungsgenerierung in BW 3.x ist also abzuraten, wenn das BW in eine ZBV integriert ist.

So wie es bei den Analyseberechtigungen der Fall ist, ist es auch bei Reportingberechtigungen möglich, mit Hierarchieberechtigungen und Variablen innerhalb der Berechtigungen zu arbeiten. Hierarchieberechtigungen werden in BW 3.x ebenfalls in der Transaktion RSSM erstellt und können auch dort für den Transport erfasst werden. Die Zuordnung von Berechtigungen auf Hierarchien erfolgt über das künstliche Merkmal 0TCTAUTHH (Berechtigung auf Hierarchie). Dieses Merkmal muss in die selbsterstellten Berechtigungsobjekte mit aufgenommen werden (siehe Abbildung 8.1): Angenommen, die Kostenstelle und das Profit-Center sind berechtigungsrelevant, dann müssen »Kostenstelle«, »Profit-Center« und das Merkmal 0TCTAUTHH in ein Berechtigungsobjekt gepackt werden.

Hierbei ergeben sich weitere Nachteile. Aufgrund der verpflichtenden Nutzung des Merkmals 0TCTAUTHH verliert man ein weiteres Feld im Objekt. Weit unangenehmer ist aber, dass man Berechtigungsobjekte nicht einfach so um ein Feld erweitern kann. Falls Merkmale anfangs keine Hierarchien hatten und diese erst im Laufe der Zeit angelegt wurden, enthalten die Berechtigungsobjekte oftmals nicht das Merkmal 0TCTAUTHH. Somit muss es nachträglich eingefügt werden. Da man Berechtigungsobjekte aber nicht ändern kann, solange noch Berechtigungen dazu existieren, müssen alle Berechtigungen gelöscht und neu angelegt werden. Alternativ dazu kann man ein weiteres Berechtigungsobjekt mit denselben Merkmalen und dem Merkmal 0TCTAUTHH einführen. Das Ergebnis ist, dass man nun zwei Berechtigungsobjekte anstelle von einem hat. Das wiederum erhöht die Komplexität unnötig und schadet der Übersichtlichkeit.

Bei Analyseberechtigungen ist das kein Thema mehr. Hierarchieberechtigungen werden nun direkt innerhalb einer Analyseberechtigung angelegt. Die nachträgliche Änderung von Analyseberechtigungen ist ebenfalls problemlos möglich. Gerade auch deshalb, weil Analyseberechtigungen von der SAP-Basis abgekoppelt sind.

Der Vollständigkeit halber wollen wir das Objekt S_RS_AUTH erwähnen. Durch dieses sind Analyseberechtigungen nicht vollständig von Rollen losgelöst. Jedoch besteht inhaltlich nicht mehr eine so starke Abhängigkeit wie bei den Reportingberechtigungen, da nur die technischen Bezeichnungen von Analyseberechtigungen und nicht die Werte selbst abgelegt werden.

Ein ganz entscheidender Unterschied zwischen Reporting- und Analyseberechtigungen ist, dass berechtigungsrelevante Merkmale bei Reportingberechtigungen nicht systemweit geprüft wurden. In der Transaktion RSSM hatte man die Möglichkeit, die selbsterstellten Berechtigungsobjekte zur Prüfung auf einem InfoProvider anzuschalten. Es war somit möglich, ein berechtigungsrelevantes Merkmal nicht auf allen InfoProvidern, die es enthalten, zu prüfen.

> **Keine systemweite Prüfung bei Reportingberechtigungen**
>
> Bei den Reportingberechtigungen in BW 3.x werden berechtigungsrelevante Merkmale nicht systemweit geprüft.

Bei den Analyseberechtigungen ist das nicht mehr möglich. Ist ein Merkmal berechtigungsrelevant, wird es nun in allen vorkommenden InfoProvidern geprüft. Dies ist ein strikter, aber im Gesamten logischer und klarer Ansatz. Jedoch ergeben sich daraus gerade für die Migration der Berechtigungen Probleme: Es muss vor dem Umschalten des Berechtigungskonzeptes sichergestellt sein, dass ein Benutzer, der auf dem InfoProvider B eine Query ausführt, davor und danach dazu berechtigt ist. Abbildung 8.2 zeigt einen Ausschnitt aus der Transaktion RSSM. Sie sehen die Prüfung für InfoProvider-Einstellungen des Berechtigungsobjekts ZCOSTCENTE. Hier wird sofort die zuvor angesprochene Problematik der nicht geprüften InfoProvider klar.

Berechtigungsobjekt:	ZCOSTCENTE Kostenstelle

Verzeichnis der InfoProvider	
E InfoProvider	Beschreibung
☑ 0CCA_C03	CO-OM-CCA: Statistische Kennzahlen
☐ 0CRM_MKTELE	CRM Marketingelement (R/3 PSP-Element)
☐ 0PART_WBSEL	Partner-PSP-Element

Abbildung 8.2 Anschalten von Berechtigungsobjekten zur Prüfung

Das Merkmal »Kostenstelle« kommt in den drei in der Abbildung aufgeführten InfoProvidern vor, daher werden diese zur Auswahl angeboten. Jedoch ist die Prüfung nur für den ersten InfoCube angeschaltet. Bei den beiden anderen InfoCubes wird das Merkmal »Kostenstelle« nicht geprüft, obwohl es berechtigungsrelevant ist. Dieses nicht konsistente Verhalten ist mit BW 7.0 nicht mehr möglich, da alle berechtigungsrelevanten Merkmale in Info-Providern ausnahmslos geprüft werden.

In Tabelle 8.1 haben wir die zentralsten Unterschiede und Vorteile der Analyseberechtigungen gegenüber den Reportingberechtigungen zusammengefasst.

Damit wollen wir den Vergleich zwischen altem und neuem Konzept abschließen. Aus der vorangegangenen Tabelle werden die Vorteile der Analyseberechtigungen eindeutig ersichtlich. Gehen Sie nun weiter, und überlegen Sie, wie Sie die Migration der Berechtigungen vorbereiten können.

	Reportingberechtigungen BW 3.x	Analyseberechtigungen ab BW 7.0
Pflege	Ein eigenes RSR-Klassen-Berechtigungsobjekt zur Berechtigungsanlage wird angelegt.	Berechtigungen werden direkt als Analyseberechtigungen erstellt.
Prüfung	Berechtigungsobjekte müssen für die Prüfung auf einem InfoProvider zusätzlich angeschaltet werden.	*Jedes* berechtigungsrelevante Merkmal eines InfoProviders wird zur Prüfung herangezogen (Eindeutigkeit!).
Änderungen	Berechtigungsobjekte sind nachträglich nur änderbar, wenn dazu keine Berechtigungen existieren.	Analyseberechtigungen sind auch nachträglich einfach zu ändern.
Dimensionen	Begrenzung auf zehn Felder innerhalb eines Berechtigungsobjekts	Beliebige Anzahl von Merkmalen; als OLAP-Schranke gilt es, nicht mehr als zehn berechtigungsrelevante Merkmale je Query zu verwenden.
Feldlängen	Aufgrund der Länge eines Berechtigungsfeldes ergibt sich eine Länge von zehn Zeichen. Daraus ergeben sich Mapping-Probleme für InfoObjects.	Bei Analyseberechtigungen stehen 30 Zeichen zur Verfügung. Somit ist auch die Abbildung von Navigationsattributen kein Problem.
Kompatibilität	Navigationsattribute können nicht je Merkmal berechtigt werden, und zusätzlich ist eine Berücksichtigung der Kompatibilitätsmodi der Transaktion RSSM notwendig.	Navigationsattribute können an jedem InfoObject individuell als berechtigungsrelevant markiert werden.
Hierarchien	Berechtigungen auf Hierarchien werden abseits der Merkmalswerte angelegt und gepflegt. Sie müssen über eine eindeutige ID, die nichts über den Inhalt der Berechtigung aussagt, in Profile eingepflegt werden (Intransparenz!).	Hierarchien werden direkt mit Merkmalswerten gepflegt und sind somit gleichwertig zu Werte- oder Intervallberechtigungen.
Prüfmodus	Jedes für die Abfrage relevante (zur Prüfung markierte) Berechtigungsobjekt muss einzeln in der Prüfung berechtigt sein.	Berechtigungen werden zusammengefasst, was dem erwarteten Verhalten der Benutzer entspricht.

Tabelle 8.1 Unterschiede zwischen 3.x- und 7.0-Berechtigungen

	Reportingberechtigungen BW 3.x	Analyseberechtigungen ab BW 7.0
Standard-berechti-gungen	Auch für die Ausführung einer Query werden Standardobjekte wie S_RS_HIER, S_RS_MPRO, S_RS_ISET usw. geprüft. Somit liegt keine klare Trennung der Berechtigungen im Modellie-rungs- und Reportingbereich vor.	Berechtigungen auf InfoProvi-der und Aktivitäten werden durch die dafür eingeführten und verpflichtend zu berechti-genden Spezialmerkmale 0TCAIPROV und 0TCAACTVT abgedeckt.
Gültigkeit	Die Gültigkeit einer Berechtigung wird durch die Rollenpflege gesteuert.	Es kann eine beliebige, aber verpflichtende Gültigkeit über 0TCAVALID vergeben werden. Dabei sind Muster, bestimmte Zeiträume etc. erlaubt.

Tabelle 8.1 Unterschiede zwischen 3.x- und 7.0-Berechtigungen (Forts.)

8.3 Vorbereitung und Analyse

Um bei einer Migration erfolgreich zu sein, muss erst eine Bestandsauf-nahme der gegenwärtig implementierten Berechtigungsszenarien erfolgen. Ist eine solche Bestandsaufnahme bereits vorhanden, umso besser. Falls sie nicht vorliegt, sollte sie zur Vorbereitung auf die Migration unbedingt durch-geführt werden.

Eine Migration wird testweise auf jeden Fall auch innerhalb der Transport-schiene durchgeführt und eventuell auf einem Sandbox-System getestet wer-den, bevor sie in der Entwicklungsumgebung umgesetzt wird.

Damit die Tests auch aussagekräftig und verlässlich sind, muss auf jeden Fall sichergestellt sein, dass Entwicklungs- und Produktivsystem nicht zu stark abweichen, gerade im Bezug auf Querys, Stammdaten und Hierarchien. Dies ist eine weitere Vorbereitung für die Migration.

Ist es unter Umständen nicht möglich, die Migration auf der Entwicklungs-umgebung vorzubereiten, kann zur Sicherheit eine Systemkopie vom Pro-duktivsystem im Entwicklungssystem gemacht werden.

Wie sieht nun eine Bestandsaufnahme der bestehenden Reportingberechti-gungen für eine Migration im Detail aus?

8.3.1 Berechtigungsrelevante Merkmale

Zuerst sollte man sich einen Überblick über alle berechtigungsrelevanten Merkmale im System verschaffen. In der Transaktion RSSM ist dies recht einfach möglich. Wie in Abbildung 8.1 zu sehen ist, erhält man in der Detailansicht zu den Berechtigungsobjekten eine Liste aller berechtigungsrelevanten Merkmale, die im System vorkommen.

Warum ist dieser Überblick über die berechtigungsrelevanten Merkmale so wichtig? In den Releases BW 3.x war die Markierung eines Merkmals als berechtigungsrelevant mit keiner tatsächlichen Prüfung verbunden. Das führte in der Vergangenheit teilweise dazu, dass Merkmale »sicherheitshalber« als berechtigungsrelevant markiert wurden. Wenn der Schalter auf Analyseberechtigungen umgelegt wird, werden alle in der Transaktion RSSM gezeigten Merkmale geprüft. Das bedeutet, es kommt auch bei den »sicherheitshalber« als berechtigungsrelevant markierten Merkmalen zu einer Prüfung. Diese wird häufig nicht erfolgreich durchgeführt werden können.

Genau diese Art von Merkmalen, die als berechtigungsrelevant gekennzeichnet sind, aber nicht als solche genutzt werden, kann am Beginn der Migration abgefangen werden. Wenn klar ist, dass diese Merkmale gegenwärtig nicht genutzt werden, ist es ein Leichtes, sie auf *nicht* berechtigungsrelevant zu setzen. Damit ändert sich am aktuellen Verhalten der Berechtigungsprüfung absolut nichts. Die Merkmale wurden zuvor ja auch nicht berücksichtigt.

> **Nicht genutzte berechtigungsrelevante Merkmale**
>
> Indem Sie sich einen Überblick über die berechtigungsrelevanten Merkmale verschaffen, die fälschlich so kategorisierten Merkmale erkennen und noch vor der Migration auf nicht berechtigungsrelevant setzen, können der Migrationsaufwand und zukünftige Probleme der Analyseberechtigungen bei Nichtbeachtung dieser Merkmale entscheidend minimiert werden.

Was sich durch diese Überprüfung ändert, sind der zeitliche Aufwand und die Komplexität der Migration. Der gesamte Prozess der Migration wird dadurch massiv vereinfacht. Die Merkmale können bei Bedarf jederzeit wieder auf berechtigungsrelevant gesetzt werden, wenn zukünftig die Anforderung bestehen sollte, sie für ein neu zu implementierendes Berechtigungsszenario zu verwenden.

8.3.2 Liste der RSR-Berechtigungsobjekte

Weiterhin benötigt man unbedingt eine Liste der RSR-Berechtigungsobjekte, die im System angelegt wurden. Diese Liste kann aus der Transaktion RSSM oder der Transaktion SU21 abgezogen werden. In Abbildung 8.3 sehen Sie das Berechtigungsobjekt ZXVTPROD und dessen Felder aus der Transaktion SU21. Die Felder sind mit den beiden Merkmalen XVTCPROD und 0TCTAUTHH gefüllt.

Die erste Stelle für XVTCPROD ist eine »9«. Wenn es sich um ein Merkmal in einem RSR-Berechtigungsobjekt handelt, dann wird an die erste Stelle eine »9« gesetzt ❶. Handelt es sich um ein SAP-Content-Objekt, dann wird wie bei 0TCTAUTHH die führende »0« abgeschnitten ❷.

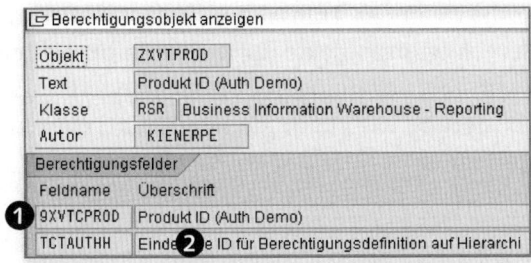

Abbildung 8.3 Transaktion SU21 – Detailansicht eines RSR- Berechtigungsobjekts

Sie sollten sich dadurch nicht verwirren lassen, dieser Sachverhalt ist nur für den Abgleich der Berechtigungsobjekte mit den berechtigungsrelevanten Merkmalen wichtig. Dies ist auch gleich der nächste Punkt, dem wir uns widmen, wenn die beiden Listen vorliegen: Es muss nun ein Abgleich stattfinden, damit man die im System berechtigungsrelevanten, aber nicht für die Prüfung verwendeten Merkmale identifizieren kann.

Das ist nun genau jene Gruppe von Merkmalen, die Sie – wie zuvor angemerkt – auf nicht berechtigungsrelevant setzen können. Die SAP-Spezialmerkmale wie 0TCT* oder 0TCA* sind davon natürlich ausgenommen. Der Rest wird jedoch im Rahmen des SAP-Standards der Berechtigungsprüfung nicht benötigt. Damit fallen einige Merkmale weg, die bei der Migration nicht beachtet werden müssen. Der Gesamtaufwand verringert sich dadurch enorm.

8.3.3 Das Prüfungsverhalten im System

Sind nun die für die Migration nicht relevanten Merkmale eliminiert, kommen wir zum Prüfverhalten im System. Dieser Punkt ist besonders entscheidend für das Gelingen der Migration. Sie sollten das aktuelle Prüfverhalten des Systems vor der Migration kennen. Was verstehen wir darunter? In der Transaktion RSSM erhalten Sie für ein Berechtigungsobjekt eine Liste mit InfoProvidern, die für dieses zur Prüfung angestellt werden können. Das Prüfverhalten im System ist die komplette Auflistung der möglichen Kombinationen von Berechtigungsobjekten, InfoProvidern und des aktuellen Status der Prüfung für solch eine Kombination.

Um den aktuellen Stand des Prüfverhaltens in Erfahrung zu bringen, müssen Sie den in Abbildung 8.4 gezeigten Button PRÜFSTATUS (BERECHTIGUNGS-OBJEKTE, INFOPROVIDER) AKTUALISIEREN in der Transaktion RSSM anklicken. Damit wird überprüft, welche Berechtigungsobjekte für welche InfoProvider aktiviert werden können und welche Zuordnungen bereits aktiviert sind. Anschließend erfolgt eine Aktualisierung der zugrunde liegenden Tabellen, in denen diese Information hinterlegt ist.

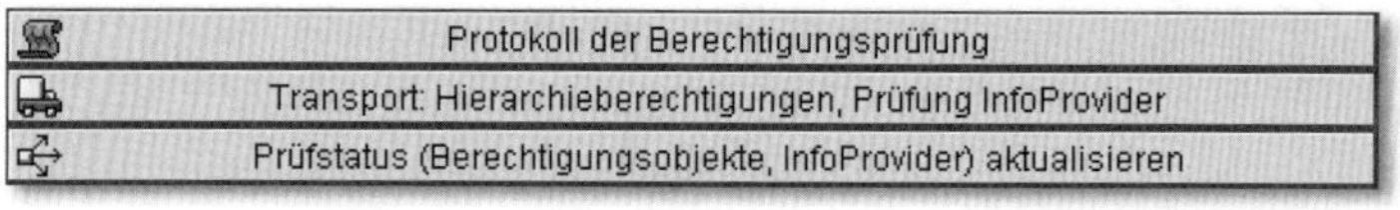

🗐	Protokoll der Berechtigungsprüfung
🖶	Transport: Hierarchieberechtigungen, Prüfung InfoProvider
⇪	Prüfstatus (Berechtigungsobjekte, InfoProvider) aktualisieren

Abbildung 8.4 Aktualisierung des Prüfstatus

In der Transaktion RSSM muss man nun die InfoProvider ausfindig machen, für die ein Berechtigungsobjekt geprüft werden kann. Dazu muss ein Berechtigungsobjekt in das vorgesehene Feld eingetragen und danach der Punkt PRÜFUNG FÜR INFOPROVIDER markiert werden. Ein Klick auf den Button ANZEIGEN gibt eine Liste wie in Abbildung 8.2 aus. Diese Darstellung der Berechtigungsobjekte und potenziell zu prüfender InfoProvider schränkt nicht ein, ob ein InfoProvider für das Reporting relevant ist oder nicht. Es werden einfach alle InfoProvider aufgelistet, die ein oder mehrere berechtigungsrelevante Merkmale enthalten, sowie die dazu passenden Berechtigungsobjekte. Somit werden in der Liste zu viele Datenziele angezeigt. Basis-Cubes oder DSOs aus dem Data-Staging-Bereich interessieren uns nicht, weil sie für das Reporting und somit auch für das Berechtigungskonzept nicht relevant sind. Sie können bedenkenlos aus der Liste entfernt werden.

Aufpassen muss man aber bei den InfoProvidern, die für das Reporting genutzt werden, bei denen aber keine Prüfung aktiv ist. Genau diese sind für die Migration sehr spannend, denn bei den Analyseberechtigungen werden auch sie geprüft. Bis jetzt sind diese InfoProvider aber nicht mit Berechtigungen versehen. Hier muss auf jeden Fall nachgearbeitet werden, da eine automatische Migration keine Berechtigungen für diese InfoProvider anlegen kann.

Nach diesen Schritten haben Sie einen guten Überblick über den Systemzustand bezüglich Berechtigungen. Sie wissen, welche Merkmale berücksichtigt werden müssen, welche vernachlässigt werden können und welche RSR-Berechtigungsobjekte aktiv sind und migriert werden müssen. Letztendlich wissen Sie auch, wo Problemfelder liegen, für die man auf jeden Fall eine spezielle/manuelle Lösung entwerfen muss.

8.3.4 Identifizieren der kritischen Reportinganwendungen

Im Rahmen der Überprüfung der bestehenden Berechtigungen sollte man auch die »kritischen« Reportinganwendungen herausfiltern. Unter *kritischen Anwendungen* versteht man solche, die intensiv von einer großen Benutzeranzahl genutzt werden und auf jeden Fall für das Reporting zur Verfügung stehen müssen. Diese kritischen Anwendungen sollten besonders sorgfältig bei der Migration behandelt werden.

8.4 Aufbau des Migrationskonzeptes

Um das Berechtigungskonzept zu wechseln, brauchen Sie einen genauen Plan, da sonst Berechtigungsprobleme beim Umstellen vorprogrammiert sind. Mit den bereits besprochenen Vorarbeiten hat man eine gute Basis, um diesen Plan zu erstellen. Wenn wir von Migration sprechen, denken Sie vermutlich in erster Linie an Aufwände und mögliche Probleme, die bei der Umstellung entstehen können. Aber Sie sollten auch bedenken, dass hier eine vielleicht einmalige Chance entsteht, die Berechtigungen zu überarbeiten.

Wann hat man schon die Möglichkeit, alle Berechtigungsimplementierungen zu überdenken und unter Umständen Teile davon neu aufzubauen? Da die Modelle bereits im Einsatz sind, weiß man, ob sie praktikabel und unkompliziert zu warten sind bzw. was optimiert werden kann. Gibt es keine Probleme, werden die Berechtigungen auf die neuen Analyseberechtigungen umgestellt. Falls es Verbesserungspotential gibt, können Sie sich ausgehend von den bekannten Problemfällen Gedanken machen, wie die Modelle verbessert werden können.

Bei der Migration sollte ebenfalls nicht vergessen werden, dass man ein funktions- und lauffähiges Berechtigungsmodell im System – auf Basis der Reportingberechtigungen – in Anwendung hat. Daher können alle Entwicklungen und Änderungen im System parallel zum Live-Betrieb erfolgen. Erst nachdem die Berechtigungen komplett auf Analyseberechtigungen umgestellt worden sind, von der Entwicklungs- bis zur Produktivumgebung, wird der Schalter im Customizing umgelegt und Analyseberechtigungen überprüft. Daher sollte die Migration nicht überhastet ausgeführt, sondern sorgfältig geplant und getestet werden.

Vorteile der Migration

Die Migration bietet Ihnen die Möglichkeit, Ihr Berechtigungskonzept zu überprüfen, zu überdenken und Ihren Ansprüchen entsprechend zu verbessern. Darüber hinaus bietet die Migration den Vorteil, dass Sie auf einem bestehenden Konzept und System aufbauen können und nicht bei null beginnen müssen.

8.4.1 Übersicht über das bestehende Berechtigungsmodell

Da bei der Umstellung vermutlich nicht alle Berechtigungsobjekte gleich behandelt werden, hilft es enorm, die unterschiedlichen Berechtigungsmodelle des Systems separiert darzustellen. Beziehen Sie von Beginn an die folgenden Informationen in die Erstellung der Berechtigungsmodelle mit ein. Auf diese Weise bekommen Sie sofort einen Eindruck davon, wie komplex und vielschichtig diese Modelle sind.

▶ Um welches/welche Berechtigungsobjekt/e handelt es sich?

▶ Welche InfoProvider sind dadurch im Reporting betroffen?

▶ Welche bzw. wie viele Benutzer sind davon betroffen?

▶ Wie granular oder unterschiedlich sind die Berechtigungen?

▶ Wie viele unterschiedliche und relevante Berechtigungen für Merkmalswerte und Hierarchien existieren für das Berechtigungsobjekt?

Diese Fragen haben auch Eingang in die Berechtigungsmodelle in Abbildung 8.5 gefunden. Wenn Sie diese betrachten, sehen Sie, wie unterschiedlich und komplex die einzelnen Modelle sind.

Die Abbildung zeigt vier unterschiedliche Berechtigungsmodelle. Es gibt insgesamt fünf verschiedene Berechtigungsobjekte, BO1–BO5, die zusammen mit acht InfoProvidern, C1–C8, verwendet werden. Ebenso wird die Anzahl der dafür angelegten Berechtigungen und der vom Modell betroffenen Benutzer aufgelistet. Es fällt auf jeden Fall leichter, basierend auf einer solchen Übersicht zu entscheiden, welche Art der Migration man anwenden sollte. Die Abhängigkeiten sind gut dargestellt, und man kann rasch abschätzen, welche Modelle bei einer manuellen Migration viel Aufwand bedeuten werden. Was meinen wir überhaupt mit einer *manuellen Migration*? Das wollen wir uns im nächsten Abschnitt genauer ansehen.

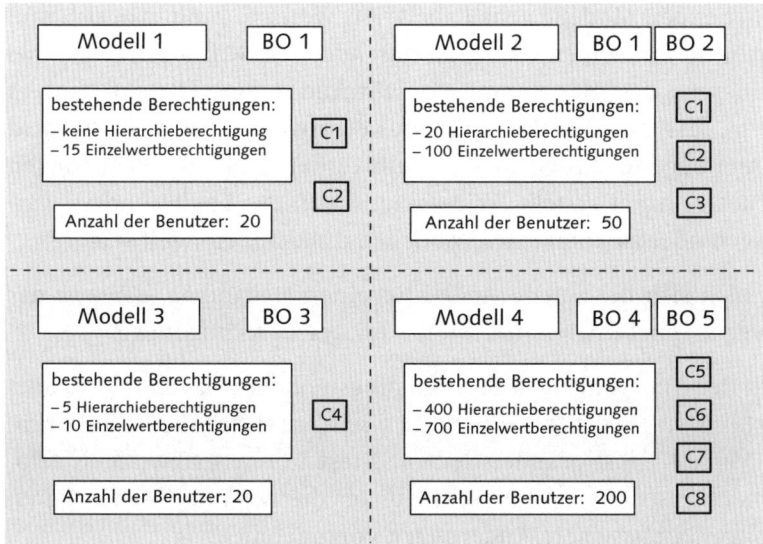

Abbildung 8.5 Systemübersicht über die aktuellen Berechtigungsmodelle

8.4.2 Gesamtmigration der Reportingberechtigungen

Aufgrund der Verfügbarkeit des Migrationstools besteht die Möglichkeit, alle Reportingberechtigungen auf einen Schlag auf Analyseberechtigungen zu migrieren. Das klingt sehr verlockend, es wird aber zumeist nicht so einfach der Fall sein, dies auch in der Praxis umzusetzen. So wie es Abbildung 8.5 zeigt, verhält es sich normalerweise auf BW-Systemen. Die Berechtigungsanwendungen sind unterschiedlich geartet und eignen sich nicht dazu, komplett migriert zu werden. Es sollte auch auf jeden Fall darauf geachtet werden, die bestehende Erfahrung mit den Modellen einfließen zu lassen, um diese anzupassen oder zu verbessern, und das wäre bei einer kompletten Migration nicht der Fall.

Für Systeme mit einfachen Reportingberechtigungen wiederum wird sich die gesamte Migration anbieten. Dort kann man mit Hilfe des Tools die Analyseberechtigungen erzeugen und den Benutzern zuweisen. Diverse Nacharbeiten oder manuelle Optimierungen sind anschließend noch immer möglich.

In den meisten Fällen wird jedoch eine Mischform aus Neuaufbau und einer durch das Tool unterstützten Migration zum Einsatz kommen. Damit wollen wir uns nun beschäftigen.

8.4.3 Teilmigration oder Neuaufbau

Sind die bestehenden Modelle genau analysiert worden, kann man sich nun daran machen, die Implementierung zu durchdenken. Kristallisiert sich bei der Analyse heraus, dass Handlungsbedarf für Änderungen besteht, kann es durchaus sein, dass die Modelle komplett neu aufgebaut werden. Es wird wieder bei null begonnen, und für den Aufbau der Analyseberechtigungen wird ein neues Konzept erstellt. Wie gesagt, kann das bei besonders wartungsintensiven oder zu komplexen Modellen durchaus sinnvoll sein.

Entscheidet man sich bei einem Modell für einen Neuaufbau, dann ist das eine durchweg manuelle Migration auf die Analyseberechtigungen.

Einen Aspekt der Änderungen an Berechtigungsmodellen haben wir bis jetzt noch vernachlässigt: Natürlich kann es auch sein, dass sich die Anforderungen an das Modell selbst geändert haben. Diese können inzwischen gelockert oder noch restriktiver sein. Somit bietet die Migration einen guten Zeitpunkt, um zukunftssichere Änderungen vorzunehmen.

Beispiel für Berechtigungsmodelle – Modell 1 und 2

Gehen wir noch einmal auf die fiktiven Modelle der Abbildung 8.5 ein. Modell 1, auch in Abbildung 8.6 zu sehen, scheint anhand der Eckdaten ein recht einfaches Modell zu sein, es besteht nur aus einem Berechtigungsobjekt BO1 und zwei InfoProvidern, die für das Reporting relevant sind. Es kommt ohne Hierarchieberechtigungen und mit 15 unterschiedlichen Einzelwertberechtigungen aus und betrifft 20 Benutzer. Das klingt anhand dieser Eckdaten nach einem sehr angenehmen Modell, das auch auf einen Schlag mit dem Migrationstool auf Analyseberechtigungen migriert werden kann.

Doch wenn man genauer hinsieht, stellt man fest, dass Abhängigkeiten zu Modell 2 bestehen. Auch dieses Modell verwendet das BO1. Da hier Hierarchieberechtigungen erstellt wurden, liegt der Verdacht nahe, dass nachträglich – wie wir es zuvor beschrieben haben – das Merkmal 0TCTAUTHH für Hierarchieberechtigungen eingefügt wurde. Auf jeden Fall lässt sich Modell 1 nicht so leicht automatisch migrieren, da Sie immer nur komplette Berechtigungsobjekte migrieren können. Sie sollten sich zunächst auf Modell 2 konzentrieren.

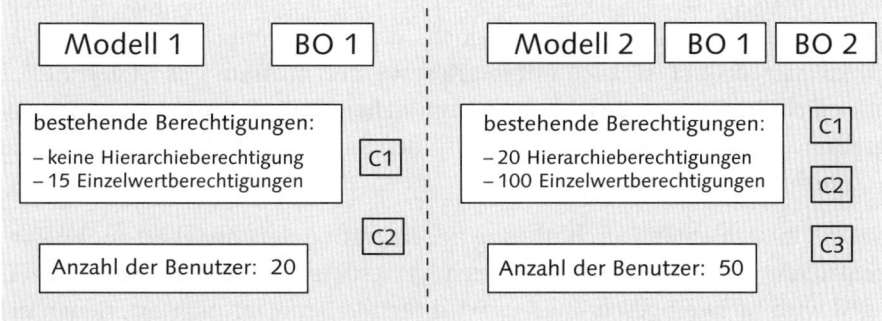

Abbildung 8.6 Berechtigungsmodelle 1 und 2

Anzahl der Berechtigungen und Benutzer

Die Angaben der Werte für die Berechtigungen und Benutzer müssen nicht exakt sein. Es reichen grobe Bereiche. Wichtig ist nur, dass man mit den Angaben ein Gefühl für die Aufwände bekommt. Beispielsweise macht es einen großen Unterschied, ob man nur weiß, dass es Hierarchieberechtigungen zu diesem Merkmal gibt, oder ob man sagen kann, dass es mehrere Hundert davon gibt.

Modell 2 ist mit 100 Einzelwert- und 20 Hierarchieberechtigungen um einiges komplexer als das erste Modell. Auch sind zwei Berechtigungsobjekte, mehr InfoProvider und ein größerer Benutzerkreis betroffen. Sie haben die Wahl, Modell 2 über das Tool, ganz oder teilweise zu migrieren und die Berechtigungen der Benutzer aus Modell 1 sofort in die Migration mit einzubeziehen. Wie sieht das im Detail aus?

Beispielhafte Migration der Berechtigungsmodelle 1 und 2

Im Detail sieht das Vorgehen folgendermaßen aus: Sie werden die Berechtigungen zu BO1 und BO2 automatisiert migrieren lassen. Den InfoProvider werden Sie jedoch nicht mit migrieren, da Sie noch weitere Modelle haben, die an dieser Stelle nicht angetastet werden sollen.

InfoProvider
Die Migration auf Basis der InfoProvider ist sehr schwierig, da unter BW 3.x im Gegensatz zu BW 7.0 kein Zusammenhang zwischen Daten- und Query-Berechtigungen gegeben war. Im automatischen Migrationstool von SAP fin-

det man aber auch die Möglichkeit, für die RS-Berechtigungsobjekte auf InfoProvider, wie S_RS_MPRO, eine Migration durchzuführen.

Wählt man eines dieser Standard-Berechtigungsobjekte aus, gilt nach dem Grundsatz der Vollständigkeit jedoch, dass alle Benutzer, denen dieses Objekt zugeordnet ist, auch mit migriert werden müssen. Das ist vermutlich aber nicht immer gewünscht. Man kann daher den InfoProvider bei der Migration auch weglassen. Details dazu finden Sie in Abschnitt 8.5.5, »Schritt 3 – Zuordnungsmethode«.

Bei der tatsächlichen Durchführung der Migration der Modelle 1 und 2 konzentrieren wir uns also auf die Berechtigungsobjekte 1 und 2. Der Benutzerkreis wird nicht eingeschränkt, es wird für alle Benutzer migriert, denen die Objekte zugeordnet sind. Unter der Annahme, dass es ein bestehendes Rollenkonzept zu den beiden Modellen gibt, lassen Sie die generierten Analyseberechtigungen mit Hilfe von S_RS_AUTH direkt in die bestehenden Profile der Benutzer eintragen. Details zu den Optionen der Migration und zum Prozess selbst werden in Abschnitt 8.5, »Halbautomatische Migration von SAP BW 3.x auf SAP NetWeaver BW 7.x von SAP BW 3.x auf SAP NetWeaver BW 7.x«, genau besprochen.

Rollenkonzept

Bei der Migration der Berechtigungen hat man verschiedene Möglichkeiten, die Zuordnung der Berechtigungen zu den Benutzern durchführen zu lassen. Es kann eine direkte Zuordnung wie bei der Generierung unter BW 7.0 erfolgen, oder man kann Profile ohne Rollen erstellen, die den entsprechenden Benutzern hinzugefügt werden. Davon ist eher abzuraten (Problematik mit ZBV bzw. Identity Management). Die neu generierten Berechtigungen können aber auch mit Hilfe des Standard-Berechtigungsobjekts S_RS_AUTH in bestehende Profile generiert werden. Wenn bereits ein komplettes, rollenbasiertes Berechtigungskonzept zu einer Reportinganwendung besteht und dieses auch weiter genutzt werden soll, ist diese Option die ideale Möglichkeit, um die neu generierten Analyseberechtigungen in die bestehende Infrastruktur einzubinden.

Zuordnungsmethode
Wir raten von der Zuordnung von Profilen ohne Rollen ab. Sie steht in Konkurrenz zur Rollenverwaltung und einer zentralen Benutzerverwaltung, die diese Profile unter Umständen löscht.

Wählen Sie entweder die direkte Zuordnung ohne Rollenintegration wie bei der Generierung – wobei auch hier keine Integration in eine zentrale Berechtigungs-verwaltung erfolgt – oder die Zuordnung über Rollen, die die vorhandenen Rollen um den neuen Inhalt erweitert und sich in bestehende Rollenkonzepte einfügt.

Migration auf Analyseberechtigungen

Nachdem die Generierung nun für BO1 und BO2 erfolgt ist, hat das System für Sie alle erforderlichen Analyseberechtigungen erstellt und diese bereits den Benutzern zugeordnet. In Abbildung 8.7 sehen Sie so ein Profil nach der Migration für das Berechtigungsobjekt ZCOSTCENTE. Es enthält BW 3.x-Reporting- und BW 7.0-Analyseberechtigungen. Die beiden Berechtigungs-konzepte sind schon durch die unterschiedlichen Berechtigungsobjekt-Klas-sen RSR und RS gut zu erkennen. Unter RSR finden Sie drei Einträge für Reportingberechtigungen – einen für flache Werte auf die Kostenstelle A4711 und zwei Hierarchieberechtigungen. Diese sind nun nach der Migra-tion in S_RS_AUTH, dem RS-Berechtigungsobjekt, vorhanden. Dort sind die Berechtigungen ZCOSTCENTE01 bis ZCOSTCENTE03 abgebildet.

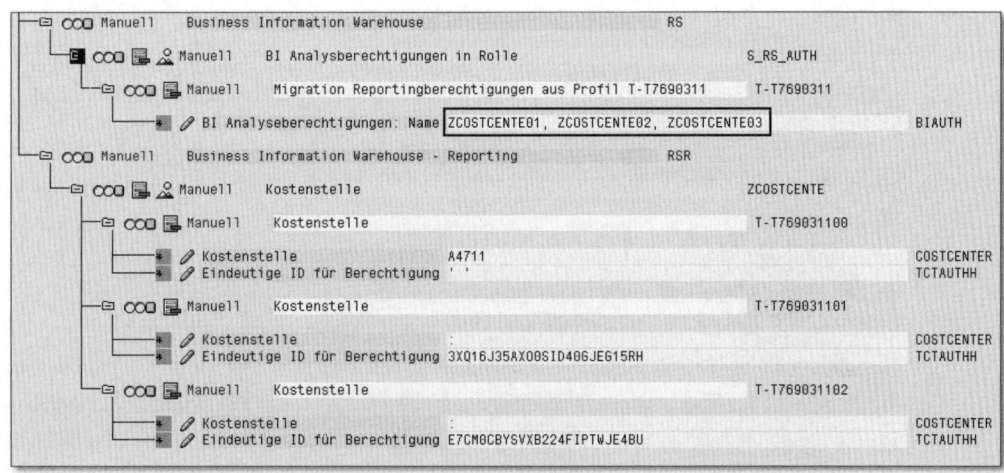

Abbildung 8.7 Profil mit BW 3.x- und BW 7.0-Berechtigungen

In Abbildung 8.8 sehen Sie diese drei durch die Migration angelegten Analy-seberechtigungen im Auswahlmenü der Transaktion RSECADMIN. Das Sys-tem vergibt die technischen Namen selbst. Es basiert immer auf dem »alten« RSR-Berechtigungsobjekt. Wie in unserem Beispiel ZCOSTCENTE folgt danach eine laufende Nummer. Daher ist nach einer Migration die Zuord-nung der Analyseberechtigungen auch auf der Ebene der Merkmale bzw. der ehemaligen Berechtigungsobjekte einfacher.

Abbildung 8.8 Transaktion RSECADMIN – migrierte Analyseberechtigungen

Abbildung 8.9 zeigt eine Detailansicht der Berechtigung ZCOSTCENTE01. Zweifelsohne handelt es sich um die Einzelwertberechtigung auf die Kostenstelle A4711, da wir in der Spalte KNOTEN keinen Eintrag finden. Für die Aktivität trägt das System standardmäßig dem Wert 03 (»Lesen«) ein. Die Gültigkeit wurde auf den Wert »*« (Gesamtberechtigung) gesetzt. Da Sie ohne InfoProvider migriert haben, fehlt Ihnen nun noch das Merkmal 0TCAIPROV für den InfoProvider. Dieses kann nachträglich hinzugefügt werden.

Abbildung 8.9 Durch Migration angelegte Analyseberechtigung

Die Modelle 1 und 2 sind nun auf Analyseberechtigungen migriert. Wenn die Berechtigungen für das Merkmal 0TCAIPROV nachgetragen sind, können die Benutzer nach dem Umschalten der Berechtigungen genauso auf ihre Berichte zugreifen wie zuvor. An der Oberfläche hat sich nichts geändert.

Automatisierte Zusammenführung von Berechtigungen durch die Migration
Die vorigen Schritte der Migration zeigen, dass es mit Hilfe des Tools nicht möglich ist, Berechtigungen zusammenzufassen. In Abbildung 8.7 finden Sie das Berechtigungsobjekt ZCOSTCENTE dreimal zugeordnet. Es werden dafür

drei unabhängige Analyseberechtigungen erstellt. Wäre das Objekt nur einmal für den Benutzer vergeben, hätte man alle Berechtigungen in einer Analyseberechtigung. Ist das so gewünscht, dann besteht nur die Möglichkeit, die Berechtigungen nach der Migration manuell zusammenzufassen. Danach nicht mehr benötigte bzw. obsolet gewordene Berechtigungen kann man löschen.

Beispiel für Berechtigungsmodelle – Modell 3 und 4

Wenden wir uns nun den anderen Modellen aus Abbildung 8.5 zu. Modell 3 ist eine kleine und nach außen hin abgegrenzte Anwendung. Es gibt ein Berechtigungsobjekt, einen InfoProvider, eine geringe Anzahl an Benutzern und Berechtigungen und keine weiteren Abhängigkeiten bzw. Verbindungen zu anderen Berechtigungsmodellen (siehe Abbildung 8.10).

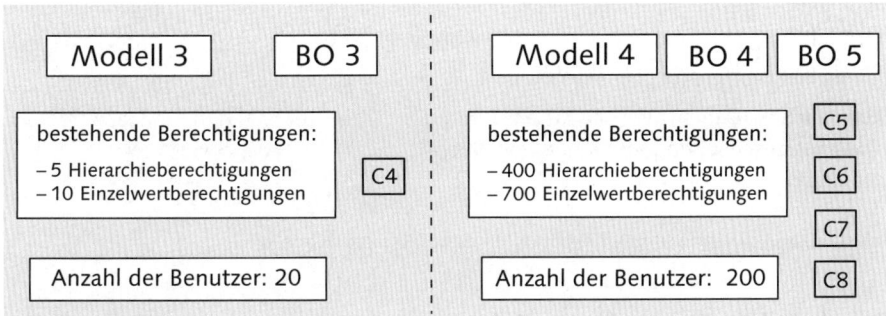

Abbildung 8.10 Modell 3 und 4

Modell 3 ist eigentlich der Idealfall für die Berechtigungsmigration. Hier kann alles von System mit Hilfe des Migrationstools erstellt werden. Sie würden alle Benutzer migrieren, denen das BO3 zugeordnet ist. Die Berechtigungen werden entweder wieder in ein bestehendes Rollenkonzept integriert oder den Benutzern direkt zugeordnet. Wiederum wären die Berechtigungen für die InfoProvider ein Problem, da sie auch die anderen Modelle betreffen. Sind die InfoProvider jedoch nachgepflegt, kann auch für Modell 3 problemlos mit den Analyseberechtigungen gearbeitet werden.

Kommen wir nun zu Modell 4 (siehe Abbildung 8.10). Das ist eindeutig ein komplexes Berechtigungsszenario mit verschiedenen Berechtigungsobjekten, InfoProvidern und sehr vielen Berechtigungen. Wie Modell 3 hat auch Modell 4 ein Hauptcharakteristikum: Es ist unabhängig von anderen Berechtigungsmodellen. Damit wird nicht nur die Konzeptionierung des Neuaufbaus einfacher, auch die Migration der restlichen Modelle hängt nicht davon ab, da Modell 4 nicht berücksichtigt werden muss. Für das Modell würde eine manuelle Migration aber sehr viel Zeit benötigten, allein um die Berechtigungen anzulegen. Wie entscheidet man nun in einem solchen Fall, wie die Umsetzung und das Modell weitergestaltet werden sollen?

Tabelle 8.2 zeigt uns die Überlegungen, die man hierbei anstellen sollte, und die Aufwände, die bei den unterschiedlichen Möglichkeiten für die Konzeption entstehen würden.

Aktion	Aufwände	
	Konzeption	Durchführung
manuelle Migration auf Analyseberechtigungen	gering	hoch
Minimierung der Anzahl an Berechtigungen unter Beibehaltung des Datenmodells	mittel	mittel
Optimierung des Konzeptes durch Verwendung neuer Merkmale für Berechtigungen	hoch	gering
automatisch unterstützte Migration durch das Tool mit anschließendem manuellem Nacharbeiten	mittel	mittel – hoch

Tabelle 8.2 Aufwände für die Migration eines komplexen Modells

Pauschale Vorschläge für die Migration zu geben ist nicht einfach, da die Modelle und Systeme sehr unterschiedlich sind. Genauso schwierig ist es, die Aufgaben der Tabelle zu quantifizieren. Die Tabelle ist jedoch eine gute Entscheidungshilfe, um sich auf ein Migrationsszenario festzulegen.

> **Höhere Migrationsaufwände zugunsten geringerer Komplexität**
>
> Die Migration zur Umstellung auf Analyseberechtigungen selbst verursacht auf jeden Fall Aufwände. Es ist möglicherweise jedoch sinnvoll, einmalig höhere Aufwände für das Konzept und die Realisierung in Kauf zu nehmen, um dafür zukünftig von einem einfachen und wartungsarmem Szenario zu profitieren.

In der Zukunft anfallende Aufwände sollte man auf jeden Fall bei der Entscheidung, wie ein Modell migriert wird, bedenken. Aus der Vergangenheit bekannte Kostentreiber können so beseitigt bzw. optimiert werden.

Die Entscheidung, wie migriert werden soll, ist natürlich immer für den speziellen Einzelfall zu treffen. Modell 4 bietet sich jedoch sicherlich an, um über Erneuerungen nachzudenken, z.B. andere Merkmale für die Berechtigungssteuerung zu nehmen, die nicht so komplex sind, dass man hunderte Einzelwert- oder Hierarchieberechtigungen verwenden muss. Entschließt man sich bei Modell 4 jedoch, die Berechtigungen unter BW 7.0 so weiterzuführen wie bisher, dann sollte die Migrationsarbeit auf jeden Fall zum größten Teil vom Tool erledigt werden, um Aufwände einzusparen und nur mehr manuelle Nacharbeiten durchführen zu müssen.

8.4.4 Migration ohne InfoProvider

Die Analyseberechtigungen benötigen die technischen Spezialmerkmale für den InfoProvider, die Aktivität und die Gültigkeit. Für die Migration ist dabei besonders der InfoProvider interessant. Mit Hilfe des Tools ist es ja möglich, diesen ableiten zu lassen. Da man nur immer vollständige Benutzergruppen zu Berechtigungsobjekten migrieren kann, ist es nicht möglich, nur ein Berechtigungsobjekt und die dazugehörigen InfoProvider-Berechtigungen zu migrieren.

Aufgrund dieser Tatsache wird man sich teilweise für die Variante entscheiden, in der eine Migration ohne die Berücksichtigung des InfoProviders durchgeführt wird. Das Merkmal 0TCAIPROV kann dann nachträglich manuell in die Analyseberechtigungen eingefügt werden.

8.4.5 Nacharbeiten bei einer automatisierten Migration

Stellt man fest, dass das Migrationstool nicht ausreicht, um Reportingberechtigungen für ein Modell in Analyseberechtigungen zu überführen, kann man es immer noch als Unterstützung für die Migration heranziehen. Es nimmt einem die Arbeit ab, manuell Analyseberechtigungen zu bestehenden Reporting-Berechtigungsobjekten anzulegen. Diese migrierten Analyseberechtigungen können danach immer manuell angepasst oder als Kopiervorlage verwendet werden. Mögliche Gründe für Nacharbeiten können sein:

▶ Die Berechtigungen sollen an ein Namensraumkonzept angepasst werden.

▶ Das Feld INFOPROVIDER soll erst nachträglich gefüllt werden.

▶ Die Berechtigungen sollen mit einer speziellen Gültigkeit versehen werden, was unter BW 3.x nicht möglich war.

▶ Durch die Migration »zerstreute« Berechtigungen sollen zusammengefasst werden (wie in Abbildung 8.7 und Abbildung 8.8 gezeigt).

▶ Analyseberechtigungen, die von generierten Berechtigungen abstammen, aber nicht mehr benötigt werden, sollen gelöscht werden.

▶ Durch eine Optimierung des Berechtigungsmodells werden neue Variablen innerhalb der Berechtigungen verwendet.

Es kann noch eine Reihe von weiteren Gründen geben, weshalb migrierte Analyseberechtigungen im Anschluss an die Migration bearbeitet werden müssen. Wichtig ist uns zu zeigen, dass dies möglich ist und eine toolbasierte Unterstützung der Migration auf jeden Fall in Betracht gezogen werden sollte.

8.4.6 Zusammenführen mehrerer RSR-Berechtigungsobjekte

Bei der automatisierten Migration wird immer nach Berechtigungsobjekten unterschieden. Diese bilden auch den technischen Schlüssel einer migrierten Analyseberechtigung. Mehrere, voneinander unabhängige Berechtigungsobjekte können somit nicht mit Hilfe der Migration automatisch zusammengeführt werden.

Ist es jedoch sinnvoll, zuvor getrennte Berechtigungen in einer Analyseberechtigung zu sammeln, dann kann dies nur manuell erfolgen. Dabei sollten Berechtigungsobjekte mit vielen Ausprägungen automatisiert generiert und Berechtigungsobjekte mit wenigen danach manuell ergänzt werden.

8.4.7 Migration von generierungsbasierten Modellen

Bei der Generierung unter BW 3.x wurden auf Basis der DSO-Daten Profile mit dem Präfix RSR generiert, die den Benutzern ohne Rollen zugeordnet wurden. Die DSOs können auch unter BW 7.x weiterverwendet werden. Lediglich das Texte-DSO hat eine technische Änderung erfahren, und das InfoObject für die Sprache wurde ersetzt. Außer für die Texte-DSOs muss also keine weitere Anpassung erfolgen. Unterschiedlich ist nur die Zuordnung der Berechtigungen. Es werden nun keine Profile generiert, sondern Analyseberechtigungen, die den Benutzern direkt zugeordnet werden.

8.4.8 Berechtigungsrelevante InfoObjects, die unter BW 3.x nicht geprüft wurden

Aufgrund unserer Analyse der derzeitigen Berechtigungsszenarien des Systems wissen wir, wo Probleme nach der Migration auftreten können. Wie schon erwähnt, wird es zu dem Fall kommen, dass berechtigungsrelevante

Merkmale oder Berechtigungsobjekte bis jetzt nicht für InfoProvider geprüft wurden oder die Merkmale noch gar nicht in einem Berechtigungsobjekt vorkommen. Sehen Sie sich für ein besseres Verständnis dieses Sachverhalts Abbildung 8.11 an, die zwei Szenarien der Berechtigung von BW 3.x darstellt.

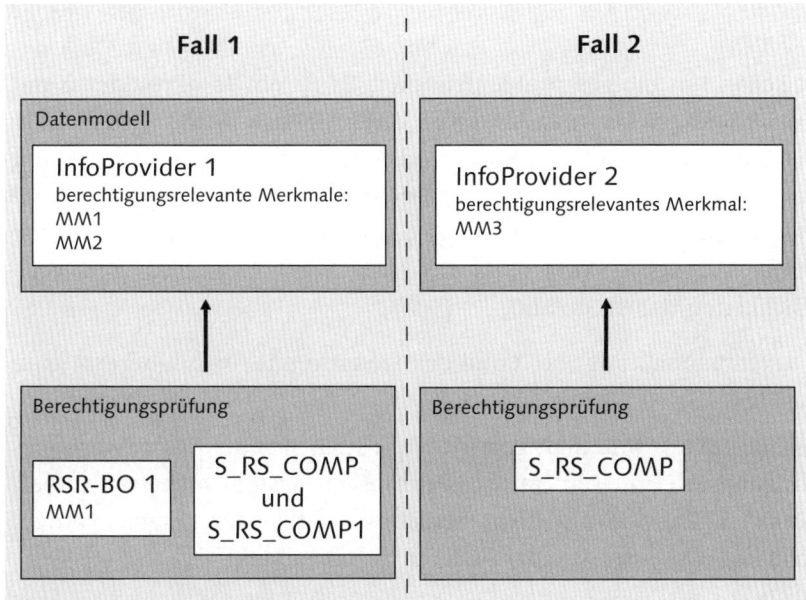

Abbildung 8.11 Problemfälle der Migration

Betrachten wir beide Fälle genauer.

Fall 1

Bei Fall 1 existiert ein InfoProvider mit zwei berechtigungsrelevanten Merkmalen, MM1 und MM2. MM1 wird im Berechtigungsobjekt BO1 verwendet, das auch zur Prüfung am InfoProvider 1 markiert ist. Berechtigungstechnisch werden bei der Ausführung einer Query also BO1 mit MM1 und die Standardberechtigungen über S_RS_COMP und S_RS_COMP1 geprüft. Was würde nun bei den Analyseberechtigungen geprüft werden?

Das BW 7.0-Konzept prüft genauso MM1 und die Standardberechtigungen. Aber zusätzlich wird auch noch das Merkmal MM2 geprüft, da es berechtigungsrelevant und im InfoProvider enthalten ist. Der Benutzer hätte somit nach einer einfachen Migration der Reportingberechtigungen keine Berechtigung, um mit Analyseberechtigungen auf die Daten zuzugreifen.

Dieser Fall ist der einfachere, und man kann die Problematik bei der Migration mit Hilfe des Tools abfangen bzw. entschärfen. Es ist möglich, Berechtigungen für MM2 durch die Migration vom System automatisch anlegen zu lassen. Details dazu sind in Abschnitt 8.5.6, »Schritt 4 – Detailkonfiguration«, unter der Überschrift »Standardwerte für weitere Merkmale« beschrieben.

Fall 2

Fall 2 ist schon um einiges problematischer. Es ist ein InfoProvider 2 mit einem berechtigungsrelevanten Merkmal MM3 gegeben. MM3 wird nicht in einem Berechtigungsobjekt verwendet und somit auch nicht geprüft. Bei der Ausführung einer Query wird nur die Standardberechtigung geprüft. Damit haben Sie bei der Migration ein Problem. Für dieses Szenario kann keine automatische Migration erfolgen, da es kein Berechtigungsobjekt gibt. Welche Möglichkeiten haben Sie nun?

▶ Sie können manuell migrieren und das Szenario mit Analyseberechtigungen aufbauen.

▶ Da das Merkmal MM3 nicht geprüft wird, stellt sich die Frage, warum es berechtigungsrelevant sein muss. Wenn es im System nicht weiter verwendet wird, kann es auf nicht berechtigungsrelevant gesetzt werden, und man hat ein reines Standard-Berechtigungsmodell.

▶ Wird das Merkmal MM3 im System in weiteren Modellen und auch in Berechtigungen verwendet, könnte man das Merkmal MM3 in diesem Szenario gegen ein auf das Merkmal MM3 referenzierendes und nicht berechtigungsrelevantes Merkmal austauschen.

Wie immer Sie vorgehen: Ganz sicher müssen genau diese Fälle bei der Analyse des Systems vor der Migration identifiziert werden. Für sie wird man besondere Vorkehrungen treffen müssen, da sonst die Migration bzw. das Reporting nicht problemlos durchgeführt werden kann.

8.4.9 Migrationsaufwand für Standard-Berechtigungsmodelle

Bei einer BW 3.x-Implementierung, die rein auf Standardberechtigungen aufbaut und auch keine berechtigungsrelevanten Merkmale enthält, gestaltet sich die Migration sehr einfach. Auch hier werden Analyseberechtigungen benötigt, jedoch beschränken sich diese auf die Spezialmerkmale. Es müssen somit nur Leseberechtigungen (Aktivität) auf die entsprechenden InfoProvider mit einer Gültigkeit vergeben werden. Das ist bereits der ganze Aufwand, der für diese Modelle bei der Migration auf Analyseberechtigungen entsteht.

8.4.10 Das Backup-Szenario

Mit einer sorgfältigen Planung und Umsetzung wird es nicht notwendig sein, von einem Backup nach dem Umstellen auf Analyseberechtigungen Gebrauch zu machen. Sollte es doch zu Problemen kommen, die man im Vorfeld nicht erwartet hat und die auch auf dem Entwicklungssystem nicht erkannt wurden, hat man noch immer die Möglichkeit, rasch wieder auf das Backup, das alte Reporting-Berechtigungskonzept, umzuschalten, soweit dieses noch vorhanden ist. So können Sie den Zeitraum überbrücken, bis das Problem, das bei der Migration entstanden ist, erkannt und behoben wurde.

Des Weiteren kann man die Aktionen eines vorhergehenden Versuchs der automatisierten Migration für ein bestimmtes Berechtigungsobjekt wieder rückgängig machen. Auch diese Möglichkeit bietet das Tool.

8.4.11 Zusammenfassung der Migrationsmöglichkeiten

Wir wollen an dieser Stelle nochmals die unterschiedlichen Optionen, die bei der Migration zur Verfügung stehen, zusammenfassen. Folgende Möglichkeiten hat man:

▶ automatisierte Migration der kompletten Berechtigungsmodelle

▶ manuelle oder automatisierte Teilmigration von einzelnen Modellen mit oder ohne Nacharbeiten (InfoProvider)

▶ Anpassung von Modellen mit entsprechenden Konzepten und eventuell der Nutzung des Migrationstools, um Berechtigungen anzulegen

▶ gesamter Neuaufbau eines Berechtigungsmodells mit alter/neuer Logik

Mit Hilfe der Systemanalyse für die Berechtigungen wird es möglich sein, die leicht zu migrierenden und die kritischen Anwendungen zu identifizieren. Man kann dann die Aufwände für die Umsetzung und für die zukünftige Wartung recht gut abschätzen und auf dieser Basis eine Entscheidung für die Migration der Berechtigungsmodelle im System treffen.

Wir schließen nun die Konzeptionierungsphase ab und gehen weiter zur Anwendung der toolbasierten Migration.

8.5 Halbautomatische Migration von SAP BW 3.x auf SAP NetWeaver BW 7.x

In diesem Abschnitt werden wir Ihnen die Möglichkeit der halbautomatischen Migration von Reportingberechtigungen auf die Analyseberechtigungen vorstellen. Dazu gibt es ein Werkzeug mit einem Wizard, der Sie durch die möglichen Konfigurationen führt. Wir werden den Wizard und seine Implikationen kurz präsentieren.

Je einfacher ein Berechtigungskonzept ist, desto weniger Nacharbeit wird erforderlich sein. Komplexe Berechtigungskonzepte werden möglicherweise nach der Migration im Detail ein anderes Verhalten zeigen. Das gilt insbesondere für Konzepte, die auf den Kompatibilitätsmodi für referenzierende Merkmale mit Hierarchie und referenzierende Navigationsattribute beruhen. Dies muss im Detail überprüft und gegebenenfalls manuell angepasst werden. Die mögliche Folgerung werden wir in Abschnitt 8.5.6, »Schritt 4 – Detailkonfiguration«, erläutern.

8.5.1 Grundlegende Hinweise zur Migration

Die Migration ist eine Unterstützung des manuellen Transfers und soll nicht als vollständiger Ersatz gesehen werden. Das ist nicht möglich, da die beiden Konzepte nicht hundert Prozent kompatibel sind.

Es ist damit zu rechnen, dass es manuelle Nacharbeiten bei der Migration gibt. Wenn die manuellen Anpassungen sehr groß sein sollten, ist dies in der Regel ein Zeichen dafür, dass das zugrunde liegende Konzept zu kompliziert ist. Dann ist eine Neuimplementierung mit dem neuen Konzept sicherlich weniger aufwendig.

Es ist nicht vorgesehen, regelmäßig neu angelegte oder nach altem Konzept generierte Berechtigungen zu migrieren. Sie können als Batch eingeplant werden, beispielsweise um eine lang laufende Migration einzuplanen.

8.5.2 Beispielaufbau einer Migration

Wir werden die Migration an einem Beispiel durchspielen und die möglichen Seiteneffekte beschreiben. Dabei gehen wir anhand der Konfigurationen des Wizards vor. Der Wizard besteht aus vier Schritten:

1. Auswahl der Benutzer
2. Auswahl der Berechtigungsobjekte

3. Auswahl der Berechtigungszuordnung

4. Detailkonfiguration der Migration für die Merkmale

Wir verwenden zwei Benutzer mit unterschiedlichen Zuordnungen von Rollen mit Berechtigungsobjekten (siehe Tabelle 8.3). Die Benutzer haben also jeweils eine spezifische Rolle und eine gemeinsame Rolle. Vermutlich werden Sie am Ende alle Benutzer migrieren, aber als Test eignen sich wenige Benutzer sehr gut – so können Sie die Auswirkungen der Migration austesten. Dabei ist es sehr nützlich, dass Migrationsvorgänge auch rückgängig gemacht werden können, hierfür gibt es eine eigene Option. Man ist deshalb nicht gezwungen, alle Benutzer auf einmal zu migrieren. Jedoch gibt es gewisse Randbedingungen, die wir bei der Ausführung des Beispiels noch erläutern werden.

Benutzer	Rollen
UMIG01	RMIG01, RMIG03
UMIG02	RMIG02, RMIG03

Tabelle 8.3 Rollen der Benutzer

Die drei Rollen enthalten drei Berechtigungsobjekte, die mit dem alten Konzept angelegt wurden: MIG1, MIG2 und MIG3 (siehe Tabelle 8.4).

Rolle	Berechtigungs-objekt	Merkmal	Werte
RMIG01	MIG1	0TCTAUTHH	MIGH1
		0VCA_NC1	VCA_NC1_0
			VCA_NC1_2
		0VCA_NC2	[VCA_NC2_0, VCA_NC2_4]
			VCA_NC2_5
			VCA_NC2_6
		0VCA_NC2R	VCA_NC2_0
			VCA_NC2_3
RMIG02	MIG2	1KYFNM	0VC_AMT
			0VC_COST

Tabelle 8.4 Berechtigungsobjekte der Rollen und Berechtigungen

Rolle	Berechtigungs-objekt	Merkmal	Werte
		0VCA_C1	$VAL
RMIG03	MIG3	0TCTAUTHH	MIGAUTHH1
			MIGAUTHH2
		0VCA_NC1	VCA_NC1_7
		0VCA_NC2	VCA_NC2_2
	S_RS_MPRO	ACTVT	03
		RSINFOAREA	ABC
		RSMPRO	[0BWVC_C11, 0BWVC_C12]
		RSMPROBJ	*

Tabelle 8.4 Berechtigungsobjekte der Rollen und Berechtigungen (Forts.)

Die verwendeten Merkmale sind einfache technische Merkmale: 0VCA_NC1 und 0VCA_NC2 sind ungeklammerte elementare Merkmale, während 0VCA_C1 ein an 0VCA_NC1 geklammertes Merkmal ist. 0VCA_NC2R referenziert auf 0VCA_NC1.

In Tabelle 8.5 sehen Sie die aufgelöste Beschreibung der Hierarchieberechtigungen MIGH1, MIGAUTHH1 und MIGAUTHH2.

Alte Hierarchie-berechtigung	Eigenschaft	Inhalt
MIGH1	Merkmal	0VCA_NC1
	Hierarchie	0VCA_NC1_HIER/20091231//0VCA_NC1
	Knoten	1_1, 1_2, 1_3, 1_4
	Typ	1
MIGAUTHH1	Merkmal	0VCA_NC1
	Hierarchie	0VCA_NC1_HIER/20091231//0VCA_NC1
	Knoten	1_1
	Typ	0

Tabelle 8.5 Hierarchieberechtigungsdefinitionen (Transaktion RSSM)

Alte Hierarchie-berechtigung	Eigenschaft	Inhalt
MIGAUTHH2	Merkmal	0VCA_NC2
	Hierarchie	0VCA_NC2_HIER/99991231//0VCA_NC2
	Knoten	1_1, 1_3, 1_4_1
	Typ	0

Tabelle 8.5 Hierarchieberechtigungsdefinitionen (Transaktion RSSM) (Forts.)

Hierarchieberechtigungen und Variablen

Anders, als häufig angenommen wird, ist es natürlich möglich, Variablen vom Typ *Customer-Exit* innerhalb von Hierarchieberechtigungen, also Knotenvariablen, zu migrieren.

Es ist allerdings nicht möglich, Variablen vom Typ *Customer-Exit* zum Merkmal 0TCTAUTHH selbst zu migrieren. Das sind Variablen für ganze vordefinierte Teilbäume. Sie haben keine Entsprechung im neuen Konzept. Die zugehörigen Hierarchieknoten müssen manuell eingefügt werden oder mit Hilfe von Knotenvariablen vom Typ *Customer-Exit* zur Query-Laufzeit eingelesen werden.

Nach diesen allgemeinen Vorbereitungen können wir mit der Migration beginnen. Wie Sie im Folgenden sehen werden, ist der Prozess der Migration an sich recht einfach:

Rufen Sie das Programm RSEC_MIGRATION auf, und führen Sie es aus, um in den Wizard zu gelangen. Zu jedem Teilschritt gibt es auf dem Bildschirm Informationen (siehe zum Beispiel Abbildung 8.12).

Informationsbuttons

Beachten Sie, dass zu jedem Schritt des Wizards direkt über den Bildschirm eine ausführliche Dokumentation erreichbar ist.

Falls Sie später größere Migrationen ausführen wollen, können Sie für diese am Ende vorgeben, ob die Migration direkt oder als Hintergrundjob laufen soll. Dann wird ein Job gegebenenfalls eingeplant, und Sie können sich wieder abmelden.

Am Ende einer erfolgreichen Migration wird ein Protokoll angelegt. Dieses und Ihre alten Protokolle können Sie in der Transaktion SLG1 mit dem Objekt RSEC_BW_AUTH und dem Unterobjekt MIGRATE abrufen.

> **Protokollierung**
>
> Unabhängig davon, ob Sie die Migration manuell durchführen oder im Hintergrund laufen lassen, wird in jedem Fall ein Protokoll im Applikation-Log angelegt.

8.5.3 Schritt 1 – Start des Wizards und Auswahl der Benutzer

In ersten Schritt des Wizards können Sie auswählen, für welche Benutzer migriert werden soll (siehe Abbildung 8.12). Zur Auswahl steht die Wertehilfe, die auch per Muster angesprochen werden kann. Wenn Sie ALLE BENUTZER auswählen, werden alle Benutzer des Systems migriert. Dabei werden Zeilen mit bereits ausgewählten Benutzern überschrieben. Anschließend können Sie auch wieder in die Einzelauswahl zurückkehren, wobei dann aber keine Benutzer mehr eingetragen sind.

Abbildung 8.12 Schritt 1 – Auswahl der Benutzer

Unter Umständen müssen Sie die Benutzerauswahl anpassen, nachdem Sie die übrigen Schritte konfiguriert haben, um ein vollständiges Szenario zu migrieren und keine »halben« bzw. fehlerhaften Migrationsergebnisse zu erzeugen.

8.5.4 Schritt 2 – Berechtigungsobjekte

Nun wählen Sie die Berechtigungsobjekte aus, deren Inhalte migriert werden sollen (siehe Abbildung 8.13). Diese Auswahl wird automatisch an die Benutzer angepasst, die Sie im Schritt zuvor ausgewählt hatten. Nur deren Berechtigungen sollen ja migriert werden.

Wenn Sie in Schritt 1 alle Benutzer ausgewählt haben, können Sie hier jetzt alle Berechtigungsobjekte auswählen. Wenn Sie jedoch eine kleinere Auswahl von Benutzern getroffen haben und nach der Konfiguration der anderen Parameter in den nachfolgenden Schritten 3 und 4 die Migration starten, wird überprüft, ob die Liste der Benutzer *vollständig* ist.

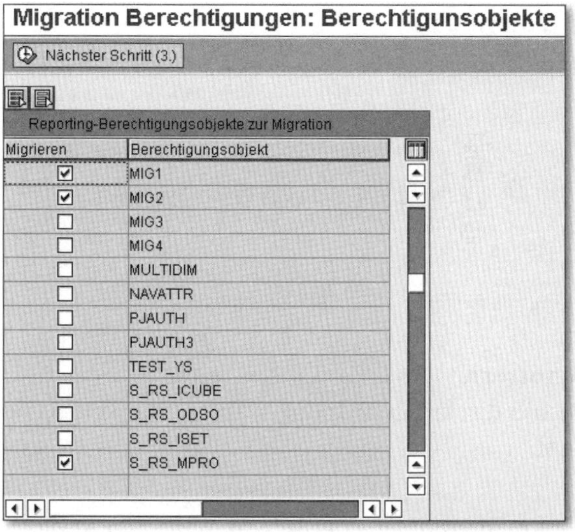

Abbildung 8.13 Schritt 2 – Auswahl der Berechtigungsobjekte

Die im System an einem InfoProvider aktiv geschalteten Objekte wurden bereits zur Auswahl markiert. Sie können die Auswahl nun ändern.

Zusätzlich zu den normalen Reporting-Berechtigungsobjekten werden auch die Berechtigungsobjekte für den Zugriff auf die InfoProvider angeboten. Dies ermöglicht die Übernahme in Analyseberechtigungen für den InfoProvider. Die Rolle RMIG03 enthält Berechtigungen zum Objekt S_RS_MPRO, deshalb wählen Sie es mit aus.

Vollständige Benutzergruppen

Vollständig bedeutet, dass die migrierten Berechtigungsprofile nur in den Benutzern vorkommen, die migriert werden sollen, und nicht noch in anderen Benutzern. Die Vollständigkeit hängt auch von der Auswahl der Berechtigungsobjekte ab, deren Berechtigungen migriert werden sollen. Wenn betroffene Profile in anderen Benutzern vorkommen, die nicht in der Auswahlliste der Benutzer auftauchen, werden eine Fehlermeldung und die Liste der fehlenden Benutzer angezeigt, und es wird abgebrochen (im Protokoll erscheint in jedem Fall eine Meldung).

8.5.5 Schritt 3 – Zuordnungsmethode

In diesem Schritt wählen Sie aus, welche Methode der Zuordnung Sie für die Analyseberechtigung wählen, die Sie im Laufe der Migration erzeugen. Es gibt drei Optionen und die Möglichkeit, eine vorherige Migration rückgängig zu machen (siehe Abbildung 8.14).

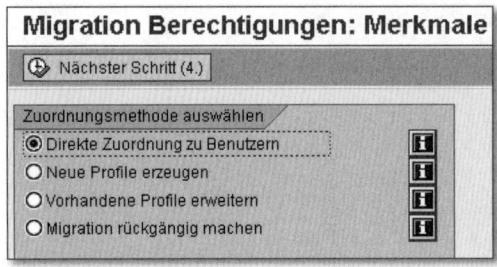

Abbildung 8.14 Schritt 3 – Zuordnungsmethode

▶ **Direkte Zuordnung zu Benutzern**
Für erste Tests können Sie die direkte Zuordnung wählen, die keine vorhandenen Rollen beeinflusst.

▶ **Neue Profile erzeugen**
Die zweite Methode ist die Erzeugung neuer Profile, von der wir abraten, da sie nur Profile ohne Rollen erzeugt. Diese können außerdem bei der Verwendung der ZBV oder von dessen Nachfolger, dem Identity Management (IdM), gelöscht werden.

▶ **Vorhandene Profile erweitern**
Wenn Sie eine dauerhafte Migration wünschen, ist eher die Methode zu empfehlen, vorhandene Profile und damit auch Rollen zu erweitern. Dann wird jedem Berechtigungsobjekt des alten Konzeptes ein Eintrag mit dem Berechtigungsobjekt S_RS_AUTH zur Seite gestellt, das auf die entsprechende Analyseberechtigung verweist.

▶ **Migration rückgängig machen**
Egal, welche Methode Sie verwendet haben, die Zuordnung wird mit der Option MIGRATION RÜCKGÄNGIG MACHEN beseitigt. Diese Option lässt alle vorhergehenden Migrationen unwirksam werden. Die zugehörigen erzeugten BW-Berechtigungen und -Profile werden gelöscht; alte Profilerweiterungen erhalten dann keine Einträge zum Berechtigungsobjekt S_RS_AUTH mehr.

Sie müssen diesen Schritt vor einer neuerlichen Migration nicht jedes Mal explizit ausführen, da das Löschen implizit Teil einer neuen Migration ist. Nur wenn Sie einmal viele Benutzer und dann wenige Benutzer migrieren, kann diese Option hilfreich sein, um alte Spuren zu beseitigen.

Nach der Auswahl gehen wir zum letzten Schritt über, der Detailkonfiguration.

8.5.6 Schritt 4 – Detailkonfiguration

Im letzten Schritt können Sie noch darauf Einfluss nehmen, wie die Berechtigungen erzeugt werden (siehe Abbildung 8.15).

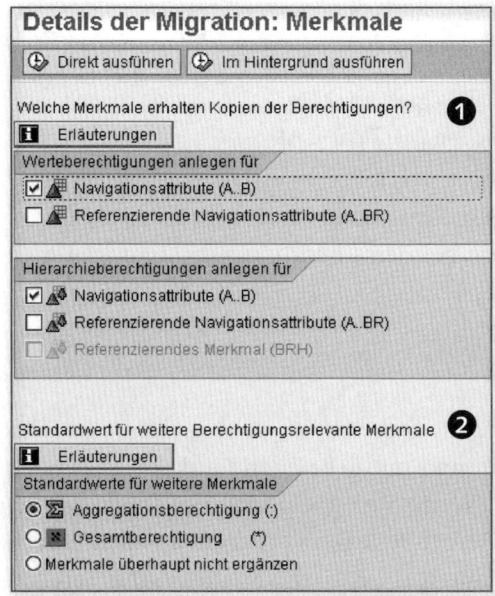

Abbildung 8.15 Schritt 4 – Detailkonfiguration

Beginnen wir mit den Optionen unter WELCHE MERKMALE ERHALTEN KOPIEN DER BERECHTIGUNGEN? ❶: Diese Optionen beziehen sich auf die Kompatibilitätsmodi (Kompatibilität von SAP BW 3.0/3.1/3.5 zu SAP BW 1.2/2.0) für referenzierende Merkmale mit Hierarchieberechtigungen bzw. für Navigationsattribute und auf die neue Möglichkeit der Analyseberechtigungen, Navigationsattribute individuell berechtigungsrelevant zu machen.

Abhängig von den Einstellungen der Kompatibilitäten waren früher die Berechtigungen zu mehreren Merkmalen implizit identisch, da sie aus denselben Basismerkmalen abgeleitet wurden. Außerdem waren Merkmale B und Navigationsattribute B zu anderen Merkmalen aus Berechtigungssicht identisch, da es keine Möglichkeit gab, in Reporting-Berechtigungsobjekten Merkmale B und Navigationsattribute A__B zu unterscheiden. Diese *implizite Vererbung* können Sie abbilden, indem Sie an dieser Stelle entscheiden, ob bei Berechtigungen, die für ein Merkmal vorgefunden werden, im Zuge der Migration auch für andere Merkmale ebensolche Einträge erzeugt werden sollen.

> **Kopieren der Berechtigungseinträge**
>
> In den Analyseberechtigungen sind alle Merkmale und Navigationsattribute individuell behandelbar.
>
> Die Abbildung der Kompatibilitätsmodi und der Gleichheit von Navigationsattributen ist deshalb nur eine Kopie der Berechtigungen. Anders als bei der impliziten Referenzierung von Merkmalsberechtigungen durch Kompatibilitätsmodi und der Identität von Navigationsattributen mit anderen Merkmalen werden hier nur einmal bei der Migration Kopien für die betreffenden Merkmale angelegt. Jede Änderung findet dann nur bei dem betroffenen Merkmal statt.

Je nach Kompatibilitätseinstellungen des Systems sind nicht alle Möglichkeiten der Abbildung verfügbar, da sie bei den Reportingberechtigungen nicht ausgeführt wurden.

Navigationsattribute

Ein Merkmal B kann auch als Navigationsattribut A__B zu anderen berechtigungsrelevanten Merkmalen A sein und mit der neuen Funktionalität unabhängig berechtigungsrelevant sein. Wenn Sie die Option auswählen, werden bei allen Merkmalen B, zu denen Berechtigungen vorliegen, zu allen berechtigungsrelevanten Navigationsattributen A__B ebenfalls identische Berechtigungen angelegt. Diese Option ist immer verfügbar, unabhängig davon, ob Sie diese implizite Merkmalsgleichheit genutzt haben oder nicht. Außerdem können Sie für Werteberechtigungen und Hierarchieberechtigungen getrennt wählen.

Kompatibilität für referenzierende Navigationsattribute

Für die Merkmale A__BR, die referenzierende Navigationsattribute sind, kann eine Berechtigung von Merkmal B übernommen werden. Dies gilt für Hierarchieberechtigungen ebenso wie für Werteberechtigungen.

Kompatibilität für referenzierende Merkmale mit Hierarchieberechtigungen

Für referenzierende Merkmale BR, die auf das vorgefundene Merkmal B (mit Hierarchieberechtigungen) referenzieren, kann ebenfalls eine Berechtigungsdefinition übernommen werden.

> **Zusammenfassung: Kopien der Berechtigungseinträge**
>
> Es lassen sich folgende zusammenfassende Aussagen machen:
>
> 1. Unter Umständen sind folgende Merkmale betroffen: A__B, A__BR, BR, jeweils mit und ohne Hierarchien, abhängig von der Kombination der Kompatibilitätsmodi.
> 2. Flache und Hierarchieberechtigungen werden getrennt behandelt, und es werden nur berechtigungsrelevante Merkmale in Betracht gezogen.
> 3. Es wird nicht weiter unterschieden, insbesondere nicht auf Ebene von InfoProvidern.

Falls Sie diese Optionen einsetzen, stellen Sie auch sicher, dass nicht zu viele Merkmale berechtigungsrelevant sind und kein unerwartetes Migrationsverhalten durch nicht gewollte Berechtigungseinträge entsteht.

Wenn Sie keine Kompatibilitätsmodi benutzen und keine Navigationsattribute-Berechtigungen migrieren möchten, führen Sie die Migration aus, ohne eine Auswahl zu treffen.

In Tabelle 8.6 haben wir die potenziell möglichen Zielmerkmale aufgelistet, die in Abhängigkeit von den Kompatibilitätsmodi Kopien eines Merkmals erhalten könnten.

Kompatibilitätsmodus für referenzierende Merkmale mit Hierarchie	Kompatibilitätsmodus für referenzierende Navigationsattribute	Flache Berechtigung für Merkmal B	Hierarchieberechtigung für Merkmal B
aus	aus	B, A__B	B, A__B
aus	an	B, A__B, A__BR	B, A__B, A__BR
an	aus	B, A__B	B, BR, A__B, A__BR
an	an	B, A__B, A__BR	B, BR, A__B, A__BR

Tabelle 8.6 Auswirkungen der Kompatibilitätsmodi

Standardwerte für weitere Merkmale

Betrachten wir noch die Konfigurationsmöglichkeit unter STANDARDWERT FÜR WEITERE BERECHTIGUNGSRELEVANTE MERKMALE (siehe ❷ in Abbildung 8.15). Bei der Migration wird nach der Umsetzung einer Berechtigung zu einem Berechtigungsobjekt überprüft, für welche InfoProvider das Berechtigungsobjekt gültig war. Das bezieht sich auf die Ein-/Ausschaltoption für Berechtigungsobjekte in der Transaktion RSSM.

Bei der Überprüfung kann es den Fall geben, dass es noch berechtigungsrelevante Merkmale in diesen InfoProvidern gibt, die nicht in der erzeugten Analyseberechtigung (Zielberechtigung) vorkommen. Diese Merkmale waren auch nicht in der vorherigen Reportingberechtigung (Startberechtigung) enthalten und wurden auch nicht implizit durch die zusätzliche Konfigurationen (welche Merkmale sind zusätzlich zu berechtigen?) erzeugt. Sie werden im neuen Konzept jedoch immer auf Berechtigungen überprüft.

Für diese Merkmale kann man noch einen Standardwert einfügen lassen. Dadurch werden die Situationen erfasst, in denen in InfoProvidern Merkmale selektiert werden, die berechtigungsrelevant sind und die der Benutzer angezeigt bekam, obwohl er keine Berechtigung dafür hatte. Dies lag daran, dass im vorherigen Konzept der Reportingberechtigungen keine Prüfung für diese Merkmale stattfand.

Als Standardwert stehen Ihnen die folgenden Möglichkeiten zur Verfügung:

▶ Als Voreinstellung ist die AGGREGATIONSBERECHTIGUNG (:) eingestellt.

▶ Sie können aber auch die GESAMTBERECHTIGUNG (Sternberechtigung, *) auswählen.

▶ Als dritte Option kann auch entschieden werden, dass überhaupt kein Eintrag für ein solches Merkmal erzeugt wird, etwa wenn Sie dieses manuell nachbearbeiten oder seine Berechtigungsrelevanz später abschalten wollen.

8.5.7   Ergebnis und Auswertung

Nach der Ausführung erhalten Sie ein detailliertes Protokoll. Für unser Beispiel sehen Sie einen Ausschnitt in Abbildung 8.16. Sie erkennen in der ersten Zeile die Einstellungen des Systems bezüglich der Kompatibilitätsmodi. Danach werden alle notwendigen Informationen des alten Konzeptes gelesen, eventuelle vorherige Migrationsergebnisse beseitigt und anschließend der eigentliche Vorgang der Ableitung und Erzeugung der neuen Berechtigungen dargestellt. Löschungen erkennt man an Einträgen mit INFOPROVIDER __MIGR1. Es wird protokolliert, welche Merkmale nach der beschriebenen Logik welche Berechtigungen erhalten.

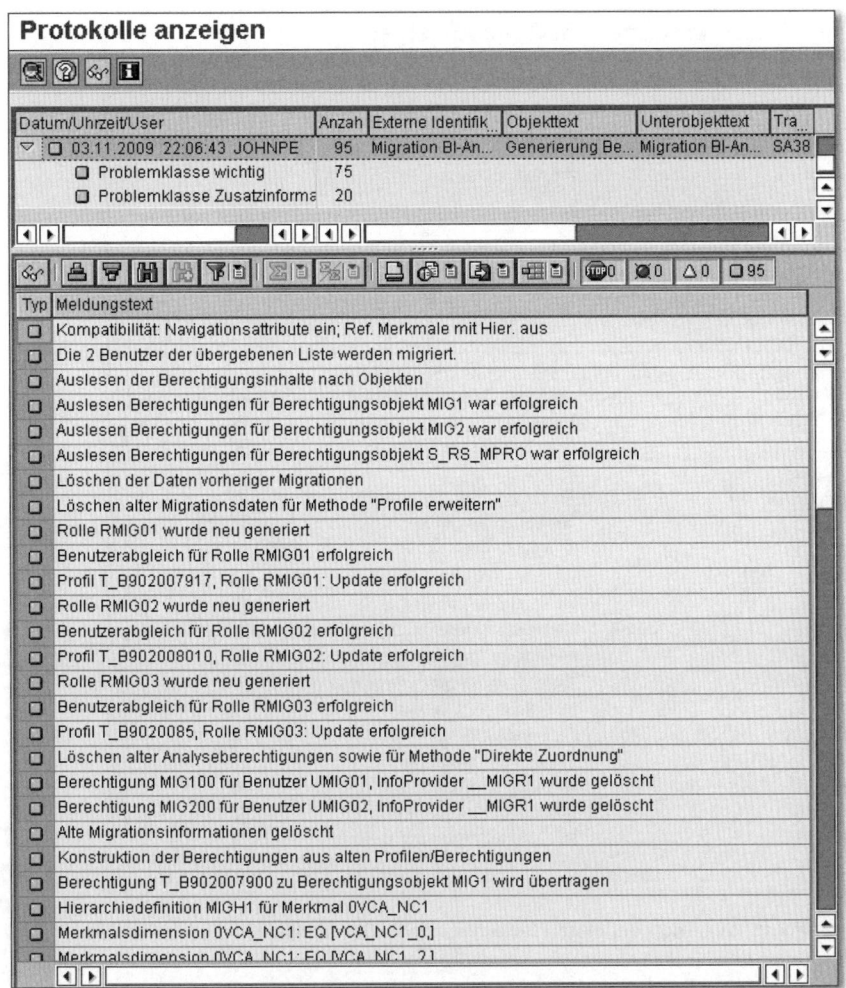

Abbildung 8.16 Protokoll (Ausschnitt) einer erfolgreichen Migration

In Abbildung 8.17 sehen Sie das Ergebnis der Analyseberechtigung zu Berechtigungsobjekt MIG1 und Rolle RMIG01, wie es im Protokoll abzulesen ist (siehe Tabelle 8.4).

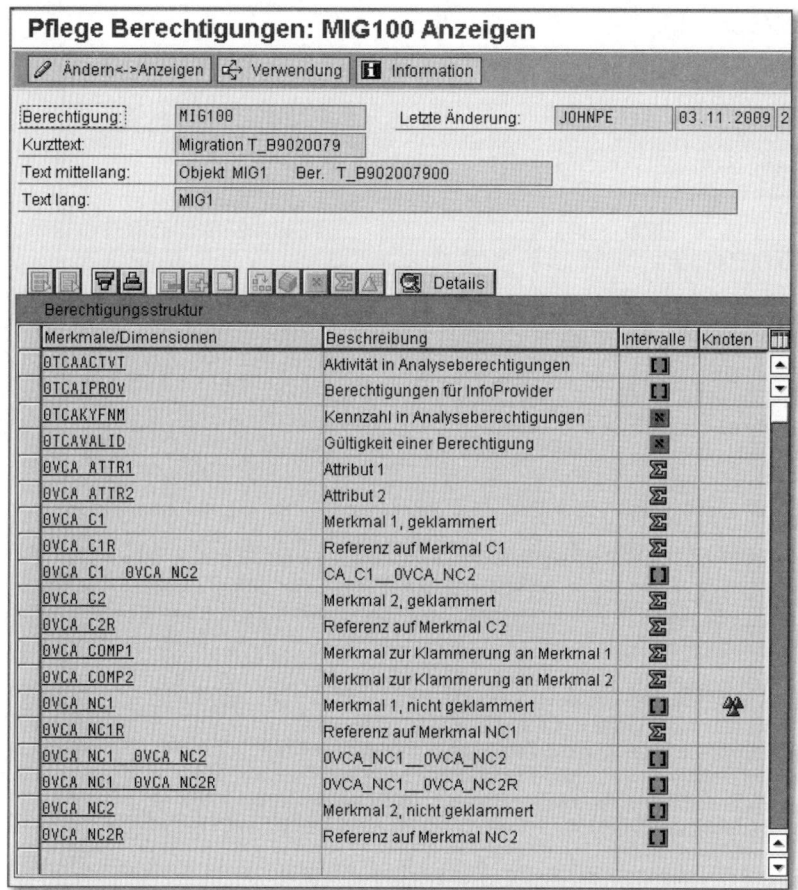

Abbildung 8.17 Migration der ersten Berechtigung zu Objekt MIG1

Betrachten wir das Ergebnis etwas genauer:

Berechtigungskopf

Zunächst erkennt man an der technischen Bezeichnung der Analyseberechtigung die Herkunft des Berechtigungsobjekts. Der Kurztext zeigt an, woher die Berechtigung ihren Inhalt bezieht, nämlich hier aus Profil T_B9020079. Der mittellange Text liefert noch die konkrete Berechtigung.

Für den Fall, dass es mehrere Rollen, Profile und Berechtigungen zu migrieren gibt, werden die Berechtigungen mit Suffixen versehen. Hier haben Sie nur das Suffix 00.

Die Berechtigung selbst wird als generiert verzeichnet, da jede erneute Migration den Inhalt und damit jede manuelle Änderung überschreibt.

Berechtigungsinhalt

In diesem Beispiel hat der InfoProvider sehr viele berechtigungsrelevante Merkmale. Da Sie die Option gewählt hatten, dass eine Aggregationsberechtigung für diejenigen Merkmale eingefügt werden soll, die nicht im Berechtigungsobjekt direkt vorkommen und die nicht indirekt Berechtigungen referenziert haben, sehen Sie für einige Merkmale das Aggregationszeichen, wie zum Beispiel für das Merkmal 0VCA_NC1R.

Die Referenzierung aufgrund der Kompatibilitätsmodi hatten Sie nicht ausgewählt, jedoch die Navigationsattribute mit versorgen lassen.

In der Originalberechtigung hatten Sie die Merkmale 0VCA_NC1, 0VCA_NC2 und 0VCA_NC1R berechtigt (siehe Tabelle 8.4). 0VCA_NC1 hatte auch noch eine Hierarchieberechtigung. Diese direkten Transfers sehen Sie in der Berechtigung MIG100. Darüber sind auch, wie konfiguriert, die Navigationsattribute 0VCA_C1__0VCA_NC2, 0VCA_NC1__0VCA_NC2 und 0VCA_NC1__0VCA_NC2R versorgt.

Zusätzlich werden die Spezialmerkmale eingefügt, wobei der InfoProvider den konkreten Wert 0BWVC_C11 erhält, der abgeleitet wurde aus den InfoProvidern, auf denen das Berechtigungsobjekt eingeschaltet ist.

Für das Merkmal 0TCAKYFNM wurde die Gesamtberechtigung (*) vergeben, da es nicht im Berechtigungsobjekt MIG1 vorhanden war und die Kennzahl dort effektiv nicht berechtigungsrelevant war. Das ist anders in der Berechtigung zum Berechtigungsobjekt MIG2.

In Abbildung 8.18 sehen Sie ein ähnliches Bild für die zweite Berechtigung MIG200 zum Berechtigungsobjekt MIG2 in der Rolle RMIG02. Auffällig ist hier, dass für die Kennzahlberechtigung 0TCAKYFNM ein Intervall berechtigt ist (siehe Abbildung 8.19). Der übrige Teil ist analog zur ersten Berechtigung. Beachten Sie hier auch, dass für 0VCA_C1 die Variable $VAL eingetragen ist (siehe Abbildung 8.19).

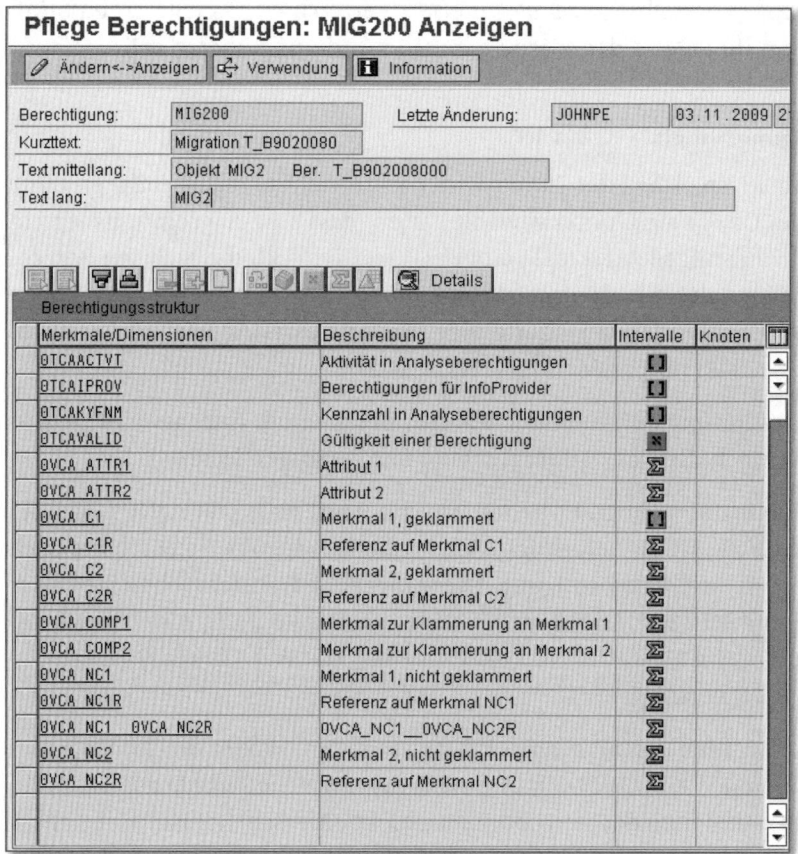

Abbildung 8.18 Migration der zweiten Berechtigung zu Objekt MIG2

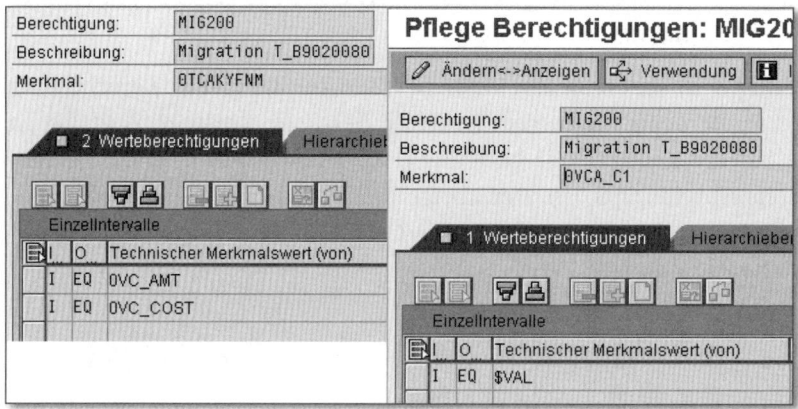

Abbildung 8.19 Einträge für Kennzahl und Variable

Analog wird eine dritte Berechtigung S_RS_MPRO00 angelegt (siehe Abbildung 8.20), die beiden Benutzern zugeordnet wird. Hier wird der Eintrag zu 0TCAIPROV abgeleitet aus dem Eintrag zum Feld RSMPRO (siehe Tabelle 8.4 auf Seite 503), also ein Intervall eingefügt. Die InfoArea wird nicht abgebildet und die Aktivität einfach aus dem Feld ACTVT übernommen.

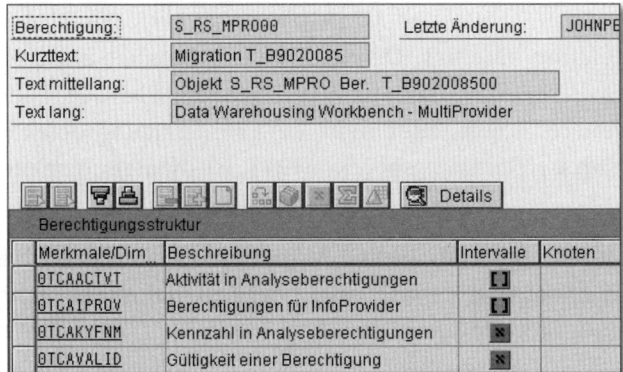

Abbildung 8.20 Migration der dritten Berechtigung zum Objekt S_RS_MPRO

Einschränkung

Wir haben bereits erwähnt, dass nur vollständige Benutzergruppen migriert werden können. Ist eine gewählte Gruppe von Benutzern unvollständig, erscheinen eine Fehlermeldung (siehe Abbildung 8.21) und eine Liste mit den Benutzern, die für eine vollständige Migration notwendig sind (siehe Abbildung 8.22).

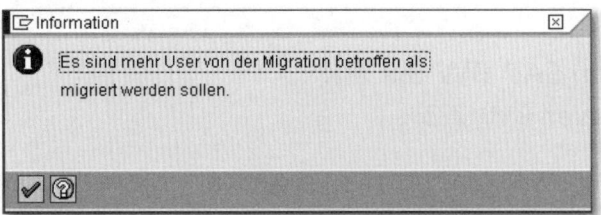

Abbildung 8.21 Fehler bei unvollständiger Benutzerliste

Benutzerna...	Objekt	Profil	Berechtigung
UMIG03	S_RS_MPRO	T_B9020085	T_B902008500
UMIG04	S_RS_MPRO	T_B9020085	T_B902008500

Abbildung 8.22 Benutzer, die für eine vollständige Gruppe fehlen

Diese Benutzerliste enthält jedoch nur diejenigen fehlenden Benutzer, die eine Rolle zugeordnet haben, die bereits in einem der für die Migration ausgewählten Benutzer vorkommt. Beispielsweise haben nicht nur die ausgewählten Benutzer UMIG01 und UMIG02, sondern auch die Benutzer UMIG03 und UMIG04 die Rolle RMIG03 zugeordnet, die Berechtigungen zum Berechtigungsobjekt S_RS_MPRO enthält. Nimmt man nun diese Benutzer hinzu, also im Beispiel UMIG03 und UMIG04, so ist erst einmal der Grund für die Fehlermeldung beseitigt. Dennoch kann es immer noch zu einer weiteren Meldung dieser Art kommen: Wenn nämlich UMIG03 oder UMIG04 wiederum weitere Rollen zu einem der Berechtigungsobjekte haben, beispielsweise zum Berechtigungsobjekt MIG1, ist die Benutzerliste wieder nicht vollständig.

Im Extremfall kann dadurch eine vollständige Migration alle Benutzer des Systems erfassen. Das ist jedoch in der Praxis selten der Fall und nur bei sehr verschränkten Berechtigungskonzepten möglich.

Die Frage, welche Art der Zuweisung der Berechtigung gewählt wird – ob also die Methode der Rollenerweiterung der alten Rollen oder die direkte Zuordnung in BW –, haben wir bereits in Abschnitt 8.4, »Aufbau des Migrationskonzeptes«, erörtert.

Sie haben nun die halbautomatische Migrationshilfe für die Migration von SAP BW 3.0/3.1 auf SAP NetWeaver 7.0 kennengelernt. Die beiden anderen möglichen Upgrade-Pfade sind Thema der beiden folgenden Abschnitte 8.6, »Migration von SAP BW 3.x auf SAP NetWeaver BW 7.3«, und 8.7, »Migration von SAP NetWeaver BW 7.0 auf SAP NetWeaver BW 7.3«.

8.6 Migration von SAP BW 3.x auf SAP NetWeaver BW 7.3

Für die Migration von SAP BW 3.x auf SAP NetWeaver BW 7.3 steht das gleiche Migrationstool zur Verfügung, das wir in Abschnitt 8.5, »Halbautomatische Migration von SAP BW 3.x auf SAP NetWeaver 7.x«, besprochen haben. Allerdings ist im Anschluss daran noch der zweite Migrationsschritt auf die TLOGO-Versionen durchzuführen. Dies geht sehr schnell und dauert – außer bei sehr großen Systemen – häufig nur Sekunden. Wir gehen darauf noch in Abschnitt 8.7, »Migration von SAP NetWeaver BW 7.0 auf SAP NetWeaver BW 7.3«, ein.

Ein wesentlicher Unterschied besteht jedoch im Release SAP NetWeaver BW 7.3: BW 7.3 ermöglicht nicht mehr die Nutzung des alten Berechtigungskonzeptes, der Schalter für die vorübergehende Rückschaltung auf das alte Konzept ist nicht mehr vorhanden.

> **Keine Reportingberechtigungen mehr in SAP NetWeaver BW 7.3**
>
> Nach dem Upgrade ist nur noch das neue Konzept der Analyseberechtigungen verfügbar und aktiv.

Der Grund dafür ist die stark veränderte technische Grundlage. Die Architektur von SAP NetWeaver BW wurde im Release 7.3 umfassend weiterentwickelt. Damit wäre die Nutzung des alten Berechtigungskonzeptes nur noch mit Weiterentwicklungen möglich, die aber nicht sinnvoll sind und erhöhten Entwicklungs-, Test- und Wartungsaufwand nach sich ziehen würden.

Bereits für die Nutzung der Reportingberechtigungen in SAP NetWeaver BW 7.0 gibt es keinen Support mehr, und die weitergehende Nutzung ist nur unter Beschränkung auf alte Features und Einschränkungen im Detail möglich.

> **Upgrade-Empfehlung von SAP BW 3.x auf SAP NetWeaver BW 7.3**
>
> Wir empfehlen, bereits im Vorfeld eines Upgrades ein neues Berechtigungskonzept zu entwickeln, das dann als Teil des Upgrades umgesetzt wird.

Natürlich sind alle Berechtigungsobjekte noch vorhanden, ebenso wie die Rollen und Profile zu den Reporting-Berechtigungsobjekten. Allerdings werden nur noch die neuen Berechtigungen verwendet und zur Prüfung herangezogen.

8.7 Migration von SAP NetWeaver BW 7.0 auf SAP NetWeaver BW 7.3

Der Wechsel des Releases von SAP NetWeaver BW 7.0 auf SAP NetWeaver BW 7.3 hat unter anderem eine Weiterentwicklung der Analyseberechtigungen hin zu Transportobjekten (TLOGO-Objekten) mit sich gebracht. Sie haben dies bereits in Kapitel 2, »Berechtigungskonfiguration«, gesehen. Die Entwicklung hin zu Transportobjekten bedeutet vor allem, dass die Berechtigungen nun in Versionen vorkommen, so wie viele andere Objekte auch. Es gibt eine modifizierte und eine aktive Version sowie potenziell auch Content-Versionen.

Die Analyseberechtigungen im Release SAP NetWeaver BW 7.0 haben keine Versionen. Deshalb müssen die Berechtigungen, die bisher nach dem Speichern immer bereits aktiv waren, da es ja keine eigene Version für die Modifikationen gab, in verschiedene Versionen dupliziert werden. Deshalb gibt es die Migrationsoptionen in der Transaktion RSECADMIN im Menü ZUSÄTZE • MIGRATIONEN (siehe Abbildung 8.23). Damit ist die Migration beendet.

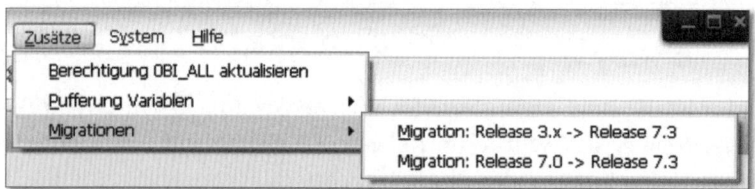

Abbildung 8.23 Migrationsoptionen im Release 7.3

> **Migration 7.0 auf 7.3**
>
> Diesen Migrationsschritt müssen Sie auch vornehmen, wenn Sie bereits das Konzept der Analyseberechtigungen verwendet haben.

Mehr ist bei der Überführung der Berechtigungen in versionierte Objekte nicht zu tun. Ohne diesen Schritt werden Ihre Benutzer nie Berechtigungen für ihre Daten erhalten, da die nicht versionierten Berechtigungen nicht mehr erkannt werden können.

8.8 Fazit

Wir haben nun die wichtigsten Themen rund um die Migration behandelt. Die Migration vom alten Konzept der Reportingberechtigungen auf das neue Konzept der Analyseberechtigungen ist natürlich der relevantere Teil im Vergleich zur Übertragung der Analyseberechtigungen in Versionen, die wir zum Schluss behandelt haben.

Die beiden Berechtigungskonzepte sind an vielen Stellen nicht zu hundert Prozent aufeinander abzubilden, insbesondere auch, da immer ein gewisser Spielraum in der Nutzung der Konzepte vorhanden ist. Dieser Spielraum führt bei automatischen Werkzeugen zu verschiedenen Konfigurationsmöglichkeiten, die im eigenen Nutzungssinne interpretiert werden können und müssen. Dadurch wird auch eine automatische Migration anspruchsvoll. Das Migrationstool stellt deshalb gewisse Anforderungen an den Anwender. Um das Verhalten im Detail zu verstehen, ist es sehr vorteilhaft, das alte und das neue Konzept detailliert zu kennen. Das ist spätestens dann wichtig, wenn das Ergebnis der Migration unerwartet ist. Oftmals sind auch Workarounds aufgrund fehlender Funktionalität im alten Konzept ein Problem, das durch eine automatische Migration nicht gelöst werden kann.

Es stellt sich also immer die Frage, ob eine Neuerstellung eines bestehenden Berechtigungskonzeptes über die Analyseberechtigungen nicht sinnvoller ist. Ein solcher Neuanfang kann sich an der alten Situation orientieren, bietet aber immer die Chance, ein konsistentes, stabiles und überschaubares Berechtigungskonzept zu erzeugen, das auch den Sicherheitsanforderungen eines Business Warehouse genügt. Der Aufwand lohnt sich mittelfristig immer, da ein deutlich niedrigerer Aufwand für den Betrieb zu erwarten ist, als dies grundsätzlich beim Betrieb der Reportingberechtigungen der Fall war und auch bei einer automatisierten Übernahme zu erwarten ist.

Beleuchten wir nun spezielle Eigenschaften der Analyseberechtigungen in Kombination mit anderen BW-Funktionen. Dabei werden wir viele Detailfragen aus der Praxis behandeln, die beim Kunden speziellere Lösungen erfordern. Sie erfahren hier auch, was im Zusammenspiel mit anderen Features möglich ist.

9 Analyseberechtigungen für Experten

In diesem Kapitel behandeln wir Fragen, die für den fortgeschrittenen Anwender der Analyseberechtigungen ebenso wie für den Experten wichtig sind. Dazu gehören die Möglichkeiten und Grenzen der Werte- und Hierarchieberechtigungen in Kombination mit Klammerung, eventuell mehrfacher Klammerung, Zeitabhängigkeit, Link-Knoten, Filterung auf Berechtigungen und temporalem Hierarchie-Join. Wir werden auch auf die Stellen zu sprechen kommen, an denen Sie als Kunden in Form von Customer-Exits und Business Add-Ins (BAdIs) Einfluss auf die Berechtigungen nehmen können.

Der Aufbau des Kapitels ist wie folgt:

▶ Wir beginnen mit Werteberechtigungen, Hierarchieberechtigungen und dem Thema Klammerung und beschreiben die Zusammenhänge und Grenzen der Möglichkeiten.

▶ Danach wenden wir uns der Kombination und Optimierung von Berechtigungen zu, die der Performance dienen. Auch bei diesem Thema gibt es immer wieder Missverständnisse.

▶ Anschließend erhalten Sie einen Einblick in die Problematik der mehrdimensionalen Berechtigungen im Zusammenhang mit Variablen und Query-Selektionen.

▶ Danach folgt ein kurzer Abriss der Besonderheiten bei der integrierten Planung.

▶ Am Ende des Kapitels werden wir die Variablen und BAdIs behandeln, die Kunden-Implementierungen ermöglichen.

Zunächst möchten wir Ihnen jedoch grundsätzliche Informationen zur Herangehensweise geben.

9.1 Herangehensweise

Dieses Kapitel eignet sich für Leser mit einem gewissen Vorwissen – vielleicht aus den vorangegangenen Kapiteln, vielleicht aber auch aus ersten Erfahrungen mit den Analyseberechtigungen in der Praxis –, die Experten werden möchten. Leser, die bereits tiefergehende Kenntnisse haben, werden hier allerdings auch Details zu den angesprochenen Themen finden, die in der Einführung der ersten Kapitel zu komplex gewesen wären und in den Praxisbeispielen nicht vollständig erfasst werden konnten.

Außerdem werden wir einige Themen behandeln, die eher erklärenden Charakter haben und Hintergrundwissen aufbauen, das das Verständnis einiger Ergebnisse erleichtert. Dazu gehört das Thema Kombination und Optimierung von Berechtigungen, das immer wieder zu Missverständnissen führt. Diese Missverständnisse kann man hinnehmen, man kann aber auch versuchen zu verstehen, was warum im Coding geschieht. Auch die Tatsache, dass es keine ausschließenden Berechtigungen gibt, kann man sicherlich akzeptieren, aber auch als grundlegende konzeptionelle Frage verstehen. Die letztere Betrachtungsweise macht deutlich, dass es sich nicht um eine simple Schwäche des Designs handelt.

9.2 Werteberechtigungen

Werteberechtigungen ist ein Überbegriff für Berechtigungen zu Einzelwerten einerseits und Intervallen und Mustern andererseits. Allerdings gibt es einige Beschränkungen gegenüber dem allgemeinsten denkbaren Format, das die Selektionsoptionen in ABAP bieten. Die Werteberechtigungen grenzen sich von den Hierarchieberechtigungen dadurch ab, dass sie keine übergeordnete Struktur enthalten, die schützenswerte Inhalte umfasst. Was *Intervall* genau bedeutet, sehen Sie in Abschnitt 9.2.1, »Bedeutung der Intervalle in SAP NetWeaver BW«. Was davon in den Analyseberechtigungen verwendet werden kann, wird Abschnitt 9.2.2, »Funktionsumfang in Analyseberechtigungen«, zeigen. Der häufigen Frage, warum es mit Ausnahme des Merkmals 0TCAVALID kein Excluding gibt, werden wir ebenfalls in Abschnitt 9.2.2 nachgehen.

9.2.1 Bedeutung der Intervalle in SAP NetWeaver BW

Ein gewöhnliches Intervall hat immer zwei Grenzen, eine Untergrenze und eine Obergrenze. Man schreibt zum Beispiel das Intervall von A bis D als

[A, D] – es beschreibt alle Namen von A bis D: »Abel« ist dabei eingeschlossen, »Dirichlet« hingegen nicht mehr.

Eine Spezialform eines Intervalls ist der einzelne Wert. Möchte man einen Einzelwert beschreiben, so gibt man ihn konkret an, beispielsweise einen bestimmten Namen wie »Meier«.

Muster sind Beschreibungen der Art »Alle Mitarbeiter, deren Namen mit ›M‹ anfangen« und werden in ABAP mit den Musterzeichen * (beliebige Zeichenkette) und + (genau ein Zeichen) beschrieben. Reguläre Ausdrücke werden nicht unterstützt und hier auch nicht weiter besprochen.

Missverständnisse im Zusammenhang mit Intervallen

Anders als im Telefonbuch bedeutet das Intervall [A, D] nicht alle Namen von A bis einschließlich der Namen, die mit D beginnen, sondern nur alle Namen bis einschließlich D. Dazu gehört nicht mehr Da, Db usw. Unter Namen sind hier natürlich technische Namen zu verstehen.

Manchmal wird versucht, in SAP NetWeaver BW die umgangssprachliche Bedeutung mit dem Intervall [A*, B*] abzubilden. Das ist jedoch falsch. Intervalle mit zwei Mustern sind nicht erlaubt.

Möglich wäre in dem Falle zum Beispiel [A, BZZZZ] für Merkmale mit fünf Zeichen Länge.

Arbeitet man zum Beispiel mit Datumsbeschreibungen, ist auch die folgende Abfrage naheliegend: »Gib mir alle Geburtsdaten nach dem 21.06.1908 oder vor dem 31.10.1968.«

Diese Beschreibung ist eine Bereichsbeschreibung, die ein offenes Ende hat, denn vor und nach einem Ereignis liegen (zumindest theoretisch) beliebig viele Tage mit eigenem Datum. Wir wissen ja nicht, wie weit zurück die Geburtsdaten liegen oder wie viele Menschen in der Zeit nach der Definition noch geboren werden. In der IT-Praxis, insbesondere in der betriebswirtschaftlichen, wird man speziell für das Datum künstlich Ober- und Untergrenzen einführen (etwa 31.12.9999 und 1.1.1000).

Manchmal möchte man vielleicht auch noch die oben beschriebenen Bereiche Muster oder Einzelwerte aus einer gröberen Definition ausschließen können – etwa in der Form »Alle Mitarbeiter, außer Meier«.

All diese verschiedenen Beschreibungen werden im gemeinsamen Format eines (verallgemeinerten) Intervalls abgelegt. Solch ein verallgemeinertes Intervall besteht aus Vorzeichen (Sign), Operator oder Option, der unteren und der oberen Grenze. Ein beispielhaftes allgemeines Intervall sähe etwa so aus:

SIGN OPT [LOW, HIGH]

= Vorzeichen, Operator, [Untergrenze, Obergrenze]

Mit dieser allgemeinen Schreibweise sind Sie in der Lage, alle möglichen Intervalle zu definieren. Dabei verwenden Sie feststehende Definitionen für Vorzeichen und Operator (siehe Tabelle 9.1 und Tabelle 9.2).

Kürzel	Bedeutung	Herkunft aus dem Englischen
I	einschließlich	including
E	ausschließlich	excluding

Tabelle 9.1 Vorzeichendefinition

Kürzel	Bedeutung	Herkunft aus dem Englischen
EQ	gleich, Einzelwert	equal
BT	zwischen; geschlossenes Intervall	between
LT	kleiner als; nach unten halboffenes Intervall	lower than
LE	kleiner oder gleich; nach unten halboffenes Intervall inklusive genanntem Wert	lower or equal
GT	größer als; nach oben halboffenes Intervall	greater than
GE	größer oder gleich; nach oben halboffenes Intervall inklusive genanntem Wert	greater or equal
CP	Musterbeschreibungen	contains pattern
NE	ungleich	not equal
NP	nicht vom Mustertyp	not contains pattern
NB	nicht zwischen; außerhalb des Intervalls	not between

Tabelle 9.2 Operatordefinitionen

Allgemeine Intervalle in Analyseberechtigungen

Nicht alle definierbaren Intervalltypen werden in den Analyseberechtigungen verwendet. Insbesondere gibt es keine offenen Intervalle und Excluding nur in einem Ausnahmefall.

Bei Mustern gibt es zwei Sonderzeichen, die Verwendung finden (siehe Tabelle 9.3).

Musterzeichen	Bedeutung
*	beliebige Zeichenkette, auch kein Zeichen; steht es allein, bedeutet es »alles«
+	genau ein Zeichen

Tabelle 9.3 Musterzeichen

Tipp zur Definition von Intervallen

Vermeiden Sie, Intervalle der Art [A, 9] zu definieren, da die Reihenfolge von Buchstaben und Zahlen vom Zeichensatz der Datenbank und dem Betriebssystem abhängt und das Intervall leer sein kann, etwa weil die Zahlen alphanumerisch vor den Buchstaben liegen.

9.2.2 Funktionsumfang in Analyseberechtigungen

Analyseberechtigungen verwenden recht viele der möglichen verallgemeinerten Intervalldefinitionen – einige jedoch nur in Ausnahmen wie das Ausschlusszeichen E und andere überhaupt nicht, wie die Ausdrücke NE, NB und NP. Sie werden nun auch sehen, warum.

Zunächst einmal machen Sie sich klar, dass es sich in BW bei solchen Intervalldefinitionen, außer bei Werten selbst, nicht um Abkürzungen für Listen von gebuchten Werten oder Stammdaten handelt, sondern um formale Mengenbeschreibungen. Mit dem Intervall sind alle *möglichen* Werte gemeint, also auch solche, die vielleicht keine Bewegungsdaten haben (aber vielleicht in den Stammdaten vorkommen), und sogar diejenigen, die gar nicht im System sind (aber formal in die Liste passen).

Bei *Selektionen* erhält man, wenn man das Intervall [A, B] selektiert, natürlich immer eine Liste mit konkreten Werten, also etwa A, Albert, Anton usw. Diese Liste enthält die Werte, die in der Datenbank vorhanden sind.

Bei Sicherheitsbeschränkungen besteht jedoch ein wichtiger Unterschied zwischen dem Intervall und einer Liste von Werten. Zum Zeitpunkt der Berechtigungsprüfung sind die existierenden Werte des Intervalls gar nicht bekannt. Sie könnten nur mit hohem Aufwand von der Datenbank gelesen werden und würden auch dann nur den aktuellen Stand beschreiben.

Wenn zwischenzeitlich neu gebuchte Werte hinzukämen – zum Beispiel der Wert »Achim« bei einem virtuellen InfoProvider –, wären diese plötzlich berechtigt. Und zwar wären sie berechtigt, obwohl in den Berechtigungen nur »Albert« und »Anton« standen und diese beim ersten Nachlesen das Intervall [A, B] vollständig beschrieben haben. Der Wert »Achim« würde also fälschlicherweise angezeigt.

Regel – Intervallselektion und Einzelwertberechtigungen

Es gilt die Regel, dass ein Intervall nie durch eine Liste von Stammdaten berechtigt werden kann.

Beispiel: [A, C] ist nie gleich {A, B, C} oder {AA, AAA, B, BA etc.}.

Eine Ausnahme stellen Zeitmerkmale dar. Sie haben schon in Kapitel 4, »Analyse von Berechtigungsprüfungen und -konfiguration«, gesehen, dass allein bei solchen Merkmalen wie dem Jahr, bei denen es keine Werte zwischen den Jahren geben kann, die lückenlose Liste der Jahre ein Intervall abdecken kann.

Beispiel: [1999, 2001] entspricht {1999, 2000, 2001}.

Die Trennung von der formalen Berechtigungsprüfung, die eine Mengenvergleichsprüfung ist, ist für ein komplexes Tool für Massendaten ganz wesentlich, um die Sicherheit einerseits und die Performance andererseits zu garantieren.

Die formale Behandlung der (verallgemeinerten) Intervalle hat einige Folgen bei der Kombination von Mengen. Bei einfachen Intervallen ist es offensichtlich, wie man sie zusammenfügt: Zwei Einzelwerte bleiben zwei Einzelwerte. Bei komplexeren Ausdrücken mit offenen Intervallen oder Mustern ist dies oft nicht mehr so einfach (siehe Tabelle 9.4).

Erstes Intervall	Zweites Intervall	Vereinigung
I EQ A	I EQ B	I EQ A, I EQ B
I GT A	I LT B	I CP *
I BT [A, B]	I GT AA	I GE A
I CP A*	I CP ABC+	I CP A*
I NE A	I NE B	I CP * (Diskussion im Text)
E EQ A	E EQ B	Ergebnis? (Diskussion im Text)

Tabelle 9.4 Vereinigung von allgemeinen Intervallausdrücken

In Tabelle 9.4 sieht man, dass die Vereinigung zweier Intervalle schnell zu überraschenden Ergebnissen führt, weil es oft einfachere Ausdrücke für die Kombination beider Mengen gibt – wie im zweiten Beispiel in Tabelle 9.4, bei dem aus zwei Einschränkungen die Gesamtheit wird.

Noch schwieriger wird die formale Behandlung bei den Beispielen aus Tabelle 9.5.

Erstes Intervall	Zweites Intervall	Schnittmenge
I CP A*A	I CP A*B+	Ergebnis?
I CP *A	E CP A*	Ergebnis?

Tabelle 9.5 Beispiele für nicht beschreibbare Schnittmengen

Die Fragezeichen deuten an, dass der Schnitt der beiden Mengen nicht explizit bestimmbar ist. Man kann ihn nur durch Untereinanderschreiben der beiden Ausdrücke beschreiben und gewinnt dabei nichts.

Excluding-Ausdrücke sind besonders problematisch, wenn sie allein stehen, denn der Ausdruck »schließe A aus« zieht immer die Frage nach sich, wovon man A ausschließt. Allgemein gelten in BW deshalb immer die Regeln bezüglich der Vereinigung von mehreren Intervallen.

Regeln – Vereinigung von mehreren Intervallen

Bezüglich der Vereinigung von mehreren Intervallen arbeiten wir mit zwei Regeln.

1. Die Vereinigung von einschließenden (Including-) und ausschließenden (Excluding-)Intervallen ist gleich der Vereinigung aller einschließenden Intervalle ausschließlich der Vereinigung aller ausschließenden Definitionen.

2. Ein rein ausschließendes Intervall X meint immer »Alles außer dem ausschließenden Intervall X«.

Demnach bedeutet das zweite Beispiel in Tabelle 9.5 Folgendes: »Alles, was mit A endet« vereint mit »Alles außer allem, was mit A anfängt«.

Zusammengeführt (alle Includings »minus« allen Excludings) führt dies zu dem Ausdruck »Alles, was mit A endet, ohne alles, was mit A anfängt«. Einfacher lässt sich die Vereinigung der Intervalle nicht darstellen. Durch die Vereinigung verliert man außerdem den Teil, der im zweiten Intervall implizit angenommen wurde, zum Beispiel Werte, die mit B oder C (usw.) anfangen.

Das Problem bei diesen Beispielen der Zusammenführung besteht aus mehreren Teilen:

1. Ausdrücke mit innenliegenden oder beginnenden Musterzeichen lassen sich nie (oder fast nie) formal behandeln. Sie sind deshalb weitgehend verboten, auch in den Berechtigungen.

> ### Unerlaubte Intervalldefinitionen mit Mustern in Berechtigungen
> Muster mit mehr als einem Musterzeichen (* oder +) sind nicht möglich. Nur Endmuster mit einem endenden Musterzeichen sind erlaubt.
>
> Intervalle mit Mustern wie [A*, B*] sind nicht erlaubt.
>
> Im Merkmal OTCAVALID sind kompliziertere Muster nach bestimmten Regeln erlaubt.

2. Die formale Vereinigung: Sie haben schon am zweiten Beispiel aus Tabelle 9.5 gesehen, dass man durch die Vereinigung einiges verlieren kann, weil die implizite Erweiterung auf »Alles außer …« verloren gehen kann.

3. Darüber hinaus sind Ungleich- oder Ausschluss-Ausdrücke nicht einmal immer eindeutig und werden deshalb nicht unterstützt. Schauen wir uns einmal an, warum:

Nehmen wir eine Menge als Beispiel: I NE A. Wie bei den Excludings würde man hier sinnvollerweise fordern, dass alleinstehende Ausdrücke dieser Art »Alles ohne …« bedeuten. Dann bedeutet diese Menge also »Alles ohne A«. Nehmen wir eine zweite Menge dieser Art, I NE B. Ergo bedeutet diese zweite Menge »Alles außer B«. Malen wir diese beiden Mengen auf einer Linie aller möglichen Werte auf (siehe Abbildung 9.1), dann sehen Sie, dass die Vereinigung gleich »Alles« ist.

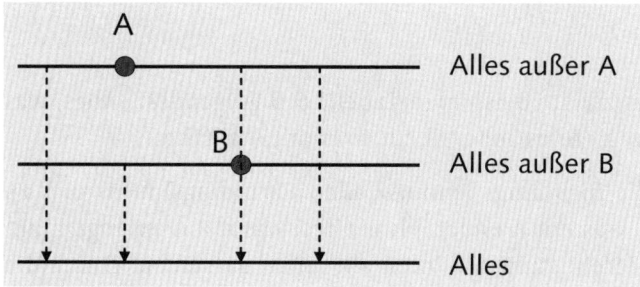

Abbildung 9.1 Vereinigung zweier Mengen mit Ausschluss

Das wird den einen oder anderen Anwender überraschen. Die Argumentation gilt für Excluding natürlich genauso. Man kann natürlich festlegen, dass das Ergebnis »Alles außer A und außer B« ist. Aber dennoch entsteht das Problem erneut, sobald man in mehreren Dimensionen arbeitet, wie das die Berechtigungen tun.

Konstruieren wir zur Illustration zwei Berechtigungen, dieses Mal zweidimensional:

Berechtigung	0CALYEAR	0COUNTRY
1	1999	E EQ FR
2	1999	E EQ DE

Tabelle 9.6 Kombination von Mengen mit Ausschlussmengen

Nun stellen Sie sich vor, dass der Benutzer die erste Berechtigung zugeordnet bekommt. Er kann dann zum Beispiel die Kombination 1999, DE sehen, denn nur FR ist ja ausgeschlossen. Nun wird ihm auch die zweite Berechtigung zugeordnet. Er erhält also mehr Berechtigungen. Nun darf er aber plötzlich DE nicht mehr sehen, denn die zweite Berechtigung schließt das aus.

Das würden Sie vielleicht nicht unbedingt erwarten, Sie hätten ebenfalls annehmen können, dass der Benutzer nun sowohl DE als auch FR als auch den Rest sehen darf, summa summarum also alles. Je nach Absicht hinter dieser Art der Konfiguration gibt es also beide Möglichkeiten:

- **Alles ist verboten**
  Entweder möchte man mit Excluding etwas verbieten. Dann erwartet man vielleicht beide Werte, DE und FR, als verboten, egal in welcher Kombination. Berechtigungen könnten so beschnitten werden, indem man neue hinzufügt.

- **Alles ist erlaubt**
  Oder man erwartet, dass die Mengen rein formal nach Regeln zusammengefügt werden und deshalb für 0COUNTRY alles erlaubt ist. Berechtigungen können durch Hinzufügen nicht weniger werden.

Diese Unbestimmtheit ist der Grund dafür, dass bei den Analyseberechtigungen keine Excluding-Ausdrücke unterstützt werden. Die einzige Ausnahme ist die »Gültigkeit« (0TCAVALID), da sie nicht kombiniert wird, sondern immer nur isoliert die »Haltbarkeit« einer einzigen Berechtigung festlegt. Es gibt deshalb kein Kombinationsproblem.

> **Ungleich und Excluding in Analyseberechtigungen**
>
> Ungleich-Ausdrücke (Operator NE, NB, NP) sind überall verboten.
>
> Ausschluss-Ausdrücke (Vorzeichen E wie Excluding) sind ausschließlich beim Merkmal 0TCAVALID erlaubt. Bei allen anderen Merkmalen sind sie verboten.

Das eröffnet vielfältige Möglichkeiten. Diese Möglichkeiten sind genau zugeschnitten auf Datumsangaben. Man kann in den Ausdrücken für das Merkmal 0TCAVALID außer Excluding auch offene Intervalle (Operator LE, LT, GE, GT) verwenden und das auch kombiniert. Darüber hinaus sind hier auch Muster innerhalb des Datums erlaubt, allerdings nur Muster für genau ein Zeichen (+).

Das Prinzip für die Musterbildung ist immer, dass eine der Zahlen im Datum beliebig durch ein + ersetzt werden kann. Bei Intervallen müssen stets die einander entsprechenden Zeichen in der Unter- und der Obergrenze ersetzt werden. Damit kann man zum Beispiel definieren, dass man immer die ersten zehn Tage eines Monats berechtigt ist, und vieles mehr. Tabelle 9.7 zeigt einige Beispiele.

Beispiel	Bedeutung/Gültigkeit
I EQ 01.01.2010	nur am 1.1.2010
I EQ 01.++.2010	am Ersten eines jeden Monats im Jahr 2010
I CP 01.0+.2010	am Ersten der Monate Januar bis September (01 bis 09) des Jahres 2010
I BT [01.++.2009, 15.++.2009]	vom 1. bis 15. eines jeden Monats
I CP ++.12.2009	alle Tage im Dezember 2009
I CP ++.12.2009 E EQ 24.12.2009	alle Tage im Dezember 2009, außer an Heiligabend
I GE 01.07.200+	jeweils die zweite Jahreshälfte von 2000–2009
I BT [++.04.++++, ++.05.++++]	die gesamten Monate April und Mai in allen Jahren

Tabelle 9.7 Beispiele für Gültigkeiten (Merkmal 0CTAVALID)

Wenn Sie allgemeine Intervallausdrücke in den Wertebereichen definieren, können Sie immer nur erlaubte Ausdrücke speichern. Alle fehlerhaften Ausdrücke werden, wenn möglich und erkennbar, korrigiert; alle anderen werden markiert. Die zugehörigen Fehlermeldungen haben Langtexte, die Ihnen Hinweise für die korrekte Verwendung geben, wie wir das in diesem Abschnitt besprochen haben. Eine Aufstellung der Möglichkeiten finden Sie auch im SAP-Hinweis 1053989, auf den die Fehlermeldungen ebenfalls verweisen.

Customer-Exit-Variablen

Alle Regeln für Werteberechtigungen und erlaubte allgemeine Intervallausdrücke gelten auch für Variablen, die in Customer-Exits gefüllt werden. Auch die erzeugten Intervallausdrücke werden auf Korrektheit geprüft und gegebenenfalls verworfen. Es werden dann entsprechende Meldungen angezeigt und im Berechtigungsprotokoll vermerkt.

Die Aggregationsberechtigung ist ein Sonderfall der Werteberechtigungen. Sie ist nicht im eigentlichen Sinne ein Einzelwert, sondern eine Beschreibung für die Berechtigung, auf aggregierte Werte zuzugreifen. Sie wird als konkrete Ausprägung durch den Doppelpunkt symbolisiert.

Allerdings wird sie sehr häufig vergessen, insbesondere dann, wenn das betreffende berechtigungsrelevante Merkmal gar nicht in der Query ist.

Aggregationsberechtigung

Die Aggregationsberechtigung ist für jedes Merkmal erforderlich, das nicht im Aufriss ist. Das Merkmal muss auch nicht in einer konkreten Selektion vorkommen (z.B. einer Query-Selektion), sondern kann auch nur im InfoProvider enthalten sein. Auch dann ist die Aggregationsberechtigung für dieses aggregierte Merkmal erforderlich.

Damit schließen wir die Betrachtungen zu Merkmalsberechtigungen. Viele weitere Details der praktischen Arbeit der Verwaltung und Analyse von Werteberechtigungen finden Sie auch in den vorhergehenden Kapiteln 1, »Analyseberechtigungen für Einsteiger: eine praktische Einführung«, 2, »Berechtigungskonfiguration«, und 4, »Analyse von Berechtigungsprüfungen und -konfiguration«.

Wir wenden uns nun im folgenden Abschnitt dem komplexen Thema der Hierarchieberechtigungen zu, die durchaus auch in Wechselwirkungen zu den Werteberechtigungen stehen.

9.3 Hierarchieberechtigungen

Die grundlegende Funktion der Hierarchieberechtigungen unterscheidet sich sehr von den Intervallausdrücken der Werteberechtigungen. Sie haben zwar in den Praxisbeispielen schon gesehen, dass es Wechselwirkungen gibt – sei es bei der Bestimmung von Blättern als möglichen berechtigten Einzelwerten oder bei den Intervallhierarchien, bei denen die Grenze zu normalen Intervallen noch weiter verschwimmt –, aber der grundlegende Unterschied ist natürlich offensichtlich, nämlich die Struktur der Hierarchie. Und diese Struktur wird auch als schützenswert in dem Sinne gesehen, dass sie für den Zugriff berechtigt sein muss, wenn das Merkmal berechtigungsrelevant ist.

Aus diesem Grunde werden Berechtigungen für Hierarchieteile, die nicht zusammenhängen, auch so dargestellt, dass sie nicht zusammenhängen. Der Benutzer kann nicht einmal erkennen, ob ein Knoten unter einem anderen in der Struktur hängt, sofern er dazu nicht berechtigt ist.

> **Hierarchiestruktur als Asset**
>
> Die Hierarchiestruktur selbst gilt als schützenswert. Nicht zusammenhängende Teile einer Hierarchie werden so dargestellt, dass die Struktur nicht indirekt ableitbar ist.

Wir werden im folgenden Abschnitt die Vielfalt der Möglichkeiten bei Hierarchien und die Wechselwirkungen mit den Analyseberechtigungen besprechen.

9.3.1 Funktionsumfang

Die Konfigurationsmöglichkeiten der Hierarchieberechtigungen an sich sind gar nicht besonders umfangreich, erzeugen jedoch in Kombination mit anderen Features wie Klammerung, Zeitabhängigkeit, Nichteindeutigkeit und im Zusammenhang mit Werteselektionen und Werteberechtigungen eine große Vielfalt, die Fachkenntnisse erfordert.

Neben den speziellen, auf einen Knoten bezogenen Eigenschaften wird eine Hierarchieberechtigung natürlich auch durch die Eigenschaften der Hierarchie bestimmt. Damit hat eine Hierarchieberechtigung eine viel größere Zahl von Parametern, als dies bei Werteberechtigungen möglich ist, nämlich bis zu neun Stück (siehe Tabelle 9.8).

Bedeutung	Parameter
Festlegung der Hierarchie	Hierarchiename
	Hierarchieversion
	Hierarchiedatum
Festlegung des obersten Knotens	Knotenname
	Knotentyp
zeitabhängige Struktur	Strukturdatum
Festlegung des Teilbaums	Berechtigungstyp
	Ebenenzahl
	Gültigkeitsbereich

Tabelle 9.8 Parameter einer Hierarchieberechtigung

Alle diese Parameter werden bei einer Berechtigungsprüfung überprüft, und wenn sie nicht zum selektierten Teilbaum einer Hierarchie passen, wird keine Zugriffsberechtigung erteilt und gegebenenfalls eine Meldung ausgegeben.

Die meisten Parameter ergeben sich aus den Eigenschaften der Hierarchie, die sich wiederum aus den InfoObject-Eigenschaften ableiten (siehe Abbildung 9.2). Beispielsweise ist die Zeitabhängigkeit der Hierarchiestruktur in den Berechtigungen nur dann erreichbar und muss gepflegt werden, wenn die Hierarchien selbst zeitabhängige Strukturen haben (siehe Abbildung 9.3). Das wiederum stellt man am InfoObject ein. Ebenso ist die Version nur dann sichtbar und änderbar, wenn das Flag dafür gesetzt ist.

Die ausschließlich für die Berechtigungen spezifischen Parameter Berechtigungstyp und Hierarchieebene einerseits sowie der Gültigkeitsbereich sind die einzigen Parameter, die man nur in der Berechtigungspflege findet.

In Abbildung 9.3 sehen Sie beispielhaft diese Definition mit allen Parametern in der Berechtigungspflege inklusive VERSION AUT und STICHTAG DER STRUKTUR, auf die die Berechtigung bezogen wird. Einzig der Knotentyp leitet sich aus dem Knoten indirekt ab und ist hier nicht direkt sichtbar.

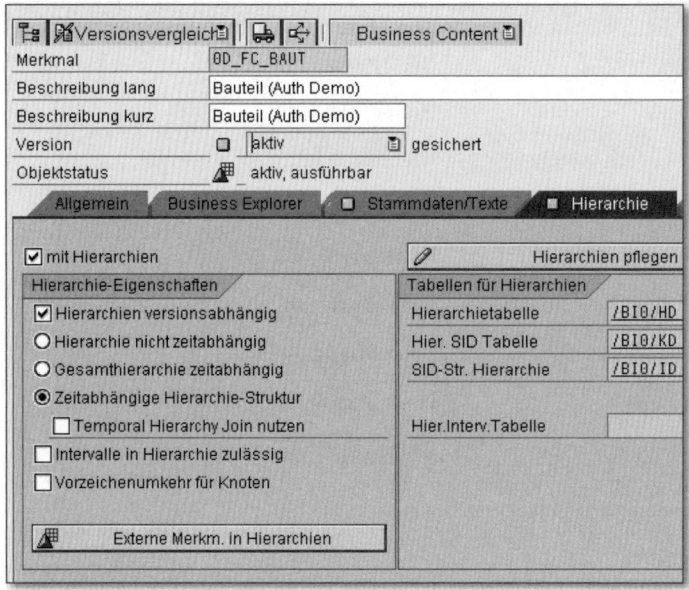

Abbildung 9.2 InfoObjecteigenschaften für Hierarchien

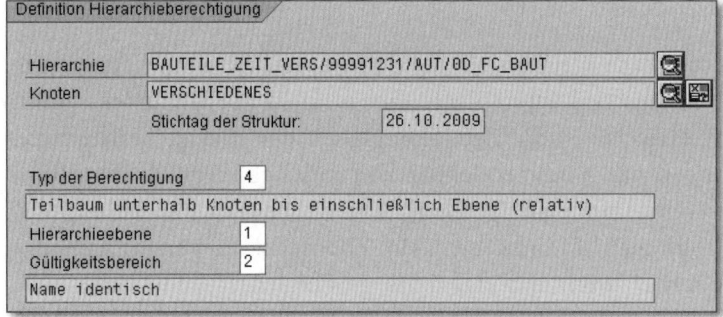

Abbildung 9.3 Hierarchieberechtigungsdefinition mit allen möglichen Einstellungen

Berechtigungstyp und Ebenenzahl

Der Berechtigungstyp gibt an, wie eine Hierarchieberechtigung – genauer, der für eine Hierarchieberechtigung verwendete Knoten – zu interpretieren ist. Es stehen folgende Typen zur Auswahl:

▶ **Typ 0**
Typ 0 (Initialwert) bedeutet, dass nur der angegebene Knoten oder das angegebene Blatt selbst berechtigt ist.

▸ **Typ 1**
Typ 1 berechtigt alles unterhalb des Knotens.

▸ **Typ 2**
Typ 2 berechtigt den Knoten und so viele Ebenen darunter, bis die absolute Ebenenzahl erreicht ist, die im Ebenenfeld angegeben ist.

▸ **Typ 3**
Typ 3 berechtigt die gesamte Hierarchie mit ihrer Struktur.

▸ **Typ 4**
Typ 4 berechtigt analog den Knoten und eine Anzahl Ebenen unterhalb, wobei dies relativ zu zählen ist und der Knoten selbst die Ebene 1 ist.

Der allgemeinste Typ ist 3, der die ganze Hierarchie samt ihrer Struktur berechtigt. Das ist *keineswegs* dasselbe wie die volle Berechtigung für ein Merkmal, da nur die Einzelwerte, die Teil der Hierarchie (»Blätter«) sind, berechtigt sind und auch beispielsweise Intervalle in der Regel nicht und Muster niemals durch eine Hierarchie berechtigt werden können. Intervalle und Muster können nur durch Intervallhierarchien berechtigt werden.

In Abbildung 9.4 sind die Möglichkeiten der Hierarchieberechtigungen skizziert. Alle gezeigten Objekte sind Teilbäume der gesamten Hierarchie, die hier neun Ebenen hat. Auf Ebene 3 befindet sich ein Knoten mit Berechtigungstyp 0, also nur der Knoten selbst. Ebenso auf Ebene 5. Direkt darunter, auf Ebene 6, befindet sich ein Teilbaum mit Berechtigungstyp 1, also alles unterhalb des Knotens auf Ebene 6.

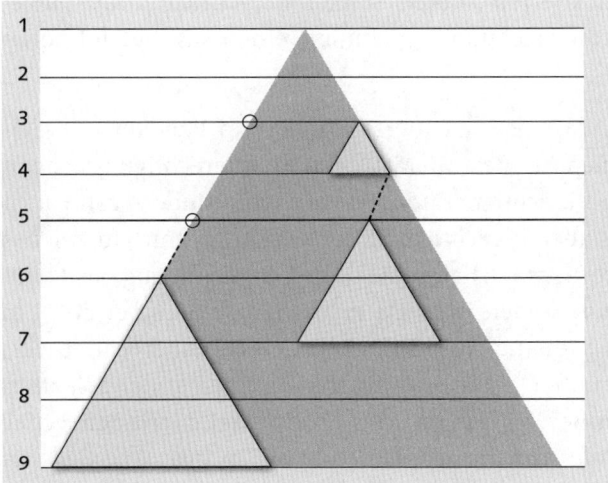

Abbildung 9.4 Typen der Hierarchieberechtigungen

Rechts im Bild findet sich auf Ebene 3 ein Knoten mit endlichem Teilbaum der Tiefe 1, der sowohl mit Typ 2 also auch mit Typ 4 definiert sein kann. Die gestrichelten Linien deuten an, dass die Teilbäume direkt untereinander liegen, so dass sie auch zusammenhängend dargestellt werden. Mehr dazu finden Sie in Abschnitt 9.3.2, »Automatische Filterung«.

Gültigkeitsbereich

Bezüglich des Gültigkeitsbereichs entstehen die meisten Missverständnisse. Häufig wird diese Eigenschaft als eine Erweiterung der Berechtigung an sich angesehen. Das ist jedoch falsch. Stattdessen wird gewissermaßen die Strenge des Vergleichs der einen genau spezifizierten berechtigten Hierarchie mit der selektierten Hierarchie variiert.

Im strengsten Fall, dem Bereich 0, der auch Voreinstellung ist, müssen der Name und die Version mit der selektierten Darstellungshierarchie übereinstimmen, und der Stichtag, also das letzte Gültigkeitsdatum der berechtigten Hierarchie, muss größer oder gleich dem Stichtag der selektierten Hierarchie sein.

Im Bereich 1 müssen nur noch Name und Version übereinstimmen und im Falle des Bereichs 2 lediglich der Name der Hierarchie.

Im schwächsten Falle kann jede Knotenselektion mit der berechtigten Hierarchie berechtigt werden, sofern ein passender Knoten berechtigt wurde. Es ist *nicht* so, dass nun all diejenigen Hierarchien als Berechtigung zur Verfügung stehen, die den selektierten Knoten enthalten. Man kann nur umgekehrt alle Hierarchien in die Selektion nehmen, die einen passenden Knoten enthalten.

Passender Knoten heißt, dass der selektierte Knoten ein Pendant mit gleichem technischem Namen in der Hierarchieknoten-Berechtigung haben muss. Das muss nicht der berechtigte Knoten direkt sein, sondern kann auch ein darunter hängender, aber berechtigter Knoten sein. Wenn ein solches Pendant nicht in der berechtigten Hierarchieknoten-Berechtigung, also dem berechtigten Teilbaum, vorhanden ist, wird keine Berechtigung erteilt. Ein Beispiel für eine Selektion, die nur mit Gültigkeitsbereich 3 berechtigt werden kann, zeigt Abbildung 9.5. Natürlich müssen die Ebenen der Selektion auch in den berechtigten Bereich passen, was im Beispiel durch den Typ 1 gewährleistet wäre. Würde man in der Berechtigung in dem Beispiel den Gültigkeitsbereich 2 vergeben, so wäre die Selektion nicht berechtigt.

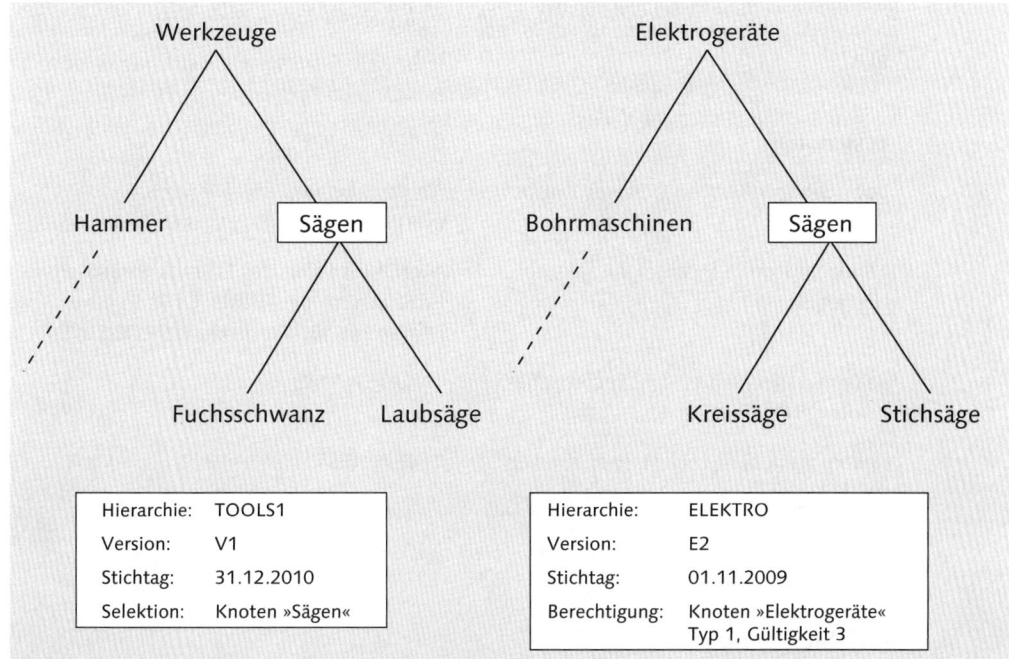

Abbildung 9.5 Beispiel einer mit Gültigkeit 3 berechtigten Selektion

Das Beispiel zeigt auch, dass man den Gültigkeitsbereich nur sehr vorsichtig einsetzen sollte und nicht als »Vereinfachung«, da unerwartete Effekte auftreten können. Wenn eben möglich, sollten Sie den Default-Wert 0 wählen.

Man sollte genau wissen, welche Knotentypen es gibt – spätestens bei der Verwendung von Variablen innerhalb von Berechtigungen.

Der Knotentyp

In Hierarchien und Hierarchieberechtigungen gibt es verschiedene Knotentypen, die normalerweise nicht sichtbar sind und automatisch abgeleitet werden. Aber bei Variablen, die aus Customer-Exits gefüllt werden, muss man die Typen kennen, weil sie dort in den Rückgabeparametern spezifiziert werden müssen. Tabelle 9.9 gibt Ihnen einen Überblick. Insbesondere, dass für Blätter kein Knotentyp angegeben wird, ist häufig nicht bekannt und führt zu Verwirrungen, da dies auch im Berechtigungsprotokoll sichtbar ist (siehe auch Kapitel 4, »Analyse von Berechtigungsprüfungen und -konfiguration«, und Kapitel 6, »Berechtigungsmodelle für Reporting und Planung«).

Knotentyp (Knoten-InfoObject)	Name
Blatt	leer, kein Eintrag; ein Blatt hat keinen InfoObject-Typ
Textknoten	0HIER_NODE
bebuchbarer Knoten (innerer Knoten)	Merkmalsname des Hierarchie-merkmals, z. B. 0D_FC_BAUT
Fremdknoten, z. B. einer »gelevelten Hierarchie«	Merkmalsname des Fremdknotens, etwa Produktgruppe (0PRD_GRP) in einer Hierarchie für Produkte (0PRODUCT)
gesamte Hierarchie, d.h. technischer Knoten ROOT_H	1NODENAME
Restknoten, d.h. technischer Knoten REST_H	1HIER_REST

Tabelle 9.9 Knotentypen bei Hierarchieberechtigungen

Variablen

Wie bereits erwähnt und in den verschiedenen Kapiteln angewendet, kann man den Knotennamen einer Berechtigung auch variabel halten. Dann ist aber auch der Knotentyp entsprechend dem Schema in Tabelle 9.9 anzugeben. Problematisch wird es dann, wenn ein falscher Knotentyp den Zugriff auf den falschen Knoten zulässt, weil es etwa auch den anderen Knoten gibt. Das passiert gelegentlich bei bebuchbaren Knoten, die den Knotentyp des Merkmalsnamens selbst haben, und Blättern, die eigentlich keinen Knotentyp haben.

Die Variable selbst kann nur im Query Designer angelegt werden und ist dann über die Wertehilfe mit dem Button VARIABLEN zu erreichen (siehe Abbildung 9.3).

Bei Customer-Exits ist zu beachten, dass der Benutzername nicht per `sy-uname`, sondern per Aufruf des Funktionsbausteins `RSEC_GET_USERNAME` erfolgt und der ermittelte Name im Coding verwendet wird. Dazu finden Sie in diesem Buch Beispiele in Kapitel 1, »Berechtigungskonfiguration«, und Kapitel 6, »Berechtigungsmodelle für Reporting und Planung«.

Benutzername in Customer-Exits

Benutzen Sie nicht den Systemparameter `sy-uname`, sondern verwenden Sie den Benutzernamen aus dem Funktionsbaustein `RSEC_GET_USERNAME`.

9.3.2 Automatische Filterung

Eine der zentralen Eigenschaften der Hierarchien im Zusammenhang mit Berechtigungen ist die automatische Filterung der Hierarchie auf die berechtigten Knoten. Sie haben dies bereits in Kapitel 1, »Analyseberechtigungen für Einsteiger: eine praktische Einführung«, gesehen und wir haben auch schon konstatiert, dass diese Filterung kein Widerspruch zu den Leitprinzipien der Berechtigungsprüfung darstellt, da die Filterung aufgrund der Berechtigungen keine vom Benutzer abhängenden Zahlen produziert.

Automatische Filterung heißt übrigens nicht, dass keine Berechtigungsprüfung mehr stattfindet. Es wird immer auch eine Prüfung durchgeführt, die zwar eventuell früher abbricht (siehe Abschnitt 9.6, »Ablauf-Optimierungen«), aber auch dafür sorgt, dass die komplette mehrdimensionale Selektion berechtigt ist, inklusive Aggregationsberechtigungen.

Auch heißt automatische Filterung nicht, dass dadurch immer alles automatisch gefiltert ist und die Berechtigungen nicht weiter geprüft werden müssen. Angenommen, es gibt gleichzeitig zwei Darstellungshierarchien in einer Query für zwei berechtigungsrelevante Merkmale. Dann werden beide Hierarchien automatisch auf die berechtigten Knoten reduziert. Aber das heißt noch nicht, dass diese Selektion automatisch berechtigt ist. Es kann ja zum Beispiel sein, dass die beiden Hierarchieberechtigungen in verschiedenen Berechtigungen kombiniert sind mit anderen Berechtigungen, die nicht passen.

Automatische Filterung
Die automatische Filterung von Darstellungshierarchien auf die berechtigten Knoten (»Ausdünnung«) bedeutet nicht, dass keine Berechtigungsprüfung stattfinden muss. Es wird immer geprüft.

Ein Beispiel dazu sehen Sie in Tabelle 9.10. Auf beiden Merkmalen gibt es Hierarchieberechtigungen. Wenn jedoch Merkmal 1 und Merkmal 2 gleichzeitig im Aufriss sind, wird der Zugriff abgelehnt, obwohl beide Hierarchien allein ausgedünnt worden sind. Da wir im Beispiel auch die Aggregationsberechtigung vergeben haben, wäre es in dem Falle allerdings möglich, wenigstens jeweils eins der beiden Merkmale im Aufriss zu sehen.

Abbildung 9.6 zeigt die Möglichkeiten der Definition von Hierarchieberechtigungen mit Hilfe des Berechtigungstyps auf. Die gestrichelten Linien deuten die Fähigkeit der Hierarchien an, zusammenhängende Teile auch zusammenhängend zu zeigen. Man kann sich zum Beispiel im Extremfall vorstellen, dass eine Berechtigung nur aus untereinanderliegenden Knoten besteht, die gemeinsam einen »Pfad« durch die Hierarchie bilden (siehe Abbildung 9.6). Alle Knoten werden berechtigt, und zwar mit dem Berechtigungstyp 0 (»nur der Knoten«). Damit ist für jeden Knoten immer nur genau ein Unterknoten erreichbar.

Berechtigung 1	Werteberechtigung	Hierarchieberechtigung
Merkmal 1	[A, C], :	kein Eintrag
Merkmal 2	kein Eintrag	Knoten K1, Typ 1
Berechtigung 2	**Werteberechtigung**	**Hierarchieberechtigung**
Merkmal 1	kein Eintrag	Knoten N2, Typ 0
Merkmal 2	[1, 9], :	kein Eintrag

Tabelle 9.10 Zweidimensionale Berechtigungen mit Hierarchieberechtigungen

Abbildung 9.6 Pfad in einer Hierarchie als Berechtigung

Das Ergebnis im BEx Analyzer sehen Sie in Abbildung 9.7. Alle Knoten können hintereinander aufgeklappt werden und haben jeweils nur einen Unterknoten. Das geschieht ohne besondere Konfiguration automatisch durch die »Ausdünnung« der Hierarchie.

	Umsatz (Auth Demo) ⇕
▼ Spalten	
• Kennzahlen	Bauteil (Auth Demo) ⇕ — EUR
▼ Zeilen	▼Alle Bauteile — 19.485.413.705,26
• Bauteil (Auth Demo)	▼Ungerade — 6.018.753.937,09
• Freie Merkmale	▼Einstelliges — 4.485.438.030,82
	▼Einzelteil — 1.033.219.882,77
	▼Nur 1 — 1.033.219.882,77
	• T01 — 1.033.219.882,77

Abbildung 9.7 Query-Ergebnis – Pfad in Hierarchie im Web

In Kapitel 1, »Analyseberechtigungen für Einsteiger: eine praktische Einführung«, haben Sie bereits in einem Beispiel gesehen, dass Knoten, die nicht zusammenhängend berechtigt sind, nebeneinander dargestellt werden. Damit wird verhindert, dass der Strukturzusammenhang preisgegeben wird. Denn wenn der Benutzer Hierarchieteile berechtigt hat, die nicht zusammenhängen, und er Knoten, die die Verbindung herstellen, dagegen nicht berechtigt hat, fehlt ihm die Berechtigung zu sehen, dass die Hierarchieteile direkt untereinanderhängen.

Nimmt man beispielsweise den mittleren Knoten EINSTELLIGES (siehe Abbildung 9.6) aus der Berechtigung heraus, so werden die beiden Knoten ALLE BAUTEILE und EINZELTEIL gleichberechtigt nebeneinandergestellt (siehe Abbildung 9.8). Es fehlt ja die Berechtigung für EINSTELLIGES, so dass auch die Berechtigung für den vollständigen Zusammenhang fehlt.

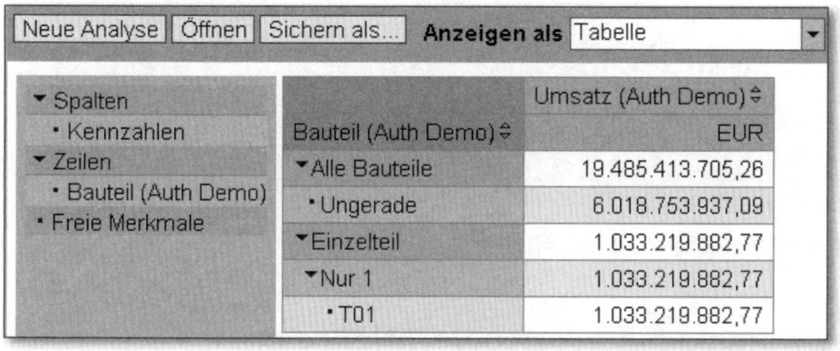

	Neue Analyse Öffnen Sichern als... **Anzeigen als**	Tabelle	▼
▼ Spalten		Umsatz (Auth Demo) ⇕	
• Kennzahlen	Bauteil (Auth Demo) ⇕	EUR	
▼ Zeilen	▼ Alle Bauteile	19.485.413.705,26	
• Bauteil (Auth Demo)	• Ungerade	6.018.753.937,09	
• Freie Merkmale	▼ Einzelteil	1.033.219.882,77	
	▼ Nur 1	1.033.219.882,77	
	• T01	1.033.219.882,77	

Abbildung 9.8 Zwei Wurzelknoten untereinanderliegender Knoten

Schauen Sie sich nun einmal an, was man mit den einfachen Hierarchieberechtigungen bereits erreichen kann.

9.3.3 Winterlandschaften

Nimmt man die Illustration aus Abbildung 9.4 und überlegt sich die Möglichkeiten der Hierarchieberechtigungen, so stellt man fest, dass man immer Teilbäume berechtigt, die man als kleine Dreiecke ansehen kann. Natürlich ist es möglich, mehrere solcher kleinen Dreiecke übereinander zu berechtigen. Das stellt gewissermaßen kleine »Tannenbäumchen« dar. Die Möglichkeit, einzelne Knoten zusätzlich und losgelöst von den Tannenbäumchen zu berechtigen, ergibt eine regelrechte »Winterlandschaft« (siehe Abbildung 9.9).

Dieses spezielle Beispiel dient natürlich der Unterhaltung, veranschaulicht aber auch die Definitionsmöglichkeiten für Berechtigungen aus großen Hierarchien. Die Darstellung im Frontend wäre natürlich anders, da alle unzusammenhängenden Teile, wie gesehen, auf gleicher Ebene liegen müssen, um die Strukturinformation nicht preiszugeben.

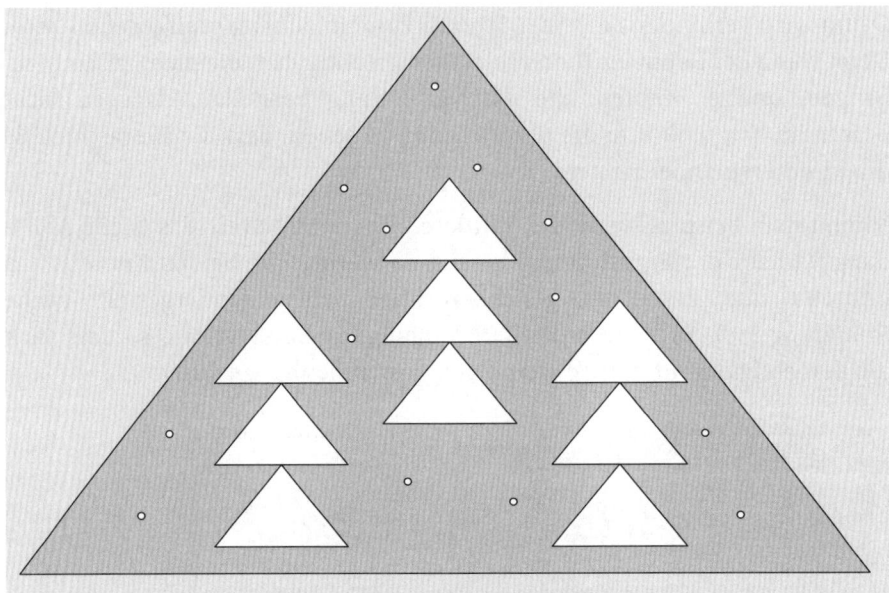

Abbildung 9.9 Winterlandschaft aus Berechtigungen

9.3.4 Wechselwirkung mit Werteberechtigungen

Bisher haben wir uns nur mit den reinen Hierarchieberechtigungen beschäftigt und einen wesentlichen Aspekt außer Acht gelassen: die Wechselwirkung und Kombination mit Werteberechtigungen, also allgemeinen Intervallen im Sinne des Abschnitts 9.2, »Werteberechtigungen«. Tabelle 9.11 zeigt die vier möglichen Kategorien für Selektion und Werteberechtigungen.

Berechtigung / Selektion	Werte (Intervalle etc.)	Hierarchieknoten
Werte (Intervalle etc.)	Standard	Blätter eines Knotens oder Intervalle aus Intervallhierarchien
Hierarchieknoten	nur in Spezialfällen: Blätter eines Knotens oder Intervalle aus Intervallhierarchien	Standard

Tabelle 9.11 Werte und Hierarchien in Selektion und Berechtigung

Fall 1 – Werteselektion und Werteberechtigungen

Werteberechtigungen (allgemeine Intervalle) für eine allgemeine Werteselektion sind natürlich der einfachste Fall. Abgesehen davon, dass in den Berechtigungen etwas weniger Möglichkeiten als in der Selektion zugelassen sind, und abgesehen von der Tatsache, dass eine Liste von Einzelwerten keine Intervalle oder Musterselektionen berechtigen kann, ist der Fall relativ komplikationsfrei. Dies allerdings nur, wenn man keine Klammerung beachten muss. Dieses Gebiet betrachten wir in einem eigenen Abschnitt (siehe Abschnitt 9.4, »Klammerung in Berechtigungen«, und Tabelle 9.4).

Fall 2 – Hierarchieknoten-Selektion und Hierarchieknoten-Berechtigungen

Auch der reine Hierarchiefall ist weitgehend problemlos, solange keine Klammerung verwendet wird. Ein selektierter Teilbaum ist entweder berechtigt oder nicht.

Fall 3 – Werteselektion und Hierarchieberechtigungen

Der Fall der Werteselektion und Hierarchieknoten-Berechtigungen ist schon spezieller. Bei gewöhnlichen Hierarchien ist es überhaupt nur möglich, dass Einzelwerte in einer Selektion berechtigt werden, da eine Hierarchie nur Einzelwerte in Form ihrer Endknoten (Blätter) besitzt. Ausnahme sind hier die Hierarchien mit Intervallen. Diese können auch Selektionen mit Intervallen und Einzelwerten berechtigen. Solche Hierarchien sind üblicherweise Knotenhierarchien, die zahlreiche Knoten enthalten. Diese werden in Intervallen zusammengefasst.

Abbildung 9.10 zeigt eine Hierarchieknoten-Auswahl für die Berechtigung (3 BIS 9) mit den vier Blättern T03, T05, T07 und T09. Berechtigen Sie als Beispiel diesen Knoten und alles darunter (Typ 1), und selektieren Sie in einer Query T03, T05 und T07, dann ist diese Selektion durch diese Berechtigung abgedeckt: Sie erhalten Berechtigung für den Lesezugriff (siehe Abbildung 9.11). In dem Falle, dass Sie den Berechtigungstyp 0 definieren würden, wären die Blätter der Hierarchieberechtigung allerdings nicht mit eingeschlossen, und Sie bekämen keine Berechtigung erteilt. Sie müssen also sicherstellen, dass die gewünschten Blätter immer über die Ebenen der Berechtigung mit eingeschlossen sind.

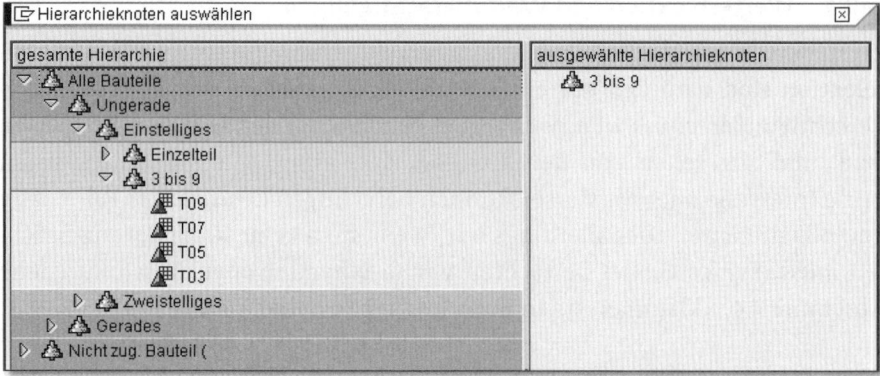

Abbildung 9.10 Knoten-Auswahl mit vier Blättern für die Berechtigung

Folgende Menge wird geprüft		Vergleich mit folgender berechtigten Menge		Ergebnis	Restmenge
Merkmal	Inhalt (in SQL-Format)	Merkmal	Inhalt	Berechtigt	
0D_FC_BAUT 0TCAACTVT	0D_FC_BAUT IN ('T03','T05','T07') AND 0TCAACTVT = '03'	0D_FC_BAUT	Knoten A0001 ,	✔	
		0TCAACTVT	I EQ 03		
Teilselektion (SUBNR) ist berechtigt					
Berechtigungsprüfung abgeschlossen					

Abbildung 9.11 Berechtigung von Werten durch Knoten A0001 (»3 bis 9«)

Logisch gesehen ist dies völlig korrekt. Man sollte solche Kombinationen jedoch wenn möglich vermeiden, da die Prozessierung relativ aufwendig ist, insbesondere wenn viele Blätter in großen Hierarchien betroffen sind und die Selektion über eine Variable, die aus Berechtigungen gefüllt wird, entsteht. Die Bestimmung der Blätter einer großen Hierarchie kann sehr aufwendig sein und zu Lasten der Performance gehen, was vor allem in dem Falle, dass man nur wenige Blätter benötigt, unverhältnismäßig ist.

Abgeschaltete Anzeigehierarchie

Wenn Sie Anzeigehierarchien verwenden und diese abschalten, sollten Sie Hierarchieknoten-Variablen einsetzen, gegebenenfalls solche, die aus Berechtigungen gefüllt werden. Anderenfalls wird beim Abschalten der Hierarchie die automatische Filterung auf Berechtigungen umgangen, und es ist volle Berechtigung (*) notwendig. Auch die Berechtigung für die volle Hierarchie (Berechtigungstyp 3) reicht dann nicht aus.

Fall 4 – Hierarchieknoten-Selektion und Werteberechtigungen

Betrachten wir den vierten Fall aus Tabelle 9.11, der eher selten ist: den Versuch, die Selektion von Hierarchieknoten mit Einzelwerten oder allgemeinen Intervallen zu berechtigen.

Nehmen wir ein Beispiel, das dem umgekehrten Beispiel aus dem letzten Abschnitt sehr ähnelt. Sie selektieren den Knoten 3 BIS 9 wie in Abbildung 9.12 und berechtigen alle Blätter, die er besitzt, mit Hilfe von Einzelwerten.

Abbildung 9.12 Hierarchieknoten-Selektion in Query

Der Benutzer erhält damit allerdings niemals Berechtigungen. Das darf er auch nicht, da die Selektion des echten Knotens auch Informationen über die Struktur der Hierarchie enthält, die aber nicht berechtigt ist. Der Benutzer darf nicht wissen, dass die Blätter unterhalb des Knotens 3 BIS 9 liegen. Das dürfte er nur, wenn er auch den entsprechenden Hierarchieknoten und die Blätter darunter berechtigt hätte.

Merkmal:	0D_FC_BAUT		Bauteil (Auth Demo)

■ 4 Werteberechtigungen	Hierarchieberechtigungen

Einzelintervalle

I.	O.	Technischer Merkmalswert (von)	Technischer Merkmalswert (bi
I	EQ	T03	
I	EQ	T05	
I	EQ	T07	
I	EQ	T09	

Abbildung 9.13 Werteberechtigungen für die Blätter eines Knotens

Was dann in einer Query passiert, benötigt ein etwas tieferes Verständnis der Abläufe. Als Erstes wird versucht, die Hierarchie nach den beschriebenen Mechanismen auszudünnen, also auf die berechtigten Knoten zu reduzieren. Da es aber überhaupt keine Knotenberechtigungen gibt, erscheint zunächst auch eine entsprechende Meldung (EYE 019, siehe Abbildung 9.14).

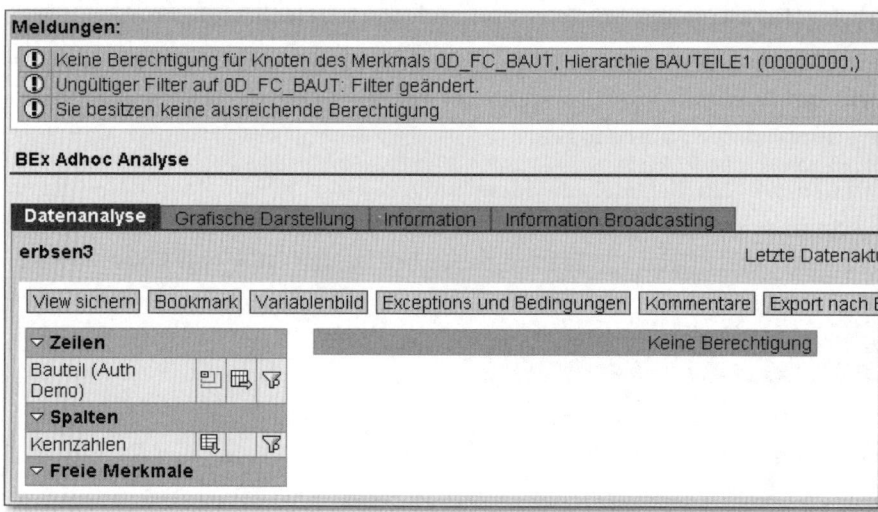

Abbildung 9.14 Meldungen bei einer Knotenselektion und Werteberechtigungen

Damit gibt es aber auch keinen Filter für die Hierarchie und für das gesamte Merkmal überhaupt, und das auch selbst dann nicht, wenn man eine Hierarchieknoten-Variable verwendet. Sie kann keinen Knoten aufnehmen, da es ja keinen gibt, der berechtigt wäre. Deshalb wird die Variable leer gelassen, was aber die volle Selektion über das Merkmal bedeutet, für die man auch die volle Berechtigung besitzen muss. Das Berechtigungsprotokoll zeigt diesen Vorgang (siehe Abbildung 9.15).

> **Knotenselektion und Werteberechtigung**
>
> Keine Wertemenge, kein Muster oder Intervall kann einen echten Knoten berechtigen – nur Knotenberechtigungen oder die volle Berechtigung können dies.

Es gibt aber einen Spezialfall, bei dem dies doch funktioniert: dann, wenn die selektierten Knoten gleichzeitig auch Werte sind. Welche Knoten können beide Eigenschaften haben? Das können nur Endknoten (Blätter) sein. Das heißt, eine Selektion von Blättern kann durch Einzelwerte berechtigt sein. Eine solche Situation ist aber nicht so einfach zu erreichen. Eine Knotenvariable funktioniert nicht, wie Sie gesehen haben, ein Knotenfilter ebenso wenig. Eine Möglichkeit ist die direkte Definition eines Filters auf die Endknoten im Filterbereich einer Query (siehe Abbildung 9.16).

Diese Blattselektion kann durch Einzelwerte berechtigt werden. Dabei gehen aber auch alle Hierarchieinformationen verloren. Die Query erweckt vollständig den Eindruck, dass nur Werte im Spiel sind (siehe Abbildung

9.17). Damit kann auch hier keine unerlaubte Strukturinformation abgeleitet werden.

Folgende Menge wird geprüft		Vergleich mit folgender berechtigten Menge		Ergebnis	Restmenge	
Merkmal	Inhalt (in SQL-Format)	Merkmal	Inhalt		Merkmal	Inhalt (in SQL-Format)
0D_FC_BAUT 0TCAACTVT	0TCAACTVT = '03' AND 0D_FC_BAUT LIKE *	0D_FC_BAUT	I EQ T03 I EQ T05 I EQ T07 I EQ T09	Teilweise oder ganz berechtigt (Schnittmenge)	0D_FC_BAUT 0TCAACTVT	NOT 0D_FC_BAUT IN ('T03','T05','T07','T09') AND 0TCAACTVT = '03'
		0TCAACTVT	I EQ 03			

Werte-Selektion teilweise berechtigt. Prüfung Rest(e) am Ende.

Folgende Menge wird geprüft		Vergleich mit folgender berechtigten Menge		Ergebnis	Restmenge
Merkmal	Inhalt (in SQL-Format)	Merkmal	Inhalt		
0D_FC_BAUT 0TCAACTVT	NOT 0D_FC_BAUT IN ('T03','T05','T07','T09') AND 0TCAACTVT = '03'	0D_FC_BAUT	I EQ T03 I EQ T05 I EQ T07 I EQ T09	Nicht berechtigt	
		0TCAACTVT	I EQ 03		

Alle Berechtigungen getestet
Meldung EYE007: Sie haben keine ausreichende Berechtigung

Abbildung 9.15 Selektion eines Knotens mit Werteberechtigungen

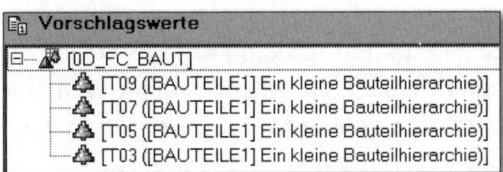

Abbildung 9.16 Filter auf Endknoten (Blätter)

Diese vier Fälle der Kombination aus Selektion und Berechtigungen sind die grundsätzlichen Möglichkeiten. Natürlich gibt es noch zahlreiche Varianten und Erweiterungen, wie die kombinierte Berechtigung von Werten und Hierarchieknoten, komplizierte Klammerungsszenarien und so weiter. Wir haben nun jedoch die wichtigsten Varianten betrachtet und schließen den Abschnitt mit einigen zusammenfassenden Richtlinien ab.

Nachdem wir nun die elementaren Fälle abgearbeitet haben, wenden wir uns einem weiteren Hierarchiefeature zu, das Auswirkungen auf die Berechtigungen hat: der Zeitabhängigkeit von Hierarchien.

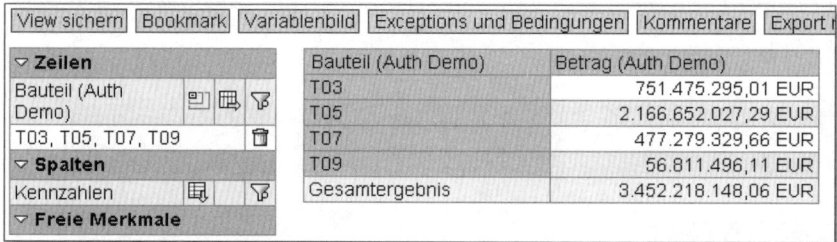

Abbildung 9.17 Query-Ergebnis bei reiner Blattselektion und Werteberechtigung

Werte versus Hierarchieknoten
Es gibt keine allgemeine Empfehlung für die Verwendung von Werten oder Hierarchieknoten in Berechtigungsszenarien – es hängt immer vom konkreten Szenario ab.
Gemischte Szenarien sollten Sie jedoch stets vermeiden. Vermeiden Sie also Werteselektionen, zum Beispiel mit Wertevariablen »aus Berechtigungen«, die Sie mit Hierarchieknoten berechtigen.
Die Faustregel lautet: Berechtigen Sie so, wie Sie selektieren, also entweder Werteselektionen mit Werteberechtigungen (Intervalle, Muster) oder Hierarchieknoten-Selektionen mit Hierarchieknoten-Berechtigungen.
Das gilt ganz besonders dann, wenn Sie geklammerte Merkmale verwenden.

9.3.5 Zeitabhängigkeit

Eine Hierarchie kann sich mit der Zeit ändern, es kann an ihre Stelle eine andere Hierarchie treten. Häufig ändern sich jedoch nicht die kompletten Hierarchien, sondern nur Teile der Hierarchie, also Teile des Strukturaufbaus.

Deshalb gibt es zwei Arten der Zeitabhängigkeit, die man beide in der Info-Object-Pflege konfiguriert (siehe Abbildung 9.2):

▶ Die gesamte Hierarchie ist zeitabhängig.

▶ Die Hierarchie besitzt eine zeitabhängige Struktur.

Die gesamte Hierarchie kann zeitabhängig sein. In Abbildung 9.18 sehen Sie die entsprechende Definitionsmöglichkeit in der Hierarchiepflege. In diesem Fall gibt es ein Datum, an dem die Hierarchie gültig wird, und ein »Verfallsdatum«, an dem die Hierarchie ungültig wird. Die Bedeutung für die Berechtigungen haben wir bereits mit dem Gültigkeitsbereich in Abschnitt 9.3.1, »Funktionsumfang«, abgehandelt.

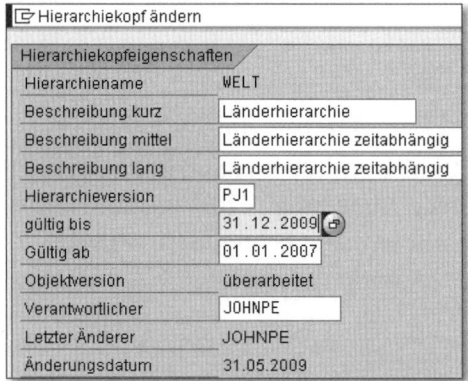

Abbildung 9.18 Zeitabhängige Hierarchie, gültig vom 1.1.2007 bis zum 31.12.2009

Alternativ kann eine Hierarchie aber auch eine zeitabhängige Struktur besitzen. Das ermöglicht es, Teile der Hierarchie nur für bestimmte Zeiträume gültig zu machen und etwa Knoten im Laufe der Zeit umzuhängen. In Abbildung 9.19 etwa sehen Sie den Produktknoten HOLZ UND PAPIER bis zum 31.10.2008 unter dem Knoten GESCHENKARTIKEL angeordnet. Danach wird dieser Knoten umgehängt unter VERPACKUNGSMATERIAL, wobei auch nur die Produkte HOLZBOX und KARTON dem Knoten zugeordnet werden. Das GESCHENKPAPIER wird aus der Hierarchie entfernt. Er wird dann dem nicht zugeordneten Anteil der Hierarchie, also dem Resteknoten, zugeschlagen.

Hierarchie 'Bauteile Zeitabhäng.' ändern: 'Modifizierte Version'

Bauteile Zeitabhängig	InfoObject	Knoten...	L...	Gültig ab	gültig bis
▽ 🗀 Geschenkartikel	0HIER_NODE	GIFTS	☐	01.01.1000	31.12.9999
▽ 🗀 Holz und Papier	0HIER_NODE	PAPER	☐	01.01.1000	31.10.2008
🗊 Holzbox	0D_FC_BAUT	T00	☐	01.01.1000	31.12.9999
🗊 Karton	0D_FC_BAUT	T02	☐	01.01.1000	31.12.9999
🗊 Geschenkpapier	0D_FC_BAUT	T12	☐	01.01.1000	31.12.9999
🗊 Schatulle	0D_FC_BAUT	T13	☐	01.01.1000	31.12.9999
🗊 Stoffschleife	0D_FC_BAUT	T11	☐	01.01.1000	31.12.9999
▽ 🗀 Verpackungsmaterial	0HIER_NODE	VERPACK	☐	01.01.1000	31.12.9999
▽ 🗀 Holz und Papier	0HIER_NODE	PAPER	☐	01.11.2008	31.12.9999
🗊 Holzbox	0D_FC_BAUT	T00	☐	01.01.1000	31.12.9999
🗊 Karton	0D_FC_BAUT	T02	☐	01.01.1000	31.12.9999
▽ 🗀 Kunststoffe	0HIER_NODE	PLASTIK	☐	01.01.1000	31.12.9999
🗊 Plastikbeutel	0D_FC_BAUT	T01	☐	01.01.1000	31.12.9999
🗊 Kunstoffkiste	0D_FC_BAUT	T03	☐	01.01.1000	31.12.9999

Abbildung 9.19 Zeitabhängige Hierarchiestruktur

Wenn Sie nun Berechtigungen auf dieser Hierarchie definieren, müssen Sie sich festlegen, welchen Zeitpunkt Sie meinen, da die Hierarchie jetzt ja nicht mehr immer gleich aussieht.

Nehmen Sie den Knoten GESCHENKARTIKEL zur Berechtigung und wählen einen Zeitpunkt aus dem Zeitraum bis zum 31.10.2008, dann ist automatisch auch HOLZ UND PAPIER berechtigt (siehe Abbildung 9.20) – natürlich nur, sofern Sie die Ebene mit einschließen, also etwa Berechtigungstyp 1 wählen.

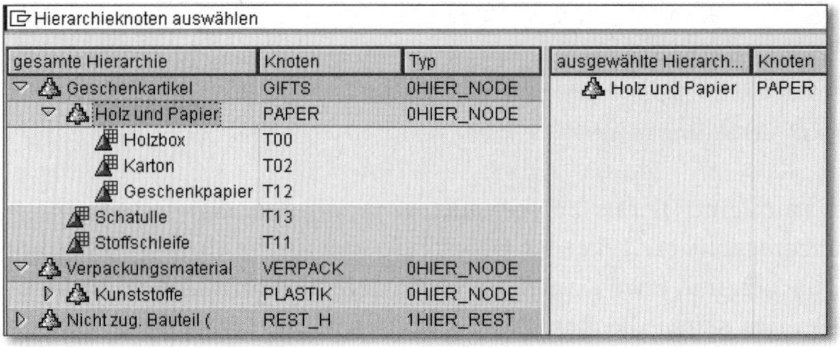

Hierarchieknoten auswählen				
gesamte Hierarchie	Knoten	Typ	ausgewählte Hierarch...	Knoten
▽ 🔺 Geschenkartikel	GIFTS	0HIER_NODE	🔺 Holz und Papier	PAPER
▽ 🔺 Holz und Papier	PAPER	0HIER_NODE		
🏷 Holzbox	T00			
🏷 Karton	T02			
🏷 Geschenkpapier	T12			
🏷 Schatulle	T13			
🏷 Stoffschleife	T11			
▽ 🔺 Verpackungsmaterial	VERPACK	0HIER_NODE		
▷ 🔺 Kunststoffe	PLASTIK	0HIER_NODE		
▷ 🔺 Nicht zug. Bauteil (	REST_H	1HIER_REST		

Abbildung 9.20 Berechtigung aus zeitabhängiger Hierarchie mit Knoten »Geschenkartikel« (bis 31.10.2008, z.B. 1.4.2007)

Wählen Sie dagegen als Zeitpunkt ab dem 1.11.2008, so ist bei der Vergabe von Berechtigungen auf den Knoten GESCHENKARTIKELmit Berechtigungstyp 1 der Knoten HOLZ UND PAPIER nicht sichtbar, da er nun ja an anderer Stelle hängt (siehe Abbildung 9.21).

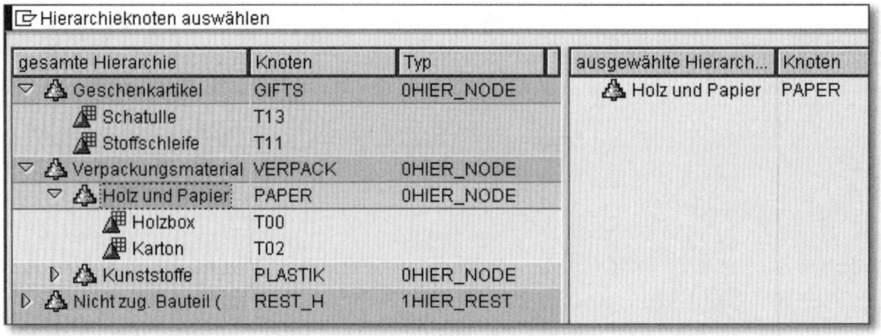

Hierarchieknoten auswählen				
gesamte Hierarchie	Knoten	Typ	ausgewählte Hierarch...	Knoten
▽ 🔺 Geschenkartikel	GIFTS	0HIER_NODE	🔺 Holz und Papier	PAPER
🏷 Schatulle	T13			
🏷 Stoffschleife	T11			
▽ 🔺 Verpackungsmaterial	VERPACK	0HIER_NODE		
▽ 🔺 Holz und Papier	PAPER	0HIER_NODE		
🏷 Holzbox	T00			
🏷 Karton	T02			
▷ 🔺 Kunststoffe	PLASTIK	0HIER_NODE		
▷ 🔺 Nicht zug. Bauteil (	REST_H	1HIER_REST		

Abbildung 9.21 Berechtigung aus zeitabhängiger Hierarchie mit Knoten »Geschenkartikel« (nach 31.10.2008, z.B. 11.11.2009)

Wichtig ist nun, dass das Hierarchiestruktur-Datum für die Berechtigungsvergabe nichts mit dem Zeitpunkt der Query-Ausführung zu tun hat und auch nichts damit, welche Hierarchiestruktur in einer Query definiert wurde, sondern *nur* besagt, welche Struktur für die Hierarchieberechtigung gewählt wurde und welche Knoten damit gemeint sind. Das Gleiche gilt für die Selektion, die nur den Namen eines Knotens und die erforderliche Ebenen festlegt. Ist der Knoten in der berechtigten Hierarchie anzutreffen, wird er mit der berechtigten Struktur angezeigt, die von der selektierten Struktur deutlich abweichen kann.

Betrachten wir ein Beispiel:

Beispiel 1 – Zeitabhängige Hierarchiestruktur

Nehmen wir an, Sie hätten die Berechtigung mit der Struktur von 2007 definiert (siehe Abbildung 9.20) und dabei den Knoten HOLZ UND PAPIER berechtigt. Sie selektieren nun den Knoten HOLZ UND PAPIER aus der Hierarchiestruktur von 2009 (siehe Abbildung 9.21). Dieser Knoten hat in der Hierarchiestruktur nur zwei »Kinder« (HOLZBOX und KARTON), und im Query-Ergebnis sind auch nur zwei Kinder zu sehen (siehe Abbildung 9.22). Was ist der Grund für dieses Ergebnis, obwohl Sie doch eine Hierarchieberechtigung aus der Struktur mit drei Kindern definiert hatten?

In der Berechtigungsprüfung wird zunächst überprüft, ob der selektierte Knoten HOLZ UND PAPIER auch in der berechtigten Hierarchie liegt und ob die geforderten Ebenen berechtigt sind. Diese Prüfung wird in der berechtigten Struktur gemacht. Im Beispiel kommt der Knoten tatsächlich in der berechtigten Struktur vor und ist damit berechtigt. Der Knoten ist berechtigt, aber auch alles, was darunter angeordnet ist. Damit werden der selektierte Knoten und alles, was darunterhängt, in der Query angezeigt. Das sind die beiden Blätter der Hierarchie in der angezeigten Struktur von 2009 (siehe Abbildung 9.22).

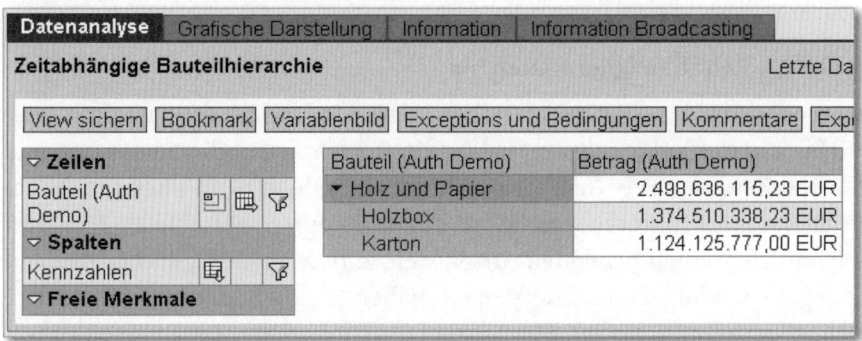

Abbildung 9.22 Selektion des Knotens »Holz und Papier« mit Struktur von 2009

Zusammenfassend kann man sagen, dass bei zeitabhängigen Strukturen das Stichtagsdatum der Hierarchiestruktur nur dazu dient, eine Struktur für die Anzeige zu wählen. Das Stichtagsdatum der Hierarchieberechtigung hat analog nur für die Auswahl eines Knotens Bedeutung, der natürlich in der gewählten Struktur vorhanden sein muss, um ihn in die Berechtigung aufzunehmen. Gemeinsam mit dem Berechtigungstyp definiert er dann einen berechtigten Teilbaum, egal, was im Detail darunterhängt. In Abbildung 9.23 sieht man das Berechtigungsprotokoll, das nur bei der Hierarchieknoten-Berechtigung das Strukturdatum der Auswahl verzeichnet. Bei der Selektion ist kein Datum angegeben. Für die Berechtigungsprüfung sind die Informationen auch ausreichend, da der Knoten PAPER (also HOLZ UND PAPIER) und beliebig viele Ebenen darunter selektiert werden und auch berechtigt sind.

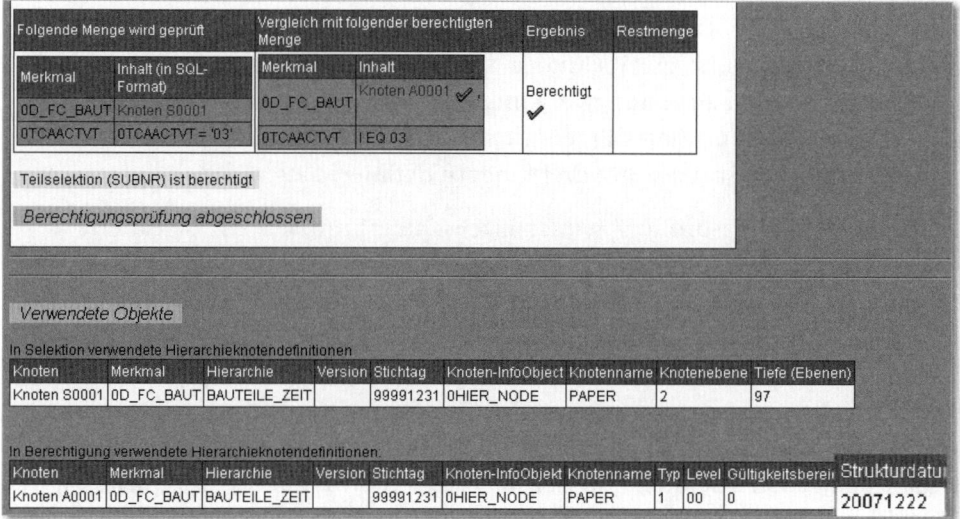

Abbildung 9.23 Berechtigungsprotokoll bei zeitabhängiger Struktur

Beispiel 2 – Zeitabhängige Hierarchie

Nun möchte man vielleicht erreichen, dass eine selektierte Struktur ausschließlich dann berechtigt ist, wenn die Berechtigung die Struktur genau desselben Zeitraumes enthält. Das würde man jedoch nicht über zeitabhängige Hierarchiestrukturen erreichen, sondern durch verschiedene Hierarchien mit den entsprechenden Strukturen, die dann den gleichen Namen und gegebenenfalls die gleiche Version haben könnten, aber jeweils andere entsprechende Gültigkeiten. Ein Beispiel für eine solche Hierarchiegültigkeit haben Sie bereits in Abbildung 9.18 gesehen. Formal sind das dann verschiedene Hierarchien, die auch separat berechtigt werden müssen.

Wenden wir dies auf die Situation in Beispiel 1 an:

Sie möchten also erreichen, dass nur dann, wenn die Berechtigung aus 2007 stammt, auch eine Selektion einer Struktur aus 2007 berechtigt ist. Wenn die Berechtigung mit der Hierarchie von 2009 definiert wäre, sollte die Selektion der Struktur aus 2007 nicht berechtigt werden. Dazu würde man zwei Hierarchien verwenden, die unterschiedliche Strukturen hätten, eine mit dem Knoten HOLZ UND PAPIER mit drei Kindern für 2007 wie in Abbildung 9.20 und eine Hierarchie mit dem Knoten HOLZ UND PAPIER und zwei Kindern für 2009 wie in Abbildung 9.21.

Selektiert man dann den Knoten HOLZ UND PAPIER mit der Hierarchie aus dem Jahr 2009 und hat eine Berechtigung mit dieser Hierarchie aus dem Jahr 2009, so sähe man wunschgemäß die zwei Kinder, während man keine Berechtigung für die Selektion der Hierarchie aus dem Jahr 2007 bekäme.

Wählt man dann für die Hierarchieberechtigung den Gültigkeitsbereich ungleich null, so wird das Hierarchiedatum nicht mehr verglichen, und die Situation wäre wieder wie mit zeitabhängigen Hierarchiestrukturen – sie gehen mit Hilfe des Gültigkeitsbereiches ineinander über.

Fahren wir nun fort mit einer ähnlichen Eigenschaft von Hierarchien: der Möglichkeit, zeitabhängige Strukturen historisch auszuwerten.

9.3.6 Temporaler Hierarchie-Join

Die bisher besprochene Art der Nutzung zeitabhängiger Hierarchiestrukturen ist eine punktuelle Sicht auf eine bestimmte Struktur der Hierarchie zu einem gegebenen Zeitpunkt. Das Problem dabei ist, dass alle Kennzahlen in diese Hierarchiestruktur eingeordnet werden. Dadurch ist es zum Beispiel nicht möglich, die Kennzahlwerte den entsprechenden Knoten zeitlich zuzuordnen. Betrachten Sie noch einmal das Beispiel von Abbildung 9.19.

Zum Beispiel wird jeder Umsatz entweder dem Knoten VERPACKUNGSMATERIAL oder dem Knoten GESCHENKARTIKEL zugeordnet, unabhängig davon, für welchen der beiden Produktbereiche er erzielt wurde. Ein Teil des Umsatzes wird jedoch vor dem 31.10.2008 bei Geschenkartikeln erzielt, ein Teil nach dem 31.10.2008 für Verpackungsmaterial. Da die Zeiten jedoch im InfoCube auch verbucht sind, ist die Information im Prinzip vorhanden. Man muss sie mit in den Aufriss nehmen und dafür sorgen, dass die Kennzahlen dann dem entsprechenden Zeitfenster zugeordnet werden. Daher auch der Name *Temporaler Hierarchie-Join*. Diese Möglichkeit der Hierarchieverarbeitung stellen Sie am InfoObject auf der Registerkarte HIERARCHIE ein (siehe Abbildung 9.2).

Wenn nun die Darstellung der Zeiträume gröber ist als die der Tage, müssen Sie sich entscheiden, welcher Tag aus dem Zeitintervall mit dem Randdatum des Gültigkeitsfensters der Knoten in der Hierarchie verglichen werden soll. Sind die Daten beispielsweise auf den Monat gebucht, kann der Erste oder Letzte des jeweiligen Monats oder auch ein anderer Stichtag darüber entscheiden, ob ein Kennzahlwert dem Zustand der Hierarchie vor der Knotenänderung oder nach der Knotenänderung zugeordnet wird. Dafür steht die Transaktion RSTHJTMAINT für die Stichtagsableitungsart zur Verfügung (siehe Abbildung 9.24).

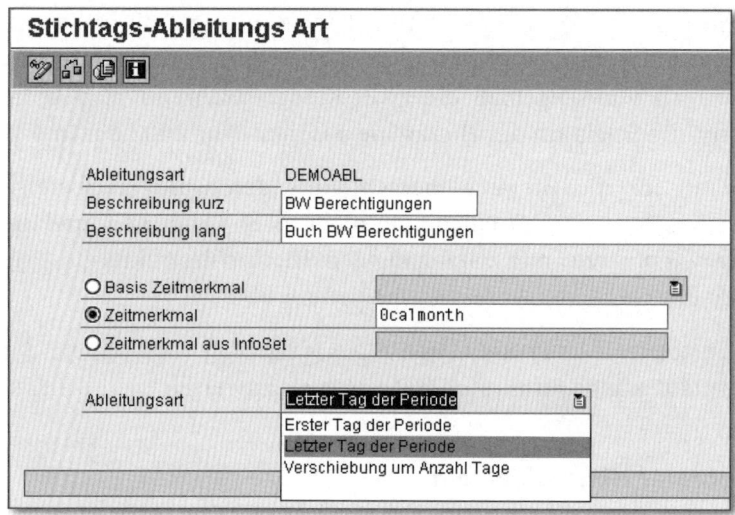

Abbildung 9.24 Stichtagsableitungsart für temporalen Hierarchie-Join

Diese Stichtagsableitungsart wird bei der Definition der Query angegeben. Sie schauen sich die Daten an (mit voller Datenberechtigung) und sehen die Zuordnung der Umsatzzahlen in den Monatsspalten in der Tat nur dort, wo der Knoten historisch angeordnet war (siehe Abbildung 9.25). Die jeweiligen Zeiträume, in denen die Knoten nicht an der entsprechenden Stelle vorhanden waren, bleiben leer.

Nun vergeben Sie Berechtigungen für den Knoten Holz und Papier in der Hierarchie nach der Struktur vom November 2008. Sie erhalten Abbildung 9.26 als Ergebnis.

Das Ergebnis mag vielleicht überraschen, denn man könnte erwarten, dass nur der Knoten und seine Unterknoten aus dem Teil der Hierarchie nach dem 31.10.2008 zu sehen sind. Aber Sie haben ja bereits bei der Erläuterung der einfachen zeitabhängigen Hierarchien mit Berechtigungen gelernt, dass eine Berechtigung auf den Teilbaum *nach* dem Stichtag 31.10.2008 auch den Knoten aus der Struktur *vor* dem Stichtag 31.10.2008 berechtigt. Ebenso würde sie natürlich auch den Teilbaum nach dem Stichtag berechtigen.

Bauteil (Auth Demo)	KalJahr/Monat Gültigkeit	SEP 2008 Umsatz (Auth Demo)	OKT 2008 Umsatz (Auth Demo)	NOV 2008 Umsatz (Auth Demo)	Gesamtergebnis Umsatz (Auth Demo)
Gesamtergebnis		24.512.671,88 EUR	41.329.782,91 EUR	106.031.078,68 EUR	171.873.533,47 EUR
▼ Geschenkartikel	01.01.1000 - 31.12.9999	3.096.918,22 EUR	9.621.022,78 EUR	2.370.522,61 EUR	15.088.463,61 EUR
▼ Holz und Papier	01.01.1000 - 31.10.2008	1.165.101,56 EUR	7.718.110,98 EUR		8.883.212,54 EUR
Holzbox	01.01.1000 - 31.10.2008	811.661,96 EUR	2.092.250,99 EUR		2.903.912,95 EUR
Karton	01.01.1000 - 31.10.2008	353.439,60 EUR	1.306.320,77 EUR		1.659.760,37 EUR
Geschenkpapier	01.01.1000 - 31.10.2008		4.319.539,22 EUR		4.319.539,22 EUR
Schatulle	01.01.1000 - 31.12.9999		1.902.911,79 EUR		1.902.911,79 EUR
Stoffschleife	01.01.1000 - 31.12.9999	1.931.816,66 EUR		2.370.522,61 EUR	4.302.339,27 EUR
▼ Verpackungsmaterial	01.01.1000 - 31.12.9999	579.850,35 EUR	1.387.553,77 EUR	11.652.917,30 EUR	13.620.321,41 EUR
☑ Holz und Papier	01.11.2008 - 31.12.9999			4.750.412,90 EUR	4.750.412,90 EUR
Holzbox	01.11.2008 - 31.12.9999			2.413.256,06 EUR	2.413.256,06 EUR
Karton	01.11.2008 - 31.12.9999			2.337.156,84 EUR	2.337.156,84 EUR
▶ Kunststoffe	01.01.1000 - 31.12.9999	579.850,35 EUR	1.387.553,77 EUR	6.902.504,40 EUR	8.869.908,51 EUR
▶ Nicht zug. Temp. Hier. Join Inf(n/e)		20.835.903,32 EUR	30.321.206,36 EUR	92.007.638,77 EUR	143.164.748,45 EUR

Abbildung 9.25 Temporaler Hierarchie-Join

Bauteil (Auth Demo)	KalJahr/Monat Gültigkeit	SEP 2008 Umsatz (Auth Demo)	OKT 2008 Umsatz (Auth Demo)	NOV 2008 Umsatz (Auth Demo)	Gesamtergebnis Umsatz (Auth Demo)
Gesamtergebnis		1.165.101,56 EUR	7.718.110,98 EUR	4.750.412,90 EUR	13.633.625,44 EUR
▼ Holz und Papier	01.01.1000 - 31.10.2008	1.165.101,56 EUR	7.718.110,98 EUR		8.883.212,54 EUR
Holzbox	01.01.1000 - 31.10.2008	811.661,96 EUR	2.092.250,99 EUR		2.903.912,95 EUR
Karton	01.01.1000 - 31.10.2008	353.439,60 EUR	1.306.320,77 EUR		1.659.760,37 EUR
Geschenkpapier	01.01.1000 - 31.10.2008		4.319.539,22 EUR		4.319.539,22 EUR
▼ Holz und Papier	01.11.2008 - 31.12.9999			4.750.412,90 EUR	4.750.412,90 EUR
Holzbox	01.11.2008 - 31.12.9999			2.413.256,06 EUR	2.413.256,06 EUR
Karton	01.11.2008 - 31.12.9999			2.337.156,84 EUR	2.337.156,84 EUR

Abbildung 9.26 Einschränkung nach Berechtigung auf Knoten »Holz und Papier«

Es ist also egal, ab wann die Struktur der Berechtigung gültig ist. Hier hat man nun die neuartige Situation: Beide Teilbäume, also der von vor dem Stichtag ebenso wie der von nach dem Stichtag, werden in einer Gesamthierarchie in der Query dargestellt, mithin beide Teilbäume in einer Hierarchiedarstellung vereint.

Bauteil (Auth Demo)	Gültigkeit	Umsatz (Auth Demo)
Gesamtergebnis		2.843.464.581,31 EUR
▼ Holz und Papier	01.01.1000 - 31.10.2008	2.794.299.393,14 EUR
Holzbox	01.01.1000 - 31.10.2008	1.347.183.689,25 EUR
Karton	01.01.1000 - 31.10.2008	1.102.287.237,82 EUR
Geschenkpapier	01.01.1000 - 31.10.2008	344.828.466,07 EUR
▼ Holz und Papier	01.11.2008 - 31.12.9999	49.165.188,17 EUR
Holzbox	01.11.2008 - 31.12.9999	27.326.648,99 EUR
Karton	01.11.2008 - 31.12.9999	21.838.539,18 EUR

Abbildung 9.27 Temporaler Hierarchie-Join ohne Filter und Zeitaufriss

In Abbildung 9.27 sehen Sie zur Orientierung und zum Vergleich die Query aus Abbildung 9.26, allerdings ohne zeitlichen Filter und ohne den Zeitaufriss. Durch die Gültigkeitsanzeige hat man ja weiterhin die Information, woher die Buchungen stammen müssen, zumindest aggregiert über den Gültigkeitszeitraum. Addieren Sie nun beispielsweise die Werte für Holzbox aus beiden Teilbäumen, also 27.326.648,99 EUR und 1.347.183.689,25 EUR, erhalten Sie den Wert 1.374.510.338,24 EUR. Dies ist genau das Ergebnis der Query in Abbildung 9.22 (bis auf einen Cent Rundungsfehler bei der Währungsumrechnung).

Als Nächstes werden wir eine weitere ähnliche Eigenschaft der Hierarchien betrachten, nämlich die Möglichkeit, Knoten nicht nur zeitabhängig, sondern dauerhaft als Kopien an verschiedenen Stellen in der Hierarchie zu verwenden.

9.3.7 Nicht eindeutige Hierarchien

In Abbildung 9.28 sehen Sie ein Beispiel für eine nicht eindeutige Hierarchie. Das Beispiel ist hier so gebaut, dass keine zeitabhängigen Elemente mehr vorkommen, was natürlich nicht notwendigerweise so sein muss. Sie sehen wieder den Knoten Holz und Papier, der diesmal nicht im Laufe der Zeit »umgehängt« wird, sondern immer da ist, aber mehrfach verwendet wird. Die drei Blätter des Knotens können in beiden Produktbereichen vorkommen. Manche Objekte haben mehrfache Bedeutung. Deshalb gibt es die Möglichkeit, Knoten zu referenzieren und mehrfach in die Hierarchie einzuhängen. Die referenzierenden Knoten erhalten dann ein Link-Kennzeichen. Die Unterstruktur wird anschließend in der Hierarchiepflege unterdrückt.

Was bedeuten Link-Knoten für die Berechtigungen? Betrachten Sie ein Beispiel, indem Sie die Berechtigung für Holz und Papier vergeben und alles, was darunterliegt (Typ 1). Dann sind automatisch auch alle Kopien des Knotens berechtigt. Nimmt man nun noch Verpackungsmaterial hinzu und das mit Typ 0 (nur der Knoten selbst), dann sehen Sie in der Query mit dieser Bauteilhierarchie in der Anzeige auch Verpackungsmaterial und alles, was direkt daran stößt und berechtigt ist, also auch wieder den Knoten Holz und Papier und seine Kinder (siehe Abbildung 9.29).

In Abbildung 9.30 sehen Sie eine ähnliche Situation skizziert, die das allgemeine Verhalten beschreiben soll. Es gibt einen höchsten Knoten K1 mit mehreren Kindern. Eines der Kinder ist der Knoten K2, der einen Teilbaum mit zwei weiteren Ebenen trägt und dann in den beiden Blättern B1 und B2 endet. Die Teilbäume werden durch graue Dreiecke symbolisiert. Das zweite

Kind von K1 ist der Knoten K3, der ebenfalls mehrere Kinder hat. Eines dieser Kinder wiederum ist K2. K2 ist hier ein Link-Knoten. Das bedeutet, der ganze Teilbaum von K2 erscheint auch hier unter K3.

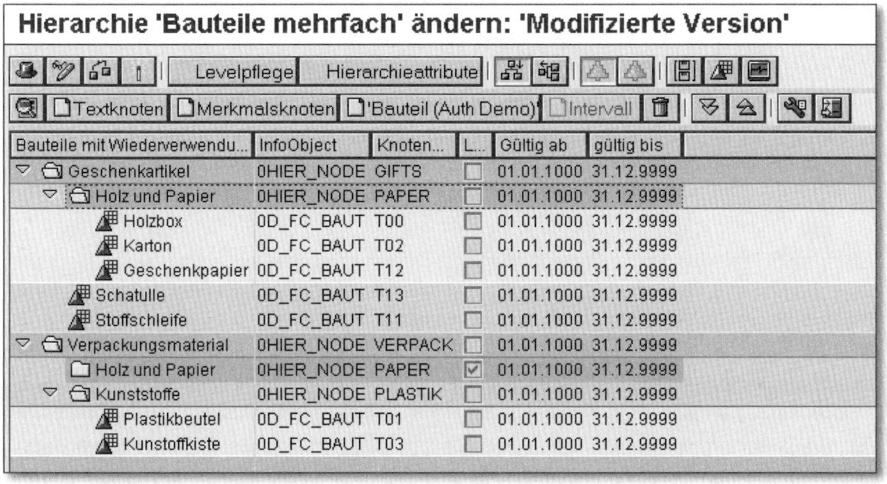

Abbildung 9.28 Nicht eindeutige Hierarchie mit Referenz-(Link-)Knoten

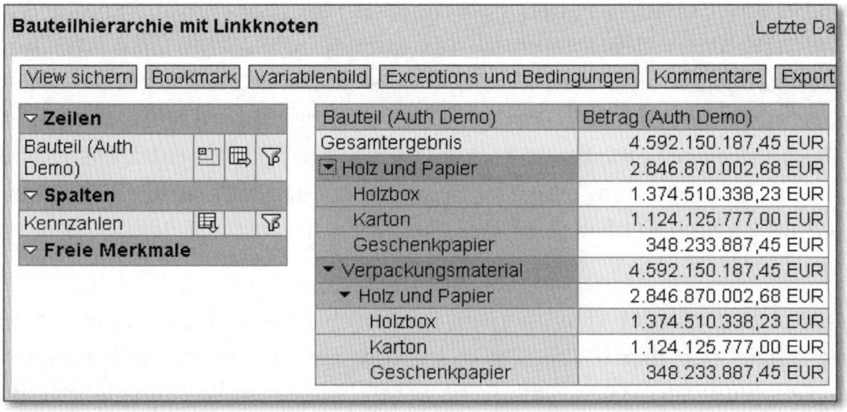

Abbildung 9.29 Mehrfach berechtigte Link-Knoten

Wenn nun einer der beiden Teilbäume berechtigt ist, so ist es auch der andere. Die Teilbäume sind als identisch anzusehen, und alle Kennzahlwerte sind auch nur einfach dupliziert. Ist deshalb ein beliebiger Link-Knoten irgendwo berechtigt, ist er anderswo auch berechtigt. Es gibt ja keinen Unterschied und keine zusätzliche, nicht berechtigte Hierarchieinformation, die daraus abzuleiten wäre.

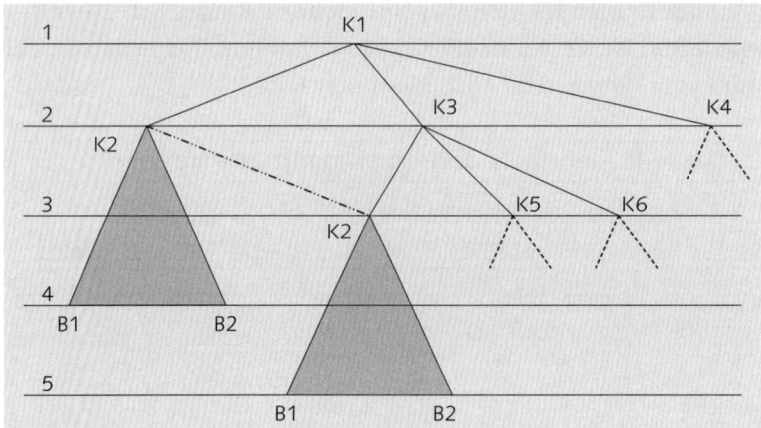

Abbildung 9.30 Link-Knoten und Teilbaum-Kopien

Sichtbarkeit von Link-Knoten

Ist ein Teilbaum einer Hierarchie berechtigt, der auf andere Teilbäume verweist oder auf den andere verweisen, sind jeweils alle Kopien und das Original mit berechtigt.

Das hat einen tückischen Seiteneffekt, den man beachten muss: Nehmen wir an, Sie berechtigen den Knoten K1 aus Abbildung 9.30 mit dem Berechtigungstyp 2 bis zur absoluten Ebene 3, so ist von den beiden Link-Teilbäumen, repräsentiert durch die Dreiecke, jeweils der Teilbaum berechtigt, der das »halbe Dreieck« enthält. Im rechten Dreieck hat man aber bereits Ebene 4 erreicht. Trotzdem sieht man, wie beschrieben, natürlich auch alle Knotenkopien im rechten Teilbaum, obwohl sie über die absolute Ebenenzahl hinausreichen.

Berechtigt man nun K1 (den obersten Knoten) bis zur absoluten Ebenenzahl 4 und schaut sich dabei vielleicht das rechte Dreieck an, so sind dennoch beide Teilbäume bis zu den Blättern berechtigt, da der linke Teilbaum bereits bis zur absoluten Ebene 4 reicht. Das wiederum vererbt sich auf das rechte Dreieck. Dies lässt sich kurz und knapp zusammenfassen: Irgendwo berechtigt, überall berechtigt.

Link-Knoten und Berechtigungstyp

Verwenden Sie immer den Berechtigungstyp 4 (Teilbaumtiefe in relativer Ebenenzählung) statt des Berechtigungstyps 2 (Teilbaumtiefe in absoluter Zählung), wenn Sie Teilbäume nach unten begrenzen möchten.

Diese Regel gilt insbesondere auch deshalb, weil die Situation noch viel unübersichtlicher werden kann, wenn noch mehr Link-Knoten auftreten oder innerhalb der Link-Teilbäume auch noch einmal Link-Knoten für weitere Unterbäume auftreten, was natürlich auch vorkommt.

Abgesehen von den beschriebenen Möglichkeiten des unerwarteten Verhaltens bergen Link-Knoten ansonsten keine besonderen Schwierigkeiten. Deshalb beenden wir diesen Abschnitt und schauen uns eine weitere Hierarchievariante und die Wechselwirkung mit Berechtigungen an.

9.3.8 Intervallhierarchien

Betrachten wir nun noch einen sehr seltenen Fall von Hierarchien: die Hierarchie mit Intervallen.

Ein Hierarchieintervall ist zunächst nur eine Möglichkeit, alle vorhandenen Blätter zusammenzufassen, die in das Intervall gehören. Allerdings sind Intervalle keine Knoten mehr, und es gibt Wechselwirkungen mit den Werteberechtigungen und Werte- bzw. Intervallselektionen. Das haben wir bereits in Abschnitt 9.3.4, »Wechselwirkung mit Werteberechtigungen«, erwähnt. Wir wollen dies hier genauer untersuchen.

Abbildung 9.31 enthält eine Variante der Bauteilhierarchien, die Sie schon mehrfach gesehen haben. Hier gibt es statt einzelner Bauteilblätter wie im Knoten 0 BIS 2 im Knoten 0 BIS 10 ein Intervall [T00, T10] und im Knoten 4 BIS 8 ein Intervall [T04, T08]. Diese Intervalle enthalten nun, wie alle Intervalle, wieder alle *potenziellen* Knoten dieser Intervalle. Damit haben Sie hier auch wieder eine nicht eindeutige Hierarchie. Das spielt aber keine Rolle für die folgenden Betrachtungen.

Auch wenn das Intervall in der Hierarchie an der Stelle der Knoten erscheint, ist es kein Knoten in dem Sinne, dass man das Intervall direkt als Hierarchieknoten-Berechtigung vergeben könnte. Man kann nur den darüberliegenden Knoten und mindestens eine Ebene zusätzlich berechtigen, wenn man das Intervall als Hierarchieberechtigung vergeben möchte. In der Wertehilfe der Hierarchiepflege ist auch schon kein Intervall mehr sichtbar (siehe Abbildung 9.32). Es ist hier bereits aufgelöst. Das ist auch gut so, denn sonst könnte man ja keine einzelnen Blätter mehr auswählen.

Die Hierarchieberechtigung mit Intervall verhält sich also weitgehend wie eine normale Hierarchie, und das Intervall ist nur eine Abkürzung für eine Reihe von Knoten – typischerweise Knoten einer Knotenhierarchie. Es ist in der Tat so, dass im Falle der Selektion eines Wertes, der gleichzeitig ein Blatt des berechtigten Hierarchieintervalls ist, dieser selektierte Wert auch berechtigt ist.

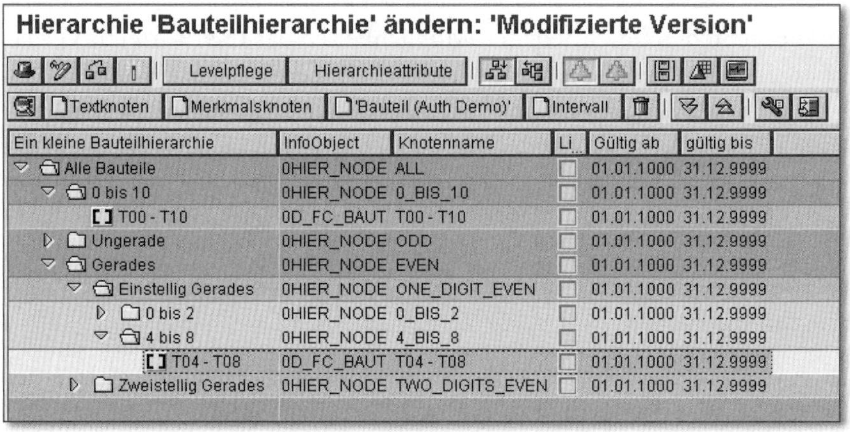

Abbildung 9.31 Hierarchie mit Intervalldefinitionen

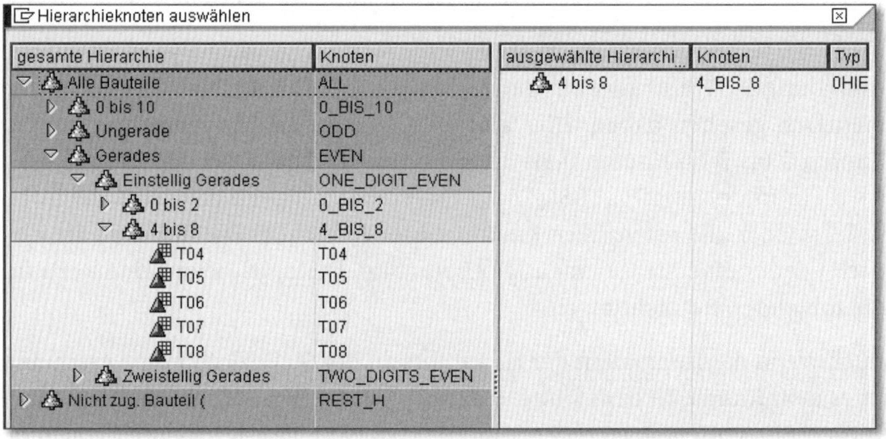

Abbildung 9.32 Knotenauswahl (Wertehilfe) aus Intervallhierarchie in der Berechtigungspflege

Allerdings gibt es auch eine erweiterte Möglichkeit: Es ist nämlich auch möglich, ein passendes Intervall zu selektieren, das in dem berechtigten Blattintervall liegt. Das ist einzig und allein hier bei den Intervallen in Hierarchien möglich. Nur hier kann eine Hierarchieknoten-Berechtigung eine Intervallselektion berechtigen (siehe Abschnitt 9.3.4, »Wechselwirkung mit Werteberechtigungen«).

Sie sehen dies im Berechtigungsprotokoll (siehe Abbildung 9.33), wenn Sie einmal die Berechtigung für den Knoten 4 BIS 8 mit Typ 1 vergeben und ein Intervall von T04 bis T07 sowie den Einzelwert T08 selektieren.

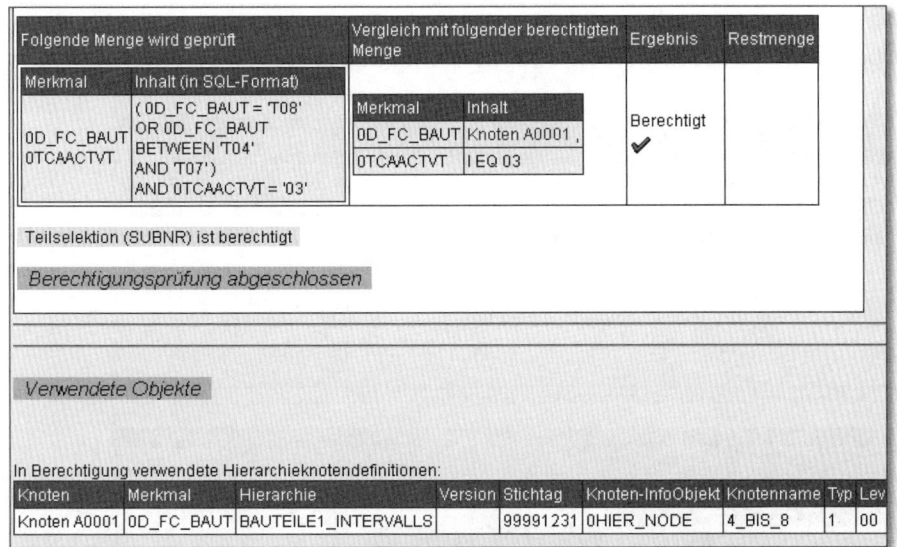

Abbildung 9.33 Selektion eines Intervalls und Berechtigung durch Blattintervall

Man sieht hier aber auch schon eine potentielle Falle, die sich als Sicherheitslücke darstellen kann: Obwohl sich ursprünglich unter dem Knoten GERADES (EVEN) aus Abbildung 9.31 nur Knoten mit geraden Ziffern in den technischen Namen befanden, sehen Sie nun, dass auch ungerade Endziffern berechtigt werden, z.B. T07. Sie werden sogar in der Wertehilfe angeboten (siehe Abbildung 9.32).

Theoretisch kann man sogar auch Muster selektieren, die innerhalb eines solchen Intervalls liegen. Wenn das Intervall in der Hierarchie beispielsweise die Knoten A bis C berechtigt und eine Selektion der Form B* geprüft wird, liegt es logischerweise in diesem Intervall und ist damit auch berechtigt. Denn in diesem Intervall liegen auch die Werte Aa, Ab, Aaab, ..., Ba, Bb usw., also auch alle, die mit B anfangen. Das hat dann nur noch wenig mit der eigentlichen Absicht der Hierarchieintervalle zu tun, eine Kurzschreibweise für die Erfassung vieler Knoten zu liefern (z.B. in Knotenhierarchien).

Da Intervallhierarchien häufig Kontenhierarchien sind und eher numerischer Natur, aber auf Merkmalen mit alphanumerischer Grundlage basieren, kann es auch zu unerwarteten Ergebnissen kommen, wie wir sie bereits in

Abschnitt 9.2.1, »Bedeutung der Intervalle in SAP NetWeaver BW«, über verallgemeinerte Intervalle diskutiert hatten. Denn das Intervall 00 bis 10 berechtigt dann nicht mehr unbedingt die Selektion 0*, da auch ein nicht numerisches Merkmal nicht unbedingt in diesem Intervall [00, 10] die Werte 0a, 0b usw. sowie alle möglichen Sonderzeichenkombinationen enthält. In Abbildung 9.34 sehen Sie dies im Berechtigungsprotokoll veranschaulicht.

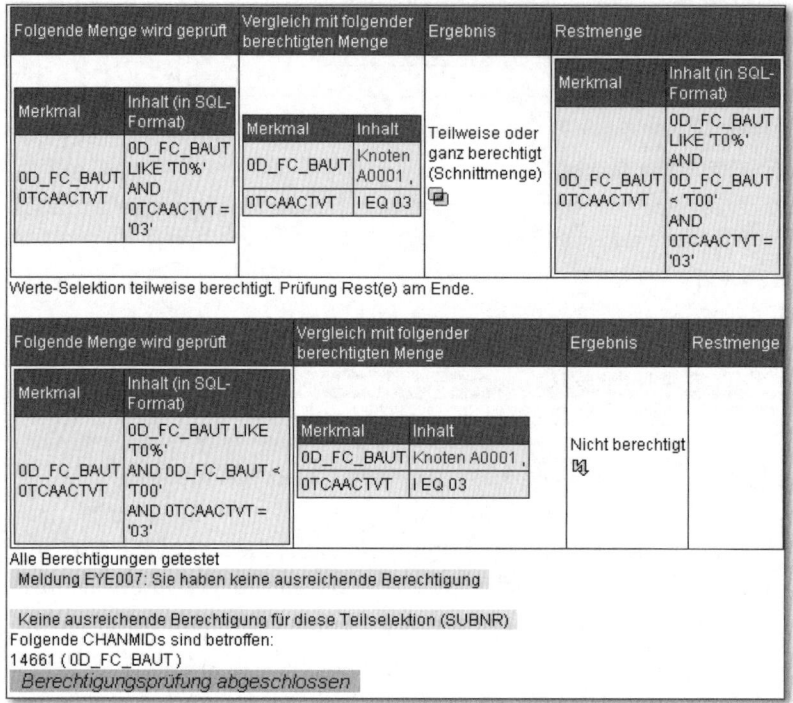

Abbildung 9.34 Selektion eines Musters und Berechtigung mit Intervall

Unser Beispiel mit dem Merkmal 0D_FC_BAUT, das offensichtlich nicht numerisch ist, verlangt in der Tat noch Berechtigungen für die Werte 0D_FC_BAUT < T00. Es zeigt aber auch, dass Muster über Hierarchieberechtigungen berechtigt werden könnten, da es die Musterselektion I CP T0*, die im SQL als 0D_FC_BAUT LIKE T0% auftaucht, mit dem Hierarchieintervall schneidet. Das führt nur zu diesem alphanumerischen Intervallproblem, was aber natürlich bei Intervallen und Mustern beinahe immer so ist. Dennoch sei besonders hier davor gewarnt, solche Randsituationen vorschnell auszunutzen, denn Intervalle in Hierarchien sollen meist eigentlich nur eine bestimmte Gruppe von Einzelwerten – genau genommen von Blättern – gruppieren.

9.3.9   Fazit

Eine ganze Reihe von Eigenschaften von Hierarchiefeatures haben wir im Zusammenhang mit Berechtigungen nun untersucht. Wir hoffen, Ihnen in einigen der Szenarien zu einem besseren Grundverständnis verholfen zu haben, wie man diese Features im Zusammenhang mit Berechtigungen verwendet.

Selbstverständlich kann man alle diese Situationen auch kombinieren, was enorme Möglichkeiten bietet, das Verständnis und den Überblick aber natürlich erschwert. Insbesondere die Wechselwirkungen von allgemeinen Intervallen und Hierarchieberechtigungen bergen ein nicht unerhebliches Komplexitätsrisiko. Das wird zum Teil noch wesentlich vergrößert, wenn auch noch Klammerung ins Spiel kommt, die wir bisher vernachlässigt haben, da sie keine Hierarchieeigenschaft ist und innerhalb von Hierarchien sogar eher harmloser ist als bei Werten und Intervallen. Mit der Klammerung werden wir uns nun im Rahmen des nächsten Abschnitts genauer beschäftigen.

9.4   Klammerung in Berechtigungen

Die Klammerung im Zusammenhang mit Berechtigungen ist ein schwieriges Gebiet mit einigen typischen Fehlerquellen für die Modellierung. In diesem Abschnitt werden wir einige der häufigsten Fälle, die beispielsweise oft im Planungsumfeld vorkommen, erörtern. Dies soll am Beispiel des Merkmals »Kostenstelle« (0COSTCENTER), das an einen Kostenrechnungskreis (0CO_AREA) geklammert ist, geschehen. Das Merkmal, an das geklammert wird, also hier 0CO_AREA, wird häufig als *Klammervater* bezeichnet.

Es gibt neben der Klammerung eines Merkmals an ein anderes auch die Möglichkeit der *Mehrfachklammerung*, also die Kombination von mehr als zwei Merkmalen – beispielsweise »Kostenart« (0COSTELEMNT), das an »Kostenstelle« (0COSTCENTER) geklammert ist und damit auch an den Kostenrechnungskreis. Und natürlich kann ein Klammervater auch Klammervater von mehr als einem Merkmal sein. Ein Beispiel hierfür ist der Kostenrechnungskreis (0CO_AREA), an den sowohl das »Profit-Center« (0PROFIT_CTR) als auch die »Kostenstelle« (0COSTCENTER) geklammert ist.

Sobald man mit Wertevariablen oder Werteberechtigungen arbeitet, steht man stets dem Problem gegenüber, dass sie nur eine Dimension, sprich nur ein Merkmal, »tragen« können. Dabei werden dann die Merkmalskombinationen in die Merkmalswerte für alle beteiligten Merkmale zerlegt.

> **Merkmalswerte bei Klammerung**
>
> Grundsätzlich ist es wichtig zu verstehen, dass bei einem geklammerten Wert immer mehrere Merkmale im Spiel sind. Die Klammerung stellt eine Möglichkeit dar, Kombinationen von Merkmalswerten festzulegen. Dabei existieren dann auch nicht zwangsläufig alle *möglichen* Kombinationen.

In Abschnitt 1.4, »Möglichkeiten der Analyseberechtigungen«, haben wir bereits die Vorteile aufgezeigt, bei Klammerung mit Hierarchien zu arbeiten, und zwar sowohl in der Selektion, also der Query, und in den Berechtigungen. Hierarchien sind in der Lage, die Kombination von Merkmalswerten zu konservieren, da sie intern mit Zahlenschlüsseln, sogenannten SIDs, arbeiten, die für die Kombinationen erzeugt werden. Durch die Verwendung von Merkmalswert-Selektionen, -Variablen und -Berechtigungen wird diese Verarbeitungsart durchbrochen, was verschiedene Probleme nach sich zieht.

Wir befassen uns zunächst mit den Situationen im Zusammenhang mit Klammerung in Querys und bei der Planung, die sehr häufig sind. Viele BW-Installationen arbeiten noch immer mit der SEM-BPS-Planung, die ein Vorläufer der integrierten Planung ist. Die integrierte Planung ist jedoch viel stärker in die BW-eigene OLAP-Verarbeitung inklusive Berechtigungen integriert und kann davon auch im Spannungsfeld der Klammerung profitieren, wo die BPS-Planung Kompromisse eingeht, die insbesondere häufig zum Problem des Aufbrechens der kombinierten Merkmalswerte führt.

Schließlich werden wir noch einige exotische Fälle mit Mehrfachklammerung und gemeinsamen Klammervätern besprechen, bei denen man bald auch die Grenzen der unterstützten Möglichkeiten erreicht.

Dieser ganze Abschnitt lässt sich in einer Botschaft zusammenfassen: Machen Sie es so einfach wie möglich, und kombinieren Sie nicht zu viel. Benutzen Sie außerdem möglichst Hierarchien und Hierarchieberechtigungen!

9.4.1 Einfache Klammerung

Die einfache Klammerung ist der häufigste Fall. *Einfach* heißt hier lediglich, dass es nur einen Klammervater gibt. Die meisten Argumente lassen sich aber auch auf Mehrfachklammerung anwenden. Die Mehrfachklammerung wirkt erst dann verkomplizierend, wenn die Merkmale nicht einheitlich behandelt werden, etwa wenn einer der Klammerväter nicht berechtigungsrelevant ist, ein anderer aber doch oder wenn verschiedenartige Selektionen (Hierarchie- plus Werteselektionen) ins Spiel kommen. Damit befassen wir uns noch in Abschnitt 9.4.2, »Gemischte Berechtigungen, Mehrfachklammerung, Grenzen«.

In Abschnitt 1.4, »Möglichkeiten der Analyseberechtigungen«, haben wir bereits am Beispiel von »Land« (0D_FC_LAND) und »Region« (0D_FC_REGL) gezeigt, dass die Selektion von Hierarchien aus Berechtigungssicht sehr empfehlenswert ist. Betrachten wir einmal diese Situationen am Beispiel von 0COSTCENTER und dem Klammervater 0CO_AREA genauer:

Sie selektieren also mit Einzelwerten, Intervallen oder mit Mustern auf die Kostenstelle 0COSTCENTER (im Folgenden einfach »flache Selektion« oder manchmal auch verallgemeinert »Intervalle«). Was passiert nun bei einer solchen flachen Selektion mit der Klammerung?

Da ein »flaches« Merkmal (also auch eines ohne Hierarchie) immer nur seine eigenen Merkmalsausprägungen »tragen« kann, geht die Klammerungsinformation nun verloren, da die geklammerten Stammdaten in ihre Anteile für geklammertes Merkmal (0COSTCENTER) und Klammervater (0C_AREA) aufgeteilt werden.

Beispiel 1 – Verlust der Klammerungsinformation bei Werteselektion

Angenommen, Sie selektieren 1000/TCC00000001, 1000/TCC00000002 und 2000/TCC00000002 als drei Kostenrechnungskreis-/Kostenstellen-Kombinationen. Man sieht bereits, dass hier mehrere Kostenrechnungskreise (1000 und 2000) selektiert werden. Durch die Aufspaltung wird also eigentlich für zwei Merkmale selektiert. Die Trennung der Information führt zu einer Selektion aller Kombinationen der zugehörigen Ausprägung 1000 und 2000 für den Kostenrechnungskreis (0CO_AREA), und die Ausprägungen TCC00000001 und TCC00000002 für die Kostenstelle (0COSTCENTER). Das sind damit also vier Werte im Unterschied zu den ursprünglich beabsichtigten drei Werten, nämlich 1000/TCC00000001, 1000/TCC00000002, 2000/TCC00000002 und als zusätzlicher neuer Wert 2000/TCC00000001. Das ist bisher alles unabhängig von Berechtigungen!

Wenn nun beide Merkmale berechtigungsrelevant sind, müssen Sie für alle effektiv selektierten Kombinationen Berechtigungen haben. Durch die Aufspaltung wird die Selektion erst einmal künstlich größer, und man muss dann tendenziell mehr Berechtigungen haben, als man tatsächliche Kombinationen *meint*.

Im Falle von integrierter Planung oder auch SEM-BPS sind für unser Beispiel also vier Kombinationen zu berechtigen. Und dabei haben wir schon angenommen, dass 0CO_AREA bereits auf 1000 und 2000 eingeschränkt wurde. Das muss man aber explizit tun, ansonsten muss für den Klammervater sogar volle Berechtigung vorliegen oder zumindest Aggregationsberechtigung, wenn er nicht im Aufriss ist.

Merkmal	Beabsichtigte Selektion, z.B. aus Hierarchie	Tatsächliche (effektive) Selektion	Notwendige Berechtigung
Klammervater (0CO_AREA) nicht eingeschränkt	1000/TCC00000001, 1000/TCC00000002 2000/TCC00000002	*	bei Aufriss *, sonst :
geklammertes Merkmal (0COSTCENTER)		TCC00000001, TCC00000002	TCC00000001, TCC00000002
Klammervater (0CO_AREA) festgelegt	1000/TCC00000001, 1000/TCC00000002 2000/TCC00000002	1000, 2000	1000, 2000
geklammertes Merkmal (0COSTCENTER)		TCC00000001, TCC00000002	TCC00000001, TCC00000002

Tabelle 9.12 Beispiel 2 – Flache Selektion und notwendige Berechtigung bei einfacher Klammerung ohne Variablen

In Tabelle 9.12 ist diese Situation dargestellt. Man kann die Einschränkung für den Klammervater mit Variablen erreichen, die man vielleicht ohnehin einführt, wenn Berechtigungen im Spiel sind. Variablen, die aus Berechtigungen gefüllt werden, würden auch hier den Effekt erzielen, dass vier Werte selektiert würden und berechtigt werden müssten.

In der Tat geschieht diese Aufspaltung in Werteselektionen auch bei BPS hinter den Kulissen. Die Selektion wird genau so parametrisiert, wie es zwei Wertevariablen oder explizite Filter in einer Query oder der integrierten Planung tun.

Beispiel 2 – Verlust der Klammerungsinformation in SEM-BPS

Genau genommen ist die Situation in SEM-BPS jedoch noch unpraktischer und einer der Gründe, weshalb es sich lohnt, zur integrierten Planung zu wechseln: Häufig wird versucht, diese Selektion mit Hierarchieknoten zu berechtigen, was naheliegt, da Kostenstellen meist hierarchisch organisiert sind (siehe Abbildung 9.35).

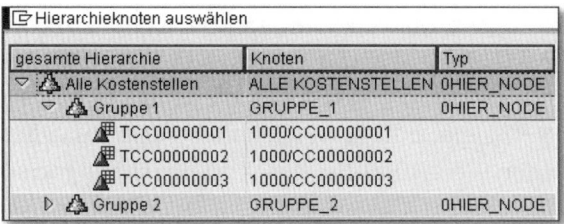

Abbildung 9.35 Beispiel 2 – Drei Kostenstellen des Kostenrechnungskreises 1000

Der Benutzer wählt in SEM-BPS dann in der Tat sogar einen Knoten aus einer Hierarchie aus (siehe Abbildung 9.36), der auch seiner Berechtigung entspricht. Da BPS aber nicht überall mit Hierarchieknoten umgehen kann, wird die ehemalige scheinbare Hierarchieknoten-Variable in mehrere flache Selektionen zerlegt – mit dem beschriebenen Effekt, dass dann in der Berechtigungsprüfung mehr Werte geprüft werden, als berechtigt sind (siehe Abbildung 9.37).

Ohne es zu beabsichtigen, hat man es mit einer der ungünstigen Situationen zu tun, die wir in Tabelle 9.11 beschrieben haben: Es werden Werte selektiert und Hierarchieberechtigungen vergeben. Das ist sogar so, wenn alle Kostenstellen einem einzigen Kostenrechnungskreis entstammen, wie in Abbildung 9.35 beispielhaft gezeigt. Man sieht dies auch daran, dass der Kostenrechnungskreis in der Knotenauswahl schon nicht mehr zu erkennen ist (siehe Abbildung 9.36).

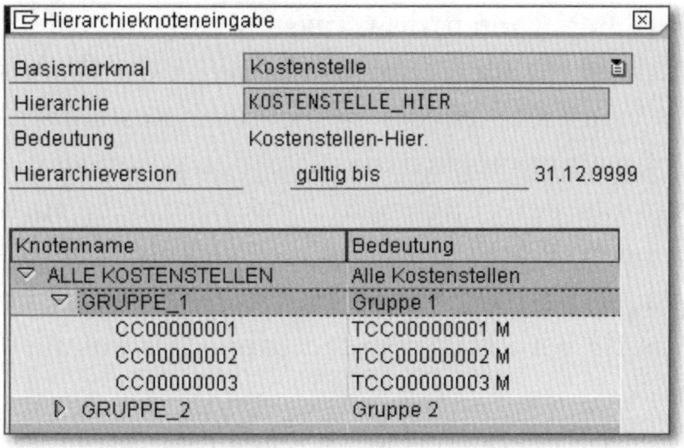

Abbildung 9.36 SEM-BPS – Selektion eines Hierarchieknotens in der Kostenstellenplanung

Damit nicht genug. Sorgen wir nun nicht auch gleichzeitig dafür, dass der Kostenrechnungskreis in der Selektion festgelegt ist, also hier auf 1000, wird für ihn keine Einschränkung verwendet, also alles zur Änderung (Aktivität 02) selektiert – siehe Abbildung 9.37. Das lässt sich natürlich nicht mit einem Knoten und dessen drei Blättern zum Kostenrechnungskreis 1000 berechtigen. Deshalb erhalten Sie die Meldung »keine ausreichende Berechtigung« und im Layout von SEM-BPS die Meldung, dass nicht alle Werte berechtigt sind. Wie man in Abbildung 9.37 sieht, hilft es da auch nicht, dass zusätzlich zu den Knoten noch explizit der Wert 1000 für den Kostenrechnungskreis berechtigt ist.

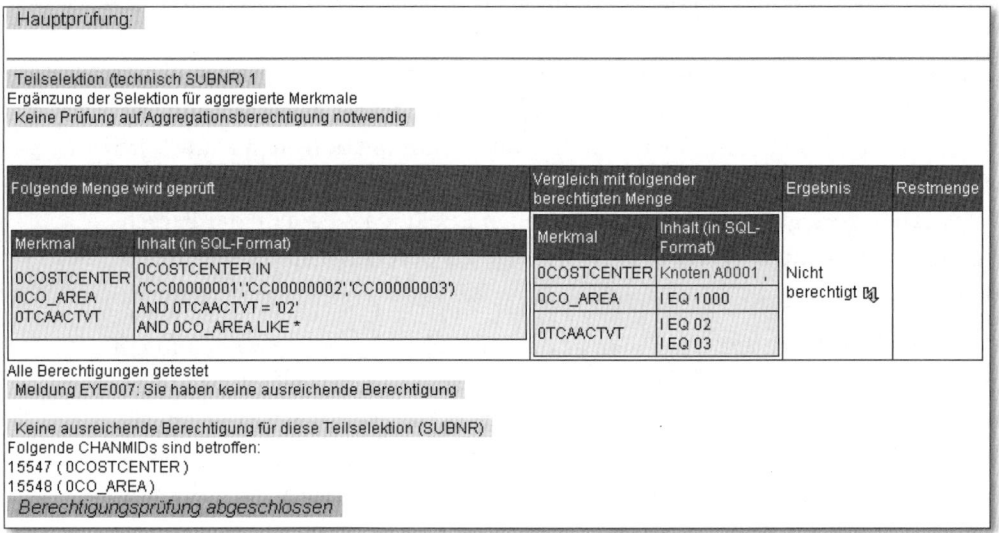

Abbildung 9.37 Drei Werte statt Hierarchieknoten für das Merkmal 0COSTCENTER

Das ist ärgerlich, da die ausgewählten Knoten aus GRUPPE_1 berechtigt sind. Es ist aber auch ein großer Nachteil für die Performance, wenn die Hierarchie groß wird. Und spätestens wenn man wieder zu mehreren Kostenrechnungskreisen übergeht, ist es oftmals unmöglich, die Selektion genau an die Berechtigung anzupassen, ohne die Berechtigung zu erweitern oder auch Werte und Intervalle zu verwenden. Einzig wenn Sie die Selektion tatsächlich auf einen Kostenrechnungskreis beschränken können, ist es möglich, die Selektion so zu schneiden, dass sie berechtigt werden kann. Wir kommen gleich noch einmal darauf zurück.

Die allgemeine Lösung aber liegt in der Verwendung von Hierarchien, wie wir das bereits in Kapitel 1, »Analyseberechtigungen für Einsteiger: eine praktische Einführung«, anhand des Beispiels mit »Region« (0D_FC_REGL) und »Land« (0D_FC_LAND) demonstriert haben. Hierarchien sind in der Lage, in ihren Blättern beide Merkmale gepaart zu tragen, sie enthalten also Klammerungsinformation. Das ist eine spezielle Eigenschaft von Hierarchien, die für diese Situationen mit geklammerten Merkmalen geschaffen wurde. Blätter sind immer eine exakt festgelegte Kombination aus geklammertem Merkmal und Klammervater. Hierarchieblätter hätten also im Beispiel die Form 1000/TCC00000001 oder 2000/TCC00000002. Sie könnten also für unser Beispiel oben (Beispiel 1) die Hierarchieberechtigung so anlegen, dass sie die drei Blätter 1000/TCC00000001, 1000/TCC00000002 und 2000/TCC00000002 enthält.

Wenn Sie jedoch keine Präsentationshierarchie verwenden oder im BPS-Fall entgegen dem Anschein gar nicht verwenden *können* und damit auch keine Knoten selektieren, können die geklammerten Werte allerdings nur zu einer flachen Selektion verarbeitet werden, die ja die Klammerungsinformation verliert und in unserem Beispiel 1 vier (oder mehr) Werte selektiert. Dieser Fall ist technisch nicht von der gewollten Situation zu unterscheiden, in der Sie je zwei Werte für die Kostenstelle (0COSTCENTER) und den Kostenrechungskreis (0CO_AREA) selektieren. Diese Selektion mit nur drei Blättern zu berechtigen wäre falsch.

Dies gilt natürlich im allgemeinen Fall noch mehr, in dem Sie vielleicht sogar Intervalle und Muster selektieren und sie mit Hierarchieknotenberechtigungen berechtigen wollen. Man kann sagen, dass Blätter in diesem Falle immer »zu speziell« sind. Dann wird die Antwort immer »keine Berechtigung« lauten, denn hier ist noch nicht einmal im Voraus klar, welche Werte denn überhaupt gemeint sind. Und es gilt ja auch ganz allgemein und unabhängig vom Klammerungskontext, dass man Intervalle und Muster nicht mit Einzelwerten oder Blättern berechtigen kann.

Welche Lösungen gibt es also für die angeführten Probleme mit der Klammerung?

1. Sie verwenden die integrierte Planung oder befinden sich ohnehin im Reportingkontext einer Query.

Wenn Sie ohnehin hierarchische Informationen verwenden, um die Selektion zu berechtigen, wird dringend empfohlen, auch die Selektion anzupassen: Selektieren Sie über eine (aktive = eingeschaltete) Präsentationshierarchie und eventuell über eine Hierarchieknoten-Variable oder zumindest über eine abgeschaltete Präsentationshierarchie mit einem Knotenfilter oder einer Knotenvariablen.

Dabei bleibt die Klammerung erhalten. Darüber hinaus ist dies in vielen Fällen erheblich performanter als die flache Selektion, da nur noch vergleichsweise wenige Knoten verglichen werden müssen und außerdem keine Hierarchien in ihre Blätter aufgelöst werden müssen (siehe dazu »Fall 3 – Werteselektion und Hierarchieberechtigungen« in Abschnitt 9.3.4, »Wechselwirkung mit Werteberechtigungen«). Das böte außerdem den Vorteil, dass der Endanwender nur die berechtigten Werte angeboten bekommt, was das Leben für den Benutzer meist einfacher macht. Bei Planungsanwendungen funktioniert dies nur mit der integrierten Planung, nicht bei BPS. Dies war einer der Gründe, die Planung in die Query-Umgebung zu integrieren.

Es gibt mit der integrierten Planung die Möglichkeit, Hierarchieknoten-Variablen zu verwenden. In den meisten Fällen kann man sich sogar noch einfacher auf die automatische Ausfilterung verlassen. Mit der alten SEM-BPS-Planung ist dies nicht möglich; die dortigen Knotenvariablen werden intern in flache Selektionen zerlegt.

2. **Sie müssen dafür sorgen, dass alle Klammerväter eindeutig sind.**
   In diesem Fall wird die Prüfung de facto wieder eindimensional:

   ▸ Für den Fall, dass Sie nur einen einzige Wert für den Klammervater (Klammergroßvater etc.) selektieren müssen oder wollen, in unseren Beispielen etwa für 0CO_AREA nur den Wert 1000, wird die Selektion bei ausreichender Berechtigung für das klammernde Merkmal akzeptiert. Sie legen den eindeutigen Wert des Klammervaters in der Query mit einem globalen Filter, im System oder im InfoCube konstant fest (siehe Abbildung 9.38).

   ▸ Sie legen einen globalen Filter auf das Klammervater-Merkmal. Das bietet sich an, wenn den entsprechenden Benutzern ohnehin nur ein Kostenrechnungskreis zugänglich sein soll.

   ▸ Wenn Ihre Kombinationen von geklammertem Merkmal und Klammervater bereits durch eines der beiden Merkmale eindeutig festgelegt sind, also niemals beide Werte 1000/TCC00000001 und 2000/TCC00000001 selektiert werden können, dann stellt sich auch die Frage, ob der Klammervater überhaupt berechtigungsrelevant sein muss. In vielen Fällen findet die Selektion in praktischer Hinsicht nur auf dem geklammerten Merkmal statt, nicht auch auf dem Klammervater. Sie können dies ebenso für einzelne Benutzer erreichen, indem Sie ihnen auf diesem Merkmal (Klammervater, 0CO_AREA) in allen Kombinationen (zumindest zum betreffenden InfoProvider) volle Berechtigungen (*-Berechtigung) geben. Dann gilt es als effektiv nicht berechtigungsrelevant. Oder Sie schalten die Berechtigungsrelevanz am Klammervater aus.

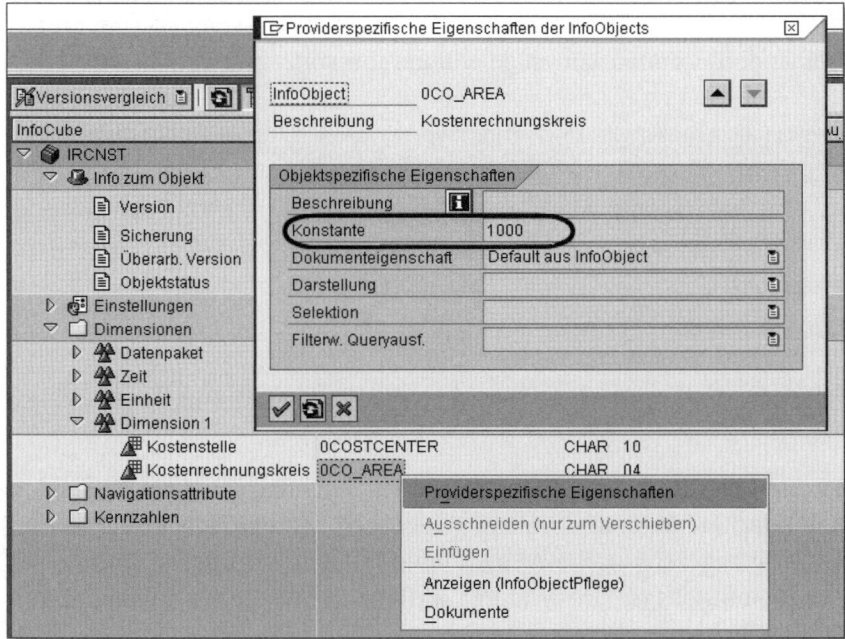

Abbildung 9.38 Konstante (1000) im Cube am Beispiel 0CO_AREA

Im Berechtigungsprotokoll werden Sie bei dieser Art von Konstruktionen mit eindeutig festgelegten, aber berechtigungsrelevanten Klammervätern bei reinen Einzelwertselektionen und reinen Hierarchieberechtigungen statt der expliziten Werte in der Selektion und in der Berechtigung SIDs sehen, also Zahlen und keine Werte (siehe Abbildung 9.39).

Teilselektion (technisch SUBNR) 1
Ergänzung der Selektion für aggregierte Merkmale
 Keine Prüfung auf Aggregationsberechtigung notwendig

Folgende Menge wird geprüft		Vergleich mit folgender berechtigten Menge		Ergebnis	Restmenge
Merkmal	Inhalt (in SQL-Format)	Merkmal	Inhalt		
0COSTCENTER	SID_0COSTCENTER = 100	0COSTCENTER	Knoten A0001 ,	Berechtigt ✔	
0TCAACTVT	AND 0TCAACTVT = '03'	0TCAACTVT	I EQ 03		

Teilselektion (SUBNR) ist berechtigt

Berechtigungsprüfung abgeschlossen

Abbildung 9.39 Berechtigungsprüfung mit Hilfe von SID bei Klammerung und reiner Hierarchieberechtigung (SID_0COSTCENTER = 100)

Dabei kann es sogar passieren, dass eine weitere Optimierung erfolgt (siehe Abbildung 9.40): Wenn die SIDs zufällig direkt hintereinanderliegen, werden sie zu einem Intervall optimiert. Lassen Sie sich dadurch nicht verwirren. Dieses Verhalten erfolgt analog zur Zusammenfassung von mehreren hintereinanderliegenden Jahren zu einem Jahresintervall.

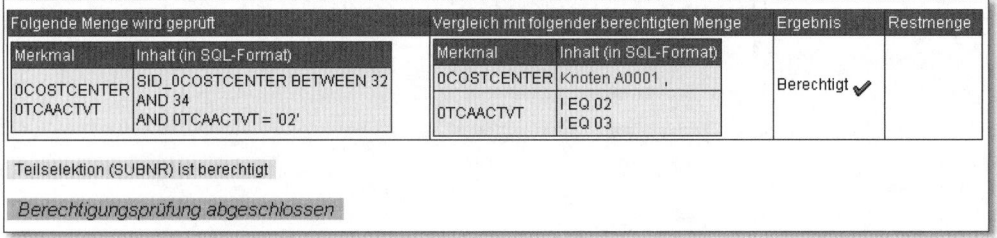

Abbildung 9.40 Optimierung der SID-Prüfung zu Ganzzahl-Intervall (SID_COSTCENTER) von 32 bis 34

Sobald Sie allerdings die Berechtigungen mit flachen Berechtigungen mischen oder Intervalle und Muster selektieren, werden wieder die technischen Werte angezeigt (siehe Abbildung 9.41). Das hat interne Gründe bei der Verarbeitung: Es ist eine Wahl zu treffen, auf die Sie als Anwender keinen Einfluss haben.

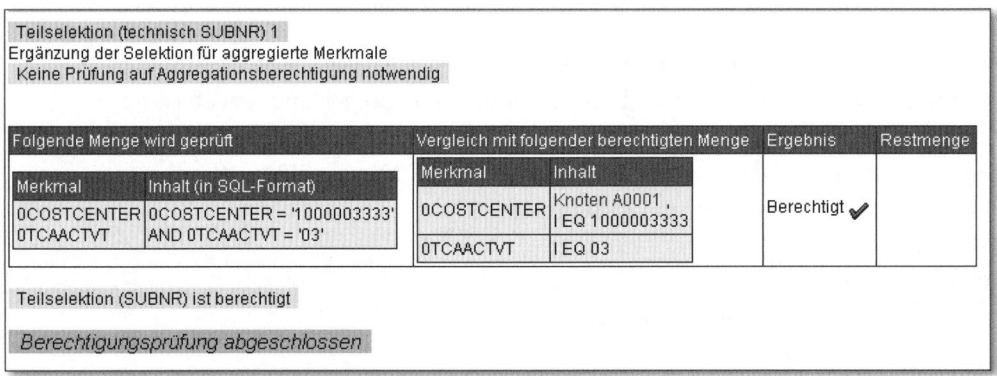

Abbildung 9.41 Verarbeitung von Werten bei gemischten Selektionen – konstant definierter Klammervater 0CO_AREA

Was passiert im umgekehrten Fall, wenn Sie in der Query eine Knotenselektion für das Merkmal 0COSTCENTER definieren, aber ausschließlich flache Berechtigungen definieren? Dieser Fall wird niemals funktionieren, die berechtigten Werte haben schlicht keine Funktion. Denn hier wird Hierarchiestruktur-Information angefragt, und diese kann durch Einzelwertberechtigungen niemals berechtigt sein. Das haben wir in Abschnitt 9.3.4, »Wechselwirkung mit Werteberechtigungen«, bezüglich des vierten Falls bereits diskutiert. Lediglich, wenn diese Hierarchieknoten in Wahrheit Blätter sind, wird dies berücksichtigt, und das oben Gesagte tritt ein, da hier die Selektion wieder in eine flache Selektion verwandelt wird, so dass eine Chance besteht, diese Selektion zu berechtigen – allerdings auch hier mit den beschriebenen potentiellen Problemen der Klammerung.

Berechtigungsrelevanz

Überlegen Sie bei der Modellierung, ob ein Klammervater (zum Beispiel Kostenrechnungskreis 0CO_AREA) berechtigungsrelevant sein muss, und schalten Sie die Berechtigungsrelevanz gegebenenfalls aus, oder vergeben Sie volle Berechtigung zu dem Merkmal für den Benutzer.

Dies kann auch der Fall sein, wenn zumindest in bestimmten funktionalen Bereichen überhaupt nur ein Klammervater-Wert gebucht ist und die Benutzer deshalb überhaupt nur einen Wert erreichen können.

Alternativ legen Sie den Wert im System, im InfoCube oder in der Query fest.

Eine weitere typische Falle ist, eine Anzeigehierarchie in die Query zu nehmen und diese dann abzuschalten. Wenn dann nicht eine Variable oder ein Filter verwendet wird, um die Selektion einzuschränken, wird ein vollständiger Aufriss selektiert, für den die Gesamtberechtigung (*) notwendig ist. Dann ist insbesondere auch eine Hierarchieberechtigung vom Typ »ganze Hierarchie« nicht ausreichend, da für eine Selektion ohne jede Einschränkung immer die volle Berechtigung notwendig ist. Wenn dies ein Anwendungsfall ist, sollten Sie in jedem Fall Hierarchieknoten-Variablen verwenden – am besten solche, die durch die Berechtigungen gefüllt werden, damit keine unberechtigte Selektion erzeugt werden kann. Denn im Falle der abgeschalteten Anzeigehierarchie kann man sich nicht mehr auf die automatische Filterung verlassen.

Betrachten wir zum Abschluss noch ein paar Situationen, in denen man an die Grenzen der Komplexität gelangt, die noch beherrschbar ist.

9.4.2 Gemischte Berechtigungen, Mehrfachklammerung, Grenzen

Die einfache Klammerung birgt bereits die meisten der zentralen Probleme. Mit Mehrfachklammerung oder Klammerung an mehrere Klammerväter kann sich die Situation noch weiter verschärfen. In den meisten Fällen ist dies jedoch vor allem dann ein Problem, wenn aus irgendwelchen Gründen

Werteselektionen auf geklammerten Merkmalen verwendet werden und alle Klammerväter berechtigungsrelevant sind.

Wenn dann noch gemischte Berechtigungen aus Hierarchieknoten und gleichzeitig Intervalle (oder Muster) vergeben werden, wird es schnell sehr unübersichtlich. Auch hier werden noch viele Situationen unterstützt, die logisch korrekt sind.

> **Gemischte Berechtigungen und Klammerung**
>
> Die Mischung von Werte- und Hierarchieberechtigungen macht die Situation bei Klammerung noch unübersichtlicher. Vermeiden Sie in der Praxis solche Konstruktionen. Sie sind zwar möglich und werden behandelt, können aber zu unerwarteten Ergebnissen führen.

Betrachten wir kurz die beiden Fälle von Mehrfachklammerung:

1. **Klammerung von mehreren Merkmalen an denselben Klammervater**
   Beispiel: Merkmal 0COSTCENTER geklammert an Merkmal 0CO_AREA und Merkmal 0PROFIT_CTR geklammert an Merkmal 0CO_AREA

2. **Geschachtelte Klammerung**
   Beispiel: Merkmal 0COSTELEMNT geklammert an Merkmal 0COST-CENTER, das wiederum geklammert ist an Merkmal 0CO_AREA

Beispielsweise ist es denkbar, dass eine Query mit den Merkmalen 0COSTCENTER mit Werten und gleichzeitig 0PROFIT_CTR mit Hierarchieknoten gebaut wird. Für 0COSTCENTER kämen alle Argumente des vorigen Abschnitts zur Geltung. Wenn gleichzeitig Hierarchieberechtigungen auf 0COSTCENTER angelegt werden, die schlimmstenfalls auch noch verschiedene Kostenrechnungskreise berechtigen, dann kommen sehr schnell unerwartete Ergebnisse zustande. Reine Hierarchieselektionen und Hierarchieberechtigungen auf beiden Merkmalen sind jedoch problemlos.

Viele der auftretenden Situationen werden im Coding behandelt. Allerdings erreicht man hier nun die Grenzen des Vertretbaren, weshalb einige Grenzsituationen vereinfacht dargestellt wurden und eventuell zur Meldung »keine Berechtigung« führen, wo man vielleicht noch Daten erwartet.

Wir beenden nun diesen Abschnitt und wenden uns einem weiteren Thema für Experten zu, das bei komplexen Szenarien gelegentlich zu Missverständnissen führt: der Kombination und Zusammenfassung von Berechtigungen.

9.5 Zusammenfassung und Optimierung von Berechtigungen

Zur Verringerung der Komplexität und Verbesserung der Laufzeit werden zur Laufzeit verschiedene Optimierungen vorgenommen, bevor die tatsächliche Prüfung erfolgt. Dazu gehören das Zusammenfassen (*Kombinieren*) und Vereinfachen (*Mischen*) von Berechtigungen.

Das Ergebnis der Optimierung wird gepuffert, damit es wiederverwendet werden kann. Allerdings bleibt das Ergebnis nur so lange erhalten, wie die Session des Benutzers erhalten bleibt. Nach dem Schließen des Analysetools oder der Transaktion verschwindet der Puffer. Beim Webbrowser müssen Sie alle Browserfenster schließen, da sonst die Session auch über die Browserfenster hinweg erhalten bleibt.

> **Pufferung von Berechtigungen**
>
> Für die Pufferung von Berechtigungen gilt:
> - Alle optimierten Berechtigungen werden gepuffert.
> - Die Pufferung bleibt so lange erhalten, bis die Benutzersession geschlossen wird.

Dabei stellt sich häufig die Frage, wie zwei oder mehr Berechtigungen zusammengefasst werden, wenn Merkmale keine Einträge in einer der Berechtigungen haben. Den Ablauf werden wir uns im Folgenden genauer anschauen.

Für die Benutzer der Berechtigungen ist vor allem wichtig, den Vorgang zu verstehen, der es auf elegante Art und Weise erlaubt, Merkmale nicht konkret auszuprägen, sondern frei zu lassen und damit trotzdem keine Berechtigungslöcher zu schaffen.

9.5.1 Grundprinzip

Beginnen wir mit dem naheliegenden Fall der Kombination von Berechtigungen, der auch dem verallgemeinerten Prinzip zugrunde liegt (siehe Abbildung 9.42). Hier ist recht offensichtlich, dass zwei Berechtigungen – die eine für das Merkmal 0CALYEAR, die andere für das Merkmal 0COUNTRY – Einschränkungen darstellen, die man kombiniert. So einsichtig das sein mag, so zentral ist dabei die Idee: Leer gelassene Merkmale in einem Berechtigungskontext, also zum Beispiel die berechtigungsrelevanten Merkmale in einem InfoProvider, sind *nicht* als volle Berechtigung zu interpretieren.

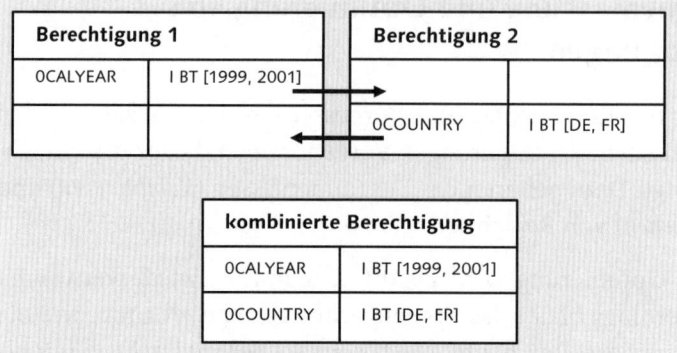

Abbildung 9.42 Kombination zweier Berechtigungen mit je einer Dimension zu einer Berechtigung mit zwei Dimensionen

In Abbildung 9.43 werden die beiden Merkmalsdimensionen in einem zweidimensionalen Diagramm dargestellt. Die beiden Berechtigungen aus Abbildung 9.42 sind also gewissermaßen die »Ränder« der neu entstandenen Berechtigung. Natürlich sind die Konzepte nicht an zwei Dimensionen gebunden, aber die Darstellung erleichtert oft die Vorstellung, insbesondere wenn es um das Zusammenfassen ähnlicher Berechtigungen geht.

Im nächsten Abschnitt betrachten wir die Verallgemeinerungen.

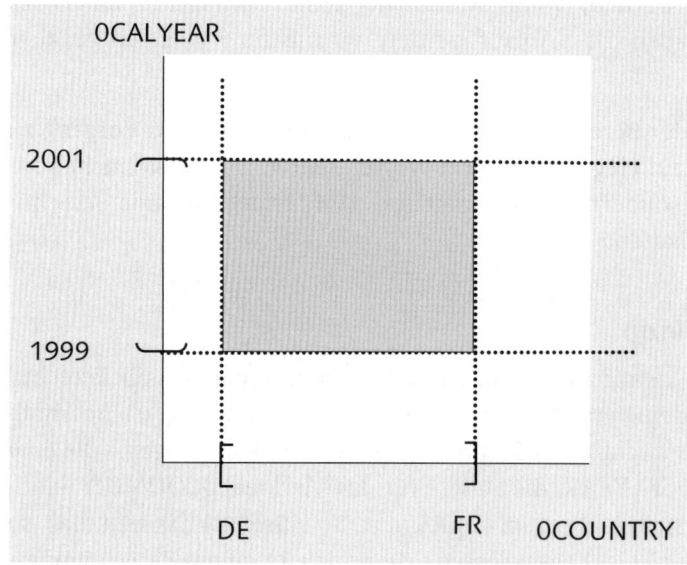

Abbildung 9.43 Kombination der beiden Berechtigungen

9.5.2 Kombination – Verallgemeinerung

Betrachten wir nun eine Verallgemeinerung des einfachen Kombinationsvorgangs aus Abbildung 9.42, die ganz leicht auf beliebig viele Dimensionen erweitert werden kann (siehe Abbildung 9.44).

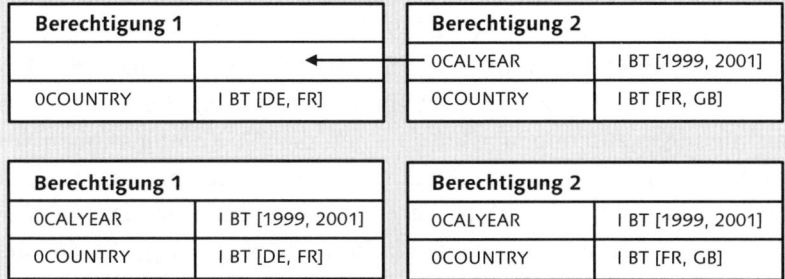

Abbildung 9.44 Kombination zweier Berechtigungen mit einer unbesetzten Dimension

Sie sehen hier, dass analog zum ersten Beispiel die Berechtigung für das Merkmal 0CALYEAR aus der anderen Berechtigung referenziert bzw. übernommen wird. Es gilt also die folgende Regel:

> **Allgemeine Kombinationsregel für Analyseberechtigungen**
>
> Ist in einer Berechtigung ein Merkmal nicht angegeben, bedeutet das zunächst, dass die berechtigten Werte für dieses Merkmal nicht festgelegt sind. Deshalb wird dann auf alle berechtigten Einträge von allen anderen Berechtigungen referenziert – selbstverständlich unter Berücksichtigung der Regeln für multidimensionale »kombinatorische« Berechtigungen.

Nur wenn der Benutzer auch keine andere Berechtigung hat, die zu dem leeren Merkmal beitragen kann, hat er gar keine Berechtigung. Dann erfolgt die Meldung »keine Berechtigung«, falls dieses Merkmal im InfoProvider vorkommt und berechtigungsrelevant ist.

Um diese Kombination während der Berechtigungsprüfung nicht immer wiederholen zu müssen, wird sie einmal zentral durchgeführt und dann gepuffert. Es kann aber durchaus sein, dass mehrere solche Kombinationsvorgänge ablaufen müssen, etwa wenn mehrere InfoProvider im Spiel sind. Auch für die Attributbestimmung einzelner Merkmale, die ja InfoProvider-übergreifend ist, finden mehrere solche Kombinationsvorgänge statt.

Bei genauerer Betrachtung sehen Sie, dass in Abbildung 9.44 zwei Berechtigungen entstehen, die man auch weiter zusammenfassen kann. Mit der Zusammenfassung und damit der Reduktion der Berechtigungszahl befassen wir uns im folgenden Abschnitt genauer, bevor wir weitere Details und Beispiele zur vollständigen Optimierung im System untersuchen.

9.5.3 Vereinfachen (Mischen) von Berechtigungen

In Abbildung 9.44 fällt auf, dass beide entstandenen Berechtigungen für das Merkmal 0CALYEAR das Intervall I BT [1999, 2001] berechtigt haben. Dies haben sie jeweils in Kombination mit anderen Ländern, einmal mit dem Intervall [DE, FR] und einmal mit dem Intervall [FR, GB]. Man kann also beide Berechtigungen zusammenfassen zu einer, die alle Kombinationen des Intervalls [1999, 2001] auf das Merkmal 0CALYEAR mit den berechtigten Werten zum Merkmal 0COUNTRY beschreibt. In der grafischen Darstellung sind dies in diesem Beispiel sogar zwei Flächen, die zu einer größeren vereint werden (siehe Abbildung 9.45).

Natürlich müssen die Berechtigungen nicht aus Intervallen bestehen, die »aneinanderstoßen«, aber sie verdeutlichen eine Regel: Die Berechtigungen dürfen sich nämlich in maximal einer einzigen Dimension unterscheiden. Nur dann können sie »aneinandergeklebt« werden.

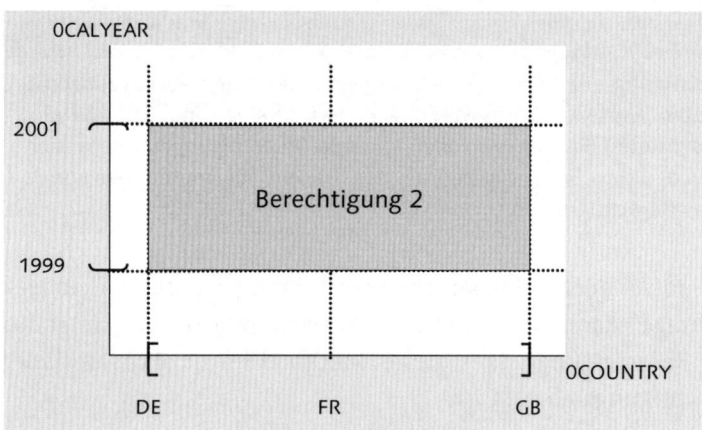

Abbildung 9.45 Zusammenfassen der Berechtigungen aus Abbildung 9.44

> **Regel für das Zusammenfassen von Berechtigungen**
>
> Zwei Berechtigungen können zu einer einzigen zusammengefasst werden, wenn sie sich in maximal einer Dimension unterscheiden.
>
> Hinweis: Nicht gefüllte Merkmale zählen als unterschiedliche Dimensionen.

Einen komplizierteren Fall, der einen großen Effekt hat, sehen Sie in Abbildung 9.46.

Sie werden sofort erkennen, dass man diese Berechtigungen zusammenfassen kann. Die algorithmische Optimierung geht nach Regeln vor. Dabei werden alle Berechtigungen mit allen Berechtigungen verglichen und, wenn möglich, zusammengefasst. Da dies relativ schnell vonstattengeht, ist der Gewinn bei der Berechtigungsprüfung enorm – da eine Selektion unter Umständen in einem Schritt berechtigt werden kann, die sonst mühsam über zahlreiche Schnittmengen und Restebildungen berechtigt werden müsste. Und bei ähnlichen Selektionen und bei Navigationsschritten müsste dies immer wieder geschehen. Deshalb lohnt es sich, einmal die Abfolge des Algorithmus für die Zusammenfassung der Berechtigungen in Abbildung 9.46 nachzuvollziehen.

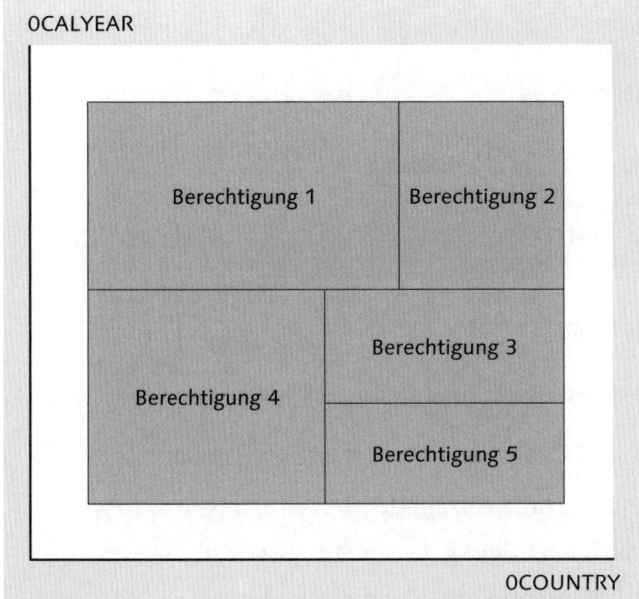

Abbildung 9.46 Beispiel für Berechtigungen, die in mehreren Schritten zusammengefasst werden können

Betrachten Sie also einmal die Abfolge des Zusammenfassens:

1. Runde

Das Zwischenergebnis sehen Sie in Abbildung 9.47.

▸ Berechtigung 1 mit Berechtigung 2 → Berechtigung 2

▸ (Neue) Berechtigung 2 mit Berechtigung 3 → nicht mischbar

▸ (Neue) Berechtigung 2 mit Berechtigung 4 → nicht mischbar

▸ (Neue) Berechtigung 2 mit Berechtigung 5 → nicht mischbar

▶ Berechtigung 3 mit Berechtigung 4 → nicht mischbar

▶ Berechtigung 3 mit Berechtigung 5 → Berechtigung 5

▶ Neue »Runde« mit neuen Berechtigungen 2, 4 und 5 (siehe Abbildung 9.47)

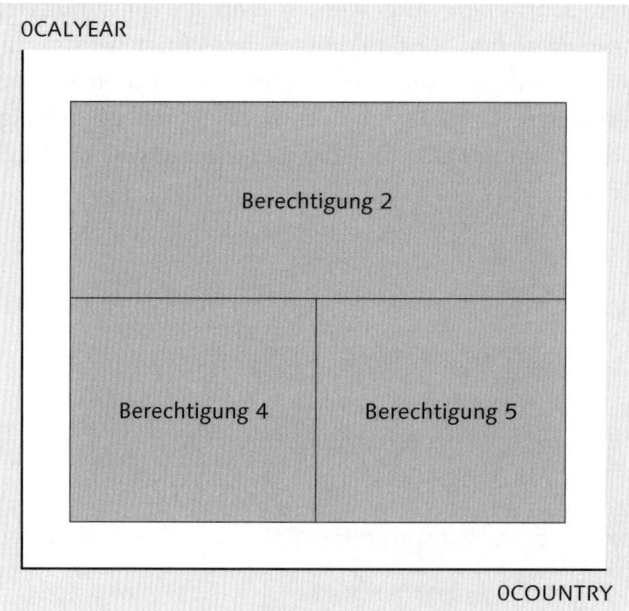

Abbildung 9.47 Zwischenstand nach einer Optimierungsrunde

2. Runde

Die zweite Runde reduziert die Anzahl der Berechtigungen auf zwei:

▶ Berechtigung 2 mit Berechtigung 4 → nicht mischbar

▶ Berechtigung 2 mit Berechtigung 5 → nicht mischbar

▶ Berechtigung 4 mit Berechtigung 5 → Berechtigung 5

3. Runde

In der dritten Runde wird nun das Endergebnis erreicht (siehe Abbildung 9.48):

▶ Berechtigung 2 mit (neuer) Berechtigung 5 → Berechtigung 5

Der Name der letzten übrig gebliebenen Berechtigung sagt nun natürlich nichts mehr über den Inhalt der ursprünglichen Berechtigung 5 aus.

In komplizierteren Fällen kann dies zu Verwirrungen führen, wenn die Berechtigungen anders aussehen, als sie zu Beginn definiert wurden. Deshalb werden sie nach einer solchen Rekombination neu benannt und einfach durchnummeriert.

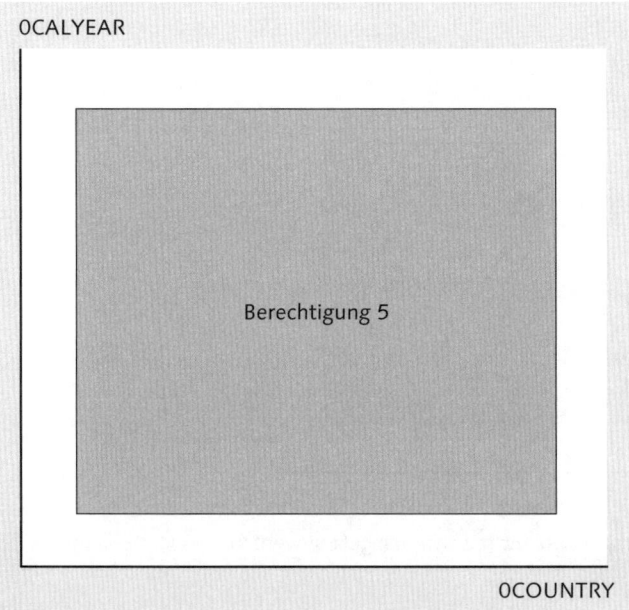

Abbildung 9.48 Endergebnis der Optimierung

Umnummerierung

Bei mehreren Veränderungen der Berechtigungen bleiben die ursprünglichen Namen der Berechtigungen nicht erhalten. Das Ergebnis wird durchgehend neu nummeriert.

Die Reduktion der Anzahl der Berechtigungen hat keinen Einfluss auf die berechtigten Kombinationen! Sie ist eine Optimierung, die nur aus Performancegründen gemacht wird. Logisch wäre das nicht nötig.

In einigen Fällen wird nicht vereinfacht, weil es zu schwierig bzw. zeitaufwendig ist, die entsprechende Situation für die Zusammenführung zu erkennen und auszunutzen (siehe z. B. Abbildung 9.49).

Ein weiteres Beispiel für einen Fall, der nicht vereinfacht wird, sind zwei Berechtigungen, die Intervalle in allen Dimensionen haben. In jeder Dimension in der ersten Berechtigung ist das Intervall so gewählt, dass es das Intervall der zweiten Berechtigung überdeckt. (Oder bildlich gesprochen: Ein großer Karton umfasst einen kleinen Karton.)

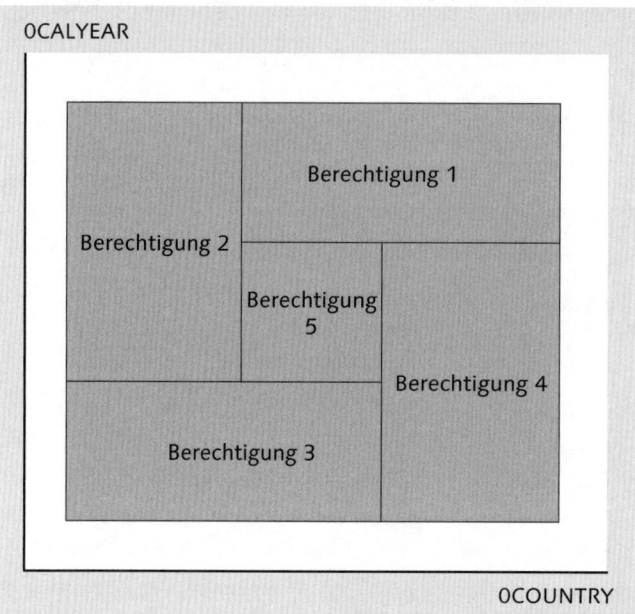

Abbildung 9.49 Berechtigungen, die nicht zusammengefasst werden

Es wäre möglich, dies in einer Berechtigung zusammenzuführen, doch weil es zu aufwendig zu erkennen ist, wird diese Optimierung nicht durchgeführt.

In anderen Fällen ist es mit den beschriebenen einfachen Regeln nicht einmal möglich, die Berechtigungen zu vereinfachen, obwohl es offensichtlich eine Vereinfachung gibt. Ein aufwendigerer Algorithmus wäre nötig, der aber auch mehr Zeit kostet und den Gewinn in Frage stellt.

9.5.4 Vollständige Optimierung

Bei Szenarien mit vielen Berechtigungen werden die beiden Prozesse des Auffüllens leerer Dimensionen (Kombination) und das Zusammenfassen gleichartiger Berechtigungen hintereinander ausgeführt. Eventuell geschieht das mehrmals nacheinander, weil der Vorgang iteriert werden muss. Es kann ja sein, dass nach dem ersten Durchgang immer noch unbesetzte Dimensionen übrig bleiben. Dann muss erneut der erhaltene Satz von Berechtigungen kombiniert und zusammengefasst werden.

Der gesamte Algorithmus der *Voroptimierung* läuft also folgendermaßen ab:

Laufzeit-Optimierung von Berechtigungen

1. Kombination: Befüllen von leeren Dimensionen

2. Zusammenführung von Berechtigungen

   Nachdem die leeren Dimensionen befüllt worden sind, werden die daraus resultierenden Berechtigungen zusammengefasst – falls möglich.

3. Iteration

   Die Schritte 1 und 2 werden so oft wiederholt, bis keine weitere Optimierung mehr möglich ist.

Diese Logik vereinfacht die Pflege und liefert einen Mechanismus, mit dem unterschiedliche Kontexte in unterschiedliche Berechtigungen aufgeteilt werden können und dann automatisch – »wie erwartet« – zusammengefasst werden. Sie müssen also nicht unbedingt alle Merkmalsberechtigungen von vornherein ausprägen.

Empfehlung

Seien Sie bei der Definition der Berechtigungen so explizit wie möglich – aus folgenden Gründen:

Je weniger Dimensionen explizit in Analyseberechtigungen ausgeprägt sind,

▶ desto mehr Durchläufe benötigt der Optimierungsalgorithmus, was (einmalig) die Laufzeit verringert, und

▶ umso mehr Analyseberechtigungen können infolge der Kombination entstehen. Diese beeinflussen die Laufzeit bei jedem Navigationsschritt negativ.

Bisher haben wir nur zweidimensionale Berechtigungen betrachtet. Schauen wir uns die Auswirkungen bei mehr als zwei Dimensionen im nächsten Abschnitt an einem Beispiel an.

9.5.5 Generalisierung auf beliebig viele Dimensionen

Was geschieht, wenn es mehr als zwei Berechtigungen gibt? Betrachten wir das folgende Beispiel mit den drei Berechtigungen B1, B2 und B3 und vier Merkmalen (siehe Tabelle 9.13).

Hier werden zuerst alle Berechtigungen mit allen anderen Berechtigungen kombiniert, z.B. muss B1 mit B2 kombiniert werden. Dies ergibt als Resultat R1 und R2 (siehe Tabelle 9.14). Dann wird Berechtigung B1 mit Berechtigung B3 kombiniert (Resultat R3 und R4) und Berechtigung B2 mit Berechtigung B3 (Resultat R5 und R6). Beim ersten Iterationsschritt haben Sie also zum Schluss sechs neue Berechtigungen.

Merkmale	B1	B2	B3
0CALYEAR	[1999, 2001]	[1999, 2001]	–
0PRODUCT	PC	CD	PC
0CUSTOMER	–	Schmidt	Müller
0COUNTRY	–	–	DE, US

Tabelle 9.13 Beispiel für Kombination in vier Dimensionen

Merkmale	R1	R2
0CALYEAR	[1999, 2001]	[1999, 2001]
0PRODUCT	PC	CD
0CUSTOMER	Schmidt	Schmidt
0COUNTRY	–	–
Merkmale	**R3**	**R4**
0CALYEAR	[1999, 2001]	[1999, 2001]
0PRODUCT	PC	PC
0CUSTOMER	Müller	Müller
0COUNTRY	DE, US	DE, US
Merkmale	**R5**	**R6**
0CALYEAR	[1999, 2001]	[1999, 2001]
0PRODUCT	PC	CD
0CUSTOMER	Müller	Schmidt
0COUNTRY	DE, US	DE, US

Tabelle 9.14 Zwischenergebnis der Kombination

Beim zweiten Ergebnispärchen ist klar, dass die Resultate R3, R4 und R5 zusammengefasst werden können, weil sie identisch sind. Daher besteht das Endergebnis des ersten Durchlaufs aus R1, R2, R3, und R6. Aber in R1 und R2 fehlen noch die Einträge für 0COUNTRY. Deswegen muss der ganze

Ablauf wiederholt werden. Alle Berechtigungen werden wieder mit allen anderen zusammengefasst.

Die zweite Wiederholung liefert das Ergebnis von Tabelle 9.15 (alle identischen Berechtigungen werden hier wieder »wegoptimiert«):

Merkmale	E1	E2	E3
0CALYEAR	[1999, 2001]	[1999, 2001]	[1999, 2001]
0PRODUCT	PC	CD	PC
0CUSTOMER	Schmidt	Schmidt	Müller
0COUNTRY	DE, US	DE, US	DE, US

Tabelle 9.15 Endergebnis

Der letzte Schritt war natürlich einfach, da für das Merkmal 0COUNTRY überall ohnehin nur die Werte DE und US vergeben wurden. Von derartigen Sonderfällen gibt es eine ganze Reihe, die bei der Verarbeitung der Berechtigungen berücksichtigt werden. Hierauf werden wir aber nicht weiter eingehen.

Nach der Regel, dass zwei Berechtigungen zusammengefasst werden können, wenn sie sich maximal nur in einer Dimension unterscheiden, kann man die ersten beiden Endergebnisse zusammenfassen, da sie sich nur im Merkmal 0PRODUCT unterscheiden.

Allerdings kann man dieses Argument auch auf das erste und dritte Endergebnis anwenden, da sich diese beiden nur im Merkmal 0CUSTOMER unterscheiden. Beides ist richtig. Man darf nur nicht beides gleichzeitig tun und alle drei Berechtigungen zusammenfassen, da dann neue, nicht berechtigte Kombinationen hinzukämen. Es muss zum Beispiel sichergestellt sein, dass »CD, Müller« nicht plötzlich berechtigt ist. Die Lehre daraus ist, dass das Optimierungsergebnis nicht eindeutig ist.

Der Prozess der Kombination und Voroptimierung der Berechtigungen wurde selbst auch optimiert, und einige Vorgänge sind nicht sehr offensichtlich.

Optimierungsergebnis ist nicht eindeutig

Das Ergebnis nach dem Kombinieren ist nicht eindeutig. Es kann mehrere Sätze von Analyseberechtigungen geben, die alle berechtigten Kombinationen von Knoten und Werteberechtigungen enthalten.

Aber alle möglichen Endergebnisse enthalten immer die gleichen Einzelkombinationen.

Natürlich ist es immer möglich, Berechtigungen derart zu bauen, dass sie so viele neue unterschiedliche Berechtigungen ergeben, dass die Performance darunter leidet. Das kann jedoch technisch nicht klar vorhergesehen werden, etwa um beim Zuordnen der Berechtigungen zu Benutzern davor zu warnen. In solchen Fällen muss das Berechtigungskonzept vereinfacht werden – zum Beispiel durch die Reduktion der Anzahl der berechtigungsrelevanten Merkmale im InfoProvider oder durch die Verringerung der Anzahl an Berechtigungen, die einem Benutzer zugeordnet werden.

Auch kann eine uneinheitliche Beschreibung derselben Merkmalsausprägungen schaden, beispielsweise die Verwendung eines Intervalls [01, 03] in einer Berechtigung und der Einzelwerte 01 und 03 in einer anderen. Für »Aktivität« ist dies zwar logisch das Gleiche, hier wäre aber eine einheitliche Verwendung eines der beiden Ausdrücke (Intervall oder Liste von Einzelwerten) performanter.

Beachten Sie, dass allgemein ein Unterschied zwischen den beiden Ausdrücken gemacht wird. Eine Überprüfung auf den zugrunde liegenden Typ des Merkmals kann aus Performancegründen nicht gemacht werden, und beide Ausdrücke sind im Allgemeinen nicht identisch.

Im folgenden Abschnitt werden wir die hier besprochene Optimierung in den Kontext der Laufzeit und der allgemeinen Ablauflogik stellen.

Zum Thema Zusammenfassung und Optimierung von Berechtigungen sollten Sie sich klarmachen, dass alle besprochenen Kombinationstechniken nur Optimierungen sind, die rein logisch nicht entscheidend sind. Die Berechtigungsprüfung würde die gleichen Ergebnisse auch ohne Kombination und Zusammenfassung liefern. Es handelt sich also nicht um einen Fehler, wenn einzelne Schritte nicht wie erwartet vereinfacht werden, sondern möglicherweise einfach um eine fehlende Implementierung, möglicherweise aus Absicht und Abwägung des Gewinns gegenüber den Kosten.

> **Optimierungen logisch nicht notwendig**
>
> Die Optimierungen der Berechtigungsprüfung, insbesondere die Kombination und das Zusammenfassen von Berechtigungen, sind logisch nicht notwendig. Der Inhalt und das Ergebnis der Berechtigungsprüfung ändern sich dadurch nicht.

9.6 Ablauf-Optimierungen

Eine detaillierte Prüfung einer bestimmten Selektion ist unter Umständen ein sehr aufwendiger Prozess, da Schnittmengen bestimmt, Reste gebildet und Knoten verglichen werden müssen. Deshalb werden die verschiedenen möglichen Schritte während der Ausführung einer berechtigungsrelevanten Funktion (Prüfung, Attributermittlung etc.) optimiert und führen eventuell schon vorzeitig zu einem negativen Ergebnis.

1. **Pufferung**
   Zunächst werden alle Ergebnisse, die wiederverwendbar sein könnten, solange eine Benutzersitzung offen ist, gepuffert. Das betrifft zum Beispiel die mehrfache Verwendung von Wertehilfen, die ja auch auf die berechtigten Werte gefiltert werden, aber auch die Navigation in einem Report.

2. **Selektion auf Gültigkeit**
   Die allererste Selektion der zugeteilten Berechtigungen eines Benutzers ist die Überprüfung der Gültigkeit. Jede Berechtigung, deren Gültigkeit nicht den aktuellen Tag einschließt, wird sofort verworfen.

   Dabei ist zu beachten, dass die Gültigkeit immer nur den Tag der Ausführung betrifft, niemals den Stichtag einer Query oder einen anderen abgeleiteten Tag.

3. **Selektion auf InfoProvider**
   Findet eine Verarbeitung im Umfeld eines InfoProviders statt, werden alle Berechtigungen auf die Gültigkeit für diesen InfoProvider gefiltert.

4. **Optimierung (Kombination und Mischen)**
   Wie in Abschnitt 9.5, »Zusammenfassung und Optimierung von Berechtigungen«, beschrieben, werden anschließend die Rohdaten auf den jeweiligen Kontext hin kombiniert und zusammengefasst, um eine möglichst einfache Darstellung ohne implizite Annahmen in Form unbesetzter Dimensionseinträge zu erhalten.

5. **Prüfung auf InfoProvider**
   Nun erfolgt die eigentliche Berechtigungsprüfung in mehreren Schritten. Als erste Grobprüfung wird überprüft, ob zum betreffenden InfoProvider überhaupt Berechtigungen mit der entsprechenden Aktivität vorliegen. Man kann das gewissermaßen auch als Filterung auf Aktivität auffassen.

   Nicht alle Prüfungen enthalten alle Schritte. Zum Beispiel wird keine Info-Provider-Prüfung gemacht, wenn kein InfoProvider relevant ist, was bei einigen WHM-(Staging-)Prozessen vorkommen kann.

6. **Nur effektiv berechtigungsrelevante Merkmale**
Nach erfolgreicher Grobprüfung, ob überhaupt ein Zugang zum InfoProvider möglich ist, wird die gesamte Betrachtung dahingehend vereinfacht, dass nur die Merkmale berücksichtigt werden, die nicht voll berechtigt sind. Die Menge der prüfungsrelevanten Merkmale wird also auf die effektiv noch berechtigungsrelevanten Merkmale reduziert. Hat jemand also zum Beispiel 0BI_ALL zugeordnet, wird die eigentliche Prüfung damit überflüssig, da kein Merkmal mehr im Detail geprüft werden muss.

7. **Aggregationsberechtigungen prüfen**
Kommt es schließlich zu einer echten Detail-Berechtigungsprüfung, wird diese auch in zwei Schritten ausgeführt. Zunächst werden die Merkmale, für die Aggregationsberechtigung notwendig ist, bestimmt und diese Berechtigung dann überprüft. Auch hier ist die Berechtigungsprüfung abgeschlossen, wenn keine ausreichenden Aggregationsberechtigungen vorliegen.

8. **Detailprüfung**
Erst jetzt wird die kostspielige Detailprüfung vorgenommen, wie Sie sie in Kapitel 1, »Analyseberechtigungen für Einsteiger: eine praktische Einführung«, und Kapitel 4, »Analyse von Berechtigungsprüfungen und -konfiguration«, gesehen haben.

Wenn alle diese Schritte erfolgreich waren, werden die Daten schließlich gelesen, verarbeitet, aufbereitet und angezeigt. Insbesondere im Berechtigungsprotokoll ist die Abfolge der Schritte nicht mehr so einfach erkennbar, weil beispielsweise die Optimierung und Pufferung standardmäßig ausgeblendet ist. Die Kenntnis dieser Abläufe hilft dann beim Verständnis im Falle von unerwarteten Fehlermeldungen.

9.7 Integrierte Planung

Für die BW-Integrierte Planung benötigt der Benutzer grundsätzlich dieselben Berechtigungen wie für die Analyse von Daten in einer Query. In Kapitel 3, »Standardberechtigungen in SAP NetWeaver BW«, und Kapitel 6, »Berechtigungsmodelle für Reporting und Planung«, finden Sie viele praxisbezogene Informationen und Beispiele. An dieser Stelle wollen wir aber noch etwas ergänzen: In den Analyseberechtigungen wird neben der Berechtigung für das Anzeigen von Daten zusätzlich auch die Berechtigung für das Ändern von Daten (Aktivität 02) benötigt. Das bedeutet zum Beispiel auch die Ausführungsberechtigung für Plan-Querys:

▶ **Prüfung auf Standardberechtigungen**
Geprüft wird das Berechtigungsobjekt S_RS_COMP mit der Aktivität »Ausführen« (16). Der Benutzer benötigt die Berechtigung für den Info-Provider, auf dem die Query definiert ist.

▶ **Prüfung auf Analyseberechtigungen**
Der Benutzer benötigt die Berechtigung für den der Aggregationsebene zugrunde liegenden InfoProvider. Für eine Query auf einer Aggregationsebene, die ihrerseits auf einem MultiProvider definiert wurde, wird bei dem Berechtigungsobjekt S_RS_COMP für das Feld RSINFOCUBE die Aggregationsebene berechtigt. In den Analyseberechtigungen verwenden Sie hingegen den MultiProvider.

In diesem Sinne sind Aggregationsebenen für die Analyseberechtigungen transparent. Die grundsätzlichen Modellierungsoptionen können Sie in Abbildung 6.18 noch einmal nachsehen.

Die Transparenz der Aggregationsebenen bedeutet auch, dass immer Prüfungen auf Aggregationsberechtigungen für diejenigen Merkmale stattfinden, die sowohl im Provider als auch berechtigungsrelevant sind. Dabei spielt es keine Rolle, ob sie in der Aggregationsebene oder der Query vorkommen oder nicht. Im Gegenteil, das ist genau das gewünschte Verhalten, wenn man sich überlegt, dass man beim Schreiben eines Wertes immer ein Aggregat über die verdichteten Merkmale ändert. Analog ist ja beim Anzeigen auch die Aggregationsberechtigung zur Anzeige erforderlich. Selbst wenn der geänderte Wert nur auf den Sondermerkmalswert »nicht zugeordnet« gebucht wird, ist nicht ausgeschlossen, dass eine Disaggregation oder Ableitung aktiv ist. Aus Sicht der Berechtigungen ist dies immer die Änderung eines aggregierten Wertes.

9.8 Variablen, Exits und BAdIs

An verschiedenen Stellen dieses Buches haben wir gelegentlich die Möglichkeiten von Customer-Exits angesprochen. Wir stellen sie hier noch einmal zusammen und werden uns auch einer neuen Möglichkeit widmen, virtuelle Berechtigungen anzulegen.

9.8.1 Variablen in Berechtigungen

Bevor Sie Customer-Exit-Variablen benutzen können, legen Sie unter Pro-JEKTVERWALTUNG VON SAP-ERWEITERUNGEN (Transaktion CMOD) ein Projekt an, zum Beispiel BERECHT (siehe Abbildung 9.50).

Abbildung 9.50 Anlegen eines Projekts für die Nutzung von Customer-Exits

Danach müssen Sie eine Zuordnung der Erweiterung vornehmen und wählen den Exit RSR00001 aus, der für die Customer-Exit-Variablen im Reporting von SAP NetWeaver BW zuständig ist (siehe Abbildung 9.51).

Nun liegt ein Funktionsbaustein mit dem Namen EXIT_SAPLRRS0_001 bereit, der die Schnittstelle deklariert, in der es einen Rückgabeparameter e_t_range gibt, der durch eigenes Coding gefüllt wird. Darin wiederum gibt es ein Include namens ZXRSRU01, in dem das eigentliche Coding abgelegt wird. Den Baustein selbst kann man nicht ändern.

Dieser Exit wird verwendet, wenn Sie im Query Designer eine Variable vom Typ *Customer-Exit* anlegen und diese in einer Query verwenden (siehe Abbildung 9.50).

Analog kann eine solche Variable auch innerhalb von Berechtigungen verwendet werden. Umgekehrt bedeutet das, dass Sie jede Variable, die Sie in Berechtigungen einfügen, im Query Designer anlegen müssen (siehe Abbildung 9.51).

```
┌─ Eingabehilfe persönliche Werteliste ─────────────────────────── ⊠ ─┐
│ Zuletzt ausgewählte Objekte                                         │
│ ┌──────────┬──────────────────────────────────────────────────┐    │
│ │ Exitname │ Kurzbeschreibung                                  │    │
│ ├──────────┼──────────────────────────────────────────────────┤    │
│ │ RSR00001 │ BI: Erweiterungen für globale Variablen im Reporting │ │
│ │          │                                                   │    │
│ └──────────┴──────────────────────────────────────────────────┘    │
│ ◄│►                                                          ◄│►    │
│ ✓ │ 🗄 Infosystem │ 🖧 SAP Anwendungen │ 📋 │ ✖                    │
└─────────────────────────────────────────────────────────────────────┘
```

Abbildung 9.51 Customer-Exit für Variablen in Reporting und Berechtigungen

Normale Exit-Variablen – also solche, die Sie in der Query verwenden – werden mehrfach an verschiedenen Ablaufzeitpunkten der Query prozessiert. Dazu gibt es den Parameter des Exit-Bausteins I_STEP, der die Werte 0, 1, 2 und 3 annehmen kann, bei Berechtigungen aber grundsätzlich 0 ist. Sie können also aus Performancegründen darauf gezielt programmieren.

Der Exit wird mehrfach aufgerufen, wenn Sie die Variablen innerhalb der Berechtigungen nicht puffern. Die Pufferung können Sie in der Transaktion RSECADMIN unter ZUSÄTZE PUFFERUNG • VARIABLEN vornehmen.

Variablen in Berechtigungen

Jede Variable, die in Berechtigungen verwendet wird, muss im Query Designer angelegt werden. Sie wird dann zur Laufzeit im gleichen Exit verarbeitet wie die Query-Variablen in einer Query, allerdings ausschließlich mit i_step = 0.

Es wird dringend empfohlen, die Variablenpufferung einzuschalten, da dies einen signifikanten Einfluss auf die Performance haben kann.

In der Programmierung des Exits sollte nicht der Systemname des angemeldeten Benutzers – also nicht sy-uname – verwendet werden, sondern der Name des Benutzers per Aufruf des Funktionsbausteins RSEC_GET_USERNAME ermittelt werden und nur damit benutzerabhängige Operationen erfolgen. Nur so können Sie die Ausführung für andere Benutzer mit der Funktion AUSFÜHREN ALS... ermöglichen.

9.8.2 Das BAdI für virtuelle Berechtigungen mit SAP NetWeaver BW 7.3

Im Release SAP NetWeaver BW 7.3 gibt es eine Möglichkeit, virtuelle Berechtigungen anzulegen. Dazu gibt es ein BAdI mit der technischen Bezeichnung RSEC_VIRTUAL_AUTH_BADI. Mit diesem BAdI ist es möglich, erst zur Laufzeit zu bestimmen, für was der Benutzer berechtigt ist.

Verwendung

Die einzige Methode `GET_AUTHS` des BAdI erfragt den Inhalt in Form von Werteberechtigungen und Hierarchieberechtigungen in den Parametern `C_T_HIE` und `C_T_VAL` (siehe Abbildung 9.52). Diese Tabellen enthalten die Berechtigungsnamen und die jeweiligen InfoObjects gemeinsam mit einer Berechtigungsdefinition in Form von Intervallen (C_T_VAL) oder Hierarchieknoten mit Berechtigungsdefinition (C_T_HIE). Für jedes Intervall und jeden Hierarchieknoten wird eine Zeile erwartet. Die verschiedenen Berechtigungskombinationen werden über die Zeilen pro Berechtigung (Feld TCTAUTH) zusammengefasst gruppiert.

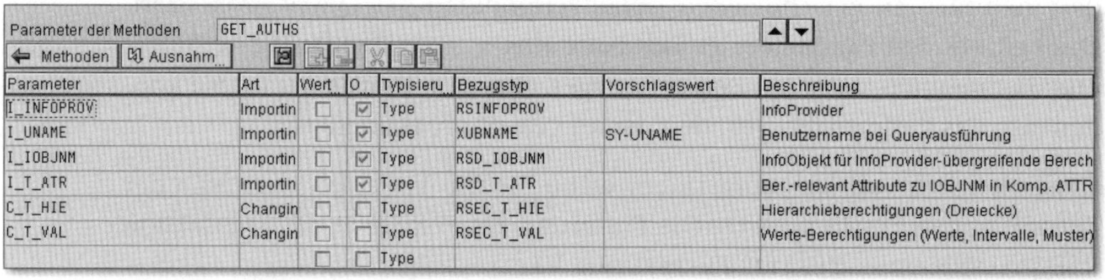

Parameter der Methoden	GET_AUTHS							
⇐ Methoden 🔍 Ausnahm			🔲 🔳 🔳 ⌧ 🔳				▲ ▼	
Parameter	Art	Wert	O	Typisieru	Bezugstyp	Vorschlagswert	Beschreibung
I_INFOPROV	Importin	☐	☑	Type	RSINFOPROV		InfoProvider
I_UNAME	Importin	☐	☑	Type	XUBNAME	SY-UNAME	Benutzername bei Queryausführung
I_IOBJNM	Importin	☐	☑	Type	RSD_IOBJNM		InfoObjekt für InfoProvider-übergreifende Berech
I_T_ATR	Importin	☐	☑	Type	RSD_T_ATR		Ber.-relevant Attribute zu IOBJNM in Komp. ATTR
C_T_HIE	Changin	☐	☐	Type	RSEC_T_HIE		Hierarchieberechtigungen (Dreiecke)
C_T_VAL	Changin	☐	☐	Type	RSEC_T_VAL		Werte-Berechtigungen (Werte, Intervalle, Muster)
		☐	☐	Type			

Abbildung 9.52 Parameter des BAdI »RSEC_VIRTUAL_AUTH_BADI«, Methode »get_auths«

Die Methode wird im Prinzip auf zwei verschiedene Weisen aufgerufen, und zwar mit oder ohne InfoProvider:

Wenn der InfoProvider im Parameter `I_INFOPROV` mitgegeben ist, werden nur die Berechtigungen zu diesem InfoProvider benötigt. Ist er nicht gegeben, sollte meistens das InfoObject in `I_IOBJNM` gegeben sein, wenn der Baustein im normalen Umfeld einer Query aufgerufen wird. Nur im Falle von Dokumenten, die mit Berechtigungen geschützt werden, können auch beide Parameter initial sein. Wenn das InfoObject nicht gesetzt ist, sind InfoProvider-unabhängige, d.h. InfoProvider-übergreifende, Berechtigungen notwendig. Da meistens die berechtigungsrelevanten Attribute für ein ganz bestimmtes InfoObject bestimmt werden sollen, werden diese der Einfachheit halber schon im Inputparameter `I_T_ATR` mitgegeben, um die Bearbeitung zu beschleunigen. Diese können dann zum Beispiel explizit berechtigt werden (I CP * in C_T_VAL) oder eben nicht, falls gewollt.

Zusätzlich wird der Benutzername mitgegeben, was nicht unbedingt mit dem Systemnamen `sy-uname` des angemeldeten Benutzers identisch sein muss, wenn eine Transaktion mit der Funktion AUSFÜHREN ALS ANDERER BENUTZER (Transaktion RSUDO) gestartet wurde, die Prüfung der Analyseberechtigungen also mit einem von sy-uname abweichenden Benutzer durchgeführt wird. Man sollte folglich immer statt sy-uname den Parameter i_uname verwenden.

Beispiel – Verwendung des BAdI für virtuelle Berechtigungen

Zwei virtuelle Berechtigungen mit den Namen ONE und TWO sollen erzeugt werden, und in der ersten Berechtigung soll das Intervall [A, D] für das Merkmal 0EMPLOYEE berechtigt werden, in der zweiten das Intervall [D, G]. Außerdem soll eine Hierarchieknoten-Berechtigung für den Knoten Gruppe1 zum Merkmal 0COSTCENTER in der Berechtigung TWO vergeben werden. Die Einträge, die dazu notwendig sind und die in der Schnittstelle des BAdI zurückgegeben werden müssen, sehen Sie in Tabelle 9.16 (Werteberechtigungsanteil) und Tabelle 9.17 (Hierarchieberechtigungsanteil).

Für die Felder der Rückgabetabelle in C_T_VAL muss Folgendes übergeben werden:

Feld	1. Zeile	2. Zeile
TCTAUTH	ONE	TWO
TCTIOBJNM	0EMPLOYEE	0EMPLOYEE
TCTSIGN	I	I
TCTOPTION	BT	BT
TCTLOW	A	D
TCTHIGH	D	G

Tabelle 9.16 Virtuelle Berechtigungen – Wertetabelle

Für die Hierarchie-Rückgabetabelle C_T_HIE muss Folgendes übergeben werden:

Feld	1. Zeile
TCTAUTH	TWO
TCTIOBJNM	0COSTCENTER
HIESID	123 (optional)
HIEID	AXVCTD... (optional)

Tabelle 9.17 Virtuelle Berechtigungen – Hierarchie-Strukturtabelle

Feld	1. Zeile
TCTHIENM	MYHIERARCHY
TCTHIEVERS	V01 (optional)
TCTHIEDATE	99991231
TCTNIOBJNM	0HIER_NODE (siehe Tabelle 9.9)
TCTNODE	Gruppe1
TCTATYPE	1
TCTACOMPM	0 (Gültigkeitsbereich)
TCTTLEVEL	2
TCTHDATE	nur bei zeitabhängiger Struktur

Tabelle 9.17 Virtuelle Berechtigungen – Hierarchie-Strukturtabelle (Forts.)

Tipps für die Verwendung des BAdI für virtuelle Berechtigungen (»RSEC_VIRTUAL_AUTH«)

Wenn Sie das BAdI implementieren, sollten Sie sich an folgenden Möglichkeiten orientieren:

► Als Orientierungshilfe kann in den Tabellen RSECHIE und RSECVAL abgelesen werden, was bei Intervall- und Hierarchieberechtigungsdefinitionen abgelegt wird.

► Zum Auslesen, welche InfoObjects berechtigungsrelevant sind, kann der Funktionsbaustein RSEC_GET_AUTHREL_INFOOBJECTS verwendet werden.

► Es ist auch möglich, vorhandene Berechtigungen zu erweitern. Zudem ist sogar möglich, auch in virtuellen Berechtigungen Variablen zu verwenden, die dann wie normale Customer-Exit-Variablen während der Laufzeit an den üblichen Stellen verarbeitet werden. Aus Gründen der Übersichtlichkeit wird jedoch dringend davon abgeraten, da bereits in der Implementierung der virtuellen Berechtigungen die notwendigen Laufzeit-Operationen ausgeführt werden können. Virtuelle Berechtigungen können in den meisten Fällen sogar die Variablenverarbeitung in den Berechtigungen ersetzen und damit den Ablauf übersichtlicher gestalten.

Das Konzept der virtuellen Berechtigungen eignet sich sehr gut für die Einbindung eigener Anwendungen in das Berechtigungswesen. Es kann die Berechtigungspflege über die Transaktion RSECAUTH ersetzen. Dennoch sollte es mit Bedacht verwendet werden, weil damit einige wichtige und nützliche Eigenschaften der Berechtigungsverwaltung verloren gehen. Dazu gehören die Änderungsverfolgung (Changelog), aber auch die Sichtbarkeit und Verwaltbarkeit (Suchen, Verwendungsnachweis, Rollenzuordnung) im Rahmen von größeren Konzepten. Auch die Verwendung einer zentralen Benutzer- oder Berechtigungsverwaltung hat keinen Zugriff auf derart erzeugte Berechtigungen.

9.9   Fazit

Wir haben nun eine ganze Reihe von Themen im Zusammenhang mit Berechtigungen angesprochen, die durchaus eine gewisse Beschäftigung mit der Materie erfordern: wie man Werteberechtigungen verwendet, warum es nur bei einem Merkmal Excluding gibt, wie man die verschiedenen Möglichkeiten der Berechtigungen mit Hierarchien einsetzt, das wichtige und sehr komplexe Thema der Klammerung und auch das Thema der Optimierung von Berechtigungen.

Natürlich gibt es gerade in der Kombination der besprochenen Features noch viele Fallstricke und Spezialsituationen, die wir nicht behandelt haben und auch nicht alle behandeln können. Mit den Kenntnissen aus diesem Kapitel sollten sie jedoch kein unüberwindbares Hindernis mehr darstellen. Das erlangte Wissen sollte es Ihnen zusammen mit den Analysetools ermöglichen, alle Situationen zu meistern, die bisher vielleicht Fragen offen ließen.

Wenn Sie dieses Kapitel durchgearbeitet und verstanden haben, dürfen Sie sich zu den Kennern der Analyseberechtigungen zählen.

*In diesem Kapitel werden wir einen Ausflug in die Welt des
SAP BusinessObjects Explorers machen.*

10 Berechtigungen im SAP BusinessObjects Explorer

Der SAP BusinessObjects Explorer ist ein einfaches Werkzeug zum Reporting auf großen Datenmengen in sehr kurzer Reaktionszeit. Er basiert auf der Technologie der TREX-Suchmaschine und der erweiterten Benutzeroberfläche des Vorgängers Polestar, die recht einfach und intuitiv zu bedienen ist. Die TREX-Engine sorgt auch in SAP NetWeaver BW als SAP NetWeaver Business Warehouse Accelerator oder BW Accelerator für extrem hohe Performance.

Eine interessante Möglichkeit der Nutzung ist die Option, Daten aus SAP NetWeaver BW in den TREX-Server zu replizieren, so dass der Explorer darauf arbeiten kann.

Bei der Replikation von Daten aus BW hat der SAP BusinessObjects Explorer auch eine einfache Möglichkeit, gewisse Beschränkungen zu berücksichtigen. Diese Möglichkeit ist zwar nicht mit der von SAP NetWeaver BW vergleichbar, BW richtet sich aber auch an eine andere Zielgruppe von Firmen-IT-Abteilungen.

Der SAP BusinessObjects Explorer bietet jedoch die Möglichkeit, gewisse einfache Berechtigungen zu definieren. Damit wollen wir uns nun beschäftigen.

10.1 Replikation aus SAP NetWeaver BW

Der SAP BusinessObjects Explorer basiert im Kern auf der TREX-Technologie. Durch diese Technologie sind auch große Datenmengen in aggregierter Form schnell zugänglich. Diese Technik wird auch im SAP NetWeaver Business Warehouse Accelerator (BW Accelerator oder BWA) genutzt. Die Daten, die das User Interface anzeigt, sind in TREX in speziellen Indizes abgelegt. Wie bereits erwähnt, gibt es mit dem Enhancement Package 1 (EHP1) zu SAP NetWeaver BW die Möglichkeit, InfoProvider aus BW so in TREX zu replizieren, dass der Explorer darauf basierend seine Berichte erzeugen kann. Im Explorer erscheinen diese Berichte, mit denen man seine Daten analysieren kann, dann als sogenannte *Information-Spaces*.

Sie werden unseren Beispiel-InfoProvider 0D_FC_C04, den wir in diesem Buch immer wieder verwendet haben, replizieren und mit dem Explorer darauf zugreifen. Dann werden Sie einen eigenen Information-Space erzeugen und Berechtigungen anlegen. Diese werden Sie ebenfalls in den Explorer replizieren und sehen, wie diese Berechtigungen wirken, und die Unterschiede zum Berechtigungswesen der Enterprise-Lösung BW betrachten. Hierzu gehen Sie folgendermaßen vor:

1. **Transaktion RSDDTPS aufrufen**
   Starten Sie die Transaktion AUSWAHL EXPLORER OBJEKT (Transaktionscode RSDDTPS) im BW-System – siehe Abbildung 10.1 –, und suchen Sie unseren InfoProvider 0D_FC_C04, den Sie ja in den TREX replizieren wollen.

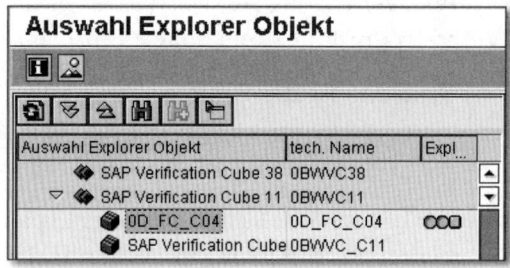

Abbildung 10.1 Einstieg in Indizierung von InfoProvidern

2. **Bearbeitung des InfoProviders**
   Mit einem Doppelklick auf den InfoProvider gelangen Sie in eine Detailsicht und mit ANZEIGEN <-> ÄNDERN in die Bearbeitung. Hier gibt es vier Registerkarten (siehe Abbildung 10.2), mit deren Hilfe verschiedene Objekte und Eigenschaften für die Replikation eines InfoProviders festgelegt werden können.

   Neben weiteren Objekten, wie Hierarchien und eingeschränkten bzw. berechneten Kennzahlen, die aus SAP NetWeaver BW übernommen werden können, lassen sich auch die Berechtigungen definieren, die für Benutzer verwendet werden können.

   Sie kümmern sich hier nur um die Berechtigungen und arbeiten dazu lediglich auf der Registerkarte BERECHTIGUNGEN (siehe Abbildung 10.2).

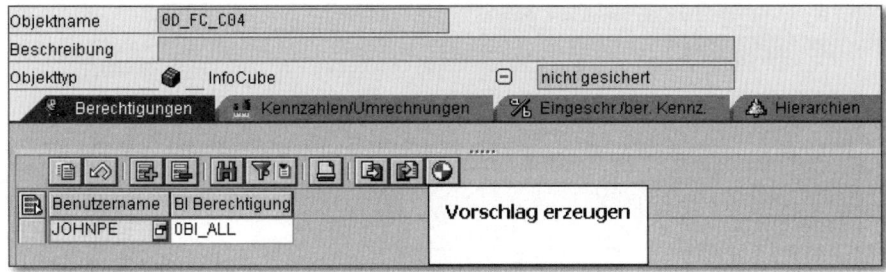

Abbildung 10.2 Automatischer Berechtigungsvorschlag

3. **Registerkarte »Berechtigungen«**

Sie wählen den Benutzer JOHNPE aus. Nun wollen Sie ihm eine Berechtigung zuteilen.

▶ *Button »Vorschlag erzeugen«*

Mit Hilfe des Buttons VORSCHLAG ERZEUGEN (Icon ⊕) kann das System versuchen, die Berechtigung automatisch zu ermitteln und zuzuordnen. Dabei werden die Berechtigungen gesucht, die für den InfoProvider relevant sind, die also im Merkmal 0TCAIPROV den betreffenden InfoProvider umfassen, zum Ausführungszeitpunkt gültig sind (Merkmal 0TCAVALID) und schließlich die Aktivität »Lesen« enthalten (Merkmal 0TCAACTVT).

Gültigkeit

Die Gültigkeit wird ausschließlich auf den Replikationszeitpunkt bezogen, nicht mehr auf den Ausführungszeitpunkt eines Explorer-Reports. Sie bleibt bis zur nächsten replizierten Änderung gültig. Bleibt dabei nur eine einzige Berechtigung übrig, wird diese in den Vorschlag übernommen. Wenn das Ergebnis nicht eindeutig ist, wird kein Vorschlag erzeugt. Dann kann aber immer auch eine der Berechtigungen ausgewählt werden. Dabei ist die Auswahl nicht auf die dem Benutzer zugeteilten Berechtigungen beschränkt.

▶ *Wertehilfe*

Die Wertehilfe (F4 -Taste oder -Funktionscode) bietet stattdessen alle Berechtigungen des Systems an, von der eine auszuwählen ist. Für die volle Berechtigung kann man hier zum Beispiel die Universalberechtigung 0BI_ALL wählen (siehe Abbildung 10.2).

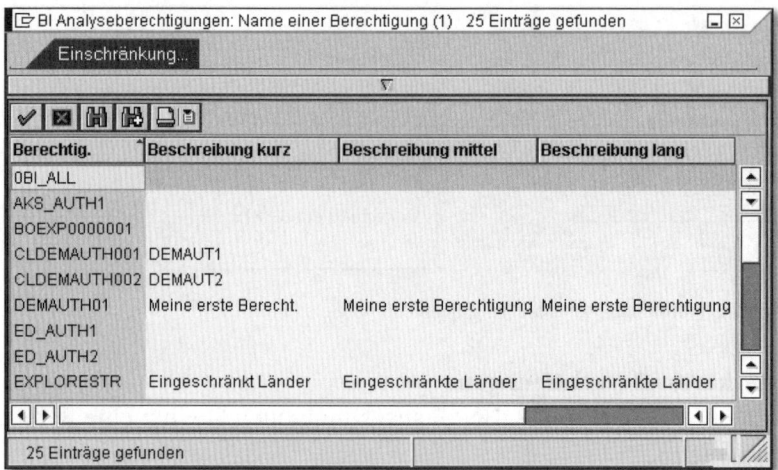

Abbildung 10.3 Wertehilfe-Berechtigungen für SAP BusinessObjects Explorer

---

Vorschlagsbildung für Berechtigungen im Explorer

Das System versucht, eine Berechtigung für den Benutzer vorzuschlagen, die für den replizierten InfoProvider relevant ist. Dazu muss zum Merkmal »InfoProvider« (0TCAIPROV) der betreffende InfoCube erfasst sein, die Aktivität (0TCAACTVT) »Lesen« vergeben sein und außerdem die Berechtigung zum Replikationszeitpunkt gültig sein (Merkmal 0TCAVALID).

Die Gültigkeit bezieht sich nur auf den Vorschlagszeitpunkt, nicht mehr auf die Ausführung, eine ausgewählte Berechtigung ist bis zur nächsten Änderung im Explorer gültig. Voraussetzung für die Zuordnung zu einem Benutzer ist natürlich die Existenz des Benutzers im Explorer. Benutzer werden nicht automatisch angelegt, sondern müssen bereits unabhängig von der Berechtigungskonfiguration im Explorer angelegt worden sein. Und bei der Replikation wird jeweils auch nur die automatisch vorgeschlagene oder manuell ausgewählte Berechtigung repliziert.

Da alle Objekte im Explorer repliziert, also gewissermaßen kopiert, und nicht auf die Originale in BW referenziert werden, bedeutet das auch, dass alle Änderungen in den Originalberechtigungen, die im Explorer wirksam sein sollen, eine erneute Replikation erfordern. Sie sind nicht automatisch vorhanden.

Berechtigungsauswahl

Die Zuordnung der Berechtigungen bezieht sich auf Benutzer, die im Explorer angelegt wurden, nicht auf die BW-Benutzer. Nur die Berechtigungen für die angegebenen Benutzer werden repliziert. Jede Änderung der Berechtigungen muss für den betroffenen Benutzer neu repliziert werden, damit die Änderungen wirksam werden.

Pro Benutzer kann eine einzelne Berechtigung aus SAP NetWeaver BW ausgewählt werden. Es ist nicht möglich, mehrere Berechtigungen auszuwählen.

---

4. **Aktivieren**

Nach der Konfiguration klicken Sie auf Aktivieren. Sie können nun noch entscheiden, ob die Replikation sofort erfolgen soll oder vielleicht später gesammelt, wenn weniger Last im System vorhanden ist. Damit wird das gesamte Szenario in den Explorer repliziert. Die Informationsmeldungen geben Auskunft darüber, ob die Replikation erfolgreich verlaufen ist oder nicht (siehe Abbildung 10.4).

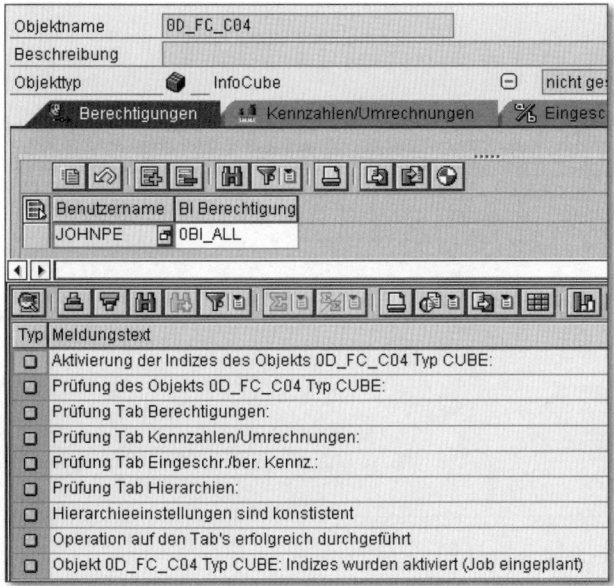

Abbildung 10.4 Status und Fehleranzeige der Replikation

Nun werden Indizes angelegt, die die Daten des InfoProviders enthalten. Zusätzlich werden für jeden Benutzer Berechtigungsindizes angelegt. Betrachten wir nun den Effekt im SAP BusinessObjects Explorer genauer.

10.2 Ergebnis im Explorer – Einschränkungen

Sie haben nun den InfoCube 0D_FC_C04 in den Explorer repliziert. Damit steht der InfoCube auch im Explorer zur Verfügung, und Sie können sich einen Teil des Cubes als Sicht definieren, die im Explorer *Information-Space* heißt. Damit legen Sie den Bereich fest, in dem der Explorer Navigationen erlaubt. Der Aufbau ist ein wenig analog dem Bau einer BW Query, hat aber viel weniger Einstellungsmöglichkeiten.

Einschränkungen vornehmen

Sie wählen einige Merkmale aus, die hier als DIMENSIONEN erscheinen. Im Information-Space heißen sie dann FACETTEN (siehe Abbildung 10.5).

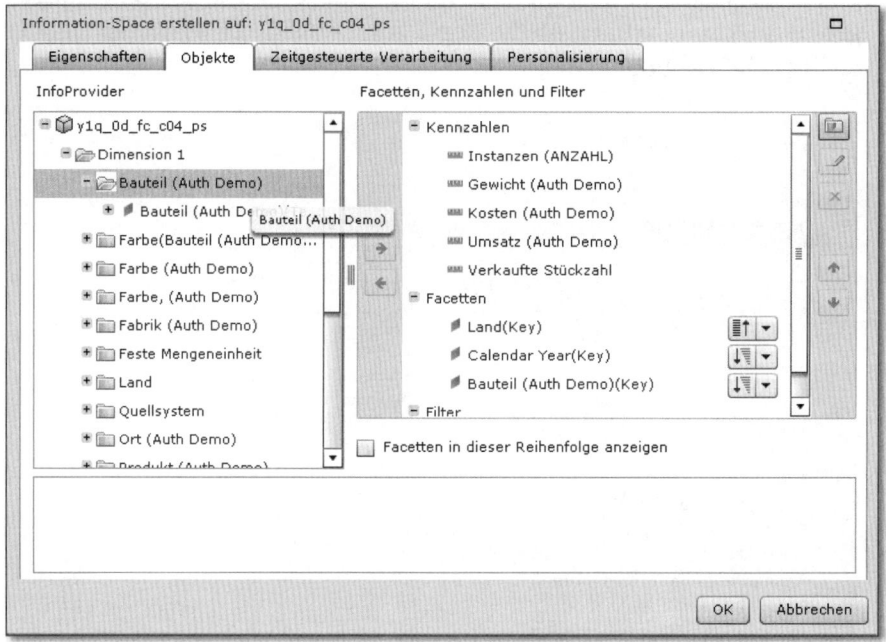

Abbildung 10.5 Anlegen des Information-Space im Explorer

Auch die Kennzahlen, die zur Verfügung stehen sollen, können hier ausgewählt werden.

Nach der Definition des Information-Space als Sicht auf den möglichen Datenraum müssen Sie ihn noch indizieren. Dazu dient der Button JETZT INDIZIEREN [icon] (siehe Abbildung 10.6).

Abbildung 10.6 Information-Space indizieren

Im ersten Beispiel haben Sie die Berechtigung OBI_ALL gewählt, die auch automatisch vorgeschlagen wurde. Mit dieser Universalberechtigung erhält man Zugriff auf alle Daten. Sie wählen die Kennzahl VERKAUFTE STÜCKZAHL und erhalten eine Ausgabe wie in Abbildung 10.7, wobei Sie als Diagrammdarstellung das Kuchendiagramm ausgewählt haben.

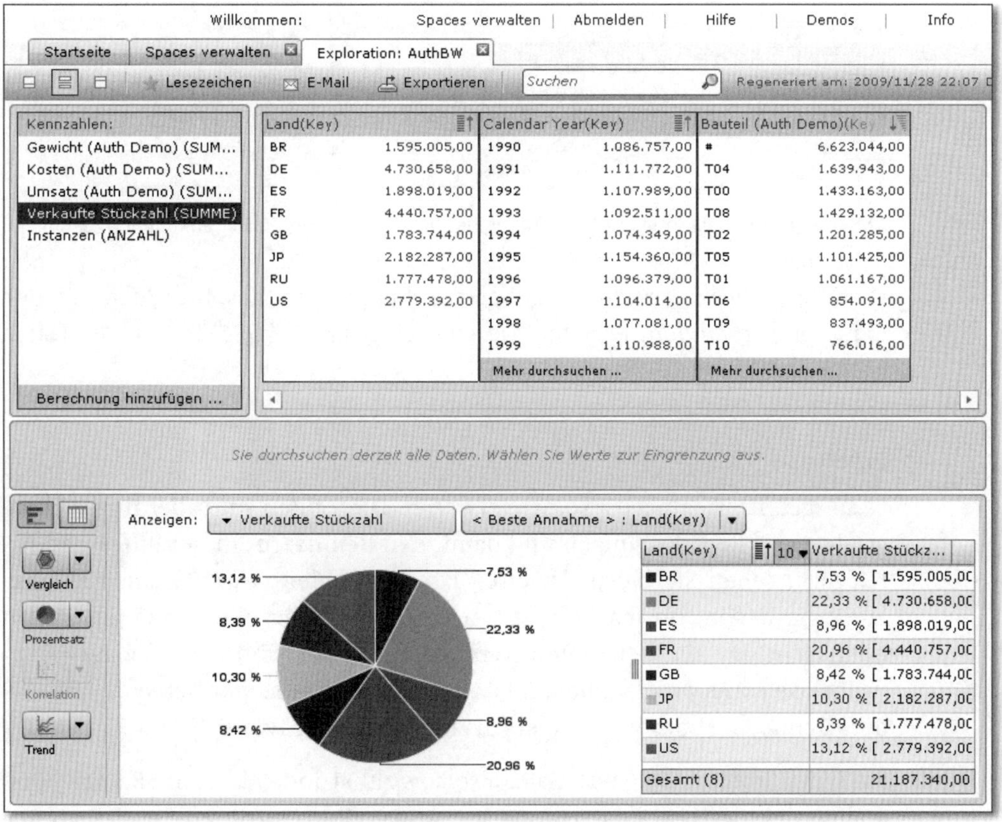

Abbildung 10.7 Ergebnis mit voller Berechtigung

Nun wollen Sie für den Benutzer eine Einschränkung für »Land« einführen. Sie möchten ihn nur berechtigen, die Werte für DE, FR, GB und RU zu sehen. Dazu legen Sie eine eigene Analyseberechtigung EXPLORESTR an, die Sie statt der Universalberechtigung 0BI_ALL vergeben (siehe Abbildung 10.8).

Für »Land« (Merkmale 0D_FC_LAND) vergeben Sie die gewünschten Werte DE, FR, GB und RU. Für die anderen berechtigungsrelevanten Merkmale vergeben Sie volle Berechtigung.

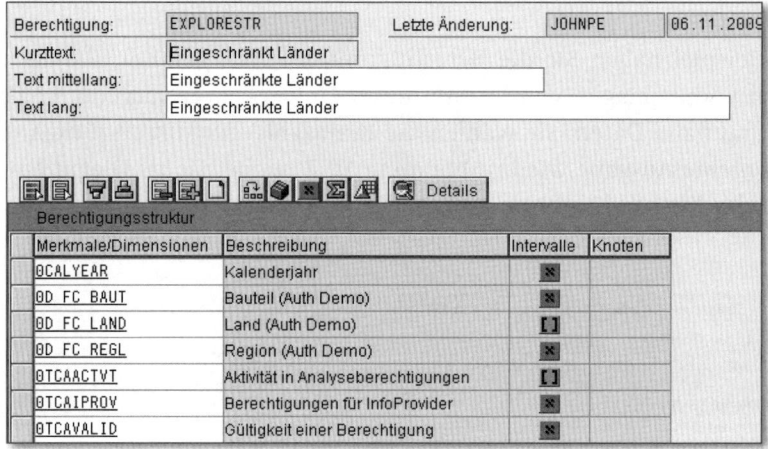

Abbildung 10.8 Berechtigung für InfoProvider 0D_FC_C04 mit Einschränkung für »Land«

Wenn Sie diese Berechtigung bei der Replikation des InfoCubes in den Explorer verwenden, erhalten Sie eine eingeschränkte Sicht auf die Daten (siehe Abbildung 10.9).

Ergebnis

Das Ergebnis ist zunächst so, wie erwartet. Die Zahlen sind allerdings abhängig von den Berechtigungen und damit den Benutzern. In der eingeschränkten Sicht sehen Sie beispielsweise, dass die Zahlen von 1990 sich ändern, abhängig davon, ob man eine Berechtigungseinschränkung auf »Land« hat oder nicht. Da alle beteiligten Merkmale sichtbar sind, ist aber auch klar, welche Selektionen eingehen, hier also immer nur die vier berechtigten Länder. Dennoch ist das ganz anders als in SAP NetWeaver BW.

Sie sehen immer alle Merkmale, also sowohl »Land« als auch »Bauteil« und »Jahr«, in einer Listendarstellung im Aufriss. Konzentrieren Sie sich einmal auf die beiden Merkmale »Land« (mit Einschränkung) und »Jahr« (ohne Einschränkung).

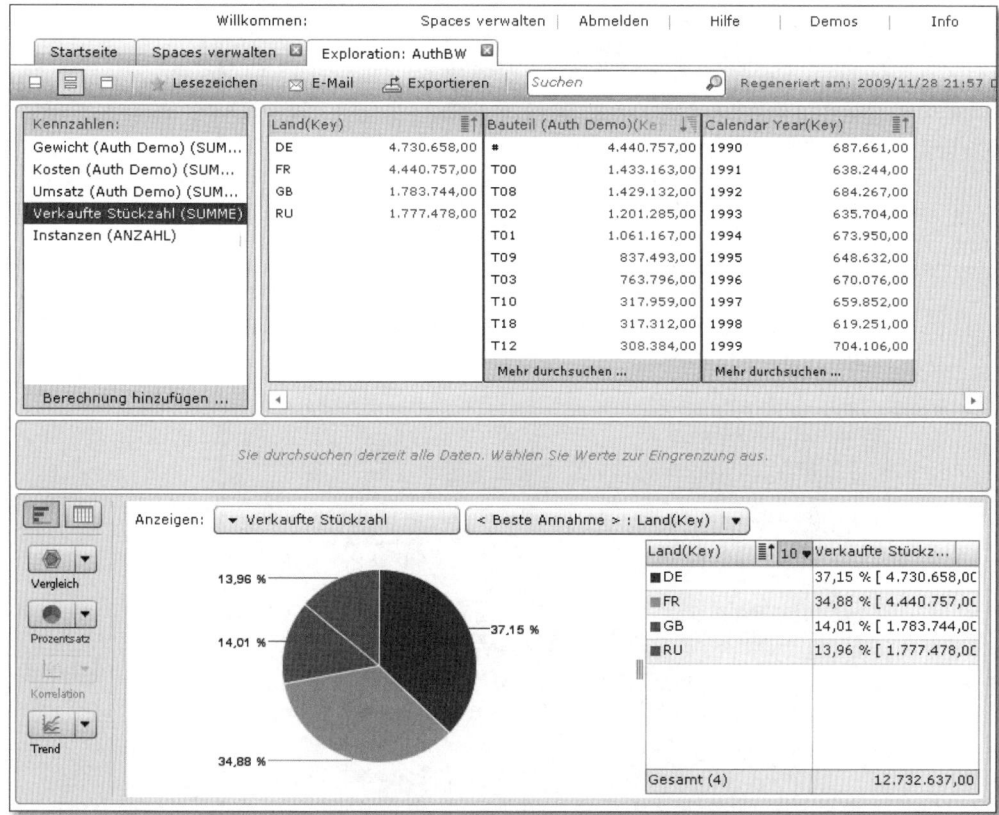

Abbildung 10.9 Ergebnis mit eingeschränkter Berechtigung für »Land«

Wenn man in BW beide Merkmale gleichzeitig anschaut, zum Beispiel in einer Kreuztabelle, sieht man immer die gleichen Zahlen für die Jahre, unabhängig davon, ob für »Land« Berechtigungseinschränkungen vorliegen oder nicht. In BW sind die Zahlen bei gleichzeitiger Darstellung mehrerer Merkmale immer gleich, oder sie werden nicht angezeigt. Die Zahlen selbst hängen dann nicht vom Benutzer ab.

Hier liegt der Unterschied zu SAP NetWeaver BW: Sie sehen im Explorer keine gemeinsamen Aufrisse von mehreren Merkmalen, sondern *unabhängige* Aufrisse. Jede Explorer-Spalte (*Facette*) stellt eigentlich eine eigene vollständige Query dar. Die Ansicht ist niemals ein Doppelaufriss, wie man ihn aus BW kennt. Die Explorer-Spalte für LAND entspricht in BW einem Aufriss ausschließlich nach Land, die Spalte für KALENDERJAHR einem Aufriss nach Kalenderjahr. Dann sind die Zahlen auch im BEx Analyzer nachvollziehbar. Sie sehen das für LAND (siehe Abbildung 10.10, mit den Einschränkungen) und KALENDERJAHR (ohne Einschränkung, siehe Abbildung 10.11).

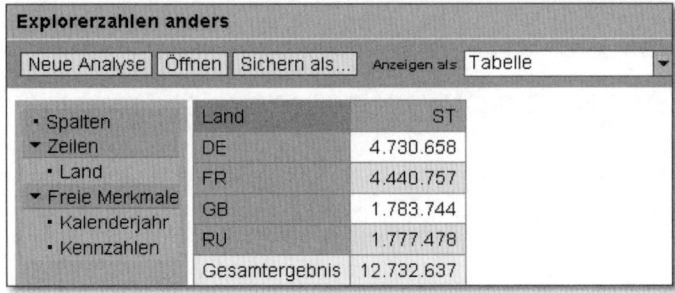

Abbildung 10.10 Aufriss nach Land mit Berechtigung für DE, FR, GB und RU (Explorer-Spalte »Land«)

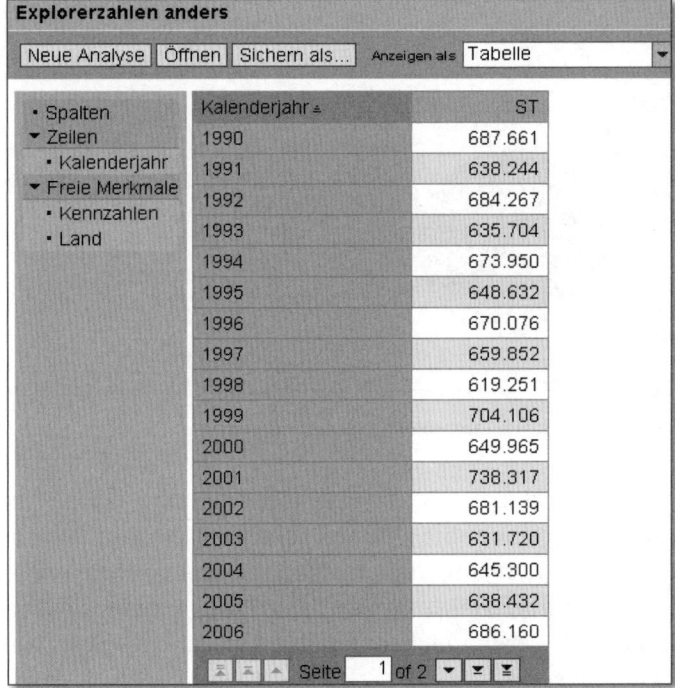

Abbildung 10.11 Aufriss nach Kalenderjahr (Explorer-Spalte »Kalenderjahr«)

Spalten in Explorer-Ansicht

Jede Spalte im SAP BusinessObjects Explorer stellt eine eigene Query mit einem Einfachaufriss dar, die Filter auf anderen Spalten berücksichtigt. Mehrfachaufrisse wie in SAP NetWeaver BW oder anderen BI-Tools sind nicht möglich.

Dieses Anzeigeparadigma ist völlig verschieden zum multidimensionalen Paradigma der SAP-BW-Welt. In jeder angezeigten Spalte im Explorer hat man immer eine eindimensionale Sicht bezüglich des entsprechenden Merkmals (Facette) auf die Zahlen. In unserem Beispiel etwa ist es nicht möglich, die Zahlen von Deutschland (DE) im Jahr 1990 gemeinsam mit den Zahlen von RU im Jahr 1991 anzuzeigen. Das würde zwei Aufrisse erfordern, wie Sie sie aus BW kennen, die hier aber so nicht möglich sind.

In den Berechtigungen haben Sie bisher nur effektiv eindimensionale Berechtigungen vergeben. In der Universalberechtigung 0BI_ALL sind sogar alle Merkmale voll berechtigt. Die Berechtigung mit der Einschränkung für »Land« hatte ansonsten keine weiteren Einschränkungen. Das Prinzip lässt sich aber auch auf mehrdimensionale Berechtigungen erweitern. Dann vergibt man für die anderen Merkmale weitere Einschränkungen, die dann analog zu einer Filterbedingung verarbeitet werden, so wie Sie das am Beispiel »Land« gesehen haben. Alle einzelnen Spalten im Explorer enthalten dann die Zahlen, aggregiert über alle anderen, wobei dann alle Berechtigungen als Filterbedingungen eingehen.

Für das Beispiel oben mit »Land« (siehe Abbildung 10.9) werden also *alle* Zahlen mit der Einschränkung auf die vier Länder berechnet. Definiert man noch weitere Einschränkungen, zum Beispiel auf das Jahr 2000, so würden alle Zahlen für die vier Länder und das Jahr 2000 angegeben.

Was ist, wenn keine Berechtigung vergeben wird? Wenn ein Merkmal berechtigungsrelevant ist, wird diese Eigenschaft mit in TREX übertragen. Das bedeutet, dass für ein berechtigungsrelevantes Merkmal, für das keine Berechtigung übergeben wurde, keine Zahlen ermittelt werden. Das bedeutet in der Folge auch, dass überhaupt keine Zahlen mehr angezeigt werden, da ja *alle* Zahlen mit den Einschränkungen bestimmt werden. Wenn aber mangels Berechtigung keine Merkmalswerte mehr als Einschränkung für den Filter überbleiben, werden überhaupt keine Zahlen mehr angezeigt – anders als bei nicht berechtigungsrelevanten Merkmalen, für die keine Einschränkung vorliegt. Dort werden dann alle Merkmalswerte verwendet. Es wird also zwischen »keine Berechtigung«, sprich keine Filter, und »voller Berechtigung«, also »keiner Einschränkung« unterschieden. Das ist aus Sicherheitssicht auch plausibel.

Nimmt man also nun einmal eines der berechtigungsrelevanten Merkmale aus der Berechtigung EXPLORESTR heraus und vergibt somit keine Berechtigung und repliziert dies in den Explorer wie zuvor, erhält man das Ergebnis von Abbildung 10.12. Es werden kein Facet und keine Zahl angezeigt, sondern nur die Meldung »user JOHNPE is not authorized« produziert.

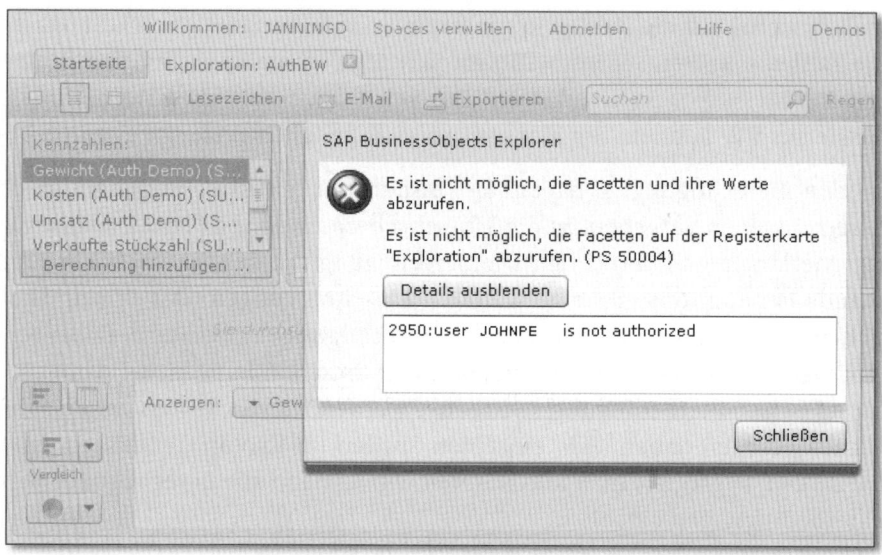

Abbildung 10.12 Keine Berechtigung für Benutzer JOHNPE

Zentrale Eigenschaften der Berechtigungen im Explorer

Die aus dem SAP NetWeaver replizierte Analyseberechtigung arbeitet im Explorer als *Filter*. Das heißt, alle Zahlen sind durch die Filter eingeschränkt auf all diejenigen Merkmale, die in der Berechtigung definiert sind.

Keine Berechtigung und volle Berechtigung (*) werden im Explorer unterschiedlich interpretiert. Die volle Berechtigung führt zu keiner Einschränkung für das betreffende Merkmal, wohingegen »keine Berechtigung« für ein einzelnes Merkmal überhaupt keine Daten anzeigt. Damit sind in der Folge alle Merkmalsaufrisse (Facets) ausgeblendet.

Benutzer, die auf berechtigungsrelevante Merkmale (Facets) eines Information-Space zugreifen, müssen für alle Merkmale des Information-Space Berechtigungen haben.

Es gibt kein Konzept für die Aggregationsberechtigung. Aggregate über Merkmale sind immer berechtigt.

Zusammenfassung

Fassen wir noch einmal zusammen: Im Explorer ist es erforderlich, für alle berechtigungsrelevanten Merkmale irgendeine Berechtigung zu haben, damit überhaupt Daten angezeigt werden können. Pro Merkmal können

Berechtigungen vergeben werden, die dann als Einschränkung für das Merkmal dienen. Es wird mit diesen Einschränkungen gefiltert. In einer Datenbanksprache wie SQL würde man diese Einschränkung als WHERE-Bedingung für die Merkmalswert-Selektion formulieren. Gibt es für ein berechtigungsrelevantes Merkmal keine Berechtigung, wird kein Facet angezeigt, auch keins für die anderen Merkmale.

Diese Einschränkungen aus Berechtigungen können auch kombiniert werden. Da sich die Einschränkungen immer nur auf ein einziges Merkmal beziehen, gibt es deshalb keine Möglichkeit, Kombinationen zu berechtigen, denn es werden so immer alle möglichen Kombinationen aus allen Merkmalen berechtigt. Dieses Verhalten ist der Grund dafür, dass nur eine einzige Berechtigung ausgewählt und repliziert werden kann.

Für die Verwendung mehrerer Berechtigungen bräuchte man die Möglichkeit, im Explorer merkmalsübergreifende Kombinationen zu filtern. Das allerdings ergäbe nicht mehr nachvollziehbare Zahlen, da dann nicht mehr ersichtlich wäre, welche Kombinationen von Merkmalswerten in die Zahlen eingingen, da dies die Darstellung als eindimensionaler Facet nicht gestattet.

Sie haben bereits festgestellt, dass pro Benutzer und InfoProvider eine Berechtigung vorgeschlagen oder ausgewählt wird. Da diese Auswahl unter Umständen bei mehreren Benutzern gleich ist, wird das schnell umständlich und aufwendig. Deshalb kann man Benutzergruppen anlegen.

10.3 Benutzergruppen

Da die Replikation für viele Benutzer mit gleicher Berechtigung aufwendig sein kann, besteht die Möglichkeit, Benutzergruppen zu definieren. Das geschieht über den Eintrag im Menü ZUSÄTZE • BERECHTIGUNGSGRUPPEN. Damit gelangt man in eine View-Pflege für Benutzergruppen (siehe Abbildung 10.13).

Diese Benutzergruppen können mit dem Präfix $$$_ und dem Benutzergruppen-Suffix benannt werden, also beispielsweise »$$$_DE«. Alle Benutzer dieser Gruppe (DE) erhalten dann Kopien der Berechtigungen.

Abbildung 10.13 Benutzergruppen für die Replikation in den Explorer

10.4   Diskussion und Fazit

Sie haben gesehen, dass es relativ einfach ist, einzelne Einschränkungen aus Analyseberechtigungen in einen Information-Space im SAP BusinessObjects Explorer zu replizieren. Sie haben jedoch auch gesehen, dass im Gegensatz zu SAP NetWeaver BW diese Einschränkungen als Filter wirken und nicht als »Schranke« oder »Barriere« (vergleiche Abschnitt 1.3.3, »Leitsätze der Analyseberechtigungen«). Deshalb gibt es aber nur die Möglichkeit, eine einzelne Berechtigung zuzuordnen, die jedoch mehrdimensional sein kann. Bei mehreren Berechtigungen liefe man nämlich auch sofort Gefahr, inkonsistente Daten zu erhalten, weil nicht mehr klar wäre, welche Daten in die aggregierten Größen eingehen. Deshalb ist das gegenwärtige Prinzip mit einer einzigen Berechtigungseinschränkung das sinnvollste.

Man sollte sich aber auch immer der Tatsache bewusst sein, dass der SAP BusinessObjects Explorer ein schnelles Ad-hoc-Werkzeug sein sollte und weder ein Business Warehouse mit allen multidimensionalen Reportingmöglichkeiten ersetzen kann noch soll. Jedes weitere Feature macht die Benutzeroberfläche komplexer. Das grundsätzliche Paradigma der Anzeige steht auch dem Paradigma multidimensionaler Datenanalyse entgegen.

Es ist durchaus möglich, einfache Werteberechtigungen als Einschränkungen zu definieren. Komplexere Anforderungen mit ausgeklügelten Reportinganforderungen und Security-Konzepten sind aber weiterhin die Domäne von Enterprise-Lösungen wie SAP NetWeaver BW.

Dennoch sollte man den Anwendungsbereich des SAP BusinessObjects Explorers nicht aus den Augen verlieren: kleine agile Reports, vielleicht für wenige bis einen Benutzer pro Server, der oder die schnell große Datenmengen durchforsten wollen, die sie sonst vielleicht mit Excel-Tabellen nur mühsam beherrschen oder die aus anderen Quellen stammen, in denen derartiges Reporting gar nicht vorgesehen ist.

Die neue SAP BusinessObjects Business Intelligence-Plattform dient als Brücke zwischen den Welten des SAP NetWeaver Business Warehouse und SAP BusinessObjects Business Intelligence. Wir werden nun in diesem Zusammenhang den Problemkreis Berechtigungen auf der SAP BusinessObjects BI-Plattform beleuchten.

11 SAP NetWeaver BW-Berechtigungen und die SAP BusinessObjects Business Intelligence Platform

Die klassischen Werkzeuge für das SAP NetWeaver Business Warehouse (BW) sind die Werkzeuge der SAP Business Explorer Suite (BEx Tools). Sie dienen als Frontend-Werkzeuge für SAP NetWeaver BW und wurden für diesen Zweck optimiert.

Mit dem Produktportfolio von SAP BusinessObjects hat die Business-Intelligence-Welt der SAP eine Erweiterung in Richtung einer eigenen Server-Infrastruktur erfahren. Allerdings wurden die SAP BusinessObjects-Tools naturgemäß nicht exklusiv für SAP NetWeaver BW designt, sondern waren ursprünglich dazu vorgesehen, eine eigene Server-Frontend-Infrastruktur zu bedienen. Der Server der SAP BusinessObjects-Welt ist die SAP BusinessObjects Business Intelligence (BI)-Plattform (vormals SAP BusinessObjects Enterprise).

Wie zu erwarten, ist die Integration mit SAP NetWeaver und hier speziell mit SAP NetWeaver BW nicht nahtlos möglich und birgt auch einige Fallstricke. Wir zeigen Ihnen in diesem Kapitel einige Aspekte, die ein Administrator von Berechtigungen in SAP NetWeaver BW beachten muss, wenn er das System mit der Plattform SAP BusinessObjects BI integrieren will, also etwa SAP BusinessObjects-Tools mit BW Querys als Quelle in SAP NetWeaver BW laufen lassen will und die Benutzer dafür nicht nur im BW, sondern auch auf der Plattform SAP BusinessObjects BI verwalten muss.

Zunächst befassen wir uns mit der *Central Management Console* (CMC), der zentralen Verwaltungsoberfläche für Administratoren. Hier werden wir ausführlich die Möglichkeit des Benutzerabgleichs und Rollenabgleichs zwischen der Plattform SAP BusinessObjects BI und SAP NetWeaver BW darstellen, indem wir zeigen, wie Sie ein BW-System anbinden und dann exemplarisch zwei Benutzer und ihre Rollen replizieren.

Danach wenden wir uns genauer der Berechtigungsvergabe in der CMC zu, die ein völlig anderes Konzept als die Berechtigungsvergabe in der klassischen SAP-Landschaft verfolgt.

Zum Schluss zeigen wir, wie Sie sich einen Bericht mit der Reportingsoftware SAP BusinessObjects Web Intelligence anzeigen lassen können, dessen Daten aus einem SAP NetWeaver BW-System mit eingeschränktem Datenzugriff stammen.

11.1 Central Management Console (CMC)

Angenommen, Ihre Systemlandschaft besteht aus einem SAP NetWeaver Business Warehouse, und die Frontends sind SAP BusinessObjects-Tools auf Basis der Plattform SAP BusinessObjects BI. Es besteht dann in der Regel der Bedarf, die Benutzer aus dem klassischen SAP NetWeaver BW-Backend mit den Benutzern der SAP BusinessObjects BI-Plattform zu synchronisieren. Die Synchronisation ist wichtig, damit der Administrator nicht komplett unterschiedliche Benutzerlandschaften unabhängig voneinander warten muss. Stattdessen wäre es eine erhebliche Vereinfachung, alle dezentralen Änderungen z. B. in einem BW-Backend-System zentral zu verwalten oder verschiedene Benutzernamen desselben Anwenders in verschiedenen Systemen zu identifizieren.

Die zentrale Managementkonsole ist der Dreh- und Angelpunkt für die Verwaltung der Frontend-Tools, die auf verschiedene Datenquellen zugreifen können, darunter natürlich SAP NetWeaver BW-Systeme als Backend bzw. Datenquelle.

Melden Sie sich auf der Plattform SAP BusinessObjects BI (Option ENTERPRISE im Logon) an, um in die zentrale Managementkonsole (CMC) zu gelangen.

In der CMC finden sich in den drei Hauptkategorien ORGANISIEREN, DEFINIEREN und VERWALTEN verschiedene Optionen, die bei der Benutzer- und Rollenverwaltung eine Rolle spielen und die wir uns etwas genauer ansehen wollen (siehe Abbildung 11.1). Das sind die folgenden Funktionen:

- Ordner
- Benutzer und Gruppen

▶ Zugriffsberechtigungen

▶ Anwendungen

▶ Authentifizierung

Als Erstes erfahren Sie nun, wie Sie SAP NetWeaver BW als Backend-System anbinden. Klicken Sie dazu auf das Feld AUTHENTIFIZIERUNG der Kategorie VERWALTEN.

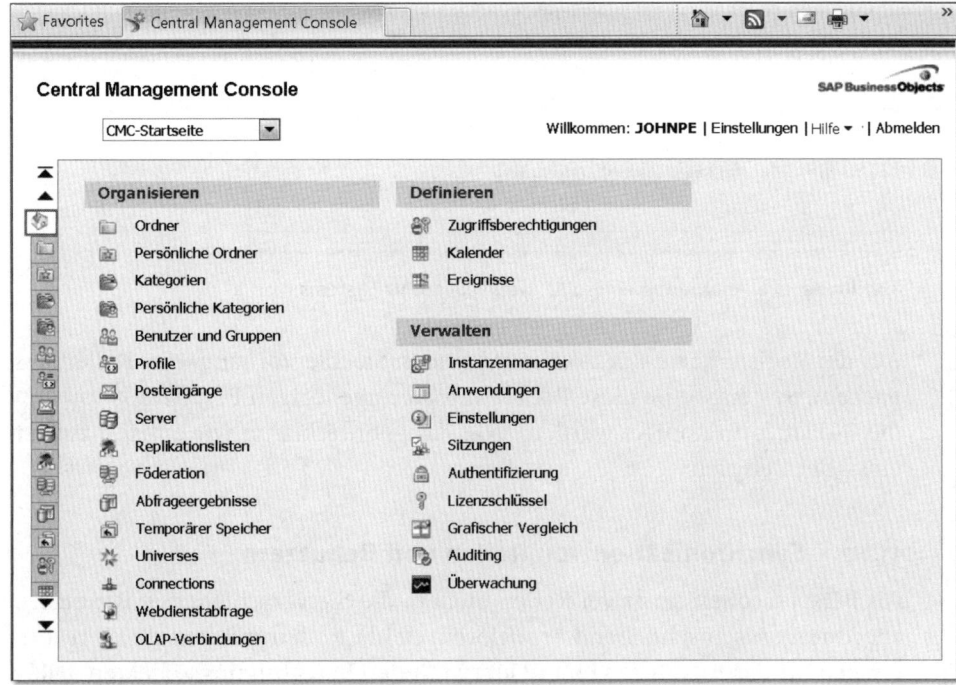

Abbildung 11.1 Einstiegsseite der Central Management Console (CMC)

11.1.1 Anbindung an SAP NetWeaver BW

Die Anbindung eines SAP NetWeaver BW-Backend-Systems als Quelle an die SAP BusinessObjects BI-Plattform wird nötig sein, um die verwendeten Rollen und Benutzer auf der BI-Plattform replizieren zu können. Dazu muss der BI-Plattform das SAP-System sozusagen »bekannt gemacht« werden. Wie Sie in Abbildung 11.2 sehen, erfolgt die Anbindung analog zur Definition eines Logon-Eintrags im SAP GUI. Sie müssen die Felder SYSTEM, CLIENT (also Mandant), ANWENDUNGSSERVER und SYSTEMNUMMER ausfüllen. Zusätzlich wird hier ein Anmeldebenutzer hinterlegt.

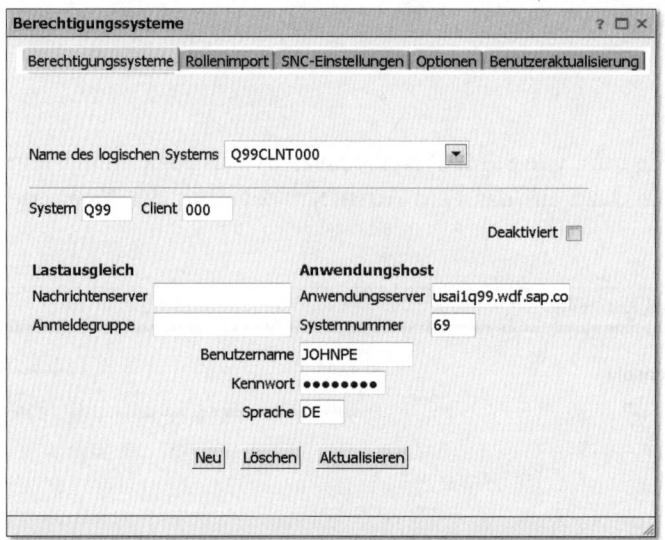

Abbildung 11.2 Anbindung eines SAP NetWeaver BW-Systems

Auf der Registerkarte ROLLENIMPORT finden Sie alle vorhandenen Rollen des Backend-Systems. Alle diese Rollen und die zugehörigen Benutzer können in die BI-Plattform kopiert werden. Wie das geht, erklären wir anhand zweier einfacher Beispiele.

11.1.2 Synchronisation von Rollen und Benutzern

Als Beispiel sollen uns zwei Rollen dienen, die Sie verschiedenen Benutzern zuordnen und anschließend replizieren. Beide Rollen müssen die Berechtigungen für das Ausführen einer Query mit den Berechtigungsobjekten S_RS_COMP und S_RS_COMP1 beinhalten. Diese Berechtigung wird analog zu der für die einfachen Beispielbenutzer in Kapitel 1, »Analyseberechtigungen für Einsteiger: eine praktische Einführung« vergeben. Zusätzlich benötigen Sie für die Benutzer Berechtigungen für den Remote-Function-Call-Zugriff (RFC) über das Berechtigungsobjekt S_RFC, wenn Sie mit Frontends außerhalb des SAP-Backend-Systems zugreifen, zum Beispiel mit dem BEx Web Analyzer oder auch SAP BusinessObjects Web Intelligence. Die Berechtigung für den RFC-Zugriff wird ebenfalls Bestandteil beider Rollen.

Außerdem sollen beide Rollen Analyseberechtigungen enthalten, die immer notwendig sind, sobald eine Query ausgeführt wird. Die erste Rolle nennen Sie BW2BO. Sie soll eine Analyseberechtigung DEMAUTH01 beinhalten (siehe Abbildung 11.3), die zweite Rolle, BW2BO_ALL, soll den vollen Datenzugriff mit der Berechtigung 0BI_ALL ermöglichen.

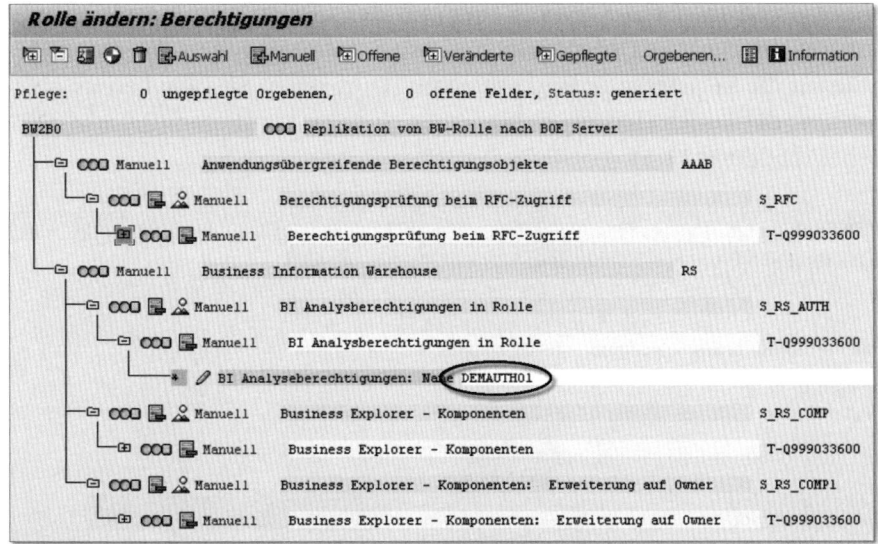

Abbildung 11.3 Rolle BW2BO mit eingeschränkter Analyseberechtigung DEMAUTH01

Diese Berechtigungen ordnen Sie zwei Benutzern zu, wie in Tabelle 11.1 dargestellt.

Benutzer	Rollenname	Datenzugriff
AUTHBW18	BW2BO	eingeschränkt
AUTHBW19	BW2BO_ALL	voller Datenzugriff

Tabelle 11.1 Beispielszenario für Replikation auf die BI-Plattform

Für Benutzer AUTHBW18 ist die Rollenzuordnung in Abbildung 11.4 dargestellt. Diese beiden Benutzer können nun im SAP NetWeaver BW-System agieren, wie Sie das in den vorangegangenen Kapiteln gesehen haben.

Abbildung 11.4 Rolle BW2BO ist User AUTHBW18 zugeordnet

Anschließend möchten Sie die Rollen auf der BI-Plattform einspielen und dort mit der zentralen Managementkonsole auch verwalten. Wechseln Sie dafür auf die Registerkarte ROLLENIMPORT. Dort sehen Sie, wie bereits oben erwähnt, die Rollen des angeschlossenen Systems, in diesem Beispiel Q99 (siehe Abbildung 11.5).

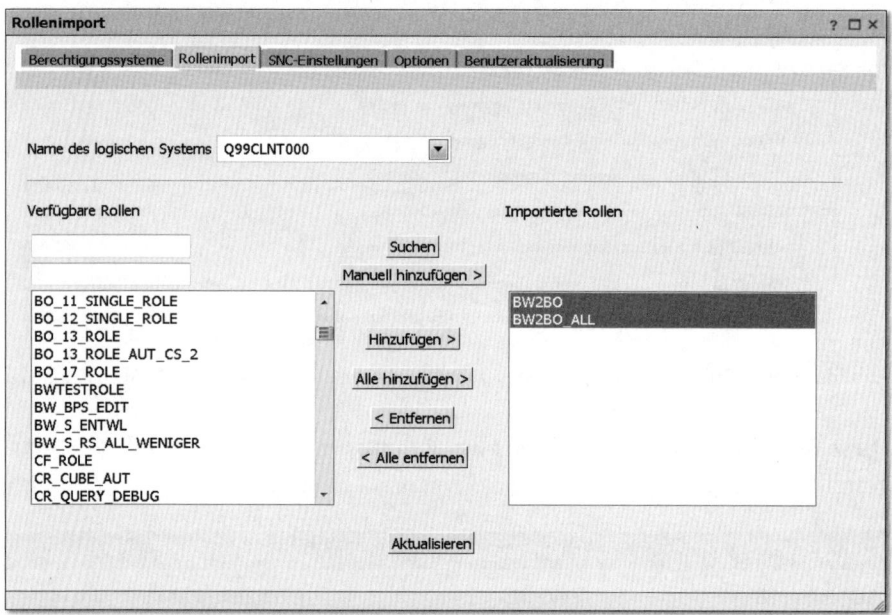

Abbildung 11.5 Rollenimport aus einem SAP-System auf die SAP BusinessObjects BI-Plattform

Wählen Sie die Rollen BW2BO und BW2BO_ALL aus, und replizieren Sie sie, indem Sie erst auf den Button HINZUFÜGEN und anschließend auf AKTUALISIEREN klicken. Dadurch werden die Daten synchronisiert, und bei jedem erneuten Ausführen wird der aktuelle Zustand übertragen.

Nun sind die Rollen auf der BI-Plattform verfügbar und könnten beliebigen Plattform-Benutzern zugeordnet werden, auch solchen, die im SAP-System die Rollen gar nicht besitzen. Dies ist jedoch nicht das Ziel dieser Übung.

Um eine vernünftige Verwaltung der Rollen zu erreichen, muss man deshalb sinnvollerweise die Benutzer und die Zuordnung der Rollen zu Benutzern mit replizieren. Das erfolgt auf der Registerkarte BENUTZERAKTUALISIERUNG im Authentifizierungsfenster (siehe Abbildung 11.6). Über die Option ROLLEN UND ALIASE AKTUALISIEREN werden sowohl Benutzer als auch Rollen repliziert.

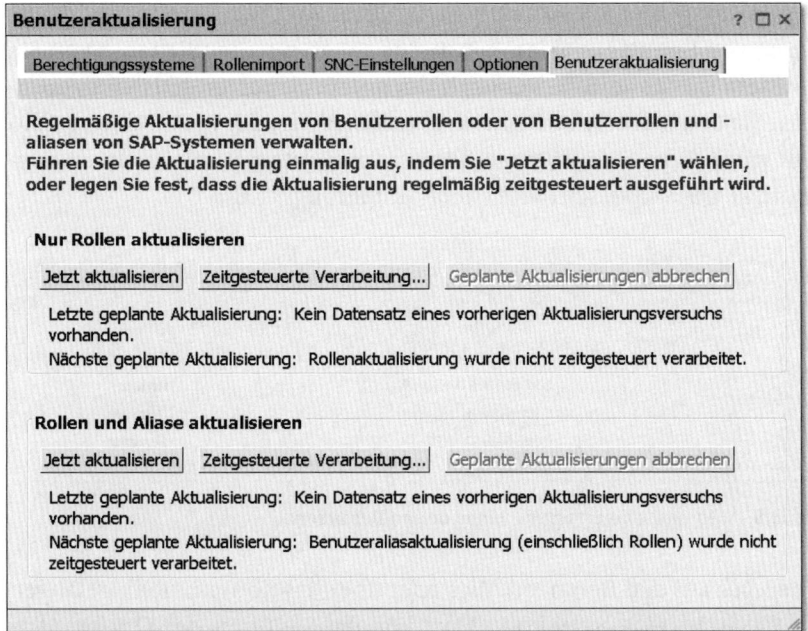

Abbildung 11.6 Benutzeraktualisierung

Sie überprüfen dies nun in der CMC unter BENUTZER UND GRUPPEN (siehe die Einstiegsseite in Abbildung 11.1). Sie sehen dort eine Benutzerliste, die die Benutzer zu den Rollen anzeigt, die im vorangegangenen Schritt ausgewählt worden sind (siehe Abbildung 11.7) – in unserem Beispiel also die Benutzer AUTHBW18 und AUTHBW19, denen Sie ja die beiden Rollen BW2BO und BW2BO_ALL zugeordnet hatten. Zur Identifikation der Quelle werden das System und der Mandant kombiniert. Die Rollen sind mit dem @-Zeichen kenntlich gemacht, Benutzer hingegen mit dem Schrägstrich.

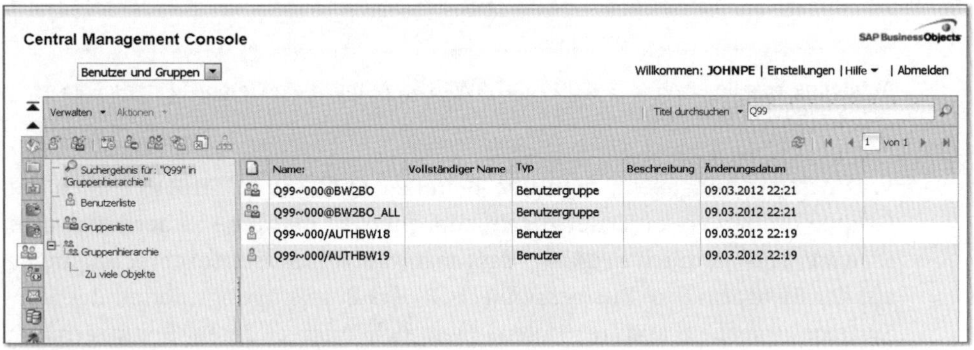

Abbildung 11.7 Benutzer und Rollen (»Benutzergruppen«) auf der BI-Plattform

Die Rollen werden hier folgerichtig als BENUTZERGRUPPE bezeichnet, da sie eine Gruppe von Benutzern »klammern«. Sie sehen dies deutlicher, wenn Sie im SAP-System die Rolle BW2BO auch noch dem Benutzer JOHNPE zuordnen. Wenn Sie den Schritt der Benutzeraktualisierung, der in Abbildung 11.6 dargestellt wurde, erneut ausführen, führt er nun automatisch zu einem weiteren Benutzer Q99~000/JOHNPE (siehe Abbildung 11.8).

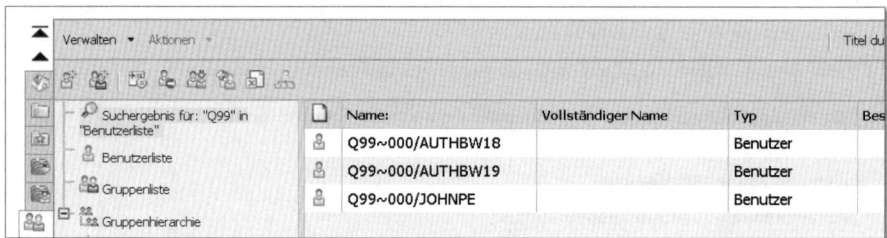

Abbildung 11.8 Automatische Erfassung eines neuen Benutzers

Per Doppelklick auf den Benutzer-Alias oder über das Kontextmenü gelangen Sie in die BENUTZEREIGENSCHAFTEN. Dort können Sie unter der Option MITGLIED VON überprüfen, ob die Zuordnung des Benutzers zu seinen Rollen korrekt vorgenommen wurde – also so, wie sie demselben Benutzer auch im SAP NetWeaver-System zugeordnet sind.

Abbildung 11.9 Benutzer Q99~000/AUTHBW18 als Mitglied der Gruppe »Eingeschränkte Sicht« (Q99~000@BW2BO)

Was passiert nun, wenn man den Benutzer Q99~00/AUTHBW18 auch der Gruppe für den vollen Datenzugriff zuordnet? Ist dies eine Sicherheitslücke? Es wäre dann nämlich denkbar, dass man mit Administratorberechtigungen auf der Plattform SAP BusinessObjects BI das Berechtigungsmodell des SAP-Systems umgehen könnte, indem man sich oder anderen Benutzern mit eigentlich eingeschränkter Berechtigung den vollen Zugriff erlaubt.

Versuchen Sie dies einmal mit dem Benutzer AUTHBW18. Klicken Sie dazu in den BENUTZEREIGENSCHAFTEN (siehe Abbildung 11.9) auf GRUPPE BEITRETEN, und ordnen Sie dem Benutzer die gewünschte Rolle zu. Bei dem Versuch, dem eingeschränkt berechtigten Benutzer die Rolle BW2BO_ALL zuzuordnen, scheitern Sie jedoch am System, das dies verhindert (siehe Abbildung 11.10).

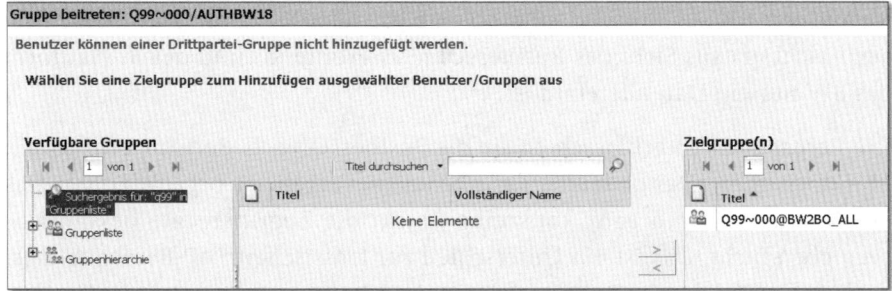

Abbildung 11.10 Ablehnung falscher Rollenzuordnung im Drittsystem

Auch ohne Ablehnung des Systems würde hier allerdings keine Sicherheitslücke vorliegen, denn für die Berechtigungsprüfung im SAP-System sind einzig und allein die Zuordnungen des SAP-Systems relevant, egal, was in externen Systemen konfiguriert wird.

> **Zuordnung fremder Rollen**
>
> Die Zuordnung einer fremden, möglicherweise mächtigeren Rolle aus der Plattform SAP BusinessObjects BI mit dem Ziel, die Berechtigungseinschränkungen des SAP-Systems zu umgehen, wird auf der BI-Plattform abgelehnt.
>
> Es sind ausschließlich die Berechtigungen und Zuordnungen innerhalb des SAP-Systems relevant, wenn Aktionen im SAP-System ausgeführt werden, also etwa ein Query-Zugriff auf SAP NetWeaver BW.

Wir wenden uns nun der weiteren Organisation der Berechtigungen in der CMC zu.

11.2 Organisation der Zugriffsberechtigungen in der Central Management Console

Nachdem wir uns die Handhabung klassischer SAP-Rollen und Benutzer auf der SAP BusinessObjects BI-Plattform angeschaut haben, befassen wir uns mit der Berechtigungsvergabe auf der Plattform.

Aus Sicht eines Administrators der SAP NetWeaver Business Warehouse-Berechtigungen ist vor allem die Vergabe von Zugriffsrechten auf Reporting-objekte relevant, also der Zugriff auf Berichte, die auf der SAP BusinessObjects BI-Plattform verwaltet werden, weil sie aus der BusinessObjects-Welt stammen, wie Berichte aus SAP BusinessObjects Web Intelligence, SAP Crystal Reports oder SAP BusinessObjects Dashboards. Diese Objekte sind in SAP NetWeaver BW als Berechtigungsobjekte gar nicht bekannt. Das müssen sie auch nicht, da aus Sicht des BusinessObjects-Frontends und der BI-Plattform das BW nur ein Datenlieferant ist.

Die Vergabe von Zugriffsrechten auf die BusinessObjects-Berichte erfolgt rein objektorientiert. Das bedeutet, dass die Rechtevergabe so organisiert ist, dass ein Benutzer für ein ganz konkretes Objekt die Zugriffsrechte bekommt – oder eben nicht. Das ist ein Unterschied zur klassischen SAP-Berechtigungs-verwaltung, bei der die Rolle und deren Zuordnung zum Benutzer im Vorder-grund stehen. Will man im klassischen SAP-System neuen Benutzern Rechte erteilen, bekommt der Benutzer eine vorhandene Rolle zugeordnet. Auf der SAP BusinessObjects BI-Plattform werden dem Benutzer jedoch die konkre-ten Rechte für den Zugriff auf ein Objekt erteilt.

Ein weiterer wesentlicher Unterschied zum SAP-Standardsystem im Allge-meinen und zu SAP NetWeaver BW im Speziellen ist die Möglichkeit der Ver-weigerung von Rechten. Durch die rein objektorientierte Berechtigungsver-gabe ist dies logisch schlüssig möglich und auf der SAP BusinessObjects BI-Plattform auch realisiert. Eine ausführliche Erörterung, warum dies bei SAP NetWeaver BW nicht so realisiert ist, finden Sie in Abschnitt 9.2, »Wertebe-rechtigungen«.

Rechte gewähren und verweigern

Rechte werden auf der SAP BusinessObjects BI-Plattform immer für den Zugriff auf ein Objekt vergeben, nicht mit Hilfe von Rollen oder Benutzern.

Rechte können einfach gewährt oder explizit verweigert werden (Excluding). Wird ein Recht nicht gewährt, wird der Zugriff auf das Objekt abgelehnt.

Wird ein Recht, zum Beispiel durch die Zugehörigkeit eines Benutzers zu mehreren Benutzergruppen, sowohl explizit verweigert als auch gewährt, wird es als verwei-gert angesehen und der Zugriff entsprechend abgelehnt.

Zur Kombination von Berechtigungen können Gruppen und Sammelgruppen angelegt werden, was in etwa den Sammelrollen im SAP-System entspricht. Für eine weitere Schachtelung gibt es auch die Möglichkeit, beliebig tiefe

Ordnerstrukturen anzulegen. Dies kann und sollte auch als eine Art Stufung der organisatorischen Bereiche genutzt werden eine Möglichkeit, die im klassischen SAP-Berechtigungswesen nicht zur Verfügung steht. Dabei ist die *Vererbungsordnung* zu beachten, nach der die Berechtigungen eines Unterordners diejenigen des Oberordners »überschreiben«. Ist in einem Ordner also beispielsweise eine Berechtigung gewährt, kann in einem Unterordner eine Verweigerung für einen Objektzugriff hinterlegt sein. In diesem Fall wirkt die Verweigerungsberechtigung.

Grundsätzlich muss jedes Objekt auf der BI-Plattform in einem Ordner enthalten sein. Legen Sie deshalb als Beispiel in der Central Management Console zwei Ordner an, die die beiden Benutzergruppen, diejenige für die eingeschränkte Datenberechtigung und diejenige für die volle Datenberechtigung, abbilden (siehe Abbildung 11.11).

Abbildung 11.11 Ordnerstruktur in der Central Management Console

Für die Vergabe von Berechtigungen gibt es das Konzept der *Zugriffsberechtigungen*. Zugriffsberechtigungen sind Vorlagen, die die Berechtigungsvergabe vereinfachen, da man mit ihnen nicht mehr alle Berechtigungen einzeln vergeben muss. Man findet verschiedene Abstufungen der Zugriffsberechtigungen von Ansicht bis Voller Datenzugriff.

Ordnen Sie nun dem Hauptordner Buch Berechtigungen SAP BW die Berechtigungen zum Ansehen für beide Benutzergruppen zu. Dazu wählen Sie im Kontextmenü des Ordners die Option Benutzersicherheit. Mit dem Button Prinzipale hinzufügen wählen Sie die beiden Benutzergruppen aus und schieben sie über das Pfeil-Icon (>) in den Bereich Ausgewählte Benutzer/Gruppen (siehe Abbildung 11.12).

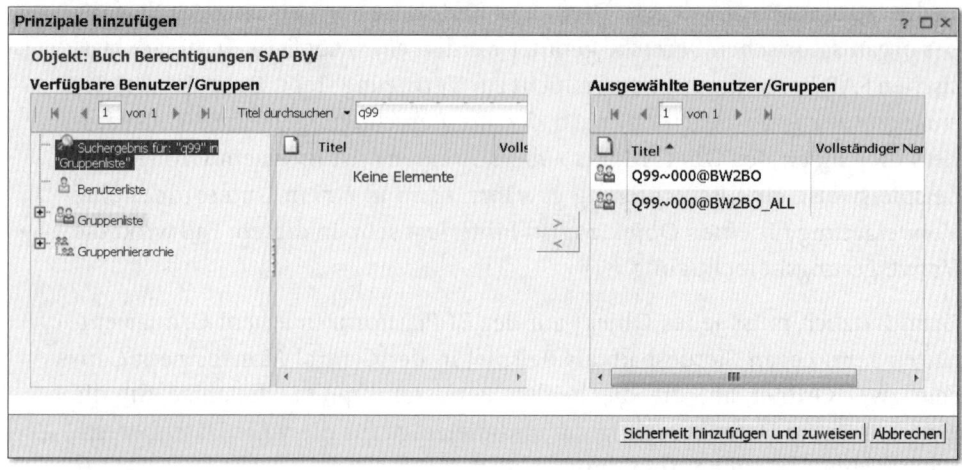

Abbildung 11.12 Zuweisung der Ansichtsberechtigungen für beide Bunutzergruppen zum Hauptordner

Anschließend gelangen Sie über den Button SICHERHEIT HINZUFÜGEN UND ZUWEISEN (siehe Abbildung 11.12) in den Dialog SICHERHEIT ZUWEISEN (siehe Abbildung 11.13). Dort wählen Sie auf der Registerkarte ZUGRIFFSBERECHTIGUNGEN die Vorlage ANSICHT aus den verfügbaren Zugriffsberechtigungen aus und weisen sie mit Hilfe des Pfeil-Icons (>) zu. Durch einen Klick auf den Button ANWENDEN werden die Zugriffsberechtigungen schließlich wirksam.

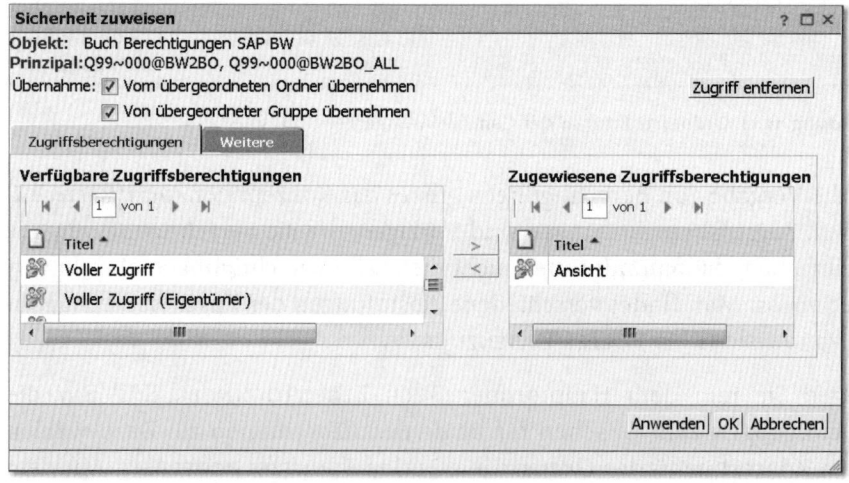

Abbildung 11.13 Zugriffsberechtigung »Ansicht« zuweisen

Überprüfen Sie nun in einem der Unterordner über das Kontextmenü die BENUTZERSICHERHEIT, sehen Sie in beiden Unterordnern, dass die Zugriffsberechtigung ANSICHT zugeordnet ist, und zwar mit dem Hinweis ÜBERNOM-MEN, da diese Berechtigung ja ursprünglich im Hauptordner zugewiesen und damit vererbt wurde (siehe Abbildung 11.14).

Abbildung 11.14 Geerbte Benutzersicherheit mit Zugriffsberechtigung »Ansicht (Übernommen)«

Außerdem sehen Sie die vom Stammordner geerbten Berechtigungen für Administratoren (Zugriffsberechtigung VOLLER ZUGRIFF) und für alle weiteren Benutzer (EVERYONE: Zugriffsberechtigung KEIN ZUGRIFF). Das ist eine häufige Systemeinstellung. Da die Benutzergruppen nun noch keinen lesenden Zugriff (ANSICHT) auf den Oberordner haben, muss noch sichergestellt werden, dass sie auch dort Ansichtsberechtigungen haben. Es bietet sich hier an, die Berechtigung für alle Benutzergruppen auf den obersten Ordner zu gewähren. Dann sehen allerdings alle Benutzer alle Ordner, und man muss gegebenenfalls wieder Zugriffsrechte auf Unterordner verweigern. Hier bietet sich die Verwendung von Kategorien an, die alternative Ordnersichten darstellen können. Damit könnte man diesen Seiteneffekt umgehen. Wir gehen auf die Kategorien hier jedoch nicht weiter ein.

Wenn Sie die Berechtigung für den Hauptordner für EVERYONE gewähren, kann jeder der Benutzer aus unseren zwei Beispiel-Benutzergruppen die zwei Unterordner im Hauptordner sehen, also z. B. auch der ergänzte Benutzer JOHNPE (vgl. Abbildung 11.8).

Sichtbarkeit von Ordnern

Um einen Ordner zu sehen, muss ein Benutzer den gesamten Pfad zu seinem Inhaltsordner sehen können. Gegebenenfalls muss man für den lesenden Zugriff auf alle Ordner bis hinauf zu ALLE ORDNER berechtigen. Anderenfalls kann der Benutzer seinen Ordner nicht erreichen und auch auf keine darin enthaltenen Objekte zugreifen.

Im nächsten Abschnitt bringen wir die beiden Systeme auf der Seite des Frontends zusammen, indem wir dem im BW eingeschränkt berechtigten Benutzer eine Anwendung zur Verfügung stellen, mit der er Daten aus dem BW-System sehen kann.

11.3   Einbindung einer BW Query in eine SAP Business-Objects BI-Anwendung

Zu guter Letzt wollen wir Ihnen zeigen, wie Sie einem Benutzer mit eingeschränkten Analyseberechtigungen SAP BusinessObjects BI-Berechtigungen für eine Anwendung vergeben, damit er den Zugriff auf Daten im SAP NetWeaver BW-System hat. Er soll auf eine Query in SAP NetWeaver BW zugreifen, die wir bereits als Allererstes vorgestellt haben, nämlich die Query BWAUTH_Q01, die Sie aus Abschnitt 1.4, »Möglichkeiten der Analyseberechtigungen«, kennen, und zwar in der Variante mit Variablen (siehe hierzu auch Abbildung 1.29 in Abschnitt 1.3, »Ausführung und Fehleranalyse«). Genau genommen erfolgt die Berechtigungsvergabe hier andersherum, als Sie es bisher gewohnt sind: es müssen einer Anwendung Zugriffsberechtigungen für Benutzergruppen oder Benutzer zugeordnet werden.

Dazu wählen Sie auf der Startseite der zentralen Managementkonsole im Bereich VERWALTEN die Option ANWENDUNGEN. Dort wählen Sie eine Anwendung aus, z. B. SAP BusinessObjects Web Intelligence. Im Kontextmenü wählen Sie dann die Option BENUTZERSICHERHEIT (siehe Abbildung 11.15).

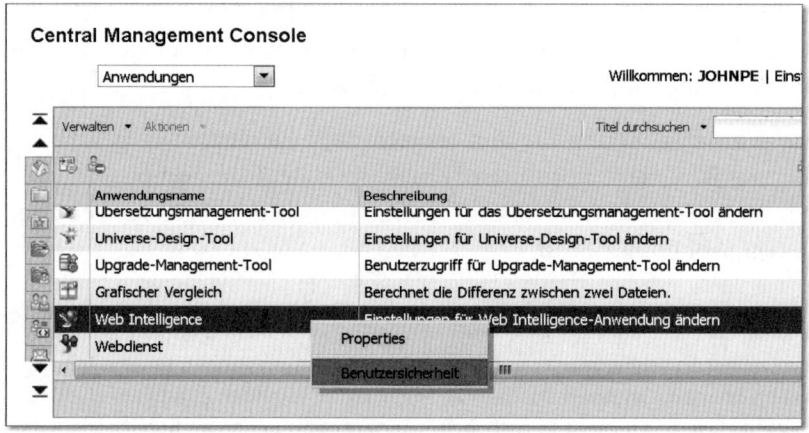

Abbildung 11.15 Benutzersicherheit für die Anwendung SAP BusinessObjects Web Intelligence

Hier ordnen Sie, wie oben bereits beschrieben, die Benutzergruppe der eingeschränkten Sicht zu und rufen den Dialog SICHERHEIT HINZUFÜGEN UND ZUWEISEN auf. Anders als im vorangegangenen Beispiel nehmen Sie nun in der in Abbildung 11.13 dargestellten Sicht keine der vordefinierten Zugriffsberechtigungen, sondern wählen die Registerkarte WEITERE und dort RECHTE HINZUFÜGEN/ENTFERNEN, um eigene spezifische Berechtigungen zu definieren. Im Abschnitt ALLGEMEIN sehen Sie die vorhandenen Optionen für Web Intelligence (siehe Abbildung 11.16). Da wir in diesem Beispiel nur erreichen wollen, dass der Benutzer den Bericht anzeigen kann, reicht es, hier für die Option BEI WEB INTELLIGENCE ANMELDEN die Markierung in der Spalte unter dem Icon ⊘ zu setzen.

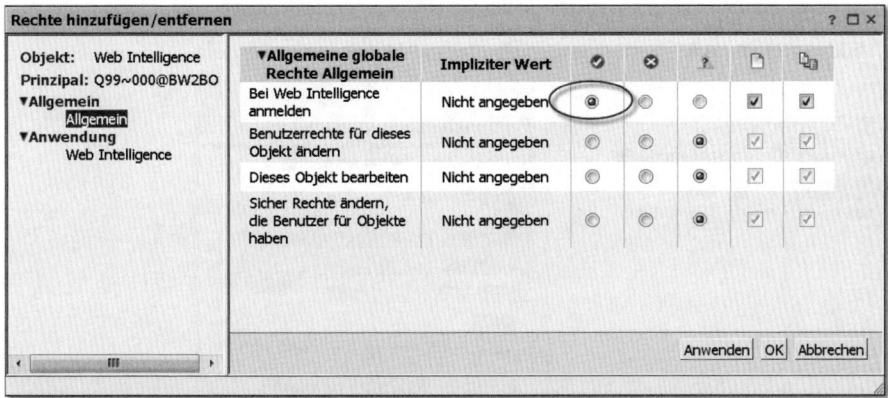

Abbildung 11.16 Berechtigung, um mittels Web-Intelligence-Bericht Daten zu sehen

Damit diese Konfiguration und der Bericht in SAP BusinessObjects Web Intelligence auch tatsächlich von einem Standardbenutzer betrachtet werden können, muss der Administrator sicherstellen, dass es eine OLAP-Verbindung zum SAP NetWeaver BW-System gibt, die den Zugriff auf die BW Query (auf der BI-Plattform *Cube* genannt) erlaubt und über die sich der Endbenutzer authentifizieren kann. Eine solche Verbindung wird in der CMC im Bereich OLAP-VERBINDUNGEN angelegt (siehe Abbildung 11.17).

Zum Schluss muss auch die BW Query für den Zugriff von außen konfiguriert sein, da sie sonst im BI Launch Pad nicht sichtbar wäre (siehe Abbildung 11.18).

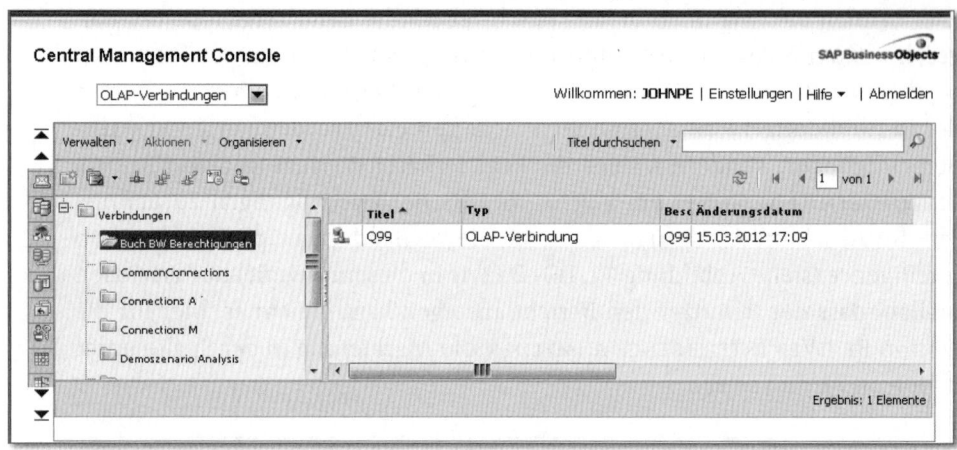

Abbildung 11.17 OLAP-Verbindung in der Central Management Console

Abbildung 11.18 Freigabe für den Zugriff durch externe OLAP-Verbindungen

Nun kann sich der eingeschränkt berechtigte Benutzer AUTHBW18 am BI Launch Pad anmelden und sich seinen Web-Intelligence-Bericht anschauen. Er sieht dann das Ergebnis der Query BWAUTH_Q01 analog zum Ergebnis der eingeschränkten Query-Selektion, die wir in Abschnitt 1.3, »Ausführung und Fehleranalyse«, vorgenommen haben (siehe Abbildung 11.19 und Abbildung 2.30).

Damit beenden wir unseren Exkurs in die Welt der SAP BusinessObjects BI-Plattform-Berechtigungen.

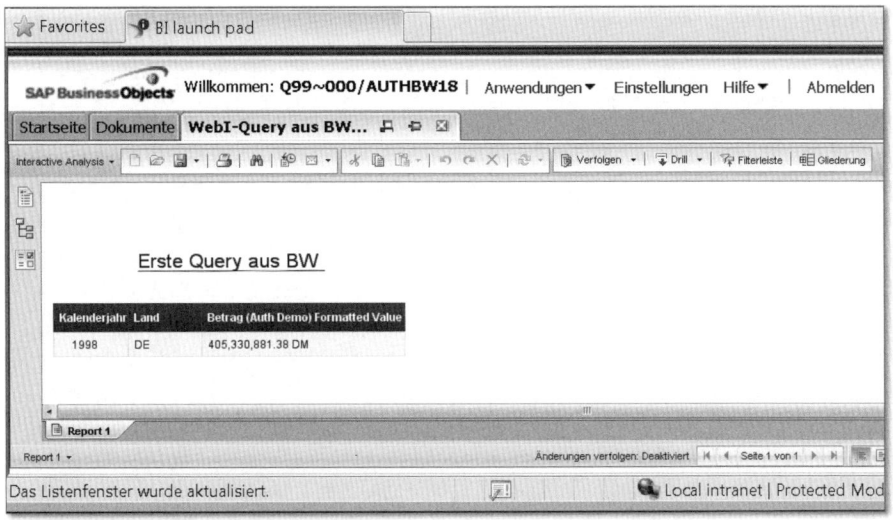

Abbildung 11.19 Query-Ergebnis in SAP BusinessObjects Web Intelligence

11.4 Zusammenfassung und Fazit

Wir haben Ihnen in diesem Kapitel eine Einführung in die Berechtigungen für die SAP BusinessObject-Tools gegeben und uns dabei bewusst auf die häufig anzutreffende Situation konzentriert, dass die Daten im Backend aus einem SAP NetWeaver BW-System stammen.

Der Datenzugriff wird auch bei der Integration der BW-Lösungen mit den BusinessObjects-Lösungen über Analyseberechtigungen geprüft und zur Anzeige gebracht. Als Beispiel diente hier die Software SAP BusinessObjects Web Intelligence, die Berichtsergebnisse im Netz anzeigt.

Sie haben auch erfahren, dass die Struktur der Berechtigungsvergabe vollkommen anders aussieht als im klassischen SAP-Umfeld, denn Berechtigungen werden in SAP BusinessObjects Business Intelligence objektorientiert vergeben, also ausgehend von den Objekten, auf die zugegriffen wird. Dagegen dominiert in klassischen, ABAP-basierten SAP-Lösungen ein benutzerzentriertes Rollensystem.

Die Kombination aus den beiden Berechtigungssystemen und die unterschiedlichen technologischen Grundlagen erfordern zusätzliche Kenntnisse und Administrationsaufwand, bieten aber auch vielfältige neue Möglichkeiten im Bereich der Anwendungen.

Anhang

A   FAQ

In diesem Teil des Anhangs werden wir nun die häufigsten Fragen (Frequently Asked Questions) beantworten, die immer wieder in Beratung und Support auftreten.

Wo finde ich FAQ?

Die Top-Liste der FAQ finden Sie im SAP-Hinweis 820183. Der Hinweis wird gegebenenfalls auch aktualisiert.

Wie lange wird das alte Berechtigungskonzept aus SAP NetWeaver 3.5 noch supportet?

Dies steht in den SAP-Hinweisen 923176 und 1125108.

Wieso verlangt das System 0BI_ALL für das Berechtigungsobjekt S_RS_AUTH?

Das System verlangt *niemals* 0BI_ALL. Dieses Missverständnis beruht auf Einträgen in der Transaktion SU53 oder bei Systemtraces mit der Transaktion ST01. Ignorieren Sie diese Einträge, die nur besagen, dass der Benutzer *kein* 0BI_ALL hat.

Ich erhalte die Meldung »keine ausreichende Berechtigung«. Was ist zu tun?

Bei dieser Meldung handelt es sich immer um ein Ergebnis der detaillierten Berechtigungsprüfung. Machen Sie Folgendes:

1. Zeichnen Sie ein Berechtigungsprotokoll auf, und analysieren Sie es. Beschränken Sie sich dabei möglichst auf einen oder wenige Navigationsschritte, die das Problem eingrenzen.
2. Entnehmen Sie dann dem Protokoll die Information, welche Merkmale berechtigungsrelevant sind, und vergleichen Sie diese mit den vorhandenen Berechtigungen. Schauen Sie in den Protokollabschnitt der Berechtigungsprüfung.

▶ Vielleicht fehlt nur eine Aggregationsberechtigung (Doppelpunkt).

▶ Falls dies nicht der Fall ist, vergleichen Sie die Selektion mit der Berechtigung. Die Berechtigung muss die Selektion vollständig abdecken. Insbesondere Ausdrücke in der Selektion und Reste mit dem Statement NOT IN deuten häufig auf fehlende Berechtigungsvariablen (Verarbeitung durch Berechtigungen) hin.

Ich erhalte die Meldung »keine ausreichende Berechtigung für InfoProvider xyz«. Was bedeutet das?

Bei dieser Meldung handelt es sich immer um ein Ergebnis der Prüfung auf die Spezialmerkmale. Sie haben dann keine Berechtigung zugeordnet, die am Ausführungstag gültig ist und für den betreffenden InfoProvider die notwendige Aktivität aufweist. Insbesondere bei der BW-Integrierten Planung sind oft mehrere InfoProvider im Spiel, die nicht nur die Aktivität »Lesen« (03) erfordern, sondern auch »Ändern« (01).

Zeichnen Sie ein Berechtigungsprotokoll auf, und beschränken Sie sich möglichst auf den entscheidenden Schritt. Im Abschnitt INFOPROVIDER-PRÜFUNG finden Sie die Meldung auch wieder. Im Abschnitt PUFFERUNG können Sie sehen, wie die vergebenen Berechtigungen definiert wurden.

Warum kann ich in der Berechtigungspflege das »I« für Including nicht in »E« für Excluding ändern?

Das einzige Merkmal, bei dem Excluding erlaubt ist, ist das Merkmal für die »Gültigkeit« (0TCAVALID). Deshalb ist das Feld ausschließlich in der Berechtigungspflege eingabebereit, sonst nicht. Das Feld kann daher auch nur beim Merkmal 0TCAVALID geändert werden.

Warum gibt es kein Excluding?

Es gibt auch Excluding, aber nur für das Merkmal 0TCAVALID. Das ist auch der Grund, warum das Vorzeichen nur für dieses Merkmal eingabebereit ist. Bei allen anderen Merkmalen ist dies verboten, da Effekte auftreten können, die nur schwer zu verstehen sind.

Details hierzu finden Sie in den Abschnitten 9.1, »Herangehensweise«, und 9.2.2, »Funktionsumfang in Analyseberechtigungen«.

Mein Benutzer sieht immer alle Daten, und die Berechtigungen ziehen keine Einschränkung nach sich. Warum?

Überprüfen Sie, ob Ihr Benutzer die Universalberechtigung 0BI_ALL zuge-ordnet hat. Das kann über eine generalisierte Rolle geschehen sein, in der das Berechtigungsobjekt S_RS_AUTH mit Gesamtberechtigung * oder 0BI_ALL versehen ist.

Wie funktioniert die Zusammenfassung von Berechtigungen?

In Abschnitt 9.5, »Zusammenfassung und Optimierung von Berechtigun-gen«, ist dies ausführlich beschrieben.

Wie arbeitet die Generierung mit der Zentralen Benutzerverwaltung ZBV zusammen?

Bei der Generierung mit den Reportingberechtigungen auf Basis von Berech-tigungsobjekten werden »rollenlose« Profile erstellt und den Benutzern zugeordnet. Ist BW in eine Zentrale Benutzerverwaltung (ZBV) integriert, werden diese Profile bei einem Benutzerabgleich gelöscht. Somit fehlen dem Benutzer diese Berechtigungen im Reporting. Um dieses Problem zu umge-hen, muss BW entweder aus der ZBV entfernt werden, oder die Rollen- bzw. Profilvergabe muss lokal durchgeführt werden.

Mit Analyseberechtigungen entfällt dieses Problem, da die generierten Berechtigungen direkt den Benutzern zugeordnet werden oder über das Berechtigungsobjekt S_RS_AUTH innerhalb einer Rolle vergeben sind.

Warum ist der Berechtigungstyp 3 für Hierarchieberechtigungen nicht das Gleiche wie *, wieso erhalte ich deshalb die Meldung »keine ausreichende Berechtigung«?

Der Berechtigungstyp 3 berechtigt noch immer über Hierarchien und damit über eine bestimmte Hierarchiestruktur. Die volle Berechtigung ist jedoch hierarchieübergreifend. Auch der Berechtigungstyp 3 mit dem Gültigkeitsbe-reich 3 ist damit weniger als die volle Berechtigung.

Müssen Analyseberechtigungen zur Einschränkung von Benutzern verwendet werden?

Ist es das Ziel, Benutzer auf bestimmte Berichte einzuschränken, jedoch innerhalb der Berichte jede Sicht zuzulassen, kann ein reines Standard-

Berechtigungsmodell ohne Analyseberechtigungen eingesetzt werden. Der Benutzer benötigt dann allerdings wenigstens eine gültige Lese-Analyseberechtigung auf den InfoProvider über die Merkmale 0TCAACTVT, 0TCAIPROV und 0TCAVALID. Wenn Sie überhaupt keine Einschränkungen vornehmen möchten, bietet sich die Universalberechtigung 0BI_ALL an.

Müssen die beiden Standard-Berechtigungsobjekte S_RS_COMP und S_RS_COMP1 für die Query-Ausführung immer berechtigt werden?

Ja. S_RS_COMP1 wurde nach S_RS_COMP eingeführt. Es ist jedoch immer gemeinsam mit S_RS_COMP zu berechtigen, denn die berechtigungsmäßige Auswertung der beiden Objekte ist voneinander abhängig. Weitere Details dazu finden Sie im SAP-Hinweis 540720.

Benötigen Hintergrundbenutzer für die Extraktion spezielle Berechtigungen?

In BW gibt es einen oder mehrere sogenannte *Hintergrundbenutzer*, die mit anderen Systemen kommunizieren, um Daten zu extrahieren oder zu senden. Diese Hintergrundbenutzer benötigen spezielle Berechtigungen, die bereits in den vordefinierten Profilen S_BI-WX_RFC und S_BI-WHM_RFC vorhanden sind. Weitere Details sind dem SAP-Hinweis 150315 zu entnehmen.

Benötigt ein Benutzer für eine Query auf einem MultiProvider auch Berechtigungen für die einzelnen darunterliegenden PartProvider?

Nein, der Benutzer benötigt nur Berechtigungen auf den MultiProvider. Diese müssen für S_RS_COMP und 0TCAIPROV vorliegen. Auf die unter dem MultiProvider liegenden PartProvider muss nicht einzeln berechtigt werden.

B Wichtige DataStore-Objekte für die Generierung

Im Folgenden sind – ergänzend zu Kapitel 2, »Berechtigungskonfiguration«, – verschiedene Hinweise zu den wichtigsten DSOs aufgeführt.

DSO 0TCA_DS01

Das wichtigste und meistgenutzte DataStore-Objekt ist das Objekt 0TCA_DS01. Es enthält die Informationen für die Werteberechtigungen, die in einer Berechtigung für einen Benutzer vergeben werden sollen (siehe Tabelle B.1). Einige der Felder müssen ausgefüllt werden, eventuell mit einer Konstanten, andere sind optional.

InfoObject	Bedeutung	Pflichtfeld/optional
0TCTUSERNM	Benutzername	optional
0TCTAUTH	technischer Berechtigungs-name	optional, verschiedene Optionen (siehe Text)
0TCTIOBJNM	InfoObject	Pflichtfeld
0TCTADFROM	Beginn der Gültigkeit eines Eintrages	optional
0TCTADTO	Gültigkeit des Eintrages	Pflichtfeld (zumindest 31.12.9999)
0TCTSIGN	Vorzeichen	Pflichtfeld
0TCTOPTION	Operation	Pflichtfeld
0TCTLOW	unterer Intervallwert oder Muster	Pflichtfeld
0TCTHIGH	oberer Intervallwert oder Muster	optional
0TCTOBJVERS	Objektversion	Pflichtfeld mit Wert A
0TCTSYSID	System-ID	optional (nicht verwendet)

Tabelle B.1 DSO 0TCA_DS01 für die Generierung von Werteberechtigungen

DSO 0TCA_DS02

Das DataStore-Objekt 0TCA_DS02 enthält die Hierarchieinformationen für die Berechtigungen eines Benutzers. Auch hier sind einige Felder Pflichtfelder, andere optional (siehe Tabelle B.2).

InfoObject	Bedeutung	Pflichtfeld/optional
0TCTUSERNM	Benutzername	optional
0TCTAUTH	technischer Berechtigungsname	Pflichtfeld, verschiedene Optionen (siehe Text in Kapitel 2)
0TCTIOBJNM	InfoObject	Pflichtfeld
0TCTADFROM	Beginn der Gültigkeit eines Eintrages	optional
0TCTADTO	Gültigkeit des Eintrages	Pflichtfeld (zumindest 31.12.9999)
0TCTHIENM	Hierarchiename	Pflichtfeld
0TCTHIEVERS	Hierarchieversion	optional
0TCTHIEDATE	Hierarchie, Datum gültig bis	Pflichtfeld
0TCTNIOBJNM	InfoObject des Knotens	Pflichtfeld, eventuell leer, wenn Knoten ein Blatt
0TCTNODE	Knotenname einer Hierarchie	Pflichtfeld
0TCTATYPE	Typ der Berechtigung auf einer Hierarchie	optional, sonst 0
0TCTACOMPM	Gültigkeitsbereich Hierarchieberechtigung	optional, sonst 0
0TCTTLEVEL	Hierarchieebene	Pflichtfeld, aber abhängig von Berechtigungstyp
0TCTNDEF	obsolet	obsolet
0TCTOBJVERS	Objektversion	Pflichtfeld mit Wert A
0TCTSYSID	BW-System	optional (nicht verwendet)

Tabelle B.2 DSO 0TCA_DS02 für die Generierung von Hierarchieberechtigungen

DSO 0TCA_DS03

Möchten Sie Texte zu den generierten Berechtigungen erzeugen, verwenden Sie das DataStore-Objekt 0TCA_DS03 (siehe Tabelle B.3).

InfoObject	Bedeutung	Pflichtfeld/optional
0TCTAUTH	Berechtigung (technischer Name)	Pflichtfeld, verschiedene Optionen (siehe Text)
0TCALANG	Berechtigungen Sprache	optional
0TCTADTO	Ende der Gültigkeit eines Eintrages	Pflichtfeld (zumindest 31.12.9999)
0TCATXTLG	Langtext	optional
0TCATXTMD	mittellanger Text	optional
0TCATXTSH	Kurztext	Pflichtfeld

Tabelle B.3 DSO 0TCA_DS03 für die Generierung von Texten

DSO 0TCA_DS04

Für die Zuordnung generierter Berechtigungen gibt es das DataStore-Objekt 0TCA_DS04. Es ist relativ einfach strukturiert (siehe Tabelle B.4).

InfoObject	Bedeutung	Pflichtfeld/optional
0TCTUSERNM	Benutzername	Pflichtfeld
0TCTAUTH	technischer Berechtigungsname	Pflichtfeld, verschiedene Optionen (siehe Text)
0TCTADTO	Ende der Gültigkeit eines Eintrages	Pflichtfeld (zumindest 31.12.9999)
0TCTSYSID	BW-System	optional (nicht verwendet)
0TCTADFROM	Beginn der Gültigkeit eines Eintrages	optional

Tabelle B.4 DSO 0TCA_DS04 für die Benutzerzuordnung generierter Berechtigungen

DSO 0TCA_DS05

Für die Erzeugung von Benutzern im Zusammenhang mit generierten Berechtigungen können Sie das DataStore-Objekt 0TCA_DS05 verwenden (siehe Tabelle B.5).

InfoObject	Bedeutung	Pflichtfeld/optional
0TCTUSERNM	neuer Benutzer	Pflichtfeld
0TCTSYSID	BW-System	optional (nicht verwendet)
0TCTOBJVERS	Objektversion	Pflichtfeld mit Wert A
0TCTREFUSER	Referenzbenutzer als Vorlage	Pflichtfeld
0TCTEMAIL	E-Mail-Adresse	Pflichtfeld
0TCTUSRGRP	Benutzergruppe	optional
0TCTUSDEL	Benutzer ist obsolet.	optional (nicht verwendet)

Tabelle B.5 DSO 0TCA_DS05 für die Generierung neuer Benutzer

Kombinationen

Für die gemeinsame Verwendung der DataStore-Objekte 0TCA_DS01 und 0TCA_DS02 gibt es gewisse Kombinationsregeln, die die Optionen und ihre Effekte beschreiben. Dieses Regelwerk ist in Tabelle B.6 aufgeführt.

0TCA_DS01		0TCA_DS02		Nachgenerierung
User	Auth	User	Auth	
User 1	–	User 1	–	Für die Berechtigungen wird ein technischer Name generiert (RSR_01), und die Berechtigung wird User 1 zugeordnet (flache Berechtigung und Hierarchieberechtigung).
User 1	–	User 2	–	User 1: Erhält *flache* Berechtigung mit generiertem technischem Namen (RSR_01). User 2: Erhält eigene *Hierarchie*berechtigung mit generiertem technischem Namen (RSR_02).

Tabelle B.6 Alle möglichen Kombinationen von Werte- und Hierarchie-DSOs und ihre Effekte

0TCA_DS01		0TCA_DS02		Nachgenerierung
User	**Auth**	**User**	**Auth**	
User 1	Ziffer/ Name	User 1	Ziffer/ Name	Falls Ziffer eingetragen, wird ein technischer Name generiert. Falls Name eingetragen, wird dieser übernommen. In allen vier Fällen erhält User 1 die flache Berechtigung und die Hierarchieberechtigung.
User 1	Ziffer/ Name	User 2	Ziffer/ Name2	User 1: Erhält flache Berechtigung mit zugewiesenem technischem Namen (Ziffer) oder eingegebenen Namen. User 2: Hierarchieberechtigung mit Nomenklatur wie oben
–	–	–	–	Die flache Berechtigung und die Hierarchieberechtigung kommen zusammen in einer Berechtigung in den Berechtigungspool und werden keinem bestimmten User zugeordnet. Den Berechtigungen wird vom System ein technischer Name zugeordnet.
–	Ziffer/ Name	–	Ziffer/ Name	Die flache Berechtigung und die Hierarchieberechtigung kommen zusammen in einen Berechtigungspool und werden keinem bestimmten User zugeordnet. Die mit Ziffern gefüllten Werte erhalten einen technischen Namen, die mit eingegebenen Namen erhalten ihren eigenen Namen.
–	Ziffer/ Name	–	–	analog
–	–	–	Ziffer/ Name	analog

Tabelle B.6 Alle möglichen Kombinationen von Werte- und Hierarchie-DSOs und ihre Effekte (Forts.)

C   Anleitung – Implementierung der Beispiele aus Kapitel 6

Hier finden Sie nun eine Anleitung, wie die Beispiele aus Kapitel 6, »Berechtigungsmodelle für Reporting und Planung«, implementiert werden. Damit Sie sie im System nachstellen können, müssen die Elemente des Datenmodells angelegt werden. Als ersten Schritt müssen Sie die dafür benötigten Dateien von der Webseite *http://www.sap-press.de/3040* downloaden. Den Code, den Sie dazu benötigen, finden Sie auf der blauen Umschlagseite zu Beginn dieses Buches.

Im Folgenden werden Sie die Objekte nun Schritt für Schritt im System anlegen. Als Schnittstelle für den Upload der bereits vordefinierten Objekte verwenden Sie das XML-Interface der Warehousing Workbench.

Über XML können Sie folgende Elemente direkt in das System einspielen:

- Merkmale
- DataStore-Objekte
- Basis-, Real-Time und MultiProvider

Die restlichen Elemente müssen manuell im System angelegt werden, dabei handelt es sich um folgende:

- InfoArea und Applikationskomponente
- InfoObject-Kataloge
- DataSources
- InfoPackages
- Transformationen und Daten-Transfer-Prozesse
- Stammdaten

Dauer der Anlage des Datenmodells

Für die Anlage aller Elemente und der Stammdaten im System werden ca. 2–3 Stunden benötigt.

Wir beginnen nun mit der Anlage der Objekte im System.

Schritt 1 – Anlage der InfoArea

Melden Sie sich mit einem Benutzer, der über ausreichende Berechtigung für die Administrator Workbench verfügt, am System an.

Gehen Sie in die Transaktion RSA1, und legen Sie unter MODELLIERUNG • INFO PROVIDER die InfoArea X_BW_AUTH_TEST_AREA (INFOAREA FÜR BW-BERECHTIGUNGSMODELLE) an.

Schritt 2 – Anlage der Merkmalskataloge

Sie wechseln in den Abschnitt MODELLIERUNG • INFOOBJECTS in der Transaktion RSA1 und legen die beiden InfoObject-Kataloge an, je einen für Merkmale und Kennzahlen:

- XAUTHCTEST, Merkmale für BW-Berechtigungsmodelle
- XAUTHKTEST, Kennzahlen für BW-Berechtigungsmodelle

Schritt 3 – Anlage der Anwendungskomponente

Wechseln Sie unter MODELLIERUNG IN DEN BEREICH DATASOURCES, und legen Sie eine Anwendungskomponente mit dem gleichen technischen Namen und der gleichen Beschreibung wie für die InfoArea an.

Schritt 4 – Import der InfoObjects

Damit haben Sie die Möglichkeit geschaffen, die Merkmale und Datenziele per XML-Files in das System einzuspielen.

Sie beginnen nun also mit dem Einspielen der Merkmale (siehe Abbildung C.1).

Wechseln Sie in den Bereich TRANSPORTANSCHLUSS • XML • IMPORT. Dort finden Sie den Button 🗔. Wenn Sie ihn anklicken, öffnet sich ein Auswahl-Pop-up, in dem wir die Datei für Merkmale und Kennzahlen *InfoObjecs.xml* auswählen. Nun werden die Merkmale der Datenmodelle im System angelegt. Abbildung C.1 zeigt, wie XML-Dateien über die Transaktion RSA1 geladen werden können.

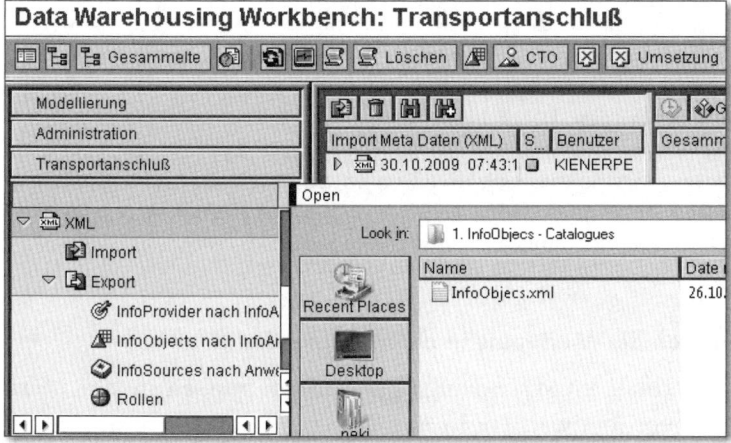

Abbildung C.1 Import der XML-Files über die Transaktion RSA1

Abbildung C.2 Übernahme von Merkmalen aus dem SAP Content

Fehlermeldungen in den Import-LOGs
In den LOGs der Importe werden vermutlich Fehlermeldungen angezeigt. Diese rühren von den SAP-Content-Objekten her, wie 0CURRENY, 0CALYEAR etc., die Sie in den Cubes verwenden. Dies ist jedoch kein Problem, die Merkmale werden beim Import einfach ignoriert. Sollten die benötigten SAP-Content-Merkmale im System nicht aktiv sein, sind diese aus dem Content zu aktivieren (siehe Abbildung C.2). Die XML-Dateien können dann nochmals eingespielt werden, wenn die Elemente beim ersten Mal nicht angelegt wurden.

Schritt 5 – Einfügen der Merkmale in die Merkmalskataloge

Nachdem die Merkmale im System angelegt wurden, müssen sie den Merkmalskatalogen zugeordnet werden. In Abbildung C.3 sieht man, dass Merkmale direkt in InfoObject-Kataloge eingegeben werden können.

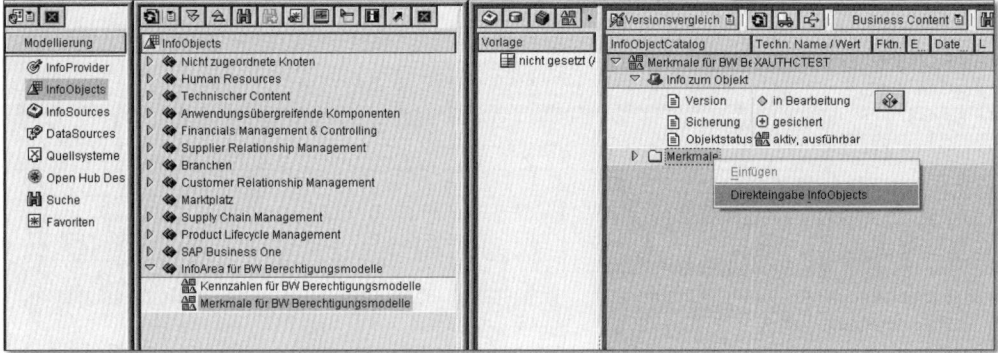

Abbildung C.3 Merkmale in InfoObject-Kataloge einfügen

Dort tragen Sie die Merkmale und für den zweiten Katalog die Kennzahlen ein (siehe Tabelle C.1 und Tabelle C.2).

Merkmale	Bedeutung
XVTCBAUT	Bauteil (Auth Demo)
XVTCFABRI	Fabrik (Auth Demo)
XVTCFARBE	Farbe (Auth Demo)
XVTCGLACC	Sachkonto (Auth Demo)
XVTCLAND	Land (Auth Demo)
XVTCPRCTR	Profit-Center (Auth Demo)

Tabelle C.1 XAUTHCTEST – Merkmalskatalog

Merkmale	Bedeutung
XVTCPROD	Produkt-ID (Auth Demo)
XVTCPRODG	Produktgruppe (Auth Demo)
XVTCREGIO	Region (Auth Demo)
XVTCVERS	Version (Auth Demo)

Tabelle C.1 XAUTHCTEST – Merkmalskatalog (Forts.)

Kennzahlen	Bedeutung
XVTKAMOUN	Betrag (Auth Demo)
XVTKGEW	Gewicht (Auth Demo)
XVTKKOST	Kosten (Auth Demo)
XVTKUMS	Umsatz (Auth Demo)
XVTKVST	verkaufte Stückzahl (Auth Demo)

Tabelle C.2 XAUTHKTEST – Kennzahlkatalog

Schritt 6 – Anlage der DataSources

In diesem Schritt werden die DataSources und InfoPackages angelegt. Wir beginnen mit den DataSources. Diese müssen manuell im System erstellt werden. Als Hilfe finden Sie im Downloadbereich unter dem Ordner DATA-SOURCES eine Excel-Datei *DataSources* mit den Feldern und den Beschreibungen der DataSources.

Insgesamt müssen die folgenden sechs DataSources angelegt werden:

1. XVT_AUTH_DSO_VALUES – Vertrieb Berechtigungswerte flach

2. XVT_AUTH_DSO_HIERARCHIES – Vertrieb Berechtigungswerte Hierarchie

3. XVT_AUTH_DSO_TEXTS – Vertrieb Berechtigungswerte Texte

4. XVT_AUTH_DSO_ASSIGN – Vertrieb Berechtigungswerte Zuordnung

5. XVT_SALES_DATA – Vertriebsreporting – globale Verkaufszahlen

6. XVT_PROFITCENTER_DATA – Vertriebsreporting – Profit-Center-Daten

Legen Sie, wie in Abbildung C.4 gezeigt, die DataSources unterhalb der Berechtigungsanwendungskomponente an. Um die Anlage zu beschleunigen, können der technische Name, die Beschreibung und vor allem die

Werte für die Spalte VORLAGE INFOOBJECT aus der DataSource-Datei kopiert und eingefügt werden (siehe Abbildung C.4).

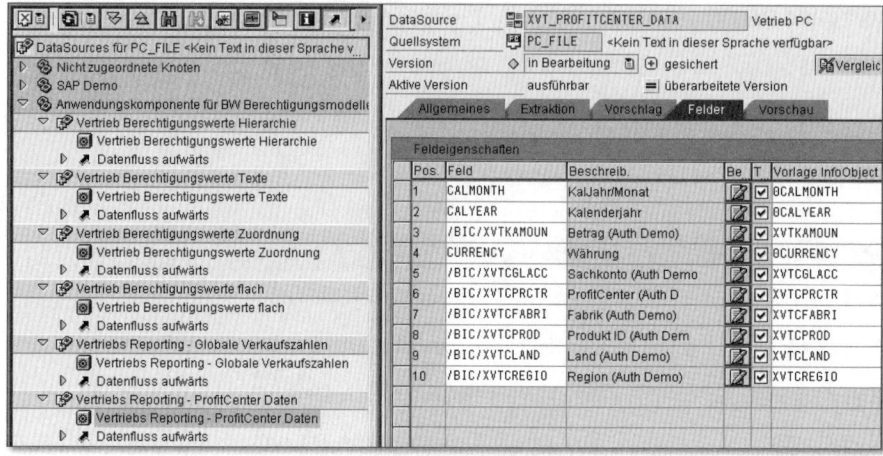

Abbildung C.4 DataSources für die Beispieldaten

In der DataSource stellen Sie auf der Registerkarte EXTRAKTION, wie in Abbildung C.5 gezeigt, das Datenformat CSV ein (siehe Feld DATENFORMAT). Sind alle Einstellungen an der DataSource getätigt, kann man sie aktivieren.

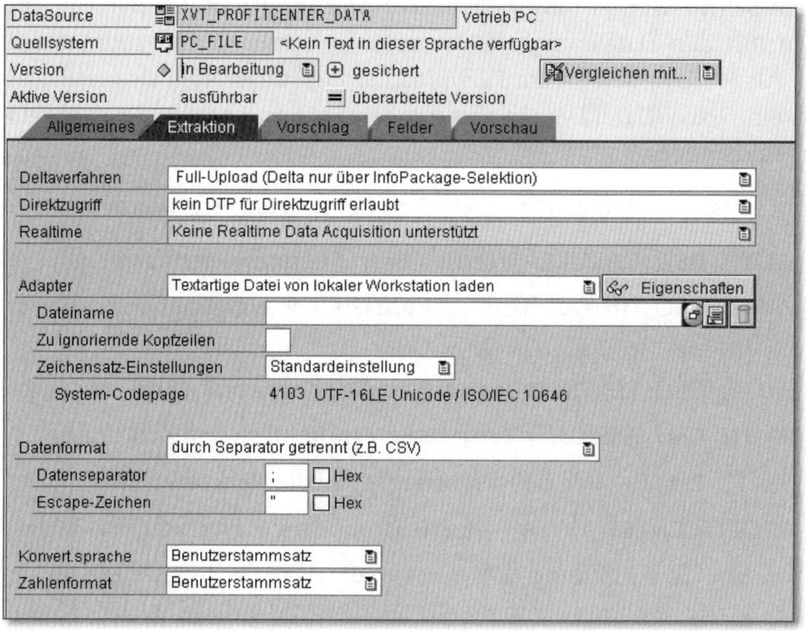

Abbildung C.5 Datenformat der DataSource

Schritt 7 – Anlage der InfoPackages

In der *DataSources*-Datei finden Sie auch die Bezeichnungen der InfoPackages. Legen Sie für die sechs DataSources die dazugehörigen InfoPackages an.

Schritt 8 – Übernahme der BasisCubes

Wiederum über das XML-Interface können die InfoCubes geladen werden. Hier werden erstmals nur die BasisCubes in das System geladen. Wie bereits erwähnt, werden bei der Anlage Fehler in das LOG geschrieben, die von den SAP-Content-Objekten herrühren. Stellen Sie sicher, dass die InfoProvider nach der Übernahme aktiviert sind; sind sie es nicht, aktivieren Sie sie manuell nach.

Schritt 9 – DSOs für Generierung anlegen

Wie die Cubes werden auch die DSOs für die Generierung per XML geladen. Wählen und importieren Sie die Datei *Generierungs DSOs.xml*.

Wiederum können Fehler auftreten, wenn nicht alle benötigten 0TCT*-Merkmale des SAP Business Contents aktiv sind. Übernehmen Sie die Merkmale in diesem Fall einfach aus dem Content, und importieren Sie das XML-File danach noch einmal. Stellen Sie auf jeden Fall nach dem Import sicher, dass die DSOs aktiv sind. Wenn sie nicht aktiv sind, müssen Sie sie wieder manuell aktivieren.

Schritt 10 – Anlage der MultiProvider-Datei

Dafür laden wir per XML die Datei *MultiProvider.xml*. Cube und Aggregationsebene werden im System angelegt. Prüfen Sie wieder, ob die erzeugten Elemente aktiviert sind oder manuell aktiviert werden müssen.

Schritt 11 – Anlage der Aggregationsebene

Die Aggregationsebene muss im Portal angelegt werden. Dazu muss ein funktionierendes SAP NetWeaver Portal an das BW-System angeschlossen sein. In der Transaktion RSPLAN, wie es Abbildung C.6 zeigt, klicken Sie auf den Button MODELER STARTEN, um die Aggregationsebene anzulegen.

Es öffnet sich das Portal. Auf der Registerkarte AGGREGATIONSEBENEN geben Sie den technischen Namen des Plan-InfoProviders XVTRRGSD1 in das Feld SUCHE ein.

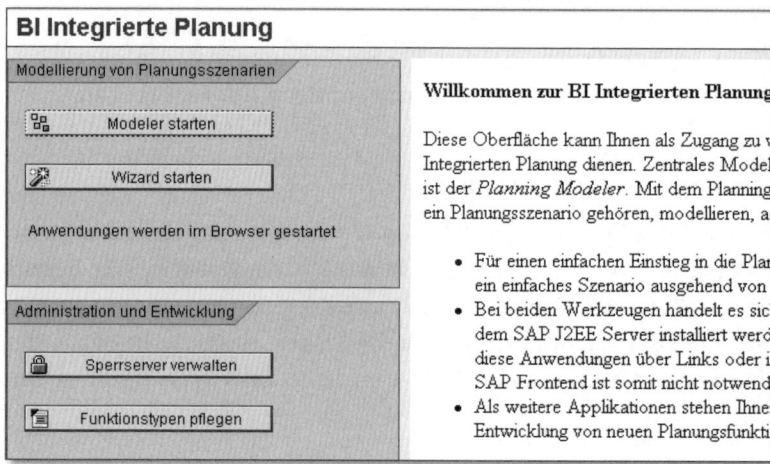

Abbildung C.6 Transaktion RSPLAN

Suche nach dem technischen Namen

Beachten Sie, dass im Feld Suche die Suche nach dem technischen Namen des InfoProviders eingetragen sein muss, sonst wird er nicht gefunden (siehe Abbildung C.7).

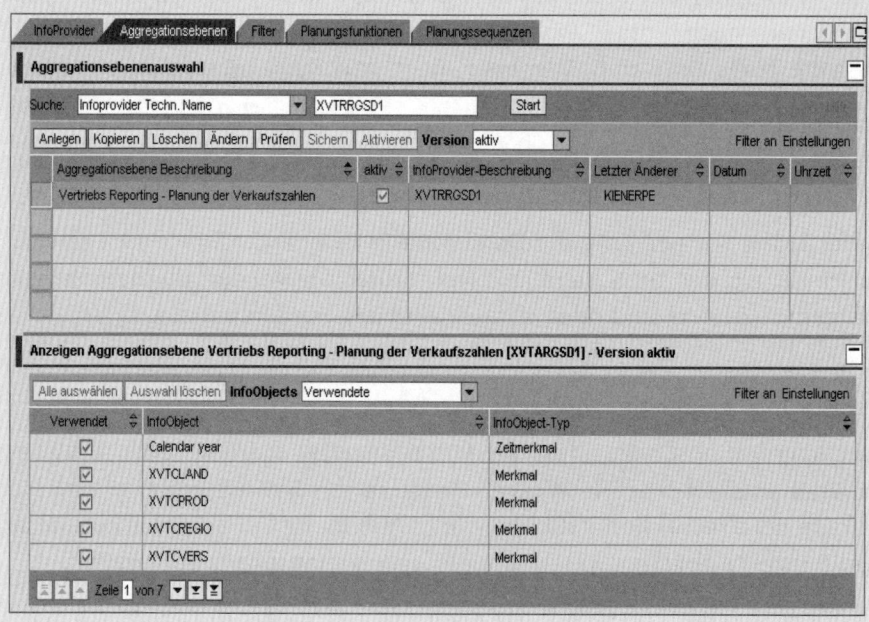

Abbildung C.7 Suche nach dem PlanCube XVTRRGSD1

Ist der Cube gefunden, können Sie den Button ANLEGEN wählen. Es öffnet sich ein Pop-up, wie es Abbildung C.8 zeigt. Der technische Name und die Beschreibung der Aggregationsebene sind hier anzugeben, diese sind XVTARGSD1 (VERTRIEBSREPORTING – PLANUNG DER VERKAUFSZAHLEN). Klicken Sie auf den Button ÜBERNEHMEN, um die Eingaben zu bestätigen.

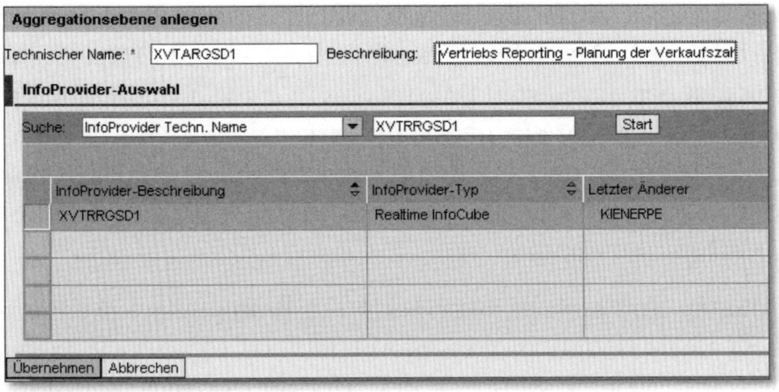

Abbildung C.8 Anlage der Aggregationsebene

Es erscheint nun eine Darstellung wie in Abbildung C.9. Wir verwenden und selektieren alle Merkmale, wie in der Abbildung gezeigt. Danach muss die Aggregationsebene nur noch mit Hilfe des Buttons AKTIVIEREN im System angelegt werden.

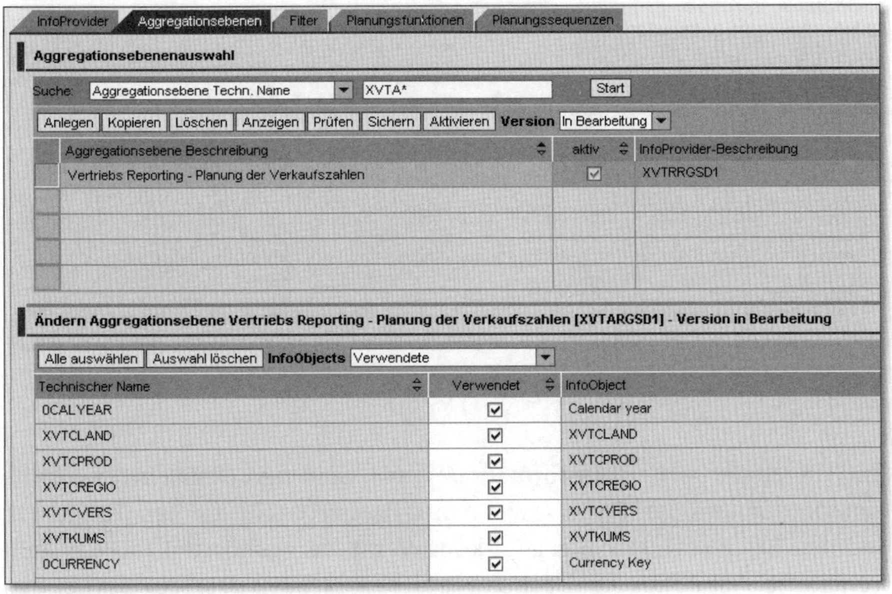

Abbildung C.9 Merkmalsselektion für die Aggregationsebene

Damit ist die Aggregationsebene angelegt und in der Transaktion RSA1 bei dem Plan-InfoCube in der InfoArea für die Berechtigungsübungen zu sehen.

Schritt 12 – Anlage der Transformationen und der DTPs

Als letzter Punkt für das Datenmodell müssen noch die Transformationen und dazugehörigen Data Transfer Processes (DTP) im System angelegt werden. Insgesamt benötigen Sie sieben Transformationen und DTPs: Sechs davon gehen von den neu angelegten DataSources in die vier Generierungs-DSOs und zwei in die BasisCubes für globale Verkaufs- und Profit-Center-Daten. Die letzte Transformation schreibt die Verkaufszahlen vom BasisCube VERTRIEBS REPORTING – GLOBALE VERKAUFSZAHLEN in den Real-Time InfoProvider (XVTRRGSD1) für die Planung.

Die Transformationen sind einfach mit einer 1:1-Zuordnung zwischen den Feldern der Quelle und des Ziels anzulegen. Abbildung C.10 zeigt das exemplarisch für die Transformation zwischen der DataSource *Globale Verkaufszahlen* und dem dazugehörigen InfoCube XVTBRGSD1.

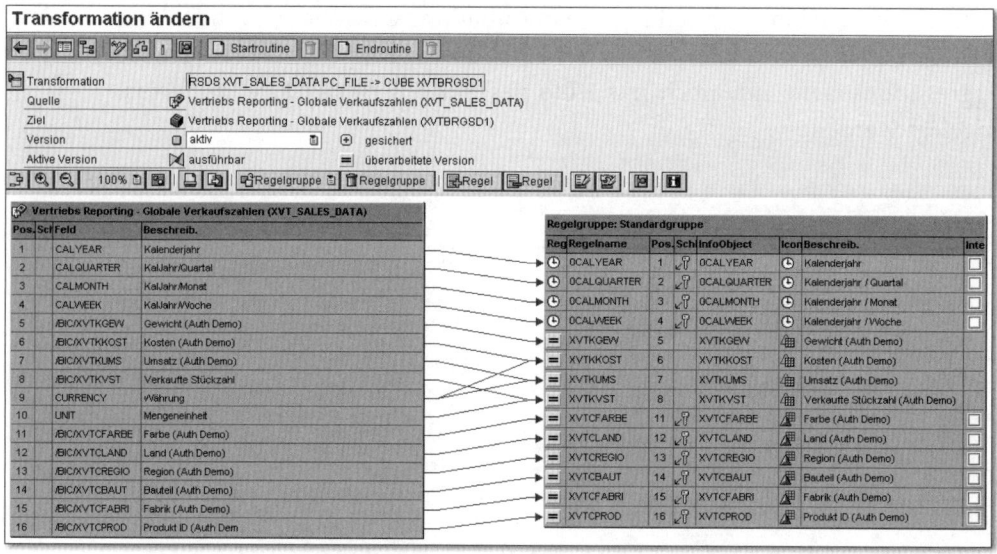

Abbildung C.10 Transformation für die Beladung

Sind die ersten sechs Transformationen zwischen den DataSources für die Generierung und den DSOs sowie den DataSources für die Reportingdaten und den BasisProvidern angelegt, können die dazugehörigen DTPs erstellt werden. In Abbildung C.11 sehen Sie den passenden DTP zur vorherigen

Abbildung der Transformation. Wir stellen alle DTPs auf Delta ein. In Abbildung C.11 ist zu sehen, dass es eine Registerkarte VERBUCHUNG gibt, dort ist der InfoCube XVTBRGSD1 (VERTRIEBSREPORTING – GLOBALE VERKAUFSZAHLEN) eingetragen.

Datentransferprozess	XVT_SALES_DATA / PC_FILE -> XVTBRGSD1
ID	DTP_D6QNIZJ4S0SACVZXPXSCCK8SU
Version	☐ aktiv 🗏 gesichert 🗏
Deltastatus	⬚ aktiv, noch kein Request🗏

| Extraktion | Verbuchung | Ausführen |

Datenquelle	🖳	DataSource 🗏
		XVT_SALES_DATA PC_FILE
		Vertriebs Reporting - Globale Verkaufszahlen
Extraktionsmodus		Delta 🗏	🔽 Filter
		☐ Delta nur einmal abholen	🔽 Semantische Gruppen ✔
		☐ Alle neuen Daten requestweise abholen
Paketgröße		50.000

Abbildung C.11 DTP für die Verbuchung der Verkaufszahlen

Die Transformation für die Plan-Zahlen sieht etwas anders aus. Sie wird zwischen den InfoCubes XVTBRGSD1 und XVTRRGSD1 erstellt. Abbildung C.12 zeigt sie im Detail.

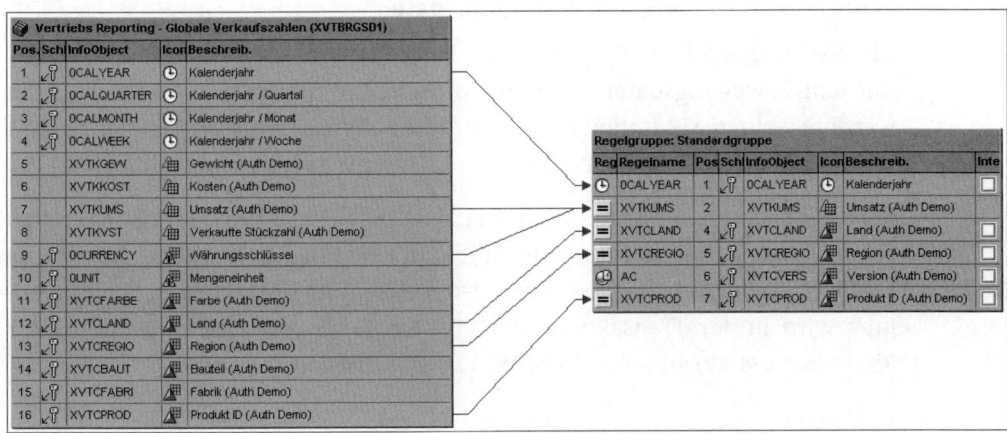

Abbildung C.12 Transformation der Plan-Werte

Für das Merkmal XVTCVERS (»Version«) hinterlegen Sie die Konstante AC (Ist), da die Ist-Werte, die als Basis für die Planung genommen werden, in den Real-Time Provider geschrieben werden.

Zusätzlich werden wir für den dazugehörigen DTP einen Filter angeben. In Abbildung C.11 sehen Sie, dass es bei der DTP-Anlage den Button FILTER gibt. Dort hinterlegen Sie den Filter, wie es Abbildung C.13 zeigt. Für »Land« werden DE und ES (was in der Abbildung nicht ersichtlich ist) gefiltert.

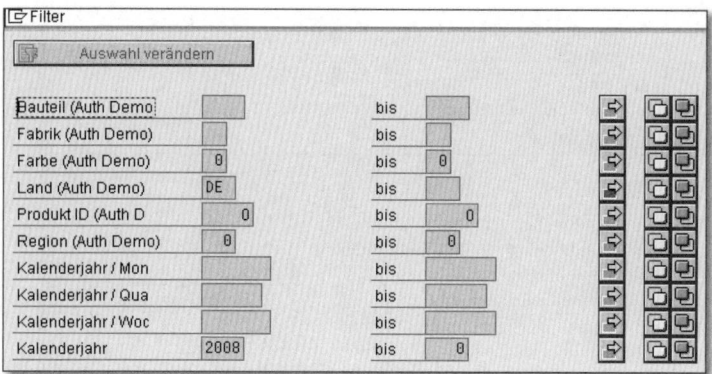

Abbildung C.13 Filter für den Plan-DTP

Damit hätten Sie alle benötigten DTPs und Transformationen im System angelegt.

Schritt 13 – Beladung mit Bewegungsdaten

Als Nächstes folgt die Beladung der Basis-InfoProvider und des PlanCubes mit den Bewegungsdaten. Es müssen drei InfoProvider mit Daten beladen werden. Achten Sie unbedingt darauf, dass die zu ladenden Dateien wie in Abbildung C.5 in den DataSources im CSV-Format angegeben sind.

Bei der Beladung der Real-Time Datenziele (Real-Time Provider) ist darauf zu achten, dass der Real-Time InfoCube auf Beladung steht (siehe Abbildung C.14). Nach der Beladung ist er wieder auf Planung umzustellen. Die Einstellung wird in der Transaktion RSA1 im Kontextmenü zum InfoCube unter REAL-TIME LADEVERHALTEN ÄNDERN... vorgenommen.

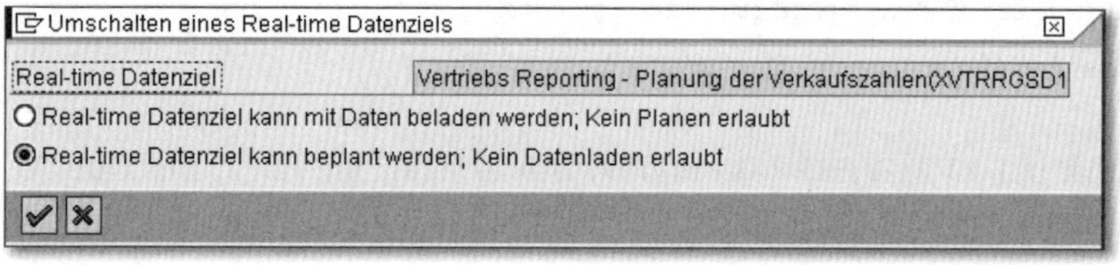

Abbildung C.14 Umschalten des PlanCubes

Die Beladung der Cubes erfolgt über die erstellten InfoPackages. Es gilt folgende Aufteilung für InfoCubes und CSV-Dateien:

▶ Cube XVTBRGSD1 – Vertriebsreporting – globale Verkaufszahlen: Wird durch das CSV-File *XVTBRGSD1.CSV* beladen.

▶ Cube XVTBCOPC1 – Vertriebsreporting – Profit-Center-Daten: Wird durch das CSV-File *XVTBCOPC1.CSV* beladen.

Die DSOs für die Generierung können entweder sofort mit den Daten der CSV-Dateien beladen werden oder erst bei den entsprechenden Beispielen in Kapitel 6, »Berechtigungsmodelle für Reporting und Planung«.

Schritt 14 – Stammdatenwerte pflegen

In der Transaktion RSA1 gehen Sie unter MODELLIERUNG • INFOOBJECTS auf das Merkmal, dessen Stammdaten Sie pflegen möchten. Wählen Sie auf dem betreffenden Merkmal aus dem Kontextmenü den Eintrag STAMMDATEN PFLEGEN, wie in Abbildung C.15 zu sehen ist. Im Pflegedialog geben Sie die Stammdaten für die Merkmale entsprechend den folgenden Tabellen (siehe Tabelle C.3 bis Tabelle C.12) ein.

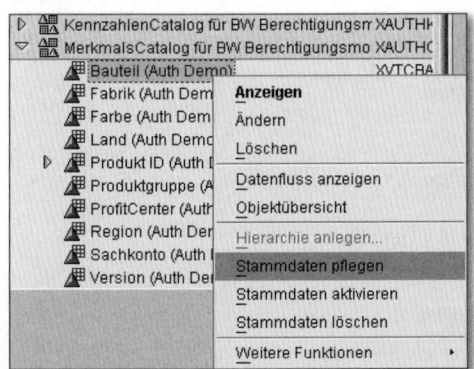

Abbildung C.15 Stammdatenpflege am Merkmal in der Transaktion RSA1

Im Folgenden sind die Stammdaten je Merkmal aufgelistet (siehe Tabelle C.3 bis Tabelle C.12):

Bauteil	Sprache	Farbe	Beschreibung
T00	DE	6	Tischplatte
T01	DE	7	Tischbeine

Tabelle C.3 Merkmal XVTCBAUT – »Bauteil (Auth Demo)«

Bauteil	Sprache	Farbe	Beschreibung
T02	DE	8	Rückenlehne
T04	DE	7	Stuhlbeine
T05	DE	8	Sitzfläche

Tabelle C.3 Merkmal XVTCBAUT – »Bauteil (Auth Demo)«

Fabrik	Sprache	Beschreibung
F0	DE	Stuttgart
F1	DE	Hannover
F2	DE	München

Tabelle C.4 Merkmal XVTCFABRI – »Fabrik (Auth Demo)«

Farbe	Sprache	Beschreibung
1	DE	Birke
2	DE	Buche
3	DE	Milchglas
4	DE	Rot
5	DE	Schwarz
6	DE	Farbschema Platten
7	DE	Farbschema Beine
8	DE	Farbschema Bezüge

Tabelle C.5 Merkmal XVTCFARBE – »Farbe (Auth Demo)«

Land	Sprache	Beschreibung
BR	DE	Brasilien
DE	DE	Deutschland
ES	DE	Spanien
GB	DE	Großbritannien
RU	DE	Russland
US	DE	Vereinigte Staaten

Tabelle C.6 Merkmal XVTCLAND – »Land (Auth Demo)«

Produkt-ID	Sprache	Gültig bis	Gültig ab	Produkt-gruppe	Beschreibung
1	DE	31.12.9999	01.01.1000	2	Esstisch Massiv-holz
2	DE	31.12.9999	01.01.1000	2	Esstisch Glas
3	DE	31.12.9999	01.01.1000	1	Esstischstuhl Holz
	DE	31.12.9999	01.01.1000	1	Esstischstuhl Metall
5	DE	31.12.2008	01.01.1000	2	Couchtisch
5	DE	31.12.9999	01.01.2009	3	Couchtisch
6	DE	31.12.9999	01.01.1000	1	Klappstuhl

Tabelle C.7 Merkmal XVTCPROD – »Produkt-ID (Auth Demo)«

Produktgruppe	Sprache	Beschreibung
1	DE	Stühle
2	DE	Tische
3	DE	Beistelltische

Tabelle C.8 Merkmal XVTCPRODG – »Produktgruppe (Auth Demo)«

Profit-Center	Sprache	Beschreibung
10000	DE	Profit-Center Stühle
20000	DE	Profit-Center Tische

Tabelle C.9 Merkmal XVTCPRCTR – »Profit-Center (Auth Demo)«

Land	Region	Sprache	Beschreibung
DE	1	DE	Süd
DE	3	DE	West
DE	4	DE	Nord
DE	5	DE	Ost
US	6	DE	Alaska
US	7	DE	Mitte

Tabelle C.10 Merkmal XVTCREGIO – »Region (Auth Demo)«

Sachkonto	Sprache	Beschreibung
1000	DE	Materialkosten
2000	DE	Personalkosten
3000	DE	Umsatzerlöse
10000	DE	Materialkosten

Tabelle C.11 Merkmal XVTCGLACC – »Sachkonto (Auth Demo)«

Version	Sprache	Beschreibung
AC	DE	Ist
BG	DE	Plan

Tabelle C.12 Merkmal XVTCVERS – »Version (Auth Demo)«

Schritt 15 – Hierarchien für Merkmal XVTCPROD – »Produkt-ID (Auth Demo)«

Die Hierarchien für das Merkmal legen Sie ebenfalls manuell an – entweder in der Transaktion RSD1 auf der Registerkarte HIERARCHIE oder in der Transaktion RSA1. Wie Abbildung C.15 zeigt, ist es auch möglich, Hierarchien anzulegen. Die Struktur der Hierarchien finden Sie in Kapitel 6, »Berechtigungsmodelle für Reporting und Planung«, in den Abbildungen 6.39 und 6.55. Legen Sie die Hierarchien entsprechend diesen Vorgaben für die Beispiele an.

Nach diesen Schritten sind nun alle Voraussetzungen geschaffen, um die Beispiele gemeinsam bzw. parallel zum Kapitel 6 nachzustellen. Alle weiteren Elemente, die ebenfalls für die Beispiele benötigt werden – wie Berechtigungsvorlagen, Query-Elemente, Querys und Rollen –, werden direkt innerhalb der Beispiele im System angelegt.

D   Die Autoren

Dr. Peter John hat an der RWTH Aachen Physik studiert und an der Universität Heidelberg in theoretischer Elementarteilchen-Physik promoviert.

Seit 2003 arbeitet er für SAP und ist Softwarearchitekt bei SAP NetWeaver BW. Dort arbeitet er im Bereich OLAP, Integrierte Planung und Security. Er hat das neue Konzept der Analyseberechtigungen als Nachfolger der vorherigen Reportingberechtigungen in BW entworfen und entwickelt.

Peter Kiener arbeitete nach dem Studium der Internationalen BWL vier Jahre für SAP im BW-Team des Active Global Supports. Dort war er zuständig für die Bereiche Berechtigungen, Hierarchien, Verarbeitung von Variablen und OLAP-Funktionen. Danach war er zwei Jahre für die OMV AG tätig. Schwerpunkt seiner Tätigkeit war die Konzepterstellung, Planung und Implementierung von BW-Projekten im Konzernumfeld. In diesem Zeitraum hat er neben der Projekttätigkeit als Trainer für Kundenschulungen bei SAP gearbeitet und hatte so die Möglichkeit, sein im Support- und Projektbereich erworbenes Wissen weiterzugeben. Derzeit studiert Peter Kiener Scientific Computing an der Universität Wien und ist Geschäftsführer der Red Rooster IT GmbH mit Sitz in Wien – ein Unternehmen, das BW-Services von der Datenextraktion bis hin zum Reporting anbietet.

Index

- Schritt für Schritt mit SAP Query zur konkreten Auswertung

- Für alle SAP-Komponenten aus Logistik, Vertrieb und Finanzwesen geeignet

- 2., erweiterte Auflage

- Mit über 100 sofort einsetzbaren Queries zum Download

Stephan Kaleske

Praxishandbuch SAP Query-Reporting

Schnell und flexibel Informationen ermitteln, ohne aufwändige Programmierung oder zusätzliche Tools! Mit diesem Buch lernen Sie, SAP Query für Ihre Auswertungen zu verwenden. Der Autor stellt Ihnen die wichtigsten SAP-Datenbanktabellen und ihre Zusammenhänge vor, sodass Sie direkt Abfragen in SAP ERP (SD, MM, PP, FI, CO etc.) erstellen können. Anhand von Screenshots und Schritt-für-Schritt-Anleitungen lernen Sie alle wichtigen Query-Features kennen: Drill-down-Funktionen, Ranglisten, Statistiken u.v.m. Dabei werden die relevanten SAP-Transaktionen im Detail erläutert. Viele Praxisbeispiele helfen Ihnen zudem, zuverlässig und mit geringem Zeitaufwand die gewünschten Daten aus SAP ERP bereitzustellen – inklusive 100 sofort einsetzbarer Queries.

ca. 450 S., 2. Auflage, 59,90 Euro
ISBN 978-3-8362-1840-5, September 2012

>> www.sap-press.de/2987

Galileo Press